Linear Algebra
Theory and Applications

Ward Cheney and David Kincaid
University of Texas at Austin

JONES AND BARTLETT PUBLISHERS
Sudbury, Massachusetts
BOSTON TORONTO LONDON SINGAPORE

역자 소개

고형준 교수 연세대학교
강오진 교수 인천대학교
김경중 교수 한국항공대학교
김미정 교수 고려대학교
김병재 교수 명지대학교
김태균 교수 광운대학교
문은호 교수 명지대학교
조정래 교수 부산대학교
한광희 교수 한국산업기술대학교
허 찬 교수 부산대학교

WARD CHENEY AND DAVID KINCAID

선형대수

이론과 응용

LINEAR ALGEBRA: THEORY AND APPLICATIONS

고형준 강오진 김경중 김미정 김병재
김태균 문은호 조정래 한광희 허 찬
공역

TEXTBOOKS
텍스트북스

ORIGINAL ENGLISH LANGUAGE EDITION PUBLISHED BY

Johes and Bartlett Publishers, Inc.
40 Tall Pine Drive
Sudbury, MA 01776

선형대수-이론과 응용

LINEAR ALGEBRA-THEORY AND APPLICATIONS

1판 1쇄 발행 : 2010. 2. 25
지은이 : Ward Cheney, David R. Kincaid
옮긴이 : 고형준 · 강오진 · 김경중 · 김미정 · 김병재
: 김태균 · 문은호 · 조정래 · 한광희 · 허찬
발행인 : 이한성
발행처 : 텍스트북스
주 소 : 서울시 마포구 서교동 461-3
전 화 : (02)333~5725
팩 스 : (02)333~5724
홈페이지 : www.textbooks.co.kr
등록번호 : 제313-2004-00146호

ISBN 978-89-93543-09-4 93410

값 29,000원

저자 서문

이 책은 여러 분야의 교수들과 학생들에게 도움이 될 수 있는 출처를 만들고 싶은 마음에서 쓴 학부용 선형대수 교과서이다. 특히 자연과학, 공학, 그리고 (주로 응용에 관심 있는) 경영학 분야의 학생들은 물론이고 (선형대수 이론에 통달하고 싶은) 수학과 학생들에게 매력적이도록 썼다. 어떤 학생들은 학사 요건으로 그리고 다른 학생들은 다른 필요와 목적을 위하여 선형대수를 공부한다.

이 책은 자기 분야에서 선형대수를 이용하여 수학적 문제를 해결할 수 있는 잠재력을 갖춘 수학, 자연과학, 그리고 공학 분야 학생들의 기본 목적에 충실하였다. 자연과학, 공학, 사회학, 그리고 경영학을 전공하는 학생들은 개념들을 이해하여 벡터공간, 행렬, 선형변환, 그리고 응용 선형대수의 다른 도구들을 이용하는 것을 배우는 데 역점을 두고 수업시간에 너무 정리증명에 연연하지 않는 게 좋겠다. 다른 학생들은 보다 더 이론지향적이며, 종종 추상적 개념을 다루고 새로운 증명 기술의 연습을 필요로 한다. 이 학생들은 선형대수라는 거대한 논리구조를 개발하는 데 참여할 수 있다. 이 분야의 수학은 논리와 증명의 기초를 배우기에도 적절하다. 자연스럽게 학생들은 이론 선형대수를 강조하는 수업에서는 물론 문제를 해결할 수 있는 기량을 향상시킬 수 있다.

이 책에서는 교수가 강조할 부분을 알아서 선택하도록 설계하였다. 예를 들면 대략 3,000여 개의 다양한 연습문제가 있어 이 중에서 선택하여 과제를 줄 수 있다. 이론이나 응용 선형대수 수업을 진행하는 교수는 강조할 부분을 빼거나 바꾸면서 과제를 적절하게 부여할 수 있다. 교수는 응용 선형대수 수업에서는 증명이 포함된 내용과 증명을 선택하여 생략해도 되지만 이론 선형대수 수업에서는 그 반대로 해야 할 것이다.

이 책에서는 수학이 상급 수준이 아닌 학생들에게도 도움이 되도록 쉬운 형식으로 설명하였다. 우리는 많은 학생들이 예제를 공부하면서 배운다는 것을 알았다. 그래서 정리와 응용을 예시하는 많은 예제를 제공하였다. 많은 경우에 잘 선택된 예제가 정리와 증명까지 시사할 것이다. 이는 정식 정리가 증명을 포함하든 그렇지 않든 간에 명확히 밝혀 주는 이상적인 환경을 만들어 준다. 간단하거나 평이한 증명은 독자들에게 연습문제로 남겨 두었다.

다음은 이 책을 교재로 사용하는 수업을 위한 강의계획 표본이다.

- 행렬과 행렬 응용에 관한 한 학기 수업은 다음 부분을 강조할 수 있다: 1장 연립방정식의 해법, 3장 행렬 연산, 4장 행렬식, 6장 고유계, 그리고 시간이 허락하면 8장 추가 주제.
- 이론 선형대수를 강조하는 한 학기 수업은 다음에 기반을 둘 수 있다: 1장 연립방정식의 해법, 2장 벡터

공간, 3장 행렬 연산, 5장 벡터 부분공간, 7장 내적 벡터공간.

- 두 학기 수업은 모든 장을 포함한다.

이 책의 다양한 기능을 향상시키기 위하여 풍부한 연습문제를 제공하였다. 이들은 네 범주—일반 연습문제, 참-거짓 연습문제, 선다형 연습문제, 컴퓨터 연습문제—로 나누었다. 첫 번째 범주의 문제에서는 연필, 종이, 그리고 수치계산을 위한 계산기나 컴퓨터를 이용한 수학 소프트웨어를 사용하기 바란다. 두 번째와 세 번째 범주의 문제는 시험을 대비하기에 좋은 문제이다. 이 문제들은 단지 조금의 지필분석만을 포함한 여러 주제를 숙지했는지를 시험하기에 좋다. 학생들은 문제에 답하려면 타당한 이유를 충분히 설명하여야 한다. 네 번째 범주에서는 컴퓨터 과제, 심화된 연습문제와 연구과제들도 포함한다.

보충자료

보충자료로는 온라인으로 교수를 위한 풀이집, 학생 풀이집과 교재 삽화를 위한 파워포인트 슬라이드가 준비되어 있다. 교재 내용을 근거로 Mathematica, Maple, Matlab으로 쓰여진 파일도 이용할 수 있다. 견본 컴퓨터 코드는 다음의 웹사이트에서 확인할 수 있다.

- **Matlab 코드:** *www.ma.utexas.edu/CNA/LA/la-matlab.html*
- **Maple 코드:** *www.ma.utexas.edu/CNA/LA/la-maple.html*
- **Mathematica 코드:** *www.ma.utexas.edu/CNA/LA/la-mathematica.html*

표본 컴퓨터 코드 연결은 웹 목록 페이지에서도 가능하다: *http://www.jbpub.com/catalog/9780763750206.* 표본 프로그램은 주로 이 책을 이용하여 가르치고 배우는 데 도움이 되도록 의도되었다. 컴퓨터 루틴은 분명하고 쉽게 이해할 수 있는 스타일로 코드화되어 있지만 학생들이 코드를 읽고 알로리즘을 공부하도록 의도적으로 몇몇 설명은 제외시켰다. 해독할 때는 설명을 더 할 수 있다. 이 프로그램은 작은 개인 컴퓨터에서부터 큰 과학계산기까지 적절한 컴파일러가 있는 컴퓨터에서 사용 가능하다. 추가 보조자료는 이 교재의 웹사이트에서 확인 가능하다.

www.jbpub.com/catalog/9780763750206
www.ma.utexas.edu/CNA/LA

감사의 글

우수한 계산시설과 도움을 준 오스틴 소재 텍사스 대학교의 계산공학과학연구소, 전산과학과, 그리고 수학과에 감사드린다. 특히 기술적 도움을 준 Margaret Combs, Maorong Zou와 Greg Lavender에게 감사드린다.

원고를 검토하고 비평해 주신 분들께도 감사드린다.

Antonio Palacios, San Diego State University
Douglas B. Meade, Department of Mathematics, University of South Carolina
Matthew Saltzman, Clemson University
Stanley Payne, University of Denver and Health Sciences Center

Weiming Cao, University of Texas at San Antonio

이들의 논평과 제안은 이 책에 포함되었다. 또한 우리 수업 조교들과 많은 학생들은 프레젠테이션을 개선하는 데 큰 도움이 되었으며, 특히 Durene Ngo, Daniel Cornforth, Soon Yung-Chien에게 감사드린다.

이 책을 제작하는 데 Jonhes and Bartlett 출판사 직원과 관련된 분들의 이해와 기다림이 컸으며, 특히 Tim Anderson, Laura Pagluica, Melissa Elmore, Jenny Bagdigian, Sarah Bayle에게 감사드린다.

많은 오류를 제거하려고 최선을 다하였지만 결함이 있을 수도 있다. 이에 독자들이 보내는 정정, 비평, 질문, 논평 등에 감사의 마음으로 받아들이겠다.

Ward Cheney(*cheney@ma.utexas.edu*)
Department of Mathematics
University of Texas at Austin

David Kincaid(*kincaid@cs.utexas.edu*)
Department of Computer Sciences
University of Texas at Austin

역자 서문

이 책은 미국 오스틴에 소재한 텍사스 대학의 수학과 교수인 Ward Cheney와 같은 대학 전산학과 교수인 David R. Kincaid가 공동으로 집필한 *Linear Algebra: Theory and Applications*를 우리말로 번역한 학부용 선형대수 교재이다.

각 대학에서 선형대수를 강의하고 있는 우리 역자들이 많은 선형대수 관련 교재들이 출판되어 소개된 마당에 굳이 이들의 책을 번역하여 출판하게 된 것은 단지 최근에 출간되어서가 아니라 과거 수치해석 교재(*Numerical Mathematics and Computing*, Brooks Cole)를 출판하여 큰 반향을 일으켰던 저자들이 특유의 간결하고 명쾌한 서술로 집필한 학부용 선형대수 교재로서 손색없는 충실한 내용을 담고 있음을 높이 평가했기 때문이다.

이 책은 저자들이 머리말에서 밝혔듯이 선형대수를 이용하여 수학적 문제를 해결할 수 있는 잠재력을 갖춘 자연과학, 공학, 그리고 주로 응용에 관심 있는 경영학 분야의 학생들과 선형대수 이론에 통달하고 싶은 수학과 학생들은 물론이고 수학이 상급 수준이 아닌 학생들에게도 도움이 될 수 있도록 쉬운 형식으로 설명되었기 때문에 대단히 매력적이라 할 수 있다.

이 책을 출판하는 데 있어 원서의 대략 3,000여 개의 다양한 연습문제들 중 참-거짓 연습문제와 선다형 연습문제는 지면 관계상 홀수 문제만을 번역하여 싣기로 하였는데, 저자들이 원서를 집필할 때 이러한 선택이 가능하도록 내용을 구성하였기 때문에 흠결의 사항이 아니라 시간상 제약이 따르는 강의에 오히려 부합되리라 판단하였다.

우리말로 옮기는 과정에 표현상 어색함을 덜고자 노력하였으나 부족한 면이 있을 것이다. 혹시 있을지 모르는 번역상 오류에 대해 점검하면서 여러분의 조언과 제언을 기꺼이 받아 개선할 것을 약속하며 부디 이 책이 선형대수를 공부하는 학생들과 가르치는 교수님들께 좋은 교재가 되기를 희망한다.

2010년 2월
역자 일동

차례

CHAPTER 1

연립 일차방정식

1.1 연립 일차방정식의 해법

수학의 어려움에 대해 두려워하지 마세요. 나 또한 어려움을 갖고 있다는 사실을 당신에게 말할 수 있습니다.

—아인슈타인(ALBERT EINSTEIN, 1879~1955)

처음부터 시작하고 끝까지 계속하세요: 그런 다음 멈추세요.

—캐럴(LEWIS CARROLL, 1832~1889),

『이상한 나라의 앨리스』

선형대수(linear algebra)는 벡터, 행렬, 벡터공간, 그리고 연립 일차방정식에 대하여 공부하는 수학의 한 분야이다. 예를 들어 3차원 벡터는 세 개의 성분으로 이루어진 순서쌍 $(2.5, 3.7, -5.1)$로 나타내는 반면, 2×3 행렬은

$$\begin{bmatrix} 4.1 & -3.2 & 5.4 \\ 1.3 & 2.0 & -5.1 \end{bmatrix}$$

로 나타낸다. 이러한 두 기본 요소인 벡터와 행렬을 이용하여 연립 일차방정식을 만들고, 이들은 번갈아 실생활과 관련한 응용 문제를 모델링할 수 있다.

선형대수학은 고대에 손으로 쓴 원고가 발견된 것을 미루어 볼 때, 연구가 드문드문 이루어졌다. 1800년대 초에 이르러 선형대수에 대한 연구는 꽃을 피웠으며 약 200년의 역사를 갖고 있다. 선형대수학은 1700년대 뉴턴(Newton)과 라이프니츠(Leibniz)에 의해 번성하였던 미적분학에 비해 그 역사가 짧다고 할 수 있다.

이 책은 공학, 물리학, 회계학, 또는 경제계획과 관련한 계산 문제가 어떻게 선형대수의 문제로 표현되는지 보여 주는 많은 예제를 포함하고 있다. 많은 경우에, 그런 문제들은 잘 검증되고 문서화된 컴퓨터 소프트웨어를 이용하여 풀 수 있다.

일차방정식

먼저 이변수 일차방정식에 대하여 이야기한다.

예제 1 xy 평면에서 일차방정식 $7x-3y=21$에 의해 그려지는 직선이 두 개의 좌표축과 만나는 점을 구하라.

풀이 구하고자 하는 것은 직선 상의 점 $(x, 0)$, $(0, y)$이다. 첫째, $y=0$이면 $7x=21$이므로 $x=3$이다. 그러므로 우리가 찾는 점은 $(3, 0)$이다. 둘째, $x=0$이면 $-3y=21$이므로 $y=-7$이다. 그러므로 우리가 찾는 점은 $(0, -7)$이다. 이러한 점들을 직선의 **절편**(intercept)이라고 한다. 그림 1.1을 보라. ■

직선의 **점-기울기형**(point-slope form)은

$$y = mx + b$$

이다. 여기서 m은 직선의 **기울기**(slope), b는 y **절편**을 말한다. 예제 1에서 직선 $7x-3y=21$은 점-기울기형 $y=\frac{7}{3}x-7$로 나타낼 수 있다.

예제 2 점 $(-3, -14)$, $(3, 1)$, $(6, 7)$ 중 어느 것이 직선 $7x-3y=21$ 위에 있는지 알아보라.

풀이 각 점들이 직선의 방정식을 만족하는지 알아보기 위해 이들을 방정식에 대입해 본다. 점 $(-3, -14)$를 방정식에 대입하면 $7(-3)-(3)(-14)=21$, 점 $(3, 1)$을 대입하면 $(7)(3)-(3)(1)=18$, 그리고 점 $(6, 7)$을 대입하면 $(7)(6)-(3)(7)=21$이 된다. 그러므로 점$(-3, -14)$, $(6, 7)$은 직선 위에 있으나 점 $(3, 1)$은 직선 위에 있지 않다(그림 1.1 참조). ■

두 점 (x_0, y_0), (x_1, y_1)이 주어질 때

$$y - y_0 = m(x - x_0)\ , \qquad m = \frac{y_1 - y_0}{x_1 - x_0}$$

이 식을 직선의 **두점형**(two-point form)이라 부른다. 예를 들어 예제 2의 두 점을 이용하여 두점형 $y-7=\frac{7}{3}(x-6)$을 얻을 수 있다.

위와 같은 방정식을 **선형방정식**(linear equation)이라고도 부르는데 이는 그래프의 모양이 직선이고 **선형**(linear)의 사전적 의미가 직선(line)이기 때문이다.

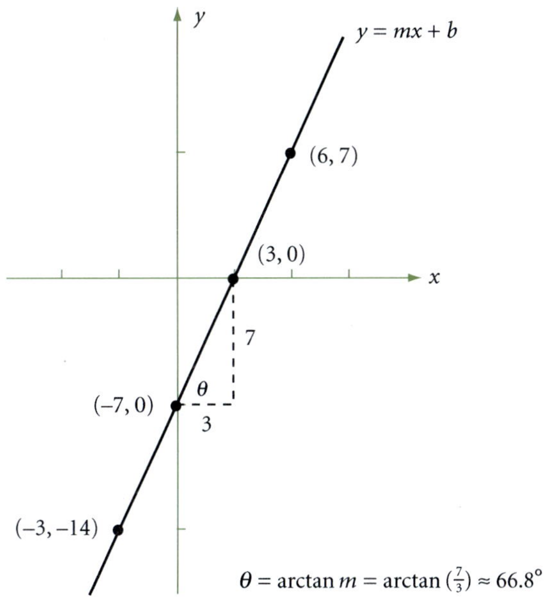

그림 1.1 $\mathbb{R}^2$ 상 직선의 점-기울기형.

이와 같은 **선형방정식**은 n개의 변수를 포함하는

$$a_1x_1 + a_2x_2 + a_3x_3 + \cdots + a_nx_n = b \quad \text{또는} \quad \sum_{j=1}^{n} a_jx_j = b$$

의 형태로 확장할 수 있다. 변수 x_j는 **미지수**(unknown)라 부르기도 한다. 표준 합 기호(standard summation notation)를 사용하여 방정식을 표현할 때 변수 첨수(index) j는 정수 1부터 n까지의 값으로 모든 항 a_jx_j들의 합을 취하는 것을 의미한다. 합 기호를 사용할 때 주로 문자 i, j, k, μ, ν 등을 변수 첨수로 사용하는 데, 이전에 사용한 문자와 반복되지 않도록 조심해야 한다. 예를 들어 $\sum_{i=1}^{n} x_i = y_i$는 잘못된 표현이다.

연립 일차방정식

우리는 오직 하나의 일차방정식이 아니라 여러 개의 일차방정식으로 이루어진 연립방정식 또는 선형방정식계 또는 더 간단히 선형계에 대해 공부한다. n개의 미지수[또는 **변수**(variable)]를 갖는 m개의 일차방정식으로 이루어진 연립 일차방정식의 일반형의 경우, i번째 방정식은 일반적으로 다음과 같이 쓴다.

$$a_{i1}x_1 + a_{i2}x_2 + a_{i3}x_3 + \cdots + a_{i,n-1}x_{n-1} + a_{in}x_n = b_i \qquad (1 \leq i \leq m)$$

연립방정식의 각 방정식은 같은 변수 $x_1, x_2, \ldots, x_n$을 포함하며, 합 기호를 이용하여 간단히

$$\sum_{j=1}^{n} a_{ij}x_j = b_i \qquad (1 \leq i \leq m)$$

로 나타낼 수 있다. 좌변의 기호는 모든 항 $a_{ij}x_j$들의 합을 의미하고, 첨수 j는 정수 1부터 n까지, 괄호 안의 첨수 i는 정수 1부터 m까지를 의미한다.

1.2절에서 다룰 중요한 개념은 연립 일차방정식의 무모순성(consistency)이다.

정의

연립 일차방정식이 적어도 하나의 해를 갖는 경우 **모순이 없다**(consistent)라고 하고, 해를 갖지 않는 경우 **모순이 있다**(inconsistent)라고 한다.

두 개의 이변수 일차방정식으로 이루어진 연립방정식을 살펴보자.

$$L_1 : -x + y = 1 \qquad L_2 : 2x + y = 4$$

이 두 방정식은 각각 $\mathbb{R}^2$ 상의 두 직선 L_1, L_2에 대응된다. 그리고 방정식 $-x+y=1$에 2를 곱하여 방정식 $2x+y=4$에 더하면 $3y=6$, 또는 $y=2$가 된다. 이 값을 다시 방정식 $-x+y=1$에 대입하면 $x=1$을 얻는다. 그림 1.2(a)와 같이 두 직선 L_1, L_2는 점 $(1, 2)$에서 만나고 이 경우 연립 일차방정식은 오직 하나의 해를 갖는다.

위에서 방정식 $2x+y=4$를 $2x-2y=4$로 바꾸어 다음과 같은 연립방정식을 생각해 보자.

$$L_1 : -x + y = 1 \qquad \widetilde{L}_2 : 2x - 2y = 4$$

$2x-2y=4$를 -2로 나누면, 두 방정식은 $-x+y=1$, $-x+y=-2$가 되므로 연립방정식은 모순이 있다, 즉 해를 갖지 않는다(no solution). 그림 1.2(b)를 보면 두 직선 L_1, $\tilde{L}_2$는 평행하므로 서로 만나지 않는다.

다시, 방정식 $2x-2y=4$를 변형하여 다음과 같은 연립방정식을 생각해 보자.

$$L_1 : -x + y = 1 \qquad \widehat{L}_2 : 2x - 2y = -2$$

$2x-2y=-2$를 -2로 나누면 $-x+y=1$이 되므로, $y=1$일 때 $x=0$이고, $y=3$일 때 $x=2$이다. 임의의 값 y가 주어질 때 $x=y-1$이므로 이 경우 무한 개의 해가 존재한다. 그림 1.2(c)를 보면 오직 하나의 직선으로 나타나고 이는 두 방정식의 그래프가 서로 일치함을 의미한다.

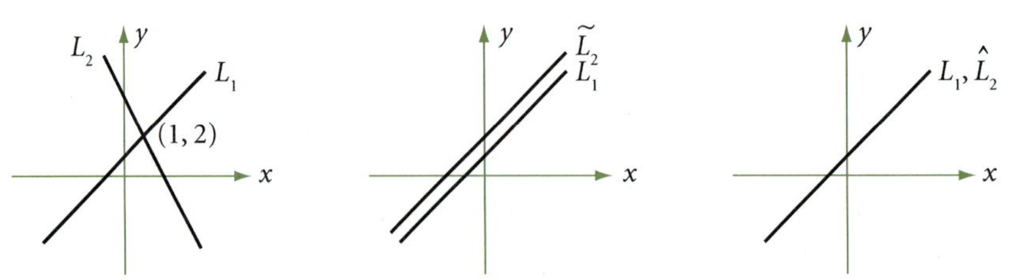

(a) Unique Solution (b) No Solution (c) Infinitely Many Solutions

그림 1.2 $\mathbb{R}^2$ 상의 두 직선의 몇 가지 경우.

예제 3 네 개의 삼변수 일차방정식으로 이루어진 다음과 같은 연립방정식이 있다.

$$\begin{cases} 3x_1 - 2x_2 + 5x_3 = 7 \\ x_1 + 4x_2 - 3x_3 = 7 \\ 6x_1 - 4x_2 + 2x_3 = -2 \\ x_1 + 2x_2 + x_3 = 9 \end{cases}$$

점 (1, 3, 2)는 연립방정식의 해인지 알아보라.

풀이 $x_1=1, x_2=3, x_3=2$를 각 방정식에 대입해 주어진 값들이 방정식을 만족하는지 알아본다. 우리는 지금 해를 구하는 방법을 알지 못하므로 단지 주어진 점을 대입과 간단한 계산을 통하여 해가 되는지 알아볼 수밖에 없다.■

예제 3의 연립방정식은 교과서 문제이다. 각 방정식의 계수가 정수인 간단한 형태이지만, 일반적으로 응용문제에서 데이터들은 거의 정수로 주어지지 않기 때문에 위 예제는 실제로 우리가 다루게 되는 연립방정식의 일반형이라 할 수 없다. 그러나 이 교재의 대부분의 예제와 문제는 간단하게 하기 위하여 정수 계수를 갖는 경우로 제한한다.

연립 일차방정식의 일반형

n개의 미지수와 m개의 일차방정식으로 이루어진 연립 일차방정식 또는 선형(방정식)계를 다시 살펴보자. 연립방정식의 데이터는 모두 수 a_{ij}와 b_i이다. a_{ij}는 i번째 방정식의 변수 x_j의 계수이다. 전형적인 문제에서 모든 계수와 우변에 있는 b_i는 숫자로 주어진다.

$$\begin{cases} a_{11}x_1 + a_{12}x_2 + \cdots + a_{1n}x_n = b_1 \\ a_{21}x_1 + a_{22}x_2 + \cdots + a_{2n}x_n = b_2 \\ \qquad\qquad\qquad \vdots \qquad\qquad\quad \vdots \\ a_{m1}x_1 + a_{m2}x_2 + \cdots + a_{mn}x_n = b_m \end{cases}$$

각 방정식을 만족하는 미지수 $x_1, x_2, \ldots, x_n$의 값을 구하기 위해, 계수와 미지수들을 다음과 같은 직사각형 배열을 이용하여 나타낸다.

$$\mathbf{A} = \begin{bmatrix} a_{11} & a_{12} & \cdots & a_{1n} \\ a_{21} & a_{22} & \cdots & a_{2n} \\ \vdots & \vdots & \ddots & \vdots \\ a_{m1} & a_{m2} & \cdots & a_{mn} \end{bmatrix} \qquad \mathbf{x} = \begin{bmatrix} x_1 \\ x_2 \\ \vdots \\ x_n \end{bmatrix} \qquad \mathbf{b} = \begin{bmatrix} b_1 \\ b_2 \\ \vdots \\ b_m \end{bmatrix}$$

$$[\mathbf{A} \mid \mathbf{b}] = \left[\begin{array}{cccc|c} a_{11} & a_{12} & \cdots & a_{1n} & b_1 \\ a_{21} & a_{22} & \cdots & a_{2n} & b_2 \\ \vdots & \vdots & \ddots & \vdots & \vdots \\ a_{m1} & a_{m2} & \cdots & a_{mn} & b_m \end{array}\right]$$

이러한 직사각형 배열은 **행렬**(matrix, 복수형은 matrices)의 예로서, 특히 중간에 있는 두 행렬 **x**와 **b**는 **열벡터**(column vector)이다. 위 연립방정식으로부터 만들어진 네 개의 행렬을 각각 **계수행렬**(coefficient matrix), **미**

지수벡터(vector of unknowns), **우변벡터**(righthand-side vector), 그리고 **첨가행렬**(augmented matrix)이라 부른다. 계수행렬을 **A**, 미지수벡터를 **x**, 그리고 우변벡터를 **b**라 하면, 연립방정식은 또는 선형(방정식)계는

$$\mathbf{Ax} = \mathbf{b}$$

로 나타낼 수 있다.

위의 행렬 **A**는 m개의 행(row)과 n개의 열(column)을 갖는 $m \times n$ 행렬이라 부른다. 행렬 **A**의 수평 배열(horizontal array)을 행, 수직 배열(vertical array)을 열이라 한다. $m \times n$을 행렬 **A**의 차원(dimension)이라 하는데 m은 행의 개수, n은 열의 개수를 의미한다. 문자 a_{ij}는 i번째 행, j번째 열에 속하는 원소를 말하며, 첨수 i를 행첨수(row index), j를 열첨수(column index)라 한다. 그러므로 예를 들어 a_{pq}는 p번째 행, q번째 열에 있는 원소이다.

가우스 소거법

해를 갖는 연립방정식을 풀기 위해 가우스 소거법(Gaussian elimination)을 이용한다.[1]

예제 4 다음 연립방정식을 풀어 보라.

$$\begin{cases} 3x_1 + 2x_2 - 5x_3 = -1 \\ \qquad\quad 4x_2 + x_3 = 14 \\ \qquad\qquad -2x_3 = -4 \end{cases}$$

풀이 이 연립방정식은 마지막 방정식으로부터 $x_3=2$임을 즉시 알 수 있다. $x_3=2$를 두 번째 방정식에 대입해 풀면 $4x_2+2=14$, $x_2=3$이다. x_1, x_2의 값을 첫 번째 방정식에 대입하면 $3x_1+(2)(3)+(-5)(2)=-1$, $x_1=1$이다. 해는 $\mathbf{x}=\begin{bmatrix}1\\3\\2\end{bmatrix}$, 또는 $\mathbf{x}=(1, 3, 2)$로 쓸 수 있고, 이는 3차원 공간 $\mathbb{R}^3$의 한 점으로 나타난다. ■

예제 4의 연립방정식은 특별한 모양을 갖추고 있는데 이를 연립방정식의 **삼각형형**(triangular form)이라고 부른다.

예제 5 연립방정식의 해법을 알아보기 위해 크지 않은 구체적인 예로서 다음 연립방정식을 풀어 보라.

$$\begin{cases} 3x_1 + 2x_2 = 4 \\ 9x_1 + 7x_2 = 17 \end{cases}$$

[1] 가우스(Johann Karl Friedrich Gauss, 1777~1855)는 가장 위대한 수학자 중 한 명이라 할 수 있다. 그는 초등학교 시절부터 수학적 잠재력을 드러냈고 산술급수를 더하는 간단한 방법(항의 개수에 가장 큰 항과 가장 작은 항의 평균을 곱한다)을 만들어 내어 그의 선생님을 깜짝 놀라게 했다. 가우스는 18세에 이 책의 2.2절과 7.2절의 주제인 최소제곱법(least square)을 만들었으며, 또한 처음으로 **대수학의 기본 정리**(Fundamental Theorem of Algebra)를 증명하였다: 모든 상수가 아닌 다항방정식은 그 차수와 같은 개수의 해를 갖는다.

풀이 이 연립방정식의 해를 구하기 위해 반복적으로 사용하는 기본 연산은 **교체 연산**(replacement operation)으로 한 방정식의 배수를 다른 방정식에 더하는 것이다. 첫 번째 방정식에 −3을 곱하여 두 번째 방정식에 더하면 그 결과는 다음과 같다.

$$\begin{cases} 3x_1 + 2x_2 = 4 \\ 0x_1 + 1x_2 = 5 \end{cases}$$

이 과정에서 첫 번째 방정식은 변하지 않는 것을 알 수 있다. 새로운 두 번째 방정식으로부터 즉시 $x_2=5$임을 알 수 있으므로 이를 첫 번째 방정식에 대입해 $x_1=-2$를 얻는다. 또는 첫 번째 방정식의 x_2의 계수를 0으로 만들기 위해 두 번째 방정식에 −2를 곱하여 첫 번째 방정식에 더한다.

$$\begin{cases} 3x_1 + 0x_2 = -6 \\ 0x_1 + 1x_2 = 5 \end{cases}$$

물론 해는 $x_1=-2$, $x_2=5$이다.[이 경우 x_1의 값이 우변에 나타나도록 첫 번째 방정식을 3으로 나눌 수도 있다. 이를 **비율 연산**(scale operation)이라 한다.] 구해진 해가 맞는지를 알아보기 위한 가장 간단한 방법은 구한 값들을 방정식에 대입해 보는 것이다.

$$(3)(-2)+(2)(5) = 4, \quad (9)(-2)+(7)(5) = 17$$

구한 해가 맞는지 알아보기 위해, 처음 방정식에서 해를 유도했던 과정을 검토하는 것과는 다른 독립적인 방법을 찾아보는 것은 좋은 습관이다. ■

방금 설명한 것과 같이 해를 구하는 과정을 **가우스 소거법**(Gaussian elimination), 또는 **행축소 알고리즘**(row-reduction algorithm)이라 한다. 또한 연립방정식이 각 변수의 정확한 값을 만들어 가는 과정을 **가우스-요르단 소거법**(Gauss-Jordan elimination)이라 한다.[2]

기본 교체 연산과 비율 연산

예제에서 우리는 두 개의 기본 행 연산을 시행하였다: 한 방정식의 배수를 다른 방정식에 더하는 **교체 연산**과 임의의 방정식에 영이 아닌 상수를 곱하는 **비율 연산**. 이와 같은 연산을 이용하여 주어진 연립방정식을 또 다른 동치한(equivalent) 형태의 연립방정식으로 변환할 수 있다. 예를 들어 연립방정식

[2] 요르단(Wilhelm Jordan, 1842~1899)은 최소제곱 문제에 적용되는 가우스 소거법 알고리즘의 안정성에 공헌한 것으로 기억된다. 연립 일차방정식의 해법인 가우스-요르단 소거법에서 요르단은 측지학자인 Wilhelm Jordan이다.[일부 사람들은 이를 조르당(Camille Jordan, 1838~1922)이라고 착각하고 있다. 그러나 조르당은 행렬의 조르당 정규형을 만든 사람이다.] 단순한 가우스 소거법에서 행 연산은 위쪽 삼각계수행렬을 만들기 위해 사용되었다. 반면에 가우스-요르단 소거법에서는 행 연산들이 왼쪽에는 항등행렬 그리고 오른쪽에는 해벡터가 오게 하도록 설계되어 있다. 요르단은 측량 기사로서 훌륭한 경력을 갖고 있으며 독일의 광범위한 지역을 측량하는 데 참여하였다. 독일어로 된 그의 저서 『측지학 입문(Handbook of Geodesy)』은 5판이나 출판되었으며 프랑스어, 이탈리아어, 그리고 러시아어로 번역되었다. Althoen and McLaughlin[1987]을 참조하라.

$$\begin{cases} E_1(\mathbf{x}) = 0 \\ E_2(\mathbf{x}) = 0 \end{cases}$$

은 임의의 실수 α에 대하여

$$\begin{cases} E_1(\mathbf{x}) = 0 \\ \alpha E_1(\mathbf{x}) + E_2(\mathbf{x}) = 0 \end{cases}$$

으로 변환할 수 있다. 그러므로 첫 번째 연립방정식이 참이라면 두 번째 연립방정식도 참이 된다. 다시 말해 첫 번째 연립방정식의 해 $\mathbf{x}$는 두 번째 연립방정식의 해가 된다. 더 나아가 두 번째 연립방정식에 비슷한 연산을 적용하여 첫 번째 연립방정식의 꼴로 되돌릴 수도 있다: 두 번째 연립방정식의 두 번째 방정식에 $-\alpha E_1(\mathbf{x})$를 더한다. 즉 우리가 행한 행 연산과 같은 유형의 또 다른 행 연산을 시행하면 처음으로 **되돌릴 수 있으며**, 이는 두 번째 연립방정식의 해가 첫 번째 연립방정식을 만족하는 것을 의미한다. 이와 같은 양립하는 두 주장은 우리가 사용하고 있는 해 구하는 과정 중에서 해가 만들어지거나 없어지지 않는다는 것을 보여 준다. 강조해서 말하면 다음과 같다.

1. 첫 번째 연립방정식의 모든 해는 두 번째 연립방정식을 만족한다.
2. 두 번째 연립방정식의 모든 해는 첫 번째 연립방정식을 만족한다.

n개의 미지수와 m개의 일차방정식으로 이루어진 두 개의 연립방정식이 정확히 같은 해집합을 갖는다면, 우리는 두 번째 연립방정식을 풀어 첫 번째 연립방정식의 해를 얻을 수 있고, 그 역도 성립한다. 이처럼 단순한 아이디어가 연립 일차방정식 해법의 핵심이다. 만일 한 연립방정식이 일련의 행 연산에 의해 또 다른 연립방정식으로부터 얻어졌다면, 두 연립방정식의 해집합은 같다. 다시 말해 우리가 사용하는 단계들은 해집합을 바꾸지 않는다. 단순한 연립방정식의 해들은 정확히 처음에 주어진 연립방정식의 해이다. 이것은 수많은 변화를 가지고 있는 웅대한 전략이다. 현 상태로는, 두 사람이 하나의 연립방정식을 푸는 데 있어서 두 개의 다른 간단한 연립방정식을 만들어 낼 수 있다. 그러나 간단한 연립방정식들의 해는 같아야만 한다.

행동치 행렬

앞의 연립방정식은 단지 우리가 수치 데이터들을 놓치지 않고 따라가면 풀 수 있었다. 각 단계에서 변수의 이름이나 등호 기호를 쓸 필요가 없다. 그러므로 우리는 이와 같은 연속적인 배열에 데이터를 나열할 수 있다.

$$\left[\begin{array}{cc|c} 3 & 2 & 4 \\ 9 & 7 & 17 \end{array}\right] \sim \left[\begin{array}{cc|c} 3 & 2 & 4 \\ 0 & 1 & 5 \end{array}\right] \sim \left[\begin{array}{cc|c} 3 & 0 & -6 \\ 0 & 1 & 5 \end{array}\right] \sim \left[\begin{array}{cc|c} 1 & 0 & -2 \\ 0 & 1 & 5 \end{array}\right]$$

위에서 기호 $\sim$는 기호의 양변에 있는 행렬들이 허락된 행 연산에 의해 연결되어 있다는 것을 의미한다. 이것을 두 행렬은 서로 **행동치**(row equivalent)라고 한다.

위와 같은 행 연산의 각 단계는 다음과 같은 기호로 나타낼 수 있다.

$$\begin{array}{c} \rightarrow \\ -3 \end{array} \left[\begin{array}{cc|c} 3 & 2 & 4 \\ 9 & 7 & 17 \end{array}\right] \sim \begin{array}{c} -2 \\ \rightarrow \end{array} \left[\begin{array}{cc|c} 3 & 2 & 4 \\ 0 & 1 & 5 \end{array}\right] \sim \begin{array}{c} \frac{1}{2} \\ \end{array} \left[\begin{array}{cc|c} 3 & 0 & -6 \\ 0 & 1 & 5 \end{array}\right] \sim \left[\begin{array}{cc|c} 1 & 0 & -2 \\ 0 & 1 & 5 \end{array}\right]$$

여기서 **피벗행**(pivot row)을 가리키는 화살표 → 와 목표행(target row) 옆에 쓰여진 **배수**(multiplier)를 가리키는 숫자는 행렬들의 왼쪽에 쓴다. 피벗행의 배수는 목표행에 더해지는데 이것은 무슨 행 연산을 시행했는가를 기억하는 데 도움이 된다.

데이터의 직사각형 배열을 행렬이라 한다. **행렬**(matrix)은 실수들의 직사각형 배열이라 할 수 있다. 앞의 예에서, 우리는 2×3 행렬을 사용하고 있는데 이는 2개의 수평 **행**(row)과 3개의 수직 **열**(column)을 의미한다. 기호 ~는 한 개, 또는 그 이상의 필요한 **행 연산**(row operation)을 시행함으로써 하나의 행렬로부터 또 다른 행렬을 만들어 낸다는 것을 나타낸다: 한 행의 배수를 다른 행에 더하기. 나중에 우리는 더 많은 행 연산을 덧붙일 것이며, 기호 A~B는 두 행렬 A, B 각각에 한 개 또는 그 이상의 허락된 행 연산을 시행함으로써 한 행렬로부터 다른 행렬을 얻을 수 있다는 것을 의미할 것이다. 이 경우 두 행렬은 서로 **행동치**(row equivalent)라고 말한다.

이런 형태의 관계는 수학에서, 특히 선형대수에서 자주 일어난다. 형식적인 정의는 다음과 같다. 이 정의에서 우리는 다른 기호와의 혼동을 피하기 위해 기호 ★를 사용한다.

정의

원소들의 집합 상에서 **동치 관계**(equivalence relation)는 여기서 기호 ★로 표시하는 다음과 같은 세 가지 조건을 만족하는 관계이다.

- $p\star p$ (**반사**)
- $p\star q$이면 $q\star p$이다 (**대칭**)
- $p\star q$이고 $q\star r$이면 $p\star r$이다 (**전이**)

동치 관계의 예는 A~B이다. 이유를 알아보기 위해서, 사용했던 행 연산들을 생각해 보자. 분명히 A~A이고 반사 성질이 성립한다. 행동치 관계는 왜 대칭 성질을 갖는가? 우리가 A로부터 B를 얻기 위해 시행한 행 연산은 되돌릴 수 있는 것이므로 역연산은 B로부터 A를 얻게 한다. A와 B 각각에 시행한 행 연산들은 A에 차례로 시행될 수 있기 때문에 A~B이고 B~C이면 A~C이다. 즉 전이 성질을 만족한다.

교재에 있는 문제들(자료가 정수로 주어진)을 풀 때, 행축소를 하는 경우 나눗셈과 분수를 피할 수 있다. 예를 들어 두 번째 행을 첫 번째 피벗행으로 하는 행축소를 살펴보자.

$$\begin{matrix} -1 \\ \rightarrow \\ \end{matrix}\left[\begin{array}{rr|r} 3 & -1 & 2 \\ 2 & 5 & -4 \\ 7 & -25 & 1 \end{array}\right] \sim \begin{matrix} \rightarrow \\ -2 \\ -7 \end{matrix}\left[\begin{array}{rr|r} 1 & -6 & 6 \\ 2 & 5 & -4 \\ 7 & 25 & 1 \end{array}\right] \sim \begin{matrix} \\ \rightarrow \\ -1 \end{matrix}\left[\begin{array}{rr|r} 1 & -6 & 6 \\ 0 & 17 & -16 \\ 0 & 17 & -41 \end{array}\right]$$

$$\sim \left[\begin{array}{rr|r} 1 & -6 & 6 \\ 0 & 17 & -16 \\ 0 & 0 & 15 \end{array}\right]$$

여기에는 해가 없다. 실제적으로 세 번째 방정식은 $0x+0y=15$이다. 연립 일차방정식이 해를 갖지 않을 때 모순이 있다(inconsistent)라고 하는 반면, 적어도 하나의 해를 가지면 모순이 없다(consistent)라고 한다는 것을 기억하자. 이러한 개념들은 1.2절에서 좀더 자세히 공부한다. 앞의 예에서 각 쌍의 방정식들은 오직 하나의 해를 갖지만, 세 방정식 모두를 만족하는 점은 존재하지 않는다.

연립방정식의 첨가행렬은 우변으로부터 상수 행렬을 분리하기 위해 수직선을 포함시킨다. 수직선의 우변에는 연립방정식의 우변을 넣는데 어떤 경우는 수직선의 오른쪽에 여러 개의 열이 올 수도 있으므로 첨가행렬 안에는 수직선을 집어넣는 것이 좋다.

만일 좌변이 같고 우변이 다른 여러 개의 연립방정식이 있다면, 그들을 동시에 풀기 위해 첨가행렬을 사용할 수 있다. 예를 들어 두 개의 연립방정식

$$\begin{cases} 3x_1 + 2x_2 = 1 \\ 9x_1 + 7x_2 = 0 \end{cases} \quad \text{와} \quad \begin{cases} 3x_1 + 2x_2 = 0 \\ 9x_1 + 7x_2 = 1 \end{cases}$$

을 다음과 같이 우변에 두 개의 열을 갖는 첨가행렬을 행축소함으로써 풀 수 있다.

$$\begin{matrix} \rightarrow \\ -3 \end{matrix} \left[\begin{array}{cc|cc} 3 & 2 & 1 & 0 \\ 9 & 7 & 0 & 1 \end{array}\right] \sim \begin{matrix} -2 \\ \rightarrow \end{matrix} \left[\begin{array}{cc|cc} 3 & 2 & 1 & 0 \\ 0 & 1 & -3 & 1 \end{array}\right] \sim \left[\begin{array}{cc|cc} 3 & 0 & 7 & -2 \\ 0 & 1 & -3 & 1 \end{array}\right]$$

첫 번째 연립방정식의 해는 $x_1=\frac{7}{3}$, $x_2=-3$이고, 두 번째 연립방정식의 해는 $x_1=-\frac{2}{3}$, $x_2=1$이다. 이 절차는 나중에 역행렬을 계산하는 데 유용할 것이다(3.2절 참조).

예제 6 다음 연립방정식의 해를 구하라.

$$\begin{cases} 7x_1 + 5x_2 = 83/6 \\ 37x_1 + 7x_2 = 361/6 \end{cases}$$

풀이 이전과 같은 방법으로, 수 37을 0으로 만들기 위해 첫 번째 방정식의 배수를 두 번째 방정식에 더한다. 이때 임의의 배수를 α라 하면, $37+7\alpha=0$인 $\alpha=-\frac{37}{7}$이 된다. 그러므로 다음과 같은 연립방정식을 얻게 된다.

$$\begin{cases} 7x_1 + 5x_2 = 83/6 \\ 0x_1 - (136/7)\,x_2 = -272/21 \end{cases}$$

마찬가지로 두 번째 방정식에 $\frac{35}{136}$를 곱하여 첫 번째 방정식에 더하면 다음과 같이 된다.

$$\begin{cases} 7x_1 + 0x_2 = 21/2 \\ 0x_1 - (136/7)\,x_2 = -305/42 \end{cases}$$

그러므로 해는 $x_1=\frac{3}{2}$, $x_2=\frac{2}{3}$이다. 이 과정을 행렬로 나타내면 다음과 같다.

$$\left[\begin{array}{cc|c} 7 & 5 & 83/6 \\ 37 & 7 & 361/6 \end{array}\right] \sim \left[\begin{array}{cc|c} 7 & 5 & 83/6 \\ 0 & -136/7 & -272/21 \end{array}\right] \sim \left[\begin{array}{cc|c} 7 & 0 & 21/2 \\ 0 & -136/7 & -272/21 \end{array}\right]$$

■

예제 7 다음과 같은 동치 행렬이 주어질 때, 해를 구하라.

$$\left[\begin{array}{ccc|c} 5 & 3 & 0 & 21 \\ 1 & 3 & -1 & 15 \\ -2 & 0 & -1 & 1 \end{array}\right] \sim \left[\begin{array}{ccc|c} 0 & -12 & 5 & -54 \\ 1 & 3 & -1 & 15 \\ 0 & 6 & -3 & 31 \end{array}\right] \sim \left[\begin{array}{ccc|c} 0 & 0 & -1 & 8 \\ 1 & 3 & -1 & 15 \\ 0 & 6 & -3 & 31 \end{array}\right]$$

풀이 이 예제에서는 더 많은 행축소를 실행할 수 있지만 연립방정식들은 예전에 사용했던 방법으로 쉽게 풀리는 것을 볼 수 있다. x_3의 값을 구하기 위해 $x_3=-8$이라는 첫 번째 방정식을 사용한다. x_3의 값을 세 번째 방정식 $6x_2-3x_3=31$에 대입하면 $6x_2+24=31$, 그러므로 $x_2=\frac{7}{6}$이 되고 마지막으로 $x_1+3x_2-x_3=15$에 x_2, x_3의 값을 대입하면, $x_1+3(\frac{7}{6})-(-8)=15$이고, $x_1=\frac{7}{2}$이 된다. 우리가 보인 절차는 수학 소프트웨어에서 일반적으로 사용되는 것이다. 한 방정식은 오직 하나의 미지수를 포함하고 또 다른 방정식은 그 미지수와 또 다른 미지수들을 포함하는 방정식이 되도록 행렬을 축소한다. 간단히 말해서 연립방정식은 오직 한 개의 미지수를 갖는 방정식으로부터 시작하여 한 번에 한 방정식씩 계속하여 풀어 가면 된다.

앞의 예에서 행축소는 다음을 이끌어 낸다.

$$\left[\begin{array}{ccc|c} 0 & 0 & -1 & 8 \\ 2 & 6 & -2 & 30 \\ 0 & 6 & -3 & 31 \end{array}\right] \sim \left[\begin{array}{ccc|c} 0 & 0 & -1 & 8 \\ 2 & 0 & 1 & -1 \\ 0 & 6 & -3 & 31 \end{array}\right]$$
$$\sim \left[\begin{array}{ccc|c} 0 & 0 & -1 & 8 \\ 2 & 0 & 0 & 7 \\ 0 & 6 & 0 & 7 \end{array}\right] \sim \left[\begin{array}{ccc|c} 0 & 0 & 1 & -8 \\ 1 & 0 & 0 & 7/2 \\ 0 & 1 & 0 & 7/6 \end{array}\right]$$

그러므로 해는 $x_1=\frac{7}{2}$, $x_2=\frac{7}{6}$, $x_3=-8$이다. ■

우리가 활용한 행 연산은 (1) 한 행의 배수를 다른 행에 더하고, (2) 한 행에 영이 아닌 상수를 곱하는 것이다. 이러한 두 연산들을 반복 적용하면 연립방정식을 푸는 데 큰 도움이 된다. 예제 7은 이들 연산이 연립방정식을 푸는 데 어떻게 사용되는가를 보여 주고 있다. 여기서 또 다른 예제를 살펴본다.

예제 8 행 연산을 이용하여 연립방정식의 해를 구하라.

$$\begin{cases} 35x_1 + 6x_2 - 7x_3 = 15 \\ -90x_1 - 15x_2 + 21x_3 = -40 \\ 25x_1 + 3x_2 - 7x_3 = 11 \end{cases}$$

풀이 우리는 조직적으로 전략적인 위치에 0을 만든다. 여기에 일련의 축소 단계가 있다. 1행으로부터 3행을 뺀 후, 3행의 3배를 2행에 더한다. 그런 다음 1행의 2배를 2행에 더하고, 다시 2행의 -3배를 3행에 더한다. 마지막으로 2행의 -2배를 1행에 더하고 2행의 -3배를 3행에 더한다.

$$\begin{bmatrix} 35 & 6 & -7 & | & 15 \\ -90 & -15 & 21 & | & -40 \\ 25 & 3 & -7 & | & 11 \end{bmatrix} \sim \begin{bmatrix} 10 & 3 & 0 & | & 4 \\ -90 & -15 & 21 & | & -40 \\ 25 & 3 & -7 & | & 11 \end{bmatrix}$$

$$\sim \begin{bmatrix} 10 & 3 & 0 & | & 4 \\ -15 & -6 & 0 & | & -7 \\ 25 & 3 & -7 & | & 11 \end{bmatrix} \sim \begin{bmatrix} 10 & 3 & 0 & | & 4 \\ 5 & 0 & 0 & | & 1 \\ 15 & 0 & -7 & | & 7 \end{bmatrix}$$

$$\sim \begin{bmatrix} 0 & 3 & 0 & | & 2 \\ 5 & 0 & 0 & | & 1 \\ 0 & 0 & -7 & | & 4 \end{bmatrix}$$

그러므로 연립방정식의 해는 $x_1=\frac{1}{5}$, $x_2=\frac{2}{3}$, $x_3=-\frac{4}{7}$이다. ■

앞의 예제는 분수 사용을 피하기 위해서 행 연산을 현명하게 사용한 예이다. 역으로, 1행을 피벗행으로 하여 1행 아래에 있는 1열의 모든 원소를 0으로 만드는 조직적인 접근이 필요하다. 그 다음, 2행을 피벗행으로 하여 2행 아래에 있는 2열의 모든 원소들을 0으로 만드는 작업을 계속한다.

기본 행 연산

다음으로 **기본 행 연산**(elementary row operation) 중 하나인 (3) '한 행에 0이 아닌 상수를 곱한다' 를 소개한다. 이러한 연산 (3)과 함께 이전의 행렬들은 다음과 같이 더욱 축소될 수 있다.

$$\begin{bmatrix} 7 & 0 & | & 21/2 \\ 0 & -136/7 & | & -272/21 \end{bmatrix} \sim \begin{bmatrix} 1 & 0 & | & 3/2 \\ 0 & 1 & | & 2/3 \end{bmatrix}$$

$$\begin{bmatrix} 0 & 0 & -1 & | & 8 \\ 1 & 0 & 0 & | & 7/2 \\ 0 & 6 & 0 & | & 7 \end{bmatrix} \sim \begin{bmatrix} 0 & 0 & 1 & | & -8 \\ 1 & 0 & 0 & | & 7/2 \\ 0 & 1 & 0 & | & 7/6 \end{bmatrix}$$

$$\begin{bmatrix} 0 & 3 & 0 & | & 2 \\ 5 & 0 & 0 & | & 1 \\ 0 & 0 & -7 & | & 4 \end{bmatrix} \sim \begin{bmatrix} 0 & 1 & 0 & | & 2/3 \\ 1 & 0 & 0 & | & 1/5 \\ 0 & 0 & 1 & | & -4/7 \end{bmatrix}$$

행 연산 (1)(한 행의 배수를 다른 행에 더한다)과 마찬가지로, 새로운 연산 (3)을 사용해도 연립방정식의 해가 바뀌지 않도록 해야 한다. 그러나 분명한 것은 방정식 $E(\mathbf{x})=0$는 임의의 0이 아닌 α에 대하여 $\alpha E(\mathbf{x})=0$와 동치이고, 마지막 연산 (3)은 $\alpha E(\mathbf{x})=0$에 $\frac{1}{\alpha}$을 곱하여 처음 방정식 $E(\mathbf{x})=0$으로 되돌릴 때 필요하다는 점이다.

실제로 새로운 행 연산은 아니지만, 연립방정식의 임의의 두 행을 **교환**(interchange 또는 swap)할 수 있다. $\mathbf{r}_1$과 $\mathbf{r}_2$를 임의의 두 행이라 할 때, 행 연산 (2), (3)을 계속해서 사용하여 $\mathbf{r}_1$과 $\mathbf{r}_2$를 교환할 수 있다.

$$\begin{bmatrix} \mathbf{r}_1 \\ \mathbf{r}_2 \end{bmatrix} \sim \begin{bmatrix} \mathbf{r}_1 \\ \mathbf{r}_1+\mathbf{r}_2 \end{bmatrix} \sim \begin{bmatrix} -\mathbf{r}_2 \\ \mathbf{r}_1+\mathbf{r}_2 \end{bmatrix} \sim \begin{bmatrix} \mathbf{r}_2 \\ \mathbf{r}_1+\mathbf{r}_2 \end{bmatrix} \sim \begin{bmatrix} \mathbf{r}_2 \\ \mathbf{r}_1 \end{bmatrix}$$

오직 두 가지 행 연산만이 필요함에도 불구하고 **기본 행 연산**의 세 가지 유형을 정의한다.

1. **교체**(replacement) 한 행의 배수를 다른 행에 더한다.
2. **비율**(scale) 임의의 행에 0이 아닌 인수를 곱한다.
3. **교환**(swap) 두 행을 교환한다.

행은 교환 연산에 의해서만 위치가 바뀐다. 행 연산을 포함하는 증명에서 교환 과정은 4번의 교체와 비율 연산으로 이루어진다. 그러므로 교체와 비율 연산만이 증명에 있어서 핵심적이다.

행렬에서 사용되는 행 연산을 서술할 때 다음과 같은 기호로 나타낸다.

교체	$\mathbf{r}_i \leftarrow \mathbf{r}_i + a\mathbf{r}_j$	($i \neq j$, a는 스칼라)
비율	$\mathbf{r}_i \leftarrow c\mathbf{r}_i$	(스칼라 $c \neq 0$)
교환	$\mathbf{r}_i \leftrightarrow \mathbf{r}_j$	

여기서 $\mathbf{r}_1$, $\mathbf{r}_2$ 등은 행을 표시한다. 교체 연산은 한 행의 배수를 다른 행에 더하는 것이고, 비율 연산은 단순히 임의의 행에 0이 아닌 상수를 곱하는 것이고, 교환 연산은 두 행을 서로 교환하는 것이다. 예제 5의 경우 주어진 행렬을 축소하기 위해 필요했던 연산은 ($\mathbf{r}_2 \leftarrow \mathbf{r}_2 - 3\mathbf{r}_1$), ($\mathbf{r}_1 \leftarrow \mathbf{r}_1 - 2\mathbf{r}_2$)와 ($\mathbf{r}_1 \leftarrow \frac{1}{3}\mathbf{r}_1$)이다. 이러한 과정을 시행하는 순서는 관찰되어야 한다.

큰 연립방정식을 풀기 위한 컴퓨터 프로그램에서, 행 교환은 소위 데이터 운동(data motion)이 축소되지 않도록 할 수 있다. 지수 배열은 피벗행들의 순서에 따라 사용될 수 있다. 덧붙여 그것은 피벗 원소를 1로 만들 때 사용할 필요는 없다. 높은 수준의 소프트웨어는 주로 예제 7에서 했던 것처럼 시행하는 데, 한 방정식은 변수 x_3 항만을, 다른 방정식은 x_2, x_3를, 그리고 세 번째 방정식은 세 변수 모두를 포함하도록 한다.

기약 행 사다리꼴

선형방정식을 좀더 깊게 이해하기 위하여, 우리는 세 가지 행 연산 모두를 이용하여 가장 단순한 형태의 연립방정식을 만들기 원한다. 이를 위해 적당한 행 연산과 함께, 임의의 행렬은 **기약 행 사다리꼴**(reduced row echelon form)이라 부르는 특별한 형으로 변환될 수 있다. 이것은 다음과 같은 특성을 갖는다.

정의

행렬이 다음과 같은 조건을 만족할 때, 이를 **기약 행 사다리꼴**이라 한다.

- 모든 영행들은 행렬의 아래쪽으로 모은다.
- 왼쪽에서 오른쪽으로 움직이면서 영행이 아닌 각 행은 그것의 선행 원소로서 1을 갖는다. 이러한 선행 1을 **피벗**(pivot)이라 한다.
- 피벗을 포함하는 각 열의 다른 모든 수는 0이다.
- 임의의 행의 피벗은 위 행의 피벗보다는 훨씬 더 오른쪽에 위치한다.

다음은 1.3절에서 증명할 중요한 정리(정리 6)의 내용이다.

정리 1

모든 행렬은 오직 하나의 기약 행 사다리꼴을 갖는다.

이 정리로부터 피벗들은 주어진 행렬에 의해 유일하게 결정되는 것을 알 수 있다.

정의

행렬에서의 **피벗 위치**(pivot position)는 그 행렬의 기약 행 사다리꼴에서 선행 1(**피벗**)이 나타나는 위치를 말한다.

일반적으로 피벗 위치는 행렬의 기약 행 사다리꼴, 또는 행 사다리꼴(뒤에서 정의할)을 얻기 전에는 알지 못한다.

다음 네 개의 행렬들은 모두 기약 행 사다리꼴이다.

$$\begin{bmatrix} 0 & 1 \\ 0 & 0 \end{bmatrix} \quad \begin{bmatrix} 1 & 0 \\ 0 & 1 \end{bmatrix} \quad \begin{bmatrix} 0 & 1 & 3 & 0 \\ 0 & 0 & 0 & 1 \\ 0 & 0 & 0 & 0 \end{bmatrix} \quad \begin{bmatrix} 1 & 5 & 0 & -7 & 0 \\ 0 & 0 & 1 & 3 & 0 \\ 0 & 0 & 0 & 0 & 1 \end{bmatrix}$$

각 행렬에서 원소 1은 모두 피벗이다. 다음 네 개의 행렬은 모두 기약 행 사다리꼴이 아니다.

$$\begin{bmatrix} 0 & 0 \\ 1 & 0 \end{bmatrix} \quad \begin{bmatrix} 0 & 1 \\ 1 & 0 \end{bmatrix} \quad \begin{bmatrix} 0 & 1 & 3 & 2 \\ 0 & 0 & 0 & 1 \\ 0 & 0 & 0 & 0 \end{bmatrix} \quad \begin{bmatrix} 0 & 1 & 3 & 0 \\ 0 & 0 & 0 & 4 \\ 0 & 0 & 0 & 0 \end{bmatrix}$$

기약 행 사다리꼴인 행렬은 일반적으로 다음과 같은 구조로 이루어져 있다.

$$\begin{bmatrix} 0 & \boxtimes & \times & 0 & 0 & \times \\ 0 & 0 & 0 & \boxtimes & 0 & \times \\ 0 & 0 & 0 & 0 & \boxtimes & \times \\ 0 & 0 & 0 & 0 & 0 & 0 \\ 0 & 0 & 0 & 0 & 0 & 0 \end{bmatrix}$$

상자 안에 있는 원소들은 모두 피벗 위치들이고, 기호 ×는 0, 또는 0이 아닌 원소를 표시하고 있다. 피벗들과 영(0)들은 계단 형태를 이루고 있으며, 각 피벗의 위, 아래의 원소는 모두 0이다. 임의의 $n\times n$ 행렬에 대하여 기약 행 사다리꼴은 **항등행렬**(identity matrix)이고, 이를 I, 또는 I_n으로 표시한다. I_n의 원소를 δ_{ij}라 할 때 δ_{ij}와 같은 기호를 **크로네커 델타**(Kronecker delta)라 부른다.[3] 예를 들어 5×5 항등행렬 I_5는 다음과 같이 표현된다.

[3] 크로네커(Leopold Kronecker, 1823~1891)는 대수적 수론에 대하여 집중적으로 연구하였으며 군론(group theory)과 체론(field theory) 같은 여러 새로운 수학 분야에 많은 기여를 하였다.

$$\begin{bmatrix} 1 & 0 & 0 & 0 & 0 \\ 0 & 1 & 0 & 0 & 0 \\ 0 & 0 & 1 & 0 & 0 \\ 0 & 0 & 0 & 1 & 0 \\ 0 & 0 & 0 & 0 & 1 \end{bmatrix}$$

예제 9 다음 행렬의 기약 행 사다리꼴을 구하라(단, 원소가 분수로 표시되지 않도록 한다).

$$\begin{bmatrix} 3 & 2 & -3 & -3 \\ 5 & 1 & 0 & 7 \\ 7 & -4 & 32 & 6 \end{bmatrix}$$

풀이 두 개 행의 영이 아닌 선행 원소가 같게 되도록 비율 행 연산을 시행한 다음, 한 행의 선행 원소가 0이 되도록 한 행을 다른 행으로부터 뺀다.

$$\begin{bmatrix} 3 & 2 & -3 & -3 \\ 5 & 1 & 0 & 7 \\ 7 & -4 & 32 & 6 \end{bmatrix} \sim \begin{bmatrix} 15 & 10 & -15 & -15 \\ 15 & 3 & 0 & 21 \\ 7 & -4 & 32 & 6 \end{bmatrix}$$

$$\sim \begin{bmatrix} 15 & 10 & -15 & -15 \\ 0 & -7 & 15 & 36 \\ 7 & -4 & 32 & 6 \end{bmatrix} \sim \begin{bmatrix} 3 & 2 & -3 & -3 \\ 0 & -7 & 15 & 36 \\ 7 & -4 & 32 & 6 \end{bmatrix}$$

$$\sim \begin{bmatrix} 21 & 14 & -21 & -21 \\ 0 & -7 & 15 & 36 \\ 21 & -12 & 96 & 18 \end{bmatrix} \sim \begin{bmatrix} 21 & 14 & -21 & -21 \\ 0 & -7 & 15 & 36 \\ 0 & -26 & 117 & 39 \end{bmatrix}$$

$$\sim \begin{bmatrix} 3 & 2 & -3 & -3 \\ 0 & -7 & 15 & 36 \\ 0 & -2 & 9 & 3 \end{bmatrix} \sim \cdots \sim \begin{bmatrix} 11 & 0 & 0 & 34 \\ 0 & -11 & 0 & 93 \\ 0 & 0 & 11 & -17 \end{bmatrix}$$

$$\sim \begin{bmatrix} 1 & 0 & 0 & 34/11 \\ 0 & 1 & 0 & -93/11 \\ 0 & 0 & 1 & -17/11 \end{bmatrix}$$

이것의 중간 과정은 연습문제로 남긴다. ■

이러한 결과는 Matlab 명령어 `format rat`와 `rref(A)`를 사용하여 확인할 수 있다. 또한 단계적으로 작업한 알고리즘을 보기 위해 `rrefmovie(A)`를 사용할 수 있다(1.2절의 "수학 소프트웨어" 참조).

다행히도 고급 수학소프트웨어 시스템들에는 기약 행 사다리꼴을 계산하는 데 필요한 명령어들이 내장되어 있다. 예를 들어 Matlab은 `rref(A)`를 사용하고, Maple은 `ReducedRowEchelon Form(A)`를, Mathematica는 `RowReduce(A)`를 사용한다. 이러한 명령어를 사용한 예들은 이 절의 마지막 부분에 있는 수학 소프트웨어에 대한 소절에서 볼 수 있다.

행 사다리꼴

부분적으로 축소된 형태의 행렬이 자주 사용되는데, 이들은 다음과 같은 세 가지 성질을 만족한다.

정의

다음과 같은 세 가지 성질을 만족하는 행렬을 **행 사다리꼴**(row echelon form)이라 한다.

- 모든 영행들은 행렬의 아랫부분에 위치한다.
- 행의 0이 아닌 선행 원소는 그보다 위에 위치한 행의 0이 아닌 선행 원소보다 오른쪽에 있다.
- 0이 아닌 선행 원소를 포함하는 각 열에서, 0이 아닌 선행 원소 아래에 있는 모든 원소는 0이다.

예를 들어 아래의 행렬은 행 사다리꼴이다.

$$\begin{bmatrix} 0 & 3 & 5 & 9 & 6 & 4 & 1 \\ 0 & 0 & 0 & 7 & 6 & 3 & 2 \\ 0 & 0 & 0 & 0 & 0 & 4 & 3 \\ 0 & 0 & 0 & 0 & 0 & 0 & 0 \end{bmatrix}$$

일반적으로 행 사다리꼴인 행렬의 구조는 다음과 같다.

$$\begin{bmatrix} 0 & \boxtimes & \times & \times & \times & \times \\ 0 & 0 & 0 & \boxtimes & \times & \times \\ 0 & 0 & 0 & 0 & \boxtimes & \times \\ 0 & 0 & 0 & 0 & 0 & 0 \\ 0 & 0 & 0 & 0 & 0 & 0 \end{bmatrix}$$

상자 안의 원소 $\boxtimes$는 각 행의 0이 아닌 선행 원소들이다. 행 사다리꼴을 만드는 절차는 기약 행 사다리꼴에 비해 간단하다. 피벗 위치는 계단 모양을 이루고 있다. 행 사다리꼴은 행렬에 대한 어떤 질문(행렬의 계수 구하기)에 대해 좀더 빠르게 답을 준다. 행렬의 기약 행 사다리꼴은 유일하지만 행 사다리꼴은 유일하지 않다. 행렬의 기약 행 사다리꼴의 유일성에 대한 증명은 1.3절(정리 6)에 나와 있다. 기약 행 사다리꼴과 행 사다리꼴에 대한 개념은 첨가행렬 여부와 무관하다. 행렬이 행 사다리꼴인가 기약 행 사다리꼴인가를 결정할 때 첨가행렬 안에 그은 수직선은 무시해도 좋다.

직관적 설명

선형대수의 미스터리를 해결하는 데 도움을 주는 연립 일차방정식에 대한 직관적 설명이 있다.

$\mathbb{R}^2$ 상에서 자유롭게 움직이는 벡터 $\mathbf{X}=(x_1, x_2)$가 있을 때, 두 변수 x_1, x_2는 연결되어 있지 않다. 이러한 상황에서 점은 자유도 2(two degree of freedom)를 갖는다고 말한다.

우리가 이 점 위에 선형 조건을 주면 무슨 일이 일어나는가? 예를 들어 $x_1+3x_2=7$이 된다고 하면, 지금 그 점은 오직 자유도 1을 갖는다. 만일 이 방정식을 만족하는 점이 있고 방정식에 따라 움직인다면, 그 점은 방정식 $x_1+3x_2=7$을 참이 되도록 하는 길을 따라서만 움직일 수 있을까? 우리가 알고 있는 것처럼, 이것은 점들이 직선 위에 놓여 있다는 것을 의미한다. 예로서 점 (4, 1)과 (1, 2)는 직선 위에 있지만 점 (2, 2)는 직선 위에 있지 않다.

또 다른 방정식 $x_1+3x_2=7$과 $2x_1-5x_2=-8$을 모두 만족하는 점은 (1, 2)뿐이고 이 점은 자유도를 잃었다. 이처럼 덧붙여진 조건은 점을 제한하고 우리는 그 점을 사라지게 할 수도 있다.(현재의 예에서 조건 $x_1-x_2=0$이 주어진다면, 이런 일이 일어난다.)

불행하게도 우리의 직관은 틀릴 수 있고 그것이 선형대수학과 그림이 만나는 지점이다. 예를 들어 $x_1+3x_2=7$에 $2x_1+6x_2=14$라는 조건을 더해 보자. 그러나 이 새 조건은 처음 조건과 같으므로(두 번째 방정식은 첫 번째 방정식의 배수) 처음 조건을 만족하는 점들을 제한하지 않는다. 그것이 첫 번째 예외적인 경우이다. 또 다른 예외적인 경우는 두 번째 조건으로 $2x_1+6x_2=8$이 주어지는 경우이다. 두 조건을 만족하는 점은 존재하지 않는다. 각 방정식은 직선을 표현하지만 이 두 직선은 평행하고 교차하지 않는다. 그러므로 두 방정식을 동시에 만족하는 점은 없다.

다음으로 세 변수를 가진 일차방정식과 같은 좀더 복잡한 상황을 곰곰이 생각해 보자. 방정식 $3x_1-4x_2+5x_3=9$를 만족하는 자유도 3을 가진 점 $\mathbf{X}=(x_1, x_2, x_3)$를 찾아보면 그들은 평면을 이루고 자유도 2를 가진다. 만일 $x_1-5x_2-x_3=7$과 같은 또 다른 일차 조건을 더한다면, 두 방정식을 모두 만족하는 점들은 직선 위에 놓이는 것을 알 수 있다. 그러나 이러한 정상적인 경우 이외의 경우가 있다. 두 방정식이 (한 쌍의 평행한 평면과 같은) 불가능한 경우를 나타내거나, 또는 그들이 실제적으로 두 개의 다른 조건을 표현하지 않을 수도 있다. 세 개의 방정식

$$\begin{cases} 3x_1 - 4x_2 + 5x_3 = 9 \\ \quad x_1 - 5x_2 - x_3 = 7 \\ 5x_1 - 14x_2 + 3x_3 = 23 \end{cases}$$

은 $\mathbb{R}^3$에서 한 점을 정의하지 않고 사실상 평면으로 나타난다. 그 이유는 무엇일까?

변수와 방정식의 개수가 많을수록 상황은 더욱 복잡해지지만, 방정식과 변수의 개수에 상관없이 이런 문제를 해결하는 방법을 생각할 수 있다. 사실상 우리의 첫 번째 주요 목표는 임의의 주어진 연립 일차방정식의 해집합을 구하는 것이다.

응용: 박테리아 배양

이 책에서 우리는 응용 문제의 수학적 해결 과정을 알아보기 위해 다음의 예를 살펴 본다.

예제 10 한 세균학자가 배양 접시에 B_1, B_2, B_3라는 세 가지 종류의 박테리아를 놓고, N_1, N_2, N_3라는 세 가지 영양분을 주었다. 24시간 후에 각 세균에 의해 소모될 수 있는 양을 다음의 표로 나타내었다.

	B_1	B_2	B_3
N_1	4	2	6
N_2	3	1	2
N_3	7	5	2

예를 들어 이 표는 박테리아 B_1은 하루에 N_1 4단위, N_2 3단위, N_3 7단위를 소모할 수 있다는 것을 말한다. 각 종류마다 몇 마리의 박테리아가 하루에 N_1 4200단위, N_2 1900단위, N_3 4700단위를 먹을 수 있을까?

풀이 배양 접시에 나타나 있는 각 종류의 박테리아 개수를 각각 x_1, x_2, x_3라 하자. 첫 번째 영양분이 세 종류의 박테리아에 의해 어떻게 소모되는가는 방정식 $4x_1+2x_2+6x_3=4200$으로 나타낸다. 영양분 N_2, N_3에 대한 다른 두 방정식은 $3x_1+x_2+2x_3=1900$과 $7x_1+5x_2+2x_3=4700$이고, 이 연립방정식의 첨가행렬은

$$\left[\begin{array}{ccc|c} 4 & 2 & 6 & 4200 \\ 3 & 1 & 2 & 1900 \\ 7 & 5 & 2 & 4700 \end{array}\right]$$

이다. 그리고 행 연산의 시행 과정은 다음과 같다.

$$\left[\begin{array}{ccc|c} 1 & 1 & 4 & 2300 \\ 3 & 1 & 2 & 1900 \\ 7 & 5 & 2 & 4700 \end{array}\right] \sim \left[\begin{array}{ccc|c} 1 & 1 & 4 & 2300 \\ 0 & -2 & -10 & -5000 \\ 0 & -2 & -26 & -11400 \end{array}\right]$$

$$\sim \left[\begin{array}{ccc|c} 1 & 1 & 4 & 2300 \\ 0 & 1 & 5 & 2500 \\ 0 & 1 & 13 & 5700 \end{array}\right]$$

$$\sim \left[\begin{array}{ccc|c} 1 & 1 & 4 & 2300 \\ 0 & 1 & 5 & 2500 \\ 0 & 0 & 8 & 3200 \end{array}\right]$$

결과는 다음과 같다.

$$\begin{aligned} x_3 &= 3200/8 = 400 \\ x_2 &= 2500 - 5x_3 = 2500 - 2000 = 500 \\ x_1 &= 2300 - 4x_3 - x_2 = 2300 - 1600 - 500 = 200 \end{aligned}$$

해는 $x_1=200$, $x_2=500$, $x_3=400$이므로 $\mathbf{x}=(200, 500, 400)$이다. ■

수학 소프트웨어

이 책을 통해서 현재 가장 인기 있는 수학 소프트웨어 패키지인 Matlab, Maple, 그리고 Mathematica를 사용한 예제들을 제공한다. 이러한 소프트웨어 시스템의 웹사이트는 Matlab(`www.mathworks.com`), Maple (`www.maplesoft.com`), 그리고 Mathematica(`www.wolfram.com`)이다. 이 외에도 다른 많은 수학 소프트웨어 시스템이 있다. 예를 들어 Free Software Foundation(`www.gnu.org/software/octave`)이 GNU General Public License 하에 자유로이 재공급되는 Octave라 부르는 비영리 시스템이 있다. 하지만 불행하게도, 이들은 자기 자신만의 체계(syntax)를 가지고 있다!

행렬은 가우스 소거법을 이용하여 기약 행 사다리꼴로 변환한다. 예를 들어 Matlab은 관용 매개변수가 무시해도 좋은 열 원소들을 검증하기 위해 사용한 부분 피버팅(partial pivoting)과 가우스-요르단 소거법을 사용하여 기약 행 사다리꼴을 만든다. 부분 피버팅은 피벗 원소의 반올림 오차를 줄이기 위해 선택된 절차로서 교환한 행들을 포함하고 있다.

예제 11 소수로 표현되는 일곱 자리 수를 계수로 하는 두 개의 이변수 일차방정식이 있다.

$$\begin{cases} 3.215793x_1 + 82.13459x_2 = 5.332873 \\ 9.300567x_1 - 1.776321x_2 = -12.99334 \end{cases}$$

이 연립방정식의 해를 구하기 위해 어떻게 컴퓨터를 사용할 수 있을까?

풀이 Matlab이 설치된 컴퓨터에 연립방정식을 풀기 위한 명령어에 따라 정보를 기술함으로써 문제에 대한 데이터를 입력한다.

```
Matlab
format long
A = [3.215793,82.13459;9.300567,-1.776321]
b = [5.332873;-12.99334]
x = A\b
r = A*x - b
```

Matlab에서 빈 칸은 열 원소들 사이에 쉼표 대신 사용될 수 있다. Matlab은 완벽한 정확도 안에서 모든 계산을 실행하지만 그 결과는 다양한 형식으로 제공된다. 명령어 `format long`은 15자리 부동 소수점 형식으로 답을 요구한다. 명령어 `format rat`은 작은 정수들의 비로 답을 요구한다. 명령어 `format short`은 다섯 자리 부동 소수점의 값으로 답을 준다. 이 형식(format)은 디폴트 값(default)이다. 이 예에서 Matlab은 모든 입력 데이터(echoing)와 문제의 답 $X \approx (-1.37437016149456, 0.11873880352654)$를 출력함으로써 반응한다. 우리는 x_1, x_2에 수치 값을 대입하고 b_1, b_2의 미리 정해진 값과 비교함으로써 답의 독립적 증명을 요구한다. 사실상 반올림 오차에 의한 매우 작은 불일치가 있다. 차는 $(-0.089, -0.18)\times 10^{-14}$이다.(많은 형태의 문제에서 우리는 제공된 해를 대입이나 다른 독립적인 절차에 의해 증명할 수 있다.)

Maple 시스템은 같은 문제를 다음과 같이 해결한다.

```
Maple
with(LinearAlgebra):
A := Matrix([[3.215793,82.13459],[9.300567,-1.776321]]);
b := Vector([5.332873,-12.99334]);
x := LinearSolve(A,b);
r := A.x - b;
```

여기서 우리는 선형대수 계산을 수행하도록 고안된 `LinearAlgebra`라 불리는 사용자 친화적인 패키지를 이용하여 문제를 해결한다.

Mathematica 소프트웨어 패키지에 다음과 같은 비슷한 명령어들이 있다.

```
Mathematica
A = {{3.215793,82.13459},{9.300567,-1.776321}}
b = {5.332873,-12.99334}
x = LinearSolve(A,b)
r = A.x - b
```

우리는 이 예에서 사용하고 있는 행렬이나 벡터에 대해 설명하지 않고 있다. 그 이유는 이 단계에서 우리는 단지 고급 소프트웨어가 이 같은 문제를 푸는 데 이용된다는 것을 강조할 뿐이기 때문이다. 사용자는 단지 프로그램에 입력 값을 집어넣고 해를 요구하면 된다. ■

Maple은 상징적으로 기본 행 연산을 실행하는 명령어를 가지고 있다.

교체	$\mathbf{r}_i \leftarrow \mathbf{r}_i + a\mathbf{r}_j$	`RowOperation(A, [ i, j] , a) ;`
비율	$\mathbf{r}_i \leftarrow c\mathbf{r}_i$	`RowOperation(A, i, c) ;`
교환	$\mathbf{r}_i \leftrightarrow \mathbf{r}_j$	`RowOperation(A, [ i, j]);`

실례로서, 예제 5의 연립 일차방정식 $3x_1+2x_2=4$, $9x_1+7x_2=17$을 푼다.

```
Maple
with(LinearAlgebra):
A := Matrix([[3,2,4],[9,7,17]]);
A1 := RowOperation(A,[2,1],-3);
A2 := RowOperation(A1,[1,2],-2);
A3 := RowOperation(A2,1,1/3);
```

BLAS(Basic Linear Algebra Subprogram)는 컴퓨터의 일련의 작업 모음 또는 '도서관'으로서 기본 벡터와 행 연산을 시행하는 표준 기본 원칙을 제공한다. 기본적인 벡터 연산에서 교체는 `_axpy`로서 연산 $\mathbf{y} \leftarrow a\mathbf{x}+\mathbf{y}$를 제안한다.(이것은 벡터 $\mathbf{y}$를 $a\mathbf{x}+\mathbf{y}$로 교체하는 것을 의미한다) 또한 `_swap`이라 부르는 기본 원칙은 두 벡터를 교환하는 것이고($\mathbf{x} \leftrightarrow \mathbf{y}$), `_scale`은 벡터 $\mathbf{x}$를 확대, 또는 축소하는 것이다($\mathbf{x} \leftarrow c\mathbf{x}$). BLAS 기본 원칙은 특히 고성능 컴퓨터에 유용한데, 이는 새 세대 슈퍼컴퓨터와 함께 조밀하거나 산재된 모든 데이터를 다루기 위해 확장되거나 활용될 수 있다.

기약 행 사다리꼴을 위한 알고리즘

행렬의 기약 행 사다리꼴을 찾는 알고리즘을 여기에 소개한다.(서술된 단계는 쉽게 컴퓨터 프로그램으로 번역될 수 있다.)

1. 필요하면 모든 영행들을 행렬의 아랫부분에 놓기 위해 행을 교환하라.
2. 가장 왼쪽의 영이 아닌 열을 확인하라. 그것을 피벗열 j라고 하자. 피벗 위치인 첫 번째 행과 j번째 열에 영이 아닌 원소를 가져오기 위해 행을 교환하라.(컴퓨터 프로그램은 주로 반올림 오차를 최소화하기 위하여 절대값이 가장 큰 원소를 선택한다.) 피벗 위치 아래에 있는 피벗열의 모든 원소를 0으로 만들기 위해 교체 행 연산을 사용하라.
3. 영이 아닌 행이 남아 있지 않을 때까지 나머지 부분 행렬에 1, 2 단계를 반복하라.(행 사다리꼴을 얻게 되지만 유일하지는 않다.)
4. 가장 오른쪽의 피벗으로부터 시작하여, 위로 그리고 왼쪽으로 작업하면서 피벗 위치에 있는 피벗열의 모든 원소가 0이 되도록 교체 행 연산을 사용하라. 피벗행에 있는 원소가 선행의 1이 되도록 확대 또는 축소하라.
5. 주어진 행렬이 유일한 기약 행 사다리꼴이 될 때까지 4단계를 반복하라.

1~3단계는 이 알고리즘의 가우스(Gaussian), 또는 앞으로(forward) 부분, 4~5단계는 뒤로(backward) 부분이라 한다. 가우스-요르단 소거법(Gauss-Jordan elimination)이라 부르는 이 알고리즘은 피벗 위치 위, 아래에서 소거 단계를 시행함으로써 알고리즘의 앞, 뒤 부분을 결합시킨다. 학생들은 이미 가우스-요르단 소거법이 직접 계산하는 데 있어서 유용한 것을 알고 있지만, 컴퓨터 프로그램을 이용하여 계산하면 더욱 유용하다.

요약 1.1

- 직선의 점-기울기 공식: $y=mx+b$(단, m은 기울기, b는 y 절편)
- 점 (x_0, y_0)와 (x_1, y_1)을 지나는 직선의 두 점 공식: $y-y_0=m(x-x_0)$ (단, $m=(y_1-y_0)/(x_1-x_0)$)
- $\mathbb{R}^2$ 상의 직선 L_1, L_2: 해가 오직 한 개 있다(한 점에서 만난다), 해가 없다(평행하다), 또는 무수히 많은 해가 있다(일치한다).
- 연립 일차방정식의 행렬방정식: $\mathbf{Ax}=\mathbf{b}$
- 첨가행렬: $[\mathbf{A}|\mathbf{b}]$
- 가우스 소거법: 행축소 후 $\mathbf{Ax}=\mathbf{b}$는 $\mathbf{Ux}=\mathbf{c}$의 꼴로 된다(단, $\mathbf{U}$는 위쪽 삼각행렬).
- 행동치 첨가행렬들: $[\mathbf{A}|\mathbf{b}]\sim[\mathbf{U}|\mathbf{c}]$
- 기본 행 연산:
  - (**교체**) i번째 행에 j번째 행의 배수를 더한다($i \neq j$). $(\mathbf{r}_i \leftarrow \mathbf{r}_i + a\mathbf{r}_j)$
  - (**비율**) i번째 행에 영이 아닌 스칼라 c를 곱한다. $(\mathbf{r}_i \leftarrow c\,\mathbf{r}_i)$
  - (**교환**) 임의의 두 행을 교환한다. $(\mathbf{r}_i \leftrightarrow \mathbf{r}_j)$
- 모순이 없는(consistent) 연립방정식은 적어도 하나의 해를 갖고, 모순이 있는(inconsistent) 연립방정식은 해를 갖지 않는다.
- 피벗: 기약 행 사다리꼴에서의 선행 1, 피벗 위치: 축소 과정 끝에 피벗이 놓일 위치
- 기약 행 사다리꼴(유일성): 영행은 행렬의 아래쪽에 위치, 피벗행들은 계단 모양을 이룬다, 피벗열들은 단지 피벗 원소 1을 포함한다.
- 행 사다리꼴은 유일하지 않다(non-unique): 영행은 행렬의 아래쪽으로 이동한다, 선행의 영이 아닌 원소를 포함하는 행들은 계단 모양을 이룬다, 영이 아닌 선행원소를 포함하는 열들은 선행 원소 외의 모든 원소가 0이다.

주요 개념 1.1

일차방정식, 연립 일차방정식, 선과 평면, 계수행렬, 첨가행렬, 미지수벡터, 우변벡터, 기본 행 연산(교체, 비율, 교환), 행렬의 행동치, 모순이 없는 연립방정식, 모순이 있는 연립방정식, 기약 행 사다리꼴, 피벗과 피벗 위치, 행 사다리꼴, 박테리아-영양분 응용, 수학 소프트웨어의 사용, 기약 행 사다리꼴의 알고리즘

일반 연습문제 1.1

1. 다음 연립방정식의 해를 구하고, 구한 해가 맞는지 알아보라.

$$\begin{cases} \qquad\quad 2x_2 - 3x_3 = -11 \\ 4x_1 + x_2 + 3x_3 = 34 \\ \qquad\qquad\quad 5x_3 = 35 \end{cases}$$

2. 다음 연립 일차방정식의 해를 구하고, 구한 해가 맞는지 알아보라.

$$\begin{cases} 3x_1 = 9 \\ 2x_1 - 5x_2 + 6x_3 = -28 \\ -4x_1 + 5x_3 = -32 \end{cases}$$

3. 가우스 소거법을 이용하여 연립방정식의 해를 구하라.

$$\begin{cases} 2x_1 + 3x_2 = -3 \\ 6x_1 + 4x_2 = -5 \end{cases}$$

4. 다음 행렬을 첨가행렬로 하는 연립방정식의 해를 구하라.

$$\left[\begin{array}{cc|c} -3 & 4 & 37 \\ 2 & -5 & -41 \end{array}\right]$$

5. (계속) 위 행렬에서 a_{21}과 a_{12}에 해당하는 원소를 구하라.

6. 연립방정식 $\begin{cases} 3x_2 + 7x_3 + x_1 = 42 \\ x_2 + 2x_1 = 6 \\ 3x_3 + 11x_1 = 76 \end{cases}$ 을 기약 행 사다리꼴로 변환하여 해를 구하라.

7. 가우스 소거법을 이용하여 예제 3의 연립방정식의 해를 구하라. 또한 연립방정식이 (1, 3, 2) 이외의 해를 갖는지 알아보라.

8. 다음 두 행렬이 행동치(row equivalent)임을 보이라.

$$\begin{bmatrix} 0 & 1 & 3 & 0 & 7 & 0 \\ 0 & 0 & 0 & 5 & 2 & 0 \\ 0 & 0 & 0 & 0 & 0 & 1 \end{bmatrix} \sim \begin{bmatrix} 0 & 1 & 3 & 15 & 13 & 4 \\ 0 & 2 & 6 & 35 & 28 & 3 \\ 0 & -2 & -6 & 20 & -6 & -3 \end{bmatrix}$$

9. 다음 연립방정식의 해를 구하라(단, 마지막 단계에서만 분수 계수를 허용한다).

$$\begin{cases} 3x + y = -5 \\ 2x + 4y = 7 \end{cases}$$

10. 다음을 첨가행렬로 하는 연립방정식의 해를 구하라.

$$\left[\begin{array}{ccc|c} 1 & 2 & 1 & 0 \\ 3 & 1 & 0 & 3 \\ 5 & 4 & 3 & 10 \end{array}\right]$$

11. 다음을 첨가행렬로 하는 연립방정식의 해를 구하라.

$$\left[\begin{array}{ccc|c} 3 & 3 & 4 & 11 \\ 2 & 1 & 1 & 6 \\ 1 & 2 & 3 & 4 \end{array}\right]$$

12. 다음 연립방정식의 해를 구하라.

$$\begin{cases} 3x_1 + 6x_2 + 6x_3 = 21 \\ 2x_1 + 4x_2 + 5x_3 = 16 \\ 2x_1 + 5x_2 + 4x_3 = 17 \end{cases}$$

13. 일차방정식 이론을 이용하여 다음 세 방정식에 의해 그려지는 직선들이 교점을 갖는지 알아보라.

$x+2y=1,\ 2x-3y=9,\ -3x-2y=-7$

14. 더 이상의 행 연산을 시행하지 않고, 다음을 첨가행렬로 하는 연립방정식의 해를 구하라.

$$\left[\begin{array}{ccc|c} 0 & 0 & 3 & 12 \\ 1 & 2 & 1 & 12 \\ 0 & 2 & 2 & 6 \end{array}\right]$$

15. 다음 세 연립방정식을 동시에 푸는 방법을 알아보라.

a. $\begin{cases} x + 3y + 2z = 1 \\ 2x + y + z = 0 \\ 4x - y + 3z = 0 \end{cases}$

b. $\begin{cases} x + 3y + 2z = 0 \\ 2x + y + z = 1 \\ 4x - y + 3z = 0 \end{cases}$

c. $\begin{cases} x + 3y + 2z = 0 \\ 2x + y + z = 0 \\ 4x - y + 3z = 1 \end{cases}$

16. 두 방정식 $x+y=13$과 $-2x+y=4$의 그래프인 직선들을 그리고, 그들이 만나는지 알아보라. 두 방정식을 연립으로 풀어 해를 확인하라. 연립방정식을 행 사다리꼴로 전환하라.

17. $\mathbb{R}^2$ 상의 두 직선 $-x+y=1,\ 2x+y=4$의 교점을 구하라. 만일 두 번째 방정식이 $2x-2y=4$로 바뀐다면 두 직선의 위치 관계는 어떻게 변하는지 알아보라. 마지막으로 두 번째 방정식을 $2x-2y=-2$로 바꾸면 두 직선의 위치 관계는 어떻게 변하는지 알아보라. 연립방정식에 약간의 변화를 줌으로써 무엇을 알 수 있었는가?

18. 행렬 B는 행렬 A의 기약 행 사다리꼴이라 할 때, 행축소 과정 없이 위의 사실이 참인지 거짓인지 알아보라.(각 행렬로 표현되는 연립방정식들을 생각해 보라.)

$$A = \begin{bmatrix} 13 & 17 & -31 & 1097 \\ 11 & -19 & 7 & -413 \\ 5 & 3 & 29 & -359 \end{bmatrix}$$

$$B = \begin{bmatrix} 1 & 0 & 0 & 13 \\ 0 & 1 & 0 & 23 \\ 0 & 0 & 1 & -17 \end{bmatrix}$$

19. 다음을 각각 첨가행렬로 하는 두 연립방정식의 해를 구하라.

$$\left[\begin{array}{cc|c} 2 & -1 & a \\ 3 & 4 & b \end{array}\right] \qquad \left[\begin{array}{cc|c} 2 & -1 & 11 \\ 3 & 4 & -11 \end{array}\right]$$

20. 다음 행렬들의 기약 행 사다리꼴을 구하라.

a. $\begin{bmatrix} 0 & 3 & 0 & 5 \\ 4 & 0 & 0 & -3 \\ 0 & 0 & 1 & 7 \\ 8 & 3 & 1 & 6 \end{bmatrix}$ **b.** $\begin{bmatrix} -12 & 0 & -1 & 2 \\ 16 & 3 & 1 & 0 \\ 20 & 3 & 2 & 4 \\ 12 & 3 & 1 & 3 \end{bmatrix}$

c. $\begin{bmatrix} 3 & 1 \\ 4 & 2 \\ -6 & 1 \end{bmatrix}$ **d.** $\begin{bmatrix} 3 & 4 & -6 \\ 1 & 2 & 1 \end{bmatrix}$

21. $a_{ij}=(-1)^{i+j}$을 원소로 하는 $n \times n$ 행렬에서 양수 항의 개수를 구하라.

22. 다음은 변수 t를 포함하는 연립방정식의 첨가행렬이다.

$$\left[\begin{array}{ccc|c} 1 & 3 & 2 & 1 \\ 0 & -4 & 5 & -23 \\ 2 & 2 & 9 & t \end{array}\right]$$

이 첨가행렬이 해를 갖도록 하는 매개변수 t의 값을 구하라.

23. 실변수 x에 대한 실가함수 f, g에 대하여 $f(x)=g(x)$의 형태인 방정식이 있다면, 분명히 $[f(x)]^2=[g(x)]^2$라 할 수 있다. 그러나 $[f(x)]^2=[g(x)]^2$의 해가 반드시 $f(x)=g(x)$의 해는 아님을 보여 주는 예를 들라.

24. 기약 행 사다리꼴을 이용하여 다음 연립방정식의 해를 구하라.

$3x_2+x_1=17,\ 2x_1+7x_2=39$

25. 행축소 기법을 이용하여 다음 연립방정식의 해를 구하라 (단, $c \neq 0,\ 3c+5a \neq 0$).

$$\begin{cases} ax + 3y = 7 \\ cx - 5y = -4 \end{cases}$$

26. 유리수 a_{ij}와 b_i를 계수와 상수로 하는 연립방정식이 해를 갖는다면, 그것은 유리수 해임을 보이라.(두 정수의 분수꼴로 표현되는 실수를 유리수라 한다.)

27. 마지막 단계까지 분수를 포함시키지 않고 예제 9의 풀이 과정을 완성하라.

28. 다음 연립방정식의 해를 구하라.

$$\begin{cases} 3x^2 - 5y^3 = -123 \\ 7x^2 + 4y^3 = 136 \end{cases}$$

29. 다음 연립 비선형방정식의 해를 구하라.

$$\begin{cases} 3x^3 - \ln y = 77 \\ 2x^3 + \ln y^3 = 66 \end{cases}$$

30. 예제 8의 풀이 과정에 이용된 행 연산을 기호 $\mathbf{r}_i \leftarrow \alpha\mathbf{r}_j + \mathbf{r}_i$를 사용하여 나타내라.

31. 다음은 박테리아-영양분 문제이다. 매일 영양분 N_1은 1800단위, N_2는 1500단위, N_3는 2500단위씩 공급된다고 할 때, 배양 접시에 들어오는 각 종류의 박테리아 개수를 구하라.

	B_1	B_2	B_3
N_1	2	1	5
N_2	1	3	1
N_3	3	1	7

32. 다음은 연립방정식의 첨가행렬이다.

$$\left[\begin{array}{ccc|c} 1 & 3 & 2 & 12 \\ 5 & -7 & 1 & 7 \\ -11 & 33 & t & 23 \end{array}\right]$$

매개변수 t가 5로 접근할 때 무슨 일이 일어나는가?(연립방정식의 해는 데이터의 불연속 함수일지 모른다.)

33. 다음 방정식은 실제로 일차방정식임을 설명하라.

$$3x(2y+5)+\log(x^2)-4y(6+3x)=13+2\log x$$

34. 다음 연립방정식은 실수 해(복소수 해가 아닌)를 갖지 않음을 설명하라.

$$\begin{cases} 3x^2 + 4y^3 = 7 \\ -2x^2 + 3y^3 = 18 \end{cases}$$

35. 다음과 같은 세 개의 일차방정식으로 이루어진 연립방정식의 해를 구하라.

$$-5=x_1+2x_3+3x_2,\ 4x_2-4x_3+2x_1=14,\ x_1+2+x_3+3x_2=0$$

36. x, y에 대한 자연로그를 포함하는 연립방정식의 해를 구하라.

$$\begin{cases} 7\ln(x^3) + 2\ln(x^2) + y^2 = 77 \\ \qquad\qquad 2\ln x + 5y^2 = 16 \end{cases}$$

37. 일반 연습문제 28, 29, 33, 34, 36은 변수 변화를 이용한 비선형방정식의 예들이다. 일차방정식의 변수의 선형 변화 또한 사용될 수 있다. $x=u-v$, $y=u+v$로 변수 변화하면, $\begin{cases} 3x - 2y = 4 \\ 7x + 5y = 21 \end{cases}$ 로부터 어떤 연립방정식을 얻게 되는가?

38. 연립방정식 $\begin{cases} 3x_1 - 5x_2 = 17 \\ -x_1 + 2x_2 = 23 \end{cases}$에 대하여, $x_1=2u_1+5u_2$와 $x_2=u_1+3u_2$로 변수 변화하면 u_1과 u_2를 포함하는 새 연립방정식은 처음 연립방정식보다 훨씬 간단한 형태로 바뀐다. 해가 $x_1=149$, $x_2=86$임을 확인하라.

39. 한 열을 제거해도 기약 행 사다리꼴이 되는 기약 행 사다리꼴인 행렬의 예를 들어 보라.

40. 두 행렬 $\begin{bmatrix} 3 & 6 & 5 \\ 1 & -1 & 0 \end{bmatrix}$와 $\begin{bmatrix} 4 & 5 & 5 \\ 2 & 7 & 5 \end{bmatrix}$이 서로 행동치한지 알아보라.

41. 연립방정식 $\begin{cases} 2x - 3y = -1 \\ 4x + 5y = 53 \end{cases}$의 첨가행렬을 기약 행 사다리꼴로 전환하여 해를 구하라.

42. 세 방정식 $3x+y=6$, $5x+y+z=6$, $3x+z=1$로 주어진 $\mathbb{R}^3$ 상의 세 평면의 교점을 구하라.

43. 연립방정식 $\begin{cases} 2x - 3y = -1 \\ 4x + 5y = 53 \end{cases}$의 첨가행렬을 기약 행 사다리꼴로 전환하여 해를 구하라.

44. 연립 일차방정식 $-x+y=1$, $2x+y=4$와 $3x-y=2$의 해를 다음과 같이 구할 때, 그 해가 맞는지 알아보라: 처음 두 방정식으로부터 $x=1$, $y=2$를 얻을 수 있으므로 우리는 세 번째 방정식을 무시한다. 그러므로 해는 $(1, 2)$이다.

45. 정수만을 사용하여 연립방정식 $\begin{cases} 2x_1 + 3x_2 - x_3 = -5 \\ 4x_1 - x_2 + 2x_3 = 24 \\ 3x_1 + x_2 - 3x_3 = -8 \end{cases}$의 해를 구하라.

46. (도전) 행렬의 원소가 모두 정수라면, 이는 정수만을 원소로 하는 행 사다리꼴인 행렬과 행동치이다. 기약 행 사다리꼴에 대해서도 같은 주장을 할 수 있는가?

47. 가능하면, 행 사다리꼴이 아닌 1×5 행렬의 예를 들라. 또한 행 사다리꼴이지만 기약 행 사다리꼴이 아닌 1×5 행렬의 예를 들라.

48. 다음 행렬 중 행 사다리꼴인 것은 어느 것인가?

[0 2 2], [2 1 3], [4 2 2], [0 0 1]

49. 다음 두 행렬은 서로 행동치인지 알아보라.

$$\begin{bmatrix} 3 & 4 & 2 \\ 2 & -3 & 1 \\ 5 & 7 & 1 \end{bmatrix}, \begin{bmatrix} 1 & 7 & 1 \\ 0 & 17 & 1 \\ 0 & 7 & 1 \end{bmatrix}$$

50. 연립방정식 $\begin{cases} 3x - y = 2 \\ 2x + 5y = -4 \\ 7x - 25y = 1 \end{cases}$의 세 방정식 중 두 개의 방정식으로 이루어진 연립방정식은 해를 갖지만, 이 연립방정식은 해를 갖지 않음을 보이라.

51. 연립방정식 $\begin{bmatrix} 0.780 & 0.563 \\ 0.913 & 0.659 \end{bmatrix}\begin{bmatrix} x_1 \\ x_2 \end{bmatrix} = \begin{bmatrix} 0.217 \\ 0.254 \end{bmatrix}$에 대하여, 다음 중 어느 것이 더 좋은 해인가? 그 이유를 설명하라.

$$\hat{\mathrm{x}} = (0.341, -0.087)$$
$$\tilde{\mathrm{x}} = (0.999, -1.001)$$

참-거짓 연습문제 1.1

1. 합 $\sum_{i=1}^{n} a_{ij}$을 풀어 쓰면 $a_{i1}+a_{i2}+\cdots+a_{in}$이다.

2. 수 $a_{i1}, a_{i2}, ..., a_{in}$는 $n\times n$ 행렬 A의 i번째 열에 있는 원소들이다.

3. 행렬 $\begin{bmatrix} 5 & 4 & 2 \\ 0 & 0 & 7 \end{bmatrix}$은 행 사다리꼴이다.

4. 다음 네 개의 행렬 중 어느 것도 기약 행 사다리꼴이 아니다.

$$\begin{bmatrix} 0 & 0 \\ 1 & 0 \end{bmatrix} \quad \begin{bmatrix} 0 & 1 \\ 1 & 0 \end{bmatrix} \quad \begin{bmatrix} 0 & 1 & 3 & 2 \\ 0 & 0 & 0 & 1 \\ 0 & 0 & 0 & 0 \end{bmatrix} \quad \begin{bmatrix} 0 & 1 & 3 & 0 \\ 0 & 0 & 0 & 1 \\ 0 & 0 & 0 & 0 \end{bmatrix}$$

5. 다음 행렬은 기약 행 사다리꼴이다.

$$\begin{bmatrix} 0 & 1 & 7 & 0 & 6 & 8 \\ 0 & 0 & 0 & 1 & 5 & 3 \\ 0 & 0 & 0 & 0 & 0 & 0 \\ 0 & 0 & 0 & 0 & 0 & 1 \end{bmatrix}$$

6. 행렬 $\begin{bmatrix} 1 & 5 & 0 & 3 \\ 0 & 0 & 1 & 6 \end{bmatrix}$은 기약 행 사다리꼴이다.

7. 다음 두 행렬은 서로 행동치이다.

$$\begin{bmatrix} 2 & 1 & 0 \\ 1 & 3 & 2 \end{bmatrix} \quad \begin{bmatrix} 3 & 4 & 2 \\ 1 & 3 & 2 \end{bmatrix}$$

8. 다음 두 행렬은 서로 행동치이다.

$$\begin{bmatrix} 3 & 6 & 5 \\ 1 & -1 & 0 \end{bmatrix} \quad \begin{bmatrix} 4 & 5 & 5 \\ 2 & 7 & 5 \end{bmatrix}$$

9. 행렬 $\begin{bmatrix} 1 & 3 & 0 & 0 \\ 0 & 0 & 4 & 0 \\ 0 & 0 & 0 & 2 \end{bmatrix}$과 $\begin{bmatrix} 1 & 0 & 0 & 0 \\ 0 & 0 & 1 & 0 \\ 0 & 0 & 0 & 2 \end{bmatrix}$은 행동치가 아니다.

10. 연립 일차방정식 $\begin{cases} x_1 + 3x_2 + 7x_3 = 2 \\ 4x_2 + x_3 = 8x_1 \\ 2x_3 + 2 + 3x_1 = -11 \end{cases}$ 의 첨가행렬은

$$\left[\begin{array}{ccc|c} 1 & 3 & 7 & 0 \\ 0 & 4 & 1 & 8 \\ 2 & 2 & 3 & -11 \end{array}\right]$$ 이다.

11. 행렬 A의 원소를 a_{ij} 또는 $a_{i,j}$로 나타낼 때, $a_{4,7}$은 7행의 네 번째 원소를 말한다.

12. $k\times r$ 행렬은 r개의 행과 k개의 열을 갖는다.

13. 9×7 행렬의 열의 개수는 7이다.

14. 행렬에 대한 모든 기본 행 연산은 다른 기본 행 연산에 의해 되돌려질 수 있다.

15. 두 변수 u, v에 대한 일차방정식은 다음과 같이 나타낼 수 있다: $15v-57u=3u-v+99$.

16. 기약 행 사다리꼴인 행렬에서 수 1은 피벗 원소라 부른다.

17. 영이 아닌 기약 행 사다리꼴인 행렬에서 한 개의 열을 제거해도 기약 행 사다리꼴인 행렬이 있다.

18. 어떤 이변수 연립 일차방정식은 해를 갖지 않는다.

19. 행렬 A, B가 서로 행동치이면 그들은 같은 개수의 행을 갖는다.

20. $(x-5)(y-7)=0$은 두 변수 x, y에 대한 전형적인 일차방정식이다.

21. $15v=89-23u$은 두 변수 u, v에 대한 일차방정식이다.

22. 행렬 A의 원소 a_{11}이 영이 아니라면, a_{11}은 피벗 원소이다.

23. 행렬 $\begin{bmatrix} 0 & 3 & 6 & 1 \\ 0 & 0 & 0 & 7 \end{bmatrix}$은 기약 행 사다리꼴이다.

24. 행렬 $\begin{bmatrix} 0 & -9 & 3 & 7 & 6 & 7 \\ 0 & 0 & 0 & 6 & 2 & -5 \\ 0 & 0 & 0 & 0 & 0 & -3 \end{bmatrix}$은 행 사다리꼴이다.

25. 다음 중 한 행렬만이 기약 행 사다리꼴이다.

$$\begin{bmatrix} 0 & 0 \\ 1 & 0 \end{bmatrix} \quad \begin{bmatrix} 0 & 1 \\ 1 & 0 \end{bmatrix} \quad \begin{bmatrix} 0 & 1 \\ 0 & 0 \\ 0 & 1 \\ 0 & 0 \\ 0 & 0 \end{bmatrix} \quad \begin{bmatrix} 0 & 1 & 10 & 0 \\ 0 & 0 & 0 & 1 \\ 0 & 0 & 0 & 0 \end{bmatrix}$$

26. 다음 행렬은 기약 행 사다리꼴이다.

$$\begin{bmatrix} 0 & 1 & 9 & 0 & 6 & 8 \\ 0 & 0 & 0 & 1 & 3 & 5 \\ 0 & 0 & 0 & 0 & 0 & 0 \\ 0 & 0 & 0 & 0 & 0 & 1 \end{bmatrix}$$

27. $\begin{bmatrix} 0 & 1 & -2 \\ 1 & 0 & 3 \end{bmatrix} \sim \begin{bmatrix} 2 & 7 & -8 \\ 1 & 2 & -1 \end{bmatrix}$

28. 행렬 $\begin{bmatrix} 0 & 1 & 3 & 0 \\ 0 & 0 & 0 & 1 \end{bmatrix}$은 기약 행 사다리꼴이다.

29. 연립 일차방정식 $\begin{cases} 3x_1 + 2x_2 - 5x_3 = -1 \\ \quad\quad 4x_2 + x_3 = 14 \\ \quad\quad\quad -2x_3 = -4 \end{cases}$ 의 해를 (x_1, x_2, x_3)라 할 때, $x_3 = -2$이다.

30. 다음 두 행렬은 서로 행동치이다.

$$\begin{bmatrix} 3 & 4 & 2 \\ 1 & 3 & 2 \end{bmatrix} \sim \begin{bmatrix} 2 & 1 & 0 \\ 1 & 3 & 2 \end{bmatrix}$$

31. 행렬 $\begin{bmatrix} 0 & 1 & 4 & 2 \\ 0 & 0 & 5 & 3 \\ 0 & 0 & 0 & 7 \\ 0 & 0 & 0 & 0 \end{bmatrix}$은 행 사다리꼴이다.

32. 행렬 $\begin{bmatrix} 1 & 0 & 1 & 0 \\ 0 & 1 & 1 & 0 \\ 0 & 0 & 0 & 0 \end{bmatrix}$은 기약 행 사다리꼴이다.

33. 연립방정식의 첨가행렬에 시행한 기본 행 연산들은 방정식의 해집합을 바꾸지 않는다.

34. 다음 네 행렬들은 모두 행 사다리꼴이다.

$$\begin{bmatrix} 0 & 1 & 3 & 2 \\ 0 & 0 & 0 & 1 \\ 0 & 0 & 0 & 0 \end{bmatrix} \quad \begin{bmatrix} 0 & 1 & 0 & 3 \\ 0 & 0 & 0 & 1 \\ 0 & 0 & 0 & 0 \end{bmatrix}$$

$$\begin{bmatrix} 1 & 0 \\ 0 & 0 \end{bmatrix} \quad \begin{bmatrix} 1 & 0 \\ 0 & 1 \end{bmatrix}$$

35. $5x^2 + 7y^2 = 75$은 두 변수 x, y에 대한 비선형방정식이다.

선다형 연습문제 1.1

항상 첫 번째로 옳은 답을 선택하라.

1. 다음 연립방정식 중 해를 갖지 않는 것은?

a. $\begin{cases} 2x_1 - x_2 = 3 \\ x_1 + x_2 = 1 \end{cases}$ b. $\begin{cases} 2x_1 - x_2 = 3 \\ 4x_1 - 2x_2 = 6 \end{cases}$

c. $\begin{cases} x_1 + x_2 = 3 \\ 2x_1 - 2x_2 = 6 \end{cases}$ d. $\begin{cases} 2x_1 - x_2 = 3 \\ 4x_1 - 2x_2 = 5 \end{cases}$

e. 위 항목 중 답이 없다.

2. 다음 중 행렬 $\mathbf{A} = \begin{bmatrix} 4 & 3 & 1 \\ 2 & 2 & -1 \\ 10 & 8 & 1 \end{bmatrix}$와 행동치인 행렬은?

a. $\begin{bmatrix} 1 & 0 & 0 \\ 0 & 1 & 0 \\ 0 & 0 & 1 \end{bmatrix}$ b. $\begin{bmatrix} 3 & 0 & 0 \\ 0 & 2 & 5 \\ 0 & 0 & 5 \end{bmatrix}$

c. $\begin{bmatrix} 0 & 0 & 0 \\ 0 & 2 & 0 \\ 0 & 0 & 3 \end{bmatrix}$ d. $\begin{bmatrix} 4 & 3 & 1 \\ 0 & 2 & -1 \\ 0 & 0 & 1 \end{bmatrix}$

e. 위 항목 중 답이 없다.

3. 연립방정식 $\begin{cases} tx_1 - (2t)x_2 = 5 \\ 3x_1 + (6t)x_2 = -7 \end{cases}$ 이 해를 갖지 않도록 하는 변수 t의 값을 모두 구하면?

a. 0 b. 0, −1 c. 6, 0 d. 1 e. 위 항목 중 답이 없다.

4. 첨가행렬의 한 행을 [0 0 0 0 0 1 −1]으로 하는 연립방정식에 대하여 옳은 것은?

a. 모순적이다.

b. 유일해를 갖는다.

c. 많은 해를 갖는다.

d. 다섯 개의 미지수를 갖고 있다.

e. 위 항목 중 답이 없다.

5. $\left[\begin{array}{ccc|c} 2 & -3 & 2 & 1 \\ 0 & 1 & -4 & 2 \\ 0 & 2 & -8 & 5 \end{array}\right]$을 첨가행렬로 하는 연립방정식의 해의 개수는?

a. 0개 b. 적어도 2개

c. 많아야 1개　　　　d. 정확히 1개

e. 위 항목 중 답이 없다.

6. $A = \begin{bmatrix} 1 & 3 \\ 0 & 0 \end{bmatrix}$라 하자. 기호 ~가 서로 행동치임을 의미할 때, 다음 중 옳은 것은?

$B = \begin{bmatrix} 1 & 0 \\ 0 & 1 \end{bmatrix}$　　$C = \begin{bmatrix} 0 & 1 \\ 0 & 0 \end{bmatrix}$

$D = \begin{bmatrix} 0 & 0 \\ 0 & 0 \end{bmatrix}$　　$E = \begin{bmatrix} 5 & 15 \\ 1 & 3 \end{bmatrix}$

a. A~B　b. C~D　c. E~A

d. E~D　e. 위 항목 중 답이 없다.

7. 다음 행렬 중 다른 셋과 행동치가 아닌 것은?

a. $\begin{bmatrix} 2 & 1 & 4 \\ 3 & -2 & 5 \\ 0 & -7 & -2 \end{bmatrix}$　**b.** $\begin{bmatrix} 1 & 0 & 0 \\ 0 & 1 & 0 \\ 0 & 0 & 1 \end{bmatrix}$

c. $\begin{bmatrix} 0 & 0 & 4 \\ 0 & 3 & 0 \\ 2 & 0 & 0 \end{bmatrix}$　**d.** $\begin{bmatrix} 1 & 0 & 0 \\ 4 & 2 & 0 \\ 5 & 6 & 3 \end{bmatrix}$

e. 위 항목 중 답이 없다.

8. 행렬 $A = \begin{bmatrix} 1 & -3 & 0 & 0 \\ 0 & 1 & 5 & 0 \\ 0 & 0 & 0 & 1 \\ 0 & 0 & 3 & -6 \end{bmatrix}$의 기약 행 사다리꼴은?

a. $\begin{bmatrix} 1 & 0 & 0 & 0 \\ 0 & 1 & 0 & 0 \\ 0 & 0 & 1 & 0 \\ 0 & 0 & 0 & 1 \end{bmatrix}$　**b.** $\begin{bmatrix} 1 & -3 & 0 & 0 \\ 0 & 1 & 5 & 0 \\ 0 & 0 & 3 & -6 \\ 0 & 0 & 0 & 1 \end{bmatrix}$

c. $\begin{bmatrix} 1 & 0 & 0 & 0 \\ 0 & 1 & 0 & 0 \\ 0 & 0 & 3 & -6 \\ 0 & 0 & 0 & 0 \end{bmatrix}$　**d.** $\begin{bmatrix} 1 & 0 & 0 & 0 \\ 0 & 1 & 0 & 0 \\ 0 & 0 & 1 & -2 \\ 0 & 0 & 0 & 0 \end{bmatrix}$

e. 위 항목 중 답이 없다.

9. 행렬 $\begin{bmatrix} 1 & 2 & 3 & 4 \\ 5 & 6 & 7 & 8 \\ 6 & 7 & 8 & 7 \end{bmatrix}$의 기약 행 사다리꼴은?

a. $\begin{bmatrix} 1 & 2 & 3 & 4 \\ 0 & 1 & 2 & 3 \\ 0 & 0 & 0 & 2 \end{bmatrix}$　**b.** $\begin{bmatrix} 1 & 0 & -1 & -2 \\ 0 & 1 & 2 & 3 \\ 0 & 0 & 0 & 1 \end{bmatrix}$

c. $\begin{bmatrix} 1 & 2 & 3 & 4 \\ 0 & 1 & 2 & 3 \\ 0 & 0 & 0 & 1 \end{bmatrix}$　**d.** $\begin{bmatrix} 1 & 0 & -1 & 0 \\ 0 & 1 & 2 & 0 \\ 0 & 0 & 0 & 1 \end{bmatrix}$

e. 위 항목 중 답이 없다.

10. 다음은 본문에서 사용하고 있는 기호를 이용하여 기본 행 연산과 그것의 역연산을 나타낸 것이다. 옳게 나타내지 않은 것은?(각 경우 $i \neq j, \alpha \neq 0$이다.)

a. $\mathbf{r}_i \leftrightarrow \mathbf{r}_j\,;\, \mathbf{r}_i \leftrightarrow \mathbf{r}_j$

b. $\mathbf{r}_i \leftarrow \alpha\mathbf{r}_i\,;\, \mathbf{r}_i \leftarrow \alpha^{-1}\mathbf{r}_i$

c. $\mathbf{r}_i \leftarrow \alpha\mathbf{r}_j + \mathbf{r}_i\,;\, \mathbf{r}_i \leftarrow (1/\alpha)\mathbf{r}_j + \mathbf{r}_i$

d. $\mathbf{r}_i \leftarrow \mathbf{r}_i + \alpha\mathbf{r}_j\,;\, \mathbf{r}_i \leftarrow \mathbf{r}_i - \alpha\mathbf{r}_j$

e. 위 항목 중 답이 없다.

11. 행렬 $\begin{bmatrix} 1 & -3 & 0 & 0 \\ 0 & 1 & 5 & 0 \\ 0 & 0 & 0 & 1 \\ 0 & 0 & 3 & -6 \end{bmatrix}$의 행 사다리꼴은?

a. $\begin{bmatrix} 1 & -3 & 0 & 0 \\ 0 & 1 & 5 & 0 \\ 0 & 0 & 3 & -6 \\ 0 & 0 & 0 & 1 \end{bmatrix}$　**b.** $\begin{bmatrix} 1 & 0 & 0 & 0 \\ 0 & 1 & 0 & 0 \\ 0 & 0 & 1 & 0 \\ 0 & 0 & 0 & 1 \end{bmatrix}$

c. $\begin{bmatrix} 1 & 0 & 0 & 0 \\ 0 & 1 & 0 & 0 \\ 0 & 0 & 3 & -6 \\ 0 & 0 & 0 & 0 \end{bmatrix}$　**d.** $\begin{bmatrix} 1 & 0 & 0 & 0 \\ 0 & 1 & 0 & 0 \\ 0 & 0 & 1 & -2 \\ 0 & 0 & 0 & 0 \end{bmatrix}$

e. 위 항목 중 답이 없다.

12. 연립방정식 $\begin{cases} 2x + y + z = 7 \\ 2x + y = 8 \\ -x + z = -4 \end{cases}$에 대하여 옳게 설명하고 있는 것은?

a. 해가 없다.　　　　b. 많은 해를 갖는다.

c. 유일해 $(3, 2, -1)$만을 갖는다.

d. $(2, -1, 3)$은 연립방정식의 해이다.

e. 위 항목 중 답이 없다.

13. $2x+3y+4z=24$은 3차원 공간 상의 평면 방정식이다. 이

평면 위에 있지 않은 점은?

a. (0, 8, 0) b. (0, 0, 6) c. (12, 0, 0)

d. (2, 8, 0) e. 위 항목 중 답이 없다.

14. 다음 중 연립방정식 $\begin{cases} 2x - 7y = 41 \\ 4x + 3y = -3 \end{cases}$ 에 대하여 옳은 것은?

a. 정확히 1개의 해를 갖는다.

b. 정확히 2개의 해를 갖는다.

c. 해가 없다.

d. 무한히 많은 해를 갖는다.

e. 위 항목 중 답이 없다.

15. 다음 중 연립방정식 $\begin{cases} x + 3y + 2z = 5 \\ 2x + y + z = 2 \\ 4x - y + 3z = 1 \end{cases}$ 에 대하여 옳은 것은?

a. 1개의 해를 갖는다.

b. 2개의 해를 갖는다.

c. 해가 없다. d. 무한히 많은 해를 갖는다.

e. 위 항목 중 답이 없다.

16. 다음 중 연립방정식 $\begin{cases} x + 3y + 2z = 0 \\ 2x + y + z = 0 \end{cases}$ 에 대하여 옳은 것은?

a. 유일해를 갖는다. b. 무한히 많은 해를 갖는다.

c. 해가 없다. d. 적어도 1개의 해를 갖는다.

e. 위 항목 중 답이 없다.

17. 다음 행렬 중 기약 행 사다리꼴은?

a. $\begin{bmatrix} 0 & 0 \\ 1 & 0 \end{bmatrix}$ b. $\begin{bmatrix} 0 & 1 \\ 1 & 0 \end{bmatrix}$

c. $\begin{bmatrix} 0 & 1 & 3 & 2 \\ 0 & 0 & 0 & 1 \\ 0 & 0 & 0 & 0 \end{bmatrix}$ d. $\begin{bmatrix} 1 & 5 & 0 & -7 & 0 \\ 0 & 0 & 1 & 3 & 0 \\ 0 & 0 & 0 & 0 & 1 \end{bmatrix}$

e. 위 항목 중 답이 없다.

18. 다음 중 행렬 **A**, **B**, **C**에 대해 옳은 것은?

$$\mathbf{A} = \begin{bmatrix} 7 & 3 & 5 & -8 \\ 0 & 2 & 6 & 11 \\ 0 & 0 & 5 & 3 \\ 0 & 0 & 0 & 9 \end{bmatrix} \quad \mathbf{B} = \begin{bmatrix} 8 & 0 & 0 & 0 \\ 3 & 0 & 0 & 0 \\ 2 & 2 & 4 & 0 \\ 6 & 9 & 8 & 5 \end{bmatrix} \quad \mathbf{C} = \begin{bmatrix} 4 & 0 & 0 & 0 \\ 1 & 7 & 0 & 0 \\ 5 & 4 & 9 & 0 \\ 6 & 3 & 2 & 8 \end{bmatrix}$$

a. A~C b. B~0 c. A~B

d. B~C e. 위 항목 중 답이 없다.

컴퓨터 연습문제 1.1

1. Matlab, Maple, Mathematica와 같은 수학 소프트웨어를 사용하여 이 절의 일반 연습문제 8, 12, 15, 20, 22, 31, 45번 중 한 개 이상을 풀라.

2. 수학 소프트웨어를 사용하여 구간 [−20, 20] 안에 있는 무작위 정수를 포함하는 20×20 행렬의 기약 행 사다리꼴을 구하라.

3. 주어진 $m \times n$ 행렬의 기약 행 사다리꼴을 계산하기 위한 컴퓨터 프로그램을 작성하라. 프로그램의 첫 번째 버전에서는 피벗 전략단계을 시도하지 말라. 다시 말해, 행렬에 주어진 행 순서를 지키고 영이 아닌 피벗 원소를 우연히 만났다고 가정하자. 부호(code) 설명에 따라, 앞으로 제거 단계(forward elimination phase), 뒤로 제거 단계(backward elimination phase), 그리고 비율 단계(scaling phase)를 행하라는 부호의 일부를 지시하라. 여러 행렬에 대해 부호를 실행하여 보라.

4. (계속) 프로그램의 두 번째 버전에서, 영 피벗, 영행, 그리고 영열을 가진 행렬들을 처리하는 부호를 일반화하라. 다음과 같은 행렬에 부호를 실행하라.

$$\begin{bmatrix} 4 & 12 & 2 & 0 & 16 & 1 & 7 & 26 \\ 6 & 18 & -6 & 0 & 42 & -9 & -57 & -36 \\ 0 & 0 & 0 & 0 & 0 & 0 & 0 & 0 \\ -2 & -6 & 2 & 0 & -14 & 3 & 19 & 12 \\ 1 & 3 & 3 & 0 & -1 & 2 & 17 & 25 \end{bmatrix}$$

5. (계속) 프로그램의 세 번째 버전에서, 교체(`_axpy`), 교환(`_swap`), 비율(`_scale`) 연산을 담당하는 BLAS(Basic Linear Algebra Subprograms)에 사용하는 일반 부호를 변경하라.(BLAS는 원래 Lawson, Hanson, Kincaid, Krogh에 의해 1979년에 고안된 것으로서, 기본 벡터와 행 연산을 실행하기 위한 표준 기본 원칙을 제공하는 일련의 작업이다. 이것은 효율적이고 들고 다니기 간편하여 컴퓨터 시스템에

널리 이용되고 있다. 또한 고성능 선형대수 소프트웨어를 개발할 때 공통적으로 사용되는 것을 볼 수 있다. 이것은 www.netlib.org/blas에서 다운로드할 수 있다.)

6. (계속) 프로그램의 마지막 버전에서, 가우스-요르단 방법을 사용하라. 가우스-요르단 알고리즘(피벗 없이)의 k번째 중요 단계에서 k행의 피벗 원소는 1이고 피벗 원소 위아래의 모든 원소가 0이 되도록 다른 모든 행으로부터 k행의 배수를 빼야 한다. 다시 말해, 첫 번째로 비율 단계를 행한 후 앞으로 그리고 뒤로의 제거 단계를 함께 실행해야 한다.

7. 주로 작은 정수를 포함하는 것과 같은 간단한 수치 예제를 공부한 후에 좀더 실제적인 문제를 다루어 보아야 한다. 다음 첨가행렬의 기약 행 사다리꼴을 구하라.

$$\left[\begin{array}{rr|r} 1325.9627 & -23.874191 & 4513.1622 \\ -0.31224877 & 531.26915 & -25492.204 \end{array}\right]$$

1.2 벡터와 행렬

수학은 과학의 여왕입니다.

—가우스(KARL FRIEDRICH GAUSS, 1777~1855),
모든 시대를 통틀어 가장 위대한 수학자 중 한 사람

수학이란 말은 그리스어(máthēma)로부터 유래된 것으로 과학, 지식, 배움, 그리고 배움의 토대라는 의미의 mathēmatikós를 뜻합니다.

—EN. WIKIPEDIA.ORG

우리는 1.1절에서 시작한 벡터와 행렬에 대해 계속하여 공부한다. 이러한 개념들은 선형대수, 특히 연립 일차방정식에 관련한 주제에서 중요한 역할을 한다.

벡터

벡터(vector)는 전통적으로

$$\mathbf{x} = \begin{bmatrix} x_1 \\ x_2 \\ \vdots \\ x_n \end{bmatrix} \qquad \mathbf{v} = \begin{bmatrix} 3 \\ 72 \\ -24 \\ 5221 \end{bmatrix} \qquad \mathbf{w} = \begin{bmatrix} 2 \\ 5 \\ 0 \end{bmatrix}$$

와 같이 수들의 수직 열로 표현된다. 벡터는 또한 수평 열로 쓰여질 수 있다. 그러나 벡터와 행렬의 합과 곱을 구할 때는 어떤 규정을 관찰해야만 한다. 일반적으로 벡터는 $\mathbf{x}=(x_1, x_2, ..., x_n)$, 또는 $\mathbf{x}=[x_1, x_2, ..., x_n]^T$로 쓴다. 여기서 어깨글자 T는 전치행렬(transpose)을 의미하는데, 이것은 수직 배열을 수평 배열로, 수평 배열을 수직 배열로 전환한다. 벡터의 원소들을 성분(component)이라 한다.

n개의 성분을 갖는 모든 벡터들의 집합을 $\mathbb{R}^n$으로 표시한다. 그러므로 $\mathbb{R}^1$은 실수들의 집합, $\mathbb{R}^2$은 2차원 평면, $\mathbb{R}^3$은 3차원 공간을 의미한다. 그러나 $n=4, 5, 6, ...$의 경우에는 우리에게 익숙한 기하학적 직관이 없다.

$\mathbb{R}^n$ 상의 벡터 $[0, 0, ..., 0]^T$는 영벡터(zero vector), 또는 원점(origin)이라 하고, $(0, 0, ..., 0)$로 나타내며 $\mathbf{0}$로 표시한다. 두 개의 n차원 벡터들의 **덧셈**(addition)을 다음과 같이 정의한다.

$$\mathbf{x}+\mathbf{y} = \begin{bmatrix} x_1 \\ x_2 \\ \vdots \\ x_n \end{bmatrix} + \begin{bmatrix} y_1 \\ y_2 \\ \vdots \\ y_n \end{bmatrix} = \begin{bmatrix} x_1 + y_1 \\ x_2 + y_2 \\ \vdots \\ x_n + y_n \end{bmatrix}$$

예를 들어 $(1, 3, 7)+(5, -6, 3)=(6, -3, 10)$, 또는 $[1, 3, 7]^T+[5, -6, 3]^T=[6, -3, 10]^T$ 또는

$$\begin{bmatrix} 1 \\ 3 \\ 7 \end{bmatrix} + \begin{bmatrix} 5 \\ -6 \\ 3 \end{bmatrix} = \begin{bmatrix} 6 \\ -3 \\ 10 \end{bmatrix}$$

이라 쓸 수 있다. 두 벡터를 더할 때는 대응하는 성분끼리 더한다. $\mathbb{R}^n$ 상의 영벡터 $\mathbf{0}$는 $\mathbb{R}^n$ 상의 모든 벡터 $\mathbf{x}$에 대하여 $\mathbf{x}+\mathbf{0}=\mathbf{x}$인 성질을 만족한다.

$\mathbb{R}^2$ 상의 두 벡터의 덧셈은 그림 1.3과 같이 그려진다. 두 벡터를 두 변으로 하는 평행사변형의 대각선 벡터가 두 벡터의 합을 나타낸다. 그림 1.3의 왼쪽 그림은 $(4, 1)+(2, 4)=(6, 5)$를 보여 주고, 오른쪽 그림은 $(-5, 1)+(2, 3)=(-3, 4)$를 보여 준다.

벡터의 **스칼라**(scalar) 곱셈에서도 각 성분에 스칼라(즉 실수 c)를 곱한다.

$$c\,\mathbf{x} = c\begin{bmatrix} x_1 \\ x_2 \\ \vdots \\ x_n \end{bmatrix} = \begin{bmatrix} cx_1 \\ cx_2 \\ \vdots \\ cx_n \end{bmatrix}$$

예를 들어

$$4\begin{bmatrix} 3 \\ 7 \\ -5 \end{bmatrix} = \begin{bmatrix} 12 \\ 28 \\ -20 \end{bmatrix}$$

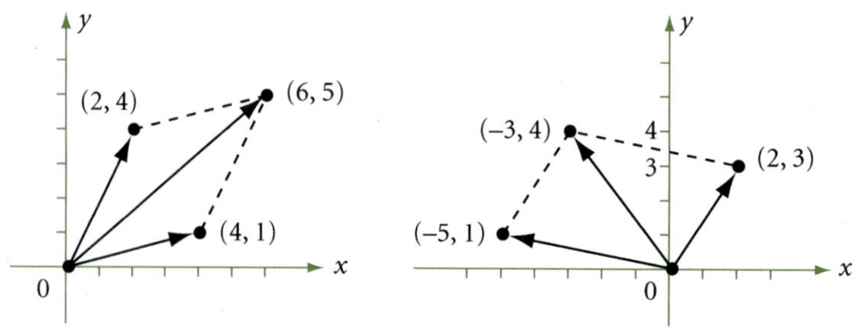

그림 1.3 $\mathbb{R}^2$ 상 벡터쌍의 덧셈.

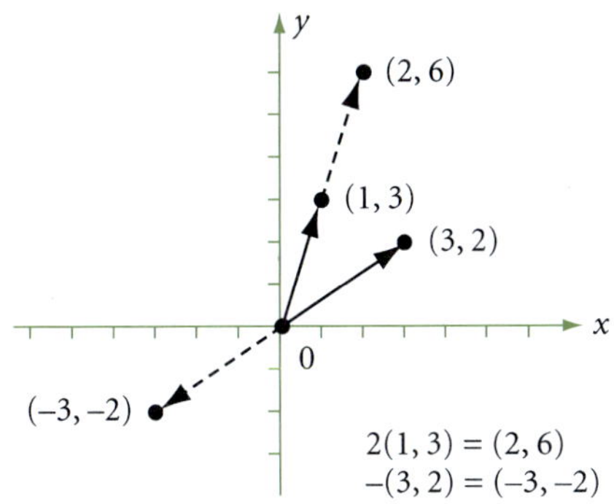

그림 1.4 $\mathbb{R}^2$ 상 벡터들의 스칼라 곱셈.

이고, 그림 1.4는 $\mathbb{R}^2$에서 벡터들의 스칼라 곱셈을 나타낸다.

벡터들의 일차결합

벡터들의 두 연산인 덧셈과 스칼라 곱셈을 가지고 다음과 같은 벡터들의 **일차결합**(linear combination)을 만들 수 있다.

$$3\begin{bmatrix}1\\7\\2\end{bmatrix}-5\begin{bmatrix}2\\-3\\4\end{bmatrix}-\begin{bmatrix}1\\1\\1\end{bmatrix}=\begin{bmatrix}-8\\35\\-15\end{bmatrix}$$

이러한 개념들은 일차방정식에 직접적으로 사용될 수 있으며, 연립방정식

$$\begin{cases}3x_1-5x_2+x_3=11\\2x_1+4x_2-3x_3=-13\\4x_1-x_2+5x_3=4\end{cases}$$

은

$$x_1\begin{bmatrix}3\\2\\4\end{bmatrix}+x_2\begin{bmatrix}-5\\4\\-1\end{bmatrix}+x_3\begin{bmatrix}1\\-3\\5\end{bmatrix}=\begin{bmatrix}11\\-13\\4\end{bmatrix}$$

로 나타낼 수 있음을 알 수 있다.

또 다른 예로 $\mathbf{u}=(5,7)$, $\mathbf{v}=(-1,3)$일 때

$$3\mathbf{u}+4\mathbf{v}=3\begin{bmatrix}5\\7\end{bmatrix}+4\begin{bmatrix}-1\\3\end{bmatrix}=\begin{bmatrix}11\\33\end{bmatrix}$$

와 같은 $\mathbf{u}$, $\mathbf{v}$의 일차결합은 쉽게 계산될 수 있다. 그러나 한 벡터를 두 벡터의 일차결합으로 나타내는 것은 더욱 복잡하다. 만일 벡터 $\mathbf{w}=(11,33)$일 때 $\mathbf{w}$를 $\mathbf{u}$, $\mathbf{v}$의 일차결합으로 나타내기 원한다면, 그것은

$$a\mathbf{u} + b\mathbf{v} = \mathbf{w}$$

인 상수 a, b를 찾는 문제가 된다. 그러므로

$$a\begin{bmatrix} 5 \\ 7 \end{bmatrix} + b\begin{bmatrix} -1 \\ 3 \end{bmatrix} = \begin{bmatrix} 11 \\ 33 \end{bmatrix} \quad \text{또는}$$

$$\begin{cases} 5a - b = 11 \\ 7a + 3b = 33 \end{cases} \quad \text{또는} \quad \left[\begin{array}{cc|c} 5 & -1 & 11 \\ 7 & 3 & 33 \end{array}\right]$$

이고, 특히 첨가행렬은 다음과 같은 기약 행 사다리꼴로 나타낼 수 있다.

$$\left[\begin{array}{cc|c} 5 & -1 & 11 \\ 7 & 3 & 33 \end{array}\right] \sim \left[\begin{array}{cc|c} 5 & -1 & 11 \\ 2 & 4 & 22 \end{array}\right] \sim \left[\begin{array}{cc|c} 1 & 2 & 11 \\ 5 & -1 & 11 \end{array}\right]$$

$$\sim \left[\begin{array}{cc|c} 1 & 2 & 11 \\ 0 & -11 & -4 \end{array}\right] \sim \left[\begin{array}{cc|c} 1 & 2 & 11 \\ 0 & 1 & 4 \end{array}\right]$$

$$\sim \left[\begin{array}{cc|c} 1 & 0 & 3 \\ 0 & 1 & 4 \end{array}\right]$$

예제 1 $\mathbf{e}_1=(1, 0)$, $\mathbf{e}_2=(0, 1)$이 $\mathbb{R}^2$ 상의 두 벡터일 때, $\mathbb{R}^2$ 상의 모든 점은 $\mathbf{e}_1$, $\mathbf{e}_2$의 일차결합인가?

풀이 $\mathbb{R}^2$ 상의 임의의 벡터 $\mathbf{x}$에 대하여

$$\mathbf{x} = \begin{bmatrix} x_1 \\ x_2 \end{bmatrix} = x_1\begin{bmatrix} 1 \\ 0 \end{bmatrix} + x_2\begin{bmatrix} 0 \\ 1 \end{bmatrix} = x_1\mathbf{e}_1 + x_2\mathbf{e}_2$$ ■

이므로 일차결합이다.

예제 2 $\mathbb{R}^2$ 상의 모든 점은 두 벡터 $\mathbf{u}=(5, 2)$, $\mathbf{v}=(7, 3)$의 일차결합인가?

풀이 $\mathbb{R}^2$ 상의 임의의 벡터 $\mathbf{b}=(b_1, b_2)$에 대하여 방정식

$$\alpha\mathbf{u} + \beta\mathbf{v} = \alpha\begin{bmatrix} 5 \\ 2 \end{bmatrix} + \beta\begin{bmatrix} 7 \\ 3 \end{bmatrix} = \begin{bmatrix} b_1 \\ b_2 \end{bmatrix} = \mathbf{b}$$

인 스칼라 α, β를 구한다. 첨가행렬과 그것의 기약 행 사다리꼴은 다음과 같다.

$$\left[\begin{array}{cc|c} 5 & 7 & b_1 \\ 2 & 3 & b_2 \end{array}\right] \sim \left[\begin{array}{cc|c} 5 & 7 & b_1 \\ 4 & 6 & 2b_2 \end{array}\right] \sim \cdots \sim \left[\begin{array}{cc|c} 1 & 0 & 3b_1 - 7b_2 \\ 0 & 1 & -2b_1 + 5b_2 \end{array}\right]$$

$\mathbb{R}^2$ 상의 임의의 벡터 **b**에 대하여 $\alpha=3b_1-7b_2$, $\beta=-2b_1+5b_2$이므로 **b**는 **u**와 **v**의 일차결합이다. ■

예제 3 벡터 $\mathbf{w}=(-1, 3, 7)$은 두 벡터 $\mathbf{u}=(4, 2, 7)$, $\mathbf{v}=(3, 1, 4)$의 일차결합인가?

풀이 벡터 방정식

$$x\begin{bmatrix}4\\2\\7\end{bmatrix}+y\begin{bmatrix}3\\1\\4\end{bmatrix}=\begin{bmatrix}-1\\3\\7\end{bmatrix} \quad \text{또는} \quad \begin{cases}4x+3y=-1\\2x+y=3\\7x+4y=7\end{cases}$$

의 해를 구한다. 첨가행렬과 그것의 기약 행 사다리꼴은

$$\left[\begin{array}{cc|c}4&3&-1\\2&1&3\\7&4&7\end{array}\right]\sim\left[\begin{array}{cc|c}1&0&5\\0&1&-7\\0&0&0\end{array}\right]$$

이므로 $x=5$, $y=-7$이다. $5(4, 2, 7)-7(3, 1, 4)=(-1, 3, 7)$이므로 **w**는 **u**와 **v**의 일차결합이다. 그러나 대부분의 $\mathbb{R}^3$의 벡터는 **u**와 **v**의 일차결합이 아니다. **u**와 **v**의 일차결합들은 $\mathbb{R}^3$ 상의 한 평면 위에 놓여 있다. 그 이유는 무엇인가? ■

행렬-벡터 곱

임의의 $m\times n$ 행렬 **A**는 열벡터(column vector)들의 모임으로 생각할 수 있다.

$$\mathbf{A}=\begin{bmatrix}a_{11}&a_{12}&\cdots&a_{1n}\\a_{21}&a_{22}&\cdots&a_{2n}\\\vdots&\vdots&\ddots&\vdots\\a_{m1}&a_{m2}&\cdots&a_{mn}\end{bmatrix}=[\mathbf{a}_1\quad\mathbf{a}_2\quad\cdots\quad\mathbf{a}_n]$$

여기서, $\mathbf{a}_j$는 **A**의 j번째 열벡터를 의미한다: $\mathbf{a}_j=\begin{bmatrix}a_{1j}\\a_{2j}\\\vdots\\a_{mj}\end{bmatrix}$.

정의

$m\times n$ 행렬 **A**와 열벡터 $\mathbf{x}=(x_1, x_2, \ldots, x_n)$의 **행렬-벡터 곱**(matrix-vector product) **Ax**는

$$\mathbf{A}\mathbf{x}=x_1\mathbf{a}_1+x_2\mathbf{a}_2+\cdots+x_n\mathbf{a}_n$$

로 정의된다. 여기서 스칼라 x_j는 열벡터 **x**의 성분들이고, 열벡터 $\mathbf{a}_j$는 **A**의 열들이다.

Ax는 행렬 A의 열들의 일차결합으로 표현되는데, 이때 벡터 **x**의 성분들이 각 열에 곱해진 계수로 쓰여진다. A를 $a_{ij}(1 \le i \le m, 1 \le j \le n)$를 성분으로 하는 $m \times n$ 행렬이라 하자. 그러면

$$\mathbf{A} = \begin{bmatrix} \mathbf{a}_1 & \mathbf{a}_2 & \cdots & \mathbf{a}_n \end{bmatrix}$$

이므로 다음과 같이 된다.

$$\mathbf{Ax} = \begin{bmatrix} \mathbf{a}_1 & \mathbf{a}_2 & \cdots & \mathbf{a}_n \end{bmatrix} \begin{bmatrix} x_1 \\ x_2 \\ \vdots \\ x_n \end{bmatrix} = \sum_{j=1}^{n} x_j \mathbf{a}_j$$

Ax의 성분은

$$(\mathbf{Ax})_i = \sum_{j=1}^{n} x_j [\mathbf{a}_j]_i = \sum_{j=1}^{n} x_j a_{ij} = \sum_{j=1}^{n} a_{ij} x_j = \mathbf{r}_i \mathbf{x}$$

라고 쓴다. 우변의 $\mathbf{r}_i\mathbf{x}$는 $\mathbf{r}_i = [a_{i1}, a_{i2}, ..., a_{in}]$과 $n \times 1$ 벡터 $\mathbf{x} = [x_1, x_2, ..., x_n]^T$의 행렬 곱이다(여기서 $\mathbf{r}_i$는 행렬 A의 i번째 행이다). 그러므로 **Ax**의 i번째 성분을 구하기 위해 벡터 곱

$$\mathbf{r}_i \mathbf{x} = [a_{i1} \quad a_{i2} \quad \cdots \quad a_{in}] \begin{bmatrix} x_1 \\ x_2 \\ \vdots \\ x_n \end{bmatrix} = \sum_{j=1}^{n} a_{ij} x_j$$

을 계산한다.

예제 4 $\begin{bmatrix} 1 & 5 \\ 3 & 1 \\ 2 & 4 \end{bmatrix} \begin{bmatrix} 2 \\ 7 \end{bmatrix}$을 한 개의 벡터로 나타내라.

풀이

$$2\begin{bmatrix} 1 \\ 3 \\ 2 \end{bmatrix} + 7\begin{bmatrix} 5 \\ 1 \\ 4 \end{bmatrix} = \begin{bmatrix} 2 \\ 6 \\ 4 \end{bmatrix} + \begin{bmatrix} 35 \\ 7 \\ 28 \end{bmatrix} = \begin{bmatrix} 37 \\ 13 \\ 32 \end{bmatrix}$$ ■

예제 5 $\begin{bmatrix} 1 & 2 & 3 \\ 4 & 5 & 6 \\ 7 & 8 & 9 \\ 10 & 11 & 12 \end{bmatrix} \begin{bmatrix} x_1 \\ x_2 \\ x_3 \end{bmatrix}$을 한 개의 벡터로 나타내라.

풀이

$$x_1\begin{bmatrix}1\\4\\7\\10\end{bmatrix}+x_2\begin{bmatrix}2\\5\\8\\11\end{bmatrix}+x_3\begin{bmatrix}3\\6\\9\\12\end{bmatrix}=\begin{bmatrix}x_1+2x_2+3x_3\\4x_1+5x_2+6x_3\\7x_1+8x_2+9x_3\\10x_1+11x_2+12x_3\end{bmatrix}$$ ■

벡터 집합의 생성

정의

벡터 집합의 모든 일차결합들의 집합을 그 벡터 집합의 **생성**(span)이라 한다.

앞에서 공부한 내용으로부터 벡터 **Ax**의 집합은 행렬 **A**의 열벡터(column vector)들에 의해 생성된 것을 알 수 있다. 만일 **A**가 $m \times n$ 행렬이라면, 그것의 열벡터 집합의 생성은 다음과 같다.

$$\mathrm{Col}(\mathbf{A}) = \mathrm{Span}\{\mathbf{a}_1, \mathbf{a}_2, \ldots, \mathbf{a}_n\} = \{\mathbf{Ax} \;:\; \mathbf{x} \in \mathbb{R}^n\}$$

기호 $\mathbb{R}^n$은 n개의 성분을 갖는 모든 벡터들의 집합을 말한다. 이 주제에 대해서는 5.1절에서 좀더 자세히 다루기로 한다.

행렬 **A**의 열벡터 집합의 생성을 **A**의 **열공간**(column space)이라 하고 Col(**A**)로 나타낸다. 여기에 관련된 예제가 있다. 예제 1로부터 두 벡터 $\mathbf{e}_1=(1, 0)$, $\mathbf{e}_2=(0, 1)$로 이루어진 집합의 생성은 $\mathbb{R}^2$임을 알 수 있다.

$$\mathrm{Span}\{\mathbf{e}_1, \mathbf{e}_2\} = \mathrm{Col}(\mathbf{I}_2) = \mathbb{R}^2$$

예제 2로부터 두 벡터 (5, 2), (7, 3)의 집합의 생성 또한 $\mathbb{R}^2$임을 알 수 있다.

분명히 세 벡터 $\mathbf{e}_1=(1, 0, 0)$, $\mathbf{e}_2=(0, 1, 0)$, $\mathbf{e}_3=(0, 0, 1)$의 집합의 생성은 $\mathbb{R}^3$이다.

$$\mathrm{Span}\{\mathbf{e}_1, \mathbf{e}_2, \mathbf{e}_3\} = \mathrm{Col}(\mathbf{I}_3) = \mathbb{R}^3$$

예제 3에 의하면 Span{(4, 2, 7), (3, 1, 4)}는 (−1, 3, 7)을 포함하지만 (1, 0, 0)은 포함하지 않는다. 예를 들어

$$x\begin{bmatrix}4\\2\\7\end{bmatrix}+y\begin{bmatrix}3\\1\\4\end{bmatrix}=\begin{bmatrix}1\\0\\0\end{bmatrix}$$

이라 하면, 우리는 첨가행렬을 만들어 행축소를 시행하여 다음을 얻는다.

$$\left[\begin{array}{cc|c}4&3&1\\2&1&0\\7&4&0\end{array}\right] \sim \left[\begin{array}{cc|c}1&0&0\\0&1&0\\0&0&1\end{array}\right]$$

이 연립방정식은 해를 갖지 않으므로 모순이 있다(inconsistent)라고 한다.

다음은 좀더 복잡한 예이다.

예제 6 벡터 $\mathbf{u}=(4, 2, 7)$과 $\mathbf{v}=(3, 1, 4)$에 대하여, Span{**u**, **v**}를 구하라.

풀이 다음과 같은 첨가행렬을 만들어 행축소를 한다.

$$\begin{bmatrix} \mathbf{u} & \mathbf{v} & | & \mathbf{b} \end{bmatrix} = \left[\begin{array}{cc|c} 4 & 3 & b_1 \\ 2 & 1 & b_2 \\ 7 & 4 & b_3 \end{array}\right] \sim \cdots \sim \left[\begin{array}{cc|r} 1 & 0 & 4b_2 - b_3 \\ 0 & 1 & b_1 - 2b_2 \\ 0 & 0 & b_1 + 5b_2 - 2b_3 \end{array}\right]$$

이 연립방정식의 무모순성(consistency) 때문에 $b_1+5b_2-2b_3=0$인 b_1, b_2, b_3가 있다. 벡터 $\mathbf{b}=(b_1, b_2, b_3)$가 해를 갖는다는 것은 **b**가 Span{**u**, **v**} 안에 있다는 것과 동치이다. 그러므로 Span{**u**, **v**}는 $b_1+5b_2-2b_3=0$을 만족하는 b_1, b_2, b_3를 성분으로 하는 모든 벡터 **b**로 구성되어 있다.

$$\text{Span}\{\mathbf{u}, \mathbf{v}\} = \{\mathbf{b} \in \mathbb{R}^3 : b_1 + 5b_2 - 2b_3 = 0\}$$

그러므로 $\mathbb{R}^3$의 대부분의 벡터들은 $\mathbf{u}=(4, 2, 7)$과 $\mathbf{v}=(3, 1, 4)$의 일차결합이 아니다. **u**, **v**의 일차결합인 벡터들은 $\mathbb{R}^3$에서 $b_1+5b_2-2b_3=0$인 평면 위에 놓인다. ■

예제 7 벡터 (42, 6, 76)은 세 개의 벡터 (1, 2, 11), (3, 1, 4), (7, −4, 3)으로 생성되는가?

풀이 이 질문은 다음 연립방정식의 해가 있는지를 알아보는 것과 같다.

$$x_1 \begin{bmatrix} 1 \\ 2 \\ 11 \end{bmatrix} + x_2 \begin{bmatrix} 3 \\ 1 \\ 4 \end{bmatrix} + x_3 \begin{bmatrix} 7 \\ -4 \\ 3 \end{bmatrix} = \begin{bmatrix} 42 \\ 6 \\ 76 \end{bmatrix}$$

이 방정식은 앞에서 설명한 것처럼 다음과 같은 동치 형태로 쓰여질 수 있다.

$$\begin{cases} x_1 + 3x_2 + 7x_3 = 42 \\ 2x_1 + x_2 - 4x_3 = 6 \\ 11x_1 + 4x_2 + 3x_3 = 76 \end{cases} \quad \text{또는} \quad \left[\begin{array}{rrr|r} 1 & 3 & 7 & 42 \\ 2 & 1 & -4 & 6 \\ 11 & 4 & 3 & 76 \end{array}\right]$$

여기서 우리는 한 개의 수(numerical) 벡터가 세 개의 다른 수 벡터들의 일차결합인 것을 볼 수 있다. 연립방정식의 해를 구하는 것은 우변에 있는 수 벡터가 좌변에 있는 세 개의 수 벡터들의 생성 안에 있는지를 묻는 질문에 답하는 것이다. 따라서 연립방정식의 해를 구함으로써 질문에 답할 수 있다. Matlab과 같은 수학 소프트웨어를 이용하여 답을 구할 수도 있는데 이때 필요한 계수는

$$x_1=7/2=3.5,\ \ x_2=147/19 \approx 7.7368,\ \ x_3=83/38 \approx 2.1842$$

이다. 검산: $133(1, 2, 11)+294(3, 1, 4)+83(7, -4, 3)=38(42, 6, 76)$. ■

연립 일차방정식에 대한 이해

일반적으로 연립 일차방정식을

$$\mathbf{Ax} = \mathbf{b}$$

로 나타낼 수 있는데, A는 $m \times n$ **계수행렬**(coefficient matrix), b는 m개의 성분으로 이루어진 **우변벡터**(righthand-side vector)로 n개의 성분으로 이루어진 **미지수벡터**(unknown vector) x를 구한다.

b는 벡터, 또는 오직 한 개의 열을 갖는 열행렬로 이해할 수 있다. 중요한 새로운 생각은 행렬과 벡터의 곱을 행렬의 열들의 일차결합으로 생각할 수 있고, 일차결합에 사용된 계수들은 정확히 벡터의 성분들이라는 것이다. 관습적으로 행렬 대수에서 곱 Ax에서의 x는 열벡터, 즉 $n \times 1$ 행렬을 말한다.(만일 x가 행벡터라면 곱 Ax는 정의되지 않는다.)

곱 Ax가 정의되기 위해서는 행렬 A의 열의 개수와 x의 성분의 개수가 같아야 한다. 벡터 x, b를 각각 $n \times 1$, $m \times 1$ 행렬이라 할 때, 행렬방정식 Ax=b는 다음 쪽에서 보여 주는 것과 같이 다양한 동치 형태로 쓰여질 수 있다.

지금 우리는 연립 일차방정식의 다양한 해석을 보고 있다. 이러한 해석은 계속해서 일어날 것이고, 우리는 연립방정식 Ax=b를 이해하기 위해 이러한 새로운 개념들을 사용할 수 있다. A, b가 주어질 때, 연립방정식 Ax=b에서 b가 A의 열벡터들에 의해 생성되는지 알아보아야 하고, 만일 그렇다면 b를 A의 열벡터들의 일차결합으로 표현하는 데 필요한 계수들을 찾아야 한다.

Ax=b의 꼴로 표현되는 문제를 생각해 보고, 그것에 사용할 수 있는 일반 이론을 적용해 보자. 그들은 개념적으로 문제를 간단하게 만들 것이고, 이와 같은 문제에 막대한 행렬 이론의 자료를 적용할 수 있도록 열려 있다. 지금 우리는 연립방정식을 풀기 위해 단지 가우스 소거법만을 이야기하지만 나중에 다른 방법들도 소개할 것이다.(이런 방법들 중 일부는 완전히 다르게 접근하는 것으로, 정확도는 떨어지지만 해를 빨리 구하거나 아니면 많은 노력과 시간을 들여 정확한 해를 구한다.) 많은 연구자들은 매우 큰 연립방정식을 풀기 위해 훨씬 더 효율적인 방법들을 연구하고 있다.

다음은 우리가 생각할 수 있는 연립방정식의 여러 형태이다.

Ax = b 의 동치 형태

1. 행렬 형태:

$$\mathbf{Ax} = \mathbf{b}$$

2. 합의 형태:

$$\sum_{j=1}^{n} a_{ij}x_j = b_i \qquad (1 \leq i \leq m)$$

3. 연립 일차방정식:

$$\begin{cases} a_{11}x_1 + a_{12}x_2 + \cdots + a_{1n}x_n = b_1 \\ a_{21}x_1 + a_{22}x_2 + \cdots + a_{2n}x_n = b_2 \\ \qquad\qquad \vdots \qquad\qquad\qquad \vdots \\ a_{m1}x_1 + a_{m2}x_2 + \cdots + a_{mn}x_n = b_m \end{cases}$$

4. 행렬방정식:

$$\begin{bmatrix} a_{11} & a_{12} & \cdots & a_{1n} \\ a_{21} & a_{22} & \cdots & a_{2n} \\ \vdots & \vdots & \ddots & \vdots \\ a_{m1} & a_{m2} & \cdots & a_{mn} \end{bmatrix} \begin{bmatrix} x_1 \\ x_2 \\ \vdots \\ x_n \end{bmatrix} = \begin{bmatrix} b_1 \\ b_2 \\ \vdots \\ b_m \end{bmatrix}$$

5. 첨가행렬:

$$\left[\begin{array}{cccc|c} a_{11} & a_{12} & \cdots & a_{1n} & b_1 \\ a_{21} & a_{22} & \cdots & a_{2n} & b_2 \\ \vdots & \vdots & \ddots & \vdots & \vdots \\ a_{m1} & a_{m2} & \cdots & a_{mn} & b_m \end{array}\right]$$

6. 행렬 **A**의 열들의 일차결합:

$$x_1 \begin{bmatrix} a_{11} \\ a_{21} \\ \vdots \\ a_{m1} \end{bmatrix} + x_2 \begin{bmatrix} a_{12} \\ a_{22} \\ \vdots \\ a_{m2} \end{bmatrix} + \cdots + x_n \begin{bmatrix} a_{1n} \\ a_{2n} \\ \vdots \\ a_{mn} \end{bmatrix} = \begin{bmatrix} b_1 \\ b_2 \\ \vdots \\ b_m \end{bmatrix}$$

7. 행렬 **A**의 열벡터 $\mathbf{a}_j$의 일차결합:

$$x_1\mathbf{a}_1 + x_2\mathbf{a}_2 + \cdots + x_n\mathbf{a}_n = \mathbf{b}$$

행동치 연립방정식

1.1절에서 시행하였던 절차는 다음과 같다: 주어진 행렬 **A**와 우변 **b**에 대하여 첨가행렬 [**A**|**b**]를 만들어 행축소를 한다. 처음의 연립방정식과 행축소를 시행해서 얻어진 새 연립방정식의 해는 같다. 다음의 정리는 이것을 이야기한다.

정리 1

두 연립 일차방정식의 첨가행렬들이 서로 행동치라면, 이들의 해는 같다.

정리 1의 내용을 기호로 나타내면 다음과 같다: [**A**|**b**] ~ [**B**|**c**]이면 {**x**: **Ax**=**b**}={**x**: **Bx**=**c**}이다.

1.1절에서 **행동치**(row equivalent)에 대하여 잠깐 언급한 바 있는데 여기서 다시 정의를 내린다.

정의

한 행렬이 일련의 행 연산을 시행하여 다른 행렬로부터 얻어질 수 있다면, 두 행렬은 서로 **행동치**(row equivalent)라고 한다.

행 연산에는 다음과 같은 세 가지 유형이 있음을 상기하자: 교체($\mathbf{r}_i \sim c\mathbf{r}_j + \mathbf{r}_i$), 비율($\mathbf{r}_i \sim c\mathbf{r}_i$, $c \neq 0$), 교환($\mathbf{r}_i \leftrightarrow \mathbf{r}_j$).

두 행렬이 서로 행동치이기 위한 필요충분조건은 그들이 같은 기약 행 사다리꼴을 갖는 것이라는 점이 중요하다. 모든 행렬은 오직 하나의 기약 행 사다리꼴을 갖는다.(이 사실은 1.3절 정리 6에서 증명한다.)

행렬

$$\mathbf{A} = \begin{bmatrix} 2 & 3 & 1 \\ 5 & 2 & 2 \end{bmatrix} \qquad \mathbf{B} = \begin{bmatrix} 8 & 1 & 3 \\ 10 & 4 & 4 \end{bmatrix}$$

는 둘 다 같은 기약 행 사다리꼴과 행동치이다. 그러므로 **A**와 **B**는 서로 행동치이다.

$$\mathbf{A} = \begin{bmatrix} 2 & 3 & 1 \\ 5 & 2 & 2 \end{bmatrix} \sim \begin{bmatrix} 1 & 0 & 4/11 \\ 0 & 1 & 1/4 \end{bmatrix}$$

$$\mathbf{B} = \begin{bmatrix} 8 & 1 & 3 \\ 10 & 4 & 4 \end{bmatrix} \sim \begin{bmatrix} 1 & 0 & 4/11 \\ 0 & 1 & 1/4 \end{bmatrix}$$

예제 8 **A**가 예제 3의 행렬이고 **b**는 열벡터 $[20, 47, 74, 101]^T$일 때, 방정식 $\mathbf{Ax}=\mathbf{b}$의 해를 모두 구하라.

풀이 첨가행렬을 만들어 행축소를 시행한다.

$$\left[\begin{array}{ccc|c} 1 & 2 & 3 & 20 \\ 4 & 5 & 6 & 47 \\ 7 & 8 & 9 & 74 \\ 10 & 11 & 12 & 101 \end{array}\right] \sim \left[\begin{array}{ccc|c} 1 & 2 & 3 & 20 \\ 3 & 3 & 3 & 27 \\ 6 & 6 & 6 & 54 \\ 9 & 9 & 9 & 81 \end{array}\right]$$

$$\sim \cdots \sim \left[\begin{array}{ccc|c} 1 & 0 & -1 & -2 \\ 0 & 1 & 2 & 11 \\ 0 & 0 & 0 & 0 \\ 0 & 0 & 0 & 0 \end{array}\right]$$

이 경우 문제의 해가 무엇인지 정확하지 않다. 마지막 행렬에는 영행이 아닌 두 개의 행이 있고 이것은 다음 연립방정식으로 나타난다.

$$\begin{cases} x_1 - x_3 = -2 \\ x_2 + 2x_3 = 11 \end{cases}$$

여기에 세 성분을 갖는 벡터에 대해 두 가지 조건이 있고 이것은 해의 임의성을 기대하게 한다. 해집합을 표현하는 가장 쉬운 방법은 방정식을 좀더 해를 연상케 하는 형태로 나타내는 것이다.

$$\begin{cases} x_1 = -2 + x_3 \\ x_2 = 11 - 2x_3 \end{cases}$$

x_3에 임의의 값을 주면, x_1, x_2의 값을 얻게 되는데, 이와 같은 변수 x_3는 **자유 변수**(free variable)라 부른다. 예를

들어 $x_3=0$이면 $x_1=-2$, $x_2=11$이고 해벡터는 $\mathbf{x}=[-2, 11, 0]^T$이다. 또는 $x_3=7$이면, 해벡터는 $\mathbf{x}=[5, -4, 7]^T$이다. 그러므로 해는

$$\begin{bmatrix} x_1 \\ x_2 \\ x_3 \end{bmatrix} = \begin{bmatrix} -2 \\ 11 \\ 0 \end{bmatrix} + s\begin{bmatrix} 1 \\ -2 \\ 1 \end{bmatrix}$$

이다. 여기서 s는 자유 변수 x_3의 값을 의미하는 **자유 매개변수**(free parameter)이다. 우리는 우변의 벡터들이 어디에서 얻어진 것인지 이해하기 위해서 이 방정식을 조심스럽게 연구해야 한다. 앞에 있는 연립방정식으로부터 한 개의 벡터방정식을 얻기 위해서는 약간의 전략이 필요하다.(이 절의 마지막에 있는 일반 연습문제 6, 9, 18, 19, 23, 31, 32, 38~40을 풀어 보며 연습하라.) 해의 마지막 형태는 $\mathbb{R}^3$ 상의 모든 해들이 점 $(-2, 11, 0)$을 지나면서 $(1, -2, 1)$을 방향벡터로 하는 직선을 이룬다는 것을 가리킨다. 변수 x_3는 우리가 임의의 값을 주는 자유 매개변수 s가 된다. 선택한 값에 의해 해가 주어진다. 앞의 방정식을 연립방정식의 **일반해**(general solution)라고 한다. 주로 일반해는 상수 벡터와 한 개(또는 그 이상)의 다른 벡터의 임의의 배수와의 합의 꼴로 주어진다.

위의 예제에서 변수 x_1을 자유 변수라 하면, 일반해는 다음과 같이 표현된다.

$$\begin{cases} x_3 = 2 + x_1 \\ x_2 = 7 - x_1 \end{cases} \quad \text{또는} \quad \begin{bmatrix} x_1 \\ x_2 \\ x_3 \end{bmatrix} = \begin{bmatrix} 0 \\ 7 \\ 2 \end{bmatrix} + t\begin{bmatrix} 1 \\ -2 \\ 1 \end{bmatrix}$$

이 방정식에서 t는 x_1 대신 사용된 자유 매개변수이다. 위의 해집합은 $[0, 7, 2]^T$와 $[1, -2, 1]^T$의 스칼라 곱의 합으로 표현될 수도 있다. 위에 주어진 두 형태는 같은 해집합을 나타내고 있다. 이 일반해는 같은 방향벡터 $(1, -2, 1)$을 가지고 $t=-2$일 때 점 $(-2, 11, 0)$을 지나므로 $\mathbb{R}^3$에서 같은 직선으로 나타난다. ■

$\mathbf{A}$가 $m\times n$ 행렬일 때, 곱 $\mathbf{Ax}$의 대수적 구조를 살펴보자. 정의로부터

$$\mathbf{A}(\mathbf{x}+\mathbf{y})=\mathbf{Ax}+\mathbf{Ay}\text{이고, 스칼라 }\alpha\text{에 대하여 }\mathbf{A}(\alpha\mathbf{x})=\alpha\mathbf{Ax}$$

이다. 이러한 두 성질 때문에 사상 $\mathbf{x}\mapsto\mathbf{Ax}$는 **선형**(linear)이라 한다. $\mathbf{a}_i$를 $\mathbf{A}$의 i번째 열이라 하면 다음과 같이 쓸 수 있다.

$$\mathbf{A}(\mathbf{x}+\mathbf{y}) = \sum_{i=1}^{n}(\mathbf{x}+\mathbf{y})_i\mathbf{a}_i = \sum_{i=1}^{n}(x_i+y_i)\mathbf{a}_i = \sum_{i=1}^{n}x_i\mathbf{a}_i + \sum_{i=1}^{n}y_i\mathbf{a}_i = \mathbf{Ax}+\mathbf{Ay}$$

$$\mathbf{A}(\alpha\mathbf{x}) = \sum_{i=1}^{n}(\alpha\mathbf{x})_i\mathbf{a}_i = \sum_{i=1}^{n}\alpha x_i\mathbf{a}_i = \alpha\sum_{i=1}^{n}x_i\mathbf{a}_i = \alpha\mathbf{Ax}$$

귀납법에 의해

$$\mathbf{A}\left(\sum_{i=1}^{k}\alpha_i\mathbf{u}_i\right) = \sum_{i=1}^{k}\alpha_i\mathbf{Au}_i$$

을 얻는다. 이 방정식에서 $\mathbf{u}_i$는 열벡터이고 α_i는 스칼라이다.

모순이 없는 그리고 모순이 있는 연립방정식

연립방정식이 모순이 없는지 알아보는 것은 자연스러운 일이다. 만일 없다면, 좀더 발전된 방법으로 방정식의 근사해를 유도해 내는 것에 대해 후에 공부하기로 한다. 연립방정식이 적어도 하나의 해를 가지면, 모순이 없다(consistent)라 하고, 그렇지 않다면 모순이 있다(inconsistent)라고 함을 상기하자. 동차 연립방정식 $\mathbf{Ax}=\mathbf{0}$의 경우, 자명한 해(trivial solution)를 가지므로 항상 모순이 없다. 그러나 비동차 연립방정식 $\mathbf{Ax}=\mathbf{b}$, $\mathbf{b} \neq \mathbf{0}$의 경우는 그렇지 않다.

예제 9 다음은 모순이 있는 연립방정식의 예이다. 처음의 연립방정식과 그것의 기약 행 사다리꼴은 다음과 같다.

$$\left[\begin{array}{ccc|c} 3 & -4 & -8 & 40 \\ 6 & -10 & -26 & 95 \\ 9 & -12 & -24 & 125 \end{array}\right] \sim \left[\begin{array}{ccc|c} 1 & 0 & 4 & 0 \\ 0 & 1 & 5 & 0 \\ 0 & 0 & 0 & 1 \end{array}\right]$$

풀이 두 번째 첨가행렬의 3행을 방정식으로 전환하면 $0x_1+0x_2+0x_3=1$이고, 이는 참이 아니므로 확실히 해가 없음을 보여 준다. 첫 번째 행렬의 경우 해를 갖지 않는지가 정확히 드러나지 않지만, 두 번째 첨가행렬이 처음 행렬의 기약 행 사다리꼴이므로 행축소 과정을 통해 연립방정식은 해가 없다라고 말할 수 있다. ■

정리 2

연립방정식 $\mathbf{Ax}=\mathbf{b}$가 해를 갖기 위한 필요충분조건은 벡터 $\mathbf{b}$가 $\mathbf{A}$의 열벡터 집합의 생성 안에 있는 것이다.

증명 $\mathbf{x}$를 $\mathbf{Ax}=\mathbf{b}$의 해벡터라고 하자. $\mathbf{x}$가 벡터 $\mathbf{b}$와 같도록 행렬 $\mathbf{A}$의 열들의 일차결합으로 쓰여질 때, $\mathbf{b}$는 $\mathbf{A}$의 열벡터의 일차결합이 된다. 역도 참이다: 만일 $\mathbf{A}$의 열벡터 $\mathbf{a}_i$, 스칼라 x_i에 대하여 $\mathbf{b}=\sum_{i=1}^{n} x_i\mathbf{a}_i$라면, x_i를 성분으로 하는 벡터 $\mathbf{x}$는 연립방정식 $\mathbf{Ax}=b$의 해가 된다. ■

정리 3

$m\times n$ 행렬 $\mathbf{A}$에 대하여 연립방정식 $\mathbf{Ax}=\mathbf{b}$가 $\mathbb{R}^m$ 상의 모든 벡터 $\mathbf{b}$에 대하여 모순이 없기 위한 필요충분조건은 $\mathbf{A}$의 열들이 $\mathbb{R}^m$을 생성하는 것이다. 다시 말해 $\text{Col}(\mathbf{A})=\mathbb{R}^m$.

증명 정리 2에 의하면, 모든 $\mathbf{b}$에 대해 연립방정식이 모순이 없다는 것은 $\mathbb{R}^m$ 상의 모든 벡터 $\mathbf{b}$가 $\mathbf{A}$의 열벡터들의 일차결합이라는 것을 의미한다. 다시 말해 $\mathbf{A}$의 열벡터들이 $\mathbb{R}^m$을 생성한다. ■

정리 4

$m \times n$ 행렬 $\mathbf{A}$에 대하여 연립방정식 $\mathbf{Ax}=\mathbf{b}$가 $\mathbb{R}^m$ 상의 모든 벡터 $\mathbf{b}$에 대하여 모순이 없기 위한 필요충분조건은 계수행렬 $\mathbf{A}$의 각 행이 피벗 위치를 가지는 것이다.

증명 계수행렬 $\mathbf{A}$의 각 행이 피벗 위치를 갖는다는 것은 $\mathbf{A}$의 기약 행 사다리꼴이 각 행에 피벗을 가지고 있다는 것과 동치이다. 또한 $\mathbf{A}$의 열들이 $\mathbb{R}^m$을 생성한다는 것과 동치이다. 정리 3에 의하면 연립방정식 $\mathbf{Ax}=\mathbf{b}$가 $\mathbb{R}^m$의 모든 벡터 $\mathbf{b}$에 대하여 모순이 없다는 사실과도 동치이다. ■

정리 5

연립방정식이 해를 갖지 않기 위한 필요충분조건은 그것의 첨가행렬이 마지막 열에 피벗 위치를 갖는 것이다.

증명 첨가행렬의 마지막 열은 우변벡터임을 기억하자. 첨가행렬의 기약 행 사다리꼴이 마지막 열에 피벗을 가지고 있다면 그 피벗을 포함하는 행에 의해서 정의되는 방정식은 해를 갖지 않는다. 왜냐하면 모든 변수의 계수가 0이고 우변만 1이 되기 때문이다($0x_1+0x_2+\ldots+0x_n=1$). 역으로, 마지막 열에 피벗 원소가 없다면 모든 변수에 값이 주어져 해를 만든다. 예를 들어 모든 자유 변수에 값을 주고 기약 행 사다리꼴을 이용하여 다른 변수의 값을 구한다. ■

앞에서 언급하였듯이, 모든 행렬은 유일한 기약 행 사다리꼴을 갖는다. 이것은 1.3절 정리 6에서 증명할 것인데, 쉽지 않다. 이러한 **행동치**(row equivalence)라는 특별한 관계는 이 책에서 기호 ~로 표시한다. 예를 들어 다음의 행렬 $\mathbf{A}$, $\mathbf{B}$는 각각 $\mathbf{I}_3$와 행동치이므로 서로 행동치임을 알 수 있다.

$$\mathbf{A}=\begin{bmatrix} 1 & 2 & 3 \\ 4 & 5 & 6 \\ 10 & 8 & 7 \end{bmatrix} \sim \begin{bmatrix} 1 & 0 & 0 \\ 0 & 1 & 0 \\ 0 & 0 & 1 \end{bmatrix} = \mathbf{I}_3$$

$$\mathbf{B}=\begin{bmatrix} 17 & 31 & -11 \\ 2 & 5 & 47 \\ -19 & 3 & 13 \end{bmatrix} \sim \begin{bmatrix} 1 & 0 & 0 \\ 0 & 1 & 0 \\ 0 & 0 & 1 \end{bmatrix} = \mathbf{I}_3$$

이 예는 행 연산을 시행하여 $\mathbf{A}$로부터 $\mathbf{B}$를 얻는 것보다는 $\mathbf{A}\sim\mathbf{I}$이고 $\mathbf{B}\sim\mathbf{I}$임을 보이는 것이 더 쉽다.

주의

정리 5는 첨가행렬 $[\mathbf{A}|\mathbf{b}]$의 기약 행 사다리꼴을 포함하는 반면에 정리 4는 단지 계수행렬 $\mathbf{A}$를 포함한다. 연립방정식 $\mathbf{Ax}=\mathbf{b}$는 $\mathbb{R}^m$ 상의 모든 벡터 $\mathbf{b}$에 대하여 해를 갖거나, 또는 갖지 않는다. 예제 2에서, 연립방정식은 모든

우변 **b**에 대하여 모순이 없다는 것을 알았다.

$$\left[\begin{array}{cc|c} 5 & 7 & b_1 \\ 2 & 3 & b_2 \end{array}\right] \sim \left[\begin{array}{cc|c} 1 & 0 & 3b_1 - 7b_2 \\ 0 & 1 & -2b_1 + 5b_2 \end{array}\right]$$

계수행렬은 각 행에 피벗 위치를 갖고 있다.

예제 6의 연립방정식은 b_1, b_2, b_3에 따라 해를 가질 수도, 또는 갖지 않을 수도 있다. 행축소는 다음을 보여 준다.

$$\left[\begin{array}{cc|c} 4 & 3 & b_1 \\ 2 & 1 & b_2 \\ 7 & 4 & b_3 \end{array}\right] \sim \left[\begin{array}{cc|r} 1 & 0 & 4b_2 - b_3 \\ 0 & 1 & b_1 - 2b_2 \\ 0 & 0 & b_1 + 5b_2 - 2b_3 \end{array}\right]$$

연립방정식은 $b_1+5b_2-2b_3=0$일 때만 해를 갖는다. 이 경우 첨가행렬의 마지막 열에는 피벗 위치가 없을 것이다.

정리 6

연립방정식이 해를 갖기 위한 필요충분조건은 첨가행렬의 기약 행 사다리꼴이 마지막 열에 피벗 위치를 갖지 않는 것이다.

증명 정리 5의 증명 과정과 같다. ■

응용: 선형 상미분방정식

연립 선형 상미분방정식은 행렬과 벡터로 나타내어진다. 예를 들어 초기 조건이 $x(0)=0$, $y(0)=1$인 방정식

$$dx/dt = y \qquad dy/dt = -x$$

을 생각해 보자.

$$\mathbf{z} = \begin{bmatrix} x \\ y \end{bmatrix}$$

이라 하면 방정식은

$$d\mathbf{z}/dt = \mathbf{A}\mathbf{z}$$

로 나타낼 수 있다. 여기서

$$\mathbf{A} = \begin{bmatrix} 0 & 1 \\ -1 & 0 \end{bmatrix}$$

이고 초기 조건은

$$\mathbf{z}(0) = \begin{bmatrix} 0 \\ 1 \end{bmatrix}$$

이다. 방정식의 해는 $x(t)=\sin(t)$, $y(t)=\cos(t)$가 되므로 해 곡선을 그리면, 두 개의 사인 곡선과 코사인 곡선이 겹쳐 그려진다. 이 개념은 크기가 n인 벡터와 크기가 $n\times n$인 행렬을 이용하여 n개의 선형 미분방정식으로 일반화할 수 있다.

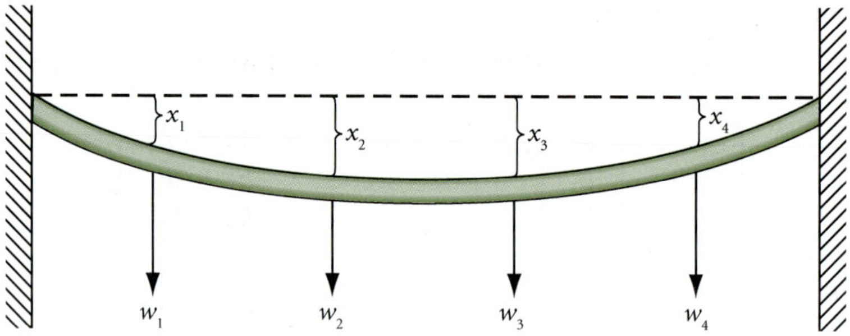

그림 1.5 빔 구부리기.

응용: 빔 구부리기

건물 재료들의 탄성(elasticity)에 대한 연구는 선형의 성질을 가지고 있는 훅(Hooke)의 법칙을 이용한 선형대수의 문제이다. 양 끝이 기둥에 묶여 있는 구부러지기 쉬운 철재 빔(beam)을 생각해 보자. 지지대 사이 임의의 지점에서 철재에 아래 방향으로 힘을 가하면 철재가 휘어질 것이다. 만일 응력(stress)이라 부르는 다른 힘이 있다면, 모든 응력에 의해 예상되는 휨(deflection)의 정도를 계산해 보고자 한다. 휨을 변형률(strain)이라 부른다.

예로서 4곳의 다른 위치에서 철재에 가해진 힘(응력) w_1, w_2, w_3, w_4를 생각해 보자. 철재는 그림 1.5에 나와 있듯이 힘이 가해진 지점에서 x_1, x_2, x_3, x_4만큼 휘어져 있다. 벡터 $\mathbf{w}$와 $\mathbf{x}$를 $\mathbf{w}=(w_1, w_2, w_3, w_4)$, $\mathbf{x}=(x_1, x_2, x_3, x_4)$라고 하자. 1676년 훅(Robert Hooke)은 탄성 물질에 있어서 변형률은 응력에 비례한다는 사실을 발표하였다.[4] **훅의 법칙**에 의하면, 힘과 휨 사이에는 방정식

$$\mathbf{x} = \mathbf{F}\mathbf{w}$$

에 의해 주어지는 선형 관계가 있다. 여기서 행렬 $\mathbf{F}$는 **유연성 행렬**(flexibility matrix)이고 $\mathbf{F}$의 원소들은 조심스런 실험에 의해서 결정된 것이어야 한다.

이 예에서 $\mathbf{F}$는 4×4 행렬이고, 방정식 $\mathbf{x}=\mathbf{F}\mathbf{w}$는 다음과 같이 쓰여진다.

$$\mathbf{x} = \begin{bmatrix} x_1 \\ x_2 \\ x_3 \\ x_4 \end{bmatrix} = \begin{bmatrix} f_{11} & f_{12} & f_{13} & f_{14} \\ f_{21} & f_{22} & f_{23} & f_{24} \\ f_{31} & f_{32} & f_{33} & f_{34} \\ f_{41} & f_{42} & f_{43} & f_{44} \end{bmatrix} \begin{bmatrix} w_1 \\ w_2 \\ w_3 \\ w_4 \end{bmatrix}$$

[4] 훅(Robert Hooke, 1635~1703)은 그의 생각이 한 가지에서 또 다른 것으로 움직일 때 한 가지에만 머무르지 않고 최선을 다하였다. 훅은 생애를 통해 동료 과학자와 격렬한 논쟁을 하였는데, 그것은 뉴턴이 빛의 이론에 대한 자신의 아이디어를 훔쳐갔다고 주장하는 것이었다. 결과적으로 뉴턴은 *Principia*로부터 훅의 참고문헌을 모두 제거했다.

$$= w_1 \begin{bmatrix} f_{11} \\ f_{21} \\ f_{31} \\ f_{41} \end{bmatrix} + w_2 \begin{bmatrix} f_{12} \\ f_{22} \\ f_{32} \\ f_{42} \end{bmatrix} + w_3 \begin{bmatrix} f_{13} \\ f_{23} \\ f_{33} \\ f_{43} \end{bmatrix} + w_4 \begin{bmatrix} f_{14} \\ f_{24} \\ f_{34} \\ f_{44} \end{bmatrix}$$

$$= w_1\mathbf{f}_1 + w_2\mathbf{f}_2 + w_3\mathbf{f}_3 + w_4\mathbf{f}_4$$

행렬 F의 1열 $\mathbf{f}_1$은 그림의 첫 번째 점에서 철재에 단위 응력을 가하여 생긴 변형률을 측정함으로써 얻어진다. 같은 방법으로 F의 다른 세 개의 열도 철재의 서로 다른 세 점에서 단위 힘을 가하여 생긴 변형률을 측정하여 얻는다. 이것을 설명하는 또 다른 방법은 벡터 **w**가 $\mathbf{e}_1=(1, 0, 0, 0)$이라 생각하는 것이다. 이것은 물리적으로 단위 무게가 탄성 빔의 첫 번째 점에 놓였다는 것을 의미한다. 휨은 빔의 네 점 모두에서 측정되고 이 값들이 행렬 F의 1열이 된다. F의 1열은 단지 첫 번째 점에 가해진 단위 힘에 의한 휨을 나타낸다. 비슷한 설명이 F의 다른 열에 대해서도 타당하다. 예를 들어 만일 유연성 행렬이

$$\mathbf{F} = \begin{bmatrix} 0.2 & 0.1 & 0.3 & 0.4 \\ 0.7 & 0.5 & 0.6 & 0.8 \\ 0.9 & 0.2 & 0.2 & 0.5 \\ 0.6 & 0.3 & 0.4 & 0.9 \end{bmatrix}$$

이고 힘이 $\mathbf{w}=[25, 45, 35, 55]^T$(mm /Newton)에 의해 주어진다면, 휨벡터는 $\mathbf{x}=[42, 105, 66, 92]^T$(mm)인데 이들은 휘지 않은 철재 위의 네 점에서 측정한 값들이다.

수학 소프트웨어

지루한 계산을 할 때 매우 정교한 수학 소프트웨어를 사용할 수 있다. 예를 들어 예제 8의 첨가행렬을 생각해 보자. 여기 행렬로부터 기약 행 사다리꼴 알고리즘을 불러내기 위한 Matlab 명령어가 있다.

```
Matlab
A = [1,2,3,20;4,5,6,47;7,8,9,74;10,11,12,101]
rref(A)
```

Matlab에서 만일 행축소 과정의 연속적인 관계를 보기 원한다면, 명령어 `rref`를 `rrefmovie`로 대체하라. 유사하게 Maple의 명령어는 다음과 같다.

```
Maple
with(LinearAlgebra):
A := Matrix([[1,2,3,20],[4,5,6,47],[7,8,9,74],[10,11,12,101]]);
ReducedRowEchelonForm(A);
```

마지막으로 Mathematica의 명령어는 다음과 같다.

```
Mathematica
A = {{1,2,3,20},{4,5,6,47},{7,8,9,74},{10,11,12,101}
RowReduced[A]
```

Maple 소프트웨어 패키지는 부호 계산에 도움을 주고 일반해를 계산할 수 있다.

Maple
with(LinearAlgebra): A := Matrix([[1,2,3,20],[4,5,6,47],[7,8,9,74],[10,11,12,101]]); B := ReducedRowEchelonForm(A); C := BackwardSubstitute(B,free='x'); Sol := LinearSolve(A,free='x');

아래와 같이 임의의 값을 우변으로 하는 연립방정식을 풀 때, Mathematica 또한 이용할 수 있다.

$$\begin{cases} x + 2y = a \\ 3x + 7y = b \end{cases}$$

Maple	Mathematica
with(LinearAlgebra): solve({x +2*y=a,3*y+7*y=b},{x,y});	Solve[{x + 2y == a, 3x + 7y == b},{x,y}]

방정식의 해는 $x=7a-2b$, $y=-3a+b$이다. Maple 부호 조작의 일부는 *Symbolic Math Toolbox*를 이용하여 Matlab에서도 실행될 수 있다.

요약 1.2

- n차원 벡터: $\mathbf{x}=(x_1, x_2, ..., x_n)=[x_1, x_2, ..., x_n]^T$
  영벡터: $\mathbf{0}=(0, 0, ..., 0)$
- 벡터 덧셈: $\mathbf{x}+\mathbf{y}=(x_1+y_1, x_2+y_2, ..., x_n+y_n)$
  스칼라 곱셈: $c\mathbf{x}=(cx_1, cx_2, ..., cx_n)$
- 기본 단위벡터: $\mathbb{R}^2$: $\mathbf{e}_1=(1, 0)$, $\mathbf{e}_2=(0, 1)$
  $\mathbb{R}^3$: $\mathbf{e}_1=(1, 0, 0)$, $\mathbf{e}_2=(0, 1, 0)$, $\mathbf{e}_3=(0, 0, 1)$
- 행렬 $\mathbf{A}=[\mathbf{a}_1, \mathbf{a}_2, ..., \mathbf{a}_n]_{m\times n}$, $\mathbf{a}_j=[a_{1j}, a_{2j}, ...a_{nj}]^T$는 A의 j번째 열벡터이다.
- 행렬-벡터 곱: $\mathbf{A}\mathbf{x}=x_1\mathbf{a}_1+x_2\mathbf{a}_2+\cdots+x_n\mathbf{a}_n$, A의 열벡터들의 일차결합. $(\mathbf{A}\mathbf{x})_i=\mathbf{r}_i\mathbf{x}$, $\mathbf{r}_i$는 A의 i번째 행.
- $\text{Span}\{\mathbf{a}_1, \mathbf{a}_2, ..., \mathbf{a}_n\}$은 $\{\mathbf{a}_1, \mathbf{a}_2, ..., \mathbf{a}_n\}$의 모든 일차결합들의 집합
  $\text{Col}(\mathbf{A})=\text{Span}\{\mathbf{a}_1, \mathbf{a}_2, ..., \mathbf{a}_n\}$
- 동치 연립방정식의 형태:
  - 행렬 형태: $\mathbf{A}\mathbf{x}=\mathbf{b}$
  - 합 형태: $\sum_{j=1}^{n} a_{ij}x_j=b_i$, $1\leq i\leq m$
  - 연립방정식 형태:

$$\begin{cases} a_{11}x_1 + a_{12}x_2 + \cdots + a_{1n}x_n = b_1 \\ a_{21}x_1 + a_{22}x_2 + \cdots + a_{2n}x_n = b_2 \\ \qquad\qquad\qquad\vdots \\ a_{m1}x_1 + a_{m2}x_2 + \cdots + a_{mn}x_n = b_m \end{cases}$$

- 벡터로 표현된 행렬 형태:

$$\begin{bmatrix} a_{11} & a_{12} & \cdots & a_{1n} \\ a_{21} & a_{22} & \cdots & a_{2n} \\ \vdots & \vdots & \ddots & \vdots \\ a_{m1} & a_{m2} & \cdots & a_{mn} \end{bmatrix} \begin{bmatrix} x_1 \\ x_2 \\ \vdots \\ x_n \end{bmatrix} = \begin{bmatrix} b_1 \\ b_2 \\ \vdots \\ b_m \end{bmatrix}$$

- 첨가행렬 형태:

$$\left[\begin{array}{cccc|c} a_{11} & a_{12} & \cdots & a_{1n} & b_1 \\ a_{21} & a_{22} & \cdots & a_{2n} & b_2 \\ \vdots & \vdots & \ddots & \vdots & \vdots \\ a_{m1} & a_{m2} & \cdots & a_{mn} & b_m \end{array}\right]$$

- A의 열들의 일차결합 형태:

$$x_1 \begin{bmatrix} a_{11} \\ a_{21} \\ \vdots \\ a_{m1} \end{bmatrix} + x_2 \begin{bmatrix} a_{12} \\ a_{22} \\ \vdots \\ a_{m2} \end{bmatrix} + \cdots + x_n \begin{bmatrix} a_{1n} \\ a_{2n} \\ \vdots \\ a_{mn} \end{bmatrix} = \begin{bmatrix} b_1 \\ b_2 \\ \vdots \\ b_m \end{bmatrix}$$

- **Ax**=**b**는 A의 열벡터 $\mathbf{a}_j$들의 일차결합으로 쓰여질 수 있다.

$$x_1\mathbf{a}_1 + x_2\mathbf{a}_2 + \cdots + x_n\mathbf{a}_n = \mathbf{b}$$

- 사상 **x**→**Ax**는 선형이다: A(**x**+**y**)=**Ax**+**Ay** 그리고 A(c**x**)=c**Ax**.
- 적어도 하나의 해를 갖는 방성식 **Ax**=**b**는 모순이 없다(consistent), 그렇지 않으면 모순이 있다(inconsistent).
- 정리:
  - 연립방정식 **Ax**=**b**가 모순이 없기 위한 필요충분조건은 $b \in$ Col(**A**)이다.
  - **A**가 $m\times n$ 행렬일 때, $\mathbb{R}^n$ 상의 모든 벡터 **b**에 대하여 **Ax**=**b**가 모순이 없기 위한 필요충분조건은 Col(**A**)=$\mathbb{R}^m$이다.
  - **A**가 $m\times n$ 행렬일 때, $\mathbb{R}^n$ 상의 모든 벡터 **b**에 대하여 **Ax**=**b**가 모순이 없기 위한 필요충분조건은 **A**의 각 행에 피벗 위치가 있는 것이다. **A**가 m개의 피벗 위치를 갖는다는 사실과 동치이다.
  - 연립방정식 **Ax**=**b**가 모순이 있기 위한 필요충분조건은 행축소 첨가행렬 [A|b]의 마지막 열에 피벗이 있는 것이다.

주요 개념 1.2

벡터, 성분, 전치벡터, 벡터의 일차결합, 행렬-벡터 곱 **Ax**, 벡터 집합의 생성, 연립 일차방정식의 다양한 형태, 행동치 행렬, 자유변수와 자유 매개변수, 연립 일차방정식의 일반해, 모순이 있는 연립방정식과 모순이 없는 연립방정식, 구부러지는 철재 응용, 수학 소프트웨어의 사용

일반 연습문제 1.2

1. 다음 두 연립방정식을 풀라.

$$\begin{bmatrix} 3 & 2 \\ 1 & 4 \\ 2 & 1 \end{bmatrix}\begin{bmatrix} x_1 \\ x_2 \end{bmatrix} = \begin{bmatrix} 4 \\ 18 \\ 1 \end{bmatrix}, \quad \begin{bmatrix} 3 & 2 \\ 1 & 4 \\ 2 & 1.1 \end{bmatrix}\begin{bmatrix} x_1 \\ x_2 \end{bmatrix} = \begin{bmatrix} 4 \\ 18 \\ 1 \end{bmatrix}$$

2. 행렬 $\mathbf{A} = \begin{bmatrix} 3 & 7 & -4 \\ 5 & -2 & 6 \\ 2 & 1 & -1 \\ 4 & 1 & 2 \end{bmatrix}$이고 **b**는 연립방정식 **Ax**=**b**가 해를 갖게 하는 $\mathbb{R}^4$ 상의 벡터라 할 때, 오직 한 개의 해가 존재하는 이유를 설명하라.

3. (계속) $\mathbf{A} = \begin{bmatrix} 3 & 7 & -4 \\ 5 & -2 & 6 \\ 2 & 1 & -1 \\ 4 & 1 & 2 \end{bmatrix}$, $\mathbf{b}=[68, -32, 15, 4]^T$, $\mathbf{x}=[2, 6, -5]^T$

   $\mathbf{x}=[2, 6, -5]^T$이라 하자. 어깨글자 T는 이러한 벡터들이 열벡터라는 것을 의미한다. **x**가 연립방정식 **Ax**=**b**의 해인지 알아보라.

4. 다음 두 연립방정식에서, 첫 번째 방정식의 해이지만 두 번째 방정식을 만족하지 않는 벡터를 구하라. 또한 두 번째 방정식의 해이지만 첫 번째 방정식을 만족하지 않는 벡터를 구하라.

$$\left[\begin{array}{ccc|c} 1 & 0 & 2 & 5 \\ 0 & 1 & 3 & 7 \end{array}\right] \qquad \left[\begin{array}{ccc|c} 1 & 0 & 3 & 5 \\ 0 & 1 & 2 & 7 \end{array}\right]$$

5. 계산 없이 다음 두 행렬이 서로 행동치임을 설명하라.

$$\begin{bmatrix} 7 & 3 & 5 & -8 \\ 0 & 2 & 6 & 11 \\ 0 & 0 & 5 & 3 \\ 0 & 0 & 0 & 11 \end{bmatrix} \sim \begin{bmatrix} 1 & 0 & 0 & 0 \\ 0 & 1 & 0 & 0 \\ 0 & 0 & 1 & 0 \\ 0 & 0 & 0 & 1 \end{bmatrix}$$

6. 다음 연립방정식의 해를 구하라.

$$\begin{cases} x - y + z = 4 \\ 2x + y - 3z = 5 \\ -y + 7x - 3z = 22 \end{cases}$$

7. 행렬의 기약 행 사다리꼴을 구하라.

$$\begin{bmatrix} 1 & 3 & 0 & 5 & 6 \\ 2 & 6 & 1 & 8 & 14 \\ 3 & 9 & 0 & 15 & 18 \end{bmatrix}$$

8. 기약 행 사다리꼴을 구함으로써 다음 첨가행렬의 해를 구하라.

$$\left[\begin{array}{ccc|c} 1 & 3 & 1 & -8 \\ 2 & -3 & 1 & 27 \\ 5 & 2 & 3 & 23 \end{array}\right]$$

9. 연립방정식의 일반해를 구하라.

$$\begin{cases} 4x_1 + 12x_2 + 2x_3 + 16x_4 + x_5 + 7x_6 = 26 \\ -2x_1 - 6x_2 + 2x_3 - 14x_4 + 3x_5 + 19x_6 = 12 \\ x_1 + 3x_2 + 3x_3 - 1x_4 + 2x_5 + 17x_6 = 25 \end{cases}$$

10. 다음 연립방정식은 모순이 있음을 보이라.

$$\begin{cases} x_1 + 3x_2 + 15x_3 = 28 \\ 2x_1 + 4x_2 + 20x_3 = 40 \\ x_1 + 2x_2 + 10x_3 = 27 \end{cases}$$

11. 다음을 첨가행렬로 하는 연립방정식의 해를 구하라.

$$\left[\begin{array}{cccc|c} 2 & 0 & 2 & 8 & 11 \\ 7 & 1 & 2 & 8 & 35 \\ 2 & 0 & 1 & 4 & 9 \\ 1 & 0 & 2 & 8 & 7 \end{array}\right]$$

12. $\begin{bmatrix} 2 & 3 & 4 & 1 \\ 4 & 11 & 13 & -1 \\ 2 & 3 & 7 & -8 \end{bmatrix} \sim \begin{bmatrix} 2 & 3 & 4 & 1 \\ 0 & 5 & 2 & 6 \\ 0 & 0 & 1 & -3 \end{bmatrix}$일 때, 다음 연립방정식의 해를 구하라.

$$\begin{cases} 2x_1 + 3x_2 + 4x_3 = 1 \\ 4x_1 + 11x_2 + 13x_3 = -1 \\ 2x_1 + 3x_2 + 7x_3 = -8 \end{cases}$$

13. 다음 네 개의 행 연산의 역들은 무엇인가: $\mathbf{r}_p \leftarrow \mathbf{r}_p + \alpha\mathbf{r}_q$, $\mathbf{r}_q \leftarrow \mathbf{r}_p + \alpha\mathbf{r}_q$, $\mathbf{r}_p \leftrightarrow \mathbf{r}_q$, 그리고 $\mathbf{r}_q \leftarrow \beta\mathbf{r}_q (\alpha \neq 0, \beta \neq 0)$? 이 중 어느 경우에 $q \neq p$이라는 가정이나 또 다른 가정이 필요한가?

14. 행렬 $\begin{bmatrix} 3 & 1 & 4 & 2 \\ 0 & 2 & 3 & 1 \\ 0 & 0 & 0 & 3 \end{bmatrix}$의 열벡터 집합의 생성(span)을 구하라.

15. 계산 없이 다음 두 연립방정식이 왜 서로 행동치가 아닌지 설명하라.

$$\begin{bmatrix} 3.2 & 1.3 & 5.5 & 16.1 & 22.8 & 19.2 & 11.5 \\ 1.3 & 3.7 & 2.0 & 19.2 & 11.7 & 16.9 & 12.3 \\ 4.7 & 5.9 & 9.3 & 12.4 & 13.2 & 15.8 & 18.7 \end{bmatrix}$$

$$\begin{bmatrix} 18.5 & 5.8 & 7.7 & 3. & 2.9 & 4. & 11.5 & 8.1 \\ 11.7 & 8.3 & 2.4 & 6. & 1.4 & 2. & 21.3 & 9.8 \\ 37.2 & 9.1 & 5.6 & 3. & 8.2 & 5. & 23.3 & 1.8 \end{bmatrix}$$

16. 때로는 행축소를 하는 데 있어서, 행렬에 이미 존재하는 0들이 있는데 우리는 이것으로부터 이익을 얻으려 한다. 그러나 이것은 가능하지 않을 수도 있다. 만일 그렇다면, 이러한 영(0)들은 행축소 과정에서 희생될 것이다. 여기에 그 예가 있다.

$$\left[\begin{array}{ccc|c} 1 & 1 & 3 & 0 \\ -3 & -2 & 0 & -4 \\ 5 & 0 & 4 & 3 \end{array}\right]$$

주어진 행렬을 첨가행렬로 하는 연립방정식에 대해 기약 행 사다리꼴과 해를 구하라.

17. 두 방정식 $ax+by=c$와 $rx+sy=t$가 같은 직선을 정의한다는 것을 어떻게 확인할 수 있는가?(계수 a, b, r, s는 모두 0이 아니라고 하자.)

18. 행 연산 없이 다음을 첨가행렬로 하는 연립방정식을 풀라.

$$\left[\begin{array}{cccc|c} 3 & 2 & 1 & 0 & 6 \\ 5 & -4 & 0 & 1 & 7 \end{array}\right]$$

19. x_1이 자유 변수일 때 예제 8을 다시 풀라.

20. $\mathbf{u}=(1, 0, 1)$, $\mathbf{v}=(1, 1, 0)$일 때, 다음 중 어느 것이 Span{$\mathbf{u}$, $\mathbf{v}$}에 속하는지 알아보라: $\mathbf{w}=(1, -1, 2)$, $\mathbf{x}=(4, 3, 1)$, $\mathbf{y}=(1, 1, 1)$, $\mathbf{z}=(1, 2, -1)$.

21. 연립방정식 $\begin{cases} \ln x^{25} + y^2 = 77 \\ \ln x^2 + 5y^2 = 16 \end{cases}$을 풀라(ln은 밑을 $e=2.71828\ldots$로 하는 자연로그이다).

22. $[\mathbf{a}_1\mathbf{a}_2\ldots\mathbf{a}_n] \sim [\mathbf{b}_1\mathbf{b}_2\ldots\mathbf{b}_n]$이고, $k < n$일 때, $[\mathbf{a}_1\mathbf{a}_2\ldots\mathbf{a}_k] \sim [\mathbf{b}_1\mathbf{b}_2\ldots\mathbf{b}_k]$임을 설명하라. 만일 참이 아니라면, 적당한 예를 들라.

23. 다음 연립방정식의 일반해를 구하라.

$$\begin{cases} 0x_1 - 4x_2 + 9x_3 + 29x_4 + 14x_5 = 9 \\ 0x_1 - 2x_2 + 3x_3 + 12x_4 + 6x_5 = 2 \\ 0x_1 + 6x_2 - 12x_3 - 41x_4 - 20x_5 = -11 \end{cases}$$

24. $m \times n$ 행렬 $\mathbf{A}$의 열들의 생성은 집합 $\{\mathbf{Ax}: \mathbf{x} \in \mathbb{R}^n\}$과 같음을 설명하라.

25. 연립방정식 $\mathbf{Ax}=\mathbf{b}$가 모순이 없고(consistent), 계수 c_i의 집합이 $\sum_{i=1}^{m} c_i a_{ij}=0,\ j=1, 2, \ldots, n$을 만족할 때, $\sum_{i=1}^{m} c_i b_i=0$임을 보이라.($\mathbf{A}$는 $m \times n$ 행렬이다.)

26. 벡터 $\begin{bmatrix} -9 \\ 10 \\ 8 \end{bmatrix}$이 행렬 $\begin{bmatrix} 1 & 2 & -4 \\ 2 & 0 & 4 \\ 3 & 1 & 3 \end{bmatrix}$의 열공간에 속하는지 알아보라.

27. 만일 한 행렬이 적당한 행 연산에 의해 다른 행렬로부터 얻어질 수 있다면, 두 행렬은 같은 기약 행 사다리꼴을 갖는다. 그 이유를 설명하라.

28. 연립방정식 $\mathbf{Ax}=\mathbf{b}$가 모순이 있을(inconsistent) 때, 벡터 $\mathbf{b}$의 원소 중 한 개를 변경함으로써 항상 모순이 없는 연립방정식으로 되돌릴 수 있는가?

29. $n \times 1$ 행렬로 표현되는 두 벡터 $\mathbf{x}, \mathbf{y}$에 대하여

a. $\mathbf{x}^T\mathbf{y}=\mathbf{y}^T\mathbf{x}$ b. $\mathbf{x}\mathbf{y}^T=\mathbf{y}\mathbf{x}^T$

이 성립되는지 알아보라. 성립하지 않는다면, 반례를 제시하라.

30. 연립방정식이 모순이 없도록 (a, b, c)에 적당한 조건을 구하라.

$$\begin{cases} 3x_1 + x_2 + x_3 = a \\ -3x_1 + 9x_2 - 5x_3 = b \\ 6x_1 - 3x_2 + 4x_3 = c \end{cases}$$

31. 다음을 첨가행렬로 하는 연립방정식의 해집합을 구하라.

$$\left[\begin{array}{ccccc|c} 0 & 1 & 2 & 0 & 3 & 4 \\ 0 & 0 & 0 & 1 & 7 & 5 \end{array}\right]$$

32. 다음을 첨가행렬로 하는 연립방정식의 해집합을 구하라.

$$\left[\begin{array}{ccccc|c} 1 & 2 & 2 & 0 & 6 & 8 \\ 0 & 2 & 0 & 3 & 9 & 7 \end{array}\right]$$

33. a_{ij}를 원소로 하는 행렬 $\mathbf{A}$가 행 사다리꼴이라면, $a_{ij}=0,\ j < i$임을 보이라.

34. 행 연산을 이용하여 다음 두 행렬은 서로 행동치인지 알아보라.

$$\begin{bmatrix} 1 & 0 & 0 \\ 0 & 1 & 0 \\ 0 & 0 & 1 \end{bmatrix} \qquad \begin{bmatrix} 2 & 9 & 2 \\ 2 & 6 & 1 \\ 2 & -3 & -1 \end{bmatrix}$$

35. 다음 두 행렬이 서로 행동치인지 알아보라.

$$\begin{bmatrix} 2 & 6 & 4 \\ 1 & 3 & 3 \end{bmatrix} \qquad \begin{bmatrix} 2 & 4 & 10 \\ 1 & 2 & 10 \end{bmatrix}$$

36. $[\mathbf{A}|\mathbf{b}]$의 기약 행 사다리꼴이 마지막 열에 피벗을 가지고 있다고 하자. 이때 연립방정식 $\mathbf{Ax}=\mathbf{b}$는 모순이 있는, 즉 해를 갖지 않는 이유를 설명하라. 첨가행렬의 행 사다리꼴에 대해서도 위의 사실이 성립하는가?

37. $a_{ij}=(-1)^{i+j}$를 원소로 하는 $m \times n$ 행렬에서 양수 항의 개수를 구하라.

38. 다음을 첨가행렬로 하는 연립방정식의 해를 두 개 이상 구하라.

$$\left[\begin{array}{ccc|c} 2 & 3 & -5 & 20 \\ 3 & -4 & 6 & -15 \end{array}\right]$$

39. 앞의 문제에서 $x_1^2+x_2^2+x_3^2$을 최소화하는 연립방정식의 해를 구하라.

40. 다음을 첨가행렬로 하는 연립방정식의 해를 구하라.

$$\left[\begin{array}{ccc|c} 2 & 3 & 5 & 0 \\ 6 & -4 & 1 & 0 \\ 10 & 2 & 11 & 0 \end{array}\right]$$

41. $\mathbf{A}, \mathbf{B}$를 $m \times n$ 행렬이라 할 때, 모든 $\mathbb{R}^n$ 상의 벡터 $\mathbf{x}$에 대하여 $\mathbf{A}=\mathbf{B} \Leftrightarrow \mathbf{Ax}=\mathbf{Bx}$가 성립함을 설명하라.

42. 연립 일차방정식 $\mathbf{Ax}=\mathbf{b}$와 $\mathbf{By}=\mathbf{c}$에 대하여, $[\mathbf{A}|\mathbf{b}] \sim [\mathbf{B}|\mathbf{c}]$는 $\mathbf{x}=\mathbf{y}$를 포함하는지 알아보라.

43. 예제 2에서 생략된 풀이 과정을 완성하라.

참-거짓 연습문제 1.2

1. $\left[\begin{array}{ccc|c} 1 & 0 & 6 & 3 \\ 0 & 1 & 3 & 4 \\ 0 & 0 & 0 & 0 \end{array}\right]$을 첨가행렬로 하는 연립방정식에서 x_1, x_2가 기본 변수인 반면, x_3는 자유 변수이다.

2. 방정식 $\begin{bmatrix} 1 & 5 \\ 3 & 1 \\ 2 & 4 \end{bmatrix} \begin{bmatrix} 2 \\ 7 \end{bmatrix} = \begin{bmatrix} 37 \\ 13 \\ 34 \end{bmatrix}$은 옳다.

3. **A**는 $m \times n$ 행렬, **x**는 n개의 성분을 갖는 열벡터일 때, 곱 **Ax**는 벡터 **x**의 성분을 계수로 하는 행렬 **A**의 열들의 일차결합으로 정의된다.

4. 벡터 **x**의 성분의 개수와 행렬 **A**의 행의 개수가 같다면, 곱 **Ax**는 정의된다.

5. **A**를 $n > m$인 $m \times n$ 행렬이라 하자. 방정식 **Ax**=**b**가 해를 갖는다면, 그것은 많은 해를 갖는다.

6. **A**가 $m \times n$ 행렬일 때, 행렬방정식 **Ax**=**b**는 $\sum_{p=1}^{n} a_{pq}x_p = b_q$ $(1 \le q \le m)$을 의미한다. 여기서 a_{pq}는 행렬 **A**의 원소, b_q는 벡터 **b**의 성분이다.

7. 연립 일차방정식 **Ax**=**b**가 모순이 없다면, 벡터 **b**는 **A**의 열집합의 생성 안에 있다.

8. 연립 일차방정식이 모순이 없다는 것은 첨가행렬의 기약 행 사다리꼴이 각 열에 피벗 원소를 갖는다는 것과 동치이다.

9. 연립방정식 **Ax**=**0**은 두 개의 자유 변수를 가질 때, 무한히 많은 해를 갖는다.

10. **x**가 행렬 **A**의 열집합의 생성 안에 있다면, 연립방정식 **Ax**=**b**는 무모순적이다.

11. 벡터 **b**가 행렬 **A**의 열집합의 생성 안에 없다면, 연립방정식 **Ax**=**b**는 모순적이다.

12. $m \times n$ 행렬 **A**의 각 열이 피벗 위치를 갖는다면, **A**의 열들은 $\mathbb{R}^m$을 생성한다.

13. 자유 변수를 갖는 연립방정식은 모순적일 것이다.

14. 벡터 집합 $\{\mathbf{v}_1, \mathbf{v}_2, \cdots, \mathbf{v}_n\}$이 $\mathbb{R}^m$을 생성한다면, $\mathbb{R}^m$의 모든 벡터들은 $\mathbf{v}_1, \mathbf{v}_2, \cdots, \mathbf{v}_n$의 일차결합으로 유일하게 쓰여진다.

15. **A**가 $m \times n$ 행렬일 때, $\mathbb{R}^m$의 모든 벡터 **b**에 대하여 방정식 **Ax**=**b**가 무모순적이라면, **A**는 각 열에 피벗 위치를 갖는다.

16. 연립 일차방정식이 모순적이라는 것은 첨가행렬의 기약 행 사다리꼴이 $[a_1 a_2 \cdots a_n | 0]$(단, a_i 중 적어도 하나는 영이 아니다) 형태의 행을 포함하고 있다는 것과 동치이다.

17. **A**와 **b**의 모든 원소가 정수이고 연립방정식 **Ax**=**b**가 무모순적이라면 해벡터는 단지 정수만을 성분으로 가질 것이다.

18. 무모순적인 연립 일차방정식은 무한히 많은 해를 가질 것이다.

19. **A**~**C**이고 **A**~**D**이면 **C**~**D**이다.(여기서 ~은 행렬들의 행동치를 의미한다.)

20. 행렬은 기약 행 사다리꼴인 두 개의 다른 행렬들과 행동치일 수 있다.

21. [**A**|**b**]를 연립 일차방정식의 첨가행렬이라 하자. 기약 행 사다리꼴로 행축소한 후에 얻어진 첨가행렬의 모든 열이 피벗을 가지면, 연립방정식은 무모순적이다.

22. 행렬 $\begin{bmatrix} 0 & 3 & 6 & 4 \\ 1 & 3 & 7 & 4 \\ 2 & 3 & 5 & 3 \\ 1 & 4 & 5 & 9 \end{bmatrix}$에서 원소 0은 피벗 위치에 있다.

23. 무모순적인 연립방정식의 첨가행렬이 $\left[\begin{array}{cc|c} 1 & h & 4 \\ 3 & 6 & 8 \end{array}\right]$이라면 $h=2$이다.

24. 행렬 **A**의 행의 개수가 열의 개수보다 많다면, 어떤 벡터 **b**에 대하여 연립방정식 **Ax**=**b**는 모순적이다.(단, **A**는 $m \times n$ 행렬, **b**는 $\mathbb{R}^m$ 상의 벡터라고 하자.)

25. 행렬 **A**의 행들을 $\mathbf{A}_1, \mathbf{A}_2, \cdots, \mathbf{A}_n$이라 하자. $\mathbf{x} = [x_1 x_2 \cdots x_n]^T$라 하면, **Ax**는 $x_1\mathbf{A}_1 + x_2\mathbf{A}_2 + \cdots + x_n\mathbf{A}_n$이다.

26. **A**를 $m \times n$ 행렬, p를 행렬 **A**의 피벗 위치 개수라 하면, 다음 결론 중 하나만 성립한다: **a.** $p=n$, **b.** $p \ge n$, **c.** $p \ge m$, **d.** $2p \le n+m$.

27. 연립방정식의 해는 x_3가 자유 변수일 때, $x_1 = 3 + 2x_3$, $x_2 = 5 + x_3$, $x_4 = 2 - 4x_3$로 쓰여진다. 또 다른 표현은 다음과 같다.

$$\begin{bmatrix} x_1 \\ x_2 \\ x_3 \\ x_4 \end{bmatrix} = \begin{bmatrix} 3 \\ 5 \\ 0 \\ 2 \end{bmatrix} + t \begin{bmatrix} 2 \\ 1 \\ 1 \\ -4 \end{bmatrix}$$

28. $(a-2b, b-a, 3b-5a)$ 형태의 모든 벡터들의 집합은 {(1, −1, −5), (−2, 1, 3)}의 생성이다.

29. $m\times n$ 행렬 **A**가 n개의 피벗(또는 피벗 위치)를 가지면, $\mathbb{R}^m$ 상의 임의의 벡터 **b**에 대하여 방정식 **Ax**=**b**는 유한 개의 해를 가질 것이다.

30. 방정식 **Ax**=**b**가 무모순적이라면, **b**는 **A**의 행집합의 생성에 있지 않다.

31. 행렬 곱 $\begin{bmatrix} 2 & 4 \\ 1 & 3 \\ 1 & 5 \end{bmatrix}\begin{bmatrix} 1 \\ 6 \end{bmatrix} = \begin{bmatrix} 26 \\ 19 \\ 31 \end{bmatrix}$은 옳게 쓰여졌다.

32. 방정식 $\begin{bmatrix} 1 \\ 3 \\ 7 \end{bmatrix} + \begin{bmatrix} 2 \\ 1 \end{bmatrix} = \begin{bmatrix} 3 \\ 4 \\ 7 \end{bmatrix}$은 옳다.

33. 연립 일차방정식이 모순적이기 위한 필요충분조건은 그것의 첨가행렬의 기약 행 사다리꼴이 $[0\ 0 \cdots\ 0|1]$ 형태의 행을 갖는 것이다.

34. $\left[\begin{array}{ccc|c} 1 & 7 & 3 & 6 \\ 0 & 2 & 4 & 3 \\ 0 & 0 & -9 & 0 \end{array}\right]$을 첨가행렬로 하는 연립방정식은 무모순적이다.

35. $x_1+3x_2-7x_3=0$의 일반해는 $\begin{bmatrix} x_1 \\ x_2 \\ x_3 \end{bmatrix} = x_2\begin{bmatrix} -3 \\ 1 \\ 0 \end{bmatrix} + x_3\begin{bmatrix} 7 \\ 0 \\ 1 \end{bmatrix}$로 쓰여질 수 있다.

36. **A**가 $m\times n$ 행렬일 때 행렬방정식 **Ax**=**b**는 $\sum_{p=1}^{n} a_{qp}\ x_p = b_q (1 \le q \le m)$을 의미한다. 여기서 a_{qp}는 행렬 **A**의 원소, b_q는 벡터 **b**의 성분이다.

37. **A**가 $m\times n$ 행렬이고 $m < n$이면, 방정식 **Ax**=**0**은 무한히 많은 해를 가질 것이다.

38. 방정식 **Ax**=**0**이 자유 변수를 가질 때마다 방정식은 무모순적이다.

39. 연립 일차방정식 **Ay**=**b**와 **Bx**=**b**를 생각해 보자. **A**와 **B**가 행 동등하다면 **A** ≠ **B**일 때 두 연립방정식은 다른 해를 갖는다.

40. 행렬 곱 $\begin{bmatrix} 1 & 5 \\ 3 & 1 \\ 2 & 4 \end{bmatrix}\begin{bmatrix} 2 \\ 7 \end{bmatrix} = \begin{bmatrix} 37 \\ 13 \\ 32 \end{bmatrix}$은 옳다.

41. **C**~**A**, **C**~**D**이고 **E**~**D**이면, **E**~**A**이다.(이때 ~는 행렬의 행동치를 의미한다)

42. 행렬 **A**의 열집합이 $\mathbb{R}^k$을 생성하면, $\mathbb{R}^k$ 상의 모든 벡터 **b**에 대하여 연립방정식 **Ax**=**b**는 모순적이다.

선다형 연습문제 1.2

항상 첫 번째로 옳은 답을 선택하라.

1. $\mathbf{A} = \begin{bmatrix} 4 & 3 & 4 \\ 2 & -1 & 0 \\ 1 & 6 & 2 \end{bmatrix}$, $\mathbf{x} = \begin{bmatrix} 3 \\ 1 \\ 2 \end{bmatrix}$ **Ax**의 세 번째 성분으로 옳은 것은?

   a. 22 b. 16 c. 13 d. 8 e. 위 항목 중 답이 없다.

2. **u**=(1, 1), **v**=(2, 1)일 때, 집합 {**u**, **v**}의 생성은 무엇인가?

   a. 점 **u**, **v**를 지나는 직선
   b. **u**의 모든 스칼라 곱들의 집합
   c. **u**+t**v** 형의 모든 벡터들의 집합(t는 실수인 매개변수이다)
   d. $\mathbb{R}^2$
   e. 위 항목 중 답이 없다.

3. **u**=(3, 2, 1), **v**=(1, 2, 3), **w**=(1, 1, 1)일 때, 다음 중 거짓인 것은?

   a. **u** ∈ Span{**v**, **w**} b. **w** ∈ Span{**u**, **v**}
   c. **w** ∈ Span{**u**, **v**} d. Span{**u**, **v**, **w**}=$\mathbb{R}^3$
   e. 위 항목 중 답이 없다.

4. 다음 중 다른 모든 것과 논리적으로 동치가 아닌 것은?(**A**는 $m\times n$ 행렬.)

   a. **A**의 행벡터들은 $\mathbb{R}^n$을 생성한다.
   b. **A**의 열벡터들은 $\mathbb{R}^m$을 생성한다.
   c. $\mathbb{R}^m$ 상의 모든 벡터 **b**에 대하여 방정식 **Ax**=**b**는 해를 갖는다.
   d. **A**는 각 행에 피벗 위치를 갖는다.
   e. 위 항목 중 답이 없다.

5. $\left[\begin{array}{cc|c} 14 & 8 & a \\ 21 & 12 & b \end{array}\right]$를 첨가행렬로 하는 연립방정식에 대하여 다음 중 옳은 것은?

a. 모든 a, b에 대하여 해를 갖는다.

b. 모든 a, b에 대하여 해를 갖지 않는다.

c. 어떤 a, b에 대해서만 해를 갖는다.

d. $a=0$인 경우에만 해를 갖는다.

e. 위 항목 중 답이 없다.

6. $\mathbf{u}=(3, 0, 2)$, $\mathbf{v}=(1, 1, 1)$, $\mathbf{w}=(3, -3, 1)$일 때, Span{$\mathbf{u}, \mathbf{v}, \mathbf{w}$} 안에 있는 벡터는?

a. (1, 2, 3) b. (4, 1, 2) c. (5, −1, 3)

d. (11, 2, 9) e. 위 항목 중 답이 없다.

7. 벡터 $(\lambda, 3, -5)$가 $(1, 3, -1)$과 $(-5, -8, 2)$의 일차결합에 있기 위한 λ의 값은?

a. 3 b. −6 c. 0 d. −5

e. 위 항목 중 답이 없다.

8. $[\mathbf{A} \mid \mathbf{b}] = \left[\begin{array}{cccc|c} 2 & 0 & 2 & 8 & 11 \\ 7 & 1 & 2 & 8 & 35 \\ 2 & 0 & 1 & 4 & 9 \\ 1 & 0 & 2 & 8 & 7 \end{array}\right]$일 때, 다음 중 이와 동등하지 않은 연립방정식은?

a. $\left[\begin{array}{cccc|c} 1 & 0 & 0 & 0 & 4 \\ 0 & 1 & 0 & 0 & 5 \\ 0 & 0 & 1 & 4 & 1 \\ 0 & 0 & 0 & 0 & 1 \end{array}\right]$ b. $\left[\begin{array}{cccc|c} 1 & 0 & 0 & 0 & 4 \\ 0 & 1 & 0 & 0 & 5 \\ 0 & 0 & 1 & 4 & 1 \\ 0 & 0 & 2 & 8 & 3 \end{array}\right]$

c. $\left[\begin{array}{cccc|c} 1 & 0 & 0 & 0 & 4 \\ 3 & 1 & 0 & 0 & 17 \\ 2 & 0 & 1 & 4 & 9 \\ 1 & 0 & 2 & 8 & 7 \end{array}\right]$ d. $\left[\begin{array}{cccc|c} 1 & 0 & 0 & 0 & 4 \\ 7 & 1 & 2 & 8 & 35 \\ 2 & 0 & 1 & 4 & 9 \\ 1 & 0 & 2 & 8 & 7 \end{array}\right]$

e. 위 항목 중 답이 없다.

9. $\mathbf{A} = \begin{bmatrix} 1 & 2 & 1 \\ 2 & 1 & -1 \\ 4 & 5 & 1 \end{bmatrix}$일 때, $\mathbf{A}$와 행동치인 행렬은?

a. $\begin{bmatrix} 1 & 0 & 0 \\ 0 & 1 & 0 \\ 0 & 0 & 1 \end{bmatrix}$ b. $\begin{bmatrix} 1 & 0 & -1 \\ 0 & 1 & 1 \\ 0 & 0 & 0 \end{bmatrix}$

c. $\begin{bmatrix} 1 & 2 & 2 \\ 0 & 1 & 1 \\ 0 & 0 & 0 \end{bmatrix}$ d. $\begin{bmatrix} 1 & 0 & 0 \\ 0 & 1 & 0 \\ 0 & 0 & 1 \end{bmatrix}$

e. 위 항목 중 답이 없다.

10. 다음 중 첨가행렬의 행에 시행하면 연립방정식의 해집합이 바뀔 수 있기 때문에 시행하지 말아야 할 연산은?

a. $\mathbf{r}_i \leftrightarrow \mathbf{r}_j$ b. $\mathbf{r}_i \leftrightarrow 2.3\mathbf{r}_i$

c. $\mathbf{r}_i \leftrightarrow 7\mathbf{r}_i + \mathbf{r}_j$ d. $\mathbf{r}_j \leftrightarrow 3.7\mathbf{r}_i + \mathbf{r}_j$

e. 위 항목 중 답이 없다.

11. $\mathbf{u}=(1, 0, 1)$, $\mathbf{v}=(1, 1, 0)$일 때, Span{ $\mathbf{u}, \mathbf{v}$} 안에 있지 않은 벡터는?

a. (1, −1, 2) b. (4, 3, 1) c. (1, 1, 1)

d. (1, 2, −1) e. 위 항목 중 답이 없다.

12. $\left[\begin{array}{ccccc|c} 1 & -2 & 0 & 0 & 7 & -3 \\ 0 & 1 & 0 & 0 & -3 & 1 \\ 0 & 0 & 0 & 1 & 5 & -4 \end{array}\right]$을 첨가행렬로 하는 연립방정식의 일반해는?

a. $x_1=-1, x_2=1, x_3=0, x_4=-4, x_5=0$

b. $x_1=-1-x_5, x_2=1+3x_5, x_3=\text{free}, x_4=-4-5x_5, x_5=\text{free}$

c. $x_1=-3-7x_5+2x_2,\ x_2=\text{free},\ x_3=\text{free},\ x_4=-4-5x_5,\ x_5=\text{free}$

d. $x_1+x_5=-1, x_2-3x_5=1, x_4+5x_5=-4, x_3=\text{free}$

e. 위 항목 중 답이 없다.

13. $\mathbf{u}=(1, 2, 3)$, $\mathbf{v}=(0, -1, 2)$, $\mathbf{w}=(2, 7, 0)$일 때, 다음 중 거짓인 것은?

a. $\mathbf{u} \in$ Span{$\mathbf{v}$} and $\mathbf{w} \notin$ Span{$\mathbf{u}, \mathbf{v}$}

b. $\mathbf{w} \in$ Span{$\mathbf{u}, \mathbf{v}$} c. $\mathbf{w} \notin$ Span{$\mathbf{u}, \mathbf{v}$}

d. $\mathbf{v} \notin$ Span{$\mathbf{u}, \mathbf{w}$} e. 위 항목 중 답이 없다.

14. 행렬 $\mathbf{A} = \begin{bmatrix} 5 & 4 & 3 & 2 & 1 & 0 \\ 0 & 0 & 3 & 4 & 5 & 6 \\ 0 & 0 & 0 & 0 & 6 & 2 \end{bmatrix}$의 피벗 위치를 모두 고르면?

a. a_{11}, a_{22}, a_{33} b. a_{11}, a_{23}, a_{35}

c. a_{11}, a_{23} d. a_{11}, a_{23}, a_{35}

e. 위 항목 중 답이 없다.

15. 다음 행렬 중 기약 행 사다리꼴인 것은?

$\mathbf{A} = \begin{bmatrix} 3 & 5 & 7 & 0 \\ 0 & 3 & 2 & 1 \\ 0 & 1 & 0 & 2 \\ 0 & 0 & 0 & 6 \end{bmatrix}$ $\mathbf{B} = \begin{bmatrix} 0 & 5 & 1 \\ 0 & 0 & 2 \\ 0 & 0 & 2 \\ 0 & 0 & 0 \end{bmatrix}$

$\mathbf{C} = \begin{bmatrix} 7 & 3 & 2 & 3 \\ 0 & 5 & 4 & 6 \\ 0 & 0 & 0 & 4 \\ 0 & 0 & 0 & 0 \end{bmatrix}$ $\mathbf{D} = \begin{bmatrix} 7 & 3 & 2 & 3 \\ 0 & 0 & 1 & 2 \\ 0 & 5 & 2 & 4 \end{bmatrix}$

a. D　　b. A　　c. C and B

d. C　　e. 위 항목 중 답이 없다.

16. 다음 중 옳지 않은 것은?

a. 벡터 (3, 4, 7)은 Span{(2, 1, 0), (1, 3, 5)} 안에 있다.

b. 벡터 (3, 1, 2)는 Span{(1, 4, 2), (3, −1, 2), (5, 7, 5)} 안에 있다.

c. 벡터 (5, 5, 5)는 Span{(2, 1, 0), (1, 3, 5)} 안에 있다.

d. 벡터 (1, −7, −15)는 Span{(2, 1, 0), (1, 3, 5)} 안에 있다.

e. 위 항목 중 답이 없다.

17. 연립방정식 $\begin{cases} 3x_1+6x_2+x_3+3x_4=-9 \\ 2x_1+4x_2+x_3+3x_4=7 \end{cases}$ 의 해는?

a. $\begin{bmatrix} x_1 \\ x_2 \\ x_3 \\ x_4 \end{bmatrix} = \begin{bmatrix} -16 \\ 0 \\ 39 \\ 0 \end{bmatrix} + s\begin{bmatrix} -2 \\ 1 \\ 0 \\ 0 \end{bmatrix} + t\begin{bmatrix} 0 \\ 0 \\ -3 \\ 1 \end{bmatrix}$

b. $\begin{bmatrix} x_1 \\ x_2 \\ x_3 \\ x_4 \end{bmatrix} = x_4\begin{bmatrix} -16 \\ 0 \\ 39 \\ 0 \end{bmatrix} + \begin{bmatrix} 2 \\ 0 \\ 3 \\ 0 \end{bmatrix} + x_2\begin{bmatrix} -2 \\ 0 \\ 1 \\ 0 \end{bmatrix}$

c. $\begin{bmatrix} x_1 \\ x_2 \\ x_3 \\ x_4 \end{bmatrix} - \begin{bmatrix} -16 \\ 0 \\ 39 \\ 0 \end{bmatrix} + a\begin{bmatrix} -2 \\ 1 \\ 0 \\ 0 \end{bmatrix} + b\begin{bmatrix} 0 \\ 0 \\ -3 \\ 1 \end{bmatrix} = 0$

d. $\begin{bmatrix} x_1 \\ x_2 \\ x_3 \\ x_4 \end{bmatrix} = x_2\begin{bmatrix} -16 \\ 0 \\ 39 \\ 0 \end{bmatrix} + \begin{bmatrix} 2 \\ 0 \\ 3 \\ 0 \end{bmatrix} + x_4\begin{bmatrix} -2 \\ 0 \\ 1 \\ 0 \end{bmatrix}$

e. 위 항목 중 답이 없다.

18. A를 $m\times n$ 행렬, p를 행렬 A의 피벗 위치의 개수라 할 때 다음 중 옳은 것은?

a. $p=n$　　b. $p\geq n$　　c. $p\geq m$

d. $2p\leq n+m$　　e. 위 항목 중 답이 없다.

19. $\mathbf{A} = \begin{bmatrix} 1 & 0 & 2 & 0 \\ 0 & 0 & 1 & 0 \\ 0 & 0 & 0 & 1 \\ 0 & 0 & 0 & 0 \end{bmatrix}$, $\mathbf{b} = \begin{bmatrix} 1 \\ 1 \\ 1 \\ 0 \end{bmatrix}$일 때, 연립방정식 Ax=b에 대하여 옳은 것은?

a. 해가 없다.

b. 유일해 $[-1, 1, 1, 1]^T$을 갖는다.

c. 유일해 $[-2, 2, 7, 3]^T$을 갖는다.

d. 두 개의 해를 갖는다.

e. 매개변수 해 $[-1, 0, 1, 1]^T + c[0, 1, 0, 0]^T$ (c는 자유 변수)을 갖는다.

f. 위 항목 중 답이 없다.

20. 연립방정식의 첨가행렬의 첫 번째 행이 [0 0 0 0 0 | −91]일 때, 다음 중 옳은 것은?

a. 해가 없다.　　b. 유일해를 갖는다.

c. 많은 해를 갖는다.

d. 적어도 두 개의 자유 변수를 갖는다.

e. 위 항목 중 답이 없다.

21. $\left[\begin{array}{ccc|c} 2 & -3 & 2 & 1 \\ 0 & 1 & -4 & 2 \\ 0 & 2 & -8 & 5 \end{array}\right]$을 첨가행렬로 하는 연립방정식의 해의 개수는?

a. 0개　　b. 적어도 2개

c. 많아야 1개　　d. 정확히 1개

e. 위 항목 중 답이 없다.

컴퓨터 연습문제 1.2

1. (반올림 오차) 가우스 소거법을 사용하여 다음 연립방정식을 풀라 (Matlab이나 다른 유사한 시스템을 이용하라).

$$\begin{cases} 3.277x_1+5.113x_2=2.237 \\ 1.482x_1+2.321x_2=4.209 \end{cases}$$

입력 데이터에 있는 모든 실수는 반올림하여 소수점 이하 3자리로 만든 것이다. 해 또한 반올림하여 소수점 이하 3자리로 나타내라.

2. Matlab에서 계산한 값을 명령어 `format rat`을 이용하여 두 정수의 상(quotient)으로 나타낼 수 있다. 이 명령어를 이용하여, 정수들의 상으로 표현된 다음 연립방정식의 해를 구하라.

$$\left[\begin{array}{ccc|c} 5 & 1 & -2 & 2 \\ 3 & -1 & 4 & 1 \\ 2 & 7 & 6 & 3 \end{array}\right]$$

3. 수학 소프트웨어를 이용하여 이 절에 있는 일반 연습문제 6, 9, 18~19, 23, 31~32, 38~40의 일반해를 구하라.
4. 일반 연습문제 15에 있는 두 행렬의 기약 행 사다리꼴을 구하라.
5. 변수 변환를 사용하지 말고 수학 소프트웨어를 이용하여 일반 연습문제 21의 해를 구하라.

1.3 핵, 계수, 동차방정식

내가 푼 모든 문제는 후에 다른 문제를 풀기 위한 기반이 되는 규칙이 되었습니다.

—데카르트(RENÉ DESCARTES, 1596~1650)

완벽하게 풀리는 문제는 없다. 다소간 풀리는 문제만이 있을 뿐입니다.

—푸앵카레(JULES HENRÍ POINCARÉ, 1854~1912)

우리는 지금 행렬의 기약 행 사다리꼴(특히 그것을 계산하는 법)과 피벗 원소가 무엇인지에 대해 잘 알고 있다고 가정한다.

행렬의 핵 또는 영공간

동차(homogeneous) 연립방정식은 $\mathbf{Ax}=\mathbf{0}$의 꼴로 주어지는데, 이는 연립방정식의 일반형인 $\mathbf{Ax}=\mathbf{b}$의 특별한 경우이다. $\mathbf{x}=\mathbf{0}$은 동차 연립방정식의 해임을 쉽게 알 수 있는데 이를 **자명한 해**(trivial solution)라고 부른다. 우리는 $\mathbf{x}=\mathbf{0}$ 이외에 다른 해가 있는지 알아보고자 한다. 만일 존재한다면, 이를 **자명하지 않은 해**(nontrivial solution)라고 부른다. 우리의 목표는 특별한 행렬 $\mathbf{A}$에 대해서 동차 연립방정식의 해집합을 구하는 것이다. 그러한 벡터들의 집합은

$$\text{Ker}(\mathbf{A}) = \{\, \mathbf{x} \,:\, \mathbf{Ax} = \mathbf{0} \} = \text{Null}\,(\mathbf{A})$$

이다. **Ker**은 **핵**(kernel)을 의미하고, 기호 **Null**은 행렬 $\mathbf{A}$의 **영공간**(null space)을 나타낸다. 그러므로 행렬의 핵, 또는 영공간은 함수 $\mathbf{x} \mapsto \mathbf{Ax}$에 의해 벡터 $\mathbf{0}$에 대응하는 모든 벡터들의 집합이다. $m\times n$ 행렬 $\mathbf{A}$의 핵은 $\mathbb{R}^n$의 부분집합으로 $\text{Ker}(\mathbf{A}) \subseteq \mathbb{R}^n$, 또는 $\text{Null}(\mathbf{A}) \subseteq \mathbb{R}^n$로 표시한다. 이때 $\text{Null}(\mathbf{A})$는 결코 공집합이 아니다.

예제 1 $\mathbf{A} = \begin{bmatrix} 1 & 3 & 5 \\ 2 & 1 & 4 \end{bmatrix}$일 때 벡터 $\mathbf{v}=[7, 6, -5]^T$는 $\mathbf{A}$의 핵 안에 있는가?

풀이 만일 그렇다면, $\mathbf{Av}=\mathbf{0}$임을 보여야 한다.

$$\begin{bmatrix} 1 & 3 & 5 \\ 2 & 1 & 4 \end{bmatrix} \begin{bmatrix} 7 \\ 6 \\ -5 \end{bmatrix} = 7\begin{bmatrix} 1 \\ 2 \end{bmatrix} + 6\begin{bmatrix} 3 \\ 1 \end{bmatrix} - 5\begin{bmatrix} 5 \\ 4 \end{bmatrix}$$
$$= \begin{bmatrix} 7 \\ 14 \end{bmatrix} + \begin{bmatrix} 18 \\ 6 \end{bmatrix} + \begin{bmatrix} -25 \\ -20 \end{bmatrix} = \begin{bmatrix} 0 \\ 0 \end{bmatrix} \quad \blacksquare$$

A가 $m\times n$ 행렬이고 $\mathbf{x}$는 $A\mathbf{x}=\mathbf{0}$을 만족하는 영이 아닌 벡터라 하면

$$x_1\mathbf{a}_1 + x_2\mathbf{a}_2 + \cdots + x_n\mathbf{a}_n = \mathbf{0}$$

형태의 자명하지 않은 방정식이 존재한다. 여기서 $\mathbf{a}_i$는 행렬 A의 열을 의미한다. A가 $m\times n$ 행렬일 때, 각 열은 $\mathbb{R}^m$의 벡터이다. 앞의 방정식은 A의 열 사이에 일차 관계가 있다는 것을 보여 준다. 이 경우에 $\mathbf{x} \neq \mathbf{0}$이므로 이것은 자명하지 않은 방정식이다.(다른 말로 벡터 $\mathbf{x}$는 적어도 하나의 영이 아닌 성분을 갖는다.) 이와 같은 경우 행렬 A의 열집합은 **일차종속**(linearly dependent)이고, 그렇지 않은 경우 **일차독립**(linearly independent)이다. 이러한 중요한 용어는 나중에 자세히 설명할 것이다.

정리 1

$\mathbf{x}, \mathbf{y}$가 Ker(A)의 벡터이고 α가 임의의 스칼라일 때, $\mathbf{x}+\mathbf{y}$와 $\alpha\mathbf{x}$ 또한 Ker(A)에 있다.

증명 $\mathbf{x}, \mathbf{y}$가 Ker(A) 안에 있다면 다음이 성립한다.

$$A(\mathbf{x}+\mathbf{y}) = A\mathbf{x} + A\mathbf{y} = \mathbf{0} + \mathbf{0} = \mathbf{0} \quad \blacksquare$$

정리 2

$A\mathbf{x}=\mathbf{b}$이고 $\mathbf{y} \in \mathrm{Ker}(A)$이면 $A(\mathbf{x}+\mathbf{y})=\mathbf{b}$이다.

정리 3

$A\mathbf{x}=A\mathbf{y}$이면 $\mathbf{x}-\mathbf{y} \in \mathrm{Ker}(A)$이다.

정리 4

$\mathbf{u}$가 $A\mathbf{u}=\mathbf{b}$를 만족하는 벡터라면, 방정식 $A\mathbf{x}=\mathbf{b}$의 모든 해는 Ker(A) 안의 벡터 $\mathbf{z}$에 대하여 $\mathbf{x}=\mathbf{u}+\mathbf{z}$의 꼴이다.

정리 2, 3과 4의 증명은 간단하다.

정리 5

행동치인 두 행렬의 핵은 같다.

증명 $\mathbf{A}$와 $\mathbf{B}$가 서로 행동치인 행렬이라면, $\mathbf{Ax}=\mathbf{0}$의 해와 $\mathbf{Bx}=\mathbf{0}$의 해는 같다. 이것은 연립방정식에 시행한 행 연산들이 해를 바꾸지 않기 때문이다. 그러므로 $\mathbf{A}$와 $\mathbf{B}$의 핵들은 같다. ■

동차방정식

정리 1~5는 동차방정식 $\mathbf{Ax}=\mathbf{0}$의 해를 구하는 데 이용된다. 다음은 전형적인 예이다.

예제 2

$$\mathbf{A} = \begin{bmatrix} 1 & 3 & -2 & 0 \\ 3 & 10 & -7 & 1 \\ -5 & -5 & 3 & 7 \end{bmatrix}$$

일 때, 동차방정식 $\mathbf{Ax}=\mathbf{0}$의 해집합을 구하라.

풀이 첨가행렬의 행축소는 다음과 같다.

$$\left[\begin{array}{cccc|c} 1 & 3 & -2 & 0 & 0 \\ 3 & 10 & -7 & 1 & 0 \\ -5 & -5 & 3 & 7 & 0 \end{array}\right] \sim \left[\begin{array}{cccc|c} 1 & 0 & 0 & -2 & 0 \\ 0 & 1 & 0 & 0 & 0 \\ 0 & 0 & 1 & -1 & 0 \end{array}\right]$$

여기서 x_4는 자유 변수이다. 더 나아가 첨가행렬 안에 있는 마지막 열의 0들은 행축소에서 영열(zero column)로 남기 때문에 그런 계산은 생략하는 것이 좋다. 첨가행렬에 대응하는 연립방정식은

$$\begin{cases} x_1 = 2x_4 \\ x_2 = 0 \\ x_3 = x_4 \end{cases}$$

로 쓰여진다. 이것은 t를 자유 매개변수로 하여

$$\begin{bmatrix} x_1 \\ x_2 \\ x_3 \\ x_4 \end{bmatrix} = x_4 \begin{bmatrix} 2 \\ 0 \\ 1 \\ 1 \end{bmatrix} \quad \text{또는} \quad \begin{bmatrix} x_1 \\ x_2 \\ x_3 \\ x_4 \end{bmatrix} = t \begin{bmatrix} 2 \\ 0 \\ 1 \\ 1 \end{bmatrix}$$

로 쓰여진다. 다시 말해 $\mathbf{A}$의 핵은 정확히 벡터 $[2, 0, 1, 1]^T$의 모든 스칼라 곱이고, 원점 $\mathbf{0}$을 지나는 4차원 공간 $\mathbb{R}^4$에서의 직선으로 그려진다. ■

기약 행 사다리꼴의 유일성

다음 정리는 일반적으로 행렬에 이용되는 기법인 행축소의 논리적 기반이다.

정리 6

모든 행렬은 오직 한 개의 기약 행 사다리꼴을 갖는다.

증명 A가 $m\times n$ 행렬일 때, n에 대한 귀납법으로 증명한다. $n=1$일 때 정리는 분명하다. $m\times(n-1)$ 행렬에 대해서 정리가 성립한다고 가정하자. $m\times n$ 행렬 A에서 n번째 열을 제거하여 얻은 행렬은 A_{n-1}의 기약 행 사다리꼴을 얻을 때 그대로 사용된다. 귀납적 가정에 의해, A_{n-1}은 오직 하나의 기약 행 사다리꼴을 가진다. B와 C가 A의 기약 행 사다리꼴이라면, 그들은 단지 n번째 열이 다를 뿐이다. B ≠ C라 하자. B의 i행이 C의 i행과 다르도록 i를 취하면, $b_{in} \neq c_{in}$이다. A ~ B ~ C이므로 세 동차방정식 $\mathbf{A}\mathbf{x}=0$, $\mathbf{B}\mathbf{x}=0$ 그리고 $\mathbf{C}\mathbf{x}=0$은 같은 해를 갖는다. $\mathbf{B}\mathbf{u}=0$이면 $\mathbf{C}\mathbf{u}=0$, $(\mathrm{B}-\mathrm{C})\mathbf{u}=0$이다. B−C의 첫 $n-1$개의 열들은 모두 0이므로, $[(\mathrm{B}-\mathrm{C})\mathbf{u}]_i=(b_{in}-c_{in})u_n=0$이다. $b_{in} \neq c_{in}$이므로 $u_n=0$이다. 그러므로 $\mathbf{B}\mathbf{x}=0$ 또는 $\mathbf{C}\mathbf{x}=0$의 해는 $x_n=0$이다. 그것은 B와 C의 n번째 열은 피벗을 가져야 한다는 것을 의미한다. 그렇지 않으면 그러한 열들은 자유 변수들과 연관되므로 x_n을 영이 아니도록 선택할 수 있다. B와 C의 처음 $n-1$개 열들이 같다면, 피벗 원소 1이 나타나는 행은 B와 C에서 같아야 한다. 즉 그것은 A_{n-1}의 기약 행 사다리꼴에서 처음으로 나타나는 영행이다. B와 C의 제 n번째 열의 나머지 원소들은 0이어야 하기 때문에 B=C이므로 모순이다. 이 증명은 Yuster[1984]의 증명을 참고로 하고 있다. ■

행렬의 계수

선형대수에서 중요한 개념은 행렬의 **계수**(rank)이다. 그것은 직접적으로 행렬의 피벗 위치의 개수와 관련되어 있으며 앞의 정리에 의존한다.

정의

행렬의 **계수**(rank)는 기약 행 사다리꼴에서 영이 아닌 행들의 개수이다. 기호 Rank(A)로 표시한다.

이 정의는 논리적으로 행렬이 유일한 기약 행 사다리꼴을 갖는다는 사실에 의존한다. 유일한(unique)이라는 단어는 수학에서 예외적인, 또는 주목할 만한이라는 의미가 아니라는 것을 기억하라. 그것은 단 하나뿐이라는 것을 의미한다.

행렬의 계수 계산은 기약 행 사다리꼴을 만들어 그것의 영이 아닌 행의 개수를 세는 것이다. 사실상 행렬의 기약 행 사다리꼴까지는 필요하지 않다. 계수는 행렬의 임의의 행 사다리꼴로부터 얻어질 수 있다. 그 이유는 행 사다리꼴이 기약 행 사다리꼴에 영이 아닌 행들이 얼마나 있을지를 보여 주기에 충분하기 때문이다.

예제 3 행렬 $\mathbf{A}$의 계수를 구하라.

$$\mathbf{A} = \begin{bmatrix} 1 & 3 & 3 & -1 & 2 & 17 \\ 2 & 6 & -2 & 14 & -3 & -19 \\ 4 & 12 & 2 & 16 & 1 & 7 \end{bmatrix}$$

풀이 행렬 $\mathbf{A}$의 행 사다리꼴과 기약 행 사다리꼴은 다음과 같다.

$$\mathbf{A} \sim \begin{bmatrix} \boxed{1} & 3 & 3 & -1 & 2 & 17 \\ 0 & 0 & \boxed{8} & -16 & 7 & 55 \\ 0 & 0 & 0 & 0 & \boxed{-2} & -62 \end{bmatrix} \sim \begin{bmatrix} \boxed{1} & 3 & 0 & 5 & 0 & -1 \\ 0 & 0 & \boxed{1} & -2 & 0 & 4 \\ 0 & 0 & 0 & 0 & \boxed{1} & 3 \end{bmatrix}$$

계수가 3이라는 것은 두 행 사다리꼴로부터 알 수 있다. 여기서 피벗 위치는 네모 안에 있는 원소들이다. 특히 기약 행 사다리꼴로 행축소할 필요는 없다. ■

피벗의 위치는 주어진 행렬의 **피벗 위치**(pivot position)라 부르는 것을 상기하자.

예제 4 예제 3의 행렬에서 피벗 위치는 무엇인가?

풀이 피벗 위치는 (1, 1), (2, 3), 그리고 (3, 5)이다. 피벗 위치에 대한 정의는 행렬의 기약 행 사다리꼴에 의존하지만 피벗 위치는 이미 행 사다리꼴로부터 분명하다. ■

기약 행 사다리꼴에서 각 피벗은 이전의 피벗 위치보다 오른쪽 그리고 아래에 있어야만 한다. 다른 말로, 각각의 새로운 피벗은 요구되는 모양 때문에 영이 아닌 행과 영이 아닌 열에 의존한다.

따름정리 1

행렬의 계수는 기약 행 사다리꼴에서의 피벗의 개수이고 이는 행렬에서 피벗 위치의 개수와 같다.

예제 5 행렬 $\begin{bmatrix} 0 & 2 & 3 & 1 \\ 1 & 4 & 6 & 3 \\ 3 & 3 & 7 & 5 \end{bmatrix}$에서 피벗 위치는 무엇인가?

풀이 행 연산에 의해 다음을 얻는다.

$$\begin{bmatrix} 0 & 2 & 3 & 1 \\ 1 & 4 & 6 & 3 \\ 3 & 3 & 7 & 5 \end{bmatrix} \sim \begin{bmatrix} 1 & 4 & 6 & 3 \\ 0 & 2 & 3 & 1 \\ 3 & 3 & 7 & 5 \end{bmatrix} \sim \begin{bmatrix} 1 & 4 & 6 & 3 \\ 0 & 2 & 3 & 1 \\ 0 & -9 & -11 & -4 \end{bmatrix}$$

$$\sim \begin{bmatrix} 1 & 4 & 6 & 3 \\ 0 & 2 & 3 & 1 \\ 0 & -1 & 1 & 0 \end{bmatrix} \sim \begin{bmatrix} 1 & 4 & 6 & 3 \\ 0 & 1 & -1 & 0 \\ 0 & 2 & 3 & 1 \end{bmatrix} \sim \begin{bmatrix} \boxed{1} & 4 & 6 & 3 \\ 0 & \boxed{1} & -1 & 0 \\ 0 & 0 & \boxed{5} & 1 \end{bmatrix}$$

$$\sim \begin{bmatrix} 1 & 4 & 0 & 7/5 \\ 0 & 1 & 0 & 1/5 \\ 0 & 0 & 1 & 1/5 \end{bmatrix} \sim \begin{bmatrix} \boxed{1} & 0 & 0 & 3/5 \\ 0 & \boxed{1} & 0 & 1/5 \\ 0 & 0 & \boxed{1} & 1/5 \end{bmatrix}$$

피벗 위치는 네모 안 원소들의 위치 (1, 1), (2, 2), 그리고 (3, 3)이므로 행렬의 계수는 3이다. 특히 피벗 위치는 처음에 주어진 행렬의 원소들로부터는 예견될 수 없다. 예를 들어 주어진 행렬에서 원소 0은 피벗 위치가 점령되었음을 보여 준다. ■

정리 7

$m\times n$ 행렬의 계수는 m, n보다 크지 않다. 기호로 나타내면 $\text{Rank}(A) \le \min(m, n)$이다.

증명 $m\times n$ 행렬의 기약 행 사다리꼴에 대해 생각해 보자. 영이 아닌 각 행은 피벗 원소를 가져야만 하고, 이들은 계단 모양을 이룬다. 피벗을 셀 때, 각각의 새로운 피벗은 영이 아닌 행과 열을 차지한다는 것을 기억해야 한다. 그러므로 모든 피벗의 개수는 m, n을 초과할 수 없다. 계수는 피벗의 개수이므로 이는 최대 m 또는 n일 수밖에 없다. ■

다음 정리는 이러한 주제를 부연 설명하고 있다. 계수가 n 미만인 $m\times n$ 행렬에 대하여, 다음 정리는 $m\times n$ 행렬이 성질 **a** ~ **f** 중 어느 하나를 만족하면, 나머지 성질 모두를 만족한다고 말하고 있다.

정리 8

$m\times n$ 행렬 **A**에 대하여 다음 성질들은 서로 동치이다.

a. **A**의 계수는 n 미만이다.
b. **A**의 기약 행 사다리꼴은 n개 미만의 영이 아닌 행들을 갖는다.
c. 행렬 **A**는 n개 미만의 피벗 위치를 갖는다.
d. **A**의 적어도 한 열은 피벗 위치를 갖지 않는다.
e. 연립방정식 $\mathbf{Ax}=\mathbf{0}$은 적어도 한 개의 자유 변수를 갖는다.
f. 연립방정식 $\mathbf{Ax}=\mathbf{0}$은 자명하지 않은 해를 갖는다.

정리 8의 유용한 따름정리는 단지 행렬의 차원(dimension)을 포함할 뿐이다.

따름정리 2

방정식보다 변수의 개수가 많은 동차 연립방정식은 자명하지 않은 해를 갖는다.

증명 $m \times n$ 행렬 $\mathbf{A}$에 대하여, 동차 연립방정식 $\mathbf{Ax}=\mathbf{0}$은 m개의 방정식과 n개의 미지수를 갖는다. 그러므로 가정에 의해 $n > m$이고, 이것은 정리 7로부터 다음과 같이 쓸 수 있다.

$$\text{Rank}(\mathbf{A}) \leq \min(n, m) = m < n$$

정리 8을 적용하면 동차 연립방정식은 자명하지 않은 해를 갖는다는 결론을 얻게 된다. ■

연립방정식의 일반해

다음의 예들은 연립방정식의 일반해를 찾는 기술을 보여 준다.

예제 6 연립방정식

$$\begin{cases} x_1 + 3x_2 + 9x_3 = 0 \\ 2x_1 + 7x_2 + 3x_3 = 0 \end{cases}$$

에 대하여 정리 7, 8과 따름정리 2는 무엇을 말해 주는가?

풀이 이 연립방정식은 방정식보다 변수가 많으므로, 따름정리 2에 의해 자명하지 않은 해를 갖는 것을 알 수 있다. 정리 7을 이용하면 $\text{Rank}(\mathbf{A}) \leq \min\{2, 3\}=2$이고 첨가행렬을 행축소하면 다음을 얻는다.

$$\left[\begin{array}{ccc|c} 1 & 3 & 9 & 0 \\ 2 & 7 & 3 & 0 \end{array}\right] \sim \left[\begin{array}{ccc|c} \boxed{1} & 0 & 54 & 0 \\ 0 & \boxed{1} & -15 & 0 \end{array}\right]$$

두 개의 피벗이 있으므로 행렬의 계수는 2이다. 한 열에는 피벗이 없는데 이것은 자유 변수가 있다는 것을 의미한다.(여기서 자유 변수는 x_3이다.) x_3에 임의의 값을 대입하면, $x_1=-54x_3$, $x_2=15x_3$가 되고 이것이 동차 연립방정식의 일반해(general solution)이다. 자유 매개변수 t에 대하여 일반해의 형태는 다음과 같이 주어진다.

$$\begin{bmatrix} x_1 \\ x_2 \\ x_3 \end{bmatrix} = x_3 \begin{bmatrix} -54 \\ 15 \\ 1 \end{bmatrix} \quad \text{또는} \quad \begin{bmatrix} x_1 \\ x_2 \\ x_3 \end{bmatrix} = t \begin{bmatrix} -54 \\ 15 \\ 1 \end{bmatrix}$$

그러므로 동차방정식의 해는 모두 벡터 $[-54, 15, 1]^T$의 스칼라 곱들이고 이들은 3차원 공간 $\mathbb{R}^3$에서 원점을 지나는 직선 위에 있는 점들이다. ■

예제 7 다음 연립방정식의 해를 구하라.

$$\begin{cases} 2x_1 - 4x_2 = 3 \\ 4x_1 - x_2 = 2 \\ x_1 - x_2 = 1 \end{cases}$$

풀이 행축소 알고리즘은 다음과 같은 결과를 준다.

$$\left[\begin{array}{cc|c} 2 & -4 & 3 \\ 4 & -1 & 2 \\ 1 & -1 & 1 \end{array}\right] \sim \left[\begin{array}{cc|c} \boxed{1} & 0 & 0 \\ 0 & \boxed{1} & 0 \\ 0 & 0 & \boxed{1} \end{array}\right]$$

첨가행렬로부터 얻은 행 사다리꼴의 마지막 행은 $0x_1+0x_2=1$을 의미하는 데, 이것이 해가 존재하지 않게 한다.■

예제 7의 연립방정식은 해가 없다(inconsistent). 첨가행렬의 마지막 열에 피벗 위치가 있다는 것은 항상 연립방정식의 해가 없다는 표시이다. 만일 마지막 열에 피벗이 있다면 그 행의 다른 모든 원소는 0이므로 그 행에 대응하는 방정식은 $0x_1+0x_2+\ldots+0x_n=1$이다. 이것은 연립방정식의 해가 없다는 것을 말해 준다.

행렬-행렬 곱

1.2절에서 행렬-벡터 곱을 정의하였다.

$$\begin{bmatrix} a_{11} & a_{12} & \cdots & a_{1n} \\ a_{21} & a_{22} & \cdots & a_{2n} \\ a_{31} & a_{32} & \cdots & a_{3n} \\ \vdots & \vdots & \ddots & \vdots \\ a_{m1} & a_{m2} & \cdots & a_{mn} \end{bmatrix} \begin{bmatrix} x_1 \\ x_2 \\ x_3 \\ \vdots \\ x_n \end{bmatrix}$$

지금 우리는 $m\times n$ 행렬 A와 $n\times k$ 행렬 B의 행렬-행렬 곱 AB에 대하여 이야기한다. 물론 A의 열의 개수는 B의 행의 개수와 같은 경우이다.

정의

$m\times n$ 행렬 A와 $n\times k$ 행렬 B의 **행렬 곱**(matrix-product) AB는 $\mathbf{Ab}_1, \mathbf{Ab}_2, \ldots, \mathbf{Ab}_k$를 열로 하는 $m\times k$ 행렬 AB로 정의한다. 여기서 벡터 $\mathbf{b}_i$는 행렬 B의 열들이다.

곱을 다음과 같은 형태로 정의하는 데

$$\mathbf{AB} = \mathbf{A}\begin{bmatrix} \mathbf{b}_1 & \mathbf{b}_2 & \cdots & \mathbf{b}_k \end{bmatrix} = \begin{bmatrix} \mathbf{Ab}_1 & \mathbf{Ab}_2 & \cdots & \mathbf{Ab}_k \end{bmatrix}$$

AB의 각 열은 A의 열들의 일차결합으로 구해진다.

$$\mathbf{Ab}_i = b_{i1}\mathbf{a}_1 + b_{i2}\mathbf{a}_2 + \cdots + b_{in}\mathbf{a}_n$$

정의의 특별한 경우는 $m=1$ 또는 $k=1$일 때 나타난다. 이 경우에 $\mathbf{y}^T$가 $1\times n$ 행벡터, $\mathbf{x}$는 $n\times 1$ 열벡터일 때 $\mathbf{y}^T\mathbf{B}$와 $\mathbf{Ax}$를 위한 공식을 얻는다.

예제 8 다음은 2×2 행렬 A와 2×3 행렬 B의 행렬-행렬 곱 과정의 일부이다. 곱 AB를 구하라.

$$\mathbf{AB} = \begin{bmatrix} 3 & 2 \\ 1 & 1 \end{bmatrix}\begin{bmatrix} 1 & 4 & -1 \\ 2 & 2 & 3 \end{bmatrix} = \begin{bmatrix} 3 & 2 \\ 1 & 1 \end{bmatrix}\left[\begin{bmatrix} 1 \\ 2 \end{bmatrix}, \begin{bmatrix} 4 \\ 2 \end{bmatrix}, \begin{bmatrix} -1 \\ 3 \end{bmatrix}\right]$$

풀이

$$= \left[\begin{bmatrix} 3 & 2 \\ 1 & 1 \end{bmatrix}\begin{bmatrix} 1 \\ 2 \end{bmatrix}, \begin{bmatrix} 3 & 2 \\ 1 & 1 \end{bmatrix}\begin{bmatrix} 4 \\ 2 \end{bmatrix}, \begin{bmatrix} 3 & 2 \\ 1 & 1 \end{bmatrix}\begin{bmatrix} -1 \\ 3 \end{bmatrix}\right]$$

$$= \left[1\begin{bmatrix} 3 \\ 1 \end{bmatrix} + 2\begin{bmatrix} 2 \\ 1 \end{bmatrix}, 4\begin{bmatrix} 3 \\ 1 \end{bmatrix} + 2\begin{bmatrix} 2 \\ 1 \end{bmatrix}, -1\begin{bmatrix} 3 \\ 1 \end{bmatrix} + 3\begin{bmatrix} 2 \\ 1 \end{bmatrix}\right]$$

$$= \left[\begin{bmatrix} 7 \\ 3 \end{bmatrix}, \begin{bmatrix} 16 \\ 6 \end{bmatrix}, \begin{bmatrix} 3 \\ 2 \end{bmatrix}\right] = \begin{bmatrix} 7 & 16 & 3 \\ 3 & 6 & 2 \end{bmatrix}$$

■

예제 9 다음 곱의 값은 무엇인가?

$$\mathbf{AB} = \begin{bmatrix} 1 & 3 & 2 & -5 \\ 2 & 2 & -3 & 4 \\ 5 & 1 & 1 & 6 \end{bmatrix}\begin{bmatrix} 2 & 3 \\ -5 & 0 \\ 4 & 1 \end{bmatrix}$$

풀이 행렬 A와 B는 비교가 불가능하기 때문에 곱 AB는 정의되지 않는다. 두 행렬의 곱 AB가 존재하기 위한 필요충분조건은 A의 열의 개수와 B의 행의 개수가 같은 것이다. 여기서 A는 3×4, B는 3×2 행렬이다. 만일 A가 $m\times n$이면, B는 어떤 값 k에 대하여 $n\times k$이다. m과 k의 값은 제한되지 않는다. ■

3.1절에서 행렬과 행렬의 곱셈에 대해서 좀더 자세히 다룬다.

예제 10 행렬 A가 두 연립방정식 $\mathbf{Ax}=\mathbf{b}$와 $\mathbf{Ay}=\mathbf{c}$의 계수행렬일 때, 어떻게 두 연립방정식을 효율적으로 풀 수 있는가?

풀이 이 예제는 단지 우변이 다른 여러 연립방정식을 어떻게 푸는지 보여 준다. $\mathbf{Ax}=\mathbf{b}$와 $\mathbf{Ay}=\mathbf{c}$를 풀기 위해서, 두 개의 첨가행렬 $[\mathbf{A}|\mathbf{b}]$와 $[\mathbf{A}|\mathbf{c}]$를 만든 다음, 그들에 행축소를 시행한다. 그러나 $\mathbf{A}$가 두 연립방정식의 공통 계수 행렬이기 때문에 첨가행렬을 $[\mathbf{A}|\mathbf{b}|\mathbf{c}]$의 꼴로 만들어 행축소를 시행하는 것이 더 효율적이다. ■

예제 11 행렬 $\mathbf{A}, \mathbf{b}, \mathbf{c}$가 다음과 같이 주어졌을 때 두 연립방정식 $\mathbf{Ax}=\mathbf{b}$와 $\mathbf{Ay}=\mathbf{c}$의 해를 구하라.

$$\mathbf{A}=\begin{bmatrix}1 & 3 & 7 & -11\\ 2 & -4 & 1 & 1\\ 1 & 2 & -5 & 2\end{bmatrix}\qquad \mathbf{b}=\begin{bmatrix}6\\9\\-5\end{bmatrix}\qquad \mathbf{c}=\begin{bmatrix}1\\9\\-9\end{bmatrix}$$

풀이 첨가행렬과 그것의 기약 행 사다리꼴은 다음과 같다.

$$\left[\begin{array}{c|c|c}\mathbf{A} & \mathbf{b} & \mathbf{c}\end{array}\right]=\left[\begin{array}{rrrr|r|r}1 & 3 & 7 & -11 & 6 & 1\\ 2 & -4 & 1 & -1 & 9 & 9\\ 1 & 2 & -5 & 2 & -5 & -9\end{array}\right]$$
$$\sim\left[\begin{array}{rrrr|r|r}\boxed{1} & 0 & 0 & -1 & 2 & 0\\ 0 & \boxed{1} & 0 & -1 & -1 & -2\\ 0 & 0 & \boxed{1} & -1 & 1 & 1\end{array}\right]$$

$\mathbf{Ax}=\mathbf{b}$의 일반해는

$$\mathbf{x}=\mathbf{u}+s\mathbf{z}=\begin{bmatrix}2\\-1\\1\\0\end{bmatrix}+s\begin{bmatrix}1\\1\\1\\1\end{bmatrix}$$

이고 $\mathbf{Ay}=\mathbf{c}$의 일반해는

$$\mathbf{y}=\mathbf{v}+t\mathbf{z}=\begin{bmatrix}0\\-2\\1\\0\end{bmatrix}+t\begin{bmatrix}1\\1\\1\\1\end{bmatrix}$$

이다. 여기서 s, t는 자유 매개변수이다. 다음 세 방정식으로 증명될 수 있다.

$$\begin{bmatrix}1 & 3 & 7 & -11\\ 2 & -4 & 1 & 1\\ 1 & 2 & -5 & 2\end{bmatrix}\begin{bmatrix}2\\-1\\1\\0\end{bmatrix}=\begin{bmatrix}6\\9\\-5\end{bmatrix}$$

$$\begin{bmatrix}1 & 3 & 7 & -11\\ 2 & -4 & 1 & 1\\ 1 & 2 & -5 & 2\end{bmatrix}\begin{bmatrix}0\\-2\\1\\0\end{bmatrix}=\begin{bmatrix}1\\9\\-9\end{bmatrix}$$

$$\begin{bmatrix} 1 & 3 & 7 & -11 \\ 2 & -4 & 1 & 1 \\ 1 & 2 & -5 & 2 \end{bmatrix} \begin{bmatrix} 1 \\ 1 \\ 1 \\ 1 \end{bmatrix} = \begin{bmatrix} 0 \\ 0 \\ 0 \end{bmatrix}$$ ■

예제 12 다음과 같은 A, B에 대하여, 행렬방정식 Ax=B의 해를 구하라.

$$\mathbf{A} = \begin{bmatrix} 1 & 3 & 1 \\ 2 & 1 & 4 \\ -3 & 2 & 5 \end{bmatrix} \qquad \mathbf{B} = \begin{bmatrix} 6 & 13 & 15 & -5 \\ 9 & 15 & 14 & 2 \\ 1 & 10 & 15 & 1 \end{bmatrix}$$

또한 구한 해가 맞는지 알아보라.

풀이 이것은 한 개의 계수행렬과 여러 개의 우변으로 이루어진 연립방정식의 해를 구하는 중요한 기법을 소개한다. 이 예제는 A를 각각의 계수행렬로 하는 4개의 연립 일차방정식 $\mathbf{Ax}^{(i)}=\mathbf{b}^{(i)}$, $i=1, 2, 3, 4$를 푸는 문제이다.

$$\mathbf{AX} = \mathbf{A}[\mathbf{x}^{(1)},\ \mathbf{x}^{(2)},\ \mathbf{x}^{(3)},\ \mathbf{x}^{(4)}] = [\mathbf{b}^{(1)},\ \mathbf{b}^{(2)},\ \mathbf{b}^{(3)},\ \mathbf{b}^{(4)}] = \mathbf{B}$$

A가 3×3, B가 3×4 행렬이기 때문에 행렬 X는 3×4이어야 한다. 문제의 첨가행렬은

$$[\mathbf{A} \mid \mathbf{B}] = \left[\begin{array}{ccc|cccc} 1 & 3 & 1 & 6 & 13 & 15 & -5 \\ 2 & 1 & 4 & 9 & 15 & 14 & 2 \\ -3 & 2 & 5 & 1 & 10 & 15 & 1 \end{array}\right]$$

이고 행축소 과정은 다음과 같은 행렬을 이끌어 낸다.

$$[\mathbf{A} \mid \mathbf{B}] \sim \left[\begin{array}{ccc|cccc} 1 & 0 & 0 & 2 & 2 & 1 & 0 \\ 0 & 1 & 0 & 1 & 3 & 4 & -2 \\ 0 & 0 & 1 & 1 & 2 & 2 & 1 \end{array}\right] = [\mathbf{I} \mid \mathbf{X}]$$

$$\mathbf{X} = \begin{bmatrix} 2 & 2 & 1 & 0 \\ 1 & 3 & 4 & -2 \\ 1 & 2 & 2 & 1 \end{bmatrix}$$

$$\mathbf{AX} = \begin{bmatrix} 1 & 3 & 1 \\ 2 & 1 & 4 \\ -3 & 2 & 5 \end{bmatrix} \begin{bmatrix} 2 & 2 & 1 & 0 \\ 1 & 3 & 4 & -2 \\ 1 & 2 & 2 & 1 \end{bmatrix} = \begin{bmatrix} 6 & 13 & 15 & -5 \\ 9 & 15 & 14 & 2 \\ 1 & 10 & 15 & 1 \end{bmatrix} = \mathbf{B}$$ ■

3.2절에서, 이 문제에서 사용한 기법을 행렬의 오른쪽 그리고 왼쪽 역행렬을 계산할 때 이용할 것이다.

첨수가 붙은 벡터들의 집합: 일차독립과 일차종속

벡터들의 집합을 나타낼 때, **첨수**(index)들을 이용하여 표현한다. 예를 들어 다음과 같이 쓸 수 있는데

$$\{\mathbf{u}_1 = (7, 3), \quad \mathbf{u}_2 = (6, -4), \quad \mathbf{u}_3 = (4, 11)\}$$

여기서 첫 번째 벡터의 첨수는 1이고 다른 두 벡터의 첨수는 순서대로 2, 3이다. 그러나 만일 다음과 같은 집합을 정의할 때는 약간의 문제가 발생한다.

$$\{(7, 3), \quad (6, -4), \quad (7, 3)\}$$

이 집합의 벡터의 개수는 두 개 또는 세 개인가? 일반적인 집합의 개념으로 볼 때 세 번째 원소는 첫 번째 원소와 같은 것이기 때문에 그것은 단지 두 개의 원소를 갖는다고 할 수 있다. 집합은

$$\{(7, 3), \quad (6, -4)\}$$

와 같아진다. 한 벡터가 두 번 쓰여졌다고 해서 집합이 세 개의 벡터를 갖고 있다고 말하지는 않는다. 그러나 이 예에서는 이러한 세 개의 첨수가 붙은 벡터들은 첨수 집합(indexed set)에서 다른 것으로 취급되기 때문에, 위와 같은 어려움을 피할 수 있다.

$$\{\mathbf{u}_1 = (7, 3), \quad \mathbf{u}_2 = (6, -4), \quad \mathbf{u}_3 = (7, 3)\}$$

결과적으로 행렬의 열들은 첨수 1, 2, 3을 사용하였기 때문에 다른 것으로 간주된다.

$$\begin{bmatrix} \mathbf{u}_1 & \mathbf{u}_2 & \mathbf{u}_3 \end{bmatrix} = \begin{bmatrix} 7 & 6 & 7 \\ 3 & -4 & 3 \end{bmatrix}$$

이제 우리는 행렬의 열들이 일차종속인 집합을 이루고 있다는 것과 이러한 주장의 타당성은 첨수 집합을 형성하고 있는 열들에 대한 생각에 의존하는 것을 이야기할 것이다.

정의

만일 자명하지 않은 방정식 $c_1\mathbf{u}_1 + c_2\mathbf{u}_2 + \cdots + c_n\mathbf{u}_n = \mathbf{0}$이 존재하면 첨수가 붙은 벡터들의 집합 $\{\mathbf{u}_1, \mathbf{u}_2, \ldots, \mathbf{u}_n\}$은 **일차종속**이라 한다. 그렇지 않은 경우, 벡터들의 집합은 **일차독립**이라 한다. 자명하지 않다는 것은 $\sum_{i=1}^{n} |c_i| > 0$을 의미한다.

예제 13 세 벡터 $\mathbf{u}_1 = (3, 7, 4)$, $\mathbf{u}_2 = (-4, 2, 2)$, $\mathbf{u}_3 = (0, 17, 11)$의 집합은 일차 종속인지 알아보라.

풀이 이것은 자명하지 않은 방정식

$$c_1\mathbf{u}_1 + c_2\mathbf{u}_2 + c_3\mathbf{u}_3 = c_1 \begin{bmatrix} 3 \\ 7 \\ 4 \end{bmatrix} + c_2 \begin{bmatrix} -4 \\ 2 \\ 2 \end{bmatrix} + c_3 \begin{bmatrix} 0 \\ 17 \\ 11 \end{bmatrix} = \begin{bmatrix} 0 \\ 0 \\ 0 \end{bmatrix}$$

이 있는지를 묻고 있는 것이다.

$$\begin{bmatrix} \mathbf{u}_1 & \mathbf{u}_2 & \mathbf{u}_3 \end{bmatrix} \mathbf{c} = \begin{bmatrix} 3 & -4 & 0 \\ 7 & 2 & 17 \\ 4 & 2 & 11 \end{bmatrix} \begin{bmatrix} c_1 \\ c_2 \\ c_3 \end{bmatrix} = \begin{bmatrix} 0 \\ 0 \\ 0 \end{bmatrix}$$

과 같고 계수행렬에 대한 행축소는 다음과 같이 행 사다리꼴을 만든다.

$$\begin{bmatrix} 3 & -4 & 0 \\ 7 & 2 & 17 \\ 4 & 2 & 11 \end{bmatrix} \sim \begin{bmatrix} 3 & -4 & 0 \\ 1 & 10 & 17 \\ 1 & 6 & 11 \end{bmatrix} \sim \begin{bmatrix} 0 & -34 & -51 \\ 1 & 10 & 17 \\ 0 & -4 & -6 \end{bmatrix}$$

$$\sim \begin{bmatrix} 1 & 10 & 17 \\ 0 & 34 & 51 \\ 0 & 4 & 6 \end{bmatrix} \sim \begin{bmatrix} 1 & 10 & 17 \\ 0 & 2 & 3 \\ 0 & 2 & 3 \end{bmatrix}$$

$$\sim \begin{bmatrix} 1 & 6 & 11 \\ 0 & 2 & 3 \\ 0 & 0 & 0 \end{bmatrix} \sim \begin{bmatrix} 1 & 0 & 2 \\ 0 & 2 & 3 \\ 0 & 0 & 0 \end{bmatrix}$$

마지막 행렬을 계수행렬로 하는 동차 연립방정식을 풀면 $c_1=-2c_3$이고 $2c_2=-3c_3$이다. 이것은 동차 연립방정식의 자명하지 않은 해가 존재한다는 것을 말한다. 예를 들어 만일 자유 변수 c_3에 값 2를 취하면 자명하지 않은 해 $c_1=-4$, $c_2=-3$, $c_3=2$를 얻는다. 그러므로 세 벡터의 집합은 일차종속이다: $-4\mathbf{u}_1-3\mathbf{u}_2+2\mathbf{u}_3=-4(3, 7, 4)-3(-4, 2, 2)+2(0, 17, 11)=(0, 0, 0)=\mathbf{0}$. ■

예제 14 일차종속의 정의를 직접 사용하여 다음의 집합들이 일차종속 또는 일차독립인지 알아보라. 일차종속인 경우 그 사실을 보이도록 하는 계수를 구하라.

a. $\{\mathbf{u}_1=(1, 3, 6), \mathbf{u}_2=(2, 7, 5), \mathbf{u}_3=(0, 0, 0)\}$
b. $\{\mathbf{z}_1=(7, 6, 3), \mathbf{z}_2=(5, 2, 1), \mathbf{z}_3=(7, 6, 3)\}$
c. $\{\mathbf{x}_1=(7, 6), \mathbf{x}_2=(5, 4), \mathbf{x}_3=(14, 12)\}$
d. $\{\mathbf{v}_1=(1, 3), \mathbf{v}_2=(2, 7), \mathbf{v}_3=(4, 13)\}$
e. $\{\mathbf{w}_1=(7, 2, 3), \mathbf{w}_2=(-1, 1, 0), \mathbf{w}_3=(1, 3, -1)\}$

풀이 첫 번째 집합 **a**는 영 벡터를 포함하고 $0\mathbf{u}_1+0\mathbf{u}_2+1\mathbf{u}_3=\mathbf{0}$이므로 일차종속이다. 두 번째 집합 **b**는 $\mathbf{z}_1-\mathbf{z}_3=\mathbf{0}$이기 때문에 그리고 세 번째 집합 **c**는 $2\mathbf{x}_1+0\mathbf{x}_2-1\mathbf{x}_3=\mathbf{0}$이므로 일차종속이다. $2\mathbf{v}_1+\mathbf{v}_2-\mathbf{v}_3=\mathbf{0}$이므로 네 번째 집합 **d** 또한 일차종속이다. 만일 즉시 이러한 관계를 알지 못하면 기약 행 사다리꼴을 이용하여 일차종속 여부를 알 수 있다. 그러나 일차종속(계수 없이)은 따름정리 2에 의해 가장 효율적으로 예견될 수 있다. $\mathbb{R}^n$ 상의 $(n+1)$개의 첨수가 붙은 벡터들의 집합은 일차종속임에 틀림없다. 다섯 번째 집합 **e**는 다음의 축소 과정이 일차독립임을 보여 준다.

$$\begin{bmatrix} \mathbf{w}_2 & \mathbf{w}_3 & \mathbf{w}_1 \end{bmatrix} = \begin{bmatrix} -1 & 1 & 7 \\ 1 & 3 & 2 \\ 0 & -1 & 3 \end{bmatrix} \sim \begin{bmatrix} 1 & -1 & -7 \\ 0 & 4 & 9 \\ 0 & -1 & 3 \end{bmatrix} \sim \begin{bmatrix} 1 & -1 & -7 \\ 0 & 1 & -3 \\ 0 & 0 & 1 \end{bmatrix}$$

처음에 주어진 행렬의 각 열에 피벗 위치가 있고 동차 연립방정식의 유일한 해는 자명한 해이다. ■

여기에 $\mathbb{R}^m$ 상의 벡터들의 집합이 일차종속인지 알아내는 알고리즘이 있다.

알고리즘

주어진 (첨수가 붙은) 벡터 $\mathbf{v}_1, \mathbf{v}_2, \ldots, \mathbf{v}_n$에 대해서 n개의 벡터를 열로 하는 행렬 $\mathbf{A}$를 만들라. 만일 방정식 $\mathbf{Ax}=\mathbf{0}$이 영이 아닌 해를 갖는다면 주어진 벡터들의 집합은 일차종속이다. 만일 방정식이 자명한 해 0만을 갖는다면, 그 집합은 일차독립이다.

다음은 일차독립인지를 알아보는 또 다른 예로서, 일차종속의 성질은 데이터의 작은 변화에도 민감해질 수 있다는 것을 보여 준다. 세 벡터의 집합 $\{(1, 2, 1), (3, 1, 1), (5, 5, 3)\}$은

$$\begin{bmatrix} 1 & 3 & 5 \\ 2 & 1 & 5 \\ 1 & 1 & 3 \end{bmatrix} \sim \begin{bmatrix} 1 & 3 & 5 \\ 0 & -5 & -5 \\ 0 & -2 & -2 \end{bmatrix} \sim \begin{bmatrix} 1 & 3 & 5 \\ 0 & 1 & 1 \\ 0 & 0 & 0 \end{bmatrix}$$

이므로 일차종속이다. 위의 벡터 중 한 벡터를 약간 바꾸어 새로운 벡터 집합 $\{(1, 2, 1), (3, 1, 1), (5, 5, 3.01)\}$을 만들면

$$\begin{bmatrix} 1 & 3 & 5 \\ 2 & 1 & 5 \\ 1 & 1 & 3.01 \end{bmatrix} \sim \begin{bmatrix} 1 & 3 & 5 \\ 0 & -5 & -5 \\ 0 & -2 & -1.99 \end{bmatrix} \sim \begin{bmatrix} 1 & 3 & 5 \\ 0 & 1 & 1 \\ 0 & 0 & 1 \end{bmatrix}$$

이므로 일차독립이다.

정리 9

두 개 이상의 첨수가 붙은 벡터들의 집합이 일차종속이라면, 벡터들 중 하나는 나머지 다른 벡터들의 일차결합이다.

증명 방정식 $\sum_{i=1}^{k} c_i\mathbf{v}_i=\mathbf{0}$가 자명하지 않은 해를 갖는다면, 어떤 계수는 0이 아니다. $c_1 \neq 0$이라 하면, $\mathbf{v}_1=-(1/c_1)\sum_{i=2}^{k} c_i\mathbf{v}_i$이다. ■

정리 10
$\mathbb{R}^m$ 상의 첨수가 붙은 두 개 이상의 벡터들의 집합이 일차종속이라면, 그 중 어떤 벡터는 그 집합에서 그것보다 앞에 있는 벡터들의 자명하지 않은 일차결합이다.

증명 $\{\mathbf{v}_1, \mathbf{v}_2, \ldots, \mathbf{v}_p\}$가 일차종속이라면 자명하지 않은 방정식에서 $\sum_{i=1}^{p} c_i\mathbf{v}_i = \mathbf{0}$이다. c_q는 영이 아닌 마지막 계수라 하면, $\sum_{i=1}^{q} c_i\mathbf{v}_i = \mathbf{0}$이고 $c_q \neq 0$이다. $\mathbf{v}_q$에 대해서 풀면, $\mathbf{v}_q = (-1/c_q)\sum_{i=1}^{q-1} c_i\mathbf{v}_i$이다. ■

예제 15 행렬 $\begin{bmatrix} 1 & -2 & 2 \\ -5 & 10 & -9 \\ -3 & 6 & h \end{bmatrix}$에 대해서, 매개변수 h는 행렬의 세 열이 일차독립인 집합을 구성하도록 선택될 수 있는가?

풀이 이 행렬에서 각 열을 $\mathbf{v}_1, \mathbf{v}_2, \mathbf{v}_3$라 하면, $2\mathbf{v}_1 + \mathbf{v}_2 = 0$이고 열들의 집합은 일차종속이다. $\{\mathbf{v}_1, \mathbf{v}_2, \mathbf{v}_3\}$를 일차독립이 되도록 하는 h의 값은 없다. ■

정리 11
행렬의 행들의 집합이 일차종속이기 위한 필요충분조건은 그 행렬의 행 사다리 꼴 안에 영행이 있는 것이다.

증명 A를 행들이 일차종속인 행렬이라 하고, 그것의 행들은 $\mathbf{r}_1, \mathbf{r}_2, \ldots, \mathbf{r}_m$으로 나타내자. 그러면 다음의 성질 각각은 다른 모든 성질을 포함한다.

- **a.** 집합 $\{\mathbf{r}_1, \mathbf{r}_2, \ldots, \mathbf{r}_m\}$은 일차종속이다.
- **b.** 자명하지 않은 방정식 $\sum_{i=1}^{m} c_i\mathbf{r}_i = \mathbf{0}$은 참이다.
- **c.** 첨수 k에 대하여, $c_k \neq 0$이고 $\mathbf{r}_k + \sum_{i \neq k}^{m} (c_i/c_k)\mathbf{r}_i = \mathbf{0}$이다.
- **d.** 만일 한 행에 다른 행의 배수를 더한다면 행 $\mathbf{r}_k$는 $\mathbf{0}$이 된다.
- **e.** A의 행 사다리꼴은 영행을 갖는다.

역이 성립함을 보이기 위해, A는 영행 $\mathbf{r}_k$를 가지는 행렬 B와 행동치라고 가정하자. 영행은 행 $\mathbf{r}_k$에 A의 행의 배수를 더하여 만들고 영행이 행렬의 마지막 부분에 오도록 행을 움직인다. 이 과정은 정리의 증명 전반부에 서술한 것과 같고, A의 행들은 일차종속인 집합을 형성한다. ■

행축소 과정 이용

행렬에 행축소 과정을 적용함으로써 행들의 집합이 일차종속인지, 또는 일차독립인지 쉽게 결정할 수 있다. 만일 행 사다리꼴이 영행을 가지면, 행들은 일차종속이다. 만일 방정식 $\sum_{i=1}^{n} c_i\mathbf{r}_i=\mathbf{0}$이 참이 되도록 하는 계수를 원한다면 그들을 행축소 과정으로부터 얻을 수 있다. 여기에 그러한 기법의 예가 있다.

예제 16 다음 행렬의 행들은 일차종속인 집합을 형성하는지 알아보라. 만일 일차종속이라면, 그때 사용되는 계수들을 구하라.

$$\mathbf{A}=\begin{bmatrix}\mathbf{r}_1\\ \mathbf{r}_2\\ \mathbf{r}_3\end{bmatrix}=\begin{bmatrix}1 & 3 & 2 & 2\\ -1 & 1 & 3 & -3\\ -2 & -2 & 1 & -5\end{bmatrix}$$

풀이 $\mathbf{A}^T$의 열들은 $\mathbf{A}$의 행들이고, 그것의 기약 행 사다리꼴은 다음과 같다.

$$\mathbf{A}^T=\begin{bmatrix}1 & -1 & -2\\ 3 & 1 & -2\\ 2 & 3 & 1\\ 2 & -3 & -5\end{bmatrix}\sim\begin{bmatrix}1 & 0 & -1\\ 0 & 1 & 1\\ 0 & 0 & 0\\ 0 & 0 & 0\end{bmatrix}$$

$c_1=c_3$, $c_2=-c_3$일 때, $c_1\mathbf{r}_1+c_2\mathbf{r}_2+c_3\mathbf{r}_3=0$이다. 결과적으로 한 개의 자명하지 않은 해는 $c_1=1$, $c_2=-1$, $c_3=1$이다. 검산: $(1, 3, 2, 2)-(-1, 1, 3, -3)+(-2, -2, 1, -5)=\mathbf{0}$. ■

다음 두 정리에 대한 증명은 연습문제로 남긴다.

정리 12

행렬의 열벡터들이 일차종속인 집합을 위한 필요충분조건은 피벗을 갖지 않는 열이 있는 것이다.

정리 13

행렬의 열벡터들이 일차독립인 집합이 되기 위한 필요충분조건은 행렬의 각 열에 피벗 위치가 있는 것이다.

예제 17 정리 11과 12를 사용하여 다음 벡터들의 집합이 일차종속인지 또는 일차독립인지 알아보라.

$$\{(1,3,7),(2,5,-4),(-5,-11,37)\}$$

풀이 첫째, 주어진 세 벡터를 행으로 하는 행렬을 만들라. 기약 행 사다리꼴이 영행을 갖는지 보기 위해 행축소를 하라.(행렬의 행 사다리꼴이 이 질문에 답할 것이다.)

$$\begin{bmatrix} 1 & 3 & 7 \\ 2 & 5 & -4 \\ -5 & -11 & 37 \end{bmatrix} \sim \begin{bmatrix} 1 & 3 & 7 \\ 0 & -1 & -18 \\ 0 & 4 & 72 \end{bmatrix} \sim \begin{bmatrix} 1 & 3 & 7 \\ 0 & 1 & 18 \\ 0 & 1 & 18 \end{bmatrix}$$

$$\sim \begin{bmatrix} 1 & 3 & 7 \\ 0 & 1 & 18 \\ 0 & 0 & 0 \end{bmatrix}$$

정리 11로부터 주어진 세 벡터들의 집합은 일차종속이라는 결론이 나온다.

다음에는 주어진 세 벡터를 열로 하는 행렬의 행축소를 한다.

$$\begin{bmatrix} 1 & 2 & -5 \\ 3 & 5 & -11 \\ 7 & -4 & 37 \end{bmatrix} \sim \begin{bmatrix} 1 & 2 & -5 \\ 0 & -1 & 4 \\ 0 & -18 & 72 \end{bmatrix} \sim \begin{bmatrix} 1 & 2 & -5 \\ 0 & -1 & 4 \\ 0 & -1 & 4 \end{bmatrix}$$

$$\sim \begin{bmatrix} 1 & 0 & 3 \\ 0 & 1 & -4 \\ 0 & 0 & 0 \end{bmatrix}$$

피벗이 없는 열이 있기 때문에 이러한 열들은 정리 12에 의해 일차종속인 집합을 형성한다. 특히 $-3(1, 3, 7)+4(2, 5, -4)=(-5, -11, 37)$이다. 이러한 일차결합을 위한 계수들은 첫 번째가 아니라 두 번째 연립방정식으로부터 찾을 수 있다.

$$-3(1,3,7) + 4(2,5,-4) = (-5,-11,37)$$

과

$$-3\begin{bmatrix} 1 \\ 3 \\ 7 \end{bmatrix} + 4\begin{bmatrix} 2 \\ 5 \\ -4 \end{bmatrix} = \begin{bmatrix} -5 \\ -11 \\ 37 \end{bmatrix}$$

임에 주의하자. 벡터들의 집합이 일차종속인지 결정하는 데 있어서, 벡터들은 행렬의 행 또는 열이 되도록 할 수 있다. ■

일차종속 또는 일차독립의 결정

작은 문제들을 풀 때, $\mathbb{R}^m$ 상의 n개 벡터들의 집합 $\mathbf{v}_1, \mathbf{v}_2, \ldots, \mathbf{v}_n$이 일차독립인지 일차종속인지는 다음과 같이 결정할 수 있다.

1. 집합을 꼼꼼히 보고 **0**을 포함하는지 결정하라. 그렇다면 그 집합은 즉시 일차종속이다.
2. 집합은 하나가 다른 것의 배수인 두 개의 벡터를 포함하고 있는가? 그렇다면 그 집합은 일차종속이다.
3. 만일 집합 안에 있는 어떤 벡터가 다른 벡터들의 일차결합이라면, 그 집합은 일차종속이다.
4. 정리 8, 12, 13과 따름정리 2를 사용하라. 전형적으로 이것은 벡터들을 $m \times n$ 행렬의 열로 할 것이다. $n > m$이라면, 따름정리 2에 의해 열들의 집합은 일차종속이다. 이 경우, 계산은 필요가 없다.
5. 만일 앞의 사실들이 참이 아니라면 일반적인 경우를 보라. 벡터 $\mathbf{v}_1, \mathbf{v}_2, \ldots, \mathbf{v}_n$은 행렬 **A**의 열로 하라. **A**를

행축소하여 행 사다리꼴로 만들라. 연립방정식 $\mathbf{Ax}=\mathbf{0}$이 영이 아닌 해를 갖거나 해를 갖지 않는다. 첫 번째 경우, 열들의 집합은 일차종속이다. 그렇지 않으면 일차독립이 된다.

다시 말해, 길고 지루한 일반적인 경우를 시작하기 전에 즉시 문제를 풀 수 있는 특별한 경우를 찾아보자.

응용: 화학

화학 반응을 기술하는 전형적인 불균형(unbalanced) 방정식은

$$\mathbf{B_2S_3} + \mathbf{H_3N} \to \mathbf{B_3N_2} + \mathbf{S_3H_4}$$

이다.(이 방정식은 가능한 반응을 설명하지 않을 수도 있다: 이것은 단지 원리를 설명하기 위해 이용한다.) 대문자는 다양한 화학 원소를 나타낸다: B=붕소, N=질소, S=황, H=수소. 방정식을 말로 표현하면 다음과 같다: 화합물 B_2S_3가 화합물 H_3N과 반응하면, 두 개의 화합물 B_3N_2와 S_3H_4가 된다. 여기서 놓친 것은 반응에 포함된 각 화합물의 상대적인 양에 관한 정보이다. 방정식의 균형을 잡기 위해 숫자로 나타낸 인자가 각 화합물과 연관되어야만 하고, 그것이 행해졌을 때 우리는 화학 반응에 참여한 각 화합물의 상대적인 양들을 알게 된다. 여기서 우리는 각 원소의 원자 개수의 균형을 잡고 있다. 이러한 원자 개수는 이미 결정되어있지만 화학 반응에 사용된 원소들의 상대적인 양은 계산될 수 있다. 그러므로 균형을 잡는 과정 후에, 각 원소의 원자 개수는 방정식의 양 변에서 같아진다. 더 나아가, 각 화합물에 한 인자를 결합한다. 이러한 인자들은 분석 초기에는 알려지지 않으며, x, y, z, w와 같은 기호로 표시한다.

$$x\mathbf{B_2S_3} + y\mathbf{H_3N} = z\mathbf{B_3N_2} + w\mathbf{S_3H_4}$$

각 원소 B, S, H, N의 원자의 개수를 셀 때, 다음과 같은 4개의 방정식을 쓰게 된다.

$$\mathbf{B}: 2x = 3z \qquad \mathbf{S}: 3x = 3w \qquad \mathbf{H}: 3y = 4w \qquad \mathbf{N}: y = 2z$$

모든 항을 좌변에 놓으면 4개의 미지수를 갖는 4개의 동차방정식을 얻는다. 다음은 계수행렬과 그것을 부분적으로 행축소한 행렬이다.

$$\begin{bmatrix} 2 & 0 & -3 & 0 \\ 3 & 0 & 0 & -3 \\ 0 & 3 & 0 & -4 \\ 0 & 1 & -2 & 0 \end{bmatrix} \sim \begin{bmatrix} 1 & 0 & 0 & -1 \\ 0 & 1 & -2 & 0 \\ 0 & 0 & 3 & -2 \\ 0 & 0 & 0 & 0 \end{bmatrix}$$

그러므로 동차 연립방정식의 해는 $x=3$, $y=4$, $z=2$, 그리고 $w=3$이다. 균형 잡힌 방정식은

$$3\mathbf{B_2S_3} + 4\mathbf{H_3N} = 2\mathbf{B_3N_2} + 3\mathbf{S_3H_4}$$

이고, 이것은 화학 반응에서 화합물들의 비율을 보여 준다. 예를 들어 공급된 모든 물질을 사용한 화학 반응이라면 S_3H_4의 분자 개수는 B_3N_2의 분자 개수의 $3\frac{1}{2}$배가 되어야 할 것이다.

요약 1.3

- 동차 연립방정식: $\mathbf{Ax}=\mathbf{0}$
- 자명한 해: $\mathbf{x}=\mathbf{0}$
  자명하지 않은 해: $\mathbf{x} \neq \mathbf{0}$
- 핵, 또는 영공간:
  $\text{Ker}(\mathbf{A})=\text{Null}(\mathbf{A})=\{\mathbf{x} : \mathbf{Ax}=\mathbf{0}\}$
- $\mathbf{A}$가 $m\times n$ 행렬이면, $\text{Ker}(\mathbf{A})=\text{Null}(\mathbf{A}) \subseteq \mathbb{R}^n$
- $\mathbf{A}$의 열집합이 일차독립이기 위한 필요충분조건은 방정식 $\mathbf{Ax}=\mathbf{0}$이 자명한 해만을 갖는 것이다.
- $\mathbf{A}$의 열집합이 일차종속이기 위한 필요충분조건은 방정식 $\mathbf{Ax}=\mathbf{0}$이 자명하지 않은 해를 갖는 것이다.
- $\mathbf{A}$의 열들의 일차결합은 $\mathbf{Ax}$ 또는 $x_1\mathbf{a}_1+x_2\mathbf{a}_2+\cdots+x_n\mathbf{a}_n$으로 쓸 수 있다. 벡터 $\mathbf{a}_i$는 $\mathbf{A}$의 열이다.
- 핵(또는 영공간)에 대한 정리:
  - $\mathbf{x}, \mathbf{y}$가 $\text{Null}(\mathbf{A})$의 원소라면, $\mathbf{x}+\mathbf{y}$와 $\alpha\mathbf{x}$도 $\text{Null}(\mathbf{A})$의 원소이다.
  - $\mathbf{Ax}=\mathbf{b}$, $y \in \text{Ker}(\mathbf{A})$이면 $\mathbf{A}(\mathbf{x}+\mathbf{y})=\mathbf{b}$.
  - $\mathbf{Ax}=\mathbf{b}$, $\mathbf{Ay}=\mathbf{b}$이면 $\mathbf{x}-\mathbf{y} \in \text{Ker}(\mathbf{A})$.
  - $\mathbf{A} \sim \mathbf{B}$이면 $\text{Ker}(\mathbf{A})=\text{Ker}(\mathbf{B})$.
- 행렬은 오직 한 개의 기약 행 사다리꼴을 갖는다.
- 행렬의 계수는 피벗 위치를 갖는 행의 개수이다.
- $\mathbf{A}$가 $m\times n$ 행렬이면, $\text{Rank}(\mathbf{A}) \leq \min\{m, n\}$이다.
- 첨가행렬 $[\mathbf{A}|\mathbf{bc}]$를 이용하여 두 연립방정식 $\mathbf{Ax}=\mathbf{b}$, $\mathbf{Ay}=\mathbf{c}$의 해를 구한다.
- $\mathbf{A}$가 $m\times n$ 행렬이면, 기약 행 사다리꼴의 영이 아닌 행의 개수는 n을 넘지 않는다.
- $\mathbf{A}$가 $m\times n$ 행렬이면, $\mathbf{A}$는 많아야 n개의 피벗 위치를 갖는다.
- $\mathbf{A}$가 $m\times n$, $\mathbf{B}$가 $n\times q$ 행렬이라면, $\mathbf{AB}=[\mathbf{Ab}_1\mathbf{Ab}_2 \cdots \mathbf{Ab}_q]$이다.

주요 개념 1.3

동차 연립방정식, 자명한 해, 자명하지 않은 해, 행렬의 핵, 행렬의 영공간, 행동치 행렬, 계수, 피벗 위치, 기약 행 사다리꼴의 단일성, 행렬의 피벗 위치, 행렬 계수의 상계, 행렬의 동치 성질, 행렬과 행렬의 곱셈, 모순이 없는 연립방정식과 그것의 기약 행 사다리꼴, 첨수 집합, 일차독립, 일차종속, 화학적 응용

일반 연습문제 1.3

1. 다음 연립방정식의 첨가행렬에 행 연산을 시행하여 기약 행 사다리꼴을 만든 후, 해를 구하라.

$$\begin{cases} 5x_1 - 2x_2 = 9 \\ 3x_1 - x_2 = 8 \\ 11x_1 - 3x_2 = 33 \end{cases}$$

2. (계속) 계수행렬의 계수를 구하라.

3. 다음 연립방정식의 일반해를 구하라.

$$\begin{cases} x_1 + 3x_2 + 9x_3 = 6 \\ 2x_1 + 7x_2 + 3x_3 = -5 \\ x_1 + 4x_2 - 6x_3 = -11 \end{cases}$$

4. 주어진 행렬의 계수와 그것의 핵을 생성하는 벡터들의 집합을 구하라.

$$\begin{bmatrix} 1 & 4 & -5 & 10 \\ 3 & 1 & 7 & -3 \\ 2 & 2 & 2 & 2 \\ 1 & 3 & -3 & 7 \end{bmatrix}$$

5. 행렬

$$\mathbf{A} = \begin{bmatrix} 7 & 2 & 0 & 49 & -37 \\ 3 & 1 & 0 & 22 & 16 \\ 4 & 2 & 2 & 31 & 20 \end{bmatrix}$$

에 대하여 $\text{Ker}(\mathbf{A})$를 생성하는 벡터를 구하라.

6. 핵이 두 벡터 $\mathbf{u}=(1, 3, 2)$, $\mathbf{v}=(-2, 0, 4)$로 생성되는 행렬을 구하라.

7. $$\mathbf{A}=\begin{bmatrix}1&3&7\\2&-4&1\\1&2&5\end{bmatrix},\quad \mathbf{B}=\begin{bmatrix}11&6&2&-12&27\\-1&9&-20&-5&-19\\-2&-5&21&22&9\end{bmatrix}$$

일 때, 연립방정식 $\mathbf{Ax}=\mathbf{B}$의 해를 구하라. 다음을 첨가행렬로 하는 연립방정식의 해를 구하라.

$$\left[\begin{array}{ccc|ccc}1&3&7&1&0&0\\2&-4&1&0&1&0\\1&2&5&0&0&1\end{array}\right]$$

8. $(-12, 10, 20)=3\mathbf{u}+5\mathbf{v}$, $(17, -8, 21)=5\mathbf{u}-4\mathbf{v}$인 벡터 $\mathbf{u}, \mathbf{v}$를 구하라.

9. $\mathbf{Ax}=\mathbf{0}$은 항상 모순이 없음을 설명하라.

10. 계산 없이 다음을 행렬 $\mathbf{A}$로 하는 $\mathbf{Ax}=\mathbf{0}$의 자명하지 않은 해를 구하라.

a. $\begin{bmatrix}1&1\\3&3\\7&7\end{bmatrix}$ **b.** $\begin{bmatrix}1&-2\\3&-6\\7&-14\end{bmatrix}$ **c.** $\begin{bmatrix}1&4&6\\2&5&9\\2&9&13\end{bmatrix}$

11. (계속) 위 세 행렬의 핵 안에 있는 영이 아닌 벡터를 구하라. 계산은 필요하지 않다.

12. 행렬 $\mathbf{A}, \mathbf{B}$에 각각 대응하는 연립방정식들이 서로 다른 해집합을 갖는다는 것을 보임으로써, 두 행렬이 행동치가 아님을 설명하라(단, $a \neq b$).

$$\mathbf{A}=\begin{bmatrix}1&a&0\\0&0&1\end{bmatrix}\qquad \mathbf{B}=\begin{bmatrix}1&b&0\\0&0&1\end{bmatrix}$$

13. 만일 집합 $\{\mathbf{v}_1, \mathbf{v}_2, \mathbf{v}_3\}$가 일차독립이면 집합 $\{\mathbf{v}_1+\mathbf{v}_2, \mathbf{v}_2+\mathbf{v}_3, \mathbf{v}_3+\mathbf{v}_1\}$도 일차독립임을 보이라.

14. 행렬 $\begin{bmatrix}7&3&5&37\\2&1&1&11\end{bmatrix}$의 핵을 생성하는 두 벡터를 구하라.

15. 효율적인 방법으로 다음 두 연립방정식의 해를 구하라.

$$\begin{bmatrix}1&3\\2&1\end{bmatrix}\begin{bmatrix}x_1\\x_2\end{bmatrix}=\begin{bmatrix}14\\8\end{bmatrix},\quad \begin{bmatrix}1&3\\2&1\end{bmatrix}\begin{bmatrix}y_1\\y_2\end{bmatrix}=\begin{bmatrix}-4\\7\end{bmatrix}$$

16. $\mathbf{A}=\begin{bmatrix}x&1&0\\-9&y&7\\-1&4&z\end{bmatrix}$이고 $\mathbf{A}$의 핵이 벡터 $\begin{bmatrix}1\\-2\\3\end{bmatrix}$을 포함할 때, x, y, z를 구하라.

17. 다음이 참인지 알아보라.

$$\begin{bmatrix}1&3&0&5&0&4\\2&6&1&8&0&5\\2&6&2&6&1&9\end{bmatrix}\sim\begin{bmatrix}1&3&0&5&0&4\\0&0&1&-2&0&-3\\0&0&0&0&1&7\end{bmatrix}$$

18. 다음 벡터 집합이 일차종속인지 알아보라.

$\{(3, 2, 7), (4, 1, -3), (6, -1, -23)\}$

19. 연립방정식 $\mathbf{Ax}=\mathbf{b}$는 해를 갖지 않거나, 유일해를 갖거나, 또는 무한히 많은 해를 가짐을 설명하라. 첨가행렬을 행축소한 후에 이와 같은 사실을 어떻게 쉽게 알 수 있는지 설명하라.

20. 기약 행 사다리꼴 없이, 연립방정식 $\mathbf{Ax}=\mathbf{b}$가 두 개의 해를 가지면 그것은 무한히 많은 해를 갖는다는 주장을 증명하라.

21. (계속) 연립방정식 $\mathbf{Ax}=\mathbf{b}$가 두 개의 해 $\mathbf{u}, \mathbf{v}$를 갖는다면, 모든 실수 t에 대하여 $t\mathbf{v}+(1-t)\mathbf{u}$ 또한 해임을 설명하라. 연립방정식의 해집합이 직선을 포함한다는 것을 보이라.

22. 정리 1~4가 성립함을 보이라.

23. 서로 행동치인 두 행렬의 계수가 같은 이유를 설명하라.

24. R^m 상의 n개 벡터들의 집합이 일차독립이기 위한 필요충분조건은 벡터를 열로 하는 행렬의 계수가 n인 이유를 설명하라.

25. 영이 아닌 벡터 $\mathbf{x}$에 대하여 $\mathbf{Ax}=\mathbf{0}$이면, $\mathbf{A}$의 계수는 n보다 작은 이유를 설명하라.(여기서 $\mathbf{A}$는 $m\times n$ 행렬.)

26. $\mathbf{A}$를 기약 행 사다리꼴인 행렬이라 할 때, 영이 아닌 행들은 모두 피벗 원소를 갖는지 설명하라. $\mathbf{A}$의 열에 대해서도 같은 성질이 성립하는가?

27. $\mathbf{A}$의 계수가 $\mathbf{A}$ 안에 있는 피벗 위치의 개수임을 설명하라.

28. $\mathbf{A}$의 계수가 피벗 위치를 포함하는 열의 개수임을 설명하라.

29. $\mathbf{A}$가 $m\times n$ 행렬이고 $m < n$일 때, 모순이 없는 연립방정식 $\mathbf{Ax}=\mathbf{b}$를 생각해 보자. 이 연립방정식이 많은 해를 가져야만 하는 이유를 설명하라.

30. 다음 행렬의 계수를 구하라.

a. $\begin{bmatrix}5&2&0&18\\2&1&0&8\\3&3&-1&15\\1&0&0&2\end{bmatrix}$ **b.** $\begin{bmatrix}4&3&7&5&4\\0&2&2&-1&6\\0&0&5&2&3\\0&0&0&1&5\\0&0&0&0&3\end{bmatrix}$ **c.** $\begin{bmatrix}e&3&7&5&4\\2&2&-1&6&0\\5&2&3&0&0\\1&5&0&0&0\\3&0&0&0&0\end{bmatrix}$

31. $\mathbf{A}$가 핵이 $\mathbf{0}$인 $m\times n$ 행렬이라 하자. 즉 $\mathbf{Ax}=\mathbf{0}$가 유일해는

$\mathbf{x}=\mathbf{0}$이라 하자. A의 계수는 무엇인가?

32. a. 연립 일차방정식 $x-y-z=0$, $x+y-z=0$은 무한히 많은 해를 갖는다. 이들은 $\mathbb{R}^3$의 두 평면의 교선을 이루는 점들이다. 교선의 방정식을 구하라.

b. 다음 세 방정식을 만족하는 점집합을 간단히 작도하여 보라.

$y+2z=0$, $2x-y+8z=0$, $x-y+3z=0$

33. 행렬 A의 피벗 위치를 구하라.

$$\mathbf{A}=\begin{bmatrix}0&0&0\\0&4&0\\0&2&3\end{bmatrix}$$

34. A가 $m\times n$ 행렬이고 $m\geq n$일 때, A의 피벗 위치의 최대 개수를 구하라. A가 가질 수 있는 피벗행의 최대 개수는 몇 개인가?

35. A가 $m\times n$ 행렬이고 $m<n$일 때, A의 피벗 위치의 최대 개수를 구하라? A의 피벗이 아닌 열의 최소 개수는 몇 개인가? 방정식 $\mathbf{Ax}=\mathbf{0}$을 풀 때 자유 변수의 최소 개수는 얼마인가?

36. (계속) 앞 문제와 같은 가정하에 방정식 $\mathbf{Ax}=\mathbf{0}$이 자명하지 않은 해를 갖는 이유를 설명하라. A의 열들이 일차종속임을 설명하라.

37. 행렬

$$\mathbf{C}=\begin{bmatrix}1&0&0&3\\0&1&0&2\\0&0&1&7\end{bmatrix}$$

에 대하여, 행렬 A, B가 C에 각각 행동치이면 A=B인가?

38. 행렬 A, B가 서로 행동치가 아니라면, 그들은 같은 기약 행사다리꼴을 가질 수 있는지 알아보라.

39. 벡터 $\mathbf{u}=(1, 3, 2)$, $\mathbf{v}=(2, -1, 4)$, $\mathbf{w}=(-3, 26, -6)$에 대하여, 집합 $\{\mathbf{u}, \mathbf{v}, \mathbf{w}\}$가 일차독립인지 알아보라.

40. (도전) 다음과 같은 무한 개의 수열을 생각해 보자.

$$\mathbf{A}_1=[1]\quad \mathbf{A}_2=\begin{bmatrix}1&2\\3&4\end{bmatrix}\quad \mathbf{A}_3=\begin{bmatrix}1&2&3\\4&5&6\\7&8&9\end{bmatrix}$$

$$\mathbf{A}_4=\begin{bmatrix}1&2&3&4\\5&6&7&8\\9&10&11&12\\13&14&15&16\end{bmatrix}$$

모든 행렬의 계수를 구하라.

41. 첨가행렬 [A|b]의 계수가 A의 계수보다 크다면, 어떤 결론을 이끌어 낼 수 있는가? 두 방향 사이에 포함 관계가 있는가?

42. (도전) 다음과 같은 무한수열을 이루는 행렬들의 계수를 구하라.

$$\mathbf{A}_1=[1]\quad \mathbf{A}_2=\begin{bmatrix}1&2\\4&3\end{bmatrix}\quad \mathbf{A}_3=\begin{bmatrix}1&2&3\\6&5&4\\7&8&9\end{bmatrix}$$

$$\mathbf{A}_4=\begin{bmatrix}1&2&3&4\\8&7&6&5\\9&10&11&12\\16&15&14&13\end{bmatrix}$$

43. 계수가 1인 3×4 행렬을 모두 구하라.

44. 연립방정식에 있어서 첨가행렬의 계수는 계수행렬의 계수보다 크거나 같음을 설명하라.

45. (도전) $n\geq 3$이고 α, β, γ가 임의의 세 양수일 때, $\mathbf{A}_{ij}=\alpha i+\beta j+\gamma$로 정의되는 $n\times n$ 행렬을 만들라. A의 계수는 무엇인가?

46. 함수 f_n을 $f_n(x)=1$, $x\geq n$, $f_n(x)=0$, $x<n$으로 정의할 때, 이 함수 집합은 일차독립인가? (여기서 $n=0, 1, 2, \cdots$)

47. 벡터 집합 $\{\mathbf{v}_1, \mathbf{v}_2\}$가 일차독립이면, 임의의 스칼라 λ에 대하여 $\{\mathbf{v}_1, \mathbf{v}_2+\lambda\mathbf{v}_1\}$도 일차독립인가?

48. 임의의 영이 아닌 스칼라 λ에 대하여 $\{\mathbf{v}_1, \mathbf{v}_2+\lambda\mathbf{v}_1\}$이 일차독립이면, $\{\mathbf{v}_1, \mathbf{v}_2\}$도 일차독립인가?

49. 임의의 영이 아닌 스칼라 λ에 대하여 $\{\mathbf{v}_1, \mathbf{v}_2+\lambda\mathbf{v}_1\}$이 일차종속이면, $\{\mathbf{v}_1, \mathbf{v}_2\}$도 일차종속인가?

50. 다음 화학 반응식의 계수를 맞추라.

$$AgNO_3 + NaCl \rightarrow AgCl + NaNO_3$$

51. 다음 화학 반응식의 계수를 맞추라.

$$H_2 + NO_2 \rightarrow NH_3 + H_2O$$

52. 다음 화학 반응식의 계수를 맞추라.

$$NHCO_3 + HC \rightarrow NC + H_2O + CO_2$$

53. 다음 행렬이 자명하지 않은 핵을 갖게 하는 h의 값을 구하라.

$$\begin{bmatrix} 1 & 3 & 4 \\ 2 & 5 & 1 \\ 3 & 6 & h \end{bmatrix}$$

54. 다음 연립방정식의 일반해를 구하라.

$$\begin{cases} x_1 + 2x_2 + x_3 = 0 \\ 3x_1 + 4x_2 - 3x_3 = 0 \end{cases}$$

55. 벡터 $\mathbf{u}_1=(1, 3, 2)$, $\mathbf{u}_2=(-2, 1, 4)$, $\mathbf{u}_3=(8, 3, -8)$을 생각해 보자. 이들 벡터 각각은 일차독립인데, 이 표현은 우리로 하여금 그들이 일차독립이라고 생각하게 만든다. 그러나 $2\mathbf{u}_1-3\mathbf{u}_2-\mathbf{u}_3=\mathbf{0}$이므로 이는 참이 아니다. 어떻게 이와 같은 명백한 모순을 교정할 수 있는가?

56. (도전) 세 벡터 $\mathbf{u}=(u_1, u_2)$, $\mathbf{v}=(v_1, v_2)$, $\mathbf{w}=(w_1, w_2)$에 대하여 다음 여섯 가지 조건들이 서로 성립하지 않음을 보이라: $u_1v_1+u_2v_2=0$, $v_1w_1+v_2w_2=0$, $w_1u_1+w_2u_2=0$, $u_1^2+u_2^2 > 0$, $v_1^2+v_2^2 > 0$, $w_1^2+w_2^2 > 0$,

57. 다음 행렬의 계수를 구하라. 방정식 $\mathbf{Ax}=\mathbf{0}$은 어떤 성질을 만족하는가?

$$\begin{bmatrix} 1 & 3 & 2 \\ 0 & 1 & 4 \\ 1 & 4 & 6 \end{bmatrix}$$

58. 방정식 $\mathbf{Ax}=\mathbf{0}$가 모순이 없도록 하는 행렬 $\mathbf{A}$에 대한 조건은 무엇인가?

59. 연립방정식

$$\begin{cases} x_1 + 3x_2 + x_3 = 6 \\ 2x_1 + 6x_2 + 3x_3 = 16 \\ 3x_1 + 9x_2 + 4x_3 = 22 \end{cases}$$

에 대하여 첨가행렬과 그것의 기약 행 사다리꼴을 구하라. 계수행렬의 계수를 구하고 연립방정식의 해에 대하여 기술하라. 독립(자유) 변수를 확인하고, $\mathbf{A}$를 계수행렬로 하는 방정식 $\mathbf{Ax}=\mathbf{0}$의 해를 모두 구하라.

60. 다음 벡터들의 집합은 일차독립인가?

$\mathbf{v}_1=(1, 5, -2, 4)$, $\mathbf{v}_2=(-1, 2, 2, -4)$, $\mathbf{v}_3=(2, 12, -1, 12)$, $\mathbf{v}_4=(0, 1, 1, 2)$, $\mathbf{v}_5=(3, -1, 4, -2)$

61. 방정식 $\mathbf{Ax}=\mathbf{B}$가 두 개 이상의 해를 갖는다면 방정식 $\mathbf{Ax}=\mathbf{0}$은 자명하지 않은 해를 가짐을 설명하라. 여기서 $\mathbf{A}$는 $m\times n$, $\mathbf{x}$는 $n\times q$, 그리고 $\mathbf{B}$는 $m\times q$ 행렬이다.

62. 가능하면 $(7, -1, 0)$을 $(1, 3, 2)$, $(4, 1, 1)$의 일차결합으로 나타내라.

63. 방정식 $\mathbf{Ax}=\mathbf{B}$가 두 개 이상의 해를 갖는다면 방정식 $\mathbf{Ax}=\mathbf{0}$은 무한히 많은 해를 가짐을 설명하라.

64. (도전) 각 n에 대하여 다음과 같은 양식의 행렬 $\mathbf{A}_n$이 있다.

$$\mathbf{A}_1 = [1] \quad \mathbf{A}_2 = \begin{bmatrix} 1 & 3 \\ 2 & 4 \end{bmatrix} \quad \mathbf{A}_3 = \begin{bmatrix} 1 & 4 & 7 \\ 2 & 5 & 8 \\ 3 & 6 & 9 \end{bmatrix}$$

$$\mathbf{A}_4 = \begin{bmatrix} 1 & 5 & 9 & 13 \\ 2 & 6 & 10 & 14 \\ 3 & 7 & 11 & 15 \\ 4 & 8 & 12 & 16 \end{bmatrix}$$

이 행렬들의 계수는 무엇인가?

65. 연립방정식

$$\begin{cases} 4x_1 + 12x_2 + 6x_3 = 32 \\ 3x_1 + 9x_2 + 4x_3 = 22 \\ 4x_1 + 12x_2 + 4x_3 = 24 \end{cases}$$

의 첨가행렬과 기약 행 사다리꼴을 구하라. 계수행렬의 계수를 구하고 연립방정식의 해에 대하여 기술하라. 존재한다면, 독립(자유) 변수를 확인하라.

66. (계속) $\mathbf{A}$를 계수행렬로 하는 방정식 $\mathbf{Ax}=\mathbf{0}$의 해를 모두 구하라.

67. 자유 변수를 갖지만 해를 갖지 않는 연립방정식의 예를 들라.

68. $\text{Rank}(\mathbf{A})=k$이면 $\text{Rank}(\mathbf{A}|\mathbf{b})$는 무엇인가?

69. '$i \neq j$와 임의의 영이 아닌 스칼라 α, β에 대하여 $\mathbf{r}_i \leftarrow \alpha\mathbf{r}_i + \beta\mathbf{r}_j$' 라는 행 연산 하나만으로 우리의 선형대수 이론을 확립할 수 있는가?

70. 계수가 r인 모든 행렬은 계수가 1인 r개 행렬들의 합이라는 것이 성립함을 보이라.

71. 정리 8, 정리 12, 정리 13이 성립함을 보이라.

72. 다항식들의 집합 $\{p_0, p_1, p_2, p_3\}$가 일차종속인지 일차독립인지 알아보라. 여기서 $p_0(t)=1$, $p_1(t)=t$, $p_2(t)=4-t$, $p_3(t)=t^3$이다.

73. $f(t)=\sin t$, $g(t)=\cos t$일 때, $\{f, g\}$가 일차종속인지 일차독립인지 알아보라.

74. $f(t)=1$, $g(t)=\cos 2t$, $h(t)=\sin^2 t$일 때, $\{f, g, h\}$가 일차종속인지 일차독립인지 알아보라. 함수의 정의역은 $\mathbb{R}$이다.

75. 다음 함수들의 집합 $\{u_1, u_2, u_3\}$가 일차종속인지 일차독립

인지 알아보라.

a. $u_1(t)=1$, $u_2(t)=\sin t$, $u_3(t)=\cos t$

b. $u_1(t)=1$, $u_2(t)=\sin^2 t$, $u_3(t)=\cos^2 t$

c. $u_1(t)=\cos 2t$, $u_2(t)=\sin^2 t$, $u_3(t)=\cos^2 t$

76. $\text{Ker}(A)=\text{Ker}(A^T)$을 만족하는 비가역적이고 비대칭인 2×2 행렬은 없음을 증명하라.

77. $m \times n$ 행렬의 계수가 m보다 작으면 행들은 일차종속이라 할 수 있는가?

78. 두 개 이상의 벡터들의 집합이 일차종속이면, 그 중 하나는 다른 벡터들의 일차결합임을 증명하라.

79. 한 쌍의 벡터가 일차종속이기 위한 필요충분조건은 그 중 한 벡터가 다른 벡터의 배수임을 논의하라.

80. 만일 두 벡터가 **0** 벡터와 동일하지 않다면 두 벡터는 일차독립임을 설명하라.

81. A의 계수와 [A|b]의 계수와의 차가 1을 넘지 않는 이유를 설명하라. **b**는 열벡터이다.

82. 집합이 일차독립이기 위한 필요충분조건은 그것의 첨수 집합이 일차독립인 것이다. 왜 그런지 설명하거나 반례를 들라.

참-거짓 연습문제 1.3

1. A가 $m \times n$ 행렬이고 $m < n$이면, 방정식 $A\mathbf{x}=\mathbf{0}$은 무한히 많은 해를 가질 것이다.

2. A가 $m \times n$ 행렬이고 영이 아닌 어떤 벡터 **x**에 대하여 $A\mathbf{x}=\mathbf{0}$이면 $m \geq n$이다.

3. 동차 연립방정식 $A\mathbf{x}=\mathbf{0}$이 자명하지 않은 해를 갖기 위한 필요충분조건은 A의 열집합이 일차종속인 것이다.

4. $\begin{bmatrix} 3 & 7 & 6 \\ 2 & 1 & 0 \\ 3 & 0 & 0 \end{bmatrix}$의 핵은 단지 영벡터만을 갖는다.

5. $A\mathbf{x}=\mathbf{b}$이고 $A\mathbf{y}=\mathbf{b}$이면 $\mathbf{x}+\mathbf{y}$는 A의 핵 안에 있다.

6. A, C가 행동치이고 B, C가 행동치이면, A, B의 핵은 같다.

7. 행렬 A의 핵은 A의 열들의 일차결합으로 나타낼 수 있는 모든 벡터들의 집합이다.

8. 행렬의 열집합이 일차종속이면 행렬의 핵은 영이 아닌 벡터를 포함한다.

9. 행렬 $\begin{bmatrix} 0 & 3 & 2 \\ 5 & 7 & 3 \\ 2 & -7 & 1 \end{bmatrix}$의 피벗 위치 중 하나는 (1, 1) 위치이다.

10. $p \times q$ 행렬의 계수가 $p+1$인 것은 가능하다.

11. 연립방정식 $A\mathbf{x}=\mathbf{b}$에 대하여 계수행렬과 계수행렬의 계수(rank)가 같다면, 그것은 무모순적이다.

12. 임의의 행렬과 그 행렬의 기약 행 사다리꼴의 계수는 같다.

13. 첨가행렬의 기약 행 사다리꼴이 모든 열에 피벗 원소를 갖는 연립방정식은 모순적이다.

14. $\left[\begin{array}{ccc|c} 1 & 0 & -4/3 & -1 \\ 0 & 1 & 0 & 2 \\ 0 & 0 & 0 & 0 \end{array}\right]$을 첨가행렬로 하는 연립방정식의 해 집합은 벡터 $\begin{bmatrix} -1 \\ 2 \\ 0 \end{bmatrix} + t \begin{bmatrix} 4 \\ 0 \\ 3 \end{bmatrix} t \in \mathbb{R}$ 들의 집합이다.

15. 모든 동차 연립방정식은 많은 해를 갖는다.

16. $\mathbf{u}=(1, 3, 2)$, $\mathbf{v}=(2, -1, 3)$, $\mathbf{w}=(3, 2, 5)$일 때, 집합 {**u**, **v**, **w**}은 일차종속이다.

17. 연립방정식 $A\mathbf{x}=\mathbf{0}$이 자명하지 않은 해를 갖는다면 행렬 A의 열집합은 일차독립이다.

18. 행렬 $A = \begin{bmatrix} 21 & 31 & 73 & 2 \\ 23 & 92 & -57 & 69 \\ 19 & 29 & 72 & 11 \end{bmatrix}$의 열집합은 일차독립이다.

19. 벡터 집합이 일차종속인지 결정하기 위해서, 벡터를 행으로 하는 행렬 A를 만들고 동차 연립방정식 $A\mathbf{x}=\mathbf{0}$의 자명하지 않은 해를 구한다.

20. $m \times n$ 행렬 A의 각 행이 피벗 위치를 가지면 그 행렬의 행들은 $\mathbb{R}^n$을 생성한다.

21. 연립방정식 $A\mathbf{x}=\mathbf{b}$가 모순적이라면 **b**는 A의 열집합의 생성 안에 있지 않다.

22. $\mathbb{R}^m$ 상의 모든 **b**에 대하여 연립방정식 $A\mathbf{x}=\mathbf{b}$가 무모순적

이라면 A의 열들은 $\mathbb{R}^m$을 생성한다.

23. 화학방정식 $x_1(C_3H_8)+x_2(O_2)=x_3(CO_2)+x_4(H_2O)$의 계수를 맞추기 위해, $x_1=1$, $x_2=5$, $x_3=3$, $x_4=4$로 할 수 있다.

24. 5×4 행렬 A에 대하여 방정식 $\mathbf{Ax}=\mathbf{0}$은 $A=0$ 또는 $\mathbf{x}=\mathbf{0}$을 포함한다.

25. $\begin{bmatrix} 4 & 8 & 7 \\ 3 & 4 & 0 \\ 7 & 0 & 0 \end{bmatrix}$의 핵은 단지 영벡터 **0**만을 갖는다.

26. $\begin{bmatrix} 1 & 0 & 29 \\ 7 & 0 & 13 \\ 13 & 0 & -53 \end{bmatrix}$의 행집합은 일차독립이다.

27. $m\times n$ 행렬의 각 열이 피벗 위치를 가지면 행렬의 열들은 $\mathbb{R}^n$을 생성한다.

28. A는 $p\times q$ 행렬이고 $q>p$이면 행렬 A의 계수가 $p+1$일 수도 있다.

29. $\mathbb{R}^3$ 상에서 방정식을 $x_1-4x_2+3x_3=0$으로 하는 평면을 생각해 보자. 이를 매개변수를 이용하여 나타내면 $\mathbf{x}=t\mathbf{u}+s\mathbf{v}$, $\mathbf{x}=(x_1, x_2, x_3)$, $\mathbf{u}=(4, 1, 0)$, $\mathbf{v}=(-3, 0, 1)$이다.

30. **x**, **y**가 행렬 A의 핵 안에 있다면 $3\mathbf{x}-2\mathbf{y}$ 또한 핵 안에 있다.

31. $\begin{bmatrix} 4 & 8 & 0 \\ 3 & 0 & 0 \\ 3 & 6 & 11 \end{bmatrix}$의 핵은 단지 영벡터 **0**만을 갖는다.

32. 행렬 $\begin{bmatrix} 0 & 1 & 2 \\ 5 & 7 & 3 \\ 2 & -7 & 1 \end{bmatrix}$의 피벗 위치 중 하나는 (1, 2) 위치이다.

33. $m\times n$ 행렬의 각 행이 피벗 위치를 가지면, R^m 상의 모든 **b**에 대하여 연립방정식 $\mathbf{Ax}=\mathbf{b}$가 무모순적이다.

34. 다음 세 벡터들의 집합은 일차독립이다.

$$\left\{ \mathbf{u}=\begin{bmatrix} 1 \\ 3 \\ 5 \end{bmatrix} \quad \mathbf{w}=\begin{bmatrix} 2 \\ 0 \\ 1 \end{bmatrix} \quad \mathbf{z}=\begin{bmatrix} 0 \\ 0 \\ 3 \end{bmatrix} \right\}$$

35. 벡터 집합 $\{\mathbf{u}_1, \mathbf{u}_2, \ldots, \mathbf{u}_k\}$의 생성은 $c_1\mathbf{u}_1+c_2\mathbf{u}_2+\cdots+c_k\mathbf{u}_k$ ($c_1, c_2, \ldots, c_k$는 정수) 형태로 쓰여지는 벡터들의 모임이다.

36. $m\times n(n<m)$ 행렬 A에 대하여 방정식 $\mathbf{Ax}=\mathbf{b}$가 무모순적이면 많은 해를 갖는다.

37. 다음 세 벡터들의 집합은 일차종속이다.

$$\left\{ \mathbf{u}=\begin{bmatrix} 1 \\ 3 \\ 5 \end{bmatrix} \quad \mathbf{w}=\begin{bmatrix} 2 \\ 0 \\ 1 \end{bmatrix} \quad \mathbf{z}=\begin{bmatrix} 0 \\ 0 \\ 3 \end{bmatrix} \right\}$$

38. $\mathbb{R}^3$ 상의 네 개의 벡터로 이루어진 모든 집합은 일차독립이다.

39. $m\times n(n<m)$ 행렬 A에 대하여 방정식 $\mathbf{Ax}=\mathbf{0}$은 무한히 많은 해를 가질 것이다.

40. **x**, **y**가 행렬 A의 핵 안에 있다면 $\mathbf{x}-\mathbf{y}$ 또한 핵 안에 있다.

41. 연립방정식 $\mathbf{Ax}=\mathbf{0}$이 자유 변수를 가지면 방정식은 많은 해를 가진다. 이 경우 A의 핵(또는 영공간) 0의 차원은 1보다 크다.

선다형 연습문제 1.3

항상 첫 번째로 옳은 답을 선택하라.

1. $\left[\begin{array}{ccccc|c} 3 & -7 & 11 & 9 & 0 & 5 \\ 0 & 6 & -5 & 4 & 1 & 17 \\ 0 & 0 & 0 & 0 & 9 & 0 \end{array}\right]$을 첨가행렬로 하는 연립방정식을 풀 때, 자유 변수를 모두 구하면?

a. x_1, x_2, x_5 **b.** x_3, x_4 **c.** x_4

d. 자유변수는 없다.

e. 위 항목 중 답이 없다.

2. $\left[\begin{array}{cccccc|c} 0 & 4 & 3 & 4 & 6 & 11 & 5 \\ 0 & 0 & 0 & 7 & 2 & 8 & 7 \\ 0 & 0 & 0 & 0 & 0 & 3 & 2 \end{array}\right]$을 첨가행렬로 하는 연립방정식을 풀 때, 자유 변수를 모두 구하면?

a. x_2, x_4, x_6 **b.** x_3, x_5 **c.** x_1, x_3, x_5

d. x_1, x_3, x_5, x_7 **e.** 위 항목 중 답이 없다.

3. 연립방정식 $\begin{cases} x_3 - x_1 = 14 \\ x_2 - x_1 = 3 \\ x_3 - 3x_2 + x_1 = 7 \end{cases}$의 해 (x_1, x_2, x_3)를 구하면?

a. $(-26, -11, 32)$, **b.** $(-2, 1, 12)$,

c. $(1, 0, 15)$, **d.** $(1, 15, 4)$,

e. 위 항목 중 답이 없다.

4. 다음 집합 중 일차독립인 것은?

a. $\left\{ \begin{bmatrix} 0 \\ 0 \\ 0 \\ 0 \end{bmatrix} \right\}$

b. $\left\{ \begin{bmatrix} 2 \\ 0 \\ 1 \\ 0 \end{bmatrix}, \begin{bmatrix} 0 \\ 3 \\ 0 \\ 0 \end{bmatrix}, \begin{bmatrix} 8 \\ 3 \\ 4 \\ 6 \end{bmatrix}, \begin{bmatrix} 0 \\ 0 \\ 0 \\ 1 \end{bmatrix} \right\}$

c. $\left\{ \begin{bmatrix} 1 & 0 \\ 0 & 1 \end{bmatrix}, \begin{bmatrix} 0 & 1 \\ 0 & 0 \end{bmatrix}, \begin{bmatrix} 2 & 1 \\ 0 & 2 \end{bmatrix} \right\}$

d. $\{p_1, p_2, p_3\}$ 여기서 $p_1(t)=t+t^2$, $p_2(t)=t^2+t^3$, $p_3(t)=t+t^3$

e. 위 항목 중 답이 없다.

5. 동차 연립방정식 $\mathbf{A}\mathbf{x}=\mathbf{0}$이 자명하지 않은 해를 갖는 행렬 A는?

a. $\begin{bmatrix} 5 & 3 & 1 & 4 \\ -1 & 6 & 3 & 5 \\ 2 & -4 & 1 & 9 \end{bmatrix}$ **b.** $\begin{bmatrix} 1 & 4 & 2 & 3 \\ 3 & -1 & 3 & 5 \\ 1 & 0 & 6 & 9 \\ 5 & 7 & 7 & 8 \end{bmatrix}$

c. $\begin{bmatrix} 3 & 9 & 8 & 2 \\ 4 & 4 & 7 & 1 \\ 3 & 2 & 1 & 5 \\ 5 & 5 & 4 & 4 \end{bmatrix}$ **d.** $\begin{bmatrix} 6 & 4 & 1 \\ 2 & 1 & 3 \\ 4 & 2 & 2 \\ 5 & 0 & 3 \end{bmatrix}$

e. 위 항목 중 답이 없다.

6. 벡터 집합 $\{[1, 2, 3, 1], [1, 3, 3, 2], [1, 5, 6, 7], [1, 1, 5, c]\}$가 일차종속이 되는 c의 값은?

a. 0 **b.** 2 **c.** 5 **d.** 7

e. 위 항목 중 답이 없다.

7. $\mathbf{v}_1=(1, 3, -3)$, $\mathbf{v}_2=(3, 10, -1)$, $\mathbf{v}_3=(-2, -1, h)$일 때, $\{\mathbf{v}_1, \mathbf{v}_2, \mathbf{v}_3\}$가 일차종속이 되는 h의 값은?

a. 0 **b.** 6 **c.** 64 **d.** 46

e. 위 항목 중 답이 없다.

8. $\mathbf{v}=(0, 0, 0)$, $\mathbf{w}=(1, 2, 3)$, $\mathbf{y}=(2, 4, -6)$, $\mathbf{z}=(3, 6, -3)$, $\mathbf{u}=(1, 0, 1)$일 때 다음 중 일차종속인 집합은?

a. $\{\mathbf{w}, \mathbf{y}\}$ **b.** $\{\mathbf{u}, \mathbf{z}\}$ **c.** $\{\mathbf{u}, \mathbf{y}\}$

d. $\{\mathbf{u}, \mathbf{z}, \mathbf{y}, \mathbf{w}\}$ **e.** 위 항목 중 답이 없다.

17. 5×3 행렬 A에 대하여 다음 중 적합한 것은?

a. 행집합은 일차종속이다.

b. 열집합은 일차독립이다.

c. 행집합은 일차독립이다.

d. 열집합은 일차종속이다.

e. 위 항목 중 답이 없다.

19. 3×4 행렬 A의 열들이 일차독립인 집합을 구성할 때, 다음 중 옳은 것은?

a. A의 행집합은 일차종속이다.

b. 방정식 $\mathbf{A}\mathbf{x}=\mathbf{b}$는 $\mathbb{R}^4$ 상의 모든 $\mathbf{b}$에 대하여 무모순적이다.

c. 방정식 $\mathbf{A}\mathbf{x}=\mathbf{0}$은 자명하지 않은 해를 갖는다.

d. $\mathbf{AB}=\mathbf{I}_4$인 행렬 B가 있다.

e. 위 항목 중 답이 없다.

21. 다음 중 방정식 $\mathbf{A}\mathbf{x}=\mathbf{b}$가 해를 갖도록 하는 조건으로 적합한 것은?

a. A의 열집합이 일차독립이다.

b. 벡터 $\mathbf{b}$는 A의 열집합의 생성 안에 있다.

c. 방정식 $\mathbf{A}\mathbf{x}=\mathbf{0}$은 자명한 해만을 갖는다.

d. A의 기약 행 사다리꼴은 영행을 갖지 않는다.

e. 위 항목 중 답이 없다.

23. $\mathbf{A}=[1\ -2\ -5]$일 때, $\mathbf{A}\mathbf{x}=\mathbf{0}$의 모든 해는 다음 중 어느 벡터들의 일차결합인가?

a. $\begin{bmatrix} 1 \\ 2 \\ 0 \end{bmatrix}, \begin{bmatrix} 0 \\ 0 \\ 5 \end{bmatrix}$ **b.** $\begin{bmatrix} 2 \\ 1 \\ 0 \end{bmatrix}, \begin{bmatrix} 5 \\ 0 \\ 1 \end{bmatrix}$

c. $\begin{bmatrix} 1 \\ -2 \\ 0 \end{bmatrix}, \begin{bmatrix} 0 \\ -5 \\ 1 \end{bmatrix}$ **d.** $\begin{bmatrix} 7 \\ 1 \\ 1 \end{bmatrix}, \begin{bmatrix} 1 \\ 1 \\ 1 \end{bmatrix}$

e. 위 항목 중 답이 없다.

25. A가 계수가 n인 $m\times n$ 행렬이라 할 때, 다음 중 옳은 것은?

a. A의 핵은 $\{\mathbf{0}\}$이다.

b. A의 치역은 R^m 이다.

c. $m \le n$

d. $n > m$

e. 위 항목 중 답이 없다.

27. 벡터공간 안에 있는 벡터 $\mathbf{u}, \mathbf{v}, \mathbf{w}$에 대하여 집합 $S=\{\mathbf{u}, \mathbf{v}, \mathbf{0}\}$, $T=\{\mathbf{u}+\mathbf{v}, \mathbf{u}-\mathbf{v}, \mathbf{u}+3\mathbf{v}\}$, $Q=\{\mathbf{u}, 2\mathbf{v}, \mathbf{u}-\mathbf{v}, \mathbf{w}\}$, $Z=\{\mathbf{u}, \mathbf{u}+\mathbf{v}, \mathbf{w}+\mathbf{u}, \mathbf{w}\}$라 하자. 일차종속인 집합을 모두 고르면?

a. S, T, Q, W b. S, T, Q c. S, T, W

d. T, Q e. 위 항목 중 답이 없다.

29. $\mathbf{u}=(1, 4, 7)$, $\mathbf{v}=(2, 8, -11)$, $\mathbf{w}=(3, 12, -4)$, $\mathbf{z}=(0, 0, 0)$일 때 다음 중 일차독립인 집합은?

a. $\{\mathbf{u}, \mathbf{v}, \mathbf{w}\}$ b. $\{\mathbf{v}, \mathbf{w}\}$ c. $\{\mathbf{u}, \mathbf{v}, \mathbf{w}, \mathbf{z}\}$

d. $\{\mathbf{v}, \mathbf{w}, \mathbf{z}\}$ e. 위 항목 중 답이 없다.

31. 화학방정식 $x(B_2S_3)+y(H_2O)=z(H_3BO_3)+w(H_2S)$이 균형을 이루도록 하는 정수 x, y, z, w를 구하라.

a. $x=6, y=2, z=4, w=8$

b. $x=1, y=6, z=2, w=3$

c. $x=1, y=2, z=3, w=4$

d. $x=6, y=1, z=2, w=3$

e. 위 항목 중 답이 없다.

33. $\mathbf{v}_1=(1, 2, 1)$, $\mathbf{v}_2=(3, 1, 3)$, $\mathbf{v}_3=(5, 3, 3)$일 때, $a\mathbf{v}_1+b\mathbf{v}_2+c\mathbf{v}_3=\mathbf{0}$인 계수 a, b, c를 구하라.

a. $a=6, b=2, c=4$

b. $a=1, b=6, c=2$

c. $a=2, b=1, c=-1$

d. $a=6, b=1, c=2$

e. 위 항목 중 답이 없다.

35. $5x_1+2x_2-x_3=0$의 일반해는 다음 벡터 쌍의 생성이다.

a. $(1, 2, 1), (3, 1, 2)$

b. $(-\frac{2}{5}, 1, 0), (\frac{1}{5}, 0, 1)$

c. $(-2, 5, 0), (1, 0, 5)$

d. $(10, 0, 50), (-20, 50, 0)$

e. 위 항목 중 답이 없다.

37. $\left[\begin{array}{ccc|c} 1 & 4 & 6 & 3 \\ 2 & 5 & 9 & 7 \\ 3 & 6 & 12 & 11 \end{array}\right]$을 첨가행렬로 하는 연립방정식의 일반해를 구하라.

a. $(1, \frac{1}{2}, \frac{1}{2})$

b. $(\frac{13}{3}, -\frac{1}{3}, 0)+t(-2, -1, 1)$

c. $(13, -1, 0)+s(2, 1, -1)$

d. $(10, 0, 50)+x_3(1, \frac{1}{2}, -\frac{1}{2})$

e. 위 항목 중 답이 없다.

39. Octavio와 Valeria라는 학생들은 행렬 $\begin{bmatrix} 1 & 3 & 2 & 2 \\ 2 & 5 & 2 & 1 \end{bmatrix}$의 핵을 계산하고 있다. Octavio는 핵은 두 벡터 $(7, -3, 0, 1)$, $(4, -2, 1, 0)$의 생성이라 하는 반면, Valeria는 $(-20, 10, -5, 0)$, $(21, -9, 0, 3)$의 생성이라고 주장하고 있다. 옳게 말하고 있는 사람은?

a. Valeria만이 옳다. b. Octavio만이 옳다.

c. 둘 다 옳다. d. 둘 다 틀리다.

41. K를 행렬 A의 핵이라 하자. 즉 $K=\{\mathbf{x} : A\mathbf{x}=\mathbf{0}\}$이다. 다음 중 참인 것은?

a. $\mathbf{x}, \mathbf{y} \in K$이면 $\mathbf{x}-\mathbf{y} \in K$이다.

b. $A\mathbf{y}=\mathbf{b}$이고 $A\mathbf{x}=2\mathbf{b}$이면 $2\mathbf{y}-\mathbf{x} \in K$이다.

c. $A\mathbf{y}=\mathbf{b}$이고 $\mathbf{x} \in K$이면 $A(\mathbf{x}+2\mathbf{y})=\mathbf{b}$이다.

d. $A\mathbf{x}=\mathbf{b}$이고 $A\mathbf{y}=\mathbf{b}$이면 $\mathbf{y}$는 $\mathbf{x}$와 K의 원소의 합이다.

e. 위 항목 중 답이 없다.

43. 다음과 같이 세 다항식을 정의하자:

$u_1(t)=7t^5-4t^2+3$

$u_2(t)=2t^5+5t^2$

$u_3(t)=8t^5-23t^2+6$

집합 $\{u_1, u_2, u_3\}$가 일차종속이기 위해서는 다음 중 어느 방정식이 성립되어야 하는가?

a. $2u_1(t)-7u_2(t)=6-43t^2$

b. $4u_2(t)-u_3(t)=6-43t^2$

c. $2u_1(t)-3u_2(t)=u_3(t)$

d. $tu_1(t)+tu_2(t)=9t^6+t^3+3t$

e. 위 항목 중 답이 없다.

45. 5×4 행렬 A의 열집합이 일차독립일 때, 옳은 것은?

a. $\mathbb{R}^5$ 상의 모든 $\mathbf{b}$에 대하여 방정식 $A\mathbf{x}=\mathbf{b}$는 무모순적이다.

b. A의 행집합은 일차종속이다.

c. $AB=I_5$인 행렬 AB가 있다.

d. 방정식 $A\mathbf{x}=\mathbf{0}$은 자명하지 않은 해를 갖는다.

e. 위 항목 중 답이 없다.

컴퓨터 연습문제 1.3

1. 다음 시나리오를 생각하여 보자. 여러 날 동안 밤하늘에서 확인되지 않은 물체가 관찰되고 이 물체의 정확한 좌표가 천문학자에 의해 제공되었다. 그런 물체의 궤도는 원뿔곡선인 원, 타원, 쌍곡선, 포물선, 또는 직선이다. 위치가 평면에 그려지면 이런 타입 중 하나는 분명해야만 한다. 특히 궤도가 타원이면, 물체는 수백 년 후에 되돌아가는 반면, 궤도가 포물선이나 쌍곡선이라면 그것은 되돌아가지 않을 것이다. (x, y) 좌표평면에서 임의의 원뿔곡선은 $ax^2+bxy+cy^2+dx+ey=1$을 만족한다.

a. 궤도 상에 있는 다음 다섯 개의 점으로부터 a, b, c, d, e의 값을 구하라: (1.8, 3.1), (1.4, 1.9), (2.5, 1.2), (4.0 , 1.6), (4.8, 2.5).

b. 궤도가 타원형인지, 포물선형인지, 쌍곡선형인지 알아보라.

c. 이 궤도에 있는 x 값으로부터 y 값을 계산할 수 있는 공식을 구하라. 이차방정식이기 때문에 주어진 x에 대응하는 y 값이 두 개 있을 수 있음을 기억하라.

d. 적당한 컴퓨터 기능을 갖고 있다면, 궤도를 그려 보라.

CHAPTER 2

벡터공간

2.1 유클리드 벡터공간

나는 듣고서 잊어버립니다. 나는 보고서 기억합니다. 나는 하고나면 이해합니다.

—중국 속담

수학은 관전 스포츠가 아닙니다.

—작자 불명

이 책의 후반부에서는 벡터의 추상적 개념에 대한 여러 가지 예제를 살펴볼 것이다. 지금은 벡터의 중요한 보기 하나(다른 것들을 대표한다)를 소개한다. 추가적으로 옴(Ohm)의 법칙과 키르히호프(Kirchhoff) 법칙을 이용하는 전기 회로, 또는 교통 시설망 같은 응용 분야를 다룰 것이다.

n-튜플과 벡터

우선 1.2절에서 다룬 몇 가지 용어를 다시 살펴보자. n을 양의 정수라 하자. 실수의 n-**튜플**(tuple)은 $(x_1, x_2, ..., x_n)$과 같이 n개의 실수가 나열된 배열이다. 이것은 성분의 순서가 중요하기 때문에 순서와 무관한 집합과는 구별된다. 또한 n-튜플에는 (7, 4, 5, 7)과 같이 반복되는 성분이 있을 수 있다. $n=2$의 경우인 배열 (1.732, -5.002)은 2-튜플의 전형적인 형태이다. 이것과 같이 두 개의 실수는 2차원 공간에서 점을 나타내기 위하여 사용되는 것으로 잘 알려져 있다. 같은 방법으로 배열 (3.44, 2.89, -3.41)은 3차원 공간에서 점을 나타내기 위하여 사용된다. 일반적으로 하나의 n-튜플은 n차원 공간에서 **점**(point)을 나타낼 수 있고 모든 n-튜플로 구성되는 n차원 공간은 $\mathbb{R}^n$으로 표기될 것이다. 따라서 $\mathbb{R}^2$는 2차원 평면이고 $\mathbb{R}^3$은 친숙한 3차원 공간이다. 현재 직관적인 의미로 차원(dimension)이라는 단어를 사용하고 있다. 나중에 이 직관의 흐름 속에서 엄밀한 정의를 줄 것이다. 이런 n-튜플은 보통 벡터(vector)로 부를 것이다. 하나의 벡터를 구성하는 각각의 수 x_i를 그 벡터의 **성분**(component)이라 부를 것이다. 벡터를 표시하기 위하여 볼드체 활자를 보통 사용하고 그 벡터의 성분을 표기하기 위하여 첨자가 있는 같은 문자를 사용한다. 예를 들면 $\mathbf{x}=(x_1, x_2, ..., x_n)$과 같이 표기한다. 또는 $\mathbf{x}=[x_1, x_2, ..., x_n]$이나 $\mathbf{x}=[x_1, x_2, ..., x_n]^T$와 같은 다른 표기법도 있다. 벡터가 $1\times n$, 또는 $n\times 1$ 크기의 행렬로 간주될 때에는 이런 특징적인 표기가 중요해진다.

잠시 동안, $\mathbb{R}^n$을 단지 집합으로 생각하자. 등식의 양변에 있는 두 개의 대상은 같은 속성을 가진 하나를 의미한다. 예를 들어 $n=3$일 때 $(1/2, 5/8, -7/16)=(0.5, 0.625, -0.4375)$인 반면에 $n=2$일 때 $(61325, 48598) \neq (61325, 48589)$, $(0.67, 0.75) \neq (2/3, 3/4)$, $(\pi, 0) \neq (3.14159, 0)$이다.

벡터 덧셈과 스칼라 곱셈

$\mathbb{R}^n$을 단지 집합으로 취급했던 개념에 다음과 같이 두 개의 대수적 연산을 도입해 보자. 앞서 사용했던 $\mathbf{x}$와 $\mathbf{y}$를 이용하여 $\mathbf{x}$와 $\mathbf{y}$의 합을

$$\mathbf{x}+\mathbf{y} = (x_1 + y_1, x_2 + y_2, \ldots, x_n + y_n)$$

와 같이 정의한다. 이 연산을 $\mathbb{R}^n$에서의 **벡터 덧셈**(vector addition)으로 부르자. 벡터 덧셈은 **성분 대 성분**의 연산으로 이루어진다. $\mathbf{x}$와 $\mathbf{y}$의 성분의 수가 서로 다른 경우에 대한 벡터 덧셈 $\mathbf{x}+\mathbf{y}$는 위의 정의로 연산될 수 없다. 즉 $\mathbf{x} \in \mathbb{R}^n$, $\mathbf{y} \in \mathbb{R}^m$이고 $n \neq m$일 때, $\mathbf{x}+\mathbf{y}$는 정의되지 않는다.

벡터 $\mathbf{x}$는 앞과 같고 α가 실수일 때 $\alpha\mathbf{x}$는 방정식

$$\alpha\mathbf{x} = (\alpha x_1, \alpha x_2, \ldots, \alpha x_n)$$

에 의하여 정의된다. 이 연산을 **스칼라 곱셈**(multiplication by scalars)으로 부른다. 스칼라에 의한 벡터 곱셈(multiplication of a vector by a scalar)도 각 성분에 대한 연산으로 이루어진다. 예를 들면 다음과 같다.

$$(2, 3, -4, 7) + (3, -2, 6, 11) = (5, 1, 2, 18)$$
$$5(2, 3, -4, 7) = (10, 15, -20, 35)$$

스칼라(scalar)라는 용어는 단순히 실수를 의미한다. 나중에 벡터의 성분이 복소수를 가지고 있고 복소수에 의한 벡터 곱셈을 정의할 때가 있을 것이다. 이 경우에 스칼라는 $\alpha+i\beta$의 형태를 가지는 복소수를 의미한다. 이때, α, β는 실수이고 $i=\sqrt{-1}$이다.

벡터공간 $\mathbb{R}^n$의 성질

벡터공간은 두 개의 대수적 연산에 의하여 특징지어진다: 벡터 덧셈과 스칼라(보통 실수)에 의한 벡터 곱셈.

정의

실수의 성분을 가지는 모든 n-튜플로 구성된 $\mathbb{R}^n$에서 앞서 설명한 두 가지 대수 연산인 벡터 덧셈과 스칼라에 의한 벡터 곱셈이 정의된 공간을 ***n*-차원의 유클리드 벡터공간**(n-dimensional Euclidean vector space) 또는 **실수 *n*-공간**(real n-space)이라고 부른다.

앞에서 정의한 두 가지 대수 연산을 이용한 $\mathbb{R}^n$의 기본 성질을 적어 보자. 이런 성질들에 의하여 $\mathbb{R}^n$이 하나의 **벡터공간**(vector space)으로 정당화된다. 벡터의 10가지 기본 성질은 꼭 필요한 최소의 성질로 $\mathbb{R}^n$에 존재하는 다른 유용한 성질은 이 기본 성질로부터 논리적으로 유도된다.

벡터공간 $\mathbb{R}^n$의 기본 성질

1. $\mathbb{R}^n$에서 두 원소의 합은 정의되고 그 합은 $\mathbb{R}^n$에 속한다.
2. 만약에 $\mathbf{x}$와 $\mathbf{y}$가 $\mathbb{R}^n$에 속하면 $\mathbf{x}+\mathbf{y}=\mathbf{y}+\mathbf{x}$이다.
3. 만약에 $\mathbf{x}$, $\mathbf{y}$와 $\mathbf{z}$가 $\mathbb{R}^n$에 속하면 $(\mathbf{x}+\mathbf{y})+\mathbf{z}=\mathbf{x}+(\mathbf{y}+\mathbf{z})$이다.
4. 모든 $\mathbf{x} \in \mathbb{R}^n$에 대해서 $\mathbf{x}+\mathbf{0}=\mathbf{x}$를 만족하는 $\mathbf{0} \in \mathbb{R}^n$가 존재한다.
5. 임의의 $\mathbf{x} \in \mathbb{R}^n$에 대해서 $-\mathbf{x}+\mathbf{x}=\mathbf{0}$를 만족하는 $-\mathbf{x}$가 존재한다.
6. 만약에 $\mathbf{x} \in \mathbb{R}^n$이고 α가 실수이면 $\alpha\mathbf{x}$(또는 $\alpha\cdot\mathbf{x}$)는 정의되고 $\mathbb{R}^n$에 속한다.
7. 실수 α, β와 임의의 $x \in \mathbb{R}^n$에 대해서 $\alpha(\beta\mathbf{x})=(\alpha\beta)\mathbf{x}$이다.
8. 실수 α와 $\mathbb{R}^n$의 두 원소 $\mathbf{x}$와 $\mathbf{y}$에 대해서 $\alpha(\mathbf{x}+\mathbf{y})=\alpha\mathbf{x}+\alpha\mathbf{y}$이다.
9. 실수 α, β와 $\mathbb{R}^n$의 임의의 원소 x에 대해서 $(\alpha+\beta)\mathbf{x}=\alpha\mathbf{x}+\beta\mathbf{x}$이다.
10. $\mathbb{R}^n$의 임의의 원소 $\mathbf{x}$에 대해서 $1\cdot\mathbf{x}=\mathbf{x}$이다.

$\mathbb{R}^n$의 이런 성질은 쉽게 증명된다. 나중에 추상 벡터공간을 살펴볼 때 기본 성질 1~10을 벡터공간의 공리(axiom 또는 postulate)로 간주할 것이다. 어떤 공간의 원소와 정의된 연산에 대해서 모든 공리가 참이면 그 공간을 하나의 벡터공간으로 부른다. 어떤 특별한 공간이 진정한 벡터공간인지 아닌지를 테스트하기 위하여 기울이는 노력을 최소화할 수 있는, 중복되는 내용이 없는 꼭 필요한 공리를 선택하는 것은 중요하다.[1]

앞서 열거했던 성질들을 자세히 살펴보자. 성질 1은 $\mathbb{R}^n$에서의 두 원소의 합이 계속 $\mathbb{R}^n$에 속하는 것을 말한다. 이것을 **덧셈에서 닫혀 있다**고 말한다. 마찬가지로 성질 6은 **실수에 의한 곱셈에 대해서 닫혀 있음**을 말한다. 이때 실수는 **스칼라**로 $\mathbb{R}^n$의 원소는 **벡터**로 부른다. 성질 2는 **덧셈의 교환법칙**(commutativity)이라 부른다. 이것은 합을 구할 때 덧셈의 순서는 결과에 어떤 영향도 주지 않는다는 것을 말한다. 성질 3은 **덧셈에 대한 결합법칙**(associativity)이라 부른다. 성질 4에 있는 $\mathbf{0}$은 **영벡터**(zero vector) $\mathbf{0}=(0, 0, ..., 0)$이고 왼쪽에 있는 것은 $\mathbb{R}^n$에서의 벡터 $\mathbf{0}$이고 오른쪽에 있는 여러 개의 영은 실수의 0이다. 때로는 두 개의 영 사이에 기호상의 차이가 없을 때가 있어서 같은 기호로 두 개의 다른 의미를 주기도 한다. 이는 원칙에 위배된다. 이 책에서는 영벡터를 나타내기 위하여 $\mathbf{0}$를 항상 사용하고 스칼라 영에 대해서는 0을 사용하기로 한다. 성질 8과 성질 9는 **분배법칙**(distributive law)으로 부른다. 성질 2와 성질 3의 반복 적용으로 다음과 같은 성질을 보일 수 있다.

[1] 어떤 수학자들은 **유클리드 벡터공간**에 두 벡터의 내적을 포함시켜야 한다고 주장하기도 한다. 그러면 내적과 관련되는 모든 개념도 자연히 포함되어야 한다. $\mathbb{R}^n$에서 $\mathbf{x}$와 $\mathbf{y}$의 내적은

$$\mathbf{x}\cdot\mathbf{y} = x_1y_1 + x_2y_2 + \cdots + x_ny_n$$

로 정의된다. 벡터 $\mathbf{x}$의 **길이**가 의미를 갖게 되는데 그 이유는 $\sqrt{\mathbf{x}\cdot\mathbf{x}}$의 형태에서 찾을 수 있다. 벡터 $\mathbf{x}$와 $\mathbf{y}$의 **직교성**(orthogonality)은 방정식 $\mathbf{x}\cdot\mathbf{y}=0$에 의하여 정의된다. 이와 같은 내용은 7.1절에서 좀더 자세히 설명한다.

$$\mathbf{x}+\mathbf{y}+\mathbf{z} = \mathbf{x}+\mathbf{z}+\mathbf{y} = \mathbf{z}+\mathbf{x}+\mathbf{y} = \mathbf{z}+\mathbf{y}+\mathbf{x} = \mathbf{y}+\mathbf{z}+\mathbf{x} = \mathbf{y}+\mathbf{x}+\mathbf{z}$$

위 식의 결과를 이용하면, $\mathbb{R}^n$에서 유한 개의 벡터 덧셈은 더하는 순서에 상관없이 항상 같은 결과가 되는 일반화된 정리를 얻을 수 있다. 어떤 경우에는 $\mathbb{R}^n$에서의 벡터를 수직 형태의 배열로 표기하는 것이 편할 때가 있다. 예를 들어 여러 벡터의 일차결합(linear combination)을 계산하고자 할 때 **열벡터**(column vector)의 형태를 이용하면 표기가 더 단순해진다.

$$3\begin{bmatrix} 1 \\ 7 \\ 5 \end{bmatrix} - 2\begin{bmatrix} -3 \\ 4 \\ 6 \end{bmatrix} = \begin{bmatrix} 9 \\ 13 \\ 3 \end{bmatrix}$$

더 중요한 것은 1.2절에서 설명한 관례이다: 하나의 행렬과 하나의 벡터를 곱할 때 보통 $\mathbf{Ax}$로 표기하고 $\mathbf{x}$는 열벡터이다. 만약에 $\mathbf{A}$가 $m\times n$이면 $\mathbf{x}$는 $n\times 1$ 열벡터이어야 한다.

일차결합

일차결합이라는 용어는 1.2절에서 정의되었다. 상수가 곱해진 벡터의 합인 일차결합의 형태는 다음과 같다.

$$\alpha_1\mathbf{u}_1 + \alpha_2\mathbf{u}_2 + \cdots + \alpha_m\mathbf{u}_m = \sum_{j=1}^{m}\alpha_j\mathbf{u}_j$$

위의 방정식에서 모든 항 $\mathbf{u}_j$는 같은 공간(예를 들면 $\mathbb{R}^n$)에 속하는 벡터이다. 보통 문맥에 따라 $\mathbf{u}_j$의 실체가 하나의 벡터인가 $\mathbf{u}$라는 벡터의 하나의 성분 u_j인가가 결정된다. 어떤 벡터의 집합을 나타내기 위하여 $\mathbf{u}^{(1)}$, $\mathbf{u}^{(2)}$, ..., $\mathbf{u}^{(m)}$와 같이 위첨자를 사용하는 관례를 선택할 수도 있다. 이때 지수와 구별하기 위하여 위첨자에 괄호를 꼭 사용하여야 한다. 다른 책에서는 벡터를 나타내기 위하여 문자를 볼드체로 쓰지 않고 $\vec{x}$와 같이 문자 위에 화살표를 표시한다. 만약에 $\{\mathbf{x}_1, \mathbf{x}_2, ..., \mathbf{x}_m\}$과 같이 벡터의 집합이 주어졌을 때 각 벡터들의 j번째 성분들은 x_{1j}, x_{2j}, ..., x_{mj}와 같이 나타낸다. 이런 표기법을 사용하면 $\mathbf{x}_1=[x_{11}, x_{12}, ..., x_{1n}]^T$, $\mathbf{x}_2=[x_{21}, x_{22}, ..., x_{2n}]^T$와 같이 나머지 벡터도 나타낼 수 있다. 따라서 $\mathbf{x}_i$의 j번째 성분은 $\mathbf{x}_{ij}$이다. 이 책에서는 벡터와 행렬을 나타내기 위하여 볼드체의 폰트를 사용한다. 손으로 쓰는 경우에는 문자 위에 화살표를 사용하여 벡터를 표시하는 것이 편리하다. 어느 것이 스칼라이고 벡터인지는 문맥에 의하여 대부분 알 수 있을 것이다.

벡터 집합의 생성

생성(span)이라는 용어는 1.2절에서 처음 소개되었는데 이 중요한 개념을 좀더 살펴보자.

정의

벡터 집합의 **생성**이란 주어진 집합에 속하는 벡터들의 모든 일차결합의 모임이다. 만약에 S가 집합이면 그 생성은 $\mathrm{Span}(S)$로 표기한다.

예제 1 $\mathbb{R}^2$에 속하는 두 개의 점 $\mathbf{e}_1=(1, 0)$과 $\mathbf{e}_2=(0, 1)$로 구성된 집합의 생성을 쓰라.

풀이 주어진 두 점(벡터)의 임의의 일차결합은

$$\alpha\mathbf{e}_1 + \beta\mathbf{e}_2 = \alpha\begin{bmatrix}1\\0\end{bmatrix} + \beta\begin{bmatrix}0\\1\end{bmatrix} = \begin{bmatrix}\alpha\\\beta\end{bmatrix}$$

와 같다. 이 식으로 $\mathbb{R}^2$의 모든 벡터를 나타낸다. 그러므로 주어진 집합의 생성은 $\mathbb{R}^2$를 의미한다. 벡터 $\mathbf{e}_1$과 $\mathbf{e}_2$는 보통 $\mathbb{R}^2$에서 표준 단위벡터라고 부른다. ■

예제 2 벡터 (4, 5, 1)은 (3, 5, −4), (2, 1, −5)와 (−2, 1, 3)으로 구성된 집합의 생성에 속하는가?

풀이 이 예제는 방정식

$$x_1\begin{bmatrix}3\\5\\-4\end{bmatrix} + x_2\begin{bmatrix}2\\1\\-5\end{bmatrix} + x_3\begin{bmatrix}-2\\1\\3\end{bmatrix} = \begin{bmatrix}4\\5\\1\end{bmatrix}$$

을 만족하는 세 개의 수 x_1, x_2, x_3가 존재하는지를 묻고 있다. 이 식은 다음과 같이 세 개의 미지수를 가지는 세 개의 일차방정식, 또는 하나의 행렬방정식으로 표현된다.

$$\begin{cases} 3x_1 + 2x_2 - 2x_3 = 4 \\ 5x_1 + 1x_2 + 1x_3 = 5 \\ -4x_1 - 5x_2 + 3x_3 = 1 \end{cases} \quad \text{또는} \quad \begin{bmatrix}3&2&-2\\5&1&1\\-4&-5&3\end{bmatrix}\begin{bmatrix}x_1\\x_2\\x_3\end{bmatrix} = \begin{bmatrix}4\\5\\1\end{bmatrix}$$

위의 방정식의 해는 $\mathbf{x}=(2, -3, -2)$이다. 그러므로 이 예제에서 묻고 있는 벡터 (4, 5, 1)은 세 벡터의 생성에 속한다. ■

예제 3 벡터 (3, 7, 23, 41)은 $\mathbf{u}_1=(13, -41, 12, 3)$, $\mathbf{u}_2=(2, -4, 0, 0)$, $\mathbf{u}_3=(9, 11, 17, 0)$, $\mathbf{u}_4=(8, 0, 0, 0)$으로 구성된 집합의 생성에 속하는가?

풀이 이 예제는 방정식

$$x_1\begin{bmatrix}13\\-41\\12\\3\end{bmatrix} + x_2\begin{bmatrix}2\\-4\\0\\0\end{bmatrix} + x_3\begin{bmatrix}9\\11\\17\\0\end{bmatrix} + x_4\begin{bmatrix}8\\0\\0\\0\end{bmatrix} = \begin{bmatrix}3\\7\\23\\41\end{bmatrix}$$

을 만족하는 해가 있는지를 묻고 있다. 이 연립방정식의 첨가행렬(augmented matrix)은

$$\left[\begin{array}{cccc|c} 13 & 2 & 9 & 8 & 3 \\ -41 & -4 & 11 & 0 & 7 \\ 12 & 0 & 17 & 0 & 23 \\ 3 & 0 & 0 & 0 & 41 \end{array}\right]$$

이다. 네 번째 방정식에서 바로 x_1의 값을 구할 수 있다. 이 x_1의 값을 가지고 세 번째 방정식에서 x_3의 값을 구한다. 구한 x_1, x_3의 값을 가지고 두 번째 방정식에서 x_2의 값을 구한다. 마지막으로 첫 번째 방정식에서 x_4의 값을 구한다. 이 예제에서 묻고 있는 벡터 (3, 7, 23, 41)은 네 벡터의 생성에 속한다. 이런 결론에 오기까지 어떤 복잡한 수치적 계산도 필요 없었다. ■

예제 4 예제 3에서 제시한 집합 $\{\mathbf{u}_1, \mathbf{u}_2, \mathbf{u}_3, \mathbf{u}_4\}$의 생성은 무엇인가?

풀이 예제 3에서 제시한 벡터 (3, 7, 23, 41) 대신에 $\mathbb{R}^4$에서 임의의 벡터를 선택하여 예제 3의 과정을 반복 적용할 수 있다. 그러므로 $\mathbb{R}^4$에서 어떤 벡터를 선택하여도 그것은 네 개의 벡터 생성에 속한다. 즉 주어진 네 벡터의 집합 생성은 4차원 유클리드 공간 $\mathbb{R}^4$이다. ■

벡터의 기하학적 해석

$\mathbb{R}^2$와 $\mathbb{R}^3$에 속하는 벡터에 대한 기하학적 해석은 고차원 공간에서의 벡터 연산을 시각화할 수 있게 도움을 줄 것이다. 가장 간단한 경우가 스칼라에 의한 벡터 곱셈이다. 가령 $\mathbb{R}^2$에 속하는 벡터 (2, 3)을 평면 위에 한 점으로 그려 보자. 이때 벡터 곱셈 $3(2, 3)=(6, 9)$, $\frac{1}{2}(2, 3)=(1, 1.5)$, $-1(2, 3)=(-2, -3)$은 원점 $\mathbf{0}$를 지나는 직선 상에 위치하는 것을 쉽게 알 수 있다. 공간 $\mathbb{R}^n$에서도 같은 것을 말할 수 있다. 영벡터가 아닌 하나의 벡터로 구성된 집합의 생성은 $\mathbf{0}$와 그 벡터를 연결하는 직선이다.(두 개의 점은 하나의 직선을 결정한다.)

벡터 덧셈에 대해서도 기하학적으로 간단하게 해석할 수 있다. 두 개의 벡터를 더할 때 두 벡터와 그것들의 합은 $\mathbf{0}$를 지나는 어떤 평면에 놓이게 되어 2차원 공간을 구성한다. 그림 2.1에서는 (7, 3)과 (2, 5)의 합이 (9, 8)로 되는 것을 보여 준다. 삼각형의 합동을 이용하여 그 두 벡터의 합은 $\mathbf{0}$, (7, 3)과 (2, 5)를 꼭지점으로 하는 평행사변형의 네 번째 꼭지점에 대응된다. 좀더 차원이 높은 공간에서의 두 벡터의 합도 이와 같은 방식으로 표현될 것이다. 공간 $\mathbb{R}^3$에서 두 개의 벡터(어떤 벡터도 다른 벡터의 상수곱이 아니다)의 합은 영(zero)과 주어진 두 벡터를 지나는 평면에 놓인다. 나아가 다음과 같은 결론을 내릴 수 있다: 두 벡터(어떤 벡터도 다른 벡터의 상수곱이 아니다)로 구성된 집합의 생성은 원점과 주어진 두 벡터를 포함하는 평면이다.(세 점은 하나의 평면을 결정한다.)

만약에 $\mathbb{R}^n$에서 두 개의 벡터 $\mathbf{u}$, $\mathbf{v}$를 선택하고 $\mathbf{v} \neq \mathbf{0}$이면, 점 $\mathbf{u}$를 지나고 $\mathbf{v}$의 방향을 가지는 직선을 묘사할 수 있다. 점 $\mathbf{u}$에서 시작하여 $\mathbf{v}$의 스칼라(임의의 수) 곱을 더하여 얻은

$$L = \{\mathbf{u} + t\mathbf{v} : t \in \mathbb{R}\}$$

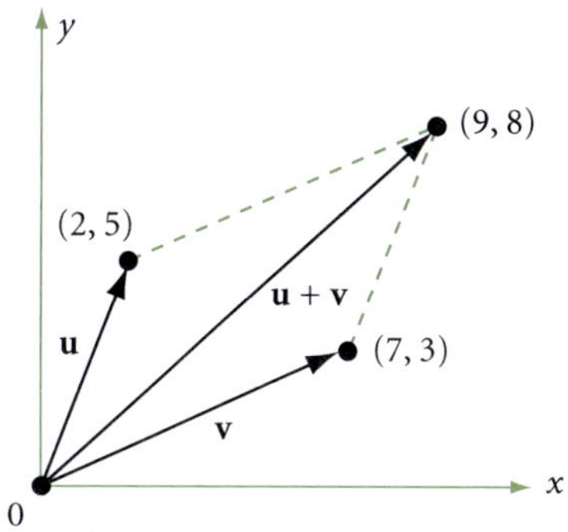

그림 2.1 벡터 덧셈: (7, 3)+(2, 5)=(9, 8).

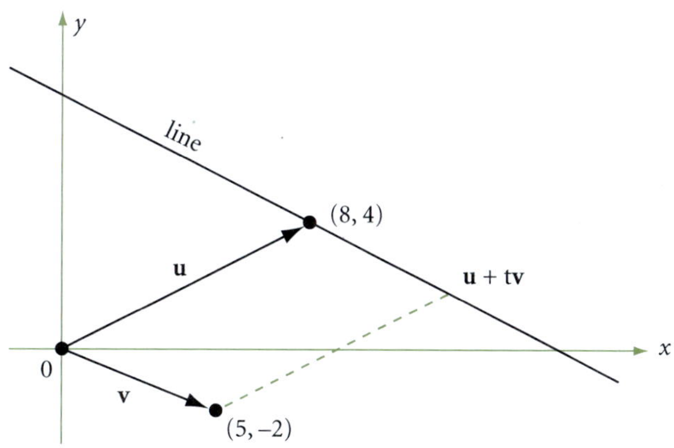

그림 2.2 (8, 4)를 지나고 (5, −2)에 평행한 직선.

와 같은 벡터의 집합을 **직선**(line) L로 정의한다. 스칼라 $t=0$이면 점 $\mathbf{u}$를 얻는다. $\mathbf{v}$의 상수곱을 더하여 $\mathbf{u}$를 지나는 $\mathbf{v}$에 평행한 직선을 얻는다. 그림 2.2는 $\mathbb{R}^2$에서 $\mathbf{u}=(8,\ 4)$, $\mathbf{v}=(5,\ -2)$일 때, 이런 과정을 보여 준다. 직선과 관련된 주제는 2.2절에서 다시 다룬다.

응용: 기초 역학

잠시, 수학적 이론을 이용하지 않는 선형대수의 응용을 살펴보자. 이 내용은 입자계(system of particles) 또는 무게계(system of weights)의 무게 중심과 관련이 있다.

그림 2.3에 있는 지렛대는 양쪽의 무게가 각각 5 kg으로 **평형**(equilibrium) 상태에 있다. 두 개의 5 kg의 무게가 지렛대의 중심(지렛목)에서 같은 거리에 있으면 지렛대는 평형 상태에 있을 것이다.

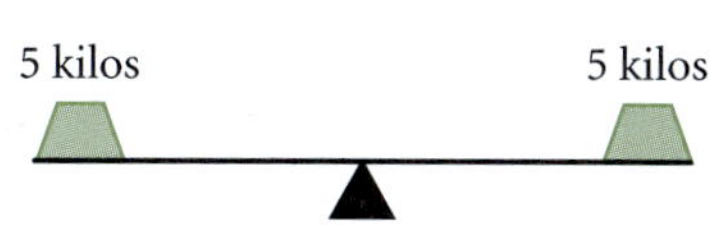

그림 2.3 평형 상태에 있는 무게.

이에 비해 그림 2.4에 주어진 평형 상태는 복잡하다. 그림에서 3 kg의 무게를 가진 물체는 지렛대의 중심(지렛목)에서, 6 kg의 무게를 가진 물체가 중심에서 떨어진 거리의 두 배가 되는 위치에 있어야 한다. 지렛목에서 3 kg 물체까지의 거리와 3 kg을 곱하여 얻는 값은 그 위치에서의 무게의 **모멘트**(moment)이다. 다른 무게의 모멘트는 6 kg과 그 거리(지렛목에서 6 kg 무게까지의 거리)의 곱이다. 이 두 수가 같으면 관련된 계가 **안정적인**(혹은 평형 상태인) 것으로 본다. 지레와 관련된 이러한 사실들은 이미 아르키메데스[2]에 의하여 알려졌다.

그림 2.4 고도의 평형 상태에 있는 무게.

그림 2.4에 제시된 평형을 이해하는 다른 방법으로 두 무게의 모멘트가 같다는 사실을 이용할 수 있다. 지렛목으로부터의 거리는 부호(+ 또는 −)를 이용하여 좀더 잘 표현할 수 있다. 지렛목을 수평축 위의 원점의 위치로 간주하자. 이때 3 kg 무게는 $3x$의 모멘트를 가질 것이다(x는 음수). x가 음수인 이유는 그 무게가 원점에서 왼쪽에 놓이기 때문이다. 6 kg 무게는 y가 양수일 때 $6y$의 모멘트를 갖게 된다. 평형 상태를 의미하는 방정식은 $3x+6y=0$이다.

고차원 $\mathbb{R}^n$ 공간에서 비슷한 문제의 경우, 무게 집합의 위치를 나타내기 위해 벡터를 사용한다. 무게 자체는 $w_1, w_2, \ldots, w_m$으로 나타낼 수 있다. 예를 들면 이것들은 스칼라이고 단위는 kg일 수 있다. 무게 w_i를 가지는 위치벡터를 $\mathbf{x}_i$라고 하자. 이런 계(system)에 대한 **무게 중심**(center of mass)은

$$\mathbf{c} = \frac{1}{W}(w_1\mathbf{x}_1 + w_2\mathbf{x}_2 \cdots + w_m\mathbf{x}_m)$$

라고 정의한다. 위의 식에서 W는 모든 무게의 합이다. 즉 $W=\sum_{i=1}^{m} w_i$이다. 지렛목이나 지지대가 점 $\mathbf{c}$의 위치에 있으면 그 계는 평형에 있게 된다. 위의 방정식은 벡터방정식이다.

원점이 점 $\mathbf{c}$의 위치로 옮겨지면 점 $\mathbf{c}$에 관하여 무게의 모멘트의 총합은 0이 되는 사실을 쉽게 알 수 있다. 이 같은 계산을 수행하기 위하여 각각의 위치벡터 $\mathbf{x}_i$가 $\mathbf{x}_i-\mathbf{c}$로 변경되었다고 생각하자. 이때 모든 $\mathbf{x}_i-\mathbf{c}$는 새로운 원점 $\mathbf{c}$에 대해서 위치벡터가 된다. 모멘트의 합은

$$\sum_{i=1}^{m} w_i(\mathbf{x}_i - \mathbf{c}) = \sum_{i=1}^{m} w_i\mathbf{x}_i - \left(\sum_{i=1}^{m} w_i\right)\mathbf{c} = \mathbf{c}W - \mathbf{c}W = \mathbf{0}$$

과 같은 벡터방정식으로 구한다.

[2] 그리스 수학자이자 발명가인 아르키메데스(Archimedes, 287∼212 B.C.)는 시라쿠사라는 도시의 천문학자인 피디아스(Phidias)의 아들이다. 로마가 시라쿠사를 약탈할 때 한 로마 병사에 의하여 그는 사망했다. 그의 초기 업적으로 두 권의 책으로 구성된 『평면의 평형(The Equilibriums of Planes)』이 있다. 이 책에서 그는 여러 가지 평면 도형의 무게 중심을 계산하였고 지렛대의 원리를 발전시켰다. "나에게 설 수 있는 자리를 주면 지구를 움직일 것이다"라고 아르키메데스는 말했다. 현대에 와서 이 말은 다음과 같이 사용되었다: "나에게 앉을 자리를 주면 바라볼 것이다." 이 구절은 책 [*Maybe He's Dead,* 저자 Mary Ann Madden[1981], Mariel Bossert의 응답]에서 찾을 수 있다.

예제 5 각각의 무게 5 kg, 6 kg과 2 kg인 세 점 (1, 3), (2, −2)와 (3, 2)의 위치에 있는 세 무게에 대한 무게 중심을 구하라. 그림 2.5를 참고하라.

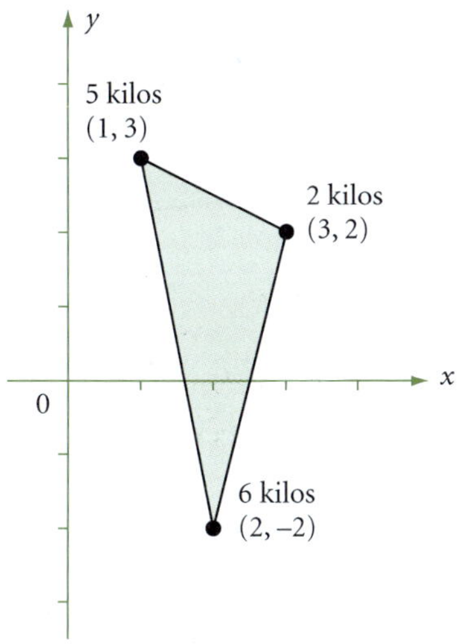

그림 2.5 세 개의 무게.

풀이 무게의 합은 $W=5+6+2=13$이다. 그러므로 무게 중심은

$$\begin{aligned}(1/13)\left[5(1,3)+6(2,-2)+2(3,2)\right] &= (1/13)\left[(5,15)+(12,-12)+(6,4)\right] \\ &= (23/13, 7/13)\end{aligned}$$

이다. ■

예제 6 세 점 (5, 6), (11, −4)와 (−5, −2)가 주어졌다. 첫 번째와 두 번째 점은 무게 3 kg을 가진다. 만약에 무게 중심이 (4, 0)이면 세 번째 점의 무게는 얼마인가? 그림 2.6을 참조하라.

풀이 점 (−5, −2)에 위치한 미지의 무게를 t라 하자. 그러면 전체 무게는 $W=6+t$가 된다. 주어진 무게 중심의 위치로부터

$$\frac{1}{W}\left[3(5,6)+3(11,-4)+t(-5,-2)\right]=(4,0)$$

와 같은 방정식을 얻고 양변에 W를 곱한 뒤 정리하면

$$(15,18)+(33,-12)+t(-5,-2)=[6+t](4,0)$$

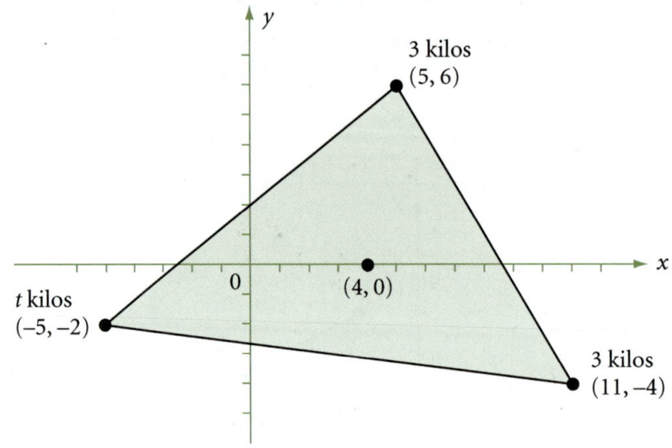

그림 2.6 무게 중심.

이 된다. 위의 식을 간략하게 하면 $t(-9,\ -2)=(-24,\ -6)$이 된다. 그러나 이 방정식을 만족하는 t의 값은 존재하지 않는다. 즉 점 $(-5,\ -2)$에 위치한 무게가 어떤 값을 가진다 해도 점 $(4,\ 0)$에 무게 중심이 위치하게 만들 수 없다. 그림 2.6을 참조하라. ■

응용: 네트워크 문제, 교통 흐름

그림 2.7에 주어진 분기점과 연결선을 가진 네트워크 연구는 선형대수의 또 다른 응용 분야이다.

유동 공리(flow axiom)

하나의 분기점으로 향하는 유입량은 그 분기점에서 빠져 나가는 유출량과 같다. 네트워크 분야에서는 대체로 총 유입량과 총 유출량이 같다.

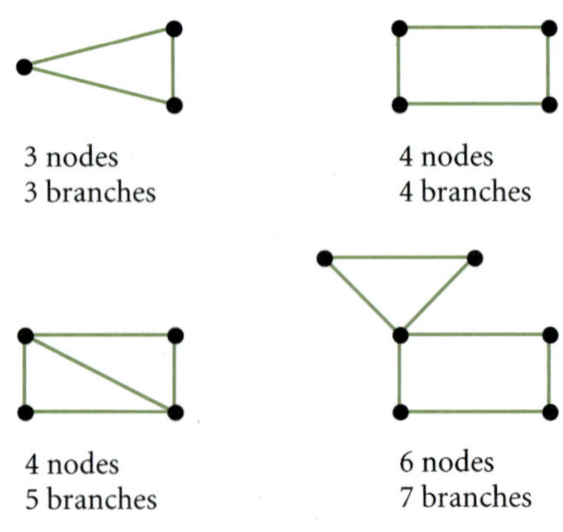

그림 2.7 분기점과 연결선.

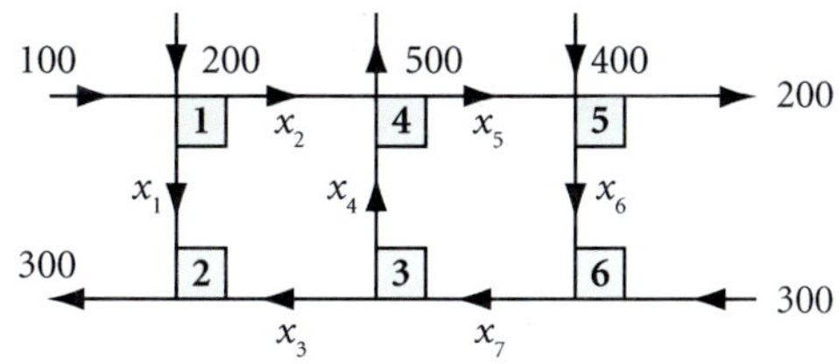

그림 2.8 교통 문제 I.

교통 문제 I로 명시된 그림 2.8은 격자 모양의 일방통행 거리로 만들어진 상상의 도시이다. 조그만 정사각형 안에 번호를 적어 교차점[노드(node)]을 구분하였고 매시간 여러 지점에서 200, 400 등과 같은 수로 교통량의 흐름을 표시하였다. 격자 내부에 있는 거리의 교통량은 알려져 있지 않고 x_1, x_2, ..., x_7으로 나타내었다. 구체적으로 x_1은 노드 1에서 노드 2로의 교통량이고 x_2는 노드 1에서 노드 4, x_3는 노드 3에서 노드 2, x_4는 노드 3에서 노드 4, x_5는 노드 4에서 노드 5, x_6는 노드 5에서 노드 6, x_7은 노드 6에서 노드 3으로의 교통량이다. 화살표에 의하여 표시된 방향으로만 교통이 이루어진다. 이러한 교통망을 분석하는 데 기본이 되는 원리는 교차점을 중심으로 매시간 교통의 유입량과 유출량은 동일하다는 것이다. 각 노드에서 교통의 유입량과 유출량이 균형을 이루기 때문에 다음과 같은 여섯 가지의 방정식이 생긴다.

$$\begin{cases} x_1 + x_2 &= 300 \\ x_1 + x_3 &= 300 \\ x_7 &= x_3 + x_4 \\ x_2 + x_4 &= 500 + x_5 \\ x_5 + 400 &= x_6 + 200 \\ x_6 + 300 &= x_7 \end{cases}$$

이 연립방정식의 첨가행렬은

$$\left[\begin{array}{ccccccc|c} 1 & 1 & 0 & 0 & 0 & 0 & 0 & 300 \\ 1 & 0 & 1 & 0 & 0 & 0 & 0 & 300 \\ 0 & 0 & 1 & 1 & 0 & 0 & -1 & 0 \\ 0 & 1 & 0 & 1 & -1 & 0 & 0 & 500 \\ 0 & 0 & 0 & 0 & 1 & -1 & 0 & -200 \\ 0 & 0 & 0 & 0 & 0 & 1 & -1 & -300 \end{array}\right]$$

이고 나아가 기약 행 사다리꼴(reduced row echelon form)은

$$\left[\begin{array}{ccccccc|c} 1 & 0 & 0 & -1 & 0 & 0 & 1 & 300 \\ 0 & 1 & 0 & 1 & 0 & 0 & -1 & 0 \\ 0 & 0 & 1 & 1 & 0 & 0 & -1 & 0 \\ 0 & 0 & 0 & 0 & 1 & 0 & -1 & -500 \\ 0 & 0 & 0 & 0 & 0 & 1 & -1 & -300 \\ 0 & 0 & 0 & 0 & 0 & 0 & 0 & 0 \end{array}\right]$$

이다. 위 식으로부터 x_4, x_7은 자유 변수임을 알 수 있다. 이 자유 변수의 값을 0으로 놓고 나머지 변수의 값을 구해 다음과 같은 하나의 해를 쉽게 얻을 수 있다.

$$\mathbf{x} = [300, 0, 0, 0, -500, -300, 0]^T$$

그러나 이 해는 음수를 포함하고 있고 음수는 일방통행 방향의 반대 방향을 의미하기 때문에 만족스러운 결과가 아니다. 모든 변수의 값은 음수가 되어서는 안 된다. $x_5 \geq 0$이기 위해서는 $x_7 \geq 500$이어야 한다. 왜냐하면 앞 식의 네 번째 행이 $x_5 - x_7 = -500$을 의미하기 때문이다. $x_7 = 500$으로 하면 $x_4 = 200$으로 정할 수 있고 최종적으로 해는

$$\mathbf{x} = [0, 300, 300, 200, 0, 200, 500]^T$$

이다. 도시를 계획하는 부서는 노드 6과 노드 3을 연결하는 도로에 주의를 기울여야 한다. 그 도로의 능력으로는 통과하는 차량의 수를 감당하기 어려울 것이기 때문이다.

응용: 전기 회로

단순 회로에서 전류의 흐름은 격자 모양을 가지는 일방통행 거리에서 일어나는 교통 흐름과 유사하다. 그러나 다른 규칙들이 적용된다. 보통 회로의 선을 지나는 전류(단위는 암페어)에 관심을 갖는다. 전기 이론은 다음과 같이 세 가지 원리(옴의 법칙[3], 키르히호프 법칙[4])로 설명된다.

옴의 법칙(Ohm's law)

저항기를 지날 때의 강압(voltage drop)은 저항과 전류의 곱이다.

키르히호프의 제1법칙(전류 법칙)

어떤 노드에 유입되는 전류의 합과 유출되는 전류의 합은 같다.

키르히호프의 제2법칙(전압 법칙)

폐회로 안에서 전원에 의해 발생한 총 전압은 그 폐회로 안에서 발생한 강압들의 합이다.

[3] 옴(George Simon Ohm, 1789~1854): 자물쇠 제조공이면서 독학을 하였던 그의 아버지는 자신의 방법으로 아들에게 수학적이고 과학적인 훌륭한 교육을 하였다. 이는 참으로 놀라운 업적이다. 사실 옴의 아버지는 아들이 대학에서 공부보다는 춤, 스케이트, 당구 등에 더 몰두해 있는 것 같았을 때 화를 냈다. 아버지는 아들이 3학기를 끝내고 대학을 떠나 수학 선생님이 되기를 주장하였다. 물리학으로의 자신의 수학적 접근이 옳다는 것을 다른 사람들이 인정하도록 옴은 노력하였으나 이는 자신의 삶 내내 어려운 일이었다. 그들은 계속해서 수학적이지 못한 접근을 하고 있었다.

[4] 키르히호프(Gustav Robert Kirchhoff, 1824~1887): 그는 1845년에 자신의 법칙을 먼저 발표하였고 몇 년 뒤에 그것들을 수정하였다. 키르히호프의 법칙은 옴의 작업을 확장했고 전기 회로망에 있는 폐회로의 전류 계산을 대수 방정식의 해의 문제로 바꾸었다. 흑체 복사(black body radiation)에 관한 키르히호프의 기본 업적은 양자이론(quantum theory)의 발전에 큰 기여를 하였다.

옴의 법칙에 따르면, 전류 I(단위는 암페어)가 저항 R(단위는 옴)을 가지는 저항기를 지날 때 전압 V(단위는 볼트)는 IR의 양만큼 떨어질 것이다. 이런 이유로 보통 볼트는 옴 곱하기 암페어와 같다라고 간단히 말한다. 어떤 이들은 저항기가 에너지의 일부분을 흡수하면서 손실되는 전압은 $V=IR$이라고 여긴다. 직관적으로 생각하면 이는 맞다: 저항이 크면 클수록 전압의 손실도 커진다. 전류가 저항기를 지날 때, 전류가 크면 클수록 전압의 손실도 커진다. 예를 들어 12볼트를 발생시키는 배터리와 4옴의 저항기를 가진 단순 회로는 $R=4$와 $V=12$에 해당한다. $V=IR$이기 때문에 I는 3암페어가 되어야 한다.

폐회로 안에서 정해진 방향으로 전류가 흐를 때 전압 전원의 총합과 같은 값을 가지는 강압들의 합이 있을 것이다. 저항기를 통과할 때 그 흐름이 정해진 방향이면 전압은 양수이고 정해진 방향과 반대 방향이면 전압은 음수이다. 배터리를 통과할 때, 그림 2.9에 나타난 바와 같이 그 흐름이 짧은 면에서 긴 면의 방향(음전극에서 양전극으로)이면 전원은 양수이고 그렇지 않으면 음수이다.

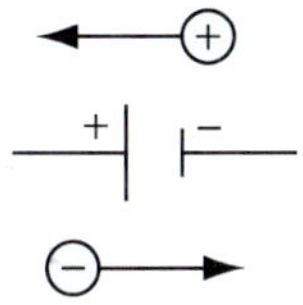

그림 2.9 배터리를 지날 때의 흐름 부호.

그림 2.10에 주어진 하나의 폐회로에 대한 일차방정식을 살펴보자. 키르히호프의 두 번째 법칙에서 $(4+2)I=12$이므로 $I=2$암페어이다.

두 개의 폐회로를 가진 전기 회로는 좀더 복잡하기 때문에 일차방정식의 문제로 생각할 수 있다. 그림 2.11에 주어진 전기 회로에 대한 일차방정식을 세우고 그 해를 구해 보자. 키르히호프의 두 번째 법칙에 의하여 다음과 같은 세 개의 방정식을 얻는다.

강압=전압 전원

오른쪽 폐회로: $(10+20)I_1+(-10)I_2=60$

왼쪽 폐회로: $(-10)I_1+(5+10)I_2=50$

첨가행렬을 만들어 기약 행 사다리꼴로 바꾸면 다음과 같다.

$$\left[\begin{array}{rr|r} 30 & -10 & 60 \\ -10 & 15 & 50 \end{array}\right] \sim \left[\begin{array}{rr|r} 1 & 0 & 4 \\ 0 & 1 & 6 \end{array}\right]$$

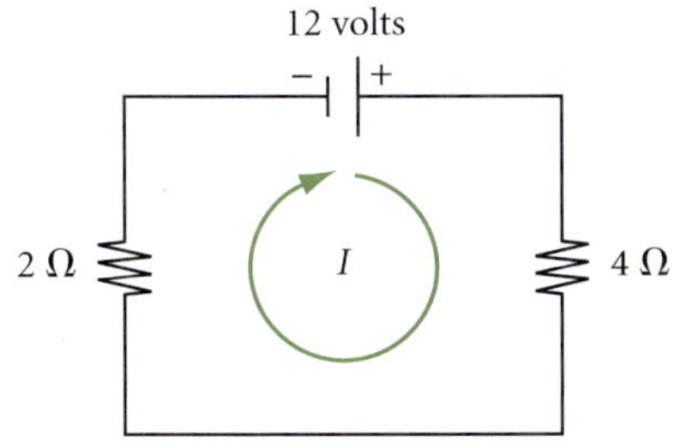

그림 2.10 하나의 폐회로.

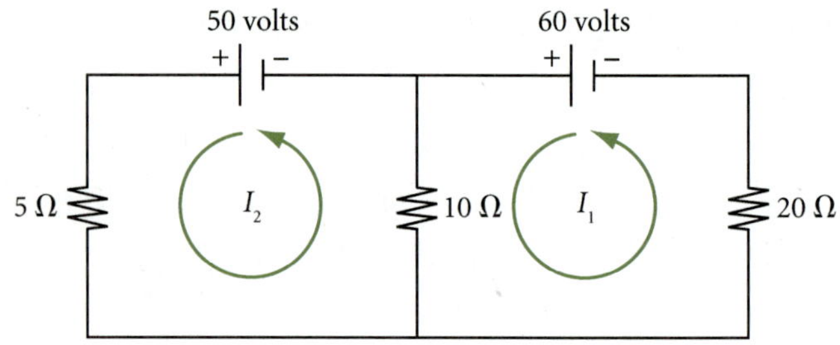

그림 2.11 두 개의 폐회로를 지닌 회로.

그러므로 해는 $I_1=4$, $I_2=6$이다.

그림 2.12에 회로 문제 I로 표시한 회로에서 16볼트 배터리에 의하여 발생한 전류를 I_1이라 하자. 3옴의 저항기를 포함한 회선에서의 전류를 I_3라고 하자. 마지막으로 24볼트 배터리와 6옴 저항기를 포함하고 있는 회로에 흐르는 전류를 I_2라고 하자. 세 개의 회선이 서로 만나는 지점에서 전류가 분배되는 사실을 명심하자. 전류가 크면 클수록 저항기를 통과할 때 전압의 손실도 커지게 된다. 배터리에 의하여 만들어진 전류는 배터리의 마이너스 부호로 표시된 면에서 플러스 부호가 표시된 면으로 흐른다. 폐회로에서 강압들의 합은 그 회로에서 전압 전원의 합과 같다는 키르히호프 제2법칙을 이용하자. 어떤 대상이 플러스, 또는 마이너스 값을 가질 수 있는데 부호의 의미는 그 대상이 어떤 방향으로 선택되었는가를 말해 준다. 전류 I_1, I_2와 I_3가 만나는 위치에서 키르히호프 제1법칙을 적용하자. 그 결과로 $I_3=I_1+I_2$이다. 전류 I_3는 노드 A와 노드 B 사이를 흐른다. 다음으로 I_1이 시계 방향으로 흐르는 위쪽 폐회로에 키르히호프 제2법칙을 적용하여 $16=(2+3)I_1+3I_2$를 구한다. I_2가 반시계 방향으로 흐르는 아래쪽의 폐회로에도 같은 논리를 적용하여 $24=(3+6)I_2+3I_1$을 얻는다. 지금 구한 모든 방정식은 다음과 같은 연립방정식으로 표현된다.

$$\begin{cases} I_1 + I_2 - I_3 = 0 \\ 5I_1 + 3I_2 = 16 \\ 3I_1 + 9I_2 = 24 \end{cases}$$

세 개의 미지수를 가진 세 개의 방정식에 대한 첨가행렬(기약 행 사다리꼴과 함께)은

$$\left[\begin{array}{ccc|c} 1 & 1 & -1 & 0 \\ 5 & 3 & 0 & 16 \\ 3 & 9 & 0 & 24 \end{array}\right] \sim \left[\begin{array}{ccc|c} 1 & 0 & 0 & 2 \\ 0 & 1 & 0 & 2 \\ 0 & 0 & 1 & 4 \end{array}\right]$$

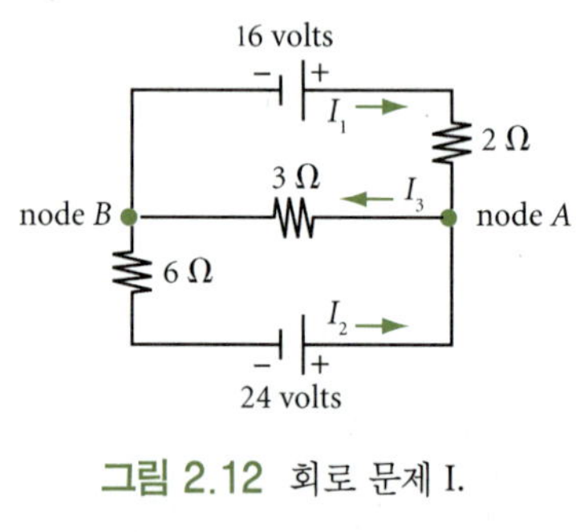

그림 2.12 회로 문제 I.

이므로 해는 $I_1=2$, $I_2=2$와 $I_3=4$이다.

그림 2.12에 주어진 회로 문제를 푸는 좀더 쉬운 방법으로 I_3 부분을 무시하는 방법을 고려할 수도 있다. 즉 I_1, I_2와 관계된 두 개의 폐회로만 가지고도 문제를 풀 수 있는데

$$\begin{cases} (2+3)I_1 + (3)I_2 = 16 \\ (3)I_1 + (3+6)I_2 = 24 \end{cases} \quad \text{또는} \quad \begin{cases} 5I_1 + 3I_2 = 16 \\ 3I_1 + 9I_2 = 24 \end{cases}$$

와 같다. 이때 해는 전과 같은 $I_1=2$, $I_2=2$이다.

만약에 회로 문제를 풀었을 때 음수 값을 가지는 해가 나오면, 관련된 폐회로를 흐르는 전류의 방향이 가정하였던 방향의 반대임을 의미한다. 주어진 전기 회로의 가장 바깥쪽의 폐회로에서 생기는 방정식은 만들 수는 있으나 앞서 구한 해와 같은 결과를 주기 때문에 고려하지 않았다.

요약 2.1

- 벡터 등식: 방정식 $(x_1, x_2, \ldots, x_n)=(y_1, y_2, \ldots, y_n)$은 모든 첨자 i에 대해서 $x_i=y_i$을 의미한다.
- 벡터 덧셈: $\mathbf{x}+\mathbf{y}=(x_1+y_1, x_2+y_2, \ldots, x_n+y_n)$
- 스칼라 곱셈: $\alpha\mathbf{x}=(\alpha x_1, \alpha x_2, \ldots, \alpha x_n)$
- 일차결합: $\alpha_1\mathbf{u}_1+\alpha_2\mathbf{u}_2+\cdots+\alpha_m\mathbf{u}_m=\sum_{j=1}^{m}\alpha_j\mathbf{u}_j$
- $\mathbb{R}^n$은 실수의 모든 n-튜플로 구성된 공간이고 두 개의 연산(벡터 덧셈과 스칼라 곱셈)이 정의되어 있다. 실수 n-공간 또는 n차원 좌표 공간으로 부른다.
- Span(S): 어떤 벡터들의 집합 S의 생성(span)은 이 집합 S에 있는 벡터들의 모든 일차결합의 모임이다.
- 벡터공간 $\mathbb{R}^n$의 기본 성질:
  - 만약에 $\mathbf{x}, \mathbf{y} \in \mathbb{R}^n$이면 $\mathbf{x}+\mathbf{y} \in \mathbb{R}^n$이다.
    (벡터 덧셈에 대하여 닫혀 있다)
  - 만약에 $\mathbf{x}, \mathbf{y} \in \mathbb{R}^n$이면 $\mathbf{x}+\mathbf{y}=\mathbf{y}+\mathbf{x}$이다.
    (벡터 덧셈에 대한 교환법칙)
  - 만약에 $\mathbf{x}, \mathbf{y}, \mathbf{z} \in \mathbb{R}^n$이면 $(\mathbf{x}+\mathbf{y})+\mathbf{z}=\mathbf{x}+(\mathbf{y}+\mathbf{z})$이다.
    (벡터 덧셈에 대한 결합법칙)
  - 영벡터($\mathbf{0} \in \mathbb{R}^n$)는 모든 $\mathbf{x} \in \mathbb{R}^n$에 대해서 $\mathbf{x}+\mathbf{0}=\mathbf{x}$이다.
  - 임의의 $\mathbf{x} \in \mathbb{R}^n$에 대해서 $-\mathbf{x}+\mathbf{x}=\mathbf{0}$이 되는 하나의 벡터 $-\mathbf{x}$가 있다.
    ($\mathbf{x}$의 음수)
  - 만약에 $\mathbf{x} \in \mathbb{R}^n$이고 $\alpha \in \mathbb{R}$이면 $\alpha\mathbf{x} \in \mathbb{R}^n$이다.
    (스칼라 곱셈에 대해서 닫혀 있다)
  - $\alpha, \beta \in \mathbb{R}$이고 $\mathbf{x} \in \mathbb{R}^n$이면 $\alpha(\beta\mathbf{x})=(\alpha\beta)\mathbf{x}$이다.
    (스칼라의 결합법칙)
  - $\alpha \in \mathbb{R}$이고 $\mathbf{x}, \mathbf{y} \in \mathbb{R}^n$이면 $\alpha(\mathbf{x}+\mathbf{y})=\alpha\mathbf{x}+\alpha\mathbf{y}$이다.
    (스칼라의 분배법칙)
  - $\alpha, \beta \in \mathbb{R}$이고 $\mathbf{x} \in \mathbb{R}^n$이면 $(\alpha+\beta)\mathbf{x}=\alpha\mathbf{x}+\beta\mathbf{x}$이다.
    (하나의 벡터에 대한 스칼라의 분배법칙)
  - $\mathbf{x} \in \mathbb{R}^n$이면 $1 \cdot \mathbf{x}=\mathbf{x}$이다.
    (1의 곱셈)
- 유동 공리(네트워크에 대한): 각각의 노드에 대해서 유입량과 유출량은 같다. 전체 네트워크에 대해서 총 유입량과 총 유출량은 같다.
- 옴의 법칙: V는 저항기를 통과할 때의 강압이고 R은 저항, I는 전류일 때, $V=IR$이다.
- 키르히호프 제1법칙: 어떤 노드에 유입되는 전류의 합과 유출되는 전류의 합은 같다.
- 키르히호프 제2법칙: 폐회로 안에서 전원에 의해 발생한 총 전압은 그 폐회로 안에서 발생한 강압들의 합이다.
- 점 $\mathbf{u}$를 지나고 $\mathbf{v}$를 포함하는 직선과 평행한 직선은 $\{\mathbf{u}+t\mathbf{v} : t \in \mathbb{R}\}$이다.
- 무게들의 집합에 대한 무게 중심: $W=\sum_{i=1}^{m}w_i$일 때 $\mathbf{c}=(w_1\mathbf{x}_1+w_2\mathbf{x}_2+\cdots+w_m\mathbf{x}_m)/W$이다.

주요 개념 2.1

벡터 덧셈, 스칼라에 의한 벡터 곱셈; 실수 좌표 공간, 벡터공간 $\mathbb{R}^n$의 성질(닫혀 있는 성질, 교환성, 결합성, 분배성); 일차결합; 실수 n-공간에서의 직선과 평면; 집합의 생성; 응용: 무게 평형, 교통 흐름, 전기 회로, 옴의 법칙, 키르히호프 법칙

일반 연습문제 2.1

1. $\mathbb{R}^2$에 있는 세 개의 점이 동일 직선 상에 있는지를 결정할 수 있는 방법을 제시하라. 그 방법을 세 개의 점 $(-530, 699)$, $(510, -661)$, $(380, -491)$에 적용하라.

2. $\mathbf{u}=(1, 0, 0)$, $\mathbf{v}=(1, 1, 0)$, $\mathbf{w}=(1, 1, 1)$일 때 집합 $\{\mathbf{u}, \mathbf{v}, \mathbf{w}\}$의 생성을 구하고 그 이유를 설명하라.

3. 다음 방정식에서 미지수 c를 구하라.

$$3\begin{bmatrix} 4 \\ 5 \\ -2 \end{bmatrix} + c\begin{bmatrix} 6 \\ 2 \\ 1 \end{bmatrix} - 4\begin{bmatrix} -2 \\ 7 \\ -3 \end{bmatrix} = \begin{bmatrix} -10 \\ -23 \\ 1 \end{bmatrix}$$

4. 벡터 $(10, 27, 4, 2, -3)$은 두 개의 벡터 $(1, 3, 7, 1, 0)$와 $(4, 11, 6, 0, 1)$의 생성에 속하는가?

5. $(7, -1, 0)$를 $(1, 3, 2)$와 $(4, 1, 1)$의 일차결합으로 표현할 수 있는지를 결정하고 그 과정을 설명하라.

6. $\mathbf{x}_1=(1, 3, 2)$, $\mathbf{x}_2=(-2, 1, 0)$, $\mathbf{x}_3=(-3, 2, 2)$에 대응하는 무게가 각각 3, 7, 5인 계(system)에 대한 무게 중심을 구하라.

7. 무게 11 kg, 2 kg, 7 kg에 대응하는 세 개의 점을 각각 $(2, 1, 3)$, $(1, -1, 0)$, $(3, -2, 1)$라고 하자. 5 kg의 무게가 어디에 위치해야 네 개의 무게가 평형 상태에 있게 되겠는가?

8. $\mathbb{R}^m$에 있는 점 $\mathbf{x}_1, \mathbf{x}_2, \ldots, \mathbf{x}_n$에 대한 무게가 모두 같다면 무게 중심은 $\left(\sum_{i=1}^{n}\mathbf{x}_i\right)/n$ (centroid)가 되는 것을 보이라. 이 공식으로 유한 개의 벡터를 가진 어떤 집합의 평균을 구한다. 즉 수(number)로 구성된 하나의 집합에 대한 평균을 구하는 개념이 벡터로 구성된 하나의 집합에 대한 평균을 구하는 개념으로 확장되는 것을 알 수 있다.

9. (계속) 다음과 같이 주어진 점에 대하여 무게 중심(centroid)을 구하라.

a. $(2, -4)$, $(1, 2)$, $(-1, 7)$

b. $(1, 1, -1)$, $(0, 0, 0)$, $(1, 1, 1)$, $(-2, 1, 0)$

10. 그림 2.12에 주어진 전기 회로에서 바깥쪽의 폐회로를 흐르는 전류에 대하여 무슨 결론을 내릴 수 있는가?

11. 다음과 같이 네 개의 다항식이 정의되어 있다: $p_1(x)=x^3-2x^2+x+1$, $p_2(x)=x^2-x+2$, $p_3(x)=2x^3+3x+4$, $p_4(x)=3x^2+2x+1$. 집합 $\{p_1, p_2, p_3, p_4\}$은 $\mathbb{P}_3$를 생성하는가? 자세히 설명하라. 단, $\mathbb{P}_3$는 다항식의 차수가 최대 3인 모든 다항식의 공간이다.

12. S와 T를 벡터공간 V의 부분집합이라 하고 $S \subseteq \text{Span}(T)$을 가정하자. 이때 $\text{Span}(S) \subseteq \text{Span}(T)$가 되는 것을 보이라.

13. $\mathbb{R}^n$에 있는 두 개의 직선이 같다는 것을 결정하는 방법을 제시하라. 그 두 개의 직선이 $L_1=\{p+t\mathbf{q} : t \in \mathbb{R}\}$, $L_2=\{\mathbf{v}+t\mathbf{w} : t \in \mathbb{R}\}$라고 하자. 특히 $\mathbf{p}=(4, 2, 1)$, $\mathbf{q}=(-1, 3, 2)$, $\mathbf{v}=(1, 11, 7)$, $\mathbf{w}=(3, -9, -6)$일 때 그 방법을 사용해 보라.

14. $\mathbf{x}$는 $\mathbb{R}^n$에서 영이 아닌 벡터이고 실수 α, β는 $\alpha\mathbf{x}=\beta\mathbf{x}$를 만족한다고 하자. 왜 $\alpha=\beta$가 되어야 하는지 그 이유를 설명하라.

15. 기하학의 내용을 해석학적으로 접근하면 $\mathbb{R}^2$에서의 직선은 $\{\mathbf{u}+t\mathbf{v} : t \in \mathbb{R}\}$와 같은 집합 기호로 표현된다. 이때 $\mathbf{u}$, $\mathbf{v}$는 미리 정해진 $\mathbb{R}^2$의 벡터이고 $\mathbf{v} \neq \mathbf{0}$이다. 매개변수 t는 임의의 실수이다. 다음 질문에 답하라.

a. 이 직선의 기울기를 구하라.

b. 이 직선의 **수직 절편**(vertical intercept)을 구하라.(수직 절편은 직선이 y 축과 만나는 점이다.)

c. 직선의 **기울기-절편** 형식($y=ax+b$)를 구하라.

d. 직선의 **절편** 형식($x/a+y/b=1$)을 구하라

e. 직선의 **점-기울기** 형식$[y-y_0=m(x-x_0)]$을 구하라.

16. $\mathbb{R}^n$에서 다음과 같이 n개의 벡터를 정의하자: $\mathbf{e}_1=[1, 0, 0, ..., 0]^T$, $\mathbf{e}_2=[0, 1, 0, ..., 0]^T$, ..., $\mathbf{e}_n=[0, 0, 0, ..., 1]^T$. 공간 $\mathbb{R}^n$에 있는 모든 벡터는 정의된 n개의 벡터 $\mathbf{e}_1, \mathbf{e}_2, ..., \mathbf{e}_n$의 일차결합임을 보이라.

17. (계속) 임의의 벡터를 $\mathbf{e}_1, \mathbf{e}_2, ..., \mathbf{e}_n$의 일차결합으로 표현할 때 계수의 값들은 유일함을 증명하라. 즉 방정식 $\mathbf{u}=\sum_{j=1}^n \alpha_j \mathbf{e}_j$에서 n-튜플 $(\alpha_1, \alpha_2, ..., \alpha_n)$은 벡터 $\mathbf{u}$에 의하여 유일하게 결정된다.

18. $\mathbb{R}^2$에서 세 점 $\mathbf{u}, \mathbf{v}, \mathbf{w}$가 주어지면 적당한 실수 α, β, γ(동시에 0이 아닌 실수)에 대하여 방정식 $\alpha\mathbf{u}+\beta\mathbf{v}+\gamma\mathbf{w}=\mathbf{0}$을 만족함을 보이라.

19. $\mathbf{x} \in \mathbb{R}^n$, $c \in \mathbb{R}$, $c\mathbf{x}=0$일 때, $c=0$의 결론을 얻기 위하여 $\mathbf{x}$로 나눌 수 있는가?

20. $\mathbf{x}$는 하나의 벡터 $(x_1, x_2, ..., x_n)$이라고 하자. 어떤 벡터 $\mathbf{c}=(c_1, c_2, ..., c_n)$에 대해서도 $\sum_{i=1}^n c_i x_i=\mathbf{0}$라고 가정하자. 이때 벡터 $\mathbf{x}$는 $\mathbf{0}$가 되는 이유를 설명하라. 참고: 식 $\sum_{i=1}^n c_i x_i$는 두 개의 벡터 $\mathbf{c}=(c_1, c_2, ..., c_n)$과 $\mathbf{x}=(x_1, x_2, ..., x_n)$의 **내적**(inner product, 또는 dot product)이라고 부른다.

21. 만약에 $\mathbb{R}^2$에서의 스칼라 곱셈 정의를 변경하여 $\alpha(x_1, x_2)=(\alpha x_1, 0)$을 스칼라 곱셈 정의로 선택하면 여전히 $\mathbb{R}^2$의 기본 성질 1~10을 만족하겠는가?

22. 실수로 구성된 하나의 n-튜플 $(x_1, x_2, ..., x_n)$과 집합 $\{1, 2, ..., n\}$에서 정의된 하나의 실함수(real-valued function) 사이의 차이는 무엇인가?

23. 두 개의 벡터 $\mathbf{x}=[x_1, x_2, ..., x_n]^T$, $\mathbf{y}=[y_1, y_2, ..., y_n]^T$가 주어졌을 때, 모든 i에 대해서 $x_i=y_i$이면 $\mathbf{x}=\mathbf{y}$이다. 왜 $\mathbf{x} \neq \mathbf{y}$은 모든 i에 대해서 $x_i \neq y_i$임을 의미하지 않는가?

24. $\mathbb{R}^n$ (또는 임의의 벡터공간)에 있는 어떤 집합 U에 대해서 Span(Span(U))=Span(U)가 됨을 설명하라.

25. a. 어떤 집합의 생성이 공집합이 될 수 있는가?

b. 어떤 집합의 생성이 단 하나의 벡터만을 가질 수 있는가?

c. 만약에 Span(S)=Span(T)이면 $S=T$인가?

d. 만약에 Span(S) $\subseteq$ Span(T)이면 $S \subseteq T$인가?

e. 만약에 $S \subseteq T$이면 Span(S) $\subseteq$ Span(T)인가?

26. $\mathbf{x}, \mathbf{y}, \mathbf{z}$는 $\mathbb{R}^2$에 있는 삼각형의 꼭지점이다. 각 꼭지점의 무게가 동일할 때 무게 중심을 구하는 공식을 만들어 보라.

27. 위치 벡터들이 고정되어 있다. 하나의 벡터를 제외하고 모든 벡터에 대응하는 무게가 고정되어 있을 때 그 무게 중심의 움직임을 분석하라. 특히 고정되지 않는 무게가 무한히 커지면 무게 중심은 어떻게 되는가?

28. 교통 문제 I을 살펴보자. $\mathbf{u}=(0, 300, 300, 200, 0, 200, 500)$라고 하자. 제공된 연립방정식을 만족하고 벡터 부등식 $\mathbf{0} \le \mathbf{x} \le \mathbf{u}$, $\mathbf{x} \neq \mathbf{u}$을 만족하는 벡터 $\mathbf{x}$가 존재하는가?

문제 29~41번에 대한 설명: 각각의 문제에 제시된 그림에 대응하는 연립방정식을 세우고 그 해를 구하라.

29. 제시된 교통망 문제에 대한 식을 세운 후에 어떤 교차점과 관련되어 지나는 차량의 총수가 최소가 되도록 하는 해를 구하라. 만약에 그림에서 70이 변수로 바뀌면 어떤 상황이 될지 분석하라.

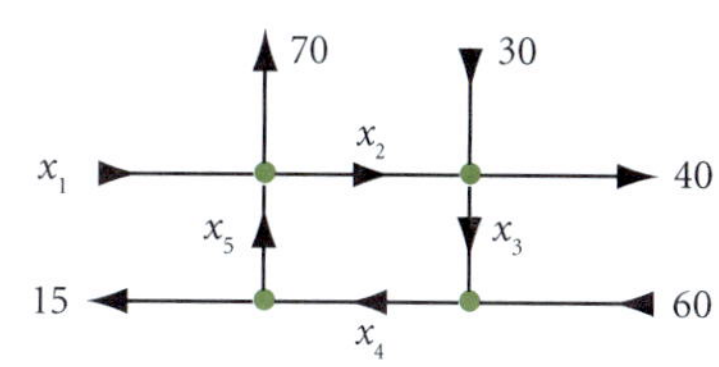

30. 제시된 교통 문제에 대한 연립방정식을 세우고 해를 구하라.

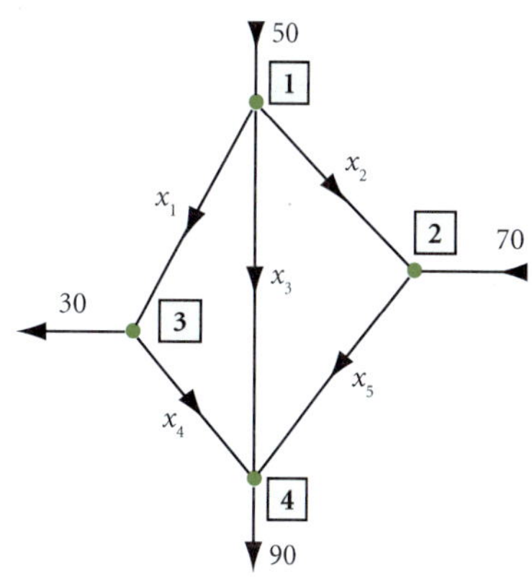

31. 제시된 교통 문제에 대한 연립방정식을 세우고 해를 구하라.

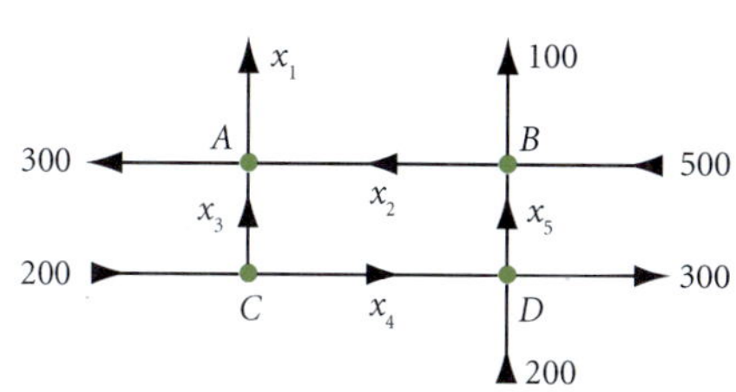

32. 제시된 전기 회로 문제에 대한 연립방정식을 세우고 해를 구하라.

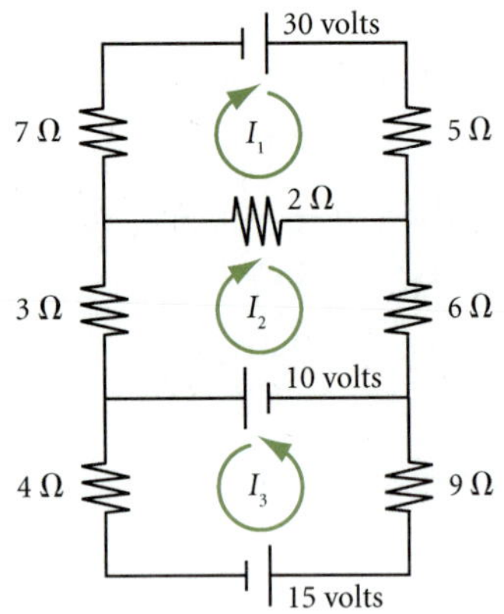

33. 제시된 전기 회로 문제에 대한 연립방정식을 세우고 해를 구하라. 전류 I_2의 값은 얼마인가?

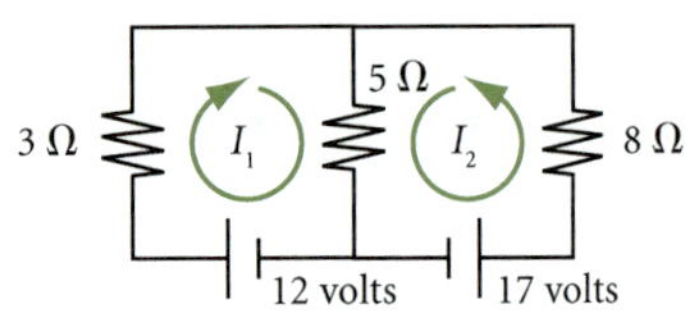

34. 제시된 전기 회로 문제에 대한 연립방정식을 세우고 해를 구하라.

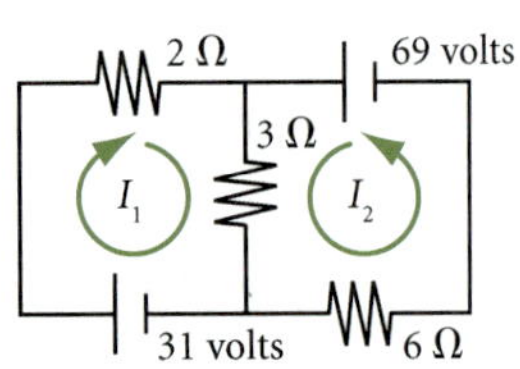

35. 제시된 전기 회로 문제에 대한 연립방정식을 세우고 해를 구하라.

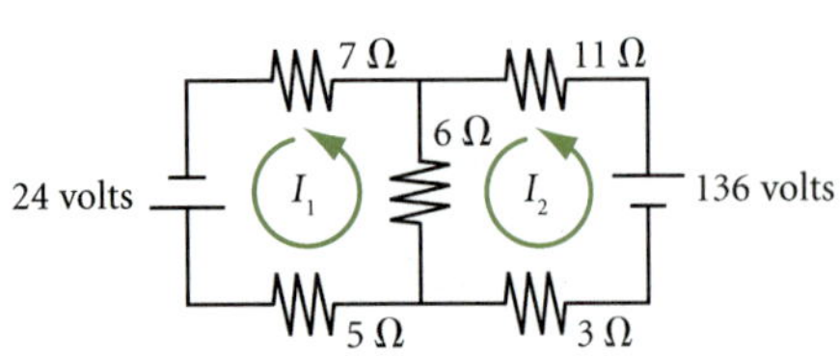

36. 제시된 전기 회로 문제에 대한 연립방정식을 세우고 해를 구하라.

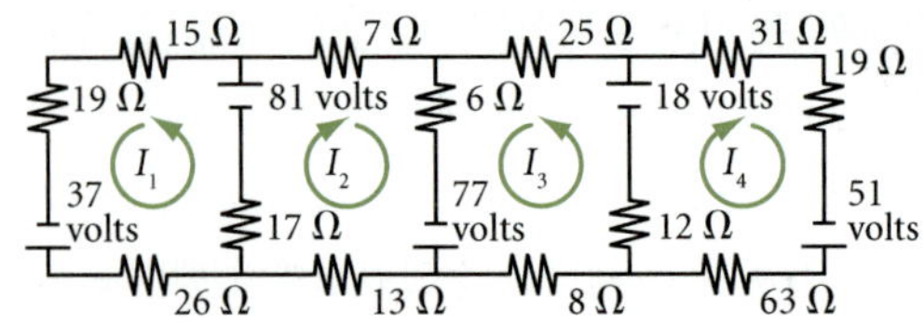

37. 제시된 전기 회로 문제에 대한 연립방정식을 세우고 해를 구하라.

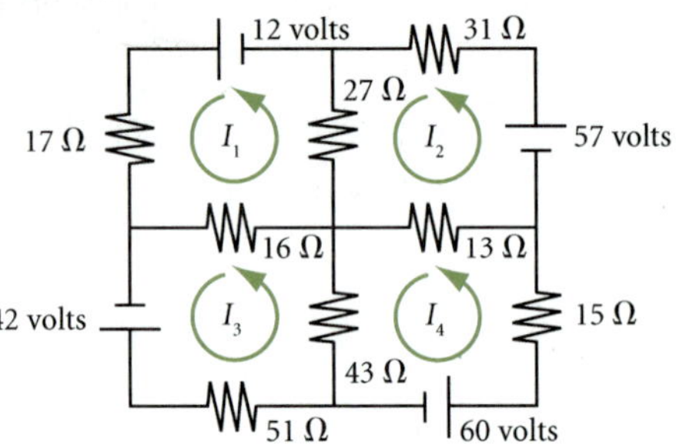

38. 제시된 전기 회로 문제에 대한 연립방정식을 세우고 해를 구하라.

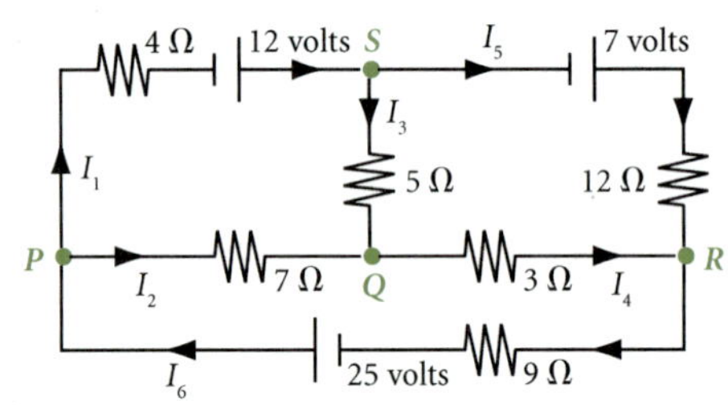

39. 제시된 격자(grid) 문제에 대한 연립방정식을 세우고 해를 구하라.

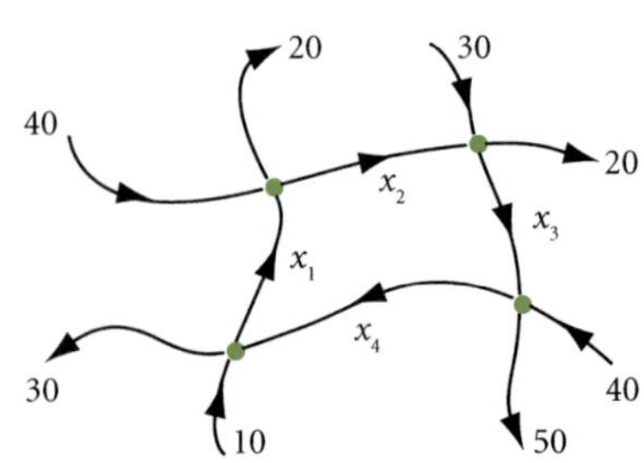

40. 제시된 격자 문제에 대한 연립방정식을 세우고 해를 구하라.

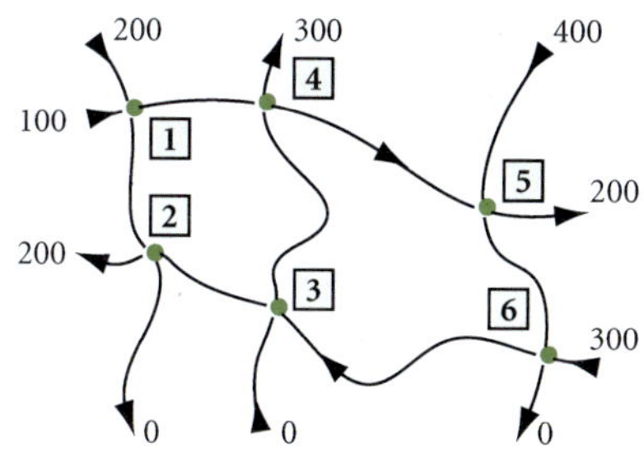

41. 다음과 같이 일방통행 도로로 만들어진 교통 흐름 문제에 대한 식을 세우고 일반해를 구하라.

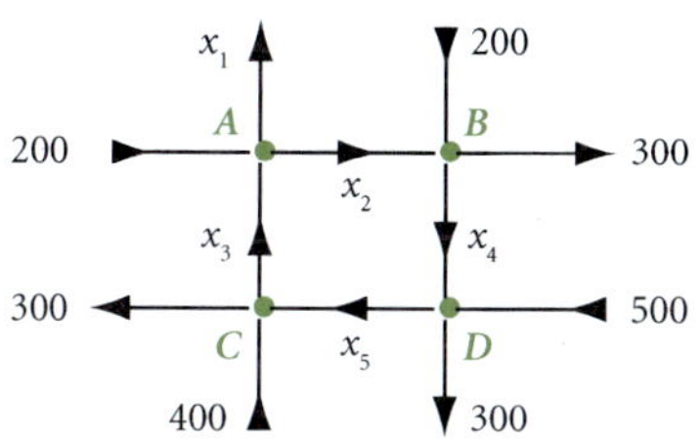

42. 반환은 없다고 가정하고 다음과 같이 제조업자 M_i에서 도매업자 W_i, 소매업자 R_i, 소비자 C_i로 이어지는 물품 흐름 문제에 대한 식을 세우고 해를 구하라.

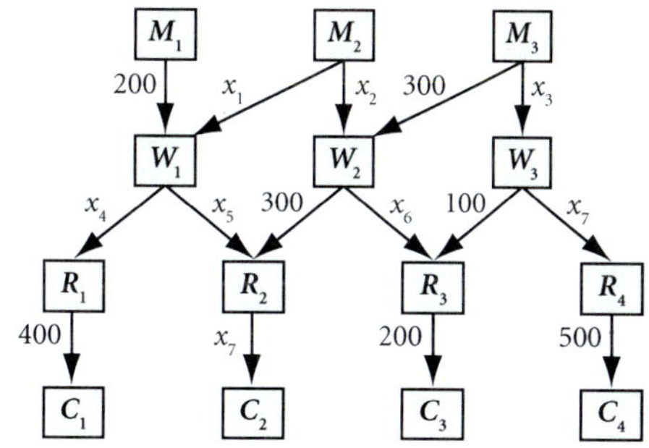

참-거짓 연습문제 2.1

1. $n \neq m$일 때 $\mathbb{R}^m$에 속하는 n개의 벡터로 구성된 집합의 생성은 $\mathbb{R}^n$의 부분집합이다.

2. 벡터 (9, 3, 7)은 세 개의 벡터 (3, 2, 1), (1, 2, 0), (3, 0, 0)로 구성된 집합의 생성에 속한다.

3. 벡터 (4, 5, 1)은 세 개의 벡터 $\mathbf{u}=(3, 0, 0)$, $\mathbf{v}=(1, 2, 0)$과 $\mathbf{w}=(1, 2, 3)$로 구성된 집합의 선형 생성에 속한다.

4. $\mathbf{u}$, $\mathbf{v}$와 $\mathbf{w}$가 $\mathbb{R}^3$의 세 점이면 방정식 $a\mathbf{u}+b\mathbf{v}+c\mathbf{w}=\mathbf{0}$와 부등식 $|a|+|b|+|c| > 0$을 동시에 만족하는 스칼라 a, b와 c가 존재한다.

5. 만약에 $\mathbf{x}=(x_1, x_2, \ldots, x_n)$, $\mathbf{y}=(y_1, y_2, \ldots, y_n)$이고 $\mathbf{x} \neq \mathbf{y}$이면 모든 $i=1, 2, \ldots, n$에 대하여 $x_i \neq y_i$이다.

6. 두 벡터 $\mathbf{u}$, $\mathbf{v}$의 생성은 $\mathbf{u}$의 상수곱 또는 $\mathbf{v}$의 상수곱의 벡터로 구성된 집합이다.

7. $\mathbf{u}=(1, 1, 1)$, $\mathbf{v}=(1, 0, 0)$, $\mathbf{w}=(1, 1, 0)$일 때 집합 $\{\mathbf{u}, \mathbf{v}, \mathbf{w}\}$의 생성은 $\mathbb{R}^3$이다.

8. $\mathbb{R}^n$에서 n개의 벡터를 선택하여 이 벡터들로 구성된 집합의 생성이 $\mathbb{R}^n$이 되고 선택된 n개의 벡터 중에 어떤 벡터도 벡터 성분 0을 갖지 않도록 할 수 있다.

9. $\mathbf{u}$, $\mathbf{v}$와 $\mathbf{w}$는 $\mathbb{R}^n$의 세 벡터이다. 만약에 $w \neq \mathbf{u}$이고 $\mathbf{w} \neq \mathbf{v}$이면 $\mathbf{w}$는 집합 $\{\mathbf{u}, \mathbf{v}\}$의 생성에 속하지 않는다.

10. 벡터 (11, 13, −41)은 다음 세 개의 벡터로 구성된 집합의 생성에 속한다: (1, 3, 7), (0, 2, 5), (0, 0, 6).

11. 세 벡터로 구성된 어떤 집합은 $\mathbb{R}^4$를 생성할 수 있다.

12. 벡터 $\frac{1}{3}\mathbf{u}_2$는 집합 $\{\mathbf{u}_1, \mathbf{u}_2, \mathbf{u}_3\}$의 생성에 속한다.

13. 만약에 벡터들의 집합 $\{\mathbf{v}_1, \mathbf{v}_2, \ldots, \mathbf{v}_n\}$이 벡터공간 V를 생성한다면 V에 속하는 모든 벡터는 n개의 벡터 $\mathbf{v}_1, \mathbf{v}_2, \ldots, \mathbf{v}_n$의 일차결합으로 유일하게 표현된다.

14. 집합 S가 일차종속인 벡터로 구성되어 있을 때, S에 속하는 임의의 벡터는 S에 속하는 다른 벡터들의 일차결합이다.

15. 행렬 $\mathbf{A}$의 열들이 $\mathbb{R}^k$을 생성(Span)할 때, $\mathbb{R}^k$의 모든 벡터 $\mathbf{b}$에 대하여 일차방정식 $\mathbf{Ax}=\mathbf{b}$은 해가 존재한다.

16. 벡터 (7, 9, 23)은 세 개의 벡터로 구성된 집합의 생성에 속한다: (1, 5, 3), (0, 4, 9), (0, 0, 8).

17. 벡터들로 구성된 두 집합의 생성이 같다면, 그 두 집합은 동일해야 한다.[가정의 의미는 다음과 같다: S와 T가 $\mathbb{R}^n$의 두 개의 집합일 때, $\text{Span}(S)=\text{Span}(T)$.]

18. 벡터들로 구성된 두 개의 집합이 같지 않으면 이 두 집합의 생성도 같지 않아야 한다.

19. 벡터 $[5 \quad 15 \quad -3]^T$은 $[1 \quad 4 \quad -2]^T$와 $[3 \quad 7 \quad 1]^T$의 생성에 속한다.

20. $\mathbf{x}=(x_1, x_2, \ldots, x_n)$, $\mathbf{y}=(y_1, y_2, \ldots, y_n)$일 때, 어떤 i에 대해서 $x_i \neq y_i$이면 $\mathbf{x} \neq \mathbf{y}$라는 결론을 내릴 수 있다.

21. 벡터 (12, 1, −21)은 다음 세 벡터로 구성되는 집합의 생성에 속한다: (11, 3, 7), (0, 12, 5), (0, 0, 66).

22. 벡터들을 원소로 하는 정렬된 두 집합이 같지 않다면 이 두 집합의 생성들도 같지 않다.

23. 벡터 (4, 5, 1)은 세 벡터 $\mathbf{u}=(3, 0, 0)$, $\mathbf{v}=(1, 2, 0)$, $\mathbf{w}=(1, 2, 3)$로 구성된 집합의 일차 생성(linear span)에 속한다.

24. $\mathbb{R}^n$에서 n개의 벡터를 선택하여 이 벡터로 구성되는 집합의 생성이 $\mathbb{R}^n$이 되도록 할 수 있다.

25. 벡터 **b**가 행렬 A의 열로 구성된 집합의 생성에 속할 때, 일차방정식 $A\mathbf{x}=\mathbf{b}$의 해는 존재한다.

26. $m\times n$ 행렬 A의 각각의 열이 하나의 피벗 위치를 가지면 A의 열들은 $\mathbb{R}^m$을 생성한다.

27. 벡터 **b**가 A의 열로 구성된 집합의 생성에 속하지 않으면, 일차방정식 $A\mathbf{x}=\mathbf{b}$의 해는 존재하지 않는다.

28. 첨가행렬이 다음과 같은 연립방정식을 살펴보자.

$$\left[\begin{array}{ccc|c} 1 & 0 & -4/3 & -1 \\ 0 & 1 & 0 & 2 \\ 0 & 0 & 0 & 0 \end{array}\right]$$

이 연립방정식의 일반해(general solution)는 다음과 같이 주어진다.

$$\begin{bmatrix} x_1 \\ x_2 \\ x_3 \end{bmatrix} = \begin{bmatrix} -1 \\ 2 \\ 0 \end{bmatrix} + x_3 \begin{bmatrix} 4/3 \\ 0 \\ 1 \end{bmatrix}$$

29. α, β는 실수이고 $\mathbf{x}, \mathbf{y} \in \mathbb{R}^n$이다. 만약에 $\alpha\mathbf{x}=\beta\mathbf{y}$이면 $\alpha=\beta$ 또는 $\mathbf{x}=\mathbf{y}$임을 증명할 수 있다.

30. 벡터 $\sqrt{3}\mathbf{u}$는 집합 {**v**, **u**, **w**}의 생성에 속한다.

선다형 연습문제 2.1

항상 첫 번째로 옳은 답을 선택하라.

1. $\mathbf{v}_1=(1, 2, 3, 4)$, $\mathbf{v}_2=(1, -1, 2, 1)$, $\mathbf{v}_3=(5, 6, 7, 8)$일 때, 다음 중 어떤 벡터가 이 세 벡터의 생성에 속하는가?

a. (6, 5, 9, 1)　**b.** (−1, −1, 4, 4)
c. (3, 3, 3, 7)　**d.** (−2, −3, 1, 1)
e. 위 항목 중 답이 없다.

2. 다음과 같이 네트워크가 주어졌을 때, 어떤 방정식이 성립하지 않는가?

a. $x_1+x_2=500$　**b.** $x_1=x_3+100$
c. $x_2=100+x_4$　**d.** $100+x_2=x_4$
e. 위 항목 중 답이 없다.

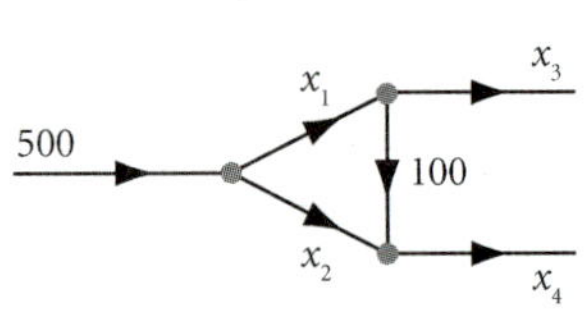

3. 다음과 같이 다이어그램에 주어진 회로흐름(circuit-flow) 문제를 풀 때, 구해지는 해들 중 하나는?

a. (3, 1, 8)　**b.** (3, 8, 1)
c. (8, 3, 1)　**d.** (1, 3, 8)
e. 위 항목 중 답이 없다.

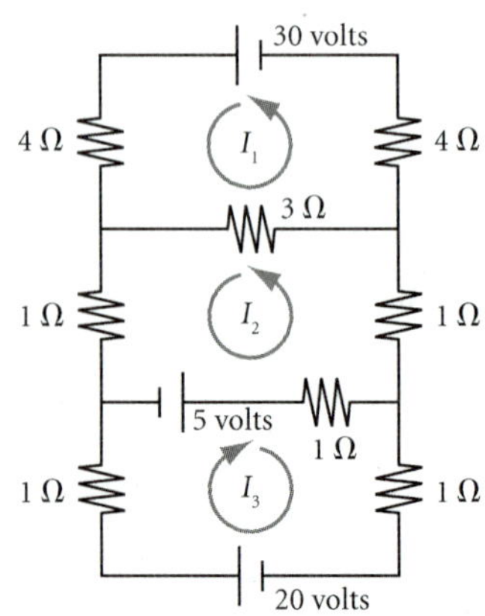

4. 다음 중 어느 것이 벡터공간인가?

a. $p(t)=t^3+at^2+bt+c$의 형태를 가지는 모든 다항식의 집합

b. $m \times n$ 행렬 $\mathbf{A}$에 대하여, 방정식 $\mathbf{Ax}=\mathbf{0}$의 자명하지 않은 모든 해의 집합

c. $\mathbf{A}$가 $m \times n$ 행렬일 때 $\{\mathbf{Ax} : \mathbf{x} \in \mathbb{R}^n\}$로 정의된 집합

d. 방정식 $x_2=1+x_3$을 만족하는 모든 벡터 $[x_1, x_2, x_3]$로 구성되는 집합

e. 위 항목 중 답이 없다.

5. $\mathbf{x}$, $\mathbf{y}$, $\mathbf{u}$, $\mathbf{v}$가 $\mathbb{R}^n$의 원소이고 $\mathbf{u} \neq \mathbf{v}$를 가정하면 다음 중 옳은 것은?

a. $\mathbf{x}+\mathbf{y}+\mathbf{u}=\mathbf{u}+\mathbf{y}+\mathbf{x}$ **b.** $\mathbf{x}+\mathbf{u}=\mathbf{x}+\mathbf{v}$

c. $\mathbf{x}=\mathbf{y}$ **d.** 각각의 i에 대하여 $x_i^2 \geq 0$

e. 위 항목 중 답이 없다.

6. $\mathbf{u}_1=(3, 6)$, $\mathbf{u}_2=(2, 4)$일 때, $\{\mathbf{u}_1, \mathbf{u}_2\}$의 생성에 속하는 벡터는?

a. $(7, 0)$ **b.** $(2, 22)$

c. $(13, 12)$ **d.** $(9, 29)$

e. 위 항목 중 답이 없다.

7. $\mathbf{u}=[1, 1]^T$, $\mathbf{v}=[2, 1]^T$ $(\in \mathbb{R}^2)$일 때 집합 $\{\mathbf{u}, \mathbf{v}\}$의 생성은?

a. 점 $\mathbf{u}$, $\mathbf{v}$를 지나는 직선

b. $\mathbf{u}$의 모든 상수곱이 원소인 집합

c. t가 실수일 때, $\mathbf{u}+t\mathbf{v}$의 형태를 가진 모든 벡터들의 집합

d. $\mathbb{R}^2$

e. 위 항목 중 답이 없다.

8. $\mathbf{u}=(3, 2, 1)$, $\mathbf{v}=(1, 2, 3)$, $\mathbf{w}=(1, 1, 1)$일 때, 다음 중 옳지 않은 것은?

a. $\mathbf{u} \in \text{Span}\{\mathbf{v}, \mathbf{w}\}$ **b.** $\mathbf{v} \in \text{Span}\{\mathbf{u}, \mathbf{w}\}$

c. $\mathbf{w} \in \text{Span}\{\mathbf{u}, \mathbf{v}\}$ **d.** $\text{Span}\{\mathbf{u}, \mathbf{v}, \mathbf{w}\}=\mathbb{R}^3$

e. 위 항목 중 답이 없다.

9. $m \times n$ 행렬 $\mathbf{A}$에 대하여 다음 중 논리적으로 동치가 되지 않는 것이 있다면 어느 것인가?

a. $\mathbf{A}$의 행벡터들은 $\mathbb{R}^n$을 생성한다.

b. $\mathbf{A}$의 열벡터들은 $\mathbb{R}^m$을 생성한다.

c. 임의의 $\mathbf{b} \in \mathbb{R}^m$에 대하여 방정식 $\mathbf{Ax}=\mathbf{b}$는 하나의 해를 갖는다.

d. $\mathbf{A}$의 각 행은 하나의 피벗 위치를 갖는다.

e. 위 항목 중 답이 없다.

10. $\mathbf{A}$는 $m \times n$ 행렬이고 $\mathbf{A}$의 열벡터들이 $\mathbb{R}^m$을 생성한다. 다음 중 반드시 참인 것은?

a. $\mathbf{A}$의 각 행은 하나의 피벗 위치를 갖는다.

b. $\mathbf{A}$의 열벡터들은 $\mathbb{R}^n$을 생성한다.

c. $\mathbf{A}$의 각 열은 하나의 피벗 위치를 갖는다.

d. 임의의 $\mathbf{b} \in \mathbb{R}^m$에 대하여 방정식 $\mathbf{Ax}=\mathbf{b}$는 하나의 유일해를 갖는다.

e. 위 항목 중 답이 없다.

11. $\mathbf{u}=(3, 0, 2)$, $\mathbf{v}=(1, 1, 1)$, $\mathbf{w}=(3, -3, 1)$일 때, 어떤 벡터가 $\text{Span}\{\mathbf{u}, \mathbf{v}, \mathbf{w}\}$에 속하는가?

a. $(1, 2, 3)$ **b.** $(4, 1, 2)$

c. $(5, -1, 3)$ **d.** $(6, -6, 2)$

e. 위 항목 중 답이 없다.

12. 벡터 $(h, 3, -5)$가 $(1, 3, -1)$과 $(-5, -8, 2)$의 일차 생성에 포함되도록 하는 h의 값은?

a. 3 **b.** -6

c. 0 **d.** -5

e. 위 항목 중 답이 없다.

13. $\mathbf{v}_1=(1, 2, 3, 4)$, $\mathbf{v}_2=(1, -1, 2, 1)$, $\mathbf{v}_3=(5, 6, 7, 8)$의 생성에 포함되지 않는 벡터는?

a. $(6, 5, 9, 1)$ **b.** $(-1, -1, 4, 4)$

c. $(3, 3, 3, 7)$ **d.** $(-2, -3, 1, 1)$

e. 위 항목 중 답이 없다.

14. 주어진 행렬의 핵에 포함되지 않는 것은?

$$\begin{bmatrix} 1 & 2 & 0 \\ 3 & 7 & 4 \end{bmatrix}$$

a. $\begin{bmatrix} 8 \\ -4 \\ 1 \end{bmatrix}$ **b.** $\begin{bmatrix} 2 \\ -1 \\ 3 \end{bmatrix}$

c. $\begin{bmatrix} -16 \\ 8 \\ -2 \end{bmatrix}$ **d.** $\begin{bmatrix} 0 \\ 0 \\ 0 \end{bmatrix}$

e. 위 항목 중 답이 없다.

2.2 직선, 평면, 그리고 초평면

수가 나올 때마다 아름다움이 보입니다.

—프로클로(DIADOCHUS PROCLUS, 411~485)

수학이란 단순한 단어들을 사용하여 이해하기 어려운 개념을 표현하는 과학입니다.

—캐스너(EDWARD KASNER, 1878~1955)와 뉴먼(JAMES R. NEWMAN)

더 단순하게 되지 않도록 모든 것은 가능한 한 단순하게 되어야 합니다.

—아인슈타인(ALBERT EINSTEIN, 1879~1955)

고차원의 공간 $\mathbb{R}^n$에서 연구될 많은 대상(object)은 $\mathbb{R}$, $\mathbb{R}^2$, $\mathbb{R}^3$ 같은 낮은 차원의 공간에서 그림으로 그려질 수 있다. $\mathbb{R}^2$에서 일어나는 눈으로 볼 수 있는 특징들은 빈번하게 $\mathbb{R}^n$ 공간에서의 통찰력을 제공할 것이다.

원점을 지나는 직선

원점을 지나는 평면 $\mathbb{R}^2$ 위의 직선을 살펴보자. 원점 $\mathbf{0}$가 아닌 직선 위의 한 점 $\mathbf{v}$를 선택하면 $\mathbf{0}$와 $\mathbf{v}$를 연결하는 직선이 결정된다. 그 직선 위의 다른 점들은 그림 2.13에서 나타난 것과 같이 단순히 $\mathbf{v}$의 스칼라 곱셈이다. 그림 2.13에서 $\mathbf{v}$는 점 (3, 2)이다. 표시된 다른 점들은 $(-3, -2)$, (0, 0), (3/2, 1), (6, 4)이다. 그러므로 평면 $\mathbb{R}^2$에서 **직선** L은 다음과 같이 정의된다.

$$L = \{c\mathbf{v} : c \in \mathbb{R}\} \qquad (\mathbf{v}\text{는 } \mathbb{R}^2\text{에서 정해진 점이다})$$

위의 L은 'c가 실수 $\mathbb{R}$의 모든 값을 가질 때 $c\mathbf{v}$의 형태를 가지는 모든 점들의 집합'을 나타낸다. 이 집합은 명백히 $\mathbf{0}$와 $\mathbf{v}$를 포함한다. 왜냐하면 $c=0$일 때 $c\mathbf{v}=\mathbf{0}$이고 $c=1$일 때 $c\mathbf{v}=\mathbf{v}$이기 때문이다. 위의 L을 다음과 같은 방법으로 정의할 수도 있다.

$$L = \{\mathbf{x} : \text{어떤 실수 } c\text{에 대하여, } \mathbf{x} = c\mathbf{v}\}$$

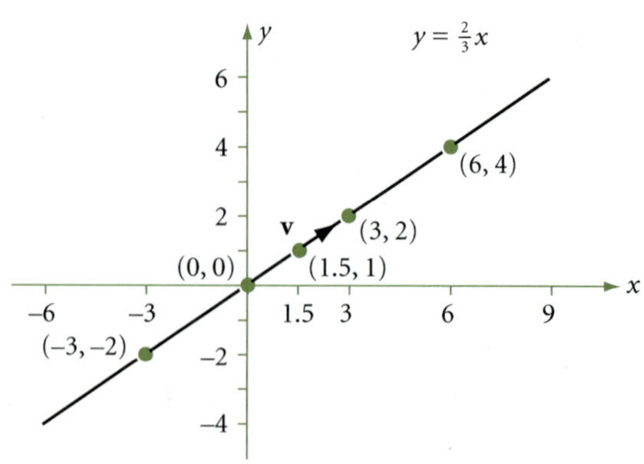

그림 2.13 원점을 지나는 직선.

만약에 계속 오해의 가능성이 있다면

$$L = \{\mathbf{x} \ : \ \mathbf{x} \in \mathbb{R}^2 \text{이고 어떤 실수 } c\text{에 대하여, } \mathbf{x} = c\,\mathbf{v}\}$$

와 같이 쓸 수 있다. 원점을 지나는 평면 위의 직선에 대한 구체적인 보기로

$$L_1 = \{c\,(5, -2) \ : \ c \in \mathbb{R}\} \qquad L_2 = \{r\,(2.718,\ 3.1416) \ : \ r \in \mathbb{R}\}$$

이 있다.

평면($\mathbb{R}^2$)에서의 직선

다음으로 원점을 지나지 않을 수도 있는 평면 위의 직선을 살펴보자. 직선 위의 두 점 **u**와 **v**를 선택하자. **직선**을 나타내는 또 다른 방법은

$$L = \{t\mathbf{u} + (1-t)\mathbf{v} \ : \ t \in \mathbb{R}\}$$

이다. 이것은 변수 t에 관한 선형 표현이고 벡터 **u**와 **v**는 고정되었다. t=0를 택하면 $\mathbf{v} \in L$이고 t=1이면 $\mathbf{u} \in L$임을 알 수 있다. **u**와 **v**를 연결하는 선분의 중점은 t=1/2일 때 얻어진다. 변수 t를 0과 1 사이의 모든 수에 대응시키면 **u**와 **v**를 연결하는 선분 위의 모든 점을 얻는다. 이 선분의 연장선 위에 있는 점들은 $t > 1$ 또는 $t < 0$의 범위에 있는 t의 값을 선택하여 얻을 수 있다. 위의 직선 L은 다음과 같이 쓸 수 있다.

$$L = \{\mathbf{v} + t(\mathbf{u} - \mathbf{v}) \ : \ t \in \mathbb{R}\}$$

원점을 지나는 직선을 벡터 **v**만큼 **평행이동**(translation)하면 직선 L이 되는 것을 위의 수식으로 알 수 있다. 그러므로 직선 L은

$$L = \mathbf{v} + \{t\,(\mathbf{u} - \mathbf{v}) \ : \ t \in \mathbb{R}\}$$

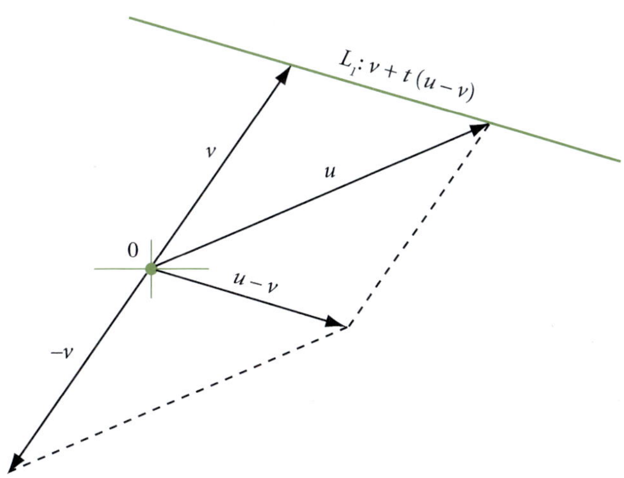

그림 2.14 매개변수 선.

으로 쓰여진다(그림 2.14 참조). 위의 식에서 하나의 벡터 $\mathbf{v}$ 더하기 하나의 집합 S는 $\mathbf{v}+S$로 표기된다. 이 표기는 $\mathbf{v}+\mathbf{s}(\mathbf{s} \in S)$ 형태의 벡터를 의미한다. 결론적으로 $\mathbb{R}^2$에서 모든 직선은 $z \neq \mathbf{0}$일 때 다음과 같이 나타낼 수 있다.

$$\{\mathbf{w}+t\mathbf{z} : t \in \mathbb{R}\} \quad \text{또는} \quad \mathbf{w}+\{t\mathbf{z} : t \in \mathbb{R}\}$$

예제 1 변수 t가 실수 $\mathbb{R}$의 모든 값을 가질 때 수식 $(12, 28)+t(9, 21)$은 $\mathbb{R}^2$에서 하나의 직선을 나타낸다. 이 직선은 원점 $\mathbf{0}$를 지나는가?

풀이 어떤 t의 값에 대하여 $(0, 0)=(12, 28)+ t(9, 21)$이 될 수 있는지를 묻고 있다. 첫 번째 성분을 보면 $0=12+9t$이므로 $t=-12/9=-4/3$이다. 두 번째 성분에서 $0=28+21t$이므로 $t=-28/21=-4/3$이다. 같은 결과를 얻을 수 있으므로 이 직선은 $t=-4/3$일 때 원점 $\mathbf{0}$를 지난다. ■

예제 2 식 $(4, -3)+t(11, 2)$와 같이 매개변수 t에 의하여 표현된 직선 위에 점 $(3, 7)$이 존재하는가?

풀이 방정식 $(3, 7)=(4, -3)+t(11, 2)$에서 t의 값을 구해 보자. 예제 1에서 했던 것과 마찬가지로 첫 번째 성분을 보면 $3=4+2t$이므로 $t=1/2$이다. 두 번째 성분의 경우는 $7=-3+21t$이므로 $t=10/21$이다. 그러므로 $(3, 7)$은 주어진 직선 위의 점이 아니다. ■

매개변수로 직선 L을 나타낸 식

$$\mathbf{x} = \mathbf{w} + t\mathbf{z}$$

에서 t는 하나의 매개변수이고 실수 $\mathbb{R}$의 모든 값을 가지는 것으로 여긴다. $\mathbf{w}$와 $\mathbf{z}$의 역할은 다르다. 먼저 $t=0$일 때 $\mathbf{w}$이므로 $\mathbf{w}$는 직선 위의 한 점이다. 반면에 $\mathbf{z}$는 직선의 방향을 정하기 위하여 이용된다. 이런 이유로 식에서 $\mathbf{z}=\mathbf{0}$는 논외로 한다. 그렇지만 직선이 바뀌지 않고 $\mathbf{z}$ 대신에 $\mathbf{z}$에 0이 아닌 상수를 곱한 것으로 대치될 수 있어야 한다. 그러므로 '$\mathbf{w}+t\mathbf{z}$와 $\mathbf{w}+s(\alpha\mathbf{z})$는 같은 직선을 나타내는가?' 라고 질문하면 답은 '그렇다' 이다. 단지 $t=\alpha s$, 또는 $s=t/\alpha$는 표기의 차이이다.

$\mathbf{w}$와 $\mathbf{z}$가 평면 $\mathbb{R}^2$에 속하고 t가 매개변수일 때 식

$$\mathbf{w} + t\mathbf{z}$$

에 의하여 표현된 직선을 L이라 하자. 직선 L과 동일하지는 않으나 평행한 직선을 얻기 위해서 직선 L 위에 있는 점이 아닌 $\mathbf{p}$를 선택하면

$$\mathbf{p} + t\mathbf{z}$$

은 새로운 직선 $\tilde{L}$을 나타낸다. 두 직선이 만나지 않음을 증명하여 이러한 사실의 옳고 그름을 증명할 수 있다.

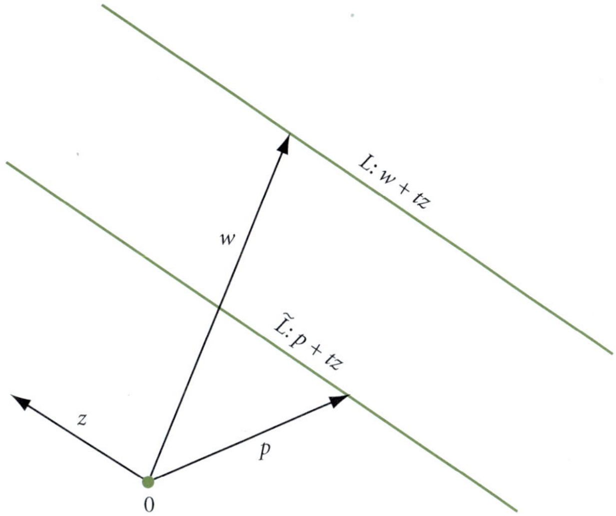

그림 2.15 평행선 L과 $\tilde{L}$.

만약에 두 직선이 만난다면 어떤 t와 s의 값에 대해서 $\mathbf{p}+t\mathbf{z}=\mathbf{w}+s\mathbf{z}$이어야 한다. 그러나 이것은 $\mathbf{p}=\mathbf{w}+(s-t)\mathbf{z}$이고 $\mathbf{p}$가 직선 L 위의 점임을 의미한다. 이는 직선 L 위에 있는 점이 아닌 $\mathbf{p}$를 선택한 사실에 모순된다. 그림 2.15를 참고하라.

$\mathbb{R}^3$에서의 직선

지금부터 $\mathbb{R}^3$에 있는 직선에 대하여 알아보자. 앞서 설명한 내용에서 변경된 것이 있다면 두 벡터 $\mathbf{w}$와 $\mathbf{z}$가 세 개의 성분을 가지는 것이다. 그러므로 $\mathbb{R}^3$에서 직선의 전형적인 식은

$$\mathbf{x} = \mathbf{w} + t\mathbf{z}$$

와 같이 표현된다. 위의 식에서 $\mathbf{w}$와 $\mathbf{z}$는 $\mathbb{R}^3$에 속하는 벡터이고 $\mathbf{z} \neq \mathbf{0}$이다. 한 예로 $(3,\ 2,\ -5)+t(1,\ -3,\ 2)$는 $\mathbb{R}^3$에서 직선이다. 한 점 $(-2,\ 17,\ -15)$은 이 직선 위의 점인가? 그렇다. 왜냐하면 $t=-5$일 때 $(-2,\ 17,\ -15)=(3,\ 2,\ -5)+t(1,\ -3,\ 2)$이기 때문이다.

예제 3 공간 $\mathbb{R}^3$에서 두 직선 $(3,\ 2,\ -5)+t(1,\ -3,\ 2)$와 $(2,\ -23,\ 5)+t(2,\ 1,\ 1)$은 만나는가?

풀이 즉각적으로

$$(3, 2, -5) + t\,(1, -3, 2) = (2, -23, 5) + t\,(2, 1, 1)$$

로 쓸 수 있다. 위의 방정식에서 무엇이 잘못되었는가? 두 직선이 만나기 위해서는 첫 번째 직선의 어떤 점과 두 번째 직선의 어떤 점이 같기만 하면 된다. 그런 두 점에 대해서 t의 값을 같도록 가정할 필요까지는 없다. 그

런 까닭에 위의 식 대신에

$$(3,2,-5)+t\,(1,-3,2)=(2,-23,5)+s\,(2,1,1)$$

와 같이 표현되어야 한다. 이 식은 $t(-1,\ 3,\ -2)+s(2,\ 1,\ 1)=(1,\ 25,\ -10)$이 되고 열벡터의 형태로

$$t\begin{bmatrix}-1\\3\\-2\end{bmatrix}+s\begin{bmatrix}2\\1\\1\end{bmatrix}=\begin{bmatrix}1\\25\\-10\end{bmatrix}$$

와 같다. 위의 식은 두 개의 미지수를 가지는 세 개의 방정식으로 구성된 선형계이며 이때 첨가행렬은

$$\left[\begin{array}{rr|r}-1&2&1\\3&1&25\\-2&1&-10\end{array}\right]\sim\left[\begin{array}{cc|c}1&0&7\\0&1&4\\0&0&0\end{array}\right]$$

이다. 따라서 $t=7$, $s=4$이므로 이 예제에 주어진 두 직선은 서로 만난다. 참고로 두 직선의 교점은 (10, −19, 9)이다. ■

예제 4 $\mathbb{R}^3$에서 매개변수에 의해 표현된 두 직선

$$(4,\ 7,\ 2)+t(3,\ 11,\ 5)\text{와 } (223,\ 810,\ 367)+s(153,\ 561,\ 255)$$

은 동일한가?

풀이 두 번째 직선의 방향벡터는 첫 번째 직선의 방향벡터의 상수곱이다. 즉 $(153,\ 561,\ 255)=51(3,\ 11,\ 5)$이다. 마찬가지로 첫 번째 직선의 방향벡터는 두 번째 직선의 방향벡터의 상수곱으로 표현된다. 이러한 사실은 두 직선이 평행함을 알려 준다. 그러므로 두 직선이 하나의 점을 공유하면 그 두 직선은 같아져야 한다. 두 번째 직선에서 $s=0$이면 점 (223, 810, 367)을 나타낸다. 이 점이 첫 번째 직선 위의 점도 되는가? 그렇다. 왜냐하면 식 $(223,\ 810,\ 367)=(4,\ 7,\ 2)+t(3,\ 11,\ 5)$로부터 $t=73$이기 때문이다. ■

정리 1

$\mathbb{R}^n$에서 두 직선 L_1, L_2가

$$L_1=\{\mathbf{u}+t\mathbf{v}\ :\ t\in\mathbb{R}\}\qquad L_2=\{\mathbf{w}+s\mathbf{z}\ :\ s\in\mathbb{R}\}$$

와 같이 주어졌다고 하자. 이 두 직선이 같기 위한 필요충분조건은 $\mathbf{u}-\mathbf{w}$와 $\mathbf{v}$가 $\mathbf{z}$의 상수곱으로 표현될 때이다.

증명 (1) $L_1=L_2$라고 가정하고 $\mathbf{u}-\mathbf{w}$가 $\mathbf{z}$의 상수곱임을 증명해 보자. $\mathbf{u} \in L_1$이고 $L_1=L_2$이므로 $\mathbf{u} \in L_2$이다. 따라서 어떤 s의 값에 대하여 $\mathbf{u}=\mathbf{w}+s\mathbf{z}$가 되고 $\mathbf{u}-\mathbf{w}=s\mathbf{z}$이므로 $\mathbf{u}-\mathbf{w}$가 $\mathbf{z}$의 상수곱으로 표현되었다.

(2) $L_1=L_2$라고 가정하고 $\mathbf{v}$가 $\mathbf{z}$의 상수곱임을 증명해 보자. L_1의 정의에 의하여 $\mathbf{u}+\mathbf{v} \in L_1$이고 $L_1=L_2$이므로 $\mathbf{u}+\mathbf{v} \in L_2$ 이다. 그러므로 어떤 t의 값에 대하여 $\mathbf{u}+\mathbf{v}=\mathbf{w}+t\mathbf{z}$가 된다. $\mathbf{u} \in L_1$이고 $L_1=L_2$이므로 $\mathbf{u} \in L_2$이고 $\mathbf{u}=\mathbf{w}+p\mathbf{z}$가 된다. $\mathbf{u}+\mathbf{v}=\mathbf{w}+t\mathbf{z}$이고 $\mathbf{u}=\mathbf{w}+p\mathbf{z}$이므로 두 식을 빼면 $\mathbf{v}=t\mathbf{z}-p\mathbf{z}=(t-p)\mathbf{z}$가 된다.

(3) $\mathbf{u}-\mathbf{w}$와 $\mathbf{v}$가 $\mathbf{z}$의 상수곱으로 표현될 때 두 직선은 동일함을 증명해 보자. 직선 L_1은 직선 위의 두 점 $\mathbf{u}$와 $\mathbf{u}+\mathbf{v}$에 의하여 정의된다. 이 두 점 $\mathbf{u}$와 $\mathbf{u}+\mathbf{v}$가 직선 L_2 위의 점도 된다는 것을 보이자. 이런 사실은 $L_1=L_2$임을 알려 준다. 가정에 의하여 $\mathbf{u}-\mathbf{w}=\alpha\mathbf{z}$이다. 방정식 $\mathbf{u}=\mathbf{w}+\alpha\mathbf{z}$는 $\mathbf{u} \in L_2$를 보여 준다. 마지막으로 $\mathbf{u}+\mathbf{v} \in L_2$임을 증명해 보자. 가정으로부터 $\mathbf{u}+\mathbf{v}=\mathbf{w}+\alpha\mathbf{z}+\beta\mathbf{z}=\mathbf{w}+\gamma\mathbf{z} \in L_2$이다. ■

정리 1은 $\mathbb{R}^n$에서 매개변수에 의하여 표현된 두 직선 L_1, L_2가 동일한지, 또는 동일하지 않은지를 결정할 때 쉽게 사용할 수 있다.

- 매개변수에 의하여 표현된 두 직선 $\mathbf{u}+t\mathbf{v}$와 $\mathbf{w}+s\mathbf{z}$가 동일하기 위한 필요충분조건은 적당한 상수값 α, β에 대하여 $\mathbf{v}=\alpha\mathbf{z}$와 $\mathbf{u}-\mathbf{w}=\beta\mathbf{z}$를 만족하는 것이다.

일치하지 않는 평행한 두 직선은 첫 번째 조건을 만족하고 두 번째 조건은 만족하지 않는다. 두 직선의 평행성은 다음과 같이 검사할 수 있다.

- 적당한 상수값 α에 대하여 $\mathbf{v}=\alpha\mathbf{z}$이고 어떤 상수값 β에 대해서도 $\mathbf{u}-\mathbf{w} \neq \beta\mathbf{z}$이면 두 직선 $\mathbf{u}+t\mathbf{v}$와 $\mathbf{w}+s\mathbf{z}$는 서로 평행하지만 일치하지는 않는다.
- 벡터 $\mathbf{u}-\mathbf{w}$가 두 벡터 $\mathbf{z}$과 $\mathbf{v}$의 생성(span)에 속하면 두 직선 $\mathbf{u}+t\mathbf{v}$와 $\mathbf{w}+s\mathbf{z}$는 서로 만난다.

예제 5 $\mathbb{R}^3$에서 매개변수에 의해 표현된 두 직선 $(3, 2, -5)+t(1, -3, 2)$와 $(-1, -8, 2)+s(-4, 12, -8)$은 동일하지는 않지만 평행함을 보이라.

풀이 $\mathbf{u}=(3, 2, -5)$, $\mathbf{v}=(1, -3, 2)$, $\mathbf{w}=(-1, -8, 2)$, $\mathbf{z}=(-4, 12, -8)$일 때, $\mathbf{v}=(1, -3, 2)=-\frac{1}{4}(-4, 12, -8)=-\frac{1}{4}\mathbf{z}$이고 임의의 β 값에 대해서 $\mathbf{u}-\mathbf{w}=(3, 2, -5)-(-1, -8, 2)=(4, 10, -7) \neq \beta(-4, 12, -8)=\beta\mathbf{z}$이다. ■

$\mathbb{R}^3$에서의 평면

공간 $\mathbb{R}^3$에서 평면도 선형 대상(object)이다. 원점을 지나는 평면을 나타내는 하나의 방법으로 그것이 두 벡터의 생성(span)임을 보여 주고 두 벡터 중 한 벡터가 다른 벡터의 상수곱이 아님을 보여 주면 된다. 예를 들어 두 벡터 $(1, 6, -3)$과 $(2, 11, 0)$의 생성은 원점과 두 벡터를 지나는 평면이다. 공간 상의 세 점은 하나의 평면을 결정한다는 사실을 명심하자.

예제 6 $\mathbb{R}^3$에서 두 벡터 $\mathbf{u}=(0, 2, 6)$과 $\mathbf{v}=(3, 9, 0)$의 생성으로 하나의 평면을 정의할 때 두 점 $\mathbf{y}=(1, 4, 3)$과 $\mathbf{z}=(2, -1, 5)$는 평면 위의 점인가?

풀이 두 점 $\mathbf{y}$, $\mathbf{z}$가 두 벡터 $\mathbf{u}$, $\mathbf{v}$의 생성에 속하는지를 묻고 있다. 방정식 $\alpha\mathbf{u}+\beta\mathbf{v}=\mathbf{y}$와 $\gamma\mathbf{u}+\delta\mathbf{v}=\mathbf{z}$를 만족하는 적당한 상수값 α, β, γ, δ의 값을 구할 수 있는지 알아보자. 다음 계를 풀어야 한다.

$$\left[\begin{array}{cc|cc} \mathbf{u} & \mathbf{v} & \mathbf{y} & \mathbf{z} \end{array}\right] = \left[\begin{array}{cc|cc} 0 & 3 & 1 & 2 \\ 2 & 9 & 4 & -1 \\ 6 & 0 & 3 & 5 \end{array}\right] \sim \left[\begin{array}{cc|cc} 2 & 9 & 4 & -1 \\ 0 & 3 & 1 & 2 \\ 0 & 0 & 0 & 26 \end{array}\right]$$

위와 같은 행축소(row-reduction) 절차로부터 우변의 y에 대해서 $\alpha=\frac{1}{2}$과 $\beta=\frac{1}{3}$을 구한다. 그러나 우변이 $\mathbf{z}$일 때 관련 선형계가 근을 갖지 않기 때문에 γ, δ의 값이 존재하지 않는다. 그러므로 $\mathbf{y}=(1, 4, 3)$은 평면 위의 점이고 $\mathbf{z}=(2, -1, 5)$는 평면 위의 점이 아니다. 사실

$$\mathbf{y} = (1,4,3) = \tfrac{1}{2}(0,2,6) + \tfrac{1}{3}(3,9,0) = \tfrac{1}{2}\mathbf{u} + \tfrac{1}{3}\mathbf{v}$$

이다. 그림 2.16을 참고하자. 차후에 $\frac{1}{2}$과 $\frac{1}{3}$을 평면을 생성하는 두 벡터에 대하여 주어진 벡터 (1, 4, 3)의 좌표라고 말할 것이다. ■

원점을 포함하는 평면 P는 매개변수를 이용하여 다음과 같이 나타낼 수 있음을 알게 되었다:

$$P = \{s\mathbf{u} + t\mathbf{v} : s \in \mathbb{R}, t \in \mathbb{R}\}$$

위의 식에서 $\mathbf{u}$와 $\mathbf{v}$는 $\mathbb{R}^3$에서 고정된 벡터이고 두 벡터 중 하나를 다른 벡터의 상수곱으로 나타낼 수 없다. s, t의 값을 적절히 변경하면 $\mathbf{0} \in P$, $\mathbf{u} \in P$, 그리고 $\mathbf{v} \in P$임을 쉽게 알 수 있다. 일반적으로 평면 P라 하면 원점 $\mathbf{0}$를 꼭 포함할 필요는 없고

$$P = \{\mathbf{w} + s\mathbf{u} + t\mathbf{v} : s, t \in \mathbb{R}\}$$

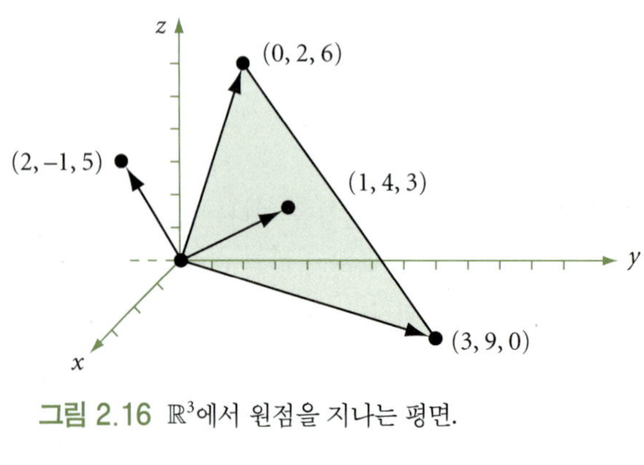

그림 2.16 $\mathbb{R}^3$에서 원점을 지나는 평면.

과 같이 표현할 수 있다.

원점을 지나는 평면은 다음과 같이 표현될 수 있다.

$$P = \{(x_1, x_2, x_3) \ : \ a_1x_1 + a_2x_2 + a_3x_3 = 0\}$$

벡터 $\mathbf{a}=(a_1,\ a_2,\ a_3)$는 영벡터가 되지 말아야 한다. 벡터 $\mathbf{x}$를 만족하는 방정식은 하나의 방정식이나 행축소 같은 방법으로 해를 구할 수 있다. $a_1 \neq 0$이라 가정하자. 행축소 과정을 한 단계 진행시켜 기약 사다리꼴

$$\left[\begin{array}{ccc|c} 1 & a_2/a_1 & a_3/a_1 & 0 \end{array}\right]$$

으로 만든다. 하나의 피벗(pivot)과 두 개의 자유 변수가 생긴다. 그러므로 $x_1=(-a_2/a_1)x_2+(-a_3/a_1)x_3$와 다음과 같이 쓸 수 있다.

$$\begin{aligned}\begin{bmatrix} x_1 \\ x_2 \\ x_3 \end{bmatrix} &= x_2\begin{bmatrix} -a_2/a_1 \\ 1 \\ 0 \end{bmatrix} + x_3\begin{bmatrix} -a_3/a_1 \\ 0 \\ 1 \end{bmatrix} \\ &= (x_2/a_1)\begin{bmatrix} -a_2 \\ a_1 \\ 0 \end{bmatrix} + (x_3/a_1)\begin{bmatrix} -a_3 \\ 0 \\ a_1 \end{bmatrix} = s\begin{bmatrix} -a_2 \\ a_1 \\ 0 \end{bmatrix} + t\begin{bmatrix} -a_3 \\ 0 \\ a_1 \end{bmatrix}\end{aligned}$$

이것은 평면을 **매개변수**로 표기한 것이다. 이 형태는 평면이 두 벡터$(-a_2,\ a_1,\ 0)$과 $(-a_3,\ 0,\ a_1)$의 생성이라는 사실을 알려 준다. 그림 2.17을 참고하자. 이 두 벡터가 원래의 평면에 속한다는 사실은 쉽게 보일 수 있다.

예제 7 방정식 $7x_1-11x_2+13x_3=5$를 만족하는 벡터 $\mathbf{x}$에 의해서 만들어지는 평면을 매개변수에 의해서 나타내라.

풀이 주어진 방정식은 두 개의 자유 변수 x_2와 x_3를 갖는다. 앞에서와 같이 이 방정식의 일반해는 다음과 같이 표현된다.

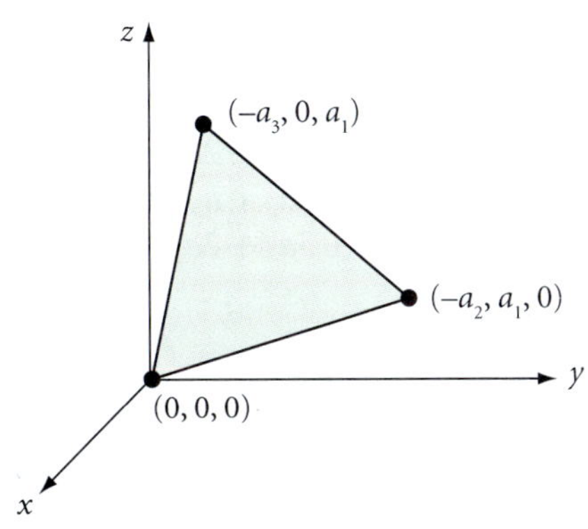

그림 2.17 $\mathbb{R}^3$에서 원점을 지나는 평면.

$$\begin{bmatrix} x_1 \\ x_2 \\ x_3 \end{bmatrix} = \begin{bmatrix} 5/7 \\ 0 \\ 0 \end{bmatrix} + x_2 \begin{bmatrix} 11/7 \\ 1 \\ 0 \end{bmatrix} + x_3 \begin{bmatrix} -13/7 \\ 0 \\ 1 \end{bmatrix}$$

$$= \begin{bmatrix} 5/7 \\ 0 \\ 0 \end{bmatrix} + s \begin{bmatrix} 11 \\ 7 \\ 0 \end{bmatrix} + t \begin{bmatrix} -13 \\ 0 \\ 7 \end{bmatrix}$$

■

원점 **0**를 지나지 않는 $\mathbb{R}^3$에서의 표준방정식은

$$a_1x_1 + a_2x_2 + a_3x_3 = 1$$

의 형태를 가진다. 위의 방정식에서 a_1, a_2, a_3는 값이 주어지는 계수이고 벡터 $\mathbf{x}$가 변수이다. 영이 아닌 상수를 위 방정식의 모든 항에 곱하여도 같은 평면을 나타낸다. 원점 **0**를 지나는 평면은 위 방정식의 우변이 반드시 0이 되어야 한다. 주어진 평면에 수직이 되는 직선을 법선(normal)이라 할 때 법선 방향은 벡터 (a_1, a_2, a_3)이다. 수직(orthogonality 또는 normality)에 관한 개념은 7.2절에서 자세히 배운다. 다음 예제에 나와 있는 바와 같이 $\mathbb{R}^3$의 세 점을 지나는 평면방정식은 세 개의 방정식을 풀어 결정할 수 있다.

예제 8 $\mathbb{R}^3$에 있는 평면이 다음 세 점을 포함한다.

$$\mathbf{u} = (15, 5, 2) \qquad \mathbf{v} = (6, 2, 1) \qquad \mathbf{w} = (10, 3, 2)$$

이 평면을 나타내는 표준방정식을 구하라.

풀이 평면을

$$P = \left\{(x_1, x_2, x_3) \ : \ a_1x_1 + a_2x_2 + a_3x_3 = 1\right\}$$

와 같이 하나의 일차방정식으로 나타내 보자. 이것이 평면에 대한 표준방정식이다. 세 개의 계수 a_1, a_2, a_3가 미지수이다. 주어진 세 점을 평면의 표준방정식에 대입하여 다음과 같은 세 개의 미지수를 가지는 세 개의 방정식을 얻는다.

$$\begin{cases} 15a_1 + 5a_2 + 2a_3 = 1 \\ 6a_1 + 2a_2 + a_3 \ = 1 \\ 10a_1 + 3a_2 + 2a_3 = 1 \end{cases}$$

첨가행렬과 기약행 사다리꼴은

$$\left[\begin{array}{ccc|c} 15 & 5 & 2 & 1 \\ 6 & 2 & 1 & 1 \\ 10 & 3 & 2 & 1 \end{array}\right] \sim \left[\begin{array}{ccc|c} 1 & 0 & 0 & -2 \\ 0 & 1 & 0 & 5 \\ 0 & 0 & 1 & 3 \end{array}\right]$$

와 같다. 그러므로 구하고자 하는 평면의 방정식은 $-2x_1+5x_2+3x_3=1$이다. ■

$\mathbb{R}^n$에서의 직선과 평면

고차원 공간에서의 직선과 평면에 대한 개념은 앞서 설명한 방식과 아주 유사하다. $\mathbb{R}^n$에서의 직선은 매개변수를 이용하여

$$\mathbf{x} = \mathbf{w} + t\mathbf{z}$$

와 같이 표현한다. 이때 $\mathbf{w}$와 $\mathbf{z}$는 $\mathbb{R}^n$의 벡터이다. 이 직선에 대한 좀더 공식적인 정의는 $\{\mathbf{w}+t\mathbf{z} : t \in \mathbb{R}\}$이다. 점 $\mathbf{w}$는 직선 위의 임의의 한 점이고 $\mathbf{z}$는 직선의 방향을 지정하는 영이 아닌 벡터이다.

예제 9 다음과 같이 $\mathbb{R}^4$에서 매개변수를 이용하여 나타낸 두 개의 직선이 있다.

$$\mathbf{x} = (15, -3, 5, 1) + t\,(-1, 3, 5, 0) \qquad \mathbf{x} = (2, 6, 4, -17) + s\,(3, 1, 7, 6)$$

이 직선들이 서로 만나는가?

풀이 매개변수 t, s의 값을 적절히 선택하여 이 두 직선이 같은 점을 가질 수 있는지를 다음 식으로 알아보자.

$$(15, -3, 5, 1) + t\,(-1, 3, 5, 0) = (2, 6, 4, -17) + s\,(3, 1, 7, 6)$$
$$t\,(1, -3, -5, 0) + s\,(3, 1, 7, 6) = (13, -9, 1, 18)$$

$$\left[\begin{array}{rr|r} 1 & 3 & 13 \\ -3 & 1 & -9 \\ -5 & 7 & 1 \\ 0 & 6 & 18 \end{array}\right] \sim \left[\begin{array}{rr|r} 1 & 0 & 4 \\ 0 & 1 & 3 \\ 0 & 0 & 0 \\ 0 & 0 & 0 \end{array}\right]$$

두 개의 미지수 t, s를 가지는 네 개의 방정식은 하나의 해 $t=4$, $s=3$을 갖는다. 따라서 주어진 두 직선은 점 (11, 9, 25, 1)에서 서로 만난다. ■

2차원에서 정의된 **평면**(plane)을 $\mathbb{R}^n$에서도 평면의 정의로 사용하지만 $\mathbb{R}^n$은 고차원 공간이므로 **초평면**(hyperplane)이란 용어를 사용한다. 그러므로 매개변수로 표현되는 $\mathbb{R}^n$에서의 평면은

$$\mathbf{x} = \mathbf{w} + s\mathbf{u} + t\mathbf{v}$$

과 같이 표현된다. 두 벡터 $\{\mathbf{u}, \mathbf{v}\}$는 일차독립으로 가정한다. 즉 두 벡터 중 어느 하나도 다른 벡터의 상수곱으로 표현될 수 없다는 것을 의미한다.

연립방정식의 일반해

연립방정식의 일반해를 표현하는 표준형(standard format)을 알아보자. 어떤 연립방정식의 일반해도

$$\mathbf{x} = \mathbf{w} + c_1\mathbf{u}_1 + c_2\mathbf{u}_2 + \cdots + c_k\mathbf{u}_k$$

와 같이 표현될 수 있다. 가끔 주어진 연립방정식의 해가 없는 경우도 있다. 이렇게 근을 갖지 않는 연립방정식의 경우나 근이 단지 하나만 존재하는 연립방정식에 대하여 지금은 더 이상 언급하지 않겠다. 근이 무한히 존재하는 연립방정식에 관심을 갖고 모든 근을 표현하는 표준적인 방법에 대하여 알아보자. 이야기는 그만 하고 수식으로 표현된 다음 예제를 다루어 보자.

예제 10 $\mathbb{R}^5$에 있는 점에 대한 세 개의 일차방정식이 다음과 같이 주어졌다.

$$\begin{cases} x_1 + x_2 + 2x_3 + 3x_4 + 2x_5 = 1 \\ 2x_1 + 2x_2 + 6x_3 + 10x_4 + 10x_5 = 0 \\ 2x_1 + 2x_2 + 4x_3 + 8x_4 + 9x_5 = 0 \end{cases}$$

주어진 세 개의 방정식을 만족하는 점들을 나타내는 더 단순한 수식을 구하라.

풀이 첨가행렬에 행 연산을 실행하여 다음과 같이 사다리꼴과 기약 사다리꼴을 구한다.

$$[\,\mathbf{A} \mid \mathbf{b}\,] = \left[\begin{array}{ccccc|c} 1 & 1 & 2 & 3 & 2 & 1 \\ 2 & 2 & 6 & 10 & 10 & 0 \\ 2 & 2 & 4 & 8 & 9 & 0 \end{array}\right]$$

$$\sim \left[\begin{array}{ccccc|c} 1 & 1 & 2 & 3 & 2 & 1 \\ 0 & 0 & 2 & 4 & 6 & -2 \\ 0 & 0 & 0 & 2 & 5 & -2 \end{array}\right]$$

$$\sim \left[\begin{array}{ccccc|c} 1 & 1 & 0 & 0 & -3/2 & 2 \\ 0 & 0 & 1 & 0 & -2 & 1 \\ 0 & 0 & 0 & 1 & 5/2 & -1 \end{array}\right]$$

두 번째와 다섯 번째 열에는 피벗 성분이 없는 것을 주목한다. 대응하는 변수 x_2, x_5는 자유 변수(free variable)이다. 자유 변수는 1.2절에서 설명하였다. 나머지 변수 x_1, x_3와 x_4는 기본 변수(basic variable)이다. 기약 사다리꼴에 의해 표현된 연립방정식은

$$\begin{cases} x_1 + x_2 - \frac{3}{2}x_5 = 2 \\ x_3 - 2x_5 \qquad = 1 \\ x_4 + \frac{5}{2}x_5 \qquad = -1 \end{cases} \qquad \text{또는} \qquad \begin{cases} x_1 = 2 - x_2 + \frac{3}{2}x_5 \\ x_3 = 1 + 2x_5 \\ x_4 = -1 - \frac{5}{2}x_5 \end{cases}$$

와 같다. 다음 과정은 고정된 하나의 벡터와 다른 두 벡터의 상수곱의 합으로 다음과 같이 표현된다.

$$\begin{bmatrix} x_1 \\ x_2 \\ x_3 \\ x_4 \\ x_5 \end{bmatrix} = \begin{bmatrix} 2 \\ 0 \\ 1 \\ -1 \\ 0 \end{bmatrix} + x_2 \begin{bmatrix} -1 \\ 1 \\ 0 \\ 0 \\ 0 \end{bmatrix} + x_5 \begin{bmatrix} 3/2 \\ 0 \\ 2 \\ -5/2 \\ 1 \end{bmatrix}$$

$$= \begin{bmatrix} 2 \\ 0 \\ 1 \\ -1 \\ 0 \end{bmatrix} + s \begin{bmatrix} -1 \\ 1 \\ 0 \\ 0 \\ 0 \end{bmatrix} + t \begin{bmatrix} 3 \\ 0 \\ 4 \\ -5 \\ 2 \end{bmatrix}$$

하나의 방정식으로 모든 해를 표현하였다. 이 방정식은 하나의 고정된 벡터 **c** 더하기 다른 두 벡터 **u**와 **v**의 상수곱인

$$\mathbf{x} = \mathbf{c} + s\mathbf{u} + t\mathbf{v}$$

으로 표현된다. 모든 계산은 $\mathbb{R}^5$에서 실행된다. 만약에 $x_2=3$, $x_5=2$를 선택하면 $\mathbf{x}=[2,\ 3,\ 5,\ -6,\ 2]^T$, $\mathbf{Ax}=\mathbf{b}$가 된다. 해집합은 5차원 유클리드 벡터공간 $\mathbb{R}^5$에 있는 2차원 평면이 된다. ■

응용: 포식동물-먹이 시뮬레이션

야생에서 서로 경쟁하며 살아가는 동물군 두 종의 상호 작용을 살펴보자. 이 경쟁의 시뮬레이션을 수행하기 위해서는 단지 하나의 벡터에 어떤 행렬을 곱하기만 하면 된다. 같은 문제를 좀더 향상된 방법으로 분석하는 것은 고유값이 중요하게 이용되는 6.1절에서 다루기로 하자.

분석의 대상은 생쥐와 코요테이다. 이 중 포식자는 코요테이고 먹이는 생쥐이다. 코요테가 생쥐를 잘 잡아먹으면 생쥐 개체수는 감소할 것이고 결국에는 코요테 개체수도 늘어나지는 못할 것이다. 왜냐하면 생쥐의 감소로 코요테 역시 먹잇감이 부족하기 때문이다. 코요테의 개체수가 감소하면 이번에는 천적의 감소로 생쥐의 개체수가 증가할 것이다.

두 개의 성분을 가지는 벡터를 이용할 것이다. 첫 번째 성분은 고려하고 있는 지역의 코요테 개체수이고 두 번째 성분은 같은 지역의 생쥐의 개체수이다. 일 년에 한 번 두 종의 개체수를 조사하여 이 벡터에 대응시키므로 벡터의 성분값이 변하게 된다. 맨 처음에 이 벡터를 $\mathbf{x}^{(0)}=(c_0,\ m_0)$로 표시하자. 첫 번째 성분은 현재의 코요테 개체수이고 두 번째 성분은 현재의 생쥐 개체수이다. 그러므로 이 벡터는 분석 기간의 맨 처음 당시의 동물 개체수 상태를 나타낸다. 생태학적 연구 결과, 일 년 뒤 동물 개체수는 다음과 같은 공식에 의하여 얻어진다.

$$\mathbf{x}^{(1)} = \mathbf{A}\mathbf{x}^{(0)} \qquad \text{또는} \qquad \begin{bmatrix} x_1^{(1)} \\ x_2^{(1)} \end{bmatrix} = \begin{bmatrix} 0.6 & 0.4 \\ -0.1 & 1.2 \end{bmatrix} \begin{bmatrix} x_1^{(0)} \\ x_2^{(0)} \end{bmatrix}$$

위의 수식 내용을 토대로 몇 가지 사실을 예측할 수 있다. 예를 들어 생쥐의 개체수가 0이면 코요테의 개체수는 수식 내의 행렬 성분 0.6 때문에 급격히 감소할 것이다. 이러한 결과는 생쥐가 코요테의 중요한 먹이라는 사실을 나타낸다. 반대로 코요테가 없다면(즉 개체수 0) 생쥐 개체수는 행렬 성분 1.2 때문에 실험 기간 내에

증가할 것이다(수식에 따르면 생쥐에 어떤 위협을 주는 다른 대상이 고려되지 않았기 때문이다).

구체적인 예로 실험을 시작할 때에 얻어진 초기값 $\mathbf{x}^{(0)}$ 벡터를 $\begin{bmatrix} 50 \\ 150 \end{bmatrix}$로 가정하자. 1년 뒤에 두 종의 개체수는

$$\begin{bmatrix} 0.6 & 0.4 \\ -0.1 & 1.2 \end{bmatrix} \begin{bmatrix} 50 \\ 150 \end{bmatrix} = \begin{bmatrix} 90 \\ 175 \end{bmatrix}$$

로부터 $\begin{bmatrix} 90 \\ 175 \end{bmatrix}$가 될 것이다.

컴퓨터 프로그램을 이용하여 $\mathbf{x}^{(k)}=\mathbf{A}\mathbf{x}^{(k-1)}$의 값을 반복적으로 계산한다. 연수가 증가함에 따라 결과로 얻어지는 코요테와 생쥐의 개체수는 다음과 같다.

$$\mathbf{x}^{(0)} = \begin{bmatrix} 50 \\ 150 \end{bmatrix} \quad \mathbf{x}^{(1)} = \begin{bmatrix} 90 \\ 175 \end{bmatrix} \quad \mathbf{x}^{(2)} = \begin{bmatrix} 124 \\ 201 \end{bmatrix} \quad \mathbf{x}^{(3)} = \begin{bmatrix} 155 \\ 229 \end{bmatrix}$$

$$\mathbf{x}^{(4)} = \begin{bmatrix} 184 \\ 259 \end{bmatrix} \quad \mathbf{x}^{(8)} = \begin{bmatrix} 316 \\ 417 \end{bmatrix} \quad \cdots \quad \mathbf{x}^{(32)} = \begin{bmatrix} 5233 \\ 6850 \end{bmatrix}$$

코요테 개체수에 대응하는 생쥐 개체수의 비율은 연수가 증가함에 따라 대략 $5233/6850 \approx 0.76$으로 접근한다. 즉 (코요테 개체수):(생쥐 개체수)=3:4 정도이다.

응용: 부분분수 분해

많은 응용 분야에서 복잡한 분수를 좀더 단순한 분수의 합으로 표현하는 것이 필요하다. 예를 들어 다음과 같은 수식에서 A와 B를 구하는 경우를 살펴보자.

$$\frac{10x-5}{x^2+x-6} = \frac{A}{x+3} + \frac{B}{x-2}$$

위의 식은 다음과 같이 표현된다.

$$\frac{10x-5}{(x+3)(x-2)} = \frac{A(x-2)+B(x+3)}{(x+3)(x-2)}$$

양변의 분자가 같기 위해서 $10x-5=(A+B)x+(-2A+3B)$가 되어야 한다. 이 식으로부터 다음의 연립방정식이 얻어진다.

$$\begin{cases} A+B=10 \\ -2A+3B=-5 \end{cases}$$

이때 첨가행렬과 사다리꼴(행 연산 후)은

$$\left[\begin{array}{cc|c} 1 & 1 & 10 \\ -2 & 3 & -5 \end{array}\right] \sim \left[\begin{array}{cc|c} 1 & 0 & 7 \\ 0 & 1 & 3 \end{array}\right]$$

이고 해는 $A=7$과 $B=3$이 된다. 결과적으로

$$\frac{10x-5}{x^2+x-6} = \frac{7}{x+3} + \frac{3}{x-2}$$

와 같이 분해가 이루어졌다. 예를 들어 이와 같은 결과를 다음과 같은 적분 문제에서 이용할 수 있다.

$$\begin{aligned}\int \frac{10x-5}{x^2+x-6}\,dx &= \int \frac{7}{x+3}\,dx + \int \frac{3}{x-2}\,dx \\ &= 7\log(x+3) + 3\log(x-2) + C\end{aligned}$$

응용: 최소제곱법

xy 평면에 주어진 n개의 점 (x_i, y_i)를 근사적으로 나타내는 직선을 구하는 문제를 살펴보자.(일반적으로 그 직선이 주어진 점을 지날 필요는 없다.) 점들의 좌표가 주어졌을 때 찾고자 하는 직선의 방정식은

$$y = ax + b$$

와 같다. 이 직선이 주어진 점을 가장 적절히 나타내도록 계수 a와 b의 값을 결정해 보자. 이 문제에 사용될 수 있는 많은 방법들이 있으나 그 중 가장 중요하게 여기는 것은 오차의 제곱의 합이 적게 될 때이다. 좀더 자세히 알아보자. 어떤 특별한 a 와 b의 값에 대해서 직선 $y=ax+b$는 주어진 점과 차이가 있다. 이 차이를 그 점에서 나머지(residual)라 부른다. 예를 들어 점 x_i에서 나머지는 $r_i=ax_i+b-y_i$이다. 이런 나머지의 제곱의 합을 가장 적게 만들고자 한다. 즉 $\sum_{i=1}^{n} r_i^2$의 값이 최소가 되도록 계수 a와 b의 값을 결정해 보자. 이런 과정을 **최소제곱법** (method of least squares)이라고 부른다.

E를 $E=\sum_{i=1}^{n}(ax_i+b_i-y_i)^2$라 정의하자. E의 최소값을 알아내기 위해 미적분학을 사용하자. 즉 E를 편미분하여 0으로 놓고 만족하는 값을 구해 보자. 편미분의 결과는

$$\partial E/\partial a = \sum_{i=1}^{n} 2(ax_i + b - y_i)x_i = 0$$

$$\partial E/\partial b = \sum_{i=1}^{n} 2(ax_i + b - y_i) = 0$$

와 같다. 이를 재배열하고 단순하게 하여 다음과 같은 연립방정식을 얻는다.

$$\begin{bmatrix} u & v \\ v & n \end{bmatrix} \begin{bmatrix} a \\ b \end{bmatrix} = \begin{bmatrix} w \\ z \end{bmatrix}$$

위의 식에서

$$u = \sum_{i=1}^{n} x_i^2 \qquad w = \sum_{i=1}^{n} x_i y_i$$

$$v = \sum_{i=1}^{n} x_i \qquad z = \sum_{i=1}^{n} y_i$$

이다. 가우스 소거법(Gaussian elimination)을 이용하여 연립방정식을 푼다. 결과로 얻어지는 a와 b의 값(직선 $y=ax+b$에서)이

$$a = \frac{nw - vz}{nu - v^2} \qquad b = \frac{uz - vw}{nu - v^2}$$

일 때 E는 최소값을 가지게 된다.

예제 11 최소제곱법을 보여 줄 수 있는 구체적인 예(물리학에 근거한)를 살펴보자. 액체에 있는 표면장력 y가 온도 x의 일차 함수로 표현된다는 사실을 알고 있다고 가정하자. 어떤 온도에서 특정한 액체의 표면장력이 측정되었고 그 값이 다음과 같이 표에 주어졌다.

x	1	2	3	4	5	6	7	8	9
y	6.86	6.71	6.64	6.56	6.41	6.38	6.25	6.18	6.03

풀이 앞서 제시한 공식을 사용하기 위하여 $u=285$, $v=45$, $w=284.23$, $z=58.02$, $n=9$, $a=-0.0978$, $b=6.9358$의 값이 계산되어야 한다. 그림 2.18은 표에 주어진 점의 위치와 직선($y=ax+b$)을 나타내고 있다. 좀더 일반적인 최소제곱법은 7.2절과 8.2절에서 살펴보자. 이 절에서 설명하는 방법들은 해가 없는 연립방정식의 근사해(approximate solution)를 찾게 해 준다. ■

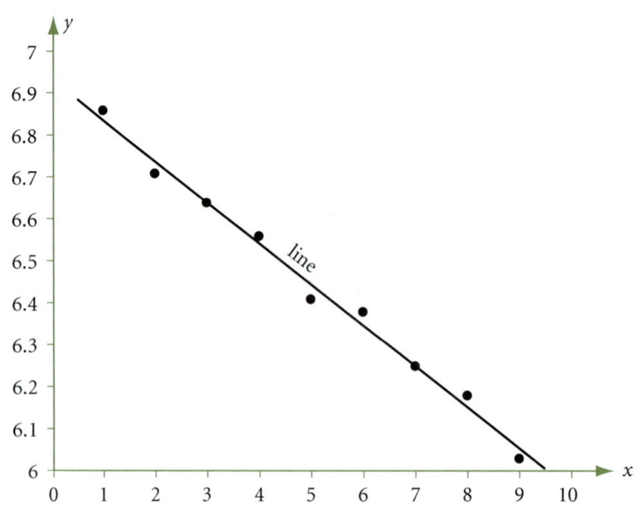

그림 2.18 선형 최소제곱 보기.

요약 2.2

- $\mathbb{R}^n$에서 원점 $\mathbf{0}$를 지나는 직선은 집합 $\{c\mathbf{v} : c \in \mathbb{R}\}$으로 표시된다.
- $\mathbb{R}^n$에서 직선은 $\mathbf{z} \neq \mathbf{0}$일 때, 집합 $\{\mathbf{w}+t\mathbf{z} : t \in \mathbb{R}\}$으로 표시된다.
- 하나의 직선 위에 두 점 $\mathbf{u}$와 $\mathbf{v}$가 주어지면 그 직선은 집합 $\{t\mathbf{u}+(1-t)\mathbf{v} : t \in \mathbb{R}\}$으로 표시된다.
- $\mathbb{R}^n$에서 $L_1=\{\mathbf{u}+t\mathbf{v} : t \in \mathbb{R}\}$와 $L_2=\{\mathbf{w}+s\mathbf{z} : s \in \mathbb{R}\}$로 두 직선 L_1과 L_2가 주어졌다. 이 두 직선이 같기 위한 필요충분조건은 $\mathbf{v}$와 $\mathbf{u}-\mathbf{w}$가 $\mathbf{z}$의 상수곱으로 표현될 때이다. 더욱이 만약에 $\mathbf{v}$가 $\mathbf{z}$의 상수곱이나 $\mathbf{u}-\mathbf{w}$는 $\mathbf{z}$의 상수곱이 아닐 때 L_1과 L_2는 평행하지만 일치하지는 않는다.
- $\mathbb{R}^3$에서 평면은 집합 $\{\mathbf{w}+s\mathbf{u}+t\mathbf{v} : s, t \in \mathbb{R}, \mathbf{w}, \mathbf{u}, \mathbf{v} \in \mathbb{R}^3\}$으로 나타낸다.
- $\mathbb{R}^3$에서 원점 $\mathbf{0}$를 지나는 평면은 $\{(x_1, x_2, x_3) : a_1x_1+a_2x_2+a_3x_3=0\}$으로 나타낸다.
- $\mathbb{R}^n$에서 2차원 평면은 $\{\mathbf{w}+s\mathbf{u}+t\mathbf{v} : s, t \in \mathbb{R}, \mathbf{w}, \mathbf{u}, \mathbf{v} \in \mathbb{R}^n\}$와 같은 형태의 집합으로 나타낸다.
- 초기 벡터가 $\mathbf{x}^{(0)}$로 주어지고 $k=1, 2, \ldots$일 때 선형사상(linear mapping)의 반복은 $\mathbf{x}^{(k)}=\mathbf{A}\mathbf{x}^{(k-1)}$와 같은 방정식을 사용한다.
- $u=\sum_{i=1}^n x_i^2$, $v=\sum_{i=1}^n x_i$, $w=\sum_{i=1}^n x_iy_i$, $z=\sum_{i=1}^n y_i$이고 $a=(nw-vz)/(v-v^2)$, $b=(uz-vw)/(v-v^2)$일 때 선형 최소제곱 해는 $y=ax+b$이다.

주요 개념 2.2

원점을 지나는 직선; $\mathbb{R}^n$에서의 직선과 평면; 직선과 평면에 대한 매개변수 표현; 직선과 평면을 나타내는 여러 방법; 평행선; 평행이동; 연립방정식의 일반해 표현하기; 응용: 포식동물-먹이 시뮬레이션 모델, 부분분수 분해, 최소제곱 문제

일반 연습문제 2.2

1. 점 (7, 3), (−5, 6)을 지나는 $\mathbb{R}^2$에서의 직선을 매개변수를 이용한 식으로 표현하라. 그것은 유일한 식인가?
2. $\mathbb{R}^5$에서 매개변수에 의하여 표현된 두 직선 $(3, 4, -5, 6, 2)+t(2, -2, 1, 3, 6)$과 $(17, -10, 2, 27, 44)+t(-3, 2, -5, 1, 4)$는 서로 만나는가?
3. 보통의 방법에 의하여 매개변수로 표현된 두 직선 $(3, 5, 2)+t(1, -2, h)$와 $(4, 2, 1)+t(-1, 0, -2)$가 만날 때 h의 값은 얼마인가?
4. 점 $(3, 2, 5, -4)$는 매개변수를 이용한 식 $(1, 2, 4, -3)+s(2, 1, -2, 0)+t(4, 3, -7, 1)$에 의하여 얻어질 수 있는가?
5. $\mathbf{u}=(3, 7)$, $\mathbf{v}=(5, -4)$, $\mathbf{w}=(18, -5)$, $\mathbf{z}=(-20, 16)$이라 하자. 다음과 같이 두 개의 집합은 동일함을 증명하라: $\{\mathbf{u}+t\mathbf{v} : t \in \mathbb{R}\}=\{\mathbf{w}+t\mathbf{z} : t \in \mathbb{R}\}$.
6. $\mathbf{w}=(5/3, 0, 0)$, $\mathbf{u}=(-7/3, 1, 0)$, $\mathbf{v}=(3, 0, 1)$일 때 $\mathbb{R}^3$에서 하나의 평면이 매개변수를 이용한 방정식 $\mathbf{x}=\mathbf{w}+s\mathbf{u}+t\mathbf{v}$에 의하여 주어졌다. 이 평면을 $\mathbf{x}=(x_1, x_2, x_3)$일 때 $a_1x_1+a_2x_2+a_3x_3=b$와 같은 식으로 나타내라.
7. $\mathbb{R}^3$에서 하나의 평면이 방정식 $3x_2-5x_3=7$로 표현되었다. 이 평면을 $\mathbf{u}+t\mathbf{v}+s\mathbf{w}$와 같이 매개변수를 이용한 식으로 나타내라.
8. P를 다음과 같이 주어진 두 개의 방정식을 만족하는 모든 벡터 $\mathbf{x}=(x_1, x_2, x_3, x_4)$의 집합이라고 하자.

$$\begin{cases} 3x_1 + 2x_2 - x_3 + x_4 = 2 \\ x_1 - x_2 + 3x_3 - 4x_4 = 4 \end{cases}$$

이때 P는 $\mathbb{R}^4$에서 하나의 평면인가? 또는 $\mathbf{w}+s\mathbf{u}+t\mathbf{v}$와 같이 매개변수에 의하여 P를 표현할 수 있는가? 만약에 그렇다면 벡터 $\mathbf{w}$, $\mathbf{u}$, $\mathbf{v}$를 구하라.

9. 계산하지 않고 다음과 같이 매개변수에 의하여 표현된 두 개의 직선이 동일한지를 결정하라.

L_1 : $(3, 7, -2)+t(3, 5, -4)$

L_2 : $(4, 2, 1)+s(-9, -15, 11)$

10. 매개변수에 의하여 표현된 두 개의 직선 $(1, -2, 3)+t(1, 0, 0)$과 $(-2, 5, -7)+s(4, -7, 10)$을 포함하는 $\mathbb{R}^3$ 공간 내의 평면이 존재하는가?

11. 매개변수에 의하여 표현된 두 개의 직선 $(4, 7, 2)+t(3, 1, 0)$과 $(13, 10, 2)+t(4, 2, 0)$은 한 점에서 만나는가?

12. 첨가행렬이 다음과 같을 때 관련된 계의 일반해를 구하고 그 해를 원래의 연립방정식에 대입하여 그 결과를 검증하라.

$$\left[\begin{array}{rrrr|r} 1 & 3 & 2 & 2 & -1 \\ -2 & -5 & 1 & 2 & 1 \end{array}\right]$$

13. (계속) 문제 12에 주어진 계의 오른쪽에 있는 $\begin{bmatrix} -1 \\ 1 \end{bmatrix}$를 $\begin{bmatrix} a \\ b \end{bmatrix}$로 변경하였을 때의 일반해를 구하라.

14. 매개변수에 의하여 표현된 두 개의 직선이 동일한지를 결정하라. $(3, 7)+t(12, -10)$와 $(-3, 12)+t(6, -5)$.

15. $\mathbb{R}^3$에서 방정식 $2x_1-3x_2+7x_3=4$는 하나의 평면을 나타낸다. 이 평면을 매개변수를 이용하여 표현하라.

16. 부분분수 해법을 이용하여 다음 부정적분을 계산하라.

a. $\displaystyle\int \frac{1}{x^2-1}\,dx$

b. $\displaystyle\int \frac{x+2}{x^3-x^2}\,dx$ **c.** $\displaystyle\int \frac{1+x}{x-x^3}\,dx$

17. 점 $(3, 7)$에서 직선 $2x-11y=5$까지의 최소 거리를 해석적 기하학 내용을 이용하여 구하라.

18. 세 점 $\mathbf{u}=(3, 0, 1)$, $\mathbf{v}=(0, 2, 3)$, $\mathbf{w}=(3, 4, 0)$을 지나는 평면에 대응하는 방정식을 구하여 표준형으로 나타내라.

19. $\mathbf{p}=(4, 2, 1)$, $\mathbf{q}=(-1, 3, 2)$, $\mathbf{v}=(1, 11, 7)$, $\mathbf{w}=(3, -9, -6)$일 때 두 개의 직선이 $L_1=\{\mathbf{p}+t\mathbf{q} : t\in\mathbb{R}\}$와 $L_2=\{\mathbf{v}+t\mathbf{w} : t\in\mathbb{R}\}$로 주어졌다. 주어진 두 개의 직선이 $\mathbb{R}^3$에서 동일한가?

20. 매개변수에 의하여 표현된 두 직선 $(11, 11, 40)+t(12, 8, 28)$과 $(-4, 1, 5)+s(3, 2, 7)$은 동일한가?

21. $\mathbf{u}=(7, 11, 5)$, $\mathbf{v}=(9, 15, -6)$, $\mathbf{w}=(-8, -14, 15)$, $\mathbf{z}=(3, 5, -2)$일 때 주어진 두 직선은 동일한가? 또는 평행한가?

$L_1=\{\mathbf{u}+t\mathbf{v} : t\in\mathbb{R}\}$

$L_2=\{\mathbf{w}+t\mathbf{z} : t\in\mathbb{R}\}$

22. 정리 1을 이용하여 다음 두 직선이 동일한지 결정하라.

$L_1=\{(2, 1)+t(-1, -1) : t\in\mathbb{R}\}$

$L_2=\{(7, 6)+s(3, 3) : s\in\mathbb{R}\}$

23. $\mathbb{R}^2$에서 두 점 $\mathbf{u}=(u_1, u_2)$와 $\mathbf{v}=(v_1, v_2)$ 사이의 거리는 $\sqrt{(u_1-v_1)^2+(u_2-v_2)^2}$로 주어진다. 이 사실을 이용하여 양 끝점이 $\mathbf{a}=(a_1, a_2)$와 $\mathbf{b}=(b_1, b_2)$인 선분의 수직 이등분선을 매개변수를 이용하여 표현하라. 이 선분의 중점은 $\frac{1}{2}(\mathbf{a}+\mathbf{b})$이다.

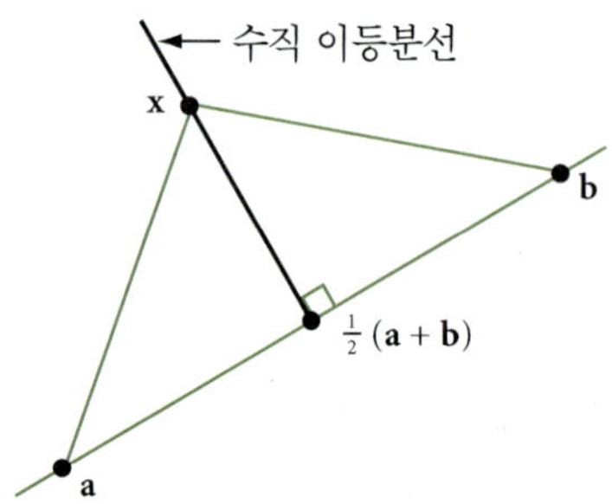

24. 다음의 내용이 맞으면 증명하고 잘못되었으면 반례를 보이라: $\mathbb{R}^n$에서 주어진 두 개의 직선 $\mathbf{v}+t\mathbf{w}$와 $\mathbf{x}+s\mathbf{y}$(매개변수를 이용)가 서로 만나기 위한 필요충분조건은 $\mathbf{x}-\mathbf{v}$가 집합 $\{\mathbf{w}, \mathbf{y}\}$의 생성에 속하는 것이다.

25. 다음의 내용이 맞으면 증명하고 잘못되었으면 반례를 보이라: 매개변수를 사용하여 표현된 직선 $t\mathbf{u}+(1-t)\mathbf{v}$가 원점 $\mathbf{0}$를 포함하기 위한 필요충분조건은 $\mathbf{v}$가 $\mathbf{u}-\mathbf{v}$의 상수곱이어야 한다.

26. $\mathbb{R}^2$에서 임의의 두 개의 직선은 보통 한 점에서 만난다. $\mathbb{R}^3$에서도 같은 내용을 말할 수 있을까? 또한 $\mathbb{R}^3$에서 주어진 한 개의 직선과 한 개의 평면에 대하여 같은 결론을 얻을 수 있는지 대답하라.

참-거짓 연습문제 2.2

1. 매개변수 t, s로 표현된 두 직선 $(1,\ -2,\ 3)+t(1,\ 0,\ 0)$, $(-2,\ 5,\ -7)+s(4,\ -7,\ 10)$을 포함하는 평면이 $\mathbb{R}^3$에 있다. 단, t, s는 모든 실수이다.
2. 점 $(-11,\ -11)$은 매개변수로 표현된 직선 $(4,\ -5)+t(5,\ 2)$ 상에 있다. 매개변수 t는 임의의 실수이다.
3. 점 $(14,\ 4)$는 매개변수로 표현된 직선 $(4,\ -3)+t(2,\ 1)$상에 있다. 매개변수 t는 임의의 실수이다.
4. 매개변수로 표현된 두 직선 $(3,\ 7,\ 2)+t(3,\ 5,\ -4)$와 $(4,\ 2,\ 1)+s(-9,\ -15,\ 11)$은 평행하다.
5. $\mathbf{x}=(x_1,\ x_2,\ x_3)$일 때 공간 $\mathbb{R}^3$에 있는 모든 평면은 방정식 $a_1x_1+a_2x_2+a_3x_3=0$과 같은 형태로 주어진다.
6. $\mathbb{R}^3$에서 매개변수로 표현된 두 직선 $\mathbf{u}+t\mathbf{v}$와 $\mathbf{w}+s\mathbf{z}$이 주어졌다. $\mathbf{u}-\mathbf{w}$가 벡터 $\mathbf{v}$와 $\mathbf{z}$의 생성에 속하면 이 두 직선은 서로 만난다.
7. $\mathbf{x}=(1,\ 1,\ 1)$일 때 직선 $t\mathbf{x}$는 하나의 방정식 $3x_1+2x_2-5x_3=0$로 표현된 평면에 포함된다.
8. $\mathbb{R}^3$에서 원점을 포함하는 평면은 $\mathbb{R}^3$에 있는 두 벡터의 생성으로 항상 표현될 수 있다.
9. $\mathbb{R}^3$에 있는 두 벡터의 생성은 $\mathbb{R}^3$에서 항상 평면이다.
10. $\mathbb{R}^2$에 있는 세 개의 직선 $x_1-4x_2=-6$, $4x_1-3x_2=2$, $-2x_1+5x_2=6$은 한 점에서 동시에 만난다.
11. 매개변수로 표현된 다음 직선은 점 $[12\quad -17]^T$을 지난다.

$$\begin{bmatrix} x_1 \\ x_2 \end{bmatrix} = \begin{bmatrix} 4 \\ 3 \end{bmatrix} + t\begin{bmatrix} 2 \\ -5 \end{bmatrix}$$

12. 방정식 $x_1-4x_2+3x_3=0$으로 정의된 $\mathbb{R}^3$에서의 평면은 다음과 같이 매개변수로 표현할 수 있다: $\mathbf{x}=(x_1,\ x_2,\ x_3)$, $\mathbf{u}=(4,\ 1,\ 0)$, $\mathbf{v}=(-3,\ 0,\ 1)$일 때 $x=t\mathbf{u}+s\mathbf{v}$이다.
13. $(7,\ 3)$과 $(2,\ 1)$을 지나는 $\mathbb{R}^2$에서의 직선은 다음과 같이 주어진다.

$$\begin{bmatrix} x_1 \\ x_2 \end{bmatrix} = \begin{bmatrix} 17 \\ 7 \end{bmatrix} + t\begin{bmatrix} 5 \\ 2 \end{bmatrix}$$

14. 매개변수 t와 s를 이용하여 $\mathbb{R}^n$에서 표현된 두 직선 $\mathbf{v}+t\mathbf{w}$, $\mathbf{y}+s\mathbf{z}$이 만나지 않는다고 가정하면 $\mathbf{y}+\mathbf{v}$는 $\{\mathbf{w},\ \mathbf{z}\}$의 생성에 속한다.
15. $\mathbb{R}^3$에서 어떤 직선들은 하나의 벡터 $\mathbf{v}$의 상수곱들의 집합으로 나타낼 수 있다: $\{t\mathbf{v} : t\in\mathbb{R}\}$.
16. $\mathbb{R}^3$에서 모든 평면은 $\mathbb{R}^3$에 속하는 두 벡터의 생성으로 표현될 수 있다.
17. 방정식 $2x_1+3x_2-5x_3=0$에 의하여 표현된 $\mathbb{R}^3$에서의 평면은 두 벡터 $\mathbf{u}=(5,\ 0,\ 3)$, $\mathbf{v}=(2,\ -3,\ 0)$의 생성으로 만들어진 평면과 동일하다.
18. 매개변수로 표현된 다음 직선은 점 $(-2,\ -8)$을 지난다.

$$\begin{bmatrix} x_1 \\ x_2 \end{bmatrix} = \begin{bmatrix} 2 \\ -5 \end{bmatrix} + t\begin{bmatrix} 4 \\ 3 \end{bmatrix}$$

19. 매개변수를 이용하여 방정식 $(9,\ -5,\ 7,\ 4)+s(3,\ -4,\ 5,\ -1)+t(6,\ 2,\ 1,\ 7)$에 의하여 정의된 직선은 점 $(21,\ 19,\ 0,\ 27)$을 포함한다.

선다형 연습문제 2.2

항상 첫 번째로 옳은 답을 선택하라.

1. 점 $(1,\ 5)$를 지나고 $(-3,\ 2)$에 평행한 직선을 나타내는 방정식은?
   a. $(x_1,\ x_2)=(4,\ 3)+t(3,\ -2)$
   b. $(x_1,\ x_2)=(-3,\ 2)+t(1,\ 5)$
   c. $(x_1,\ x_2)=(5,\ 1)+t(2,\ -3)$
   d. $(x_1,\ x_2)=(3,\ -2)+(1-t)(1,\ 5)$
   e. 위 항목 중 답이 없다.
2. 점 $(7,\ 1)$을 지나고 $(2,\ 5)$에 평행한 직선을 나타내는 방정식은?(t는 매개변수이다.)

a. $\begin{bmatrix} x_1 \\ x_2 \end{bmatrix} = \begin{bmatrix} 2 \\ 5 \end{bmatrix} + t\begin{bmatrix} 7 \\ 1 \end{bmatrix}$

b. $\begin{bmatrix} x_1 \\ x_2 \end{bmatrix} = \begin{bmatrix} 2 \\ 5 \end{bmatrix} + t\begin{bmatrix} -1 \\ 7 \end{bmatrix}$

c. $\begin{bmatrix} x_1 \\ x_2 \end{bmatrix} = \begin{bmatrix} 7 \\ 1 \end{bmatrix} + t\begin{bmatrix} 5 \\ 2 \end{bmatrix}$

d. $\begin{bmatrix} x_1 \\ x_2 \end{bmatrix} = \begin{bmatrix} 7 \\ 1 \end{bmatrix} + t\begin{bmatrix} 4 \\ 10 \end{bmatrix}$

e. 위 항목 중 답이 없다.

3. $\mathbf{u}=(1, 3, 7)$이고 $\mathbf{v}=(2, -4, 1)$일 때 이 두 점은 방정식 $L=\{\mathbf{u}+t\mathbf{v} : t \in \mathbb{R}\}$에 의하여 $\mathbb{R}^3$에서 하나의 직선 L을 정의한다. 다음 중 어느 점이 직선 L에 포함되는가?

a. (4, 8, 3) **b.** (15, −25, 14)

c. (11, 9, 3) **d.** (1, 0, 7)

e. 위 항목 중 답이 없다.

4. 점 (−3, 2)를 지나고 (1, 5)에 평행한 직선을 나타내는 방정식은?

a. $\begin{bmatrix} x_1 \\ x_2 \end{bmatrix} = \begin{bmatrix} 4 \\ 3 \end{bmatrix} + s\begin{bmatrix} 3 \\ -2 \end{bmatrix}$

b. $\begin{bmatrix} x_1 \\ x_2 \end{bmatrix} = \begin{bmatrix} -3 \\ 2 \end{bmatrix} + s\begin{bmatrix} 1 \\ 5 \end{bmatrix}$

c. $\begin{bmatrix} x_1 \\ x_2 \end{bmatrix} = \begin{bmatrix} 5 \\ 1 \end{bmatrix} + s\begin{bmatrix} 2 \\ -3 \end{bmatrix}$

d. $\begin{bmatrix} x_1 \\ x_2 \end{bmatrix} = t\begin{bmatrix} 3 \\ -2 \end{bmatrix} + (1-s)\begin{bmatrix} 1 \\ 5 \end{bmatrix}$

e. 위 항목 중 답이 없다.

5. $\mathbf{u}=[1, 3, 7]^T$이고 $\mathbf{v}=[2, -4, 1]^T$일 때 이 두 점은 방정식 $L=\{\mathbf{u}+t\mathbf{v} : t \in \mathbb{R}\}$에 의하여 $\mathbb{R}^3$에서 하나의 직선 L을 정의한다. 다음 중 어느 점이 직선 L에 포함되는가?

a. $[4, 8, 3]^T$ **b.** $[15, -25, 14]^T$

c. $[11, 9, 3]^T$ **d.** $[1, 0, 7]^T$

e. 위 항목 중 답이 없다.

6. 점 (2, 5)를 지나고 (7, 1)에 평행한 직선을 나타내는 방정식은?

a. $\begin{bmatrix} x_1 \\ x_2 \end{bmatrix} = \begin{bmatrix} 2 \\ 5 \end{bmatrix} + t\begin{bmatrix} -1 \\ 7 \end{bmatrix}$

b. $\begin{bmatrix} x_1 \\ x_2 \end{bmatrix} = \begin{bmatrix} 2 \\ 5 \end{bmatrix} + t\begin{bmatrix} 7 \\ 1 \end{bmatrix}$

c. $\begin{bmatrix} x_1 \\ x_2 \end{bmatrix} = \begin{bmatrix} 9 \\ 6 \end{bmatrix} + t\begin{bmatrix} 4 \\ 10 \end{bmatrix}$

d. $\begin{bmatrix} x_1 \\ x_2 \end{bmatrix} = \begin{bmatrix} 7 \\ 1 \end{bmatrix} + t\begin{bmatrix} 10 \\ 25 \end{bmatrix}$

e. 위 항목 중 답이 없다.

컴퓨터 연습문제 2.2

1. 세 생물종들이 서로 경쟁하는 상황이 있다. 대구를 C로, 청어를 H로, 플랑크톤을 P로 나타내기로 한다. 각 경우에 북해의 어떤 지역에 각 종들의 개체수를 나타내기 위해 적당한 단위들을 도입한다. 지방 수산어장들의 연구결과는 시간 한 단위에서는 원래의 개체수 벡터 $[C, H, P]^T$가

$$\begin{bmatrix} 1.0 & -0.2 & 0.4 \\ -0.1 & 1.0 & 0.3 \\ -0.1 & -0.3 & 1.0 \end{bmatrix} \begin{bmatrix} C \\ H \\ P \end{bmatrix}$$

이 된다는 것을 보여 준다. $[1, 1, 1]^T$를 초기 벡터라고 하자. Matlab과 같은 수학 소프트웨어를 이용하여 이 초기 벡터의 8개의 세대들을 계산하라. 계산에서 음수들은 남겨 두고 그 다음에 음수를 0으로 대체하고 다시 그 값들을 계산하라. 그 결과를 해석해 보라. 이렇게 해서 주어진 데이터로 청어들이 대구들을 제압할 수 있다고 예측할 수 있는가?

2. 본문 중에 언급된 포식동물-먹이 모델에서 행렬이 다음과 같이 조금 바뀌었다고 하자.

$$\mathbf{A} = \begin{bmatrix} 0.5 & 0.4 \\ -0.2 & 1.1 \end{bmatrix}$$

본문 중에 언급된 초기 벡터를 사용할 때 어떤 차이점을 발견할 수 있고 이것을 어떻게 설명할 수 있는가?

3. 한 아마추어 달리기 선수가 1941년부터 1974년까지 해마다 정해진 마일을 달리는 데 필요한 최적 시간들을 기록하였다. 이 시간들은 순서대로 5.94, 6.44, 5.94, 5.94, 5.94, 5.94, 5.96, 6.42, 6.25, 7.00, 6.18, 6.29, 6.83, 6.82, 6.23,

6.20, 6.70, 6.84, 7.09, 7.11, 7.31, 7.30, 7.39, 7.94, 7.92, 7.96, 8.15, 8.25, 8.90, 8.96, 8.90, 9.15, 9.46, 10.07이다. 기록된 시간들은 분 단위이고 소수점 형태이다. T가 시간, Y가 해이고 $T=cY+b$라 가정할 때 이런 데이터들에 대한 최소제곱 직선을 구하라. 매개변수 b, c는 최소제곱 기준에 의해 결정된다. 여러분이 얻은 결과가 이 아마추어 달리기 선수에 대해 시간 T가 해마다 약 6초 증가한다는 결론을 지지하는가?

2.3 선형변환

나는 생각합니다. 그러므로 나는 존재합니다.

—데카르트(RENÉ DESCARTES, 1596~1650)

수학은 새로운 분별력과 같은 그 무엇을 사람들에게 부여합니다.

—다윈(CHARLES DARWIN, 1809~1882)

함수, 사상, 그리고 변환

함수(function), 사상(mapping), 그리고 변환(transformation)이라는 용어들은 같은 의미를 갖는다. 집합 X에서 집합 Y로의 **사상** f가 어떤 의미를 가지고 있는지 기술해 보기로 하자. 표현 $f:X \to Y$는 f가 X에서 Y로의 사상임을 나타낸다. 이것은 X의 각 원소 $\mathbf{x}$가 Y에 있는 하나의 특별한 원소 $f(\mathbf{x})$와 관련되어 있다는 것을 의미한다. 예를 들어 $f(x)=e^x$으로 써서 $\mathbb{R}$에서 $\mathbb{R}$로의 사상 f를 정의할 수 있다. $f(x)$를 명확하게 정의하는 것이 필요하다. 예를 들어 '$f(a, b, c)$를 이차방정식 $ax^2+bx+c=0$의 한 근이라고 하자'라고 정의해서도 안 되고 '$f(x)$를 $\sin t=x$가 성립하는 실수 t라고 하자'라고 정의해서도 안 된다. 이 두 가지 서술(정의)은 애매하고 분명하지 않다. 첫 번째 경우에는 이차 방정식의 두 근 중 어떤 근을 가리키고 있는지가 분명하지 않고, 두 번째 경우에는 $\sin t=x$가 성립하는 각 t가 여러 개 존재할 수 있고 $\sin t=x$가 성립하는 각 t가 존재하지 않을 수도 있다($|x|>1$인 경우). 올바르게 정의된 함수들의 예제가 아래에 주어진다.

사상 $f: \mathbb{R} \to \mathbb{R}$을 자주 다루는 미적분학에서 이 개념들은 흔하다. 이 함수들은 실수 값을 갖는 한 실변수 함수이다. 미적분학에서는 또한 이 변수 함수를 다루는데 이 함수들은 사상 $f: \mathbb{R}^2 \to \mathbb{R}$이다. 원칙적으로 집합 X에서 집합 Y로의 사상들을 정의할 수 있다. X의 각 원소 $\mathbf{x}$에 대하여 한 유일한 상 $f(\mathbf{x})$를 어떤 식으로든 집합 Y의 원소로 기술하는 것이 필요하다. 때로는 함수에 이름을 지정하기보다는 함수의 결과를 서술하고자 할 수도 있다. 기호 $x \mapsto x^3$는 이러한 양자택일의 상황을 잘 설명해 준다. 잘 살펴보면 함수와 그 함수 값들 중 하나를 혼동하는 일은 피할 수 있다. 함수 x^3에 대해 언급하려는 것이 아니라 $f(x)=x^3$으로 정의된 함수나 함수 $x \mapsto x^3$에 대해 언급하려는 것이다. 다시 말해 이런 상황에서 함수 f와 실수 $f(x)$를 구별한다. 점 $f(\mathbf{x})$를 함수 f가 만드는 $\mathbf{x}$의 **상**(image)이라고 한다. 즉 간단히 사상 f에 의한 $\mathbf{x}$의 상이라고 한다.

정의구역, 공변역, 그리고 치역

f가 X에서 Y로의 함수일 때 X를 f의 **정의구역**(domain)이라 하고 이를 $\text{Dom}(f)$로 나타내고, 집합 Y를 f의 공변역(co-domain)이라 하며, f의 **치역**(range)은 집합

$$\text{Range}(f) = \{\, f(\mathbf{x}) : \mathbf{x} \in X \}$$

이다. 말하자면 f의 치역은 실제로 f에 의해 만들어지는 X의 점들의 상으로 나타나는 Y의 점들의 집합이다. 한 사상의 치역이 그 사상의 공변역의 부분집합이 되는 것은 명백하다. 때로는 함수의 치역과 공변역이 같은 경우도 있다. 이 경우에 그 함수는 X에서 Y **위로의**(onto) 사상이라고 한다. '위로의' 라는 용어에 대한 공식적인 정의는 뒤에 주어진다.

다음은 함수 $f: X \to Y$의 필수적인 요소들이다.

- 정의구역 X
- 공변역 Y
- f의 정의구역의 각 점들의 상에 대한 기술

여러 가지 예제들

다음은 함수(사상, 변환)들의 예제이다.

정의	정의구역	공변역
$f(x) = e^{x^2}$	$\mathbb{R}$	$\mathbb{R}$
$g(x) = \begin{bmatrix} \sin x \\ \cos x \end{bmatrix}$	$\mathbb{R}$	$\mathbb{R}^2$
$h(x) = (\sin x, \cos x)$	$\mathbb{R}$	$\mathbb{R}^2$
$R(x, y) = x^2 - 2xy + 7$	$\mathbb{R}^2$	$\mathbb{R}$
$S(x, y) = (3xy, 2x^3, \tan y)$	$\mathbb{R}^2$	$\mathbb{R}^3$
$T(\mathbf{x}) = \begin{bmatrix} 3x_1 - 2x_2 \\ x_1 + 3x_2 \end{bmatrix}$	$\mathbb{R}^2$	$\mathbb{R}^2$
$\mathbf{x} \mapsto \mathbf{Ax},\ \mathbf{A} \in \mathbb{M}^{m \times n}$	$\mathbb{R}^n$	$\mathbb{R}^m$

예제 1 0에서 π까지 구간에 있는 x에 대하여 $f(x) = \sin x$로 정의되는 함수 f의 정의구역, 공변역, 치역은 무엇인가?

풀이 f의 정의구역은 닫힌 구간 $[0, \pi]$로 주어지고 f의 공변역은 실수 $\mathbb{R}$로 택할 수 있다. f의 치역은 구간 $[0, 1]$이다. 이 예제에서 공변역은 $[0, \infty)$, $[-1, 5]$, $[0, 1]$과 같이 여러 가지 다른 선택을 할 수 있다. 마지막에 선택한 구간은 f의 치역과 일치한다. 물론 함수의 치역은 항상 그것의 공변역의 부분집합이다. ■

예제 2 $\mathbb{R}^2$에 있는 $\mathbf{x}$에 대하여 $f(\mathbf{x}) = f(x_1, x_2) = x_1x_2$로 정의되는 함수 f의 정의구역, 공변역, 치역은 무엇인가?

풀이 f의 정의구역은 $\mathbb{R}^2$으로 주어지고 f의 공변역은 $\mathbb{R}$이며 f의 치역은 $\mathbb{R}$이다. 임의의 실수는 두 실수 x_1, x_2의

곱으로 표현할 수 있음을 주목하기 바란다. ■

예제 3 모든 양의 정수들의 집합을 $\mathbb{Z}^+$로 나타내고 $\mathbb{Z}^+$에 있는 임의의 원소 n에 대하여 $f(n)$을 n의 가장 큰 **진인자**(proper factor, 어떤 양의 정수 m의 진인자는 m보다는 작은 m의 한 양의 약수를 말한다)라고 정의하자. 그러므로 $f(7)=1$, $f(8)=4$, $f(18)=9$, ...이 된다. 함수 f의 정의구역, 공변역, 치역은 무엇인가?

풀이 f의 정의구역은 $\mathbb{Z}^+$로 주어지고 f의 공변역은 모든 정수들의 집합으로 택할 수 있다. f의 치역은 모든 양의 정수의 집합이다. ■

예제 4 $T(x)=\mathbf{A}\mathbf{x}$로 정의하자. 여기서 $\mathbf{A} = \begin{bmatrix} 3 & 1 \\ 2 & 5 \\ 7 & -2 \end{bmatrix}$, $\mathbf{x} \in \mathbb{R}^2$이고 $T(\mathbf{x}) \in \mathbb{R}^3$이다. $\mathbf{u}=\begin{bmatrix} 1 \\ 3 \end{bmatrix}$와 $\mathbf{v}=\begin{bmatrix} 3 \\ 1 \end{bmatrix}$에 대하여 $T(\mathbf{u})$, $T(\mathbf{v})$, $T(\mathbf{u}+\mathbf{v})$, 그리고 $T(\mathbf{u})+T(\mathbf{v})$를 구하라.

풀이 $T(\mathbf{u})$와 $T(\mathbf{v})$는 다음과 같이 계산할 수 있다.

$$T(\mathbf{u}) = \mathbf{Au} = \begin{bmatrix} 3 & 1 \\ 2 & 5 \\ 7 & -2 \end{bmatrix} \begin{bmatrix} 1 \\ 3 \end{bmatrix} = \begin{bmatrix} 6 \\ 17 \\ 1 \end{bmatrix}$$

$$T(\mathbf{v}) = \mathbf{Av} = \begin{bmatrix} 3 & 1 \\ 2 & 5 \\ 7 & -2 \end{bmatrix} \begin{bmatrix} 3 \\ 1 \end{bmatrix} = \begin{bmatrix} 10 \\ 11 \\ 19 \end{bmatrix}$$

$T(\mathbf{u})+T(\mathbf{v})$는

$$T(\mathbf{u}) + T(\mathbf{v}) = \begin{bmatrix} 6 \\ 17 \\ 1 \end{bmatrix} + \begin{bmatrix} 10 \\ 11 \\ 19 \end{bmatrix} = \begin{bmatrix} 16 \\ 28 \\ 20 \end{bmatrix}$$

이다. 또한 $\mathbf{u}+\mathbf{v}$는 간단히 계산하여

$$\mathbf{u} + \mathbf{v} = \begin{bmatrix} 1 \\ 3 \end{bmatrix} + \begin{bmatrix} 3 \\ 1 \end{bmatrix} = \begin{bmatrix} 4 \\ 4 \end{bmatrix}$$

를 얻을 수 있다. 그러므로

$$T(\mathbf{u} + \mathbf{v}) = T\left(\begin{bmatrix} 4 \\ 4 \end{bmatrix}\right) = \begin{bmatrix} 3 & 1 \\ 2 & 5 \\ 7 & -2 \end{bmatrix} \begin{bmatrix} 4 \\ 4 \end{bmatrix} = \begin{bmatrix} 16 \\ 28 \\ 20 \end{bmatrix}$$

이다. 함수 T는 $T(\mathbf{u}+\mathbf{v})=T(\mathbf{u})+T(\mathbf{v})$를 만족한다. ■

단사함수와 전사함수

여기서는 사상이 단사함수 또는 전사함수라는 개념을 설명한다.[이들 전문 용어에 대한 동의어는 각각 일대일(one-to-one)함수, 위로의(onto) 함수이다.]

정의

사상이 정의구역 안에 있는 다른 원소들을 그것의 치역에 있는 다른 점들로 대응시킬 때 이 사상을 **단사**(injective, **일대일**)함수라고 한다.

사상 $f: X \to Y$가 단사함수(일대일함수)라는 것은 다음과 동치 관계가 있다.

$$f(\mathbf{u})=f(\mathbf{v}) \Rightarrow \mathbf{u}=\mathbf{v}$$

단사함수를 정의하는 세 번째 방식은 공변역의 각 원소는 많아야 하나의 원소(정의구역 안에 있는 원소)의 상이 될 수 있다는 것이다.

앞의 예제 1, 2, 3에서 정의된 함수들은 모두 단사함수는 아니다. 예제 1에 있는 함수에 대해서는 $f(0)=f(\pi)$, 예제 2에서는 $f(1, 2)=f(2, 1)$, 그리고 예제 3에서는 $f(10)=f(15)$이다. 함수 $x \mapsto x^2$는 정의구역 $[0, \infty)$ 위에서 단사함수이지만 정의구역 $[-\infty, \infty)$ 위에서는 단사함수가 아니다.(왜?) 함수 $x \mapsto x^3$는 정의구역 실수 $\mathbb{R}$ 위에서 단사함수이다.(왜?)

정의

사상의 치역과 공변역이 같을 때 이 사상을 **전사**(surjective, **위로의**)함수라고 한다.

바꾸어 말하면 사상 $f : X \to Y$가 전사함수라는 말은 공변역에 있는 모든 원소가 정의구역에 있는 한 원소의 상이 된다는 뜻이다: 각 원소 $\mathbf{y} \in Y$에 대하여 어떤 원소 $\mathbf{x} \in X$가 존재하여 $f(\mathbf{x})=\mathbf{y}$를 만족한다는 것을 의미한다.

정의

사상이 단사이고 전사(일대일이고 위로의)함수일 때 이 사상을 **전단사**(bijective)함수라고 한다.

단사함수가 전사함수일 필요는 없고 그 역도 마찬가지이다. 즉 전사함수가 단사함수일 필요는 없다. 그림 2.19에 있는 각 그림들은 단사함수와 전사함수의 네 가지 가능한 조합에 대하여 잘 설명해 주고 있다.

사상 $x \mapsto \sin(x)$는 정의구역을 $\mathbb{R}$로 정의하고 공변역을 구간 $[-1, 1]$로 정의하면 전사함수가 되지만 공변역을 $\mathbb{R}$로 택하면 전사함수가 되지 않는다. 사상 $x \mapsto x^3$는 정의구역과 치역을 $\mathbb{R}$로 정의하면 전사함수가 된

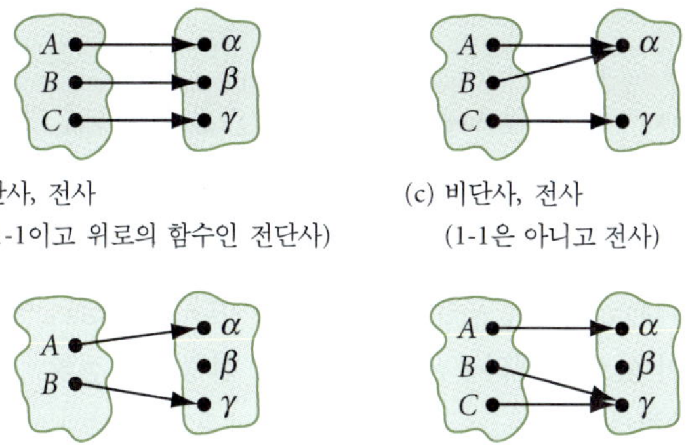

(a) 단사, 전사
(1-1이고 위로의 함수인 전단사)

(c) 비단사, 전사
(1-1은 아니고 전사)

(b) 단사, 비전사
(1-1이고 위로의 함수는 아님)

(d) 비단사, 비전사
(1-1도 아니고 위로의 함수도 아님)

그림 2.19 단사함수와 전사함수들.

다. 사상 $x \mapsto x^2$는 정의구역을 $\mathbb{R}$로 정의하고 공변역을 $[0, \infty)$로 정의하면 전사함수이다. 공통된 표현은 '함수 $x \mapsto x^2$는 $\mathbb{R}$에서 $[0, \infty)$ 위로 사상한다이다'. 위로의라는 전치사는 $[0, \infty)$에 있는 모든 원소는 $\mathbb{R}$에 있는 어떤 원소의 상이라는 것을 강조하기 위해 사용되었다.

앞의 예제들은 함수의 정의는 정의구역, 공변역, 상들을 계산하기 위한 규칙들이 명시되기 전까지는 완전하지 않다는 것을 보여 준다.

$T(\mathbf{x})=\mathbf{Ax}$으로 정의된 변환 T가 $\mathbb{R}^n$에서 $\mathbb{R}^m$ 위로의 함수일 필요충분조건이 행렬 $\mathbf{A}$의 열벡터들이 $\mathbb{R}^m$을 생성한다는 것임을 알게 될 것이다. $\mathbb{R}^m$에 있는 모든 점이 어떤 점 $x \in \mathbb{R}^n$의 상이면 T를 $\mathbb{R}^n$에서 $\mathbb{R}^m$ **위로의** 함수라고 한다. 예를 들어 다음과 같이 주어진 변환은

$$T(\mathbf{x}) = \begin{bmatrix} 1 & 3 \\ 3 & 4 \end{bmatrix} \begin{bmatrix} x_1 \\ x_2 \end{bmatrix}$$

$\mathbb{R}^2$에서 $\mathbb{R}^2$ 위로의 함수이다. $\mathbb{R}^2$에 있는 모든 원소는 $\mathbb{R}^2$에 있는 한 원소의 상이다. 그 이유는

$$\left[\begin{array}{cc|c} 1 & 3 & b_1 \\ 3 & 4 & b_2 \end{array}\right] \sim \left[\begin{array}{cc|c} 1 & 0 & \tilde{b}_1 \\ 0 & 1 & \tilde{b}_2 \end{array}\right]$$

이기 때문이다. 열벡터들의 쌍 $\begin{bmatrix} 1 \\ 3 \end{bmatrix}$, $\begin{bmatrix} 3 \\ 4 \end{bmatrix}$는 $\mathbb{R}^2$를 생성한다.

선형변환

선형성(linearity)이라는 개념은 선형대수학에서 아주 잘 알려져 있다. 사상이 선형성이라는 성질을 갖게 되면 다른 어려운 문제를 단순하게 만들 수 있다. 그 이유는 선형성이 응용수학에서 많은 공식, 사실 그리고 이론들을 포함하는 연구의 광범위한 분야가 되었기 때문인데 아마도 이러한 것들은 사람들이 이해할 수 있는 한계를 넘어설 것이다.

정의

$\mathbb{R}^n$에서 $\mathbb{R}^m$으로의 사상 f가 $\mathbf{x}$, $\mathbf{y} \in \mathbb{R}^n$인 모든 벡터와 모든 스칼라 a, b에 대하여 $f(a\mathbf{x}+b\mathbf{y})=af(\mathbf{x})+bf(\mathbf{y})$를 만족할 때 f를 **선형**(linear)이라고 한다.

위의 정의는 2.4절에서 일반 벡터공간을 공부할 때 사용될 것이다. 선형성의 방정식이 의미가 있기 위해서는 선형사상의 정의구역과 공변역이 반드시 벡터공간이어야 한다. 선형성의 정의에서 $a=b=0$으로 놓으면 $f(\mathbf{0})=\mathbf{0}$라는 결과를 얻는다는 것을 주목하라.

연역법에 의해 선형사상 f가 $k \geq 1$인 모든 정수에 대하여 다음 방정식을 만족한다는 것을 증명할 수 있다.

$$f\left(\sum_{i=1}^{k} \alpha_i \mathbf{x}_i\right) = \sum_{i=1}^{k} \alpha_i f(\mathbf{x}_i)$$

정리 1

A가 $m\times n$ 행렬일 때 사상 $\mathbf{x} \mapsto \mathbf{Ax}$은 $\mathbb{R}^n$에서 $\mathbb{R}^m$으로의 선형변환이다.

증명 이것은 1.2절에서 언급된 성질이다. $\mathbf{Ax}$는 $\sum_{j=1}^{n} x_j\mathbf{a}_j$으로 정의했음을 상기하자. 단, $\mathbf{a}_j$는 **A**의 j번째 열을 나타낸다. 그러므로 다음을 얻는다.

$$\mathbf{A}(\alpha\mathbf{x}+\beta\mathbf{y}) = \sum_{j=1}^{n}(\alpha\mathbf{x}+\beta\mathbf{y})_j\mathbf{a}_j = \sum_{j=1}^{n}[(\alpha\mathbf{x})_j+(\beta\mathbf{y})_j]\mathbf{a}_j = \sum_{j=1}^{n}(\alpha x_j+\beta y_j)\mathbf{a}_j$$

$$= \sum_{j=1}^{n}\alpha x_j\mathbf{a}_j + \sum_{j=1}^{n}\beta y_j\mathbf{a}_j = \alpha\sum_{j=1}^{n}x_j\mathbf{a}_j + \beta\sum_{j=1}^{n}y_j\mathbf{a}_j = \alpha\mathbf{Ax}+\beta\mathbf{Ay}$$ ■

여기에 '변환들이 선형인가?' 라는 질문을 요구하는 몇 개의 예제들이 있다. 첫 번째로

$$T(x_1,x_2,x_3) = T\left(\begin{bmatrix} x_1 \\ x_2 \\ x_3 \end{bmatrix}\right) = \begin{bmatrix} 2x_1+x_3 \\ 3x_1+x_2+4 \\ 5x_1+x_2-x_3 \end{bmatrix}$$

으로 정의된 사상 $T:\mathbb{R}^3 \to \mathbb{R}^3$를 생각해 보자. 이 사상은 $T(\mathbf{0})=(0,\ 4,\ 0)$이므로 선형이 아니다. 다음으로

$$T(x_1,x_2) = T\left(\begin{bmatrix} x_1 \\ x_2 \end{bmatrix}\right) = \begin{bmatrix} x_1^2+x_2^2 \\ x_2 \end{bmatrix}$$

으로 주어지는 사상 $T:\mathbb{R}^2 \to \mathbb{R}^2$을 조사해 보자. 이 사상은 선형이 아니다. 그 이유는

$$T(2\mathbf{x}) = ((2x_1)^2+(2x_2)^2, 2x_2) \neq (2x_1^2+2x_2^2, 2x_2) = 2T(\mathbf{x})$$

이기 때문이다. 마지막으로

$$T(x_1, x_2) = T\left(\begin{bmatrix} x_1 \\ x_2 \end{bmatrix}\right) = \begin{bmatrix} x_2 \\ x_1 \end{bmatrix}$$

으로 기술되는 사상 $T : \mathbb{R}^2 \to \mathbb{R}^2$을 살펴보자. 이것은 선형변환이다. 그 이유는

$$T\left(\begin{bmatrix} x_1 \\ x_2 \end{bmatrix}\right) = \begin{bmatrix} 0 & 1 \\ 1 & 0 \end{bmatrix}\begin{bmatrix} x_1 \\ x_2 \end{bmatrix}$$

이므로 $T(\mathbf{x}) = \mathbf{A}\mathbf{x}$이다 여기서 $\mathbf{A} = \begin{bmatrix} 0 & 1 \\ 1 & 0 \end{bmatrix}$이다.(정리 1이 적용된다.)

예제 5 $\mathbb{R}^2$에서 $\mathbb{R}^3$로의 사상 f가 다음 공식에 의해 정의된다고 할 때 f가 선형이 되는가?

$$f(s,t) = f\left(\begin{bmatrix} s \\ t \end{bmatrix}\right) = \begin{bmatrix} 2s + 3t \\ -s + 5t \\ 4s - 3t \end{bmatrix}$$

풀이 답을 찾아내는 한 가지 방법은 $\mathbf{x} = (x_1, x_2)$ 그리고 $\mathbf{y} = (y_1, y_2)$로 놓는 것이다. 그러면 다음과 같이 된다.

$$\begin{aligned} f(\alpha\mathbf{x} + \beta\mathbf{y}) &= f\big(\alpha(x_1, x_2) + \beta(y_1, y_2)\big) \\ &= f\big((\alpha x_1, \alpha x_2) + (\beta y_1, \beta y_2)\big) \\ &= f\big((\alpha x_1 + \beta y_1, \alpha x_2 + \beta y_2)\big) \\ &= \big(2(\alpha x_1 + \beta y_1) + 3(\alpha x_2 + \beta y_2), \\ &\quad -(\alpha x_1 + \beta y_1) + 5(\alpha x_2 + \beta y_2), \\ &\quad 4(\alpha x_1 + \beta y_1) - 3(\alpha x_2 + \beta y_2)\big) \\ &= \alpha(2x_1 + 3x_2, -x_1 + 5x_2, 4x_1 - 3x_2) \\ &\qquad + \beta(2y_1 + 3y_2, -y_1 + 5y_2, 4y_1 - 3y_2) \\ &= \alpha f(\mathbf{x}) + \beta f(\mathbf{y}) \end{aligned}$$

확실히 이렇게 하는 더 좋은 방법이 있다. 그것이 정리 1의 특별한 경우라고 할 수 있는가? 그렇다. 여기에 이러한 연관성을 알아보는 방법을 제시한다. 단순히 이와 같은 것을 정의하는 방정식을 써 보라.

$$f(s,t) = f\left(\begin{bmatrix} s \\ t \end{bmatrix}\right) = \begin{bmatrix} 2s + 3t \\ -s + 5t \\ 4s - 3t \end{bmatrix} = s\begin{bmatrix} 2 \\ -1 \\ 4 \end{bmatrix} + t\begin{bmatrix} 3 \\ 5 \\ -3 \end{bmatrix} = \begin{bmatrix} 2 & 3 \\ -1 & 5 \\ 4 & -3 \end{bmatrix}\begin{bmatrix} s \\ t \end{bmatrix}$$

이 방정식은 $f(\mathbf{x}) = \mathbf{A}\mathbf{x}$의 형태이고 정리 1이 적용된다. ■

행렬을 이용하여 선형사상 정의하기

앞에 나온 예제들은 $\mathbb{R}^n$에서 $\mathbb{R}^m$으로의 모든 선형변환들은 행렬로 주어진다는 것을 제시해 준다. 이 공식적인 결과는 다음에 증명된다.

정리 2

T가 $\mathbb{R}^n$에서 $\mathbb{R}^m$으로의 선형변환이면 $x \in \mathbb{R}^n$인 모든 벡터에 대하여 $T(\mathbf{x})=\mathbf{A}\mathbf{x}$를 만족하는 $m\times n$ 행렬 $\mathbf{A}$가 존재한다.

증명 다음과 같이 주어지는 $\mathbb{R}^n$에 있는 표준 단위벡터를 정의하자.

$$\mathbf{e}_1 = \begin{bmatrix} 1 \\ 0 \\ 0 \\ \vdots \\ 0 \end{bmatrix} \quad \mathbf{e}_2 = \begin{bmatrix} 0 \\ 1 \\ 0 \\ \vdots \\ 0 \end{bmatrix} \quad \cdots \quad \mathbf{e}_n = \begin{bmatrix} 0 \\ 0 \\ 0 \\ \vdots \\ 1 \end{bmatrix}$$

그러면 $\mathbb{R}^n$ 에 있는 벡터 $\mathbf{x}$는 다음과 같이 쓸 수 있다.

$$\mathbf{x} = \sum_{j=1}^{n} x_j \mathbf{e}_j$$

T가 선형이므로 다음과 같이 된다.

$$T(\mathbf{x}) = T\left(\sum_{j=1}^{n} x_j e_j\right) = \sum_{j=1}^{n} x_j T(\mathbf{e}_j)$$

$\mathbf{A}$는 열벡터들이 $T(\mathbf{e}_j)$, $j=1, 2, ..., n$인 $m\times n$ 행렬이라고 하자. 그러면 위의 방정식은 $T(\mathbf{x})=\mathbf{A}\mathbf{x}$이 성립한다는 것을 보여 준다. 여기서 $\mathbf{x}$는 열벡터로 썼다. ■

예제 6 $\mathbf{u}=(1, 1, 3)$, $\mathbf{v}=(3, 2, -2)$, $L(\mathbf{u})=(4, 1, 1, 1)$, 그리고 $L(\mathbf{v})=(-5, 1, -3, 3)$이라 하고 $\mathbb{R}^3$에서 $\mathbb{R}^4$로의 선형변환이라고 가정하자. $\mathbf{w}=(5, 4, 4)$, $\mathbf{y}=(2, 1, 7)$일 때 $L(\mathbf{w})$와 $L(\mathbf{y})$를 구하라.

풀이 $\mathbf{w}$와 $\mathbf{y}$를 $\mathbf{u}$와 $\mathbf{v}$의 일차결합으로 표현해야 한다. 이것은 다음과 같이 할 수 있다.

$$\left[\begin{array}{cc|cc} \mathbf{u} & \mathbf{v} & \mathbf{w} & \mathbf{y} \end{array}\right] = \left[\begin{array}{cc|cc} 1 & 3 & 5 & 2 \\ 1 & 2 & 4 & 1 \\ 3 & -2 & 4 & 7 \end{array}\right] \sim \left[\begin{array}{cc|cc} 1 & 0 & 2 & -1 \\ 0 & 1 & 1 & 1 \\ 0 & 0 & 0 & 1 \end{array}\right]$$

이것은 $\mathbf{w}=2\mathbf{u}+\mathbf{v}$임을 보여 준다. 그러므로 다음과 같다.

$$L(\mathbf{w}) = L(2\mathbf{u}+\mathbf{v}) = 2\begin{bmatrix} 4 \\ 1 \\ 1 \\ 1 \end{bmatrix} + \begin{bmatrix} -5 \\ 1 \\ -3 \\ 3 \end{bmatrix} = \begin{bmatrix} 3 \\ 4 \\ -1 \\ 5 \end{bmatrix}$$

위와 같은 방법으로 계산해 보면 $\mathbf{y}$는 $\mathbf{u}$와 $\mathbf{v}$의 일차결합이 아니라는 것을 알 수 있다. 그래서 주어진 정보로는 $L(\mathbf{y})$를 계산할 수 없다.(벡터 $\mathbf{y}$는 Span{$\mathbf{u}$, $\mathbf{v}$}에 있지 않다.) ■

정리 3

$\mathbb{R}^n$에서 $\mathbb{R}^m$으로의 선형변환은 $\mathbb{R}^n$에 있는 표준 단위벡터 $\mathbf{e}_1, \mathbf{e}_2, \ldots, \mathbf{e}_n$의 상에 의해 완전히 결정된다.

증명 정리 3의 증명은 정리 2의 증명에 대한 모든 요소들을 포함한다. 5.2절의 정리 15는 이 정리를 확장한 것이다. ■

정리 2의 증명은 $\mathbb{R}^n$에서 $\mathbb{R}^m$으로의 선형변환을 나타내는 행렬을 만드는 규칙을 제시해 주고 있음을 주목하라. 즉 $1 \le j \le n$를 만족하는 각 정수 j에 대하여 $T(\mathbf{e}_j)$를 계산하고 이를 행렬 $\mathbf{A}$의 열로 놓는다. 열로 놓는 순서는 잘 지켜야 한다.

$\mathbf{A}$가 선형변환 T의 행렬, 그래서 $T(\mathbf{x})=\mathbf{A}\mathbf{x}$이면 $\mathbf{A}$의 열들은 $T(\mathbf{e}1)$, $T(\mathbf{e}_2)$ 등이다. 다음 예제를 생각해 보자.

$$T(\mathbf{x}) = \begin{bmatrix} x_1 - x_2 \\ -2x_1 + x_2 \\ x_1 \end{bmatrix} = x_1\begin{bmatrix} 1 \\ -2 \\ 1 \end{bmatrix} + x_2\begin{bmatrix} -1 \\ 1 \\ 0 \end{bmatrix}$$

이 변환을 나타내는 행렬 $\mathbf{A}$를 구할 수 있는가? 그렇다.

$$T(\mathbf{e}_1) = T\left(\begin{bmatrix} 1 \\ 0 \end{bmatrix}\right) = \begin{bmatrix} 1 \\ -2 \\ 1 \end{bmatrix}$$

$$T(\mathbf{e}_2) = T\left(\begin{bmatrix} 0 \\ 1 \end{bmatrix}\right) = \begin{bmatrix} -1 \\ 1 \\ 0 \end{bmatrix}$$

이므로 $\mathbf{A} = \begin{bmatrix} 1 & -1 \\ -2 & 1 \\ 1 & 0 \end{bmatrix}$를 얻는다.

예제 7 예제 5의 선형변환을 나타내는 행렬을 구하라.

풀이 $f(1, 0)=(2, -1, 4)$와 $f(0, 1)=(3, 5, -3)$을 계산한다. 이 두 벡터를 열로 갖는 행렬이 구하고자 하는 행렬이 된다.

$$\mathbf{A} = \begin{bmatrix} 2 & 3 \\ -1 & 5 \\ 4 & -3 \end{bmatrix}$$

A는 예제 5의 두 번째 풀이 과정에서 볼 수 있다. ■

단사와 전사 선형변환

이 절에서는 선형변환에 대한 단사와 전사함수의 성질을 조사해 보기로 한다.

정리 4

A가 $m\times n$ 행렬일 때 선형사상 $\mathbf{x} \mapsto \mathbf{Ax}$가 전사함수일 필요충분조건은 A의 열벡터들이 $\mathbb{R}^m$을 생성한다는 것이다.

증명 확실히 선형사상 $\mathbf{x} \mapsto \mathbf{Ax}$가 $\mathbb{R}^n$에서 $\mathbb{R}^m$으로의 함수이다. 각각의 상 $\mathbf{Ax}$는 A의 열벡터들의 일차결합이다. 주어진 사상의 치역이 $\mathbb{R}^m$이기 위한 필요충분조건은 $\mathbb{R}^m$에 있는 모든 점이 $\mathbb{R}^n$에 있는 어떤 점의 상이 되는 것이다. 즉 A의 열벡터들의 일차결합인 것이다. ■

정의 선형사상의 T의 **핵**(kernel)은 $\{\mathbf{x} : T(\mathbf{x})=\mathbf{0}\}$으로 정의하고 $\text{Ker}(T)$로 나타낸다.

이 정의는 1.3절에 있는 행렬의 핵의 정의와 일치한다. 선형사상 $\mathbf{x} \mapsto \mathbf{Ax}$와 행렬 A를 동일시한다. 벡터공간과 부분공간을 공부한 후에, T가 단사함수가 아니면 T에 의해 같은 상[즉 $T(\mathbf{x})=T(\mathbf{y})$]을 갖는 다른 두 벡터들이 존재한다는 사실을 알게 될 것이다. (T의) 선형성에 의해 $T(\mathbf{x}-\mathbf{y})=\mathbf{0}$이므로 T의 핵은 $\mathbf{0}$이 아닌 벡터 $\mathbf{x}-\mathbf{y}$를 포함한다. 역으로, T의 핵이 영벡터가 아니면 $\mathbf{0}$로 사상되는 $\mathbf{0}$가 아닌 벡터 $\mathbf{z}$가 존재한다[즉 $T(\mathbf{z})=\mathbf{0}$]. $\mathbf{0}$는 확실하게 $\mathbf{0}$로 사상되므로 이것은 (T가) 단사함수라는 성질에 모순된다.

정리 5

선형사상 $\mathbf{x} \mapsto \mathbf{Ax}$가 단사함수이기 위한 필요충분조건은 A의 핵이 영벡터만 포함하는 것이다.

증명 $\mathbf{Ax}=\mathbf{Ay} \Leftrightarrow \mathbf{A}(\mathbf{x}-\mathbf{y})=\mathbf{0}$를 이용하여 증명한다. 사상 $\mathbf{x} \mapsto \mathbf{Ax}$가 단사가 아니면 $\mathbf{Au}=\mathbf{Av}$를 만족하는 쌍 $\mathbf{u} \neq \mathbf{v}$를 구할 수 있다. 그러므로 $\mathbf{u}-\mathbf{v}$는 A의 핵에 속하는 $\mathbf{0}$가 아닌 벡터이다. 역으로 사상 $\mathbf{x} \mapsto \mathbf{Ax}$가 단사이면 방정식 $\mathbf{Au}=\mathbf{Av}$는 $\mathbf{u}=\mathbf{v}$를 의미한다. $\mathbf{v}=0$으로 놓으면 방정식 $\mathbf{Au}=\mathbf{0}$은 $\mathbf{u}=\mathbf{0}$를 의미한다. ■

선형변환의 효과

공간 $\mathbb{R}^2$에서 선형변환들이 어떻게 움직이는지를 보여 주는 밑그림을 그리는 것이 가능하다. 선형변환 $T: \mathbb{R}^2 \to \mathbb{R}^2$이고 $\mathbf{x}$가 $\mathbb{R}^2$에 있는 임의의 벡터일 때, $T(\mathbf{e}_1)$과 $T(\mathbf{e}_2)$를 알면 $\mathbf{x}$에 대한 T의 함수 값 $T(\mathbf{x})$를 예측할 수 있다는 것은 놀라운 일이다. 여기서 $\mathbf{e}_1=(1, 0)$이고 $\mathbf{e}_2=(0, 1)$이다. 이런 중요한 사실은 앞에 나온 정리 3이다. 모든 벡터공간에서 이와 유사한 결과가 성립한다(5.2절의 정리 15를 보라). $\mathbb{R}^2$의 임의의 벡터 $\mathbf{x}$는

$$\mathbf{x} = (x_1, x_2) = x_1(1, 0) + x_2(0, 1) = x_1\mathbf{e}_1 + x_2\mathbf{e}_2$$

으로 쓸 수 있으므로 T가 선형이면

$$T(\mathbf{x}) = T(x_1\mathbf{e}_1 + x_2\mathbf{e}_2) = x_1T(\mathbf{e}_1) + x_2T(\mathbf{e}_2)$$

이다. 열벡터들이 $T(\mathbf{e}_1)$과 $T(\mathbf{e}_2)$로 주어지는 행렬은 T에 대응하는 **행렬변환**(transformation matrix)으로 언급될 것이다. 앞에 나온 정리 2와 그 증명을 참고하라. $T(\mathbf{e}_1)$과 $T(\mathbf{e}_2)$가 $\mathbb{R}^2$에서 완전히 임의로 지정될 수 있는 점들이고 게다가 T가 여전히 선형이 될 것이라는 점에 주목하라.

다음 몇 개의 예제들은 $\mathbb{R}^2$에 관한 선형변환의 여러 가지 결과들을 잘 설명해 준다. 차원이 높은 벡터공간에서도 유사한 사상들을 사용할 수 있지만 그것들은 (결과들을) 설명하기가 좀더 어렵다. 그림들이 이 예제들과 함께 주어진다. 각 예제는 두 개의 표준 단위기본 벡터 $\mathbf{e}_1=(1, 0)$와 $\mathbf{e}_2=(0, 1)$에 관한 선형변환의 결과를 설명해 준다. 꼭지점 (0, 0), (1, 0), (0, 1)과 (1, 1)을 갖는 단위 정사각형에 관한 (선형변환의) 결과도 설명할 것이다.

예제 8 $\mathbb{R}^2$에서 $\mathbb{R}^2$로의 단위사상에 대하여 설명하라.

풀이 주어진 사상은 $\mathbb{R}^2$의 모든 점을 변화시키지 않은 채 자기 자신으로 사상시킨다. 그것의 그림을 그리는 데 잉크를 소비할 필요는 없다. 이 사상은 표현 $(x_1, x_2) \mapsto (x_1, x_2)$으로 정의되고 확실히 선형이 된다. 물론 그것의 행렬은 단위행렬(identity matrix) $\mathbf{I}_2 = \begin{bmatrix} 1 & 0 \\ 0 & 1 \end{bmatrix}$이라고 부른다. ■

예제 9 행렬 $\begin{bmatrix} 0 & -1 \\ 1 & 0 \end{bmatrix}$을 갖는 선형사상을 기술하라.

풀이 주어진 사상은 ($\mathbb{R}^2$에 있는) 모든 벡터를 반시계 방향으로 90° 회전시키는 **회전**(rotation)변환이다.주어진 행렬의 첫 번째 열은 $\mathbf{e}_1$의 상이고 두 번째 열은 $\mathbf{e}_2$의 상이다. 주어진 사상의 다른 표현은 $(x_1, x_2) \mapsto (-x_2, x_1)$이다. 이 변환은 회전변환 중 하나이다. 그 이유는 벡터들이 회전되는 각은 음, 또는 양의 각일 수 있기 때문이다. 그림 2.20과 정리 7을 보라. ■

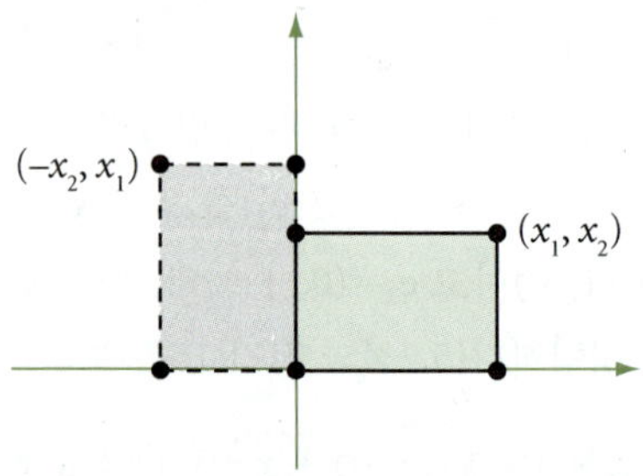

그림 2.20 반시계 방향으로 90°로 회전.

예제 10 행렬 $\begin{bmatrix} 1 & 0 \\ 0 & 0 \end{bmatrix}$를 갖는 변환에 대하여 논하라.

풀이 이 변환은 ($\mathbb{R}^2$ 상의) 모든 점을 수평축 위로 사영시킨다. 이것은 7.1절에서 아주 자세하게 공부할 **직교사영**(orthogonal projection)의 보기이다. 이 변환을 적용하게 되면 정보를 잃게 된다는 것을 주목하라: $(x_1, x_2) \mapsto (x_1, 0)$. 즉 $T(\mathbf{x})$를 안다고 해도 $\mathbf{x}$를 알 수 없다. 그 이유는 T를 $\mathbf{x}$에 적용하게 되면 두 번째 좌표의 값은 알 수 없게 되기 때문이다. 그림 2.21을 보라. ■

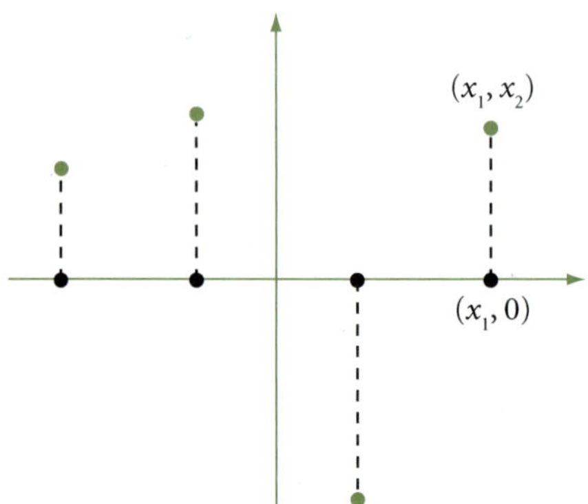

그림 2.21 수평축 위로의 사영(직교사영).

예제 11 행렬

$$\begin{bmatrix} 2 & 0 \\ 0 & 2 \end{bmatrix}$$

을 갖는 변환의 특징을 기술하라.

풀이 이 선형사상은 ($\mathbb{R}^2$ 상의) 모든 점을 (이들을) 2배로 한 점으로 이동시킨다.이 선형사상은 **확장**(dilation) 변환이라고 부르는데 그 이유는 이 변환이 ($\mathbb{R}^2$ 상의) 점과 모양은 같고 크기가 다른 점(상)을 만들어 내기 때문

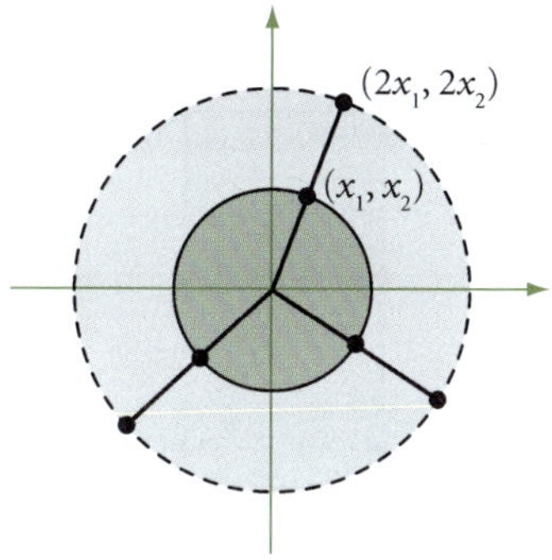

그림 2.22 2배로 확장.

이다.[특히 변환이 원래의 점보다 더 큰 점(상)을 만들어 내면 그 변환을 **확장**(enlargement)변환이라 부르고 더 작은 점(상)을 만들어 내면 **축소**(reduction)변환이라고 부른다.] 주어진 변환은 $(x_1, x_2) \mapsto (2x_1, 2x_2)$,, 또는 $\mathbf{x} \mapsto 2\mathbf{x}$로 기술된다. 그림 2.22를 보라. ■

예제 12 행렬 $\begin{bmatrix} 1 & 0 \\ 1 & 1 \end{bmatrix}$를 갖는 선형사상을 설명하라.

풀이 이 사상은 수직축으로의 **층밀림**(shear)이다. 이것은 탄성 이론에 나오는 전문 용어이다. 이를 다르게 기술하면 $(x_1, x_2) \mapsto (x_1, x_1+x_2)$로 주어지는 사상이다.

그림 2.23을 보라. ■

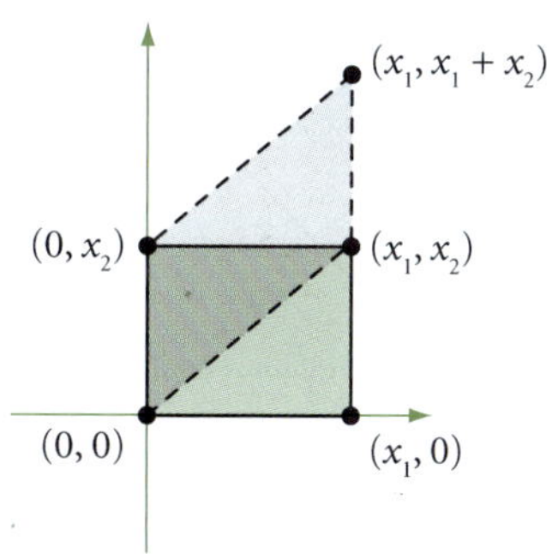

그림 2.23 수직축으로의 층밀림.

예제 13 행렬 $\begin{bmatrix} 1 & 0 \\ 0 & -1 \end{bmatrix}$를 갖는 선형사상에 대하여 논하라.

풀이 주어진 사상은 수평축에 대한 **대칭**(reflection)이다. 한 점의 첫 번째 좌표는 변하지 않고 두 번째 성분은

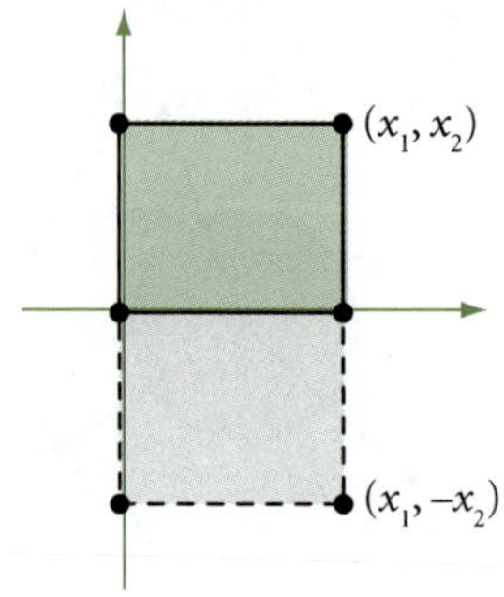

그림 2.24 수평축에 대한 대칭.

부호가 바뀐다: $(x_1,\ x_2) \mapsto (x_1,\ -x_2)$. 그림 2.24를 보라. ■

예제 14 행렬 $\begin{bmatrix} 0 & 1 \\ 1 & 0 \end{bmatrix}$를 갖는 선형사상에 대한 특징을 기술하라.

풀이 주어진 사상은 또 다른 하나의 **대칭**인데 이것은 대각선 $x_1=x_2$에 대한 대칭이다. 공식은 $(x_1,\ x_2) \mapsto (x_2,\ x_1)$이다. 그림 2.25를 보라. ■

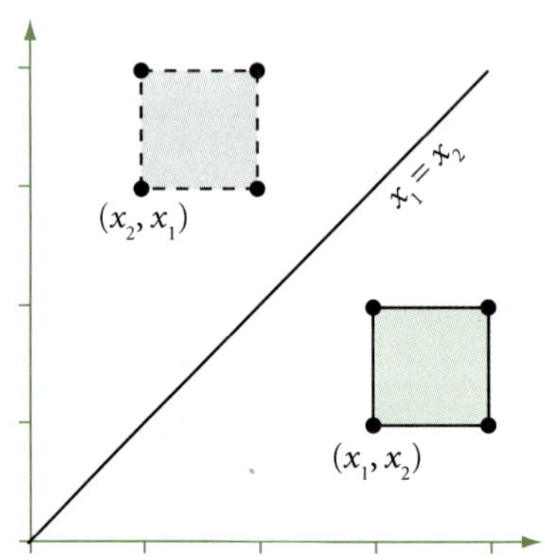

그림 2.25 대각선에 대한 대칭.

그림 2.20~2.25는 위의 변환들을 잘 설명해 준다. 각 선형변환들은 (1, 0)과 (0, 1)과 같이 기본이 되는 점들의 상들에 의해 완전히 결정된다.(왜?)

예제 15 점을 반시계 방향으로 각 $\varphi=45°$ 회전시키는 사상을 기술하라.

풀이 모든 벡터를 각 45°만큼 양의 방향으로 회전시키는 변환은 다음 행렬을 갖는다.

$$\begin{bmatrix} 1/\sqrt{2} & -1/\sqrt{2} \\ 1/\sqrt{2} & 1/\sqrt{2} \end{bmatrix}$$

공식은 $(x_1, x_2) \mapsto ((x_1-x_2)/\sqrt{2}, (x_1+x_2)/\sqrt{2})$이다. 자세한 설명은 아래의 정리 7을 보라. ■

기하학적인 도형 위의 선형변환의 효과

선형변환이 기하학적인 도형 위에서 어떻게 작용하는지 이해하려고 할 때 쉽게 알 수 있는 다음의 결과를 이용하면 도움이 된다: 선형변환들은 선분들을 보존한다.

정리 6

선형사상은 한 선분을 다른 선분으로 사상한다.

증명 L을 $\mathbb{R}^n$에서 $\mathbb{R}^m$으로의 선형변환이라 하고 S를 $\mathbb{R}^n$에 있는 선분이라고 하자. $L(S)$가 선분이 되는가? $S=\{t\mathbf{x}+(1-t)\mathbf{y}\}$이라 가정하자.(이것은 선분을 기술하는 가장 좋은 방법이다.) t가 0과 1 사이의 값을 가지며 변할 때 $t\mathbf{x}+(1-t)\mathbf{y}$는 $\mathbf{x}$와 $\mathbf{y}$를 연결하는 선분 위를 움직인다. 예를 들어 $t=\frac{1}{2}$일 때 $t\mathbf{x}+(1-t)\mathbf{y}$는 $\mathbf{x}$와 $\mathbf{y}$를 연결하는 선분의 중심점이다. $t=0$ 또는 $t=1$일 때 $t\mathbf{x}+(1-t)\mathbf{y}$는 $\mathbf{x}$ 또는 $\mathbf{y}$가 된다. 선형변환 L에 의한 S의 상은 점 $L(t\mathbf{x}+(1-t)\mathbf{y})$, $0 \le t \le 1$로 구성되어 있다. L의 선형성에 의해 이것은 $tL(\mathbf{x})+(1-t)L(\mathbf{y})$와 같으므로 $L(\mathbf{x})$와 $L(\mathbf{y})$를 연결하는 선분을 얻는다. 그 선분은 점으로 변형될 수도 있다. ■

정리 7

$\mathbb{R}^2$에서 모든 점을 각 φ만큼 반시계 방향으로 회전시키는 변환은 선형변환이고 그 변환의 행렬은

$$\begin{bmatrix} \cos\varphi & -\sin\varphi \\ \sin\varphi & \cos\varphi \end{bmatrix}$$

이다.

증명 극좌표계에서 $\mathbb{R}^2$의 한 점은 원점에서 그 점까지의 거리 r과 각 매개변수 θ로 기술된다는 것을 기억하라.

$$\begin{bmatrix} x_1 \\ x_2 \end{bmatrix} = \begin{bmatrix} r\cos\theta \\ r\sin\theta \end{bmatrix}$$

그 점이 φ만큼 회전되었다면 회전된 점은 $\begin{bmatrix} r\cos(\theta+\varphi) \\ r\sin(\theta+\varphi) \end{bmatrix}$이 된다. 이 단계에서 삼각함수에 대한 다음의 공식이 필요하다.

$$\cos(\theta+\varphi) = \cos\theta\cos\varphi - \sin\theta\sin\varphi$$
$$\sin(\theta+\varphi) = \cos\theta\sin\varphi + \sin\theta\cos\varphi$$

이들 공식에 의해 다음을 얻는다.

$$\begin{aligned} T(\mathbf{x}) &= r\begin{bmatrix} \cos\theta\cos\varphi - \sin\theta\sin\varphi \\ \cos\theta\sin\varphi + \sin\theta\cos\varphi \end{bmatrix} = r\begin{bmatrix} \cos\varphi & -\sin\varphi \\ \sin\varphi & \cos\varphi \end{bmatrix}\begin{bmatrix} \cos\theta \\ \sin\theta \end{bmatrix} \\ &= \begin{bmatrix} \cos\varphi & -\sin\varphi \\ \sin\varphi & \cos\varphi \end{bmatrix}\begin{bmatrix} r\cos\theta \\ r\sin\theta \end{bmatrix} = \begin{bmatrix} \cos\varphi & -\sin\varphi \\ \sin\varphi & \cos\varphi \end{bmatrix}\begin{bmatrix} x_1 \\ x_2 \end{bmatrix} \end{aligned}$$ ■

φ가 양의 각일 때 회전은 반시계 방향으로 하고 φ가 음의 각일 때 회전은 시계 방향으로 한다는 것을 주목하라. 예를 들어 $\varphi=90°$일 때, 정리 7에서 회전행렬은 예제 9의 행렬이다. 그림 2.26을 참고하라.

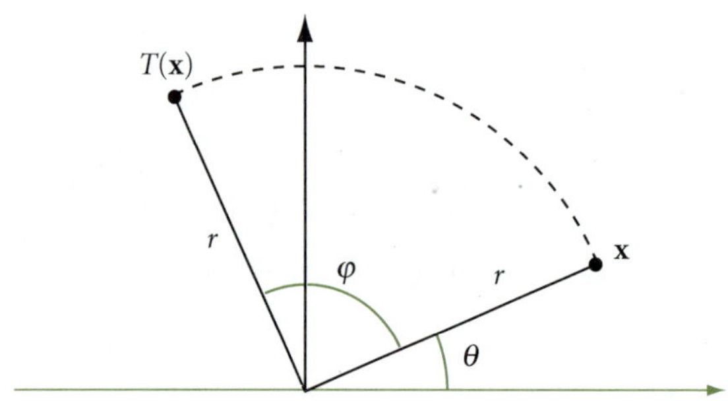

그림 2.26 각 $\varphi=90°$만큼 반시계 방향으로 회전.

두 선형사상의 합성

정의구역과 치역이 서로 밀접한 상관관계가 있는 두 함수 f와 g에 대하여 $f\circ g$를 방정식

$$(f\circ g)(\mathbf{x}) = f(g(\mathbf{x}))$$

으로 정의한다. $f\circ g$를 f와 g의 **합성**(composition)함수라고 한다. g의 치역이 f의 정의구역에 포함될 때 $f\circ g$가 의미가 있다. 미적분학에서 여러분들은 이러한 합성함수의 많은 예제들을 다루었을 것이다. 특히 **연쇄법칙**(chain rule)은 두 함수의 합성함수를 어떻게 구별하는지를 잘 말해 준다. 일반적으로 $f\circ g$와 $g\circ f$는 같지 않다는 점에 주목하라. 예를 들어 $\sin(x^2)$과 $\sin^2(x)$는 같지 않다. 관계식 $f\circ(g\circ h)=(f\circ g)\circ h$은 쉽게 증명될 수 있다.

$$\begin{aligned} [f\circ(g\circ h)](x) &= f[(g\circ h)(x)] = f[g(h(x))] \\ &= (f\circ g)(h(x)) = [(f\circ g)\circ h](x) \end{aligned}$$

S와 T가 선형변환이고 T의 치역이 S의 정의구역에 포함되면 이 두 사상의 합성변환은

$$(S\circ T)(x) = S(T(x))$$

으로 정의된다.

정리 8

S와 T가 위의 방정식을 만족하는 선형변환이면 $S \circ T$도 선형이다.

증명 $(S \circ T)(a\mathbf{x}+b\mathbf{y})=S(T(a\mathbf{x}+b\mathbf{y}))=S(aT(\mathbf{x})+bT(\mathbf{y}))=aS(T(\mathbf{x}))+bS(T(\mathbf{y}))=a(S \circ T)(\mathbf{x})+b(S \circ T)(\mathbf{y})$. ■

다음 정리는 두 선형변환의 합성변환과 3.1절에서 다루게 될 주제인 행렬들의 곱 사이의 관계를 보여 준다.

정리 9

$\mathbf{A}$가 $m \times n$인 행렬이고 $\mathbf{B}$가$n \times k$인 행렬이라고 하자. $S(\mathbf{x})=\mathbf{A}(\mathbf{x})$이고 $T(\mathbf{x})=B(\mathbf{x})$이면 $(S \circ T)(\mathbf{x})=(\mathbf{AB})(\mathbf{x})$이다.

증명 $(S \circ T)(\mathbf{x})=S(T(\mathbf{x}))=\mathbf{A}(\mathbf{Bx})=(\mathbf{AB})(\mathbf{x})$. ■

케일리(Arthur Cayley)가 1850년에 정리 9에 대한 이러한 정교한 서술을 이해했다. 행렬 곱하기에 대한 정의는 정확히 정리 9의 방정식이 성립하도록 만들어졌다. 자세한 사항은 3.1절을 보라.

응용: 데이터 평탄화하기

측정된 양에서 수집된 데이터는 일반적으로 노이즈(noise)를 포함하는데, 그것은 데이터에서 불규칙한 점이나 갑작스런 교란의 형태로 나타날 수도 있다. 노이즈라는 강한 충격을 최소화하기 위해서는 **평균화**(averaging)를 이용하여 원래의 데이터에 생긴 이러한 국소 변동을 평탄화(smooth)할 수 있다. 예를 들어 무한히 계속되는 데이터 점들 x_0, x_1, x_2, x_3, x_4, ...의 열을 가정하자. 연속적으로 평균화 $y_i=\frac{1}{2}(x_i+x_{i+1})$를 진행하면 이 데이터 점들의 무한 열은 새로운 점들의 열로 변형시킬 수 있다. 이것은 행렬과 벡터의 곱 $\mathbf{y}=\mathbf{Ax}$로 볼 수 있다. 단, $\mathbf{x}=(x_0, x_1, x_2, \ldots)$와 $\mathbf{y}=(y_0, y_1, y_2, \ldots)$는 벡터이고 $\mathbf{A}=(a_{ij})$는 공식 $a_{ii}=a_{i,\,i+1}=\frac{1}{2}$에 의해 주어지는 무한 행과 열을 갖고 $\mathbf{A}$의 다른 성분들은 $\mathbf{0}$인 행렬이다. 이러한 행렬을 **상-두-대각선**(upper-bi-diagonal, 위쪽에 두 개의 대각선을 갖는 행렬)이라고 한다. 만약 데이터 열이 유한하고 정확히 n개의 항을 가지면 앞에 주어진 것을 대입하고 나머지에 대해서는 $y_n=x_n$으로 정의한다.

변형된 데이터를 더 정교하게 평탄화하기 위해 평균화를 두 번 수행한다. 이러한 이중의 평탄화는 원래의 데이터를 $i=0, 1, 2, \ldots$에 대하여 $z_i=\frac{1}{2}(y_i+y_{i-1})=\frac{1}{4}(x_i+2x_{i+1}+x_{i+2})$으로 쓸 수 있다. 이 식은 행렬과 벡터의 곱 $\mathbf{z}=\mathbf{Bx}$와 동치이다. 단, $\mathbf{z}=(z_0, z_1, z_2, \ldots)$는 벡터이고 $\mathbf{B}$는 상-세-대각선$(\frac{1}{4}, \frac{1}{2}, \frac{1}{4})$행렬이다. 평균을 계속해서 내는 일은 $k=n, n+1, n+2, \ldots$에 대하여 $y_{n-k=}(1/n)\sum_{i=k-n}^{k-1} x_i$으로 주어지는 n개의 점을 취하여 할 수 있다. 평균화는 그 데이터에 순환 패턴이나 어떤 다른 추세가 없다면 순조로이 잘 진행된다. 그러나 실제로는 다른 많은 설계들이 사용된다. 행렬변환에 관한 이런 종류의 예제나 다른 종류의 예제에 대한 더 자세한 내용들은 P. Davis[1965]를 보라.

요약 2.3

- f가 X에서 Y로 사상하는 함수이면 f의 정의구역은 X이고 f의 공변역은 Y이다. f의 치역은 $\{ f(\mathbf{x}) \mid \mathbf{x} \in X\}$이다.
- $\mathbf{x}=\mathbf{y}$일 때만 방정식 $f(\mathbf{x})=f(\mathbf{y})$이 성립할 때 사상 f를 단사함수라 한다.
- 사상 f의 치역과 공변역이 같은 함수를 전사함수라고 한다.
- f가 단사이고 전사함수(일대일대응이고 위로의 함수)이면 f를 전단사함수라 한다.
- 모든 $a,\ b \in \mathbb{R}$와 모든 $\mathbf{x},\ \mathbf{y} \in \mathbb{R}^m$에 대하여 $f(a\mathbf{x}+b\mathbf{y})=af(\mathbf{x})+bf(\mathbf{y})$이 성립할 때 사상 f를 선형이라고 한다.
- $\mathbf{A}$가 $m\times n$ 행렬이면 $x \mapsto \mathbf{A}\mathbf{x}$는 $\mathbb{R}^n$에서 $\mathbb{R}^m$으로의 선형사상이다.
- T가 $\mathbb{R}^n$에서 $\mathbb{R}^m$로의 선형사상이면 모든 $x \in \mathbb{R}^n$에 대하여 $T(\mathbf{x})=\mathbf{A}\mathbf{x}$를 만족하는 $m\times n$ 행렬이 존재한다.
- $\mathbb{R}^n$에서 $\mathbb{R}^m$으로의 선형사상 T는 $\mathbb{R}^n$에 있는 기본 벡터 $\mathbf{e}_1,\ \mathbf{e}_2,\ \mathbf{e}_3,\ \ldots,\ \mathbf{e}_n$의 상에 의해 완전히 결정된다.
- $\mathbf{A}$가 $m\times n$ 행렬이고 $T(\mathbf{x})=\mathbf{A}\mathbf{x}$라면, 사상 T가 전사함수가 될 필요충분조건은 $\mathbf{A}$의 열들이 $\mathbb{R}^m$을 생성하는 것이다.
- 선형변환 T의 핵은 다음과 같다.
  $\mathrm{Ker}(T)=\{\mathbf{x} : T(\mathbf{x})=\mathbf{0}\}$
- 선형사상 T는 선분을 선분으로 사상한다.
- $\mathbb{R}^2$에서 모든 점을 각 φ만큼 회전시키는 변환은 선형이고 그것의 행렬은

$$\begin{bmatrix} \cos\varphi & -\sin\varphi \\ \sin\varphi & \cos\varphi \end{bmatrix}$$

  이다.
- $S(\mathbf{x})=\mathbf{A}\mathbf{x}$이고 $T(\mathbf{x})=\mathbf{B}\mathbf{x}$이면 $S \circ T$에 대한 행렬은 $\mathbf{AB}$이다. 여기서 $\mathbf{A}$는 $m\times n$ 행렬, $\mathbf{B}$는 $n\times k$ 행렬이고 $\mathbf{AB}$는 $m\times k$ 행렬이다.
- S와 T가 선형사상이면 $S\circ T$도 선형이다.
- 선형사상 T가 단사일 필요충분조건은 T의 핵이 $\mathbf{0}$인 것이다.
- $\mathbb{R}^2$에는 기본 선형변환이 있다: 단위행렬: $\mathbf{I}_2 = \begin{bmatrix} 1 & 0 \\ 0 & 1 \end{bmatrix}$, 회전: $\begin{bmatrix} 0 & -1 \\ 1 & 0 \end{bmatrix}$, 직교사영: $\begin{bmatrix} 1 & 0 \\ 0 & 0 \end{bmatrix}$, 확장(2배): $\begin{bmatrix} 2 & 0 \\ 0 & 2 \end{bmatrix}$, 층밀림: $\begin{bmatrix} 1 & 0 \\ 1 & 1 \end{bmatrix}$, 수평축에 대한 대칭: $\begin{bmatrix} 1 & 0 \\ 0 & -1 \end{bmatrix}$, 직선 $x_1=x_2$에 대한 대칭: $\begin{bmatrix} 0 & 1 \\ 1 & 0 \end{bmatrix}$.

주요 개념 2.3

함수, 사상, 선형변환, 상, 정의구역, 공변역, 치역, 단사(일대일대응), 전사(위로의), 전단사(일대일대응이고 위로의 함수), 선형변환의 핵, 기하학적 도형 위의 선형변환의 결과(회전, 직교사영, 확장, 층밀림, 대칭), 데이터 평탄화

일반 연습문제 2.3

1. $T(1,\ 3,\ 2)=(5,\ 2,\ 2)$, $T(2,\ -1,\ 3)=(11,\ -6,\ 3)$, $T(4,\ -9,\ 5)=(23,\ -22,\ 6)$를 만족하는 선형사상 T가 존재하는지를 결정하라.

2. 다음 공식에 의해 정의되는 변환 $T : \mathbb{R}^3 \to \mathbb{R}^3$에 대한 행렬을 구하라.

$$T(\mathbf{x}) = (3x_2 - 2x_3)\begin{bmatrix} 3 \\ -4 \\ 2 \end{bmatrix} + (2x_1 + 4x_3)\begin{bmatrix} -2 \\ 5 \\ -3 \end{bmatrix}$$

$$+(x_1-3x_2)\begin{bmatrix}1\\-3\\2\end{bmatrix}$$

3. 변환 $\mathbf{A}=\begin{bmatrix}1&0\\0&1\end{bmatrix}$과 $\mathbf{B}=\begin{bmatrix}0&1\\1&0\end{bmatrix}$는 예제 8과 14에 주어진 단위 정사각형 위에서 같은 결과를 갖는다. 이러한 현상을 설명하라.

4. (1, 3, 2)를 (5, 0, 1)로, (2, −1, 3)을 (4, 2, 1)로, 그리고 (6, 1, 1)을 (7, 3, 9)로 보내는 선형사상이 존재하는가?

5. (1, 0)과 (0, 1)을 (1, 1)로 보내는 선형사상은 존재하는가?

6. 다음과 같이 정의되는 선형사상에 대하여 여러분들이 줄 수 있는 모든 정보를 제시하라:

$$T(\mathbf{x})=\mathbf{A}\mathbf{x},\text{ 단 }\ \mathbf{A}=\begin{bmatrix}1&3&2\\2&1&4\\-1&0&2\\4&1&1\end{bmatrix}$$

예를 들어 T의 정의구역과 공변역들이 어떻게 주어지는지를 확인해 보라. T의 핵과 치역을 기술하고 T가 단사인지 그리고 T가 전사인지를 결정하라.

7. (계속) 행렬 $\mathbf{A}^T$에 대하여 앞의 문제 6을 반복하라.

8. 행렬 $\mathbf{A}=\begin{bmatrix}1&-3&2\\0&1&-4\\3&-5&-9\end{bmatrix}$이라고 하자. 선형변환 $T(\mathbf{x})=\mathbf{A}\mathbf{x}$에 대하여 $T(\mathbf{x})=(6,-7,-9)$를 만족하는 벡터 $\mathbf{x}$가 존재하는가?

9. 행렬 $\mathbf{A}=\begin{bmatrix}1&3&9&2\\1&0&3&-4\\0&1&2&3\\-2&3&0&5\end{bmatrix}$이라고 하자. 선형변환 $T(\mathbf{x})=\mathbf{A}\mathbf{x}$에 대하여 $T(\mathbf{x})=(-1,3,-1,4)$를 만족하는 벡터 $\mathbf{x}$가 존재하는가?

10. 행렬 $\mathbf{A}=\begin{bmatrix}1&2\\3&4\\0&0\end{bmatrix}$이라고 하자. $T(\mathbf{x})=\mathbf{A}\mathbf{x}$가 일대일함수이지만 전사함수는 아니고 반면에 사상 $\mathbf{x}\mapsto\mathbf{A}^T\mathbf{x}$는 전사함수이지만 일대일함수가 아님을 증명하라.

11. $\mathbf{x}=(x_1,x_2,x_3)$일 때 $f:\mathbb{R}^3\to\mathbb{R}^3$를 공식 $f(\mathbf{x})=(x_1+2(x_2+7),\ 3x_1-x_2+x_3,\ 5x_1-x_3)$으로 정의하자. f가 선형인가? 설명하라.

12. 사상이 일대일대응이라는 말이 무엇을 뜻하는지 설명하라. $\mathbf{A}=\begin{bmatrix}1&2\\3&4\\5&6\end{bmatrix}$이라고 하자. 방정식 $T(\mathbf{x})=\mathbf{A}\mathbf{x}$으로 정의되는 $\mathbb{R}^2$에서 $\mathbb{R}^3$로의 선형사상 T가 일대일대응인지를 결정하라. 이 문제에 대한 여러분들의 접근 방식을 설명하고 사용한 정리를 인용하라.

13. $f:\mathbb{R}^3\to\mathbb{R}^3$를 $f(\mathbf{x})=(9x_1+5(x_2+7x_3),\ 5x_1-12x_2+27x_3,\ 55x_1-42x_3)$으로 정의하자. 단, $\mathbf{x}=(x_1,x_2,x_3)$이다. f가 선형인가? 설명하라.

14. f가 $[0, 1]$ 위에서 실수 값을 갖는 연속함수라고 하고 $f(0)=f(1)=0$의 성질을 갖는다고 하자. $\max_{0\le t\le 1} f(t)\ge 0$라 가정하자. 다음을 만족하는 점 t_1과 t_2가 존재하는가?

$$f(t_1)=f(t_2)\text{이고 } 0<t_1<t_2<1$$

15. 다음 성질을 갖는 선형변환들 L과 M이 존재하는가?
   a. $L(1,2)=(2,3)$; $L(3,4)=(-5,1)$; $L(5,6)=(-12,-1)$
   b. $M(1,3,7)=(4,2,1,5)$; $M(2,-1,3)=(5,1,0,1)$; $M(-7,14,6)=(-13,1,3,11)$

16. 가능하다면 $\mathbb{R}^5$에서 $\mathbb{R}^4$로의 단사함수를 구하라.

17. $\mathbf{A}=\begin{bmatrix}a&b&c\\d&e&f\end{bmatrix}$이라고 하자. 사상 $\mathbf{x}\mapsto\mathbf{A}\mathbf{x}$가 일대일대응이 되는 a, b, c, d, e, f의 값을 구하라.

18. $\mathbf{A}=\begin{bmatrix}a&b\\c&d\\e&f\end{bmatrix}$이라고 하자. 사상 $\mathbf{x}\mapsto\mathbf{A}\mathbf{x}$가 $\mathbb{R}^2$에서 $\mathbb{R}^3$ 위로 (전사)사상하는 a, b, c, d, e, f의 값을 구하라.

19. 다음 사상들이 일대일대응인지 아닌지를 확인하고 그 이유를 설명하라.
   a. $f:\mathbb{R}\to\mathbb{R},\ f(x)=x^3$
   b. $f:\mathbb{R}\to\mathbb{R},\ f(x)=x^2$
   c. $f:[0,\infty)\to\mathbb{R},\ f(x)=x^2$

d. $L : \mathbb{R}^2 \to \mathbb{R}^3,\ L(\mathbf{x}) = \begin{bmatrix} 1 & 2 \\ 2 & 1 \\ 0 & 0 \end{bmatrix} \begin{bmatrix} x_1 \\ x_2 \end{bmatrix}$

20. 다음 사상들이 전사함수인지 아닌지를 확인하고 그 이유를 설명하라.

a. $f : \mathbb{R} \to \mathbb{R},\ f(x) = \sin x$

b. $f : \mathbb{R} \to [-1, 1],\ f(x) = \sin x$

c. $L : \mathbb{R}^2 \to \mathbb{R}^3,\ L(\mathbf{x}) = \begin{bmatrix} 1 & 2 \\ 2 & 1 \\ 0 & 0 \end{bmatrix} \begin{bmatrix} x_1 \\ x_2 \end{bmatrix}$

d. $f : \mathbb{R} \to \mathbb{R},\ f(x) = x^2$

21. 다음 2×2 행렬들이 $\mathbb{R}^2$에서 **대칭**(reflection)인 선형사상에 대응한다. 이 선형사상들의 기하학적 의미를 기술하라.

a. $\begin{bmatrix} 1 & 0 \\ 0 & -1 \end{bmatrix}$ b. $\begin{bmatrix} -1 & 0 \\ 0 & 1 \end{bmatrix}$

c. $\begin{bmatrix} 0 & 1 \\ 1 & 0 \end{bmatrix}$ d. $\begin{bmatrix} 0 & -1 \\ 1 & 0 \end{bmatrix}$

e. $\begin{bmatrix} -1 & 0 \\ 0 & -1 \end{bmatrix}$

22. 다음 2×2 행렬들이 $\mathbb{R}^2$에서 **수축**(contraction) 또는 **확장**(expansion)인 선형사상에 대응한다. 이 선형사상들의 기하학적 의미를 기술하라.

a. $\begin{bmatrix} c & 0 \\ 0 & 1 \end{bmatrix}, 0 < c < 1$ b. $\begin{bmatrix} c & 0 \\ 0 & 1 \end{bmatrix}, c > 1$

c. $\begin{bmatrix} 1 & 0 \\ 0 & c \end{bmatrix}, 0 < c < 1$ d. $\begin{bmatrix} 1 & 0 \\ 0 & c \end{bmatrix}, c > 1$

23. 다음 2×2 행렬들이 $\mathbb{R}^2$에서 **층밀림**(shear)인 선형사상에 대응한다. 이 선형사상들의 기하학적 의미를 기술하라.

a. $\begin{bmatrix} 1 & c \\ 0 & 1 \end{bmatrix}, c < 0$ b. $\begin{bmatrix} 1 & 0 \\ c & 1 \end{bmatrix}, c < 0$

c. $\begin{bmatrix} 1 & c \\ 0 & 1 \end{bmatrix}, c > 0$ d. $\begin{bmatrix} 1 & 0 \\ c & 1 \end{bmatrix}, c > 0$

24. 다음 2×2 행렬들이 $\mathbb{R}^2$에서 **사영**(projection)인 선형사상에 대응한다. 이 선형사상들의 기하학적 의미를 기술하라.

a. $\begin{bmatrix} 1 & 0 \\ 0 & 0 \end{bmatrix}$ b. $\begin{bmatrix} 0 & 0 \\ 0 & 1 \end{bmatrix}$ c. $\begin{bmatrix} 1/2 & 1/2 \\ 1/2 & 1/2 \end{bmatrix}$

25. 다음 2×2 행렬들이 $\mathbb{R}^2$에서 **수축**(contraction), 또는 **확장**(dilation)인 선형사상에 대응한다. 이 선형사상들의 기하학적 의미를 기술하라.

a. $\begin{bmatrix} c & 0 \\ 0 & c \end{bmatrix}, 0 < c < 1$ b. $\begin{bmatrix} c & 0 \\ 0 & c \end{bmatrix}, c > 1$

26. 다음 2×2 행렬들이 $\mathbb{R}^2$에서 **회전**(rotation)인 선형사상에 대응한다. 이 선형사상들의 기하학적 의미를 기술하라.

a. $\begin{bmatrix} 0 & -1 \\ 1 & 0 \end{bmatrix}$ b. $\begin{bmatrix} 0 & 1 \\ -1 & 0 \end{bmatrix}$

c. $\begin{bmatrix} \sqrt{2}/2 & -\sqrt{2}/2 \\ \sqrt{2}/2 & \sqrt{2}/2 \end{bmatrix}$ d. $\begin{bmatrix} \sqrt{2}/2 & \sqrt{2}/2 \\ -\sqrt{2}/2 & \sqrt{2}/2 \end{bmatrix}$

27. $T(x_1, x_2, x_3) = (x_1 + x_2 + 3,\ 3x_2 - 4x_1,\ 3x_3)$일 때 T가 선형변환인지 결정하라.

28. 두 함수 T와 S가 주어질 때 이들의 **합성함수**는 $S \circ T$로 표시하고 방정식 $(S \circ T)(x) = S(T(x))$으로 정의된다. 이것은 T의 치역이 S의 정의구역에 포함되면 의미가 있다. $S \circ T$가 일반적으로 $T \circ S$와 같지 않다는 것을 잘 설명해 주는 예를 제시하라. S와 T가 선형이면 $S \circ T$도 선형이 되는 이유를 설명하라.

29. T의 핵과 치역이 공통으로 0이 아닌 벡터를 갖는 선형사상 T에 대응하는 행렬 **A**가 존재하는가?[선형사상 T는$T(\mathbf{x}) = \mathbf{A}\mathbf{x}$로 정의된다.]

30. T가 **0**도 아니고 항등사상도 아니지만 $T^2 = T$를 만족하는 $\mathbb{R}^2$에서 $\mathbb{R}^2$로의 선형사상 T를 구하라.(기호 T^2는 문제 28에 주어진 것처럼 $T \circ T$을 나타낸다.)

31. $T \neq 0$이고 $T^2 = 0$를 만족하는 $\mathbb{R}^2$에서 $\mathbb{R}^2$로의 선형사상 T를 구하라.

32. 선형사상이 일차종속인 집합을 일차종속인 집합으로 사상한다는 것을 증명하라. 선형사상이 일차독립인 집합을 일차독립인 집합으로 사상하겠는가?

33. (도전) **r**, **s**, **u**, **v**, **w**와 **z**를 $\mathbb{R}^3$에 있는 지정된 점들이라고 하자. $T(\mathbf{r}) = \mathbf{s}$, $T(\mathbf{u}) = \mathbf{v}$ 와 $T(\mathbf{w}) = \mathbf{z}$를 만족하는 선형사상 T를 어떻게 구할 수 있는가 ? 이 문제의 해가 없는 때는 언제인가? 특별한 경우에 대한 여러분의 방법을 검정하라. 집합 $\{\mathbf{r}, \mathbf{u}, \mathbf{w}\}$가 일차독립인 경우에 대해서 문제를 풀 수 있는가?

34. $\mathbb{R}^n$에서 $\mathbb{R}^m$으로의 사상 T가 모든 스칼라 α와 모든 벡터 $\mathbf{x}$와 $\mathbf{y}$에 대하여 방정식 $T(\alpha\mathbf{x}-\mathbf{y})=\alpha T(\mathbf{x})-T(\mathbf{y})$를 만족하면 T는 선형인가?

35. 다음과 같이 정의된 $\mathbb{R}^2$에서 $\mathbb{R}^2$로의 사상을 생각하자: 각 벡터 $\mathbf{x}=(x_1, x_2)$에 대하여 $T(\mathbf{x})$는 공식 $x_1=x_2$으로 주어지는 직선에 대하여 대칭이다. 이 사상이 선형인가 ? T에 대한 공식은 무엇인가?

36. T가 $\mathbb{R}^2$ 상의 모든 점을 수평축 위로 수직으로 사영시킨다고 하자. T가 선형인가?(사영은 수평축과 수직인 직선을 따라서 이루어진다.) T에 대한 공식을 구하라.

37. T가 $\mathbb{R}^2$ 상의 모든 점을 수평축 위로 사영시킨다고 하자. 사영되는 직선과 수평축은 45° 각을 이룬다. T에 대한 공식을 구하라.

38. $\mathbb{R}^3$ 상의 모든 점을 x_2x_3 평면 위로 수직으로 사영시키는 변환에 대한 행렬을 구하라.

39. $\mathbb{R}^3$ 상의 모든 점을 수직축 위로 수직으로 사영시키는 변환에 대한 행렬을 구하라.

40. $\mathbb{R}^3$ 상의 각 점을 x_1x_2 평면 위로 수직으로 사영시키고 그 다음에 +90°(+: 반시계 방향)로 회전시키는 변환에 대한 행렬을 구하라.

41. 선형변환 T와 두 개의 서로 다른 점 $\mathbf{u}$와 $\mathbf{v}$의 쌍에 대하여 $T(\mathbf{u})=T(\mathbf{v})$이라고 가정하면 이러한 점들의 쌍들이 무한히 많이 존재한다는 것을 증명하라. 실직선 위에서 실수 값을 갖는 연속함수에 대하여 위의 진술이 사실인가?

42. 임의의 사상 f과 다른 두 점 x와 y의 어떤 쌍에 대하여 $f(x)=f(y)$이면 f가 역함수를 가질 수 없는 이유를 논하라.

43. $T: \mathbb{R}^3 \rightarrow \mathbb{R}^4$가 방정식 $T(x_1, x_2, x_3)=(x_1-3x_3, 2x_2+x_1, x_3+x_2+x_1, x_3-x_1)$으로 정의된다. T는 일대일함수인가? T는 선형변환인가? 이 용어들에 대해 여러분들이 이해한 것을 예를 들어 설명해 보라. 모든 $x \in \mathbb{R}^3$에 대하여 $T(\mathbf{x})=\mathbf{A}\mathbf{x}$를 만족하는 행렬 $\mathbf{A}$를 구하라.

44. f가 방정식 $T(x)=(x_1+x_2-3x_3, 2x_1-x_2+x_3, 3x_1+2x_2, x_1+3x_2+x_3)$으로 정의되는 $\mathbb{R}^3$에서 $\mathbb{R}^4$로의 사상이라고 하자. f의 정의구역과 공변역은 무엇인가? f는 전사함수인가? f는 단사함수인가? Ker(f)는 무엇인가? f의 핵을 벡터들의 한 작은 집합의 원소들에 의해 생성된 벡터로 표현하라. f의 치역에 대하여도 똑같이 하라. S가 두 점 (1, 3, −2, 1)과 (0, −1, 3, 2)를 잇는 선분이라고 할 때 $f(S)$는 무엇인가?

45. 예제 12에 있는 층밀림에 대하여 단위 구의 상이 그림 2.23에 있는 평행사변형이고 그 면적이 1이라는 것을 증명하라.

46. 문제 31로 되돌아가서 $\mathbf{A}^2=\mathbf{0}$가 성립하는 모든 행렬을 구하라.

47. 벡터의 성분들을 큰 순서대로 재배열하는 연산자는 선형인가?

48. 다음 문제들 각각에 대하여 원래의 수열을 좌표평면 위에 표시하고 평균을 한 번 내고 다시 한 번 더 평균을 내고 각각 평균을 낼 때마다 새로운 수열을 좌표평면 위에 표시하라. 직선들과 점들을 연결하여 그래프를 작성하라. 결과로 생기는 그래프들을 비교해 보라. 매번 그래프들이 좀더 평탄화(각 점들을 연결한 그래프가 직선이 되는 것)되는 결과를 주는가?

a. 2, 1, 3, 3, 4, 5, 3, 4, 3, 2, 1, 2

b. 2, 3, 7, 2, 3, 9, 1, 10

c. 25, 15, 45, 15, 20, 30, 20, 50

49. (계속) 행렬과 벡터의 곱하기를 반복해서 데이터들이 평탄화되게 하라.

50. (계속) 다음에 대해 반복 관계와 행렬들을 결정하라.

a. 세 번 평균 내기

b. $n=3$에 대하여 연속해서 평균 내기: 한 번 내고 다음에 한 번 더 내기

51. F와 G가 사상일 때 이들 사상의 합성함수(주어진 순서대로)는 $F \circ G$로 표시하고 방정식 $F \circ G(x)=F(G(\mathbf{x}))$으로 정의된다. 두 단사함수의 합성함수는 단사함수인가?

52. L이 $\mathbb{R}^k$에서 $\mathbb{R}^p$로의 일대일대응이고 선형사상이면 $p \geq k$이 성립한다는 것을 증명하라.

53. L이 $\mathbb{R}^n$에서 $\mathbb{R}^m$으로의 선형사상이고 전사함수이면 $m \leq n$이 성립한다는 것을 증명하라.

54. L이 한 벡터공간에서 다른 벡터공간으로 사상하는 선형변환이라고 하자. 즉 $L: V \rightarrow W$이다. 사상 f가 존재하여 모든 $\mathbf{v} \in V$에 대하여 $f(L(\mathbf{v}))=\mathbf{v}$이고 모든 $\mathbf{w} \in W$에 대하여 $f(L(\mathbf{w}))=\mathbf{w}$를 만족한다고 가정하고 f가 선형이라는 가정을 하지 않는다고 하자.(사상 f의 정의구역이 W이고 공변역은

V이다.) f가 선형인 이유를 설명하고 또한 전단사 함수인 이유를 설명하라.

55. 정의구역과 치역이 다른 함수의 보기를 들라. 일대일대응은 아니지만 정의구역을 바꾸면 일대일대응이 되는 함수의 보기를 들라. 이것이 항상 가능한가?

56. $X = \text{Span}\{\mathbf{u}_1, \mathbf{u}_2, \ldots, \mathbf{u}_k\}$, $Y = \text{Span}\{\mathbf{u}_{k+1}, \mathbf{u}_{k+2}, \ldots, \mathbf{u}_n\}$이면 $X + Y = \text{Span}\{\mathbf{u}_1, \mathbf{u}_2, \ldots, \mathbf{u}_n\}$임을 증명하라. $X + Y = \{\mathbf{x} + \mathbf{y} : \mathbf{x} \in X, \mathbf{y} \in Y\}$이다.

57. $\mathbf{A}$가 $m \times n$ 행렬이고 $\mathbf{B}$가 $n \times k$ 행렬이라고 하자. 이것은 $T(\mathbf{x}) = \mathbf{Ax}$, $S(\mathbf{y}) = \mathbf{By}$으로 정의되는 선형사상 T와 S를 만든다. $(T \circ S)(\mathbf{y}) = (\mathbf{AB})\mathbf{y}$임을 증명하라.

58. L: $P_3 \mapsto P_2$가 다음 두 가지 경우로 주어진다고 할 때 각 경우에 L의 핵을 구하라.

a. $(Lp)(t) = 2p'(t) + 3tp''(t)$

b. $Lp = 2p' + 3p''$

59. $\{\mathbf{u}_1, \mathbf{u}_2, \ldots, \mathbf{u}_n\}$이 일차종속인 벡터들의 집합이고 L이 선형사상이면 집합 $\{L(\mathbf{u}_1), L(\mathbf{u}_2), \ldots, L(\mathbf{u}_n)\}$이 일차독립이 되는 일이 일어날 수 있는가?

60. $f(x) = \cos x$으로 정의되는 함수 $f : \mathbb{R} \to \mathbb{R}$에 대하여 논하라. f를 단사(일대일대응)와 전사함수(위로의 함수)가 되도록 하려면 정의구역과 공변역을 어떻게 제한해야 하는가?

61. 변환 T가 선형이든 아니든 $T(\mathbf{w}) = \mathbf{w}$이면 점 $\mathbf{w}$를 T의 정점이라 한다. 예제 8에서 15까지에 있는 선형변환의 모든 정점을 구하라.

62. $\{\mathbf{Au}, \mathbf{Av}, \mathbf{Aw}\}$가 일차독립이 되는 행렬 $\mathbf{A}$와 벡터들의 집합 $\{\mathbf{u}, \mathbf{v}, \mathbf{w}\}$를 구하라.

63. 함수 F가 조건 $F(x) = F(y)$이 $x = y$를 의미할 때 **일대일대응** 또는 **단사함수**라고 한다. 방정식 $h(x) = g(x)$를 풀 때 F가 일대일함수이면 주어진 방정식을 $F(h(x)) = F(g(x))$으로 바꿀 수 있다는 것을 증명하라.

64. $f \circ g = g \circ f$를 만족하는 함수들의 예를 들라.

65. 주어진 함수 f와 g에 대하여 $f(x) = g(x)$를 풀려고 할 때 식의 양변을 제곱하여 여분의 해를 얻을 수 있다는 것을 증명하라.

66. 실수 a, b에 대하여 복소수 $a + bi$를 $\mathbb{C}$에 있는 점 (a, b)에 대응시킨다고 하자. 다음과 같이 주어지는 2×2 행렬 $\mathbf{A}$를 구할 수 있음을 증명하라.

$$\mathbf{A} = \begin{bmatrix} a & -b \\ b & a \end{bmatrix} = \begin{bmatrix} r & 0 \\ 0 & r \end{bmatrix} \begin{bmatrix} \cos\theta & -\sin\theta \\ \sin\theta & \cos\theta \end{bmatrix}$$

여기서 $r = \sqrt{a^2 + b^2}$이다. $\mathbf{A}$와 관련된 변환의 결과를 기하학적으로 설명하라.

67. 함수 $x \mapsto x^2$가 정의구역 $[0, \infty)$ 위에서 단사함수이고 정의구역 실수 $\mathbb{R}$ 위에서는 단사함수가 아닌 이유를 설명하라. 또한 함수 $x \mapsto x^3$가 $\mathbb{R}$ 위에서 단사인 이유를 설명하라.

68. 그림 2.20~2.25에 주어진 선형변환에 대하여 그 변환들이 어떤 벡터들의 상에 의해 완전히 결정되는 이유를 설명하라. 각 그림에서 이들 벡터를 확인하라.

69. 연쇄법칙이 합성함수인 이유를 설명하고 이에 대한 보기를 들라. 연쇄법칙에 대하여 $f \circ g$와 $g \circ f$가 같은가? 같으면 이유를 설명하고 그렇지 않으면 반례를 들라.

70. 데이터 평탄화를 다루었던 절에 있는 행렬 $\mathbf{A}$와 $\mathbf{B}$를 보여주고 그렇게 나타나는 이유를 설명하라.

참-거짓 연습문제 2.3

1. f가 X 집합 Y에서 집합 로의 사상이면 f의 치역은 Y이다.

2. $f(x) = x^4$으로 정의된 $\mathbb{R}$에서 $\mathbb{R}$로의 함수 f는 일대일대응함수(또는 단사함수)이다.

3. T가 $\mathbb{R}^m$에서 $\mathbb{R}^n$으로 가는 선형변환이면 모든 $\mathbf{x} \in \mathbb{R}^m$에 대하여 $T(\mathbf{x}) = \mathbf{Ax}$를 만족하는 $m \times n$ 행렬 $\mathbf{A}$가 존재한다.

4. $(1, 0)$를 $(3, -2)$로, $(0, 1)$를 $(-3, 2)$로 사상하는 $\mathbb{R}^2$에서 $\mathbb{R}^2$로의 선형변환은 일대일대응이다.

5. 다음 사상은 선형이다.

$T(x_1, x_2, x_3) = (x_1 + x_2 + 3, x_1 + 3x_2, 3x_3)$

6. $\mathbb{R}$ 위에서 방정식 $f(x) = x^6$에 의해 정의된 $\mathbb{R}$에서 $\mathbb{R}$로의 함

수는 전사함수이다.

7. $\mathbb{R}$ 위에서 방정식 $f(x)=x^3$에 의해 정의된 $\mathbb{R}$에서 $\mathbb{R}$로의 함수는 전사함수이다.

8. $f(\mathbf{x})=x_1(2,\ 4,\ 7x_1)+x_2(3,\ x_2,\ 4)$으로 사상 f는 선형이다. 단, $\mathbf{x}=(x_1,\ x_2)$이고 $f(\mathbf{x})$는 $\mathbb{R}^3$ 안에 있다.

9. 사상 $f: X \to Y$의 치역은 X이다.

10. $f: X \to Y$가 사상이고 Y의 모든 점이 X의 어떤 한 점의 상이면 f는 일대일대응이다.

11. $f(x_1,\ x_2)=3x_1+5x_2+5$는 선형사상의 예이다.(선형사상이라는 용어는 선형대수학에서 사용된다.)

12. $\mathbf{A}$가 $p\times q$ 행렬이면 $T(\mathbf{x})=\mathbf{Ax}$으로 정의된 사상은 $\mathbb{R}^q$에서 $\mathbb{R}^p$로의 선형사상이다.

13. T가 $\mathbb{R}^q$에서 $\mathbb{R}^p$로의 선형사상이고 $i=1,\ 2,\ 3,\ \dots,\ q$에 대하여 각 상 $\mathrm{T}(\mathbf{e}_i)$이 정의되어 있으면 T는 완전히 결정된다. 단, $\mathbf{e}_1,\ \mathbf{e}_2,\ \mathbf{e}_3,\ \dots\ \mathbf{e}_q$는 $\mathbb{R}^q$의 표준기저이다.

14. $\mathrm{m}\times\mathrm{n}$ 행렬 $\mathbf{A}$의 열벡터들이 $\mathbb{R}^m$를 생성하면 선형사상 $\mathbf{x} \mapsto \mathbf{Ax}$는 일대일함수이다.

15. $\mathbf{A}$가 5×3 행렬이고 T가 $T(\mathbf{x})=\mathbf{Ax}$으로 정의되는 변환일 때 T의 정의역은 $\mathbb{R}^5$이다.

16. T가 $T(\mathbf{x})=\mathbf{Ax}$으로 정의되는 변환이고

$$\mathbf{A}=\begin{bmatrix} 1 & 3 \\ 2 & 2 \\ -1 & 4 \end{bmatrix}$$

일 때 $\mathbf{v}=[0,\ 0,\ 0]^T$는 T의 치역에 속하지 않는다.

17. T가 $T(\mathbf{x})=\mathbf{Ax}$으로 정의되는 변환이고

$$\mathbf{A}=\begin{bmatrix} 1 & 3 & 7 \\ 0 & 5 & 9 \\ 0 & 0 & 23 \end{bmatrix}$$

이라고 하자. $\mathbb{R}^3$에서 $\mathbf{0}$는 $\mathbb{R}^3$의 오로지 한 원소의 상이다.

18. 선형변환 $\mathbf{x} \to \mathbf{Ax}$이 단사함수이면 $\mathbf{A}$의 핵은 0이 아닌 원소를 포함한다.

19. $\mathbf{A}$가 3×5 행렬이고 T가 방정식 $T(\mathbf{x})=\mathbf{Ax}$에 의해 정의된다고 하자. T의 정의역은 $\mathbb{R}^5$이다.

20. **회전**변환의 한 예는 $T(\mathbf{x})=\mathbf{Ax}$으로 주어지는 변환이다. 단, $\mathbf{A}=\begin{bmatrix} 1 & 3 \\ 0 & 1 \end{bmatrix}$인 행렬이다.

21. 선형변환이 정사각형을 꼭지점 (0, 0), (2, 0), (2, 1), (0, 1)를 갖는 직사각형으로 변환시킬 때 이 선형변환의 표준행렬이 $\begin{bmatrix} 1 & 0 \\ 0 & 2 \end{bmatrix}$이 된다는 진술이 사실인가 아니면 거짓인가?[단위 정사각형은 꼭지점 (0, 0), (1, 0), (0, 1), (1, 1)를 갖는 사각형으로 정의된다.]

22. $\mathbf{A}$가 $m\times n$ 행렬$(n > m)$이라고 하자. 어떤 $\mathbf{x}$와 $\mathbf{b}$에 대하여 $\mathbf{b}=\mathbf{Ax}$이라고 하자. 그러면 $\mathbf{Ay}=\mathbf{b}$를 만족하는 $\mathbf{x}$와 다른 $\mathbf{y}$가 존재한다.

23. T가 $\mathbb{R}^m$에서 $\mathbb{R}^n$로의 변환이고 $T(\mathbf{0})=\mathbf{0}$이면 T는 선형이다.

24. $T(\mathbf{x})=(2x_1+x_3,\ x_1+x_2,\ -3x_2+x_3)$일 때 선형변환 T에 대한 표준행렬은

$$\begin{bmatrix} 2 & 0 & 1 \\ 1 & 1 & 0 \\ 0 & -3 & 1 \end{bmatrix}$$

이다.

25. L이 $L(\mathbf{x})=\mathbf{Ax}$으로 정의된 선형변환이라고 하자.

$$L(\mathbf{x})=\begin{bmatrix} 1 & 2 \\ 1 & -1 \\ 2 & 0 \end{bmatrix}\begin{bmatrix} x_1 \\ x_2 \end{bmatrix}$$

이고 L의 치역은 $\begin{bmatrix} a+2b \\ a-b \\ 2a \end{bmatrix}$의 형태를 갖는 벡터들의 집합이다($a,\ b$는 자유 매개변수이다).

26. 다음을 만족하는 $\mathbb{R}^3$에서 $\mathbb{R}^4$로의 선형변환이 존재한다.

$L(1,\ 3,\ 2)=(1,\ 0,\ 0,\ 0)$

$L(2,\ 1,\ 3)=(0,\ 1,\ 0,\ 0)$

$L(-1,\ 12,\ 1)=(0,\ 0,\ 1,\ 0)$

27. $\mathbf{A}=\begin{bmatrix} 1 & 2 & -7 \\ -3 & 4 & -29 \\ 2 & -1 & 11 \end{bmatrix}$일 때 사상 $\mathbf{x} \mapsto \mathbf{Ax}$은 일대일대응함수이다.

28. 다음을 만족하는 $\mathbb{R}^3$에서 $\mathbb{R}^4$로의 선형변환이 존재한다.

$L(-1,\ 12,\ 1)=(0,\ 0,\ 1,\ 0)$

$L(1,\ 3,\ 2)=(1,\ 0,\ 0,\ 0)$

$L(2,\ 4,\ 6)=(0,\ 0,\ 0,\ 1)$

$L(2,\ 1,\ 3)=(0,\ 1,\ 0,\ 0)$

29. A가 정방행렬이고 사상 $\mathbf{x} \mapsto \mathbf{A}\mathbf{x}$이 일대일함수이면 이 사상은 전사함수이다.

30. A가 5×3 행렬이고 T가 $T(\mathbf{x})=\mathbf{A}\mathbf{x}$에 의해 정의된다고 하자. T의 치역은 $\mathbb{R}^5$이다.

31. $\mathbb{R}^2$ 상의 각 점을 수평축 위에 수직으로 사영시키는 선형변환의 표준행렬은

$$\begin{bmatrix} 0 & 0 \\ 0 & 1 \end{bmatrix}$$

이다.

32. 선형사상의 한 예가 $f(\mathbf{x})=3x_1-7x_2+2$, $\mathbf{x}=(x_1,\ x_2)$으로 주어질 때 f는 $\mathbb{R}^2$ 위에서 여러 가지 값을 가지며 변한다.

33. 방정식 $f(x_1,\ x_2)=(3x_1+5x_2,\ 7x_1-4x_2)$에 의해 정의되는 선형변환은 $T(\mathbf{x})=\mathbf{A}\mathbf{x}$, $\mathbf{A}=\begin{bmatrix} 3 & 7 \\ 5 & -4 \end{bmatrix}$으로 정의되는 사상과 같다.

34. f와 g가 $\mathbb{R}^n$에서 $\mathbb{R}^m$로의 선형변환이라고 하자. $\{\mathbf{x}_1,\ \mathbf{x}_2,\ \dots,\ \mathbf{x}_n\}$가 $\mathbb{R}^n$의 일차독립인 n개 벡터들의 집합이라고 하자. $i=1,\ 2,\ \dots,\ n$에 대하여 $f(\mathbf{x}_i)=g(\mathbf{x}_i)$이면 $f=g$라는 결론을 내리는 것이 맞는가?

35. 방정식 $f(x_1,\ x_2)=(7x_1-2x_2,\ 2x_1+5x_2,\ x_1-4x_2)$에 의해 정의되는 선형변환은 $T(\mathbf{x})=\mathbf{A}\mathbf{x}$, $\mathbf{A}=\begin{bmatrix} 7 & -2 \\ 2 & 5 \\ 1 & -4 \end{bmatrix}$으로 정의되는 사상과 같다.

36. 선형변환의 정의는 선형변환 T가 방정식 $T(\mathbf{x} \pm \mathbf{y})=T(\mathbf{x}) \pm T(\mathbf{y})$을 만족해야 한다는 것을 뜻한다.

37. $m\times n$ 행렬 A의 행벡터들이 $\mathbb{R}^m$를 생성하면 사상 $\mathbf{x} \mapsto \mathbf{A}\mathbf{x}$은 일대일대응함수이다.

38. $T(\mathbf{x})=2x_1-3x_2$으로 정의되는 $\mathbb{R}^2$에서 $\mathbb{R}$로의 사상의 핵은 벡터 $\begin{bmatrix} 3 \\ 2 \end{bmatrix}$의 스칼라배로 구성되어 있다.

39. $\mathbb{R}^2$에서 $\mathbb{R}^2$로의 선형사상은 $\mathbf{u}=(1,\ 0)$, $\mathbf{v}=(0,\ 1)$에 대하여 $T(\mathbf{u})$와 $T(\mathbf{v})$를 정의함으로써 완전히 결정된다.

40. $m\times n$ 행렬 A의 행벡터들이 일차종속을 이루는 집합이라고 하자. 선형변환 $\mathbf{x} \mapsto \mathbf{A}\mathbf{x}$은 $\mathbb{R}^n$에서 $\mathbb{R}^m$로의 전사함수이다.

41. 다음을 만족하는 선형변환이 존재한다.

$T(1,\ 0,\ -2)=(4,\ -2,\ 1)$

$T(0,\ 1,\ 3)=(1,\ 3,\ 3)$

$T(2,\ 1,\ -1)=(9,\ -1,\ 5)$

42. $\{\mathbf{x}_1,\ \mathbf{x}_2,\ \mathbf{x}_3,\ \dots,\ \mathbf{x}_n\}$가 일차독립인 집합이고 T가 선형사상이면 $\{T(\mathbf{x}_1),\ T(\mathbf{x}_2),\ T(\mathbf{x}_3),\ \dots,\ T(\mathbf{x}_n)\}$도 일차독립이다.

선다형 연습문제 2.3

항상 첫 번째로 옳은 답을 선택하라.

1. 다음 변환들 중 선형인 것은?

$$\mathbf{x}=\begin{bmatrix} x_1 \\ x_2 \end{bmatrix}$$

a. $T(\mathbf{x})=\begin{bmatrix} x_1-x_2 \\ x_1/x_2 \end{bmatrix}$ **b.** $T(\mathbf{x})=\begin{bmatrix} 0 \\ 0 \end{bmatrix}$

c. $T(\mathbf{x})=\begin{bmatrix} x_1x_2 \\ x_1+x_2 \end{bmatrix}$ **d.** $T(\mathbf{x})=\begin{bmatrix} 3x_1^2 \\ 4x_2 \end{bmatrix}$

e. 위 항목 중 답이 없다.

2. $f(x)=\sin\ x$, $g(x)=x^2$일 때 $f \circ g$는 무엇인가? 특히 $(f \circ g)(x)$는 무엇인가?

a. $\sin(x^2)$ **b.** $(\sin\ x)^2$

c. $x^2 \sin\ x$ **d.** $(\sin\ x)x^2$

e. 위 항목 중 답이 없다.

3. 다음 행렬들 중 일대일 변환을 나타내지 않는 것은?

a. $\begin{bmatrix} 3 & 2 & 1 \\ 4 & -1 & 0 \end{bmatrix}$ **b.** $\begin{bmatrix} 3 & 4 \\ 2 & -1 \\ 1 & 0 \end{bmatrix}$

c. $\begin{bmatrix} 7 & 13 \\ 9 & 29 \end{bmatrix}$ **d.** $\begin{bmatrix} 1 & -2 & 7 \\ 3 & 1 & 7 \\ 2 & 6 & -6 \end{bmatrix}$

e. 위 항목 중 답이 없다.

4. T가 $T(\mathbf{x})=\mathbf{A}\mathbf{x}$, $\mathbf{A}=\begin{bmatrix}1 & 3\\ 2 & 1\end{bmatrix}$으로 정의되는 선형사상이라고 하자. $\begin{bmatrix}4\\ 1\end{bmatrix}$의 상은 다음 어느 것인가?

a. $\begin{bmatrix}3\\ 1\end{bmatrix}$ b. $\begin{bmatrix}7\\ 9\end{bmatrix}$ c. $\begin{bmatrix}7/5\\ 41/5\end{bmatrix}$ d. $\begin{bmatrix}0\\ 0\end{bmatrix}$

e. 위 항목 중 답이 없다.

5. T가 $T(\mathbf{x})=\mathbf{A}\mathbf{x}$, $\mathbf{A}=\begin{bmatrix}2 & 3\\ -6 & -9\end{bmatrix}$으로 정의되는 $\mathbb{R}^2$에서 $\mathbb{R}^2$로의 선형사상의 치역은?

a. $\mathbb{R}^2$ 전체집합

b. 기울기가 -3인 원점을 통과하는 직선

c. 두 점 (2, 3), $(-6, -9)$을 지나는 직선

d. 기울기가 2/3인 원점을 통과하는 직선

e. 위 항목 중 답이 없다.

6. T가 일 $T(\mathbf{x})=\mathbf{A}\mathbf{x}$, $\mathbf{A}=\begin{bmatrix}1 & 3\\ 2 & 1\\ 4 & 0\end{bmatrix}$, $\mathbf{x}\in\mathbb{R}^2$때 다음 서술 중 옳은 것은

a. T는 $\mathbb{R}^2$에서 $\mathbb{R}^3$로의 전사함수

b. T는 일대일대응함수

c. T는 (2, 1)를 (5, 5)로 사상한다.

d. T는 (0, 0)를 (3, 1, 0)으로 사상한다.

e. 위 항목 중 답이 없다.

7. 다음 사상 중 선형이 아닌 것은? 각 경우에 $\mathbf{x}=(x_1, x_2, x_3)$이다.

a. $T(\mathbf{x})=(3x_1x_2, 7x_2x_3, 5x_1x_3)$

b. $T(\mathbf{x})=x_1(3, 0, 7)+x_2(-5, -4, 6)$

c. $T(\mathbf{x})=3(x_1, -x_2, 4x_3, 7x_2)$

d. $T(\mathbf{x})=(3x_1-7x_2, 4x_2+x_3)$

e. 위 항목 중 답이 없다.

8. T가 (1, 0)를 (5, 3)으로, (0, 1)를 (2, 1)으로 사상하는 선형변환이라고 할 때 (2, 3)는 어떤 점으로 사상되는가?

a. (10, 3) b. (10, 9)

c. (25, 9) d. (16, 7)

e. 위 항목 중 답이 없다.

9. T가 $\mathbb{R}^3$에서 $\mathbb{R}^2$로의 사상이고 $T(\mathbf{x})=\mathbf{A}\mathbf{x}$, $\mathbf{A}=\begin{bmatrix}7 & 1 & 4\\ 2 & 3 & -1\end{bmatrix}$으로 정의된다고 할 때 다음 진술 중 참인 것은?

a. T는 일대일대응함수이고 전사함수이다.

b. T는 전사함수이지만 일대일함수는 아니다.

c. T는 일대일대응함수이지만 전사함수는 아니다.

d. T는 일대일대응함수도 아니고 전사함수도 아니다.

e. 위 항목 중 답이 없다.

10. $T(\mathbf{x})=\mathbf{A}\mathbf{x}$, $\mathbf{A}=\begin{bmatrix}1 & 3 & 2\\ -1 & 0 & 4\\ 2 & 1 & h\end{bmatrix}$일 때 T가 전사함수가 되지 않는 h의 값은?

a. 4 b. 0

c. -8 d. -6

e. 위 항목 중 답이 없다.

11. 다음 사상 중 선형인 것은? 각 경우에 f의 정의구역은 $\mathbb{R}^4$이다.

a. $f(\mathbf{x})=3(x_1-x_2)+4(x_3-x_4)$

b. $f(\mathbf{x})=3(x_1-x_2)+4(x_3+x_4+1)$

c. $f(\mathbf{x})=(x_1-x_2)x_3\text{-}x_4$

d. $f(\mathbf{x})=3x_1(2, 4, -1, 0)+(x_3-1)(1, 3, 4, 1)$

e. 위 항목 중 답이 없다.

12. $\mathbb{R}^2$ 상의 각 벡터를 반시계 방향으로 90°로 회전시키는 변환에 대한 행렬은?

a. $\begin{bmatrix}0 & 1\\ 1 & 0\end{bmatrix}$ b. $\begin{bmatrix}0 & 1\\ -1 & 0\end{bmatrix}$ c. $\begin{bmatrix}1 & 1\\ 0 & 1\end{bmatrix}$

d. $\begin{bmatrix}-1 & 0\\ 0 & 1\end{bmatrix}$

e. 위 항목 중 답이 없다.

13. 다음 사상 중 선형인 것은? $\mathbf{x}=(x_1, x_2)$이다.

a. $T(\mathbf{x})=(3x_1^2, 4x_2)$

b. $T(\mathbf{x})=(x_1, x_2, x_1+x_2)$

c. $T(\mathbf{x})=(0, 0)$

d. $T(\mathbf{x})=(x_1-x_2, x_1/x_2)$

e. 위 항목 중 답이 없다.

14. $\mathbf{x}=(x_1, x_2, x_3)$이고 $T(\mathbf{x})=(x_3, x_2, x_1)$일 때 다음 중 T에

대한 행렬은?

a. $\begin{bmatrix} 3 & 0 & 0 \\ 0 & 2 & 0 \\ 0 & 0 & 1 \end{bmatrix}$ b. $\begin{bmatrix} 0 & 0 & 1 \\ 0 & 2 & 0 \\ 3 & 0 & 0 \end{bmatrix}$

c. $\begin{bmatrix} 0 & 0 & 1 \\ 0 & 1 & 0 \\ 1 & 0 & 0 \end{bmatrix}$ d. $\begin{bmatrix} 0 & 0 & 1 \\ 0 & 1 & 1 \\ 1 & 1 & 1 \end{bmatrix}$

e. 위 항목 중 답이 없다.

15. T의 표준행렬이 $\begin{bmatrix} 3 & 0 & 1 \\ 2 & 5 & 5 \end{bmatrix}$인 선형변환 T에 대하여 다음 진술 중 참인 것은?

a. T는 일대일대응함수이고 전사함수이다.

b. T는 전사함수이지만 일대일함수는 아니다.

c. T는 일대일대응함수이지만 전사함수는 아니다.

d. T는 일대일대응함수도 아니고 전사함수도 아니다.

e. 위 항목 중 답이 없다.

16. T가 $\mathbb{R}^2$에서 $\mathbb{R}^2$로의 선형변환이고 $T(1, 3)=(4, 1)$, $T(2, -1)=(3, -2)$를 만족할 때 $T(-7, 14)$는?

a. $(3, -5)$ b. $(-3, 13)$

c. $(-7, 35)$ d. $(-7, -5)$

e. 위 항목 중 답이 없다.

17. **A**가 $m\times n$인 행렬이고 **A**의 계수가 n일 때 다음 중 옳은 것은?

a. **A**의 핵은 $\{0\}$이다.

b. **A**의 치역은 $\mathbb{R}^m$이다.

c. $m \leq n$

d. $m > n$

e. 위 항목 중 답이 없다.

2.4 일반 벡터공간

수학은 어떤 단순한 규칙들에 따라 종이 위에 의미 없는 표시를 하는 게임입니다.

—힐베르트(DAVID HILBERT, 1862~1943)

정리를 증명하려고 할 때 가정을 열거하려고만 하지 말고 이성적으로 증명을 시작하라. 여러분들이 한 것은 시행착오이고 실험이고 어림잡아서 한 억측입니다.

—할모스(PAUL R. HALMOS, 1916~2006)

벡터공간

지금까지 사용해 온 벡터공간 $\mathbb{R}^m$ 이외에 많은 벡터공간들이 존재한다. 수학적으로 만든 것들 중에서 어떤 유형을 벡터공간이라 부를 것인가? 벡터공간들이 가져야 하는 구조는 다음의 공식적인 정의로 정해져 있다.

정의

벡터공간(vector space)은 **벡터 덧셈**(vector addition)과 **스칼라 곱셈**(scalar multiplication)이라는 두 개의 대수적 연산을 갖는 **벡터**라고 부르는 원소들의 집합이다. 다음 공리를 반드시 충족시켜야 한다.

1. **u**와 **v**가 벡터일 때 **u**+**v**가 정의되고 이는 V의 한 원소이다. (덧셈에 대한 닫힘 공리)
2. V에 있는 모든 벡터 **u**, **v**에 대하여 **u**+**v**= **v**+**u**. (벡터 덧셈에 대한 교환법칙)

3. 임의의 세 벡터 $\mathbf{u}$, $\mathbf{v}$, $\mathbf{w}$에 대하여 $(\mathbf{u}+\mathbf{v})+\mathbf{w}=\mathbf{u}+(\mathbf{v}+\mathbf{w})$. (벡터 덧셈에 대한 결합법칙)
4. V에 있는 모든 벡터 $\mathbf{u}$에 대하여 $\mathbf{u}+\mathbf{0}=\mathbf{u}$를 만족하는 원소 $\mathbf{0}$가 V 안에 있다. (영벡터의 존재)
5. 각 벡터 $\mathbf{u}$에 대해 최소한 하나의 $\tilde{\mathbf{u}}$가 존재하여 $\mathbf{u}+\tilde{\mathbf{u}}=\mathbf{0}$를 만족한다. (덧셈에 대한 역원의 존재)
6. 벡터 $\mathbf{u}$와 스칼라 α에 대하여 곱 $\alpha\mathbf{u}$가 정의되고 이는 V의 한 원소이다. (벡터와 스칼라 곱셈에 대해 닫힘 공리)
7. 임의의 스칼라 α와 벡터 $\mathbf{u}$, $\mathbf{v}$에 대하여 $\alpha(\mathbf{u}+\mathbf{v})=\alpha\mathbf{u}+\alpha\mathbf{v}$. (분배법칙: 스칼라와 벡터의 곱셈)
8. 스칼라 α, β와 벡터 $\mathbf{u}$에 대하여 $(\alpha+\beta)\mathbf{u}=\alpha\mathbf{u}+\beta\mathbf{u}$. (분배법칙: 스칼라 합과 벡터의 곱셈)
9. 스칼라 α, β와 벡터 $\mathbf{u}$에 대하여 $(\alpha\beta)\mathbf{u}=\alpha(\beta\mathbf{u})$. (분배법칙: 스칼라와 벡터의 곱에 대한 결합법칙)
10. V 안에 있는 벡터 $\mathbf{u}$에 대하여 $1\cdot\mathbf{u}=\mathbf{u}$. (단위원과 벡터의 곱셈)

독자들은 이러한 요구 조건들이 벡터공간 $\mathbb{R}^n$의 아주 중요한 성질이라는 것을 주목할 것이다. 2.1절에서 우리는 이러한 성질에 주의를 기울일 것을 지적했다.

우리는 이미 2.1절에서 채택한 정의들이 $\mathbb{R}^n$을 벡터공간이 되게 한다는 것을 주목했다. 그러므로 n이 임의의 자연수이므로 무한히 다른 많은 벡터공간들이 존재한다.

스칼라라는 용어는 벡터공간을 말할 때 자주 등장한다. 그것은 대부분의 경우에 실수를 의미하지만 어떤 상황에서는 복소수를 스칼라로 간주하는 합당한 이유들이 존재한다.(복소수는 $\alpha+i\beta$의 형태이고 여기서 α, β는 실수, $i^2=-1$이다. 부록 B를 보라.)

각 벡터 $\mathbf{u}$에 대하여 공리 5에 있는 원소 $\tilde{\mathbf{u}}$는 유일하다는 것이 알려져 있다. 그것은 보통 $-\mathbf{u}$로 나타낸다. 그러면 공리 5는 모든 벡터 $\mathbf{u}$에 대하여 $(-\mathbf{u})+\mathbf{u}=\mathbf{0}$를 의미한다. 이 마지막 방정식에서 공리 2를 이용하여 괄호를 없애면 결국에 $\mathbf{u}-\mathbf{u}=\mathbf{0}$이 된다.

벡터공간에 대한 정리

앞에 나온 공리로부터 이끌어 낼 수 있는 연역들을 잘 설명하기 위해 모든 벡터공간에 유효한 다섯 가지 정리를 생각해 보자. 공리만을 이용하여 정리 1을 증명하고 그 다음에 공리와 정리 1을 이용하여 정리 2를 증명한다. 나머지도 이런 식으로 계속한다.

정리 1

벡터공간에서 c가 스칼라이면 $c\mathbf{0}=\mathbf{0}$이다.

증명 $\mathbf{x}=c\mathbf{0}$라 할 때 $\mathbf{x}=\mathbf{0}$임을 보인다.

$$\begin{aligned}
\mathbf{x}&=\mathbf{x}+\mathbf{0} && \text{공리 4에 의해}\\
&=\mathbf{x}+(\tilde{\mathbf{x}}+\mathbf{x}) && \text{공리 5에 의해}\\
&=\mathbf{x}+(\mathbf{x}+\tilde{\mathbf{x}}) && \text{공리 2에 의해}\\
&=(\mathbf{x}+\mathbf{x})+\tilde{\mathbf{x}} && \text{공리 3에 의해}\\
&=(c\mathbf{0}+c\mathbf{0})+\tilde{\mathbf{x}} && \mathbf{x}\text{의 정의에 의해}
\end{aligned}$$

$$
\begin{aligned}
&= c(\mathbf{0}+\mathbf{0})+\tilde{\mathbf{x}} && \text{공리 7에 의해} \\
&= c\mathbf{0}+\tilde{\mathbf{x}} && \text{공리 4에 의해} \\
&= \mathbf{x}+\tilde{\mathbf{x}} && \mathbf{x}\text{의 정의에 의해} \\
&= \tilde{\mathbf{x}}+\mathbf{x} && \text{공리 2에 의해} \\
&= \mathbf{0} && \text{공리 5에 의해}
\end{aligned}
$$

정리 1의 다른 증명에 대해서는 일반 연습문제 19를 보라. ■

정리 2

벡터공간에서 스칼라 c와 벡터 $\mathbf{x}$에 대하여 $c\mathbf{x}=\mathbf{0}$를 만족하면 $c=0$이거나 $\mathbf{x}=\mathbf{0}$이다.

증명 $c \neq 0$이라고 하자. 그러면 c^{-1}가 존재한다. 방정식 $c\mathbf{x}=\mathbf{0}$에 c^{-1}를 곱하면 $\mathbf{x}=c^{-1}\mathbf{0}$를 얻는다. 정리 1과 공리 10에 의해 이것은 $\mathbf{x}=\mathbf{0}$가 된다. ■

정리 3

벡터공간에서 각 벡터 x에 대하여 벡터 $\tilde{\mathbf{x}}$는 유일하게 결정된다.

증명 $\tilde{\mathbf{x}}$의 중요한 성질은 $\tilde{\mathbf{x}}+\mathbf{x}=\mathbf{0}$이다. 어떤 벡터 $\mathbf{x}$에 대하여 $\mathbf{u}+\mathbf{x}=\mathbf{0}$이고 $\mathbf{v}+\mathbf{x}=\mathbf{0}$이라 가정하자. $\mathbf{u}$와 $\mathbf{v}$가 같아야 한다는 결론을 내릴 수 있는가? 아마 이것은 분명하지 않을 수도 있지만 다음 증명은 이것이 분명하다는 것을 보여 준다.

$$
\begin{aligned}
\mathbf{u} &= \mathbf{u}+\mathbf{0} && \text{공리 4에 의해} \\
&= \mathbf{u}+(\mathbf{v}+\mathbf{x}) && \text{가정에 의해} \\
&= \mathbf{u}+(\mathbf{x}+\mathbf{v}) && \text{공리 2에 의해} \\
&= (\mathbf{u}+\mathbf{x})+\mathbf{v} && \text{공리 3에 의해} \\
&= \mathbf{0}+\mathbf{v} && \text{가정에 의해} \\
&= \mathbf{v}+\mathbf{0} && \text{공리 2에 의해} \\
&= \mathbf{v} && \text{공리 4에 의해}
\end{aligned}
$$

이 증명에서 각 등식은 지정된 정당성이 필요하고 공리들은 지시된 순서대로 사용된다는 것을 주목하라. ■

정리 4

벡터공간에서 모든 벡터 $\mathbf{x}$는 방정식 $0\mathbf{x}=\mathbf{0}$을 만족한다.

증명 증명은 다음과 같이 진행되고 각 단계에서 공리들은 지시된 순서대로 사용된다.

$0\mathbf{x}=0\mathbf{x}+\mathbf{0}$	공리 4
$=0\mathbf{x}+(\mathbf{x}+\tilde{\mathbf{x}})$	공리 5, 2
$=(0\mathbf{x}+\mathbf{x})+\tilde{\mathbf{x}}$	공리 3, 10
$=\mathbf{x}+\tilde{\mathbf{x}}$	공리 8, 10
$=\mathbf{0}$	공리 2, 5

공리들이 지시된 순서대로 사용된다는 것을 확인해 보라. ■

정리 5

벡터공간에서 모든 벡터 $\mathbf{x}$에 대하여 $(-1)\mathbf{x}=\tilde{\mathbf{x}}$이 성립한다.

증명

$[(-1)\mathbf{x}]+\mathbf{x}=[(-1)\mathbf{x}]+1\mathbf{x}$	공리 10
$=[(-1)+1]\mathbf{x}$	공리 8
$=0\mathbf{x}$	일반적인 계산
$=\mathbf{0}$	정리 4

그러므로 정리 3에 의해 $(-1)\mathbf{x}=\tilde{\mathbf{x}}$이다. ■

논의를 계속 진행하기 전에 몇 가지 설명을 첨가한다. 첫 번째로 원소 $\tilde{\mathbf{x}}$는 $-\mathbf{x}$ 또는 $(-1)\mathbf{x}$로 쓸 수 있다. 정리 5는 이것을 정당화한다. 두 번째로 10개의 공리로 기술되는 (벡터공간의) 구조는 엄밀하게 실벡터공간(real vector space)이다. 이것은 공리 6에서 공리 10까지에 나와 있는 상수들은 모두 실수라는 것을 의미한다. 이런 맥락에서 실수를 스칼라라고 부르는데 이것은 **벡터**라 부르는 V의 원소와 구별하기 위해서이다.(그러므로 '벡터가 무엇인가?' 라는 질문에 대한 답은 정확히 '그것은 벡터공간의 원소이다.' 라고 할 수 있다.)

나중에 시야를 넓혀서 복소수를 스칼라로 갖는 벡터공간에 대하여 공부할 것이다. 벡터공간론(특히 고유값을 구하는 문제)에서 어떤 문제들은 스칼라를 실수로 제한하면 해를 갖지 않을 수도 있다. 벡터공간이 실벡터공간이라고 할 때 이것은 스칼라들이 실수 값만을 갖는 것을 의미한다. 원칙적으로 다른 체(field)들도 스칼라로 사용될 수 있다. 만약 특정한 체 F가 스칼라로 사용되었다면 벡터공간을 체 F 위의 벡터공간이라고 부른다. 체에 대한 정보에 대해서는 현대대수학 책을 참고하거나 인터넷 웹사이트를 검색하라.

여러 가지 예제들

이 개념들을 잘 설명해 주는 많은 예제들을 살펴보자.

예제 1 차수가 3보다 크지 않은 다항식의 집합은 벡터공간인가?

풀이 기본 다항식들은 $p_0(t)=1$, $p_1(t)=t$, $p_2(t)=t^2$, $p_3(t)=t^3$이다. 기껏해야 차수가 3인 다항식은 이들 네 개의 기본 다항식들의 일차결합이라는 것을 주목하자. 그러므로 다음가 같이 쓸 수 있다.

$$a_0 + a_1 t + a_2 t^2 + a_3 t^3 = a_0 p_0(t) + a_1 p_1(t) + a_2 p_2(t) + a_3 p_3(t)$$

위에서 기술한 집합은 벡터공간이다: 일반적인 대수연산이 사용되었다고 가정하였다. 기껏해야 차수가 3인 두 다항식의 합은 기껏해야 차수가 3인 다른 다항식이 된다. 이 벡터공간에서 0인 원소는 모든 t에 대하여 $p_0(t)=0$으로 정의되는 다항식이다. 기호 p_2는 t에서 함수 값이 $p_2(t)=t^2$으로 주어지는 함수의 이름이다. t^2를 다항식으로 취급해서는 안 된다. t가 실수이기 때문에 그것은 단지 실수일 뿐이다. 기호 $t \mapsto t^2$ 또한 함수 p_2에 이름을 붙이기 위해서 사용될 수 있다. 이 집합이 벡터공간임을 보이기 위해 모든 벡터공간 공리를 증명할 수 있다.(이것은 아주 쉽다.) ■

예제 1과 같은 방법으로 차수가 n을 넘지 않는 다항식 벡터공간을 갖는다. 이 벡터공간은 보통 $\mathbb{P}_n$으로 쓴다. 그러므로 $n=1, 2, 3, \ldots$에 대하여 무한히 다른 많은 벡터공간들 $\mathbb{R}^n$과 $\mathbb{P}_{n-1}$을 갖는다.

예제 2 구간 $[-1, 1]$ 위에서 실수 값을 갖는 모든 연속함수들의 집합은 다음 대수연산을 벡터 덧셈과 스칼라 곱셈으로 정의하면 벡터공간이 되는가?

$$(f+g)(t) = f(t) + g(t) \qquad (\alpha f)(t) = \alpha f(t)$$

풀이 이 집합에서 첫 번째 공리가 왜 성립하는가? 미적분학의 정리에 의해 두 연속함수의 덧셈은 다른 연속함수가 된다. 마찬가지로 (미적분학의) 정리에 의해 스칼라와 연속함수를 곱한 함수도 역시 연속함수가 된다. 그러므로 두 개의 닫힘 공리는 사실이다. 나머지 공리를 증명하는 것은 쉽다. ■

예제 2에서 정의된 벡터공간은 통상적으로 $C[-1, 1]$라는 기호를 사용하여 나타낸다. 보다 더 정확히 임의의 정의구역 D에 대하여 $C(D)$로 써야 하기 때문에 $C([-1, 1])$으로 써야 한다. 예제 1에서와 같이, 함수 f와 함수 값들 중 하나인 $f(t)$를 주의를 기울여 구별해야 한다. 이 책에서는 이러한 기준을 고수하려고 할 것이다. 독자 여러분들도 똑같이 하기를 권하는 바이다.

예제 3 다음 형태의 모든 무한수열들의 집합을 생각해 보자.

$$\mathbf{x} = [x_1, x_2, x_3, \ldots] \qquad (x_i \in \mathbb{R})$$

벡터 덧셈과 스칼라 곱셈의 정의를 사용하면 이 집합이 벡터공간이 되는가?

풀이 그렇다. 닫힘 공리들이 $\mathbb{R}^n$에 대하여 성립했던 것처럼 이들 공리는 사실이다. 사실 그러한 잘 알려진 벡터 공간들을 아주 쉽게 확장시킬 수 있다. 이렇게 확장된 새 벡터공간은 $\mathbb{R}^\infty$라는 이름을 갖는다. 수열 **x**는 실제로는 함수이다. 그것의 정의구역은 자연수의 집합 $\mathbb{N}=\{1, 2, 3, ...\}$이라는 것에 주목하라. 벡터 **x**의 임의의 성분을 기호 $\mathbf{x}(k)$나 $\mathbf{x}_k$나 x_k로 쓴다. 집합론에서는 이 공간을 $\mathbb{R}^\mathbb{N}$으로 표시한다.(일반적으로 B에서 A로의 모든 함수들의 집합을 A^B로 나타낸다. 예를 들어 $S^\mathbb{N}$은 $\mathbb{N}$에서 S로의 모든 함수들의 집합이다.) $\mathbb{R}^\infty$에 있는 벡터들은 전기공학에서 신호로 해석될 수도 있다. ■

예제 4 다음 성질을 만족하는 실수의 전체 구간$(-\infty, \infty)$에서 정의된 실수 값을 갖는 모든 연속함수 f들의 집합

$$\int_{-\infty}^{\infty} \left|f(t)\right| dt < \infty$$

이 벡터공간이 되는가?

풀이 대수연산이라는 정의가 사용되었다고 하자. 벡터공간에 대한 첫 번째 공리를 증명해 보자. f와 g가 주어진 집합의 두 원소라고 하자. 두 원소들의 합이 주어진 집합에 속하는가? 삼각부등식에 의해 그 답은 옳다고 할 수 있다.

$$\begin{aligned}\int_{-\infty}^{\infty} \left|f(t)+g(t)\right| dt &\le \int_{-\infty}^{\infty} \left[\left|f(t)\right| + \left|g(t)\right|\right] dt \\ &= \int_{-\infty}^{\infty} \left|f(t)\right| dt + \int_{-\infty}^{\infty} \left|g(t)\right| dt < \infty\end{aligned}$$ ■

한 벡터공간이 더 큰 벡터공간의 부분집합이고 벡터들의 덧셈과 스칼라 곱셈의 정의와 영벡터 등을 공유하는 것은 흔히 있는 일이다. 예를 들어 $(x_1, x_2, 0)$의 형태를 갖는 $\mathbb{R}^3$ 안에 있는 모든 벡터들의 집합 X는 벡터공간이고, 증명하기도 쉽고, $\mathbb{R}^3$의 부분집합이다. 그것은 $\mathbb{R}^3$이 갖는 벡터 덧셈과 스칼라 곱셈과 같은 연산을 갖는다. X를 $\mathbb{R}^3$의 **부분공간**(subspace)이라고 부른다.(부분공간이 된다는 것은 부분집합이 된다는 것보다 더 많은 조건을 요구한다. 여러분들은 그 이유를 알 수 있는가?) 다음 예제는 이러한 현상을 잘 설명해 준다. 이 주제는 5.1절에서 다시 다룬다.

예제 5 **A**가 $m \times n$ 행렬이면 **A**의 핵[**A**의 영공간(null space)]은 벡터공간이 되는가?

풀이 1.3절로부터 다음을 상기해 보자.

$$\text{Ker}(\mathbf{A}) = \{\mathbf{x} : \mathbf{x} \in \mathbb{R}^n \text{그리고 } \mathbf{Ax} = \mathbf{0}\}$$

A의 핵은 분명히 $\mathbb{R}^n$의 부분집합이다. 그것이 벡터공간이 되는가? 증명을 해야 하는 유일한 공리들은 두 개의 닫힘 공리 1과 6 그리고 0이라는 원소와 관련된 공리 4이다. $\mathbb{R}^n$이 벡터공간이므로 다른 공리들은 자동적으로 만족된다. 공리 1과 6을 증명하기 위해서는 간단히 다음 수식을 참고하면 된다.

$$\mathbf{A}(\alpha\mathbf{x} + \beta\mathbf{y}) = \alpha\mathbf{A}\mathbf{x} + \beta\mathbf{A}\mathbf{y}$$

그러므로 $\mathbf{x}$와 $\mathbf{y}$가 A의 핵에 속하면 $\alpha\mathbf{x}+\beta\mathbf{y}$도 역시 A의 핵에 속한다. $\mathbf{A0}=\mathbf{0}$를 만족하므로 공리 4는 사실이다. A의 핵은 $\mathbb{R}^n$의 부분공간이라 부른다. ■

일차종속 집합

1.3절에서 주목한 것처럼 일차종속과 일차독립이라는 개념들은 선형대수학에서 중요한 역할을 한다. 이 용어들은 벡터들에 적용되는 것은 아니고 벡터들의 집합에 적용된다. 이 사실 자체로 이해하는 데 어려움이 있다.

정의

$c_1\mathbf{u}_1+c_2\mathbf{u}_2+\cdots+c_m\mathbf{u}_m=\mathbf{0}$ 형태의 자명하지 않은 방정식이 존재할 때 벡터공간의 부분집합 S는 **일차종속**(linearly dependent)이라고 한다. 단, $\mathbf{u}_1$, $\mathbf{u}_2$, ..., $\mathbf{u}_m$은 S의 원소들이고 각각 서로 다르다. 기술된 유형의 그 어떤 방정식도 존재하지 않을 때 S는 **일차독립**(linearly independent)이라고 한다.

(인용된 방정식은 유한 개의 항만을 갖는다.) 위의 정의에서 자명하지 않은이라는 표현은 계수 c_i들 중 적어도 하나는 0이 아니라는 것을 의미한다. 이런 조건은 $\sum_{i=1}^{m}|c_i| > 0$으로 써서 표현할 수 있다.

다음의 많은 예제들은 이 개념을 이해하는 데 도움을 준다.

예제 6 영벡터 $\mathbf{0}$를 포함하는 집합의 일차독립성에 대해 무엇을 말할 수 있는가?

풀이 $1\cdot\mathbf{0}=\mathbf{0}$이므로 그것은 자동적으로 일차종속이 된다. 정의에 의해 $1\cdot\mathbf{0}=\mathbf{0}$는 자명하지 않은 방정식이다. 그 이유는 최소한 하나의 계수는 0이 아니기 때문이다. ■

예제 7 다음 행렬의 열들의 집합은 일차종속인가?

$$\begin{bmatrix} \mathbf{r}_1 \\ \mathbf{r}_2 \\ \mathbf{r}_3 \end{bmatrix} = \begin{bmatrix} 1 & 7 & 3 \\ 5 & -2 & 4 \\ 7 & -25 & -1 \end{bmatrix}$$

풀이 $\mathbf{r}_i$를 A의 i번째 열이라고 하자. $-3\mathbf{r}_1+2\mathbf{r}_2-\mathbf{r}_3=0$이므로 주어진 집합은 일차종속이다. ■

예제 8 다음과 같이 정의된 세 개의 다항식들의 집합은 일차독립인가?

$$p_1(t)=7t^5-4t^2+3,\ p_2(t)=2t^5+5t^2,\ p_3(t)=8t^5-23t^2+6$$

풀이 아니다. $2p_1(t)-3p_2(t)-p_3(t)=0$임을 주목하라. ■

예제 9 다음 세 가지 행렬들의 집합은 일차독립인가?

$$\mathbf{A}=\begin{bmatrix}1 & 3\\ 2 & 7\end{bmatrix}\quad \mathbf{B}=\begin{bmatrix}4 & 2\\ -1 & 2\end{bmatrix}\quad \mathbf{C}=\begin{bmatrix}-1 & 7\\ 7 & 19\end{bmatrix}$$

풀이 $\mathbf{C}=3\mathbf{A}-\mathbf{B}$이므로 주어진 집합은 일차독립이 아니다. ■

예제 10 다음 세 개의 벡터 $\mathbf{u}_1$, $\mathbf{u}_2$와 $\mathbf{u}_3$들의 집합은 일차독립인가?

$$\mathbf{u}_1=\begin{bmatrix}1\\ 1\\ 0\end{bmatrix}\quad \mathbf{u}_2=\begin{bmatrix}1\\ 0\\ 1\end{bmatrix}\quad \mathbf{u}_3=\begin{bmatrix}0\\ 1\\ 1\end{bmatrix}$$

집합 $\{\mathbf{u}_1, \mathbf{u}_2\}$는 어떤가?

풀이 첫 번째 집합에 대해서는 방정식 $c_1\mathbf{u}_1+c_2\mathbf{u}_2+c_3\mathbf{u}_3=\mathbf{0}$이 자명하지 않은 해를 갖는가 아닌가 하는 것이 문제의 핵심이다. 주어진 일차방정식에 대한 계수행렬은 다음과 같다.

$$\begin{bmatrix}\mathbf{u}_1 & \mathbf{u}_2 & \mathbf{u}_3\end{bmatrix}=\begin{bmatrix}1 & 1 & 0\\ 1 & 0 & 1\\ 0 & 1 & 1\end{bmatrix}\sim\begin{bmatrix}1 & 0 & 0\\ 0 & 1 & 0\\ 0 & 0 & 1\end{bmatrix}$$

주어진 일차방정식이 동차이므로 이 계의 첨가행렬의 오른쪽은 전부 0으로 구성되어 있다. 그래서 주어진 선형계의 첨가행렬 대신에 계수행렬을 쓴 것이다. 그러므로 $c_1=c_2=c_3=0$를 얻는다. 따라서 주어진 집합은 일차독립이다. 두 번째 집합에 대해서는 앞에 나온 행렬(수식 참고)의 처음 두 개의 열이므로 결론은 같다. ■

예제 11 다음 세 개의 행렬은 일차독립인가?

$$\mathbf{A}=\begin{bmatrix}1 & 2\\ 1 & 1\end{bmatrix}\ \mathbf{B}=\begin{bmatrix}1 & 0\\ 1 & 0\end{bmatrix}\ \mathbf{C}=\begin{bmatrix}0 & 1\\ 0 & 0\end{bmatrix}$$

풀이 이들 2×2 행렬들을 열벡터들과 동일시하여 예제 10에서 사용한 것과 같은 방법으로 어떻게 문제를 풀

수 있는가? 이들 행렬에 정확히 대응하는 벡터를 만든다.

$$\begin{bmatrix} 1 & 1 & 0 \\ 2 & 0 & 1 \\ 1 & 1 & 0 \\ 1 & 0 & 0 \end{bmatrix} \sim \begin{bmatrix} 1 & 0 & 0 \\ 0 & 1 & 0 \\ 0 & 0 & 1 \\ 0 & 0 & 0 \end{bmatrix}$$

(주어진 동차 일차방정식의) 유일한 해가 $[0, 0, 0]^T$이므로 주어진 행렬들의 집합은 일차독립이다. ■

예제 11에서 이용한 방법을 5.2절에서 정당화할 것이다. 이것은 $\mathbb{R}^{2\times 2}$가 $\mathbb{R}^4$에 동형사상이라는 사실에 달려 있다.

정의

벡터공간에서 유한 개의 첨자가 붙은 벡터들의 집합 $\{\mathbf{u}_1, \mathbf{u}_2, ..., \mathbf{u}_m\}$이 다음을 만족하는 스칼라들 c_i가 존재할 때 **일차종속**이라 한다.

$$\sum_{i=1}^{m} c_i\mathbf{u}_i = 0 \qquad \sum_{i=1}^{m} |c_i| > 0$$

첨자가 붙은 벡터들의 그 집합이 일차종속이 아닐 때 그 집합은 **일차독립**이라고 한다. 표현 $\sum_{i=1}^{m}|c_i| > 0$은 적어도 하나의 c_i는 0이 아니라는 것을 의미한다.

예제 12 다음 행렬의 행벡터들에 첨자들을 붙인 집합은 일차종속인가?

$$\mathbf{A} = \begin{bmatrix} 2 & 5 & 7 \\ 4 & 1 & -5 \\ 2 & 5 & 7 \end{bmatrix}$$

풀이 $\mathbf{A}$의 행벡터들을 $\mathbf{r}_1$, $\mathbf{r}_2$와 $\mathbf{r}_3$라고 하자. 이것은 첨자가 붙은 집합으로 볼 수 있다.(각 행벡터들에 첨자가 붙었다.) $\mathbf{r}_1 - \mathbf{r}_3 = \mathbf{0}$이므로 일차종속의 정의에서 $c_1=1$, $c_2=0$, $c_3=-1$을 취할 수 있다. 행벡터에 첨자가 붙은 집합이 행벡터 (2, 5, 7)이 두 번 나타나는 세 개의 열벡터를 포함한다. 그 집합에만 관심이 있다면 두 번 나타나는 이 벡터는 두 번 언급할 필요가 없다. 그러므로 그 집합은 두 개의 열벡터 (2, 5, 7)과 (4, 1, −5)로 구성되어 있다. (두 개의 벡터로 구성된) 집합과 열벡터에 첨자가 붙은 집합 사이에는 차이가 존재한다. 전자는 일차독립이고 후자는 일차종속이다. 행벡터에 첨자가 붙은 집합에서 첨자 1과 3이 다르므로 벡터 $\mathbf{r}_1 = (2, 5, 7)$은 벡터 $\mathbf{r}_3 = (2, 5, 7)$과 다른 것으로 간주한다. ■

혼동을 피하려면 행렬의 행벡터(열벡터)들을 항상 첨자가 붙은 집합으로 간주해야 한다.

예제 13 다음 행렬의 열벡터들은 일차독립인가?

$$\mathbf{A} = \begin{bmatrix} 1 & 4 & 2 \\ 3 & 1 & 1 \\ 7 & -5 & 1 \end{bmatrix}$$

풀이 방정식 $\mathbf{Ax}=\mathbf{0}$을 풀면 유일한 해 $\mathbf{x}=\mathbf{0}$를 얻는다. 그러므로 주어진 열벡터들의 집합은 일차독립이다. ■

예제 14 예제 13에 있는 행렬의 행벡터들이 일차독립인 집합인지 아닌지를 어떻게 결정할 수 있는가?

풀이 예제 13에 있는 행렬을 전치시킨 전치행렬에 예제 13의 방법을 적용하면 된다.

$$\mathbf{A}^T = \begin{bmatrix} 1 & 3 & 7 \\ 4 & 1 & -5 \\ 2 & 1 & 1 \end{bmatrix}$$

방정식 $\mathbf{A}^T\mathbf{x}=\mathbf{0}$는 자명한 해($\mathbf{x}=\mathbf{0}$)만을 갖는다. 그러므로 질문에 있는 그 집합은 일차독립이다. 나중에 그러한 질문에 더 쉽게 답할 수 있게 만드는 정리를 증명할 것이다. ■

정리 6

(벡터공간에서) 일차독립인 집합의 생성 집합에 있는 각 벡터는 생성 집합의 원소들의 일차결합으로 유일하게 표현된다.

증명 S를 일차독립인 집합이라 가정하고 $\mathbf{x}$가 S의 생성 집합에 있는 벡터라고 하자. 그러면 적당한 $a_i \in \mathbb{R}$와 $\mathbf{u}_i \in S$에 대하여 $\mathbf{x}=\sum_{i=1}^{n} a_i\mathbf{u}_i$으로 쓸 수 있다. $\mathbf{x}$에 대한 이러한 방식의 다른 표현이 있다고 하자. 즉 $b_i \in \mathbb{R}$와 $\mathbf{v}_i \in S$에 대하여 $\mathbf{x}=\sum_{i=1}^{m} b_i\mathbf{v}_i$으로 쓸 수 있다고 가정하자. $U=\{\mathbf{u}_1, \mathbf{u}_2, \ldots, \mathbf{u}_n\}$, $V=\{\mathbf{v}_1, \mathbf{v}_2, \ldots, \mathbf{v}_m\}$라고 놓고 다음 식을 생각해 보자.

$$U \cup V = \{\mathbf{w}_1, \mathbf{w}_2, \ldots, \mathbf{w}_k\}$$

여기서 k는 반드시 $n+m$일 필요는 없다. 모든 벡터들 $\mathbf{w}_i$는 각각 다르고 S에 속한다. S가 일차독립이므로 $U \cup V$도 일차독립이다. 필요하다면 계수를 0으로 취할 수 있다. 그래서 $\mathbf{x}=\sum_{i=1}^{k} c_i\mathbf{w}_i$ 그리고 $\mathbf{x}=\sum_{i=1}^{k} d_i\mathbf{w}_i$으로 쓸 수 있다. 첫 번째 식에서 두 번째 식을 빼면 $\sum_{i=1}^{k}(c_i-d_i)\mathbf{w}_i=\mathbf{0}$를 얻는다. $U \cup V$도 일차독립이므로 마지막 방정식에 있는 모든 계수들은 전부 0이다. 그러므로 모든 i에 대하여 $c_i=d_i$를 얻는다. ■

예제 15 두 가지 다른 방법으로 벡터 $[5, 3, 5]^T$를 예제 12에 있는 행렬의 세 개의 열벡터들로 표현하라.

풀이 계수들 (−3, 5, −2)와 세 개의 열벡터들의 일차결합을 취하면 계수들 (13, −14, 7)을 사용하여 같은 벡터를 얻을 수 있다.(이 두 경우에 얻는 결과는 벡터 $[5, 3, 5]^T$이다.) 정리 6에 의해 예제 12에 있는 행렬의 세 개의 열벡터들은 일차종속을 이루어야 한다. ■

정리 7

행렬에서 행벡터들의 개수보다 열벡터들의 개수가 더 많으면 열벡터에 첨자를 붙인 집합은 일차종속이 된다.

증명 A를 $m \times n$인 행렬이고 $n > m$이라고 하자. 그러면 방정식 $\mathbf{Ax}=\mathbf{0}$를 풀 때 어떤 일이 생길까? 이것은 방정식의 개수보다 미지수의 개수가 더 많은 동차 연립방정식이다. 1.3절의 따름정리 2에 의해 그러한 동차 연립방정식들은 자명하지 않은 많은 해를 갖는다. ■

예제 16

$$\mathbf{v}_1 = \begin{bmatrix} 1 \\ 0 \\ 1 \end{bmatrix} \quad \mathbf{v}_2 = \begin{bmatrix} 0 \\ 1 \\ 1 \end{bmatrix}$$

$$\mathbf{v}_3 = \begin{bmatrix} 1 \\ 1 \\ 0 \end{bmatrix} \quad \mathbf{v}_4 = \begin{bmatrix} 1 \\ 0 \\ 0 \end{bmatrix}$$

집합 $\{\mathbf{v}_1, \mathbf{v}_2, \mathbf{v}_3, \mathbf{v}_4\}$는 일차독립인가?

풀이 주어진 벡터를 열벡터로 갖는 행렬은 세 개의 행벡터와 네 개의 열벡터를 갖는 행렬이다.

$$\begin{bmatrix} \mathbf{v}_1 & \mathbf{v}_2 & \mathbf{v}_3 & \mathbf{v}_4 \end{bmatrix} = \begin{bmatrix} 1 & 0 & 1 & 1 \\ 0 & 1 & 1 & 0 \\ 1 & 1 & 0 & 0 \end{bmatrix}$$

정리 7에 의해 열벡터들의 집합은 일차종속이다. ■

정리 8

$\mathbb{R}^n$에서 n개보다 더 많은 벡터들의 집합은 반드시 일차종속이다.

증명 이들 벡터를 열벡터로 갖는 $m \times n$ 행렬을 만들고 정리 7을 적용한다. ■

정리 9

$\{\mathbf{u}_1, \mathbf{u}_2, \ldots, \mathbf{u}_m\}$이 벡터공간에서 적어도 두 개 이상의 벡터들에 첨자를 붙인 일차종속인 집합이라고 하자. 첨자가 붙은 벡터들의 목록에서 한 벡터는 그 목록에서 앞서 오는 벡터들의 일차결합이다.

증명 가정에 의해 $\sum_{i=1}^{m} c_i\mathbf{u}_i=\mathbf{0}$이 성립하고 계수 c_i는 전부 0은 아니다. r이 $c_r \neq 0$를 만족하는 마지막 첨자라고 하자. 그러면 $i > r$에 대하여 $c_i=0$이고 $\sum_{i=1}^{r} c_i\mathbf{u}_i=\mathbf{0}$이다. $c_r \neq 0$이므로 마지막 방정식은 $\mathbf{u}_r$에 대하여 풀 수 있다. 이것은 $\mathbf{u}_r$이 주어진 집합에서 벡터 $\mathbf{u}_r$ 앞서 나오는 벡터들의 일차결합임을 보여 준다. ■

정리 10

벡터공간이 n개의 벡터들의 집합에 의해 생성되면 이 벡터공간에서 $n+1$개 이상의 벡터들의 모든 집합은 일차종속이다.

증명 $\{\mathbf{v}_1, \mathbf{v}_2, \ldots, \mathbf{v}_n\}$이 벡터공간 V를 생성한다고 하자. $\{\mathbf{u}_1, \mathbf{u}_2, \ldots, \mathbf{u}_m\}$이 V의 임의의 집합이고 $m > n$이라고 하자. 생성 집합의 정의에 의해 $1 \leq i \leq m$를 만족하는 모든 i에 대하여 $\mathbf{u}_i=\sum_{j=1}^{n} a_{ij}\mathbf{v}_j$를 만족하는 계수들 a_{ij}가 존재한다. 동차 연립방정식 $\sum_{i=1}^{m} a_{ij}x_j=\mathbf{0}(1 \leq j \leq n)$는 미지수의 개수보다 방정식의 개수가 더 적다. 그러므로 1.3절의 따름정리 2를 적용할 수 있고 따라서 자명하지 않은 해 $\mathbf{x}=(x_1, x_2, \ldots, x_m)$이 존재한다. 이제 벡터들 $\mathbf{u}_i$의 집합은 일차독립이다. 그 이유는

$$\sum_{i=1}^{m} x_i\mathbf{u}_i = \sum_{i=1}^{m} x_i \sum_{j=1}^{n} a_{ij}\mathbf{v}_j = \sum_{j=1}^{n}\left(\sum_{i=1}^{m} a_{ij}x_i\right)\mathbf{v}_j = \sum_{j=1}^{n} 0\mathbf{v}_j = \mathbf{0}$$

때문이다. ■

정리 11

S가 벡터공간 V에 있는 일차독립인 집합이라고 하자. $\mathbf{x} \in V$이고 $\mathbf{x} \notin \mathrm{Span}(S)$이면 $S \cup \{\mathbf{x}\}$는 일차독립인 집합이다.

증명 결론이 거짓이라고 하면 $c_0\mathbf{x}+\sum_{i=1}^{n} c_i\mathbf{v}_i=0$ 형태의 자명하지 않은 방정식을 갖는다. 여기서 $\mathbf{v}_i$는 S에 속하고 c_i들은 전부 0이 아닌 스칼라들이다. $c_0=0$이면 주어진 방정식은 자명하지 않은 해를 갖고 이것은 S가 일차독립인 집합이라는 사실에 모순된다. 그러므로 $c_0 \neq 0$이고 $\mathbf{x}=-c_0^{-1}\sum_{i=1}^{n} c_i\mathbf{v}_i$이 성립한다. 이것은 $\mathbf{x}$가 S의 생성 집합에 속한다는 것을 보여 준다. ■

예제 17 이것은 무한히 많은 벡터들의 집합과 관련된 예제이다. $p_j(t)=t^j$, $j=0, 1, 2, \ldots$라고 하자. 이런 함수들을 **단항식**(monomial)이라고 부르는데 이는 모든 다항식을 구성하는 기본적인 요소이다. 단항식들은 또한 $\mathbb{R}$에서 $\mathbb{R}$로의 모든 연속함수들의 공간에 속한다. 집합 $\{p_j : j=0, 1, 2, 3, \ldots\}$은 일차독립인가?

풀이 답은 일차독립이고 증명은 해 볼 만한 가치가 있다. 대우명제를 이용하여 증명을 한다. 그래서 주어진 함수들의 집합이 일차종속이라고 가정한다.(그러면 모순을 이끌어 내는 것이 목적이다.) 일차종속의 정의로부터 자명하지 않은 방정식이 존재한다.

$$c_0 p_0 + c_1 p_1 + c_2 p_2 + \cdots + c_m p_m = 0$$

(자명하지 않은이란 계수들 c_j가 전부 0이 아니라는 것을 의미한다.) 위에 나타난 방정식에 대해 생각해 보자. 기껏해야 차수가 m인 어떤 자명하지 않은 다항식은 사실 0과 같지 않다고 말할 수 있는가? 차수가 k인 자명하지 않은 다항식은 기껏해야 k개의 근을 갖는다는 것은 대수학의 기본 정리로부터 잘 알려져 있다는 것을 상기하자. 부록 B에 있는 정리 B.1을 보라. 따라서 모순이다. ■

일차종속성은 항상 벡터들의 일차결합과 관련되어 있고 일차결합은 항상 유한 개의 항에 한정된다는 사실에 주목하라. 수렴성 문제를 고려하지 않고 벡터들의 무한급수를 취급해서는 안 된다. 수렴성 문제는 또 다른 문제이다.

선형사상

선형사상의 개념은 2.3절에서 도입하였다. 그것은 두 벡터공간들 사이의 함수들에 대하여 의미가 있다. (선형사상의) 특징은 $T(a\mathbf{x}+b\mathbf{y})=aT(\mathbf{x})+bT(\mathbf{y})$이다. 다항식들의 선형공간으로 이런 방법을 예를 들어 설명하고자 한다.

$\mathbb{P}_3$를 차수가 3을 넘지 않는 모든 다항식들로 구성된 벡터공간이라고 하자.(이것은 벡터공간의 중요한 보기이다.) 이 공간에 대한 기본적인 다항식 $p_j(t)=t^j$, $j=0, 1, 2, 3$을 사용한다. 그러므로 $p_0(t)=1$, $p_1(t)=t$, $p_2(t)=t^2$, 그리고 $p_3(t)=t^3$이다. $\mathbb{P}_3$의 모든 원소는 이 네 개의 기본적인 다항식의 일차결합으로 나타낼 수 있다. 예를 들어 다항식 $f(t)=7-3t+9t^2-5t^3$은 $f(t)=7p_0(t)-3p_1(t)+9p_2(t)-5p_3(t)$으로 표현할 수 있다. 결과적으로 $g(t)=\sum_{j=0}^{3} c_j p_j(t)$이면 g를 벡터(c_0, c_1, c_2, c_3)로 나타낸다. T가 $\mathbb{P}_3$에서 다른 벡터공간으로의 선형변환이면 다음이 성립한다.

$$T(g) = T\left(\sum_{j=0}^{3} c_j p_j\right) = \sum_{j=0}^{3} c_j T(p_j)$$

이런 쉬운 계산은 선형사상은 정의구역을 생성하는 집합 위에서 그 변환의 값이 정해지는 순간에 완전히 결정된다는 것을 보여 준다. 주의: 지정되는 그 변환의 값들은 반드시 제한되지 않을 필요는 없다.

예제 18 앞서 나온 아이디어의 구체적인 경우로, T가 $\mathbb{P}_3$에서 $\mathbb{R}^5$로 다음 규칙에 의해 사상된다고 가정하자.

$$T(p_0) = [7, 2, 5, -3, 0]^T \quad T(p_1) = [4, 0, -3, 2, 1]^T$$
$$T(p_2) = [3, 11, 8, 2, 5]^T \quad T(p_3) = [3, 0, 2, 1, 6]^T$$

이 변환에 대한 행렬은 무엇인가?

풀이 $\mathbf{u} = c_0p_0 + c_1p_1 + c_2p_2 + c_3p_3$에 대하여

$$\begin{aligned}
T(\mathbf{u}) &= T\left(c_0p_0 + c_1p_1 + c_2p_2 + c_3p_3\right) \\
&= c_0T(p_0) + c_1T(p_1) + c_2T(p_2) + c_3T(p_3) \\
&= c_0\begin{bmatrix} 7 \\ 2 \\ 5 \\ -3 \\ 0 \end{bmatrix} + c_1\begin{bmatrix} 4 \\ 0 \\ -3 \\ 2 \\ 1 \end{bmatrix} + c_2\begin{bmatrix} 3 \\ 11 \\ 8 \\ 2 \\ 5 \end{bmatrix} + c_3\begin{bmatrix} 3 \\ 0 \\ 2 \\ 1 \\ 6 \end{bmatrix} \\
&= \begin{bmatrix} 7 & 4 & 3 & 3 \\ 2 & 0 & 11 & 0 \\ 5 & -3 & 8 & 2 \\ -3 & 2 & 2 & 1 \\ 0 & 1 & 5 & 6 \end{bmatrix}\begin{bmatrix} c_0 \\ c_1 \\ c_2 \\ c_3 \end{bmatrix}
\end{aligned}$$

를 얻는다. ■

예제 19 예제 18에 주어진 정보를 이용하여 T를 다항식 $\mathbf{u}(t) = 4t^3 - 2t^2 + 3t - 5$에 적용한 결과를 구하라.

풀이 주어진 다항식은 $\mathbb{R}^4$에 있는 벡터 $(-5,\ 3,\ -2,\ 4)$로 표현됨을 주목하자.(정확한 순서로 항을 쓴다.) 그러므로 문제의 답은 다음과 같다.

$$T(\mathbf{u}) = \begin{bmatrix} 7 & 4 & 3 & 3 \\ 2 & 0 & 11 & 0 \\ 5 & -3 & 8 & 2 \\ -3 & 2 & 2 & 1 \\ 0 & 1 & 5 & 6 \end{bmatrix}\begin{bmatrix} -5 \\ 3 \\ -2 \\ 4 \end{bmatrix} = \begin{bmatrix} -17 \\ -32 \\ -42 \\ 21 \\ 17 \end{bmatrix}$$

■

앞서 나온 예제들이 보여 준 것을 공식화하는 정리는 다음과 같다.

정리 12

$\{\mathbf{u}_1, \mathbf{u}_2, ..., \mathbf{u}_n\}$이 어떤 벡터공간에서 일차독립인 벡터들의 집합이라고 하자. $\mathbf{v}_1, \mathbf{v}_2, ..., \mathbf{v}_n$이 다른 벡터공간에 있는 임의의 벡터라고 하자. 그러면 $1 \le i \le n$에 대하여 $T(\mathbf{u}_i)=\mathbf{v}_i$를 만족하는 선형변환 T가 존재한다.

증명 주어진 선형변환은 집합 $U=\{\mathbf{u}_1, \mathbf{u}_2, ..., \mathbf{u}_n\}$ 위에서 다음 방정식에 의해 정의된다.

$$\begin{aligned} T(a_1\mathbf{u}_1 + a_2\mathbf{u}_2 + \cdots + a_n\mathbf{u}_n) &= a_1T(\mathbf{u}_1) + a_2T(\mathbf{u}_2) + \cdots + a_nT(\mathbf{u}_n) \\ &= a_1\mathbf{v}_1 + a_2\mathbf{v}_2 + \cdots + a_n\mathbf{v}_n \end{aligned}$$

U에 있는 벡터는 벡터 $\mathbf{u}_i$들의 일차결합으로 정확히 한 가지 방법으로 표현된다는 것을 상기하자. ■

예제 20 (1, 0)을 (5, 3, 4)로, (3, 0)을 (1, 3, 2)로 사상하는 선형변환이 있는가?

풀이 T가 위의 조건을 만족하는 선형변환이라고 하자. 그러면 임의의 스칼라 c에 대하여 $cT(\mathbf{x})=T(c\mathbf{x})$를 만족한다. 그러므로 다음을 얻는다.

$$T(3,0) = 3T(1,0) = 3(5,3,4) = (15,9,12) \neq (1,3,2)$$

그러므로 이 문제에 대한 답은 '아니요'라고 할 수 있다. ■

정리 12를 예제 20에 적용할 수 없다. 그 이유는 두 벡터 (1, 0)과 (3, 0)의 집합은 일차독립이 아니기 때문이다. 조금 다른 관점에서 보면 T가 선형이고 $(3, 0)-3(1, 0)=\mathbf{0}$이므로 $T(3, 0)-3T(1, 0)= \mathbf{0}$이다. 다음 정리가 이것을 보여 준다.

정리 13

T가 선형변환이면 $\sum_{i=1}^{n} a_i\mathbf{u}_i=\mathbf{0}$ 형태의 일차종속에 대하여 $\sum_{i=1}^{n} a_iT(\mathbf{u}_i)=\mathbf{0}$이 성립한다.

결과적으로 $\{\mathbf{u}_i\}$가 일차종속이면 $\{T(\mathbf{u}_i)\}$도 일차종속이고 $\{\mathbf{u}_i\}$가 일차독립이면 $\{T(\mathbf{u}_i)\}$도 일차독립이다.

응용: 경제 이론에서의 모델

선형대수학은 경제 이론에서 아주 중요한 역할을 한다. 기본적인 두 가지 간단한 경제 모델을 공부해 보자.

한 국가의 경제를 n개의 부문 또는 개체들로 나눈다고 생각해 보자. 예를 들어 철강산업, 신발산업, 의료산업 등으로 나눌 수 있다.(실제 모델에서는 1000여 개나 그 이상의 부문이 있을 수 있다.) $n\times n$ 행렬 $\mathbf{A}=(a_{ij})$가 주어져 있다고 하자. 그것은 n개 부문의 생산량과 관련된 자료들을 포함한다. 특히 a_{ij}는 일 년 동안에 j산업에서 i산업까지 투입량에 대한 출고량을 분수로 나타낸 것이다. 한 체제에서 여러 가지 산업의 모든 출고량들이 그대로 남아 있고 그 체제에 있는 각 부문들에 의해 구매되는 것을 닫힌 모델이라고 가정한다. 이 가정(체제가 닫힌 모델) 때문에 행렬 **A**의 각 열벡터들의 성분들의 합은 1이다.

$$\sum_{i=1}^{n} a_{ij} = 1 \qquad (1 \le j \le n)$$

x_j를 일 년 동안에 j번째 부문에서 발생한 출고량의 가격이라고 하자. **가격벡터**(price vector) **x** $=(x_1, x_2, \ldots, x_n)$은 알려져 있지는 않지만 출고량에 어떤 조건이 부가되면 결정된다.

가격벡터 **x**가 **Ax**=**x**를 만족하는 **0**가 아닌 벡터 **x**$=(x_1, x_2, \ldots, x_n)$이 되면 평형 상태에 도달한다. **x**가 이러한 성질을 가지면 **x**를 0이 아닌 상수를 곱해서 스칼라배 한 것도 같은 성질을 갖는다.

정리 14

A가 정방행렬이고 각 열벡터들의 성분들의 합이 1이면 방정식 **Ax**=**x**는 자명하지 않은 해를 갖는다.

증명 주어진 방정식은 (**I**−**A**)**x**=**0**으로 쓸 수 있다. 이 방정식의 계수행렬은 가역행렬이 아니다. 그 이유는 그것의 행벡터들의 합이 **0**가 되기 때문이다. **I**−**A**의 핵은 **0**가 아닌 벡터를 포함한다. ■

이 모델은 레온티예프[5]를 기념하기 위해 **레온티예프 닫힌 모델**(Leontief closed model)이라고 부른다. 기술된 모델은 닫혀 있다고 하는데 그 이유는 모델 속에 있는 부문들이 어떤 재화들도 그 체제 안으로 유입되거나 유출되지 않는다는 것을 제외하고 모든 부문들의 요구를 만족하기 때문이다.

행렬 **A**의 원소들 모두는 음수가 아닌 수이고 각 열벡터의 원소들의 합은 1이다. 이렇게 하여 만들어지는 행렬을 **투입량-출고량 행렬**(input-output matrix) 또는 **소비행렬**(consumption matrix)이라고 부른다. **x**가 방정식의 해이면 **x**에 스칼라를 곱한 것도 그 방정식의 해가 된다. 방정식 **Ax**=**x**은 **x**가 사상 **x** ↦ **Ax**의 정점이라는 것을 가리킨다. 방정식 (**I**−**A**)**x**=**0**는 쉽게 풀 수 있다: 동차 연립방정식에 대한 자명하지 않은 해를 찾는 것이다.

레온티예프 닫힌 모델을 세 개의 부문 S_1, S_2, 그리고 S_3를 포함하는 예를 들어 생각해 보자. 적당한 정보가 다음의 표에 주어져 있다.

[5] 레온티예프(Wassily Leontief, 1906~1999) 교수는 1973년에 경제 이론의 수학적인 모델에 대한 연구로 노벨 경제학상을 받았다. 그는 러시아의 상트페테르부르크에서 태어났다. 그는 공산주의 체제하에서 지적이고 개인의 자유를 통제하는 것을 비판했다는 이유로 여러 번 체포되었다. 1925년에 당국은 그를 곧 죽게 할 수 있는 악성 종양이 목에 자라고 있다고 믿어 러시아를 떠나도록 허가하였다. 그러나 그 종양은 양성임이 판명되었고 레온티예프는 1931년 미국으로 이민을 가기에 앞서 베를린에서 박사학위를 받았다. 그는 하버드 대학교에서 교수로 재직하였고 후에 뉴욕 대학교에서 교수로 재직하였다. 그는 1932년에 미국경제의 투입량과 출고량에 대한 자료들을 모으기 시작했고 1941년에 "미국경제의 구조, 1919~1929"라는 논문을 출판하였다. 그는 1935년에 대규모의 기계적인 계산을 할 수 있는 기계를 장착한 컴퓨터를 초창기에 사용하기 시작했고 1943년에 최초의 대규모 전자컴퓨터인 Mark I을 계속해서 사용하였다.

구매 \ 판매	S_1	S_2	S_3
S_1	1/4	1/3	1/2
S_2	1/4	1/3	1/4
S_3	1/2	1/3	1/4

표에 있는 성분들은 행렬 **A**를 이룬다. 열벡터들의 성분들의 합들은 전부 1임을 주목하라. 소비행렬, **I**−**A**는 다음과 같이 주어지고 그것의 기약 행 사다리꼴은 다음의 형태를 갖는다.

$$[\ \mathbf{I}-\mathbf{A}\ |\ \mathbf{0}\ ] \sim \left[\begin{array}{rrr|r} 3/4 & -1/3 & -1/2 & 0 \\ -1/4 & 2/3 & -1/4 & 0 \\ -1/2 & -1/3 & 3/2 & 0 \end{array}\right]$$

$$\sim \left[\begin{array}{rrr|r} 1 & 0 & -1 & 0 \\ 0 & 1 & -3/4 & 0 \\ 0 & 0 & 0 & 0 \end{array}\right]$$

이 동차 연립방정식의 일반해는 $x_1=x_3$와 $x_2=\frac{3}{4}x_3$이고, 여기서 x_3는 자유 변수이다. 하나의 간단한 해는 $\mathbf{x}=(4, 3, 4)$이다.(모든 해는 이 해의 스칼라배이다.) 위에 있는 투입량-출고량 표에서 행벡터들은 경제학에서 세 개의 재화들이 생산자에서 소비자에게(판매자에서 구매자에게) 어떻게 전달되는지를 보여 준다. 다른 부문들 사이의 재화의 흐름은 그림 2.27의 그래프에 나타나 있다. 표에서 첫 번째 행벡터는 부문 S_1이 출고량 중 한 단위를 생산하려면 자신의 출고량의 1/4을, 부문 S_2의 출고량의 1/3을, 부문 S_3의 출고량의 1/2을 소비해야 한다는 의미이다. 다른 부문에 대해서도 비슷한 흐름들이 존재한다.

보통 경제는 정부기관과 같은 비생산부문의 어떤 (생산부문) 이외의 수요를 만족시켜야 한다. 이 경우에 **최종수요벡터**(final demand vector) $b=(b_i)$가 존재하는 데 이 벡터는 이전에 언급한 산업과 관계되지 않은 생산품을 생산하기 위한 여러 가지 다양한 산업에 기반을 둔 수요들의 목록을 열거하고 있다. 이전에 정의한 x_i와

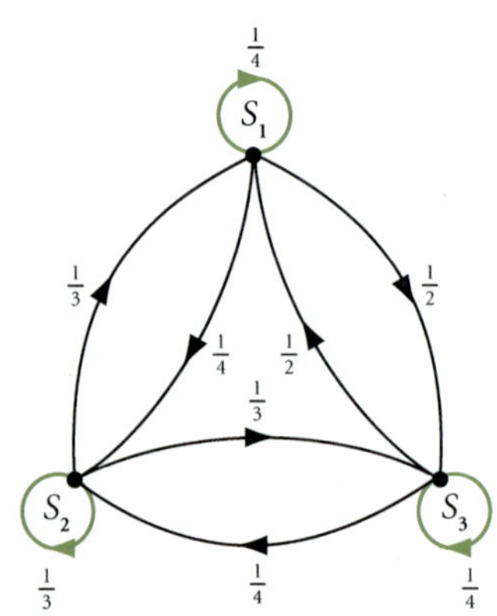

그림 2.27 세 부문들 사이의 흐름도.

a_{ij}를 이용하여 방정식 $a_{i1}x_1+a_{i2}x_2+\cdots+a_{im}x_m+b_i=x_i$를 쓸 수 있다. **레온티예프 열린 모델**(Leontief open model)에 대한 선형계는 다음과 같다.

$$\mathbf{Ax}+\mathbf{b}=\mathbf{x} \qquad \text{또는} \qquad (\mathbf{I}-\mathbf{A})\mathbf{x}=\mathbf{b}$$

항 **Ax**는 **중간수요벡터**(intermediate demand vector), **b**는 **최종수요벡터**(final demand vector)라 부른다. 이 경우에 행렬 **A**의 원소들은 음수가 아닌 수이고 열벡터들의 성분들의 합은 1보다 작다.

레온티예프 열린 모델을 다음 표에 주어진 두 개의 산업부문 S_1과 S_2를 포함하는 간단한 예를 들어 생각해 보자.

구매 \ 판매	S_a	S_b
S_a	0.15	0.25
S_b	0.20	0.05

초기수요벡터가 $\mathbf{b}=(350,\ 1700)$이라고 가정하자. 다음 선형계를 풀면

$$(\mathbf{I}-\mathbf{A})\mathbf{x}=\mathbf{b} \qquad \begin{bmatrix} 0.85 & -0.25 \\ -0.20 & 0.95 \end{bmatrix}\begin{bmatrix} x_1 \\ x_2 \end{bmatrix}=\begin{bmatrix} 350 \\ 1700 \end{bmatrix}$$

해 $\mathbf{x}=(1000,\ 2000)$를 얻는다. 위의 투입량-출고량 표에서 다른 부문들 사이의 흐름도는 그림 2.28에 나타난 그래프에 잘 설명되어 있다.

투입량-출고량 분석에서 공통적인 문제는 다음과 같다: 예측된 수요가 주어질 때 최종수요를 만족시키기 위해 얼마나 많은 부문들 각각의 생산량이 필요한가? 부문 S_a에 대한 최종수요가 증가하여 \$400가 되고 부문 S_b에 대하여 최종수요가 감소하여 \$1600가 되었다고 한다면 새로운 수요벡터 $\mathbf{b}=(400,\ 1600)$를 얻는다. 따라서 최종수요에서 변화량은 $\Delta\mathbf{b}=(50,\ -100)$이다. 다음 선형계를 풀면

$$(\mathbf{I}-\mathbf{A})(\Delta\mathbf{x})=(\Delta\mathbf{b})$$

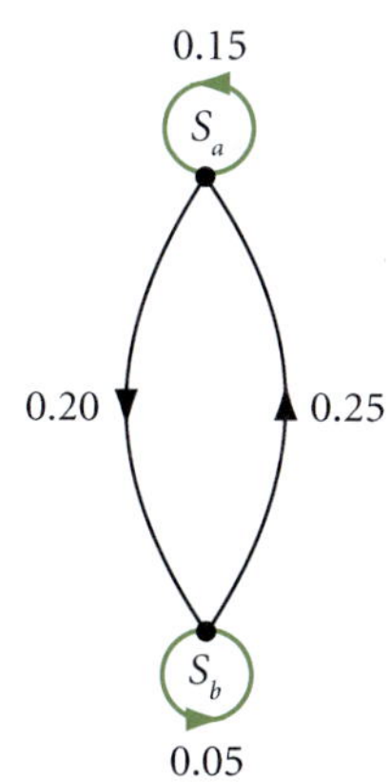

그림 2.28 두 부문들 사이의 흐름도 예.

$\Delta\mathbf{x}=(29.70,\ -99.01)$를 얻는다. 이것은 출고량 벡터에서 변화를 나타낸다. 수요에서 이런 변화는 부문 S_a에 의한 생산은 증가시키고 S_b에 의한 생산은 감소시킬 것을 요구한다. 결과적으로 새로운 출고량 벡터는 $\mathbf{x} \approx (1030,\ 1900)$이다. 이 과정은 다른 가능한 상황에 대해서도 반복될 수 있다.

8.3절에서 레온티예프 모델에 대하여 좀더 자세히 공부하게 될 것이다.

요약 2.4

- 벡터공간은 벡터 덧셈과 스칼라 곱셈을 갖는 다음 공리를 만족하는 벡터들의 집합 V이다.
  - $\mathbf{u}, \mathbf{v} \in V$이면 $\mathbf{u}+\mathbf{v} \in V$.
    (덧셈에 대한 닫힘 공리)
  - 모든 벡터 $\mathbf{u}, \mathbf{v} \in V$에 대하여 $\mathbf{u}+\mathbf{v}=\mathbf{v}+\mathbf{u}$.
    (벡터 덧셈에 대한 교환법칙)
  - 임의의 세 벡터 $\mathbf{u}, \mathbf{v}, \mathbf{w} \in V$에 대하여 $(\mathbf{u}+\mathbf{v})+\mathbf{w}=\mathbf{u}+(\mathbf{v}+\mathbf{w})$.
    (벡터 덧셈에 대한 결합법칙)
  - 모든 벡터 $\mathbf{u} \in V$에 대하여 $\mathbf{u}+\mathbf{0}=\mathbf{u}$를 만족하는 영벡터 $\mathbf{0} \in V$가 존재한다.
    (영벡터의 존재성)
  - 각각의 벡터 $\mathbf{u} \in V$에 대하여 $\tilde{\mathbf{u}}+\mathbf{u}=0$를 만족하는 적어도 하나의 벡터 $\tilde{\mathbf{u}} \in V$가 존재한다.
    (덧셈에 대한 역원의 존재성)
  - $\mathbf{u} \in V$이고 $\alpha \in \mathbb{R}$이면 $\alpha\mathbf{u} \in V$.
    (스칼라와 벡터의 곱에 대한 닫힘 공리)
  - $\alpha \in \mathbb{R}$이고 $\mathbf{u}, \mathbf{v} \in V$에 대하여, $\alpha(\mathbf{u}+\mathbf{v})=\alpha\mathbf{u}+\alpha\mathbf{v}$.
    (분배법칙: 스칼라 곱하기 벡터)
  - $\alpha, \beta \in \mathbb{R}$이고 $\mathbf{u} \in V$에 대하여, $(\alpha+\beta)\mathbf{u}=\alpha\mathbf{u}+\beta\mathbf{u}$
    (분배법칙: 스칼라 합 곱하기 벡터)
  - $\alpha, \beta \in \mathbb{R}$이고 $\mathbf{u} \in V$에 대하여, $\alpha(\beta\mathbf{u})=(\alpha\beta)\mathbf{u}$
    (스칼라와 벡터의 곱에 대한 결합법칙)
  - 각 벡터 $\mathbf{u} \in V$에 대하여 $1 \cdot \mathbf{u}=\mathbf{u}$.
    (단위 스칼라와 벡터의 곱셈)
- 벡터공간에서 $c \in \mathbb{R}$이면 $c\mathbf{0}=\mathbf{0}$.
- 벡터공간 V에서 $\mathbf{x} \in V$, $c \in \mathbb{R}$이고 $c\mathbf{x}=\mathbf{0}$이면 $c=0$, 또는 $\mathbf{x}=\mathbf{0}$.
- 벡터공간 V에서 각각의 벡터 $\mathbf{x} \in V$에 대하여 $\tilde{\mathbf{x}}$는 유일하게 결정된다($\tilde{\mathbf{x}}+\mathbf{x}=\mathbf{0}$).
- 벡터공간 V에서 모든 벡터 $\mathbf{x} \in V$는 방정식 $0\mathbf{x}=\mathbf{0}$를 만족한다.
- 벡터공간 V에서 모든 벡터 $\mathbf{x} \in V$에 대하여 $(-1)\mathbf{x}=-\mathbf{x}$가 성립한다.
- 벡터공간의 부분집합 S가 자명하지 않은 방정식 $c_1\mathbf{u}_1+c_2\mathbf{u}_2+\cdots+c_n\mathbf{u}_n=0$를 가지면 S를 일차종속이라고 한다. 여기서 $\mathbf{u}_1, \mathbf{u}_2, \cdots, \mathbf{u}_n$는 전부 다른 벡터이고 S의 원소들이다.
- 벡터공간에서 일차독립인 집합의 생성 집합에서 각 벡터는 그 집합의 원소들의 일차결합으로 유일하게 표현된다.
- 행렬에서 행벡터들의 개수보다 열벡터들의 개수가 더 많으면 첨자를 붙인 열벡터들의 집합은 일차종속이다.
- $\mathbb{R}^n$에서 n보다 많은 첨자를 붙인 벡터들의 집합은 반드시 일차종속이다.
- $\{\mathbf{u}_1, \mathbf{u}_2, ..., \mathbf{u}_n\}$이 (벡터공간에서) 최소한 2개 이상의 벡터를 갖는 첨자가 붙은 일차종속인 집합이라 하자. 이 집합에서 어떤 벡터는 앞에 있는 벡터들의 일차결합이다.
- 벡터공간이 n개 벡터들의 집합에 의해 생성되면 이 벡터공간에서 n보다 많은 벡터들의 집합은 반드시 일차종속이다.
- S가 벡터공간 V에서 일차독립인 집합이라고 하자. $\mathbf{x} \in V$이고 $x \notin \text{Span}\{S\}$이면 $S \cup \{\mathbf{x}\}$는 일차독립인 집합이다.
- $\{\mathbf{u}_1, \mathbf{u}_2, ..., \mathbf{u}_n\}$이 벡터공간에서 일차독립인 집합이라 하자. $\mathbf{v}_1, \mathbf{v}_2, ..., \mathbf{v}_n$이 다른 벡터공간에서 벡터라고 하자. 그러면 $1 \leq i \leq n$인 i에 대하여 $T(\mathbf{u}_i)=\mathbf{v}_i$를 만족하는 선형변환 T가 존재한다.
- T가 선형변환이면 $\sum_{i=1}^{n} a_i\mathbf{u}_i=\mathbf{0}$ 형태의 일차종속은 $\sum_{i=1}^{n} a_iT(\mathbf{u}_i)=\mathbf{0}$를 의미한다.

- A가 각 열벡터의 성분들의 합이 1인 정방행렬이면 방정식 $\mathbf{Ax}=\mathbf{x}$은 자명하지 않은 해를 갖는다.
- 레온티예프 닫힌 모델: $(\mathbf{I}-\mathbf{A})\mathbf{x}=\mathbf{0}$, 레온티예프 열린 모델: $(\mathbf{I}-\mathbf{A})\mathbf{x}=\mathbf{b}$.

주요 개념 2.4

벡터공간, 벡터공간에 대한 공리, 수열공간, 함수들의 공간, 다항식들의 공간, 일차독립, 일차종속, 행렬공간, 부분공간, 첨자가 붙은 집합, 레온티예프 닫힌 모델

일반 연습문제 2.4

1. 다음 네 개의 벡터들의 집합이 일차종속인지 또는 일차독립인지를 결정하라.
$\{(1, 3, 2, -1), (4, -1, 5, 1), (-2, 1, 1, 7), (12, 2, 6, -22)\}$
2. 다항식들의 집합 $\{p_1(t)=1,\ p_2(t)=t,\ p_3(t)=4-t,\ p_4(t)=t^3\}$이 일차독립인지 또는 일차종속인지를 결정하라.
3. $f(t)=\sin t$이고 $g(t)=\cos t$라고 하자. $\{f, g\}$가 일차종속인지 또는 일차독립인지를 결정하라.
4. $f(t)=1$, $g(t)=\cos 2t$, $h(t)=\sin^2 t$이라고 하자. 집합 $\{f, g, h\}$가 일차종속인지 일차독립인지를 결정하라.
5. 함수들의 집합들이 각각 일차종속인지 또는 일차독립인지를 결정하라.
   a. $u_1(t)=1,\ u_2(t)=\sin t,\ u_3(t)=\cos t$
   b. $w_1(t)=1,\ w_2(t)=\sin^2 t,\ w_3(t)=\cos^2 t$
   c. $v_1(t)=\cos 2t,\ v_2(t)=\sin^2 t,\ v_3(t)=\cos^2 t$
6. 다항식 $p_0(t)=t+t^2+t^3,\ p_1(t)=t^3+t^4+t^5,\ p_2(t)=t^5+t^6+t^7$를 정의하자. 집합 $\{p_0(t), p_1(t), p_2(t)\}$가 일차종속이면 증명하고 아니면 반례를 들라.
7. 행렬 $\mathbf{A}=\begin{bmatrix} 1 & 3 & 7 \\ 4 & -2 & -1 \\ 7 & 7 & 20 \end{bmatrix}$의 열벡터들은 일차종속인 집합인가?
8. $\begin{bmatrix} 1 & 3 \\ 2 & 7 \end{bmatrix}, \begin{bmatrix} 4 & 2 \\ -1 & 2 \end{bmatrix}, \begin{bmatrix} -1 & 7 \\ 7 & 19 \end{bmatrix}$의 집합은 일차독립인가?
9. $\mathbf{u}=(7, 1, 2)$, $\mathbf{v}=(3, -2, 4)$, $\mathbf{w}=(6, 13, -14)$가 $\mathbb{R}^3$의 세 벡터일 때 다음 두 집합을 간단히 기술하라. $\mathrm{Span}\{\mathbf{u}, \mathbf{v}\} \cap \mathrm{Span}\{\mathbf{w}\}$와 $\mathrm{Span}\{\mathbf{u}, \mathbf{v}\}+\mathrm{Span}\{\mathbf{w}\}$.
10. $\{\mathbf{x}, \mathbf{y}, \mathbf{z}\}$가 벡터공간의 세 벡터들의 일차독립인 집합이라고 하자. $\{2\mathbf{x}+3\mathbf{y}-\mathbf{z}, 4\mathbf{y}+2\mathbf{z}, 3\mathbf{z}\}$가 일차독립이면 그 이유를 설명하고 그렇지 않으면 반례를 들라.
11. 다음 예는 벡터공간이 되는가?
$X=\mathbb{R},\ x \oplus y=x+y+1,\ \alpha \otimes x=\alpha x+\alpha$
12. $\mathbb{R}^3$에서 네 개의 벡터들의 집합은 반드시 일차종속이다. 그 이유를 설명하라.
13. $L: \mathbb{P}_3 \mapsto \mathbb{P}_2$가 다음과 같이 주어질 때 각 경우에 대하여 L의 핵을 구하라.
   a. $(Lp)(t)=2p'(t)+3tp''(t)$
   b. $Lp=2p'+3p''$

   여기서 $\mathbb{P}_t$는 차수가 t보다 작거나 같은 다항식들의 집합.
14. 세 개의 다항식을 다음과 같이 정의할 때 이들의 집합은 일차독립인가?
$p_1(t)=t^3+t,\ p_2(t)=t^2+1,$
$p_3(t)=3t^3-2t^2+3t-2$
15. 세 개의 다항식을 다음과 같이 정의할 때 이들의 집합이 $\mathbb{P}_2$를 생성하는가?
$p_1(t)=1+t^2,\ p_2(t)=2t-4,\ p_3(t)=1+t+t^2$
16. $p_0(t)=1,\ p_1(t)=1+t,\ p_3(t)=1+t+t^2$일 때 $\mathrm{Span}\{p_0, p_1, p_2\}=\mathbb{P}_2$가 성립하는 이유를 설명하라.

17. $\mathbb{R}^4$에서 정확히 두 개의 성분들이 0인 벡터들의 집합이 $\mathbb{R}^4$를 생성하는가?

18. $\mathbf{v}_1=[1,\ 0,\ 0,\ 0]^T$, $\mathbf{v}_2=[0,\ 1,\ 0,\ 0]^T$, $\mathbf{v}_3=[0,\ 0,\ 1,\ 0]^T$이라 하자. 이들 세 벡터들의 집합이 일차독립이 되는가? 그 이유를 설명하라.

19. 정리 1의 다음 증명의 각 단계에 있는 각 진술이 성립하는 이유를 설명하라: $\mathbf{0}=\mathbf{0}+\mathbf{0}$, $c\mathbf{0}=c\mathbf{0}+c\mathbf{0}$, $c\mathbf{0}-c\mathbf{0}=c\mathbf{0}$, $\mathbf{0}=c\mathbf{0}$.(벡터공간의 공리만 이용하라.)

20. 표준 단항식 함수를 $p_0(t)=1$, $p_1(t)=t$, $p_2(t)=t^2$ 등으로 정의하자. 이들 단항식 함수들의 정의구역을 모든 양의 정수 집합으로 취할 때 이들의 집합이 일차독립인가?

21. $[-1,\ 1]$ 위에 정의된 불연속함수들의 집합이 벡터공간을 이루는지에 대한 문제를 논하라.

22. $\{\mathbf{v}_1,\ \mathbf{v}_2,\ \mathbf{v}_3\}$가 일차독립이면 $\{\mathbf{v}_3+\mathbf{v}_2,\ \mathbf{v}_1+\mathbf{v}_3,\ \mathbf{v}_2+\mathbf{v}_1\}$도 일차독립임을 증명하라.

23. 두 벡터의 집합이 일차종속일 필요충분조건은 두 개의 벡터 중 하나가 나머지 벡터의 배수인 것이다.

24. $\{p_k\}_0^\infty$를 다항식들의 열이라 하고 모든 k에 대하여 다항식 p_k의 차수를 k라고 가정하자. 그러므로 p_k의 최고 차항은 t^k이고 이것은 t^k의 계수가 0이 아닐 때이다. 집합 $\{p_k : k=0,\ 1,\ 2,\ \ldots\}$이 일차독립임을 설명하라. 힌트: $\{p_0,\ p_1,\ p_2\}$인 경우로 시작해 보라.

25. 두 개의 벡터 또는 그 이상의 벡터들의 집합이 일차종속이면 이 집합의 한 원소는 다른 원소들의 일차결합이라는 것을 증명하라.

26. $\{\mathbf{u}_1,\ \mathbf{u}_2,\ \ldots,\ \mathbf{u}_n\}$이 벡터공간에서 일차독립이라고 하자. $\sum_{i=1}^n \alpha_i\mathbf{u}_i=\sum_{i=1}^n \beta_i\mathbf{u}_i$이면 $(\alpha_1,\ \alpha_2,\ \ldots,\ \alpha_n)=(\beta_1,\ \beta_2,\ \ldots,\ \beta_n)$인 이유를 설명하라.

27. G와 H가 벡터공간의 부분집합이다. $G \subseteq H$이라고 가정하자.(그러므로 G가 H의 부분집합: G의 각 원소는 H에 속한다.) 다음을 증명하라.

    a. H가 일차독립이면 G도 일차독립이다.

    b. G가 벡터공간을 생성하면 H도 그 벡터공간을 생성한다.

    c. 어떤 경우에 G가 일차독립이고 반면에 H가 일차종속일 수 있다.

    d. 어떤 경우에 H가 주어진 벡터공간을 생성하고 반면에 G는 그 벡터공간을 생성하지 않을 수도 있다.

28. 벡터공간에 대한 공리에서 공리 2와 공리 3이 $(\mathbf{u}+\mathbf{v})+\mathbf{w}=\mathbf{u}+(\mathbf{v}+\mathbf{w})$으로 기술되는 단 하나의 공리로 대체될 수 있는가?

29. $\{\mathbf{u}_1,\ \mathbf{u}_2,\ \ldots,\ \mathbf{u}_m\}$이 $\text{Span}\{\mathbf{v}_1,\ \mathbf{v}_2,\ \ldots,\ \mathbf{v}_n\}$의 부분집합이고 일차독립이면 $m \le n$임을 증명하라.

30. 벡터공간에 대한 공리에서 다섯 번째 공리를 없애고 여전히 $\mathbf{u}+(-1)\mathbf{u}=\mathbf{0}$를 증명할 수 있는가?

31. V가 모든 양의 실수들의 집합이라고 하자. V에서 $u \oplus v=uv$, $\alpha \otimes u=u^\alpha$, $u,\ v \in V$, $\alpha \in \mathbb{R}$으로 정의하자. V는 이 두 개의 연산에 대하여 벡터공간이 된다는 것을 증명하라.[이 예제는 Andrilli와 Hecker[1998]과 Ikramov[1975]와 같은 책에서 볼 수 있다. 이것은 잘 알려져 예제와 많이 달라서 **이색적인 벡터공간**(exotic vector space)이라 부른다. 문제 32를 보라.]

32. Andrilli와 Hecker[1998]의 책에 있는 것과 비슷한 **이색적인 벡터공간**이 존재한다. V를 다음의 새로운 벡터 덧셈과 스칼라와 벡터의 곱셈을 정의할 때 갖는 집합 $\mathbb{R}^2$라고 하자.

    $(x_1,\ x_2) \oplus (y_1,\ y_2)=(x_1+y_1+a,\ x_2+y_2+b)$와 $\lambda \odot (x_1,\ x_2)=(\lambda x_1+\lambda a-a,\ \lambda x_2+\lambda b-b)$

    a, b와 λ가 임의의 상수일 때 벡터공간에 대한 공리들을 증명하라.

33. V가 벡터공간이면 $V^{\mathbb{R}}$도 두 개의 대수연산에 대하여 벡터공간임을 증명하라. 기호 Y^X는 X에서 Y로의 모든 함수들의 집합을 나타낸다.

34. S와 T가 벡터공간의 부분집합일 때 $\text{Span}(S)+\text{Span}(T)=\text{Span}(S \cup T)$이 성립하는가? 사실이면 증명을 하고 아니면 반례를 들라. 집합의 생성 집합의 정의에 대해서는 1.2절을 보라. 집합 U와 V의 합은 $\{u+v : u \in V,\ v \in V\}$이다. 이것은 U와 V의 합집합과 같은 것은 아니다.

35. $\mathbb{C}$는 모든 복소수 $x+iy$($i^2=-1$, x, y는 실수)의 집합을 나타낸다. 기호 $\mathbb{C}^n$은 벡터들이 복소수 성분을 갖는 것을 제외하면 $\mathbb{R}^n$과 비슷한 공간을 나타낸다. $\mathbb{C}^n$은 스칼라들의 체로서 $\mathbb{R}$을 갖는 벡터공간임을 보이라.(부록 B를 보라.)

36. S가 일차종속인 집합이면 S에 $\mathbf{v}$가 존재하여 S에 의해 생성

된 일차결합들의 집합과 $S\setminus\{\mathbf{v}\}$에 의해 생성된 일차결합들의 집합이 같다는 사실을 설명하라. S에 그러한 원소들이 두 개 있으면 그 일차결합들의 집합을 변화시키지 않고 그 두 개의 원소를 제거할 수 있는가?

37. 벡터공간에서 영벡터는 유일하다는 것을 증명하라.

38. S가 벡터공간 V에서 일차독립인 집합이다. $\mathbf{x}$가 V에 있고 Span(S)에 속하지 않는 원소이면 집합 Span(S) $\cup$ $\{\mathbf{x}\}$은 일차독립임을 보이라.

39. $\{\mathbf{x}, \mathbf{y}, \mathbf{z}\}$가 벡터공간에서 세 벡터들의 일차독립인 집합이라 할 때 집합 $\{\mathbf{x}+\mathbf{y}+\mathbf{z}, \mathbf{x}+\mathbf{y}, \mathbf{x}\}$이 일차독립이면 그 이유를 설명하고 그렇지 않으면 반례를 들라.

40. 다항식 0을 포함하지 않는 유한 개의 다항식들의 집합이 다음 성질을 만족할 때 일차독립임을 보이라. 이 집합에 있는 임의의 두 개의 다항식은 다른 차수를 갖는다.(증명하기 어려우면 집합의 크기가 작은 예를 조사해 보라.) 아마도 여러분들은 이 정리를 개선할 수 있을 것이다.

41. X와 Y가 벡터공간에서 벡터들의 집합이라고 하자. X의 각 원소 x가 Y에 의해 생성된 집합에 속하고 Y의 각 원소가 X에 의해 생성된 집합에 속한다고 가정하자. X와 Y에 의해 생성된 두 집합은 같은 이유를 설명하라.

42. 벡터공간에 있는 한 집합이 일차종속이라고 말하는 것이 무슨 의미를 갖는지 설명하라.

43. S와 T가 벡터공간의 부분집합이고 $S \subseteq T$이라고 하자.(이것은 S가 T의 부분집합임을 의미한다: S의 각 원소는 T의 원소이다.) Span(S) $\subseteq$ Span(T)임을 증명하라.

44. 함수 $f : \mathbb{R} \mapsto \mathbb{R}$은 임의의 $\varepsilon > 0$에 대하여 $\delta > 0$가 존재하여 다음을 만족하면 $x=a$에서 연속이라고 한다.

$|x-a| < \delta$이면 $|f(x)-f(a)| < \varepsilon$이 성립한다.

f와 g가 $x=a$에서 연속이면 $f+g$가 $x=a$에서 연속이 되는 이유를 설명하라.

45. 모든 2×2 행렬들의 집합은 일반적인 행렬 연산에 대하여 벡터공간임을 보이라.

46. $\mathbf{A}$가 $m\times n$ 행렬이고 $m > n$(열벡터들의 개수보다 행벡터의 개수가 더 많은)이면 $\mathbf{A}$의 행벡터들은 일차종속인 집합이라는 사실을 설명하라. 마찬가지로 $\mathbf{B}$가 $m\times n$ 행렬이고 $n > m$이면 $\mathbf{B}$의 열벡터들은 일차종속인 집합이다.

47. $n < m$이면 $\mathbb{R}^n$이 $\mathbb{R}^m$의 부분공간인가? 어떤 조건하에서 $\mathbb{P}_n$이 $\mathbb{P}_m$의 부분공간이 되는가?($\mathbb{P}_n$은 기껏해야 차수가 n인 다항식들의 벡터공간이다.)

48. S가 어떤 대수적 구조를 갖지 않는 집합이고 V가 벡터공간이면 V^S가 벡터공간인가?(기호 V^S는 S에서 V로의 함수들의 집합을 나타낸다.)

49. (계속) 48번 문제의 가정하에서 S^V가 벡터공간이 되는지를 설명하라.

50. 다음은 벡터공간인가?

a. $\mathbb{R}^n$에 있는 벡터와 스칼라들이 복소수

b. $\mathbb{C}^n$에 있는 벡터와 스칼라들이 실수

51. 다음을 자세하게 서술하거나 설명하라.

a. 예제 1(벡터공간에 대한 모든 공리를 증명하라)

b. 부분공간이 부분집합 이상의 의미를 갖는 이유는 무엇인가?

c. 예제 13

d. 예제 14

참-거짓 연습문제 2.4

1. 점 0에서 값이 1인 모든 다항식들의 집합은 벡터공간이다.

2. 임의의 벡터공간에서 영벡터를 포함하는 벡터들의 집합은 일차독립이다.

3. 한 벡터가 다른 벡터의 스칼라배인 두 벡터들은 일차독립이다.

4. 벡터공간에서 일차독립인 벡터들의 집합에서 공집합이 아닌 부분집합은 일차독립이다.

5. 벡터공간의 공리들 중 하나는 방정식 $\mathbf{x}+\mathbf{0}=\mathbf{x}$(또는 $\mathbf{0}+\mathbf{x}=\mathbf{x}$)이다.

6. 벡터공간 V가 n개의 벡터공간에 의해 생성되면 V에서

$n+1$개의 벡터들의 집합은 일차독립이다.

7. $\mathbb{R}^n$에서 n개 이상의 벡터들은 일차종속이다.

8. 벡터들의 집합이 일차종속일 때 그 집합에 벡터들을 추가하여 그 집합이 일차독립이 되게 할 수 있는가?

9. $\begin{bmatrix} 1 & 3 & 7 \\ 4 & -2 & -1 \\ 7 & 7 & 20 \end{bmatrix}$의 행벡터들은 일차독립이다.

10. 행렬 $\begin{bmatrix} 1 & 3 & 7 \\ 0 & 0 & 0 \\ 2 & 5 & -4 \end{bmatrix}$에서 행벡터들의 집합은 일차종속이다.

11. 행렬에서 열벡터들의 개수보다 행벡터들의 개수가 더 많으면 행벡터들의 집합은 일차종속이다.

12. 벡터공간에서 $\{\mathbf{u}_1, \mathbf{u}_2, ..., \mathbf{u}_n\}$가 일차독립인 벡터들의 집합이고 $\sum_{i=1}^{n} a_i\mathbf{u}_i = \sum_{i=1}^{n} c_i\mathbf{u}_i$이면 $i=1, 2, 3, ..., n$, $a_i = c_i$이 성립한다.

13. 벡터공간 V에서 두 벡터 $\mathbf{u}$, $\mathbf{v}$가 고정되어 있을 때 Span$\{\mathbf{u}+\mathbf{v}, \mathbf{u}-\mathbf{v}\}$는 V의 부분공간이다.

14. 네 개의 함수를

$$u(t) = \sin\ t,\ v(t) = \cos\ t$$
$$w(t) = \sin\ 2t,\ z(t) = u(t)v(t)$$

으로 정의할 때 삼각함수에 관한 공식에 의해서 $w(t) = 2u(t)v(t)$이 성립한다. 집합 $\{u(t), v(t), w(t)\}$이 일차종속이라는 것은 정확한 결론이다.

15. 세 벡터 $(1, -3, 1)$, $(2, 1, 5)$, $(1, 1, 1)$의 집합은 일차독립이다.

16. 행렬 $\mathbf{A}$, 벡터 $\mathbf{x}$, $\mathbf{b}$에 대하여 방정식 $\mathbf{Ax}=\mathbf{b}$가 성립하면 $\mathbf{b}$는 $\mathbf{A}$의 행벡터들의 일차결합으로 표현된다.

17. $\mathbb{R}^3$에서 7개의 모든 벡터들의 집합은 일차종속이다.

18. 점 7에서 0의 값을 갖고[즉 $p(7)=0$] 많아야 차수 7을 갖는 모든 다항식 $p(t)$들의 집합은 벡터공간이다.

19. u가 모든 실수 값을 가질 수 있고 v가 모든 양의 실수 값을 가질 수 있을 때 $[2u^3+\log\ v,\ 6u^3+2\ \log\ v,\ 7u^3-5\ \log\ v]$는 $\mathbb{R}^3$의 부분공간이다.

20. 벡터 $(1, 3, 2, 1)$, $(2, -1, 1, 4)$, $(-5, 13, 2, -13)$의 집합은 일차독립이다.

21. S가 벡터공간에서 n개 벡터들의 일차독립인 집합이고 만약 Q가 V를 생성하는 m개 벡터들의 부분집합이면 $m \le n$이다.

22. $\{\mathbf{u}_1, \mathbf{u}_2, ..., \mathbf{u}_n\}$가 벡터공간 V에서 일차종속인 집합이면 $\mathbf{u}_n$은 $\mathbf{u}_1, \mathbf{u}_2, ..., \mathbf{u}_{n-1}$들의 일차종속이다.

23. 세 벡터 $\{\mathbf{u}, \mathbf{v}, \mathbf{w}\}$의 집합이 일차종속이면 세 벡터들 중 하나는 다른 벡터의 스칼라배이다.

24. 벡터 $(7, 7, 4)$는 세 벡터 $\{(1, 3, 2), (4, 1, -1), (1, 0, 1)\}$의 생성집합에 속한다.

25. $\{\mathbf{x}_1, \mathbf{x}_2, ..., \mathbf{x}_m\}$가 $\mathbb{R}^n$의 부분집합이고 $m > n$이면 벡터 $\mathbf{x}_i$들 중 하나는 이 집합에 있는 다른 벡터들의 일차결합이다.

26. 두 벡터들의 집합이 일차독립이면 첫 번째 벡터와 두 번째 벡터의 스칼라배의 합은 영벡터이다.

27. 세 벡터들의 집합 $\{\mathbf{u}, \mathbf{v}, \mathbf{w}\}$이 일차종속이면 $\mathbf{v}$와 $\mathbf{w}$는 $\mathbf{u}$의 스칼라배이다.

28. 행렬의 핵은 벡터공간이다.

29. 벡터공간 V에서 $V=$Span$\{\mathbf{u}_1, \mathbf{u}_2, ..., \mathbf{u}_n\}$이라고 하자. V에서 일차독립 벡터들 집합의 원소의 개수는 n이다.

30. $\mathbf{A}$가 $m \times n$ 행렬이고 그것의 행벡터들이 일차독립을 이루면 $m \le n$이다.

31. $p(t)=a+bt^2+ct^3+dt^5$ 형태의 모든 다항식들의 집합은 벡터공간의 예이다.

32. 행렬들의 곱 $\mathbf{AB}$의 각 행벡터는 $\mathbf{A}$의 행벡터들의 일차결합으로 표현된다.

33. 행렬에서 열벡터들의 개수보다 행벡터들의 개수가 더 많으면 행벡터들의 집합은 일차종속이다. 여기서 행벡터들의 집합은 첨자가 붙은 집합으로 간주한다.

34. 행렬의 열벡터들이 첨자가 붙은 일차독립을 이루면 행렬의 열벡터와 행벡터들의 개수는 같다.

35. 벡터들의 집합 $\{\mathbf{v}_1, \mathbf{v}_2, ..., \mathbf{v}_n\}$이 벡터공간 V를 생성하면 V의 모든 벡터들은 $\mathbf{v}_1, \mathbf{v}_2, ..., \mathbf{v}_n$의 일차결합으로 표현할 수 있고 그 표현 방식은 유일하다.

36. 벡터들의 집합에서 어떤 자명하지 않은 벡터들의 일차결합이 영벡터이면 이 집합은 일차종속이다.

37. 벡터공간 자기 자신은 그것의 부분공간이다.

선다형 연습문제 2.4

항상 첫 번째로 옳은 답을 선택하라.

1. c가 어떤 값을 가질 때 다음 벡터들의 집합이 일차종속이 되는가?

$\{(1, 2, 3, 1), (1, 3, 3, 2), (1, 5, 6, 7), (1, 1, 5, c)\}$

a. 0 **b.** 2 **c.** 5 **d.** 7

e. 위 항목 중 답이 없다.

2. 다음 집합들 중에서 벡터공간이 아닌 것은?

a. 다항식 0을 포함하는 차수가 0, 1, 2, 3인 모든 다항식들의 집합

b. $a+bt+ct^3$ 형태의 모든 다항식들의 집합

c. $x_2=3x_3+7x_4$를 만족하는 $\mathbb{R}^4$에 있는 (x_1, x_2, x_3, x_4)들의 집합

d. t^3+at^2+bt+c 형태의 다항식들의 집합

e. 위 항목 중 답이 없다.

3. 다음 집합들 중에서 벡터공간이 아닌 것은?

a. $p(0)=0$을 만족하는 모든 다항식들의 집합

b. $p(t)=a+bt+ct^2+t^3$ 형태의 모든 다항식들의 집합

c. $[a+b, b+3a, -a-4b]$ 형태의 모든 벡터들의 집합

d. $[a+b^3, a-b^3]$ 형태의 모든 벡터들의 집합

e. 위 항목 중 답이 없다.

4. 벡터공간에서 세 벡터 **u**, **v**, **w**가 주어지고 이것을 이용하여 다음 네 개의 벡터를 만들자.

$S=\{\mathbf{u}, \mathbf{v}, \mathbf{0}\}$

$T=\{\mathbf{u}+\mathbf{v}, \mathbf{u}-\mathbf{v}, \mathbf{u}+3\mathbf{v}\}$

$Q=\{\mathbf{u}, 2\mathbf{v}, \mathbf{u}-\mathbf{v}, \mathbf{w}\}$

$Z=\{\mathbf{u}, \mathbf{v}+\mathbf{w}, \mathbf{w}+\mathbf{u}, \mathbf{w}\}$

다음 중에서 반드시 일차독립인 집합들을 열거하라.

a. $\{S, T\}$ **b.** $\{S, T, Q, Z\}$

c. $\{S, T, Z\}$ **d.** $\{T, Q\}$

e. 위 항목 중 답이 없다.

컴퓨터 연습문제 2.4

1. 수학 소프트웨어를 이용하여 다음 행렬을 포함하는 레온티예프 시스템을 풀라.

$$\mathbf{A}=\begin{bmatrix} 0.1 & 0.3 & 0.2 \\ 0.3 & 0.4 & 0.5 \\ 0.1 & 0.2 & 0.1 \end{bmatrix} \qquad \mathbf{b}=\begin{bmatrix} 50 \\ 75 \\ 125 \end{bmatrix}$$

2. 경제가 네 개의 부문 S_a, S_b, S_c, S_d으로 구성되어 있다고 하자. 부문들 사이의 상호 작용은 다음 표와 같이 주어진다고 하자.

	S_a	S_b	S_c	S_d
S_a	0.5	0.2	0.1	0.2
S_b	0.2	0.2	0.4	0.1
S_c	0.1	0.5	0.1	0.3
S_d	0.2	0.1	0.4	0.3

최종수요벡터가 $\mathbf{b}=(25, 10, 30, 45)$일 때 이 벡터에 대응하는 시스템을 풀라.

3. **A**가 다음과 같이 주어지는 행렬이라고 하자.

$$\mathbf{A}=\begin{bmatrix} 0.2 & 0.2 & 0.4 \\ 0.6 & 0.6 & 0.0 \\ 0.0 & 0.0 & 0.2 \end{bmatrix}$$

수학 소프트웨어를 이용하여 다른 최종수요벡터들이 다음의 데이터로 주어지는 레온티예프 개방 모델을 풀라.

(6, 9, 8), (9, 12, 16), (12, 18, 32)

CHAPTER 3

행렬 연산

3.1 행렬

행렬에 대한 주장이 거짓이라면 이를 나타내는 2×2 행렬이 일반적으로 존재합니다.

—토드(OLGA TAUSKY-TODD, 1906~1995)

내가 가장 싫어하는 주제가 수학이라고 말하게 되어 유감입니다. 그 이유는 수학은 논쟁의 여지를 남기지 않기 때문이라고 생각합니다. 내가 실수를 했다면 그것이 전부입니다.

—맬컴 엑스(MALCOLM X, 1925~1965)

행렬 덧셈과 스칼라 곱셈

행렬은 선형대수학에서 중요한 역할을 한다. 행렬들끼리 더할 수 있고, 상수를 행렬에 곱하고, 행렬들끼리 곱할 수 있다. 몇몇 행렬들은 역행렬을 갖는다. 정방행렬은 고유값과 고유벡터를 갖는다. 이런 행렬들의 대부분이 선형대수를 설명하는 데 있어서 우리 앞에 놓여 있다.

행렬은 현재 영화, 컴퓨터 게임, 컴퓨터 메모리와 의학적 조사 기구에 있어서 많은 상업적, 언어적 파생물을 갖는다. 심지어 선형대수 알고리즘의 상당한 연구에 사용될 수 있는 행렬 시험 자료의 저장소인 **행렬시장**(matrix market)이 있다.

행렬 $\mathbf{A}$에서 성분 a_{ij}를 강조하기 위해 $\mathbf{A}=(a_{ij})$로 쓰곤 한다. 때때로 $\mathbf{A}$의 성분을 $\mathbf{A}_{ij}$나 $(\mathbf{A})_{ij}$로 쓰는 것이 더욱 편리하기도 하다. $\mathbf{A}$가 $m\times n$ 행렬이라면 여기서 $1 \le i \le m$이고 $1 \le j \le n$이다. 기호 $\mathbb{R}^{m\times n}$은 모든 $m\times n$ 행렬들의 집합이다. 정해진 순서쌍 (m, n)에 대해서 행렬의 합, 스칼라 곱의 보편적 정의에 동의한다면 집합 $\mathbb{R}^{m\times n}$은 벡터공간이다. 그리하여 $\mathbf{A}$와 $\mathbf{B}$가 $\mathbb{R}^{m\times n}$에 속한다면 행렬의 합과 스칼라 곱의 정의는 다음과 같다.

$$(\mathbf{A}+\mathbf{B})_{ij}=\mathbf{A}_{ij}+\mathbf{B}_{ij},\quad (c\mathbf{A})_{ij}=c\mathbf{A}_{ij}(c\text{는 상수})$$

이 공간에서 성분 0은 $\mathbf{0}$으로 표시하고 $\mathbf{0}_{ij}=0$으로 정의한다. $\mathbb{R}^{m\times n}$은 상이한 벡터공간의 무한 수열로 이중으로 표기되기도 한다는 점을 기억하자. 사실 매개변수 m, n은 양의 정수 집합 $\mathbb{N}=\mathbb{Z}^+$에서 독립적으로 분포한다.

예제 1 두 행렬의 합을 복습하기 위해 $\mathbb{R}^{2\times3}$의 한 쌍의 행렬을 사용하자.

풀이

$$\begin{bmatrix} 1 & 3 & 2 \\ 12 & -1 & 1 \end{bmatrix} + \begin{bmatrix} 2 & 1 & 5 \\ -8 & 2 & 6 \end{bmatrix} = \begin{bmatrix} 3 & 4 & 7 \\ 4 & 1 & 7 \end{bmatrix}$$ ■

예제 2 $\mathbb{R}^{2\times3}$에서 합과 스칼라 곱을 사용하여 같은 공간에서 임의의 일차결합을 만들자.

풀이

$$5\begin{bmatrix} 1 & 3 & 2 \\ 12 & -1 & 1 \end{bmatrix} - 3\begin{bmatrix} 2 & 1 & 5 \\ -8 & 2 & 6 \end{bmatrix} + 2\begin{bmatrix} 1 & 7 & 2 \\ -3 & 4 & 1 \end{bmatrix}$$
$$= \begin{bmatrix} 1 & 26 & -1 \\ 78 & -3 & -11 \end{bmatrix}$$ ■

정리해 보면 다음은 벡터공간 $\mathbb{R}^{m\times n}$의 두드러진 성질들이다.

- $\mathbf{A}=\mathbf{B}$와 $\mathbf{A}_{ij}=\mathbf{B}_{ij}$는 모든 i와 j에 대해서 필요충분 조건이다. (두 행렬의 **상등**)
- $(\mathbf{A}+\mathbf{B})_{ij}=\mathbf{A}_{ij}+\mathbf{B}_{ij}$ (두 행렬의 **합**)
- 임의의 상수 c에 대해서 $(c\mathbf{A})_{ij}=c\mathbf{A}_{ij}$ (행렬의 **스칼라 곱**)

여기서 $1 \le i \le m$, $1 \le j \le n$이다. 이 같은 정리들이 확립된다면 2.4절에 나온 모든 벡터공간 성질들을 증명하는 것은 쉬운 방법이다. 예를 들어 $\mathbf{A}+\mathbf{0}=\mathbf{A}$이다.

우리는 행렬 대수에서 이미 이 단계를 훨씬 뛰어넘었다. 곱 $\mathbf{Ax}$와 $\mathbf{AB}$가 1.2절과 1.3절에서 정의되었음을 되새겨 보자. 특히 $\mathbf{A}$가 $m\times n$이고 $\mathbf{x}$가 $n\times1$이면

$$\begin{bmatrix} a_{11} & a_{12} & \cdots & a_{1n} \\ a_{21} & a_{22} & \cdots & a_{2n} \\ \vdots & \vdots & \ddots & \vdots \\ a_{m1} & a_{m1} & \cdots & a_{mn} \end{bmatrix} \begin{bmatrix} x_1 \\ x_2 \\ \vdots \\ x_n \end{bmatrix}$$
$$= x_1\begin{bmatrix} a_{11} \\ a_{21} \\ \vdots \\ a_{m1} \end{bmatrix} + x_2\begin{bmatrix} a_{12} \\ a_{22} \\ \vdots \\ a_{m2} \end{bmatrix} + \cdots + x_n\begin{bmatrix} a_{1n} \\ a_{2n} \\ \vdots \\ a_{mn} \end{bmatrix}$$

이 된다. 이 경우에 곱은 $m\times 1$ 행렬 또는 다른 말로 m 성분을 포함하고 있는 열벡터로 기억하자.

예제 3 $\begin{bmatrix} 1 & 3 & 2 \\ 4 & -1 & 1 \end{bmatrix}\begin{bmatrix} 6 \\ 2 \\ 5 \end{bmatrix}$은 무엇인가?

풀이 이것은 앞서 제시한 규칙을 따르는 행렬-벡터 곱의 예이다. 계산은 다음과 같다.

$$6\begin{bmatrix} 1 \\ 4 \end{bmatrix} + 2\begin{bmatrix} 3 \\ -1 \end{bmatrix} + 5\begin{bmatrix} 2 \\ 1 \end{bmatrix} = \begin{bmatrix} 6 \\ 24 \end{bmatrix} + \begin{bmatrix} 6 \\ -2 \end{bmatrix} + \begin{bmatrix} 10 \\ 5 \end{bmatrix} = \begin{bmatrix} 22 \\ 27 \end{bmatrix}$$

■

행렬–행렬 곱셈

행렬-행렬 곱셈은 1.3절에서 정의되었듯이 다음과 같다: 일반적인 행렬 곱 **AB**는 **A**의 열의 수와 **B**의 행의 수가 일치할 때 존재한다. **B**의 열을 $\mathbf{b}_1, \mathbf{b}_2, \ldots, \mathbf{b}_k$라 하자. 그러면 **AB**는 열이 $\mathbf{Ab}_1, \mathbf{Ab}_2, \ldots, \mathbf{Ab}_k$인 행렬이다. 열벡터가 $n\times 1$ 행렬이므로 행렬-행렬 곱은 행렬 곱의 특별한 경우이다.

A가 $m\times n$, **B**가 $n\times k$이면 **AB**는 k개의 열을 가질 것이고 각각은 $\mathbb{R}^m$의 벡터이다. 간단히 **AB**는 $m\times k$이다. 차원의 모형은 다음과 같이 기억된다.

$$(m \times n) \cdot (n \times k) = (m \times k)$$

공통 문자 n은 행렬 **A**에 **B**의 각각의 열 $\mathbf{b}_j$를 곱하기 위해 필요한 것이다. 이때 **A**의 열의 개수가 열 벡터 $\mathbf{b}_j$의 성분의 개수가 같을 때만 $\mathbf{Ab}_j$는 의미가 있는 것이다.

예제 4 곱 **AB**는 무엇인가?

$$\mathbf{AB} = \begin{bmatrix} 1 & 2 & 3 \\ 4 & 5 & 6 \end{bmatrix}\begin{bmatrix} 1 & 2 & -3 \\ -2 & -1 & 2 \\ 1 & 3 & 1 \end{bmatrix}$$

풀이 **B**의 열들을 $\mathbf{b}_1, \mathbf{b}_2, \mathbf{b}_3$로 나타내면 다음과 같다.

$$\begin{aligned} \mathbf{AB} &= \begin{bmatrix} \mathbf{Ab}_1, & \mathbf{Ab}_2, & \mathbf{Ab}_3 \end{bmatrix} \\ &= \left[\begin{bmatrix} 1 & 2 & 3 \\ 4 & 5 & 6 \end{bmatrix}\begin{bmatrix} 1 \\ -2 \\ 1 \end{bmatrix}, \begin{bmatrix} 1 & 2 & 3 \\ 4 & 5 & 6 \end{bmatrix}\begin{bmatrix} 2 \\ -1 \\ 3 \end{bmatrix}, \begin{bmatrix} 1 & 2 & 3 \\ 4 & 5 & 6 \end{bmatrix}\begin{bmatrix} -3 \\ 2 \\ 1 \end{bmatrix} \right] \\ &= \begin{bmatrix} 0 & 9 & 4 \\ 0 & 21 & 4 \end{bmatrix} \end{aligned}$$

■

행렬 곱을 해석할 수 있는 몇 가지 방법이 있다.[1] 첫 번째 방법은 정의라 할 수 있다. 곱 **AB**의 (i, j) 성분을 알고자 한다면 우선 곱의 j번째 열, 즉 $\mathbf{Ab}_j$를 주목하자. 여기서 **B**의 j번째 열을 $\mathbf{b}_j$로 표시하자. 지금 벡터 $\mathbf{Ab}_j$는 무엇인가? 이것은 벡터 $\mathbf{b}_j$로부터 얻어진 계수와 행렬 **A**의 열의 일차결합이다.(이것은 1.3절에 행렬 곱의 정의로 주어져 있다.) **A**가 $m\times n$ 행렬이고 **B**가 $n\times k$ 행렬이라 하자. 이 연산에서 n의 성분의 중요성을 기억하자. 행렬 **A**의 r번째 열을 $\mathbf{a}_r$이라 하면

$$\mathbf{Ab}_j = b_{1j}\mathbf{a}_1 + b_{2j}\mathbf{a}_2 + \cdots + b_{nj}\mathbf{a}_n = \sum_{r=1}^{n} b_{rj}\mathbf{a}_r$$

이다. 여기서 성분 $\mathbf{a}_1, \mathbf{a}_2, \ldots, \mathbf{a}_n$은 **A**의 열이다. 이 벡터에서 i번째 성분이 필요하므로

$$(\mathbf{AB})_{ij} = b_{1j}a_{i1} + b_{2j}a_{i2} + \cdots + b_{nj}a_{in} = \sum_{r=1}^{n} b_{rj}a_{ir}$$

이다. 이를 다음과 같이 쓰고자 한다.

$$(\mathbf{AB})_{ij} = \sum_{r=1}^{n} a_{ir}b_{rj} \qquad \text{또는} \qquad (\mathbf{AB})_{ij} = \sum_{r=1}^{n} \mathbf{A}_{ir}\mathbf{B}_{rj}$$

여기서 $1 \le i \le m$, $1 \le j \le k$이다. 이 전개식은 곱 **AB**를 해석하는 두 번째 방법이다.

곱 **AB** 계산에서 각 합은 n 곱을 포함하고 (i, j)의 모든 값을 필요로 하므로 mk이다. 결과적으로 행렬 곱은 nmk 스칼라 곱을 포함하는 계산적으로 중요한 연산이다. $n\times n$ 정방행렬이면 곱의 수는 n^3이다.(이것은 언급되었던 합을 포함하지는 않는다.) 물론 이런 생각들은 많은 실용적 문제들을 발생시킴에 따라 행렬이 거대할 때에만 역할을 하는 것으로 판단된다. $n=10^8$일 때는 $n^3=10^{24}$이다.

앞곱과 뒤곱

열에 의한 뒤곱이나 행에 의한 앞곱과 같은 행렬 곱을 세부적으로 실행할 수 있는 또 하나의 예가 여기에 주어진다. 우선 행렬 **B**의 열 $\mathbf{b}_i$를 행렬 **A**에 **뒤곱**(post-multiplication)을 하자. 예를 들어 **A**는 3×2이고 **B**는 2×2이다.

[1] 실베스터(James Joseph Sylvester, 1817~1897)와 케일리(Arthur Cayley, 1821~1895)는 수학의 한 분야인 행렬 이론에 수년간 공헌했기 때문에 행렬 이론의 공동 창시자로 여겨진다. 케일리는 $(S\circ T)\mathbf{x}=\mathbf{AB}$에서 $S\leftrightarrow\mathbf{A}$, $T\leftrightarrow\mathbf{B}$로 주어지는 선형변환과 행렬의 대응 관계를 통해 행렬이 어떻게 곱해지는가를 처음으로 알아낸 사람이다. 케일리에 대해서는 8.1절에서 다시 언급할 것이다.

행렬이란 숫자들의 직사각형 배열이라는 의미로 1850년에 실베스터가 처음 사용하였다.(그 당시 행렬식의 연구는 150년 이상 지속되고 있었다. 4.1절과 4.2절을 보라.) 실베스터는 1837년 케임브리지 대학의 수학학위 시험에서 두 번째 1급 합격자이었다. 그러나 그는 유대인이었기 때문에 학위를 받는 것이나 수업에서 배제되었다.(종교당의 본질적인 문제로 케임브리지 대학에서는 모든 학위 후보자와 교수에게 영국의 교회에 다닐 것을 요구했다.) 그는 1841년 미국으로 이주했고 1841년부터 1845년까지 버지니아 대학에서 강의를 했다. 실베스터는 성격이 불같고 열정적인 사람이었다. 한 번은 강의 도중 불량한 태도를 보이는 학생과 격론을 벌인 일도 있었다. 1845년 실베스터는 영국으로 돌아와 보험계리사와 변호사로 10년간 일을 했다. 1854년과 1871년 사이에는 Wololwich에 있는 왕립군사학교에서 교육을 했다. 그때 그는 볼티모어에 있는 존스홉킨스 대학에서 교수로 재직했으며 그곳에서 수많은 논문, 특히 이차 형식에 관한 논문을 썼다.(이차 형식은 마지막 장에서 다루겠다.) 실베스터는 64세이던 1878년 *American Journal of Mathematics*에 그의 첫 번째 수학 저널을 발표했다. 그는 1884년부터 생을 마감할 때까지 옥스퍼드 대학에서 교수로 재직했다.

$$\mathbf{AB} = \begin{bmatrix} 3 & 2 \\ 1 & 4 \\ 0 & -1 \end{bmatrix}\begin{bmatrix} 1 & 3 \\ 2 & 1 \end{bmatrix} = \left[\begin{bmatrix} 3 & 2 \\ 1 & 4 \\ 0 & -1 \end{bmatrix}\begin{bmatrix} 1 \\ 2 \end{bmatrix}, \begin{bmatrix} 3 & 2 \\ 1 & 4 \\ 0 & -1 \end{bmatrix}\begin{bmatrix} 3 \\ 1 \end{bmatrix}\right]$$

$$= \begin{bmatrix} \mathbf{Ab}_1, & \mathbf{Ab}_2 \end{bmatrix}$$

$$= \left[1\begin{bmatrix} 3 \\ 1 \\ 0 \end{bmatrix} + 2\begin{bmatrix} 2 \\ 4 \\ -1 \end{bmatrix}, 3\begin{bmatrix} 3 \\ 1 \\ 0 \end{bmatrix} + 1\begin{bmatrix} 2 \\ 4 \\ -1 \end{bmatrix}\right]$$

$$= \left[\begin{bmatrix} 7 \\ 9 \\ -2 \end{bmatrix}, \begin{bmatrix} 11 \\ 7 \\ -1 \end{bmatrix}\right] = \begin{bmatrix} 7 & 11 \\ 9 & 7 \\ -2 & -1 \end{bmatrix}$$

다음으로 행렬 **A**의 행 $\mathbf{r}_i$를 행렬 **B**에 **앞곱**(pre-multiplication)을 하자.

$$\mathbf{AB} = \begin{bmatrix} 3 & 2 \\ 1 & 4 \\ 0 & -1 \end{bmatrix}\begin{bmatrix} 1 & 3 \\ 2 & 1 \end{bmatrix} = \begin{bmatrix} \begin{bmatrix} 3 & 2 \end{bmatrix}\begin{bmatrix} 1 & 3 \\ 2 & 1 \end{bmatrix} \\ \begin{bmatrix} 1 & 4 \end{bmatrix}\begin{bmatrix} 1 & 3 \\ 2 & 1 \end{bmatrix} \\ \begin{bmatrix} 0 & -1 \end{bmatrix}\begin{bmatrix} 1 & 3 \\ 2 & 1 \end{bmatrix} \end{bmatrix} = \begin{bmatrix} \mathbf{r}_1\mathbf{B} \\ \mathbf{r}_2\mathbf{B} \\ \mathbf{r}_3\mathbf{B} \end{bmatrix}$$

$$= \begin{bmatrix} 3\begin{bmatrix} 1 & 3 \end{bmatrix} + 2\begin{bmatrix} 2 & 1 \end{bmatrix} \\ 1\begin{bmatrix} 1 & 3 \end{bmatrix} + 4\begin{bmatrix} 2 & 1 \end{bmatrix} \\ 0\begin{bmatrix} 1 & 3 \end{bmatrix} - 1\begin{bmatrix} 2 & 1 \end{bmatrix} \end{bmatrix} = \begin{bmatrix} \begin{bmatrix} 7 & 11 \end{bmatrix} \\ \begin{bmatrix} 9 & 7 \end{bmatrix} \\ \begin{bmatrix} -2 & -1 \end{bmatrix} \end{bmatrix} = \begin{bmatrix} 7 & 11 \\ 9 & 7 \\ -2 & -1 \end{bmatrix}$$

물론 두 연산은 동일한 결과를 가져온다.

내적

두 벡터 $\mathbf{u}=(u_1, u_2, u_3, \ldots, u_n)$과 $\mathbf{v}=(v_1, v_2, v_3, \ldots, v_n)$의 **내적**(dot product)은

$$\mathbf{u} \cdot \mathbf{v} = \sum_{j=1}^{n} u_j v_j$$

이고 이것은 유클리드 벡터공간 $\mathbb{R}^n$에서 표준 내적이다. 행렬 표기법에서 내적은 다음과 같이 나타내기도 한다.

$$\mathbf{u} \bullet \mathbf{v} = \mathbf{u}^T\mathbf{v} = [u_1, u_2, \ldots, u_n]\begin{bmatrix} v_1 \\ v_2 \\ \vdots \\ v_n \end{bmatrix}$$

이 기호를 사용한다면 $(\mathbf{AB})_{ij}$를 행렬 A의 i행과 행렬 B의 j열의 내적이라 할 수 있다. 이것이 AB를 연산할 수 있는 세 번째 방법이다. A의 행 i를 $\mathbf{r}_i$로 나타내자. 그러면 전개식은 다음과 같다.

$$(\mathbf{AB})_{ij} = \mathbf{r}_i\mathbf{b}_j$$

(여기서 행렬 B의 열 j를 $\mathbf{b}_j$로 나타내자.) 이 전개식은 단순한 내적으로 행렬 곱의 어떤 성분을 계산할 수 있게 한다.

정리 1

두 행렬 A와 B의 곱에서 (i, j) 성분은 A의 i행과 B의 j열의 내적 합으로 쓰여질 수 있다.

$$(\mathbf{AB})_{ij} = \sum_{r=1}^{n} a_{ir}b_{rj} = \mathbf{r}_i\mathbf{b}_j$$

예제 5 다음 곱에서 (2, 4) 성분은 무엇인가? 즉 $(\mathbf{AB})_{2,4}$는 무엇인가?

$$\mathbf{AB} = \begin{bmatrix} 1 & 4 & 3 & 2 \\ 2 & 0 & -3 & 5 \\ -3 & 5 & 7 & 1 \end{bmatrix} \begin{bmatrix} 3 & 5 & 4 & 3 & 2 \\ -4 & 1 & 11 & 7 & 13 \\ 2 & -5 & 1 & 4 & 6 \\ 3 & -7 & 6 & 2 & 1 \end{bmatrix}$$

풀이 이 문제에서 곱 AB를 계산할 필요는 없다. 단지 A의 2행과 B의 4열을 곱한다.

$$(\mathbf{AB})_{24} = \mathbf{r}_2\mathbf{b}_4 = (2)(3) + (0)(7) + (-3)(4) + (5)(2) = 4$$ ■

특수한 행렬

행렬의 특별한 경우를 여기에 제시하고자 한다. 행과 열의 수가 같은 행렬은 **정방행렬**(square matrix)이다. 정방행렬 A의 **대각**(diagonal) 성분은 A_{ii}이다. 다른 원소들은 **비대각**(off-diagonal) 성분이라 한다. 모든 비대각 성분이 0이면 A는 **대각행렬**(diagonal matrix)이라 한다. 대각행렬 중 **단위행렬**(identity matrix)은 특히 중요하다. 대각 성분만 1을 갖고 나머지 성분은 0이다. 정방행렬, 대각행렬, 단위행렬의 예를 들어 보자.

$$\begin{bmatrix} 3 & 2 & -4 \\ 5 & -7 & 2 \\ 0 & 6 & -3 \end{bmatrix} \qquad \begin{bmatrix} 3 & 0 & 0 \\ 0 & -5 & 0 \\ 0 & 0 & 8 \end{bmatrix} \qquad \begin{bmatrix} 1 & 0 & 0 \\ 0 & 1 & 0 \\ 0 & 0 & 1 \end{bmatrix}$$

행렬의 크기가 명확하다면 $n \times n$ 단위행렬을 $\mathbf{I}_n$이나 I로 나타낸다. 우리는 종종 δ_{ij}로 단위행렬의 성분을 나타낸

다. 이것을 **크로네커 델타**(Kronecker delta)라 부른다.[2] 정의는

$$\delta_{ij} = \begin{cases} 1 & \text{if } i = j \\ 0 & \text{if } i \neq j \end{cases}$$

이다.

예제 6 3×3 행렬과 3×3 단위행렬의 곱을 계산하면 어떤 값을 얻을 수 있는가?

풀이 다음을 보자.

$$\begin{bmatrix} 2 & 4 & 3 \\ 2 & -1 & 5 \\ 1 & 2 & -3 \end{bmatrix} \begin{bmatrix} 1 & 0 & 0 \\ 0 & 1 & 0 \\ 0 & 0 & 1 \end{bmatrix} = \begin{bmatrix} 2 & 4 & 3 \\ 2 & -1 & 5 \\ 1 & 2 & -3 \end{bmatrix}$$

$$\begin{bmatrix} 1 & 0 & 0 \\ 0 & 1 & 0 \\ 0 & 0 & 1 \end{bmatrix} \begin{bmatrix} 2 & 4 & 3 \\ 2 & -1 & 5 \\ 1 & 2 & -3 \end{bmatrix} = \begin{bmatrix} 2 & 4 & 3 \\ 2 & -1 & 5 \\ 1 & 2 & -3 \end{bmatrix}$$

■

정리 2

임의의 $n \times n$ 행렬 **A**에 대하여 $\mathbf{AI}_n = \mathbf{I}_n\mathbf{A} = \mathbf{A}$이다.

증명 곱 $\mathbf{AI}_n$에서 앞에서 논의되었던 방법을 이용하여 (i, j) 성분을 계산하자.

$$(\mathbf{AI})_{ij} = \sum_{r=1}^{n} a_{ir}\delta_{rj} = a_{ij}$$

더해 보면 항 δ_{rj} 는 $r=j$ 이외에는 0일 것이다. 그러면 그것의 값은 1이다. 합에서 단지 $r=j$인 곳의 하나의 항만 남는다. 나머지 등식도 같은 방법으로 증명된다. ■

특별한 구조를 갖는 행렬은 많은 응용을 가능하게 한다. 정방행렬 **A** 가 $i > j$일 때 $a_{ij}=0$이면 **상삼각**(upper triangular)행렬이라 한다. 마찬가지로 $i < j$일 때 $a_{ij}=0$이면 **하삼각**(lower triangular)행렬의 개념을 갖는다.(이 개념은 정방행렬이 아닌 경우는 무의미하다.) 그림 3.1에 특별한 구조를 갖는 몇몇 행렬의 예가 나타나 있다.

[2] 크로넥커[Leopard Kromecker(1823~1891)]는 Breslau(지금의 폴란드) 근처의 Liegniz에서 태어났다. 가족들은 광대한 사유지의 관리와 소유권이 있어 매우 부유했다. 크로넥커 자신도 이 같은 활동에 참여는 했지만 수학적 연구에또 시간을 쏟았다. 이런 일로 그는 정식 학술적 지위를 유지할 수 있었다. 그가 수업을 할 때는 평범한 학생들에게는 인기는 없었지만 상위 학생들에게는 수요도 있고 자극적인 강의를 했다. 수학과 관련한 그의 명언은 다음과 같다. "신은 정수를 만들었다. 그 이외 다른 모든 것은 인간의 일이다."

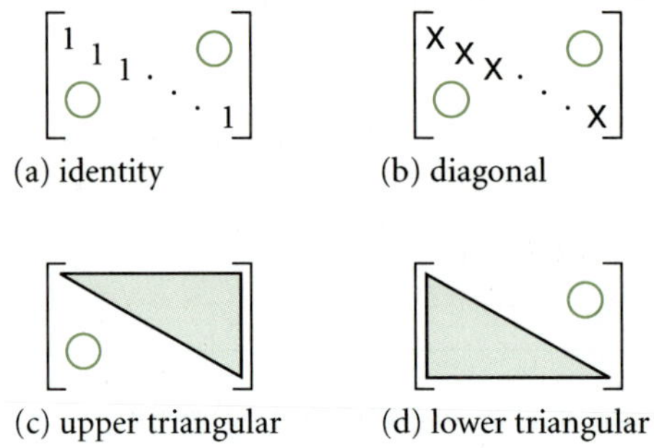

그림 3.1 특별한 구조의 행렬.

예제 7 두 상삼각행렬을 더하면 어떤 결과를 얻을 수 있는가?

풀이 다음과 같다.

$$\begin{bmatrix} 3 & 2 & 5 \\ 0 & 4 & -3 \\ 0 & 0 & 7 \end{bmatrix} + \begin{bmatrix} -2 & 4 & 5 \\ 0 & 6 & -2 \\ 0 & 0 & 3 \end{bmatrix} = \begin{bmatrix} 1 & 6 & 10 \\ 0 & 10 & -5 \\ 0 & 0 & 10 \end{bmatrix}$$ ■

정리 3

$\mathbb{R}^{n\times n}$에서 상삼각행렬의 집합은 $\mathbb{R}^{n\times n}$의 부분공간이다. 즉 그것 자체가 벡터공간이다.

부분공간은 5.1절에서 체계적으로 다룬다.

예제 8 같은 크기의 두 상삼각행렬을 곱하면 어떤 결과를 얻을 수 있는가?

풀이 단순한 예를 들어 본다.

$$\begin{bmatrix} 3 & 2 & 5 \\ 0 & 4 & -3 \\ 0 & 0 & 7 \end{bmatrix} \begin{bmatrix} -2 & 4 & 5 \\ 0 & 6 & -2 \\ 0 & 0 & 3 \end{bmatrix} = \begin{bmatrix} -6 & 24 & 26 \\ 0 & 24 & -17 \\ 0 & 0 & 21 \end{bmatrix}$$ ■

정리 4

두 상삼각행렬(같은 크기)의 곱은 상삼각행렬이다.

증명 A와 B를 $n\times n$ 상삼각행렬이라 하자. $1 \le j < i \le n$일 때 $(\mathbf{AB})_{ij}=0$임을 보이면 된다.

$$(\mathbf{AB})_{ij} = \sum_{r=1}^{n} a_{ir}b_{rj} = \sum_{r=i}^{j} a_{ir}b_{rj} = 0$$

이 계산에서 우선 $r < i$일 때 $a_{ir}=0$이라는 사실을 이용하자. 그러면 $r \ge i$인 항끼리의 합을 얻는다. 다음으로 $r > j$일 때 $b_{rj}=0$이라는 사실을 이용하자. r에 제한시켜 보면 $i \le r \le j$, $j < i$라고 가정되어 있으므로 이것은 불가능하다. ■

하삼각행렬에 대해서도 유사한 결과를 얻는다. 이는 일반 연습문제 62에 남겨 둔다.

행렬의 전치

행렬의 행과 열을 바꿀 때, 행렬의 전치를 얻는다. 이는 특히 중요하다.

정의

행렬 A의 **전치**(transpose)는 행렬 $\mathbf{A}^T$이고 이것의 행은 A의 열이고 같은 순서이다. 기호로 나타내면 $(\mathbf{A}^T)_{ij}=\mathbf{A}_{ji}$이다.

예제 9 3×4 행렬과 그것의 4×3 전치행렬을 구하자.

풀이

$$\mathbf{A} = \begin{bmatrix} 1 & 3 & 7 & 2 \\ 6 & 1 & 9 & 5 \\ 11 & -8 & 3 & 1 \end{bmatrix} \qquad \mathbf{A}^T = \begin{bmatrix} 1 & 6 & 11 \\ 3 & 1 & -8 \\ 7 & 9 & 3 \\ 2 & 5 & 1 \end{bmatrix}$$ ■

정리 5

두 행렬 A와 B의 곱이 존재하면 $(\mathbf{AB})^T=\mathbf{B}^T\mathbf{A}^T$이다.

증명 행렬의 성분과 행렬 곱의 정의를 아래와 같은 기호로 나타내자.

$$[(\mathbf{AB})^T]_{ij} = (\mathbf{AB})_{ji} = \sum_{r=1}^{n} \mathbf{A}_{jr}\mathbf{B}_{ri} = \sum_{r=1}^{n} (\mathbf{B}^T)_{ir}(\mathbf{A}^T)_{rj} = (\mathbf{B}^T\mathbf{A}^T)_{ij}$$ ■

앞선 증명에서 나타냈듯이 표현에 있어서 또 다른 방법이 있다. $\mathbf{B}^T\mathbf{A}^T$에서 (i, j) 성분을 결정하기 위해서 $\mathbf{B}^T$

의 i행과 $\mathbf{A}^T$의 j열의 내적을 구하자. 하지만 이것은 A의 j행과 B의 i열의 내적과 같다. 즉 A의 j행과 B의 i열의 내적과 같다. 마지막으로 이것은 AB 의 (j, i) 성분이나 $(\mathbf{AB})^T$의 (i, j) 성분이다.

여기 전치행렬에 대한 4가지 계산 규칙이 있다.

$$(\mathbf{A}^T)^T = \mathbf{A} \qquad (\mathbf{A}+\mathbf{B})^T = \mathbf{A}^T + \mathbf{B}^T$$
$$(c\mathbf{A})^T = c\mathbf{A}^T \qquad (\mathbf{AB})^T = \mathbf{B}^T\mathbf{A}^T$$

대칭행렬

$\mathbf{A}=\mathbf{A}^T$를 만족하는 행렬 A를 **대칭행렬**(symmetric matrix)이라 한다. 여기에 구간 [0, 1]의 임의의 수를 성분으로 하는 대칭행렬이 있다. 이것은 수학적 소프트웨어를 이용하여 구한 것이다.

$$\mathbf{A} = \begin{bmatrix} 0.8992206 & 0.7876846 & 0.0086799 \\ 0.7876846 & 0.2811037 & 0.0327878 \\ 0.0086799 & 0.0327878 & 0.6004940 \end{bmatrix}$$

대칭 성질은 세 등식을 보면 알 수 있다: $a_{21}=a_{12}$, $a_{31}=a_{13}$, $a_{32}=a_{23}$.

반대칭행렬

$\mathbf{A}=\mathbf{A}^T$일 때 행렬 A 를 **대칭행렬**이라고 하는 반면, $\mathbf{A}^T=-\mathbf{A}$일 때는 **반대칭행렬**(skew-symmetric matrix)이라 한다. 행렬이 동시에 대칭이고 반대칭이면 0행렬이다.($\mathbf{A}^T=\mathbf{A}=-\mathbf{A}^T$이면 $\mathbf{A}=\mathbf{0}$이다.) 더욱이 임의의 정방행렬은 대칭행렬과 반대칭행렬의 합으로 표현한다. 등식을 써 보면 다음과 같다.

$$\mathbf{A} = \tfrac{1}{2}(\mathbf{A}+\mathbf{A}^T) + \tfrac{1}{2}(\mathbf{A}-\mathbf{A}^T)$$

우변의 첫 번째 행렬은 대칭행렬이고 두 번째 행렬은 반대칭행렬이다.

행렬 A를 대칭행렬과 반대칭행렬로 분해하는 데 있어서 유일성은 쉽게 성립한다.

$$\mathbf{A} = \mathbf{B} + \mathbf{C}$$

라 가정하자. 여기서 B는 대칭이고 C는 반대칭이다. 첫 번째 $\mathbf{B}=\frac{1}{2}(\mathbf{A}+\mathbf{A}^T)$를 증명하자. 첫 번째 가정으로부터

$$\tfrac{1}{2}(\mathbf{A}+\mathbf{A}^T) = \tfrac{1}{2}(\mathbf{B}+\mathbf{C}+\mathbf{B}^T+\mathbf{C}^T) = \tfrac{1}{2}(\mathbf{B}+\mathbf{B}^T) + \tfrac{1}{2}(\mathbf{C}+\mathbf{C}^T)$$

가 된다. 가정에 의하면 C가 반대칭이므로 $\frac{1}{2}(\mathbf{C}+\mathbf{C}^T)=0$이다. B의 대칭성을 이용하면

$$\tfrac{1}{2}(\mathbf{A}+\mathbf{A}^T) = \tfrac{1}{2}(\mathbf{B}+\mathbf{B}^T) = \mathbf{B}$$

이다. 그러면 등식에 의해 C가 정해진다.

$$\mathbf{C} = \mathbf{A} - \mathbf{B} = \mathbf{A} - \tfrac{1}{2}(\mathbf{A}+\mathbf{A}^T) = \tfrac{1}{2}(\mathbf{A}-\mathbf{A}^T)$$

예제 10 다음 행렬을 대칭행렬과 반대칭행렬의 합으로 표현하라.

$$\mathbf{A} = \begin{bmatrix} 3 & 2 & 1 \\ 4 & 7 & 5 \\ 6 & 8 & 9 \end{bmatrix}$$

풀이 대칭부분은

$$\tfrac{1}{2}(\mathbf{A} + \mathbf{A}^T) = \tfrac{1}{2}\begin{bmatrix} 6 & 6 & 7 \\ 6 & 14 & 13 \\ 7 & 13 & 18 \end{bmatrix}$$

이고 반대칭 부분은

$$\tfrac{1}{2}(\mathbf{A} - \mathbf{A}^T) = \tfrac{1}{2}\begin{bmatrix} 0 & -2 & -5 \\ 2 & 0 & -3 \\ 5 & 3 & 0 \end{bmatrix}$$

이다. 분명히 $\mathbf{A}=\frac{1}{2}(\mathbf{A}+\mathbf{A}^T)+\frac{1}{2}(\mathbf{A}-\mathbf{A}^T)$임을 알 수 있다. ■

행렬 곱의 비교환성

행렬 곱의 교환성에 의문을 가져 보자. 임의의 정방행렬 **A**와 **B**를 선택하여 **AB**=**BA**임을 알아보자.

$$\begin{bmatrix} 1 & 2 \\ 5 & -3 \end{bmatrix}\begin{bmatrix} 11 & 4 \\ 10 & 3 \end{bmatrix} = \begin{bmatrix} 31 & 10 \\ 25 & 11 \end{bmatrix} = \begin{bmatrix} 11 & 4 \\ 10 & 3 \end{bmatrix}\begin{bmatrix} 1 & 2 \\ 5 & -3 \end{bmatrix}$$

$$\begin{bmatrix} 7 & 3 \\ 5 & -8 \end{bmatrix}\begin{bmatrix} 18 & 4 \\ 5 & 3 \end{bmatrix} = \begin{bmatrix} 141 & 30 \\ 50 & -9 \end{bmatrix} = \begin{bmatrix} 18 & 4 \\ 5 & 3 \end{bmatrix}\begin{bmatrix} 7 & 3 \\ 5 & -8 \end{bmatrix}$$

이 행렬들은 의도적이다. 일반적으로 **AB**=**BA**라 가정할 수 없을까? 확실한 대답은 '아니요!' 이다. 베이컨의 귀납적 방법(Baconian inductive reasoning)이 종종 이용된다. 많은 예를 살펴보면 일시적인 결론을 얻을 수 있다. 하지만 이것은 참이기 위해 수학적으로 몇 가지를 제안한 것일 수 있다. 이 경우 앞선 정리는 거짓이고 일반적으로 **AB** ≠ **BA**이다. 예를 들어

$$\begin{bmatrix} 0 & 1 \\ 0 & 0 \end{bmatrix}\begin{bmatrix} 1 & 0 \\ 0 & 0 \end{bmatrix} = \begin{bmatrix} 0 & 0 \\ 0 & 0 \end{bmatrix} \neq \begin{bmatrix} 0 & 1 \\ 0 & 0 \end{bmatrix} = \begin{bmatrix} 1 & 0 \\ 0 & 0 \end{bmatrix}\begin{bmatrix} 0 & 1 \\ 0 & 0 \end{bmatrix}$$

이다. 물론 이 하나의 예로도 행렬 곱이 교환 가능하다(commutative)는 추측을 뒤집기에는 충분하다. 분명히 이 절의 앞부분에서 제시한 임의의 정수 행렬들은 때로 한 쌍의 행렬이 서로 교환될 수 있다는 것을 보여 준다. 그러나 행렬들은 실제로 임의가 아니다. 교환 가능한 쌍의 존재를 보여 주기 위해 의도적으로 만들어진 것이다. 아마 우리는 아닌 것을 찾을 수 있을 것이다.

주의

행렬 곱은 교환되지 않는다. 즉 일반적으로 다음이 성립한다.

$$\mathbf{AB} \neq \mathbf{BA}$$

행렬 곱에 대한 결합법칙

행렬 곱의 결합성에 대해서 무엇이라 말할 수 있을까? 그 결과는 단순하다.

정리 6

행렬 곱은 결합성이 있다. 즉 곱이 존재한다면 다음이 성립한다.

$$(\mathbf{AB})C=\mathbf{A}(\mathbf{B}C)$$

증명 다음을 계산해 보면 된다.

$$\begin{aligned}[(\mathbf{AB})\mathbf{C}]_{ij} &= \sum_{r=1}^{n}(\mathbf{AB})_{ir}(\mathbf{C})_{rj} = \sum_{r=1}^{n}\left[\sum_{s=1}^{m}\mathbf{A}_{is}\mathbf{B}_{sr}\right]\mathbf{C}_{rj} \\ &= \sum_{s=1}^{m}\mathbf{A}_{is}\sum_{r=1}^{n}\mathbf{B}_{sr}\mathbf{C}_{rj} = \sum_{s=1}^{m}(\mathbf{A})_{is}(\mathbf{BC})_{sj} = [\mathbf{A}(\mathbf{BC})]_{ij}\end{aligned}$$

■

행렬 곱에 대한 결합법칙의 예는 다음과 같다.

$$\begin{aligned}(\mathbf{AB})\mathbf{C} &= \left(\begin{bmatrix} 1 & 2 & 3 \\ 2 & 1 & 2 \end{bmatrix}\begin{bmatrix} 2 & -1 & 0 \\ 1 & 3 & 1 \\ 4 & 1 & -1 \end{bmatrix}\right)\begin{bmatrix} 1 & 2 & 3 & 3 \\ 0 & 1 & 2 & 1 \\ 1 & 0 & 1 & -2 \end{bmatrix} \\ &= \begin{bmatrix} 16 & 8 & -1 \\ 13 & 3 & -1 \end{bmatrix}\begin{bmatrix} 1 & 2 & 3 & 3 \\ 0 & 1 & 2 & 1 \\ 1 & 0 & 1 & -2 \end{bmatrix} = \begin{bmatrix} 15 & 40 & 63 & 58 \\ 12 & 29 & 44 & 44 \end{bmatrix}\end{aligned}$$

다른 순서로 곱을 계산해 보자.

$$\begin{aligned}\mathbf{A}(\mathbf{BC}) &= \begin{bmatrix} 1 & 2 & 3 \\ 2 & 1 & 2 \end{bmatrix}\left(\begin{bmatrix} 2 & -1 & 0 \\ 1 & 3 & 1 \\ 4 & 1 & -1 \end{bmatrix}\begin{bmatrix} 1 & 2 & 3 & 3 \\ 0 & 1 & 2 & 1 \\ 1 & 0 & 1 & -2 \end{bmatrix}\right) \\ &= \begin{bmatrix} 1 & 2 & 3 \\ 2 & 1 & 2 \end{bmatrix}\begin{bmatrix} 2 & 3 & 4 & 5 \\ 2 & 5 & 10 & 4 \\ 3 & 9 & 13 & 15 \end{bmatrix} = \begin{bmatrix} 15 & 40 & 63 & 58 \\ 12 & 29 & 44 & 44 \end{bmatrix}\end{aligned}$$

선형변환

다음 정리는 행렬 곱이 왜 1.3절에서 설명한 방법으로 정의되는지를 보여 준다.

정리 7

S와 T는 $S(\mathbf{y})=\mathbf{Ay}$와 $T(\mathbf{x})=\mathbf{Bx}$로 정의되는 두 선형변환이라 하자. 합성 $S \circ T$가 존재한다면 이것의 행렬은 $\mathbf{AB}$이다.

증명 빠른 계산으로 행렬 곱의 결합성을 이용하자.

$$(S \circ T)(\mathbf{x}) = S(T(\mathbf{x})) = S(\mathbf{Bx}) = \mathbf{A}(\mathbf{Bx}) = (\mathbf{AB})\mathbf{x}$$ ■

이 증명의 또 다른 해석은 다음과 같다. 행렬 $\mathbf{A}$의 i열인 $\mathbf{a}_i$는 선형변환 S에서 표준 단위벡터 $\mathbf{e}_i=(0, \ldots, 1, 0, \ldots, 0)$의 상이다. 즉 $S(\mathbf{e}_i)=\mathbf{a}_i$이다. 우리는 행렬 $\mathbf{B}$와 선형변환 T에서도 유사한 결과를 얻는다. 즉 $T(\mathbf{e}_i)=\mathbf{b}_i$, 여기서 $\mathbf{b}_i$는 행렬 $\mathbf{B}$의 i번째 열이다. 결과적으로

$$\mathbf{Ab}_i = S(\mathbf{b}_i) = S(T(\mathbf{e}_i)) = (S \circ T)(\mathbf{e}_i)$$

를 얻는데 이것은 행렬 $\mathbf{AB}$의 i 번째 열이다. 여기서 보면 행렬 곱의 결합성은 함수 합성의 결합성과 유사하다.

기본행렬

단위행렬에 기본 행 연산을 한 번 적용해서 얻어진 결과를 **기본행렬**(elementary matrix)이라고 한다. $\mathcal{R}$을 행 연산으로 표현한다면 $\mathbf{E}=\mathcal{R}(\mathbf{I})$이고 기본행렬 $\mathbf{E}$를 얻을 수 있다. 단위행렬과 매우 작은 차이가 있기 때문에 기본행렬을 인식하기는 쉽다. 여기서 우리는 행렬에 적용하여 또 다른 행렬을 만드는 함수로서의 기본 행 연산을 해석할 수 있다. 기본행렬의 예는 다음과 같다.

$$\mathbf{E}_1 = \begin{bmatrix} 1 & 0 & 0 \\ 0 & 1 & 0 \\ 0 & 3 & 1 \end{bmatrix} \quad \textbf{(교체)}$$

$$\mathbf{E}_2 = \begin{bmatrix} 1 & 0 & 0 \\ 0 & 7 & 0 \\ 0 & 0 & 1 \end{bmatrix} \quad \textbf{(비율)}$$

$$\mathbf{E}_3 = \begin{bmatrix} 0 & 1 & 0 \\ 1 & 0 & 0 \\ 0 & 0 & 1 \end{bmatrix} \quad \textbf{(교환)}$$

왜 기본행렬이 유용한가? 하나 또는 더 많은 기본행렬들의 곱으로 행렬의 행 연산을 설명할 수 있다. 예를 들어 $\mathbf{E}_1$, $\mathbf{E}_2$, $\mathbf{E}_3$를 이용해서 다음을 보여 준다.

$$\mathbf{E}_1\mathbf{A} = \begin{bmatrix} 1 & 0 & 0 \\ 0 & 1 & 0 \\ 0 & 3 & 1 \end{bmatrix} \begin{bmatrix} 1 & 2 & 3 \\ 4 & 5 & 6 \\ 7 & 8 & 9 \end{bmatrix} = \begin{bmatrix} 1 & 2 & 3 \\ 4 & 5 & 6 \\ 19 & 23 & 27 \end{bmatrix}$$

$$\mathbf{E}_2\mathbf{A} = \begin{bmatrix} 1 & 0 & 0 \\ 0 & 7 & 0 \\ 0 & 0 & 1 \end{bmatrix} \begin{bmatrix} 1 & 2 & 3 \\ 4 & 5 & 6 \\ 7 & 8 & 9 \end{bmatrix} = \begin{bmatrix} 1 & 2 & 3 \\ 28 & 35 & 42 \\ 7 & 8 & 9 \end{bmatrix}$$

$$\mathbf{E}_3\mathbf{A} = \begin{bmatrix} 0 & 1 & 0 \\ 1 & 0 & 0 \\ 0 & 0 & 1 \end{bmatrix} \begin{bmatrix} 1 & 2 & 3 \\ 4 & 5 & 6 \\ 7 & 8 & 9 \end{bmatrix} = \begin{bmatrix} 4 & 5 & 6 \\ 1 & 2 & 3 \\ 7 & 8 & 9 \end{bmatrix}$$

이제 행동치에 대한 생각을 더욱 고취시켜 보자. $\mathbf{A} \sim \mathbf{B}$이면 $\mathbf{B}$를 얻기 위해 행 연산들을 $\mathbf{A}$에 적용시킬 수 있다. 그러면 다음을 만족하는 기본행렬 $\mathbf{E}_i$가 존재할 것이다.

$$\mathbf{E}_k\mathbf{E}_{k-1} \cdots \mathbf{E}_2\mathbf{E}_1\,\mathbf{A} = \mathbf{B}$$

정리 8

행렬 $\tilde{\mathbf{A}}$는 행렬 $\mathbf{A}$에 행 연산 $\mathcal{R}$을 적용한 결과이고 $\mathbf{E}$가 $\mathbf{I}$에 $\mathcal{R}$을 적용해서 얻어진 결과라면 $\tilde{\mathbf{A}}=\mathbf{EA}$이다.

증명 행 연산의 한 가지 유형에 대한 증명을 하자. 즉 한 행에 스칼라 곱을 하여 다른 행에 더한다. 특별히 $\mathcal{R}$을 행렬 $\mathbf{A}$의 s 행에 c배를 해서 r에 더하는 연산이라 하자($s \neq r$). $n \times n$ 단위행렬에 $\mathcal{R}$을 취하면 기본행렬 $\mathbf{E}$는 다음과 같다.

$$\mathbf{E}_{ij} = \delta_{ij} + c\,\delta_{ir}\,\delta_{sj}$$

(이를 분명히 하기 위해 $\mathbf{E}$와 $\mathbf{I}$가 성분 δ_{ir}로 인해 r 행에서 차이가 난다는 것을 염두에 두자.) 행렬 $\tilde{\mathbf{A}}$는 $\mathbf{A}$에 $\mathcal{R}$을 적용시켜서 나온 결과로 다음과 같은 정의를 얻는다.

$$\widetilde{\mathbf{A}}_{ij} = \mathbf{A}_{ij} + c\,\delta_{ir}\,\mathbf{A}_{sj}$$

다음으로 $\mathbf{EA}$를 계산하자.

$$(\mathbf{EA})_{ij} = \sum_{t=1}^{n} \mathbf{E}_{it}\mathbf{A}_{tj} = \sum_{t=1}^{n} [\delta_{it} + c\delta_{ir}\delta_{st}]\mathbf{A}_{tj} = \mathbf{A}_{ij} + c\delta_{ir}\mathbf{A}_{sj} = \widetilde{\mathbf{A}}_{ij}$$ ■

행렬 곱 더 보기

연립방정식을 포함하고 있는 많은 경우 행렬 곱 $\mathbf{Ax}$를 이용한다. $\mathbf{A}$가 $m \times n$이고 x가 $n \times 1$이면 곱이 존재한다. $\mathbf{y}^T$가 $1 \times m$ 일 때 유사한 곱 $\mathbf{y}^T\mathbf{A}$가 존재한다. 이것은 $\mathbf{x}^T\mathbf{A}^T=\mathbf{b}^T$와 같기 때문에 $\mathbf{Ax}=\mathbf{b}$로부터 $(\mathbf{Ax})^T=\mathbf{b}^T$라는 것을 안다면 자연스럽게 발생할 것이다.(곱의 전치는 순서가 바뀌어 계산됨을 기억하라.) 우리는 곱 $\mathbf{y}^T\mathbf{A}$가 곱 $\mathbf{Ax}$의 결과와 논리적으로 동등하다는 것에 대해 증명할 수 있다. 즉

$$\mathbf{Ax} = \mathbf{b} \qquad \mathbf{x}\text{에 의한 뒤곱}$$
$$\mathbf{y}^T\mathbf{A} = \mathbf{c}^T \qquad \mathbf{y}^T\text{에 의한 앞곱}$$

이고 여기서 열벡터 $\mathbf{b}$는 $n\times1$이고 행벡터 $\mathbf{c}^T$는 $1\times n$이다.

1.2절을 되돌아보면 곱 $\mathbf{Ax}$는 다음과 같이 정의된다.

$$\mathbf{Ax} = x_1\mathbf{a}_1 + x_2\mathbf{a}_2 + \cdots + x_n\mathbf{a}_n$$

여기서 $\mathbf{a}_j$는 $\mathbf{A}$의 j번째 열이다. 벡터 $\mathbf{x}$는 **열벡터**이고 n은 $\mathbf{A}$의 열의 수와 같은 $\mathbf{x}$ 성분의 수이다. 벡터를 곱하는 이 같은 정의는 $\mathbf{AB}$의 적절한 정의를 이끌어 준다. 즉 행렬 $\mathbf{b}$가 열 $\mathbf{b}_j$를 갖는다면

$$\mathbf{AB} = \mathbf{A}[\mathbf{b}_1 \quad \mathbf{b}_2 \quad \ldots \quad \mathbf{b}_k] = [\mathbf{Ab}_1 \quad \mathbf{Ab}_2 \quad \ldots \quad \mathbf{Ab}_k]$$

예제 11 행렬 곱의 앞선 정의를 이용하여 행렬 $\mathbf{AB}$의 위치 성분 (i, j)를 정하라.

풀이 곱 $\mathbf{AB}$의 정의에 의해 $\mathbf{AB}$의 j열은 $\mathbf{Ab}_j$이다. 이 벡터의 i번째 성분은 $\mathbf{AB}$에서 얻을 수 있는 성분이다. 따라서

$$(\mathbf{AB})_{ij} = (\mathbf{Ab}_j)_i = \mathbf{r}_i\mathbf{b}_j = \sum_{k=1}^{n} \mathbf{A}_{ik}\mathbf{B}_{kj}$$

이다. 예상대로 행렬 $\mathbf{A}$의 i행$(\mathbf{r}_i)$과 행렬 $\mathbf{B}$의 j열$(\mathbf{b}_j)$의 내적이다. ■

벡터-행렬 곱

$m\times n$ 행렬 $\mathbf{A}$, $1\times n$ 행벡터 $\mathbf{c}$와 $1\times m$ 행벡터 $\mathbf{y}^T$가 있다고 하자. 전개식은 앞에서 얻어진 것과 유사하게 다음과 같다.

$$\mathbf{y}^T\mathbf{A} = \mathbf{c}^T$$

$\mathbf{y}^T$는 행벡터, 즉 다음과 같다.

$$\mathbf{y}^T\mathbf{A} = y_1\mathbf{r}_1 + y_2\mathbf{r}_2 + \cdots + y_m\mathbf{r}_m$$

이 등식에서 $\mathbf{A}$의 행은 벡터 $\mathbf{r}_i$이다. 행렬 $\mathbf{A}$는 $m\times n$이다. 우변과 좌변의 j번째 성분을 계산해서 얻은 전개식의 정확성을 입증할 수 있다. 좌변은

$$(\mathbf{y}^T\mathbf{A})_j = \sum_{i=1}^{m} y_i\mathbf{A}_{ij} = y_1\mathbf{A}_{1j} + y_2\mathbf{A}_{2j} + \cdots + y_m\mathbf{A}_{mj}$$

이고 우변은

$$\begin{aligned}(y_1\mathbf{r}_1 + y_2\mathbf{r}_2 + \cdots + y_m\mathbf{r}_m)_j &= y_1(\mathbf{r}_1)_j + y_2(\mathbf{r}_2)_j + \cdots + y_m(\mathbf{r}_m)_j \\ &= y_1\mathbf{A}_{1j} + y_2\mathbf{A}_{2j} + \cdots + y_m\mathbf{A}_{mj}\end{aligned}$$

이다. 결과적으로 다음 두 가지의 중요한 정리를 얻는다.

정리 9

$\mathbf{y}^T$가 열벡터이면 $\mathbf{y}^T\mathbf{A}$는 $\mathbf{A}$의 행의 일차결합이고, 이때 행벡터 $\mathbf{y}^T$의 성분을 계수로 갖는다.

$$\mathbf{y}^T\mathbf{A} = [y_1, y_2, \ldots, y_n]\mathbf{A} = y_1\mathbf{r}_1 + y_2\mathbf{r}_2 + \cdots + y_n\mathbf{r}_n$$

여기서 $\mathbf{r}_i$는 $\mathbf{A}$의 행이다.

정리 10

A의 행을 $\mathbf{r}_1, \mathbf{r}_2, \ldots, \mathbf{r}_m$이라 하면

$$\mathbf{AB} = \begin{bmatrix} \mathbf{r}_1 \\ \mathbf{r}_2 \\ \vdots \\ \mathbf{r}_m \end{bmatrix} \mathbf{B} = \begin{bmatrix} \mathbf{r}_1\mathbf{B} \\ \mathbf{r}_2\mathbf{B} \\ \vdots \\ \mathbf{r}_m\mathbf{B} \end{bmatrix}$$

이다.

증명 AB의 (i, j) 성분은 $\sum_{i=1}^{k}\mathbf{A}_{ik}\mathbf{B}_{kj}$이다. $\begin{bmatrix} \mathbf{r}_1 \\ \mathbf{r}_2 \\ \vdots \\ \mathbf{r}_m \end{bmatrix}\mathbf{B}$에서 (i, j) 성분은 $(\mathbf{r}_i\mathbf{B})_j = \mathbf{r}_i\mathbf{b}_j$, 여기서 $\mathbf{b}_j$는 B에서 j열이다. 이것은 곱 AB의 임의의 성분에 대한 내적 전개식이다. ■

예제 12 A와 B가 0이 아닌 $n \times n$ 행렬이면 $\mathbf{AB} = \mathbf{0}$일 수 있는가? 그렇다면 실수 상에서 일어날 수 있는 것과는 대조적이다. 등식 $xy = 0$에서 보면 x와 y 중 적어도 하나는 0이라는 것이다.

풀이 행렬에서 이런 현상을 보이기 위해 예를 들면 다음과 같다.

$$\mathbf{AB} = \begin{bmatrix} 1 & 2 \\ 1 & 2 \end{bmatrix}\begin{bmatrix} -2 & 6 \\ 1 & -3 \end{bmatrix} = \begin{bmatrix} 0 & 0 \\ 0 & 0 \end{bmatrix} = \mathbf{0}$$

따라서 행렬에서 단지 $\mathbf{A} \neq \mathbf{0}$라는 사실로 $\mathbf{AB} = \mathbf{AC}$에서 $\mathbf{B} = \mathbf{C}$라는 시도는 옳지 못하다. 일반 연습문제 3, 12, 34, 44를 참조하라. ■

응용: 식이 요법 문제

선형대수는 인간, 동물, 또는 세균과 같은 생명체들의 식이 요법학에서 역할을 할 수 있다. 목적은 음식의 적절한 혼합과 식이 조절공급을 통해서 몇 가지 영양적 목표에 도달하는 것이다. 이 문제들은 연립 일차부등식에서 다루고 여기서는 주제만 간단히 다루어 보자.

음식 $f_1, f_2, \ldots, f_n$이 있고 각각의 영양구성이 알려져 있다고 가정하자. m개의 서로 다른 영양소를 고려해서 $v_1, v_2, \ldots, v_m$이라 하자.(유형별로 이를 비타민이라 생각하자.) 영양가는 표에 나와 있다.

	f_1	f_2	$\cdots$	f_n
v_1	a_{11}	a_{12}	$\cdots$	a_{1n}
v_2	a_{21}	a_{22}	$\cdots$	a_{2n}
$\vdots$	$\vdots$	$\vdots$	$\ddots$	$\vdots$
v_m	a_{m1}	a_{m2}	$\cdots$	a_{mn}

각 음식에서의 각 g당 영양성분의 양을 a_{ij}라 하자. 특히 a_{ij}는 각 음식 f_j의 영양소 v_i의 양이다.(표준 단위는 확립되어 있다.) 주어진 행에서 각 단위는 같다. 단위가 하나의 영양소에 포함됨에 따라 단위(예, 그램)는 각 음식 f_j에 할당된다.

j열은 음식 f_j 한 단위에 포함된 각 영양소의 양이다. i행은 영양소 v_i를 포함한 음식의 양이다. 예를 들어 f_j는 오렌지 주스이고 v_i는 비타민 C이면 a_{ij}는 비타민 C가 오렌지 주스에 얼마나 포함되어 있는지를 알려 준다.

규정식은 벡터 $\mathbf{x}=(x_1, x_2 \ldots, x_n)$이다. 매일 환자가 f_1 음식에서 x_1 단위, f_2 음식에서 x_2 단위 등을 섭취한다면 그 환자는 영양소 v_i의 $\sum_{j=1}^{n} x_j\, a_{ij}$ 단위를 얻는다. 문제는 매일 환자가 필요로 하는 각 영양소의 양을 공급하는 규정식을 공식화하는 것이다. 벡터 $\mathbf{b}$를 매일 요구되는 최소량으로 나타내면 다음을 만족하는 규정식 $\mathbf{x}$에 대하여

$$\mathbf{Ax} = \mathbf{b}$$

이다.

예를 들어 세 영양소와 네 가지 음식을 포함하는 규정식을 고려해 보자. 영양소의 행렬이 알려져 있고 최소 영양소를 목표로 하자. 영양소 표는 다음 행렬이다.

$$\mathbf{A} = \begin{bmatrix} 10 & 3 & 1 & 51 \\ 5 & 1 & 1 & 25 \\ 8 & 1 & 2 & 39 \end{bmatrix}$$

$\mathbb{R}^4$에서 규정식 벡터 x의 성분은 환자나 동물이 유용하게 쓸 수 있는 각 음식의 단위수를 가리킨다. 곱 $\mathbf{Ax}$는 세 성분의 벡터이고 우리는 이 성분이 든 최소 84, 43, 68을 원한다. 이 연립방정식을 계산해 볼 수 있다.

$$\begin{bmatrix} 10 & 3 & 1 & 51 \\ 5 & 1 & 1 & 25 \\ 8 & 1 & 2 & 39 \end{bmatrix} \begin{bmatrix} x_1 \\ x_2 \\ x_3 \\ x_4 \end{bmatrix} = \begin{bmatrix} 84 \\ 43 \\ 68 \end{bmatrix}$$

일반적으로 다음을 구할 수 있다.

$$\left[\begin{array}{cccc|c} 10 & 3 & 1 & 51 & 84 \\ 5 & 1 & 1 & 25 & 43 \\ 8 & 1 & 2 & 39 & 69 \end{array}\right] \sim \left[\begin{array}{cccc|c} 1 & 0 & 0 & 4 & 5 \\ 0 & 1 & 0 & 3 & 8 \\ 0 & 0 & 1 & 2 & 10 \end{array}\right]$$

일반해를 다음과 같이 얻을 수 있다.

$$\begin{bmatrix} x_1 \\ x_2 \\ x_3 \\ x_4 \end{bmatrix} = \begin{bmatrix} 5 \\ 8 \\ 10 \\ 0 \end{bmatrix} + x_4 \begin{bmatrix} -4 \\ -3 \\ -2 \\ 1 \end{bmatrix}$$

여기서 x_4는 자유 변수이다. 우리는 벡터 x의 성분이 음수가 되는 것을 원치 않으므로 $0 \le x_4 \le \frac{1}{2}$로 제한하자. 결과 중 특성해의 경우는 $x=(5, 8, 10, 0)$와 $(0, \frac{17}{4}, \frac{15}{2}, \frac{5}{4})$이다. 피벗행의 다른 선택은 다른 특성해를 가져온다.

이것은 연립**부등식**에서 해를 얻는 좋은 방법이다. $\mathbf{Ax}=\mathbf{b}$을

$$\mathbf{Ax} \ge \mathbf{b}$$

로 할 수 있다.($\mathbb{R}^n$에서 두 벡터 $\mathbf{u}$, $\mathbf{v}$에 대해서 $u_i \ge v_i$일 때 $\mathbf{u} \ge \mathbf{v}$라 하자. 단, $1 \le i \le n$이다.) 첫 문제 $\mathbf{Ax}=\mathbf{b}$가 해가 없다면 더욱더 확실하다.

식이 요법 문제에서 종종 연립방정식은 불능이다.(연립방정식에서 변수의 개수가 식의 개수보다 많으면 일치하지 않음을 기억하자.) 역으로 과다한 영양을 생각하지는 않으므로(단지 낭비일 뿐이다) 정확한 요구량은 필요하지 않다. 그것이 원칙적으로 불능이라면 문제의 우변전개는 무엇인가? 앞서 설명했듯이 분명히 우리는 단순히 $\mathbf{Ax} \ge \mathbf{b}$ 을 요구할 수 있다. 다음 문제를 행축소 연산으로 쉽게 풀 수 있을까?

$$\begin{cases} 3x_1 + 5x_2 \ge 7 \\ 6x_1 + 7x_2 \ge 16 \end{cases}$$

행 연산으로 다음을 얻는다.

$$\begin{cases} 3x_1 + 5x_2 \ge 7 \\ 0x_1 - 3x_2 \ge 2 \end{cases}$$

이것은 틀렸다. 예를 들어 $x_2 < 0$라고 보면 잘못된 곳은 어디인가? 부등식의 조작은 적절하지 못하다. 더 나은 접근은 양의 매개변수 p_1, p_2를 삽입하여 부등식을 방정식으로 바꾸는 것이다.

$$\begin{cases} 3x_1 + 5x_2 = 7 + p_1 \\ 6x_1 + 7x_2 = 16 + p_2 \end{cases}$$

표준 행축소의 첫 단계로

$$\begin{cases} 3x_1 + 5x_2 = 7 + p_1 \\ 0x_1 - 3x_2 = 2 + p_2 - 2p_1 \end{cases}$$

을 얻는다. p_2-2p_1는 양이거나 음이다. $x_2 \geq 0$이려면 $2+p_2-2p_1 \leq 0$이어야 한다. 예를 들어 $p_1=1$, $p_2=0$, $x_2=0$, $x_1=\frac{8}{3}$라 하자. 이 유형의 문제는 많은 해가 있을 수 있다. 일반적으로 비용함수도 포함된다. 이 경우 변수는 작은 값을 갖는다. 이것이 **선형 프로그래밍**(linear programming)이라 하는 문제 유형이다. 여기서 선형 목표 함수 $c_1x_1+\cdots+c_nx_n$를 $\mathbf{x} \geq 0$, $\mathbf{Ax} \geq 0$으로 제한한다. 특별한 값은 이런 유형의 문제에 유용하다. 행축소는 최적화 문제에서는 쓸모가 없다.

예제 13 식이 요법 문제는 연립부등식으로 주어진다.

$$\begin{bmatrix} 7 & 3 \\ 2 & 1 \\ 8 & 2 \end{bmatrix} \begin{bmatrix} x_1 \\ x_2 \end{bmatrix} \geq \begin{bmatrix} 8 \\ 5 \\ 12 \end{bmatrix}$$

한 개 혹은 그 이상의 해를 구하라.

풀이 연립부등식을 $\mathbf{Ax} \geq \mathbf{b}$ 등식으로 바꾼다. 음이 아닌 벡터 $\mathbf{p}$를 더함으로써 $\mathbf{Ax}=\mathbf{b}+\mathbf{p}$가 된다. 알려지지 않은 5개의 성분이 있다. 즉 $\mathbf{x}$의 두 성분과 $\mathbf{p}$의 세 성분이다. 여기서 논의된 문제의 행렬은

$$\left[\begin{array}{ccccc|c} 7 & 3 & -1 & 0 & 0 & 8 \\ 2 & 1 & 0 & -1 & 0 & 5 \\ 8 & 2 & 0 & 0 & -1 & 12 \end{array}\right]$$

이고 기약 행 사다리꼴은

$$\left[\begin{array}{ccccc|c} 1 & 0 & 0 & 1/2 & -1/4 & 1/2 \\ 0 & 1 & 0 & -2 & 1/2 & 4 \\ 0 & 0 & 1 & -5/2 & -1/4 & 15/2 \end{array}\right]$$

이다. 일반해는 다음과 같다.

$$\begin{cases} x_1 = \frac{1}{2} - \frac{1}{2}p_2 + \frac{1}{4}p_3 \\ x_2 = 4 + 2p_2 - \frac{1}{2}p_3 \\ p_1 = 15/2 + \frac{5}{2}p_2 + \frac{1}{4}p_3 \end{cases}$$

세 번째 등식에서 $p_2=p_3=0$라 놓으면 p_1의 가능한 최소값은 $\frac{15}{2}$이다. 이 $\mathbf{p}$의 값들에서 적절한 해 $(x_1, x_2)=(\frac{1}{2}, 4)$을 계산한다. 앞선 부등식의 우변에서 $(15.5, 5, 12) \geq (8, 5, 12)$임을 얻는다. ■

위험한 함정

이 절에서 주의해야 할 사항이다.

1. 일반적으로 AB ≠ BA이다. 예를 들어 다음과 같다.

$$\mathbf{AB} = \begin{bmatrix} 1 & 2 \\ 3 & 4 \end{bmatrix} \begin{bmatrix} 2 & 1 \\ 0 & 2 \end{bmatrix} = \begin{bmatrix} 2 & 5 \\ 6 & 11 \end{bmatrix}$$

$$\mathbf{BA} = \begin{bmatrix} 2 & 1 \\ 0 & 2 \end{bmatrix} \begin{bmatrix} 1 & 2 \\ 3 & 4 \end{bmatrix} = \begin{bmatrix} 5 & 8 \\ 6 & 8 \end{bmatrix}$$

일반적으로 행렬 곱의 인수들은 교환되지 않는다.

2. AB=AC이면 B=C일 수 없다. 예로 다음을 들 수 있다.

$$\mathbf{AB} = \begin{bmatrix} 1 & 2 \\ 1 & 2 \end{bmatrix} \begin{bmatrix} 1 & 3 \\ 5 & 7 \end{bmatrix} = \begin{bmatrix} 11 & 17 \\ 11 & 17 \end{bmatrix}$$

$$= \begin{bmatrix} 1 & 2 \\ 1 & 2 \end{bmatrix} \begin{bmatrix} 3 & -3 \\ 4 & 10 \end{bmatrix} = \mathbf{AC}$$

행렬 A의 소거는 옳지 않다.

3. AB=0이면 A=0이거나 B=0일 수는 없다. 예로 다음을 들 수 있다.

$$\mathbf{AB} = \begin{bmatrix} 3 & 4 \\ 9 & 12 \end{bmatrix} \begin{bmatrix} 4 & -4 \\ -3 & 3 \end{bmatrix} = \begin{bmatrix} 0 & 0 \\ 0 & 0 \end{bmatrix}$$

A와 B 둘 다 0이 아니다.

4. 실제 문제에서는 연립부등식 $\mathbf{Ax} \le \mathbf{b}$에서 행축소를 할 수 없다. 식이 요법에 관한 논의를 참조하라.

요약 3.1

- 행렬 성질:
  - 등식 A=B는 $A_{ij}=B_{ij}$를 뜻한다. (행렬의 상등)
  - $(A+B)_{ij}=A_{ij}+B_{ij}$ (행렬의 합)
  - $(cA)_{ij}=cA_{ij}$, c는 상수 (스칼라 곱)
- $\mathbf{b}_j$가 B의 열벡터일 때 $AB=[A\mathbf{b}_1, A\mathbf{b}_2, \ldots, A\mathbf{b}_n]$이고 $A\mathbf{b}_j=\sum_{r=1}^{n} b_{rj}\mathbf{a}_r$
- $(AB)_{ij}=\sum_{r=1}^{n} a_{ir}b_{rj}$ (행렬 곱)
- 특별한 행렬:
  - $\delta_{ij}=1(i=j$일 때), $\delta_{ij}=0(i \neq j$일 때)이면 $I=I_n=(\delta_{ij})$ (단위행렬)
  - 정방행렬 A에 대해서, Diag(A)는 행렬 A의 대각 성분을 갖고, 그 외의 다른 성분들은 모두 0의 값을 갖는다.
  - 하삼각행렬 L은 $\ell_{ij}=0(j>i$ 일 때)
  - 상삼각행렬 U는 $u_{ij}=0(j<i$ 일 때)
- $(A^T)_{ij}=A_{ji}$ (전치행렬)
- $A=A^T$이면 A는 대칭행렬
- $A^T=-A$이면 A는 반대칭행렬
- 임의의 정방행렬은 대칭행렬과 반대칭행렬의 합이다. $A=\frac{1}{2}(A+A^T)+\frac{1}{2}(A-A^T)$
- 기본행렬의 예:

- $E_1 = \begin{bmatrix} 1 & 0 & 0 \\ 0 & 1 & 0 \\ c & 0 & 1 \end{bmatrix}$ (교체 : $\mathbf{r}_i + c\mathbf{r}_j$를 r_i에 놓는다; $n=3$, $i=3$, $j=1$)
- $E_2 = \begin{bmatrix} 1 & 0 & 0 \\ 0 & c & 0 \\ 0 & 0 & 1 \end{bmatrix}$ (비율 : $c\mathbf{r}_i \to \mathbf{r}_i$; $n=3$, $i=2$)
- $E_3 = \begin{bmatrix} 0 & 1 & 0 \\ 1 & 0 & 0 \\ 0 & 0 & 1 \end{bmatrix}$ (교환 : $\mathbf{r}_i \leftrightarrow \mathbf{r}_j$; $n=3$, $i=1$, $j=2$)
- A~B이면 $E_kE_{k-1} \cdots E_2E_1A = B$이다.($E_i$는 기본행렬).
- 곱 Ax는 열벡터 x에 A의 뒤곱으로 계산할 수 있다.
- 곱 $\mathbf{y}^TA$는 행벡터 $\mathbf{y}^T$에 A의 앞곱으로 계산할 수 있다.
- 때때로 일차부등식을 음이 아닌 벡터를 도입하여 방정식으로 바꾸어 풀 수 있다.
- 행렬에 대한 정리:
  - A가 $n \times n$ 행렬이면 $AI_n = I_nA = A$.
  - 모든 상삼각행렬의 집합은 $\mathbb{R}^{n \times n}$의 부분공간이다.
  - 두 $n \times n$ 상삼각행렬의 곱은 상삼각행렬이다. 하삼각행렬도 마찬가지이다.
  - $(AB)^T = B^TA^T$
  - 일반적으로 $AB \neq BA$ (행렬 곱은 일반적으로 교환법칙이 성립하지 않는다.)
  - $(AB)C = A(BC)$ (행렬 곱은 결합법칙이 성립한다.)
  - $S(\mathbf{y}) = A\mathbf{y}$이고 $T(\mathbf{x}) = B\mathbf{x}$라면 S와 T의 합성은 $(S \circ T)(\mathbf{x}) = AB\mathbf{x}$이다.
  - $\mathcal{R}(A)$가 행렬 A에 행 연산 $\mathcal{R}$을 적용한 결과이고 $\mathcal{R}(I)$가 I에 행 연산을 적용한 결과라면 $\mathcal{R}(A) = \mathcal{R}(I)A$이다.
  - $\mathbf{y}^TA = [y_1, y_2, \ldots, y_n]$, $A = \sum_{i=1}^{n} y_i\mathbf{r}_i$. 여기서 $\mathbf{r}_i$는 A의 행이다. (벡터-행렬 곱)
  - $AB = \begin{bmatrix} \mathbf{r}_1 \\ \mathbf{r}_2 \\ \vdots \\ \mathbf{r}_m \end{bmatrix} B = \begin{bmatrix} \mathbf{r}_1B \\ \mathbf{r}_2B \\ \vdots \\ \mathbf{r}_mB \end{bmatrix}$, $\mathbf{r}_i$는 A의 행이다.
- **주의:**
  - $AB \neq BA$. 행렬 곱은 일반적으로 교환되지 않는다.
  - $AB = AC$라면 $B = C$라고 할 수 없다. 행렬 A의 소거는 일반적으로 옳지 않다.
  - $AB = 0$이면 $A = 0$이거나 $B = 0$이라고 할 수 없다.
  - $A\mathbf{x} \leq \mathbf{b}$이거나 $A\mathbf{x} \geq \mathbf{b}$와 같은 일차부등식에서 행축소를 기대하지 말라.

주요 개념 3.1

공간 $\mathbb{R}^{m \times n}$의 모든 $m \times n$ 행렬, 행렬의 합과 곱, 두 벡터의 내적, 행렬의 벡터 곱, 대각행렬, 단위행렬, 전치행렬, 대칭행렬, 반대칭행렬, 기본행렬, 삼각행렬, 결합성, 교환성, 상삼각행렬, 하삼각행렬, 크로네커 델타, 외적, 식이 요법 문제

일반 연습문제 3.1

1. 예제 4에서 언급하였듯이 왜 BA가 계산될 수 없는지 설명하라.
2. A가 정방행렬이면 AA가 존재하고 A^2으로 표시된다. 행렬의 제곱을 계산하라.

$$A = \begin{bmatrix} 1 & 2 & 3 \\ 4 & 5 & 6 \\ 7 & 8 & 9 \end{bmatrix}$$

3. 실수 r에 대해서 $r^2 = 0$이면 $r = 0$이다. 이것이 행렬 제곱에

서도 성립할 수 있는가? 정리나 예를 들어 보라.

4. 행렬 A에 대해서 상삼각행렬의 정확한 정의가 $j \ge i$일 때 $A_{ij} \neq 0$인가?

5. 행렬 $A = \begin{bmatrix} 1 & 2 \\ 3 & 4 \end{bmatrix}$에 대해서 교환 가능한 2×2 행렬을 모두 찾으라.

6. 행 연산에서 $i \neq j$일 때 연산 $\mathbf{r}_i \leftarrow \mathbf{r}_i + \alpha \mathbf{r}_j$을 왜 주장해야 하는지 설명하라.

7. 다음 중 기본행렬이 아닌 것은?

a. $\begin{bmatrix} 0 & 1 \\ 1 & 0 \end{bmatrix}$ **b.** $\begin{bmatrix} 1 & 0 \\ 0 & 3 \end{bmatrix}$

c. $\begin{bmatrix} 1 & 0 & 0 \\ 0 & 2 & 0 \\ 0 & 0 & 1 \end{bmatrix}$ **d.** $\begin{bmatrix} 2 & 0 & 0 \\ 0 & 0 & 0 \\ 0 & 0 & 1 \end{bmatrix}$

e. $\begin{bmatrix} 1 & 0 & 0 \\ 3 & 1 & 0 \\ 0 & 0 & 1 \end{bmatrix}$ **f.** $\begin{bmatrix} 1 & 2 & 0 \\ 0 & 1 & 0 \\ 0 & 0 & 1 \end{bmatrix}$

8. 행렬 $A = \begin{bmatrix} 1 & 1 \\ 2 & 1 \\ 3 & 1 \end{bmatrix}$, $B = \begin{bmatrix} 1 & -3 & 2 \\ 5 & -7 & 3 \end{bmatrix}$, 벡터 $\mathbf{c} = \begin{bmatrix} 2 \\ 3 \\ 1 \end{bmatrix}$라 하자. BA=I임을 보이라. 그런 다음 양변에 B를 곱하여 $A\mathbf{x}=\mathbf{c}$임을 풀라. 이 결과는 $BA\mathbf{x}=B\mathbf{c}$이거나 $\mathbf{x}=B\mathbf{c}$이다. $A\mathbf{x}=\mathbf{c}$임을 독립적인 계산으로 보이라.

9. $A = \begin{bmatrix} 1 & 2 & 3 \\ 4 & 5 & 6 \end{bmatrix}$이라 하자. A^T는 무엇인가? $\mathbf{x} = \begin{bmatrix} 1 \\ -1 \\ 1 \end{bmatrix}$이라면 $A\mathbf{x}$는 무엇인가?

10. $A = \begin{bmatrix} 1 & 3 & 2 \\ -1 & -2 & 1 \\ 1 & 5 & 7 \end{bmatrix}$ $B = \begin{bmatrix} 1 & 0 & 4 \\ 2 & 1 & 0 \\ 0 & 1 & 1 \end{bmatrix}$ C=AB이다. C_{23}, A^T, A+B, 그리고 B^2을 계산하라.

11. 행렬 $\begin{bmatrix} 1 & 3 \\ 2 & -1 \end{bmatrix}$과 교환할 수 있는 모든 행렬을 구하라.

12. AB=**0**을 만족하는 0이 아닌 $n \times n$ 행렬을 찾을 수 있다. 이것은 B=A일 때도 가능한가? $B=A^T$일 때도 가능한가?

13. 이 식이 요법 문제는 일차방정식에서 왜 불가능한지를 설명하라.

$$A = \begin{bmatrix} 1 & 3 \\ 2 & 1 \\ 4 & 1 \end{bmatrix} \qquad \mathbf{b} = \begin{bmatrix} 8 \\ 5 \\ 12 \end{bmatrix}$$

14. (계속) 앞선 연습문제에서 A와 **b**를 이용하여 부등식 $A\mathbf{x} \ge \mathbf{b}$의 적절한 해를 구하라. 벡터 **y**가 $\mathbf{b} \le A\mathbf{y} \le A\mathbf{x}$를 만족한다면 **x**=**y**를 만족하는 벡터 **x**가 존재한다. 그런 **x**를 찾아보라.

15. 이 식이 요법 문제를 풀라.

$$A = \begin{bmatrix} 1 & 5 & 3 & 2 \\ 4 & 1 & 3 & 6 \\ 2 & 3 & 5 & 1 \end{bmatrix} \qquad \mathbf{b} = \begin{bmatrix} 49 \\ 82 \\ 54 \end{bmatrix}$$

일반적으로 다른 것보다 더 좋은 해가 있다. 영양목표에 도달하기 위해 영양소의 최소량을 사용하여 최적해를 찾아보라.

16. 식이 요법 문제에 대한 이 해를 평가해 보라.

$A\mathbf{x} \ge \mathbf{b}$ 여기서 $A = \begin{bmatrix} 1 & 2 \\ 1 & 3 \\ 3 & 4 \end{bmatrix}$이고 $\mathbf{b} = \begin{bmatrix} 8 \\ 9 \\ 17 \end{bmatrix}$ 우리는

$\left[\begin{array}{cc|c} 1 & 2 & 8 \\ 1 & 3 & 9 \\ 3 & 4 & 17 \end{array}\right] \sim \left[\begin{array}{cc|c} 1 & 2 & 8 \\ 0 & 1 & 1 \\ 0 & -2 & -7 \end{array}\right] \sim \left[\begin{array}{cc|c} 1 & 0 & 1 \\ 0 & 1 & 1 \\ 0 & 2 & 7 \end{array}\right]$임을 안다. 그리하여 $x_1=1$, $x_2=1$이나 $\frac{7}{2}$을 얻는다.

17. $A = \begin{bmatrix} 0 & -1 \\ 2 & 1 \\ 1 & 0 \end{bmatrix}$ $B = \begin{bmatrix} 2 & 0 \\ -1 & 0 \\ 0 & 1 \end{bmatrix}$에서 AB^T의 자세한 연산을 보이라.

a. 뒤곱

b. 앞곱

18. 행렬 $A = \begin{bmatrix} 1 & 0 & -4 \\ 3 & 3 & -1 \\ 4 & -1 & 0 \end{bmatrix}$을 대칭행렬과 반대칭행렬의 합으로 분해하라.

19. $\begin{bmatrix} 3 & 2 \\ 1 & 5 \end{bmatrix}$에 교환법칙이 성립하는 2×2 행렬을 모두 찾으라.

20. 이 추론의 결점을 설명하라: BA=I이다. Ax=b를 풀기 위해 B를 곱하면 BAx=Bb이고 x=Bb이다.

21. 두 삼각행렬의 곱은 상삼각행렬임을 증명하라.(두 행렬은 크기가 같은 정방행렬이다.)

22. 다음에서 각 표현은 $A=(a_{ij})$, $(B^TA)_{ks}$나 $(A^2)_{st}$와 같은 곱에서 한 성분을 나타낸다. 각각을 확인해 보라.(각 예에서 합의 기호는 1부터 적절한 상한까지를 나타낸다.)

a. $\sum_{t=1}^{n} A_{tk}B_{ti}$　　b. $\sum_{r=1}^{n} B_{rj}A_{ri}$

c. $\sum_{s=1}^{n} B_{js}A_{is}$　　d. $\sum_{k=1}^{n} B_{ks}B_{kt}$

e. $\sum_{s=1}^{n} A_{is}A_{sj}$　　f. $\sum_{t=1}^{n} (A^T)_{jtk}B_{tk}$

g. $\sum_{i=1}^{n} A_{ji}(B^T)_{ik}$　　h. $\sum_{j=1}^{n} B_{ij}A_{js}$

i. $\sum_{s=1}^{n} B_{sj}B_{jt}$　　j. $\sum_{i=1}^{n} B_{sj}B_{jt}$

k. $\sum_{j=1}^{n} B_{sj}B_{jt}$　　l. $\sum_{i=1}^{n} A_{is}A_{ij}$

m. $\sum_{j=1}^{n} (B^T)_{sj}A_{ji}$　　n. $\sum_{k=1}^{n} (A^T)_{rk}B_{ik}$

23. 임의의 정방행렬 A에 대하여, $A+A^T$, AA^T가 대칭인 이유를 설명하라. 위의 전제에서 A는 왜 정방행렬이어야 하는지 설명하라.

24. (계속) 모든 정방행렬은 대칭행렬과 반대칭행렬의 합인 이유를 설명하라. 연습문제 3이 도움이 될 것이다.

25. 모든 정방행렬은 하삼각과 상삼각행렬의 합인 이유를 설명하라.

26. 대각행렬, 상삼각행렬, 대칭행렬은 $\mathbb{R}^{n\times n}$의 세 부분공간을 형성함을 보이라.

27. 임의의 행렬 A에 대하여 $(A^T)^T=A$임을 설명하라.

28. $(m, n) \neq (\alpha, \beta)$이면 $\mathbb{R}^{m\times n} \neq \mathbb{R}^{\alpha\times\beta}$임을 보이라.

29. 두 $n\times n$ 대칭행렬의 곱은 대칭행렬인 이유를 설명하고 예를 찾으라.

30. A를 $\mathbb{R}^{n\times n}$의 행렬이라 하자. A와 교환법칙이 성립하는 모든 행렬의 집합을 생각해 보라. 이 집합도 $\mathbb{R}^{n\times n}$의 부분공간인가?

31. A를 $n\times n$ 행렬이라 하자. A에서 A는 모든 다항식과 교환됨을 보이라.(행렬의 형태는 $\alpha_0I+\alpha_1A+\alpha_2A^2+\cdots+\alpha_mA^m$임을 의미한다.)

32. 2×2 행렬에 대해, 거듭제곱은 $\mathbb{R}^{2\times 2}$를 생성한다는 성질을 갖는 것이 가능한가?($A^0=I$를 포함한다.)

33. 2×2 행렬에 대해, A^2은 I와 A의 일차결합임을 설명하라.

34. 제곱행렬이 0일 때, 성분이 0이 아닌 2×2 행렬을 구하라.

35. 계수가 7인 7×7 행렬의 성분이 5이거나 8인가?

36. $(A+B)^T=A^T+B^T$임을 보이라.

37. 두 반대칭행렬의 곱은 반대칭행렬인 이유를 설명하거나 예를 찾으라.

38. 두 행렬 A, B는 서로 행동치는 아니지만 전치행렬은 행동치인 예를 들라.

39. 2×2 행렬 A가 다음 방정식을 만족하는지를 밝혀 보라.

$A^2-(A_{11}+A_{22})A+(A_{11}A_{22}-A_{12}A_{21})I=0$

[이것은 케일리-해밀턴(Cayley-Hamilton) 정리의 한 경우이다. 8.1절 참조.]

40. 정리 8의 나머지를 증명하라.(두 행 교환은 다른 두 경우의 행 연산에 의해 실행될 수 있음을 상기하라.)

41. x와 y가 $\mathbb{R}^n$의 두 벡터라면 그들의 **외적**(outer product)은

$$xy^T = \begin{bmatrix} x_1 \\ x_2 \\ \vdots \\ x_n \end{bmatrix} \begin{bmatrix} y_1 & y_2 & \cdots & y_n \end{bmatrix}$$

이다. x와 y는 열벡터라고 가정하자. 외적은 $n\times n$ 행렬이고, $A_{ij}=x_iy_j$로 명확히 나타낼 수 있다. 이 행렬의 행은 서로 스칼라 곱인 이유를 설명하라. xy^T의 계수(rank)는 얼마인가?(계수는 1.3절에서 정의함.)

42. 모든 정방행렬은 하삼각행렬과 상삼각행렬의 곱인가?

43. 내적이 다음 성질을 만족하는지를 설명하라: x · y=y · x.

44. $A^2=0$인 2×2 행렬 A를 찾으라.

45. A가 $m\times n$ 행렬이라면 AI_n, AI_m, I_mA와 I_nA는 무엇이라고 단정할 수 있는가?

46. (도전) A가 2×2 상삼각행렬이고 B가 2×2 하삼각행렬이라면 곱 AB가 갖는 특별한 성질은 무엇인가? 2×2 행렬이 상삼각행렬과 하삼각행렬의 곱으로 분해될 수 있는가?

47. 이 분명한 모순을 설명하라. 행렬 A와 B에 대하여 $AB \neq BA$임을 안다. 하지만 이 연산에서 $A_{ik}B_{kj}$를 바꾸자.

$(AB)_{ij}=\sum_{k=1}^{n} A_{ik}B_{kj}=\sum_{k=1}^{n} B_{kj}A_{ik}$

48. $AA^T=I$인 두 개의 다른 2×2 행렬을 찾으라.

49. $A \oplus B=AB+BA$라고 정의하자. 이 연산은 교환 가능한가? 결합성인가? 연산 $A \boxplus B=AB-BA$에 대해서는 어떠한가?

50. 등식 $Ax=\sum_k x_kc_k$에서 전치를 하여 정리 9를 증명하라.

51. A를 정방행렬이라고 하자. 동차방정식 $A^2x=0$이 비자명한 해를 갖는다고 가정하자. $Ay=0$이 비자명한 해를 가짐을 증명하라.

52. A, B, P가 $n\times n$ 행렬이라 하자. $A=PBP^T$라면 A가 대칭행렬인가?

53. A~B라면 A=CB를 만족하는 정칙행렬 C가 있음을 증명하라.

54. 정방행렬 A의 열의 합이 1과 같다고 가정하자. 모든 정수 2, 3, ...에 대해서 A^k에도 같은 성질이 적용되는가?

55. (계속) 열들의 합이 모두 같지만 1은 아닐 때 앞선 연습문제에서 다루었던 논의를 반복해 보라.

56. 다음 식들이 참임을 증명해 보고 다를 때는 몇 가지 예를 들라. 각 경우는 $n\times n$ 행렬이다.

a. $(A+B)^2=A^2+2AB+B^2$

b. $AB=0$이면 $A=0$ 이거나 $B=0$

c. $(A-B)(A+B)=A^2-B^2$

d. $A^2B^2=(AB)^2$

e. $C(A+B)=CB+CA$ f. $A^2=0$이면 $A=0$

g. $AB=BA$ h. $(A+B)C=BC+AC$

57. A와 B가 대칭행렬이라고 가정하자. $(AB)^T=BA$인가? 역도 사실인가?

58. 임의의 행렬 A에 대해서 AA^T는 대칭행렬임을 증명하라.

59. 가정 'A가 정방행렬이다'가 '$A+A^T$가 대칭행렬'이라는 결론을 가질 수 있는지를 설명하라.

60. $A=(a_{ij})$와 $B=(b_{ij})$에서 성분들을 알아보라. 다음 값을 계산하라: $\sum_{k=1}^{3}a_{2k}$, $\sum_{k=1}^{3}a_{k3}$, $\sum_{j=1}^{3}a_{j3}\delta_{j3}$, $\sum_{j=1}^{3}a_{2j}b_{j3}$. 크로네커 델타 δ_{ij}가 $i=j$일 때 1, 그렇지 않을 때 0임을 상기하자.

61. 행렬 A가 $A^TA=AA^T$라 하자. A가 정방행렬인가? 역도 참인가? 즉 A가 정방행렬이라면 $A^TA=AA^T$인가?

62. 두 $n\times n$ 하삼각행렬의 곱은 하삼각행렬임을 증명하라.

63. 벡터 x에 대하여 x의 모든 성분이 음이 아니라면 $x \geq 0$일 때 $Ax \geq 0$인 $m\times n$ 행렬 A가 있다고 하자. A의 모든 성분들은 음이 아닌가?

64. A가 각 성분이 양인 $m\times n$ 행렬이라 하자. $\mathbb{R}^n$의 b에 대해서 부등식 $Ax \geq b$가 해를 가짐을 증명하라. 또한 A의 각 성분이 양수라는 가정을 하지 않으면 결과가 거짓임을 보이라.

65. (개방형 문제) $A=\begin{bmatrix} 3 & 2 & 1 \\ 4 & 1 & 2 \\ 3 & 1 & 5 \\ 0 & 2 & 1 \end{bmatrix}$ $b=\begin{bmatrix} 2 \\ 3 \\ 2 \\ 1 \end{bmatrix}$라 하자.

이 식이 요법 문제에서 무엇을 얻을 수 있는가?(우리는 $Ax \geq b$임을 원한다.)

66. x와 y가 벡터라면, $x > y$일 때, $Ax \geq Ay$인가? A의 어떤 가정이 이를 유용하게 하는가? 스스로 고안한 장치를 증명하고 예를 들라.

67. 두 대칭행렬에서 그들의 곱이 대칭행렬일 필요충분조건을 찾으라.

68. (계속) 일반적으로 2×2 대칭행렬의 곱이 대칭행렬이 아닌 행렬을 구하라.

69. Ω를 A로 부터 기약 행 사다리꼴 Ω(A)를 만드는 연산이라 하자. $\Omega(AB)=\Omega(A)B$임을 설명하라.

70. $\mathbb{R}^{n\times n}$에서 합을 등식 $(A\oplus B)_{ij}=A_{ij}+B_{ji}$으로 정의하자. $\mathbb{R}^{m\times n}$은 벡터공간인가?('예'나 '아니요'로는 충분하지 않다.)

71. 연산 $A \rightarrow A^T$가 선형임을 증명하라.

72. 예제 12에서 A와 B가 0이 아니라면 $AB=0$인가? 2×2 행렬에 대해서 이것이 참일 수 있는 일반적인 조건을 찾고 단순한 예를 들라.

참-거짓 연습문제 3.1

1. A는 두 행렬의 곱이라 하자.

$$A=\begin{bmatrix} 2 & 1 & 4 \\ 5 & 2 & -1 \end{bmatrix}\begin{bmatrix} 6 & 1 & 4 & 1 \\ 2 & 0 & 2 & 2 \\ 1 & 3 & 5 & 3 \end{bmatrix}$$

그러면 $A_{23}=19$이다.

2. $A=\begin{bmatrix} 2 & 3 & 1 \\ 4 & 5 & 1 \end{bmatrix}$ $B=\begin{bmatrix} 2 & 1 \\ 3 & 2 \\ 1 & 1 \end{bmatrix}$

$C=AB$라 정의하자. 그러면 $C_{12}=9$이다.

3. $A = \begin{bmatrix} 2 & 3 & 1 \\ 4 & 5 & 1 \end{bmatrix}$ $B = \begin{bmatrix} 3 & 2 \\ 1 & 0 \\ 5 & 8 \end{bmatrix}$이라 하자. C=BA로 정의하자. 그러면 $C_{12}=19$이다.
4. 두 $n \times n$ 대칭행렬의 합은 대칭행렬이다.
5. 등식 AB=BA는 결코 참이 아니다.
6. A가 $m \times n$ 행렬이고 B가 $n \times m$ 행렬이다. 그러면 $(AB)^T = B^T A^T$이다.
7. $n \times n$ 행렬 A, B, C에 대해서 다음 세 가지 규칙은 유효하다: (BA)C=B(AC)이고 A+B=B+A, BC=CB.
8. 전치연산은 $n \times n$ 행렬에 대해서 다음 세 가지 규칙을 따른다: $(A^T)^T = A$, $(A+B)^T = B^T + A^T$, $(BA)^T = A^T B^T$.
9. $m \times n$ 행렬 A와 B에 대하여, 등식 $(A+B)^T = B^T + A^T$는 항상 타당하다.
10. 정방행렬 A에 대해서, $A + A^T$는 대칭행렬이다.
11. 두 $m \times n$ 행렬에 대해서 $(A+B)^T = B^T + A^T$이다.
12. 두 $n \times n$ 행렬 A, B에서 $\sum_{j=1}^{n} (B^T)_{sj} A_{ji} = (AB^T)_{si}$이다.
13. $n \times n$ 행렬 A에서 $A^2=0$이면 A=0이다.
14. $n \times n$ 행렬에서 소거법칙이 성립한다: AB=CA이고 $A \neq 0$이면 B=C이다.
15. A가 $m \times n$ 행렬, B가 $n \times k$ 행렬, C가 $m \times k$ 행렬이라 하자. 다음 두 사실은 논리적으로 동치이다.
    a. C=AB
    b. $C_{ij} = \sum_{r=1}^{n} A_{ir} B_{rj}$, $1 \le i \le m$, $1 \le j \le k$
16. $A \ge 0$이고, Ax=x이면 $x \ge 0$이다.
17. A, B는 $n \times n$ 행렬이다. 스칼라 t에 대하여 다음과 같은 공식이 성립된다.
    $t(AB) = (tA)(tB)$
18. $A = \begin{bmatrix} 1 & 4 & 3 & 2 \\ 2 & 0 & -3 & 5 \\ -3 & 5 & 7 & 1 \end{bmatrix}$, $B = \begin{bmatrix} 3 & 5 & 4 & 3 & 2 \\ -4 & 1 & 11 & 7 & 13 \\ 2 & -5 & 1 & 4 & 6 \\ 3 & -7 & 6 & 2 & 1 \end{bmatrix}$이고, C=AB일 때, $C_{32}=35$이다.
19. A, B, C는 $n \times n$ 행렬이고, C=AB이면, $\sum_{k=1}^{n} (A^T)_{rk} B_{ik} = C_{ir}$이다.
20. 크로네커 델타는 $\delta_{ij} = \begin{cases} 1, & \text{if } i = j \\ 0, & \text{if } i \neq j \end{cases}$ 이다.
21. AB의 각 열벡터는 행렬 B의 열벡터들의 일차결합이다.
22. $A = -A^T$일 때, 행렬 A를 반대칭이라 부른다. 이때 두 $n \times n$ 반대칭행렬들의 곱은 반대칭이다.
23. 모든 $n \times n$ 행렬들에 대하여 $(AB)^T = A^T B^T$이다.
24. 행렬 A와 벡터 x, b에 대하여 방정식 Ax=b이 성립된다면, b는 행렬 A의 행들의 일차결합이다.
25. 행렬 A, B는 $n \times n$ 행렬이고, $n \ge 2$일 때, $B \neq 0$이고, BAx=0이면 Ax=0이다.
26. $\begin{bmatrix} 1 & 3 & 2 \end{bmatrix} \begin{bmatrix} -2 \\ 3 \\ 0 \end{bmatrix} = \begin{bmatrix} 7 \end{bmatrix}$
27. $\begin{bmatrix} 1 & 3 & 2 \end{bmatrix} \begin{bmatrix} 2 \\ 3 \\ 0 \end{bmatrix} = \begin{bmatrix} 2 & 6 & 2 \\ 3 & 9 & 6 \\ 0 & 0 & 0 \end{bmatrix}$

선다형 연습문제 3.1

항상 첫 번째로 옳은 답을 선택하라.

1. 행렬의 곱 $\begin{bmatrix} 6 & 7 \\ 8 & 9 \end{bmatrix} \begin{bmatrix} 1 & -1 \\ 2 & -1 \end{bmatrix}$은?
    a. $\begin{bmatrix} -1 & 5 \\ 26 & 7 \end{bmatrix}$ b. $\begin{bmatrix} 20 & -17 \\ 26 & -13 \end{bmatrix}$
    c. $\begin{bmatrix} 20 & -13 \\ 26 & -17 \end{bmatrix}$ d. $\begin{bmatrix} 6 & -7 \\ 16 & -9 \end{bmatrix}$
    e. 위 항목 중 답이 없다.
2. 곱 AB에서 j번째 열은?
    a. B를 A의 j번째 열에 곱한 것이다.
    b. A의 j번째 행을 B에 곱한 것이다.
    c. A를 B의 j번째 행에 곱한 것이다.
    d. A를 B의 j번째 열에 곱한 것이다.
    e. 위 항목 중 답이 없다.
3. A, B, C가 $n \times n$ 행렬이고, C=BA일 때 C_{rs}는?

a. $\sum_{i=1}^{n} b_{ri}a_{is}$　　b. $\sum_{s=1}^{n} b_{rs}a_{js}$

c. $\sum_{i=1}^{n} a_{si}b_{ir}$　　d. $\sum_{j=1}^{n} b_{js}a_{jr}$

e. 위 항목 중 답이 없다

4. $A = \begin{bmatrix} 2 & -5 & 0 \\ -1 & 3 & -4 \\ 6 & 8 & -7 \\ -3 & 0 & 9 \end{bmatrix}$ $B = \begin{bmatrix} 4 & 6 \\ 7 & 1 \\ 3 & 2 \end{bmatrix}$일 때 AB의 두 번째 행은?

a. $[-1\ \ 3\ \ -4]$　　b. $[5\ \ -11]$

c. $[47\ \ -3]$　　d. $[7\ \ 1]$

e. 위 항목 중 답이 없다.

5. AB=BA인 $n\times n$ 행렬 A, B에 대해서 다음 중 결과가 옳지 않은 것은?

a. $(AB)^2=A^2B^2$

b. $A^2B=B^2A^2$

c. $A^TB^T=B^TA^T$

d. $(A+B)^2=A^2+AB+B^2$

e. 위 항목 중 답이 없다.

6. A, B가 $n\times n$ 행렬일 때 다음 중 옳지 않은 것은?

a. $(AB)^T=A^TB^T$　　b. $A^3A^5=A^8$

c. $(A+B)^T=B^T+A^T$　　d. $(A^TA)^T=A^TA$

e. 위 항목 중 답이 없다.

7. 행렬에서 다음 식 중 일반적으로 성립하지 않는 것은? 모든 경우에 있어서 행렬은 합과 곱에 대하여 적당한 크기를 갖는다고 가정한다.

a. $A+B=B+A$

b. $A(BC)=(AB)C$

c. $(AB)^T=A^TB^T$

d. $c(AB)=A(cB)$ (c는 스칼라)

e. 위 항목 중 답이 없다.

8. A, B, C가 $n\times n$ 행렬일 때 다음 중 옳은 것은?

a. $A(B+C)=BA+CA$

b. $AB=BA$

c. $(AB)^T=A^TB^T$

d. $A+B=B+A$

e. 위 항목 중 답이 없다.

9. 행렬에서 다음 식 중 항상 옳지 않은 것은?

a. $(BC)A=B(CA)$

b. $(B+C)A=BA+CA$

c. $(AB)^T=A^TB^T$

d. $A+B=B+A$

e. 위 항목 중 답이 없다.

10. $n\times n$ 행렬에서 다음 중 일반적으로 옳지 않은 것은?

a. $A(B+C)=AB+AC$

b. $A(BC)=(AB)C$

c. $(B+C)A=BA+AC$

d. $s(AB)=(sA)(sB)$ (s는 스칼라)

e. 위 항목 중 답이 없다.

11. 다음 중 기본행렬은?

a. $\begin{bmatrix} 1 & 0 & 3 \\ 0 & 1 & 0 \\ 0 & 0 & 1 \end{bmatrix}$　　b. $\begin{bmatrix} 1 & 1 & 1 \\ 0 & 1 & 1 \\ 0 & 0 & 1 \end{bmatrix}$

c. $\begin{bmatrix} 0 & 1 & 0 \\ 0 & 0 & 1 \\ 1 & 0 & 0 \end{bmatrix}$　　d. $\begin{bmatrix} 2 & 0 & 0 \\ 0 & 1 & 0 \\ 0 & 0 & 2 \end{bmatrix}$

e. 위 항목 중 답이 없다.

12. A는 $m\times n$, B는 $n\times k$, C는 $m\times k$ 행렬이라 하자. C=AB일 때, C_{ij}는?

a. $\sum_{r=1}^{m} A_{ru}B_{rj}$　　b. $\sum_{j=1}^{m} B_{rj}A_{ir}$

c. $\sum_{i=1}^{n} A_{ij}B_{ij}$　　d. $\sum_{r=1}^{m} A_{ri}B_{jr}$

e. 위 항목 중 답이 없다.

13. 다음 중 옳지 않은 것은?

a. $(A+B)^T=B^T+A^T$

b. $(A^T)^T=A$

c. $(cA)^T=cA^T$ (c는 스칼라)

d. $(A+A^T)^T=A+A^T$

e. 위 항목 중 답이 없다.

14. A, B가 $n\times n$ 행렬일 때, 다음 식 중 일반적으로 성립하지 않는 것은?(p, q는 임의의 음이 아닌 정수.)

a. $A^{p+q}=A^pA^q$　　b. $(A^p)^q=A^{qp}$

c. $A^pA^q=A^{q+p}$ d. $(AB)^p=A^pB^p$

e. 위 항목 중 답이 없다.

15. A, B, C가 $n\times n$ 행렬일 때, 다음 중 성립하지 않는 것은?

a. $(AB)C=A(BC)$ b. $A(B+C)=AC+AB$

c. $(B+C)A=BA+AC$ d. $(BA)^T=A^TB^T$

e. 위 항목 중 답이 없다.

16. $A=\begin{bmatrix} 3 & 2 & 1 \\ 4 & -1 & 0 \\ 2 & -3 & 1 \end{bmatrix}$ $B=\begin{bmatrix} 1 & 3 & 2 \\ 2 & 1 & 0 \\ 0 & 3 & -2 \end{bmatrix}$일 때 다음 중 AB 의 원소는?

a. 14 b. ±4

c. 7과 6 d. 11 또는 99

e. 위 항목 중 답이 없다.

17. $A=\begin{bmatrix} 1 \\ 3 \end{bmatrix}$ $B=\begin{bmatrix} 2 & 1 \\ 3 & 4 \end{bmatrix}$ $C=\begin{bmatrix} 2 & 3 & 7 \end{bmatrix}$ $D=\begin{bmatrix} 1 & 4 \\ 2 & 5 \\ 3 & 6 \end{bmatrix}$일 때 다음 중 계산이 가능한 것은?

a. DCBA b. ABDC

c. BACD d. CDBA

e. 위 항목 중 답이 없다.

컴퓨터 연습문제 3.1

1. Matlab, Maple, Mathematica와 같은 수학 소프트웨어를 이용하여 다양한 크기와 형태의 상삼각행렬, 하삼각행렬, 대칭행렬, 반대칭행렬들을 만들어 보라. 다양한 정수들을 넣어 행렬들을 반복하여 만들어 보라.

2. (계속) 같은 형태(상삼각, 하삼각, 대칭, 반대칭행렬)의 임의의 두 정수 행렬을 곱하여 보자. 이 경우에 행렬의 곱의 결과는 같은 형태의 행렬이 되는가?

3. (계속) 임의의 정수 행렬들을 이용하여 요약 3.1에 있는 주의사항을 설명하라.

4. (계속) 다양한 행렬들을 사용하여 $(AB)^T=B^TA^T$를 설명하라.

3.2 역행렬

인생에 있어서 두 가지 즐거움은 수학을 발견하는 것과 수학을 가르치는 것입니다.

—포아송(SIMÉON POISSON, 1781~1840)

신은 정수를 만들었고, 그 밖의 모든 것은 인간의 연구에 의한 것입니다.

—크로네커(LEOPOLD KRONECKER, 1823~1891)

연립방정식 $\mathbf{Ax}=\mathbf{b}$을 풀기 위하여 단순히 A로 나누어 해 $\mathbf{x}=\mathbf{A}^{-1}\mathbf{b}$을 얻는 것이 유리하지 않을까? 이것과 유사한 많은 경우에 있어서 가능하다.(Matlab에서 하나의 명령어 A\b를 가지고 해를 얻게 된다. 이런 일들은 후에 설명할 것이다.)

좌역행렬에 의한 선형계의 풀이법

주어진 계 $\mathbf{Ax}=\mathbf{b}$가 해를 갖고 있다는 것을 안다고 가정하자. $\mathbf{x}$를 알려지지 않았다고 여기는 대신에 $\mathbf{x}$를 하나의 구체적인 해라고 놓을 수 있다. 그러면 정말로 $\mathbf{Ax}$는 $\mathbf{b}$가 된다. 또한 행렬 $\mathbf{B}$가 존재하여 $\mathbf{BA}=\mathbf{I}$라 가정하자. 그러면 방정식 $\mathbf{Ax}=\mathbf{b}$의 양변에 $\mathbf{B}$를 곱하여 $\mathbf{BAx}=\mathbf{Bb}$이거나 $\mathbf{Ix}=\mathbf{Bb}$ 또는 $\mathbf{x}=\mathbf{Bb}$을 얻는다. $\mathbf{x}$가 그 방정식의 해라면 $\mathbf{x}$는 $\mathbf{Bb}$임에 틀림없다는 결론을 얻게 된다.

이런 말들은 종종 잘못 해석되기 때문에 정리로 다시 진술한다.

정리 1

연립방정식 $\mathbf{Ax}=\mathbf{b}$가 모순이 없고, 행렬 $\mathbf{B}$가 존재하여, $\mathbf{BA}=\mathbf{I}$라 가정하자. 그러면 연립방정식은 $\mathbf{x}=\mathbf{Bb}$라는 유일한 해를 갖는다.

예제 1

$$\mathbf{A} = \begin{bmatrix} -5 & 3 \\ 2 & -1 \\ 0 & 0 \end{bmatrix} \qquad \mathbf{b} = \begin{bmatrix} -4 \\ 3 \\ 0 \end{bmatrix}$$

에 대하여 연립방정식 $\mathbf{Ax}=\mathbf{b}$을 생각해 보자. 운이 좋게 행렬 $\mathbf{B} = \begin{bmatrix} 1 & 3 & -2 \\ 2 & 5 & 1 \end{bmatrix}$라 주어지면 $\mathbf{BA}=\mathbf{I}$이 된다. 이를 확인해 보면

$$\mathbf{BA} = \begin{bmatrix} 1 & 3 & -2 \\ 2 & 5 & 1 \end{bmatrix} \begin{bmatrix} -5 & 3 \\ 2 & -1 \\ 0 & 0 \end{bmatrix} = \begin{bmatrix} 1 & 0 \\ 0 & 1 \end{bmatrix} = \mathbf{I}_2$$

이다. 우리는 이런 정보를 주어진 연립방정식의 해를 구하는 데 어떻게 활용할 수 있는가?

풀이 만일 연립방정식이 하나의 해를 갖는다면 그것은 $\mathbf{Bb}$일 것이다. 그래서 이를 계산하면 $\mathbf{x}=\mathbf{Bb}=\begin{bmatrix} 5 \\ 7 \end{bmatrix}$이고, 이를 대입하여 확인해 보면

$$\mathbf{Ax} = \begin{bmatrix} -5 & 3 \\ 2 & -1 \\ 0 & 0 \end{bmatrix} \begin{bmatrix} 5 \\ 7 \end{bmatrix} = \begin{bmatrix} -4 \\ 3 \\ 0 \end{bmatrix}$$

이다. 우리는 아직 해를 증명하는 것에 관해서는 이야기하지 않았음에 주의하자. 즉 그것이 하나의 해가 되는지 안되는지만을 보이기 위하여 테스트했다.(이는 아주 미묘한 차이가 있다.) 테스트에 앞서 주어진 $\mathbf{x}$가 하나의 해임을 증명하지는 않았다. $\mathbf{x}$가 해라는 가정에서 시작했음을 기억하자. 이런 가정은 거짓일 수 있고, 거짓된 가정은 우리에게 고통을 줄 수 있다. ■

예제 2 여기에서 우리는 정리 1의 잘못된 사용에 대하여 설명한다. 연립방정식

$$\begin{cases} -y_1 + y_2 = -4 \\ 0y_1 - y_2 = 3 \\ 2y_1 + y_2 = 0 \end{cases}$$

에서 계수행렬은 $\mathbf{C} = \begin{bmatrix} -1 & 1 \\ 0 & -1 \\ 2 & 1 \end{bmatrix}$이다. 이때 $\mathbf{D} = \begin{bmatrix} 1 & 2 & 1 \\ 4 & 5 & 2 \end{bmatrix}$라 놓으면 DC=I이고, 이를 증명하면

$$\mathbf{DC} = \begin{bmatrix} 1 & 2 & 1 \\ 4 & 5 & 2 \end{bmatrix} \begin{bmatrix} -1 & 1 \\ 0 & -1 \\ 2 & 1 \end{bmatrix} = \begin{bmatrix} 1 & 0 \\ 0 & 1 \end{bmatrix} = \mathbf{I}_2$$

이다. 주어진 연립방정식을 풀기 위하여 어떻게 이 조건을 이용할 수 있는가?

풀이 $\mathbf{g} = \begin{bmatrix} -4 \\ 3 \\ 0 \end{bmatrix}$라 하면, 주어진 연립방정식은 Cy=g이다. 이 방정식의 양변에 D를 곱하면 DCy=Dg를 얻게 된다.(이것이 당연하다는 것은 문제되지 않는다.) 이 방정식은 y=Dg로 간단하게 되고, 해

$$\mathbf{y} = \begin{bmatrix} 1 & 2 & 1 \\ 4 & 5 & 2 \end{bmatrix} \begin{bmatrix} -4 \\ 3 \\ 0 \end{bmatrix} = \begin{bmatrix} 2 \\ -1 \end{bmatrix}$$

를 얻는다. 해임을 증명하기 위하여 대입을 한 결과 다음과 같은 놀라운 일이 일어났다.

$$\mathbf{Cy} = \begin{bmatrix} -1 & 1 \\ 0 & -1 \\ 2 & 1 \end{bmatrix} \begin{bmatrix} 2 \\ -1 \end{bmatrix} = \begin{bmatrix} -3 \\ 1 \\ 3 \end{bmatrix} \neq \mathbf{g}$$

어디에서 이런 오류가 발생한 것인가?

이용된 과정의 정당성은 연립방정식의 일관성에 달려 있다. 즉 우리는 적어도 한 개의 해가 존재한다는 것을 먼저 알아야 한다. 이 예에서 이러한 지식은 존재하지 않았고, 주어진 연립방정식은 모순이다. 이것은 첨가행렬의 행축소 과정에 의하여 밝혀진다.

$$[\ \mathbf{C} \mid \mathbf{g}\ ] = \left[\begin{array}{cc|c} -1 & 1 & -4 \\ 0 & -1 & 3 \\ 2 & 1 & 0 \end{array}\right] \sim \left[\begin{array}{cc|c} 1 & 0 & 1 \\ 0 & 1 & -3 \\ 0 & 0 & 1 \end{array}\right]$$

이런 유사한 오류들은 선형대수학 밖에서도 일어난다.(예를 들어 일반 연습문제 27을 보라.) ■

우역행렬에 의한 선형계의 풀이법

연립 일차방정식 Ax=b의 해를 구하기를 원한다면 이러한 개념을 다시 수행하자. 이제 AB=I인 또 다른 행렬 B를 가정하자. 그러면 A(Bb)=(AB)b=Ib=b라 쓸 수 있고, Bb는 방정식 Ax=b의 해가 된다. 이런 결론은 해가 존재한다는 앞선 가정을 요구하지 않고 해를 도출하였다. 이런 논쟁은 Bb가 유일한 해인지 아닌지를 드러내지 않는다. 아마도 다른 것이 있을 것이다.

정리 2

두 행렬 A, B가 존재하여 AB=I라 하자. 그러면 연립 일차방정식 Ax=b는 적어도 하나의 해를 갖는다. 즉 x=Bb이다.

예제 3 연립 일차방정식

$$\begin{bmatrix} 1 & 2 & 1 \\ 4 & 5 & 2 \end{bmatrix} \begin{bmatrix} x_1 \\ x_2 \\ x_3 \end{bmatrix} = \begin{bmatrix} -3 \\ -6 \end{bmatrix}$$

을 생각해 보자. 예제 2에서 얻어진 정보를 이용하여 이 문제를 어떻게 풀 수 있는가?

풀이 여기의 계수행렬은 예제 2의 D와 같다. 따라서 풀어야 할 문제는 $\mathbf{f}=\begin{bmatrix} -3 \\ -6 \end{bmatrix}$일 때, Dx=f인 것이다. 예제 2의 C에 대하여 DC=I임을 안다. 따라서 정리 2에 대하여 하나의 해 $\mathbf{x}=\mathbf{Cf}=[-3, 6, -12]^T$이다. 이 결과를 확인해 보면

$$\begin{bmatrix} 1 & 2 & 1 \\ 4 & 5 & 2 \end{bmatrix} \begin{bmatrix} -3 \\ 6 \\ -12 \end{bmatrix} = \begin{bmatrix} -3 \\ -6 \end{bmatrix}$$

임을 알 수 있다. ■

분석

예제 1과 예제 3에서 설명된 것에는 두 가지 중요한 점이 있다. 첫 번째는 연립방정식 Ax=b에 하나의 해가 존재한다는 것을 몇몇 외부 정보를 통해 안다면 그것은 Bb임에 틀림이 없다는 것이다. 그렇지만 이것은 한 마디로 Bb가 하나의 해이다라고 말하는 것과는 같지 않다. 왜냐하면 해가 없을 수도 있기 때문이다. 따라서 반드시 해가 존재한다는 성가신 가정이 추가 된다. 두 번째 경우는 더해지는 가정이 없이 계산에 의하여 운 좋게 Cb가 해가 됨을 보이는 것이다. 그러나 사실 이것이 유일한 해인지는 알 수 없다.

정의

AB=I이면 B는 A의 **우역행렬**(right inverse)이고, A는 B의 **좌역행렬**(left inverse)이다.

예제 4 다음 행렬들은 서로 좌역, 우역행렬 관계에 있는가?

$$\mathbf{C} = \begin{bmatrix} -1 & 1 \\ 0 & -1 \\ 2 & 1 \end{bmatrix} \qquad \mathbf{D} = \begin{bmatrix} 1 & 2 & 1 \\ 4 & 5 & 2 \end{bmatrix}$$

풀이 예제 2에서 DC=I를 얻었으므로, D는 C의 좌역행렬이고, C는 D의 우역행렬이다. ■

예제 5 계 Ax=d의 모든 해를 구하라. 단, A와 d는 예제 3과 같다.

풀이 행축소 과정을 시행하면 다음을 얻는다.

$$\left[\begin{array}{ccc|c} 1 & 2 & 1 & -3 \\ 4 & 5 & 2 & -6 \end{array}\right] \sim \left[\begin{array}{ccc|c} 1 & 0 & -1/3 & 1 \\ 0 & 1 & 2/3 & -2 \end{array}\right]$$

통상적으로 자유 변수를 오른쪽에 사용하여 다음과 같이 나타낼 수 있다.

$$\begin{cases} x_1 = 1 + \frac{1}{3}x_3 \\ x_2 = -2 - \frac{2}{3}x_3 \end{cases} \quad \text{또는} \quad \begin{bmatrix} x_1 \\ x_2 \\ x_3 \end{bmatrix} = \begin{bmatrix} 1 \\ -2 \\ 0 \end{bmatrix} + x_3 \begin{bmatrix} 1/3 \\ -2/3 \\ 1 \end{bmatrix}$$

이 문제는 무수히 많은 해를 갖는다. 예제 3에서 얻어진 방정식의 해는 $x_3=-4$을 대입하여 얻어진 것이다. ■

약간 차이가 있는 용어를 요약하기 위하여, A의 우역행렬(즉 AB=I)을 알고 있는 연립 일차방정식 Ax=b의 해를 구하고자 한다고 가정하자. A(Bb)=(AB)b=Ib=b이므로 Bb는 하나의 해가 된다. 역으로 CA=I라 할 수 있는 A의 좌역행렬을 안다면 Cb가 유일한 해가 된다는 결론을 내릴 수 있다. 그러나 사실 그것은 대입하여 확인한 후에, 그것이 해이다라고 결론지어질 수 있다.

정리 3

행렬 A가 우역행렬을 갖는다면 각 b에 대하여 방정식 Ax=b는 적어도 하나의 해를 갖는다. 만일 A가 하나의 좌역행렬을 갖는다면 많아야 하나의 해를 갖게 된다.

정방행렬

정방행렬(square matrix)의 경우 매우 간단하다. 다음의 중요한 정리를 살펴보자. 예를 들어 7.1절에서 우리는 정방행렬의 행들이 정규직교집합이면 열들도 정규직교집합임을 추론하기 위하여 다음 정리를 사용하게 될 것이다.

정리 4

A, B가 정방행렬이고, BA=I이면 AB=I이다.

증명 **1단계** A, B를 $n\times n$ 행렬이라 하고, BA=I라 가정하자. 방정식 **Ax**=**0**는 자명한해 **x**=**0**를 유일하게 갖는다. 왜냐하면 **Ax**=**0**이면 B**Ax**=**0**이고 **x**=**0**이기 때문이다.

2단계 A의 기약 행 사다리꼴은 n개의 피벗(pivot)을 가진다. 만일 그것보다 적다면, 자유 변수들이 존재하고 동차방정식 **Ax**=**0**은 자명한 해 이외의 해를 갖게 된다. 이는 1단계의 결론에 모순이다.

3단계 행렬이 정방행렬이기 때문에 각 행은 하나의 피벗을 갖고, 행렬 A의 기약 행 사다리꼴은 I_n이다.

4단계 행렬 A가 행축소 과정을 통하여 I로 축소되므로 모든 방정식 **Ax**=**b**의 해를 구할 수 있다. I가 단위 행렬이고, **x**가 $n\times n$ 행렬일 때, 방정식 **Ax**=I 또한 해를 구할 수 있다.

5단계 AB=(AB)I=(AB)(AX)=A(BA)X=AIX=AX=I. ■

정리 5

행렬 A, B, C가 정방행렬이고 AB=AC=I이면 B=C이다.

증명 정리 4에 의하여 BA=I이다. 주어진 가정의 양변의 왼쪽에 행렬 B를 곱하면 BAB=BAC이다. 이는 곧 B=C로 변형된다. ■

가역행렬

정리 5는 만일 어떤 행렬의 역행렬이 있으면, 그것은 오직 하나임을 주장하고 있다. 이에 우리는 아래 정의를 정당화할 필요가 있다.

정의

행렬 B가 존재하여 BA=I이면, 정방행렬 A를 **가역**(invertible)이라 한다. 이 경우 B를 A의 **역**(inverse)이라 하고 $B=A^{-1}$이라 표기한다. 또한 방정식 AB=I도 참이다.

가역행렬은 **비특이**(nonsingular)라고 불리기도 한다. 역이 존재하지 않는 행렬은 **특이**(singular) 또는 **비가역**(noninvertible)이라 불린다.

예제 6

$$A=\begin{bmatrix}3&7&5\\5&11&8\\3&4&3\end{bmatrix}\qquad B=\begin{bmatrix}1&-1&1\\9&-6&1\\-13&9&-2\end{bmatrix}$$

이들 중 하나는 나머지의 역이 되는가? 그렇다면 어느 쪽이 어느 쪽의 역이 되겠는가?

풀이 두 행렬들 중 하나의 역을 계산하는 것이 불필요하다고 생각하는 실수를 범하지 말라. AB 또는 BA 중 하나를 계산하는 편이 훨씬 쉽다. 그것은 AB=I임이 밝혀진다. 몇몇 결론들 즉 BA=I, A^{-1}=B 그리고 B^{-1}=A와 같은 결론을 내릴 수 있다. 그리하여 각각의 행렬은 다른 것의 역이 된다. 여기에 정리 4를 적용하자. 만일 그것이 단위행렬과 같은지 어떤지 알아보기 위하여 결과치를 계산한다면 그 작업은 AB와 BA가 많이 다를 것이다. 그러나 정리 4는 그 결과치가 둘 다 I_3가 됨을 주장하고 있다. ■

정리 6

A가 가역이면, 임의의 정해진 b에 대하여 방정식 Ax=b는 유일한 해, 즉 x=A^{-1}b를 갖는다.

정리 7

A, B, C가 정방행렬들이고, AC=BA=I이면 B=C이다.

증명 B=BI=B(AC)=(BA)C=IC=C ■

예제 7 행렬 $\begin{bmatrix} 3 & 1 \\ 11 & 4 \end{bmatrix}$의 역행렬은 $\begin{bmatrix} 4 & -1 \\ -11 & 3 \end{bmatrix}$이다.

풀이 이것은 I_2를 얻기 위한 또 다른 방법으로 행렬의 곱으로써 증명한다. 정방행렬 B가 정방행렬 A의 가역이다라고 주장하는 정리 4를 다시 보자. 두 방정식 AB=I 또는 BA=I 중 하나만 확인하면 된다. ■

이 예로 정수 행렬의 역이 항상 정수 행렬이 된다라고 생각해서는 안 된다. 이런 경우는 아주 드물기 때문이다. 2×2 행렬의 역행렬은 $ad-bc \neq 0$일 경우

$$\begin{bmatrix} a & b \\ c & d \end{bmatrix}^{-1} = (ad-bc)^{-1}\begin{bmatrix} d & -b \\ -c & a \end{bmatrix}$$

이다.

예제 8 역행렬을 이용하여 다음 연립방정식을 풀라.

$$\begin{bmatrix} 3 & 1 \\ 11 & 4 \end{bmatrix}\begin{bmatrix} x_1 \\ x_2 \end{bmatrix} = \begin{bmatrix} 5 \\ 2 \end{bmatrix}$$

풀이 이 방정식은 예제 7에서의 행렬 A에 대하여 Ax=b의 형태이다. 이것을 풀기 위하여 방정식의 양변에 A^{-1}

을 곱하면, $\mathbf{x}=\mathbf{A}^{-1}\mathbf{b}$를 얻는다. 이를 계산하여 해

$$\begin{bmatrix} x_1 \\ x_2 \end{bmatrix} = \begin{bmatrix} 4 & -1 \\ -11 & 3 \end{bmatrix} \begin{bmatrix} 5 \\ 2 \end{bmatrix} = \begin{bmatrix} 18 \\ -49 \end{bmatrix}$$

을 얻을 수 있고, 주어진 방정식에 대입하여 결과를 확인해 볼 수 있다. ■

정리 8

$n\times n$ 가역행렬 **A**, **B**에 대하여 $(\mathbf{AB})^{-1}=\mathbf{B}^{-1}\mathbf{A}^{-1}$이다. 그래서 두 가역행렬들의 곱은 가역행렬이다. 이 결과는 임의의 많은 가역행렬들의 곱에도 확장된다.

증명 $\mathbf{B}^{-1}\mathbf{A}^{-1}$가 **AB**의 역행렬임을 보이려고 한다. 이는 직접적인 증명을 요구하고 행렬의 곱의 결합법칙이라는 새로운 개념을 사용할 수 있는 기회를 제공한다(3.1절의 정리 7).

$$(\mathbf{AB})(\mathbf{B}^{-1}\mathbf{A}^{-1}) = \mathbf{A}(\mathbf{BB}^{-1})\mathbf{A}^{-1} = \mathbf{AIA}^{-1} = \mathbf{AA}^{-1} = \mathbf{I}$$ ■

기본행렬과 *LU* 분해

몇몇 행렬들은 역행렬을 찾기가 쉽다. 예를 들면 대각행렬 $\mathbf{D}=\text{Diag}(d_i)$의 역행렬은 $\mathbf{D}^{-1}=\text{Diag}(d_i^{-1})$이다. 여기에서 $\text{Diag}(\alpha_i)$는 대각 성분이 $\alpha_1, \alpha_2, \ldots, \alpha_n$인 정방행렬의 기호이다. 또한 다음과 같은 연산에 의한 재배치된 기본행렬

$$\mathbf{E} = \begin{bmatrix} 1 & 0 & 0 \\ 0 & 1 & 0 \\ c & 0 & 1 \end{bmatrix}$$

의 역행렬은 간단히 행렬 안의 c의 부호를 바꾸어 다음과 같이 구하면 된다.

$$\mathbf{E}^{-1} = \begin{bmatrix} 1 & 0 & 0 \\ 0 & 1 & 0 \\ -c & 0 & 1 \end{bmatrix}$$

행렬에서의 기본 행 연산이 기본행렬들에 의해 행렬 **A**의 앞곱(pre-multiplication)으로서 다시 해석될 수 있다면 기본행렬의 역은 자연스럽게 나타난다.(각 기본행렬은 3.1절의 정리 8에서 설명된 것처럼 하나의 행 연산을 하여 얻어진다.) 그러므로 **U**에서 행축소 과정의 끝은 다음과 같이 표현된다.

$$\mathbf{E}_k\mathbf{E}_{k-1}\cdots\mathbf{E}_2\mathbf{E}_1\mathbf{A} = \mathbf{U}$$

이 방정식은

$$\mathbf{L} = (\mathbf{E}_k\mathbf{E}_{k-1}\cdots\mathbf{E}_2\mathbf{E}_1)^{-1} = \mathbf{E}_1^{-1}\mathbf{E}_2^{-1}\cdots\mathbf{E}_{k-1}^{-1}\mathbf{E}_k^{-1}$$

일 때

$$\mathbf{A} = \mathbf{LU}$$

임을 보여 준다. 정리 8에 의하여 기본행렬들의 곱은 가역이다.

예제 9 아래에 있는 것처럼 오직 치환(replacement operation)만을 이용하여 축소 과정을 시행한다고 가정하자.

$$\mathbf{A} = \begin{bmatrix} 1 & 2 & -3 & 1 & 2 \\ 2 & 4 & -4 & 6 & 10 \\ 3 & 6 & -6 & 9 & 13 \end{bmatrix} \sim \begin{bmatrix} 1 & 2 & -3 & 1 & 2 \\ 0 & 0 & 2 & 4 & 6 \\ 0 & 0 & 3 & 6 & 7 \end{bmatrix}$$
$$\sim \begin{bmatrix} 1 & 2 & -3 & 1 & 2 \\ 0 & 0 & 2 & 4 & 6 \\ 0 & 0 & 0 & 0 & -2 \end{bmatrix} = \mathbf{U}$$

이는 행렬 **A**의 *LU* 분해를 만든다.

풀이 아래 기본행렬들

$$\mathbf{E}_1 = \begin{bmatrix} 1 & 0 & 0 \\ -2 & 1 & 0 \\ 0 & 0 & 1 \end{bmatrix} \quad \mathbf{E}_2 = \begin{bmatrix} 1 & 0 & 0 \\ 0 & 1 & 0 \\ -3 & 0 & 1 \end{bmatrix} \quad \mathbf{E}_3 = \begin{bmatrix} 1 & 0 & 0 \\ 0 & 1 & 0 \\ -3/2 & 0 & 1 \end{bmatrix}$$

에 의하여

$$\mathbf{E}_3\mathbf{E}_2\mathbf{E}_1\mathbf{A} = \mathbf{U}$$
$$\mathbf{A} = \mathbf{E}_1^{-1}\mathbf{E}_2^{-1}\mathbf{E}_3^{-1}\mathbf{U}$$

를 얻는다. 여기에서

$$\mathbf{L} = \mathbf{E}_1^{-1}\mathbf{E}_2^{-1}\mathbf{E}_3^{-1} = \begin{bmatrix} 1 & 0 & 0 \\ 2 & 1 & 0 \\ 0 & 0 & 1 \end{bmatrix}\begin{bmatrix} 1 & 0 & 0 \\ 0 & 1 & 0 \\ 3 & 0 & 1 \end{bmatrix}\begin{bmatrix} 1 & 0 & 0 \\ 0 & 1 & 0 \\ 3/2 & 0 & 1 \end{bmatrix}$$
$$= \begin{bmatrix} 1 & 0 & 0 \\ 2 & 1 & 0 \\ 3 & 3/2 & 1 \end{bmatrix}$$

이다. 이런 기본행렬들의 곱이 특히 쉽다는 것을 주시하자. 좀더 어려운 **E**의 역행렬을 찾는 대신에 $\mathbf{E}=\mathbf{E}_3\mathbf{E}_2\mathbf{E}_1$

형태의 기본행렬들을 곱한다. 마침내

$$\mathbf{A} = \mathbf{LU} = \begin{bmatrix} 1 & 0 & 0 \\ 2 & 1 & 0 \\ 3 & 3/2 & 1 \end{bmatrix} \begin{bmatrix} 1 & 2 & -3 & 1 & 2 \\ 0 & 0 & 2 & 4 & 6 \\ 0 & 0 & 0 & 0 & -2 \end{bmatrix}$$

를 얻게 된다. 행축소 과정은 주축연산(pivoting)과 치환행렬(permutation matrix)이 가져다 주는 작은 피벗을 피하기 위하여, 행을 바꾸거나 행을 비례축소하는 것을 포함할 수 있다. 8.2절에서 더 깊이 있게 행렬들의 분해를 연구할 것이다. ■

역행렬의 계산

이제 역행렬이 존재하는 정방행렬을 찾기 위한 알고리즘으로 방향을 바꾸자. 정리 2에 의하면, 만일 $\mathbf{AX}=\mathbf{I}$이고, 여기에 포함되어 있는 세 개의 모든 행렬들이 같은 크기의 정방행렬이라면 $\mathbf{XA}=\mathbf{I}$이다. 그리하여 방정식 $\mathbf{AX}=\mathbf{I}$가 해 $\mathbf{X}$를 갖는다면, $\mathbf{X}$는 $\mathbf{A}$의 역행렬이다.

1.3절에서 이런 종류의 연립방정식이 논의되었다. 우선 첨가행렬 $[\mathbf{A}|\mathbf{I}]$의 형태로 간단하게 만들고, 행축소 과정을 시행한다. 만일 이런 과정이 잘 되었으면 그 결과는 $[\mathbf{I}|\mathbf{X}]$가 될 것이다. 다시 이야기하면, 결과는 $[\mathbf{I}|\mathbf{A}^{-1}]$가 될 것이다.

예제 10 행렬

$$\mathbf{A} = \begin{bmatrix} 1 & 2 & 3 \\ -2 & -1 & 10 \\ 3 & 2 & 0 \end{bmatrix}$$

의 역행렬을 계산하라.

풀이 첨가행렬

$$[\mathbf{A} \mid \mathbf{I}] \sim \left[\begin{array}{ccc|ccc} 1 & 0 & 0 & -2 & 6 & 5 \\ 0 & 1 & 0 & 3 & -9 & -7 \\ 0 & 0 & 1 & -1 & 4 & 3 \end{array}\right]$$

를 생각해 보자. 이런 계산이 이것 단독으로 방향을 결정하지는 못한다는 것과, 최종적으로 역행렬을 갖는다는 것을 상기하자. 이 계산에 의해 확립된 것처럼, $\mathbf{AX}=\mathbf{I}$이고, $\mathbf{X}$는 좌역행렬이다. 정리 4에서 말한 것처럼 $\mathbf{XA}=\mathbf{I}$를 또한 추론할 수 있고, $\mathbf{X}$는 우역행렬이다. ■

비정방행렬의 좌역 및 우역행렬들

역행렬을 계산하기 위하여 제안된 방법은 다음 예에 나와 있는 것처럼 좌역행렬이나 우역행렬을 찾기 위하여 수정될 수 있다.

예제 11 다음 행렬의 우역행렬을 모두 구하라.

$$\mathbf{A} = \begin{bmatrix} 1 & 2 & 3 \\ 4 & 5 & 6 \end{bmatrix}$$

풀이 이를 구하기 위하여, $\mathbf{AX}=\mathbf{I}_2$($\mathbf{A}$는 2×3, $\mathbf{X}$는 3×2, $\mathbf{I}_2$는 2×2)를 풀어야 한다. 이 문제의 첨가행렬과 이것의 기약 행 사다리꼴은 다음과 같다.

$$\left[\begin{array}{ccc|cc} 1 & 2 & 3 & 1 & 0 \\ 4 & 5 & 6 & 0 & 1 \end{array}\right] \sim \left[\begin{array}{ccc|cc} 1 & 0 & -1 & -5/3 & 2/3 \\ 0 & 1 & 2 & 4/3 & -1/3 \end{array}\right]$$

열이 세 개이기 때문에 두 개의 하위 문제 각각에 대하여 한 개의 자유 변수를 갖는다. 그래서 많은 해가 있다. 자유 변수들을 0이라 놓으면, 3×2 행렬(하나의 가능성 있는 우역행렬)을 다음과 같이 얻을 수 있다.

$$\begin{bmatrix} -5/3 & 2/3 \\ 4/3 & -1/3 \\ 0 & 0 \end{bmatrix}$$

궁극적으로 두 개의 열과 두 개의 자유 변수들 때문에 이변수 해들의 집합이 생긴다. $\mathbf{X}$의 첫 번째 열에 대하여

$$\begin{bmatrix} x_1 \\ x_2 \\ x_3 \end{bmatrix} = \begin{bmatrix} -5/3 \\ 4/3 \\ 0 \end{bmatrix} + s\begin{bmatrix} 1 \\ -2 \\ 1 \end{bmatrix}$$

를 얻을 수 있다. 똑같은 방법으로 두 번째 열을 다루면 우역행렬의 일반적인 형태

$$\begin{aligned} \mathbf{X} &= \begin{bmatrix} -5/3+s & 2/3+t \\ 4/3-2s & -1/3-2t \\ 0+s & 0+t \end{bmatrix} \\ &= \begin{bmatrix} 5/3 & 2/3 \\ 4/3 & -1/3 \\ 0 & 0 \end{bmatrix} + s\begin{bmatrix} 1 & 0 \\ -2 & 0 \\ 1 & 0 \end{bmatrix} + t\begin{bmatrix} 0 & 1 \\ 0 & -2 \\ 0 & 1 \end{bmatrix} \end{aligned}$$

를 얻는다. 이 결과의 증명은 일반 연습문제 50에 남겨 둔다. ■

예제 12 예제 11에 있는 행렬에 대하여 좌역행렬이 존재하면 이를 구하라.

풀이 좌역행렬을 구하기 위하여 방정식 $\mathbf{YA}=\mathbf{I}_3$(여기서 $\mathbf{I}_3$가 3×3 행렬이기 때문에 $\mathbf{A}$는 2×3, $\mathbf{Y}$는 3×2이다)을 만들어 놓자. 이것을 친숙한 종류의 문제로 만들기 위하여 변화를 주면 $\mathbf{A}^T\mathbf{Y}^T=\mathbf{I}_3$이다. 이에 대한 행축소 과정의

결과는 다음과 같다.

$$[\mathbf{A}^T \mid \mathbf{Y}^T] = \left[\begin{array}{cc|ccc} 1 & 4 & 1 & 0 & 0 \\ 2 & 5 & 0 & 1 & 0 \\ 3 & 6 & 0 & 0 & 1 \end{array}\right] \sim \left[\begin{array}{cc|ccc} 1 & 0 & 0 & -2 & 5/3 \\ 0 & 1 & 0 & 1 & -2/3 \\ 0 & 0 & 1 & -2 & 1 \end{array}\right]$$

분명히 이 계는 상반되고 **A**는 좌역행렬이 존재하지 않는다. ■

가역행렬 정리

$n \times n$ 행렬들의 집합 $\mathbb{R}^{n \times n}$은 두 개의 부류, **가역**(invertible)행렬과 **비가역**(noninvertible)행렬로 나뉜다. 후자는 **특이**(singular)라고도 부르면, **비특이**(nonsingular)란 '가역'의 동의어로 사용된다. 가역행렬에 관한 유용한 성질들이 많이 있다. 이들 중 몇 개를 증명과 함께 제시해 놓았다. 이 절 뒷부분에서 좀더 포괄적인 동치 조건을 기술하겠다(정리 10).

정리 9

$n \times n$ 행렬 **A**에 대하여 아래 성질들은 동치이다. 즉 각 성질들은 나머지 모든 성질들을 가짐을 의미한다.

1. **A**는 가역이다.
2. $\mathbb{R}^n$의 각 **b**에 대하여 방정식 **Ax**=**b**는 유일한 해를 갖는다.
3. **A**의 핵은 영벡터로만 구성되어 있다.
4. **A**의 모든 열은 하나의 피벗 위치를 갖는다.
5. **A**의 모든 행은 하나의 피벗 위치를 갖는다.

증명 이 정리를 증명하기 위한 효과적인 방법은 함축적인 원 1 ⇒ 2 ⇒ 3 ⇒ 4 ⇒ 5 ⇒ 1을 수립하는 것이다.

1 ⇒ 2. 가역성은 역행렬 $\mathbf{A}^{-1}$이 존재하고 있음을 함축하고 있다. $\mathbf{A}\mathbf{A}^{-1}\mathbf{b}=\mathbf{b}$이므로 계 **Ax**=**b**는 하나의 해를 갖는다. 이것이 유일함을 보이기 위하여 **Ax**=**b**라 가정하자. $\mathbf{A}^{-1}$를 양변의 왼쪽에 곱하면 $\mathbf{x}=\mathbf{A}^{-1}\mathbf{b}$을 얻게 된다.

2 ⇒ 3. **0**가 방정식 **Ax**=**0**의 유일한 해임을 안다. 바꾸어 말하면 **0**는 **A**의 핵의 유일한 원소인 것이다.

3 ⇒ 4. **A**의 임의의 열이 피벗 위치를 갖지 않는다면 모든 동차방정식들의 집합은 자유 변수들과 많은 해들을 가질 것이라는 것을 상기하자. 3에 의하면 이런 일은 일어나지 않고 **A**의 모든 열은 피벗 위치를 갖는다.

4 ⇒ 5. 4는 **A** 안에 n 개의 피벗 위치들이 있음을 시사한다. 따라서 각 열은 하나의 피벗을 갖는다.

5 ⇒ 1. **A**의 각 행이 피벗을 갖는다면 행축소 과정은 첨가 계 [**A**|**I**]의 끝을 [$\mathbf{I}|\mathbf{A}^{-1}$]에 적용시킨다는 것을 기억하자. 그 때문에 **A**의 가역성이 성립된다. 이러한 주장에 따라 **AX**=**I**이고, 정리 4 때문에 그것은 충분하다. ■

아래의 중요한 정리는 여러 항목으로 나누어져 있는데 각각은 가역행렬이 가지고 있는 몇 가지 성질들을 주장하고 있다. 정리 안에 있는 각 성질들은 다른 모든 것들과 논리적으로 동등하다. 여러분은 임의의 가역행렬의 중요한 성질들의 목록으로 생각할 수 있다. 그러나 그것은 나열된 성질들 중 임의의 하나를 가지고 있는 행렬은 어떤 더 깊이 있는 증거 없이 가역이 되기 때문에 그 이상이다. 주의: 그 정리는 정방행렬에서만 적용된다.

이 정리와 그것의 또 다른 해석들은 총괄하여 가역행렬 정리(invertible matrix theorem)로 알려져 있다. 이 정리에 사용된 기호와 전문용어들 중 이 본문에서 아직 다루지 않은 것도 있다. 예를 들어 열공간(column space)과 행공간(row space)은 5.1절에서 다루어지고, 고유값(eigenvalue)은 6.1절에 나온다. 가역행렬 정리에서 동등한 명제가 겹쳐지는 것을 피하기 위하여 A^T를 포함하고 있는 대다수의 명제들은 생략했다. 이 정리의 명제들을 독자들이 좀더 잘 이해할 수 있도록 만들기 위하여 몇 개의 라벨에 변화를 주었다.

정리 10 가역행렬 정리

$n \times n$ 행렬 A에 대한 아래의 조건들은 논리적으로 동등하다. 바꾸어 말하면, 행렬이 주어진 조건들 중 어느 한 가지를 만족한다면, 그것은 나머지 모든 것들을 만족한다.

계수행렬(coefficient matrix)

1. A는 가역이다.
2. A^T는 가역이다.

선형계(linear system)

3. 계 $\mathbf{Ax}=\mathbf{b}$는 $\mathbb{R}^n$의 모든 $\mathbf{b}$에 대하여 적어도 하나의 해를 갖는다.
4. $\mathbb{R}^n$에 있는 모든 $\mathbf{b}$에 대하여 방정식 $\mathbf{Ax}=\mathbf{b}$는 유일한 해를 갖는다.
5. 동차 연립방정식 $\mathbf{Ax}=\mathbf{0}$은 자명한 해 $\mathbf{x}=\mathbf{0}$만을 갖는다.

피벗(pivot)

6. A는 n개의 피벗 위치들을 갖는다.
7. A의 모든 열은 피벗 위치를 갖는다.
8. A의 모든 행은 피벗 위치를 갖는다.

계수(rank)**와 행동치**(row equivalence)

9. A는 I_n과 행동치이다.
10. $\text{Rank}(A)=n$.

선형변환(linear transformation)

11. 변환 $\mathbf{x} \mapsto A\mathbf{x}$는 일대일 함수이다.
12. 변환 $\mathbf{x} \mapsto A\mathbf{x}$는 위로의 함수이다.

좌역행렬(left inverse)**과 우역행렬**(right inverse)

13. $n \times n$ 행렬 B가 존재하여 $BA=I_n$이다.
14. $n \times n$ 행렬 C가 존재하여 $AC=I_n$이다.

열벡터(column vector)

15. A의 열들은 일차독립집합의 형태이다.
16. A 안에 있는 열들의 집합은 $\mathbb{R}^n$을 생성한다.
17. A의 열들은 $\mathbb{R}^n$의 기저의 형태이다.
18. A의 열공간은 $\mathbb{R}^n$이다: $\text{Col}(A)=\mathbb{R}^n$.

19. $\text{Dim}(\text{Col}(\mathbf{A}))=n$.

행벡터(row vector)

20. A의 행들은 일차독립 집합의 형태이다.

21. A의 행들의 집합은 $\mathbb{R}^n$을 생성한다.

22. A의 행공간은 $\mathbb{R}^n$이다: $\text{Row}(\mathbf{A})=\mathbb{R}^n$.

23. A의 행들의 집합은 $\mathbb{R}^n$의 기저이다.

24. $\text{Dim}(\text{Row}(\mathbf{A}))=n$.

고유값(eigenvalue), **특이값**(singular value), **그리고 행렬식**(determinant)

25. 0은 A의 고유값이 아니다.

26. 0은 A의 특이값이 아니다.

27. A는 n개의 영이 아닌 특이값을 갖는다.

28. $\text{Det}(\mathbf{A}) \neq 0$.

핵(kernel) **또는 영공간**(null space)

29. A의 영공간은 오직 영벡터 **0**만을 포함한다.

30. $\text{Null}(\mathbf{A})=\{\mathbf{0}\}$.

응용: 보간법

많은 과학적 기획에서 나타나는 선형대수학의 응용 중 하나는 어떤 값들을 아는 지식으로부터 함수의 재건이다. 예를 들어 공식에 의해서 재생산하기를 원하는 경험적 데이터가 있다고 하자. 또는 실험을 통해 평면 안에 있는 점들 $(t_i, y_i)(i=0, 1, 2, ..., n)$로 구성되어 있는 데이터의 표를 만든다고 하자. 변수 t_i를 독립 변수로, 변수 y_i를 종속 변수로 생각하자. 이 자료들은 이산 자료로 곡선이 아니고 오직 각각의 점들로 되어 있다는 것을 의미한다. 만약 연속함수 f가 주어진 표의 모든 점들에 대해서 $y_i=f(t_i)$라고 본다면, 이 문제는 **보간법**(interpolation)이라 부른다. 우리는 보간법의 이 작업을 위해 다항식을 자주 사용한다.[스플라인 함수(spline function)들이 대부분 더 좋지만, 그들의 이론은 이 책의 범위를 벗어난다.]

예제 13 다음의 데이터를 나타내는 최소 차수의 다항식을 구하라.

$$(1, 3), (2, 7), (3, 9)$$

풀이 다항식은 다음의 값들을 가질 것이다: $p(1)=3$, $p(2)=7$, $p(3)=9$. 그래서 세 조건들로 p를 판정하면, 차수가 2로 선택된다. 왜냐하면 차수가 2인 다항식이 세 개의 유용한 계수를 가졌기 때문이다. $p(t)=a+bt+ct^2$라고 하자. 그러면

$$\begin{cases} a+b+c=3 \\ a+2b+4c=7 \\ a+3b+9c=9 \end{cases}$$

이다. 첨가행렬과 그것의 기약 행 사다리꼴은 다음과 같다.

$$\left[\begin{array}{ccc|c} 1 & 1 & 1 & 3 \\ 1 & 2 & 4 & 7 \\ 1 & 3 & 9 & 9 \end{array}\right] \sim \left[\begin{array}{ccc|c} 1 & 0 & 0 & -3 \\ 0 & 1 & 0 & 7 \\ 0 & 0 & 1 & -1 \end{array}\right]$$

문제의 답은 $p(t)=-3+7t-t^2$로 정의된 다항식 p이다. 이 결과는 주어진 세 점과 얻어진 값들 3, 7, 9를 계산함으로써 검증된다. ■

다항식 보간법 문제는, 조심스럽게 서술한다면, 다음 정리를 확립하므로 항상 유일한 해를 갖게 될 것이다.

정리 11

만약 $t_0, t_1, \ldots, t_n$이 서로 다른 실수들이고 $y_0, y_1, \ldots, y_n$이 임의의 실수들이면, $p(t_i)=y_i(1 \leq i \leq n)$를 만족하는 n차 이하의 차수를 갖는 다항식 p가 유일하게 존재한다.

증명 우리는 앞의 예에서 다항식은 연립방정식의 영향을 받는 것을 보아 왔다. 여기서 다루어지는 일반적인 경우는 $n+1$방정식들과 $n+1$미지 계수들일 것이다. 생겨나는 행렬은 $(n+1)\times(n+1)$일 것이다. y_i의 모든 값이 0인 동차형 문제를 생각해 보자. 다항식 p는 반드시 $1 \leq i \leq n$에 대해서 $p(t_i)=0$을 만족한다. 하지만 n차 이하의 차수를 갖는 자명하지 않은 다항식은 복소평면에서 많아야 n개의 0을 가질 수 있다(부록 B에 있는 대수학의 근본정리를 참고). 그러므로 우리가 얻는 결론은 $p=0$이고 동차형 문제는 오직 0 해를 갖는다는 것이다. 이전에 언급했듯이 그 행렬은 가역이며 비동차 문제의 연립방정식은 유일해를 갖게 될 것이다.(가역행렬 정리 5 ⇒ 4 사용.) ■

예제 14 점 0, 1, 2에서 각각 4, 3, −4의 값을 취하는 다음의 세 함수들 $g_1(t)=t$, $g_2(t)=t^2$, $g_3(t)=t^3$의 일차결합을 구하라.

풀이 이것은 각각의 기본함수들은 영점에서 영 값을 취하므로 명백히 불가능하다. 이 불가능이 이전 정리에 모순되지 않는 이유는 그 정리는 이 상황에 적용되지 않기 때문이다.(이것은 0부터 n까지를 포함하는 변수 t의 모든 거듭제곱들을 필요로 한다.) ■

다음 예제에서 설명하듯이, 다른 함수들에 의한 보간법 또한 가능하다.

예제 15 점 4, 5, 6에서 각각 1, 7 / 12, 13 /30의 값을 취하는 다음의 세 함수들 $h_1(t)=(t-1)^{-1}$, $h_2(t)=(t-2)^{-1}$, $h_3(t)=(t-3)^{-1}$의 일차결합을 구하라.

풀이 미지 함수를 $f = a_1h_1 + a_2h_2 + a_3h_3$이라 하자. 보간법 조건을 부과하면 다음을 얻는다.

$$\begin{cases} f(4) = \frac{1}{3}a_1 + \frac{1}{2}a_2 + a_3 = 1 \\ f(5) = \frac{1}{4}a_1 + \frac{1}{3}a_2 + \frac{1}{2}a_3 = 7/12 \\ f(6) = \frac{1}{5}a_1 + \frac{1}{4}a_2 + \frac{1}{3}a_3 = 13/30 \end{cases}$$

분수를 제거하기 위해 적당한 인수를 각각의 식에 곱하면, 다음의 첨가행렬과 그것의 기약 행 사다리꼴이 얻어진다.

$$\left[\begin{array}{ccc|c} 2 & 3 & 6 & 6 \\ 3 & 4 & 6 & 7 \\ 12 & 15 & 20 & 26 \end{array}\right] \sim \left[\begin{array}{ccc|c} 1 & 0 & 0 & 3 \\ 0 & 1 & 0 & -2 \\ 0 & 0 & 1 & 1 \end{array}\right]$$

결과는 $a_1 = 3$, $a_2 = -2$, 그리고 $a_3 = 1$이다. ■

위 예제는 다소 흥미있는 이론적인 배경을 갖는다. 다음은 이와 관련된 정리이다.

정리 12

만약 $t_1, t_2, \ldots, t_n$이 구간 $[a, b]$ 안의 서로 다른 점들이고, $s_1, s_2, \ldots, s_n$이 구간 이외의 서로 다른 점들이면, $a_{ij} = (t_i - s_j)^{-1}$를 성분으로 갖는 행렬은 가역행렬이다.

(이것의 증명은 Cheney[1982, p.195]를 보라.)

보간법의 문제를 남기고 가기 전에, 우리가 지적할 수 있는 것은 보간법은 수치해석에 관한 모든 기본 교재 속의 주제라는 것이다. 다항식에 의한 보간법은 강조되고, 미리 기술된 값들을 취하는 다항식을 구하는 것에 효율적인 알고리즘이 개발되었다. 그 주제는 뉴턴과 그의 몇 대 선조들까지 거슬러 올라가는 풍부한 역사를 갖고 있다.

수학 소프트웨어

수학 소프트웨어 시스템은 주어진 행렬의 역행렬을 계산하는 것과 같은 선형대수학에 유용한 방법을 포함한다. 그것들은 다음의 잘 알려진 세 개의 수학 소프트웨어 시스템 패키지에서 쉽게 사용하는데, 다음에서 보게 될 것이다. Matlab 명령어에 의해 임의적으로 생성된 3×3 행렬을 사용하자.

$$\mathbf{A} = \begin{bmatrix} 4.50129285147175 & -0.14017531290700 & -0.43532334831659 \\ -2.68861486425712 & 3.91298966148902 & -4.81496356751776 \\ 1.06842583541787 & 2.62096833027395 & 3.21407164295253 \end{bmatrix}$$

$$\mathbf{A}^{-1} = \begin{bmatrix} 0.21386634449984 & -0.00586037256690 & 0.02018733245119 \\ 0.02968206538651 & 0.12674691286975 & 0.19389831126468 \\ -0.09529846100873 & -0.10140977157452 & 0.14630352138346 \end{bmatrix}$$

Matlab 명령어들이 다음의 4가지 태스크(task)들을 위해 주어진다: (1) 충분한 정밀도까지 수를 표시하는 것, (2) 임의의 행렬 A를 만드는 것, (3) A의 역행렬을 계산하는 프로그램을 실시하는 것, (4) 결과를 확인하는 것. 이 프로그램과 함께 Maple과 Mathematica에서의 유사한 것들을 다음에서 보게 된다. 프로그램들은 그것들이 계산되고 저장되는 사이에 충분한 정밀도를 가지고 자동적으로 수를 나타내지는 않는다.

Matlab	Maple

`format long`
`A = -5.0+10*rand(3)`
`inv(A)`
`B*A`
	`with(LinearAlgebra):`
	`A := RandomMatrix(3,3,`
	`     generator=-5.0..5.0);`
	`B := MatrixInverse(A);`
	`B.A;`

Mathematica

`MatrixForm[A = Table[Random[Real,-5,5,15],3,3]]`
`MatrixForm[B = Inverse[A]]`
`B.A`

요약 3.2

- AB=I이면, B는 A의 우역행렬이고, A는 B의 좌역행렬이다.
- A가 정방행렬이고 BA=I이거나 AB=I이면, B는 A의 역행렬이고 A는 B의 역행렬이다.
- 역행렬 계산: $[\mathbf{A}|\mathbf{I}] \sim [\mathbf{I}|\mathbf{A}^{-1}]$를 풀기 위해 행축소 과정을 사용한다.
- 방정식 Ax=b가 해를 갖고 BA=I이면, Bb는 이 방정식의 유일한 해이다.
- AB=I이면, 연립 일차방정식 Ax=b는 최소한 한 개의 해 x=Bb를 갖는다.
- A의 우역행렬이 존재하면, 연립 일차방정식 Ax=b는 적어도 하나 이상의 해를 갖는다.
- A의 좌역행렬이 존재하면, 방정식 Ax=b는 많아야 한 개의 해를 갖는다.
- 정방행렬에 대해서: BA=I이면, AB=I이다.
- 정방행렬에 대해서: AB=AC=I이면, B=C이다.
- A가 $n\times n$ 가역행렬이면, 방정식 Ax=b는 유일해 $\mathbf{x}=\mathbf{A}^{-1}\mathbf{b}$를 갖는다.
- 정방행렬에 대해서: AC=BA=I이면, B=C이다.
- $(\mathbf{AB})^{-1}=\mathbf{B}^{-1}\mathbf{A}^{-1}$(A와 B는 $n\times n$ 가역행렬이다.)
- A가 임의의 2×2 행렬 $\begin{bmatrix} a & b \\ c & d \end{bmatrix}$이고 $\Delta=ad-bc$이면, A의 가역성은 $\Delta \neq 0$과 동등하다.
- 서로 다른 점들 $t_0, t_1, \ldots, t_n$과 임의의 점들 $y_0, y_1, \ldots, y_n$에 대하여, $p(t_i)=y_i(0 \leq i \leq n)$를 만족하는 차수가 n차 이하의 유일한 다항식 p가 존재한다.
- 가역행렬 정리: 정리 10.

주요 개념 3.2

역행렬, 우역행렬, 좌역행렬, 가역행렬, 비가역행렬, 특이, 비특이, 기본행렬의 곱인 역행렬, 가역행렬 정리, 보간법

일반 연습문제 3.2

1. 다음 행렬들의 역행렬을 계산하라.

a. $\begin{bmatrix} 1 & 0 & -2 \\ 3 & 1 & -2 \\ -5 & -2 & 3 \end{bmatrix}$

b. $\begin{bmatrix} -2 & -2 & 7 \\ 0 & 1 & -1 \\ 1 & 3 & -5 \end{bmatrix}$

c. $\begin{bmatrix} 1 & 2 & 3 \\ -2 & -1 & 1 \\ 3 & 2 & 0 \end{bmatrix}$

d. $\begin{bmatrix} 3 & 2 & 1 \\ -2 & -1 & 2 \\ 1 & 2 & 3 \end{bmatrix}$

2. 예제 2의 행렬 **D**의 또 다른 우역행렬을 구하고, 그것의 정확함을 증명하라.

3. 다음 행렬들이 좌역행렬을 갖는다면 각각의 좌역행렬을 구하라.

a. $\mathbf{A} = \begin{bmatrix} 1 & 4 \\ 2 & 5 \\ 3 & 6 \end{bmatrix}$ **b.** $\mathbf{B} = \begin{bmatrix} 1 & 4 \\ 2 & 5 \\ 4 & 6 \end{bmatrix}$

4. $\Delta = ad - bc$가 영이 아니면, $\begin{bmatrix} a & b \\ c & d \end{bmatrix}$의 역행렬은 $\Delta^{-1}\begin{bmatrix} d & -b \\ -c & a \end{bmatrix}$임을 확인하라.

5. (계속) 연습문제 4의 역도 성립함을 보이라. 즉 행렬의 가역성은 $\Delta \neq 0$임을 보이라.

6. 아무것도 계산하지 말고, 다음의 방정식이 참이 아닌 이유를 설명하라.

$$\begin{bmatrix} 0.9501 & -0.8913 & 0.8214 \\ 0.2311 & -0.7621 & 0.4447 \\ 0.6068 & -0.4565 & 0.6154 \\ 0.4860 & -0.0185 & 0.7919 \end{bmatrix} \times \begin{bmatrix} 0.9218 & 0.4057 & 0.4103 & 0.3529 \\ 0.7382 & 0.9355 & 0.8936 & 0.8132 \\ 0.1763 & 0.9169 & 0.0579 & 0.0099 \end{bmatrix} = \begin{bmatrix} 1 & 0 & 0 & 0 \\ 0 & 1 & 0 & 0 \\ 0 & 0 & 1 & 0 \\ 0 & 0 & 0 & 1 \end{bmatrix}$$

7. 다음의 세 첨가행렬들을 행축소에 의해 풀 수 있는 문제들에 대해 설명하라.

a. $\left[\begin{array}{ccc|cc} 1 & 2 & 1 & 1 & 0 \\ 3 & 5 & 1 & 0 & 1 \end{array}\right]$

b. $\left[\begin{array}{cc|ccc} 1 & 2 & 1 & 1 & 0 \\ 3 & 5 & 1 & 0 & 1 \end{array}\right]$

c. $\left[\begin{array}{c|cccc} 1 & 2 & 1 & 1 & 0 \\ 3 & 5 & 1 & 0 & 1 \end{array}\right]$

8. 행렬 $\begin{bmatrix} -5 & 2 & 0 \\ 3 & -1 & 0 \end{bmatrix}$의 모든 우역행렬을 구하라.

9. 다음 행렬들의 역행렬을 구하라.(첫 번째와 두 번째는 정수로 구성되어 있다.)

$\mathbf{A} = \begin{bmatrix} 1 & 3 & -7 \\ -3 & 4 & 1 \\ 2 & -5 & 3 \end{bmatrix}$

$\mathbf{B} = \begin{bmatrix} 1 & 0 & -2 \\ -3 & 1 & 4 \\ 2 & -3 & 4 \end{bmatrix}$

$\mathbf{C} = \begin{bmatrix} 1 & 2 & 0 \\ 2 & 1 & 1 \\ 2 & -3 & 2 \end{bmatrix}$

10. 다음 연립 일차방정식의 주어진 답에 대해 분석하라.

$$\begin{cases} x_1 + 2x_2 = 3 \\ 3x_1 + 7x_2 = 5 \\ 2x_1 + 5x_2 = 4 \end{cases}$$

먼저 다음과 같이 쓴다.

$$\begin{bmatrix} 1 & 2 \\ 3 & 7 \\ 2 & 5 \end{bmatrix} \begin{bmatrix} x_1 \\ x_2 \end{bmatrix} = \begin{bmatrix} 3 \\ 5 \\ 4 \end{bmatrix}$$

그런 다음, 방정식의 양변 왼쪽에 행렬 $\begin{bmatrix} 13 & -8 & 6 \\ -7 & 5 & -4 \end{bmatrix}$를 곱한다. 답으로 $\begin{bmatrix} 23 \\ -12 \end{bmatrix}$를 얻는다. 치환에 의해 여러분의 답을 확인하라.

11. 행렬 $\begin{bmatrix} -2 & -1 & 1 \\ 3 & 2 & 0 \\ 1 & 2 & 3 \end{bmatrix}$의 역행렬을 구하라. 구한 답을 독립적인 방법으로 증명하라.

12. A와 B를 BA=I를 만족하는 $n \times n$ 행렬들이라 하면, AB=BA인가? 만일 그렇다면 설명하라.

13. $\mathbf{A}^{-1} = \begin{bmatrix} 1/a & 1/b \\ 1/c & 1/d \end{bmatrix}$인 2×2 가역행렬 $\mathbf{A} = \begin{bmatrix} a & b \\ c & d \end{bmatrix}$이 존재하는가?

14. 방정식 $\begin{bmatrix} a & b \\ c & d \end{bmatrix} \begin{bmatrix} e & f \\ g & h \end{bmatrix} = \begin{bmatrix} 1 & 0 \\ 0 & 1 \end{bmatrix}$을 이용하여 2×2 행렬의 역행렬을 구하는 공식을 유도하라. 그리고 미지수 e, f, g, h에 대하여 풀라.

15. 행렬 $\begin{bmatrix} 1 & 2 & 3 \\ 4 & 5 & 6 \end{bmatrix}$의 우역행렬을 모두 구하라.

16. $\mathbf{A} = \begin{bmatrix} -5 & 3 \\ 2 & -1 \\ 0 & 0 \end{bmatrix} \qquad \mathbf{B} = \begin{bmatrix} 1 & 3 & -2 \\ 2 & 5 & 1 \end{bmatrix}$

BA=$\mathbf{I}_2$임을 보이라. 그런 다음, Ax=c, c=$[-4, 3, 2]^T$를 생각해 보자. 방정식의 양변 왼쪽에 B를 곱해서, BAx=Bc, x=Bc=$[1, 9]^T$를 얻음으로써 이 방정식을 풀라.

17. 행렬 $\begin{bmatrix} 1 & 2 & 2 \\ 2 & 1 & -3 \\ 0 & 1 & 2 \end{bmatrix}$를 생각해 보자. 이 행렬의 역행렬은 정수들로 구성되어 있다. 역행렬을 구하라.

18. 다음의 자료들을 보간하는 최소 차수의 다항식을 구하라: (0, −5), (1, −3), (2, 1), (−1, −11).

19. 다음의 점들을 지나는 그래프를 가진 최소 차수의 다항식을 구하라: (−2, 29), (−1, 12), (0, 3), (1, 4)

20. 행렬 $\begin{bmatrix} 1 & 3 \\ 2 & -4 \\ 3 & 4 \end{bmatrix}$의 좌역행렬을 모두 구하라.[이것은 좌역행렬의 2-매개변수 족(2-parameter family)을 만든다.]

21. 행렬 $\begin{bmatrix} 1 & 1 \\ 2 & 1 \\ 3 & 1 \end{bmatrix}$의 좌역행렬을 모두 구하라.

22. 정리 1의 정당성을 확증하라. 모든 상세 부분을 설명하라.

23. 모든 가역행렬은 I와 행동치인 이유를 설명하라.

24. A가 정방행렬이 아니라면, A는 우역행렬과 좌역행렬을 동시에 가질 수 없음을 보이라.

25. 예제 2에서 나온 t와 s는 임의의 실수이고, C, E, F는 3×2 행렬일 때, C+tE+sF 형태의 일반적인 우역행렬을 구하라.

26. 행렬이 우역행렬을 갖고, 좌역행렬은 갖지 않으면, 우역행렬은 유일하지 않음을 보이라.

27. 방정식 $\sqrt{x+8}=1+\sqrt{2x+2}$의 해가 잘못된 이유를 설명하라. 양변을 제곱한다: $x+8=1+2\sqrt{2x+2}+2x+2$, 유사 항을 모은다: $5-x=2\sqrt{2x+2}$, 다시 제곱한다: $25-10x+x^2=4(2x+2)$, 유사 항을 모은다: $x^2-18x+17=0$; 인수: $(x-1)(x-17)=0$, 각각의 인수로부터 얻어지는 해는 $x=1$과 $x=17$이다.

28. A와 B는 $n \times n$ 행렬이다. B ≠ 0이고 AB=0라고 가정하자. A는 비가역인가?

29. 정리 4를 다음을 따라서 일반화하라: A와 B가 정방행렬이고 AB가 대각 성분이 모두 영이 아닌 대각행렬이라 하면, AB=BA이다.

30. A가 가역행렬이면, $(\mathbf{A}^{-1})^{-1}$=A임을 보이라.

31. A의 가역성은 $\mathbf{A}^T$의 가역성을 의미하는 이유를 설명하라.

32. 가역행렬 A에 대하여, A의 음의 정수 거듭제곱은, j가 양정수일 때, $\mathbf{A}^{-j}=(\mathbf{A}^{-1})^j$로 정의된다. 그러한 행렬에 대하여, j가 모든 정수(양정수 그리고 음정수)일 때, $\mathbf{A}^{-j}=(\mathbf{A}^{-1})^j$인

이유를 설명하라.

33. 만일 $A^4=I$이면, A^{-1}는 무엇인가? 일반화하라.

34. 대칭행렬이 가역이면, 그것의 역행렬도 대칭행렬임을 보이라.

35. 가역행렬에 대하여, $(A^T)^{-1}=(A^{-1})^T$임을 보이라.

36. A와 B가 $n\times n$ 가역행렬들이고 첨가행렬 [A|B]의 기약 행사다리꼴이 [C|E]일 때 C와 E는 명확하게 무엇인가?

37. 한 행렬이 열수보다 많은 행수를 갖는다면, 그 행렬의 우역행렬은 존재하지 않음을 보이라.

38. (계속) 좌역행렬의 형태를 서술하라.

39. 가역행렬의 영이 아닌 스칼라 곱인 행렬이 가역행렬인 이유를 설명하라.

40. 행렬 A가 비가역이면, $\mathbf{x}A^T=\mathbf{0}$를 만족하는 영이 아닌 행벡터 $\mathbf{x}$가 존재함을 보이라.

41. 가역인 하삼각행렬의 역행렬은 하삼각행렬인 이유를 설명하라.

42. $A^{-1}=A^T$를 만족하는 정방행렬 A 몇 가지를 구하라. 나중에 그러한 행렬이 자연스럽게 나타나는 것을 보게 될 것이다. 아마도 그러한 성질을 갖는 2×2 행렬들을 모두 찾을 수 있을 것이다.

43. $(A^TB^T)^{-1}=(A^{-1}B^{-1})^T$를 설명하는 확실한 계산적인 법칙이 존재하는가? 설명하라.

44. A가 좌, 우역행렬을 갖는 $m\times n$ 행렬이라 하면 이 역행렬들은 서로 같지 않을 것이다. $m=n$일 때 이 역행렬들은 같다는 것을 보이라.

45. (도전할 만한 연구 과제) 단지 $n\times n$ 행렬들 A와 B를 생각해 보자. AB=BA를 만족하는 A와 B를 찾으라.

46. 선형변환 T를 $T(\mathbf{x})=A\mathbf{x}$(A는 $n\times n$행렬)로 정의하자. T가 일대일변환일 필요충분조건은 위로의 변환인 이유를 설명하라.

47. 예제 6의 결과를 AB와 BA를 계산함으로 밝히라.

48. 어떤 벡터 $\mathbf{b}$에 대하여 BA=I과 $AB\mathbf{b}\neq\mathbf{b}$를 만족하는 본문에 있는 예와 다른 예를 들라.

49. (도전) $m\times n$인 행렬이 우역행렬을 가지면, $m\leq n$임을 보이라.

50. 예제 11에 주어진 X는 실제로 A의 우역행렬임을 밝히라.

51. 행렬들 A, B, 그리고 C가 $AB=I_m$과 $CA=I_n$를 만족할 때, $n=m$과 C=B임을 보이라.

52. 정방행렬들 A, B, 그리고 C가 BA=CA=I를 만족한다. B=C인가?

53. $\mathbb{R}^{n\times n}$의 가역행렬들은 $\mathbb{R}^{n\times n}$의 부분공간을 형성하는가? 비가역행렬들은 어떠한가? 5.1절의 부분공간의 정의를 미리 보라.

54. (도전) 우역행렬은 존재하지만 좌역행렬은 존재하지 않는 행렬 A가 존재하는가?

55. 한 초보자가 $A=\begin{bmatrix} a & b & c \\ d & e & f \\ g & h & i \end{bmatrix}$라고 쓰고 $A^{-1}=\begin{bmatrix} 1/a & 1/b & 1/c \\ 1/d & 1/e & 1/f \\ 1/g & 1/h & 1/i \end{bmatrix}$라고 결론내린다. 이것이 옳은가? 이것이 참인 모든 경우들을 정방행렬의 차원을 다양하게 변화시켜서 구하라.

56. A, B, C가 $n\times n$ 행렬들일 때, BA=CA이고 BA는 가역행렬이라 하자. B=C인가?

57. A가 가역행렬이라 해도, 방정식 AB=CA에서 일반적으로 B=C라고 할 수 없음을 보이라.

58. 4개의 수 2, 3, 5, 7을 사용하여, 모든 성분이 정수인 역행렬을 갖는 2×2 행렬를 만들라. 4, 5, 6, 11 그리고 5, 6, 9, 11 그리고 2, 95, 117, 5557에 대해서도 똑같이 하라.

59. A, B, 그리고 I가 $n\times n$ 행렬이고, I는 단위행렬일 때, 가설 [I|A] ~ [B|I]에서 무슨 결론이 나오는 것이 가능한가?

60. 행렬 A의 역행렬을 구하는 다음의 과정을 분석하라: 영이 아닌 벡터 $\mathbf{x}$를 선택하고 $\mathbf{b}=A\mathbf{x}$이라 하자. $\gamma=\mathbf{x}^T\mathbf{b}$과 $C=\gamma^{-1}\mathbf{x}\mathbf{x}^T$를 정의하자. 그러면 $1=\gamma^{-1}\gamma=\gamma^{-1}\mathbf{x}^T\mathbf{b}$이다. 그러므로 $C\mathbf{b}=\gamma^{-1}\mathbf{x}\mathbf{x}^T\mathbf{b}=\mathbf{x}\gamma^{-1}\mathbf{x}^T\mathbf{b}=\mathbf{x}(\gamma^{-1}\mathbf{x}^T\mathbf{b})=\mathbf{x}$이다. 두 방정식 $C\mathbf{b}=\mathbf{x}$와 $\mathbf{x}=A^{-1}\mathbf{b}$으로부터 $C\mathbf{b}=A^{-1}\mathbf{b}$와 $C=A^{-1}$이라는 결론을 얻는다.(이 예의 출처는 Barbeau[2000]의 책이다.)

61. A, B가 $n\times n$ 가역행렬이면, 방정식 A+B=AB는 참인가?

62. A, B, C가 $n\times n$ 행렬들이고 $B\neq C$, AB=AC를 만족한다고 하자. A의 역행렬을 구하라.

63. A가 정방행렬이고 그것의 행들의 집합이 일차독립이라 하자. A의 열들의 집합은 반드시 일차독립인가?

64. 정방행렬에 대하여, AB=I이면 AB=BA임을 증명하라. I

가 아닌 다른 행렬들에 대해서도 이 주장은 참인가?

65. $AE_1E_2\cdots E_m = I$를 만족하는 $n \times n$ 행렬들이 있다고 가정하자. A^{-1}는 무엇인가?(E_i들이 기본행렬이라고 가정된 것은 아니다.)

66. 가역행렬 정리를 사용하여 다음의 결과를 정당화하라.(여기서 모든 행렬은 $n \times n$ 행렬이다.)

a. A가 가역행렬이고 $Ax = Ay$이면, $x = y$이다.

b. $BA = I$이면, B의 열들은 $\mathbb{R}^n$을 생성한다.

c. $x \neq 0$일 때 $Ax \neq 0$이면, 방정식 $Ay = b$는 임의의 $b \in \mathbb{R}^n$에 대하여 해를 갖는다.

d. A가 I_n과 행동치이면, A는 가역행렬이다.

e. A가 n피벗 위치를 가지면, A의 행들은 $\mathbb{R}^n$을 생성한다.

f. A의 열들의 집합이 일차독립이면, A의 행들의 집합도 일차독립이다.

g. 방정식 $Ax = b$가 모든 $b \in \mathbb{R}^n$에 대하여 해를 가지면, $\mathbf{0}$은 방정식 $Ax = \mathbf{0}$의 유일한 해이다.

h. 변환 $x \mapsto Ax$가 일대일이면, A는 가역행렬이다.

67. 다음의 데이터들을 보간하는 세 개의 함수들 $t \mapsto 1$, $\cos t$, $\sin t$의 일차결합을 구하라: $(0, 3)$, $(\pi/2, -2)$, 그리고 $(3\pi/2, 4)$.

68. 우역행렬과 좌역행렬을 동시에 갖는 행렬은 왜 가역행렬인지 설명하라.

69. 세 함수 $f_0(t) = 1$, $f_1(t) = t^3$, 그리고 $f_2(t) = t^6$를 가지고, 임의의 세 개의 서로 다른 점들에서 임의의 데이터를 보간할 수 있음을 증명하라.

70. 세 개의 함수들 $g_0(t) = 1$, $g_1(t) = t$, $g_2(t) = t^3$를 가지고, 세 개의 서로 다른 점들에서 임의의 데이터를 반드시 보간할 수 있는 것은 아닌 이유를 설명하라. 임의의 값들 y_0, y_1, y_2에 대해 보간법 문제를 풀 수 있는 마디들(점들 t_i)에 부과될 수 있는 조건이 있는가?

71. 어떤 보간법 문제의 데이터가 다항식 p로부터 나온다면, 보간 다항식의 결과가 p인가? 이 문제에 대한 답에서 올바른 정리를 밝히라.

72. 보간법 문제에 나오는 t의 값들을 **마디**(node)라고 한다. 이러한 마디들이 다음의 순서로 되어 있다고 가정하자: $0 < t_0 < t_1 < t_2 < \ldots < t_n$. 함수들 $t \mapsto t^{j/2}(0 \le j \le n)$를 가지고 마디들에서 임의의 데이터를 보간할 수 있는가?

73. 보간법 마디들이 다음의 순서 $0 < t_0 < t_1 < \ldots < t_n$로 열거되었다면 이 점들에서 임의의 데이터는 $f(t) = \sum_{j=0}^{n} a_j (t + t_j)^{-1}$ 형태의 함수에 의해 보간될 수 있다는 것을 설명하라.

74. 함수 $f(t) = a_1(1+t)^{-1} + a_2(2+t)^{-1} + a_3(3+t)^{-1}$가 점 1, 2, 3에서 임의의 값을 보간하게 될 계수 a_1, a_2, a_3를 구하라. 이 상황에서 역행렬은 유용해서 데이터 y_i로부터 계수 a_j를 쉽게 계산할 수 있다.

75. $f(t) = a_1(t+1)^{-1} + a_2(t-2)^{-1} + a_3(t+2)^{-1}$이라 하자. $f(0) = 15/2$, $f(1) = 43/6$, 그리고 $f(3) = -9/4$를 만족하는 계수들 a_j를 구하라.

76. 정리 12에서, 실수 상에 있는 $n+1$개의 서로 다른 점에서 할당된 값을 가지는 n차 이하의 차수를 갖는 다항식은 유일하다고 주장하였다.그러면 점들 0, 1, 2, 3에서 $p(x) = 4x^3 - 22x^2 + 35x - 12$와 $q(x) = 3 + 5(x-3) - 2x(x-3) + 4x(x-3)(x-2)$이 같은 값을 갖는다는 사실을 어떻게 설명하겠는가?

77. 다음을 만족하는 이변수 함수를 구하라. $f(x, y) = ax + by + c$가 다음의 세 값을 취한다: $f(2, -1) = 0$, $f(3, 2) = 11$, 그리고 $f(-1, 4) = 9$. 이것은 두 개의 독립 변수가 존재하는 **이변수 보간법**(bivariate interpolation)의 예이다.

78. 어떤 $n \times n$ 가역행렬 안에 존재할 수 있는 영(zero)들의 최대 수는 어떻게 되는가?

79. A와 B가 $n \times n$ 행렬들이고 AB가 가역행렬이면, A와 B가 가역행렬임을 보이라.

80. 다음 일련의 관계를 (a)로부터 가정하여 보이라. (a) A는 가역행렬이다. (b) 연립 일차방정식 $Ax = b$는 모든 $b \in \mathbb{R}^n$에 대하여 해를 갖는다. (c) A의 열들의 집합은 $\mathbb{R}^n$을 생성한다. (d) 함수 $x \mapsto Ax$는 $\mathbb{R}^n$에서 $\mathbb{R}^n$으로의 위로의 함수(onto)이다. (e) A의 열들의 집합은 일차독립이다.

81. A와 B가 $n \times n$ 행렬이고 A와 B중 하나가 가역행렬이면, AB는 BA와 행동치임을 보이라.

82. 가역행렬의 모든 성분이 양수이면, 그것의 역행렬도 같다는 것을 참이라 할 수 없는 이유를 설명하라. 일반화하라. 음이 아닌 성분을 갖는 가역행렬에 대해서 어떻게 말할 수

있는가?

83. 영보다 큰 어떤 값 k에 대해 $\mathbf{A}^k$이 가역행렬이면, $\mathbf{A}$는 가역행렬임을 보이라.

84. 행렬 $\mathbf{A}$의 성질이 $\mathbf{AA}^T$가 좌역행렬을 갖는 것이라고 가정하자. $\mathbf{A}$의 행들은 반드시 일차독립인 이유를 설명하라.

85. $\mathbf{A}$는 $m\times n$ 행렬이며 계수가 m이고, $\mathbf{B}$는 $n\times n$ 가역행렬이면, $\mathbf{ABB}^T\mathbf{A}^T$는 가역행렬임을 보이라. $\mathbf{B}$가 가역행렬일 때 $\mathbf{ABA}^T$를 일반화해 보라.

86. 예제 9에서, $\mathbf{E}$를 만들고, 행축소과정을 통해 $\mathbf{E}^{-1}$를 계산함으로써 이러한 접근이 역행렬을 구하기 위해 본문에서 보여 준 방법보다 더욱 어렵다는 것을 예시하라.

87. 예제 5를 다른 자유 변수를 사용하여 풀라.

88. 예제 6에서, $\mathbf{AB}=\mathbf{I}$, $\mathbf{A}^{-1}=\mathbf{B}$, 그리고 $\mathbf{AB}=\mathbf{I}$임을 확증하라.

89. 예제 10을 푸는 과정에서 세밀한 부분을 완성하고, $\mathbf{AX}=\mathbf{I}$ 그리고 $\mathbf{XA}=\mathbf{I}$임을 증명하라.

90. 예제 12에서 시스템이 계산을 실행한 후에 해가 없는 이유를 설명하라. 일반적으로 시스템이 해가 없으려면 마지막 행 오른쪽에 있는 모든 성분이 영이 아니어야 하는가?

참-거짓 연습문제 3.2

1. 두 행렬이 서로 행동치라고 가정하자.

$$\begin{bmatrix} 1 & 0 & 0 & -2 & 6 & 5 \\ 0 & 1 & 0 & 3 & -9 & -7 \\ 0 & 0 & 1 & -1 & 4 & 3 \end{bmatrix} \sim \begin{bmatrix} 1 & 2 & 3 & 1 & 0 & 0 \\ -2 & -1 & 10 & 0 & 1 & 0 \\ 3 & 2 & 0 & 0 & 0 & 1 \end{bmatrix}$$

확실한 결론으로 $\begin{bmatrix} -2 & 6 & 5 \\ 3 & -9 & -7 \\ -1 & 4 & 3 \end{bmatrix}$의 역행렬은 $\begin{bmatrix} 1 & 2 & 3 \\ -2 & -1 & 10 \\ 3 & 2 & 0 \end{bmatrix}$ 이다.

2. 행렬 $\begin{bmatrix} 4 & 3 \\ 7 & 5 \end{bmatrix}$의 역행렬은 $\begin{bmatrix} 5 & -3 \\ -7 & 4 \end{bmatrix}$이다.

3. 두 행렬 $\mathbf{A}$와 $\mathbf{B}$가 $\mathbf{AB}=\mathbf{I}$의 관계를 가지면, 방정식 $\mathbf{Bx}=\mathbf{b}$는 $\mathbf{x}=\mathbf{Ab}$의 해를 갖는다.(이 행렬들은 정방행렬이라고 가정하지 않는다.)

4. $\mathbf{A}$와 $\mathbf{B}$가 $n\times n$ 가역행렬이면, $\mathbf{AB}$ 또한 가역행렬이고, $(\mathbf{AB})^{-1}=\mathbf{A}^{-1}\mathbf{B}^{-1}$이다.

5. 한 행렬이 가역행렬 정리의 성질 중 하나를 만족하지 못한다면, 정리의 각각의 성질을 만족하지 못한다.

6. $\mathbf{A}$와 $\mathbf{B}$가 $\mathbf{AB}=\mathbf{I}$를 만족하는 $n\times n$ 행렬이면, $\mathbf{A}^T\mathbf{B}^T=\mathbf{I}$이다.

7. 행렬이 두 개의 우역행렬을 갖는다면, 그 행렬은 정방행렬이 아니다.

8. 정방행렬이 우역행렬을 갖는다면, 좌역행렬을 갖는다.

9. $\mathbf{A}$와 $\mathbf{B}$가 행렬이면, $\mathbf{AB}=\mathbf{I}$이고 $\mathbf{BA}\neq\mathbf{I}$일 수 있다.

10. 5×4 행렬이 4×5 행렬의 좌역행렬이 되는 것이 가능하다.

11. 정방행렬 $\mathbf{A}$가 어떤 양정수 k에 대하여 $\mathbf{A}^k=\mathbf{I}$를 만족하면, $\mathbf{A}$는 가역이다.

12. $\mathbf{A}$가 가역행렬이면, $(\mathbf{A}^T)^{-1}=(\mathbf{A}^{-1})^T$이다.

13. 행렬 $\mathbf{A}$가 $\mathbb{R}^n$에 있는 각각의 $\mathbf{b}$에 대하여 $\mathbf{Ax}=\mathbf{b}$가 해를 가진다면, $\mathbf{A}$는 가역행렬이다.

14. $\mathbf{A}$와 $\mathbf{B}$가 $n\times n$ 가역행렬이면, $\mathbf{A}+\mathbf{B}\neq 0$이고 $\mathbf{AB}\neq 0$이다.

15. $n\times n$ 행렬에 대하여, $\mathbf{AQ}=\mathbf{0}$이면, $\mathbf{A}=\mathbf{0}$ 또는 $\mathbf{Q}=\mathbf{0}$이다.

16. $\mathbf{A}$가 오직 음이 아닌 성분들을 가지며 가역행렬이면, $\mathbf{A}^{-1}$도 오직 음이 아닌 성분들을 가진다.

17. $n\times n$ 행렬 $\mathbf{A}$가 $\mathbb{R}^n$에 있는 모든 벡터 $\mathbf{b}$에 대하여 $\mathbf{Ax}=\mathbf{b}$가 적어도 하나의 해를 가진다면, $\mathbf{C}^T\mathbf{A}=\mathbf{I}$를 만족하는 $n\times n$ 행렬 $\mathbf{C}$가 존재한다.

18. $\mathbf{A}$, $\mathbf{B}$, 그리고 $\mathbf{C}$가 5×5 행렬이라 하자. $\mathbf{C}\neq 0$이고 $\mathbf{CA}=\mathbf{CB}$라 가정하면, $\mathbf{A}=\mathbf{B}$이다.

19. 행렬 $\mathbf{A}=\begin{bmatrix} 1 & 3 & 5 \\ 0 & 3 & 5 \\ 1 & 1 & 2 \end{bmatrix}$에 대하여, $\mathbf{A}^{-1}$의 1행은 $[1,\ -1,\ 1]$이다.

20. 정방행렬에 대하여, $\mathbf{AB}=\mathbf{0}$이면, $\mathbf{BA}=\mathbf{0}$이다.

21. α가 스칼라이고 $\mathbf{Q}$는 영행렬이 아닌 $n\times n$ 행렬이라 하자. $\alpha\mathbf{Q}=\mathbf{0}$이면, $\alpha=0$이다.

22. 정방행렬이 가역행렬일 필요충분조건은 그것의 영공간(kernel)이 영벡터를 포함하는 것이다.
23. A와 B가 $n \times n$ 행렬이고 AB=I이면, BA=I이다.
24. A와 B가 차원이 같은 가역행렬들이면, $(AB)^{-1}=A^{-1}B^{-1}$이다.
25. A와 B가 차원이 같은 가역행렬이면, $(AB)^{-1}=B^{-1}A^{-1}$이다.
26. 모든 가역행렬은 영이 아닌 스칼라 λ에 대하여 $(\lambda A)^{-1}=\lambda A^{-1}$를 만족한다.
27. 행렬 $A=\begin{bmatrix}1 & 0 & 0\\ 2 & -1 & 0\\ 3 & 2 & 1\end{bmatrix}$이면, 함수 $x \mapsto Ax$는 일대일(one-to-one)이다.
28. A와 B가 행렬이면, BA=I이고 AB ≠ I일 수 있다.
29. $n \times n$ 행렬 A와 B에 대하여 AB가 가역행렬이면, A도 가역행렬이다.
30. A와 B가 $n \times n$ 가역행렬이면, AB=BA이다.
31. A와 B가 $n \times n$ 가역행렬이면, A±B도 가역행렬이다.
32. 서로 다른 실수 $s_0 < s_1 < \ldots < s_n$과 임의의 실수 $c_0, c_1, \ldots, c_n$에 대하여, $0 \le i \le n$일 때 $p(s_i)=c_i$를 만족하는 최대 n차의 다항식 p가 유일하게 존재한다.
33. B ≠ C이고 AB=AC이면, A는 비가역행렬이다.
34. A와 B가 $n \times n$가 역행렬이면, $B^{-1}=A^{-1}-B^{-1}(B-A)A^{-1}$이다.

선다형 연습문제 3.2

항상 첫 번째로 옳은 답을 선택하라.

1. A를 1차원을 갖는 영공간의 $n \times n$ 행렬이라 하자. 다음 결론 중 옳지 않은 것은?
   a. $\mathbb{R}^n$의 벡터 b에 대하여 식 Ax=b는 불능이다.
   b. A는 가역이 아니다.
   c. A^2은 가역이다.
   d. A의 행들의 집합은 일차종속이다.
   e. 위 항목 중 답이 없다.
2. A, B가 $n \times n$ 가역행렬일 때, 다음 중 항상 옳은 것은?
   a. $(AB)^{-1}=A^{-1}B^{-1}$
   b. $(A+B)^{-1}=A^{-1}+B^{-1}$
   c. AB=BA
   d. $A^{-1}B^{-1}=(BA)^{-1}$
   e. 위 항목 중 답이 없다.
3. A, B가 $n \times n$ 가역행렬일 때 다음 중 참이 아닌 것은?
   a. $(A^{-1})^T(B^{-1})^T=[(AB)^{-1}]^T$
   b. $(AB^T)^{-1}=B^{-1}A^T$
   c. $(AB)^{-1}=B^{-1}A^{-1}$
   d. $(AB^T)^{-1}=[(A^T)^{-1}B^{-1}]^T$
   e. 위 항목 중 답이 없다.
4. $\begin{bmatrix}a & c\\ b & d\end{bmatrix}$이 가역일 때 역행렬은?
   a. $\frac{1}{ad-bc}\begin{bmatrix}d & c\\ b & a\end{bmatrix}$
   b. $\frac{1}{ac-bd}\begin{bmatrix}c & -a\\ -d & b\end{bmatrix}$
   c. $\frac{1}{bc-ad}\begin{bmatrix}-d & c\\ b & -a\end{bmatrix}$
   d. $\frac{1}{ad-bc}\begin{bmatrix}d & -b\\ -c & a\end{bmatrix}$
   e. 위 항목 중 답이 없다.
5. $A=\begin{bmatrix}1 & 0 & 0\\ 5 & 1 & 0\\ 3 & 0 & 1\end{bmatrix}$일 때 A^{-1}의 첫 번째 열은?
   a. $[1 \ \ -5 \ \ -3]^T$
   b. $[1 \ \ 1/5 \ \ 1/3]^T$
   c. $[1 \ \ 5 \ \ 3]^T$
   d. $[1 \ \ -1/5 \ \ -1/3]$
   e. 위 항목 중 답이 없다.
6. A, B가 $n \times n$ 가역행렬일 때 다음 중 참이 아닌 것은?
   a. $ABA^{-1}=B$

b. $(AB)^{-1}=B^{-1}A^{-1}$

c. 식 $ABx=0$은 유일한 해 $x=0$을 갖는다.

d. $n\times n$ 행렬 C에 대하여 $A=BC$이다.

e. 위 항목 중 답이 없다.

7. A가 $m\times n$ 행렬, B가 $n\times m$ 행렬이고 $AB=I$일 때 다음 중 옳은 것은?

a. A는 가역이다. b. B는 가역이다.

c. $BA=I$ d. $m \geq n$

e. 위 항목 중 답이 없다.

8. A, B가 $n\times n$ 가역행렬일 때 다음 중 옳은 것은?

a. $(AB)^{-1}=A^{-1}B^{-1}$

b. $(A^{-1})^{-1}=A$

c. $(A^{-1})^T=(A^T)^{-1}$

d. $(AB^{-1})^T=(B^T)^{-1}A^T$

e. 위 항목 중 답이 없다.

9. A가 $n\times n$ 가역행렬일 때 다음 중 옳지 않은 것은?

a. $X \neq 0$이면 $Ax \neq 0$이다.

b. A는 3I와 행동치이다.

c. $\mathbb{R}^n$의 모든 벡터 v는 Ax 꼴이다.

d. $A^T=A$

e. 위 항목 중 답이 없다.

10. A, B가 $n\times n$ 가역행렬일 때 다음 중 옳은 것은?

a. $ABA^{-1}=B$

b. $(AB)^{-1}=B^{-1}A^{-1}$

c. $ABx=0$은 유일한 해 $x=0$을 갖는다.

d. $n\times n$ 행렬 C에 대하여 $A=BC$이다.

e. 위 항목 중 답이 없다.

11. A의 열이 일차독립인 5×4 행렬일 때 다음 중 옳은 것은?

a. A의 행들의 집합은 일차종속이다.

b. $b\in\mathbb{R}^5$에 대하여 $Ax=b$는 해를 갖는다.

c. $Ax=0$은 자명하지 않은 해를 갖는다.

d. $AB=I$를 만족하는 B가 존재한다.

e. 위 항목 중 답이 없다.

12. E_1, E_2, E_3가 $E_3E_2E_1A^{-1}=I$를 만족하는 기본행렬 일 때 A는?

a. $E_1E_2E_3$ b. $E_1^{-1}E_2^{-1}E_3^{-1}$

c. $E_3E_2E_1$ d. $E_3^{-1}E_2^{-1}E_1^{-1}$

e. 위 항목 중 답이 없다.

13. $\begin{bmatrix} a & c \\ d & b \end{bmatrix}$가 가역이기 위한 조건은?

a. $ab \neq cd$ b. $a \neq 0$

c. $ad-bd \neq 0$ d. $a=b=1$

e. 위 항목 중 답이 없다.

14. A, B가 $n\times n$ 가역행렬일 때 다음 중 옳지 않은 것은?

a. $(AB)^{-1}=B^{-1}A^{-1}$

b. $ABA^{-1}=B$

c. $ABx=0$은 유일한 해 $x=0$을 갖는다.

d. 임의의 행렬 C에 대하여 $A=BC$이다.

e. 위 항목 중 답이 없다.

15. 임의의 $n\times n$ 행렬에 대하여 다음 중 옳지 않은 것은?(단, $n > 1$이다)

a. $AB(C)=A(BC)$

b. $A(B+C)=AC+AB$

c. $(B+C)A=BA+AC$

d. $(BA)^T=A^TB^T$

e. 위 항목 중 답이 없다.

16. $\begin{bmatrix} b_{11} & b_{12} \\ b_{21} & b_{22} \end{bmatrix}$가 $\begin{bmatrix} 1 & 3 \\ 2 & 5 \end{bmatrix}$의 역행렬일 때 b_{22}는?

a. -5 b. 3

c. 2 d. -1

e. 위 항목 중 답이 없다.

17. A가 $n\times n$ 가역행렬일 때 다음 중 옳지 않은 것은?

a. A는 $n\times n$ 단위행렬과 행동치이다.

b. $(A^T)^{-1}$는 가역이다.

c. 함수 $x \mapsto Ax$는 전사함수이다.

d. 선형변환 $x \mapsto Ax$는 일대일변환이다.

e. 위 항목 중 답이 없다.

18. (4, 1.8), (6, 2.2), (8, 2.6)을 데이터로 갖는 다항식 $y=c_1x+c_2x^2+c_3x^3$을 구하기 위해 필요한 연립 일차방정식 $Ac=b$에서 A와 b는?

a. $A = \begin{bmatrix} 1 & 4 & 16 & 64 \\ 1 & 6 & 36 & 216 \\ 1 & 8 & 64 & 512 \end{bmatrix}$

$b = \begin{bmatrix} 1.8 \\ 2.2 \\ 2.6 \end{bmatrix}$

b. $A = \begin{bmatrix} 1 & 4 & 16 \\ 1 & 6 & 36 \\ 1 & 8 & 64 \end{bmatrix}$

$b = \begin{bmatrix} 0.45 \\ 0.366 \\ 0.325 \end{bmatrix}$

c. $A = \begin{bmatrix} 4 & 16 & 64 \\ 6 & 36 & 216 \\ 8 & 64 & 512 \end{bmatrix}$

$b = \begin{bmatrix} 1.8 \\ 2.2 \\ 2.6 \end{bmatrix}$

d. $A = \begin{bmatrix} 2 & 8 & 32 \\ 3 & 18 & 108 \\ 4 & 32 & 256 \end{bmatrix}$

$b = \begin{bmatrix} 0.9 \\ 1.1 \\ 1.3 \end{bmatrix}$

e. 위 항목 중 답이 없다.

19. 임의의 정방행렬 A, B에 대하여 다음 중 일반적으로 옳지 않은 것은?

a. AB=B이면 A=I이다.

b. BA=A이면 B=I이다.

c. AB=A이면 B=I이다.

d. BA=B이면 A=I이다.

e. AB=I이면 $A=B^{-1}$이다.

f. BA=I이면 $B=A^{-1}$이다.

g. AB=0이면 A=0이다.

h. BA=0이면 B=0이다.

i. 위 항목 중 답이 없다.

20. E_1, E_2가 $E_1E_2A=I$를 만족하는 기본행렬일 때 다음 중 옳은 것은?

a. $A^{-1}=E_2E_1$

b. $A=E_1^{-1}E_2^{-1}$

c. $A^{-1}=E_1E_2$

d. $A^T=(E_1^TE_2^T)^{-1}$

e. 위 항목 중 답이 없다.

21. A가 $n\times n$ 행렬이고 선형변환 T에 대하여 $T(\mathbf{x})=A\mathbf{x}$일 때 다음 중 옳은 것은?

a. T가 가역이면 $m=n$이다.

b. A의 기약 행 사다리꼴이 영행을 갖지 않으면 T는 가역이다.

c. A의 계수가 n이면 T는 가역이다.

d. A의 계수가 m이면 T는 가역이다.

e. 위 항목 중 답이 없다.

22. $\begin{bmatrix} b_{11} & b_{12} \\ b_{21} & b_{22} \end{bmatrix}$의 역행렬이 $\begin{bmatrix} 1 & 3 \\ 2 & 5 \end{bmatrix}$일 때 b_{22}는?

a. −5

b. 3

c. 2

d. −1

e. 위 항목 중 답이 없다.

23. $\begin{bmatrix} 1 & 2 & 3 \\ -2 & -1 & 1 \\ 3 & 2 & 0 \end{bmatrix}$의 역행렬은?

a. $\begin{bmatrix} 3 & -9 & -7 \\ -2 & 6 & 5 \\ -1 & 4 & 3 \end{bmatrix}$

b. $\begin{bmatrix} -2 & 6 & 5 \\ 3 & -9 & -7 \\ -1 & 4 & 3 \end{bmatrix}$

c. $\begin{bmatrix} -2 & 6 & 5 \\ -1 & 4 & 3 \\ 3 & -9 & -7 \end{bmatrix}$

d. $\begin{bmatrix} -1 & 4 & 3 \\ -2 & 6 & 5 \\ 3 & -9 & -7 \end{bmatrix}$

e. 위 항목 중 답이 없다.

24. AB=AC이고 B ≠ C일 때 다음 중 옳은 것은?

a. B는 가역이다.

b. A는 비가역이다.

c. A는 가역이다.

d. B는 비가역이다.

e. 위 항목 중 답이 없다.

컴퓨터 연습문제 3.2

1. 소프트웨어 패키지가 임의의 행렬의 역행렬을 얼마나 빨리 구하는지 알아보라. 만일 Matlab을 이용하기로 했다면 다음과 같은 유용한 명령어들을 발견할 것이다.

a. 크기 250×250의 임의의 행렬을 만들기 위해 명령어 `A=rand(250,250);`을 사용하라. 기호 ';'을 주목하라. 이것은 행렬 **A**의 나열을 취소하는 명령어이다. 거대한 행렬의 모든 행과 열을 보는 것은 원치 않는다. Matlab의 명령어 `rand`는 0과 1 사이에 있는 임의의 숫자들을 일정하게 배열시킨다.

b. 전환 과정 실행의 조절을 위해 명령어 `tic, inv(A); toc`를 사용하라. 이 명령어는 행렬의 전환 과정의 경과 시간을 기록한다. 전환 명령에 의한 결과는 앞에서 보았던 기호 ';'에 의해 억제된다.

c. 만약 다른 기계나 연산 장치들을 사용한다면 그것들을 몇 번씩 사용해야 할 것이다. 크기가 1000×1000과 같은 큰 행렬을 사용하여 이런 실험을 해 보면 하나의 기계에서는 40초, 다른 연산 장치에서는 12초의 시간의 걸린다.

2. 하삼각행렬의 역행렬을 구하는 알고리즘을 만들어 보라. 행렬의 역행렬을 구하는 컴퓨터 코드를 테스트하고 프로그램을 작성하라. 예를 들어 다음 행렬의 역행렬을 구하라.

$$\mathbf{A}=\begin{bmatrix}1&0&0&0\\3&1&0&0\\5&2&1&0\\7&4&-3&1\end{bmatrix}$$

3. $\mathbf{A}^{-1}$와 $\mathbf{x}=\mathbf{A}^{-1}\mathbf{b}$를 구하라.

a. $\mathbf{A}=\begin{bmatrix}33&16&72\\-24&-10&-57\\-8&-4&-17\end{bmatrix}$

$\mathbf{b}=\begin{bmatrix}-359\\281\\85\end{bmatrix}$

b. $\mathbf{A}=\begin{bmatrix}1&-2&3&1\\-2&1&-2&-1\\3&-2&1&5\\1&-1&5&3\end{bmatrix}$

$\mathbf{b}=\begin{bmatrix}3\\-4\\7\\8\end{bmatrix}$

c. $\mathbf{A}=\begin{bmatrix}5&7&6&5\\7&10&8&7\\6&8&10&9\\5&7&9&10\end{bmatrix}$

$\mathbf{b}=\begin{bmatrix}23\\32\\33\\31\end{bmatrix}$

4. 행렬 A에 대해 A^{-1}를 구하라. 단, $i=\sqrt{-1}$

a. $\mathbf{A}=\begin{bmatrix}1&1+2i&2+10i\\1+i&3i&-5+14i\\1+i&5i&-8+20i\end{bmatrix}$

b. $\mathbf{A}=\begin{bmatrix}4&3&2&1\\3&4&3&2\\2&3&4&3\\1&2&3&4\end{bmatrix}$

c. $\mathbf{A}=\frac{1}{7}\begin{bmatrix}1&1&1&1\\1&2&3&4\\1&3&6&10\\1&4&10&20\end{bmatrix}$

d. $\mathbf{A}=\begin{bmatrix}1&0&0&0&0&1\\1&1&0&0&0&-1\\-1&1&1&0&0&1\\1&-1&1&1&0&1\\-1&1&-1&1&1&1\\1&-1&1&-1&1&-1\end{bmatrix}$

e. $\mathbf{A} = \begin{bmatrix} 2 & -1 & 0 & 0 \\ -1 & 2 & -1 & 0 \\ 0 & -1 & 2 & -1 \\ 0 & 0 & -1 & 2 \end{bmatrix}$

f. $\mathbf{A} = \begin{bmatrix} -3 & 1 & 0 & 0 & 0 \\ 1 & -2 & 1 & 0 & 0 \\ 0 & 1 & -2 & 1 & 0 \\ 0 & 0 & 1 & -2 & 1 \\ 0 & 0 & 0 & 1 & -1 \end{bmatrix}$

g. $\mathbf{A} = \begin{bmatrix} 3 & 1 & 1 & 1 & 1 \\ 1 & 3 & 1 & 1 & 1 \\ 1 & 1 & 3 & 1 & 1 \\ 1 & 1 & 1 & 3 & 1 \\ 1 & 1 & 1 & 1 & 3 \end{bmatrix}$

5. 행렬 **A**의 단 하나의 성분에 0.01을 더했을 때 $\mathbf{A}^{-1}$에 어떤 변화가 생기는지 조사하라. 예를 들어 92 대신에 92.01 또는 78 대신에 78.01 또는 10 대신에 10.01로 대체하라.

$$\mathbf{A} = \begin{bmatrix} -73 & 78 & 24 \\ 93 & 66 & 25 \\ -80 & 37 & 10 \end{bmatrix}$$

CHAPTER 4

행렬식

4.1 행렬식: 소개

나는 x^2년에 x살이었습니다.

—드모르간(AUGUSTUS DE MORGAN, 1806~1871), 나이를 묻는 질문에 대한 대답

대수적으로 말해서, M씨는 형편없고, C씨는 (형+1)편없습니다.

—포(EDGAR ALLAN POE, 1809~1849)

(주: M씨는 Comelius Mathews를, C씨는 William E. Channing을 가리킵니다. 당시에 두 사람은 모두 시인이었습니다.)

행렬식의 성질

모든 정방행렬에는 행렬식(determinant)이라고 부르는 실수가 하나씩 대응한다. 정방행렬 **A**의 행렬식을 Det(**A**) 혹은 Det**A**로 쓴다. 행렬식의 모든 성질을 이끌어 낼 수 있는 공준(postulate)을 표현하는 방법은 여러 가지가 있다. 우리는 다음 세 가지 행렬식의 기본 성질을 공준으로 채택하여 논의를 시작한다. 왜냐하면 이 성질들로부터 행렬식의 효과적인 계산이 바로 유도되기 때문이다.

행렬식의 성질

I. 삼각행렬의 행렬식은 대각선 위의 원소들의 곱이다. (**삼각행렬**)

II. 행렬 **A**의 한 행의 비율 연산을 다른 행에 더하여 얻은 행렬을 $\tilde{\mathbf{A}}$라 할 때, Det($\tilde{\mathbf{A}}$)=Det(**A**)이다. (**교체**)

III. 행렬 **A**의 한 행에 상수 c를 곱하여 얻은 행렬을 $\tilde{\mathbf{A}}$라 할 때, Det($\tilde{\mathbf{A}}$)=c Det(**A**)이다. (**비율**)

아직은 이러한 함수 Det가 존재하는지 분명하지 않다. 다시 말해 현 시점에서 우리는 행렬식 함수가 존재하는지, 또 존재한다면 유일한 것인지를 모르고 있다. 그럼에도 우리는 이에 관한 논의를 진행해 나갈 것이다. 그리고 앞의 세 성질을 이용하면, 모든 (정방)행렬의 행렬식에 대한 유일한 값에 도달할 수 있다는 사실을 앞으로 활용할 것이다. 역사적으로 행렬식은 행렬보다 150년 이상 앞서 나온 개념이다. 사실 행렬 이론에서 언급된 많은 이론들은 원래 행렬식 이론에서 발견되고 발전된 것들이다. 라이프니츠(Leibniz) 시대부터 1920년까지의 행렬식의 역사적 발전에 대해서는 Thomas Muir[1960]를 참조하라.

예제 1 어떤 행렬에 대해서는 별로 힘들이지 않고 행렬식을 계산할 수 있었다. 다음 네 행렬의 행렬식을 계산해 봄으로써, 성질 I, II, III에 대한 이해 정도를 점검해 보라.

$$\begin{bmatrix} 4 & 7 & -11 \\ 0 & 3 & 12 \\ 0 & 0 & 10 \end{bmatrix} \quad \begin{bmatrix} 3 & 2 & -7 \\ 6 & 11 & -12 \\ 0 & 0 & 5 \end{bmatrix}$$

$$\begin{bmatrix} 3 & 2 & 7 \\ 6 & 11 & -12 \end{bmatrix} \quad \begin{bmatrix} 3 & 0 & 0 \\ 2 & 4 & 0 \\ 5 & 6 & 2 \end{bmatrix}$$

풀이 첫 번째 행렬은 상삼각행렬이고, 성질 I에 의하여 행렬식은 $(4)(3)(10)=120$이다. 두 번째 행렬에서는 1행의 -2배를 2행에 더한다. 행렬식은 변함이 없고, 행렬은 $\begin{bmatrix} 3 & 2 & 7 \\ 0 & 7 & 2 \\ 0 & 0 & 5 \end{bmatrix}$이 되므로 성질 I에 의하여 $(3)(7)(5)=105$이다. 세 번째 행렬은 정방행렬이 아니므로 행렬식이 없다. 네 번째 행렬은 하삼각행렬이고, 성질 I에 의하여 행렬식은 24이다. ■

성질 I, II, III의 목록은 거의 최소한의 가정을 모은 집합이다: 이 성질들로부터 행렬식의 전체 이론을 추론해 낼 수가 있다. 이 주제의 논의를 완성해 가는 과정 중에 우리는 이러한 행렬식 함수 Det가 꼭 하나만 존재한다는 것을 증명할 것이다. 성질 I, II, III 속에 공준으로 나타난 가정들은 선구적인 Stoll[1952]의 교재에 있는 공준보다 강한 조건이다. 예를 들면 Stoll은 이 교재에서 (성질 I 대신에) 모든 단위행렬의 행렬식은 1이라고 가정하였다. Stoll과 Wang[1968]에 의하여 뒤에 나온 개정판이 행렬식 이론의 또 다른 기원이 되었다. Strang[1988, 2003]의 책에서는 다른 공준 집합에 근거한 행렬식 이론이 쉽게 설명되어 있다. 그 책에서의 공준은 다음과 같다: Det(A)는 1행에 관하여 선형적이고, 두 행을 바꾸면 Det(A)의 부호가 바뀌며, Det(I)=1이다.

우선 성질 I, II, III으로부터 쉽지만 유용한 결과를 하나 이끌어 내려고 한다. 다음의 정리는 가정이 아니라 성질 I, II, III으로부터 유도한 결과이다.

정리 1
행렬 $\mathbf{A}$의 두 행을 서로 바꾸어 행렬 $\tilde{\mathbf{A}}$를 얻었다면

$$\mathrm{Det}(\tilde{\mathbf{A}}) = -\mathrm{Det}(\mathbf{A})$$

이다.

증명 1.1절에서, 두 행을 서로 바꾸는 것은 다음처럼 두 가지 형태의 행의 연산을 몇 번 시행하여 얻을 수 있는 결과임을 알았다.

$$\begin{bmatrix} \mathbf{u} \\ \mathbf{v} \end{bmatrix} \sim \begin{bmatrix} \mathbf{u} \\ \mathbf{v}+\mathbf{u} \end{bmatrix} \sim \begin{bmatrix} -\mathbf{v} \\ \mathbf{v}+\mathbf{u} \end{bmatrix} \sim \begin{bmatrix} -\mathbf{v} \\ \mathbf{u} \end{bmatrix} \sim \begin{bmatrix} \mathbf{v} \\ \mathbf{u} \end{bmatrix}$$

성질 II에 의하면 처음 세 번의 행 연산은 행렬식에 영향을 미치지 못한다. 네 번째의 행 연산은 성질 III에 의하여 행렬식의 부호를 바꾼다. 그러므로 두 행을 바꾸면 행렬식의 부호가 바뀌는 결과를 얻는다. ■

예제 2 다음의 등식이 왜 옳은지를 설명하라.

$$\mathrm{Det}\begin{bmatrix} 3 & 7 & -5 \\ 6 & 4 & 2 \\ 9 & 1 & 8 \end{bmatrix} = -\mathrm{Det}\begin{bmatrix} 6 & 4 & 2 \\ 3 & 7 & -5 \\ 9 & 1 & 8 \end{bmatrix} = -2\,\mathrm{Det}\begin{bmatrix} 3 & 2 & 1 \\ 3 & 7 & -5 \\ 9 & 1 & 8 \end{bmatrix}$$

$$= -2\,\mathrm{Det}\begin{bmatrix} 3 & 2 & 1 \\ 0 & 5 & -6 \\ 0 & -5 & 5 \end{bmatrix} = -2\,\mathrm{Det}\begin{bmatrix} 3 & 2 & 1 \\ 0 & 5 & -6 \\ 0 & 0 & -1 \end{bmatrix}$$

$$= (-2)(3)(5)(-1) = 30$$

풀이 처음의 등식은 정리 1에 의하여, 다음의 등식은 성질 III에 의하여 성립한다. 그 다음의 두 등식은 성질 II에 의하여, 마지막 것은 성질 I에 의하여 성립한다. ■

성질 I, II만을 사용하더라도 많은 행렬식을 계산할 수 있다. 성질 II, III과 정리 1의 목적은 행 연산을 사용하여 삼각형 꼴로 바꿀 때, 행렬식에 미치는 영향을 추적하는 것이다.

예제 2의 행렬식을 계산하는 과정 중에 앞에서 암시된 의문이 떠오른다: "우리가 행렬식을 계산할 때 사용하는 행 연산의 순서는 아무 문제가 되지 않는다고 어떻게 확신할 수 있는가, 그 결과는 같은가?" 결국은 세 성질 I, II, III을 만족하는 행렬식 함수의 존재성과 유일성을 입증해야 할 필요가 생긴다.

정리 2

성질 I, II, III을 만족하는 행렬식 함수가 꼭 하나 존재한다.

정리 2는 증명 없이 언급만 한다. 이 정리는 행렬식 계산 알고리즘을 정당화하는 데 필요하다.

행렬식 계산 알고리즘

이제 성질 I, II, III과 정리 1을 이용하여 임의의 정방행렬의 행렬식을 계산할 때가 되었다. 착상은 아주 단순하다: 성질 I, II, III과 함께 정리 1을 이용하여, 주어진 (정방)행렬 **A**와 행동치인 삼각행렬 $\tilde{\mathbf{A}}$를 찾아내는 것이다. 이 과정에서 성질 III과 정리 1에 의하여 생기는 행렬식의 변화를 놓치지 않아야 한다. 마지막으로 성질 I을 적용한다. 더 심오한 사실은, 증명하지는 않겠지만, 서로 다른 순서로 행 연산들을 사용하더라도 얻는 값(행렬식)은 하나뿐이라는 것이다.

예제 3 앞에 제시된 알고리즘을 사용하여 행렬식을 계산하라.

$$\text{Det}\begin{bmatrix} 1 & 3 & 4 \\ 2 & 1 & 2 \\ -4 & 2 & 1 \end{bmatrix}$$

풀이 여기서 성질 II를 반복적으로 사용하고 성질 I은 마지막에 사용한다.

$$\text{Det}\begin{bmatrix} 1 & 3 & 4 \\ 2 & 1 & 2 \\ -4 & 2 & 1 \end{bmatrix} = \text{Det}\begin{bmatrix} 1 & 3 & 4 \\ 0 & -5 & -6 \\ 0 & 14 & 17 \end{bmatrix} = \text{Det}\begin{bmatrix} 1 & 3 & 4 \\ 0 & -5 & -6 \\ 0 & 0 & 1/5 \end{bmatrix}$$

$$= (1)(-5)(1/5) = -1$$

■

예제 4 연산의 순서를 달리하여 위의 행렬식을 계산하라. 먼저 정리 1부터 사용하라.

풀이

$$\text{Det}\begin{bmatrix} 1 & 3 & 4 \\ 2 & 1 & 2 \\ -4 & 2 & 1 \end{bmatrix} = -\text{Det}\begin{bmatrix} 2 & 1 & 2 \\ 1 & 3 & 4 \\ -4 & 2 & 1 \end{bmatrix} = -\text{Det}\begin{bmatrix} 2 & 1 & 2 \\ 0 & 5/2 & 3 \\ 0 & 4 & 5 \end{bmatrix}$$

$$= -\text{Det}\begin{bmatrix} 2 & 1 & 2 \\ 0 & 5/2 & 3 \\ 0 & 0 & 1/5 \end{bmatrix} = -1$$

■

이론적으로 1×1, 2×2, 3×3 등, 어떤 크기의 정방행렬이라도 행렬식에 대한 공식을 만들 수 있다. 하지만 공식은 곧(크기가 커지면) 다루기 힘들어진다. 1×1 행렬은 삼각행렬이므로 $\text{Det}(a)=a$이다. 다음으로 살펴볼 경우는 일반적인 2×2 행렬이다. 공식을 얻기 위하여 $\mathbf{A} = \begin{bmatrix} a & b \\ c & d \end{bmatrix}$라 두자. 만일 $c=0$이면, 이미 상삼각행렬이므로 $\text{Det}(\mathbf{A})=ad=ad-bc$이다. 이제 $c \neq 0$이면, 먼저 두 행을 서로 바꾼 다음 다른 행 연산을 시행하여 같은 결과를 얻게 된다.

$$\text{Det}(\mathbf{A}) = \text{Det}\begin{bmatrix} a & b \\ c & d \end{bmatrix} = -\,\text{Det}\begin{bmatrix} c & d \\ a & b \end{bmatrix} = -\,\text{Det}\begin{bmatrix} c & d \\ 0 & b-(a/c)d \end{bmatrix}$$
$$= -c[b-(ad)/c] = ad - bc$$

그러므로 두 경우 모두 $ad-bc$를 얻는다. 이 공식은 기억해 둘 가치가 있다. 왜냐하면 행렬식과 관련된 많은 계산 과정에서 2×2 행렬식의 계산이 필요하기 때문이다.

정리 3

2×2 행렬의 행렬식의 계산은 다음의 규칙을 따른다.

$$\text{Det}\begin{bmatrix} a & b \\ c & d \end{bmatrix} = ad - bc$$

예제 5 다음의 행렬식을 (가능한 한 효과적으로) 계산하라.

$$\begin{bmatrix} 0 & 3 & 5 \\ 4 & 6 & -2 \\ 10 & 2 & 7 \end{bmatrix}$$

풀이 이를 계산하는 한 가지 방법은 다음과 같다.

$$\text{Det}\begin{bmatrix} 0 & 3 & 5 \\ 4 & 6 & -2 \\ 10 & 2 & 7 \end{bmatrix} = -\,\text{Det}\begin{bmatrix} 4 & 6 & -2 \\ 0 & 3 & 5 \\ 10 & 2 & 7 \end{bmatrix}$$
$$= -2\,\text{Det}\begin{bmatrix} 2 & 3 & -1 \\ 0 & 3 & 5 \\ 10 & 2 & 7 \end{bmatrix} = -2\,\text{Det}\begin{bmatrix} 2 & 3 & -1 \\ 0 & 3 & 5 \\ 0 & -13 & 12 \end{bmatrix}$$
$$= -2\,\text{Det}\begin{bmatrix} 2 & 3 & -1 \\ 0 & 3 & 5 \\ 0 & -1 & 32 \end{bmatrix} = 2\,\text{Det}\begin{bmatrix} 2 & 3 & -1 \\ 0 & -1 & 32 \\ 0 & 0 & 101 \end{bmatrix}$$
$$= (2)(-1)(101) = -404$$

여기서는 행의 교환을 두 번 시행하였으며, 분수를 피하기 위하여 여분의 단계를 거쳤다. ■

비율 연산 없는 알고리즘

여기서는 약간 다른 알고리즘을 이용하여 임의의 정방행렬의 행렬식을 계산한다. 비율 연산 없는 행축소 과정과 행들의 교환 횟수를 이용하는 방법이다. 행렬 **A**를 상삼각행렬 $\tilde{\mathbf{A}}$로 변형하기 위하여 성질 **I**, **II**와 정리 1을 이용하고, 성질 **III**은 이용하지 않는다. 이 변형 과정에서 두 행을 교환한 횟수가 k라고 하자. 그러면 **A**의 행렬식은 $\tilde{\mathbf{A}}$의 대각선 위의 원소들의 곱에 $(-1)^k$를 곱한 것이다.

예제 6 예제 5의 행렬을 이용하여, 더 구체적인 이 알고리즘을 설명하라.

풀이

$$\begin{bmatrix} 0 & 3 & 5 \\ 4 & 6 & -2 \\ 10 & 2 & 7 \end{bmatrix} \sim \begin{bmatrix} 10 & 2 & 7 \\ 0 & 3 & 5 \\ 4 & 6 & -2 \end{bmatrix} \sim \begin{bmatrix} 2 & -10 & 11 \\ 0 & 3 & 5 \\ 4 & 6 & -2 \end{bmatrix}$$
$$\sim \begin{bmatrix} 2 & -10 & 11 \\ 0 & 3 & 5 \\ 0 & 26 & -24 \end{bmatrix} \sim \begin{bmatrix} 2 & -10 & 11 \\ 0 & 3 & 5 \\ 0 & 2 & -64 \end{bmatrix} \sim \begin{bmatrix} 2 & -10 & 11 \\ 0 & 1 & 69 \\ 0 & 2 & -64 \end{bmatrix}$$
$$\sim \begin{bmatrix} 2 & -10 & 11 \\ 0 & 1 & 69 \\ 0 & 0 & -202 \end{bmatrix}$$

행의 교환이 두 번 있었으므로 구하려는 행렬식은 다음과 같다.

$$(-1)^2(2)(-202) = -404$$ ■

예제 7 아래의 행렬에 행축소 알고리즘을 실행하고, 행렬식을 계산하라. 두 작업 사이에는 어떤 관계가 있는가?

$$\mathbf{A} = \begin{bmatrix} 2 & 3 & 0 & 2 \\ 2 & 6 & -1 & 5 \\ 4 & 12 & -3 & 7 \\ 2 & 3 & -1 & -1 \end{bmatrix}$$

풀이 행축소에 의하여 아래와 같은 동치 행렬이 생긴다.

$$\begin{bmatrix} 2 & 3 & 0 & 2 \\ 2 & 6 & -1 & 5 \\ 4 & 12 & -3 & 7 \\ 2 & 3 & -1 & -1 \end{bmatrix} \sim \begin{bmatrix} 2 & 3 & 0 & 2 \\ 0 & 3 & -1 & 3 \\ 0 & 6 & -3 & 3 \\ 0 & 0 & -1 & -3 \end{bmatrix}$$

$$\sim \begin{bmatrix} 2 & 3 & 0 & 2 \\ 0 & 3 & -1 & -3 \\ 0 & 0 & -1 & -3 \\ 0 & 0 & -1 & -3 \end{bmatrix} \sim \begin{bmatrix} 2 & 3 & 0 & 2 \\ 0 & 3 & -1 & -3 \\ 0 & 0 & -1 & -3 \\ 0 & 0 & 0 & 0 \end{bmatrix}$$

Det(**A**)=0이다.

영인 행이 나왔다는 것은 본래 행렬의 행들이 일차종속이었다는 것을 말한다. 여기서는 1.3절의 정리 13이 도움이 된다: 만일 어떤 행렬의 행 사다리꼴에 영인 행이 있으면, 행들은 일차종속인 집합을 이룬다. 또한 영인 행은 **A**의 행렬식이 영이라는 사실을 가리킨다. 이 사실들은 직접적인 연관이 있으며, 다음의 정리가 성립한다. ■

영행렬식

4.2절(정리 3)에는, 한 행렬의 행렬식은 그 전치행렬의 행렬식과 같다는 사실이 증명되어 있다. 그러므로 **A**의 행들이 일차종속이면

$$\mathrm{Det}(\mathbf{A}) = \mathrm{Det}(\mathbf{A}^T) = 0$$

이므로, 열들도 역시 일차종속이다.

정리 4

어떤 행렬의 행렬식이 0일 필요충분조건은 행(혹은 열)들의 집합이 일차종속인 것이다.

증명 먼저 $n \times n$ 행렬 **A**의 행들이 일차종속이라 가정하자. 그러면 아래와 같은 비자명 방정식이 존재한다.

$$c_1\mathbf{r}_1 + c_2\mathbf{r}_2 + \cdots + c_n\mathbf{r}_n = \mathbf{0}$$

여기서 $\mathbf{r}_i$는 **A**의 행벡터이다. 비자명 방정식이므로 적어도 하나의 영이 아닌 계수가 있어야 한다. 편의상 $c_1 \neq 0$라 하면, 다음과 같이 쓸 수 있다.

$$\mathbf{r}_1 + \left(\frac{c_2}{c_1}\right)\mathbf{r}_2 + \left(\frac{c_3}{c_1}\right)\mathbf{r}_3 + \cdots + \left(\frac{c_n}{c_1}\right)\mathbf{r}_n = \mathbf{0}$$

바꿔 말하면 2, 3, 4, ..., n행의 비율 연산을 1행에 더하여 영인 행을 얻을 수 있다는 것이다. **A**의 행 사다리꼴 행렬의 대각선 위에 영이 있게 되므로 Det(**A**)=0이다.

다른 쪽을 증명하기 위하여 Det(**A**)=0라 가정하자. 그러면 **A**로부터 유도되는 상삼각행렬의 대각선 위에 영이 있어야 한다. 이 영으로부터 피벗(pivot)은 많아야 $n-1$개임을 알 수 있다. 그러므로 **A**의 행 사다리꼴 행

렬에는 영인 행이 있게 된다. 영인 행은 **A**의 행들의 일차결합으로 생긴 것으로, 행들의 비자명 일차결합이 **0**이라는 말이다. 다시 말해 **A**의 행들은 일차종속 집합을 이룬다. ■

정리 4로부터, **A**의 행(혹은 열)들이 일차독립일 필요충분조건은 Det(**A**) $\neq$ 0이다. Det(**A**)=Det($\mathbf{A}^T$)이므로 정리 4는 열에 대해서도 성립한다.

다음의 정리는 6.1절의 주제인 행렬의 고유값 이론에서 아주 중요하다.

정리 5

정방행렬이 가역적(정칙)일 필요충분조건은 행렬식이 영이 아닌 것이다.

증명 행렬 **A**가 가역적일 필요충분조건은 **A**의 기약 사다리꼴 행렬이 단위행렬이 되는 것이다. 이것은 **A**의 행(혹은 열)집합이 일차독립인 것과 동치이다. 정리 4에 의해서, 이것은 다시 Det(**A**) $\neq$ 0와 동치이다. ■

정리 5에 의하면, Det(**A**)=0일 필요충분조건은 **A**가 비가역적(특이) 행렬인 것이다.

예제 8 행렬식 판정법을 이용하여, 아래 행렬의 열들이 일차독립인지를 밝히라. 또한 Det($\mathbf{A}^T$)를 계산하라.

$$\mathbf{A} = \begin{bmatrix} 1 & -3 & 2 \\ 4 & 7 & 5 \\ 6 & 1 & 10 \end{bmatrix}$$

풀이 **A**에 행축소 과정을 시행하여 얻은 상삼각 사다리꼴 행렬로부터 **A**의 행렬식을 계산할 수 있다. 모두 두 단계를 거쳐서 답을 구해 보면 다음과 같다.

$$\mathbf{A} = \begin{bmatrix} 1 & -3 & 2 \\ 4 & 7 & 5 \\ 6 & 1 & 10 \end{bmatrix} \sim \begin{bmatrix} 1 & -3 & 2 \\ 0 & 19 & -3 \\ 0 & 19 & -2 \end{bmatrix} \sim \begin{bmatrix} 1 & -3 & 2 \\ 0 & 19 & -3 \\ 0 & 0 & 1 \end{bmatrix}$$

그러므로 행렬식은 19이고, 정리 5에 의하여 가역적이다. Det(**A**) $\neq$ 0이므로 **A**의 열집합은 일차독립이다. 마찬가지로 $\mathbf{A}^T$에 행축소 과정을 통하여 얻은 상삼각 사다리꼴 행렬로부터 행렬식을 계산할 수 있다.

$$\mathbf{A}^T = \begin{bmatrix} 1 & 4 & 6 \\ -3 & 7 & 1 \\ 2 & 5 & 10 \end{bmatrix} \sim \begin{bmatrix} 1 & 4 & 6 \\ 0 & 19 & 19 \\ 0 & -3 & -2 \end{bmatrix} \sim \begin{bmatrix} 1 & 4 & 6 \\ 0 & 19 & 19 \\ 0 & 0 & 1 \end{bmatrix}$$

다시 행렬식은 영이 아니고, 정리 4에 의하여 **A**의 행집합은 일차독립이다. ■

예제 9 예제 6과 7의 행렬들은 가역적인가 혹은 비가역적인가?

풀이 예제 6에서는 행렬식이 영이 아니므로 가역적(정칙적)이고, 예제 7에서는 행렬식이 0이므로 비가역적(특이적)이다. ■

예제 10 아래의 행렬이 가역적인지 결정하라.

$$\mathbf{A} = \begin{bmatrix} 2 & 9 & 3 & 5 \\ 8 & 16 & 5 & 5 \\ 7 & 9 & 3 & 5 \\ 17 & 34 & 11 & 15 \end{bmatrix}$$

풀이 4행은 1행, 2행, 3행을 합한 것임을 알 수 있다. 그러므로 4행에서 1행, 2행, 3행을 빼면 영이 된다. 따라서 행렬식은 영이 되고, 정리 5에 의하여(혹은 다른 정리들에 의하여) $\mathbf{A}$는 비가역적이다. ■

넓이와 부피의 계산

평면 $\mathbb{R}^2$에서 삼각형의 넓이를 계산하는 데 행렬식을 이용한다.(이 이론은 3차원 도형의 부피 계산이나, 더 높은 차원에서의 유사한 응용 문제에까지 확장된다.) 삼각형의 한 꼭지점이 원점 $\mathbf{0}$일 때, 나머지 꼭지점을 $\mathbf{u}$, $\mathbf{v}$라 하자. 기호 $\Delta(\mathbf{0}, \mathbf{u}, \mathbf{v})$은 꼭지점이 $\mathbf{0}$, $\mathbf{u}$와 $\mathbf{v}$인 삼각형을 나타낸다.

정리 6

$\mathbb{R}^2$에서 꼭지점이 $\mathbf{0}$, $\mathbf{u}$, $\mathbf{v}$인 삼각형의 넓이는 $\mathbf{u}$와 $\mathbf{v}$를 행(혹은 열)으로 가지는 2×2 행렬식의 절대값의 반이다.

$$\text{Area}[\Delta(\mathbf{0}, \mathbf{u}, \mathbf{v})] = \tfrac{1}{2}\left|\text{Det}\begin{bmatrix} u_1 & u_2 \\ v_1 & v_2 \end{bmatrix}\right|$$

증명 일반적으로 $\mathbb{R}^2$에서 꼭지점이 $\mathbf{u}$, $\mathbf{v}$, $\mathbf{w}$인 삼각형을 $\Delta(\mathbf{u}, \mathbf{v}, \mathbf{w})$로 나타내자. 임의의 상수 λ에 대하여 $\Delta(\mathbf{0}, \mathbf{u}, \mathbf{v})$와 $\Delta(\mathbf{0}, \mathbf{u}, \mathbf{v}+\lambda\mathbf{u})$는 같은 넓이를 가진다. 왜냐하면 두 삼각형은 같은 밑변과 같은 높이를 가지기 때문이다.(그림 4.1로 확인해 보라.) 삼각형의 넓이는 밑변 b와 높이 h의 곱의 반, 즉 $\frac{1}{2}bh$임을 상기하자. 이제 정리에 있는 행렬의 행을 먼저 교환하고, 다음으로 한 행의 비율 연산을 다른 행에 더하여 대각행렬로 만든다. 예를 들어 $u_1 \neq 0$이면, 다음과 같이 쓸 수 있다.

$$\begin{aligned} \text{Det}\begin{bmatrix} u_1 & u_2 \\ v_1 & v_2 \end{bmatrix} &= \text{Det}\begin{bmatrix} u_1 & u_2 \\ 0 & v_2' \end{bmatrix} = \text{Det}\begin{bmatrix} u_1 & 0 \\ 0 & v_2' \end{bmatrix} \\ &= u_1 v_2' = \pm\, 2\ \text{Area}[\Delta(\mathbf{0}, \mathbf{u}', \mathbf{v}')] \\ &= \pm\, 2\ \text{Area}[\Delta(\mathbf{0}, \mathbf{u}, \mathbf{v})] \end{aligned}$$

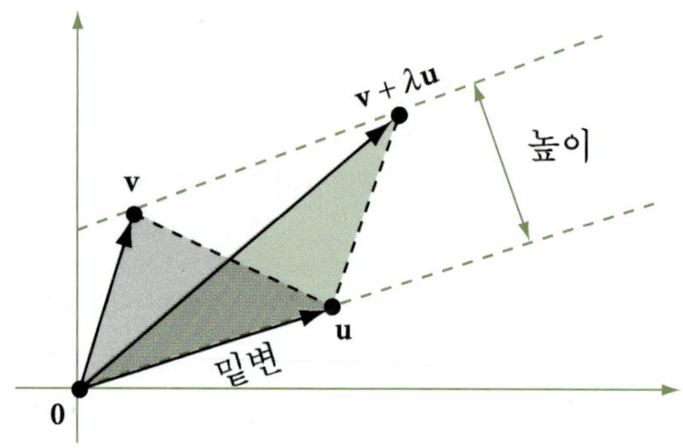

그림 4.1 밑변과 높이가 같은 삼각형.

여기서 성질 II를 두 번, 성질 I을 한 번 사용하였다. 한편

$$v_2' = [v_2 - (v_1/u_1)u_2] \qquad \mathbf{v}' = (0, v_2') \qquad \mathbf{u}' = (u_1, 0)$$

이다. 그림 4.2에서 4.4까지는, 삼각형의 넓이는 변함없이, 꼭지점의 이동을 자세하게 보여 주고 있다. 그림 4.2에서 그림 4.3으로 넘어가면서, 벡터 **v**는 **u**에 평행한 선분을 따라 수직좌표축 위의 새로운 위치 **v**′으로 이동하였다. 그림 4.3에서 그림 4.4로 넘어가면서 **u**는 **v**′에 평행한 선분을 따라서 수평좌표축 위의 새로운 위치 **u**′으로 이동하였다. 이러한 이동은 삼각형의 넓이에는 영향을 미치지 않는다.(왜 그런지 설명해 보라.) 그림 4.4에 나와 있는 것처럼, 꼭지점 **u**′은 수평좌표축 위에, 다른 꼭지점 **v**′는 수직좌표축 위에 있으므로 $\Delta(\mathbf{0}, \mathbf{u}', \mathbf{v}')$은 직삼각형이다. 그러므로 각 삼각형의 넓이는 모두 $\frac{1}{2}u_1v_2' = \frac{1}{2}u_1[v_2 - (v_1/u_1)u_2]$이다. ■

예제 11 꼭지점이 (0, 0), (2, 11), (8, 3)인 삼각형의 넓이는 얼마인가? 행렬식을 이용하여 답을 찾고, 다음에는 그림과 직삼각형을 이용하여 답을 구하라.

풀이 넓이는 (2, 11)과 (8, 3)을 행으로 갖는 행렬식의 절대값의 반이므로

$$\frac{1}{2}\left|\text{Det}\begin{bmatrix} 2 & 11 \\ 8 & 3 \end{bmatrix}\right| = \frac{1}{2}|6 - 88| = 41$$

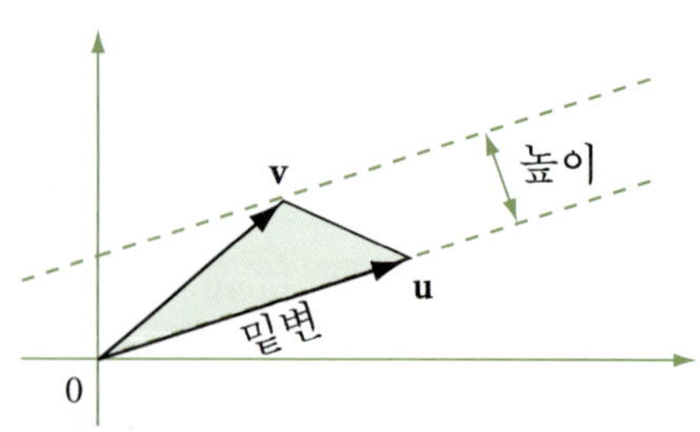

그림 4.2 0단계: 같은 밑변과 높이를 갖는 삼각형.

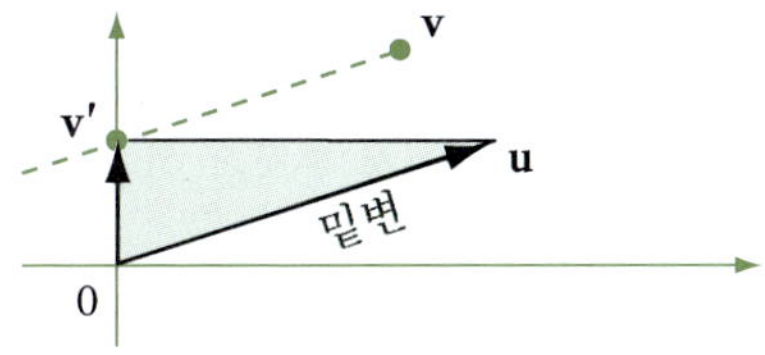

그림 4.3 1단계: $\mathbf{v}$의 이동, $\mathbf{u}$와 평행으로 새로운 위치 $\mathbf{v}'=(0, v'_2)$로.

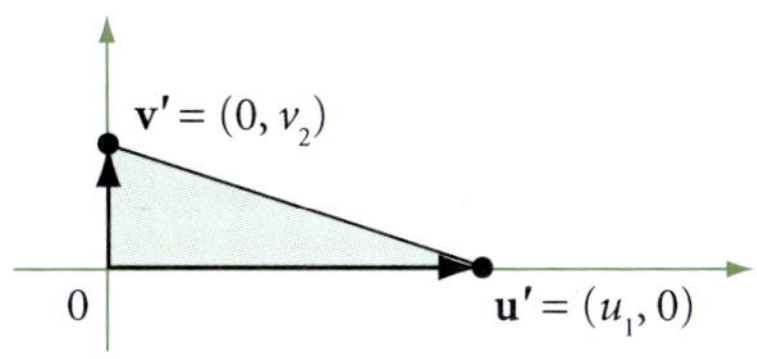

그림 4.4 2단계: $\mathbf{u}$의 이동, 수직방향으로 새로운 위치 $\mathbf{u}'=(u_1, 0)$로.

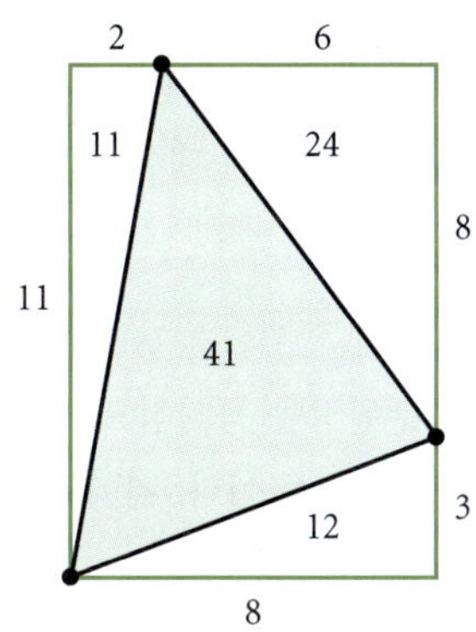

그림 4.5 직사각형 속의 삼각형.

이다. 따라서 구하려는 넓이는 41이다. 다른 방법으로 계산하기 위하여 넓이를 구하려는 삼각형을 품는 직사각형(각 변이 좌표축에 평행하도록)을 하나 그린다. 이 직사각형의 넓이는 (8)(11)=88이다. 다음으로 세 개의 직삼각형을 제거하면 관심을 갖는 삼각형만 남는다. 제거된 삼각형의 넓이가 각각 11, 12, 24이다. 이것들의 합은 47이고, 구하려던 넓이는 88−47=41이다. 그림 4.5를 참조하라. ■

예제 12 꼭지점이 (4, 7), (−2, 11), (12, −6)인 삼각형의 넓이는 얼마인가?

풀이 원점이 꼭지점이 아니므로, 원점에서 꼭지점을 갖는 삼각형이 되도록 고정된 벡터 하나를 주어진 삼각형의 각 점에서 단순하게 뺀다. 이러한 강체 운동을 통하여, 주어진 삼각형을 원점을 꼭지점으로 갖는 삼각형으로 이동시킬 수 있다. 예를 들어 주어진 삼각형의 각 꼭지점에서 (4, 7)을 빼면, (0, 0), (−6, 4), (8, −13)을 꼭지점으로 갖는 새로운 삼각형이 된다. 이제 행렬식 공식을 이용하면 넓이는 다음과 같다.

$$\frac{1}{2}\left|\text{Det}\begin{bmatrix} -6 & 4 \\ 8 & -13 \end{bmatrix}\right| = \frac{1}{2}(78-32) = 23$$ ■

정리 7

$\mathbb{R}^2$에서 세 점 **0**, **u**, **v**에 의하여 만들어진 평행사변형의 넓이는 **u**와 **v**를 행(혹은 열)으로 갖는 행렬식의 절대값이다.

$$\text{Area}(\mathbf{0}, \mathbf{u}, \mathbf{v}, \mathbf{u}+\mathbf{v}) = \left|\text{Det}\begin{bmatrix} u_1 & u_2 \\ v_1 & v_2 \end{bmatrix}\right|$$

증명 평행사변형은 합동인 두 개의 삼각형으로 이루어져 있으므로, 정리 6으로부터 바로 증명된다. ■

우리는 4.2절(정리 3)에서 행렬은 그 전치행렬과 같은 행렬식을 갖는다는 사실을 배울 것이다. 따라서 정리 6과 정리 7에서, 삼각형이나 평행사변형의 넓이는 행벡터 대신에 열벡터를 사용하더라도 변하지 않는다.

정리 8

S는 $\mathbb{R}^2$에 있는 삼각형 혹은 평행사변형이고, 원점을 꼭지점으로 갖는다. T는 $\mathbb{R}^2$에서 $\mathbb{R}^2$으로의 선형사상이고, 행렬 **A**에 의하여 주어진다고 하자. 즉 $T(\mathbf{x})=\mathbf{A}\mathbf{x}$이다. 넓이 사이에 다음의 관계가 성립한다.

$$\text{Area}[T(S)] = |\,\text{Det}(\mathbf{A})| \cdot \text{Area}(S)$$

증명 S가 평행사변형이고 꼭지점이 **0**, **u**, **v**, **u**+**v**이라고 하면, 정리 7에 의하여 S의 넓이는 $|\text{Det}(\mathbf{u}, \mathbf{v})|$이다. 평행사변형 $T(S)$의 꼭지점은 **0**, $T(\mathbf{u})$, $T(\mathbf{v})$, $T(\mathbf{u}+\mathbf{v})$, 혹은 달리 쓰면 **0**, **Au**, **Av**, **Au**+**Av**이므로 넓이는 다음과 같다.

$$\begin{aligned} |\,\text{Det}(\mathbf{Au}, \mathbf{Av})| &= |\,\text{Det}(\mathbf{A}[\mathbf{u}, \mathbf{v}])| = |\,\text{Det}(\mathbf{A})| \cdot |\,\text{Det}(\mathbf{u}, \mathbf{v})| \\ &= |\,\text{Det}(\mathbf{A})| \cdot \text{Area}\,(S) \end{aligned}$$ ■

예제 13 $T(\mathbf{x})=\mathbf{A}\mathbf{x}$, $\mathbf{A} = \begin{bmatrix} 1 & 3 \\ 2 & 4 \end{bmatrix}$이다. 평행사변형 S의 꼭지점이 (0, 0), (2, 5), (7, 3), (9, 8)일 때, $T(S)$의 넓이는 얼마인가?

풀이 정리 8에 의하여, 넓이는 Area[$T(S)$]=|Det(**A**) · Area(S)= $\left|\text{Det}\begin{bmatrix} 1 & 3 \\ 2 & 4 \end{bmatrix}\right| \cdot \left|\text{Det}\begin{bmatrix} 2 & 7 \\ 5 & 3 \end{bmatrix}\right| = |-2| \cdot |-29| = 58.$

다른 방법으로 계산해 보자. 새로운 평행사변형의 꼭지점이 $\mathbf{A}\begin{bmatrix} 0 \\ 0 \end{bmatrix} = \begin{bmatrix} 0 \\ 0 \end{bmatrix}$, $\mathbf{A}\begin{bmatrix} 2 \\ 5 \end{bmatrix} = \begin{bmatrix} 17 \\ 24 \end{bmatrix}$,

$\mathbf{A}\begin{bmatrix} 7 \\ 3 \end{bmatrix} = \begin{bmatrix} 16 \\ 26 \end{bmatrix}$이므로, $\left|\text{Det}\begin{bmatrix} 17 & 16 \\ 24 & 26 \end{bmatrix}\right| = 58$ 이다. ■

수학 소프트웨어

행렬식을 계산하는 데 수학 관련 소프트웨어를 이용할 수 있다. 예를 들면 Matlab, Maple, 혹은 Mathematica 안에 있는 아래의 명령어를 사용하여 전형적인 4×4 행렬의 행렬식을 계산할 수 있다.

```
Matlab
A = [1,3,7,2;4,-2,1,5;3,1,2,0;1,9,15,-1]
det(A)
```

```
Maple
with(LinearAlgebra):
A : = Matrix([[1,3,7,2],[4,-2,1,5],[3,1,2,0],
      [1,9,15,-1]]);
Determinant(A);
```

```
Mathematica
A = {{1,3,7,2},{4,-2,1,5},{3,1,2,0},{1,9,15,-1}}
Det[A]
```

요약 4.1

- **U**가 $n\times n$ 삼각행렬이면, Det(**U**)=$u_{11}u_{22}\ \dots\ u_{nn}$이다.
- $\tilde{\mathbf{A}}$가 **A**의 한 행의 비율 연산을 다른 행에 더하여 얻은 행렬이면, Det(**A**)=Det($\tilde{\mathbf{A}}$)이다.
- $\tilde{\mathbf{A}}$가 **A**의 한 행에 상수 c를 곱하여 얻은 행렬이면, Det(**A**)=(1/c)Det($\tilde{\mathbf{A}}$)이다.
- $\tilde{\mathbf{A}}$가 **A**의 두 행을 서로 바꾸어 얻은 행렬이면, Det(**A**)=−Det($\tilde{\mathbf{A}}$)이다.
- 성질 I, II, III을 만족하는 행렬식 함수는 꼭 하나만 존재한다.
- $\begin{vmatrix} a & b \\ c & d \end{vmatrix} = ad - bc$
- Det(**A**)=0일 필요충분조건은 **A**가 특이행렬인 것이다.(**A**의 행들이 일차종속이라는 사실과 동치이다.)
- 행렬 **A**가 비가역적(특이적)일 필요충분조건은 Det(**A**)=0이다.
- $\mathbb{R}^2$에서 꼭지점이 **0**=(0, 0), **u**= (u_1, u_2), **v**=(v_1, v_2)인 삼각형의 넓이는 $\frac{1}{2}\left|\text{Det}\begin{bmatrix} u_1 & u_2 \\ v_1 & v_2 \end{bmatrix}\right| = \frac{1}{2}\left|\text{Det}\begin{bmatrix} u_1 & v_1 \\ u_2 & v_2 \end{bmatrix}\right|$ 이다.
- $\mathbb{R}^2$에서 점 **0**=(0, 0), **u**=(u_1, u_2), **v**=(v_1, v_2)에 의하여 만들어진 평행사변형의 넓이는 $\left|\text{Det}\begin{bmatrix} u_1 & u_2 \\ v_1 & v_2 \end{bmatrix}\right|$ 또는 $\left|\text{Det}\begin{bmatrix} u_1 & v_1 \\ u_2 & v_2 \end{bmatrix}\right|$ 이다.
- S가 $\mathbb{R}^2$에서 삼각형 혹은 평행사변형이고 선형사상 $T: \mathbb{R}^2 \mapsto \mathbb{R}^2$가 $T(\mathbf{x})=\mathbf{Ax}$으로 주어지면, Area[$T(S)$]=|Det(**A**)| · Area($S$)이다.

주요 개념 4.1

행렬의 행렬식, 행의 표준 연산을 사용한 행렬식의 계산(교체, 비율, 교환), 삼각행렬의 행렬식, 2×2 행렬의 행렬식 공식, 열이 일차종속인 행렬의 행렬식은 0, 비가역적인 모든 행렬의 행렬식은 0, 비율 연산 없이 하는 행렬식의 계산, 행렬식 계산을 위한 행 연산 이용, 삼각형과 평행사변형의 넓이 계산

일반 연습문제 4.1

1. 아래 행렬의 행렬식을 계산하라.

 a. $\begin{bmatrix} 1 & 3 & 7 \\ 2 & 8 & 19 \\ 3 & 9 & 27 \end{bmatrix}$ b. $\begin{bmatrix} 1 & 2 & 3 \\ 3 & 8 & 9 \\ 7 & 19 & 27 \end{bmatrix}$

 c. $\begin{bmatrix} 4 & 2 & 2 \\ 2 & 6 & 1 \\ 1 & 2 & 2 \end{bmatrix}$ d. $\begin{bmatrix} 1 & 3 & 0 & 2 \\ 1 & -1 & 2 & -3 \\ 2 & 5 & -7 & -4 \\ 3 & 5 & 2 & 1 \end{bmatrix}$

2. 연립방정식 $\begin{cases} 3\beta x_1 + 7x_2 = 5 \\ 4x_1 + 2\beta x_2 = -3 \end{cases}$ 이 꼭 하나의 해를 갖게 되는 매개변수 β의 값은 얼마인가?

3. 꼭지점이 $(-1, 3)$, $(-4, -4)$, $(5, -2)$인 삼각형의 넓이를 구하라.

4. $\mathbf{A} = \begin{bmatrix} 3 & 7 & 2 \\ -2 & 4 & 1 \\ 6 & -2 & 4 \end{bmatrix}$이다. $\mathbf{A}$가 가역적인지 혹은 비가역적인지 행렬식 판정을 이용하여 결정하라.

5. $\mathbf{A} = \begin{bmatrix} 2 & 3 & -3 \\ -4 & 1 & 6 \\ 0 & 7 & 0 \end{bmatrix}$이다. $\mathbf{A}$의 행들이 일차종속 집합을 이루는지를 행렬식 판정법을 이용하여 결정하라.

6. 네 점 $(0, 0, 0)$, $(3, 2, 1)$, $(4, -1, 2)$, $(6, -7, 4)$를 꼭지점으로 갖는 평행육면체의 부피가 0임을 보임으로써, 이 네 점이 같은 평면 위에 있음을 증명하라.

7. $\text{Det}\begin{bmatrix} -2 & 1 & 2 \\ 2 & 0 & 4 \\ 3 & 1 & 0 \end{bmatrix}$을 계산하라.

8. 비가역성(특이성)에 대한 행렬식 판정법을 이용하여, $\begin{bmatrix} 1 & 3 \\ 2 & 7 \end{bmatrix} + t\begin{bmatrix} 1 & 1 \\ 1 & 1 \end{bmatrix}$이 비가역적이 되는 t의 값을 모두 구하라.

9. $\text{Det}\begin{bmatrix} x & -1 \\ x+1 & x-2 \end{bmatrix} = 7$ 이 되는 x의 값을 구하라.

10. $\mathbf{A} = \begin{bmatrix} 3 & 2 & -1 & -1 \\ 2 & 1 & 1 & 2 \\ -1 & 3 & 2 & -9 \\ 4 & -5 & 2 & 25 \end{bmatrix}$이다. $\mathbf{A}$의 행들이 일차종속 집합을 이루는지 결정하라. 만일 일차종속이라면, 행들의 일차결합이 영이 되는 계수를 찾으라. 1.3절의 기법을 이용하라.

11. $\mathbf{A} = \begin{bmatrix} 2 & 20 & 4 \\ 1 & 9 & 1 \\ -3 & 2 & 1 \end{bmatrix}$이다. 성질 **I**, **II**, **III**과 정리 1을 이용하여, $\mathbf{A}$의 행렬식을 계산하라.

12. $\mathbf{A} = \begin{bmatrix} 2 & 5 & 4 & 1 \\ 6 & -2 & -4 & 0 \\ 4 & 7 & 6 & 2 \\ 6 & -7 & -7 & 0 \end{bmatrix}$이다. 행의 교체(성질 **II**)만을 이용하여 $\mathbf{A}$의 행렬식을 계산하라(비율이나 교환을 사용하지 않고).

13. $\mathbf{A} = \begin{bmatrix} 3 & 1 & 1 & 5 \\ 1 & 4 & 2 & 1 \\ 2 & -1 & 3 & 6 \\ 2 & 3 & 5 & 2 \end{bmatrix}$이다. 행 연산을 이용하여 행렬식을 계산하라.

14. $\mathbf{A} = \begin{bmatrix} 0 & 2 & 5 \\ 3 & 5 & 4 \\ 2 & 4 & 6 \end{bmatrix}$이다. 행 연산을 이용하여 $\mathbf{A}$를 상삼각행렬로 고치고, 행렬식을 계산하라.

15. 비가역성(특이성)에 대한 행렬식 판정법을 이용하여,

$t\begin{bmatrix}12 & 12\\12 & 12\end{bmatrix}+\begin{bmatrix}1 & 3\\2 & 7\end{bmatrix}$이 비가역적이 되는 t의 값을 모두 구하라.

16. $\begin{bmatrix}1 & 2 & -1\\3 & 0 & 1\\4 & 2 & 1\end{bmatrix}$의 행렬식을 계산하라.

17. 꼭지점이 (0, 0), (3, 7), (4, −1), (7, 6)인 평행사변형의 넓이를 구하라.

18. $\text{Det}\begin{bmatrix}2 & 20 & 3\\1 & 9 & 1\\-3 & 2 & 1\end{bmatrix}$을 계산하라.

19. 서로 다른 두 개의 기본 연산 집합을 사용하여 $\text{Det}\begin{bmatrix}3 & 2 & 4\\3 & 3 & 9\\6 & 7 & 16\end{bmatrix}$을 계산하라.

20. 행렬식을 이용하여, 원점과 아래의 벡터들에 의하여 만들어진 삼각형과 평행사변형의 넓이를 구하라.

a. $\mathbf{x}=(5, 3)$, $\mathbf{y}=(4, 7)$

b. $\mathbf{x}=(-4, 3)$, $\mathbf{y}=(-2, 6)$

21. 나중에 행렬식은 어떠한 행에 대해서도 선형함수가 된다는 사실을 알게 될 것이다. 2×2 행렬 $\begin{bmatrix}a & b\\c & d\end{bmatrix}$에 대하여 생각해 보자. 아래의 함수가 선형임을 증명하라.

$$f(\mathbf{x}) = \text{Det}\begin{bmatrix}a & b\\x_1 & x_2\end{bmatrix} \quad g(x) = \text{Det}\begin{bmatrix}x_1 & x_2\\c & d\end{bmatrix}$$

22. 나중에 식 Det(**AB**)=Det(**A**)Det(**B**)이 항상 참이라는 사실을 증명할 것이다. 2×2인 경우에 대하여 이 사실을 설명하라.

23. 행렬의 성분이 정수이면 행렬식도 정수인가? 증명을 하든지 반례를 들라. 유리수에 대해서도 답하라.

24. 평행사변형의 넓이 공식은 삼각형의 넓이 공식을 포함하고 있으며, 또한 반대로 삼각형의 넓이 공식은 평행사변형의 넓이 공식을 포함하고 있다. 이 문제에서 삼각형의 넓이 공식을 유도하는 또 다른 방법을 논의한다. 먼저 길잡이가 되는 전형적인 도형을 그린다. 예를 들어 평면에 $\mathbf{o}=(0, 0)$, $\mathbf{a}=(3, 5)$, $\mathbf{b}=(6, 2)$, $\mathbf{a}'=(3, 0)$과 $\mathbf{b}'=(6, 0)$을 표시한다. 꼭지점을 순서대로 적는 전통적인 방법으로 정다각형을 나타내자. 우리는 삼각형 **oab**의 넓이를 구하려 한다(Dörrie H.[1940] 참조). 사변형 **oabb′**의 넓이는 삼각형 **oaa′**과 사다리꼴 **aa′b′b**의 넓이의 합임을 알 수 있다. 그런데 두 도형은 넓이 계산이 쉽다. 왜냐하면 높이를 수평축 위에서 잴 수 있기 때문이다. 이제 우리가 구하려는 넓이는 사변형 **oabb′**의 넓이에서 삼각형 **obb′**의 넓이를 뺀 것이다. 이 계산 과정을 실행하여, 넓이가 $\pm\frac{1}{2}\,\text{Det}\begin{bmatrix}a_1 & a_2\\b_1 & b_2\end{bmatrix}$이 됨을 유도하라. 단, $\mathbf{a}=(a_1, a_2)$, $\mathbf{b}=(b_1, b_2)$이다.

25. 평면에서 평행사변형의 꼭지점의 좌표가 모두 정수이면, 넓이도 정수가 되는 이유를 설명하라.

26. (도전) 평면에서 모든 꼭지점의 좌표가 정수인 정삼각형이 있는가? 만약 답을 할 수 있으면, 이제 모든 꼭지점의 좌표가 유리수인 정삼각형에 대해서도 답하라.

27. 꼭지점이 (0, 0), (u_1, u_2), (v_1, v_2)와 (u_1+v_1, u_2+v_2)인 평행사변형의 넓이는 얼마인가?

28. **u**를 **v**에 평행하게 이동하여 수평축 위의 새 점으로 옮기고, **v**를 수평으로 이동하여 수직축 위의 새 점으로 옮기는 방법을 이용하여, 삼각형의 넓이 공식을 유도하라.

29. $\mathbb{R}^2$에서의 평행사변형과 유사한 것이 $\mathbb{R}^3$에서는 **평행육면체**이다. 직육면체가 한 예이다. 평행육면체는 네 개의 꼭지점으로 나타낼 수 있다. 어떤 직육면체는 예를 들면 특정한 네 점 (0, 0, 0), (1, 0, 0), (0, 1, 0), (0, 0, 1)으로 표시된다. 이제 한 평행육면체가 꼭지점 **0**, **u**, **v**, **w**로 주어졌다 하자. 우리는 증명 없이 이 평행육면체의 부피가 |Det(**u**, **v**, **w**)|라는 사실을 받아들인다.[이 부피 공식은 $\mathbf{u}=(a, 0, 0)$, $\mathbf{v}=(0, b, 0)$, $\mathbf{w}=(0, 0, c)$일 때는 확실히 옳다.] 네 꼭지점 (0, 0, 0), (2, 3, 4), (1, −1, 2), (3, 0, 5)을 갖는 평행육면체의 부피를 구하라.

30. (계속) 앞 문제의 정보를 이용하여, 꼭지점이 (1, 2, −3), (2, 2, 1), (2, 3, 5), (3, 0, 2)인 평행육면체의 부피를 구하라.

31. $\mathbf{u}=(u_1, u_2)$, $\mathbf{v}=(v_1, v_2)$, $\mathbf{p}=(u_1, v_1)$, $\mathbf{q}=(u_2, v_2)$이다. 두 삼각형 Δ(**0**, **u**, **v**)와 Δ(**0**, **p**, **q**)의 넓이는 같은가?(증명을 하든지 반례를 들라.) $\mathbf{u}=(5, 1)$, $\mathbf{v}=(4, 3)$과 같은 구체적인 경우에 대하여 관련된 삼각형을 그리고, 두 삼각형의 넓이를 계산하라.

32. 정리 6의 증명을 참조하라. 증명에서 $\mathbf{v}'$은 $\mathbf{v}+t\mathbf{u}$임을 증명하라. 단, $t=-v_1/u_1$이다.

33. (계속) 같은 기법을 사용하여 면적 공식을 구하라. 단, 먼저 $\mathbf{u}$를 $\mathbf{v}$에 평행한 방향으로 이동하여 첫 번째 좌표축 위의 위치로 옮기라.

34. A가 2×2 행렬일 때, 스칼라 α에 대하여 $\text{Det}(\alpha \mathbf{A})=\alpha^2\text{Det}(\mathbf{A})$인 성질이 성립하는 이유를 설명하라. 다음으로 $n\times n$ 행렬에 대응하는 결과를 증명하라.

35. 정방행렬이 아닌 행렬은 모두 가역적이라는 다음의 증명을 분석하라: A가 정방행렬이 아니면, A는 행렬식을 갖지 않는다. 그러므로 A의 행렬식은 분명히 영이 아니다. '어떤 행렬이 가역적일 필요충분조건은 행렬식이 0이 아닌 것이다' 라는 정리를 적용하면, A는 가역적이다.

36. $\pm\frac{1}{2}\,\text{Det}\begin{bmatrix} u_1 & u_2 & 1 \\ v_1 & v_2 & 1 \\ w_1 & w_2 & 1 \end{bmatrix}$이 왜 $\mathbb{R}^2$에서 꼭지점이 $\mathbf{u}$, $\mathbf{v}$, $\mathbf{w}$인 삼각형의 넓이가 되는지 증명하라.(힌트: 원점이 삼각형의 꼭지점이 되도록 강체 이동한 다음, 이미 알고 있는 공식을 적용하라.)

37. $\mathbb{R}^2$의 서로 다른 두 점 $\mathbf{v}$, $\mathbf{w}$를 지나는 직선의 방정식이 $\text{Det}\begin{bmatrix} x_1 & x_2 & 1 \\ v_1 & v_2 & 1 \\ w_1 & w_2 & 1 \end{bmatrix}=0$임을 증명하라.

38. 정리 6에서 $\mathbf{u}$와 $\mathbf{v}$가 서로의 비율 연산이면 어떻게 되는가? $u_1=0$일 때는 어떻게 되는가?

39. 어떤 2×2 행렬이 가역적일 때, 행렬 속의 한 성분을 바꿈으로써 비가역적 행렬이 되게 할 수 있음을 증명하라.

40. 아래의 공리를 사용하여 행렬식에 접근하는 또 다른 방법에 대하여 조사하라.

I. Det(A)는 1행에 대하여 선형적이다.

II. 두 행을 바꾸면 Det(A)의 부호가 바뀐다.

III. Det(I)=1.

Strang[2003]을 참조하라.

41. 2×2 행렬의 행렬식 공식을 $a=0$과 $a\neq 0$인 경우로 나누어서 유도하라.

42. S가 삼각형일 때, 정리 8이 성립하는 이유를 설명하라.

참-거짓 연습문제 4.1

1. $\text{Det}\begin{bmatrix} 3 & 2 & 1 \\ 0 & 5 & 9 \\ 6 & 4 & 7 \end{bmatrix}=75$

2. $\text{Det}\begin{bmatrix} a & b \\ c & d \end{bmatrix}=0 \Longleftrightarrow \begin{bmatrix} a & b \\ c & d \end{bmatrix} \sim \begin{bmatrix} a & b \\ 0 & 0 \end{bmatrix}$

3. $\text{Det}\begin{bmatrix} 4 & 2 & 0 \\ 1 & 3 & 0 \\ 7 & 1 & x \end{bmatrix}=10$이면 $x=1$이다.

4. 행렬 $\begin{bmatrix} 2\beta & 7 \\ 3 & 4\beta \end{bmatrix}$이 비가역적이 되는 β의 값이 두 개 존재한다.

5. $\text{Det}\begin{bmatrix} 1 & 2 \\ 3 & 4 \end{bmatrix} = \text{Det}\begin{bmatrix} 2 & -1 \\ 4 & -2 \end{bmatrix}$

6. $\text{Det}\begin{bmatrix} 2 & 5 & 1 \\ 1 & 3 & 4 \\ 2 & 0 & 1 \end{bmatrix} = 35$

7. 정방행렬의 행렬식은 대각 성분들의 곱이다.

8. 정방행렬이 가역적인 것과 행렬식이 0이 아닌 것은 서로 필요충분조건이다.

9. 행렬의 한 행의 상수곱을 다른 행에 더하더라도 행렬식은 변하지 않는다.

10. 행렬의 두 행을 바꾸더라도 행렬식은 변하지 않는다.

11. 세 점 $\mathbf{0}$, $\mathbf{u}$ 및 $\mathbf{w}+t\mathbf{u}$를 꼭지점으로 하는 삼각형의 넓이는 t에 상관없이 항상 일정하다.(t는 임의의 실수이다.)

12. 세 점 (0, 0), (4, 4) 및 (7, 6)을 꼭지점으로 하는 삼각형의 넓이는 2이다.

13. 세 점 (0, 0), (u_1, u_2) 및 (w_1, w_2)를 꼭지점으로 하는 삼각형의 넓이는 $\frac{1}{2}\,\text{Det}\begin{bmatrix} u_1 & w_1 \\ u_2 & w_2 \end{bmatrix}$의 절대값이다.

14. 정방행렬이 비가역적인 것과 행렬식이 0이 아닌 것은 서로 필요충분조건이다.

15. 정방행렬 A로부터 기본 행 연산을 반복적으로 시행하여 행렬 B를 얻었다면, A와 B는 동시에 가역적이거나 동시에 가역적이 아니다.

16. $\text{Det}\begin{bmatrix} a & c \\ b & d \end{bmatrix} = bc + ad$

17. 정방행렬이 특이 행렬인 것과 행렬식이 0인 것은 서로 필요충분조건이다.

18. $\text{Det}\begin{bmatrix} 0 & 7 & 2 \\ 0 & 0 & 6 \\ 2 & 11 & 13 \end{bmatrix} = -84$

19. $\text{Det}\begin{bmatrix} 1 & 3 & 2 \\ 2 & 1 & 5 \\ 3 & 3 & -1 \end{bmatrix} = 41$

20. $\text{Det}\begin{bmatrix} 3 & 7 & 2 & 1 \\ 0 & 1 & -3 & 4 \\ 0 & 0 & 2 & 2 \\ 0 & 0 & 0 & 0 \end{bmatrix} = 6$

선다형 연습문제 4.1

항상 첫 번째로 옳은 답을 선택하라.

1. $A = \begin{bmatrix} 3 & 2 & 1 \\ 0 & 7 & 5 \\ 0 & 0 & 0 \end{bmatrix}$일 때, 틀린 것은?

   a. A는 특이행렬
   b. Det(A)=0
   c. A는 가역적이 아님
   d. Det(A) $\neq$ 0
   e. 위 항목 중 답이 없다.

2. $\text{Det}\begin{bmatrix} 3 & 6 & 2 \\ 4 & 2 & 1 \\ 3 & 5 & 1 \end{bmatrix}$의 값은?

   a. -13 b. 13
   c. 6 d. -6
   e. 위 항목 중 답이 없다.

3. $\text{Det}\begin{bmatrix} 3 & 2 & 4 \\ 0 & -2 & 1 \\ 0 & 0 & 4 \end{bmatrix}$의 값은?

   a. 24 b. -24 c. 위 항목 중 답이 없다.

4. $\text{Det}\begin{bmatrix} 1 & 2 \\ 3 & 4 \end{bmatrix} + \text{Det}\begin{bmatrix} 1 & 0 \\ 1 & p \end{bmatrix} = \text{Det}\left(\begin{bmatrix} 1 & 2 \\ 3 & 4 \end{bmatrix} + \begin{bmatrix} 1 & 0 \\ 1 & p \end{bmatrix}\right)$가 성립할 때, p의 값은?

   a. 8 b. -1
   c. -4 d. -2
   e. 위 항목 중 답이 없다.

5. $\text{Det}\begin{bmatrix} 0 & 3 & 0 \\ 7 & 2 & 5 \\ 4 & 3 & 2 \end{bmatrix}$의 값은?

   a. 14 b. 15
   c. 18 d. -18.
   e. 위 항목 중 답이 없다.

6. 세 점 (1, 1), (3, 4) 및 (7, 0)을 꼭지점으로 하는 삼각형의 넓이는?

   a. 10 b. 20
   c. 21 d. 24
   e. 위 항목 중 답이 없다.

7. 행렬 $\begin{bmatrix} x & x+y \\ x+2y & x+3y \end{bmatrix}$가 가역적일 필요충분조건은?

   a. $x=0$ b. $y \neq 0$
   c. $x \neq 0$ d. $y=0$
   e. 위 항목 중 답이 없다.

8. 세 점 (0, 0), (4, 2) 및 (14, 3)을 꼭지점으로 하는 삼각형의 넓이는?

   a. -16 b. 8
   c. 16 d. 60

e. 위 항목 중 답이 없다.

9. 세 점 (0, 0), (3, 7) 및 (2, 4)에 의하여 결정되는 평행사변형의 넓이는?

a. 34 b. 8

c. 6 d. 2

e. 위 항목 중 답이 없다.

10. 벡터 (3, 1)과 (−2, −5)에 의하여 결정되는 평행사변형의 넓이는?

a. 15 b. −13

c. 17 d. 13

e. 위 항목 중 답이 없다.

11. 세 점(1, 1), (3, 5) 및 (7, 4)를 꼭지점으로 하는 삼각형의 넓이는?

a. 14 b. 18

c. 36 d. 9

e. 위 항목 중 답이 없다.

12. 행렬방정식 $\begin{bmatrix} t & -2t \\ 3 & 6t \end{bmatrix}\begin{bmatrix} x_1 \\ x_2 \end{bmatrix} = \begin{bmatrix} 0 \\ 0 \end{bmatrix}$가 여러 개의 해를 가지는 t를 모두 구하면?

a. 0 b. −1, 0

c. 0, 6 d. 1

e. 위 항목 중 답이 없다.

13. 모든 양의 정수 n에 대하여 행렬 $\mathrm{Det}\begin{bmatrix} n & n+1 \\ n+3 & n+2 \end{bmatrix}$의 값은?

a. 0이다. b. 0이아니다.

c. 음수이다. d. 양수이다.

e. 위 항목 중 답이 없다.

컴퓨터 연습문제 4.1

1. $\mathrm{Det}\begin{bmatrix} -73 & 78 & 24 \\ 92 & 66 & 25 \\ -80 & 37 & 10 \end{bmatrix} = 1$ 임을 보이라.

이 행렬에 있는 단 한 개의 성분을 변경시키는 것이 그 행렬식의 값에 어떻게 영향을 주는지 그 성분에 0.01을 추가함으로써 연구하라. 예를 들어 92 ← 92.01 또는 78 ← 78.01 또는 10 ← 10.01이다. 여러분은 행렬식의 값이 대단히 많이 바뀔 것이라고 예상하는가? 무슨 일이 생기는지 설명하라.

2. $\mathbf{A}=(a_{ij})$가 $a_{ij}=|i-j|$로 정의되는 $n\times n$ 행렬이라고 하자. n의 여러 값을 사용해서, 다음 공식이 맞는지 수치적으로 밝히라: $\mathrm{Det}(\mathbf{A})=(-1)^{n-1}2^{n-2}(n-1)$. 예를 들어 $n=2$이면

$\mathrm{Det}\begin{bmatrix} 0 & 1 \\ 1 & 0 \end{bmatrix} = -1$ 이다.

3. 다음 $n\times n$ 행렬을 생각하자.

$$\mathbf{A} = \begin{bmatrix} (r+s) & s & s & \cdots & s \\ s & (r+s) & s & \cdots & s \\ s & s & (r+s) & \cdots & s \\ \vdots & \vdots & \vdots & \ddots & \vdots \\ s & s & s & \cdots & (r+s) \end{bmatrix}$$

n, r, s의 여러 값들을 사용해서, $\mathrm{Det}(\mathbf{A})=r^{n-1}(r+ns)$이 맞는지를 수치적으로 밝히라. 예를 들어 $n=3$, $r=2$, $s=1$이면,

$\mathrm{Det}(\mathbf{A}) = \mathrm{Det}\begin{bmatrix} 3 & 1 & 1 \\ 1 & 3 & 1 \\ 1 & 1 & 3 \end{bmatrix} = 20$ 이다.

4. $\mathbf{A} = \begin{bmatrix} 1 & 0 & 0 & \cdots & 0 & 1 \\ 0 & 1 & 0 & \cdots & 0 & 2 \\ 0 & & 1 & \cdots & 0 & 3 \\ \vdots & \vdots & \vdots & \ddots & \vdots & \vdots \\ 0 & 0 & 0 & \cdots & 1 & n-1 \\ 1 & 2 & 3 & \cdots & n-1 & n \end{bmatrix}$ 이라고 하자. n의 여러 값들을 사용해서, $\mathrm{Det}(\mathbf{A})=-n(n+1)(2n-5)/6$이 맞는지를 수치적으로 밝히라. 예를 들어 $n=4$이면, $\mathrm{Det}(\mathbf{A})=-10$이다.

4.2 행렬식: 성질

수학적으로 증명될 수 없다면, 인간의 어떠한 연구도 실제 과학이라고 할 수 없습니다.

—레오나르도 다빈치(LEONARDO DA VINCI, 1452~1519)

공작의 볏처럼 수학은 모든 지식의 머리에 있습 니다.

—인도 속담

이 절에서는 행렬식 함수를 더 조사하고, 또 중요한 성질들을 밝혀볼 것이다. 4.1절에서 우리는 중요한 세 성질로부터 행렬식 함수를 시작했음을 상기하자. 이 성질들로부터 연산적인 정의가 유도되었다. 이제 완전히 다른 형태의 또 다른 정의를 내릴 수가 있다. 이미 행렬식을 정의하였기 때문에 이 또 다른 정의는 논리적으로 정리가 된다. 이 정리는 행렬식 계산에 대한 다른 알고리즘을 유도하고, 그 밖에도 많은 응용을 갖는다.

소행렬과 여인수

A가 $n\times n(n \geq 2)$ 행렬이라 하자. **A**에서 한 행과 한 열을 제거하여 부분행렬을 만들 수 있다. 이렇게 하여 생긴 $(n-1)\times(n-1)$ 행렬을 원래의 행렬 **A**의 **소행렬**(minor)이라 한다. 이제 **A**로부터 i번째 행과 j번째 열을 제거한 소행렬을 $\mathbf{M}^{ij}$로 나타내자. **A**로부터 나온 소행렬이라는 것을 강조하고 싶을 때는 $\mathbf{M}^{ij}(\mathbf{A})$으로 쓸 수도 있다.

예제 1 아래의 3×3 행렬에서, $\mathbf{M}^{21}(\mathbf{A})$와 $\mathbf{M}^{13}(\mathbf{A})$는 무엇인가?

$$\mathbf{A} = \begin{bmatrix} 1 & 7 & 6 \\ -3 & 2 & 9 \\ 11 & -13 & 4 \end{bmatrix}$$

풀이

$$\mathbf{M}^{21} = \mathbf{M}^{21}(\mathbf{A}) = \begin{bmatrix} 7 & 6 \\ -13 & 4 \end{bmatrix}, \qquad \mathbf{M}^{13} = \mathbf{M}^{13}(\mathbf{A}) = \begin{bmatrix} -3 & 2 \\ 11 & -13 \end{bmatrix}$$ ■

다음의 정리는 반복적인 알고리즘을 시용하여 행렬식을 수치적으로 계산하는 방법을 보여 준다. 이 방법은 작은 행렬에는 유용하지만, 큰 행렬에는 효과적이지 못하다. 아래의 설명을 참조하라.

정리 1

A를 $n\times n$ 행렬이라 하고, 소행렬을 $\mathbf{M}^{ij}$로 나타내자. 다음의 공식이 성립한다.

$$\text{Det}(\mathbf{A}) = \sum_{j=1}^{n}(-1)^{i+j}a_{ij}\,\text{Det}(\mathbf{M}^{ij}) \quad (i\text{번째 \textbf{행을 이용한 전개}})$$

$$\text{Det}(\mathbf{A}) = \sum_{i=1}^{n}(-1)^{i+j}a_{ij}\,\text{Det}(\mathbf{M}^{ij}) \quad (j\text{번째 \textbf{열을 이용한 전개}})$$

우리는 이 정리를 증명 없이 그냥 단순히 받아들이기로 한다. 이 두 공식은 $n\times n$ 행렬의 행렬식이 $(n-1)\times(n-1)$ 행렬의 행렬식의 일차결합으로 계산될 수 있다는 사실을 보여 준다. 이러한 이유로, 앞의 공식은 행렬식의 회귀적 정의에 이용된다. 많은 교재들이 이 방식을 따르고 있다. 예를 들어 Andrilli와 Hacker[2003]이나, Lay[2003]을 참조하라. 독자들은 앞에 나와 있는 공식이 $2n$개임에 주의해야 한다. 왜냐하면 첨수 i, j는 1부터 n까지 움직이는 정수이기 때문이다.

예제 2 6×6 행렬 $\mathbf{A}=(a_{ij})$의 행렬식 계산에서, 네 번째 열을 이용하여 전개할 때 필요한 첫 단계를 보이라.

풀이 먼저 4열을 따라 아래로 내려가면서 부호를 표시한다.

$$\begin{bmatrix} + & - & + & - & . & . \\ . & . & . & + & . & . \\ . & . & . & - & . & . \\ . & . & . & + & . & . \\ . & . & . & - & . & . \\ . & . & . & + & . & . \end{bmatrix}_{6\times 6}$$

이 행렬의 행렬식을 계산하기 위하여

$$\begin{aligned} \mathrm{Det}(\mathbf{A}) = &-a_{14}\,\mathrm{Det}(\mathbf{M}^{14}) + a_{24}\,\mathrm{Det}(\mathbf{M}^{24}) - a_{34}\,\mathrm{Det}(\mathbf{M}^{34}) \\ &+ a_{44}\,\mathrm{Det}(\mathbf{M}^{44}) - a_{54}\,\mathrm{Det}(\mathbf{M}^{54}) + a_{64}\,\mathrm{Det}(\mathbf{M}^{64}) \end{aligned}$$

에서 시작한다. ■

예제 3 정리 1을 이용하여, 예제 1의 행렬 $\mathbf{A}$의 행렬식을 계산하라.

풀이 $n=3$이기 때문에, 정리 1의 공식 여섯 가지를 이용할 수 있다. 예를 들어 $i=2$로 하고 첫 번째 공식을 $\mathbf{A}$에 적용할 수 있다. 혼동이 없을 때는 $\mathrm{Det}(\mathbf{A})$ 대신에 $\mathrm{Det}\ \mathbf{A}$로 쓴다.

$$\begin{aligned} \mathrm{Det}(\mathbf{A}) &= \mathrm{Det}\begin{bmatrix} 1 & 7 & 6 \\ -3 & 2 & 9 \\ 11 & -13 & 4 \end{bmatrix} \\ &= -a_{21}\,\mathrm{Det}(\mathbf{M}^{21}) + a_{22}\,\mathrm{Det}(\mathbf{M}^{22}) - a_{23}\,\mathrm{Det}(\mathbf{M}^{23}) \\ &= -(-3)\,\mathrm{Det}\begin{bmatrix} 7 & 6 \\ -13 & 4 \end{bmatrix} + 2\,\mathrm{Det}\begin{bmatrix} 1 & 6 \\ 11 & 4 \end{bmatrix} - 9\,\mathrm{Det}\begin{bmatrix} 1 & 7 \\ 11 & -13 \end{bmatrix} \\ &= (3)(28+78) + (2)(4-66) - (9)(-13-77) \\ &= (3)(106) + (2)(-62) - (9)(-90) = 1004 \end{aligned}$$

■

정의

정리 1의 첫째 공식을 i번째 행을 이용한 Det(**A**)의 **여인수 전개**(cofactor expansion)라 하고, 둘째 공식을 j번째 열을 이용한 Det(**A**)의 **여인수 전개**라 한다. **여인수**(cofactor)라는 용어는 값

$$C_{ij} = (-1)^{i+j}\,\mathrm{Det}(\mathbf{M}^{ij})$$

을 가리킨다.

여인수를 C_{ij}로 나타내기로 하면 정리 1은 좀 더 간단한 형태가 된다.

정리 1′

A를 $n \times n$ 행렬이라 하고 여인수를 C_{ij}로 나타내면, 아래의 공식이 성립한다.

$$\mathrm{Det}(\mathbf{A}) = \sum_{j=1}^{n} a_{ij}C_{ij} \qquad (i\text{번째 } \textbf{행을 이용한 전개})$$

$$\mathrm{Det}(\mathbf{A}) = \sum_{i=1}^{n} a_{ij}C_{ij} \qquad (j\text{번째 } \textbf{열을 이용한 전개})$$

항 $\mathbf{M}^{ij}$는 $(n-1)\times(n-1)$ 행렬이고, 반면에 C_{ij}는 수임에 주목하자. C_{ij}를 원소로 가지는 여인수행렬 **C**는 뒤에서 알게 되겠지만 상당히 중요하다.(이것은 **A**의 역행렬에 거의 가깝다!)

많은 경우에 전략적인 위치에 영이 있으면 행렬식의 계산이 아주 쉽게 된다. 그러한 경우를 하나 살펴보자.

예제 4 정리 1′만을 이용하여 아래의 5×5 행렬식을 계산하라.

$$\mathrm{Det}\begin{bmatrix} -53 & 0 & 71 & 0 & -3 \\ 0 & 0 & 2 & 0 & 0 \\ 79 & 4 & -83 & 67 & -51 \\ -95 & 0 & 63 & 7 & -91 \\ 3 & 0 & -51 & 0 & 0 \end{bmatrix}$$

풀이 계산 과정에서 열 전개와 행 전개를 번갈아 사용한다. 잇따라 생기는 행렬에 대한 두 가지 전개 형태의 정당성이 정리 1에서 입증되었으므로, 우리는 두 가지 전개를 자유롭게 사용할 수 있다.

$$(-4)\,\mathrm{Det}\begin{bmatrix} -53 & 71 & 0 & -3 \\ 0 & 2 & 0 & 0 \\ -95 & 63 & 7 & -91 \\ 3 & -51 & 0 & 0 \end{bmatrix}$$

$$= (-4)(2)\,\mathrm{Det}\begin{bmatrix} -53 & 0 & -3 \\ -95 & 7 & -91 \\ 3 & 0 & 0 \end{bmatrix} = (-4)(2)(7)\,\mathrm{Det}\begin{bmatrix} -53 & -3 \\ 3 & 0 \end{bmatrix}$$

$$= (-4)(2)(7)(-3)(-3) = -504$$

■

일의 평가치

여인수를 사용하여 $n \times n$ 행렬 $\mathbf{A}$의 행렬식의 계산에 든 비용은 긴 계산(곱하기)의 횟수에 달려 있다. 이 비용을 $f(n)$으로 나타내면

$$f(n) \approx nf(n-1)$$

이 성립함을 보일 수 있다. $\mathbf{A}$가 1×1이면, $\mathrm{Det}(\mathbf{A})=a_{11}$이므로 어떤 계산도 필요하지 않기 때문에 $f(1)=0$이다. $\mathbf{A}$가 2×2이면, 1행을 따른 전개에 의하여, $\mathrm{Det}(\mathbf{A})=a_{11}C_{11}+a_{12}C_{12}=a_{11}a_{22}-a_{12}a_{21}$이고 $f(2)=2$이다. $\mathbf{A}$가 3×3이면, 다시 1행을 따른 전개에 의하여 $\mathrm{Det}(\mathbf{A})=a_{11}C_{11}+a_{12}C_{12}+a_{13}C_{13}$이다. 그런데 이차행렬 세 개와 세 번의 곱셈을 해야 하므로 $f(3)=3f(2)+3=9$이다. 일반적으로 $f(n)=nf(n-1)+n$이고 $f(n) \approx nf(n-1)$이다.

반복 알고리즘을 사용하여 $n\times n$ 행렬식을 계산하는 데 드는 노력의 총합은 급격하게 증가한다. 덧셈은 무시하고 곱셈만 따져 보더라도 곧 천문학적인 단계의 계산에 이른다! 이제 $f(n)$을, 여인수 전개를 이용하여 $n\times n$ 행렬의 행렬식을 계산하는 데 포함된 곱셈의 횟수라 하자. 그러면 $f(2) \geq 2$, $f(3) \geq 9$이고 $f(n) \geq nf(n-1)+n$이다. 이 부등식을 반복적으로 사용하면

$$f(n) \geq n(n-1)(n-2)\cdots 3\cdot 2\cdot 1 = n!$$

인 하계를 얻는다. 이것은 n차 계승함수이다.

n이 커지면, 작업의 부담은 압도적으로 증가한다. 예를 들면 $n=25$일 때, $f(25) > 25! \approx 10^{25}$이다. 초당 1조($=10^{12}$)번의 연산을 수행하는 컴퓨터가 있다고 하자. 이 컴퓨터로 10^{25}회의 연산을 하는 데 얼마나 걸리겠는가? $10^{25}\div10^{12}=10^{13}$초가 걸린다. 이러한 슈퍼컴퓨터를 사용하더라도 10^{25}회의 연산을 끝마치는 데 300,000년이 걸린다는 사실을 알 수 있다.(결과를 기다리기에 인생은 너무 짧다!)

행렬의 행렬식을 계산하는 다양한 방법들 중에서, 행 연산(가우스 소거법)은 다른 방법들에 비하여 훨씬 적은 노력을 요한다. 이 방법에서는 대략 $\frac{1}{3}n^3$회 길이의 연산이 필요하다. 예를 들면 $n=25$일 때 10^{25}회가 아니라, 약 5212회의 연산이 필요하다.

행렬식의 직접 계산법

정리 1의 공식에서 2×2 행렬에 대한 특별한 공식을 얻는다.

$$\mathrm{Det}\begin{bmatrix} a_{11} & a_{12} \\ a_{21} & a_{22} \end{bmatrix} = a_{11}\,\mathrm{Det}(\mathbf{M}^{11}) - a_{12}\,\mathrm{Det}(\mathbf{M}^{12}) = a_{11}a_{22} - a_{12}a_{21}$$

여기서는 정리의 공식 둘 중에서 첫 번째 것을 이용하였고, $i=1$을 택하였다. 아직 세 가지 선택이 남아 있고, 어느 것을 택하더라도 같은 결과를 얻는다. 그림 4.6에 2×2 행렬식의 직접 계산법이 설명되어 있다.

마찬가지로 3×3 행렬의 행렬식도 얻을 수 있다.

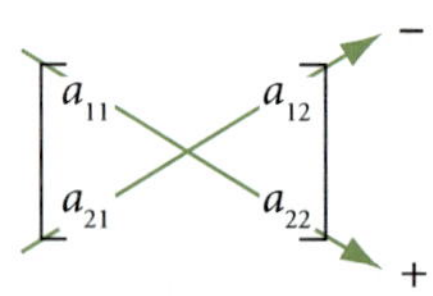

그림 4.6 2×2 행렬식의 직접 계산.

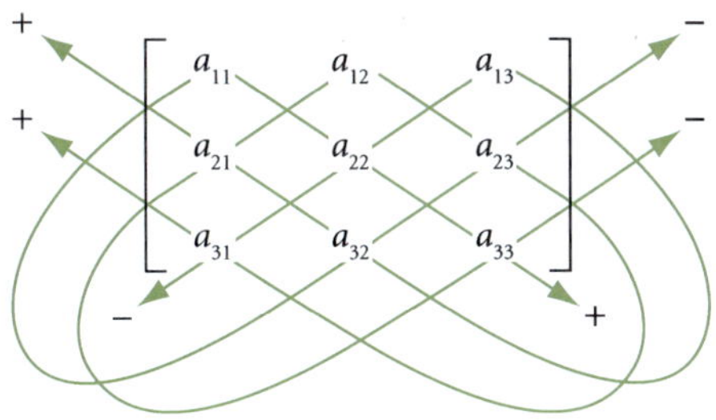

그림 4.7(a) 3×3 행렬식의 직접 계산에 관한 첫 번째 설명.

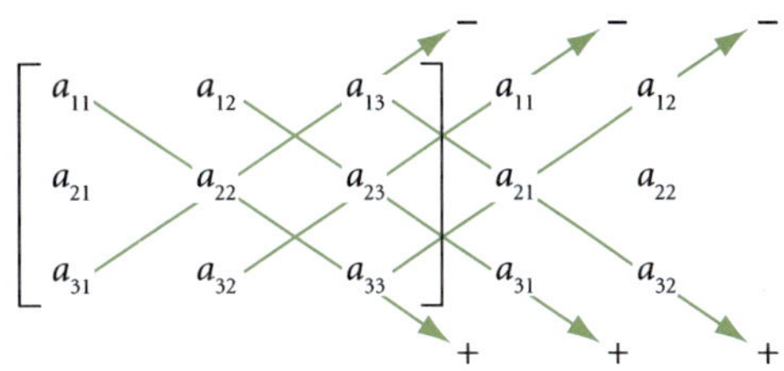

그림 4.7(b) 3×3행렬식의 직접 계산에 관한 두 번째 설명.

$$
\begin{aligned}
&\operatorname{Det}\begin{bmatrix} a_{11} & a_{12} & a_{13} \\ a_{21} & a_{22} & a_{23} \\ a_{31} & a_{32} & a_{33} \end{bmatrix} \\
&= a_{11}\operatorname{Det}\begin{bmatrix} a_{22} & a_{23} \\ a_{32} & a_{33} \end{bmatrix} - a_{12}\operatorname{Det}\begin{bmatrix} a_{21} & a_{23} \\ a_{31} & a_{33} \end{bmatrix} + a_{13}\operatorname{Det}\begin{bmatrix} a_{21} & a_{22} \\ a_{31} & a_{32} \end{bmatrix} \\
&= a_{11}(a_{22}a_{33} - a_{23}a_{32}) - a_{12}(a_{21}a_{33} - a_{23}a_{31}) + a_{13}(a_{21}a_{32} - a_{22}a_{31}) \\
&= a_{11}a_{22}a_{33} - a_{11}a_{23}a_{32} - a_{12}a_{21}a_{33} + a_{12}a_{23}a_{31} + a_{13}a_{21}a_{32} - a_{13}a_{22}a_{31}
\end{aligned}
$$

3×3 행렬의 경우에는 여섯 가지의 행과 열에 관한 전개식이 있다. 여섯 가지의 방법이 결국에 같은 공식에 이르게 된다는 사실이 놀랍다.(즉 각 공식은 앞에서처럼 2×2 행렬식이나 괄호를 품지 않는 단순한 형태로 나타나야 한다.) 3×3 행렬도 직접적인 방법으로 곧장 계산할 수 있다. 그림 4.7(a)에는 라운드-로빈(round-robin) 방식으로 3×3 행렬식을 직접 계산하는 과정이 설명되어 있다: 화살표를 따라서 원소들을 모두 곱한 다음, 부호에 따라 더하거나 뺀다. 이 방법의 또 다른 설명이 그림 4.7(b)에 있다. 차수가 3보다 큰 행렬식에 대해서는 이렇게 간단한 알고리즘이 없다.

행렬식의 성질

다음으로 우리는 행렬식이 선형대수학의 다른 주제에 영향을 미치는 다양한 방식들에 관하여 알아보려고 한다. 이 주제는 6.1절에서 고유값을 공부할 때 다시 보게 될 것이다.

보조정리 1

E가 $n \times n$ 기본행렬(3.1절)이고 **A**가 임의의 $n \times n$ 행렬이면

$$\operatorname{Det}(\mathbf{EA}) = \operatorname{Det}(\mathbf{E})\operatorname{Det}(\mathbf{A})$$

가 성립한다.

증명 기본 행의 연산과 관련된 언급에서는 오직 두 가지 형태의 연산만 고려하면 된다는 사실을 기억하자(1.1절 참조). **A**의 k행에 영이 아닌 상수 c를 곱하는 연산을 생각해 보자. 이것은 **A**의 왼쪽에서 기본행렬 **E**를 곱하

는 것과 같은 효과를 갖는다. 관련된 행렬은 다음과 같다.

$$\mathbf{E} = \begin{bmatrix} 1 & 0 & 0 & \cdots & 0 & 0 & 0 & \cdots & 0 \\ 0 & 1 & 0 & \cdots & 0 & 0 & 0 & \cdots & 0 \\ 0 & 0 & 1 & \cdots & 0 & 0 & 0 & \cdots & 0 \\ \vdots & \vdots & \vdots & \ddots & \vdots & \vdots & \vdots & \ddots & \vdots \\ 0 & 0 & 0 & \cdots & 1 & 0 & 0 & \cdots & 0 \\ 0 & 0 & 0 & \cdots & 0 & c & 0 & \cdots & 0 \\ 0 & 0 & 0 & \cdots & 0 & 0 & 1 & \cdots & 0 \\ \vdots & \vdots & \vdots & \ddots & \vdots & \vdots & \vdots & \ddots & \vdots \\ 0 & 0 & 0 & \cdots & 0 & 0 & 0 & \cdots & 1 \end{bmatrix}$$

$$\mathbf{EA} = \begin{bmatrix} a_{11} & a_{12} & \cdots & a_{1n} \\ \vdots & \vdots & \ddots & \vdots \\ a_{k-1,1} & a_{k-1,2} & \cdots & a_{k-1,n} \\ ca_{k1} & ca_{k2} & \cdots & ca_{kn} \\ a_{k+1,1} & a_{k+1,2} & \cdots & a_{k+1,n} \\ \vdots & \vdots & \ddots & \vdots \\ a_{n1} & a_{n2} & \cdots & a_{nn} \end{bmatrix}$$

$\text{Det}(\mathbf{E})=c$, $\text{Det}(\mathbf{E})\text{Det}(\mathbf{A})=c\ \text{Det}(\mathbf{A})$, 그러므로 $\text{Det}(\mathbf{EA})=c\text{Det}(\mathbf{A})=\text{Det}(\mathbf{E})\text{Det}(\mathbf{A})$이다. 나머지 부분의 증명은 일반 연습문제 39에 남겨 둔다. ■

예제 5 다음의 행렬에 대하여 보조정리 1의 내용을 확인하라.

$$\mathbf{A} = \begin{bmatrix} 3 & 7 \\ 5 & -2 \end{bmatrix}, \qquad \mathbf{E} = \begin{bmatrix} 3 & 0 \\ 0 & 1 \end{bmatrix}$$

풀이 분명히 다음이 성립한다.

$$\mathbf{EA} = \begin{bmatrix} 9 & 21 \\ 5 & -2 \end{bmatrix}, \quad \text{Det}(\mathbf{A})\,\text{Det}(\mathbf{E}) = (-41)(3) = -123 = \text{Det}(\mathbf{EA})$$

■

정리 2

같은 크기의 정방행렬에 대하여 다음이 성립한다.

$$\text{Det}(\mathbf{AB}) = \text{Det}(\mathbf{A})\,\text{Det}(\mathbf{B})$$

증명 **경우 1.** $\mathbf{A}$가 비가역적일 때. 이 경우에 $\text{Det}(\mathbf{A})=0$, $\text{Det}(\mathbf{A})\text{Det}(\mathbf{B})=0$이다. 그러므로 $\text{Det}(\mathbf{AB})=0$을 증명

해야 한다. 4.1절의 정리 5에 의하여, AB가 비가역적임을 증명하면 충분하다. 만일 AB가 가역적이면, $\mathbf{AB}(\mathbf{AB})^{-1}=\mathbf{I}$이다. 따라서 $\mathbf{B}(\mathbf{AB})^{-1}$은 A의 오른쪽 역행렬이다. 그런데 이것은 3.2절의 정리 2에 모순된다.

경우 2. A가 가역적일 때. 이 경우에는 A에 몇 번의 행 연산을 시행하여 $\mathbf{I}_n$을 만들 수 있다.(이 방법이 일반적으로 역행렬을 계산한 방법임을 상기하자.) 이러한 행 연산을 기본행렬로 표현하면, $\mathbf{E}_k\mathbf{E}_{k-1}\cdots\mathbf{E}_2\mathbf{E}_1\mathbf{A}=\mathbf{I}$으로 쓸 수 있다. 대응하는 역연산을 적용하면, I로부터 A를 이끌어 낼 것이므로, $\mathbf{A}=\mathbf{E}_1^{-1}\mathbf{E}_2^{-1}\cdots\mathbf{E}_k^{-1}$이다. 결국 보조정리 1에 의하여 다음을 얻게 된다.

$$\begin{aligned}
\mathrm{Det}(\mathbf{AB}) &= \mathrm{Det}(\mathbf{E}_1^{-1}\mathbf{E}_2^{-1}\cdots\mathbf{E}_k^{-1}\mathbf{B})\\
&= \mathrm{Det}(\mathbf{E}_1^{-1})\,\mathrm{Det}(\mathbf{E}_2^{-1}\cdots\mathbf{E}_k^{-1}\mathbf{B})\\
&= \mathrm{Det}(\mathbf{E}_1^{-1})\,\mathrm{Det}(\mathbf{E}_2^{-1})\,\mathrm{Det}(\mathbf{E}_3^{-1}\cdots\mathbf{E}_k^{-1}\mathbf{B})\\
&= \mathrm{Det}(\mathbf{E}_1^{-1}\mathbf{E}_2^{-1})\,\mathrm{Det}(\mathbf{E}_3^{-1}\cdots\mathbf{E}_k^{-1}\mathbf{B})\\
&\ \ \vdots\\
&= \mathrm{Det}(\mathbf{E}_1^{-1}\mathbf{E}_2^{-1}\cdots\mathbf{E}_k^{-1})\,\mathrm{Det}(\mathbf{B})\\
&= \mathrm{Det}(\mathbf{A})\,\mathrm{Det}(\mathbf{B})
\end{aligned}$$

■

예제 6 다음의 두 행렬에 대하여 정리 2가 성립함을 확인하라.

$$\mathbf{A}=\begin{bmatrix}1 & 0 & 2\\ 3 & -1 & 4\\ 1 & 5 & 1\end{bmatrix},\qquad \mathbf{B}=\begin{bmatrix}2 & 2 & 3\\ -1 & 1 & 3\\ 5 & 1 & 4\end{bmatrix}$$

풀이 행 연산을 이용하면 다음과 같다.

$$\mathrm{Det}(\mathbf{A}) = \mathrm{Det}\begin{bmatrix}1 & 0 & 2\\ 0 & -1 & -2\\ 0 & 5 & -1\end{bmatrix} = \mathrm{Det}\begin{bmatrix}-1 & -2\\ 5 & -1\end{bmatrix} = 11$$

$$\mathrm{Det}(\mathbf{B}) = -\mathrm{Det}\begin{bmatrix}-1 & 1 & 3\\ 2 & 2 & 3\\ 5 & 1 & 4\end{bmatrix} = -\mathrm{Det}\begin{bmatrix}-1 & 1 & 3\\ 0 & 4 & 9\\ 0 & 6 & 19\end{bmatrix}$$

$$= \mathrm{Det}\begin{bmatrix}4 & 9\\ 6 & 19\end{bmatrix} = 22$$

$$\mathrm{Det}(\mathbf{AB}) = \mathrm{Det}\begin{bmatrix}12 & 4 & 11\\ 27 & 9 & 22\\ 2 & 8 & 22\end{bmatrix} = \mathrm{Det}\begin{bmatrix}12 & 4 & 11\\ 3 & 1 & 0\\ -22 & 0 & 0\end{bmatrix} = (11)(22) = 242$$

■

보조정리 2

행렬 **A**의 소행렬을 $\mathbf{M}^{ij}(\mathbf{A})$로 나타내기로 했음을 상기하자. 다음이 성립한다.

$$\mathbf{M}^{ij}(\mathbf{A}^T) = [\mathbf{M}^{ji}(\mathbf{A})]^T$$

증명 **A**와 $\mathbf{A}^T$를 나란히 적어 보자. **A**에서 j번째 행과 i번째 열을, 그리고 $\mathbf{A}^T$에서 i번째 행과 j번째 열을 확인해 두자. 이 행과 열들을 제거하여, $\mathbf{M}^{ij}(\mathbf{A}^T)$와 $\mathbf{M}^{ji}(\mathbf{A})$을 만든다. 제거한 후에 비교해 보면, 남아 있는 두 행렬은 서로의 전치행렬이다. ■

예제 7 아래의 행렬을 이용하여 보조정리 2를 확인해 보라.

$$\mathbf{A} = \begin{bmatrix} 1 & 4 & 2 \\ 3 & -3 & 6 \\ 2 & 0 & 5 \end{bmatrix}, \qquad \mathbf{A}^T = \begin{bmatrix} 1 & 3 & 2 \\ 4 & -3 & 0 \\ 2 & 6 & 5 \end{bmatrix}$$

풀이 $i=3$, $j=2$를 사용하여 확인하면 아래와 같다.

$$[\mathbf{M}^{23}(\mathbf{A})]^T = \begin{bmatrix} 1 & 2 \\ 4 & 0 \end{bmatrix}, \qquad \mathbf{M}^{32}(\mathbf{A}^T) = \begin{bmatrix} 1 & 2 \\ 4 & 0 \end{bmatrix}$$

■

정리 3

한 행렬과 이 행렬의 전치행렬은 같은 행렬식을 갖는다.

$$\mathrm{Det}(\mathbf{A}) = \mathrm{Det}(\mathbf{A}^T)$$

증명 정리는 1×1인 행렬에 대해서는 분명하다. 귀납적으로 증명하기 위하여 모든 $(n-1)\times(n-1)$ 행렬에 대하여 정리가 성립한다고 가정하자. 이제 **A**가 $n\times n$ 행렬이라 하면, 보조정리 2와 귀납법의 가정에 의하여, 임의의 k에 대하여 아래 식이 성립한다.

$$\begin{aligned}
\mathrm{Det}(\mathbf{A}^T) &= \sum_{j=1}^{n}(-1)^{k+j}(\mathbf{A}^T)_{jk}\,\mathrm{Det}[\mathbf{M}^{jk}(\mathbf{A}^T)] \\
&= \sum_{j=1}^{n}(-1)^{k+j}\mathbf{A}_{kj}\,\mathrm{Det}[\mathbf{M}^{kj}(\mathbf{A})]^T \\
&= \sum_{j=1}^{n}(-1)^{k+j}\mathbf{A}_{kj}\,\mathrm{Det}[\mathbf{M}^{kj}(\mathbf{A})] \\
&= \mathrm{Det}(\mathbf{A})
\end{aligned}$$

■

예제 8 Det(**A**)와 Det($\mathbf{A}^T$)을 계산하여 정리 3을 확인하라.

$$\mathbf{A} = \begin{bmatrix} 2 & 1 & 2 \\ 4 & -1 & 3 \\ -6 & 2 & 2 \end{bmatrix}$$

풀이 행 연산을 사용하여 다음을 얻는다.

$$\text{Det}(\mathbf{A}) = \text{Det}\begin{bmatrix} 2 & 1 & 2 \\ 4 & -1 & 3 \\ -6 & 2 & 2 \end{bmatrix} = \text{Det}\begin{bmatrix} 2 & 1 & 2 \\ 0 & -3 & -1 \\ 0 & 5 & 8 \end{bmatrix}$$
$$= (2)(-24+5) = -38$$
$$\text{Det}(\mathbf{A}^T) = \text{Det}\begin{bmatrix} 2 & 4 & -6 \\ 1 & -1 & 2 \\ 2 & 3 & 2 \end{bmatrix} = \text{Det}\begin{bmatrix} 0 & 6 & -10 \\ 1 & -1 & 2 \\ 0 & -1 & 8 \end{bmatrix}$$
$$= -(48-10) = -38$$

■

정리 4

행렬의 행렬식은 임의의 한 열(혹은 행)에 대하여 선형함수이다.

증명 여기서는 열에 대한 증명을 하고, 나머지 반은 연습문제로 남긴다. 정리의 첫 번째 부분이 의미하는 바는 다음과 같다: **A**를 $n \times n$ 행렬이라 하자. 한 열, 가령 j번째 열을 변수벡터 $\mathbf{x} = [x_1, x_2, ..., x_n]^T$로 교체한다. 교체하여 얻은 새 행렬을 $\mathbf{A}_j(\mathbf{x})$라 두면, $\mathbf{x} \mapsto \text{Det}[\mathbf{A}_j(\mathbf{x})]$가 $\mathbb{R}^n$에서 $\mathbb{R}$로 보내는 선형사상이다. 이 사실을 증명하기 위하여, $\text{Det}[\mathbf{A}_j(\mathbf{x}+\mathbf{y})]$를 j번째 열을 이용하여 전개해 보면 아래와 같다.

$$\begin{aligned} \text{Det}[\mathbf{A}_j(\mathbf{x}+\mathbf{y})] &= \sum_{i=1}^{n} (x_i + y_i) C_{ij} \\ &= \sum_{i=1}^{n} x_i C_{ij} + \sum_{i=1}^{n} y_i C_{ij} \\ &= \text{Det}[\mathbf{A}_j(\mathbf{x})] + \text{Det}[\mathbf{A}_j(\mathbf{y})] \end{aligned}$$

선형성의 나머지 반쪽 증명도 유사하므로 일반 연습문제로 남긴다. ■

예제 9 A가 아래와 같을 때, $\mathrm{Det}[\mathbf{A}_2(\mathbf{x})]$에 대한 간단한 공식을 찾으라.

$$\mathbf{A} = \begin{bmatrix} 1 & 3 & 7 \\ 9 & 11 & -17 \\ 4 & 3 & 1 \end{bmatrix}$$

풀이 두 번째 열에 대하여 다음을 얻는다.

$$\begin{aligned} \mathrm{Det}[\mathbf{A}_2(\mathbf{x})] &= \mathrm{Det}\begin{bmatrix} 1 & x_1 & 7 \\ 9 & x_2 & -17 \\ 4 & x_3 & 1 \end{bmatrix} \\ &= -x_1\,\mathrm{Det}\begin{bmatrix} 9 & -17 \\ 4 & 1 \end{bmatrix} + x_2\,\mathrm{Det}\begin{bmatrix} 1 & 7 \\ 4 & 1 \end{bmatrix} \\ &\quad - x_3\,\mathrm{Det}\begin{bmatrix} 1 & 7 \\ 9 & -17 \end{bmatrix} \\ &= -x_1(77) + x_2(-27) - x_3(-80) \\ &= -77x_1 - 27x_2 + 80x_3 \end{aligned}$$

■

크래머의 법칙

연립 일차방정식은 행렬식과 크래머(Cramer)의 법칙[1]을 이용하여 풀 수 있다.

정리 5 크래머의 법칙

만일 A가 가역적이면, 연립방정식 $\mathbf{Ax}=\mathbf{b}$의 해는 아래의 공식으로 주어진다.

$$x_j = \frac{\mathrm{Det}[\mathbf{A}_j(\mathbf{b})]}{\mathrm{Det}(\mathbf{A})} \qquad (1 \le j \le n)$$

단, $\mathbf{A}_j(\mathbf{b})$는 행렬 A의 j번째 열을 b를 바꾸어서 얻은 행렬이다.

증명 A의 열을 $\mathbf{a}_1, \mathbf{a}_2, \ldots, \mathbf{a}_n$으로, I의 열을 $\mathbf{e}_1, \mathbf{e}_2, \ldots, \mathbf{e}_n$으로 두자. 단위행렬의 j번째 열을 x로 교체한 행렬 $\mathbf{I}_j(\mathbf{x})$를 이용한다.(x를 열벡터로 간주한다.) $\mathbf{Ax}=\mathbf{b}$이면 다음이 성립한다.

$$\begin{aligned} \mathbf{A}\cdot\mathbf{I}_j(\mathbf{x}) &= \mathbf{A}[\mathbf{e}_1, \mathbf{e}_2, \ldots, \mathbf{x}, \ldots, \mathbf{e}_n] = [\mathbf{Ae}_1, \mathbf{Ae}_2, \ldots, \mathbf{Ax}, \ldots, \mathbf{Ae}_n] \\ &= [\mathbf{a}_1, \mathbf{a}_2, \ldots, \mathbf{b}, \ldots, \mathbf{a}_n] = \mathbf{A}_j(\mathbf{b}) \end{aligned}$$

[1] 크래머(Gabriel Cramer, 1704~1752)는 겨우 18살에 박사학위를 받았다. 그의 이름이 붙은 이 정리는 그의 수많은 업적들 중 하나에 불과하다.

행렬식을 취하면, $\text{Det}(\mathbf{A})\text{Det}[\{\mathbf{I}_j(\mathbf{x})] = \text{Det}[\{\mathbf{A}_j(\mathbf{b})]$이다. $\text{Det}[\mathbf{I}_j(\mathbf{x})] = x_j$이므로 증명이 완료되었다. ■

예제 10 크래머의 법칙을 사용하여 아래 연립방정식에서 x_2의 값을 구하라.

$$\begin{bmatrix} 1 & 4 & 2 \\ 3 & -3 & 6 \\ 2 & 0 & 5 \end{bmatrix} \begin{bmatrix} x_1 \\ x_2 \\ x_3 \end{bmatrix} = \begin{bmatrix} 3 \\ 5 \\ -4 \end{bmatrix}$$

풀이 $j=2$에 대한 크래머의 법칙으로부터 다음 결과를 얻는다.

$$x_2 = \text{Det}\begin{bmatrix} 1 & 3 & 2 \\ 3 & 5 & 6 \\ 2 & -4 & 5 \end{bmatrix} \div \text{Det}\begin{bmatrix} 1 & 4 & 2 \\ 3 & -3 & 6 \\ 2 & 0 & 5 \end{bmatrix} = (-4)/(-15) = 4/15$$

■

$\mathbb{R}^3$에서의 평면

3차원에서 평면의 방정식은

$$ax + by + cz = d$$

이다. 만일 동일 직선 위에 있지 않은 세 점 (x_1, y_1, z_1), (x_2, y_2, z_2), (x_3, y_3, z_3)이 주어졌다면, 계수 a, b, c는 아래의 행렬식으로 구할 수 있다.

$$a = \left(\frac{d}{D}\right)\text{Det}\begin{bmatrix} 1 & y_1 & z_1 \\ 1 & y_2 & z_2 \\ 1 & y_3 & z_3 \end{bmatrix}, \qquad b = \left(\frac{d}{D}\right)\text{Det}\begin{bmatrix} x_1 & 1 & z_1 \\ x_2 & 1 & z_2 \\ x_3 & 1 & z_3 \end{bmatrix}$$

$$c = \left(\frac{d}{D}\right)\text{Det}\begin{bmatrix} x_1 & y_1 & 1 \\ x_2 & y_2 & 1 \\ x_3 & y_3 & 1 \end{bmatrix}, \qquad D = \text{Det}\begin{bmatrix} x_1 & y_1 & z_1 \\ x_2 & y_2 & z_2 \\ x_3 & y_3 & z_3 \end{bmatrix} \neq 0$$

여기서 $d \neq 0$은 매개변수이다. 위의 설명이 평면의 모든 경우를 다 아우르는 것은 아니지만, 세 점이 주어진 경우는 크래머의 법칙을 사용하여 방정식을 구할 수 있다.

행렬식을 이용한 역행렬의 계산

행렬식과 크래머의 법칙을 이용하여 행렬의 역행렬을 계산할 수 있다.

정리 6

가역적인 $n \times n$ 행렬 $\mathbf{A}$의 역행렬은 아래의 공식으로 계산된다.

$$(\mathbf{A}^{-1})_{ij} = \frac{(-1)^{i+j}}{\mathrm{Det}(\mathbf{A})}\mathrm{Det}(\mathbf{M}^{ji}) = \frac{C_{ji}}{\mathrm{Det}(\mathbf{A})}$$

여기서도 보통 때와 같이 $\mathbf{M}^{ji}$는 A로부터 j번째 행과 i번째 열을 제거하고 얻은 소행렬이고 $C_{ji}=(-1)^{i+j}\mathrm{Det}(\mathbf{M}^{ji})$는 여인수행렬의 대응하는 원소이다.

증명 첨수 j를 고정하자. 이제 $\mathbf{A}^{-1}$의 j번째 열을 만들 것이다. 이 j번째 열을 벡터 $\mathbf{x}$로 나타내자. 방정식 $\mathbf{Ax}=\mathbf{e}_j$를 만족해야 한다. 여기서 $\mathbf{e}_j$는 I의 j번째 열이다. 크래머의 법칙에 의하여, 벡터 $\mathbf{x}$의 성분은 $x_i=\mathrm{Det}[\mathbf{A}_i(\mathbf{e}_j)]/\mathrm{Det}(\mathbf{A})$이다. 여기서 $\mathbf{A}_i(\mathbf{e}_j)$는 A의 i번째 열을 열벡터 $\mathbf{e}_j$로 교체하여 만든 행렬이다. $\mathrm{Det}[\mathbf{A}_i(\mathbf{e}_j)]$를 계산하기 위하여, i번째 열을 이용한 전개를 한다. i열이 벡터 $\mathbf{e}_j$이므로 열의 전개 과정에서 오직 아래의 항만이 나타난다.

$$\mathrm{Det}[\mathbf{A}_i(\mathbf{e}_j)] = \sum_{k=1}^{n}(-1)^{i+k}(\mathbf{e}_j)_k\,\mathrm{Det}(\mathbf{M}^{ki}) = (-1)^{i+j}\,\mathrm{Det}(\mathbf{M}^{ji})$$

이 계산에서

$$(\mathbf{A}^{-1})_{ij} = x_i = \frac{1}{\mathrm{Det}(\mathbf{A})}\mathrm{Det}[\mathbf{A}_i(\mathbf{e}_j)] = \frac{(-1)^{i+j}}{\mathrm{Det}(\mathbf{A})}\mathrm{Det}(\mathbf{M}^{ji})$$

이 유도된다. ■

여인수 $C_{ij}=(-1)^{i+j}\mathrm{Det}(\mathbf{M}^{ij})$를 이용하여, 좀더 간단한 역행렬의 공식을 얻는다.

$$\mathbf{A}^{-1} = \frac{1}{\mathrm{Det}(\mathbf{A})}\mathbf{C}^T$$

여기서 C는 일반적인 여인수 C_{ij}를 성분으로 갖는 A의 여인수행렬이다.[행렬 C의 전치행렬을 A의 **수반행렬**(classical adjoint matrix, 혹은 adjugate matrix)이라 하고 $\mathrm{Adj}(\mathbf{A})=\mathbf{C}^T$로 쓴다.]

예제 11 정리 6을 이용하여 A의 역행렬을 계산하라.

$$\mathbf{A} = \begin{bmatrix} 5 & 7 & -2 \\ 3 & 2 & 1 \\ -2 & 4 & 6 \end{bmatrix}$$

풀이 이 행렬은 아홉 개의 여인수를 가지는데, 그 중 두 개를 적어 본다.

$$C_{11} = (-1)^{1+1}\,\mathrm{Det}(\mathbf{M}^{11}) = \mathrm{Det}\begin{bmatrix} 2 & 1 \\ 4 & 6 \end{bmatrix} = 8$$

$$C_{32} = (-1)^{3+2}\,\mathrm{Det}(\mathbf{M}^{32}) = -\,\mathrm{Det}\begin{bmatrix} 5 & -2 \\ 3 & 1 \end{bmatrix} = -11$$

여인수행렬과 그 전치행렬은 다음과 같다.

$$\mathbf{C} = \begin{bmatrix} 8 & -20 & 16 \\ -50 & 26 & -34 \\ 11 & -11 & -11 \end{bmatrix}, \qquad \mathbf{C}^T = \begin{bmatrix} 8 & -50 & 11 \\ -20 & 26 & -11 \\ 16 & -34 & -11 \end{bmatrix}$$

이 문제를 끝내기 위하여, Det(**A**)를 구할 필요가 있다. Det(**A**)를 쉽게 구하는 방법은 여인수 전개와 행렬 **A**, **C**를 이용하는 것이다. **A**의 1행을 택하였다면, **C**에서도 대응하는 1행을 택한다(정리 1′ 참조). 그리하여 다음을 얻는다.

$$\mathrm{Det}(\mathbf{A}) = (5)(8) + (7)(-20) + (-2)(16) = -132$$

행렬 A의 행렬식을 직접 계산해서 이 결과를 확인할 수 있다.

$$\mathbf{A}^{-1} = \frac{1}{\mathrm{Det}(\mathbf{A})}\mathbf{C}^T = -\frac{1}{132}\begin{bmatrix} 8 & -50 & 11 \\ -20 & 26 & -11 \\ 16 & -34 & -11 \end{bmatrix}$$

아래와 같이 다른 방법으로 계산하여 검증해 볼 수도 있다.

$$\mathbf{AC}^T = \begin{bmatrix} -132 & 0 & 0 \\ 0 & -132 & 0 \\ 0 & 0 & -132 \end{bmatrix} = -132\begin{bmatrix} 1 & 0 & 0 \\ 0 & 1 & 0 \\ 0 & 0 & 1 \end{bmatrix} = \mathrm{Det}(\mathbf{A})\mathbf{I}$$

A · Adj(**A**)=Det(**A**)**I**임에 주목하자. ■

어떤 행렬과 여인수행렬 사이의 또 다른 흥미로운 관계가 정리 7에 나와 있다.

정리 7

행렬의 한 행의 원소들에 다른 행의 여인수를 곱하여 모두 더하면 0이 된다. 즉 행렬 **A**와 $i \neq j$에 대하여 다음이 성립한다.

$$\sum_{k=1}^{n} a_{ik}C_{jk} = \sum_{k=1}^{n} a_{ik}(-1)^{j+k}\,\mathrm{Det}(\mathbf{M}^{jk}) = 0$$

유사한 결과가 **A**의 열에 대해서도 성립하는데, 일반 연습문제로 31에 남겨 둔다.

증명 순서쌍 (i, j), $i \neq j$를 고정하자. 행렬 **B**에서 j번째 행은 **A**의 i번째 행과 같게 하고, 나머지 행들은 모두 **A**의 행과 일치하도록 만든다. 그러면 **B**의 두 행이 같게 된다.(즉 i번째 행과 j번째 행이 같다.) 그러므로 **B**는 가역적이 아니고, 행렬식 0을 갖는다. 다음의 소행렬이 같음에 주목하자: $\mathbf{M}^{jk}(\mathbf{A})=\mathbf{M}^{jk}(\mathbf{B})$. 행렬 **A**와 **B**는 j번째 행만 다르고, 앞의 소행렬은 j번째 행의 원소와는 무관하기 때문이다. Det(**B**)를 j번째 행을 이용하여 전개하면 다음과 같다.

$$0 = \mathrm{Det}(\mathbf{B}) = \sum_{k=1}^{n} b_{jk}(-1)^{j+k}\,\mathrm{Det}\left[\mathbf{M}^{jk}(\mathbf{B})\right] = \sum_{k=1}^{n} a_{ik}(-1)^{j+k}\,\mathrm{Det}\left[\mathbf{M}^{jk}(\mathbf{A})\right]$$ ■

예제 12

$$\mathbf{A} = \begin{bmatrix} 1 & 4 & 2 \\ 5 & -3 & 6 \\ 2 & 3 & 2 \end{bmatrix}$$

이다. 두 번째 행의 원소에 첫 번째 행에 속하는 여인수를 곱한 다음, 모두 더하여 합이 0이 되는지 알아보라.

풀이 아래와 같은 결과를 얻는다.

$$\begin{aligned} &5C_{11} - 3C_{12} + 6C_{13} \\ &\quad = 5(-1)^2\,\mathrm{Det}(\mathbf{M}^{11}) - 3(-1)^3\,\mathrm{Det}(\mathbf{M}^{12}) + 6(-1)^4\,\mathrm{Det}(\mathbf{M}^{13}) \\ &\quad = 5\,\mathrm{Det}\begin{bmatrix} -3 & 6 \\ 3 & 2 \end{bmatrix} + 3\,\mathrm{Det}\begin{bmatrix} 5 & 6 \\ 2 & 2 \end{bmatrix} + 6\,\mathrm{Det}\begin{bmatrix} 5 & -3 \\ 2 & 3 \end{bmatrix} \\ &\quad = 5(-24) + 3(-2) + 6(21) = -120 - 6 + 126 = 0 \end{aligned}$$ ■

방데르몽드 행렬

3.2절에서 기술한 다항식의 보간법 문제에 나오는 행렬을 **방데르몽드 행렬**(Vandermonde matrix)이라고 한다. 만일 n개의 점이 관련되어 있으면, 이 행렬의 생성 원소는 $v_{ij}=t_i^{j-1}$이다. 여기서 i와 j는 1에서 n까지 움직인다. 이 행렬은 3.2절의 정리 12에 의하여 가역적이다. 사실 아래의 정리가 방데르몽드 행렬의 행렬식에 관한 공식을 나타낸다.[2]

정리 8

성분이 t_i^{j-1}인 $n \times n$ 방데르몽드 행렬 **V**의 행렬식은 아래의 공식으로 주어진다.

$$\mathrm{Det}(\mathbf{V}) = \prod_{1 \le j < i \le n} (t_i - t_j)$$

[2] 방데르몽드(Alexandre-Théophile Vandermonde, 1735~1796)는 수학에 관한 연구와 교육으로 전향하기 전에는 바이올리니스트로서의 인생을 추구하였다. 그는 행렬식을 가치 있는 주제로 생각하고 공부한 초기 연구자 중 한 사람이다.

우변의 기호 Π는 $1 \le j < i \le n$인 모든 인자$(t_i - t_j)$들을 곱한다는 의미이다. 공식에서 금방 알 수 있듯이 행렬식은 영이 아니고, 따라서 이 행렬은 가역적이다.

다음의 4×4 방데르몽드 행렬을 생각해 보자.

$$\mathbf{V} = \begin{bmatrix} 1 & t_1 & t_1^2 & t_1^3 \\ 1 & t_2 & t_2^2 & t_2^3 \\ 1 & t_3 & t_3^2 & t_3^3 \\ 1 & t_4 & t_4^2 & t_4^3 \end{bmatrix}$$

정리 8의 공식으로부터 다음을 얻는다.

$$\begin{aligned}\prod_{1\le j<i\le n} (t_i - t_j) &= (t_2 - t_1)(t_3 - t_1)(t_4 - t_1)(t_3 - t_2)(t_4 - t_2)(t_4 - t_3) \\ &= \prod_{j=1}^{n} \prod_{i=j+1}^{n} (t_i - t_j)\end{aligned}$$

예제 13 아래 행렬의 행렬식을 앞의 공식을 이용하여 구하라. 또 적당한 행 연산을 이용하여 계산을 간단하게 한 후에, 답을 구하여 확인해 보라.

$$\mathbf{V} = \begin{bmatrix} 1 & 5 & 25 & 125 \\ 1 & 4 & 16 & 64 \\ 1 & 3 & 9 & 27 \\ 1 & 2 & 4 & 8 \end{bmatrix}$$

풀이 공식을 이용하면 다음과 같다.

$$\begin{aligned}\mathrm{Det}(\mathbf{V}) &= (t_2 - t_1)(t_3 - t_1)(t_4 - t_1)(t_3 - t_2)(t_4 - t_2)(t_4 - t_3) \\ &= (-1)(-2)(-3)(-1)(-2)(-1) = 12\end{aligned}$$

행 연산을 이용하더라도 같은 결과를 얻는다. ■

암호문

비밀전문을 보내는 간단한 방법의 하나는, 각 알파벳에 서로 다른 정수를 할당하고 전문으로 정수의 줄을 만들어 보내는 것이다. 간단히 자연수 1, 2, 3, ..., 26을 알파벳 A, B, C, ..., Z에 순서대로 할당하고, 27은 빈 칸으로 사용한다. 불행하게도 이러한 암호는 쉽게 간파당한다. 하지만 암호문을 위장하는 데 행렬의 곱이 이용될 수 있다. 행렬식이 ±1인 정수 행렬을 사용할 것이다. 이 행렬은 정수 성분을 갖는 역행렬을 가진다(일반 연습문제 35 참조). 이러한 행렬을 이용하여 전문을 변형시키면 해독하기가 더 어려워진다. 행렬식이 ±1인 부호행렬을 만들기 위하여, 단위행렬로부터 시작하여 교환 연산과 승수가 정수인 교체 연산을 적용한다. 예를 들어 `SEND HELP`라는 전문은 [19, 5, 14, 4, 27, 8, 5, 12, 16]로 암호화될 것이다. 이 암호문을 행렬의 열로 두면 아래와 같다.

$$\mathbf{K} = \begin{bmatrix} 19 & 4 & 5 \\ 5 & 27 & 12 \\ 14 & 8 & 16 \end{bmatrix}$$

Det(N)=−1인 다음의 부호행렬을 이용하여, 곱을 계산하면

$$\mathbf{NK} = \begin{bmatrix} 1 & 1 & 2 \\ 2 & 3 & 5 \\ 2 & 2 & 3 \end{bmatrix} \begin{bmatrix} 19 & 4 & 5 \\ 5 & 27 & 12 \\ 14 & 8 & 16 \end{bmatrix} = \begin{bmatrix} 52 & 47 & 49 \\ 123 & 129 & 126 \\ 90 & 86 & 82 \end{bmatrix} = \mathbf{S}$$

이 된다. 그리하여 암호문 `SEND HELP`는 [52, 123, 90, 47, 129, 86, 49, 126, 82]이 된다. 수신된 전문은 부호행렬의 역행렬을 이용하여 해독한다.

$$\mathbf{N}^{-1}\mathbf{S} = \begin{bmatrix} 1 & -1 & 1 \\ -4 & 1 & 1 \\ 2 & 0 & -1 \end{bmatrix} \begin{bmatrix} 52 & 47 & 49 \\ 123 & 129 & 126 \\ 90 & 86 & 82 \end{bmatrix} = \begin{bmatrix} 19 & 4 & 5 \\ 5 & 27 & 12 \\ 14 & 8 & 16 \end{bmatrix}$$

암호문은 다시 행렬의 열 속에 들어 있다.

수학 소프트웨어

Maple 체계 내에서는 다음의 명령어를 사용하여 예제 1의 자료를 입력할 수 있다.

```
Maple
with(LinearAlgebra):
A := Matrix([[1,7,6],[-3,2,9],[11,-13,4]]);
M1 := Minor(A,2,1,output=matrix);
M2 := Minor(A,1,3,output=matrix);
```

또한 Maple에서 아래의 명령어를 사용하여 예제 7의 결과를 확인해 볼 수도 있다.

```
Maple
with(LinearAlgebra):
A := Matrix([[1,4,2],[3,-3,6],[2,0,5]]);
Minor(Transpose(A),3,2,output=matrix);
Transpose(Minor(A,2,3,output=matrix);
```

예제 11의 결과를 검증하는 데 Maple을 사용할 수 있다.

```
Maple
with(LinearAlgebra):
A := Matrix([[5,7,-2],[3,2,1],[-2,4,6]]);
B := Adjoint(A)/Determinant(A);
C := MatrixInverse(A);
```

Maple은 수반행렬도 계산함에 주목하자.

행렬식의 표기와 성질에 관한 복습

$n \times n$ 행렬은 n^2개의 소행렬을 갖는다. 각 소행렬은 A로부터 한 행과 한 열을 제거하고 얻는다. 특이 행렬 A로부터 i번째 행과 j번째 열을 제거하여 얻은 소행렬을 $\mathbf{M}^{ij}$ 혹은 $\mathbf{M}^{ij}(\mathbf{A})$로 나타낸다. 소행렬 $\mathbf{M}^{ij}$에 대한 여인수는 $C_{ij} = (-1)^{i+j}\text{Det}(\mathbf{M}^{ij})$로 정의된다. 그러므로 여인수는 소행렬의 행렬식에 지정된 부호 ±1를 끼워 넣어 얻은 단순한 실수이다. 여인수들로 행렬 C를 만들 수 있다. 중요한 관계식의 하나로 $\mathbf{AC}^T = \text{Det}(\mathbf{A})\mathbf{I}$이 있다. Det(A)라는 요소만 제외하면, $\mathbf{C}^T$는 A의 역행렬이다.

요약 4.2

- A의 전형적인 소행렬은 $\mathbf{M}^{ij}$인데, A로부터 i번째 행과 j번째 열을 제거하여 얻는다.
- A로부터 얻는 여인수는 수 $C_{ij} = (-1)^{i+j}\text{Det}(\mathbf{M}^{ij})$이다.
- $\text{Det}(\mathbf{A}) = \sum_{j=1}^{n}(-1)^{i+j}a_{ij}\text{Det}(\mathbf{M}^{ij}) = \sum_{j=1}^{n} a_{ij}C_{ij}$ [i번째 행을 이용한 Det(A)의 여인수 전개]
- $\text{Det}(\mathbf{A}) = \sum_{i=1}^{n}(-1)^{i+j}a_{ij}\text{Det}(\mathbf{M}^{ij}) = \sum_{i=1}^{n} a_{ij}C_{ij}$ [j번째 열을 이용한 Det(A)의 여인수 전개]
- Det(AB)=Det(A)Det(B). 여기서 A와 B는 임의의 $n \times n$ 행렬이다.
- $\mathbf{M}^{ij}(\mathbf{A}^T) = [\mathbf{M}^{ji}(\mathbf{A})]^T$
- $\text{Det}(\mathbf{A}) = \text{Det}(\mathbf{A}^T)$
- Det(A)는 임의의 한 열(혹은 행)에 대하여 선형함수이다.
- (크래머의 법칙) $\mathbf{Ax} = \mathbf{b}$의 해는 $x_j = \text{Det}[\mathbf{A}_j(\mathbf{b})]/\text{Det}(\mathbf{A})$로 주어진다. 단, $\mathbf{A}_j(\mathbf{b})$는 A의 j번째 열을 b로 바꾸어서 얻은 행렬이다.(여기서 A는 가역적인 $n \times n$ 행렬이다.)
- $(\mathbf{A}^{-1})_{ij} = [(-1)^{i+j}/\text{Det}(\mathbf{A})]\ \text{Det}(\mathbf{M}^{ji})$
  $\mathbf{A}^{-1} = (1/\text{Det}(\mathbf{A}))\mathbf{C}^T$
  (여기서 A는 가역적인 $n \times n$ 행렬이다.)
- $i \neq j$일 때, $\sum_{k=1}^{n} a_{ik}C_{jk} = \sum_{k=1}^{n} a_{ik}(-1)^{j+k}\text{Det}(\mathbf{M}^{jk}) = 0$
  (A의 한 행의 원소를 다른 행의 여인수들로 곱한 다음, 모두 더하면 영이 된다.) 열에 대해서도 유사한 결과가 성립한다.
- n차 방데르몽드 행렬 V의 생성 원소는 (t_i^{j-1})이다. 단, $1 \leq i, j \leq n$. 이 행렬의 행렬식은
  $\text{Det}(\mathbf{V}) = \Pi_{1 \leq j < i \leq n}(t_i - t_j)$이다.
- 주요 성질은 다음과 같다.
  - $\text{Det}(\mathbf{A}^T) = \text{Det}(\mathbf{A})$
  - $\text{Det}(\mathbf{A}^{-1}) = 1/\text{Det}(\mathbf{A})$
  - Det(AB)=Det(A)Det(B)
  - 일반적으로 $\text{Det}(\mathbf{A}+\mathbf{B}) \neq \text{Det}(\mathbf{A}) + \text{Det}(\mathbf{B})$
  - A가 $n \times n$이고, $c \in \mathbb{R}$이면, $\text{Det}(c\mathbf{A}) = c^n\text{Det}(\mathbf{A})$.
  - A가 상삼각 혹은 하삼각행렬이면, $\text{Det}(\mathbf{A}) = a_{11}a_{22} \cdots a_{nn}$.
  - A에서 행교체 연산으로 $\tilde{\mathbf{A}}$를 얻었다면, $\text{Det}(\tilde{\mathbf{A}}) = \text{Det}(\mathbf{A})$.
  - A에서 행교환 연산으로 $\tilde{\mathbf{A}}$를 얻었다면, $\text{Det}(\tilde{\mathbf{A}}) = -\text{Det}(\mathbf{A})$.
  - Det(A)=0일 필요충분조건은 A의 열들이 일차종속 집합을 이루는 것이다. 행에 대해서도 유사한 결과가 성립한다.
  - Det(A)=0일 필요충분조건은 A가 특이(비가역적)행렬인 것이다.

주요 개념 4.2

소행렬, 여인수, 행 연산, 열 연산, 크래머의 법칙, 방데르몽드 행렬

일반 연습문제 4.2

1. $f(\mathbf{x}) = \text{Det}\begin{bmatrix} 3 & 7 & 2 \\ x_1 & x_2 & x_3 \\ 5 & 4 & -3 \end{bmatrix}$이다. f가 $\mathbf{x}$의 선형함수임을 증명하라.

2. $\mathbf{A} = \begin{bmatrix} 3 & 2 & 7 \\ 1 & -4 & 1 \\ 4 & -1 & 3 \end{bmatrix}$, $\mathbf{b}=[1, 1, 1]^T$이다. 크래머의 법칙을 이용하여 연립방정식 $\mathbf{Ax}=\mathbf{b}$를 풀라.

3. 예제 4에서 Det(**A**)를 계산할 때, 영향을 미친 숫자와 영향을 미치지 않은 숫자는 어느 것인가?

4. $\mathbf{A} = \begin{bmatrix} 1 & 3 & 2 \\ -2 & 1 & 4 \\ 3 & 2 & 1 \end{bmatrix}$, $\mathbf{B} = \begin{bmatrix} 2 & 3 & 1 \\ 4 & 1 & 1 \\ 6 & 2 & 2 \end{bmatrix}$이다. 이 한 쌍의 행렬에 대하여 정리 2의 내용이 성립함을 확인하라.

5. 정리 6의 공식을 이용하여, 3×3 행렬 $\mathbf{A} = \begin{bmatrix} 1 & 2 & 3 \\ 4 & -1 & 2 \\ -3 & 1 & 1 \end{bmatrix}$의 역행렬을 구하라. 계산 과정에 학생들은 행렬 $\mathbf{M} = \begin{bmatrix} -3 & 10 & 1 \\ -1 & 10 & 7 \\ 7 & -10 & -9 \end{bmatrix}$에 포함된 **A**의 여인수를 이용하고 싶을지도 모르겠다.

6. 크래머의 법칙을 이용하여 아래의 연립방정식을 풀라.

$$\begin{bmatrix} 3 & 2 & 7 \\ 1 & -4 & 1 \\ 4 & -1 & 3 \end{bmatrix}\begin{bmatrix} x_1 \\ x_2 \\ x_3 \end{bmatrix} = \begin{bmatrix} 7 \\ 5 \\ 3 \end{bmatrix}$$

7. 크래머의 법칙을 이용하여 아래의 연립방정식을 풀라.

$$\begin{bmatrix} 2 & -1 & 3 \\ 3 & 1 & -2 \\ 1 & -3 & 1 \end{bmatrix}\begin{bmatrix} x_1 \\ x_2 \\ x_3 \end{bmatrix} = \begin{bmatrix} 7 \\ 5 \\ 11 \end{bmatrix}$$

8. 여인수 전개와 행 연산을 사용하여 아래의 행렬식을 계산하라.

$$\text{Det}\begin{bmatrix} -2 & 1 & 2 & 5 \\ 2 & 0 & 4 & 5 \\ 3 & 1 & 0 & 0 \\ 1 & 2 & 0 & 0 \end{bmatrix}$$

9. 3행과 2열을 이용한 여인수 전개로 아래의 행렬식을 계산하라.

$$\text{Det}\begin{bmatrix} 2 & 1 & 3 \\ 1 & 0 & 4 \\ -2 & 3 & 5 \end{bmatrix}$$

10. $\begin{bmatrix} 1 & 3 & 5 \\ 2 & 0 & 1 \\ 1 & 6 & 7 \end{bmatrix}$에서 소행렬 $\mathbf{M}^{23}$과 여인수 C_{23}은 무엇인가?

11. 다음과 같은 단계를 따라(순서대로) $\text{Det}\begin{bmatrix} 5 & 4 & 2 & 1 \\ 2 & 3 & 1 & -2 \\ -5 & -7 & -3 & 9 \\ 1 & -2 & -1 & 4 \end{bmatrix}$을 계산하라: 위치 (2, 3)을 기준점으로 행 연산을 하고, 세 번째 열을 따라 여인수 전개를 한 다음, 마지막으로 3×3 행렬에 대한 직접 계산 방법을 이용한다.

12. $\mathbf{A} = \begin{bmatrix} 1 & 1 & 3 \\ 5 & 4 & 2 \\ 1 & 3 & -4 \end{bmatrix}$이다. $\text{Det}(\mathbf{A})=\text{Det}(\mathbf{A}^T)$을 확인하라.

13. $\mathbf{A} = \begin{bmatrix} 1 & 3 & 2 \\ -2 & 1 & 4 \\ 3 & 2 & 1 \end{bmatrix}$, $\mathbf{B} = \begin{bmatrix} 2 & 3 & 1 \\ 4 & 1 & 1 \\ 6 & 2 & 2 \end{bmatrix}$이다. Det(**AB**) = Det(**A**)Det(**B**)을 확인하라.

14. 정리 6을 이용하여 아래 세 행렬의 역행렬을 계산하라.

a. $\mathbf{A} = \begin{bmatrix} 1 & 0 & 4 \\ -2 & 3 & 1 \\ 0 & 1 & 3 \end{bmatrix}$

b. $\mathbf{B} = \begin{bmatrix} 0 & 2 & 4 \\ 3 & 0 & 1 \\ 2 & 3 & -4 \end{bmatrix}$

c. $\mathbf{C} = \begin{bmatrix} 1 & 1 & 2 \\ -1 & 3 & 4 \\ 5 & 6 & -2 \end{bmatrix}$

15. $\mathbf{A} = \begin{bmatrix} 1 & 2 & 1 \\ 2 & 5 & 3 \\ 2 & 3 & 2 \end{bmatrix}$, $\mathbf{B} = \begin{bmatrix} 1 & 1 & 2 \\ 1 & 2 & 3 \\ 2 & 2 & 3 \end{bmatrix}$이다. 여인수행렬을 이용하여 **A**와 **B**의 역행렬을 계산하라.

16. $\mathbf{A} = \begin{bmatrix} 1 & 7 & 3 \\ 2 & 1 & 5 \\ 4 & 4 & 3 \end{bmatrix}$이다. 크래머의 법칙을 사용하여, $\mathbf{A}^{-1}$의 (2, 3) 성분을 계산하라.

17. $\mathbf{A} = \begin{bmatrix} 1 & 7 & 3 \\ 2 & 1 & 5 \\ 4 & 4 & 3 \end{bmatrix}$이다. 여인수행렬 **C**를 구하라.

18. 크래머의 법칙을 이용하여 아래 연립방정식을 풀라.

$$\begin{cases} 2x_1 - x_2 + 3x_3 = 7 \\ 3x_1 + x_2 - 2x_3 = 5 \\ x_1 - 3x_2 + x_3 = 11 \end{cases}$$

19. $\mathbf{A} = \begin{bmatrix} 1 & 2 & 1 \\ 3 & -1 & 2 \\ 1 & 0 & 1 \end{bmatrix}$이다. 여인수행렬을 이용하여 역행렬을 나타내어라. 곱 $\mathbf{AC}^T$을 계산하여 결과가 맞는지 확인하라.

20. $\text{Det}\begin{bmatrix} 1 & 4 & -2 \\ 0 & 3 & 1 \\ 5 & 1 & 2 \end{bmatrix}$을 직접적인 방법으로 계산하라.

21. $\text{Det}\begin{bmatrix} -2 & 1 & 2 \\ 2 & 0 & 4 \\ 3 & 1 & 0 \end{bmatrix}$을 직접적인 방법으로 계산하라.

22. 행렬 $\begin{bmatrix} 4 & 7 & 8 & 0 & 0 & 5 \\ 3 & 6 & 9 & 0 & 7 & 3 \\ 2 & 0 & 0 & 0 & 0 & 0 \\ -2 & 4 & 2 & 4 & 5 & 2 \\ 1 & 5 & 3 & 0 & 0 & 0 \\ 1 & -3 & 4 & 0 & 0 & 0 \end{bmatrix}$을 생각해 보자. 여인수 전개를 사용하여 행렬식을 계산하라.

23. 아래 행렬의 행렬식을 계산하라.

$$\begin{bmatrix} 0 & 7 & 4 & 3 \\ 0 & 0 & 3 & 0 \\ 0 & 5 & 7 & 3 \\ 4 & 6 & -5 & -4 \end{bmatrix}$$

24. 아래 행렬의 행렬식을 계산하라.

$$\begin{bmatrix} 2 & 1 & 0 & 4 \\ 0 & -1 & 0 & 2 \\ 7 & -2 & 3 & 5 \\ 0 & 1 & 0 & -3 \end{bmatrix}$$

25. 아래 행렬의 행렬식을 계산하라.

$$\begin{bmatrix} 3 & 1 & 2 & 0 \\ 4 & 0 & 0 & 0 \\ 5 & 1 & -4 & 5 \\ 3 & 2 & 0 & 0 \end{bmatrix}$$

26. $\mathbf{A} = \begin{bmatrix} 0 & 0 & 0 & 4 \\ 7 & 0 & 5 & 6 \\ 4 & 3 & 7 & -5 \\ 3 & 0 & 3 & -4 \end{bmatrix}$이다. **A**의 행렬식을 계산하라.

27. 행렬식 함수가 행렬의 임의의 행에 대하여 선형인 이유를 설명하라.

28. **A**는 $n \times n$ 행렬이다. 두 첨수 $p, q(1 \le p, q \le n)$를 고정하고, a_{pq}를 x로 교체하자. 이제 Det(**A**)는 x의 함수이다. 이 x 함수의 도함수는 무엇인가?

29. $\text{Det}(\mathbf{A}^T\mathbf{B}) = \text{Det}(\mathbf{A})\text{Det}(\mathbf{B})$가 성립하는 이유를 설명하라.

30. **A**는 $n \times n$ 행렬이고, n은 홀수이다. **A**가 **반대칭**($\mathbf{A}^T = -\mathbf{A}$을 의미함)이면, Det(**A**)=0임을 증명하라.

31. 정리 7의 열 형태를 증명하라.

32. 보조정리 1의 바로 앞에서, 일반적인 3×3 행렬의 행렬식을 계산하였다. 세 번째 열을 이용한 열 전개를 사용하여 같은 행렬식을 계산하고, 결과가 같음을 확인하라.

33. **A**는 임의의 $n \times n$ 가역행렬이다. 모든 행에는 한 원소만 바꾸면 비가역적인 행렬이 되게 하는 원소가 존재한다. 그 존재 이유를 설명하라.

34. 다음 경우에 직접 계산으로 정리 7을 증명하라: 임의의 3×3 행렬을 생각하고, 2행의 원소와 3행에 속하는 여인수를 이용한다. 그리고 모든 항을 계산하여 합이 0이 된다는 사실을 확인해 보라.

35. 정방행렬 **A**의 성분이 정수이고 Det(**A**)=±1이면, $\mathbf{A}^{-1}$도 역시 같은 두 성질을 가짐을 증명하라.

36. 두 $n \times n$ 행렬에 대하여, Det(**AB**)=Det(**BA**)가 성립하는 이유를 설명하라. 이 사실이 **AB**=**BA**를 의미하지 않는 이유도 설명하라.

37. 임의의 $n \times n$ 행렬에 대하여, $\text{Det}(\mathbf{A}_1\ \mathbf{A}_2 \cdots \mathbf{A}_k) = \text{Det}(\mathbf{A}_1)\text{Det}(\mathbf{A}_2) \cdots \text{Det}(\mathbf{A}_k)$가 성립함을 수학적 귀납법으로 증명하라.

38. 기본행렬에 대하여, $\text{Det}(\mathbf{E}_1\mathbf{E}_2 \cdots \mathbf{E}_k) = \text{Det}(\mathbf{E}_1)\text{Det}(\mathbf{E}_2) \cdots \text{Det}(\mathbf{E}_k)$이 성립하는 이유를 논하라.

39. 보조정리 1의 나머지 한 경우를 증명하라.

40. 정리 4의 증명을 완성하라.

41. (도전) 정방행렬에서 성분 하나를 바꾸면 행렬식이 반드시 바뀌는가? 예를 들어 보고, 이 문제의 풀이와 관련 있는 정리를 찾아보라.

42. **A**가 가역적일 때, $\text{Det}(\mathbf{A}^{-1}) = [\text{Det}(\mathbf{A})]^{-1}$을 증명하라. $\text{Det}[f(\mathbf{A})] = f[\text{Det}(\mathbf{A})]$가 성립하는 다른 함수 f를 몇 개 찾아보라. 이때 어느 정도의 함수까지 가역적인 행렬로 제한되어야 하는가?

43. **A**는 $n \times n$ 행렬이고, 모든 성분이 $\mathbf{A}_{ij} = \alpha_{ij}t + \beta_{ij}$ 꼴이다. t의 함수로서, **A**의 행렬식에 대하여 어떤 말을 할 수 있는가?

44. Det(**A**+**B**) ≠ Det(**A**)+Det(**B**)인 예를 찾으라. 이것은 Det가 선형이 아니라는 증거가 된다. 이 예가 정리 4에 어긋나지 않음을 설명하라.

45. **A**와 **B**는 $n \times n$ 행렬이고, Det(**A**)=17, Det(**B**)=2이다. Det(**AB**), $\text{Det}(\mathbf{BA}^T)$, Det(2**A**), $\text{Det}(\mathbf{A}^{-1})$, $\text{Det}(\mathbf{B}^2)$의 값은 얼마인가?

46. 행렬식을 사용하여, 가역적인 두 $n \times n$ 행렬의 곱이 가역적임을 증명하라.

47. 크래머의 법칙을 이용하여, 동일 직선 위에 있지 않은 세 점 (x_1, y_1, z_1), (x_2, y_2, z_2), (x_3, y_3, z_3)을 품는 평면의 방정식 $ax+by+cz=d$을 유도하라. 여기서 계수 a, b, c, d는 행렬식으로 구할 수 있다.

48. 방데르몽드 행렬식의 공식으로 $\Pi_{i=2}^{n}\Pi_{j=1}^{i}(t_i - t_j)$이 맞는가? 왜 맞는지 혹은 왜 맞지 않는지 설명하라.

49. (도전) **w**=(−1, 3, 7)는 **u**=(4, 2, 7)과 **v**=(3, 1, 4)의 일차결합이다. 임의의 자료 하나를 바꿀 때도 역시 일차결합이 되겠는가?

50. 다음의 부등식 중에서 맞는 것과 틀린 것을 결정하라.

a. $\text{Det}\begin{bmatrix} a & b \\ c & d \end{bmatrix} \le (|a| + |b|) \cdot (|c| + |d|)$

b. $\text{Det}\begin{bmatrix} a & b \\ c & d \end{bmatrix} \le \max\{|a|, |b|\} \cdot \max\{|c|, |d|\}$

c. $\text{Det}\begin{bmatrix} a & b \\ c & d \end{bmatrix} \le \sqrt{a^2 + b^2} \cdot \sqrt{c^2 + d^2}$

d. $\text{Det}\begin{bmatrix} a & b \\ c & d \end{bmatrix} \le 2C^2$ ($|a| \le C, |b| \le C, |c| \le C$, and $|d| \le C$ 일 때)

51. **a.** 데이터 점 (t_0, y_0)와 (t_1, y_1)에 들어맞는 다항식 $p(t) = a + bt$을 구하기 위한 연립방정식을 만들고, 크래머의 법칙을 이용하여 풀라.

b. 다항식 $p(t) = c + d(t - t_0)$에 대하여 같은 시도를 하라. 힌트: 크래머의 법칙을 이용하여, 2.2절에 있는 최소자승법에 관한 2×2 연립방정식을 풀라.

52. (계속) 크래머의 법칙을 이용하여, 데이터 점 (t_0, y_0), (t_1, y_1), (t_2, y_2)에 들어맞는 다항식 $p(t) = a + b(t - t_0) + c(t - t_0)(t - t_1)$을 구하라.

53. $\mathbf{A} = \begin{bmatrix} 3 & 0 & 0 \\ -2 & 2 & 0 \\ 5 & 7 & 1 \end{bmatrix}$, $\mathbf{B} = \begin{bmatrix} -2 & 6 & 5 \\ 0 & 1 & 8 \\ 0 & 0 & 3 \end{bmatrix}$이고, **C**=**AB**이다.

Det(**C**)의 값은 얼마인가?

참-거짓 연습문제 4.2

1. 함수 $(x_1, x_2) \mapsto \text{Det}\begin{bmatrix} 0 & x_1 & x_2 \\ 3 & 8 & -11 \\ 11 & 9 & -13 \end{bmatrix}$은 선형변환이다.

2. $\mathbf{A}$가 가역행렬이면 $\text{Det}(\mathbf{A}^T)=\text{Det}(\mathbf{A}^{-1})$이다.

3. $\begin{bmatrix} 1 & 4 & 2 \\ 3 & -3 & 5 \\ 3 & 2 & 4 \end{bmatrix}\begin{bmatrix} x_1 \\ x_2 \\ x_3 \end{bmatrix} = \begin{bmatrix} 4 \\ 3 \\ 7 \end{bmatrix}$이면

$x_3 = \text{Det}\begin{bmatrix} 1 & 4 & 4 \\ 3 & -3 & 3 \\ 3 & 2 & 7 \end{bmatrix} \div \text{Det}\begin{bmatrix} 1 & 4 & 2 \\ 3 & -3 & 5 \\ 3 & 2 & 4 \end{bmatrix}$이다.

4. $\text{Det}\begin{bmatrix} 2 & 3 & 4 & 6 & 2 & 1 \\ 3 & 0 & 0 & 0 & 0 & 0 \\ 7 & 0 & 4 & 0 & 0 & 3 \\ 5 & 0 & 0 & 0 & 0 & 2 \\ 11 & 0 & 6 & 1 & 5 & 4 \\ 5 & 0 & 2 & 1 & 4 & 7 \end{bmatrix} = 71.$

5. 크래머의 공식을 연립 일차방정식 $\begin{cases} 2x_1 - 7x_2 + 5x_3 = 2 \\ 3x_1 + 6x_2 - 9x_3 = 7 \\ 4x_1 + 5x_2 + 8x_3 = 15 \end{cases}$

에 적용하면 $x_3 = \text{Det}\begin{bmatrix} 2 & -7 & 5 \\ 3 & 6 & -9 \\ 4 & 5 & 8 \end{bmatrix} \div \text{Det}\begin{bmatrix} 2 & -7 & 2 \\ 3 & 6 & 7 \\ 4 & 5 & 15 \end{bmatrix}$이다.

6. 크래머의 공식을 행렬방정식 $\begin{bmatrix} 3 & 2 & 4 \\ 1 & 5 & 3 \\ 2 & 6 & 1 \end{bmatrix}\begin{bmatrix} x_1 \\ x_2 \\ x_3 \end{bmatrix} = \begin{bmatrix} 1 \\ 7 \\ 6 \end{bmatrix}$에

적용하면 $x_2 = \text{Det}\begin{bmatrix} 3 & 1 & 4 \\ 1 & 7 & 3 \\ 2 & 6 & 1 \end{bmatrix} \div \text{Det}\begin{bmatrix} 3 & 2 & 4 \\ 1 & 5 & 3 \\ 2 & 6 & 1 \end{bmatrix}$이다.

7. 정방행렬 $\mathbf{A}$와 $\mathbf{B}$에 대하여 $\text{Det}(\mathbf{AB})=\text{Det}(\mathbf{A})\text{Det}(\mathbf{B})$가 성립한다.

8. $\mathbf{M}_{ij}$가 행렬 $\mathbf{A}$에서 i행과 j열을 제거한 소행렬일 때, 여인수는 $C_{ij}=(-1)^{i+j}\text{Det}(\mathbf{M}_{ij})$이다.

9. $\mathbf{A}$의 원소 a_{ij}에 대한 여인수를 C_{ij}라 하면, $\mathbf{A}^{-1}$은 성분 $(\mathbf{A}^{-1})_{ij}=C_{ij}/\text{Det}(\mathbf{A})$에 의하여 주어진다.

10. 정방행렬인 $\mathbf{A}$가 가역적이면 $\text{Det}(\mathbf{A})=0$이다.

11. $\mathbf{A}$가 삼각행렬이면 $\text{Det}(\mathbf{A})$는 $\mathbf{A}$의 대각 성분들의 합이다.

12. 행렬 $\begin{bmatrix} 1 & 0 & 0 \\ 0 & 1 & 0 \\ 0 & 0 & 0 \end{bmatrix}$은 가역적이 아니다.

13. $\mathbf{A}$, $\mathbf{B}$와 $\mathbf{C}$가 5×5 행렬이고, $\text{Det}(\mathbf{C}) \neq 0$이며, 또한 $\mathbf{AC}=\mathbf{BC}$가 성립하면, $\mathbf{A}=\mathbf{B}$가 성립한다.

14. $\text{Det}\begin{bmatrix} 3 & 7 & 2 & 1 \\ 0 & 1 & -3 & 4 \\ 0 & 0 & 2 & 2 \\ 0 & 0 & 0 & 0 \end{bmatrix}=6$

15. $\text{Det}\begin{bmatrix} 7 & 5 & 2 & 0 & 0 \\ 9 & 3 & 6 & 4 & 5 \\ 3 & 0 & 0 & 0 & 0 \\ 8 & 1 & 0 & 0 & 0 \\ 6 & 5 & 3 & 1 & 0 \end{bmatrix}=-30$

16. 두 정방행렬이 서로 행동치이면 그들의 행렬식은 같다.

17. 행렬의 여인수(C_{ij})와 소행렬($\mathbf{M}_{ij}$)의 관계식은 $\text{Det}(\mathbf{M}_{ij})=(-1)^{i+j}C_{ij}$이다.

18. $\mathbf{A}$와 $\mathbf{B}$가 $n\times n$ 행렬일 때 $\text{Det}(\mathbf{BA})=\text{Det}(\mathbf{AB})$가 성립한다.

19. 크래머의 공식을 연립 일차방정식 $\begin{cases} 3x_1 + 5x_2 - 7x_3 = 12 \\ 7x_1 - 3x_2 + 8x_3 = 19 \\ -5x_1 + 6x_2 - 7x_3 = -21 \end{cases}$

에 적용하면 $x_3=\text{Det}\begin{bmatrix} 3 & 5 & 12 \\ 7 & -3 & 19 \\ -5 & 6 & -21 \end{bmatrix} \times \text{Det}\begin{bmatrix} 3 & 5 & -7 \\ 7 & -3 & 8 \\ -5 & 6 & -7 \end{bmatrix}$이다.

20. 정방행렬 $\mathbf{A}$에 대하여 $\text{Det}(\mathbf{A})=-\text{Det}(\mathbf{A}^T)$가 성립한다.

21. 크래머의 공식을 연립 일차방정식 $\begin{cases} 2x_1 - 7x_2 + 5x_3 = 2 \\ 3x_1 + 6x_2 - 9x_3 = 7 \\ 4x_1 + 5x_2 + 8x_3 = 15 \end{cases}$

에 적용하면 $x_1=\text{Det}\begin{bmatrix} 2 & -7 & 5 \\ 7 & 6 & -9 \\ 15 & 5 & 8 \end{bmatrix} \div \text{Det}\begin{bmatrix} 2 & -7 & 5 \\ 3 & 6 & -9 \\ 4 & 5 & 8 \end{bmatrix}$이다.

22. $\text{Det}\begin{bmatrix} 1 & 2 & 4 & 3 & 3 & 1 \\ 6 & 0 & 0 & 0 & 0 & 2 \\ 5 & 0 & 0 & 0 & 0 & 0 \\ 6 & 0 & 6 & 2 & 5 & 4 \\ 1 & 0 & 2 & 1 & 4 & 7 \\ 3 & 0 & 1 & 0 & 0 & 1 \end{bmatrix} = -72$

23. A가 정방행렬이고 $p(x)$가 다항식이면 $\text{Det}(p(\mathbf{A}))=p(\text{Det}(\mathbf{A}))$가 성립한다.

24. $n\times n$ 정방행렬 $\mathbf{A}=(a_{ij})$에 대하여 i행을 따라 여인수 전개를 하면 $\text{Det}(\mathbf{A})=\sum_{j=1}^{n} a_{ij}C_{ij}$이다.

25. A가 가역행렬이면 $\text{Det}(\mathbf{A}^{-k})=(\text{Det}(\mathbf{A}))^{-k}$가 성립한다.

26. 크래머의 공식을 연립 일차방정식 $\begin{cases} 17x_1+3x_2+4x_3=5 \\ 8x_1+2x_2-2x_3=2 \\ 3x_1+2x_2+3x_3=1 \end{cases}$

에 적용하면 $x_2=\text{Det}\begin{bmatrix} 17 & 5 & 4 \\ 8 & 2 & -2 \\ 3 & 1 & 3 \end{bmatrix}\times\text{Det}\begin{bmatrix} 17 & 3 & 4 \\ 8 & 2 & -2 \\ 3 & 2 & 3 \end{bmatrix}$이다.

27. $\text{Det}\begin{bmatrix} 9 & 7 & 3 & 5 & 4 \\ 4 & 2 & 0 & 2 & 2 \\ 0 & 0 & 0 & -2 & 0 \\ 3 & 0 & 0 & 6 & 4 \\ 2 & 0 & 0 & 1 & 4 \end{bmatrix}=-48$

28. $\text{Det}\begin{bmatrix} 1 & 3 & 7 & 4 \\ 1 & -1 & 2 & 3 \\ 0 & 0 & 5 & 0 \\ 4 & 0 & 2 & 0 \end{bmatrix}=260$

29. $n\times n$ 행렬은 n^2개의 소행렬을 가진다.

30. $n\times n$ 행렬 A와 B에 대하여 $\text{Det}(\text{Det}(\mathbf{B})\mathbf{A})=\text{Det}(\text{Det}(\mathbf{A})\mathbf{B})$가 성립한다.

31. 정방행렬 A에 대하여 $\text{Det}(\mathbf{A})=\text{Det}(\mathbf{A}^T)$가 성립한다.

32. $n\times n$ 행렬은 $2n$개의 소행렬을 가진다.

33. 행렬식을 $n\times n$ 행렬에 작용하는 함수로 볼 때, 행렬식은 선형변환이 아니다.

34. C_{ij}가 a_{ij}에 대응하는 여인수이고 $p=q$이면 $\sum_{j=1}^{n} a_{pj}C_{qj}=0$이 성립한다.

선다형 연습문제 4.2

항상 첫 번째로 옳은 답을 선택하라.

1. 행렬 $\begin{bmatrix} 1 & 3 & 2 \\ 1 & 0 & 4 \\ 2 & 1 & 0 \end{bmatrix}$의 수반행렬은?

a. $\begin{bmatrix} -4 & 8 & 1 \\ 2 & -4 & 5 \\ 12 & -2 & -3 \end{bmatrix}$ b. $\begin{bmatrix} -4 & 2 & 12 \\ 8 & -4 & -2 \\ 1 & 5 & -3 \end{bmatrix}$

c. $\begin{bmatrix} 4 & -2 & 12 \\ -8 & -4 & 2 \\ 1 & -5 & -3 \end{bmatrix}$ d. $\begin{bmatrix} -4 & -8 & 1 \\ -2 & -4 & -5 \\ 12 & 2 & -3 \end{bmatrix}$

e. 위 항목 중 답이 없다.

2. A와 B가 정방행렬일 때, 맞는 관계식은?

a. $\text{Det}(\mathbf{A}^T)=-\text{Det}(\mathbf{A})$

b. $\text{Det}(\mathbf{AB})=\text{Det}(\mathbf{BA})$

c. $\text{Det}(\mathbf{A}+\mathbf{B})=\text{Det}(\mathbf{A})+\text{Det}(\mathbf{B})$

d. $\text{Det}(c\mathbf{A})=c\text{Det}(\mathbf{A})$, 단 c는 상수

e. 위 항목 중 답이 없다.

3. 항상 성립하지는 않는 관계식은?

a. $\text{Det}(\mathbf{A}^{-1})=1/\text{Det}(\mathbf{A})$, 단 $\text{Det}(\mathbf{A})\neq 0$

b. $\text{Det}(\mathbf{A}+\mathbf{B})=\text{Det}(\mathbf{A})+\text{Det}(\mathbf{B})$

c. $\text{Det}(\mathbf{A})=\text{Det}(\mathbf{A}^T)$

d. $\text{Det}(\mathbf{A}^T\mathbf{B})=\text{Det}(\mathbf{AB})$

e. 위 항목 중 답이 없다.

4. A는 $n\times n$ 행렬로서, 열들이 $\mathbf{a}_1, \mathbf{a}_2, \ldots, \mathbf{a}_n$라고 하자. B도 $n\times n$ 행렬로서, 둘째 열을 제외한 모든 열들이 A의 열과 같고, 둘째 열은 $7\mathbf{a}_1+3\mathbf{a}_2$라고 한다. 다음 중 옳은 것은?

a. $\text{Det}(\mathbf{B})=\text{Det}(\mathbf{A})$

b. $\text{Det}(\mathbf{B})=3\text{Det}(\mathbf{A})$

c. $\text{Det}(\mathbf{B})=7\text{Det}(\mathbf{A})$

d. $\text{Det}(\mathbf{B})=10\text{Det}(\mathbf{A})$

e. 위 항목 중 답이 없다.

5. A의 행들이 $\mathbf{r}_1, \mathbf{r}_2, \mathbf{r}_3, \mathbf{r}_4$라고 하자. B의 행들은 $\mathbf{r}_2, \mathbf{r}_1, \mathbf{r}_3, 3\mathbf{r}_4+\mathbf{r}_1$이라 할 때, 다음 중 옳은 것은?

a. $\text{Det}(\mathbf{B})=\text{Det}(\mathbf{A})$ b. $\text{Det}(\mathbf{B})=-\text{Det}(\mathbf{A})$

c. $\text{Det}(\mathbf{B})=3\text{Det}(\mathbf{A})$. d. $\text{Det}(\mathbf{B})=-3\text{Det}(\mathbf{A})$

e. 위 항목 중 답이 없다.

6. 연립 일차방정식 $\begin{cases} a_{11}x_1 + a_{12}x_2 = b_1 \\ a_{21}x_1 + a_{22}x_2 = b_2 \end{cases}$ 에 크래머의 공식을 적용하였을 때, 옳은 것은?

a. $x_1 = \text{Det}\begin{bmatrix} a_{11} & a_{12} \\ a_{21} & a_{22} \end{bmatrix} \div b_1$

b. $x_1 = \text{Det}\begin{bmatrix} a_{11} & b_1 \\ a_{21} & b_2 \end{bmatrix} \div \text{Det}\begin{bmatrix} a_{11} & a_{12} \\ a_{21} & a_{22} \end{bmatrix}$

c. $x_2 = \text{Det}\begin{bmatrix} a_{11} & a_{12} \\ a_{21} & a_{22} \end{bmatrix} \div \text{Det}\begin{bmatrix} a_{21} & b_1 \\ a_{22} & b_2 \end{bmatrix}$

d. $x_2 = \text{Det}\begin{bmatrix} a_{11} & b_1 \\ a_{21} & b_2 \end{bmatrix} \div \text{Det}\begin{bmatrix} a_{11} & a_{12} \\ a_{21} & a_{22} \end{bmatrix}$

e. 위 항목 중 답이 없다.

7. $\mathbf{A} = \begin{bmatrix} 5 & 0 & 0 & 0 & 5 \\ 1 & 4 & 6 & 2 & 3 \\ 3 & 4 & 0 & 1 & 2 \\ 0 & 0 & 0 & 0 & 4 \\ 2 & 3 & 0 & 2 & 7 \end{bmatrix}$ 의 행렬식은?

a. −600 b. 600

c. −126 d. 126

e. 위 항목 중 답이 없다.

8. $\mathbf{A} = \begin{bmatrix} 1 & 2 & 3 & 4 \\ 5 & 6 & 2 & 1 \\ 1 & 1 & 3 & 7 \\ 0 & 3 & 2 & 2 \end{bmatrix}$ 와 $\mathbf{b}=[10 \quad 12 \quad 13 \quad 14]^T$에 대하여 $\mathbf{Ax}=\mathbf{b}$가 성립할 때, 옳은 것은?

a. $C_{21} = 14$

b. $\mathbf{M}^{12}(\mathbf{A}^T) = \begin{bmatrix} 1 & 3 & 7 \\ 2 & 3 & 4 \\ 0 & 2 & 2 \end{bmatrix}$

c. $\mathbf{M}^{21}(\mathbf{A}) = \begin{bmatrix} 2 & 3 & 4 \\ 1 & 3 & 7 \\ 3 & 2 & 2 \end{bmatrix}$

d. $\mathbf{A}_1(\mathbf{b}) = \begin{bmatrix} 10 & 2 & 3 & 4 \\ 12 & 6 & 2 & 1 \\ 13 & 1 & 3 & 7 \\ 14 & 3 & 2 & 2 \end{bmatrix}$

e. 위 항목 중 답이 없다.

9. $\text{Det}\begin{bmatrix} 0 & 1 & -1 & 1 \\ 1 & 7 & 9 & 11 \\ 0 & 4 & 2 & 1 \\ 0 & 1 & 2 & 3 \end{bmatrix}$ 의 값은?

a. 21 b. −6

c. 6 d. −21

e. 위 항목 중 답이 없다.

10. $\text{Det}\begin{bmatrix} 1 & 4 & 2 & 1 \\ 3 & 1 & 1 & 5 \\ 2 & -1 & 3 & 6 \\ 2 & 3 & 5 & 2 \end{bmatrix}$ 의 값은?

a. 116 b. −116

c. 112 d. −112

e. 위 항목 중 답이 없다.

11. $\text{Det}\begin{bmatrix} 1 & 3 & 0 & 7 & 6 & 0 \\ 0 & 0 & 0 & 2 & 0 & 0 \\ 0 & 2 & 0 & 1 & 0 & 0 \\ 5 & 9 & 0 & 4 & 2 & 3 \\ 2 & 2 & 0 & 6 & 8 & 0 \\ 8 & 7 & 3 & 5 & 4 & 3 \end{bmatrix}$ 의 값은?

a. −144 b. 280

c. −510 d. 144

e. 위 항목 중 답이 없다.

12. $\text{Det}\begin{bmatrix} 8 & 0 & 3 & 2 \\ 5 & 0 & 6 & 5 \\ 0 & 0 & 1 & 0 \\ 7 & 3 & 5 & -4 \end{bmatrix}$ 의 값은?

a. 90 b. 120

c. −90 d. 0

e. 위 항목 중 답이 없다.

13. Det(A)=Det(2A)일 때 다음 중 옳은 것은?

a. A는 항등행렬이다.

b. A는 영행을 갖는다.

c. Det(A)=0

d. A는 가역적이다.

e. $\mathbf{A}=\mathbf{A}^T$

f. 위 항목 중 답이 없다.

컴퓨터 연습문제 4.2

1. 하나의 $n\times n$ 방데르몽드 행렬 $\mathbf{V}$에서, (i, j) 성분은 $v_{ij}=t_i^{j-1}$이다. Maple 또는 Mathematica의 기호 작성 특성을 사용해서 5×5 방데르몽드 행렬의 행렬식을 구하는 일반적인 공식을 구하라. $n\times n$ 방데르몽드 행렬은 다음과 같다.

$$\mathbf{V}=\begin{bmatrix} 1 & t_1 & t_1^2 & \cdots & t_1^{n-1} \\ 1 & t_2 & t_2^2 & \cdots & t_2^{n-1} \\ \vdots & \vdots & \vdots & \ddots & \vdots \\ 1 & t_n & t_n^2 & \cdots & t_n^{n-1} \end{bmatrix}$$

a. $n\times n$ 방데르몽드 행렬의 행렬식을 계산하는 프로그램을 작성하라.

b. 다음 Maple 명령어를 사용해서 하나의 방데르몽드 행렬의 행렬식의 인수분해에서의 유형을 알아보라.

Maple

with(LinearAlgebra):
factor(Determinant(VandermondeMatrix([a,b])));
factor(Determinant(VandermondeMatrix([a,b,c])));
factor(Determinant(VandermondeMatrix([a,b,c,d])));
factor(Determinant(VandermondeMatrix([a,b,c,d,e])));

2. 수학 소프트웨어를 사용해서 다음을 증명하라.

$$\text{Det}\begin{bmatrix} 1 & 1 & 1 & 1 & 1 \\ a & 1 & 1 & 1 & 1 \\ a & b & 1 & 1 & 1 \\ a & b & c & 1 & 1 \\ a & b & c & d & 1 \end{bmatrix} = (1-a)(1-b)(1-c)(1-d)$$

이 결과가 여러 크기의 행렬에 대해서 성립됨을 증명하라. 행렬이 비가역임을 보증하는 조건은 무엇인가?

CHAPTER 5

벡터 부분공간

5.1 행공간, 열공간 및 영공간

수학의 진수는 단순한 것을 복잡하게 만드는 것이 아니라, 복잡한 것을 단순하게 만드는 것입니다.

—구덴(S. GUDDEN)

모든 것은 더 이상 단순해질 수 없을 때까지 단순해져야 합니다.

—아인슈타인(ALBERT EINSTEIN, 1879~1955)

KISS 원칙: *Keep It Simple, Stupid!*

소개

2.4절 예제 5에서 보다 큰 벡터공간에 포함되고 벡터덧셈과 스칼라곱셈을 공유하는 벡터공간을 접하였다. 이런 현상을 특별히 공부하는 것은 마땅합니다.

정의

벡터공간의 공집합이 아닌 부분집합이 벡터공간의 덧셈 연산과 스칼라 곱에 관하여 닫혀 있을 때 이 부분집합을 **부분공간**(subspace)이라 부른다.

부분공간은 정의에 의하여 공집합이 아니다. 만약 $\mathbf{x}$가 부분공간의 원소이면 $\mathbf{0}=0\cdot\mathbf{x}$이므로 $\mathbf{0}$도 부분공간의 원소이다. 따라서 부분공간은 벡터공간의 영벡터를 포함해야 한다. 부분집합 U가 부분공간이 될 조건을 아래와 같이 나타낼 수 있다.

1. $\mathbf{x}$와 $\mathbf{y}$가 U의 원소이면, $\mathbf{x}+\mathbf{y}$도 U의 원소이다.(U는 덧셈에 관하여 닫혀 있다.)

2. $\mathbf{x}$가 U의 원소이고, c가 스칼라이면, $c\mathbf{x}$도 U의 원소이다.(U는 스칼라 곱에 관하여 닫혀 있다.)
3. U는 공집합이 아니다.

위의 세 조건이 성립하면 U가 벡터공간이라는 것을 쉽게 알 수 있다. 즉 2.4절에 나와 있는 벡터공간의 모든 공리가 U에 관하여 성립한다는 것이다. U가 벡터공간 V의 부분집합이고, 공리가 V에 관하여 성립하므로, 자동적으로 U에 관해서도 성립하는 것이다. 덧붙여 U는 공집합이 아니며, 영벡터는 분명히 U의 원소라는 것을 확실히 알아 두자.

모든 벡터공간 V는 두 가지 극단적인 부분공간을 가진다. 즉 $\{\mathbf{0}\}$과 V는 V의 부분공간이다. 모든 부분공간 U는 이 두 부분공간 사이에 있다. 즉 $\{\mathbf{0}\} \subseteq U \subseteq V$이다. 영벡터만으로 이루어진 부분공간 $\{\mathbf{0}\}$을 단순히 $\mathbf{0}$로 나타내기도 한다. 이 사실을 정리하면 아래와 같이 나타낼 수 있다.

정리 1

U가 벡터공간 V의 부분집합이라 하자. U가 영벡터를 포함하고 덧셈 연산과 스칼라 곱에 관하여 닫혀 있으면, U는 V의 부분공간이다.

정리 2

벡터공간에서 공집합이 아닌 어떤 부분집합에 있는 원소들의 모든 일차결합들로 이루어진 집합은 벡터공간의 부분공간이다.

증명 벡터공간을 V라 하고 S를 V의 공집합이 아닌 부분집합이라 하자. 만약 $\mathbf{x}$와 $\mathbf{y}$가 Span(S)의 원소라면, 이들은 각각 S의 원소들의 일차결합이다. 간단한 계산으로 $\alpha\mathbf{x}+\beta\mathbf{y}$도 Span($S$)의 원소임을 보일 수 있다. 이것은 Span(S)가 덧셈과 스칼라 곱에 관하여 닫혀 있다는 것을 보여 준다. ■

부분공간의 예로는 다항식들의 집합, 삼각함수들의 집합, $m\times n$ 행렬들의 집합, 삼각행렬들의 집합, 선형변환의 치역 혹은 핵으로서의 부분집합 등이 있다.

예제 1 모든 차수의 다항식으로 이루어진 벡터공간 $\mathbb{P}$에서 $p_i(t)=t^i(i=0, 1, 2, 3)$로 이루어진 집합 $S=\{p_0, p_1, p_2, p_3\}$에 대하여 Span(S)는 무엇인가?

풀이 임의의 3차 다항식은 이 다항식들의 일차결합이므로, Span(S)는 $\mathbb{P}$의 부분공간 $\mathbb{P}_3$이다. ■

예제 2 정리 2를 예를 들어 설명하라.

풀이 $f(t)=at+bt^2+ct^5+dt^7$ 모양의 다항식들의 집합은 $\mathbb{P}$의 부분공간이다. ■

예제 3 s와 t는 실수 $\mathbb{R}$ 위를 독립적으로 움직이는 변수라고 하자.

$$[s+4t,\ 3s-t,\ 5s+t,\ 2t]^T$$

모양의 모든 벡터들의 집합은 $\mathbb{R}^4$의 부분공간을 이루는가?

풀이 이 벡터들을 특정한 벡터들의 일차결합으로 나타내어 보자. 즉

$$\begin{bmatrix} s+4t \\ 3s-t \\ 5s+t \\ 2t \end{bmatrix} = s\begin{bmatrix} 1 \\ 3 \\ 5 \\ 0 \end{bmatrix} + t\begin{bmatrix} 4 \\ -1 \\ 1 \\ 2 \end{bmatrix}$$

이다. 따라서 주어진 벡터들의 집합은 두 벡터에 의하여 생성되는 부분공간이다.

$$\{[s+4t,\ 3s-t,\ 5s+t,\ 2t]^T : s,t \in \mathbb{R}\} = \text{Span}\{[1,3,5,0]^T, [4,-1,1,2]^T\}$$

위의 두 벡터는 분명히 일차독립이므로 2차원 부분공간을 생성한다.(차원의 개념은 5.2절에서 다룬다.) ■

X와 Y가 두 개의 부분공간일 때, 두 개의 새로운 벡터공간, **벡터 합**(vector sum) $X+Y$와 **교집합**(intersection) $X \cap Y$를 아래와 같이 정의한다.

$$X+Y = \{\mathbf{x}+\mathbf{y} : \mathbf{x} \in X \text{ 이고 } \mathbf{y} \in Y\}$$
$$X \cap Y = \{\mathbf{x} : \mathbf{x} \in X \text{ 이고 } \mathbf{x} \in Y\}$$

일반적으로 두 부분공간의 합집합은 부분공간이 되지 않는다.(일반 연습문제 15, 16 참조.)

정리 3

두 부분공간의 벡터 합은 부분공간이다.

증명 X와 Y를 두 개의 부분공간이라 하자. X와 Y가 모두 $\mathbf{0}$를 포함하므로 $X+Y$도 $\mathbf{0}=\mathbf{0}+\mathbf{0}$을 포함한다. $\mathbf{v}$와 $\hat{\mathbf{v}}$가 $X+Y$의 원소라면, $\mathbf{v}=\mathbf{x}+\mathbf{y}$이고 $\hat{\mathbf{v}}=\hat{\mathbf{v}}+\hat{\mathbf{y}}$가 성립하는 $\mathbf{x}$, $\hat{\mathbf{x}}\in$X와 $\mathbf{y}$, $\hat{\mathbf{y}}\in Y$가 있다. 그러므로 $\mathbf{v}+\hat{\mathbf{v}}=\mathbf{x}+\mathbf{y}+\hat{\mathbf{x}}+\hat{\mathbf{y}}=(\mathbf{x}+\hat{\mathbf{x}})+(\mathbf{y}+\hat{\mathbf{y}})\in$X$+Y$가 성립한다. 또한 $\alpha\mathbf{v}=\alpha(\mathbf{x}+\hat{\mathbf{x}})=\alpha\mathbf{x}+\alpha\hat{\mathbf{x}}\in$X$+Y$가 성립한다. 따라서 $X+Y$는 덧셈 연산과 스칼라 곱에 관하여 닫혀 있다. ■

예제 4 $\mathbb{R}^3$에서 U를 $\mathbf{u}=(1, 3, -4)$의 모든 스칼라 곱으로 이루어진 부분공간이라 하고, V를 $\mathbf{v}=(5, -1, 2)$의 모든 스칼라 곱으로 이루어진 부분공간이라 하면 $U+V$는 어떤 집합인가?

풀이 $U+V$는 $\alpha\mathbf{u}+\beta\mathbf{v}$로 나타나는 벡터들의 집합, 즉 $\{\mathbf{u}, \mathbf{v}\}$에 의하여 생성되는 부분공간이다. ■

정리 4
두 부분공간의 교집합은 부분공간이다.

증명 일반 연습문제 14로 남겨 둔다.

예제 5 U는 $u_1+3u_2-4u_3=0$을 성립시키는 모든 벡터 $\mathbf{u}=(u_1, u_2, u_3)$의 집합이라 하고, V는 $2v_1+3v_3=0$을 성립시키는 모든 벡터 $\mathbf{v}=(v_1, v_2, v_3)$의 집합이라 하면 $U\cap V$는 어떠한 부분집합인가?

풀이 $U\cap V$는 $x_1+3x_2-4x_3=0$와 $2x_1+3x_3=0$을 성립시키는 모든 벡터 $\mathbf{x}=(x_1, x_2, x_3)$의 집합이다. 기하학적으로, $\mathbb{R}^3$의 두 평면의 교집합으로서 원점을 지나는 직선이다. ■

정의
f를 집합 X에서 집합 Y로의 함수라 하면, X의 부분집합 U에 대하여, $f[U]$를 U의 원소들의 상들의 집합으로 정의하고, U의 **상**(image)이라 한다. 기호로 나타내면 다음과 같다.

$$f[U]=\{f(x) : x\in U\}$$

정리 5
f가 벡터공간 X에서 벡터공간 Y로의 선형변환이면, X의 임의의 부분집합 U에 대하여, $f[U]$는 Y의 부분공간이다.

증명 U가 부분공간이므로 $\mathbf{0}\in U$이고, f가 선형변환이므로 $f(\mathbf{0})=\{\mathbf{0}\}$이다. 따라서 $f[U]$는 $\mathbf{0}$를 포함한다. 만일 $\mathbf{x}$와 $\mathbf{y}$가 U의 원소이면, $\alpha\mathbf{x}+\beta\mathbf{y}$도 U의 원소이다. 그러므로 $\alpha f(\mathbf{x})+\beta f(\mathbf{y})=f(\alpha\mathbf{x}+\beta\mathbf{y})\in f[U]$가 성립한다. 즉 $f[U]$는 덧셈 연산과 스칼라 곱에 관하여 닫혀 있다. ■

예제 6 이 예제는 특정한 벡터와 부분공간으로 정리 5를 설명해 준다. $\mathbb{R}^4$에서 $\mathbb{R}^3$으로의 선형변환 f를

$$f(x_1, x_2, x_3, x_4)=(3x_1,\ 2x_2-x_1,\ x_4)$$

로 정의하자. W를 $\mathbb{R}^4$의 두 벡터

$$\mathbf{u}=(1, 2, 3, 0) \qquad \mathbf{v}=(0, 2, 3, 4)$$

의 일차결합들로 이루어진 부분공간이라 하자. $f[W]$를 간단히 설명하라.

풀이 f의 정의에 의하여

$$f(\mathbf{u}) = (3, 3, 0)\,, \qquad f(\mathbf{v}) = (0, 4, 4)$$

이 성립하고, 이에 따라서

$$\begin{aligned} f[W] &= f\left[\,\mathrm{Span}\{\mathbf{u}, \mathbf{v}\}\right] = \mathrm{Span}\left[\{f(\mathbf{u}), f(\mathbf{v})\}\right] = \mathrm{Span}\left\{(3, 3, 0), (0, 4, 4)\right\} \\ &= \mathrm{Span}\left\{(1, 1, 0), (0, 1, 1)\right\} \end{aligned}$$

가 성립한다. 정리 2에 의하여 $f[W]$는 부분공간이다. ■

정의

f를 집합 X에서 집합 Y로의 함수라 하면, Y의 부분집합 S에 대하여, $f^{-1}[S]$를 상이 S에 들어가는 X의 원소들의 집합으로 정의하고 S의 **역상**(pre-image)이라 한다. 기호로 나타내면 다음과 같다.

$$f^{-1}[S] = \{x \in X \ : \ f(x) \in S\}$$

그림 5.1에 $f[U]$와 $f^{-1}[S]$가 나타나 있다. $f^{-1}[S]$의 표기에는 집합 S가 관련되어 있다. 이 표현이 f가 역함수를 가진다는 것을 의미하지는 않는다.

정리 6

f가 벡터공간 X에서 벡터공간 Y로의 선형변환이면, Y의 각 부분집합 V에 대하여, $f^{-1}[V]$는 부분공간이다.

증명 V가 부분공간이므로 $\mathbf{0}\in V$이고, f가 선형변환이므로 $f(\mathbf{0})=\mathbf{0}$이다. 따라서 $\mathbf{0}\in f^{-1}[V]$이다. 만일 $\mathbf{x}$와 $\mathbf{y}$가 $f^{-1}[V]$의 원소이면, $\mathbf{x}=f(\mathbf{z})$와 $\mathbf{y}=f(\mathbf{w})$가 성립하는 $\mathbf{z}$와 $\mathbf{w}$가 V에 있다. 여기서

$$\begin{aligned} \alpha\mathbf{x} + \beta\mathbf{y} &= \alpha f(\mathbf{z}) + \beta f(\mathbf{w}) \\ &= f(\alpha\mathbf{z}) + f(\beta\mathbf{w}) \\ &= f(\alpha\mathbf{z} + \beta\mathbf{w}) \end{aligned}$$

이므로 $\alpha\mathbf{x}+\beta\mathbf{y}\in f^{-1}[V]$이고, 따라서 $f^{-1}[V]$는 덧셈 연산과 스칼라 곱에 관하여 닫혀 있고, X의 부분공간이다. ■

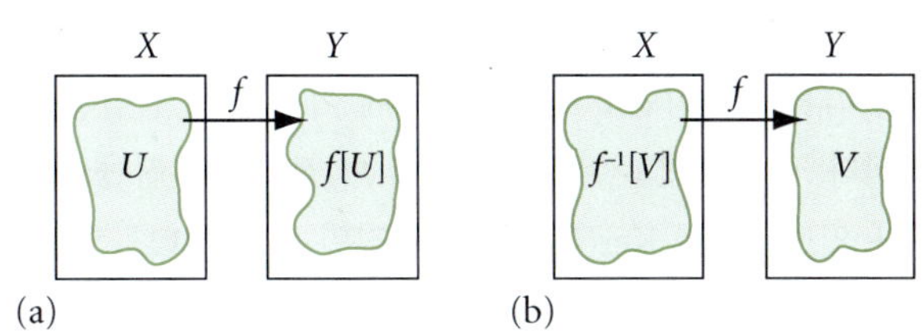

그림 5.1 (a) $f[U]$, (b) $f^{-1}[V]$.

예제 7 예제 6을 계속하여, $\mathbf{z}=(1, 1, 0)$, $\mathbf{w}=(0, 1, 1)$, $V=\text{Span}\{\mathbf{z}, \mathbf{w}\}$라 두고, $f^{-1}[V]$를 간단히 설명하라.

풀이 $(3x_1, 2x_2-x_1, x_4)=(1, 1, 0)$이라 두면, $x_1=\frac{1}{3}$, $x_2=\frac{2}{3}$ 및 $x_4=0$을 얻는다.따라서 $f(\frac{1}{3}, \frac{2}{3}, x_3, 0)=(1, 1, 0)$이다. 또 $(3x_1, 2x_2-x_1, x_4)=(0, 1, 1)$로 두면, $x_1=0$, $x_2=\frac{1}{2}$ 및 $x_4=1$을 얻는다. 따라서 $f(0, \frac{1}{2}, x_3, 1)=(0, 1, 1)$이다. 그러므로 다음과 같이 된다.

$$f^{-1}[V] = \text{Span}\left\{(\tfrac{1}{3}, \tfrac{2}{3}, s, 0), (0, \tfrac{1}{2}, s, 1) : s \in \mathbb{R}\right\} = \text{Span}\left\{(1, 2, s, 0), (0, 1, s, 2) : s \in \mathbb{R}\right\}$$ ■

선형변환

정리 7
선형변환의 핵은 부분공간이다.

증명 $T : V \to W$를 선형변환이라 하자. T의 핵, 즉 T의 영공간은

$$\text{Ker}(T) = \{\mathbf{v} \in V : T(\mathbf{v}) = \mathbf{0}\}$$

이다. 먼저 $T(\mathbf{0})=\mathbf{0}$이므로 $\mathbf{0}\in\text{Ker}(T)$이다. 만약 $\mathbf{x}$와 $\mathbf{y}$가 $\text{Ker}(T)$의 원소이면

$$T(\alpha\mathbf{x} + \beta\mathbf{y}) = \alpha T(\mathbf{x}) + \beta T(\mathbf{y}) = \alpha\mathbf{0} + \beta\mathbf{0} = \mathbf{0}$$

이므로 $\alpha\mathbf{x}+\beta\mathbf{y}$도 $\text{Ker}(T)$의 원소이다. 따라서 $\text{Ker}(T)$는 부분공간이다. ■

예제 8 벡터 $\mathbf{c}=(c_1, c_2, \ldots, c_n)$은 $\mathbb{R}^n$의 특정한 원소라 하자. 모든 $\mathbf{x}=(x_1, x_2, \ldots, x_n)$에 대하여

$$T(\mathbf{x}) = c_1x_1 + c_2x_2 + \ldots + c_nx_n$$

로 정의된 선형변환 $T: \mathbb{R}^n \to \mathbb{R}$에 대하여 $\text{Ker}(T)$를 설명하라.

풀이 $\text{Ker}(T)$는 방정식

$$c_1x_1 + c_2x_2 + \ldots + c_nx_n = 0$$

을 성립시키는 벡터 $\mathbf{x}$들의 집합이다. $n=3$이면 $\mathbf{c} \neq \mathbf{0}$인 경우에 이 집합은 원점을 지나는 평면을 이룬다. $\mathbf{c}=\mathbf{0}$이면 이 집합은 전체 공간 $\mathbb{R}^3$가 된다. $n=2$이면 $\mathbf{c} \neq \mathbf{0}$인 경우에 이 집합은 원점을 지나는 직선을 이룬다. $\mathbf{c}=\mathbf{0}$이면 이 집합은 전체 공간 $\mathbb{R}^2$가 된다. 일반적으로 $\text{Ker}(T)$는 $\mathbf{c}$에 수직인 모든 벡터들로 이루어진 부분공간이다. ■

예제 9 모든 $\mathbf{x}=(x_1, x_2)$에 대하여 $T(\mathbf{x})=3x_1-2x_2$로 정의된 선형변환 T의 핵을 스케치하라.

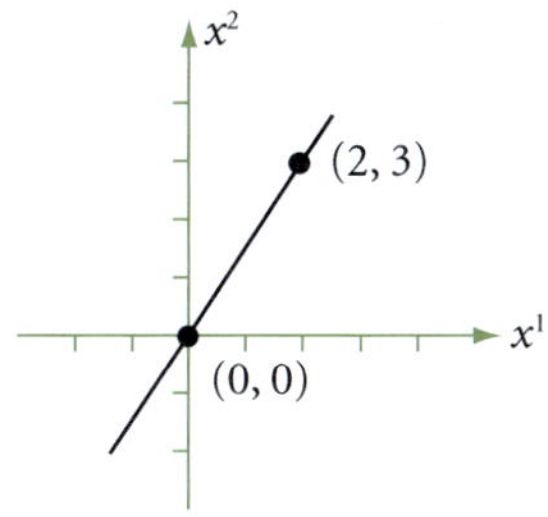

그림 5.2 $T(\mathbf{x})=3x_1-2x_2$의 핵.

풀이 T의 핵은 $3x_1-2x_2=0$을 성립시키는 벡터들로 이루어져 있다. 따라서 $x_2=\frac{3}{2}x_1$이다. 이 방정식의 그래프는 원점을 지나고 기울기가 $\frac{3}{2}$인 직선이다.(그림 5.2 참조.) ■

예제 10 두 벡터 (3, 7, 4, 2)와 (2, 0, 1, 3)의 일차결합으로서 방정식

$$3x_1 + x_2 - 4x_3 + x_4 = 0$$

을 성립시키는 벡터 $\mathbf{x}=(x_1, x_2, x_3, x_4)$로 이루어진 부분공간을 두 부분공간의 교집합으로 구하라.

풀이 $\mathbf{x}$는 일차결합으로서

$$\mathbf{x} = a(3,7,4,2) + b(2,0,1,3) = (3a + 2b, 7a, 4a + b, 2a + 3b)$$

이다. 방정식으로부터

$$0 = 3x_1 + x_2 - 4x_3 + x_4 = 3(3a + 2b) + 7a - 4(4a + b) + (2a + 3b) = 2a + 5b$$

이므로 $b=-\frac{2}{5}a$이다. 이것을 처음 식의 b에 대입하면

$$\mathbf{x} = a(3 - \tfrac{4}{5},\ 7,\ 4 - \tfrac{2}{5},\ 2 - \tfrac{6}{5}) = \tfrac{1}{5}a(11,\ 35,\ 18,\ 4) = c(11,\ 35,\ 18,\ 4)$$

을 얻는다. 따라서 구하는 부분공간은 벡터 (11, 35, 18, 4)의 스칼라 곱들로 이루어진 집합이다. ■

예제 11 U를 $\mathbf{u}=(3, 2, 4, 0)$에 의하여 생성된 $\mathbb{R}^4$의 부분공간이라 하고, V를 행렬

$$\mathbf{A} = \begin{bmatrix} 2 & 1 & 3 & 4 \\ 1 & -1 & 2 & 1 \end{bmatrix}$$

의 핵이라 하자. $\mathbb{R}^4$의 부분공간 U+V를 간단히 설명하라.

풀이 A의 핵을 구하기 위하여 가우스 소거법으로 기약행 사다리꼴로 고치자.

$$\left[\begin{array}{cccc|c} 2 & 1 & 3 & 4 & 0 \\ 1 & -1 & 2 & 1 & 0 \end{array}\right] \sim \left[\begin{array}{cccc|c} 1 & 0 & 5/3 & 5/3 & 0 \\ 0 & 1 & -1/3 & 2/3 & 0 \end{array}\right]$$

연립방정식 $\mathbf{Ax}=\mathbf{0}$의 일반해는

$$x_1 = -\tfrac{5}{3}x_3 - \tfrac{5}{3}x_4 \qquad \text{와} \qquad x_2 = \tfrac{1}{3}x_3 - \tfrac{2}{3}x_4$$

로 주어진다. 이것을 독립 변수 s와 t에 관하여

$$\begin{bmatrix} x_1 \\ x_2 \\ x_3 \\ x_4 \end{bmatrix} = x_3 \begin{bmatrix} -5/3 \\ 1/3 \\ 1 \\ 0 \end{bmatrix} + x_4 \begin{bmatrix} -5/3 \\ -2/3 \\ 0 \\ 1 \end{bmatrix} = s \begin{bmatrix} -5 \\ 1 \\ 3 \\ 0 \end{bmatrix} + t \begin{bmatrix} -5 \\ -2 \\ 0 \\ 3 \end{bmatrix}$$

으로 나타낸다. 그러므로 $U+V$는 세 벡터에 의하여 생성된다. 즉

$$U + V = \text{Span}\{(3,2,4,0),\ (-5,1,3,0),\ (-5,-2,0,3)\}$$ ■

정리 8

선형변환의 치역은 공변역의 부분공간이다.

증명 $T : U \to V$가 선형변환이고,

$$\text{Range}(T) = \{\, T(\mathbf{x}) : \mathbf{x} \in U \,\}$$

이라 하자. $T(\mathbf{0})=\mathbf{0}$이므로 $\mathbf{0}\in\text{Range}(T)$이다. 만약 $\mathbf{x}$와 $\mathbf{y}$가 $\text{Range}(T)$의 원소이면, $\mathbf{x}=T(\mathbf{u})$이고 $\mathbf{y}=T(\mathbf{w})$인 벡터 $\mathbf{u}$와 $\mathbf{w}$가 U에 있다. 그런데

$$\alpha\mathbf{x} + \beta\mathbf{y} = \alpha T(\mathbf{u}) + \beta T(\mathbf{w}) = T(\alpha\mathbf{u} + \beta\mathbf{w})$$

이므로, $\alpha\mathbf{x}+\beta\mathbf{y}$는 $\text{Range}(T)$에 속한다. 따라서 $\text{Range}(T)$는 덧셈과 스칼라 곱에 관하여 닫혀 있다. ■

예제 12 $\mathbf{A} = \begin{bmatrix} 1 & -2 & -4 \\ 3 & 4 & 18 \\ 7 & -5 & -1 \end{bmatrix}$이라 하고, T는 $T(\mathbf{x})=\mathbf{Ax}$로 정의된 함수라 하자. $\text{Range}(T)$를 간단히 나타내라.

풀이 Range(T)의 각 원소는 $\mathbf{Ax}$ 모양으로 나타난다. 따라서 Range(T)는 $\mathbf{A}$의 열들에 의하여 생성된 부분공간이다. 만일 $\mathbf{A}$의 열들이 일차독립이 아니면 어떤 열들은 Range(T)를 나타내는 데 필요하지 않다. 가우스 소거법에 의하여

$$\mathbf{A} \sim \mathbf{B} = \begin{bmatrix} 1 & 0 & 2 \\ 0 & 1 & 3 \\ 0 & 0 & 0 \end{bmatrix}$$

이다. 연립방정식 $\mathbf{Ax}=\mathbf{0}$와 $\mathbf{Bx}=\mathbf{0}$은 똑같은 해를 가지므로, $\mathbf{A}$의 1열과 2열로 Range(T)를 생성할 수 있다. 즉

$$\text{Range}(T) = \text{Span}\left\{ \begin{bmatrix} 1 \\ 3 \\ 7 \end{bmatrix}, \begin{bmatrix} -2 \\ 4 \\ -5 \end{bmatrix} \right\}$$

그러나 $\mathbf{B}$의 열들을 이용하여 $\mathbf{A}$의 상을 나타낼 수 없다. $\mathbf{B}$의 각 열의 셋째 성분은 0이지만, 분명하게 $\mathbf{A}$의 상에는 셋째 성분이 0이 아닌 벡터가 있기 때문이다. ■

핵과 영공간 다시 보기

대수학의 중요한 주제인 연립방정식에 관한 내용을 다시 살펴보자. 예를 들어 '근의 공식'으로 방정식 $7x^2+3x-15=0$의 해를 구하는 법을 배웠다. 선형대수에서 이에 대응하는 것은 선형변환 L에 대하여 $L(\mathbf{x})=\mathbf{0}$ 모양의 방정식의 해를 구하는 것이다. 아주 간단한 경우인 $L(\mathbf{x})=\mathbf{0}$의 해를 구하는 데도 어느 정도의 작업이 필요하다. 앞의 여러 장에서 행렬을 가지고 이 문제를 다루어 보았다.

먼저 **영공간**(null space)과 **핵**(kernel)은 같은 뜻을 가진 용어로 서로 바꾸어 쓸 수 있다는 것을 기억하자. 이 용어들은 집합

$$\{\mathbf{x} : L(\mathbf{x}) = \mathbf{0}\}$$

및

$$\{\mathbf{x} : \mathbf{Ax} = \mathbf{0}\}$$

을 나타낸다. 처음의 집합이 더 일반적인 것으로 행렬을 필요로 하지 않고, 선형변환과만 관계가 있다. 행렬 $\mathbf{A}$의 **영공간**을 집합

$$\text{Null}(\mathbf{A}) = \{\mathbf{x} : \mathbf{Ax} = \mathbf{0}\}$$

으로 정의한다.

예제 13 $\mathbf{C} = \begin{bmatrix} 3 & -4 & 2 & 5 \\ 1 & 3 & 5 & 6 \end{bmatrix}$이라 두자. 벡터 $\mathbf{u}=[3, 7, -8, 9]^T$와 $\mathbf{v}=[7, 1, 4, -5]^T$는 $\mathbf{C}$의 영공간에 속하는가? 벡터 $\mathbf{w}=[5, -3]$과 $\mathbf{z}=[0, 0]$는 $\mathbf{C}^T$의 좌측 영공간에 속하는가?

풀이 $\mathbf{Cu}=[10, 38]^T$이고 $\mathbf{Cv}=[0, 0]^T$이므로 $\mathbf{v}\in$Null(C)이지만 $\mathbf{u}\notin$Null(C)이다. 한편 $\mathbf{C}^T\mathbf{w} \neq \mathbf{0}$이고 $\mathbf{C}^T\mathbf{z}=\mathbf{0}$이므로 $\mathbf{z}\in$Null($\mathbf{C}^T$)이지만 $\mathbf{w}\notin$Null($\mathbf{C}^T$)이다. ■

예제 14 앞 예제의 행렬 **C**에 대하여 Null(**C**)과 Null($\mathbf{C}^T$)를 간단히 나타내라.

풀이 Null(**C**)는 $\mathbf{Cx}=\mathbf{0}$의 해들로 이루어져 있다. 첨가행렬을 기약 행 사다리꼴로 고치자.

$$[\mathbf{C} \mid \mathbf{0}] = \left[\begin{array}{cccc|c} 3 & -4 & 2 & 5 & 0 \\ 1 & 3 & 5 & 6 & 0 \end{array}\right] \sim \left[\begin{array}{cccc|c} 1 & 0 & 2 & 3 & 0 \\ 0 & 1 & 1 & 1 & 0 \end{array}\right]$$

그러므로 $\mathbf{Cx}=\mathbf{0}$의 일반해는

$$x_1 = -2x_3 - 3x_4 \qquad \text{and} \qquad x_2 = -x_3 - x_4$$

으로 주어진다. 이것은

$$\begin{bmatrix} x_1 \\ x_2 \\ x_3 \\ x_4 \end{bmatrix} = x_3 \begin{bmatrix} -2 \\ -1 \\ 1 \\ 0 \end{bmatrix} + x_4 \begin{bmatrix} -3 \\ -1 \\ 0 \\ 1 \end{bmatrix} = x_3\mathbf{w} + x_4\mathbf{z}$$

로 쓸 수 있는데, 여기서 x_3와 x_4는 독립 변수이다. 따라서 영공간은 두 벡터 $\mathbf{w}=[-2, -1, 1, 0]^T$와 $\mathbf{z}=[-3, -1, 0, 1]^T$에 의하여 생성된다.

한편 $\mathbf{C}^T$의 영공간을 구해 보면

$$[\mathbf{C}^T \mid \mathbf{0}] = \left[\begin{array}{cc|c} 3 & 1 & 0 \\ -4 & 3 & 0 \\ 2 & 5 & 0 \\ 5 & 6 & 0 \end{array}\right] \sim \left[\begin{array}{cc|c} 1 & 0 & 0 \\ 0 & 1 & 0 \\ 0 & 0 & 0 \\ 0 & 0 & 0 \end{array}\right]$$

이므로, 이로부터 Null($\mathbf{C}^T$)=$\{\mathbf{0}\}$를 얻는다. ■

행렬의 행공간과 열공간

행렬과 연관된 두 가지의 중요한 부분공간으로 행공간과 열공간이 있다.

정의

행렬 **A**의 행들에 의하여 생성된 부분공간을 **행공간**(row space)이라 하고 Row(**A**)로 나타낸다. 열들에 의하여 생성된 부분공간을 **열공간**(column space)이라 하고 Col(A)로 나타낸다.

행렬 $\mathbf{A}$가 $m \times n$ 행렬로서 행들이 $\mathbf{r}_1, \mathbf{r}_2, \ldots, \mathbf{r}_m$이고 열들이 $\mathbf{a}_1, \mathbf{a}_2, \ldots, \mathbf{a}_n$이라 하면, 위의 정의는 기호를 사용하여

$$\text{Row}(\mathbf{A}) = \text{Span}\{\mathbf{r}_1, \mathbf{r}_2, \ldots, \mathbf{r}_m\} \qquad \text{과} \qquad \text{Col}(\mathbf{A}) = \text{Span}\{\mathbf{a}_1, \mathbf{a}_2, \ldots, \mathbf{a}_n\}$$

으로 나타낼 수 있다.

정리 9
두 행렬이 행동치이면, 두 행렬의 행공간은 같다.

증명 A를 행렬이라 하고, A로부터 한 번의 행 연산에 의하여 얻어진 행렬은 A의 행공간과 같은 행공간을 가진다는 것을 보이자. 그리하면 유한 번의 행 연산에 의해서도 행공간이 변하지 않음이 증명된다. 이의 증명을 위해서는 1.1절에서 다룬 첫 번째 유형과 두 번째 유형의 두 가지 행 연산만 살펴보면 된다. 한 행의 상수 배를 다른 행에 더하는 행 연산(**교체**)을 살펴보자. 일반성을 잃지 않고, 이 행 연산을 $\mathbf{r}_1 + \alpha\mathbf{r}_2 \rightarrow \mathbf{r}_1$이라 하자. 즉 1행에 2행의 α배를 더하는 행 연산으로 행렬 $\tilde{\mathbf{A}}$를 얻었다고 하자. 그리하면 $\tilde{\mathbf{A}}$의 행공간의 벡터는

$$c_1(\mathbf{r}_1 + \alpha\mathbf{r}_2) + c_2\mathbf{r}_2 + \ldots + c_n\mathbf{r}_n$$

모양으로 나타난다. 이것은 분명히 A의 행들 $\mathbf{r}_1, \mathbf{r}_2, \ldots, \mathbf{r}_n$의 일차결합이다. 그러므로 $\text{Row}(\tilde{\text{A}}) \subseteq \text{Row}(\text{A})$이다. 반대 방향의 행 연산은 $\mathbf{r}_1 - \alpha\mathbf{r}_2 \rightarrow \mathbf{r}_1$로 같은 유형이므로 마찬가지 방법으로 $\text{Row}(\text{A}) \subseteq \text{Row}(\tilde{\text{A}})$을 얻는다. 한 행에 0이 아닌 스칼라를 곱하는 행 연산(**비율**)에 대해서는 행공간이 변하지 않는다는 것은 더 쉽게 보일 수 있다. ■

예제 15 다음 행렬의 행공간과 열공간을 간단히 나타내라.

$$\mathbf{A} = \begin{bmatrix} 1 & 3 & 2 & -4 \\ 1 & 0 & 4 & -2 \\ 2 & 2 & 1 & 7 \\ 4 & 5 & 7 & 9 \end{bmatrix}$$

풀이 행 연산에 의하여 행공간이 변하지 않으므로 행 연산으로 행렬을 단순화하여 행공간을 구한다.

$$\mathbf{A} \sim \begin{bmatrix} 17 & 0 & 0 & 50 \\ 0 & 17 & 0 & 20 \\ 0 & 0 & 17 & -21 \\ 0 & 0 & 0 & 0 \end{bmatrix} = \mathbf{C} \sim \begin{bmatrix} 1 & 0 & 0 & 50/17 \\ 0 & 1 & 0 & 20/17 \\ 0 & 0 & 1 & -21/17 \\ 0 & 0 & 0 & 0 \end{bmatrix} = \mathbf{B}$$

이므로 A의 행공간은 C의 행공간과 같고, C의 행공간은 처음의 세 행들에 의하여 생성된다. 그러므로

$$\begin{aligned} \text{Row}(\mathbf{A}) &= \text{Row}(\mathbf{B}) = \text{Row}(\mathbf{C}) \\ &= \text{Span}\{[17, 0, 0, 50], [0, 17, 0, 20], [0, 0, 17, -21]\} \end{aligned}$$

이다. 첨가행렬의 행들은 연립방정식의 각 방정식들에 해당하고, 행 연산 후의 연립방정식은 같은 해를 가진다. 따라서 기약 행 사다리꼴에서 피벗의 위치가 정해지면 그에 해당하는 행들이 행공간을 생성한다. 또한 **A**의 열공간은 피벗이 위치하는 **A**의 열들에 의하여 생성된다. 그러므로 다음을 얻는다.

$$\text{Col}(\mathbf{A}) = \text{Span}\left\{\begin{bmatrix}1\\1\\2\\4\end{bmatrix}, \begin{bmatrix}3\\0\\2\\5\end{bmatrix}, \begin{bmatrix}2\\4\\1\\7\end{bmatrix}\right\}$$

■

예제 16 아래의 두 행렬은 같은 행공간과 같은 열공간을 가지는가?

$$\mathbf{G} = \begin{bmatrix}1 & 3 & 7 & 4\\2 & 5 & 1 & 5\\2 & 1 & 0 & 3\end{bmatrix}, \quad \mathbf{H} = \begin{bmatrix}10 & 23 & 30 & 29\\1 & 4 & 20 & 7\\12 & 13 & 40 & 29\end{bmatrix}$$

풀이 각 행렬의 기약 행 사다리꼴을 살펴보면

$$\mathbf{G} \sim \begin{bmatrix}1 & 0 & 0 & 65/51\\0 & 1 & 0 & 23/51\\0 & 0 & 1 & 10/51\end{bmatrix}, \quad \mathbf{H} \sim \begin{bmatrix}51 & 0 & 0 & 65\\0 & 51 & 0 & 23\\0 & 0 & 51 & 10\end{bmatrix}$$

이다. 따라서 답은 '그렇다'이다. 둘째 행렬의 행들이 좀더 간결한 모양으로 나타나 있다. 한편 두 행렬에서 모두 처음 세 열이 일차독립이므로 $\text{Col}(\mathbf{G})=\text{Col}(\mathbf{H})=\mathbb{R}^3$이다. ■

정리 10

$m\times n$ 행렬 **A**의 열공간은 $\{\mathbf{Ax} : \mathbf{x}\in\mathbb{R}^n\}$이다.

증명 **Ax**는 **A**의 열들의 일차결합으로서, **x**의 성분을 계수로 가진다. 따라서 앞에서 사용한 기호를 이용하여

$$\mathbf{Ax} = \sum_{j=1}^{n} x_j\mathbf{a}_j$$

로 쓸 수 있다. **x**가 $\mathbb{R}^n$의 모든 벡터 위를 움직이므로, **A**의 열들의 모든 일차결합을 **Ax** 모양으로 얻을 수 있다. 즉 열공간을 얻을 수 있다. ■

예제 17 벡터 $\mathbf{b}=[1, 20, 16]^T$는 행렬

$$\mathbf{A} = \begin{bmatrix} 3 & -4 \\ 6 & 1 \\ 2 & 5 \end{bmatrix}$$

의 열공간에 속하는가?

풀이 이 질문은 $\mathbf{Ax}=\mathbf{b}$가 성립하는 $\mathbf{x}$가 존재하는가 하는 문제와 같다. 연립방정식을 푸는 과정에서 그 답을 구할 수 있다. 먼저 첨가행렬의 기약 행 사다리꼴을 구해 보면

$$[\mathbf{A} \mid \mathbf{b}] = \left[\begin{array}{rr|r} 3 & -4 & 1 \\ 6 & 1 & 20 \\ 2 & 5 & 16 \end{array}\right] \sim \left[\begin{array}{rr|r} 1 & 0 & 3 \\ 0 & 1 & 2 \\ 0 & 0 & 0 \end{array}\right]$$

이므로, $\mathbf{x}=[3, 2]^T$는 연립방정식의 해이다. 따라서 $\mathbf{b}$는 $\mathbf{A}$의 열공간에 속한다. 사실 $\mathbf{b}=[1, 20, 16]^T=3[3, 6, 2]^T+2[-4, 1, 5]^T$이다. ■

위의 방법으로 행렬의 행공간을 설명하기 위해서, $m\times n$ 행렬 $\mathbf{A}$의 행공간을 $n\times m$ 행렬 $\mathbf{A}^T$의 열공간으로 볼 수 있다. 누구나 행공간의 원소는 행벡터로, 열공간의 원소는 열벡터로 취급하겠지만, 이 차이점은 벡터를 $m\times 1$ 행렬 혹은 $1\times n$ 행렬로 취급하기 때문에 나타나는 현상이다. 그러나 전치행렬에서는 행이 열로, 열이 행으로 바뀐다. 따라서

$$\text{Row}(\mathbf{A}) = \text{Col}(\mathbf{A}^T) = \{\mathbf{A}^T\mathbf{x} : \mathbf{x} \in \mathbb{R}^m\}$$

가 성립한다. 이 사실을 정리하면 다음의 결과가 된다.

정리 11

행렬 $\mathbf{A}$의 행공간은 $\mathbf{A}^T$의 열공간이다.

예제 18 다음 행렬의 행공간과 열공간을 간략히 나타내라.

$$\mathbf{A} = \begin{bmatrix} 3 & 5 & 11 & 5 & 8 \\ 0 & 0 & 2 & 1 & 5 \\ 6 & 10 & 22 & 10 & 20 \end{bmatrix}$$

풀이 정리 7에 의하여 행 연산은 행공간을 변화시키지 않으므로 가우스 소거법으로 기약 행 사다리꼴을 구한다.

$$\mathbf{A}=\begin{bmatrix}3&5&11&5&8\\0&0&2&1&5\\6&10&22&10&20\end{bmatrix}\sim\begin{bmatrix}6&10&0&-1&0\\0&0&2&1&0\\0&0&0&0&1\end{bmatrix}=\mathbf{B}$$

행공간은 행렬 **B**의 행들에 의하여 생성된다.

$$\text{Row}(\mathbf{A})=\text{Span}\{[6,10,0,-1,0],\ [0,0,2,1,0],\ [0,0,0,0,1]\}$$

열공간은 **B**에서 피벗에 대응하는 **A**의 열들에 의하여 생성된다.

$$\text{Col}(\mathbf{A})=\text{Span}\left\{\begin{bmatrix}3\\0\\6\end{bmatrix},\begin{bmatrix}11\\2\\22\end{bmatrix},\begin{bmatrix}8\\5\\20\end{bmatrix}\right\}$$

■

예제 19 $\mathbf{F}=\begin{bmatrix}1&3&2&-5\\-2&3&6&7\end{bmatrix}$이라 하고, $\mathbf{v}=[3,\ 12]^T$, $\mathbf{w}=[-4,\ 15,\ 22,\ 11]$로 두자. **v**는 **F**의 열공간에 속하는가? **w**는 **F**의 행공간에 속하는가?

풀이 가우스 소거법에 의하여

$$[\mathbf{F}\mid\mathbf{v}]=\left[\begin{array}{cccc|c}1&3&2&-5&3\\-2&3&6&7&12\end{array}\right]\sim\left[\begin{array}{cccc|c}1&0&-4/3&-4&-3\\0&1&10/9&-1/3&2\end{array}\right]$$

이므로 **v**는 **F**의 열공간에 속하고, $[3,\ 12]^T=-3[1,\ -2]^T+2[3,\ 3]^T$가 성립한다.

한편 $\mathbf{F}^T$의 가우스 소거법에 의하여

$$[\mathbf{F}^T\mid\mathbf{w}^T]=\left[\begin{array}{cc|c}1&-2&-4\\3&3&15\\2&6&22\\-5&7&11\end{array}\right]\sim\left[\begin{array}{cc|c}1&0&2\\0&1&3\\0&0&0\\0&0&0\end{array}\right]$$

이므로 $\mathbf{w}^T$는 $\mathbf{F}^T$의 열공간에 속한다. 즉 **w**는 **F**의 행공간에 속한다. 실제로 $\mathbf{w}=[-4,\ 15,\ 22,\ 11]=2[1,\ 3,\ 2,\ -5]+3[-2,\ 3,\ 6,\ 7]$이 성립한다. ■

예제 19의 행공간에 관한 문제를 풀어 보는 또 다른 방법이 있다. **F**의 두 행은 서로 스칼라 배가 아니므로 일차독립이다. 만약 벡터 **w**를 3행으로 넣고 그 행렬을 **G**라고 하자. **G**의 행공간은 **F**의 행공간과 같거나 **F**의 행공간보다 클 것이다. 두 행공간이 같은 경우에는 **w**가 **F**의 행공간에 속하고, 그렇지 않은 경우에는 **w**가 **F**의 행공간에 속하지 않는다. 자세한 설명은 일반 연습문제 38로 남긴다.

주의

A~B이고 B가 기약 행 사다리꼴이면, Col(A)는 피벗에 대응하는 A의 열들에 의하여 생성된다. 반면에 Row(A)는 피벗이 있는 B의 열들에 의하여 생성된다.

요약 5.1

- 벡터공간의 부분집합이 공집합이 아니고 덧셈 연산과 스칼라 곱에 관하여 닫혀 있을 때 이 부분집합을 **부분공간**이라 부른다.
- U가 벡터공간 V의 부분집합이라 하자. U가 영벡터를 포함하고 덧셈 연산과 스칼라 곱에 관하여 닫혀 있으면, U는 V의 부분공간이다.
- 벡터공간에서 공집합이 아닌 어떤 부분집합에 있는 원소들의 일차결합으로 이루어진 집합은 벡터공간의 부분공간이다.
- 선형변환의 핵은 정의역의 부분공간이다.
- 두 부분공간의 벡터 합은 부분공간이다.
- 두 부분공간의 교집합은 부분공간이다.
- 함수 $f: X \to Y$와 $U \subseteq X$에 대하여 $f[U]=\{f(\mathbf{x}) : \mathbf{x}\in U\}$로 둔다. $S \subseteq Y$에 대하여 $f^{-1}[S]=\{\mathbf{x}\in S : f(\mathbf{x})\in S\}$로 둔다.
- 선형변환의 치역은 공변역의 부분공간이다.
- 행렬 $\mathbf{A}$의 영공간은 $\text{Null}(\mathbf{A})=\{\mathbf{x} : \mathbf{Ax}=\mathbf{0}\}$로 정의한다.
- 행렬 $\mathbf{A}$의 행들에 의하여 생성된 부분공간을 **행공간**이라 하고 Row(A)로 나타낸다. 열들에 의하여 생성된 부분공간을 **열공간**이라 하고 Col(A)로 나타낸다.
- 두 행렬이 행동치이면, 두 행렬의 행공간은 서로 같다.
- $m\times n$ 행렬 $\mathbf{A}$의 열공간은 $\{\mathbf{Ax} : \mathbf{x}\in\mathbb{R}^n\}$이다.
- 여러 가지 부분공간:
  - 주어진 벡터들로 생성된 부분공간: $U=\text{Span}(S)$
  - 선형변환의 핵: $U=\text{Ker}(T)$
  - 선형변환의 치역: $U=T(\text{V})$
  - 두 부분공간의 벡터 합: $U=V+W$
  - 두 부분공간의 교집합: $U=V\cap W$
  - 부분공간의 선형변환에 의한 상: $U=T(V)$
  - 부분공간의 선형변환에 의한 역상: $U=T^{-1}(V)$

주요 개념 5.1

부분공간, 핵, 벡터 합, 교집합, 상, 역상, 치역, 행공간, 열공간, 영공간, 부분공간의 생성, 행동치

일반 연습문제 5.1

1. $\begin{bmatrix} a & -a \\ b & 0 \end{bmatrix}$ 모양의 행렬들로 이루어진 집합은 $\mathbb{R}^{2\times 2}$의 부분공간인지 아닌지를 판단하라.
2. 모든 정칙행렬은 같은 행공간을 가지는가? 그것은 무엇인가?
3. 집합 $\{p\in\mathbb{P} : p'(3)=2p(5)\}$는 $\mathbb{P}$의 부분공간임을 증명하라. 여기서 p'은 p의 도함수이다.
4. $\mathbb{R}^5$에서 임의의 실수 α와 β에 대하여 $(3\alpha-2\beta, \alpha+\beta+2, -2\beta+\alpha, 5\alpha-\pi\beta, \alpha+\beta)$ 모양의 벡터로 이루어진 집합은 부분공간인가?
5. $\mathbb{R}^3$에서 임의의 실수 s와 t에 대하여 $(s-t, 5s^3+2t, 0)$ 모양의 벡터로 이루어진 집합은 부분공간인가?

6. $\begin{bmatrix} a & b \\ b-a & c \end{bmatrix}$ 모양의 행렬들로 이루어진 집합은 $\mathbb{R}^{2\times 2}$의 부분공간인지 아닌지를 판단하라.

7. 예제 1에서 $\mathbb{P}_3$는 $\mathbb{P}$의 부분공간이었다. 그러나 $\mathbb{R}^3$를 $\mathbb{R}^4$의 부분공간이라고 하지 않는 이유를 밝히라.

8. 아래의 두 행렬의 행공간은 서로 같은가?

$$\begin{bmatrix} 1 & 3 & -2 & 1 \\ 3 & 2 & 4 & -2 \\ 2 & -2 & 3 & 1 \end{bmatrix}, \quad \begin{bmatrix} 14 & 5 & 16 & -3 \\ 1 & -9 & -7 & 16 \\ 17 & -4 & 18 & 6 \end{bmatrix}$$

9. 함수 $T : \mathbb{R}^3 \to \mathbb{R}^2$를 $T(x_1, x_2, x_3)=(3x_1-2x_2+5x_3, 2x_1+x_2-x_3)$로 정의하고, $U=\{\mathbf{x} : x_1+x_2-2x_3=0\}$이라 두자. $T(U)$를 간단히 설명하라.

10. 행렬 $\begin{bmatrix} 1 & 3 & 2 \\ -2 & 1 & 0 \\ -1 & 11 & 6 \end{bmatrix}$에 대하여 행공간과 열공간을 간단히 설명하라.

11. 서로 행동치이면서도 서로 다른 열공간을 가지는 간단한 두 행렬을 찾아보라.

12. 정방행렬의 **대각합**(trace)은 행렬의 대각 성분들의 합으로 정의한다. 따라서 $n\times n$ 행렬 $\mathbf{A}$에 대하여 $\mathrm{Trace}(\mathbf{A})=\sum_{i=1}^{n}\mathbf{A}_{ii}$이다. 모든 $n\times n$ 행렬들로 이루어진 벡터공간 $\mathbb{R}^{n\times n}$에서 대각합이 0인 행렬들로 이루어진 집합은 부분공간인가?

13. $\mathbb{R}^2$의 두 부분집합 U와 W의 예를 들고 기하학적인 해석을 하라. 두 부분공간의 벡터 합은 부분공간으로 $U+W=\{\mathbf{u}+\mathbf{w} : \mathbf{u}\in U, \sim\mathbf{w}\in W\}$로 정의한다. 이것은 정리 3을 설명해 준다.

14. U와 W가 벡터공간 V의 부분공간일 때, U와 W의 교집합 $U\cap W=\{\mathbf{x} : \mathbf{x}\in U, \mathbf{x}\in W\}$도 V의 부분공간임을 증명하라. 이것은 정리 4이다.

15. 두 부분공간 U와 W의 합집합 $U\cap W=\backslash\{\mathbf{x} : \mathbf{x}\in U$ 또는 $\mathbf{x}\in W\}$은 항상 부분공간인가? 증명을 하거나 반례를 보이라.

16. (계속) 두 부분공간 U와 W의 합집합이 부분공간이 될 정확한 조건을 찾으라.

17. $\mathbb{P}_n$을 $\mathbb{P}$의 부분공간으로 볼 수 있는 이유를 밝히라. $\mathbb{Q}$를 짝수 차 항만 있는 다항식의 집합이라 하면, $\mathbb{Q}$는 $\mathbb{P}$의 부분공간인가? 여기서 상수항 $c\mapsto ct^0$은 짝수 차 항으로 간주한다.

18. 특정한 벡터들의 집합 $\{\mathbf{u}_1, \mathbf{u}_2, ..., \mathbf{u}_n\}$을 잡았을 때, $\sum_{i=1}^{n}c_i\mathbf{u}_i=0$이 성립하는 모든 순서열 $(c_1, c_2, ..., c_n)$로 이루어진 집합은 $\mathbb{R}^n$의 부분공간인 이유를 밝히라.

19. $\mathbf{A}\sim\mathbf{B}$이면 $\mathbf{B}$의 각 행은 $\mathbf{A}$의 행들의 일차결합인 이유를 밝히라.

20. 정리 1을 증명하라.

21. 모든 2×2 정칙행렬들로 이루어진 집합은 벡터공간이 되지 않는 이유를 밝히라.

22. $T : U \to V$가 선형변환이고 W가 V의 부분공간이면 $T^{-1}(W)=\{\mathbf{x}\in U : T(\mathbf{x})\in W\}$는 U의 부분공간임을 증명하라.

23. $T : U \to V$가 선형변환이고 W가 U의 부분공간이면 $T(W)=\{T(\mathbf{x}) : \mathbf{x}\in W\}$는 V의 부분공간임을 증명하라.

24. 어떤 벡터들의 집합에 의하여 생성된 부분공간은 그 집합을 포함하는 가장 작은 부분공간임을 밝히라.

25. 벡터공간에서 $\mathbf{w}=\mathbf{u}+\mathbf{v}$이고 $\mathbf{z}=\mathbf{u}-\mathbf{v}$이라 하자. $\{\mathbf{u}, \mathbf{v}\}$에 의하여 생성된 부분공간과 $\{\mathbf{w}, \mathbf{z}\}$에 의하여 생성된 부분공간은 서로 같다는 것을 증명하라.

26. 벡터공간에서 $\mathrm{Span}(S)=S$가 성립하는 부분집합 S는 어떠한 집합인가?

27. 각 $i=0, 1, 2, ...$에 대하여 $p_i(t)=t^i$라고 하자. 그리하면 $\mathbb{P}_n=\mathrm{Span}(\{p_0, p_1, ..., p_n\})$이다. D가 미분 연산자일 때, $D(\mathbb{P}_n)=\mathbb{P}_{n-1}$임을 보이라. 또한 $\mathrm{Span}(\{p_1, ..., p_n\})$와 $\{p\in\mathbb{P}_n : p(0)=0\}$는 일치한다는 것을 보이라.

28. 한 행렬은 모든 성분이 0인 행을 가지고, 다른 행렬에는 그러한 행이 없을 때, 두 행렬의 열공간은 같지 않은 이유를 밝히라.

29. $\mathbf{A}$와 $\mathbf{B}$가 행동치이면, $\mathbf{A}$와 $\mathbf{B}$의 열공간은 서로 같은가?

30. $\mathbf{x}^T$가 $\mathbf{A}$의 i행이면, $\mathbf{AB}$의 i행은 $\mathbf{x}^T\mathbf{B}$임을 보이라.

31. $\mathbf{u}_i$가 $\mathbf{A}$의 i열이고 $\mathbf{v}_i^T$가 $\mathbf{B}$의 i행이면 $\mathbf{AB}=\sum_{i=1}^{n}\mathbf{u}_i\mathbf{v}_i^T$임을 보이라.

32. 함수 $f: X\to Y$이고 $U\subseteq X$일 때, 새로운 함수 $g : U\to Y$를 모든 $x\in U$에 대하여 $g(x)=f(x)$로 정의하자. U가 X의 진부분집합이면, f와 g는 정의역이 서로 다르므로 서로 다른 함수이다. 함수 g를 f의 U에의 제한(restriction)이라 하고 $g=f|U$로 나타낸다. X와 Y가 벡터공간이고 $L : X\to Y$가 선형변환이라 하고, U를 X의 부분공간이라 하자. $L|U$는 선형변환인가? 정의역은 무엇인가? L과 $L|U$의 치역은

서로 같은가?

33. 부분집합이 덧셈 연산과 모든 스칼라 곱에 관하여 닫혀 있다는 조건이 부분공간의 정의로 사용될 수 있는가?

34. **A**와 **B**는 **AB**가 정의되는 행렬이라 하자. 두 포함 관계 Col(**AB**)⊆Col(**A**)와 Col(**AB**)⊆Col(**B**) 중에서 항상 성립하는 것은 어느 것인가? 그 이유를 밝히라.

35. Col(**AB**)=Col(**A**)인 행렬의 예를 들라. Col(**AB**) ≠ Col(**A**)인 행렬의 예를 들라. 또 Col(**AB**)=Col(**B**)인 행렬의 예를 들라.

36. **AB**의 각 행은 **B**의 행들의 일차결합이라는 것을 보임으로써 Row(**AB**)⊆Row(**B**)임을 밝히라.

37. $\mathbb{R}^\infty$를 실수를 성분으로 하는 무한수열 $[x_1, x_2, ...]$들로 이루어진 벡터공간이라 하자. X를 $\mathbb{R}^\infty$의 원소로서 0이 아닌 성분이 유한 개인 무한수열들로 이루어진 집합이라 하면, X는 부분공간인가?

38. 예제 19의 마지막 부분에서, **G**에 행 연산을 이용하여 **w**는 **F**의 행공간에 속한다는 것을 보이라.

39. $\mathbf{A} = \begin{bmatrix} 5 & 0 & 0 & 10 \\ -1 & 0 & 1 & 4 \end{bmatrix}$이라 하자.

a. 열공간의 생성 집합을 구하라.

b. $[-1, 1]^T$는 열공간에 속하는가?

c. 행공간의 생성 집합을 구하라.

d. $[-1, 1, 1, 4]$\$는 행공간에 속하는가?

e. 영공간의 생성 집합을 구하라.

f. \$$[-2, 1, -6, 1]^T$는 영공간에 속하는가?

40. $[4, 2, 0, 1]^T$와 $[6, 3, -1, 2]^T$의 일차결합으로서 $x_1=2x_2$인 벡터들 $\mathbf{x}=[x_1, x_2, x_3, x_4]^T$로 이루어진 집합은 $\mathbb{R}^4$의 부분공간인가? 그 이유를 밝히라.

41. 예제 2의 풀이를 자세히 설명하라.

42. 예제 19의 다른 풀이를 자세히 설명하라.

43. f가 선형변환일 때, $f[\mathrm{Span}(W)]=\mathrm{Span}(f[W])$가 성립하는 이유를 밝히라.

44. 다항식 $p_0, p_1, ..., p_n$에 대하여 각 p_k의 차수가 k라 하자. $\{p_0, p_1, ..., p_n\}$이 $\mathbb{P}_n$을 생성하는 이유를 밝히라.

45. $\mathbf{A} = \begin{bmatrix} 3 & 6 & 3 \\ 2 & 4 & 3 \\ 3 & 6 & 4 \end{bmatrix}$이고 $\mathbf{B} = \begin{bmatrix} 3 & 6 \\ 2 & 4 \\ 3 & 6 \end{bmatrix}$일 때, **A**, **B**, $\mathbf{A}^T$ 및 $\mathbf{B}^T$의 영공간을 구하라.

참-거짓 연습문제 5.1

1. $L : U \to V$가 선형변환이면, 상들의 집합 $\{L(\mathbf{x}) : \mathbf{x}\in U\}$는 V의 부분공간이다.

2. 벡터 (4, 2, 0, 1)과 (1, 3, −1, 2)의 일차결합으로서 방정식 $2x_1+3x_2+5=0$를 만족하는 모든 벡터(x_1, x_2, x_3, x_4)들의 집합은 $\mathbb{R}^4$의 부분공간이다.

3. 행렬 **A**와 **B**의 핵이 일치하면 **A**와 **B**는 행동치이다.

4. 임의의 실수 u와 v에 대하여$(3u^3-5v,\ 2u^3+7v,\ u^3-11v,\ 5u^3+v)$모양의 모든 벡터들의 집합은 $\mathbb{R}^4$의 부분공간이다.

5. 벡터 $[1, 20, 16]^T$은 행렬 $\begin{bmatrix} 3 & -4 \\ 6 & 1 \\ 2 & 5 \end{bmatrix}$의 열공간의 원소이다.

6. 벡터공간의 두 부분공간의 합은 부분공간이다.

7. 벡터 (3, −17, −10)은 행렬 $\begin{bmatrix} 3 & -4 & 2 \\ 1 & 3 & 7 \end{bmatrix}$의 행공간의 원소이다.

8. 벡터공간의 두 부분공간의 합집합은 부분공간이다.

9. 벡터공간 V의 부분공간은 V의 적당한 부분집합의 원소들에 의하여 생성된다.

10. 벡터 **u**가 행렬 **A**의 행공간에 들어갈 필요충분조건은 **u**=**Ax**인 벡터 **x**가 존재하는 것이다.

11. $\mathbb{R}^n$의 각 부분공간은 어떤 행렬의 핵이다.

12. $(x_1, x_2, x_3)=(3, 6, 9)+t(1, 2, 3)$에 의하여 주어진 직선은 $\mathbb{R}^3$의 부분공간이다.

13. 두 행렬이 행동치이면 두 행렬의 행공간은 같다.

14. 다항식 $p(t)=a(t^3+3)+5$(t는 실수)들의 집합은 $\mathbb{P}_4$의 부분공간이다.
15. 방정식 $3x_1+2x_2-5x_3=4$로 주어진 평면은 $\mathbb{R}^3$의 부분공간이다.
16. $\mathbb{R}^2$는 $\mathbb{R}^3$의 부분공간이 아니다.
17. 선형변환 $L : V \to W$에 대하여, L의 핵은 W의 부분공간이고, L의 치역은 V의 부분공간이다.
18. 집합 $\{(x, y) : x \geq 0, y \geq 0\}$은 $\mathbb{R}^2$의 부분공간이다.
19. 벡터공간의 두 부분공간의 교집합은 부분공간이다.
20. 모든 가역인 $n\times n$ 행렬들의 집합은 $\mathbb{R}^{n\times n}$의 부분공간이다.
21. $p(t)=t^2+ct$(c는 실수) 모양의 모든 다항식들의 집합은 $\mathbb{P}_3$의 부분공간이다.
22. $[1, a, -a]$ 모양의 모든 벡터들의 집합은 $\mathbb{R}^3$의 부분공간이다.
23. 벡터 $\mathbf{x}$가 행렬 $\mathbf{A}$의 열공간에 들어가면, 방정식 $\mathbf{Ax}=\mathbf{v}$는 두 개 이상의 해를 가진다.
24. 행렬 $\mathbf{A}$에 기본 행 연산을 적용하여도 $\mathbf{A}$의 행공간은 변하지 않는다.
25. 방정식 $3x_1^{-1}+2x_2^{-1}=0$을 만족하는 모든 벡터 (x_1, x_2, x_3, x_4)의 집합은 $\mathbb{R}^4$의 부분공간이다.
26. 벡터공간이 n개의 벡터에 의하여 생성되었다면, n보다 작은 개수의 벡터들은 일차독립이다.
27. $\mathbb{R}^m$의 부분집합 S가 $\mathbb{R}^m$의 기저를 포함한다면, S는 m개 이하의 원소를 가진다.
28. $p(t)=a+t^2$(a는 실수) 모양의 모든 다항식들의 집합은 $\mathbb{P}_3$의 부분공간이다.
29. $m\times n$ 행렬 $\mathbf{A}$에 대하여, $\mathbf{Ax}=\mathbf{0}$을 만족하는 모든 벡터 $\mathbf{x}$의 집합은 $\mathbb{R}^m$의 부분공간이다.
30. A가 $m\times n$ 행렬이고, $\mathbf{b}\in\mathbb{R}^m$, $\mathbf{b} \neq 0$일때, $\mathbf{Ax}=\mathbf{b}$의 모든 해들의 집합은 $\mathbb{R}^n$의 부분공간이다.
31. $3x_1-5x_2=x_3$을 만족하는 모든 벡터 (x_1, x_2, x_3)의 집합은 $\mathbb{R}^3$의 부분공간이다.
32. 선형변환 $L : U \to V$에 대하여, 집합 $\{L(\mathbf{x}) : \mathbf{x}\in U\}$는 V의 부분공간이다.
33. 행렬 $\mathbf{A}$에 대하여 선형변환을 $T(\mathbf{x})=\mathbf{Ax}$로 정의하면, $\mathbf{A}$의 열공간과 T의 치역이 일치한다
34. $\mathbf{A}$와 $\mathbf{B}$의 영공간이 같으면 $\mathbf{A}$와 $\mathbf{B}$는 행동치이다.
35. 벡터공간 V의 가장 작은 부분공간은 $\mathbf{0}$만으로 이루어진 집합이다.
36. 두 행렬이 행동치이면 두행렬의 행공간은 일치한다.
37. $\mathbf{A}\sim\mathbf{B}$이고 $\mathbf{B}$가 기약 행 사다리꼴이면 $\mathbf{A}$의 행공간은 $\mathbf{A}$에서 피벗이 있는 행들에 의하여 생성된다.
38. 행렬 $\mathbf{A}$에 대하여 선형변환을 $T(\mathbf{x})=\mathbf{Ax}$로 정의하면, $\mathbf{A}$의 영공간과 T의 치역이 일치한다.
39. $q_1(t)=1-3t^2$, $q_2(t)=2+t-5t^2$, $q_3(t)=1+2t$라 하고, $\mathbf{Q}=\{q_1, q_2, q_3\}$라 하면 다음 행렬의 열들은 $\mathbb{P}_2$를 생성한다.

$$\begin{bmatrix} 1 & 2 & 1 \\ 0 & 1 & 2 \\ -3 & -5 & 0 \end{bmatrix}$$

40. $\mathbf{x}$, $\mathbf{y}$ 및 $\mathbf{z}$가 $\mathbb{R}^n$의 0 아닌 벡터라면 $\mathbf{x}+a\mathbf{y}+b\mathbf{z}$ 모양의 일차결합들은 $\mathbb{R}^n$의 부분공간을 이룬다.
41. 방정식 $2x_1-3x_2+5x_3=0$을 만족하는 벡터 $\mathbf{x}=(x_1, x_2, x_3, x_4)$들로 이루어진 집합은 $\mathbb{R}^4$의 부분공간이다.
42. T가 벡터공간 V에서 다른 벡터공간 W로의 전사인 선형변환이면 T의 치역은 V의 부분공간이다.
43. 벡터공간이 n개의 벡터로 생성되면, n개보다 많은 벡터들을 가지는 모든 집합은 일차종속이다.

선다형 연습문제 5.1

항상 첫 번째로 옳은 답을 선택하라.

1. $m\times n$ 행렬 $\mathbf{A}$의 열들이 일차종속이라 할 때, 옳은 것은?
   a. $\mathbf{A}$의 핵은 $\{\mathbf{0}\}$이 아니다.
   b. $n > m$
   c. $\mathbf{A}$의 핵은 $\{\mathbf{0}\}$이다.
   d. $\mathbf{A}$의 기약 행 사다리꼴은 영행렬을 가진다.

e. 위 항목 중 답이 없다.

2. $\mathbb{R}^2$의 부분공간은?

a. $\{[x, y, z]^T : 3(x+1)+2(y+1)+z=5\}$

b. $\{[x, y, z]^T : 3(x+1)+2(y+1)+z=6\}$

c. $\{[x, y, z]^T\ x(y+1)-y(x-2)=z\}$

d. $\{[x, y, z]^T\ x(y+z+3)=z(x+y)+y(x-z+1)\}$

e. 위 항목 중 답이 없다.

3. $\mathbb{P}_4$의 부분공간은?

a. 다항식 $a+t^2$(a는 실수)들의 집합

b. 차수가 4 이하이고, $p(1)=0$인 다항식들의 집합

c. 차수가 4 이하이고, 계수가 모두 정수인 다항식들의 집합

d. 다항식 $a+bt+ct^2+t^3$(a, b, c는실수)들의 집합.

e. 위 항목 중 답이 없다.

4. 행렬 $\mathbf{A}=\begin{bmatrix} 1 & 3 & 7 \\ 2 & 1 & 4 \\ -1 & 2 & 3 \end{bmatrix}$의 열공간을 생성하는 집합은?

a. $\left\{\begin{bmatrix} 1 \\ 2 \\ -1 \end{bmatrix}, \begin{bmatrix} 3 \\ 1 \\ 2 \end{bmatrix}\right\}$ b. $\left\{\begin{bmatrix} 1 \\ 0 \\ 0 \end{bmatrix}, \begin{bmatrix} 0 \\ 1 \\ 0 \end{bmatrix}\right\}$

c. $\left\{\begin{bmatrix} 1 \\ 0 \\ 0 \end{bmatrix}, \begin{bmatrix} 0 \\ 1 \\ 0 \end{bmatrix}, \begin{bmatrix} 1 \\ 2 \\ 0 \end{bmatrix}\right\}$ d. $\left\{\begin{bmatrix} 7 \\ 4 \\ 3 \end{bmatrix}\right\}$

e. 위 항목 중 답이 없다.

5. 열공간이 $\mathbf{v}=\begin{bmatrix} 6a-b \\ a-b \\ 6a \end{bmatrix}$ 모양의 벡터들의 집합인 행렬은?

a. $\begin{bmatrix} 6 & -1 \\ 0 & -1 \\ 6 & 0 \end{bmatrix}$ b. $\begin{bmatrix} 1 & 6 \\ 1 & 1 \\ 0 & 6 \end{bmatrix}$

c. $\begin{bmatrix} 1 & 5 \\ 1 & 1 \\ 0 & 6 \end{bmatrix}$ d. $\begin{bmatrix} 1 & 6 \\ 0 & -1 \\ 1 & 6 \end{bmatrix}$

e. 위 항목 중 답이 없다.

6. 행렬 $\mathbf{A}=\begin{bmatrix} 3 & 3 & 6 \\ 2 & 3 & 5 \\ 3 & 4 & 7 \end{bmatrix}$의 열공간을 생성하는 집합은?

a. $\left\{\begin{bmatrix} 1 \\ 0 \\ 0 \end{bmatrix}, \begin{bmatrix} 0 \\ 1 \\ 0 \end{bmatrix}, \begin{bmatrix} 0 \\ 0 \\ 1 \end{bmatrix}\right\}$

b. $\left\{\begin{bmatrix} 1 \\ 0 \\ 0 \end{bmatrix}, \begin{bmatrix} 0 \\ 1 \\ 0 \end{bmatrix}\right\}$ c. $\left\{\begin{bmatrix} 3 \\ 2 \\ 3 \end{bmatrix}, \begin{bmatrix} 3 \\ 3 \\ 4 \end{bmatrix}\right\}$

d. $\left\{\begin{bmatrix} 3 \\ 2 \\ 3 \end{bmatrix}, \begin{bmatrix} 3 \\ 3 \\ 4 \end{bmatrix}, \begin{bmatrix} 6 \\ 5 \\ 7 \end{bmatrix}\right\}$

e. 위 항목 중 답이 없다.

7. 행렬 $\mathbf{A}=\begin{bmatrix} 2 & 3 & 5 & 2 & 4 \\ 4 & 6 & 15 & 7 & 15 \\ 6 & 9 & 20 & 10 & 25 \end{bmatrix}$와 행렬 $\mathbf{B}=\begin{bmatrix} 2 & 3 & 5 & 2 & 4 \\ 0 & 0 & 5 & 3 & 7 \\ 0 & 0 & 0 & 1 & 6 \end{bmatrix}$은 행동치이다. A의 열공간을 생성하는 열들로 이루어진 것은?

a. 1, 4, 5 b. 1, 3, 4

c. 1, 2, 3 d. 1, 2, 4

e. 위 항목 중 답이 없다.

8. 행렬 $[1\ \ 2\ \ 3]$의 영공간을 생성하는 집합은?

a. $\left\{\begin{bmatrix} 0 \\ 2 \\ 0 \end{bmatrix}, \begin{bmatrix} 0 \\ 0 \\ 3 \end{bmatrix}\right\}$ b. $\left\{\begin{bmatrix} 2 \\ 1 \\ 0 \end{bmatrix}, \begin{bmatrix} 3 \\ 0 \\ 1 \end{bmatrix}\right\}$

c. $\left\{\begin{bmatrix} 1 \\ -2 \\ 0 \end{bmatrix}, \begin{bmatrix} 1 \\ 0 \\ -3 \end{bmatrix}\right\}$ d. $\left\{\begin{bmatrix} 2 \\ -1 \\ 0 \end{bmatrix}, \begin{bmatrix} 3 \\ 0 \\ -1 \end{bmatrix}\right\}$

e. 위 항목 중 답이 없다.

9. $n\times n$ 행렬 A의 영공간이 하나의 벡터에 의하여 생성된다고 할 때, 옳지 않은 것은?

a. 방정식 Ax=b는 해를 가지지 않는 b가 있다.

b. A는 가역이 아니다.

c. $\mathbf{A}^2$는 가역이다.

d. A의 행들은 일차종속이다.

e. 위 항목 중 답이 없다.

10. 행렬 $\mathbf{A}=\begin{bmatrix} 3 & 6 & 3 \\ 2 & 4 & 3 \\ 3 & 6 & 4 \end{bmatrix}$의 영공간의 기저는?

a. $\left\{\begin{bmatrix} 1 \\ 0 \\ 0 \end{bmatrix}\right\}$ b. $\left\{\begin{bmatrix} 1 \\ 0 \\ 0 \end{bmatrix}, \begin{bmatrix} 0 \\ 1 \\ 0 \end{bmatrix}\right\}$

c. $\left\{\begin{bmatrix} 2 \\ -1 \\ 0 \end{bmatrix}\right\}$ d. $\left\{\begin{bmatrix} 0 \\ 3 \\ 4 \end{bmatrix}\right\}$

e. 위 항목 중 답이 없다.

11. 행렬 $\mathbf{A} = \begin{bmatrix} 1 & -3 & 0 & 2 \\ 0 & 0 & 1 & -5 \end{bmatrix}$의 영공간을 생성하는 집합은?

a. $\left\{\begin{bmatrix} 0 \\ 3 \\ 0 \\ -2 \end{bmatrix}, \begin{bmatrix} 0 \\ 0 \\ 0 \\ 5 \end{bmatrix}\right\}$ **b.** $\left\{\begin{bmatrix} 1 \\ -3 \\ 0 \\ 2 \end{bmatrix}, \begin{bmatrix} 0 \\ 0 \\ 1 \\ -5 \end{bmatrix}\right\}$

c. $\left\{\begin{bmatrix} 3 \\ 1 \\ 0 \\ 0 \end{bmatrix}, \begin{bmatrix} -2 \\ 0 \\ 5 \\ 1 \end{bmatrix}\right\}$ **d.** $\left\{\begin{bmatrix} -3 \\ 0 \end{bmatrix}, \begin{bmatrix} 2 \\ 5 \end{bmatrix}\right\}$

e. 위 항목 중 답이 없다.

12. $\mathbb{R}^5$에서 $\mathbf{x}=(x_1, x_2, x_3, x_4, x_4)$로 둘 때, $\mathbb{R}^5$의 부분공간은?

a. $\{\mathbf{x} : x_1=3x_3, x_4=1, x_5+x_4=0\}$

b. $\{\mathbf{x} : x_1+2x_2+3x_3=4x_4+5x_5\}$

c. $\{\mathbf{x} : x_1x_2=1, x_4x_5=2\}$

d. $\{\mathbf{x} : x_1(x_2+1)=0, x_3(x_4-1)=0\}$

e. 위 항목 중 답이 없다.

13. $m\times n$ 행렬 $\mathbf{A}$의 열공간을 V라 할 때, 옳지 않은 것은?

a. V는 하나의 벡터에 의하여 생성된다.

b. V는 $\mathbb{R}^m$의 부분공간이다.

c. 모든 $\mathbf{x}\in\mathbb{R}^n$에 대하여, $\mathbf{Ax}$는 V에 속한다.

d. V는 m개의 벡터에 의하여 생성된다.

e. 위 항목 중 답이 없다.

14. $p_1(x)=5x^3+2x^2+4x-3$, $p_2(x)=-x^3+3x-7$, $p_3(x)=2x^3+4x^2-8x+5$, $p_4(x)=x^3+2x+5$라고 할 때, 이 다항식에 대응하는 행들로 이루어진 행렬의 차수는?

a. 0 **b.** 1

c. 2 **d.** 3

e. 위 항목 중 답이 없다.

15. $\mathbb{R}^3$를 생성하는 집합은?

a. $\text{Span}\left\{\begin{bmatrix} 1 \\ 2 \\ 0 \end{bmatrix}, \begin{bmatrix} 1 \\ 0 \\ 1 \end{bmatrix}\right\}$

b. $\text{Span}\left\{\begin{bmatrix} 0 \\ 0 \\ 0 \end{bmatrix}\right\}$

c. $\text{Span}\left\{\begin{bmatrix} 3 \\ 0 \\ 1 \end{bmatrix}, \begin{bmatrix} 1 \\ 1 \\ 1 \end{bmatrix}, \begin{bmatrix} 4 \\ 1 \\ 2 \end{bmatrix}\right\}$

d. $\text{Span}\left\{\begin{bmatrix} 0 \\ 2 \\ 3 \end{bmatrix}, \begin{bmatrix} 1 \\ 0 \\ 0 \end{bmatrix}, \begin{bmatrix} 0 \\ 1 \\ 0 \end{bmatrix}\right\}$

e. 위 항목 중 답이 없다.

16. 벡터공간이 아닌 것은?

a. 행렬 $\begin{bmatrix} 0 & 2 \\ 3 & 1 \end{bmatrix}$와 교환되는 행렬들의 집합

b. 비가역인 3×3 행렬들의 집합

c. $\mathbb{R}$에서 $\mathbb{R}$로의 미분 가능한 함수들의 집합

d. 모든 다항식들의 집합

e. $\mathbb{R}^4$

f. 위 항목 중 답이 없다.

17. 벡터공간이 아닌 것은?

a. 차수가 0, 1, 2, 3인 다항식들과 제로다항식의 집합

b. $a+bt+ct^3$ 모양의 다항식들의 집합

c. $x_2=3x_3+7x_4$를 만족하는 벡터들 $(x_1, x_2, x_3, x_4)\in\mathbb{R}^4$의 집합

d. t^3+at^2+bt+c 모양의 다항식들의 집합

e. 위 항목 중 답이 없다.

18. $\mathbf{Ax}=\mathbf{0}$이 자명하지 않은 해를 가지기 위한 조건은?

a. $\mathbf{A}$는 3×3 행렬이고, 3개의 피벗 위치를 가진다.

b. $\mathbf{A}$는 3×3 행렬이고, 2개의 피벗 위치를 가진다.

c. $\mathbf{A}$는 3×2 행렬이고, 2개의 피벗 위치를 가진다.

d. $\mathbf{A}$는 4×4 행렬이고, 4개의 피벗 위치를 가진다.

e. 위 항목 중 답이 없다.

19. 첨가행렬 $\left[\begin{array}{ccc|c} 2 & 0 & 6 & 0 \\ 0 & 3 & -6 & 0 \\ 0 & 0 & 0 & 0 \end{array}\right]$의 해공간을 생성하는 벡터는?

a. $(-3, 2, 1)$

b. $(-12, 8, 4)$

c. $(-6, 6, 2)$

d. $(-12, 6, 4)$

e. 위 항목 중 답이 없다.

5.2 기저와 차원

모든 것은 알고나면 수학적으로 자명해집니다.

—ROSE (ED.), *MATHEMATICAL MAXIMS AND MINIMS*[1988]

'자명하다' 는 말은 수학에서 가장 위험한 용어입니다.

—벨(ERIC TEMPLE BELL, 1883~1960)

수학은 가장 분명한 것을 가장 불분명한 방법으로 증명하는 것입니다.

—폴리아(GEORGE POLYÁ, 1889~1988)

벡터공간의 기저

이 절에서는 벡터공간의 벡터들을 여러 가지 좌표계를 이용하여 나타내는 방법을 다루어 본다. 이에 관한 통합적인 개념은 벡터공간의 기저에 관한 개념이다.

정의

벡터공간 V의 생성 집합으로서 일차독립인 부분집합을 V의 **기저**(basis)라 부른다.

예제 1 $\mathbb{R}^n$에서 **표준단위벡터**(standard unit vector) $\mathbf{e}_1, \mathbf{e}_2, \ldots, \mathbf{e}_n$의 성분은 $(\mathbf{e}_i)_j=\delta_{ij}$이다.(크로네커의 δ_{ij}는 $i=j$일 때는 1이고, 아닌 경우에는 0이라는 것을 기억하자.) 이 벡터들은 $n\times n$ 단위행렬 $\mathbf{I}_n$의 열벡터들이다. 이 벡터들의 집합은 $\mathbb{R}^n$의 기저인가?

풀이 그렇다. 이 벡터들의 집합은 일차독립이고 $\mathbb{R}^n$을 생성한다. 이 기저를 $\mathbb{R}^n$의 표준기저라고 한다. ■

예제 2 행렬 $\begin{bmatrix} 1 & 1 & 1 & 1 \\ 1 & 1 & 1 & 0 \\ 1 & 1 & 0 & 0 \\ 1 & 0 & 0 & 0 \end{bmatrix}$의 열벡터들로 이루어진 집합은 $\mathbb{R}^4$의 기저인가?

풀이 먼저 '방정식 $\mathbf{Ax}=\mathbf{b}$는 임의의 $\mathbf{b}\in\mathbb{R}^4$에 대하여 해를 가지는가?' 하는 질문을 해 보자. 답은 '그렇다' 이다. 먼저 마지막 방정식부터 보면, $x_1=b_4$이다. 여기서 구한 x_1을 가지고 셋째 방정식으로부터 x_2를 구한다. 이렇게 계속하여 둘째 방정식으로부터 x_3를 구하고, 마지막으로 첫째 방정식으로부터 x_4를 구한다. 이렇게 $\mathbf{x}$를 구하는 과정이 선택의 여지 없이 유일하다. 따라서 $\mathbf{b}=\mathbf{0}$이면 $\mathbf{x}=\mathbf{0}$이다. 그러므로 $\mathbf{A}$의 열벡터들로 이루어진 집합은 일차독립이라는 것이 증명되었다. ■

예제 3 $\mathbf{u}=(3, 2, -4)$, $\mathbf{v}=(6, 7, 3)$와 $\mathbf{w}=(2, 1, 0)$로 이루어진 집합은 $\mathbb{R}^3$의 기저를 이루는가?

풀이 $\mathbf{A}$를 이 벡터들을 열벡터로 하는 행렬이라 하자. $\mathbf{Ax}=\mathbf{0}$가 자명하지 않은 해를 가지는지 알아보기 위하여 가우스 소거법을 이용하면

$$\mathbf{A} = [\mathbf{u},\ \mathbf{v},\ \mathbf{w}] = \begin{bmatrix} 3 & 6 & 2 \\ 2 & 7 & 1 \\ -4 & 3 & 0 \end{bmatrix} \sim \begin{bmatrix} 1 & -1 & 1 \\ 0 & 1 & -4 \\ 0 & 0 & 35 \end{bmatrix}$$

를 얻는다. 그러므로 $\mathbf{Ax}=\mathbf{0}$이기 위해서는 $\mathbf{x}=\mathbf{0}$이어야 한다. 즉 $\mathbf{A}$의 열벡터들로 이루어진 집합은 일차독립이다. 또한 가우스 소거법으로 $\mathbf{Ax}=\mathbf{b}$는 임의의 $\mathbf{b}\in\mathbb{R}^3$에 대하여 해를 가진다는 것을 알 수 있다. 즉 열벡터들은 $\mathbb{R}^3$를 생성한다. 그러므로 위의 벡터들은 $\mathbb{R}^3$의 기저이다. ■

예제 4 행렬 $\mathbf{A} = \begin{bmatrix} 1 & 4 & 3 \\ 2 & 7 & 5 \\ -13 & 8 & 21 \end{bmatrix}$의 열벡터들은 $\mathbb{R}^n$의 기저를 이루는가?

풀이 행렬의 3열은 2열에서 1열을 뺀 것이므로 열벡터들은 일차종속이다. 따라서 열벡터들의 집합은 $\mathbb{R}^3$의 2차원 부분공간을 생성하지만, 일차독립이 아니므로 그 부분공간의 기저는 아니다. 사실 1열과 2열로 이루어진 집합이 $\mathbf{A}$의 열공간의 기저를 이룬다. 이 부분공간은 $\mathbb{R}^3$에서 2차원 부분공간이고, 기하학적으로는 원점 $\mathbf{0}$를 지나는 평면을 이룬다.(여기서 차원이라는 용어는 비공식적으로 사용되었다. 엄밀한 정의는 뒤에 나온다.) ■

앞의 예제들은 다음의 정리를 제시한다.

정리 1

$n\times n$ 정칙행렬 $\mathbf{A}$의 열벡터들로 이루어진 집합 C는 $\mathbb{R}^n$의 기저이다.

증명 C가 $\mathbb{R}^n$을 생성하는가? 즉 임의의 $\mathbf{b}\in\mathbb{R}^n$에 대하여 $\mathbf{Ax}=\mathbf{b}$는 해를 가지는가? 그렇다. 왜냐하면 $\mathbf{x}=\mathbf{A}^{-1}\mathbf{b}$가 해이기 때문이다. 따라서 C는 $\mathbb{R}^n$을 생성한다. 그러면 C는 일차독립인가? $\mathbf{Ax}=\mathbf{0}$가 자명하지 않은 해를 가지는가? 아니다. $\mathbf{Ax}=\mathbf{0}$의 해는 $\mathbf{x}=\mathbf{A}^{-1}\mathbf{0}=\mathbf{0}$뿐이다. 따라서 C는 일차독립이다. ■

예제 5 아래의 네 르장드르 다항식은 $\mathbb{P}_3$의 기저를 이루는가?

$$P_0(t) = 1 \qquad P_1(t) = t \qquad P_2(t) = (3t^2 - 1)/2 \qquad P_3(t) = (5t^3 - 3t)/2$$

풀이 먼저 이들이 $\mathbb{P}_3$를 생성한다는 것을 알아보자. 임의의 다항식 $q \in \mathbb{P}_3$은 $q(t)=a_0+a_1t+a_2t^2+a_3t^3$로 나타난다. 이제

$$c_0P_0 + c_1P_1 + c_2P_2 + c_3P_3 = q$$

가 성립하는 c_0, c_1, c_2, c_3가 존재하는가를 알아보자. 이 관계식은

$$c_0 + c_1t + c_2(3t^2 - 1)/2 + c_3(5t^3 - 3t)/2 = a_0 + a_1t + a_2t^2 + a_3t^3$$

이므로 동류항을 모으면

$$(c_0 - c_2/2) + (c_1 - 3c_3/2)t + (3c_2/2)t^2 + (5c_3/2)t^3 = a_0 + a_1t + a_2t^2 + a_3t^3$$

이다. 미정계수법에 의하여, $2c_0-c_2=2a_0$, $2c_1-3c_3=2a_1$, $3c_2=2a_2$와 $5c_2=2a_3$가 성립한다. 이 연립방정식을 풀면

$$c_0=a_0+\frac{1}{3}a_2, \quad c_1=a_1+\frac{3}{5}a_3, \quad c_2=\frac{2}{3}a_2, \quad c_3=\frac{2}{5}a_3$$

를 얻는다. 따라서 $\{P_0, P_1, P_2, P_3\}$는 $\mathbb{P}_3$를 생성한다. 이 집합이 일차독립임을 보이기 위하여 $q=0$로 두면 $c_0=c_1=c_2=c_3=0$를 얻는다. ■

정리 2

벡터공간의 한 기저를 잡으면, 벡터공간의 임의의 벡터는 유일한 계수들에 의하여 그 기저에 있는 벡터들의 일차결합으로 나타난다.

증명 이 사실은 2.4절의 정리 6에서 이미 증명하였다. 독자들은 2.4절을 참조하지 않고도 증명을 할 수 있을 것이다. 이 증명은 기저, 생성, 일차독립에 대한 개념에 의하여 한다. ■

벡터가 다항식인 도전적인 예제를 하나 다루어 보자.

예제 6 다음의 네 다항식에 의하여 생성된 벡터공간의 기저를 구하라.

$$p_1(t) = 2t^3 + 4 \qquad p_2(t) = t^2 - 7 \qquad p_3(t) = t^3 + t^2 \qquad p_4(t) = 2t^2 + 2$$

풀이 다항식과 각 항들의 계수 사이의 관계를 아래의 표로 나타내자.

	p_1	p_2	p_3	p_4
t^0	4	−7	0	2
t^1	0	0	0	0
t^2	0	1	1	2
t^3	2	0	1	0

계수로 이루어진 네 열벡터가 일차독립인가를 판별하기 위하여 가우스 소거법을 사용하자. 이때 3행은 모두 0 이므로 생략하여도 상관없다.

$$\begin{bmatrix} 4 & -7 & 0 & 2 \\ 0 & 1 & 1 & 2 \\ 2 & 0 & 1 & 0 \end{bmatrix} \sim \begin{bmatrix} 2 & 0 & 1 & 0 \\ 0 & 1 & 1 & 2 \\ 4 & -7 & 0 & 2 \end{bmatrix}$$

$$\sim \begin{bmatrix} 2 & 0 & 1 & 0 \\ 0 & 1 & 1 & 2 \\ 0 & -7 & -2 & 2 \end{bmatrix} \sim \begin{bmatrix} 2 & 0 & 1 & 0 \\ 0 & 1 & 1 & 2 \\ 0 & 0 & 5 & 16 \end{bmatrix}$$

처음 세 열은 일차독립이지만 3열은 처음 세 열의 일차결합으로 얻어진다. 마지막 행렬에 관한 이 사실은 처음 행렬에 관해서도 성립한다.(행 연산은 열들의 독립성과 종속성을 변화시키지 않는다.) 그러므로 $\{p_1, p_2, p_3\}$는 하나의 기저이다. ■

위의 예제에 관하여 또 하나의 문제가 있다. 다항식 $p_1, p_2, p_3\ p_4$ 사이의 관계식은 무엇인가? 위의 행렬에 행 연산을 계속하여 기약 행 사다리꼴로 고쳐 보자.

$$\begin{bmatrix} 2 & 0 & 1 & 0 \\ 0 & 1 & 1 & 2 \\ 0 & 0 & 5 & 16 \end{bmatrix} \sim \begin{bmatrix} 5 & 0 & 0 & -8 \\ 0 & 5 & 0 & -6 \\ 0 & 0 & 5 & 16 \end{bmatrix} \sim \begin{bmatrix} 1 & 0 & 0 & -8/5 \\ 0 & 1 & 0 & -6/5 \\ 0 & 0 & 1 & 16/5 \end{bmatrix}$$

이로부터 $x_1 = \frac{8}{5}x_4$, $x_2 = \frac{6}{5}x_4$, $x_3 = -\frac{16}{5}x_4$를 얻는다. $x_4 = 5$라고 두면 $\mathbf{x} = (8,\ 6,\ -16,\ 5)$를 얻는다. 따라서 $8p_1 + 6p_2 - 16p_3 + 5p_4 = 0$이 성립한다. 이에 의하여 p_4를 p_1, p_2, p_3의 일차결합으로 나타낼 수 있다.

좌표벡터

이제부터 거의 모든 경우에 **순서기저**(ordered basis)만 취급하여 기저의 원소들을 첨자를 이용하여 정해진 순서로 나타내기로 한다. 예를 들어 기저를

$$\mathcal{B} = \{\mathbf{u}_1, \mathbf{u}_2, \ldots, \mathbf{u}_n\}$$

로 나타낸다. $\mathcal{B}$가 벡터공간 V의 기저이면, V의 각 원소 $\mathbf{x}$는 유일한 방법에 의하여 $\mathbf{x} = \sum_{i=1}^{n} c_i\mathbf{u}_i$으로 나타난다. 이 계수들로 이루어진 열벡터 $[c_1, c_2, \ldots, c_n]^T$를 기저 $\mathcal{B}$에 관한 $\mathbf{x}$의 **좌표벡터**(coordinate vector)라고 부르고 $[\mathbf{x}]_{\mathcal{B}}$로 나타낸다.

> **예제 7** $\mathbf{u}_1 = (1,\ 3,\ 2)$, $\mathbf{u}_2 = (-2,\ 4,\ -1)$과 $\mathbf{u}_3 = (2,\ -2,\ 0)$을 원소로 하는 기저 $\mathcal{B} = \{\mathbf{u}_1, \mathbf{u}_2, \mathbf{u}_3\}$에 관한 $\mathbf{x} = (-15,\ 35,\ 2)$의 좌표벡터를 구하라.

풀이 이 문제는 연립방정식

$$\begin{bmatrix} 1 & -2 & 2 \\ 3 & 4 & -2 \\ 2 & -1 & 0 \end{bmatrix} \begin{bmatrix} c_1 \\ c_2 \\ c_3 \end{bmatrix} = \begin{bmatrix} -15 \\ 35 \\ 2 \end{bmatrix}$$

을 푸는 것과 같다. 첨가행렬의 기약 행 사다리꼴에 의하여 $\mathbf{c}=[3, 4, -5]^T$를 얻는다.

$$\left[\begin{array}{rrr|r} 1 & -2 & 2 & -15 \\ 3 & 4 & -2 & 35 \\ 2 & -1 & 0 & 2 \end{array}\right] \sim \left[\begin{array}{rrr|r} 1 & 0 & 0 & 3 \\ 0 & 1 & 0 & 4 \\ 0 & 0 & 1 & -5 \end{array}\right]$$

아래와 같이 이를 확인해 볼 수 있다.

$$c_1\mathbf{u}_1 + c_2\mathbf{u}_2 + c_3\mathbf{u}_3 = 3\begin{bmatrix} 1 \\ 3 \\ 2 \end{bmatrix} + 4\begin{bmatrix} -2 \\ 4 \\ -1 \end{bmatrix} - 5\begin{bmatrix} 2 \\ -2 \\ 0 \end{bmatrix} = \begin{bmatrix} -15 \\ 35 \\ 2 \end{bmatrix}$$ ■

정리 3

$\mathcal{B}=\{\mathbf{u}_1, \mathbf{u}_2, \ldots, \mathbf{u}_n\}$가 기저이면, 함수 $\mathbf{x} \to [\mathbf{x}]_{\mathcal{B}}$는 선형이다.

증명 임의의 벡터 $\mathbf{x}$, $\mathbf{y}$와 스칼라 α, β에 대하여

$$[\alpha\mathbf{x} + \beta\mathbf{y}]_{\mathcal{B}} = \alpha[\mathbf{x}]_{\mathcal{B}} + \beta[\mathbf{y}]_{\mathcal{B}}$$

가 성립함을 보이면 된다. $[\mathbf{x}]_{\mathcal{B}}=[a_1, a_2, \ldots, a_n]^T$, $[\mathbf{y}]_{\mathcal{B}}=[b_1, b_2, \ldots, b_n]^T$라 두면

$$\alpha\mathbf{x} = \sum_{i=1}^{n} \alpha a_i \mathbf{u}_i \qquad \beta\mathbf{y} = \sum_{i=1}^{n} \beta b_i \mathbf{u}_i \qquad \alpha\mathbf{x} + \beta\mathbf{y} = \sum_{i=1}^{n} (\alpha a_i + \beta b_i)\mathbf{u}_i$$

을 얻는다. 그러므로

$$\begin{aligned} [\alpha\mathbf{x} + \beta\mathbf{y}]_{\mathcal{B}} &= (\alpha a_1 + \beta b_1, \alpha a_2 + \beta b_2, \ldots, \alpha a_n + \beta b_n) \\ &= \alpha(a_1, a_2, \ldots, a_n) + \beta(b_1, b_2, \ldots, b_n) \\ &= \alpha[\mathbf{x}]_{\mathcal{B}} + \beta[\mathbf{y}]_{\mathcal{B}} \end{aligned}$$

가 성립한다. ■

정리 4

정리 3의 함수 $\mathbf{x} \to [\mathbf{x}]_{\mathcal{B}}$는 전단사함수(일대일 대응함수)이다.

증명 이 함수는 전사함수인가? $\mathbf{c}=[c_1, c_2, ..., c_n]^T \in \mathbb{R}^n$이라 하자. $\mathbf{x}=\sum_{i=1}^{n} c_i\mathbf{u}_i$라고 하면 $[\mathbf{x}]_{\mathcal{B}}=\mathbf{c}$이므로 이 함수는 전사이다.

이 함수는 단사함수인가? 정리 3에 의하여 이 함수는 선형이므로 V의 원소 가운데서 $\mathbf{0}$만 $[0, 0, ..., 0]^T$으로 대응된다는 것을 보이면 된다. 그런데 $[\mathbf{x}]_{\mathcal{B}}=[0, 0, ..., 0]^T$이면 $\mathbf{x}=\sum_{i=1}^{n} 0\mathbf{u}_i=\mathbf{0}$이므로, 이것은 분명하다. ■

동형사상과 동치 관계

정리 4에서 전단사인 선형변환에 의하여 연관된 두 벡터공간 V와 $\mathbb{R}^n$을 보았다. 그러한 함수를 **동형사상**(isomorphism)이라 하고, 두 벡터공간은 서로 **동형**(isomorphic)이라 한다. 서로 동형인 관계는 동치 관계의 한 예이다.

정의

집합 X 위에서 '≡'로 나타내는 어떤 관계에 대하여 X의 모든 원소 $\mathbf{x}$, $\mathbf{y}$와 $\mathbf{z}$에 대하여 다음의 세 조건이 성립하는 경우에 이 관계를 **동치 관계**(equivalence relation)라 한다.

- 모든 $\mathbf{x} \in X$에 대하여 $\mathbf{x} \equiv \mathbf{x}$이다. [**반사적**(reflexive)]
- $\mathbf{x} \equiv \mathbf{y}$이면 $\mathbf{y} \equiv \mathbf{x}$이다. [**대칭적**(symmetric)]
- $\mathbf{x} \equiv \mathbf{y}$이고 $\mathbf{y} \equiv \mathbf{z}$이면 $\mathbf{x} \equiv \mathbf{z}$이다. [**추이적**(transitive)]

정리 5

벡터공간 사이의 동형 관계는 동치 관계이다.

증명 세 조건을 차례로 살펴보자.

1. 벡터공간 V는 자기 자신과 동형인가? 그렇다. 항등함수 $I : V \to V$는 동형사상이다.
2. 만일 V가 W와 동형이면 W는 V와 동형인가? 그렇다. 만일 $T : V \to W$가 동형사상이면, $T^{-1} : W \to V$도 동형사상이다.
3. 만일 V가 W와 동형이고 W가 U와 동형이면 V는 U와 동형인가? 그렇다. 만일 $T : V \to W$와 $S : W \to U$가 동형사상이면, 합성함수 $S \circ T : V \to U$도 동형사상이다. ■

예제 8 두 벡터공간 $\mathbb{P}_n$과 $\mathbb{R}^{n+1}$은 동형인가?

풀이 두 벡터공간 사이의 동형사상을 만들어 내어서 두 벡터공간이 동형이라는 것을 보이자. $\mathbb{P}_n$의 임의의 원소는 표준형으로

$$p(t) = a_0 + a_1 t + a_2 t^2 + a_3 t^3 + \cdots + a_n t^n$$

으로 쓸 수 있다. 이 다항식 p에 대하여 $\mathbb{R}^{n+1}$의 벡터

$$\mathbf{a} = (a_0, a_1, a_2, \ldots, a_n)$$

를 대응시키자. 이것은 $\mathcal{B}=\{1, t, t^2, \ldots, t^n\}$를 $\mathbb{P}_n$의 기저로 잡았을 때, $\mathcal{B}$에 관한 p의 좌표벡터이다. 정리 3과 정리 4에 의하여 함수 $p \to [p]_{\mathcal{B}}$는 동형사상이다. ■

예제 9 $\mathbb{R}^{2\times2}$와 $\mathbb{R}^4$는 동형인가?

풀이 함수 $L\left(\begin{bmatrix} a & b \\ c & d \end{bmatrix}\right) = \begin{bmatrix} a \\ b \\ c \\ d \end{bmatrix}$를 살펴보자. 분명히 L은 전사함수이다. $L\left(\begin{bmatrix} a & b \\ c & d \end{bmatrix}\right) = \begin{bmatrix} 0 \\ 0 \\ 0 \\ 0 \end{bmatrix}$이면 $\begin{bmatrix} a & b \\ c & d \end{bmatrix} = \begin{bmatrix} 0 & 0 \\ 0 & 0 \end{bmatrix}$이므로 L은 단사함수이다. L이 선형이라는 것도 분명하다. 따라서 $L : \mathbb{R}^{2\times2} \to \mathbb{R}^4$은 동형사상이다. ■

예제 10 $\mathbb{P}_5$와 $\mathbb{R}^{2\times3}$은 동형인가?

풀이 $\mathbb{P}_5$의 원소는 $p(t)=a_0+a_1t+a_2t^2+a_3t^3+a_4t^4+a_5t^5$라 둘 수 있다. 계수벡터 $[a_0, a_1, a_2, a_3, a_4, a_5]^T$는 $\mathbb{R}^6$의 원소이고, 행렬 $\begin{bmatrix} a_0 & a_1 & a_2 \\ a_3 & a_4 & a_5 \end{bmatrix}$은 $\mathbb{R}^{2\times3}$의 원소이다. 함수 $p \to \begin{bmatrix} a_0 & a_1 & a_2 \\ a_3 & a_4 & a_5 \end{bmatrix}$은 동형사상이다. ■

정리 6

벡터공간이 유한한 기저를 가지면, 그 벡터공간의 모든 기저는 같은 수의 원소를 가진다.

증명 1. $\mathcal{B}$를 벡터공간 V의 유한한 기저라 하고, $\mathcal{C}$를 V의 또 다른 기저라 하자. $\mathcal{C}$는 일차독립이고, $\mathcal{B}$는 V를 생성하므로, 2.4절의 정리 10에 의하여 $\mathcal{C}$의 원소의 수는 $\mathcal{B}$의 원소의 수보다 크지 않다. 역으로 $\mathcal{B}$는 일차독립이고, $\mathcal{C}$는 V를 생성하므로 $\mathcal{B}$의 원소의 수는 $\mathcal{C}$의 원소의 수보다 크지 않다. ■

좌표벡터를 이용하여 모순법으로 위 정리의 증명을 다르게 해 보자.

증명 2. $\mathcal{B}$의 원소의 수를 n이라 하고, $\mathcal{C}$는 $\mathcal{B}$보다 많은 m개의 원소 $\mathbf{v}_1, \mathbf{v}_2, \ldots, \mathbf{v}_m$을 가진다고 하자($n < m$). 이제 $\mathcal{C}$ 가 일차종속이라는 것을 밝혀서 $\mathcal{C}$ 는 기저가 아님을 보이자. 방정식

$$\sum_{i=1}^{m} c_i[\mathbf{v}_i]_{\mathcal{B}} = 0$$

을 살펴보자. 각 $[\mathbf{v}_i]_{\mathcal{B}}$ 는 길이가 n인 벡터이므로, 이 벡터방정식은 m개의 미지수에 관한 n개의 방정식으로 이루어진 연립 일차방정식에 해당한다. 정리 1.3의 따름정리 2에 의하여 이 방정식은 자명하지 않은 해를 가진다. 함수 $\mathbf{x} \to [\mathbf{x}]_{\mathcal{B}}$는 동형사상이므로

$$\left[\sum_{i=1}^{m} c_i\mathbf{v}_i\right]_{\mathcal{B}} = 0 \text{ 이고 따라서 } \sum_{i=1}^{m} c_i\mathbf{v}_i = 0$$

가 성립한다. 마지막 식이 자명하지 않으므로 $\mathcal{C}$는 일차종속이다. ■

유한차원 및 무한차원 벡터공간

유한한 기저를 가지는 벡터공간을 **유한차원**(finite dimensional) 벡터공간이라 한다. 한 기저에 있는 원소의 수를 벡터공간의 **차원**(dimension)이라 한다. 따라서 $\mathbb{R}^n$은 n차원, $\mathbb{P}_n$은 $(n+1)$차원 벡터공간이다. 두 경우 모두 임의로 잡은 기저의 원소의 수를 세면 된다. 같은 방법으로, $\mathbb{R}^{m\times n}$의 차원은 mn이다. V가 유한차원 벡터공간이면 차원을 $\text{Dim}(V)$로 나타낸다. 예를 들면

$$\text{Dim}(\mathbb{R}^m) = m$$

이다.

2.4절의 예제 3에서 정의된 $\mathbb{R}^\infty$는 유한차원 벡터공간이 아니다. 이 사실은 $(\mathbf{e}_n)_i=\delta_{ni}$로 정의된 벡터 $\mathbf{e}_n$의 수는 무한하지만 이들의 집합은 일차독립임을 주목하면 쉽게 알 수 있다. 2.4절의 정리 6에 의하여, 이 벡터공간은 유한 개의 벡터로 생성할 수 없다. 자연스럽게 이러한 벡터공간은 **무한차원**(infinite dimensional) 벡터공간이라 부른다. 여러 가지의 무한차원 벡터공간이 한 세기 이상 응용 분야에서 끊임없어 요구되고 또 연구되어 왔다. Hilbert 공간, Banach 공간, Sobolev 공간이라 불리는 벡터공간들이 그 예이다.

구간 [0, 1] 위에 정의된 모든 실수 값 연속함수들의 집합은 무한차원 벡터공간이다. 이를 밝히기 위해서는 일차독립인 무한 개의 연속함수를 보이면 된다. 예를 들어 함수 $p_n(t)=t^n$, $n=0, 1, 2, \ldots$를 잡으면 된다.

정의

유한한 기저를 가지는 벡터공간을 **유한차원** 벡터공간이라 하고, 이 경우에 한 기저에 있는 원소의 수를 벡터공간의 **차원**(dimension)이라 한다.

정리 7

두 유한차원 벡터공간이 동형일 필요충분조건은 그들의 차원이 서로 같은 것이다.

증명 U와 V가 차원이 같은 유한차원 벡터공간이라 하자. 또 $\{\mathbf{u}_1, \mathbf{u}_2, \dots, \mathbf{u}_n\}$을 U의 기저, $\{\mathbf{v}_1, \mathbf{v}_2, \dots, \mathbf{v}_n\}$을 V의 기저라고 하자. 선형변환 $T: U \to V$를 $T(\mathbf{u}_i)=\mathbf{v}_i$, $i=1, 2, \dots, n$로 정의하자. 따라서 U의 임의의 원소

$$\mathbf{u} = \sum_{i=1}^{n} c_i \mathbf{u}_i$$

에 대하여

$$T(\mathbf{u}) = T\left(\sum_{i=1}^{n} c_i \mathbf{u}_i\right) = \sum_{i=1}^{n} c_i T(\mathbf{u}_i) = \sum_{i=1}^{n} c_i \mathbf{v}_i$$

가 성립한다. T는 단사함수인가? 이를 위하여 $T(\mathbf{u})=\mathbf{0}$이라 두면

$$T\left(\sum_{i=1}^{n} c_i \mathbf{u}_i\right) = \mathbf{0} \quad \text{즉} \quad \sum_{i=1}^{n} c_i T(\mathbf{u}_i) = \sum_{i=1}^{n} c_i \mathbf{v}_i = \mathbf{0}$$

가 성립한다. $\{\mathbf{v}_1, \mathbf{v}_2, \dots, \mathbf{v}_n\}$가 일차독립이므로 $c_1=c_2=\cdots=c_n=0$이고 따라서 $\mathbf{u}=\sum_{i=1}^{n} c_i\mathbf{u}_i=\mathbf{0}$이다. 그러므로 T는 단사함수이다. 그러면 T는 전사함수인가? V의 임의의 원소 $\mathbf{v}$에 대하여

$$\mathbf{v} = \sum_{i=1}^{n} d_i \mathbf{v}_i = \sum_{i=1}^{n} d_i T(\mathbf{u}_i) = T\left(\sum_{i=1}^{n} d_i \mathbf{u}_i\right)$$

가 성립하므로 T는 전사함수이다. 결론적으로 T는 동형사상이다.

역으로 $T: U \to V$를 동형사상이라 하자. 이제 $\{\mathbf{u}_1, \mathbf{u}_2, \dots, \mathbf{u}_n\}$을 U의 기저라 하고 $\{T(\mathbf{u}_1), T(\mathbf{u}_2), \dots, T(\mathbf{u}_n)\}$이 V의 기저임을 보이자. 만일

$$\sum_{i=1}^{n} c_i T(\mathbf{u}_i) = \mathbf{0}$$

라 하면

$$T\left(\sum_{i=1}^{n} c_i \mathbf{u}_i\right) = \mathbf{0}$$

가 성립한다. T가 동형사상이므로 $\sum_{i=1}^{n} c_i\mathbf{u}_i=\mathbf{0}$이고, $\{\mathbf{u}_1, \mathbf{u}_2, \dots, \mathbf{u}_n\}$이 일차독립이므로 $c_1=c_2=\cdots=c_n=0$이다. 그러므로 $\{T(\mathbf{u}_1), T(\mathbf{u}_2), \dots, T(\mathbf{u}_n)\}$은 일차독립이다. T가 전사함수이므로 V의 임의의 원소 $\mathbf{v}$에 대하여 $T(\mathbf{u})=\mathbf{v}$가 성립하는 U의 원소 $\mathbf{u}$가 있다.

$$\mathbf{v} = T(\mathbf{u}) = \sum_{i=1}^{n} c_i T(\mathbf{u}_i)$$

이므로 $\{T(\mathbf{u}_1), T(\mathbf{u}_2), \dots, T(\mathbf{u}_n)\}$은 V를 생성한다. ■

예제 11 행렬공간 $\mathbb{R}^{m\times n}$과 $\mathbb{R}^{n\times m}$은 동형인가? 또 $\mathbb{R}^{3\times 7}$과 $\mathbb{P}_{20}$은 동형인가?

풀이 두 경우 모두 비교하는 벡터공간들의 차원이 같으므로 동형이다. ■

예제 12 세 벡터

$$\mathbf{u}=(2, 3, -1),\ \mathbf{v}=(13, 3, 4)\text{와 }\mathbf{w}=(-3, 1, -2)$$

에 의하여 생성되는 벡터공간은 어떠한 공간인가?

풀이 $(13, 3, 4)=2(2, 3, -1)-3(-3, 1, -2)$, 즉 $\mathbf{v}=2\mathbf{u}-3\mathbf{w}$이다. 이를 이용하여 이들이 생성하는 벡터들을 간단히 나타내면

$$\begin{aligned} a\mathbf{u}+b\mathbf{v}+c\mathbf{w} &= a\mathbf{u}+b(2\mathbf{u}-3\mathbf{w})+c\mathbf{w} = a\mathbf{u}+2b\mathbf{u}-3b\mathbf{w}+c\mathbf{w} \\ &= (a+2b)\mathbf{u}+(c-3b)\mathbf{w} \end{aligned}$$

이다. 따라서

$$\text{Span}\{\mathbf{u}, \mathbf{v}, \mathbf{w}\} = \text{Span}\{\mathbf{u}, \mathbf{w}\}$$

이 성립한다. 벡터 $\mathbf{u}$와 $\mathbf{w}$의 일차결합인 $\mathbf{v}$는 세 벡터가 생성하는 부분공간을 생성하기 위하여 꼭 필요한 것은 아니다. 위 예제의 사실은 아래와 같이 더 일반적인 경우에 대해서도 성립한다. ■

정리 8
어떤 집합에서 다른 원소들의 일차결합인 벡터를 제외하더라도 그 집합이 생성하는 부분공간은 변함이 없다.

증명 집합을 $S=\{\mathbf{v}_0, \mathbf{v}_1, \ldots, \mathbf{v}_n\}$라 두고

$$\mathbf{v}_0 = \sum_{i=1}^{n} c_i\mathbf{v}_i$$

라고 하자. $\mathbf{w}$를 S가 생성하는 부분공간의 원소라고 하면

$$\mathbf{w} = \sum_{i=0}^{n} a_i\mathbf{v}_i$$

로 나타난다. 그리하면

$$\mathbf{w} = a_0\mathbf{v}_0 + \sum_{i=1}^{n} a_i\mathbf{v}_i = a_0\sum_{i=1}^{n} c_i\mathbf{v}_i + \sum_{i=1}^{n} a_i\mathbf{v}_i = \sum_{i=1}^{n}(a_0c_i + a_i)\mathbf{v}_i$$

가 성립한다. 즉 $\mathbf{w}$는 $\mathbf{v}_0$를 제외한 S의 원소들의 일차결합으로 나타난다. ■

정리 9

n개의 벡터가 n차원 벡터공간을 생성하면 이 벡터들은 기저를 이룬다.

증명 그 집합을 S라 하고 S가 벡터공간 V를 생성한다고 하자. 이제 S가 일차독립이라는 것을 보이면 된다. S가 일차종속이라고 해 보자. 그리하면 S에는 S의 다른 원소들의 일차결합인 벡터가 있다. 앞의 정리에 의하여 그 벡터를 S에서 제외하더라도 남은 집합이 V를 생성한다. 2.4절의 정리 6에 의하여 V에서 일차독립인 집합은 $n-1$개 이하의 벡터를 가진다. 즉 $\mathrm{Dim}(V) \le n-1$이고, 이것은 모순이다. ■

정리 10

n차원 벡터공간에서 n개의 일차독립인 벡터들은 기저를 이룬다.

증명 그 집합을 S라 하고 S가 기저가 아니라고 해 보자. 따라서 S는 V를 생성하지 않는다. 즉 S의 일차결합이 아닌 벡터 $\mathbf{x}$가 V에 있다. 그리하면 $S\cup\{\mathbf{x}\}$는 일차독립이므로 V의 차원은 n보다 크게 되어 모순이다. ■

예제 13 다음 행렬의 행공간의 기저를 구하라.

$$\mathbf{A} = \begin{bmatrix} 3 & 9 & 4 & -4 & 3 & -24 \\ -1 & -3 & 0 & -2 & 6 & 9 \\ 2 & 6 & 6 & -11 & 9 & -17 \\ 4 & 12 & 10 & -17 & 18 & -32 \end{bmatrix}$$

풀이 여기서도 행동치인 행렬들의 행공간은 서로 같다는 사실을 이용한다. 가우스 소거법에 의하여

$$\mathbf{A} \sim \mathbf{B} = \begin{bmatrix} 1 & 3 & 0 & 2 & 0 & -7 \\ 0 & 0 & 1 & -\frac{5}{2} & 0 & -1 \\ 0 & 0 & 0 & 0 & 1 & \frac{1}{3} \\ 0 & 0 & 0 & 0 & 0 & 0 \end{bmatrix}$$

가 성립한다. 그러므로 행공간의 차원은 3이고, 행렬 $\mathbf{B}$의 처음 세 행은 $\mathbf{A}$의 행공간의 기저를 이룬다. 그런데 $\mathbf{A}$의 처음 세 행은 $\mathbf{A}$의 행공간의 기저를 이룰 수도 있고 이루지 않을 수도 있다. ■

예제 14 다음 행렬의 행공간의 기저를 구하라.

$$\mathbf{A} = \begin{bmatrix} 12 & 2 & 46 \\ 6 & 1 & 23 \\ 3 & 1 & 14 \end{bmatrix}$$

풀이 가우스 소거법에 의하여

$$\mathbf{A} \sim \mathbf{B} = \begin{bmatrix} 1 & 0 & 3 \\ 0 & 1 & 5 \\ 0 & 0 & 0 \end{bmatrix}$$

가 성립한다. 행렬 **B**의 처음 두 행은 **A**의 행공간의 기저를 이룬다. 그러나 **A**의 처음 두 행은 **A**의 행공간의 기저를 이루지 않는다.(이유를 밝히라.) ■

정리 11

n개의 벡터에 의하여 생성된 벡터공간의 차원은 n 이하이다.

증명 2.4절의 정리 6에 의하여 일차독립인 집합의 원소의 수는 벡터공간의 임의의 생성 집합의 원소의 수보다 클 수 없다. 따라서 기저는 생성 집합보다 많은 원소를 가질 수 없다. ■

정리 12

n개의 일차독립인 벡터로 이루어진 부분집합이 있는 벡터공간의 차원은 n 이상이다.

증명 V의 부분집합 $\{\mathbf{v}_1, \mathbf{v}_2, \ldots, \mathbf{v}_n\}$가 일차독립이라 하자. 2.4절의 정리 6에 의하여 V를 생성하는 집합은 n개 이상의 원소를 가진다. 따라서 V의 임의의 기저는 적어도 n개의 벡터를 가진다. ■

정리 13

행렬에서 피벗이 있는 열들은 열공간의 기저를 이룬다.

증명 **A**를 임의의 행렬이라 하고 **B**를 **A**의 기약 행 사다리꼴이라 하자. **B**에서 피벗이 있는 열들은 일차독립이다. 왜냐하면 피벗이 있는 어떤 열도 앞의 열들의 일차결합이 아니기 때문이다.(예제 15 참조.) **A**와 **B**는 행동치이므로 피벗이 있는 **A**의 열들은 일차독립이다. 여기서 $\mathbf{Ax}=\mathbf{0}$과 $\mathbf{Bx}=\mathbf{0}$는 서로 필요충분조건임을 기억하자. 피벗이 없는 **A**의 열은 피벗이 있는 **A**의 열들의 일차결합이다. 따라서 정리 7에 의하여, 피벗이 있는 **A**의 열들은

A의 열공간을 생성한다. 그러므로 이 열들이 열공간의 기저를 이룬다. ■

예제 15 다음 행렬의 열공간의 기저를 구하라.

$$\mathbf{A} = \begin{bmatrix} 1 & 2 & 4 & 7 & -2 \\ 3 & -1 & 5 & 7 & 3 \\ 2 & 0 & 4 & 6 & 0 \\ 2 & 4 & 8 & 14 & 1 \end{bmatrix}$$

풀이 가우스 소거법에 의하여

$$\mathbf{A} \sim \mathbf{B} = \begin{bmatrix} 1 & 0 & 2 & 3 & 0 \\ 0 & 1 & 1 & 2 & 0 \\ 0 & 0 & 0 & 0 & 1 \\ 0 & 0 & 0 & 0 & 0 \end{bmatrix}$$

가 성립한다. 행렬 B의 3열과 4열은 나머지 열들의 일차결합이고, A에 대해서도 마찬가지이다. 따라서 A의 1열, 2열, 5열은 A의 열공간의 기저를 이룬다. 그러나 분명히 B의 1열, 2열, 5열은 A의 열공간의 기저를 이루지 않는다.(이유를 밝히라.) ■

예제 16 $f(t)=5t^3+7t^2-8t+9$에 대하여 집합 $\{f, f', f'', f'''\}$은 $\mathbb{P}_3$의 기저인가?

풀이 $f(t)$를 계속 미분하여

$$f'(t) = 15t^2 + 14t - 8 \qquad f''(t) = 30t + 14 \qquad f'''(t) = 30$$

를 얻는다. $\sum_{i=0}^{3} c_i f^{(i)}(t)=0$이라고 가정하면

$$c_0(5t^3 + 7t^2 - 8t + 9) + c_1(15t^2 + 14t - 8) + c_2(30t + 14) + c_3(30) = 0$$

즉

$$(5c_0)t^3 + (7c_0 + 15c_1)t^2 + (-8c_0 + 14c_1 + 30c_2)t + (9c_0 - 8c_1 + 14c_2 + 30c_3) = 0$$

이 성립한다. 미정계수법에 의하여 연립방정식

$$\begin{bmatrix} 5 & 0 & 0 & 0 \\ 7 & 15 & 0 & 0 \\ -8 & 14 & 30 & 0 \\ 9 & -8 & 14 & 30 \end{bmatrix} \begin{bmatrix} c_0 \\ c_1 \\ c_2 \\ c_3 \end{bmatrix} = \begin{bmatrix} 0 \\ 0 \\ 0 \\ 0 \end{bmatrix}$$

을 얻는다. 전진대입법으로 $c_0=c_1=c_2=c_3=0$을 얻는다. 따라서 그 집합은 일차독립이다. 정리 10에 의하여, 이 집합은 $\mathbb{P}_3$의 기저이다. ■

예제 17 집합 $\{[1, 3, 1, 2]^T, [2, 9, 3, 6]^T\}$을 $\mathbb{R}^4$의 기저로 확장할 수 있는가?

풀이 이 벡터들을 포함하여 아래의 행렬 **A**를 만들고, 기약 행 사다리꼴을 구해 보자.

$$\mathbf{A} = \begin{bmatrix} 1 & 2 & 1 & 0 & 0 & 0 \\ 3 & 9 & 0 & 1 & 0 & 0 \\ 1 & 3 & 0 & 0 & 1 & 0 \\ 2 & 6 & 0 & 0 & 0 & 1 \end{bmatrix} \sim \begin{bmatrix} 1 & 0 & 3 & 0 & 0 & -1 \\ 0 & 1 & -1 & 0 & 0 & \frac{1}{2} \\ 0 & 0 & 0 & 1 & 0 & -1 \\ 0 & 0 & 0 & 0 & 1 & \frac{1}{2} \end{bmatrix} = \mathbf{B}$$

정리 13에 의하여 **A**의 1열, 2열, 4열, 5열은 **A**의 열공간의 기저를 이루고, 이 열공간은 $\mathbb{R}^4$와 동형이다. 따라서 질문에 대한 답은 '그렇다' 이다. 그러나 **A**의 1열과 2열로 생성된 부분공간과 **B**의 1열과 2열로 생성된 부분공간은 서로 다르다. ■

집합에서의 선형변환

다음 정리는 선형변환을 집합에 적용하여 차원을 높일 수 없다는 것을 보여 준다. 바꾸어 말하면 선형변환의 치역의 차원은 정의역의 차원보다 크지 않다는 것이다.

정리 14

U가 유한차원 벡터공간이고 V는 임의의 벡터공간이라 하자. $L: U \to V$가 선형변환이면 $\text{Dim}(L(U)) \leq \text{Dim}(U)$이다.

증명 U의 기저 $\{\mathbf{u}_1, \mathbf{u}_2, \ldots, \mathbf{u}_n\}$을 잡자. 임의의 $\mathbf{x} \in U$는 $\mathbf{x} = \sum_{i=1}^{n} c_i u_i$로 나타나고

$$L(\mathbf{x}) = \sum_{i=1}^{n} c_i L(\mathbf{u}_i) \in \text{Span}\left\{L(\mathbf{u}_1),\ L(\mathbf{u}_2), \ldots, L(\mathbf{u}_n)\right\}$$

이므로

$$L[U] \subset \text{Span}\left\{L(\mathbf{u}_1),\ L(\mathbf{u}_2), \ldots, L(\mathbf{u}_n)\right\}$$

이 성립한다. 그러므로 $\text{Dim}(L(U)) \leq n = \text{Dim}(U)$이다. ■

정리 15

$\{\mathbf{u}_1, \mathbf{u}_2, \ldots, \mathbf{u}_n\}$가 U의 기저라 하고, V는 임의의 벡터공간이라 하자. 선형변환 $T: U \to V$는 $\mathbf{v}_i = T(\mathbf{u}_i)$, $i=1, 2, \ldots, n$에 의하여 결정된다. 또한 이 값들은 임의로 택할 수 있다.

증명 $\mathbf{x} \in U$이면 유일한 방법에 의하여

$$\mathbf{x} = \sum_{i=1}^{n} a_i \mathbf{u}_i$$

으로 나타난다. T가 선형이므로

$$T(\mathbf{x}) = \sum_{i=1}^{n} a_i T(\mathbf{u}_i) = \sum_{i=1}^{n} a_i \mathbf{v}_i$$

가 성립한다. ■

임의의 벡터 $\mathbf{w}_i$와 $\mathbf{y}_i$($i=1, 2, \ldots, n$)에 대하여 $T(\mathbf{w}_i)=\mathbf{y}_i$로 정의하면 선형변환이 결정된다고 하는 것은 흔히 저지르는 실수이다. 정리 15는 이것을 의미하는 것이 아니다.

예제 18 아래의 벡터에 대하여 $T(\mathbf{u}_i)=\mathbf{v}_i$가 성립하는 선형변환을 구하라.

$$\mathbf{u}_1 = (1, 3, 2), \qquad \mathbf{v}_1 = (2, -3, 1)$$
$$\mathbf{u}_2 = (2, 1, 1), \qquad \mathbf{v}_2 = (-1, 4, 1)$$
$$\mathbf{u}_3 = (4, 7, 5), \qquad \mathbf{v}_3 = (3, -2, 1)$$

풀이 정리 15를 이용하고 싶지만 집합 $\{\mathbf{u}_1, \mathbf{u}_2, \mathbf{u}_3\}$은 일차종속이므로 기저가 아니다. 사실

$$2\mathbf{u}_1 + \mathbf{u}_2 - \mathbf{u}_3 = \mathbf{0}$$

이 성립한다. T가 선형변환이라면

$$T(2\mathbf{u}_1 + \mathbf{u}_2 - \mathbf{u}_3) = \mathbf{0}$$

이다. 그러나 아래의 계산에 의하여 모순이 나타난다.

$$\begin{aligned} 2T(\mathbf{u}_1) + T(\mathbf{u}_2) - T(\mathbf{u}_3) &= \mathbf{0} \\ 2\mathbf{v}_1 + \mathbf{v}_2 - \mathbf{v}_3 &= \mathbf{0} \\ 2(2, -3, 1) + (-1, 4, 1) - (3, -2, 1) &= \mathbf{0} \\ (0, 0, 2) &= \mathbf{0} \end{aligned}$$

그러므로 구하고자 하는 선형변환은 존재하지 않는다. ■

정리 16

유한차원 벡터공간에서 임의의 일차독립인 집합은 기저로 확장될 수 있다.

증명 V의 부분집합 $X=\{\mathbf{u}_1, \mathbf{u}_2, \dots, \mathbf{u}_k\}$가 일차독립이라 하자. X가 V를 생성하면, X는 V의 기저이다. X가 V의 기저가 아니면 $V \setminus \mathrm{Span}(X)$의 원소 $\mathbf{u}_{k+1}$을 하나 택하자. 그리하면 $X'=X\cup\{\mathbf{u}_{k+1}\}$은 일차독립이다. V가 유한차원 벡터공간이므로 이 과정을 계속하여 V의 기저를 얻는다.(2.4절의 정리 11 참조.) ■

여러 부분공간의 차원

$T: U \to V$가 선형변환이라 하면 U(**정의역**)와 V(**공변역**)는 이미 T와 관련된 두 가지의 벡터공간이다. T의 핵

$$\mathrm{Ker}(T) = \{\mathbf{u} \in U \ : \ T(\mathbf{u}) = \mathbf{0}\}$$

은 U의 부분공간이다. 이것을 T의 **영공간**이라고도 부르고 $\mathrm{Null}(T)$로도 표기한다. 또 이 영공간의 차원을 T의 **퇴화차수**(nullity)라고 부른다. 다음으로, T의 **치역**

$$\mathrm{Range}(T) = \left\{T(\mathbf{u}) \ : \ \mathbf{u} \in U\right\}$$

는 V의 부분공간으로 T에 의한 상들의 집합으로 이루어져 있다. 이 내용들은 이미 5.1절에서 증명되었다. 위의 정의들은 U와 V가 유한차원 벡터공간이 아니더라도 합당하다. 하지만 U가 유한차원 벡터공간이면 위의 벡터공간들의 차원에 대하여 특정한 관계식이 성립한다. 예를 들어 U의 차원이 n이면 V의 차원은 n보다 클 수 없다.(정리 14 참조.)

예제 19 선형변환 $T: \mathbb{R}^5 \to \mathbb{R}^6$가 아래의 행렬 $\mathbf{A}$에 의하여 $T(\mathbf{x})=\mathbf{A}\mathbf{x}$로 정의된 선형변환이라 하고, $\mathbf{A}$의 기약 행 사다리꼴을 $\tilde{\mathbf{A}}$라고 하자.

$$\mathbf{A} = \begin{bmatrix} 1 & 2 & 3 & 14 & 0 \\ 2 & 4 & 1 & 3 & 1 \\ 2 & 4 & 0 & 0 & 1 \\ 4 & 8 & 3 & 14 & 0 \\ 1 & 2 & 0 & 0 & 1 \\ 10 & 20 & 7 & 31 & 3 \end{bmatrix} \sim \begin{bmatrix} 1 & 2 & 0 & 5 & 0 \\ 0 & 0 & 1 & 3 & 0 \\ 0 & 0 & 0 & 0 & 1 \\ 0 & 0 & 0 & 0 & 0 \\ 0 & 0 & 0 & 0 & 0 \\ 0 & 0 & 0 & 0 & 0 \end{bmatrix} = \tilde{\mathbf{A}}$$

위에 정의된 여러 가지 $\mathbf{A}$와 관련된 부분공간들의 차원을 구하라.

풀이 $\tilde{\mathbf{A}}$에는 두 개의 독립 변수가 있으므로, $\mathbf{A}$의 영공간의 차원은 2이다. $\tilde{\mathbf{A}}$에서 1열, 3열과 5열에 피벗이 있으므로, 이 열들은 일차독립이다. 그러므로 $\mathbf{A}$에서 1열, 3열과 5열이 $\mathbf{A}$의 열공간의 기저를 이룬다. 따라서 T의 치역의 차원은 3이다. ■

선형변환의 차원에 관한 위 예제의 계산은 모든 행렬에 적용된다.

예제 20 $\mathbf{A}$가 $m\times n$ 행렬이고 $\tilde{\mathbf{A}}$는 $\mathbf{A}$의 기약 행 사다리꼴이라 하자. $\tilde{\mathbf{A}}$ 또는 $\mathbf{A}$에 k개의 피벗이 있다고 하자. 영공간의 차원과 열공간의 차원 사이에는 어떠한 관계가 있는가?

풀이 피벗이 있는 열의 수가 k이고, 피벗이 없는 열의 수는 $n-k$이다. 피벗이 없는 열은 독립 변수에 대응하므로 이 열의 수가 영공간의 차원이다. 즉

$$\text{Dim}\left(\text{Null}(\mathbf{A})\right) = n - k$$

이다. 피벗이 있는 $\tilde{\mathbf{A}}$의 열에 대응하는 $\mathbf{A}$의 열들이 $\mathbf{A}$의 열공간의 기저를 이루므로 열공간의 차원은 k이다. 따라서 $(n-k)+k=n$에 의하여

$$\text{Dim}\left(\text{Col}(\mathbf{A})\right) + \text{Dim}\left(\text{Null}(\mathbf{A})\right) = n$$

이 성립한다. 위의 내용을 체계적으로 정리하면 다음이 성립한다. ■

정리 17

T가 n차원 벡터공간 U 위에 정의된 선형변환이면 다음 관계식이 성립한다.

$$\text{Dim}\left(\text{Ker}(T)\right) + \text{Dim}\left(\text{Range}(T)\right) = n$$

증명 $\{\mathbf{y}_1, \mathbf{y}_2, \ldots, \mathbf{y}_m\}$을 T의 치역의 기저라 하고, $\{\mathbf{x}_1, \mathbf{x}_2, \ldots, \mathbf{x}_k\}$를 T의 핵의 기저라 하자. 각 $i=1, 2, \ldots, m$에 대하여 $T(\mathbf{u}_i)=\mathbf{y}_i$가 성립하는 벡터 $\mathbf{u}_i \in U$를 하나씩 택하자. 이제

$$\mathcal{B} = \{\mathbf{x}_1, \mathbf{x}_2, \ldots, \mathbf{x}_k, \mathbf{u}_1, \mathbf{u}_2, \ldots, \mathbf{u}_m\}$$

로 두고 $\mathcal{B}$ 가 U의 기저라는 것을 보이면 된다. 먼저 $\mathcal{B}$ 가 U를 생성한다는 것을 보이기 위하여 $\mathbf{v} \in U$라고 하자. $T(\mathbf{v})$는 T의 치역에 속하므로

$$T(\mathbf{v}) = \sum_{i=1}^{m} c_i \mathbf{y}_i = \sum_{i=1}^{m} c_i T(\mathbf{u}_i) = T\left(\sum_{i=1}^{m} c_i \mathbf{u}_i\right)$$

가 성립한다. 그러므로

$$T\left(\mathbf{v} - \sum_{i=1}^{m} c_i \mathbf{u}_i\right) = \mathbf{0}$$

이고, $\mathbf{v} - \sum_{i=1}^{m} c_i \mathbf{u}_i$는 T의 핵에 속한다. $\{\mathbf{x}_1, \mathbf{x}_2, \ldots, \mathbf{x}_k\}$가 핵의 기저이므로

$$\mathbf{v} - \sum_{i=1}^{m} c_i \mathbf{u}_i = \sum_{j=1}^{k} d_j \mathbf{x}_j$$

로 나타난다. 따라서

$$\mathbf{v} = \sum_{j=1}^{k} d_j \mathbf{x}_j + \sum_{i=1}^{m} c_i \mathbf{u}_i$$

이고, $\mathcal{B}$는 U를 생성한다. 이제 $\mathcal{B}$가 일차독립이라는 것을 보이기 위하여

$$\sum_{i=1}^{k} a_i \mathbf{x}_i + \sum_{j=1}^{m} b_j \mathbf{u}_j = \mathbf{0}$$

이라 하면

$$\mathbf{0} = T\left(\sum_{i=1}^{k} a_i \mathbf{x}_i + \sum_{j=1}^{m} b_j \mathbf{u}_j\right) = \sum_{i=1}^{k} a_i T(\mathbf{x}_i) + \sum_{j=1}^{m} b_j \mathbf{y}_j = \sum_{j=1}^{m} b_j \mathbf{y}_j$$

가 성립한다. $\{\mathbf{y}_1, \mathbf{y}_2, \ldots, \mathbf{y}_m\}$가 일차독립이므로 $b_1 = b_2 = \cdots = b_m = 0$이다. 따라서 $\sum_{i=1}^{k} a_i \mathbf{x}_i = \mathbf{0}$이 성립하고, $\{\mathbf{x}_1, \mathbf{x}_2, \ldots, \mathbf{x}_k\}$가 일차독립이므로 $a_1 = a_2 = \cdots = a_k = 0$도 성립한다. 그러므로 $\mathcal{B}$는 일차독립이다. 결론적으로

$$\text{Dim}(U) = k + m = \text{Dim}\left(\text{Ker}(T)\right) + \text{Dim}\left(\text{Range}(T)\right)$$

가 성립한다. ■

정리 17을 행렬에 관한 용어로 나타내면 아래와 같다.

정리 18 계수-퇴화차수 정리

모든 행렬에 대하여 열의 수는 열공간의 차원과 영공간의 차원의 합과 같다.

위의 정리에 의하면 행렬의 각 열은 열공간의 차원 또는 영공간의 차원에 기여한다. 궁극적으로 이것은 각 열이 피벗을 가지거나 가지지 않는다는 것과 같은 것이다. 피벗이 있는 열은 열공간의 차원에 기여하고, 피벗이 없는 열은 영공간의 차원에 기여한다. 결론적으로 $m \times n$ 행렬 $\mathbf{A}$에 대하여

$$\text{Rank}(\mathbf{A}) + \text{Nullity}(\mathbf{A}) = n$$

가 성립한다.

다음은 선형대수학에서 중요한 정리이다. 이 정리는 행렬의 행공간과 열공간의 관계를 보여 주는 대단한 정리이다. 사실 $m \times n$ 행렬에 대하여 이 공간들은 각각 전혀 다른 두 벡터공간 $\mathbb{R}^n$과 $\mathbb{R}^m$의 부분공간들이다.

정리 19

행렬의 행공간과 열공간의 차원은 서로 같다.

$$\text{Dim}\left(\text{Row}(\mathbf{A})\right) = \text{Dim}\left(\text{Col}(\mathbf{A})\right)$$

증명 $\mathbf{A}$를 $m \times n$ 행렬이라 하고 $\mathbf{A}$의 계수를 r이라 하자. 또 $\tilde{\mathbf{A}}$를 $\mathbf{A}$의 기약 행 사다리꼴이라 하자. 정의에 의하여

r은 $\tilde{\mathbf{A}}$에서 영벡터가 아닌 행의 수이다. $\tilde{\mathbf{A}}$의 영벡터가 아닌 각 행에는 피벗이 있고, 그러한 행들은 일차독립이다. 따라서 이 행들은 $\mathbf{A}$의 행공간의 기저를 이룬다. 그러므로 r은 $\mathbf{A}$의 행공간의 차원이다. 한편 r개의 행이 피벗을 가지므로 r개의 열이 피벗을 가진다. 피벗이 있는 열들이 열공간의 기저를 이루므로 $\mathbf{A}$의 열공간의 차원도 r이다.

열공간의 차원이 r이라는 것을 보이는 또 다른 방법은 정리 17을 이용하는 것이다. $\mathbf{A}$를 선형변환 $\mathbf{x} \mapsto \mathbf{Ax}$로 보았을 때, 정의역의 차원은 n이고 영공간의 차원은 $n-r$이다. 정리 17에 의하여 치역의 차원은 r이고, 치역이 곧 $\mathbf{A}$의 열공간이다. ■

다른 교재나 논문에서는 **행계수**(row rank)와 **열계수**(column rank)라는 용어를 사용하는데, 이들은 각각 행공간의 차원과 열공간의 차원을 말한다. 따라서 이 용어를 사용하여 정리 18을 나타내면 '행계수와 열계수는 같다' 고 힐 수 있다.

예제 21 핵의 차원이 9이고 치역의 차원이 7인 선형변환 $T: \mathbb{R}^{17} \to \mathbb{R}^{32}$이 존재하는가?

풀이 선형변환에 대하여 정리 18에 의하여

$$\text{Dim}\left(\text{Ker}(T)\right) + \text{Dim}\left(\text{Range}(T)\right) = \text{Dim}\left(\text{Domain}(T)\right)$$

가 성립한다. 그리하면 $9+7=17$이 되어 모순이므로 그러한 선형변환은 없다. ■

예제 22 벡터공간 U 위에서 정의된 선형변환 T에 대하여, 정리 17을 이용하여 $\text{Dim}(T[U]) \leq \text{Dim}(U)$를 증명하라.

풀이 $T[U]=\text{Range}(T)$이고 $\text{Dim}(\text{Ker}\}(T)) \geq 0$이므로 자명하다. ■

예제 23 행렬 $\mathbf{A} = \begin{bmatrix} 1 & 2 & 3 & 2 & 3 \\ 3 & 6 & 9 & 2 & 3 \\ 2 & 4 & 6 & 2 & 3 \\ 1 & 2 & 3 & 2 & 3 \end{bmatrix}$에 대하여, Null(A), Col(A)와 Row(A)의 기저를 구하라.

풀이 먼저 $\mathbf{A}$의 기약 행 사다리꼴을 구하자.

$$\mathbf{A} = \begin{bmatrix} 1 & 2 & 3 & 2 & 3 \\ 3 & 6 & 9 & 2 & 3 \\ 2 & 4 & 6 & 2 & 3 \\ 1 & 2 & 3 & 2 & 3 \end{bmatrix} \sim \begin{bmatrix} 1 & 2 & 3 & 0 & 0 \\ 0 & 0 & 0 & 1 & \frac{3}{2} \\ 0 & 0 & 0 & 0 & 0 \\ 0 & 0 & 0 & 0 & 0 \end{bmatrix} = \mathbf{B}$$

이로부터 $\mathbf{Ax}=\mathbf{0}$의 해는 $x_1+2x_2+3x_3=0$과 $x_4+\frac{3}{2}x_5=0$로 나타난다. 즉

$$\begin{bmatrix} x_1 \\ x_2 \\ x_3 \\ x_4 \\ x_5 \end{bmatrix} = x_2\begin{bmatrix} -2 \\ 1 \\ 0 \\ 0 \\ 0 \end{bmatrix} + x_3\begin{bmatrix} -3 \\ 0 \\ 1 \\ 0 \\ 0 \end{bmatrix} + x_5\begin{bmatrix} 0 \\ 0 \\ 0 \\ -\frac{3}{2} \\ 1 \end{bmatrix} = r\mathbf{u} + s\mathbf{v} + t\mathbf{w}$$

이다. 따라서 영공간의 기저는 $\{\mathbf{u}, \mathbf{v}, \mathbf{w}\}$이고, Dim(Null(**A**))=3이다. 한편 **A**의 1열과 4열은 **A**의 열공간의 기저를 이룬다. 그러므로

$$\text{Col}(\mathbf{A}) = \text{Span}\left\{[1, 3, 2, 1]^T, [2, 2, 2, 2]^T\right\}$$

이고, Dim(Col(**A**))=2이다. 마지막으로 **B**의 1행과 2행은 **A**의 행공간의 기저를 이룬다. 그러므로

$$\text{Row}(\mathbf{B}) = \text{Span}\left\{[1, 2, 3, 0, 0], [0, 0, 0, 1, \tfrac{3}{2}]\right\}$$

이고, Dim(Row(**A**))=2이다. 여기서 Dim(Col(**A**))+Dim(Null(**A**))=2+3=5가 성립한다는 것을 알 수 있다. ■

주의

B가 **A**의 기약 행 사다리꼴이면, 피벗이 있는 **A**의 열들은 Col(**A**)의 기저이다. 그러나 피벗이 있는 **B**의 열들은 Row(**A**)의 기저이다. 행 연산은 열들의 일차독립성은 보존하지만, 행들의 일차독립성은 보존하지 않는다.

요약 5.2

- 벡터공간에서 V에서 V를 생성하는 일차독립인 벡터들의 집합은 기저이다.
- 정칙인 $n \times n$ 행렬의 열들은 $\mathbb{R}^n$의 기저를 이룬다.
- 벡터공간의 한 기저를 잡으면, 벡터공간의 임의의 벡터는 유일한 계수들에 의하여 그 기저에 있는 벡터들의 일차결합으로 나타난다.
- 함수 $\mathbf{x} \mapsto [\mathbf{x}]_{\mathcal{B}}$는 선형변환이다.
- 함수 $\mathbf{x} \mapsto [\mathbf{x}]_{\mathcal{B}}$는 단사이고 전사이다. 따라서 동형사상이다.
- 벡터공간 사이의 동형 관계는 동치 관계이다.
- 벡터공간이 유한한 기저를 가지면, 그 벡터공간의 모든 기저는 같은 수의 원소를 가진다.
- 유한한 기저를 가지는 벡터공간을 유한차원 벡터공간이라 하고, 그 기저에 있는 원소의 수를 벡터공간의 차원이라 한다.
- 두 유한차원 벡터공간이 동형일 필요충분조건은 그들의 차원이 서로 같은 것이다.
- 어떤 집합에서 다른 원소들의 일차결합인 벡터를 제외하더라도 그 집합이 생성하는 부분공간은 변함이 없다.
- n개의 벡터가 n차원 벡터공간을 생성하면 이 벡터들은 벡터공간의 기저를 이룬다.
- n차원 벡터공간에서 n개의 일차독립인 벡터들은 기저를 이룬다.
- n개의 벡터에 의하여 생성된 벡터공간의 차원은 n 이하이다.
- n개의 일차독립인 벡터로 이루어진 부분집합이 있는 벡터공간의 차원은 n 이상이다.
- 행렬에서 피벗이 있는 열들은 열공간의 기저를 이룬다.
- U가 유한차원 벡터공간이고 V는 임의의 벡터공간이라 하자.

$L: U \to V$가 선형변환이면 $\mathrm{Dim}(L(U)) \le \mathrm{Dim}(U)$이다.

- $\{\mathbf{u}_1, \mathbf{u}_2, ..., \mathbf{u}_n\}$가 U의 기저라 하고, V는 임의의 벡터공간이라 하자. 선형변환 $T: U \to V$는 $\mathbf{v}_i = T(\mathbf{u}_i)$, $i=1, 2, ..., n$에 의하여 결정된다. 또한 이 값들은 임의로 택할 수 있다.
- 유한차원 벡터공간에서 임의의 일차독립인 집합은 기저로 확장될 수 있다.
- T가 n차원 벡터공간 U 위에 정의된 선형변환이면 $\mathrm{Dim}(\mathrm{Ker}(T)) + \mathrm{Dim}(\mathrm{Ker}(T)) = n$이 성립한다.
- (계수–퇴화차수 정리) 모든 행렬에 대하여 열의 수 n은 열공간의 차원과 영공간의 차원의 합과 같다. 즉 $\mathrm{Dim}(\mathrm{Col}(\mathbf{A})) + \mathrm{Dim}(\mathrm{Null}(\mathbf{A})) = n$이 성립한다.
- 행렬의 행공간과 열공간의 차원은 서로 같다. 즉 $\mathrm{Dim}(\mathrm{Row}(\mathbf{A})) + \mathrm{Dim}(\mathrm{Col}(\mathbf{A})) = n$이 성립한다.
- **주의:** **B**가 **A**의 기약 행 사다리꼴이면, 피벗이 있는 **A**의 열들은 Col(**A**)의 기저이다. 그러나 피벗이 있는 **B**의 열들은 Row(**A**)의 기저이다.

주요 개념 5.2

벡터공간의 기저, 표준기저, 좌표벡터, 동형사상, 동치 관계, 벡터공간의 차원, 유한차원 및 무한차원 벡터공간, 정의역, 핵, 공변역, 치역, 행공간, 열공간, 영공간, 계수, 퇴화차수

일반 연습문제 5.2

1. 행렬 $\begin{bmatrix} 1 & 3 & 2 & 7 & 5 \\ 2 & 0 & 1 & 4 & 4 \\ 6 & 2 & 3 & -1 & -6 \\ -3 & 1 & 0 & 12 & 15 \end{bmatrix}$의 행들은 $\mathbb{R}^5$의 기저를 이루는가?

2. 기저 $\mathcal{B} = \{(1, 2, 3), (2, 2, 2), (3, -3, 1)\}$에 대한 벡터 $\mathbf{x} = (3, 2, -1)$의 좌표벡터 $[\mathbf{x}]_{\mathcal{B}}$를 구하라.

3. 다항식 $p(t) = 3(t-2) + 4(3-5t)^2 - t^3$을 르장드르 다항식들의 일차결합으로 나타내라.

4. 다항식 $p = 3P_0 - 4P_1 + 2P_2 - P_3$을 표준기저의 벡터들의 일차결합으로 나타내라.

5. 벡터 $\mathbf{x} = (-5, 1, 2)$를 벡터 $(1, 3, 2)$, $(2, 1, 4)$와 $(1, 0, 6)$의 일차결합으로 나타내라.

6. 다음의 네 다항식으로 생성된 부분공간의 차원을 구하라: $p_1(t) = 4 + 3t + 2t^2 + t^3$, $p_2(t) = 5 + 4t + 3t^2 + 2t^3$, $p_3(t) = 6 + 5t + 4t^2 + 3t^3$, $p_4(t) = 7 + 6t + 5t^2 + 4t^3$.

7. 행렬 $\mathbf{A} = \begin{bmatrix} 3 & 9 & -12 & 1 \\ 1 & 3 & -4 & 0 \\ 2 & 6 & -8 & 1 \\ 3 & 9 & -12 & 0 \end{bmatrix}$의 영공간의 기저를 구하라. 다른 방법으로 이를 확인하라.

8. 벡터 $(1, 5, 6)$은 행렬 $\begin{bmatrix} 1 & 2 & 3 \\ 3 & 6 & 9 \\ 1 & 3 & 4 \end{bmatrix}$의 행공간에 속하는가?

9. 함수 $L: \mathbb{P}_n \to \mathbb{P}_n$가 $L(p) = p + p'$로 정의되었을 때, L이 동형사상이라는 것을 증명하라.(단, p'은 p의 도함수이다.)

10. 네 다항식 $p_1(t) = 4 - 2t - t^2$, $p_2(t) = t + t^2 + t^3$, $p_3(t) = 1 - t - t^3$, $p_4(t) = 3 + 4t + t^2 + 4t^3$로 이루어진 집합을 S라 하자. Span(S)를 생성하는 S의 부분집합을 구하라.

11. **A**가 5×6 행렬이고, $\mathbf{Ax} = \mathbf{0}$의 해는 한 특정한 벡터의 상수배들이라 한다. 모든 **b**에 대하여 $\mathbf{Ax} = \mathbf{b}$는 해를 가지는가?

12. 집합 $S=\{[1, 3, 2, 0]^T, [-2, 0, 6, 7]^T, [0, 6, 10, 7]^T, [2, 10, -3, 1]^T\}$에 의하여 생성된 부분공간의 기저를 구하라.

13. **A**가 6×8 행렬이고, **Ax**=**b**는 두 독립 변수가 있는 해를 가진다고 한다. **b**에 따라 이 방정식이 해를 가지지 않는 경우도 있는가?

14. 다항식 $p(t)=\sum_{i=0}^{n} a_i t^i$에 대하여 $a_n \neq 0$이다. 집합 $\{p, p', p'', \ldots, p^{(n)}\}$은 $\mathbb{P}_n$의 기저를 이루는가?

15. 네 다항식 $p_1(t)=t^3-2t^2+1$, $p_2(t)=2t^2+t$, $p_3(t)=2t^3+3t+2$, $p_4(t)=4t^2+4t$로 이루어진 집합을 S라 하자. Span(S)를 생성하는 S의 부분집합을 구하라.

16. 네 벡터 $\mathbf{u}=(1, 1, 1, 1)$, $\mathbf{v}=(1, 1, 1, -1)$, $\mathbf{w}=(1, 1, -1, -1)$, $\mathbf{x}=(1, -1, -1, -1)$에 대하여 $\{\mathbf{u}, \mathbf{v}, \mathbf{w}, \mathbf{x}\}$가 $\mathbb{R}^4$의 기저임을 증명하라.

17. 벡터 (1 5 6)은 행렬 $\begin{bmatrix} 1 & 2 & 3 \\ 3 & 5 & 9 \\ 1 & 3 & 4 \end{bmatrix}$의 행공간에 속하는가?

18. 함수 $L : \mathbb{P}_4 \rightarrow \mathbb{P}_2$가 $L(\mathrm{p})=p''$로 정의되었을 때, Ker(L), Range(L) 및 Dim(Domain(L))을 구하라.

19. $\mathbf{u}=(1, 1)$, $\mathbf{v}=(3, -2)$, $\mathbf{w}=(4, 3)$, $\mathbf{y}=(-3, 4)$라 두자. $L : \mathbb{R}^2 \rightarrow \mathbb{R}^2$는 선형변환이고 $L(\mathbf{u})=\mathbf{w}$, $L(\mathbf{v})=\mathbf{y}$라고 한다. $\mathbf{z}=(7, 5)$일 때, $L(\mathbf{z})$를 구하라.

20. 행렬 $\mathbf{A} = \begin{bmatrix} 0 & 0 & 0 & 0 \\ 3 & 2 & 1 & 2 \\ 2 & -1 & 1 & 3 \\ 0 & 7 & -1 & -5 \\ 2 & 1 & 1 & 1 \end{bmatrix}$의 행공간의 기저를 구하라.

21. 체비셰프 다항식 $p_0(t)=1$, $p_1(t)=t$, $p_2(t)=2t^2-1$이 $\mathbb{P}_3$의 기저를 이룬다는 것을 증명하라.

22. 행렬 $\mathbf{A} = \begin{bmatrix} 1 & 2 & 1 & 0 & -1 \\ 2 & -1 & 0 & 1 & 3 \\ 1 & -3 & -1 & 1 & 4 \\ 2 & 9 & 4 & -1 & -7 \end{bmatrix}$에 대하여 행공간의 간결한 기저를 구하라. $\mathbf{x}=\{\mathbf{x} : \mathbf{Ax}=\mathbf{0}\}$가 $\mathbb{R}^5$의 부분공간인 이유를 밝히고, 이 부분공간의 차원을 구하라.

23. 행렬식을 이용하여 다음의 각 경우 주어진 벡터들이 $\mathbb{R}^3$의 기저를 이룬다는 것을 보이라.

   a. $[1, 0, 0]^T, [0, 1, 0]^T, [0, 0, 1]^T$

   b. $[1, 1, 1]^T, [1, 1, 0]^T, [1, 0, 0]^T$

   c. $[2, 1, 3]^T, [5, 2, 1]^T, [3, 7, 2]^T$

24. 벡터 $[1, 3, 2]^T, [4, 2, 3]^T, [-1, 1, 0]^T, [3, 0, 1]^T$ 가운데서 $\mathbb{R}^3$의 기저를 이루는 벡터들을 구하라. 행렬식을 이용하여 확인하라.

25. 벡터 $[-1, 1, 0]^T, [4, 2, 3]^T, [1, 3, 2]^T, [4, 6, 5]^T$에 의하여 생성된 부분공간의 기저를 구하라.

26. 집합 $\{[1, 2, 3]^T, [0, 2, 3]^T\}$을 확장하여 $\mathbb{R}^3$의 기저를 구하라.

27. 행렬 $\mathbf{A} = \begin{bmatrix} 2 & -2 & 3 & 5 & 5 \\ -1 & 1 & 4 & 14 & -8 \\ 4 & -4 & -2 & -14 & 18 \\ 3 & -3 & -1 & -9 & 13 \end{bmatrix}$의 행공간의 간결한 기저를 구하라.

28. 네 벡터 (1, 0, 3, 0), (3, 1, 11, 0), (5, 1, 17, 1), (9, 2, 31, 1)에 의하여 생성된 부분공간의 간결한 기저를 구하라.

29. 행렬 $\mathbf{A} = \begin{bmatrix} 1 & 3 & 2 \\ 2 & 3 & 1 \\ 3 & 5 & 2 \\ 1 & 2 & 1 \end{bmatrix}$의 치역과 핵의 기저를 구하라. 또 Dim(Ker(**A**)), Dim(Range(**A**)), Dim(Domain(**A**))을 구하라.

30. 벡터공간에서 원점을 지나는 직선 위의 점들이 부분공간을 이루는 이유를 밝히라.

31. S를 일차독립인 n개의 벡터로 이루어진 집합이라 할 때, Dim(Span(S))$=n$임을 보이라. 따라서 n개의 일차독립인 벡터는 어떤 부분집합의 기저를 이룬다.

32. 행렬의 계수는 행공간의 차원과 같음을 보이라.

33. T는 n차원 벡터공간의 일차독립인 부분집합이고, S는 그 벡터공간을 생성한다고 하자. $\#(T) \leq n \leq \#(S)$임을 보이라. 여기서 $\#(T)$는 T에 속하는 원소의 개수이다.

34. $\mathbb{R}^{m\times n}$의 차원이 mn임을 증명하라. $\mathbb{R}^{n\times n}$에서 대칭행렬들로 이루어진 부분공간의 차원을 구하라.

35. $\mathbb{R}^{n\times n}$에서 대각합이 0인 행렬들로 이루어진 집합은 부분공간임을 보이고 이 부분공간의 차원을 구하라.

36. $\mathbb{P}_n$에서 $p(0)=0$인 다항식 p들로 이루어진 집합은 부분공간임을 보이고 이 부분공간의 차원을 구하라.

37. (도전) 주어진 $n\times n$ 행렬 **B**에 대하여 **BA**=**0**가 성립하는

$n \times n$ 행렬 $\mathbf{A}$들로 이루어진 집합은 부분공간임을 보이고 이 부분공간의 차원을 구하라.

38. (도전) 선형이 아닌 함수에 대해서는 치역의 차원이 정의역의 차원보다 클 수 있다는 것을 $\mathbb{R}$에서 $\mathbb{R}^2$로의 함수를 예로 들어 보이라.(정리 12와 비교.)

39. 두 동형사상의 합성함수도 동형사상임을 증명하라.

40. $\mathbb{R}^n$에서 $\mathbf{0}$가 아닌 벡터 $\mathbf{v}$를 잡고 $U=\{\mathrm{x} \in \mathbb{R}^n : \mathbf{v}^T\mathbf{x}=0\}$이라 두자. U의 차원을 구하라.

41. $p(t)=at^9+bt^{17}+ct^7$ 모양으로 나타나는 다항식들로 이루어진 부분공간의 차원을 구하라.

42. 다음 논증에서 잘못된 곳을 바로잡으라: 벡터 $\mathbf{u}_1=(1, 3, 2)$, $\mathbf{u}_2=(-2, 4, 5)$ 및 $\mathbf{u}_3=(-1, 7, 7)$에 대하여, $\mathbf{u}_3=\mathbf{u}_1+\mathbf{u}_2$이고, $\mathbf{u}_2=-\mathbf{u}_1+\mathbf{u}_3$이다. 정리 8을 두번 적용하면 $\{\mathbf{u}_1, \mathbf{u}_2, \mathbf{u}_3\}$에서 $\mathbf{u}_2$와 $\mathbf{u}_3$를 제외하더라도 $\{\mathbf{u}_1\}$은 $\{\mathbf{u}_1, \mathbf{u}_2, \mathbf{u}_3\}$이 생성하는 부분공간을 생성한다.

43. 0이 아닌 항을 유한 개만 가지는 무한수열들로 이루어진 벡터공간에서, $\mathbf{u}_1=(1, 0, 0, \ldots)$, $\mathbf{u}_2=(0, 1, 0, \ldots)$, $\mathbf{u}_3=(0, 0, 1, \ldots)$ 등으로 이루어진 집합 $\{\mathbf{u}_1, \mathbf{u}_2, \ldots, \mathbf{u}_k, \ldots\}$는 기저임을 보이라.

44. 정리 14에서 $\mathrm{Dim}(L(U))=\mathrm{Dim}(U)$라고 하지 않는 이유를 밝히라.

45. $n \times n$ 행렬의 행들이 $\mathbb{R}^n$을 생성하면 열들도 $\mathbb{R}^n$을 생성한다는 것을 보이라.

46. 행렬의 행공간과 열공간은 동형인가?

47. $n \times n$ 행렬의 행들이 일차독립이면 열들이 $\mathbb{R}^n$을 생성한다는 것을 보이라.

48. 정리 3의 증명을 마무리하라.

49. $\mathcal{B}=\{\mathbf{u}_1, \mathbf{u}_2, \ldots \mathbf{u}_n\}$일 때, $[\sum_{i=1}^n a_i\mathbf{u}_i]_{\mathcal{B}}=[a_1, a_2, \ldots, a_n]^T$임을 설명하라.

50. 정수들의 집합 $\mathbb{Z}$ 위에서 $n-m$이 7로 나누어떨어질 때 $n \equiv m$으로 정의하자. 관계 '$\equiv$'가 동치 관계임을 증명하라.

51. 벡터공간 V에 일차독립인 n개의 벡터로 이루어진 집합이 있고, 또 V를 생성하는 n개의 벡터로 이루어진 다른 집합이 있을 때, $\mathrm{Dim}(V)=n$임을 증명하라.

52. 동형사상은 차원을 보존한다는 사실, 즉 두 벡터공간 사이에 동형사상이 존재하면 두 벡터공간의 차원이 같다는 것을 증명하라.

53. 동형사상은 일차독립인 집합은 일차독립인 집합으로 보내고 일차종속인 집합은 일차종속인 집합으로 보낸다는 것을 보이라.

54. 일차독립인 집합의 부분집합도 일차독립임을 보이라.

55. 유한차원 벡터공간의 기저는 극대적 일차독립인 집합이라는 사실, 즉 이 집합에 한 원소만 더 넣으면 일차독립이 아니라는 것을 보이라.

56. 유한차원 벡터공간의 기저는 극소적 생성 집합이라는 사실, 즉 이 집합에서 한 원소만 빼면 벡터공간이 생성되지 않는다는 것을 보이라.

57. $m \times n$ 행렬의 열들이 $\mathbb{R}^m$의 기저를 이루면, $n=m$이라는 것을 보이라.

58. $\mathbb{R}^2$에서 $\mathbb{R}^3$로의 선형변환이 존재하는가?

59. $\mathbb{R}^{m \times n}$과 $\mathbb{R}^{p \times q}$가 동형일 필요충분조건은 $mn=pq$임을 증명하라.

60. 두 벡터공간이 동형이 아니면 차원이 서로 다르다는 것을 설명하라.

61. 모든 $i=0, 1, 2, \ldots$에 대하여 $p_i=t^i$라고 할 때, 이 다항식들의 집합이 일차독립임을 밝히라.

62. U가 벡터공간 X의 부분집합이라 하자. X의 원소들에 대하여 $\mathbf{x}-\mathbf{y} \in U$일 때 $\mathbf{x} \equiv \mathbf{y}$로 정의하자. 관계 '$\equiv$'가 동치 관계임을 증명하라.

63. S가 유한 부분집합일 때, $\mathrm{Dim}(\mathrm{Span}(S)) \leq |\#S|$임을 설명하라.

64. $\mathbf{A}$가 $m \times n$ 행렬이고, $\mathbf{B}$가 $n \times k$ 행렬이라 하자. $k > m$이면 $\mathbf{AB}$의 열들은 일차종속임을 증명하라.

65. 양 방향으로 무한으로 나아가는 수열 $(\ldots, x_{-2}, x_{-1}, x_0, x_1, x_2, \ldots)$들로 이루어진 집합은 보통의 덧셈 연산과 스칼라곱에 대하여 무한차원 벡터공간이다. 이 벡터공간은 정수들의 집합 $\mathbb{Z}$ 위에서 정의된 모든 실함수들의 집합과 같다. 모든 $n \in \mathbb{Z}$에 대하여 $x_n=3x_{n-1}-x_{n-2}$이 성립하는 수열들로 이루어진 부분공간의 차원을 구하라.

66. 부분집합 S가 벡터공간 V를 생성하고, V에는 꼭 한 가지 방법에 의하여 S의 원소들의 일차결합으로 나타나는 원소가 있다고 하면, S는 V의 기저인가?

67. Q는 벡터공간 X를 생성하는 집합이고, X에는 두 가지 다른 방법에 의하여 Q의 원소들의 일차결합으로 나타나는 원소가 있다고 하면, X의 모든 원소에 대해서도 이 사실이 성립하는가?

68. $\mathbf{A}$가 $m\times n$ 행렬이고, $\mathbf{B}$가 $n\times k$ 행렬이라 하자. $k > n$이면 $\mathbf{AB}$의 열들이 일차종속인가?

69. $\mathbf{A}$는 10×7 행렬로서 계수가 5이다. 다음 부분공간들의 차원을 구하라. 정의역, 핵, 열공간, 치역. 그 이유를 밝히라.

70. $n\times n$ 정칙행렬의 행들은 $\mathbb{R}^n$의 기저를 이룬다는 사실을 보이라.

71. $n\times n$ 정칙행렬의 열들은 $\mathbb{R}^n$의 기저를 이룬다는 사실을 정칙행렬과 기저의 정의로부터 직접 증명하라.

72. 벡터공간 W의 두 부분집합 $V=\{\mathbf{v}_1, \mathbf{v}_2, \ldots, \mathbf{v}_7\}$과 $U=\{\mathbf{u}_1, \mathbf{u}_2, \ldots, \mathbf{u}_8\}$에 대하여 하나는 일차독립이고 하나는 W를 생성한다. 어느 부분집합이 어느 성질을 가지는가? 그 이유를 밝히라.

73. 선형변환과 관련된 여러 부분집합들의 차원에 대한 정리를 쓰라. 또한 $L(ap_4+bp_3+cp_2+dp_1+ep_0)=cp_2+dp_1+ep_0$로 정의된 선형변환 $L:\mathbb{P}_5\to\mathbb{P}_3$으로 그 정리를 설명하고 세 가지 중요한 부분공간의 차원을 구하라.

74. $\{\mathbf{y}_1, \mathbf{y}_2, \ldots, \mathbf{y}_n\}$이 선형변환 T의 치역의 기저라고 하고, $\mathbf{x}_i$는 $T(\mathbf{x}_i)=\mathbf{y}_i$인 원소라고 하자$(1\le i\le n)$. $\{\mathbf{x}_1, \mathbf{x}_2, \ldots, \mathbf{x}_n\}$이 일차독립임을 보이라. $\{\mathbf{y}_1, \mathbf{y}_2, \ldots, \mathbf{y}_n\}$에 대한 조건을 약화시켜서, 이 결론을 확장하라.

75. 영벡터가 아닌 벡터는 영벡터로 보내지 않는 선형변환에 대하여 정의역과 치역의 차원이 같은 이유를 설명하라.

76. 모든 행렬에서 $\text{Rank}(\mathbf{A})=n-\text{Dim}(\text{Ker}(\mathbf{A}))$가 성립한다는 것을 밝히라.

77. $\mathbb{P}_7$ 위에서 $T(f)=f+f'+f''$로 정의된 함수 T에 대하여, T의 정의역, 치역, 영공간의 차원을 구하고 핵에 들어가는 다항식들을 구하라.

78. $\mathbf{A}$를 12×15 행렬이라 하자. 방정식 $\mathbf{Ax}=\mathbf{b}$가 모든 $\mathbf{b}$에 대하여 해를 가질 때, $\mathbf{A}$의 정의역, 치역, 핵의 차원을 구하라.

79. 행렬과 그것의 전치행렬의 차원이 같은 이유를 설명하라.

80. 예제 14와 15의 마지막 질문의 뜻을 설명하고, 그 사실을 증명하라. 또 다른 예로서 설명하라.

81. 공변역, 정의역, 치역, 핵의 차원이 각각 8, 7, 4, 3인 행렬의 예를 기약 행 사다리꼴로 나타내라.

82. $\mathbf{A}$는 핵의 차원이 2인 9×6 행렬이다. 행공간, 열공간, 치역의 차원을 구하라.

83. $m\times n$ 행렬의 차원은 m과 n 중에서 작은 것보다 크지 않다는 것을 확인하라. 즉 $\text{Rank}(\mathbf{A})\le\min\{m, n\}$

84. $\tilde{\mathbf{A}}$는 행렬 $\mathbf{A}$의 기약 행 사다리꼴이라 한다. $\mathbf{Ax}=\mathbf{0}$와 $\tilde{\mathbf{A}}\mathbf{x}=\mathbf{0}$는 서로 필요충분조건임을 보이라.

85. 멱승들이 $\mathbb{R}^{2\times 2}$를 생성하는 행렬 $\mathbf{A}$가 존재하는가?

86. $m\times n$ 행렬 $\mathbf{A}$에 대하여, $\mathbf{A}$의 계수가 n인 사실과 $\mathbf{A}$의 핵이 영벡터로만 이루어진 사실은 서로 필요충분조건임을 보이라.

87. 행렬의 핵과 전치행렬의 행공간은 영벡터로만 이루어져 있음을 보이라.

88. $m\times n$ 행렬 $\mathbf{A}$에 대하여, 다음의 두 명제는 서로 필요충분조건임을 보이라.

a. 모든 $\mathbf{b}\in\mathbb{R}^m$에 대하여 $\mathbf{Ax}=\mathbf{b}$는 해를 가진다.

b. $\mathbf{A}^T$의 핵은 영벡터만으로 이루어졌다.

89. 부등식 $0\le k\le n\le m$을 만족하는 정수 k, n, m에 대하여, $\text{Dim}(\text{Ker}(\mathbf{A}))=n-k$이고 $\text{Dim}(\text{Range}(\mathbf{A}))=k$인 $m\times n$ 행렬 $\mathbf{A}$가 존재한다는 사실을 보이라.

90. 모든 선형변환 T에 대하여 부등식 $\text{Dim}(\text{Range}(T))\le\text{Dim}(\text{Domain}(T))$가 성립함을 보이라.

참-거짓 연습문제 5.2

1. 행렬 $\begin{bmatrix}1&0&0&0\\1&1&1&0\\1&1&1&1\\0&1&1&0\end{bmatrix}$의 행은 $\mathbb{R}^4$의 기저를 이룬다.

2. $\mathbb{P}_3$의 기저 $\mathcal{B}=\{p_0(t)=1,\ p_1(t)=t+1,\ p_2(t)=t^2+t,\ p_3(t)=t^3+t^2\}$에 대하여 $[q]_{\mathcal{B}}=[1,\ 2,\ 3,\ 4]^T$인 다항식은 $q(t)=3+5t+7t^2+4t^3$이다.

3. 차원이 다른 두 벡터공간은 동형일 수 있다.
4. 기저 $\{(1, 3, 2), (-2, 4, -1), (2, -2, 0)\}$에 대한 $\mathbf{x}=(-15, 35, 2)$의 좌표벡터는 $(3, 4, -5)$이다.
5. n차원 벡터공간에서 n개의 벡터가 일차독립이면, 이들은 그 벡터공간을 생성한다.
6. H가 일차독립인 집합이라면, H는 H에 의하여 생성되는 부분공간의 기저이다.
7. 벡터공간을 생성하는 집합은 모두 기저이다.
8. 집합 S가 벡터공간 V를 생성하면, V의 모든 벡터는 유일한 방법에 의하여 S의 원소들의 일차결합으로 나타난다.
9. 모든 n차원 벡터공간은 $\mathbb{R}^n$과 동형이다.
10. 벡터 $\begin{bmatrix} 2 \\ 3 \\ -1 \end{bmatrix}$은 행렬 $\begin{bmatrix} 1 & 2 & 8 \\ 3 & 4 & 18 \\ 0 & 1 & 3 \end{bmatrix}$의 영공간에 속한다.
11. 행렬 $\mathbf{A}=\begin{bmatrix} 1 & 2 & 0 & 1 \\ 1 & 2 & 1 & 4 \\ 2 & 4 & 1 & 5 \end{bmatrix}$은 행렬 $\mathbf{B}=\begin{bmatrix} 1 & 2 & 0 & 1 \\ 0 & 0 & 1 & 3 \\ 0 & 0 & 0 & 0 \end{bmatrix}$의 기약 행 사다리꼴이므로 $\mathbf{A}$의 열공간은 $\mathbf{B}$의 1열과 3열에 의하여 생성된다.
12. 행렬 $\mathbf{A}$가 m개의 행을 가지면, $\mathbf{A}$의 차수는 m에서 $\mathbf{A}$의 영공간의 차원을 뺀 것과 같다.
13. 행렬 $\mathbf{A}$의 영공간은 선형변환 $\mathbf{x} \mapsto \mathbf{A}\mathbf{x}$의 치역이다.
14. 벡터공간의 기저는 가장 큰 생성 집합이다.
15. 벡터공간이 n개의 벡터로 이루어진 기저를 가지면, 일차독립인 모든 집합은 n개 이하의 원소를 가진다.
16. 7×13 행렬 $\mathbf{A}$의 기약 행 사다리꼴이 영벡터가 아닌 5개의 행과 영벡터인 2개의 행을 가진다고 하면, 영벡터가 아닌 5개의 행은 행공간의 기저를 이룬다.
17. 벡터 $(3, 7, -2)$는 행렬 $[3, -1, 1]$의 영공간에 속한다.
18. V는 $\mathbb{R}^n$의 부분공간이고 $\mathcal{B}=\{\mathbf{v}_1, \mathbf{v}_2, ..., \mathbf{v}_k\}$는 V의 기저일 때, $[\mathbf{x}]_{\mathcal{B}}=[a_1, a_2, ..., a_k]^T$라는 것은 $\mathbf{x}=a_1\mathbf{v}_1+a_2\mathbf{v}_2+...+a_k\mathbf{v}_k$를 의미한다.
19. 행렬의 차수는 열공간의 차원과 같다.
20. 벡터 $\mathbf{u}=(3, 12, 7)$의 기저$\{(3, 6, 2), (-1, 0, 1)\}$에 관한 좌표벡터는 $(2, 3)$이다.
21. $p\times q$ 행렬 $\mathbf{A}$의 영공간의 차원은 p에서 열공간의 차원을 뺀 것과 같다.
22. 8×14 행렬 $\mathbf{A}$의 기약 행 사다리꼴이 영벡터가 아닌 3개의 행과 영벡터인 5개의 행을 가진다고 하면, 영벡터가 아닌 3개의 행은 행공간의 기저를 이룬다.
23. 벡터공간이 n개의 벡터로 이루어진 기저를 가지면, 일차종속인 모든 집합은 n개보다 많은 원소를 가진다.
24. 벡터공간이 n개의 벡터로 생성되면, 벡터공간의 차원은 n 이상이다.
25. $\{\mathbf{v}_1, \mathbf{v}_2, ..., \mathbf{v}_n\}$이 벡터공간의 기저이면, 모든 일차종속인 집합은 n개보다 많은 원소를 가진다.
26. $\{\mathbf{v}_1, \mathbf{v}_2, ..., \mathbf{v}_n\}$이 벡터공간을 생성하면, 모든 기저는 n개 이상의 원소를 가진다.
27. $\mathbb{R}^4$의 어떤 부분공간의 기저 $\mathcal{B}=\{(1, 3, -2, 1), (-2, -1, 1, -1)\}$에 대하여 $[(-7, 4, -1, 2)]_{\mathcal{B}}=[3, 5]^T$이다.
28. $\{[1, 3, 2, 2], [0, 11, 7, 5]\}$는 행렬 $\mathbf{A}=\begin{bmatrix} 1 & 3 & 2 & 2 \\ 3 & -2 & -1 & 1 \\ 4 & 1 & 1 & 3 \end{bmatrix}$의 행공간의 기저이다.
29. 다항식 $p_1(t)=t^2-4t+7$, $p_2(t)=3t^2+t-4$, $p_3(t)=-2t^2+3$, $p_4(t)=t-4$는 일차독립이다.
30. 행렬 $\begin{bmatrix} 0 & 1 \\ 1 & 1 \end{bmatrix}, \begin{bmatrix} 1 & 0 \\ 1 & 1 \end{bmatrix}, \begin{bmatrix} 1 & 1 \\ 0 & 1 \end{bmatrix}, \begin{bmatrix} 1 & 1 \\ 1 & 0 \end{bmatrix}$은 2×2 행렬 전체로 이루어진 벡터공간의 기저를 이룬다.
31. 3×5 행렬 전체로 이루어진 벡터공간은 15차 이하의 다항식들로 이루어진 벡터공간과 동형이다.
32. $L: V \to W$가 선형변환이고, $\{\mathbf{b}_1, \mathbf{b}_2, ..., \mathbf{b}_n\}$이 V의 기저이면, $\{L(\mathbf{b}_1), L(\mathbf{b}_2), ..., L(\mathbf{b}_n)\}$는 W의 기저이다.
33. V가 n차원 벡터공간이고, $\{\mathbf{v}_1, \mathbf{v}_2, ..., \mathbf{v}_k\}$는 V의 원소들로 이루어진 일차독립인 집합일 때, $k < n$이면 V에서 적당한 원소 $\mathbf{v}_{k+1}, ..., \mathbf{v}_n$을 택하여 $\{\mathbf{v}_1, \mathbf{v}_2, ..., \mathbf{v}_k, \mathbf{v}_{k+1}, ..., \mathbf{v}_n\}$이 V의 기저가 되게할 수 있다.
34. n차원 벡터공간 V의 원소들로 이루어진 집합 $\{\mathbf{v}_1, \mathbf{v}_2, ..., \mathbf{v}_n\}$이 $n-1$차원 부분공간을 생성한다면, $\mathbf{v}_n$은 $\mathbf{v}_1, \mathbf{v}_2, ..., \mathbf{v}_{n-1}$의 일차결합으로 나타난다.
35. $\mathbb{R}^n$에서 일차독립인 n개의 벡터는 $\mathbb{R}^n$의 기저를 이룬다.

36. 행렬 $\mathbf{A}=\begin{bmatrix}1&2&-1&1\\3&1&7&1\\2&3&0&1\\1&3&-3&1\end{bmatrix}$의 1열, 2열, 4열은 열공간의 기저를 이룬다.

37. 벡터 (5, 1, 6, 17), (3, 2, 5, 12), (1, 3, 4, 7), (2, −1, 1, 5)은 3차원 부분공간을 생성한다.

38. 행공간의 차원이 8이고 열공간의 차원이 7인 8×7 행렬이 존재한다.

39. $\{\mathbf{x}_1, \mathbf{x}_2, ..., \mathbf{x}_n\}$이 일차독립이고, T가 선형변환이면 $\{T(\mathbf{x}_1), T(\mathbf{x}_2), ..., T(\mathbf{x}_n)\}$도 일차독립이다.

40. $m\times n$ 행렬의 차수가 n이면 $m \leq n$이다.

41. 벡터공간을 생성하는 모든 부분집합은 기저이다.

42. n차 이하의 다항식들로 이루어진 벡터공간 $\mathbb{P}_n$은 $\mathbb{R}^n$과 동형이다.

43. 부분집합 S가 벡터공간 V를 생성하면, V의 각 원소는 유일한 방법에 의하여 S의 원소들의 일차결합으로 나타난다.

44. 행렬 $\begin{bmatrix}1&3&4\\2&5&7\\7&1&8\end{bmatrix}$의 열들은 $\mathbb{R}^3$의 기저를 이룬다.

45. 7×5 행렬 전체로 이루어진 벡터공간의 차원은 35이다.

46. $\mathcal{B}=\{(1, 2, 3), (0, 1, 2), (0, 0, 1,)\}$라 두면, $[(1, 3, 6)]_{\mathcal{B}}=[1, 1, 1]^T$이다.

47. 행렬의 행공간의 차원과 열공간의 차원은 같다.

48. 벡터공간에 일차독립인 n개의 벡터가 존재하면, 벡터공간의 차원은 n 이하이다.

49. 행렬 $\mathbf{A}$의 열공간은 $\mathbf{A}^T$의 영공간이다.

50. $\mathbb{R}^n$에서 일차독립인 부분집합은 모두 $\mathbb{R}^n$의 기저이다.

51. 어떤 부분집합이 일차종속이면, 어느 벡터 하나를 빼더라도 남은 집합은 원래의 집합과 같은 부분공간을 생성한다.

52. $\mathcal{B}=\{[3, 2]^T, [-4, 1]^T$라두면, $[(1, 8)]_{\mathcal{B}}=[3, 2]^T$이다.

53. S가 벡터공간 V를 생성하면, V의 각 벡터는 유일한 방법에 의하여 S의 원소들의 일차결합으로 나타난다.

54. 예제 17에 있어서, $\mathbf{A}$의 행공간에는 속하나 $\mathbf{B}$의 행공간에는 속하지 않는 벡터가 존재한다.

선다형 연습문제 5.2

항상 첫 번째로 옳은 답을 선택하라.

1. 다음에서 $n\times n$ 행렬 $\mathbf{A}$가 가역일 충분조건이 아닌 것은?
   a. $\text{Dim}(\text{Null}(\mathbf{A}))=0$
   b. $\text{Dim}(\text{Col}(\mathbf{A}))=n$
   c. $\text{Dim}(\text{Null}(\mathbf{A}))+\text{Rank}(\mathbf{A})=n$
   d. $\text{Dim}(\text{Row}(\mathbf{A}))=\text{Dim}(\text{Col}(\mathbf{A}))=2n$
   e. 위 항목 중 답이 없다.

2. S가 4개의 다항식으로 이루어진 $\mathbb{P}_3$의 부분공간일 때, 다음 중 옳은 것은?
   a. S는 $\mathbb{P}_3$을 생성한다.
   b. S에서 하나의 다항식을 제거하여 $\mathbb{P}_3$의 기저를 만들 수 있다.
   c. S를 확대하여 $\mathbb{P}_3$의 기저를 만들 수 있다.
   d. S는 $\mathbb{P}_3$를 생성하지 않는다.
   e. 위 항목 중 답이 없다.

3. 벡터공간 V의 n개의 벡터로 이루어진 부분집합 S가 일차독립이지만 V의 기저가 아닐 때, 다음 중 옳은 것은?
   a. $\text{Dim}(V) \leq n$
   b. S는 V를 생성한다
   c. S의 한 벡터는 S의 다른 벡터들의 일차결합이다.
   d. $\text{Dim}(V) > n$
   e. 위 항목 중 답이 없다.

4. $3a-2b+c=0$를 만족하는 벡터 $[a, b, c]$들로 이루어진 벡터공간의 기저는?
   a. $\{[2, 3, 0], [1, 0, -3]\}$ b. $\{[3, -2, 1]\}$
   c. $\{[2, 3, 0]\}$ d. $\{[2, -3, 1], [1, 2, -3]\}$

e. 위 항목 중 답이 없다.

5. 열들이 $\mathbb{R}^3$의 기저를 이루는 행렬은?

a. $\begin{bmatrix} 3 & 4 & 1 & 3 \\ 2 & -6 & 0 & 0 \\ 1 & -5 & 7 & 4 \end{bmatrix}$ b. $\begin{bmatrix} 1 & 1 & 2 \\ 2 & 1 & 3 \\ 3 & 1 & 4 \end{bmatrix}$

c. $\begin{bmatrix} 1 & 1 & 1 & 1 \\ 0 & 1 & 1 & 0 \\ 0 & 0 & 1 & 2 \end{bmatrix}$ d. $\begin{bmatrix} 1 & 2 & 3 \\ 0 & 4 & 5 \\ 0 & 0 & 6 \end{bmatrix}$

e. 위 항목 중 답이 없다.

6. $m\times n$ 행렬 **A**에 대하여 다음 중 옳은 것은?

a. $\text{Rank}(\mathbf{A}) \leq n$

b. $\text{Rank}(\mathbf{A})=\min(m, n)$

c. $\text{Rank}(\mathbf{A})=n-\text{Dim}(\text{Null}(\mathbf{A}))$.

d. $\text{Dim}(\text{Null}(\mathbf{A})) \geq n-m$

e. 위 항목 중 답이 없다.

7. $m\times n$ 행렬 **A**와 $n\times m$ 행렬 **B**에 대하여 다음 중 옳은 것은?

a. $\text{Col}(\mathbf{AB}) \subseteq \text{Col}(\mathbf{A})$

b. $\text{Row}(\mathbf{AB}) \subseteq \text{Row}(\mathbf{A})$

c. $\text{Rank}(\mathbf{AB}) \leq \text{Rank}(\mathbf{A})$

d. $\text{Row}(\mathbf{AB}) \subseteq \text{Row}(\mathbf{B})$

e. 위 항목 중 답이 없다.

8. 영공간의 차원이 3인 12×8 행렬의 차수는?

a. 9 b. 11 c. 15 d. 5

e. 위 항목 중 답이 없다.

9. $\{\mathbf{u}_1, \mathbf{u}_2, \mathbf{u}_3\}$가 벡터공간 V의 기저일 때, 다음 중 옳은 것은?

a. 3개의 벡터로 이루어진 집합은 모두 기저이다.

b. 2개의 벡터로 이루어진 집합은 모두 일차독립이다.

c. 4개의 벡터로 이루어진 집합은 모두 일차종속이다.

d. V는 4개의 벡터로 이루어진 기저를 가진다.

e. 위 항목 중 답이 없다.

10. 행렬 $\begin{bmatrix} 1 & 2 & 0 & 0 & 0 \\ 2 & 4 & 1 & 0 & 0 \\ 2 & 4 & 1 & 1 & 3 \\ 3 & 6 & 1 & 1 & 3 \end{bmatrix}$의 행공간의 기저는?

a. $\{[1\ \ 2\ \ 0\ \ 0\ \ 0], [2\ \ 4\ \ 1\ \ 1\ \ 3]\}$

b. $\{[1\ \ 2\ \ 0\ \ 0\ \ 0], [2\ \ 4\ \ 1\ \ 0\ \ 0]\}$

c. $\{[1\ \ 2\ \ 0\ \ 0\ \ 0], [0\ \ 0\ \ 1\ \ 0\ \ 0]\}, \{[0\ \ 0\ \ 0\ \ 1\ \ 3]\}$

d. $\{[1\ \ 0\ \ 0\ \ 0\ \ 0], [0\ \ 0\ \ 1\ \ 0\ \ 0]\}, \{[0\ \ 0\ \ 0\ \ 1\ \ 0]\}$

e. 위 항목 중 답이 없다.

11. 다항식 $u_1(t)=t+t^2$, $u_2(t)=t^3+t^4$, $u_3(t)=t^5-t^2-t^4$, $u_4(t)=t+t^3+t^5$에 의하여 생성된 벡터공간의 차원은?

a. 1 b. 2 c. 3 d. 4

e. 위 항목 중 답이 없다.

12. 선형변환 $T:\mathbb{R}^8 \rightarrow \mathbb{R}^{12}$에 대하여 틀린 것은?

a. $\text{Dim}(\text{Ker}(T))=4=\text{Dim}(\text{Range}(T))$

b. $\text{Dim}(\text{Ker}(T))+\text{Dim}(\text{Range}(T))=12$

c. $\text{Dim}(\text{Range}(T))=8$

d. $\text{Dim}(\text{Ker}(T))=0$

e. 위 항목 중 답이 없다.

13. 행렬 $\begin{bmatrix} 3 & 6 & 3 \\ 2 & 4 & 3 \\ 3 & 6 & 4 \end{bmatrix}$의 행공간의 기저는?

a. $\{[1\ \ 0\ \ 0]\}$ b. $\{[1\ \ 2\ \ 0], [0\ \ 0\ \ 1]\}$

c. $\{[2\ \ -1\ \ 0]\}$ d. $\{[0\ \ 3\ \ 4]\}$

e. 위 항목 중 답이 없다.

14. **A**와 **B**가 행동치일 때, 틀린 것은?

a. 두 행렬의 열공간의 차원이 같다.

b. 두 행렬의 행공간의 차원이 같다.

c. 두 행렬의 영공간이 같다.

d. 두 행렬의 차수가 같다.

e. 위 항목 중 답이 없다.

15. 임의의 a, b, c에 대하여, $[a+2b\ \ 3b-c\ \ a+c]$ 모양의 벡터들로 이루어진 벡터공간의 차원은?

a. 0 b. 1

c. 2 d. 3

e. 위 항목 중 답이 없다.

16. 행렬 $\mathbf{A}=\begin{bmatrix} 1 & 0 & -5 & 1 & 4 \\ -2 & 1 & 6 & -2 & -2 \\ 0 & 2 & -8 & 1 & 9 \end{bmatrix}$의 영공간의 기저는?

a. $[1, 0, 0, 0]^T, [0, 1, 0, 0]^T, [1, 0, 1]^T$

b. $[5, 4, 1, 0, 0]^T, [-7, -6, 0, 3, 1]^T$

c. $[25, 20, 5, 0, 0]^T, [-14, -12, 0, 6, 2]^T$

d. $[2.5, 2, 0.5, 0, 0]^T, [-3.5, -3, 0, 1.5, 0.5]^T$

e. 위 항목 중 답이 없다.

17. 행렬 $\mathbf{A} = \begin{bmatrix} 0 & 3 & 5 & 0 & 6 & 0 & 52 \\ 0 & 0 & 0 & 7 & 13 & 0 & 23 \\ 0 & 0 & 0 & 0 & 0 & 9 & 17 \\ 0 & 0 & 0 & 0 & 0 & 0 & 0 \\ 0 & 0 & 0 & 0 & 0 & 0 & 0 \end{bmatrix}$의 열공간의 기저가 되는 열들의 모임은?

a. 2, 4, 5, 6
b. 1, 3, 5, 7
c. 2, 4, 6
d. 2, 3, 5, 6
e. 위 항목 중 답이 없다.

18. 행렬 $\mathbf{A} = \begin{bmatrix} 3 & 5 & 6 & 7 \\ 3 & 5 & 10 & 8 \\ 6 & 10 & 12 & 14 \end{bmatrix}$의 행공간의 기저가 되는 벡터들의 모임은?

a. [3, 5, 6, 7], [3, 5, 10, 8]
b. $[0, 0, 4, 1]^T$, $[6, 10, 0, 11]^T$
c. [6, 10, 0, 11], [0, 0, 4, 1]
d. [3, 5, 6, 7], [6, 10, 12, 14]
e. 위 항목 중 답이 없다.

19. 행렬 $\mathbf{A} = \begin{bmatrix} 3 & 3 & 3 \\ 8 & 6 & 10 \\ 30 & 24 & 36 \\ 0 & 0 & 5 \end{bmatrix}$에서 열공간을 전치행렬의 행공간으로 취급할때, 열공간의 기저가 되는 벡터들의 모임은?

a. [1, 0, 2, 0], [0, 1, 3, 0] , [0, 0, 0, 1]
b. $[1, 0, 2, 0]^T$, $[0, 1, 3, 0]^T$, $[0, 0, 0, 1]^T$
c. [3, 3, 3], [8, 6, 10], [30, 24, 36]
d. $[3, 8, 30]^T$, $[3, 6, 24, 0]^T$, $[3, 10, 36, 5]^T$
e. 위 항목 중 답이 없다.

20. 행동치인 두 행렬 $\mathbf{A} = \begin{bmatrix} 1 & 2 & 4 & -3 & -1 \\ 0 & 2 & 1 & -1 & 3 \\ 0 & 0 & 0 & 5 & 6 \\ 1 & 4 & 5 & 1 & 8 \end{bmatrix}$과

$\mathbf{B} = \begin{bmatrix} 1 & 0 & 3 & 0 & -1.6 \\ 0 & 1 & .5 & 0 & 2.1 \\ 0 & 0 & 0 & 1 & 1.2 \\ 0 & 0 & 0 & 0 & 0 \end{bmatrix}$에 대하여 옳은 것은?

a. B의 1, 2, 3행은 A의 행공간의 기저를 이룬다.
b. A의 1, 2, 3열은 A의 열공간의 기저를 이룬다.
c. $[-3, -0.5, 1.0, 0]^T$와 $[1.6, -2.1, -1.2, 1]^T$는 A의 영공간의 기저를 이룬다.
d. Dim(Row(A))=Dim(Col(A))=Dim(Null(A))=2
e. 위 항목 중 답이 없다.

21. $n \times n$ 행렬 A의 영공간의 차원이 1일 때, 틀린 것은?

a. Ax=b가 해를 가지지 않는 b가 존재한다.
b. A는 가역이 아니다.
c. $\mathbf{A}^2$은 가역이다.
d. A의 행들은 일차독립이다
e. 위 항목 중 답이 없다.

22. 13×17 행렬에 대하여 성립할 수 있는 것은?

a. 행공간의 차원이 15이다.
b. 영공간의 차원이 3이다.
c. 영공간의 차원이 14이다.
d. 영공간의 차원이 5이다.
e. 위 항목 중 답이 없다.

23. $\mathbb{R}^4$의 기저는?

a. {(1, 1, 1, 1), (1, 1, 1, 0), (1, 1, 0, 0), (1, 0, 0, 0)}
b. {(1, 1, 1, 1), (0, 1, 1, 0), (0, 0, 1, 1), (1, 0, 0, 1)}
c. {(1, 2, 3, 4), (1, 2, 3, 0), (1, 2, 0, 0), (1, 0, 0, 0)}
d. {(5, 4, 3, 2), (5, 4, 3, 0), (5, 4, 0, 0), (5, 0, 0, 0)}
e. 위 항목 중 답이 없다.

24. 행렬 $\mathbf{A} = \begin{bmatrix} 1 & 3 & 2 & 12 & 4 \\ -3 & -9 & 6 & 24 & 7 \\ 2 & 6 & 3 & 19 & 1 \end{bmatrix}$의 열의 순서를 바꾸어

$\mathbf{B} = \begin{bmatrix} 4 & 2 & 12 & 3 & 1 \\ 7 & 6 & 24 & -9 & -3 \\ 1 & 3 & 19 & 6 & 2 \end{bmatrix}$을 얻었을 때, 옳은 것은?

a. Ker(A)=Ker(B)
b. Range(A)=Range(B)
c. A와 B의 기약 행 사다리꼴은 같다.
c. Rank(A) < Rank(B)
e. 위 항목 중 답이 없다.

25. $\mathcal{B}$는 $p_0(t)=1$, $p_1(t)=t$, $p_2(t)=t^2$로 이루어진 $\mathbb{P}_2$의 기저이다. 선형변환 $T : \mathbb{P}_2 \to \mathbb{P}_2$를 $T(ap_0+bp_1+cp_2)=(b+c)p_0+$

$(a+c)p_1+ap_2$로 정의하였을 때, 기저 $\mathcal{B}$에 대한 T의 표현행렬은?

a. $\begin{bmatrix} 0 & 1 & 1 \\ 1 & 0 & 1 \\ 1 & 0 & 0 \end{bmatrix}$ b. $\begin{bmatrix} 0 & 1 & 0 \\ 1 & 0 & 1 \\ 1 & 1 & 0 \end{bmatrix}$

c. $\begin{bmatrix} 1 & 0 & 1 \\ 0 & 1 & 0 \\ 0 & 1 & 1 \end{bmatrix}$ d. $\begin{bmatrix} 1 & 1 & 0 \\ 1 & 1 & 1 \\ 1 & 0 & 0 \end{bmatrix}$

e. 위 항목 중 답이 없다.

26. 8×5 행렬 $\mathbf{A}$가 4개의 피벗을 가질 때, 다음 중 옳은 것은?

a. $\mathbf{A}$의 핵은 $\{\mathbf{0}\}$이 아니다.

b. 방정식 $\mathbf{Ax}=\mathbf{0}$은 4개의 독립변수를 가진다.

c. 모든 $\mathbf{b}$에 대하여 $\mathbf{Ax}=\mathbf{b}$는 해를 가진다.

d. $\mathbf{A}$의 차원은 5이다.

e. 위 항목 중 답이 없다.

27. 집합 $\left\{\begin{bmatrix} 1 \\ 2 \\ -1 \end{bmatrix}, \begin{bmatrix} 3 \\ 6 \\ -3 \end{bmatrix}, \begin{bmatrix} 4 \\ 1 \\ 2 \end{bmatrix}, \begin{bmatrix} 0 \\ 0 \\ 0 \end{bmatrix}, \begin{bmatrix} -1 \\ 5 \\ 5 \end{bmatrix}\right\}$에 의하여 생성된 벡터공간의 기저는?

a. $\left\{\begin{bmatrix} 1 \\ 2 \\ -1 \end{bmatrix}, \begin{bmatrix} 4 \\ 1 \\ 2 \end{bmatrix}, \begin{bmatrix} -1 \\ 5 \\ 5 \end{bmatrix}\right\}$

b. $\left\{\begin{bmatrix} 1 \\ 2 \\ -1 \end{bmatrix}, \begin{bmatrix} 4 \\ 1 \\ 2 \end{bmatrix}, \begin{bmatrix} -1 \\ 5 \\ 5 \end{bmatrix}\right\}$

c. $\left\{\begin{bmatrix} 3 \\ 6 \\ -3 \end{bmatrix}, \begin{bmatrix} 0 \\ 0 \\ 0 \end{bmatrix}\right\}$

e. 위 항목 중 답이 없다.

28. $2a=3d$일 때, $\begin{bmatrix} a & b \\ c & d \end{bmatrix}$ 모양의 행렬로 이루어진 벡터공간의 차원은?

a. 1 b. 2 c. 3 d. 4

e. 위 항목 중 답이 없다.

29. 행렬 $\mathbf{A} = \begin{bmatrix} 1 & 2 & 0 & 3 & 0 \\ 2 & 4 & 1 & 6 & 5 \end{bmatrix}$의 열공간의 기저가 되는 열들의 모임은?

a. 1, 2 b. 2, 3

c. 3, 5 d. 2, 4

e. 위 항목 중 답이 없다.

30. 차원이 3인 벡터공간은?

a. $a_{1,2}$가 0인 모든 2×2 행렬의 집합

b. 가역이 아닌 모든 3×3 행렬의 집합

c. $\mathbb{R}$에서 $\mathbb{R}$로의 모든 미분 가능인 함수들의 집합

d. 차수가 3 이하인 모든 다항식들의 집합

e. 위 항목 중 답이 없다.

31. V는 $f(x)=a\cos x+b\sin x$ 모양의 모든 함수들의 집합이라 하고, $T: V\to V$는 $T(f)=f''+2f'+3f$로 정의된 선형변환일 때, 기저 $\mathcal{B}=\{\cos x, \sin x\}$에 대한 T의 표현행렬은?

a. $\begin{bmatrix} 6 & 6 \\ 6 & -6 \end{bmatrix}$ b. $\begin{bmatrix} 2 & 2 \\ 2 & -2 \end{bmatrix}$

c. $\begin{bmatrix} 2 & 2 \\ -2 & 2 \end{bmatrix}$ d. $\begin{bmatrix} 2 & -2 \\ 2 & 2 \end{bmatrix}$

e. 위 항목 중 답이 없다.

32. $S=\{\mathbf{u}_1, \mathbf{u}_2, \ldots, \mathbf{u}_n\}$과 $V=\{\mathbf{v}_1, \mathbf{v}_2, \ldots, \mathbf{v}_m\}$을 벡터공간 V의 두 부분집합이라 할 때, 다음 중 성립할 수 있는 것은?

a. S는 일차독립이고, Q는 V를 생성하며 $n > m$.

b. V의 차원이 n이고, Q는 V를 생성하며 $m \geq n$.

c. S와 Q는 V의 기저이고 $n=m$.

d. Q는 S의 부분집합이고 $m > n$.

e. 위 항목 중 답이 없다.

33. 차수가 r인 $n\times m$ 행렬 $\mathbf{A}$에 대하여 $T(x)=\mathbf{Ax}$라고 할 때, T의 정의역, 핵, 치역의 차원은 각각 얼마인가?

a. $m, m-r, r$ b. r, r, r

c. n, r, m d. $n, n-r, r$

e. 위 항목 중 답이 없다.

34. 행렬 $\mathbf{A} = \begin{bmatrix} 3 & 3 & 6 \\ 2 & 3 & 5 \\ 3 & 4 & 7 \end{bmatrix}$의 영공간의 기저는?

a. $\left\{\begin{bmatrix} 1 \\ 0 \\ 0 \end{bmatrix}, \begin{bmatrix} 0 \\ 1 \\ 0 \end{bmatrix}, \begin{bmatrix} 0 \\ 0 \\ 1 \end{bmatrix}\right\}$ b. $\left\{\begin{bmatrix} 1 \\ 0 \\ 0 \end{bmatrix}, \begin{bmatrix} 0 \\ 1 \\ 0 \end{bmatrix}\right\}$

c. $\left\{\begin{bmatrix} 1 \\ 1 \\ -1 \end{bmatrix}\right\}$ d. $\left\{\begin{bmatrix} 3 \\ 2 \\ 3 \end{bmatrix}, \begin{bmatrix} 3 \\ 3 \\ 4 \end{bmatrix}, \begin{bmatrix} 6 \\ 5 \\ 7 \end{bmatrix}\right\}$

e. 위 항목 중 답이 없다.

35. 행동치인 두 행렬 $\mathbf{A} = \begin{bmatrix} 2 & 3 & 5 & 2 & 4 \\ 4 & 6 & 15 & 7 & 15 \\ 6 & 9 & 20 & 10 & 25 \end{bmatrix}$와 $\mathbf{B} = \begin{bmatrix} 2 & 3 & 5 & 2 & 4 \\ 0 & 0 & 5 & 3 & 7 \\ 0 & 0 & 0 & 1 & 6 \end{bmatrix}$에 대하여, 행렬 A의 열공간의 기저가 되는 A의 열들의 모임은?

a. 1, 4, 5　　b. 1, 3, 4

c. 1, 2, 3　　d. 1, 2, 4

e. 위 항목 중 답이 없다.

36. 행렬 $[1 \;\; 2 \;\; 3]$의 영공간의 기저는?

a. $\left\{\begin{bmatrix} 0 \\ 2 \\ 0 \end{bmatrix}, \begin{bmatrix} 0 \\ 0 \\ 3 \end{bmatrix}\right\}$　b. $\left\{\begin{bmatrix} 2 \\ 1 \\ 0 \end{bmatrix}, \begin{bmatrix} 3 \\ 0 \\ 1 \end{bmatrix}\right\}$

c. $\left\{\begin{bmatrix} 1 \\ -2 \\ 0 \end{bmatrix}, \begin{bmatrix} 1 \\ 0 \\ -3 \end{bmatrix}\right\}$　d. $\left\{\begin{bmatrix} 2 \\ -1 \\ 0 \end{bmatrix}, \begin{bmatrix} 3 \\ 0 \\ -1 \end{bmatrix}\right\}$

e. 위 항목 중 답이 없다.

37. A가 영공간의 차원이 1인 $n \times n$ 행렬일 때 다음 중 옳은 것은?

a. $\mathbf{Ax}=\mathbf{b}$가 해를 가지지 않는 b가 존재한다.

b. A는 가역이 아니다.

c. $\mathbf{A}^2$은 가역이다.

d. A의 행들은 일차종속이다.

e. 위 항목 중 답이 없다.

38. 행렬 $\mathbf{A} = \begin{bmatrix} 3 & 6 & 3 \\ 2 & 4 & 3 \\ 3 & 6 & 4 \end{bmatrix}$의 영공간의 기저는?

a. $\left\{\begin{bmatrix} 1 \\ 0 \\ 0 \end{bmatrix}\right\}$　b. $\left\{\begin{bmatrix} 1 \\ 0 \\ 0 \end{bmatrix}, \begin{bmatrix} 0 \\ 1 \\ 0 \end{bmatrix}\right\}$

c. $\left\{\begin{bmatrix} 2 \\ -1 \\ 0 \end{bmatrix}\right\}$　d. $\left\{\begin{bmatrix} 0 \\ 3 \\ 4 \end{bmatrix}\right\}$

e. 위 항목 중 답이 없다.

5.3 좌표계

더 많이 알수록, 덜 확신하게 됩니다.

—볼테르(VOLTAIRE, 1694~1778)

모두 내가 느리게 쓴다는 것을 안다. 나는 최소한의 단어들로 쓰지 않으면 만족하지 못하고, 간결하게 쓰는 데는 장황하게 쓰는 것보다 훨씬 많은 시간이 필요하기 때문입니다.

—가우스(KARL FRIEDRICH GAUSS, 1777~1855)

좌표벡터

5.2절에서 n차원 벡터공간 V와 V의 특정한 순서기저 $\mathcal{B} = \{\mathbf{u}_1, \mathbf{u}_2, \ldots, \mathbf{u}_n\}$을 살펴보았다. V의 각 벡터 $\mathbf{x}$에 대하여 $\mathbf{x} = \sum_{i=1}^{n} a_i \mathbf{u}_i$가 성립하는 계수 $a_1, a_2, \ldots, a_n$이 유일하게 존재한다. 이 계수들로 이루어진 열벡터를 $[\mathbf{x}]_{\mathcal{B}}$로 나타내고 기저 $\mathcal{B}$에 관한 $\mathbf{x}$의 **좌표벡터**(coordinate vector)라고 부른다. 따라서 $\mathbb{R}^n$의 열벡터 $\mathbf{a} = [a_1, a_2, \ldots, a_n]^T$에 대하여, $[\mathbf{x}]_{\mathcal{B}} = \mathbf{a}$가 성립할 필요충분조건은

$$\mathbf{x} = \sum_{i=1}^{n} a_i \mathbf{u}_i$$

이다. $\mathcal{B}$는 원소의 순서도 고려하는 집합이므로 계수 a_i는 벡터 $\mathbf{u}_i$와 대응한다.

예제 1 벡터 $\mathbf{v}_1 = \begin{bmatrix} 1 \\ 3 \\ 1 \end{bmatrix}, \mathbf{v}_2 = \begin{bmatrix} 2 \\ 1 \\ 4 \end{bmatrix}, \mathbf{v}_3 = \begin{bmatrix} 3 \\ -2 \\ 3 \end{bmatrix}$에 대하여 $\mathcal{B} = \{\mathbf{v}_1, \mathbf{v}_2, \mathbf{v}_3\}$로 두었을 때, 벡터 $\mathbf{w} = \begin{bmatrix} 3 \\ 17 \\ 13 \end{bmatrix}$의 $\mathcal{B}$에 관한 좌표벡터를 구하라.

풀이 주어진 벡터들로 첨가행렬을 만들고 그 행렬의 기약 행 사다리꼴을 구하자.

$$\left[\begin{array}{ccc|c} \mathbf{v}_1 & \mathbf{v}_2 & \mathbf{v}_3 & \mathbf{w} \end{array}\right] = \left[\begin{array}{ccc|c} 1 & 2 & 3 & 3 \\ 3 & 1 & -2 & 17 \\ 1 & 4 & 3 & 13 \end{array}\right]$$

$$\sim \left[\begin{array}{ccc|c} 1 & 0 & 0 & 2 \\ 0 & 1 & 0 & 5 \\ 0 & 0 & 1 & -3 \end{array}\right]$$

이로부터 $[\mathbf{w}]_{\mathcal{B}} = [2, 5, -3]^T$을 얻는다. 직접적인 계산으로 $2\mathbf{v}_1 + 5\mathbf{v}_2 - 3\mathbf{v}_3 = \mathbf{w}$임을 확인할 수 있다. ■

좌표변환

한 기저에서 다른 기저로의 좌표변환에 대하여 알아보자. 즉 한 벡터공간의 서로 다른 두 기저에 대하여 한 좌표벡터를 다른 좌표벡터로 고치는 방법을 찾아보자. 이 벡터공간을 V라 하고, $\mathcal{B}$와 $\mathcal{C}$가 모두 V의 기저라고 할 때, $[\mathbf{x}]_{\mathcal{C}}$를 $[\mathbf{x}]_{\mathcal{B}}$로부터 어떻게 구할 것인가 하는 문제이다.

먼저 $\mathcal{B} = \{\mathbf{u}_1, \mathbf{u}_2, \ldots, \mathbf{u}_n\}$이라 두자. $\mathbf{x}$가 V의 원소이고 $[\mathbf{x}]_{\mathcal{B}} = [a_1, a_2, \ldots, a_n]^T$라 하자. 그리하면 $\mathbf{x} = \sum_{i=1}^{n} a_i \mathbf{u}_i$이므로

$$[\mathbf{x}]_{\mathcal{C}} = \left[\sum_{i=1}^{n} a_i \mathbf{u}_i\right]_{\mathcal{C}} = \sum_{i=1}^{n} a_i [\mathbf{u}_i]_{\mathcal{C}}$$

가 성립한다. 여기서 벡터들의 일차결합은 이 벡터들을 열벡터로 하는 행렬과 계수들로 이루어진 열벡터의 곱과 같다는 것을 기억하자. 그러므로 $\mathbf{P}$를 $[\mathbf{u}_i]_{\mathcal{C}}$를 열로 하는 행렬, 즉

$$\mathbf{P} = \begin{bmatrix} [\mathbf{u}_1]_{\mathcal{C}} & [\mathbf{u}_2]_{\mathcal{C}} & \cdots & [\mathbf{u}_n]_{\mathcal{C}} \end{bmatrix}$$

라고 두면

$$[\mathbf{x}]_{\mathcal{C}} = \mathbf{P}\begin{bmatrix} a_1 \\ a_2 \\ \vdots \\ a_n \end{bmatrix} = \mathbf{P}[\mathbf{x}]_{\mathcal{B}}$$

가 성립한다. 행렬 P를 기저 $\mathcal{B}$에서 기저 $\mathcal{C}$로의 **추이행렬**(transition matrix)이라 한다.

정리 1

V가 유한차원 벡터공간이고 $\mathcal{B}$와 $\mathcal{C}$가 모두 V의 순서기저라고 하자. P를 $\mathcal{B}$의 원소들의 $\mathcal{C}$에 관한 좌표벡터라 하면, V의 모든 원소 $\mathbf{x}$에 대하여 $[\mathbf{x}]_{\mathcal{C}}=\mathbf{P}[\mathbf{x}]_{\mathcal{B}}$가 성립한다.

위의 정리는 아래와 같이

$$\mathcal{B} = \{\mathbf{u}_1, \mathbf{u}_2, \ldots, \mathbf{u}_n\} \xrightarrow{\mathbf{P}} \mathcal{C} = \{\mathbf{v}_1, \mathbf{v}_2, \ldots, \mathbf{v}_n\}$$

으로 나타낼 수 있고, 이것은 P가 $\mathcal{B}$에서 $\mathcal{C}$로의 추이행렬이라고 하는 것을 설명해 준다.

예제 2 벡터

$$\mathbf{u}_1 = \begin{bmatrix} 1 \\ 1 \end{bmatrix} \qquad \mathbf{u}_2 = \begin{bmatrix} -1 \\ 1 \end{bmatrix} \qquad \mathbf{v}_1 = \begin{bmatrix} -1 \\ 1 \end{bmatrix} \qquad \mathbf{v}_2 = \begin{bmatrix} 1 \\ 1 \end{bmatrix}$$

에 대하여

$$\mathcal{B}=\{\mathbf{u}_1, \mathbf{u}_2\},\ \mathcal{C}=\{\mathbf{v}_1, \mathbf{v}_2\}$$

라 두자. $\mathcal{B}$에서 $\mathcal{C}$로의 추이행렬 P를 구하라.

풀이 앞의 정리에 의하여 P는 $[\mathbf{u}_1]_{\mathcal{C}}$과 $[\mathbf{u}_2]_{\mathcal{C}}$를 열로 하는 행렬이다.

$$\mathbf{u}_1 = x_1\mathbf{v}_1 + x_2\mathbf{v}_2 \qquad \text{즉} \qquad x_1\begin{bmatrix} -1 \\ 1 \end{bmatrix} + x_2\begin{bmatrix} 1 \\ 1 \end{bmatrix} = \begin{bmatrix} 1 \\ 1 \end{bmatrix}$$

이 성립하는 x_1과 x_2를 구해 보면 $x_1=0$이고 $x_2=1$이다. 따라서 $\mathbf{x} = \begin{bmatrix} 0 \\ 1 \end{bmatrix}$은 P의 1열이다. 또

$$\mathbf{u}_2 = y_1\mathbf{v}_1 + y_2\mathbf{v}_2 \qquad \text{즉} \qquad y_1\begin{bmatrix} -1 \\ 1 \end{bmatrix} + y_2\begin{bmatrix} 1 \\ 1 \end{bmatrix} = \begin{bmatrix} -1 \\ 1 \end{bmatrix}$$

이 성립하는 y_1과 y_2를 구해 보면 $y_1=1$이고 $y_2=0$이다. 따라서 $\mathbf{y}=\begin{bmatrix} 1 \\ 0 \end{bmatrix}$은 $\mathbf{P}$의 2열이다. 그러므로 $\mathbf{P}=[\,\mathbf{x}\ \ \mathbf{y}\,]=\begin{bmatrix} 0 & 1 \\ 1 & 0 \end{bmatrix}$이다.

더 효율적인 방법은 같은 계수행렬을 가지는 두 연립방정식을 동시에 푸는 방법이다. $\mathbf{Ax}=\mathbf{u}_1$과 $\mathbf{Ay}=\mathbf{u}_2$가 두 연립방정식이고, 이 두 방정식을 하나의 방정식

$$\mathbf{A}[\mathbf{x}\ \ \mathbf{y}] = [\mathbf{u}_1\ \ \mathbf{u}_2]$$

으로 생각할 수 있다. 첨가행렬로부터 아래와 같이 행 연산을 하여 해를 구할 수 있다.

$$\begin{aligned}
[\,\mathbf{A} \mid \mathbf{u}_1\ \ \mathbf{u}_2\,] &= [\,\mathbf{v}_1\ \ \mathbf{v}_2 \mid \mathbf{u}_1\ \ \mathbf{u}_2\,] = \left[\begin{array}{rr|rr} -1 & 1 & 1 & -1 \\ 1 & 1 & 1 & 1 \end{array}\right] \\
&\sim \left[\begin{array}{rr|rr} 1 & -1 & -1 & 1 \\ 1 & 1 & 1 & 1 \end{array}\right] \sim \left[\begin{array}{rr|rr} 1 & -1 & -1 & 1 \\ 0 & 2 & 2 & 0 \end{array}\right] \\
&\sim \left[\begin{array}{rr|rr} 1 & -1 & -1 & 1 \\ 0 & 1 & 1 & 0 \end{array}\right] \sim \left[\begin{array}{rr|rr} 1 & 0 & 0 & 1 \\ 0 & 1 & 1 & 0 \end{array}\right] \\
&= [\,\mathbf{I} \mid \mathbf{x}\ \ \mathbf{y}\,] = [\,\mathbf{I} \mid \mathbf{P}\,]
\end{aligned}$$

이렇게 구한 $\mathbf{P}$는 앞에서 구한 것과 일치한다. ■

예제 3 $\mathbb{P}_3$의 두 기저를 다음과 같이 두자. 처음 기저는 체비셰프 다항식으로 이루어진 기저이다.

$$\mathcal{B}: \quad T_0(x) = 1 \qquad T_1(x) = x \qquad T_2(x) = 2x^2 - 1 \qquad T_3(x) = 4x^3 - 3x$$

둘째 기저는 표준기저이다.

$$\mathcal{C}: \quad p_0(x) = 1 \qquad p_1(x) = x \qquad p_2(x) = x^2 \qquad p_3(x) = x^3$$

$\mathcal{B}$에서 $\mathcal{C}$로의 추이행렬 $\mathbf{P}$를 구하라.

풀이 $\mathbf{P}$는 $[T_i]_{\mathcal{C}}$를 열로 하는 행렬이다.

$$T_0 = p_0 \qquad T_1 = p_1 \qquad T_2 = 2p_2 - p_0 \qquad T_3 = 4p_3 - 3p_1$$

이므로 다음을 얻는다.

$$\mathbf{P} = \begin{bmatrix} 1 & 0 & -1 & 0 \\ 0 & 1 & 0 & -3 \\ 0 & 0 & 2 & 0 \\ 0 & 0 & 0 & 4 \end{bmatrix}$$

■

예제 4 예제 3에 주어진 벡터공간과 기저에 대하여, $\mathcal{C}$에서 $\mathcal{B}$로의 추이행렬을 구하라.

풀이 구하려는 행렬을 Q로 두면 Q는 $[p_0]_{\mathcal{B}}$, $[p_1]_{\mathcal{B}}$, $[p_2]_{\mathcal{B}}$ 및 $[p_3]_{\mathcal{B}}$를 열로 하는 행렬이다. 먼저 p_0에 대하여 $z_0T_0+z_1T_1+z_2T_2+z_2T_3=p_0$가 성립하는 z_0, z_1, z_2, z_3를 구해야 한다. 즉 연립방정식

$$z_0\begin{bmatrix}1\\0\\0\\0\end{bmatrix}+z_1\begin{bmatrix}0\\1\\0\\0\end{bmatrix}+z_2\begin{bmatrix}-1\\0\\2\\0\end{bmatrix}+z_3\begin{bmatrix}0\\-3\\0\\4\end{bmatrix}=\begin{bmatrix}1\\0\\0\\0\end{bmatrix}$$

의 해를 구해야 한다. 또한 각 p_1, p_2, p_3에 대해서도 이런 모양의 연립방정식을 풀어야 한다. 네 가지의 연립방정식을 아래와 같이 하나의 첨가행렬로 나타낼 수 있다.

$$\left[\begin{array}{cccc|cccc}1&0&-1&0&1&0&0&0\\0&1&0&-3&0&1&0&0\\0&0&2&0&0&0&1&0\\0&0&0&4&0&0&0&1\end{array}\right]=[\mathbf{P}\mid\mathbf{I}]$$

이제, $\mathbf{P}^{-1}$를 구하면 연립방정식들의 해를 구할 수 있다. 사실 $\mathbf{P}^{-1}$가 구하고자 하는 행렬이다. $[\mathbf{x}]_{\mathcal{B}}=\mathbf{P}[\mathbf{x}]_{\mathcal{B}}$로부터 $[\mathbf{x}]_{\mathcal{B}}=\mathbf{P}^{-1}[\mathbf{x}]_{\mathcal{C}}$이므로 $\mathbf{Q}=\mathbf{P}^{-1}$이다. 계산해 보면 다음과 같다.

$$\mathbf{P}^{-1}=\mathbf{Q}=\begin{bmatrix}1&0&\frac{1}{2}&0\\0&1&0&\frac{3}{4}\\0&0&\frac{1}{2}&0\\0&0&0&\frac{1}{4}\end{bmatrix}$$

■

예제 3과 예제 4에 의하여 다음과 같은 관계를 얻는다.

$$\mathcal{B}=\{T_0,T_1,T_2,T_3\}\xrightarrow{\mathbf{P}}\mathcal{C}=\{p_0,p_1,p_2,p_3\}$$
$$\mathcal{B}=\{T_0,T_1,T_2,T_3\}\xleftarrow{\mathbf{P}^{-1}}\mathcal{C}=\{p_0,p_1,p_2,p_3\}$$

여기서 $\mathbf{P}$는 $\mathcal{B}$에서 $\mathcal{C}$로의 추이행렬이고, $\mathbf{P}^{-1}$은 $\mathcal{C}$에서 $\mathcal{B}$로의 추이행렬이다.

선형변환

2.3절의 정리 3에서 $\mathbb{R}^n$에서 $\mathbb{R}^m$으로의 선형변환은 표준기저의 원소들 $\mathbf{e}_i$의 상들에 의하여 결정된다는 것을 보았다. 이 사실은 더 일반적인 경우에도 성립한다. 다음의 정리는 5.2절의 정리 15와 거의 같은 것이지만, 정리 15는 유한차원 벡터공간에 대한 것이었다.

정리 2
벡터공간 사이의 선형변환은 정의역의 임의의 기저에 속한 원소들의 상에 의하여 완전히 결정된다. 또한 이 상은 임의로 택할 수 있다.

증명 선형변환을 $L: X \to Y$라 하고, $\mathcal{B}$를 X의 기저라 하자. X의 임의의 원소 $\mathbf{x}$는 유한 개의 $\mathcal{B}$의 원소들 $\mathbf{u}_i$의 일차결합 $\mathbf{x}=\sum_{i=1}^{n} a_i\mathbf{u}_i$로 나타나므로,

$$L(\mathbf{x}) = \sum_{i=1}^{n} a_i L(\mathbf{u}_i)$$

이 성립한다. ■

예제 5 $\mathbf{u}_1=(2, 3, 7)$을 $\mathbf{v}_1=(-1, 5, 2)$로, $\mathbf{u}_2=(4, 1, 2)$를 $\mathbf{v}_2=(3, 0, 1)$로 보내는 선형변환이 있는가?

풀이 먼저 $\mathbf{u}_1$과 $\mathbf{u}_2$가 서로 일차독립인가를 확인하여야 한다. 두 벡터는 서로 스칼라 배가 아니므로 일차독립이다. 따라서 두 벡터는 두 벡터가 생성하는 벡터공간의 기저이다.

$$\mathbf{A} = \begin{bmatrix} 1 & -1 & 0 \\ -\frac{1}{2} & 2 & 0 \\ -\frac{1}{2} & 1 & 0 \end{bmatrix} \quad \mathbf{U} = \begin{bmatrix} 2 & 4 \\ 3 & 1 \\ 7 & 2 \end{bmatrix} \quad \mathbf{V} = \begin{bmatrix} -1 & 3 \\ 5 & 0 \\ 2 & -1 \end{bmatrix}$$

이라 두면 $\mathbf{AU}=\mathbf{V}$이므로 $\mathbf{A}$가 구하고자 하는 선형변환에 대응하는 행렬이다. ■

예제 6 벡터 $(1, 3, -7)$, $(3, 2, 1)$과 $(-3, 5, -23)$을 각각 $(2, 0, 2)$, $(-1, 1, 5)$과 $(8, -2, -5)$로 보내는 선형변환을 구하라.

풀이 구하고자 하는 행렬을 $\mathbf{X}$라고 두면

$$\mathbf{XB} = \mathbf{X}\begin{bmatrix} 1 & 3 & -3 \\ 3 & 2 & 5 \\ -7 & 1 & -23 \end{bmatrix} = \begin{bmatrix} 2 & -1 & 8 \\ 0 & 1 & -2 \\ 2 & 5 & -5 \end{bmatrix} = \mathbf{C}$$

이 성립하는 $\mathbf{X}$를 구하면 된다. 이보다는 $\mathbf{B}^T\mathbf{X}^T=\mathbf{C}^T$가 성립하는 $\mathbf{X}$를 구하는 것이 쉽다. 첨가행렬의 기약 행 사다리꼴을 구하면

$$[\ \mathbf{B}^T\ |\ \mathbf{C}^T\ ] = \left[\begin{array}{rrr|rrr} 1 & 3 & -7 & 2 & 0 & 2 \\ 3 & 2 & 1 & -1 & 1 & 5 \\ -3 & 5 & -23 & 8 & -2 & -5 \end{array}\right]$$

$$\sim \left[\begin{array}{rrr|rrr} 1 & 0 & 2.4 & -1 & 0.42 & 0 \\ 0 & 1 & -3.1 & 1 & -0.14 & 0 \\ 0 & 0 & 0 & 0 & 0 & 1 \end{array}\right]$$

이다. 그런데 계수행렬의 3행은 모두 0이 인데 0아닌 상수가 있으므로 이 연립방정식은 해를 가지지 않는다. 따라서 구하고자 하는 선형변환은 존재하지 않는다. ■

정리 3

L이 선형변환이고 $\sum_{i=1}^{n} a_i\mathbf{u}_i = \mathbf{0}$이면, $\sum_{i=1}^{n} a_i L(\mathbf{u}_i) = \mathbf{0}$이다.

증명 간단하게 증명된다.

$$\mathbf{0} = L(\mathbf{0}) = L\left(\sum_{i=1}^{n} a_i\mathbf{u}_i\right) = \sum_{i=1}^{n} a_i L(\mathbf{u}_i)$$ ■

유한차원 벡터공간 위에서 임의의 벡터공간으로의 선형변환은 정해진 정의역과 치역의 기저에 관하여 행렬로 나타낼 수 있다. 선형변환을 $L: X \to Y$라 하고, $\mathcal{B}=\{\mathbf{u}_1, \mathbf{u}_2, \dots, \mathbf{u}_n\}$을 X의 기저, $\mathcal{C}=\{\mathbf{v}_1, \mathbf{v}_2, \dots, \mathbf{v}_m\}$을 $L(X)$의 기저라고 하자. 5.2절의 정리 11에 의하여 $m \le n$이다. X의 임의의 원소 $\mathbf{x}$는 $\mathbf{x} = \sum_{i=1}^{n} a_i\mathbf{u}_i$로 나타나고, $[\mathbf{x}]_{\mathcal{B}} = [a_1, a_2, \dots, a_n]^T$이다. 한편 L이 선형이므로 $L(\mathbf{x}) = \sum_{i=1}^{n} a_i L(\mathbf{u}_i)$이고, 양변의 벡터에 대하여 $\mathcal{C}$에 관한 좌표벡터를 취하면 $[L(\mathbf{x})]_{\mathcal{C}} = \sum_{i=1}^{n} a_i [L(\mathbf{u}_i)]_{\mathcal{C}}$가 성립한다. $[L(\mathbf{u}_i)]_{\mathcal{C}}$를 열로 하는 행렬을 $\mathbf{A}$라고 두면, 이 식은

$$[L(\mathbf{x})]_{\mathcal{C}} = \mathbf{A}[\mathbf{x}]_{\mathcal{B}}$$

로 나타난다. 이때 $\mathbf{A}$를 $\mathcal{B}$와 $\mathcal{C}$에 관한 L의 표현행렬이라 한다. 이 내용을 요약하여 정리하면 아래의 정리를 얻는다.

정리 4

L이 유한차원 벡터공간 X에서 임의의 벡터공간 Y로의 선형변환이라 하고, $\mathcal{B}=\{\mathbf{u}_1, \mathbf{u}_2, \dots, \mathbf{u}_n\}$와 $\mathcal{C}$가 각각 X와 $L(X)$의 순서기저라고 하자. $\mathbf{A}$가 $[L(\mathbf{u}_i)]_{\mathcal{C}}$를 열로 하는 행렬이라 하면, X의 임의의 원소 $\mathbf{x}$에 대하여, $[L(\mathbf{x})]_{\mathcal{C}} = \mathbf{A}[\mathbf{x}]_{\mathcal{B}}$가 성립한다.

예제 7 $X=\mathbb{P}_4$라 하고 체비셰프 다항식 $T_0(x)=1$, $T_1(x)=x$, $T_2(x)=2x^2-1$, $T_3(x)=4x^3-3x$ 및 $T_4(x)=8x^4-8x^2+1$로 이루어진 기저를 사용하자. 또 $Y=\mathbb{P}_3$이라 하고 다항식 $p_i(x)=x^i(i=0, 1, 2, 3)$으로 이

루어진 표준기저를 $\mathcal{C}$라 하자. L을 $\mathbb{P}_4$에서 $\mathbb{P}_3$로의 미분작용소라고 할 때, 모든 다항식 $x \in X$에 대하여 $[L(\mathbf{x})]_{\mathcal{C}}=\mathbf{A}[\mathbf{x}]_{\mathcal{B}}$가 성립하는 행렬 $\mathbf{A}$를 구하라.

풀이 $L(T_0)=0$, $L(T_1)=1$, $L(T_2)=4x$, $L(T_3)=12x^2-3$, $L(T_4)=32x^3-16x$이므로 $[L(T_i)]_{\mathcal{C}}$를 열로 하는 행렬은

$$\mathbf{A} = \begin{bmatrix} 0 & 1 & 0 & -3 & 0 \\ 0 & 0 & 4 & 0 & -16 \\ 0 & 0 & 0 & 12 & 0 \\ 0 & 0 & 0 & 0 & 32 \end{bmatrix}$$

이다. 만일 L을 임의의 다항식 $\mathbf{x}=3T_0-2T_1+7T_2-4T_3+6T_4$에 작용하면, $[L(\mathbf{x})]_{\mathcal{C}}$는 다음과 같이 $\mathbf{A}[\mathbf{x}]_{\mathcal{B}}$에 의하여 바로 구해진다.

$$\begin{bmatrix} 0 & 1 & 0 & -3 & 0 \\ 0 & 0 & 4 & 0 & -16 \\ 0 & 0 & 0 & 12 & 0 \\ 0 & 0 & 0 & 0 & 32 \end{bmatrix} \begin{bmatrix} 3 \\ -2 \\ 7 \\ -4 \\ 6 \end{bmatrix} = \begin{bmatrix} 10 \\ -68 \\ -48 \\ 192 \end{bmatrix}$$

따라서 $L(\mathbf{x})=10-68x-48x^2+192x^3$이다.

한편 직접 계산하여 보면

$$\begin{aligned} 3T_0 - 2T_1 + 7T_2 - 4T_3 + 6T_4 \\ &= 3 - 2x + 7(2x^2 - 1) - 4(4x^3 - 3x) + 6(8x^4 - 8x^2 + 1) \\ &= 2 + 10x - 34x^2 - 16x^3 + 48x^4 \end{aligned}$$

이므로, 이를 미분하여 $10-68x-48x^2+192x^3$를 얻는다. ■

예제 8 선형변환 $L : \mathbb{R}^{2\times 2} \to \mathbb{R}^3$이

$$L\left(\begin{bmatrix} a & c \\ b & d \end{bmatrix}\right) = \begin{bmatrix} a - b + 2d \\ 2a + c - d \\ -2b + d \end{bmatrix}$$

로 정의되었다고 하자. $\mathbb{R}^{2\times 2}$의 기저로

$$\mathbf{M}_1 = \begin{bmatrix} 2 & 5 \\ 2 & 1 \end{bmatrix} \quad \mathbf{M}_2 = \begin{bmatrix} -2 & -2 \\ 0 & 1 \end{bmatrix}$$

$$\mathbf{M}_3 = \begin{bmatrix} -3 & -4 \\ 1 & 2 \end{bmatrix} \quad \mathbf{M}_4 = \begin{bmatrix} -1 & -3 \\ 0 & 1 \end{bmatrix}$$

로 이루어진 집합 $\mathcal{B}$를 잡고, $\mathbb{R}^3$의 기저로는

$$\mathbf{w}_1 = \begin{bmatrix} 7 \\ 0 \\ -3 \end{bmatrix} \quad \mathbf{w}_2 = \begin{bmatrix} 2 \\ -1 \\ -2 \end{bmatrix} \quad \mathbf{w}_3 = \begin{bmatrix} -2 \\ 0 \\ 1 \end{bmatrix}$$

로 이루어진 집합 $\mathcal{C}$를 잡자. 모든 $M \in \mathbb{R}^{2\times2}$에 대하여 $[L(M)]_{\mathcal{C}} = \mathbf{A}[M]_{\mathcal{B}}$가 성립하는 행렬 $\mathbf{A}$를 구하라.

풀이 M_1에 L을 적용하면

$$L(M_1) = \begin{bmatrix} 2 \\ 8 \\ -3 \end{bmatrix} = -20\begin{bmatrix} 7 \\ 0 \\ -3 \end{bmatrix} - 8\begin{bmatrix} 2 \\ -1 \\ -2 \end{bmatrix} - 79\begin{bmatrix} -1 \\ 0 \\ 1 \end{bmatrix} = -20\mathbf{w}_1 - 8\mathbf{w}_2 - 79\mathbf{w}_3$$

이므로, $[L(M_1)]_{\mathcal{C}} = \begin{bmatrix} -20 \\ -8 \\ -79 \end{bmatrix}$이다. 같은 방법으로

$$[L(M_2)]_{\mathcal{C}} = \begin{bmatrix} 0 \\ -7 \\ 1 \end{bmatrix} = \begin{bmatrix} 16 \\ 7 \\ 63 \end{bmatrix}, \quad [L(M_3)]_{\mathcal{C}} = \begin{bmatrix} 0 \\ -12 \\ 0 \end{bmatrix}_{\mathcal{C}} = \begin{bmatrix} 24 \\ 12 \\ 96 \end{bmatrix}, \quad [L(M_4)]_{\mathcal{C}} = \begin{bmatrix} 1 \\ -6 \\ 1 \end{bmatrix}_{\mathcal{C}} = \begin{bmatrix} 15 \\ 6 \\ 58 \end{bmatrix}$$

을 얻는다. 그러므로

$$\mathbf{A} = \begin{bmatrix} -20 & 16 & 24 & 15 \\ -8 & 7 & 12 & 6 \\ -79 & 63 & 96 & 58 \end{bmatrix}$$

이다. ■

벡터공간에서 그 벡터공간으로의 함수

마지막 질문은 벡터공간에서 그 벡터공간으로의 선형변환에 관한 것이다. 여기서는 하나의 선형변환이 기저가 변함에 따라 여러 가지의 행렬식으로 나타난다는 것을 알아보자. X를 n차원 벡터공간이라 하고 $L : X \to X$를 선형변환이라 하자. 또 $\mathcal{B}$와 $\mathcal{C}$가 모두 X의 기저라 하자. 정의역과 공변역의 기저를 모두 $\mathcal{B}$로 잡고 $\mathbf{A}$를 $\mathcal{B}$의 원소들의 좌표벡터를 열로 하는 행렬이라면, 정리 4에 의하여 모든 $\mathbf{x} \in X$에 대하여

$$[L(\mathbf{x})]_{\mathcal{B}} = \mathbf{A}[\mathbf{x}]_{\mathcal{B}}$$

가 성립한다. 이때 $\mathbf{A}$를 $\mathcal{B}$에 관한 L의 표현행렬이라 한다. 마찬가지로 $\mathbf{B}$가 $\mathcal{C}$의 원소들의 좌표벡터를 열로 하는 행렬이라면

$$[L(\mathbf{x})]_{\mathcal{C}} = \mathbf{B}[\mathbf{x}]_{\mathcal{C}}$$

가 성립한다. 마지막으로 P를 $\mathcal{B}$에서 $\mathcal{C}$로의 추이행렬이라 하면, 정리 1에 의하여

$$[\mathbf{x}]_{\mathcal{C}} = \mathbf{P}[\mathbf{x}]_{\mathcal{B}}$$

가 성립한다. 그러므로 이 관계식들을 모두 이용하면

$$\mathbf{B}[\mathbf{x}]_{\mathcal{C}} = [L(\mathbf{x})]_{\mathcal{C}} = \mathbf{P}[L(\mathbf{x})]_{\mathcal{B}} = \mathbf{PA}[\mathbf{x}]_{\mathcal{B}} = \mathbf{PAP}^{-1}[\mathbf{x}]_{\mathcal{C}}$$

가 성립한다. $[\mathbf{x}]_{\mathcal{C}}$는 $\mathbb{R}^n$의 임의의 벡터가 될 수 있으므로 $\mathbf{B}=\mathbf{PAP}^{-1}$을 얻는다. 이것이 구하고자 하는 관계식으로, 위의 내용은 아래와 같이 요약할 수 있다.

정리 5

$n\times n$ 행렬 A와 B가 서로 다른 두 기저에 관하여 같은 선형변환을 나타내면, $\mathbf{B}=\mathbf{PAP}^{-1}$가 성립하는 정칙행렬 P가 존재한다.

닮은 행렬

정리 5에서 두 행렬 A와 B 사이에 나타난 관계를 **닮음**(similarity)이라 한다.

정의

$n\times n$ 행렬 A와 B에 대하여 $\mathbf{A}=\mathbf{PBP}^{-1}$가 성립하는 정칙행렬 P가 존재할 때, 행렬 A와 B는 **닮았다**(similar)고 한다.

'닮았다' 는 관계는 5.2절에서 정의된 동치 관계의 한 종류이다. 따라서 'A와 B가 닮았다' 는 사실을 $\mathbf{A} \simeq \mathbf{B}$로 나타내면, 아래의 성질이 나타난다.

1. $\mathbf{A} \simeq \mathbf{A}$ (**반사적**)
2. $\mathbf{A} \simeq \mathbf{B}$이면 $\mathbf{B} \simeq \mathbf{A}$이다. (**대칭적**)
3. $\mathbf{A} \simeq \mathbf{B}$이고 $\mathbf{B} \simeq \mathbf{C}$이면 $\mathbf{A} \simeq \mathbf{C}$이다. (**추이적**)

예제 9 다음의 두 행렬은 서로 다른 두 기저에 관하여 같은 선형변환을 나타내는가? 즉 두 행렬은 닮았는가?

$$\mathbf{A} = \begin{bmatrix} 2 & 0 & -1 \\ -9 & 29 & 23 \\ 12 & -36 & -29 \end{bmatrix} \qquad \mathbf{B} = \begin{bmatrix} -1 & 0 & 0 \\ 0 & 1 & 0 \\ 0 & 0 & 2 \end{bmatrix}$$

풀이 답은 '그렇다' 이다. 행렬

$$\mathbf{P} = \begin{bmatrix} 1 & 2 & 3 \\ -2 & -1 & 1 \\ 3 & 2 & 0 \end{bmatrix} \qquad \mathbf{P}^{-1} = \begin{bmatrix} -2 & 6 & 5 \\ 3 & -9 & -7 \\ -1 & 4 & 3 \end{bmatrix}$$

에 대하여 $\mathbf{A}=\mathbf{PBP}^{-1}$이 성립한다. ■

예제 10 두 행렬 $\mathbf{A} = \begin{bmatrix} 0 & \frac{3}{2} & 6 \\ \frac{2}{3} & 3 & 14 \\ -\frac{4}{3} & 1 & 1 \end{bmatrix}$과 $\mathbf{B} = \begin{bmatrix} 3 & 1 & 2 \\ 1 & 0 & 1 \\ 2 & 2 & 1 \end{bmatrix}$은 서로 닮았는가?

풀이 두 행렬 A와 B가 주어졌을 때

$$\mathbf{A} = \mathbf{PBP}^{-1}$$

이 성립하는 행렬 P를 구하는 것은 복잡하다. 이를 위해서는 n^2개의 미지수와 n^2개의 식을 가지는 연립방정식

$$\mathbf{AP} - \mathbf{PB} = \mathbf{0}$$

을 풀어야 한다.

$$\mathbf{P} = \begin{bmatrix} a & b & c \\ u & v & w \\ x & y & z \end{bmatrix}$$

으로 두고, 주어진 A와 B에 관하여 $\mathbf{AP}-\mathbf{PB}=\mathbf{0}$를 계산하면 다음과 같은 9개의 방정식을 얻는다.

$$-3a-b-2c+\tfrac{3}{2}u+6x=0,\ -a-2c+\tfrac{3}{2}v+6y=0,\ -2a-b-c+\tfrac{3}{2}w+6z=0,$$
$$\tfrac{2}{3}a-v-2w+14x=0,\ \tfrac{2}{3}b-u+3v-2w+14y=0,\ \tfrac{2}{3}c-2u-v+2w+14z=0,$$
$$-\tfrac{4}{3}a+u-2x-y-2z=0,\ -\tfrac{4}{3}b+v-x+y-2z=0,\ -\tfrac{4}{3}c+w-2x-y=0$$

이들로부터 계수행렬을 만들고 기약 행 사다리꼴을 구하면 다음의 행렬을 얻는다.

$$\begin{bmatrix} -3 & -1 & -2 & \frac{3}{2} & 0 & 0 & 6 & 0 & 0 \\ -1 & 0 & -2 & 0 & \frac{3}{2} & 0 & 0 & 6 & 0 \\ -2 & -1 & -1 & 0 & 0 & \frac{3}{2} & 0 & 0 & 6 \\ \frac{2}{3} & 0 & 0 & 0 & -1 & -2 & 14 & 0 & 0 \\ 0 & \frac{2}{3} & 0 & -1 & 3 & -2 & 0 & 14 & 0 \\ 0 & 0 & \frac{2}{3} & -2 & -1 & 2 & 0 & 0 & 14 \\ -\frac{4}{3} & 0 & 0 & 1 & 0 & 0 & -2 & -1 & -2 \\ 0 & -\frac{4}{3} & 0 & 0 & 1 & 0 & -1 & 1 & -2 \\ 0 & 0 & -\frac{4}{3} & 0 & 0 & 1 & -2 & 1 & 0 \end{bmatrix}$$

$$\sim\begin{bmatrix} 1 & 0 & 0 & 0 & 0 & 0 & -\frac{3}{2} & 0 & -3 \\ 0 & 1 & 0 & 0 & 0 & 0 & -\frac{5}{2} & 0 & 0 \\ 0 & 0 & 1 & 0 & 0 & 0 & -\frac{5}{2} & 0 & 0 \\ 0 & 0 & 0 & 1 & 0 & 0 & -4 & 0 & -6 \\ 0 & 0 & 0 & 0 & 1 & 0 & -\frac{13}{3} & 0 & -2 \\ 0 & 0 & 0 & 0 & 0 & 1 & -\frac{16}{3} & 0 & 0 \\ 0 & 0 & 0 & 0 & 0 & 0 & 0 & 1 & 0 \\ 0 & 0 & 0 & 0 & 0 & 0 & 0 & 0 & 0 \\ 0 & 0 & 0 & 0 & 0 & 0 & 0 & 0 & 0 \end{bmatrix}$$

이로부터 다음의 일반해를 얻는다. $a=\frac{3}{2}x+3z$, $b=\frac{5}{2}x$, $c=\frac{5}{2}x$, $u=4x+6z$, $v=13/3x+2z$, $w=16/3x$, $y=0$. 그러므로 A와 B는 닮았다. 특히 $x=0$이고 $z=1$인 경우에는

$$\mathbf{P}=\begin{bmatrix} 3 & 0 & 0 \\ 6 & 2 & 0 \\ 0 & 0 & 1 \end{bmatrix} \qquad \mathbf{P}^{-1}=\begin{bmatrix} \frac{1}{3} & 0 & 0 \\ -1 & \frac{1}{2} & 0 \\ 0 & 0 & 1 \end{bmatrix}$$

를 얻는다. 직접 계산하여 $\mathbf{A}=\mathbf{PBP}^{-1}$를 확인할 수 있다. ■

정리 6

$\mathbf{A}=\mathbf{PQP}^{-1}$이고 $\mathbf{P}$는 기저 $\mathcal{B}$의 벡터들을 열로 하는 행렬이라 하면 $[\mathbf{Ax}]_{\mathcal{B}}=\mathbf{Q}[\mathbf{x}]_{\mathcal{B}}$가 성립한다. 즉 $\mathbf{Q}$는 기저 $\mathcal{B}$에 관하여 선형변환 $\mathbf{x}\to\mathbf{Ax}$를 나타낸다.

증명 모든 $\mathbf{x}$에 대하여 $\mathbf{P}[\mathbf{x}]_{\mathcal{B}}=\mathbf{x}$이므로 $[\mathbf{x}]_{\mathcal{B}}=\mathbf{P}^{-1}\mathbf{x}$이고 $[\mathbf{Ax}]_{\mathcal{B}}=\mathbf{P}^{-1}\mathbf{Ax}$이다. $\mathbf{A}=\mathbf{PQP}^{-1}$이므로 $\mathbf{P}^{-1}\mathbf{A}=\mathbf{QP}^{-1}$이고, 따라서 $[\mathbf{Ax}]_{\mathcal{B}}=\mathbf{QP}^{-1}\mathbf{x}=\mathbf{Q}[\mathbf{x}]_{\mathcal{B}}$이 성립한다. ■

동치 관계 다시 보기

이 내용은 여러 가지 상황에서 자연스럽게 발생하는 것이다. 근본적인 발상은 아주 단순하다. 즉 원소들의 집합을 여러 개의 부분집합으로 쪼개고, 같은 부분집합에 있는 원소들끼리는 어떠한 관계로 맺어져 있다고 보는 것이다. 예를 들면 사람들을 남자와 여자의 두 집합으로 나누는 것, 다항식 전체의 집합을 차수에 따라 부분집합으로 나누는 것 등이 있다. 또 정수 전체의 집합을 짝수들의 집합과 홀수들의 집합으로 나누는 것도 하나의 예이다. 이 아이디어를 조금 발전시키면 다음과 같다. 주어진 정수 n에 대하여, 정수 전체의 집합을 n으로 나누었을 때 나머지가 같은 원소들을 하나의 부분집합으로 하여 전체를 분할하는 것이다. 나머지는 $0, 1, 2, \ldots, n-1$ 중 한 원소이다. 이것을 **모듈로**(n) **연산**(modulo arithmetic)이라 한다.

집합 X가 서로 만나지 않는 부분집합들로 나누어져 있다고 하자. 두 원소 $\mathbf{x}$와 $\mathbf{y}$가 같은 부분집합에 속할 때, 두 원소는 **동치**(equivalent)라고 하고 $x\equiv \mathbf{y}$로 나타내기로 하면, 관계 '$\equiv$'는 다음의 조건을 성립시킨다.

1. 모든 $\mathbf{x} \in X$에 대하여 $\mathbf{x} \equiv \mathbf{x}$이다. (**반사적**)
2. $\mathbf{x} \equiv \mathbf{y}$이면 $\mathbf{y} \equiv \mathbf{x}$이다. (**대칭적**)
3. $\mathbf{x} \equiv \mathbf{y}$이고 $\mathbf{y} \equiv \mathbf{z}$이면 $\mathbf{x} \equiv \mathbf{z}$이다. (**추이적**)

위의 세 조건을 성립시키는 관계를 **동치 관계**(equivalence relation)라 한다. 어떤 동치 관계는 특별한 이름을 가진다. 예를 들면 평면기하에서 삼각형 사이의 닮음 관계와 합동 관계가 있다. 집합을 나누는 데서 동치 관계의 개념이 출발되었다.

역으로 집합 X 위에 어떤 동치 관계 '$\equiv$'가 정의되어 있다고 하고, 집합 X 위의 각 원소 x에 대하여 동치류 $\{y \in X : y \equiv x\}$를 대응시키자. 그리하면 이 동치류들은 서로 만나지 않는다. 이를 증명하기 위하여 $E(x)$를 x를 포함하는 동치류라고 하자. $E(u)$가 또 다른 하나의 동치류라면, $E(x)$와 $E(u)$는 만나는가? 만일 y가 이 두 동치류에 동시에 들어 있다면, $y \equiv x$이고 $y \equiv u$이므로 동치 관계의 성질에 의하여 $x \equiv u$이다. 이로부터, $E(x)=E(u)$이다. 이것을 보이기 위하여 $z \in E(x)$라고 하자. 이때 $z \equiv x$이므로 $x \equiv u$에 의하여 $z \equiv u$이고, 따라서 $z \in E(u)$이다. 즉 $E(x) \subseteq E(u)$이다. 같은 방법으로 $E(u) \subseteq E(x)$도 보인다. 결국 $E(x)=E(u)$이 되어 이는 두 동치류 서로 다른 것이라는 가정에 모순이다. 따라서 $E(x)$와 $E(u)$는 만나지 않는다. 결론적으로, 동치류들은 X를 만나지 않는 부분집합들로 나눈다.

행렬들 사이에도 여러 가지의 동치 관계가 있다. 예를 들면 행동치라는 것도 하나의 동치 관계이다. 앞 장에서 이 특별한 동치 관계를 '$\sim$'으로 나타내었다. 예를 들어

$$\begin{bmatrix} 1 & 2 & 3 \\ 4 & 5 & 6 \\ 10 & 8 & 7 \end{bmatrix} \sim \begin{bmatrix} 17 & 31 & -11 \\ 2 & 5 & 47 \\ -19 & 3 & 13 \end{bmatrix}$$

이다. 왜냐하면 두 행렬 모두 항등행렬 $\mathbf{I}_3$와 행동치이기 때문이다.

앞에서 보았듯이 '$\simeq$'로 나타낸 '닮았다'는 관계도 하나의 동치 관계이다. 두 동치 관계 '$\sim$'과 '$\simeq$'은 서로 완전히 다르다.

예제 더 보기

예제 11 $g_1(t)=3t^2+t-1$, $g_2(t)=t^2-t+2$, $g_3(t)=2t^2+3t+1$이라 하자. 이 다항식들은 $\mathbb{P}_2$의 기저를 이루는가? 기저를 이루는 경우 다항식 $p(t)=11t^2+17t-4$의 좌표벡터는 무엇인가?

풀이 첨가행렬의 기약 행 사다리꼴을 구해 보면

$$\left[\begin{array}{rrr|r} -1 & 2 & 1 & -4 \\ 1 & -1 & 3 & 17 \\ 3 & 1 & 2 & 11 \end{array}\right] \sim \left[\begin{array}{rrr|r} 1 & 0 & 0 & 2 \\ 0 & 1 & 0 & -3 \\ 0 & 0 & 1 & 4 \end{array}\right]$$

이므로, $\mathcal{C}=\{g_1, g_2, g_3\}$는 $\mathbb{P}_2$의 기저이고, $[p]_{\mathcal{C}}=[2, -3, 4]^T$이다. 이 사실은 아래와 같이 직접 확인할 수 있다.

$$\begin{aligned}2g_1 - 3g_2 + 4g_3 &= 2(3t^2 + t - 1) - 3(t^2 - t + 2) + 4(2t^2 + 3t + 1)\\ &= 11t^2 + 17t - 4\end{aligned}$$

■

예제 12 예제 3의 추이행렬을 이용하여 다항식 $p=3T_0-7T_1+5T_2+4T_3$을 $\mathbb{P}_3$의 표준기저의 일차결합으로 나타내라.

풀이 다항식 p에 대하여 $[p]_{\mathcal{B}}=[3, -7, 5, 4]^T$이므로

$$[p]_{\mathcal{C}} = \mathbf{P}[p]_{\mathcal{B}} = \begin{bmatrix} 1 & 0 & -1 & 0 \\ 0 & 1 & 0 & -3 \\ 0 & 0 & 2 & 0 \\ 0 & 0 & 0 & 4 \end{bmatrix} \begin{bmatrix} 3 \\ -7 \\ 5 \\ 4 \end{bmatrix} = \begin{bmatrix} -2 \\ -19 \\ 10 \\ 16 \end{bmatrix}$$

이다. 따라서 $p(t)=-2-19t+10t^2+16t^3$이다. 이 사실을 아래와 같이 직접 확인할 수 있다.

$$\begin{aligned}3T_0 - 7T_1 + 5T_2 + 4T_3 &= 3 - 7x + 5(2x^2 - 1) + 4(4x^3 - 3x)\\ &= -2 - 19x + 10xy^2 + 16x^3.\end{aligned}$$

■

예제 13 다음의 세 행렬로 이루어진 집합 $\{\mathbf{A}_1, \mathbf{A}_2, \mathbf{A}_3\}$은 일차독립인가?

$$\mathbf{A}_1 = \begin{bmatrix} 2 & 2 \\ 2 & 3 \end{bmatrix}, \quad \mathbf{A}_2 = \begin{bmatrix} 3 & 3 \\ 2 & 0 \end{bmatrix}, \quad \mathbf{A}_3 = \begin{bmatrix} 0 & 3 \\ 2 & 2 \end{bmatrix}$$

풀이 $\mathbb{R}^{2\times 2}$의 기저로

$$\mathbf{B}_1 = \begin{bmatrix} 1 & 0 \\ 0 & 0 \end{bmatrix} \quad \mathbf{B}_2 = \begin{bmatrix} 0 & 1 \\ 0 & 0 \end{bmatrix}$$
$$\mathbf{B}_3 = \begin{bmatrix} 0 & 0 \\ 1 & 0 \end{bmatrix} \quad \mathbf{B}_4 = \begin{bmatrix} 0 & 0 \\ 0 & 1 \end{bmatrix}$$

을 잡고, 주어진 행렬들을 이 행렬들의 일차결합으로 나타내자.

$$\mathbf{A}_1 = 2\mathbf{B}_1 + 2\mathbf{B}_2 + 2\mathbf{B}_3 + 3\mathbf{B}_4 \quad \mathbf{A}_2 = 3\mathbf{B}_1 + 3\mathbf{B}_2 + 2\mathbf{B}_3 \quad \mathbf{A}_3 = 3\mathbf{B}_2 + 2\mathbf{B}_3 + 2\mathbf{B}_4$$

일차독립인가를 판단하기 위하여

$$\alpha\mathbf{A}_1 + \beta\mathbf{A}_2 + \gamma\mathbf{A}_3 = \mathbf{0}$$

의 해를 구해 보자. 즉

$$\alpha\begin{bmatrix}2\\2\\2\\3\end{bmatrix}+\beta\begin{bmatrix}3\\3\\2\\0\end{bmatrix}+\gamma\begin{bmatrix}0\\3\\2\\2\end{bmatrix}=\begin{bmatrix}2&3&0\\2&3&3\\2&2&2\\3&0&2\end{bmatrix}\begin{bmatrix}\alpha\\\beta\\\gamma\end{bmatrix}=\begin{bmatrix}0\\0\\0\\0\end{bmatrix}$$

의 해를 구해 보자. 가우스 소거법에 의하여

$$\begin{bmatrix}2&3&0\\2&3&3\\2&2&2\\3&0&2\end{bmatrix}\sim\begin{bmatrix}1&0&0\\0&1&0\\0&0&1\\0&0&0\end{bmatrix}$$

이므로, 위의 방정식은 자명한 해만을 가진다. 그러므로 $\{A_1, A_2, A_3\}$은 일차독립이다. ■

예제 14 $\mathbb{R}^3$의 두 기저

$$\mathcal{B}=\{\mathbf{b}_1, \mathbf{b}_2, \mathbf{b}_3\},\ \mathcal{C}=\{\mathbf{c}_1, \mathbf{c}_2, \mathbf{c}_3\}$$

이 각각

$$\mathbf{b}_1=\begin{bmatrix}5\\-1\\3\end{bmatrix}\quad \mathbf{b}_2=\begin{bmatrix}25\\-7\\12\end{bmatrix}\quad \mathbf{b}_3=\begin{bmatrix}34\\-16\\17\end{bmatrix}$$

과

$$\mathbf{c}_1=\begin{bmatrix}1\\-3\\2\end{bmatrix}\quad \mathbf{c}_2=\begin{bmatrix}-2\\0\\1\end{bmatrix}\quad \mathbf{c}_3=\begin{bmatrix}3\\1\\0\end{bmatrix}$$

으로 이루어졌을 때, $\mathcal{B}$에서 $\mathcal{C}$로의 추이행렬 P를 구하라.

풀이 구하고자 하는 행렬을 P라고 하면 모든 $x\in\mathbb{R}^3$에 대하여

$$[\mathbf{x}]_{\mathcal{C}}=\mathbf{P}[\mathbf{x}]_{\mathcal{B}}$$

가 성립한다. 앞에서 나온 내용에 의하여 P의 열벡터는 $[\mathbf{b}_1]_{\mathcal{C}}$, $[\mathbf{b}_2]_{\mathcal{C}}$와 $[\mathbf{b}_3]_{\mathcal{C}}$이다. 먼저 $\mathbf{b}_1$을 $\mathcal{C}$의 벡터들의 일차결합으로 나타내기 위하여 방정식 $x_1\mathbf{c}_1+x_2\mathbf{c}_2+x_3\mathbf{c}_3=\mathbf{b}_1$으로 두면

$$\begin{bmatrix}\mathbf{c}_1 & \mathbf{c}_2 & \mathbf{c}_3\end{bmatrix}\mathbf{x}=\begin{bmatrix}1&-2&3\\-3&0&1\\2&1&0\end{bmatrix}\begin{bmatrix}x_1\\x_2\\x_3\end{bmatrix}=\begin{bmatrix}5\\-1\\3\end{bmatrix}=\mathbf{b}_1$$

이고, 여기서 구한 $\mathbf{x}=[x_1, x_2, x_3]^T$가 $\mathbf{P}$의 1열이다. 마찬가지 방법을 $\mathbf{b}_2$과 $\mathbf{b}_3$에도 적용하고, 이 방정식들을 동시에 풀기 위하여

$$\left[\begin{array}{ccc|ccc} \mathbf{c}_1 & \mathbf{c}_2 & \mathbf{c}_3 & \mathbf{b}_1 & \mathbf{b}_2 & \mathbf{b}_3 \end{array}\right] = \left[\begin{array}{rrr|rrr} 1 & -2 & 3 & 5 & 25 & 34 \\ -3 & 0 & 1 & -1 & -7 & -16 \\ 2 & 1 & 0 & 3 & 12 & 17 \end{array}\right]$$

로 두면, 기약 행 사다리꼴

$$\left[\begin{array}{ccc|ccc} 1 & 0 & 0 & 1 & 5 & 7 \\ 0 & 1 & 0 & 1 & 2 & 3 \\ 0 & 0 & 1 & 2 & 8 & 11 \end{array}\right] = \left[\begin{array}{c|c} \mathbf{I} & \mathbf{P} \end{array}\right]$$

을 얻고 이로부터 $\mathbf{P}$를 구한다. 벡터 $\mathbf{x}=[5, -1, 3]^T$에 대하여 등식

$$\mathbf{P}[\mathbf{x}]_{\mathcal{B}} = [\mathbf{x}]_{\mathcal{C}}$$

을 확인해 보자. $\mathbf{x}=1\cdot\mathbf{b}_1+0\cdot\mathbf{b}_2+0\cdot\mathbf{b}_3$이므로 $[\mathbf{x}]_{\mathcal{B}}=[1, 0, 0]^T$이다. 그러므로, $\mathbf{P}[\mathbf{x}]_{\mathcal{B}}=\mathbf{P}[1, 0, 0]^T=[1, 1, 2]^T$이다. 한편 $1\cdot\mathbf{c}_1+1\cdot\mathbf{c}_2+2\cdot\mathbf{c}_3=[1, -3, 2]^T+[-2, 0, 1]^T+2[3, 1, 0]^T=[5, -1, 3]^T$이므로 $[\mathbf{x}]_{\mathcal{C}}=[1, 1, 2]^T$이다. ■

예제 15 다항식 $p(x)=5x^3-2x^2+3x-1$을 체비셰프 다항식 $T_0(x)=1$, $T_1(x)=t$, $T_2(x)=2t^2-1$와 $T_3(t)=4t^3-3t$의 일차결합으로 나타내라.

풀이 방정식

$$p(x) = a_0T_0 + a_1T_1 + a_2T_2 + a_3T_3$$

의 계수를 찾으면 된다. 이것은

$$\begin{bmatrix} 1 & 0 & -1 & 0 \\ 0 & 1 & 0 & -3 \\ 0 & 0 & 2 & 0 \\ 0 & 0 & 0 & 4 \end{bmatrix}\begin{bmatrix} a_0 \\ a_1 \\ a_2 \\ a_3 \end{bmatrix} = \begin{bmatrix} -1 \\ 3 \\ -2 \\ 5 \end{bmatrix}$$

으로 나타나고, 그 첨가행렬의 기약 행 사다리꼴은 아래와 같다.

$$\left[\begin{array}{rrrr|r} 1 & 0 & -1 & 0 & -1 \\ 0 & 1 & 0 & -3 & 3 \\ 0 & 0 & 2 & 0 & -2 \\ 0 & 0 & 0 & 4 & 4 \end{array}\right] \sim \left[\begin{array}{rrrr|r} 1 & 0 & 0 & 0 & -2 \\ 0 & 1 & 0 & 0 & 27/4 \\ 0 & 0 & 1 & 0 & -1 \\ 0 & 0 & 0 & 1 & \frac{5}{4} \end{array}\right]$$

여기서 구한 값을 확인하기 위하여 직접 대입해 보면 아래와 같다.

$$-2T_0(x)+(27/4)T_1(x)-T_2(x)+\frac{5}{4}T_3(x)=-2+27/4x-(2x^2-1)+\frac{5}{4}(4x^3-3x)$$
$$=-1+3x-2x^2+5x^3=p(x)$$

■

요약 5.3

- 집합 $\mathcal{B}=\{\mathbf{u}_1, \mathbf{u}_2, \ldots, \mathbf{u}_n\}$가 벡터공간 V의 순서기저이면 각 벡터 $\mathbf{x}$는 꼭 한 가지 계수들에 의하여 $\mathbf{x}=\sum_{i=1}^{n} a_i\mathbf{u}_i$로 나타난다. 이때 $[\mathbf{x}]_{\mathcal{B}}=[a_1, a_2, \ldots, a_n]^T$을 $\mathbf{x}$의 기저 $\mathcal{B}$에 관한 $\mathbf{x}$의 **좌표벡터**라고 부른다.
- $\mathcal{B}=\{\mathbf{u}_1, \mathbf{u}_2, \ldots, \mathbf{u}_n\}$와 $\mathcal{C}=\{\mathbf{v}_1, \mathbf{v}_2, \ldots, \mathbf{v}_n\}$가 벡터공간 V의 기저라 하자. V의 임의의 원소 $\mathbf{x}$에 대하여 $[\mathbf{x}]_{\mathcal{C}}=\mathrm{P}[\mathbf{x}]_{\mathcal{B}}$가 성립하면, P를 기저 $\mathcal{B}$에서 기저 $\mathcal{C}$로의 **추이행렬**이라 한다. 이때 $\mathrm{P}=[[\mathbf{u}_1]_{\mathcal{C}}[\mathbf{u}_2]_{\mathcal{C}} \cdots [\mathbf{u}_n]_{\mathcal{C}}]$가 성립한다.
- P가 기저 $\mathcal{B}$에서 기저 $\mathcal{C}$로의 추이행렬이면, P^{-1}은 기저 $\mathcal{C}$에서 기저 $\mathcal{B}$로의 **추이행렬**이다.
- 임의의 집합에서 **동치 관계** '≡'의 성질은 다음과 같다.
  - 모든 $\mathbf{x}\in X$에 대하여 $\mathbf{x} \equiv \mathbf{x}$이다. (**반사적**)
  - $\mathbf{x} \equiv \mathbf{y}$이면 $\mathbf{y} \equiv \mathbf{x}$이다. (**대칭적**)
  - $\mathbf{x} \equiv \mathbf{y}$이고 $\mathbf{y} \equiv \mathbf{z}$이면 $\mathbf{x} \equiv \mathbf{z}$이다. (**추이적**)
- $n\times n$ 행렬 A와 B에 대하여 $\mathrm{A}=\mathrm{PBP}^{-1}$가 성립하는 정칙행렬 P가 존재하면 행렬 A와 B는 **닮았다**고 한다.
- 닮음 관계도 동치 관계이다.
- 정리:
- 벡터공간 사이의 선형변환은 정의역의 임의의 기저에 속한 원소들의 상에 의하여 완전히 결정된다. 또한 이 상은 임의로 택할 수 있다.
- V가 유한차원 벡터공간이고 $\mathcal{B}$와 $\mathcal{C}$가 모두 V의 순서기저라고 하자. P를 $\mathcal{B}$의 원소들의 $\mathcal{C}$에 관한 좌표벡터라 하면, V의 모든 원소 $\mathbf{x}$에 대하여 $[\mathbf{x}]_{\mathcal{C}}=\mathrm{P}[\mathbf{x}]_{\mathcal{B}}$가 성립한다.
- L이 선형변환이고 $\sum_{i=1}^{n} a_i\mathbf{u}_i=\mathbf{0}$이면, $\sum_{i=1}^{n} a_iL(\mathbf{u}_i)=\mathbf{0}$이다.
- L이 유한차원 벡터공간 X에서 임의의 벡터공간 Y로의 선형변환이라 하고, $\mathcal{B}=\{\mathbf{u}_1, \mathbf{u}_2, \ldots, \mathbf{u}_n\}$와 $\mathcal{C}$가 각각 X와 $L(\mathrm{X})$의 순서기저라고 하자. A가 $[L(\mathbf{u}_i)]_{\mathcal{C}}$를 열로 하는 행렬이라 하면, X의 임의의 원소 $\mathbf{x}$에 대하여 $[L(\mathbf{x})]_{\mathcal{C}}=\mathrm{A}[\mathbf{x}]_{\mathcal{B}}$가 성립한다.
- $n\times n$ 행렬 A와 B가 서로 다른 두 기저에 관하여 같은 선형변환을 나타내면, $\mathrm{B}=\mathrm{PAP}^{-1}$가 성립하는 정칙행렬 P가 존재한다.
- $\mathrm{A}=\mathrm{PQP}^{-1}$이고 P는 기저 $\mathcal{B}$의 벡터들을 열로 하는 행렬이라 하면 $[\mathrm{A}\mathbf{x}]_{\mathcal{B}}=\mathrm{Q}[\mathbf{x}]_{\mathcal{B}}$가 성립한다. 즉 Q는 기저 $\mathcal{B}$에 관하여 선형변환 $\mathbf{x} \to \mathrm{A}\mathbf{x}$를 나타낸다.

주요 개념 5.3

좌표벡터, 좌표변환, 추이행렬, 체비셰프 다항식, 닮은 행렬

일반 연습문제 5.3

1. $\mathbb{R}^2$의 기저 $\mathcal{B}=\{(-2, -2), (-3, -2)\}$와 $\mathcal{C}=\{(1, 2), (3, 4)\}$에 대하여, $\mathcal{B}$에서 $\mathcal{C}$로의 추이행렬을 구하라. 이를 이용하여 $[\mathbf{x}]_{\mathcal{B}}=(5, 3)$일 때, $[\mathbf{x}]_{\mathcal{C}}$를 구하라.

2. $\{\mathbf{e}_1, \mathbf{e}_2\}$를 $\mathbb{R}^2$의 표준기저라 하자. $\mathbf{e}_1$과 $\mathbf{e}_2$를 각각 θ만큼 회전시킨 벡터들로 이루어진 새 기저를 구하라.

3. (계속) 문제 2에서 표준기저에서 새 기저로의 추이행렬을 구하라.

4. 예제 3의 체비셰프 다항식 T_0, T_1, T_2, T_3에 $T_4(t)=9t^4-7t^2+1$을 추가하여 만든 $\mathbb{P}^4$의 기저를 $\mathcal{B}$라 하자. 또 르장드르 다항식 $P_0(t)=1$, $P_1(t)=t$, $P_2(t)=(3t^2-1)/2$, $P_3(t)=(5t^3-3t)/2$, $P_4(t)=(35t^4-30t^2+3)/8$로 이루어진 기저를 $\mathcal{C}$라 하자. $\mathcal{B}$에서 $\mathcal{C}$로의 추이행렬을 구하라.

5. 체비셰프 다항식은 점화식 $T_0(x)=1$, $T_1(x)=x$, $T_k(x)=2xT_{k-1}(x)-T_{k-2}(x)(k \geq 2)$에 의하여 주어진다. $\mathbb{R}^5$의 기저 $\{T_0, T_1, T_2, T_3, T_4, T_5\}$에서 표준기저로의 추이행렬을 구하라.

6. 벡터 $\mathbf{u}_1=(1, 4, 7, 2)$, $\mathbf{u}_2=(3, 1, 1, 5)$, $\mathbf{u}_3=(-3, 10, 19, -4)$, $\mathbf{v}_1=(7, 1, 6, 5)$, $\mathbf{v}_2=(-2, 1, 3, 1)$, $\mathbf{v}_3=(11, 3, 2, 9)$에 대하여 $L(\mathbf{u}_i)=\mathbf{v}_i(i=1, 2, 3)$가 성립하는 선형변환 L을 구하라.

7. $\mathbb{R}^3$의 기저 $\mathcal{B}=\{(2, 1, 7), (3, 2, 1), (-2, 0, 1)\}$와 $\mathcal{C}=\{(1, 3, 2), (-4, 0, 5), (2, -1, 3)\}$에 대하여 $\mathcal{B}$에서 $\mathcal{C}$로의 추이행렬을 구하라.

8. $\mathcal{B}=\{(3, 1), (2, 5)\}$와 $x=(-8, -33)$에 대하여 $[\mathbf{x}]_{\mathcal{B}}$를 구하라.

9. 행렬 $\mathbf{A}=\begin{bmatrix} 3 & 4 \\ 2 & 5 \end{bmatrix}$과 $\mathbf{B}=\begin{bmatrix} 1 & -1 \\ 7 & 0 \end{bmatrix}$에 대하여 $\mathbf{A}=\mathbf{P}^{-1}\mathbf{BP}$가 성립하는 행렬 $\mathbf{P}$를 구하라.

10. $\mathcal{B}=\left\{\begin{bmatrix} 1 \\ 3 \\ 2 \end{bmatrix}, \begin{bmatrix} -2 \\ 1 \\ 2 \end{bmatrix}, \begin{bmatrix} 1 \\ 1 \\ 1 \end{bmatrix}\right\}$와 $\mathcal{C}=\left\{\begin{bmatrix} 1 \\ 2 \\ 3 \end{bmatrix}, \begin{bmatrix} 1 \\ 4 \\ 6 \end{bmatrix}, \begin{bmatrix} 2 \\ 7 \\ 11 \end{bmatrix}\right\}$에 대하여 $\mathcal{B}$에서 $\mathcal{C}$로의 추이행렬을 구하라.

11. $\mathcal{D}=\mathbf{d}_1, \mathbf{d}_2, \mathbf{d}_3$와 $\mathcal{F}=\mathbf{f}_1, \mathbf{f}_2, \mathbf{f}_3$가 V의 기저이고, $\mathbf{f}_1=2\mathbf{d}_1-\mathbf{d}_2+\mathbf{d}_3$, $\mathbf{f}_2=3\mathbf{d}_2+\mathbf{d}_3$, $\mathbf{f}_3=-3\mathbf{d}_1+2\mathbf{d}_3$라 하자. $\mathcal{F}$에서 $\mathcal{D}$로의 추이행렬을 구하라. $\mathbf{x}=\mathbf{f}_1-2\mathbf{f}_2+2\mathbf{f}_3$일 때, $[\mathbf{x}]_{\mathcal{D}}$를 구하라.

12. $T: V \to W$가 선형변환이고, $\mathcal{B}=\{\mathbf{b}_1, \mathbf{b}_2\}$는 V의 기저, $\mathcal{C}=\{\mathbf{c}_1, \mathbf{c}_2, \mathbf{c}_3\}$가 W의 기저라 한다. $T(\mathbf{b}_1)=3\mathbf{c}_1+5\mathbf{c}_2-7\mathbf{c}_3$이고 $T(\mathbf{b}_2)=2\mathbf{c}_1-\mathbf{c}_2+4\mathbf{c}_3$라고 할 때, 모든 $\mathbf{x}$에 대하여 $[T(\mathbf{x})]_{\mathcal{C}}=\mathbf{M}[\mathbf{x}]_{\mathcal{B}}$가 성립하는 행렬 $\mathbf{M}$을 구하라. $[\mathbf{x}]_{\mathcal{B}}=\begin{bmatrix} 7 \\ -2 \end{bmatrix}$일 때, $[T(\mathbf{x})]_{\mathcal{C}}$를 구하라.

13. 함수 $\mathbf{u}_1(t)=1$, $\mathbf{u}_2(t)=\sin t$, $\mathbf{u}_3(t)=\cos t$는 3차원 벡터공간의 기저를 이룬다. 선형변환 T에 대하여 $T(\mathbf{u}_1)=\mathbf{0}$, $T(\mathbf{u}_2)=\mathbf{u}_3$, $T(\mathbf{u}_3)=-\mathbf{u}_2$라고 할 때, 이 기저에 대한 T의 표현행렬을 구하라. $\mathbf{x}=3\mathbf{u}_1-2\mathbf{u}_2+7\mathbf{u}_3$에 대하여 $T(\mathbf{x})$를 구하고, 이 행렬을 이용하여 확인하라.

14. 선형변환 $L: \mathbb{R}^4 \to \mathbb{R}^2$가 $L([a, b, c, d]^T)=\begin{bmatrix} 5a+b-2c+8d \\ 3a-5b+c-2d \end{bmatrix}$로 정의되고, $\mathcal{B}$와 $\mathcal{C}$가 각각 $\mathbb{R}^4$와 $\mathbb{R}^2$의 표준기저일 때, $\mathcal{B}$와 $\mathcal{C}$에 관한 L의 표현행렬을 구하라.

15. 선형변환 $L: \mathbb{P}_2 \to \mathbb{R}^2$가 $L(a_3t^2+a_2t+a_1)=(a_3+a_2, 2a_1-a_3)$으로 정의되고, $\mathcal{B}$와 $\mathcal{C}$가 각각 $\mathbb{P}_2$와 $\mathbb{R}^2$의 표준기저일 때, $\mathcal{B}$와 $\mathcal{C}$에 관한 L의 표현행렬을 구하라. $L(4t^2-t+1)$을 구하고, 표현행렬을 이용하여 확인하라.

16. $\mathcal{D}=\{\mathbf{d}_1, \mathbf{d}_2\}$는 V의 기저이고 $\mathcal{B}=\{\mathbf{b}_1, \mathbf{b}_2\}$라 하자. 선형변환 $L: V \to W$에 대하여 $T(\mathbf{d}_1)=-3\mathbf{b}_2+2\mathbf{b}_1$과 $T(\mathbf{d}_2)=5\mathbf{b}_2-4\mathbf{b}_1$일 때 $\mathcal{D}$와 $\mathcal{B}$에 관한 L의 표현행렬을 구하라.

17. $\mathcal{B}=\{(1, 3), (-2, 1)\}$와 $\mathcal{C}=\{(2, 7), (1, 2)\}$라 하자. 선형변환 $L: \mathbb{R}^2 \to \mathbb{R}^2$에 대하여 $L(1, 3)=2(2, 7)-3(1, 2)$와 $L(-2, 1)=(2, 7)+4(1, 2)$일 때 $\mathcal{B}$와 $\mathcal{C}$에 관한 L의 표현행렬을 구하라.

18. $\mathcal{B}=\{(3, 1), (2, 5)\}$이고 $x=(-8, -33)$일 때, $[\mathbf{x}]_{\mathcal{B}}$를 구하라.

19. $\alpha \neq 0$일 때, $\begin{bmatrix} 2 & 1 \\ 0 & 2 \end{bmatrix} \simeq \begin{bmatrix} 2 & \alpha \\ 0 & 2 \end{bmatrix}$임을 증명하라. 여기서 '$\simeq$'는 닮음 관계이다.

20. P가 $\mathcal{B}$에서 $\mathcal{C}$로의 추이행렬이고 Q가 $\mathcal{C}$에서 $\mathcal{D}$로의 추이행렬이라 하면, QP는 $\mathcal{B}$에서 $\mathcal{D}$로의 추이행렬임을 증명하라.

21. $\mathcal{B}=\{\mathbf{u}_1, \mathbf{u}_2, \ldots, \mathbf{u}_n\}$이 기저이면, 모든 i에 대하여 $[\mathbf{u}_i]_{\mathcal{B}}=\mathbf{e}_i$임을 증명하라. 단, $\mathbf{e}_i$는 $\mathbb{R}^n$의 i번째 표준단위벡터이다.

22. $\mathcal{B}$가 유한차원 벡터공간의 기저라고 하자. S가 일차독립이면 $\{[\mathbf{x}]_{\mathcal{B}} : \mathbf{x}\in S\}$도 일차독립임을 증명하라.

23. $\mathcal{B}=\{\mathbf{u}_1, \mathbf{u}_2, \ldots, \mathbf{u}_n\}$이 $\mathbb{R}^n$의 기저라 하고, 이들을 열벡터로 하는 행렬을 A라 하자. A와 표준기저에서 $\mathcal{B}$로의 추이행렬 사이의 관계를 구하라.

24. 닮은 두 행렬의 행렬식은 같다는 것을 보이라. 역도 성립하는가?

25. 행렬에 대하여 닮음 관계 '$\simeq$'가 동치 관계임을 증명하라.

26. 행렬 $\begin{bmatrix} 0 & 2 \\ 3 & 1 \end{bmatrix}$과 교환 가능한 모든 2×2 행렬로 이루어진 부분공간의 기저를 구하라.

27. A 혹은 B가 정칙행렬일 때, AB $\simeq$ BA임을 증명하라. 두 행렬 중에서 하나는 정칙행렬이라는 조건이 꼭 필요한가?

28. 두 행렬이 닮았을 때, 이들은 행동치인가?

29. 모든 2×2 행렬은 그 행렬의 전치행렬과 닮았다는 것을 증명하라.

30. 다른 방법으로 예제 5의 마지막 주장을 증명하라.

31. 어떤 행렬 P에 대하여 AP=PB이면 A와 B는 닮았는가?

32. 추이행렬은 항상 정칙행렬임을 증명하라.

33. 추이행렬 P에 대하여 $\mathbf{Px}=\mathbf{0}$이면 $\mathbf{x}=\mathbf{0}$임을 증명하라.

34. AP=PB, P≠0이고 A와 B가 닮지 않은 행렬 A, B, P의 예를 들라.

35. 임의의 두 2×2 행렬에 대하여 두 행렬이 닮았을 필요충분조건을 구하라.

36. 두 집합이 똑같은 부분공간을 생성한다는 관계는 동치 관계인가?

37. (도전) 수열 $F=(1, 1, 2, 3, 5, 8, 13, 21, \ldots)$를 **피보나치 수열**(Fibonacci sequence)이라 하며, 이 수열의 점화식은 $x_1=1$, $x_2=1$, $x_n=x_{n-1}+x_{n-2}(n \geq 3)$이다. 임의의 수열이 점화식 $x_n=x_{n-1}+x_{n-2}(n \geq 3)$을 성립시키면, 이 수열은 F와 $G=(0, 1, 2, 3, 5, 8, 13, 21, \ldots)$의 일차결합임을 증명하라.

38. 예제 9에서 P와 P^{-1}을 구하고, $\mathrm{A}=\mathrm{PBP}^{-1}$임을 증명하라.

참-거짓 연습문제 5.3

1. $\mathcal{B}=\{(1, 2), (2, 3)\}$라 두면, $[(3, 5)]_{\mathcal{B}}=[1, -1]^T$이다.

2. $\{\mathbf{u}_1, \mathbf{u}_2, \ldots, \mathbf{u}_n\}$이 V의 기저이면 V 위에 정의된 선형변환 T는 $T(\mathbf{u}_1), T(\mathbf{u}_2), \ldots, T(\mathbf{u}_n)$에 의하여 결정된다.

3. $\mathcal{B}=\{\mathbf{b}_1, \mathbf{b}_2, \ldots, \mathbf{b}_n\}$이 기저일 때, 관계식 $[\mathbf{x}]_{\mathcal{C}}=\mathrm{P}[\mathbf{x}]_{\mathcal{B}}$에 의하여 좌표벡터를 바꾸기 위해서는 $[\mathbf{b}_1]_{\mathcal{C}}, [\mathbf{b}_2]_{\mathcal{C}}, \ldots, [\mathbf{b}_n]_{\mathcal{C}}$이 P의 열들이어야 한다.

4. $T([2, 1]^T)=[1, 0, 2]^T$이고 $T([1, 3]^T)=[5, 2, 0]^T$일 때, $T([3, 4]^T)=[6, 2, 2]^T$이다.

5. $\mathcal{B}=\{\mathbf{u}_1, \mathbf{u}_2, \ldots, \mathbf{u}_n\}$이 벡터공간 V의 기저이고, $\{\mathbf{e}_1, \mathbf{e}_2, \ldots, \mathbf{e}_n\}$이 $\mathbb{R}^n$의 표준기저이면, $[\mathbf{u}_1]_{\mathcal{B}}=\mathbf{e}_1, [\mathbf{u}_2]_{\mathcal{B}}=\mathbf{e}_2, \ldots, [\mathbf{u}_n]_{\mathcal{B}}=\mathbf{e}_n$이다.

6. 관계식 AP=PB가 성립하면 A와 B는 서로 닮은 행렬이다.

7. 서로 닮은 두 행렬의 행렬식은 같다.

8. A는 가역인 $n\times n$ 행렬이고 B는 임의의 $n\times n$ 행렬이면, AB와 BA는 서로 닮았다.

9. 서로 닮은 두 행렬의 특성방정식은 같다.

10. 두 행렬 A와 B가 닮았다는 것은 B=PAP가 성립하는 행렬 A가 존재하는 것이다.

11. $\mathcal{B}=\{[1, 1, 1]^T, [0, 1, 1]^T, [0, 0, 1]^T\}$이고 $\mathbf{x}=\{[2, 2, -3]^T$이면 $[\mathbf{x}]_{\mathcal{B}}=\{[2, 0, -5]^T$이다.

12. $\mathcal{B}=\{[4, -7]^T, [1, 2]^T\}$이고 $\mathbf{x}=\{[3, 1]^T$이면 $[\mathbf{x}]_{\mathcal{B}}=\{[-5, 3]^T$이다.

13. 행렬 $\mathrm{A} = \begin{bmatrix} 3 & 4 \\ -1 & -1 \end{bmatrix}$와 기저 B에 대하여 선형변환 $\mathbf{x} \rightarrow$

Ax의 $\mathcal{B}$에 관한 표현행렬은 $\begin{bmatrix} 1 & 5 \\ 0 & 1 \end{bmatrix}$이다.

14. $\mathcal{B}=\{2t^2-1, 4t^2+3\}$이라 두면, $[-2t^2-9]_{\mathcal{B}}=[3, -2]^T$이다.

15. $\mathcal{B}=\{\mathbf{w}_1, \mathbf{w}_2, \ldots, \mathbf{w}_n\}$과 $\mathcal{C}=\{\mathbf{u}_1, \mathbf{u}_2, \ldots, \mathbf{u}_n\}$가 V의 기저일 때, 행렬 P의 열들이 $[\mathbf{w}_1]_{\mathcal{C}}, [\mathbf{w}_2]_{\mathcal{C}}, \ldots, [\mathbf{w}_n]_{\mathcal{C}}$이면, V의 모든 원소 x에 대하여 $[\mathbf{x}]_{\mathcal{B}}=\mathrm{P}[\mathbf{x}]_{\mathcal{C}}$가 성립한다.

16. $\mathcal{B}=\{\mathbf{b}_1, \mathbf{b}_2, \ldots, \mathbf{b}_n\}$이 벡터공간의 기저이고 $\mathbf{e}_1, \mathbf{e}_2, \ldots, \mathbf{e}_n$을 표준기저라 하면 각 $i=1, 2, \ldots, n$에 대하여 $[\mathbf{b}_i]_{\mathcal{B}}=\mathbf{e}_i$이다.

17. $[2, 1, -1, 0]^T$와 $[0, 1, 0, 1]^T$은 행렬 $\begin{bmatrix} 1 & 3 & 5 & -3 \\ 2 & -1 & 3 & 1 \end{bmatrix}$의 영공간의 기저를 이룬다.

18. 선형변환 $T : \mathbb{R}^2 \to \mathbb{R}^2$은 $T([2, 1]^T)$와 $T([1, 3]^T)$에 의하여 결정된다.

19. $\mathcal{B}$와 $\mathcal{C}$가 벡터공간 V의 두 기저이고 $T: V \to V$는 선형변환이라 하자. 세 행렬 A, B, C와 모든 벡터 x에 대하여 $T[\mathbf{x}]_{\mathcal{B}}=\mathrm{B}[\mathbf{x}]_{\mathcal{B}}$, $T[\mathbf{x}]_{\mathcal{C}}=\mathrm{C}[\mathbf{x}]_{\mathcal{C}}$, $[\mathbf{x}]_{\mathcal{C}}=\mathrm{P}[\mathbf{x}]_{\mathcal{B}}$가 성립하면 CP=PB이다.

20. $\mathrm{A}=\mathrm{PQP}^{-1}$이고 $\mathcal{B}$는 P의 열들로 이루어진 기저라 하면 Q는 선형변환 $\mathbf{x} \to \mathrm{A}\mathbf{x}$의 $\mathcal{B}$에 관한 표현행렬이다.

21. $\mathcal{A}=\{\mathbf{a}_1, \mathbf{a}_2, \mathbf{a}_3\}$와 $\mathcal{D}=\{\mathbf{d}_1, \mathbf{d}_2, \mathbf{d}_3\}$가 벡터공간 V의 두 기저라 하자. P는 $[\mathbf{d}_1]_{\mathcal{A}}, [\mathbf{d}_2]_{\mathcal{A}}, [\mathbf{d}_3]_{\mathcal{A}}$를 열로 하는 3×3 행렬이라 하면 모든 x에 대하여 $[\mathbf{x}]_{\mathcal{D}}=\mathrm{P}[\mathbf{x}]_{\mathcal{A}}$이다.

22. $\mathbb{R}^2$의 기저 $\mathcal{B}=\{[-3, 7]^T, [11, 1]^T\}$와 $\mathcal{C}=\{[1, 3]^T, [3, 1]^T\}$에 대하여, $\mathcal{B}$에 관한 좌표벡터를 $\mathcal{C}$에 관한 좌표벡터로 바꾸는 관계식 $[\mathbf{x}]_{\mathcal{C}}=\mathrm{P}[\mathbf{x}]_{\mathcal{B}}$를 성립시키는 행렬은 $\mathrm{P} = \begin{bmatrix} 3 & -1 \\ -2 & 4 \end{bmatrix}$이다.

선다형 연습문제 5.3

항상 첫 번째로 옳은 답을 선택하라.

1. 기저 $\{[1, 0]^T, [2, 1]^T\}$에 관한 $[8, 3]^T$의 좌표벡터는?

   a. $\begin{bmatrix} 4 \\ 3 \end{bmatrix}$ b. $\begin{bmatrix} 8 \\ 3 \end{bmatrix}$

   c. $\begin{bmatrix} 2 \\ 3 \end{bmatrix}$ d. $\begin{bmatrix} 3 \\ 8 \end{bmatrix}$

   e. 위 항목 중 답이 없다.

2. 기저 $\{[1, 1, 0]^T, [0, 1, 1]^T, [1, 0, 1]^T\}$에 관한 $[1, 3, 2]^T$의 좌표벡터는?

   a. $[1, 2, 3]^T$ b. $[1, 2, 0]^T$

   c. $[0, 2, 1]^T$ d. $[1, 0, 3]^T$

   e. 위 항목 중 답이 없다.

3. 기저 $\mathcal{B}=\{\mathbf{b}_1, \mathbf{b}_2\}$와 $\mathcal{C}=\{\mathbf{c}_1, \mathbf{c}_2\}$에 대하여 $\mathbf{c}_1=3\mathbf{b}_1-2\mathbf{b}_2$, $\mathbf{c}_2=2\mathbf{b}_1-3\mathbf{b}_2$가 성립할 때, $[\mathbf{x}]_{\mathcal{B}}=[19, -16]^T$이면 $[\mathbf{x}]_{\mathcal{C}}$는?

   a. $\begin{bmatrix} 5 \\ 2 \end{bmatrix}$ b. $\begin{bmatrix} 3 \\ 2 \end{bmatrix}$

   c. $\begin{bmatrix} 3 \\ -2 \end{bmatrix}$ d. $\begin{bmatrix} 5 \\ -5 \end{bmatrix}$

   e. 위 항목 중 답이 없다.

4. $\mathcal{B}=\{\mathbf{b}_1, \mathbf{b}_2, \ldots, \mathbf{b}_n\}$와 $\mathcal{C}=\{\mathbf{c}_1, \mathbf{c}_2, \ldots, \mathbf{c}_n\}$가 기저이고 P는 $[\mathbf{c}_1]_{\mathcal{B}}, [\mathbf{c}_2]_{\mathcal{B}}, \ldots, [\mathbf{c}_n]_{\mathcal{B}}$를 열로 하는 행렬일 때, 모든 x에 대하여 성립하는 것은?

   a. $[\mathbf{x}]_{\mathcal{B}}=\mathrm{P}[\mathbf{x}]_{\mathcal{C}}$

   b. $[\mathbf{x}]_{\mathcal{C}}=\mathrm{P}[\mathbf{x}]_{\mathcal{B}}$

   c. $[\mathbf{x}]_{\mathcal{B}}=\mathrm{P}^{-1}[\mathbf{x}]_{\mathcal{C}}$

   d. $[\mathbf{x}]_{\mathcal{B}}=[\mathbf{x}]_{\mathcal{C}}$

   e. 위 항목 중 답이 없다.

5. $\mathcal{D}=\{\mathbf{d}_1, \mathbf{d}_2\}$와 $\mathcal{B}=\{\mathbf{b}_1, \mathbf{b}_2\}$가 각각 벡터공간 V와 W의 기저이고 $T : V \to W$가 선형변환으로서 $T(\mathbf{d}_1)=-3\mathbf{b}_2+2\mathbf{b}_1$, $T(\mathbf{d}_2)=5\mathbf{b}_2-4\mathbf{b}_1$이 성립할 때, 기저 $\mathcal{D}$와 $\mathcal{B}$에 대한 T의 표현행렬은?

   a. $\begin{bmatrix} -3 & 2 \\ 5 & -4 \end{bmatrix}$ b. $\begin{bmatrix} -3 & 5 \\ 2 & -4 \end{bmatrix}$

   c. $\begin{bmatrix} 2 & -3 \\ -4 & 5 \end{bmatrix}$ d. $\begin{bmatrix} 2 & -4 \\ -3 & 5 \end{bmatrix}$

   e. 위 항목 중 답이 없다.

6. $\mathcal{B}=\{\mathbf{u}_1, \mathbf{u}_2, \ldots, \mathbf{u}_n\}$과 $\mathcal{C}=\{\mathbf{v}_1, \mathbf{v}_2, \ldots, \mathbf{v}_n\}$이 벡터공간의 기저이고 P는 $[\mathbf{u}_1]_\mathcal{C}, [\mathbf{u}_2]_\mathcal{C}, \ldots, [\mathbf{u}_n]_\mathcal{C}$를 열로 가지는 행렬이라면 다음 중 옳은 것은?
   a. $[\mathbf{x}]_\mathcal{B}=\mathrm{P}[\mathbf{x}]_\mathcal{C}$
   b. $[\mathbf{x}]_\mathcal{C}=\mathrm{P}[\mathbf{x}]_\mathcal{B}$
   c. 위 항목 중 답이 없다.

7. $\mathbf{u}=\begin{bmatrix}5\\2\\8\end{bmatrix}, \mathbf{v}=\begin{bmatrix}0\\7\\3\end{bmatrix}, \mathbf{w}=\begin{bmatrix}0\\0\\4\end{bmatrix}$라 두었을 때, 집합 $\{\mathbf{u}, \mathbf{v}, \mathbf{w}\}$에 대한 설명으로 틀린 것은?
   a. 일차독립이다.
   b. $\mathbb{R}^3$의 기저이다.
   c. $\mathbb{R}^3$를 생성한다.
   d. 일차종속이다.
   e. 위 항목 중 답이 없다.

8. $\mathcal{E}$를 $\mathbb{R}^3$의 표준기저라 하고, $\mathbf{x}=[7, 3, 2]^T$라 하였을 때, $[\mathbf{x}]_\mathcal{E}$는?
   a. (1, 1, 1)　　b. (7, 3, 2)
   c. (2, 3, 7)　　d. (2, 7, 3)
   e. 위 항목 중 답이 없다.

9. $\mathcal{B}$가 기저 $\{(2, -1), (-1, 3)\}$이고 $[\mathbf{x}]_\mathcal{B}$가 (1, 5)일 때 $\mathbf{x}$는?
   a. (2, 15)　　b. (−3, 16)
   c. (3, 15)　　d. (5, 1)
   e. 위 항목 중 답이 없다.

10. $\mathcal{B}=\{2x+1, 3-x\}$라 두고 $f(x)=7x-7$이라 하면 $[f]_\mathcal{B}$는?
   a. $\begin{bmatrix}2\\-3\end{bmatrix}$　　b. $\begin{bmatrix}-7\\7\end{bmatrix}$
   c. $\begin{bmatrix}4\\1\end{bmatrix}$　　d. $\begin{bmatrix}7\\-7\end{bmatrix}$
   e. 위 항목 중 답이 없다.

11. $L: V \to W$는 선형변환이고, $\mathcal{B}$와 $\mathcal{C}$는 각각 V와 W의 기저라고 하자. $\mathcal{B}=\{\mathbf{b}_1, \mathbf{b}_2, \ldots, \mathbf{b}_n\}$이고 A는 $[L(\mathbf{b}_j)]_\mathcal{C}(j=1, 2, \ldots, n)$을 열로 하는 행렬이라 할 때 성립하는 것은?
   a. $[L(\mathbf{x})]_\mathcal{C}=\mathrm{A}[\mathbf{x}]_\mathcal{B}$
   b. $[L(\mathbf{x})]_\mathcal{B}=\mathrm{A}[\mathbf{x}]_\mathcal{C}$
   c. $\mathrm{A}[\mathbf{y}]_\mathcal{C}=L^{-1}[\mathbf{y}]_\mathcal{B}$
   d. $\mathrm{A}\mathbf{x}=L[\mathbf{x}]_\mathcal{B}$
   e. 위 항목 중 답이 없다.

CHAPTER 6

고유계

6.1 고유값과 고유벡터

계산의 목적은 수를 구하는 것이 아니라 직관력을 높이려는 것입니다.

—해밍(RICHARD W. HAMMING, 1915~1998)

수의 개념은 인류에게만 주어진 지적 능력의 증거입니다.

—발자크(HONORE DE BALZAC, 1799~1850)

소개

때때로 한 벡터에 한 행렬을 곱하는 것은 다음 예와 같이 단순히 그 벡터에 상수 곱을 한 형태로 만드는 것이다.

$$\begin{bmatrix} 3 & 2 \\ -4 & 9 \end{bmatrix}\begin{bmatrix} 1 \\ 1 \end{bmatrix} = \begin{bmatrix} 5 \\ 5 \end{bmatrix} = 5\begin{bmatrix} 1 \\ 1 \end{bmatrix}$$

주어진 행렬에 대해 어느 정도까지 이러한 현상이 일어나는지 때때로 궁금해진다. 즉 주어진 행렬 $\mathbf{A}$와 미지의 벡터 $\mathbf{x}$, 그리고 미지의 상수 λ에 대하여 방정식 $\mathbf{Ax}=\lambda\mathbf{x}$를 만족하는 모든 경우를 알아볼 필요가 있다. 식의 오른쪽은 두 개의 미지수가 곱해진 형태이므로 이것은 선형 문제가 아니다! 만일 λ가 고정된 상수이고 이 식을 만족하는 모든 벡터 $\mathbf{x}$만 찾는 것이라면 이것은 전형적인 선형 문제이다. $\mathbf{x}$가 알려져 있고 λ만을 찾는 경우라면 더 쉽다. 그러나 $\mathbf{x}$와 λ가 모두 미지수라면 이것은 비선형 문제이다. 그러므로 이 문제를 푸는 동안 어떤 장애에 부딪칠 수 있다는 사실을 인식해야 한다.

고유값과 고유벡터

우선 벡터 **0**은 방정식 $\mathbf{Ax}=\lambda\mathbf{x}$를 항상 만족하므로 이 경우는 배제한다. 그러므로 이 문제는 다음과 같이 정의할 수 있다: 어떤 상수 λ에 대해 다음 식을 만족하는 자명하지 않은 해($\mathbf{x} \neq \mathbf{0}$)가 존재하는가?

$$\mathbf{Ax} = \lambda\mathbf{x}$$

여기서 **A**는 주어진 행렬이고 **x**는 찾아야 하는 벡터이다. 이것은 주어진 행렬 **A**에 대한 **고유값 문제**(eigenvalue problem)로 알려져 있다.

정의

A는 실수 또는 복소수를 성분으로 갖는 임의의 정방행렬이라 하자. **0**이 아닌 벡터 **x**에 대하여 방정식

$$\mathbf{Ax}=\lambda\mathbf{x}$$

이 성립하면 이때의 λ는 **A**의 **고유값**(eigenvalue)이라 한다.(λ는 실수이거나 복소수일 수 있다.) 벡터 **x**는 고유값 λ에 대응하는 **고유벡터**(eigenvector)라 한다. 고유벡터 역시 성분이 복소수일 수 있다.

위의 정의에 나와 있는 바와 같이 이 계산은 명백하게 복소수를 포함하고 있으므로 복소수의 연산은 고유값을 다룰 때 반드시 필요한 개념이다. 복소수의 연산에 관한 내용은 부록 B에 요약되어 있다.

행렬 이론의 몇몇 용어들은 시간이 흐르면서 변화되었다. 예를 들면 고유값은 특성값(characteristic value), 고유근(latent root), eigenwerte로 알려져 왔다. 1949년에 저명한 수학자 리틀우드(D. E. Littlewood)는 $x_1^2+x_2^2+\cdots+x_n^2$을 벡터 $\mathbf{x}=(x_1, x_2, \ldots, x_n)$의 '노름(norm)'으로 사용했을 뿐만 아니라 고유값을 'latent root', 고유벡터를 'pole', 그리고 역행렬은 'reciprocal'로 불렀다. 그가 사용한 노름은 7.1절에 주어진 것과 같은 표준화된 정의는 아니다.(리틀우드의 저서 *The Skeleton Key of Mathematics*[2002]를 보라.) 독일어인 'eigen'은 영어로는 proper, peculiar, 그리고 strange와 같은 여러 단어로 번역되며 많은 독일어 숙어들이 이 단어를 포함한다.

예제 1 소개 처음에 주어진 방정식을 새롭게 정의된 용어 고유값과 고유벡터를 사용하여 표현해 보라.

풀이 주어진 방정식은 다음과 같은 **A**, **x**, 그리고 λ를 갖는 $\mathbf{Ax}=\lambda\mathbf{x}$ 형태이다.

$$\mathbf{A} = \begin{bmatrix} 3 & 2 \\ -4 & 9 \end{bmatrix}, \qquad \mathbf{x} = \begin{bmatrix} 1 \\ 1 \end{bmatrix}, \qquad \lambda = 5$$

그러므로 5는 주어진 행렬 **A**의 고유값이고 이에 대응하는 고유벡터는 $[1, 1]^T$이다. ■

A의 성분이 실수인 경우에도 복소수 고유값과 복소수 성분을 갖는 고유벡터가 나타날 수 있다. λ가 **A**의 고유값이고 **x**와 **y**가 λ에 대응하는 고유벡터라면 $\mathbf{x}+\mathbf{y}$(만일 **0**이 아니라면)도 또한 λ에 대응하는 고유벡터이다. 마

찬가지로 임의의 0이 아닌 상수 c에 대하여 $c\mathbf{x}$ 역시 고유벡터가 된다.(검증해 보라.) 그러므로 고정된 **A**와 λ에 대해 집합 $\{x : \mathbf{A}\mathbf{x}=\lambda\mathbf{x}\}$는 부분공간이 된다. λ가 **A**의 고유값이 아닐 때 일어날 수 있는 것처럼 이 부분공간은 종종 벡터 **0**만을 포함하기도 한다.

고유값을 구할 때 행렬식 이용하기

λ가 **A**의 고유값이면 방정식 $\mathbf{A}\mathbf{x}=\lambda\mathbf{x}$는 자명하지 않은 해를 가진다. 즉 방정식 $(\mathbf{A}-\lambda\mathbf{I})\mathbf{x}=\mathbf{0}$는 자명하지 않은 해를 가지므로 행렬 $\mathbf{A}-\lambda\mathbf{I}$는 역행렬이 존재하지 않는다. 그러므로 $\text{Det}(\mathbf{A}-\lambda\mathbf{I})=0$이어야 한다. 이 역도 성립하므로 다음과 같은 결과를 얻는다.

정리 1

상수 λ가 **A**의 고유값일 필요충분조건은 $\text{Det}(\mathbf{A}-\lambda\mathbf{I})=0$이다.

이 정리의 효력은 다루기 어려운 비선형 문제를 λ만을 포함하는 문제로 바꾼다는 것이다. 올바른 λ를 찾는 것 역시 많은 계산을 포함하는 문제임에도 불구하고 이것은 매우 중요한 개념이다.

방정식 $\text{Det}(\mathbf{A}-\lambda\mathbf{I})=0$은 **A**의 고유값을 구하는 식으로서 **특성방정식**(characteristic equation)이라 한다. 함수 $\lambda \mapsto \text{Det}(\mathbf{A}-\lambda\mathbf{I})$는 **A**의 **특성다항식**(characteristic polynomial)이라 한다.

예제 2 행렬 $\mathbf{A} = \begin{bmatrix} 2 & 1 \\ 4 & -1 \end{bmatrix}$의 특성방정식과 고유값을 구하라. 각 고유값에 대응하는 고유벡터를 구하라.

풀이 이 문제를 풀기 위해 다음과 같은 방정식을 만든다.

$$\text{Det}(\mathbf{A}-\lambda\mathbf{I}) = \text{Det}\begin{bmatrix} 2-\lambda & 1 \\ 4 & -1-\lambda \end{bmatrix} = 0$$

위 식을 풀면 다음과 같은 특성방정식을 얻는다.

$$(2-\lambda)(-1-\lambda)-4=0$$

이 식은 $(\lambda-3)(\lambda+2)=0$이 되므로 주어진 행렬 **A**는 두 개의 고유값 3과 -2를 갖는다. 여기서 특성다항식은 $\lambda \mapsto \lambda^2-\lambda-6$이다.

이제 고유벡터를 구하자. 먼저 $\lambda=3$인 경우에 풀어야 하는 동차방정식은 다음과 같다.

$$(\mathbf{A}-3\mathbf{I})\mathbf{x}=\mathbf{0} \quad \text{또는} \quad \begin{bmatrix} -1 & 1 \\ 4 & -4 \end{bmatrix}\begin{bmatrix} x_1 \\ x_2 \end{bmatrix} = \begin{bmatrix} 0 \\ 0 \end{bmatrix}$$

여기에서 이 행렬은 역행렬이 존재하지 않음에 주목하자. λ는 방정식 Det($\mathbf{A}-\lambda\mathbf{I}$)=0을 만족하도록 선택되었기 때문에 $\mathbf{A}-\lambda\mathbf{I}$가 역행렬이 없다는 것은 기대할 수 있는 사실이다.(4.1절의 정리 5를 기억하라.) 위 식에서의 첨가행렬을 축소행렬로 만들면 다음과 같으므로

$$\left[\begin{array}{rr|r} -1 & 1 & 0 \\ 4 & -4 & 0 \end{array}\right] \sim \left[\begin{array}{rr|r} 1 & -1 & 0 \\ 0 & 0 & 0 \end{array}\right]$$

$x_1-x_2=0$을 얻는다. 그러므로 고유값 3에 대응하는 가장 간단한 고유벡터는 $u=(1, 1)$*이다.

마찬가지 방법으로 $\lambda=-2$일 때 다음 행렬의 영공간(null space)의 벡터를 구하면

$$\mathbf{A}-2\mathbf{I}=\begin{bmatrix} 4 & 1 \\ 4 & 1 \end{bmatrix} \sim \begin{bmatrix} 4 & 1 \\ 0 & 0 \end{bmatrix}$$

$4x_1+x_2=0$을 얻는다. 이 경우에 간단한 고유벡터는 $\mathbf{v}=(1, -4)$이다. 그러므로 이제 $\mathbf{Au}=3\mathbf{u}$와 $\mathbf{Av}=-2\mathbf{v}$가 성립함을 알았다. 이 행렬에 대해 다른 고유값이 존재할 수 있는가? 아니다! 어떤 고유값도 특성방정식을 만족해야 하기 때문에 두 개의 고유값 이외에 다른 것은 더 있을 수 없다. ■

예제 3 다음에 주어진 행렬 $\mathbf{A}$에 대해 모든 고유값을 구하고 고유벡터를 1개 이상 구하라.

$$\mathbf{A}=\begin{bmatrix} 3 & 0 & 0 & 13 \\ -25 & 7 & 11 & -6 \\ 18 & 0 & 1 & 5 \\ 0 & 0 & 0 & -2 \end{bmatrix}$$

풀이 정의에 의해 특성방정식은

$$\text{Det}\begin{bmatrix} 3-\lambda & 0 & 0 & 13 \\ -25 & 7-\lambda & 11 & -6 \\ 18 & 0 & 1-\lambda & 5 \\ 0 & 0 & 0 & -2-\lambda \end{bmatrix}=0$$

이다. λ를 구하는 단계는 다음과 같다.

$$\begin{aligned}(7-\lambda)\,\text{Det}&\begin{bmatrix} 3-\lambda & 0 & 13 \\ 18 & 1-\lambda & 5 \\ 0 & 0 & -2-\lambda \end{bmatrix} \\ &=(7-\lambda)(1-\lambda)\,\text{Det}\begin{bmatrix} 3-\lambda & 13 \\ 0 & -2-\lambda \end{bmatrix} \\ &=(7-\lambda)(1-\lambda)(3-\lambda)(-2-\lambda)=0\end{aligned}$$

* 이 교재에서 $\mathbf{u}(u_1, u_2)$는 열벡터 $\mathbf{u}=[u_1, u_2]^T$를 의미한다.

이 식으로부터 고유값은 −2, 1, 3, 그리고 7임을 알 수 있다.(실제 현상에서 전형적인 고유값은 정수가 아니다!) 이제 한 개의 고유값을 선택하여 대응하는 고유벡터를 구하자. 고유값 3을 선택한다면 영이 아닌 고유벡터 **x**는 방정식 $(\mathbf{A}-3\mathbf{I})\mathbf{x}=\mathbf{0}$를 풀어 구한다. 이는 다음과 같이 주어진 첨가행렬을 가진 동차방정식을 푸는 것이다.

$$[\mathbf{A}-3\mathbf{I} \mid 0] = \left[\begin{array}{rrrr|r} 0 & 0 & 0 & 13 & 0 \\ -25 & 4 & 11 & -6 & 0 \\ 18 & 0 & -2 & 5 & 0 \\ 0 & 0 & 0 & -5 & 0 \end{array}\right]$$

그 해는 $\mathbf{u}=(2, -37, 18, 0)$이다. 이것은 여러 개의 분리된 계산으로 검증될 수 있다. 즉 $\mathbf{Au}=(6, -111, 54, 0)=3\mathbf{u}$이고 이것은 실제로 **u**에 3을 곱한 것이다. ■

선형변환

고유값과 고유벡터에 대한 개념은 선형변환에 영향을 미친다.

정의

L은 벡터공간 V에서 V로의 선형연산자라 하자. 만일

$$L(\mathbf{v}) = \lambda\mathbf{v} \qquad \text{이고} \qquad \mathbf{v} \neq \mathbf{0}$$

이면 λ와 **v**는 각각 선형연산자 L의 **고유값**과 **고유벡터**라 한다.

예를 들면 V는 대칭 구간 $[-\pi, \pi]$에서 두 번 미분 가능한 함수들로 이루어진 벡터공간이라 하고 $L(\mathbf{v})=\mathbf{v}''$이라 하자. $d(\sin t)/dt=\cos t$이고 $d(\cos t)/dt=-\sin t$이므로 $L(\sin t)=-\sin t$이다. 그러므로 이 연산자 L에 대하여 −1은 고유값이고 **사인 함수**는 고유벡터이다.

예제 2에서 다음과 같은 결론을 유도할 수 있다.

$$\mathbf{A}[\mathbf{u}\ \mathbf{v}] = [\mathbf{u}\ \mathbf{v}]\mathrm{Diag}(\lambda_1, \lambda_2)$$

$$\mathbf{AP} = \begin{bmatrix} 2 & 1 \\ 4 & -1 \end{bmatrix}\begin{bmatrix} 1 & 1 \\ 1 & -4 \end{bmatrix} = \begin{bmatrix} 1 & 1 \\ 1 & -4 \end{bmatrix}\begin{bmatrix} 3 & 0 \\ 0 & -2 \end{bmatrix} = \mathbf{PD}$$

여기서 **P**는 두 고유벡터를 열로 가진 행렬이고 등식 오른쪽의 대각행렬은 **D**로 나타내었다. 즉 $\mathbf{AP}=\mathbf{PD}$가 성립하며 이 경우에 **P**는 역행렬이 존재하므로 $\mathbf{P}^{-1}\mathbf{AP}=\mathbf{D}$ 또는 $\mathbf{A}=\mathbf{PDP}^{-1}$로 쓸 수 있다. **P**가 특이행렬인 어떤 예에서는 이 과정이 성립하지 않는다. 5.3절의 용어를 사용하면 방정식 $\mathbf{A}=\mathbf{PDP}^{-1}$는 주어진 행렬 **A**가 대각행렬 **D**와 **유사**(similar)하다는 것을 나타낸다. 유사하다는 것은 이 교재에서 $\mathbf{A}=\mathbf{PDP}^{-1}$를 나타내는 것으로 행렬 이론에서는 높은 수준의 전문용어임을 기억하라.

정의

다음 식을 만족하는 대각행렬 D와 가역행렬 P가 존재하면 행렬 A는 **대각화가 가능하다**(diagonalizable)고 한다.

$$\mathbf{P}^{-1}\mathbf{AP} = \mathbf{D} \qquad \text{또는} \qquad \mathbf{A} = \mathbf{PDP}^{-1}$$

두 방정식 $\mathbf{AP}=\mathbf{PD}$와 $\mathbf{P}^{-1}\mathbf{AP}=\mathbf{D}$는 심오한 차이가 있음을 상기하자. 두 번째 등식이 성립하기 위해서는 P가 가역행렬이어야 한다. $\mathbf{AP}=\mathbf{PD}$ 형태의 방정식은 항상 만들 수 있지만 이 방정식을 항상 $\mathbf{P}^{-1}\mathbf{AP}=\mathbf{D}$로 표현할 수 있는 것은 아니다. 즉 행렬 P가 가역성(비특이성)이 있는지가 문제가 된다.($\mathbf{P}=\mathbf{0}$이면 $\mathbf{AP}=\mathbf{PD}$는 항상 성립하므로 이 경우는 배제되어야 한다.) 다음 예제는 P가 가역성이 없는 경우를 보여 준다.

예제 4 주어진 행렬 A에 대하여 고유값과 고유벡터를 구하라.

$$\mathbf{A} = \begin{bmatrix} 1 & 1 \\ 0 & 1 \end{bmatrix}$$

대각화가 가능하면 대각화하라.

풀이 고유값을 구하기 위하여 다음 식을 풀면

$$\text{Det}\begin{bmatrix} 1-\lambda & 1 \\ 0 & 1-\lambda \end{bmatrix} = (\lambda-1)^2 = 0$$

한 개의 고유값 1을 얻는다. 고유벡터를 구하기 위하여 다음과 같은 첨가행렬을 갖는 동차방정식을 풀면

$$\left[\begin{array}{cc|c} 0 & 1 & 0 \\ 0 & 0 & 0 \end{array}\right]$$

가능한 고유벡터는 (1, 0)이며 다른 고유벡터들은 이 벡터의 상수배로 나타난다. 또한 다음과 같이 $\mathbf{AP}=\mathbf{PD}$ 형태로 나타낼 수 있다.

$$\mathbf{AP} = \begin{bmatrix} 1 & 1 \\ 0 & 1 \end{bmatrix}\begin{bmatrix} 1 & 1 \\ 0 & 0 \end{bmatrix} = \begin{bmatrix} 1 & 1 \\ 0 & 0 \end{bmatrix}\begin{bmatrix} 1 & 0 \\ 0 & 1 \end{bmatrix} = \mathbf{PD}$$

행렬 P는 비가역행렬이고 A는 대각화할 수 없다! $\mathbb{R}^2$의 기저가 될 수 있는 충분한 고유벡터는 존재하지 않는다. ■

한 행렬의 고유값을 계산함에 있어 특성다항식에 반복된 근(중복된 근)들이 나타날 수도 있다. 이미 언급한 바와 같이 특성다항식의 근으로서의 고유값의 중복도는 **대수중복도**(algebraic multiplicity)라 한다. 수반하는

고유공간의 차원은 그 고유값의 **기하중복도**(geometric multiplicity)라 한다. 대수중복도와 기하중복도는 다를 수 있으나 대수중복도가 기하중복도보다 항상 크거나 같다. 2×2 행렬에 대하여 이러한 현상이 생기는 것을 예제 4에서 이미 보았다. 그 예제에서 고유값 1은 특성다항식 $\lambda \mapsto \text{Det}(\mathbf{A}-\lambda\mathbf{I})$에서 인수 $(\lambda-1)$이 두 번 나타나기 때문에 **대수중복도** 2를 갖는다. 반면에 그 고유값에 대응하는 고유벡터는 1차원 공간을 만들고 있으므로 **기하중복도**는 1이다.

이제 이 두 개념을 형식을 갖추어 정의하자. **A**를 $n\times n$ 행렬이라 하면 이 행렬의 특성다항식은 다음과 같다.

$$\text{Det}(\mathbf{A}-\lambda\mathbf{I}) = \pm(\lambda-\lambda_1)(\lambda-\lambda_2)(\lambda-\lambda_3)\cdots(\lambda-\lambda_n)$$

이 방정식에서 어떤 인수는 반복되어 한 번 이상 나타날 수 있다. 복소수 λ_j들은 **A**의 고유값들이다. 만일 이 인수분해에서 $\lambda-\lambda_j$가 k_j번 나온다면 대응하는 고유값의 **대수중복도**는 k_j이다. 만일 대응하는 부분공간이 ℓ_j차원이면 그 고유값의 **기하중복도**는 ℓ_j라 한다. 이는 $\text{Null}(\mathbf{A}-\lambda_j\mathbf{I})$가 ℓ_j차원이라는 것을 의미한다. 다음 정리는 $k_j \ge \ell_j$임을 언급한 것으로서 증명 없이 받아들인다.

정리 2

한 고유값의 기하중복도는 대수중복도보다 클 수 없다.

서로 다른 고유값

다음 정리에 의하면 한 행렬의 고유값들이 모두 다르면 대응하는 고유벡터들은 일차독립인 집합을 형성한다.

정리 3

한 행렬의 서로 다른 고유값들에 대응하는 고유벡터들은 일차독립이다.

증명 $1 \le i \le k$에 대하여 $\mathbf{A}\mathbf{x}^{(i)} = \lambda_i\mathbf{x}^{(i)}$라 하자. 벡터 $\mathbf{x}^{(i)}$들은 모두 **0**이 아니고 고유값 λ_i들은 모두 다르다고 가정하자. 집합 $\{\mathbf{x}^{(1)}, \mathbf{x}^{(2)}, \ldots, \mathbf{x}^{(k)}\}$이 일차독립이라는 것은 증명해야 한다. 대우증명법으로 증명하자. 즉 $\{\mathbf{x}^{(1)}, \mathbf{x}^{(2)}, \ldots, \mathbf{x}^{(k)}\}$이 일차종속이라고 하면 2.4절의 정리 9에 의하여 위첨자가 붙은 정렬된 이 집합의 어떤 원소는 그 원소보다 선행하는 다른 원소들의 일차결합으로 나타난다. $\mathbf{x}^{(j+1)}$가 선행하는 $\mathbf{x}^{(1)}, \mathbf{x}^{(2)}, \ldots, \mathbf{x}^{(j)}$의 일차결합으로 나타나는 첫 번째 원소라 하면 $\{\mathbf{x}^{(1)}, \mathbf{x}^{(2)}, \ldots, \mathbf{x}^{(j)}\}$는 일차독립이고 $j < k$이다. 이제 다음 단계를 따라 계산하자.

$$\sum_{i=1}^{j} c_i\mathbf{x}^{(i)} = \mathbf{x}^{(j+1)}$$

$$\sum_{i=1}^{j} c_i\mathbf{A}\mathbf{x}^{(i)} = \mathbf{A}\mathbf{x}^{(j+1)}$$

$$\sum_{i=1}^{j} c_i\lambda_i\mathbf{x}^{(i)} = \lambda_{j+1}\mathbf{x}^{(j+1)} = \lambda_{j+1}\sum_{i=1}^{j} c_i\mathbf{x}^{(i)}$$

$$\sum_{i=1}^{j} c_i(\lambda_i - \lambda_{j+1})\mathbf{x}^{(i)} = 0$$

$\{\mathbf{x}^{(1)}, \mathbf{x}^{(2)}, \dots, \mathbf{x}^{(j)}\}$의 일차독립성에 의해 계수 $c_i(\lambda_i-\lambda_{j+1})$는 모두 0이다. 고유값들은 모두 다르므로 c_i들은 모두 0이다. 그러므로 첫 번째 식에 의하여 $\mathbf{x}^{(j+1)}=\mathbf{0}$이 된다. 이것은 모든 고유벡터가 $\mathbf{0}$이 아니라는 사실에 모순이다. 그러므로 $\{\mathbf{x}^{(1)}, \mathbf{x}^{(2)}, \dots, \mathbf{x}^{(k)}\}$는 일차독립이다. ■

다음은 이 정리를 조금 다르게 증명한 것이다.

증명 $1 \le i \le k$에 대하여 $\mathbf{A}\mathbf{x}^{(i)}=\lambda_i\mathbf{x}^{(i)}$라 하자. 여기서 벡터 $\mathbf{x}^{(i)}$들은 모두 $\mathbf{0}$이 아니고 고유값들은 모두 다르다고 가정한다. r을 $\{\mathbf{x}^{(1)}, \mathbf{x}^{(2)}, \dots, \mathbf{x}^{(r)}\}$이 일차독립이 되도록 하는 가장 큰 자연수라 하자. 만일 $r=k$이면 더 증명할 것이 없으므로 $r < k$라 가정하자. 그러면 $\{\mathbf{x}^{(1)}, \mathbf{x}^{(2)}, \dots, \mathbf{x}^{(r+1)}\}$은 일차종속이므로 $\mathbf{x}^{(r+1)}$은 집합 $\{\mathbf{x}^{(1)}, \mathbf{x}^{(2)}, \dots, \mathbf{x}^{(r)}\}$에 의해 생성되는 공간의 원소이다. 그러므로 $\mathbf{x}^{(r+1)}=\sum_{i=1}^{r} a_i\mathbf{x}^{(i)}$이며 $\mathbf{x}^{(r+1)} \neq \mathbf{0}$이므로 계수 a_i들이 모두 0일 수는 없다. 이제 $\lambda_{r+1}\mathbf{x}^{(r+1)}$을 다음과 같이 계산하자.

$$\lambda_{r+1}\mathbf{x}^{(r+1)} = \mathbf{A}\mathbf{x}^{(r+1)} = \mathbf{A}\sum_{i=1}^{r} a_i\mathbf{x}^{(i)} = \sum_{i=1}^{r} a_i\mathbf{A}\mathbf{x}^{(i)} = \sum_{i=1}^{r} a_i\lambda_i\mathbf{x}^{(i)}$$

$$\lambda_{r+1}\mathbf{x}^{(r+1)} = \lambda_{r+1}\sum_{i=1}^{r} a_i\mathbf{x}^{(i)} = \sum_{i=1}^{r} \lambda_{r+1}a_i\mathbf{x}^{(i)}$$

위의 두 식을 빼면 $\mathbf{0}=\sum_{i=1}^{r} a_i(\lambda_i-\lambda_{r+1})\mathbf{x}^{(i)}$을 얻는다. 가정에 의해 어떤 $\lambda_i-\lambda_{r+1}$도 0이 아니며 a_i들은 모두 0이 아니므로 이는 집합 $\{\mathbf{x}^{(1)}, \mathbf{x}^{(2)}, \dots, \mathbf{x}^{(r)}\}$이 일차독립이라는 사실에 모순이다. ■

위의 정리는 임의의 선형변환 T에 대하여 고유값과 고유벡터를 정의하는 경우에도 성립한다. 유한차원이어야 한다는 가정은 필요하지 않다. 증명은 다음과 같이 다시 표현할 필요가 있다: 임의의 첨수 α에 대하여 방정식 $T(\mathbf{x}^{(\alpha)})=\lambda_\alpha\mathbf{x}^{(\alpha)}$가 가정되어야 한다. 만일 $\mathbf{x}^{(\alpha)}$의 집합이 일차독립이면 정리 3의 증명에서와 같이 유한한 일차종속 집합으로 넘어갈 수 있다.

정리 3으로부터 유도되는 다음 따름정리는 실용적인 면에서 중요하다.

따름정리 1

$n\times n$ 행렬 $\mathbf{A}$가 n개의 서로 다른 고유값들을 가지면 $\mathbf{A}$는 대각화할 수 있다.

고유벡터들로 이루어진 기저

$n\times n$ 행렬 $\mathbf{A}$가 주어져 있을 때 $\mathbf{A}$의 고유벡터들로 구성된 $\mathbb{R}^n$의 기저는 존재할 수도 있고 존재하지 않을 수도 있다.

예를 들면 행렬 $\mathbf{A} = \begin{bmatrix} 3 & 5 \\ 0 & 7 \end{bmatrix}$의 고유벡터로 구성된 $\mathbb{R}^2$의 기저는 찾을 수 있다. $\mathbf{A}$는 삼각행렬이므로 고유값

은 $\lambda_1=3$과 $\lambda_2=7$이며 대응하는 고유벡터는 각각 $\begin{bmatrix} 1 \\ 0 \end{bmatrix}$과 $\begin{bmatrix} 5 \\ 4 \end{bmatrix}$이다. 그러므로 이 행렬 $\mathbf{A}$에 대하여 고유벡터 $\left\{\begin{bmatrix} 1 \\ 0 \end{bmatrix}, \begin{bmatrix} 5 \\ 4 \end{bmatrix}\right\}$로 구성된 $\mathbb{R}^2$의 기저가 존재한다.

그러나 행렬 $\mathbf{A} = \begin{bmatrix} 0 & 1 \\ 0 & 0 \end{bmatrix}$의 경우에는 0만이 유일한 고유값(특성다항식 $\lambda \mapsto \lambda^2$의 중근)이고 한 개의 고유벡터 $\begin{bmatrix} 1 \\ 0 \end{bmatrix}$만이 존재하므로 1차원 고유공간만이 존재한다.

마지막으로 $\mathbf{A} = \begin{bmatrix} 0 & 0 \\ 0 & 0 \end{bmatrix}$인 경우에는 0만이 유일한 중복된 고유값이다. 그러나 이 경우에는 두 개의 자유 변수가 존재하므로 $\begin{bmatrix} 1 \\ 0 \end{bmatrix}$와 $\begin{bmatrix} 0 \\ 1 \end{bmatrix}$같은 A의 고유벡터로 구성된 $\mathbb{R}^2$의 기저가 존재한다.

따름정리 2

$n\times n$ 행렬 A가 n개의 서로 다른 고유값들을 가지면 대응하는 A의 고유벡터들은 $\mathbb{R}^n$의 기저를 형성한다.

A가 중복된 고유값들을 가지면 더 분석하지 않고는 어떤 결론도 내릴 수 없다!

응용: 행렬의 거듭제곱

이미 언급한 한 행렬의 분해

$$\mathbf{A} = \mathbf{PDP}^{-1}$$

는 A의 거듭제곱을 효율적으로 계산하는 데 사용할 수 있다. 우선 $\mathbf{A}^2$으로 그 효율성을 알아보자. 식 $\mathbf{A}=\mathbf{PDP}^{-1}$ 양변의 왼쪽에 A를 곱하면 다음과 같은 식을 얻는다.

$$\mathbf{A}^2 = \mathbf{AA} = (\mathbf{PDP}^{-1})(\mathbf{PDP}^{-1}) = \mathbf{PD}(\mathbf{P}^{-1}\mathbf{P})\mathbf{DP}^{-1} = \mathbf{PDIDP}^{-1} = \mathbf{PD}^2\mathbf{P}^{-1}$$

(이 계산에서 행렬의 곱에서의 결합법칙이 어떻게 일어나고 있는지 주목하라.) 위의 과정을 반복하면 다음과 같은 결과를 얻는다.

$$\mathbf{A}^k = \mathbf{PD}^k\mathbf{P}^{-1} \qquad (k \geq 1)$$

대각행렬의 거듭제곱 또한 대각행렬이고 그 행렬의 대각 성분은 D의 대각 성분의 거듭제곱이므로 위의 식은 쉽게 계산된다. 이것의 대수적 형태는 다음과 같다.

$$\mathbf{D}^k = [\text{Diag}(d_1, d_2, \ldots, d_n)]^k = \text{Diag}(d_1^k, d_2^k, \ldots, d_n^k)$$

$$= \begin{bmatrix} d_1 & 0 & 0 & \cdots & 0 \\ 0 & d_2 & 0 & \cdots & 0 \\ \vdots & \vdots & \vdots & \vdots & \vdots \\ 0 & 0 & 0 & \ldots & d_n \end{bmatrix}^k = \begin{bmatrix} d_1^k & 0 & 0 & \cdots & 0 \\ 0 & d_2^k & 0 & \cdots & 0 \\ \vdots & \vdots & \vdots & \vdots & \vdots \\ 0 & 0 & 0 & 0 & d_n^k \end{bmatrix}$$

예제 5 예제 2의 행렬에 대하여 $\mathbf{A}^k$를 계산하라.

풀이 방정식 $\mathbf{A}=\mathbf{PDP}^{-1}$로부터 $\mathbf{A}^k=\mathbf{PD}^k\mathbf{P}^{-1}$를 얻으므로

$$\begin{bmatrix} 2 & 1 \\ 4 & -1 \end{bmatrix}^k = \begin{bmatrix} 1 & 1 \\ 1 & -4 \end{bmatrix} \begin{bmatrix} 3^k & 0 \\ 0 & (-2)^k \end{bmatrix} \begin{bmatrix} \frac{4}{5} & \frac{1}{5} \\ \frac{1}{5} & -\frac{1}{5} \end{bmatrix}$$

$$= \begin{bmatrix} \frac{1}{5}[4(3^k) + (-2)^k] & \frac{1}{5}[(3^k) - (-2)^k] \\ \frac{1}{5}[4(3^k) - 4(-2)^k] & \frac{1}{5}[(3^k) + 4(-2)^k] \end{bmatrix}$$

이 된다. 위 식은 $k=1$을 대입함으로써 쉽게 검증된다. ■

특성방정식과 특성다항식

일반적인 $n \times n$ 행렬의 경우에 다음과 같이 정의된 함수 p는 변수가 λ인 n차 다항식이 될 것이다.

$$p(\lambda) = \text{Det}(\mathbf{A} - \lambda\mathbf{I})$$

이미 아는 바와 같이 이 식은 **A**의 **특성다항식**(characteristic polynomial)이라 한다. 이 식을 0으로 놓은 등식을 **특성방정식**(characteristic equation)이라 한다. 이 방정식은 모두 다른 n개의 근을 갖거나 중복된 근을 가질 수 있다. 중복된 근은 특성다항식이 $(\lambda-\lambda_j)^k$, $k > 1$ 형태를 포함하는 경우에 나타난다. 다음 예제에서 나타나는 바와 같이 어떤 특성방정식은 복소수를 근으로 가질 수도 있다.

예제 6 $\mathbf{A} = \begin{bmatrix} 1 & 1 \\ -2 & 3 \end{bmatrix}$이라 하자. 특성다항식을 이용하여 **A**의 고유값들을 구하라.

풀이 특성다항식 $p(\lambda)$는 다음과 같고

$$p(\lambda) = \text{Det}(\mathbf{A}-\lambda\mathbf{I}) = \text{Det}\begin{bmatrix} 1-\lambda & 1 \\ -2 & 3-\lambda \end{bmatrix} = (1-\lambda)(3-\lambda)+2 = \lambda^2-4\lambda+5$$

이차방정식 $a\lambda^2+b\lambda+c=0$의 근은 다음과 같은 형태이므로

$$\lambda = \frac{-b \pm \sqrt{b^2 - 4ac}}{2a}$$

이를 풀면

$$\lambda = \frac{4 \pm \sqrt{16-(4)(5)}}{2} = 2 \pm \sqrt{-1} = 2 \pm i$$

을 얻는다. 이 예제는 성분이 실수인 행렬이 복소수 고유값들을 가질 수 있다는 것을 보여 준다. ■

복소수를 포함하는 경우의 대각화

다음 예제는 고유값들과 고유벡터들이 복소수를 포함하는 행렬의 대각화 과정을 보여 준다.

예제 7 예제 6에서의 행렬 $\mathbf{A} = \begin{bmatrix} 1 & 1 \\ -2 & 3 \end{bmatrix}$의 대각화는 무엇인가?

풀이 기본적으로 이것은 이미 본 실수의 경우와 같으나 복소수에서의 연산을 해야 한다.(부록 B를 보라.) 고유값이 $\lambda_1=2+i$인 경우 $\mathbf{A}-\lambda_1\mathbf{I}$를 계산하면

$$\mathbf{A} - \lambda_1\mathbf{I} = \begin{bmatrix} 1 & 1 \\ -2 & 3 \end{bmatrix} - (2+i)\begin{bmatrix} 1 & 0 \\ 0 & 1 \end{bmatrix} = \begin{bmatrix} -1-i & 1 \\ -2 & 1-i \end{bmatrix}$$

이며 이 행렬은 가역행렬이 아니다. 다음에 계산된 바와 같이 실제로 첫 번째 행에 $(1-i)$를 곱하면 두 번째 행이 된다.

$$\begin{aligned} (1-i)(\text{row } 1) &= (1-i)[-1-i, 1] = [(1-i)(-1-i), 1-i] \\ &= [-(1-i^2), 1-i] = [-2,\ 1-i] = (\text{row } 2) \end{aligned}$$

그러므로 적절한 행 연산을 하여 다음을 얻는다.

$$\mathbf{A} - \lambda_1\mathbf{I} = \begin{bmatrix} -1-i & 1 \\ -2 & 1-i \end{bmatrix} \sim \begin{bmatrix} 1+i & -1 \\ 0 & 0 \end{bmatrix}$$

$\mathbf{x}$를 이 동차 연립방정식의 $\mathbf{0}$이 아닌 해라 하자. x_2를 자유 변수로 놓으면 $(1+i)x_1=x_2$가 된다. $x_2=1+i$로 놓으면 $x_1=1$이고 간단한 고유벡터 $[1, 1+i]^T$를 얻는다. 고유값 $\lambda_2=2-i$에 대하여 같은 과정을 거치면 다음 행렬을 얻는다.

$$\mathbf{A} - \lambda_2\mathbf{I} = \begin{bmatrix} -1+i & 1 \\ -2 & 1+i \end{bmatrix}$$

이 행렬 또한 가역행렬이 아니다. 재미 삼아 행렬식이 0이라는 것을 계산해 봄으로써 비가역성을 확인할 수 있다.

$$(-1+i)(1+i)+2=-(1-i)(1+i)+2=-(1-i^2)+2=-2+2=0$$

그러므로 적절한 행 연산을 하여 다음과 같은 축소행렬을 만들면

$$\mathbf{A}-\lambda_2\mathbf{I}=\begin{bmatrix} -1+i & 1 \\ -2 & 1+i \end{bmatrix} \sim \begin{bmatrix} 1-i & -1 \\ 0 & 0 \end{bmatrix}$$

$x_2=(1-i)x_1$을 얻는다. x_1을 자유 변수로 보아 $x_1=1$로 놓으면 이 동차 연립방정식의 간단한 해 $\mathbf{x}=[1,\ 1-i]^T$를 얻는다. 이제 행렬 **P**를 다음과 같이 구성한다.

$$\mathbf{P}=\begin{bmatrix} 1 & 1 \\ 1+i & 1-i \end{bmatrix}$$

일반적인 방법으로 **P**의 역행렬을 구하면 다음과 같으므로

$$\mathbf{P}^{-1}=\tfrac{1}{2}\begin{bmatrix} 1+i & -i \\ 1-i & i \end{bmatrix}$$

대각화 방정식 $\mathbf{A}=\mathbf{PDP}^{-1}$는 다음과 같다.

$$\begin{bmatrix} 1 & 1 \\ -2 & 3 \end{bmatrix}=\begin{bmatrix} 1 & 1 \\ 1+i & 1-i \end{bmatrix}\begin{bmatrix} 2+i & 0 \\ 0 & 2-i \end{bmatrix}\begin{bmatrix} \frac{1}{2}(1+i) & -\frac{i}{2} \\ \frac{1}{2}(1-i) & \frac{i}{2} \end{bmatrix}$$ ■

예제 6과 7에서 고유값들과 고유벡터들은 모두 켤레복소수 쌍으로 나타남에 주목하자. 이것은 행렬 **A**는 성분이 실수이지만 고유값들과 고유벡터들은 복소수이기 때문이다. **A**의 성분이 실수이고 $\mathbf{Ax}=\lambda\mathbf{x}$이면 식 $\mathbf{A\bar{x}}=\bar{\lambda}\mathbf{\bar{x}}$이 성립한다.

정리 4

A는 성분이 실수인 행렬이고 고유값 λ가 복소수이면 켤레복소수 $\bar{\lambda}$도 고유값이다. 즉 $\mathbf{Ax}=\lambda\mathbf{x}$와 $\mathbf{A\bar{x}}=\bar{\lambda}\mathbf{\bar{x}}$가 성립한다.

성분이 실수로 구성된 행렬이 복소수인 고유값을 갖지 않으면 켤레복소수 쌍이 존재하지 않는다는 것은 당연하다!

응용: 동역학계

이제 큰 수 k에 대하여 $\mathbf{A}^k\mathbf{x}$를 계산해 보자.(예제 8과 9에서 간단한 동역학계에서 이런 형태가 나타남을 볼 것이다.) 다음과 같이 **A**의 한 고유값과 고유벡터로 시작하자.

$$\mathbf{Av}=\lambda\mathbf{v}$$

라 하면

$$\mathbf{A}^2\mathbf{v} = \mathbf{A}(\mathbf{A}\mathbf{v}) = \mathbf{A}(\lambda\mathbf{v}) = \lambda(\mathbf{A}\mathbf{v}) = \lambda(\lambda\mathbf{v}) = \lambda^2\mathbf{v}$$

이다. 이 과정을 한 번 더 반복하면 $\mathbf{A}^3\mathbf{v}=\lambda^3\mathbf{v}$를 얻으며 k번 반복하면 다음을 얻는다.

$$\mathbf{A}^k\mathbf{v} = \lambda^k\mathbf{v} \qquad k = 1, 2, 3, \ldots$$

그러므로 임의의 양의 정수 k에 대하여 $\mathbf{v}$가 $\mathbf{A}$의 고유벡터일 때 $\mathbf{A}^k\mathbf{v}$는 쉽게 계산된다. $\mathbf{A}$가 $n\times n$ 행렬이고 $\mathbf{A}$의 고유벡터들로 구성된 $\mathbb{R}^n$의 기저가 존재한다고 하면 임의의 $\mathbf{x}$에 대해 $\mathbf{A}^k\mathbf{x}$는 다음에 설명하는 바와 같이 비교적 쉽게 계산할 수 있다. $\{\mathbf{v}^{(1)}, \mathbf{v}^{(2)}, \ldots, \mathbf{v}^{(n)}\}$을 $\mathbf{A}$의 고유벡터들로 이루어진 $\mathbb{R}^n$의 기저라 하자. 구체적으로

$$\mathbf{A}\mathbf{v}^{(j)} = \lambda_j\mathbf{v}^{(j)} \qquad j = 1, 2, \ldots, n$$

이 성립한다고 하자. $\mathbb{R}^n$의 임의의 원소 $\mathbf{x}$는 기저의 일차결합, 즉 $\mathbf{x}=\sum_{j=1}^{n} c_j\mathbf{v}^{(j)}$로 표현할 수 있으므로 이 식의 양변에 $\mathbf{A}^k$를 곱하면 다음을 얻는다.

$$\mathbf{A}^k\mathbf{x} = \mathbf{A}^k\sum_{j=1}^{n} c_j\mathbf{v}^{(j)} = \sum_{j=1}^{n} c_j\mathbf{A}^k\mathbf{v}^{(j)} = \sum_{j=1}^{n} c_j\lambda_j^k\mathbf{v}^{(j)}$$

$\mathbf{A}$의 거듭제곱을 계산할 필요는 없고 이러한 장점은 앞으로 나올 응용 문제에서는 별 의미가 없다.(예제 8을 보라.)

$\mathbf{A}$의 고유값들과 고유벡터들이 주어지지 않는다면 $\mathbf{A}$의 거듭제곱은 일반적인 방법으로 계산할 수 있다. 두 개의 $n\times n$ 행렬을 곱하는 것이 대략 n^3의 산술적 연산을 필요로 한다는 것을 기억하면 단순히 반복적으로 곱해서 $\mathbf{A}^k$를 구하는 것은 큰 기억 용량을 필요로 한다. 동역학계의 장기적인 움직임을 연구함에 있어서는 다음과 같이 제곱 형태를 반복적으로 곱해 $\mathbf{A}^{2^k}$를 효율적으로 계산할 수 있다.

$$\mathbf{A}^2 = \mathbf{A}\mathbf{A}, \qquad \mathbf{A}^4 = \mathbf{A}^2\mathbf{A}^2, \qquad \mathbf{A}^8 = \mathbf{A}^4\mathbf{A}^4, \quad \text{등}$$

예제 8 하나의 동역학계가 방정식 $\mathbf{x}^{(k)}=\mathbf{A}\mathbf{x}^{(k-1)}$으로 모델링되었다. 여기서 $\mathbf{A}$는 다음과 같이 주어졌다.

$$\mathbf{A} = \begin{bmatrix} 0.6 & 0.3 \\ -0.2 & 1.2 \end{bmatrix}$$

임의의 시작점 $\mathbf{x}^{(0)}$에 대하여 이 방정식은 $\mathbb{R}^2$의 벡터들로 이루어진 무한수열을 만든다. $\mathbf{x}^{(0)}=(6.97, 3.87)$일 때 이 계의 장기간의 움직임은 어떻게 되겠는가?

풀이 이 문제에 답하기 위해 수학 소프트웨어를 이용하여 $\mathbf{x}^{(0)}=(6.97, 3.87)$로 시작하여 $\mathbf{x}^{(k)}=\mathbf{A}\mathbf{x}^{(k-1)}$를 일일이 계산할 수 있다. 그림 6.1은 일일이 계산한 점들을 기호 * 를 사용하여 나타내었다.

다음 단계는 시작점 $\mathbf{x}^{(0)}=(6.97, 3.87)$을 고유벡터들의 일차결합으로 표현하는 것이다. 수학 소프트웨어를 이용해서 고유값들로 구성된 행렬 $\mathbf{D}$와 고유벡터들로 구성된 행렬 $\mathbf{V}$를 다음과 같이 구한다.

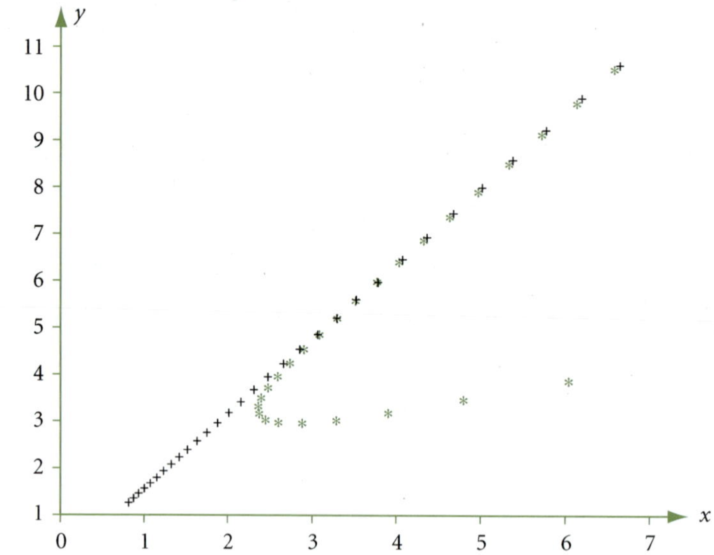

그림 6.1 예제 8의 동역학계의 궤적.

$$\mathbf{V} = \begin{bmatrix} -0.9211 & -0.5354 \\ -0.3893 & -0.8446 \end{bmatrix} \qquad \mathbf{D} = \begin{bmatrix} 0.7268 & 0 \\ 0 & 1.0732 \end{bmatrix}$$

$\mathbf{x}^{(0)}$는 $\mathbb{R}^2$의 원소이며 $\mathbf{V}$의 열은 $\mathbb{R}^2$의 기저가 되므로 $\mathbf{Vc}=\mathbf{x}^{(0)}$로 표현되며 이 식을 만족하는 $\mathbf{c}$를 구해야 한다. $\mathbf{V}$와 $\mathbf{x}^{(0)}$를 알고 있으므로 이 식을 직접 풀거나 수학 소프트웨어를 이용하면 $\mathbf{c}$는 $\mathbf{c}=(-6.6981,\ -1.4947)$임을 알 수 있다. 그러므로

$$\mathbf{x}^{(0)} = -6.6981\,\mathbf{v}^{(1)} - 1.4947\,\mathbf{v}^{(2)}$$

을 얻는다. 이제 $\mathbf{x}^{(k)}$를 효율적으로 계산하기 위해 $\mathbf{x}^{(k)}=\mathbf{A}\mathbf{x}^{(k-1)}$를 정리하면

$$\begin{aligned}
\mathbf{x}^{(k)} &= \mathbf{A}^k\mathbf{x}^{(0)} \\
&= \mathbf{A}^k(-6.6981\,\mathbf{v}^{(1)} - 1.4947\,\mathbf{v}^{(2)}) \\
&= -6.6981\,\mathbf{A}^k\,\mathbf{v}^{(1)} - 1.4947\,\mathbf{A}^k\,\mathbf{v}^{(2)} \\
&= -6.6981\,\lambda_1^k\,\mathbf{v}^{(1)} - 1.4947\,\lambda_2^k\,\mathbf{v}^{(2)} \\
&= -6.6981\,(0.7268)^k\,\mathbf{v}^{(1)} - 1.4947\,(1.0732)^k\,\mathbf{v}^{(2)} \\
&\approx -1.4947\,(1.0732)^k\,\mathbf{v}^{(2)} \\
&= -1.4947\,(1.0732)^k\,(-0.5354,\ -0.8446) \\
&= (1.0732)^k(0.80026,\ 1.26242)
\end{aligned}$$

을 얻는다. 위 식에 나와 있는 바와 같이 $\mathbf{v}^{(1)}$ 방향의 성분은 급격히 감소하므로 벡터 $\mathbf{x}^{(k)}$는 궁극적으로 $\mathbf{v}^{(2)}$ 방향

으로 수렴하게 된다. 또한 $\mathbf{x}^{(k)}$는 $(1.0732)^k$로 인해 k가 증가함에 따라 그 크기가 증가한다.

그림 6.1에 수학 소프트웨어를 이용하여 얻은 결과와 언급한 분석을 이용하여 얻은 동역학계의 장기간의 움직임을 비교하였다. 기호 *는 수학 소프트웨어를 이용한, 즉 행렬-벡터 곱을 반복 수행하여 얻은 결과를 나타낸 것이고, 기호 +는 앞에서 언급한 분석을 이용하여 얻은 근사 궤적을 나타낸 것이다.

점들이 직선 위에 나타난 것은 이 동역학계에 큰 영향을 미치는 고유값을 포함하는 항이 다른 고유값이 미치는 영향을 압도하기 때문이다. ■

예제 9 하나의 동역학계가 $\mathbf{x}^{(1)}=\mathbf{A}\mathbf{x}^{(0)}$, $\mathbf{x}^{(2)}=\mathbf{A}\mathbf{x}^{(1)}$ 등 $\mathbf{x}^{(k)}=\mathbf{A}\mathbf{x}^{(k-1)}$의 관계로 주어져 있다. 여기서 $\mathbf{A}$와 $\mathbf{x}^{(0)}$는 다음과 같이 주어져 있다.

$$\mathbf{A} = \begin{bmatrix} 1.08 & -0.229 \\ 0.229 & 1.08 \end{bmatrix} \quad \text{이고} \quad \mathbf{x}^{(0)} = \begin{bmatrix} 1.2 \\ 0.3 \end{bmatrix}$$

이 계의 장기간의 움직임을 살펴보라.

풀이 수열 $\mathbf{x}^{(1)}, \mathbf{x}^{(2)}, \ldots, \mathbf{x}^{(30)}$을 생성하기 위해 수학 소프트웨어를 사용한다. $\mathbf{A}$와 $\mathbf{x}^{(0)}$가 다르다는 것 말고는 다른 차이가 없으므로 예제 8에서 사용한 것과 유사한 명령어들을 이용한다.

이런 예제들에서는 벡터 $\mathbf{x}^{(k)}$들로 이루어진 수열을 계산하는 것이 쉽다. 그림 6.2는 그 점들이 원점을 중심으로 거리가 계속 증가하는 소용돌이 모양의 궤적을 따르고 있음을 나타내고 있다. 연속적인 점들을 표현하는 구체적인 식을 찾기 위해 예제 8에서의 과정을 따라야 할 것이다. $\mathbf{A}$의 고유값들과 고유벡터들을 구하기 위해 수학 소프트웨어를 사용할 수 있으며 그 결과 고유값 $1.08 \pm 0.229i$과 고유벡터로 이루어진 행렬 $\begin{bmatrix} 1 & 1 \\ i & -i \end{bmatrix}$를 얻을 수 있다. ■

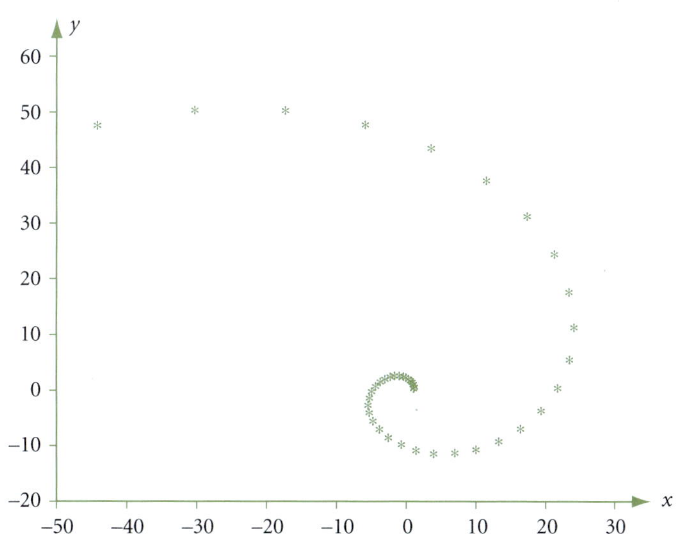

그림 6.2 예제 9에 나타난 동역학계의 소용돌이 궤적.

$\mathbb{R}^2$ 상에서의 여러 동역학계

이제 다음과 같은 형태를 갖는 간단한 동역학계들의 기하학적인 움직임을 묘사해 보자.

$$\mathbf{x}^{(k)} = \mathbf{A}\mathbf{x}^{(k-1)} \qquad (k = 0, 1, 2, \ldots)$$

만일 한 궤적 위의 점들이 한 점으로 수렴한다면 그 점은 **흡입점**(attractor) 또는 **싱크**(sink)라 한다. 만일 궤적 위의 점들이 한 점으로부터 멀리 떨어져 나간다면 그 점은 **축출점**(repeller) 또는 **근원점**(source)이라 한다. 만일 어떤 궤적 위의 점들이 한 점을 향해 움직인 후 그 점들로부터 멀어진다면 그 점은 **안장점**(saddle point)이라 한다. 또한 하나의 궤적은 어떤 주기를 가지고 반복하는 **순환**(cycle)이거나 한 점에 대해 안쪽이나 바깥쪽으로 움직이는 **소용돌이**(spiral)일 수 있다.

다음과 같이 주어진 간단한 행렬 $\mathbf{A}$를 고려하자.

$$\mathbf{A} = \begin{bmatrix} a & 0 \\ 0 & b \end{bmatrix}$$

이 행렬은 고유값 a, b와 각각에 대응하는 고유벡터 (1, 0), (0, 1)을 가진다. 이제 $\mathbf{x}^{(k)}$를 계산하면 다음과 같다.

$$\begin{aligned}
\mathbf{x}^{(k)} &= \mathbf{A}^k\mathbf{x}^{(0)} = \mathbf{A}^k(c_1\mathbf{v}^{(1)} + c_2\mathbf{v}^{(2)}) \\
&= c_1\mathbf{A}^k\mathbf{v}^{(1)} + c_2\mathbf{A}^k\mathbf{v}^{(2)} \\
&= c_1\lambda^k\mathbf{v}^{(1)} + c_2\lambda^k\mathbf{v}^{(2)} \\
&= c_1a^k\begin{bmatrix} 1 \\ 0 \end{bmatrix} + c_2b^k\begin{bmatrix} 0 \\ 1 \end{bmatrix} \\
&= \begin{bmatrix} c_1a^k \\ c_2b^k \end{bmatrix}
\end{aligned}$$

이 식으로부터 행렬 $\mathbf{A}$의 성분 a, b와 시작벡터 $\mathbf{x}^{(0)}=(c_1, c_2)$에 의해 주어진 동역학계의 여러 가지 움직임을 볼 수 있다.

예를 들어 $\mathbf{x}^{(0)}=(1, 1)$이면 $\mathbf{x}^{(k)}=(a^k, b^k)$이다. 만일 $0 < a < 1$이고 $0 < b < 1$이면 $\mathbf{x}^{(k)} \to (0, 0)$이고 원점 (0, 0)는 흡입점이다. $0 < a < 1$이고 $b < 1$이면 $\mathbf{x}^{(k)} \to (0, \infty)$이고 원점은 x_2축을 따라 움직이는 축출점이다. $a < 1$이고 $0 < b < 1$이면 $\mathbf{x}^{(k)} \to (\infty, 0)$이고 원점은 x_1축을 따라 움직이는 축출점이다. 마지막으로 $a < 1$이고 $b < 1$이면 $\mathbf{x}^{(k)} \to (\infty, \infty)$이고 원점은 축출점이다.

동역학계 분석

다음과 같은 이산 동역학계는 여러 단계를 통하여 분석된다.

$$\mathbf{x}^{(k)} = \mathbf{A}\mathbf{x}^{(k-1)}, \qquad k = 0, 1, 2, \ldots$$

여기서 $\mathbf{A}$와 $\mathbf{x}^{(0)}$는 미리 주어지는 값이고 $\mathbf{A}$는 $n \times n$ 행렬이다.

1. 다음 관계가 성립함을 본다.

$$\mathbf{x}^{(k)} = \mathbf{A}\mathbf{x}^{(k-1)} = \mathbf{A}^2\mathbf{x}^{(k-2)} = \cdots = \mathbf{A}^k\mathbf{x}^{(0)}$$

2. A의 고유값들 $\lambda_1, \lambda_2, \ldots, \lambda_n$을 구한다.
3. 고유값들을 그 크기에 따라 다음과 같이 정렬한다.
   $|\lambda_1| > |\lambda_2| \geq \cdots \geq |\lambda_n|$
4. 각 고유값에 따라 다음 식을 만족하는 고유벡터 $\mathbf{v}^{(1)}, \mathbf{v}^{(2)}, \ldots, \mathbf{v}^{(n)}$을 구한다.

$$\mathbf{A}\mathbf{v}^{(j)} = \lambda_j \mathbf{v}^{(j)}$$

5. 이 과정을 진행하기 위하여 초기 벡터 $\mathbf{x}^{(0)}$는 고유벡터들에 의해 생성되는 공간의 원소라고 가정해야 한다. 그러면 $\mathbf{x}^{(0)}$는 적절한 상수 c_j에 대하여 다음과 같이 표현된다.

$$\mathbf{x}^{(0)} = \sum_{j=1}^{n} c_j \mathbf{v}^{(j)}$$

   상수 c_j들을 계산한다.
6. 이제 동역학계 안의 벡터 $\mathbf{x}^{(k)}$를 계산하기 위한 다음과 같은 간단한 식이 만들어진다.

$$\mathbf{x}^{(k)} = \mathbf{A}^k\mathbf{x}^{(0)} = \mathbf{A}^k \sum_{j=1}^{n} c_j \mathbf{v}^{(j)} = \sum_{j=1}^{n} c_j \mathbf{A}^k \mathbf{v}^{(j)} = \sum_{j=1}^{n} c_j \lambda_j^k \mathbf{v}^{(j)}$$

7. 앞의 식에서 계에 큰 영향을 미치는 항을 분리하기 위하여 $\mathbf{x}^{(k)}$를 다음과 같이 쓸 수 있다.

$$\mathbf{x}^{(k)} = \lambda_1^k \sum_{j=1}^{n} c_j (\lambda_j/\lambda_1)^k \mathbf{v}^{(j)} \approx \lambda_1^k c_1 \mathbf{v}^{(1)}$$

   이 방정식은 벡터들로 이루어진 수열 $\mathbf{x}^{(0)}, \mathbf{x}^{(1)}, \cdots$ 에서 λ_1의 영향을 나타낸다. 성분 λ_j/λ_1들의 절대값은 모두 1을 넘지 않는다.

응용: 경제 모델

이제 선형대수를 이용하는 경제학 분야의 모델을 생각해 보자. 직관적으로도 인과관계는 선형관계를 가질 것으로 보이기 때문에 경제를 분석함에 있어 선형대수가 중요한 역할을 할 것이라는 것은 전혀 이상할 것이 없다. 예를 들어 한 산업에 두 배를 투자한다면 두 배 이상의 수익을 기대한다.

여기에서 고려되는 경제 모델은 한 나라의 경제가 여러 개의 산업으로 나뉘었다고 가정한다. **산업**(industry)이라는 용어는 석탄산업과 철강산업뿐만 아니라 의학산업, 교육산업, 정부기간산업 등을 포괄하는 넓은 의미로 해석한다. **분야**(sector)라는 용어 역시 이 교재에서 사용될 수 있다.

이런 산업이 n가지 있다고 가정하자. 실제 모델에서는 500이나 10,000과 같은 큰 n이 필요할지도 모른다.

각 산업은 연간 어떤 특정한 총 가격만큼의 상품을 생산한다. 일 년 동안 i 산업에서 생산된 상품의 총 가격을 x_i 원이라 하자. 그 가격은 미지수이므로 x_i라는 변수를 사용한다. 한 산업이 일 년 동안 생산한 상품의 총 가격은 왜 미지수인가? 그것은 그 상품이 팔리는 가격에 의해 결정되고, 그 가격은 어느 정도까지는 모델 내의 여러 다른 산업과는 자유롭게 조정될 수 있기 때문이다.

i 산업은 그 자신의 상품을 포함해 각 산업에서 생산되는 상품을 일정 부분 사용할 것이다. 예를 들어 전력이 상품인 전기산업은 전력을 생산하기 위해 석탄산업이나 천연가스산업과 같은 다른 산업에서 생산되는 상품뿐만 아니라 전기산업 자체의 상품도 사용할 것이다.

일반적으로 표현하여 a_{ij}를 일 년 동안 j 산업이 생산한 총 상품 중 i 산업이 사용한 상품의 비율이라고 하자. 그러면 행렬 $\mathbf{A}$의 i행의 성분은 각 산업에서 생산된 상품 중 i 산업이 필요로 하는 비율로 구성된다. 즉 i행의 성분에 있는 값들은 i 산업이 경제에서 담당하는 역할을 수행하기 위해 필요한 각 산업의 연간 총 생산량에 대한 i 산업이 사용하는 비율이다.

각 산업에서 생산하는 상품은 이 모델에 포함된 산업들에 의해 모두 소비된다고 가정하자. 그러므로 각 열의 합 $\sum_{i=1}^{n} a_{ij}$은 1이어야 한다. 이 합은 j 산업의 전체 생산량은 모델 내의 여러 다른 산업으로 다시 돌아감을 설명해 준다.

반면에 행의 합은 음수만 아니면 된다.

예제 10 E(전기산업), C(석탄산업), S(철강산업)로 구성된 경제 모델에서 다음에 주어진 표를 설명해 보자.

	E	C	S
E	0.1	0.5	0.5
C	0.3	0.0	0.4
S	0.6	0.5	0.1

풀이 이 표를 보면 산업 E의 생산품 중 1/10, 3/10, 6/10의 비율이 각각 E, C, S에 사용되며 총합은 1.0이다. 또한 산업 E는 E, C, S의 총 생산품에서 각각 1/10, 5/10, 5/10의 비율만큼을 사용한다. 각 행과 열은 유사하게 해석하면 된다. 모든 생산품은 어디에선가 소비되어야 한다는 사실이 반영되어 열의 합은 모두 1이라는 것에 주목하자. ■

이제 일반적인 모델을 고려하자. i 산업은 1, 2, ... , n 산업의 생산품 중 $a_{i1}, a_{i2}, \ldots, a_{in}$의 비율만큼 사용한다고 하자. x_j는 j 산업에서 생산한 상품의 총 가격이므로 i 산업에 의해 일 년 동안 발생한 연간 총 비용은 다음과 같다.

$$x_1 a_{i1} + x_2 a_{i2} + \cdots + x_n a_{in} = \sum_{j=1}^{n} a_{ij} x_j = i \text{ 산업에서 발생한 총비용}$$

안정 상태에서 각 산업의 수입과 지출은 같아야 하므로 등식 $x_i = \sum_{j=1}^{n} a_{ij} x_j$이 성립해야 한다. 이것은 $\mathbf{x} = \mathbf{A}\mathbf{x}$ 형태의 연립방정식이다. 그러므로 1은 $\mathbf{A}$의 고유값 중 하나여야 한다!(자명한 해 $\mathbf{x} = \mathbf{0}$은 관심이 있는 해가 아니다.)

정리 5

정방행렬 $\mathbf{A}$의 각 열의 합이 1이면 1은 $\mathbf{A}$의 고유값이고 연립방정식 $\mathbf{Ax}=\mathbf{x}$는 자명하지 않은 해를 가진다.

증명 가정에 의해 모든 j에 대해 $\sum_{i=1}^{n} a_{ij}=1$이라 하자. 이것은 벡터 $\mathbf{u}=(1, 1, \ldots, 1)$가 $\mathbf{A}^T$의 고유값 1에 대응하는 $\mathbf{A}^T$의 고유벡터임을 의미한다. 그러나 일반 연습문제 32에 의하면 $\mathbf{A}$와 $\mathbf{A}^T$는 같은 고유값을 가지므로 1은 $\mathbf{A}$의 고유값이고 $\mathbf{Ax}=\mathbf{x}$를 만족하는 $\mathbf{0}$이 아닌 $\mathbf{x}$가 존재한다. ■

정리 5를 경제학적으로 표현하면 각 산업에 그 비용에 해당하는 만큼의 수입을 보장하는 생산량에 대한 가격이 존재한다고 할 수 있다. 이런 특별한 가격을 **평형가격**(equilibrium price)이라 한다. 이 평형가격 벡터 $\mathbf{x}$는 행렬 $\mathbf{A}$의 고유벡터이므로 $\mathbf{x}$의 모든 상수배 역시 평형가격 벡터이다. 그러므로 각 산업이 생산품의 가격을 두 배로 올린다면 평형 상태는 여전히 유지된다. 여기서 x_i는 한 산업에서 연간 생산한 상품의 총 가격 또는 요구된 가격이라 할 수 있다.

예제 11 예제 10의 행렬을 사용하여 $\mathbf{x}=\mathbf{Ax}$를 만족하는 $\mathbf{0}$이 아닌 벡터 $\mathbf{x}$를 구하라.

풀이

$$\mathbf{I}-\mathbf{A} = \begin{bmatrix} 1 & 0 & 0 \\ 0 & 1 & 0 \\ 0 & 0 & 1 \end{bmatrix} - \begin{bmatrix} 0.1 & 0.5 & 0.5 \\ 0.3 & 0 & 0.4 \\ 0.6 & 0.5 & 0.1 \end{bmatrix}$$

$$= \begin{bmatrix} 0.9 & -0.5 & -0.5 \\ -0.3 & 1.0 & -0.4 \\ -0.6 & -0.5 & 0.9 \end{bmatrix} \sim \begin{bmatrix} 15 & 0 & -14 \\ 0 & 25 & -17 \\ 0 & 0 & 0 \end{bmatrix}$$

이므로 동차방정식의 하나의 해로서 정수해 $[70, 51, 75]^T$가 있다. ■

응용: 연립일차 미분방정식

$\mathbf{x}=[x_1, x_2, \ldots, x_n]$이라 하자. 각 x_i는 변수 t의 함수이며 t는 종종 시간을 나타내는 변수이다. x_i'은 x_i의 t에 대한 도함수, 즉 변수 x_i의 t에 대한 변화율을 나타낸다. $\mathbf{x}'$은 다음과 같이 표현하는 것이 자연스럽다.

$$\mathbf{x}' = [x_1', x_2', \ldots, x_n'] \qquad \text{또는} \qquad \mathbf{x}'(t) = [x_1'(t), x_2'(t), \ldots, x_n'(t)]$$

이제 $\mathbf{A}$를 $n \times n$ 행렬이라 하자. n개의 변수를 갖는 n개의 연립일차 미분방정식은 간단히 $\mathbf{x}'=\mathbf{Ax}$로 표현할 수 있다. 이 연립방정식에서 i번째 방정식은 다음과 같다.

$$x_i' = a_{i1}x_1 + a_{i2}x_2 + \cdots + a_{in}x_n$$

현실적인 예로 다음 방정식을 보자.

$$\begin{cases} x_1' = 3x_1 + 2x_2 \\ x_2' = 7x_1 - 2x_2 \end{cases} \quad \text{또는} \quad \mathbf{x}' = \mathbf{Ax}, \quad \mathbf{A} = \begin{bmatrix} 3 & 2 \\ 7 & -2 \end{bmatrix}$$

이 식은 두 개의 간단한 미분방정식으로 구성되어 있으며 두 방정식의 우변은 x_1과 x_2를 모두 포함하고 있으므로 어느 한 방정식도 그 방정식 자체만으로는 풀 수 없다. A의 고유값이 5와 −4라는 것이 도움을 줄 수 있는가? 순간적으로 생각하면 1계 연립 미분방정식과 A의 고유값과는 아무 연관이 없을 것처럼 보인다. 그러나 A의 고유값은 연립 미분방정식의 해를 구할 때 사용될 것이다. 임의의 n에 대하여 다음과 같은 정리가 있다.

정리 6

Au$=\lambda$**u**이 성립하면 함수 $t \mapsto e^{\lambda t}\mathbf{u}$는 연립 미분방정식 $\mathbf{x}'=\mathbf{Ax}$의 해이다.

증명 $\mathbf{u}=\mathbf{0}$이면 증명은 명백하므로 $\mathbf{u} \neq \mathbf{0}$인 경우를 고려하고 고유값과 고유벡터가 주어졌다고 하자. 연립 미분방정식 $\mathbf{x}'=\mathbf{Ax}$에서 $\mathbf{x}$에 $e^{\lambda t}\mathbf{u}$를 대입하면 $\mathbf{A}(e^{\lambda t}\mathbf{u})=\lambda e^{\lambda t}\mathbf{u}$가 된다. 양변을 $e^{\lambda t}$로 나누면 $\mathbf{A}(\mathbf{u})=\lambda\mathbf{u}$이므로 $e^{\lambda t}\mathbf{u}$는 해가 됨을 알 수 있다. ■

이제 앞에 언급한 예제로 돌아가 보자. A의 고유값은 5와 −4이고 대응하는 고유벡터는 각각 $\mathbf{v}=[1, 1]$과 $\mathbf{w}=[2, -7]$이다. 그러므로 함수 $t \mapsto e^{5t}\mathbf{v}$와 $t \mapsto e^{-4t}\mathbf{w}$는 주어진 2×2 계의 해이다. 선형성에 의하여 일반해는 다음과 같다.

$$t \mapsto (\alpha e^{5t}\mathbf{v} + \beta e^{-4t}\mathbf{w})$$

A가 대각화가 가능할 때 $\mathbf{x}'=\mathbf{Ax}$를 풀기 위하여 필요한 것은 무엇인가? 이 경우 $\mathbf{A}=\mathbf{PDP}^{-1}$이므로 미분방정식은 $\mathbf{x}'=\mathbf{PDP}^{-1}x$ 또는 $\mathbf{P}^{-1}\mathbf{x}'=\mathbf{DP}^{-1}\mathbf{x}$가 된다. $\mathbf{y}=\mathbf{P}^{-1}\mathbf{x}$로 놓으면 익숙한 형태의 문제인 $\mathbf{y}'=\mathbf{Dy}$가 된다. 이 식을 $\mathbf{y}$에 대하여 푼 후 $\mathbf{x}=\mathbf{Py}$를 이용하여 $\mathbf{x}$를 구한다.

이와 관련해서는 많은 이론들이 있으며 이 주제는 Sadun[2001], Nobel과 Daniel[1988], 그리고 Mirsky[1990]과 같은 책에서 찾아볼 수 있다.

맺는말: 행렬식을 고려하지 않은 고유계

많은 전문적인 수학자들은 행렬식 이론으로부터 고유값에 관한 주제를 분리할 것을 주장한다. 이 문제에 관한 이런 관점은 행렬식이 거의 절대 사용되지 않는 수치해석에서 얻은 지식으로 거슬러 올라간다.(그들은 속도와 정확성에서 다른 알고리즘과 경쟁하지 않는다.) 이제 행렬식이 고유값 이론으로부터 어떻게 분리될 수 있었는지 보여 주는 한 예를 소개한다. 다음 정리의 증명은 참고문헌에 언급된 Axler[1995]의 논문에 나타나 있다.

정리 7

유한차원 벡터공간에서 정의되고 그 벡터공간에서 값을 갖는 모든 선형연산자는 적어도 하나의 고유값을 가진다.

증명 L이 이 정리의 가정을 만족하는 연산자라 하고 $\mathbf{0}$이 아닌 벡터 $\mathbf{u}$는 L의 정의역 안에 있다고 하자. 이 정리에서 고려하는 벡터공간은 유한차원이므로 수열 $\{\mathbf{u}, L(\mathbf{u}), L^2(\mathbf{u}), \ldots\}$은 일차독립일 수 없다. 그러므로 n을 충분히 크게 잡으면 $\sum_{i=0}^{n} a_i L^i(\mathbf{u})=\mathbf{0}$을 만족하는 a_i 중에는 0이 아닌 것이 존재한다. p를 $p(t)=\sum_{i=0}^{n} a_i t^i$로 정의된 다항식이라 하면 $p(L)\mathbf{u}=\mathbf{0}$이 성립함을 알 수 있다. 대수의 기본 정리(부록 B)에 의하면 이 다항식은 복소평면에서 근을 갖는다.(이것은 수준 높은 정리로서 실근인 경우에는 성립하지 않는다.) 이 근들에 의해 p는 $p(t)=c(t-r_1)(t-r_2)\cdots(t-r_n)$와 같이 인수분해되어 다음과 같은 식을 얻는다.

$$\mathbf{0} = p(L)\mathbf{u} = c(L - r_1\mathbf{I})(L - r_2\mathbf{I}) \cdots (L - r_n\mathbf{I})\mathbf{u}$$

$\mathbf{u}$는 $\mathbf{0}$이 아니므로 만일 각 인수 $L-r_i\mathbf{I}$가 일대일 대응이라면 $p(L)\mathbf{u}$는 $\mathbf{0}$이 될 수 없다. 그러므로 어떤 i에 대하여 $L-r_i\mathbf{I}$는 일대일 대응이 아니고 $L(\mathbf{x})-r_i\mathbf{x}=\mathbf{0}$을 만족하는 $\mathbf{x}$가 존재한다. ■

예제 12 정리 7의 증명에서 사용된 과정을 구체적인 예로 살펴보자. 선형변환이 $L(\mathbf{x})=\mathbf{A}\mathbf{x}$로 주어져 있다고 하자. 여기서 $\mathbf{A}$는 다음과 같이 주어져 있다.

$$\mathbf{A} = \begin{bmatrix} 1 & 3 & 7 \\ -2 & 1 & 4 \\ 0 & 5 & -3 \end{bmatrix}$$

정리 7의 증명에서 쓰인 방법으로 $\mathbf{A}$의 고유값을 구하라.

풀이 $u=[1, 2, 3]^T$와 같은 $\mathbf{0}$이 아닌 벡터 $\mathbf{u}$를 선택한다. 수학 소프트웨어를 사용하여 다음을 구한다.

$$\mathbf{u} = \begin{bmatrix} 1 \\ 2 \\ 3 \end{bmatrix} \qquad \mathbf{A}\mathbf{u} = \begin{bmatrix} 28 \\ 12 \\ 1 \end{bmatrix}$$

$$\mathbf{A}^2\mathbf{u} = \begin{bmatrix} 71 \\ -40 \\ 57 \end{bmatrix} \qquad \mathbf{A}^3\mathbf{u} = \begin{bmatrix} 350 \\ 46 \\ -371 \end{bmatrix}$$

위의 네 점은 일차종속이므로(왜 그런가?) 더 많은 계산을 할 필요가 없다. 위의 네 벡터를 열로 갖는 행렬 $\mathbf{B}$를 만든다. $\mathbf{B}$의 열은 일차종속이므로 $\mathbf{B}\mathbf{x}=\mathbf{0}$을 만족하는 $\mathbf{0}$이 아닌 벡터 $\mathbf{x}$가 존재한다. 이제 행 연산을 하여 다음을 얻으면

$$\mathbf{B} = \begin{bmatrix} 1 & 28 & 71 & 350 \\ 2 & 12 & -40 & 46 \\ 3 & 1 & 57 & -371 \end{bmatrix} \sim \begin{bmatrix} 1 & 0 & 0 & -111 \\ 0 & 1 & 0 & 19 \\ 0 & 0 & 1 & -1 \end{bmatrix} = \mathbf{C}$$

$\mathbf{B}\mathbf{x}=\mathbf{0}$과 $\mathbf{C}\mathbf{x}=\mathbf{0}$은 같은 해를 가지며 자유 변수를 1로 놓으면 $\mathbf{x}=[111, -19, 1, 1]^T$를 얻는다. 즉 다음 식이 성립한다.

$$111\mathbf{u} - 19\mathbf{Au} + \mathbf{A}^2\mathbf{u} + \mathbf{A}^3\mathbf{u} = \mathbf{0}$$

다항식 p를 $p(t)=111-19t+t^2+t^3$으로 정의하면 위 식은 $p(\mathbf{A})\mathbf{u}=\mathbf{0}$으로 쓸 수 있다. 이제 다항식 p의 근을 계산한다. Matlab에서 다항식은 그 계수, 즉 `p=[ 1, 1, -19, 111]` 로 표현된다. 명령어 `r=roots(p)`를 사용하여 근을 구하면

$$r_1 = -6.5223 \qquad r_2 = 2.7612 + 3.0650i \qquad r_3 = 2.7612 - 3.0650i$$

을 얻으므로

$$p(t) = (t - r_1)(t - r_2)(t - r_3) \qquad p(\mathbf{A})\mathbf{u} = (\mathbf{A} - r_1\mathbf{I})(\mathbf{A} - r_2\mathbf{I})(\mathbf{A} - r_3\mathbf{I})\mathbf{u}$$

이 된다. 이 예제에서 각 인수 $\mathbf{A}-r_k\mathbf{I}$는 일대일 대응이 아니고 r_1, r_2, r_3 모두 $\mathbf{A}$의 고유값이라는 것이 증명된다. ■

수학 소프트웨어

예제 1의 결과를 검증하기 위하여 수학 소프트웨어를 사용할 수 있다. 잘 알려진 세 종류의 수학 소프트웨어에서 사용되는 명령어를 요약하면 다음과 같다.

Matlab	Maple	Mathematica

`A = [3,2;-4,9]`
`eig(A)`
	`with(LinearAlgebra):`
	`A := Matrix([[3,2],`
	`[-4,9]]);`
	`Eigenvalues(A);`
		`A = {{3,2},`
		`{-4,9}}`
		`Eigenvalues[A]`

이 행렬은 두 개의 고유값 5와 7을 갖는다.

예제 2의 결과를 확인하기 위하여 수학 소프트웨어를 사용할 수 있다.

Matlab	Maple	Mathematica

`A = [2,1;4,-1]`
`[P,D] = eig(A)`
	`with(LinearAlgebra):`
	`A := Matrix([[2,1],`
	`[4,-1]]);`
	`(DD,P) :=`
	`Eigenvectors(A);`
		`A = {{2,1},{4,-1}}`
		`{DD,P} =`
		`Eigensystem[A]`

Matlab은 고유값 3, -2와 대응하는 고유벡터 (0.7071, 0.7071), (-0.2425, 0.9701)를 계산해 준다. 이 고유벡터들은 각각 이미 알고 있는 간단한 고유벡터 $\mathbf{u}=(1, 1)$과 $\mathbf{v}=(1, -4)$의 상수배로 표현되므로 이 결과는 옳다. Maple이나 Mathematica에서도 유사한 결과를 얻으나 고유값 -2에 대응하는 고유벡터는 각각 ($-1/4$, 1)과 (-1, 4)로 표현되었다.

예제 4에서의 행렬 $\mathbf{A}$는 대각화가 가능해 $\mathbf{A}=\mathbf{PDP}^{-1}$ 형태로 쓸 수 있다. 이미 본 바와 같이 이 방정식은 많

은 정보를 내포하고 있다! 우선 **P**의 열은 **A**의 고유벡터들이고 대각행렬 **D**의 대각 성분은 **A**의 고유값들이다. 수학 소프트웨어들을 이용하여 쉽게 얻은 것처럼 보이는 **A**에 관한 이런 부가적인 정보는 어렵게 얻은 것이다. 다음은 일반적인 수학 소프트웨어 패키지를 사용해 한 행렬의 고유값들과 고유벡터들을 구하는 과정을 나타낸 것이다.

Matlab	Maple	Mathematica
 A = [1,1;0,1] [P, D] = eig(A) A*P - P*D	with(LinearAlgebra): A:= Matrix([[1,1],[0,1]]); (DD,P) := Eigenvectors(A); A.P = P.DiagonalMatrix(DD);	 A = {{1,1},{0,1}} {DD,P} = Eigensystem[A] A.P = P.DiagonalMatrix[DD]

Matlab으로는 중복된 고유값 1과 고유벡터 (1, 0)와 (−1, 0)를 얻는다. 방정식 **AP**=**PD**는 기본적으로는 옳지만 10^{-15} 크기의 절단오차가 있다. Maple과 Mathematica의 결과는 유사하다.

예제 6에서 Matlab, Maple이나 Mathematica를 사용하여 특성다항식의 근을 구할 수 있다.

Matlab	Maple
 A = [1,1;-2,3] roots(poly(A))	with(LinearAlgebra): A := Matrix([[1,1],[-2,3]]); Solve(CharacteristicPolynomial(A,x));

Mathematica
A = {{1,1},{-2,3}} NSolve[CharacteristicPolynomial[A,x]==0,x]

이런 모든 수학 소프트웨어를 사용하여 얻은 결과는 같다.

예제 7의 결과를 수학 소프트웨어를 이용하여 검증할 수 있다.

Matlab	Maple
 A = [1,1;-2,3] [P, D] = eig(A) A - P*D*inv(P)	with(LinearAlgebra): A := Matrix([[1.,1.],[-2.,3.]]); (DD,P) := Eigenvectors(A); A = P.DiagonalMatrix(DD[1..2],2,2). MatrixInverse(P);

Mathematica
A = {{1,1},{-2,3}} {DD, P} = Eigensystem[A] A == P.DiagonalMatrix[DD].Inverse[P]

Matlab으로는 고유값 $2\pm i$와 앞의 결과와 동일하도록 정규화할 수 있는 고유벡터 $(0.40821\pm0.40821i,\ 0.8165)$를 얻는다. Maple과 Mathematica를 이용하면 절단오차 범위에서 유사한 결과를 얻는다.

예제 8에서는 다음과 같은 Matlab 명령어를 사용했다.

Matlab

A = [0.6,0.3;-0.2,1.2];
x = [6.07;3.87];
hold on
plot(x(1),x(2),'*')
for k=1:30
  x = A*x;
  plot(x(1),x(2),'*')
end
hold off

이 결과는 그림 6.1에 * 기호로 나타나 있다. 또한 크게 영향을 주는 항의 분석을 할 수도 있다. 다음에 주어진 Matlab 코드는 점들 $\mathbf{x}^{(j)}$를 계산하고 그 점들은 그림 6.1에 +기호로 나타내었다.

Matlab

hold on
y = [0.80026;1.262421];
plot(y(1),y(2),'+')
for k=1:30
  y = 1.0732.^ k*[0.80026; 1.26242];
  plot(y(1),y(2),'+')
end
hold off

예제 8에서는 더 효율적인 방법으로 이 점들의 장기적인 움직임을 계산할 수 있다. 우선 다음에 주어진 명령어를 이용하여 행렬 A에 대한 고유값들과 고유벡터들을 계산한다.

Matlab	Maple

A = [0.6,0.3;
    -0.2,1.2]
[V,D] = eig(A)
A*V - V*D
 	
c = V\[6.97;3.87]
	with(LinearAlgebra):
	A := Matrix([[0.6,0.3],
	          [-0.2,1.2]]);
	(DD,P) := Eigenvectors(A);
	Norm(MatrixInverse(P).A.P -
	     DiagonalMatrix(DD),2);
	c := Solve[V,Vector([6.97,3.87]);

Mathematica
A = {{0.6,0.3},{-0.2,1.2}} {DD,P} = Eigensystem[A] A.P == P.DiagonalMatrix[DD] x = Solve(V,{{6.97,3.87}}

Matlab으로부터 얻은 행렬 V와 D를 표현하면 다음과 같다.

$$\mathbf{V} = \begin{bmatrix} -0.9211 & -0.5354 \\ -0.3893 & -0.8446 \end{bmatrix} \qquad \mathbf{D} = \begin{bmatrix} 0.7268 & 0 \\ 0 & 1.0732 \end{bmatrix}$$

Matlab은 절단오차가 있음을 기억하자. 그러나 정확한 값들은 저장되어 있고 `format long`이라는 명령어를 사용하면 그 값을 볼 수 있다. 행렬 **V**의 열들은 **A**의 정규화된 고유벡터들이며 **D**의 대각 성분들은 고유벡터와 같은 순서로 나열된 고유값들이다.[한 벡터는 그 벡터의 길이로 나누어 **정규화**(normalization)하고 $\mathbb{R}^n$의 원소 **x**의 길이는 $\sqrt{x_1^2+x_2^2+\cdots+x_n^2}$이다. 이런 용어들은 7.1절에서 설명할 것이다.] 이 과정이 올바른지는 **0** 행렬인 **AV**−**VD**를 계산함으로써 검증할 수 있다. Matlab을 사용하면 이 행렬은 $\begin{bmatrix} 0 & 0 \\ 0.55 \times 10^{-16} & 0 \end{bmatrix}$으로 나타나고 이것은 '믿을 수 있을 만큼 충분히 근사한' 결과이다.

요약 6.1

- **A**를 $n\times n$ 행렬이라 하자. **0**이 아닌 벡터 **x**에 대하여 방정식 $\mathbf{Ax}=\lambda\mathbf{x}$를 만족하는 값 λ는 행렬 **A**의 **고유값**이다. 그때의 벡터 **x**는 고유값 λ에 대응하는 **고유벡터**이다.(고유값과 고유벡터는 복소수일 수 있다.)
- 변수 λ에 대한 n차 다항식 $p(\lambda)=\text{Det}(\mathbf{A}-\lambda\mathbf{I})$은 **A**의 **특성다항식**이고 $\text{Det}(\mathbf{A}-\lambda\mathbf{I})=0$은 **특성방정식**이다.
- 특성다항식은 $\text{Det}(\mathbf{A}-\lambda\mathbf{I})=\pm(\lambda-\lambda_1)^{k_1}(\lambda-\lambda_2)^{k_2}\cdots(\lambda-\lambda_m)^{k_m}$ 형태이며 여기서 $k_1+k_2+\cdots+k_m=n$이다. 각 고유값 λ_j의 **대수중복도**는 k_j이며, $\text{Dim}(\text{Null})(\mathbf{A}-\lambda_j\mathbf{I})=\ell_j$이면 **기하중복도**는 ℓ_j이다. $k_j \geq \ell_j$가 성립한다.
- $\mathbf{A}=\mathbf{PDP}^{-1}$이면 $\mathbf{A}^k=\mathbf{PD}^k\mathbf{P}^{-1}$이고 이것은 어떤 가역행렬 **P**에 대해서도 성립한다. **D**가 대각행렬이면 $k \geq 1$에 대해 $\mathbf{A}^k=\mathbf{P}\cdot\text{Diag}(d_1^k, d_2^k, \ldots, d_n^k)\mathbf{P}^{-1}$이다.
- 행렬 **A**가 정렬된 고유값들 $|\lambda_1| > |\lambda_2| \geq\cdots\geq |\lambda_n|$과 대응하는 고유벡터들 $\mathbf{v}^{(1)}, \mathbf{v}^{(2)}, \ldots, \mathbf{v}^{(n)}$을 갖는다고 하자. 주어진 초기벡터 $\mathbf{x}^{(0)}$를 적절한 계수 c_j에 대하여 $\mathbf{x}^{(0)}=\sum_{j=1}^{n} c_j\mathbf{v}^{(j)}$로 표현하면 이 계에 영향을 주는 주요 항은 $\mathbf{x}^{(k)} \approx \lambda_1^k c_1\mathbf{v}^{(1)}$이다.
- 정리와 따름정리:
  - 어떤 벡터공간에서 정의된 선형연산자 L에 대하여 $L(\mathbf{v})=\lambda\mathbf{v}$이고 $\mathbf{v} \neq 0$이면 λ는 **고유값**이고 **v**는 **고유벡터**이다.
  - 대각행렬 **D**와 가역행렬 **P**에 대해 방정식 $\mathbf{P}^{-1}\mathbf{AP}=\mathbf{D}$가 성립하면 **A**는 **대각화가 가능**하다.
  - 상수 λ가 행렬 **A**의 고유값일 필요충분조건은 $\text{Det}(\mathbf{A}-\lambda\mathbf{I})=0$이다.
  - 고유값의 기하중복도는 대수중복도보다 클 수 없다.
  - 한 행렬의 서로 다른 고유값들에 대응하는 고유벡터들의 집합은 일차독립인 집합이다.
  - $n\times n$ 행렬이 n개의 서로 다른 고유값들을 가지면 그 행렬은 대각화할 수 있다.
  - 일차 이상의 모든 다항식은 복소평면에서 근을 가진다.
  - 정방행렬 **A**의 각 열의 합이 1이면 1은 **A**의 고유값이고 방정식 $\mathbf{Ax}=\mathbf{x}$는 자명하지 않은 해를 가진다.
  - 유한차원 벡터공간에서 정의되고 그 공간에서 값을 갖는 모든 선형연산자는 적어도 한 개의 고유값을 갖는다.

주요 개념 6.1

행렬과 선형변환의 고유값들과 고유벡터들, 대각화, 고유벡터들로 구성된 기저, 행렬의 거듭제곱, 특성다항식, 특성방정식, 동역학계, 경제 모델, 행렬식이 고려되지 않은 고유계

일반 연습문제 6.1

1. 다음 두 2×2 행렬의 고유값들은 무엇인가?

$$\mathbf{A}=\begin{bmatrix}1.3 & 0\\ 2.8 & -7.4\end{bmatrix}\qquad \mathbf{B}=\begin{bmatrix}3 & 2\\ -4 & 9\end{bmatrix}$$

행렬 **B**에 대하여 계산 과정을 보여 주고 만일 가능하면 Matlab이나 유사한 소프트웨어를 이용하여 답을 확인해 보라.

2. 행렬 $\begin{bmatrix}7 & 2\\ 0 & 5\end{bmatrix}$과 $\begin{bmatrix}11 & -6\\ 4 & 1\end{bmatrix}$을 대각화하라.

3. 행렬 $\mathbf{A}=\begin{bmatrix}a & b & c\\ a & b & c\\ a & b & c\end{bmatrix}$의 고유값들과 고유벡터들을 구하라.($abc \neq 0$을 가정하라.)

4. 행렬 $\mathbf{A}=\begin{bmatrix}0 & 1\\ -1 & 0\end{bmatrix}$에 대하여 고유값-고유벡터 쌍들을 구하라. $\mathbf{x}^{(k)}=\mathbf{A}\mathbf{x}^{(k-1)}$, $k=0, 1, 2, \ldots$라 했을 때 기하학적 결과를 알아보라.

5. 행렬 $\mathbf{A}=\begin{bmatrix}0 & -1\\ 1 & 0\end{bmatrix}$은 반시계 방향으로 90° 회전한 변환을 나타낸다. $\mathbf{x} \neq \mathbf{0}$일 때 벡터 **x**와 **Ax**는 다른 방향을 나타내므로 **Ax**가 **x**의 상수배가 아님은 명백하다. 그러나 특성다항식은 근을 가지므로 $\mathbf{A}\mathbf{x}=\lambda\mathbf{x}$은 자명하지 않은 해를 갖는다. 이 명백한 모순을 설명하라. **A**를 대각화하고 그 과정이 올바른지 확인하라.

6. $\begin{bmatrix}1 & 0\\ 0 & 0\end{bmatrix}$을 대각화하고 그 과정이 올바른지 확인하라.

7. $a+ib$의 켤레복소수가 $a-ib$일 필요가 없는 이유를 예를 들어 설명하라.

8. $\begin{bmatrix}1 & 2 & 1\\ 0 & 1 & 0\\ 1 & 3 & 1\end{bmatrix}$의 고유값들을 구하라.

9. 행렬 $\begin{bmatrix}11 & -6\\ 4 & 1\end{bmatrix}$의 고유벡터들로 이루어진 $\mathbb{R}^2$의 기저를 구하라.

10. 다음 논제에 대해 비평하라: 일련의 행 연산을 이용하여 다음을 얻는다.

$$\mathbf{A}=\begin{bmatrix}1 & 3 & 5\\ 4 & -9 & 2\\ 3 & 6 & -5\end{bmatrix}\sim\begin{bmatrix}1 & 3 & 5\\ 0 & 3 & 20\\ 0 & 0 & -122\end{bmatrix}=\mathbf{B}$$

그러므로 **A**의 고유값은 1, 3, 그리고 −122이다.

11. 열의 합을 조사하여 3이 다음 행렬의 고유값임을 증명하라.

$$\begin{bmatrix}7 & 2 & 5 & -3\\ 5 & -6 & -8 & 9\\ -1 & 3 & 5 & 12\\ -8 & 4 & 1 & -15\end{bmatrix}$$

12. (복소수 연습) 다음에 주어진 복소수들에 대하여 실수 부분과 허수 부분을 구하라.

a. $(5+2i)(3-4i)$

b. $(5+2i)/(3-4i)$

c. $(5+2i)/|3-4i|$

d. $(3-5i)(2+i)/(4+3i)$

13. 다음 식이 자명하지 않은 해를 갖도록 하는 모든 λ를 구하라.

$$\begin{bmatrix}2 & 3\\ 1 & 4\end{bmatrix}\begin{bmatrix}x_1\\ x_2\end{bmatrix}=\lambda\begin{bmatrix}1 & -2\\ 3 & -1\end{bmatrix}\begin{bmatrix}x_1\\ x_2\end{bmatrix}$$

14. 어떤 α에 대하여 다음 행렬이 실수인 고유값을 갖는가?

$$\mathbf{A}=\begin{bmatrix}3 & \alpha\\ 7 & 2\end{bmatrix}$$

15. $\mathbf{A}=\begin{bmatrix}3 & 2\\ -4 & 9\end{bmatrix}$의 고유값들을 구하라. 각각의 고유값에 대하여 대응하는 고유벡터를 구하라. 등식 **AP**=**PD**를 만족하는 영이 아닌 행렬 **P**를 구하라. 여기서 **D**는 대각행렬이다. **D**를 구체적으로 명시하라. 독립적인 계산을 통하여 이 과정을 검증하라.

16. $A = \begin{bmatrix} 2 & 4 & 6 \\ 0 & -3 & 5 \\ 0 & 0 & 1 \end{bmatrix}$라 하자. A의 모든 고유값들과 각 고유값에 대응하는 고유벡터를 구하라.

17. $A = \begin{bmatrix} 2 & 1 \\ 4 & -1 \end{bmatrix}$라 하자. 특성다항식을 구하라. A의 모든 고유값과 각 고유값에 대응하는 고유벡터를 구하라. $P^{-1}AP$가 대각행렬이 되도록 하는 행렬 P를 구하라.

18. $A = \begin{bmatrix} 1 & 1 & -1 \\ 0 & 1 & 1 \\ 0 & 0 & 1 \end{bmatrix}$라 하자. A의 모든 고유값들과 고유공간을 구하라. 고유값들의 대수중복도와 기하중복도들을 구하라. 등식 AP=PD이 성립하도록 행렬 P와 D를 구하라. 여기서 D는 대각 성분들이 고유값들로 구성된 3×3 행렬이어야 하며 P도 3×3 행렬이어야 한다. 주의: P가 가역행렬이어야 함을 주장하지는 않는다. 가능한 P는 많을 수 있다.

19. 예제 3에서 고유값 7에 대응하는 하나의 고유벡터를 구하라.

20. (계속) 문제 19에서의 행렬의 대각화는 무엇인가?

21. $A = \begin{bmatrix} a & b \\ -b & a \end{bmatrix}$라 하자. 여기서 a와 b는 임의의 실수이다.

a. 고유값-고유벡터 쌍을 모두 구하라.

b. $\begin{bmatrix} a & b \\ -b & a \end{bmatrix} = \begin{bmatrix} r & 0 \\ 0 & r \end{bmatrix} \times \begin{bmatrix} \cos\theta & -\sin\theta \\ \sin\theta & \cos\theta \end{bmatrix}$임을 보이라.

여기서 $r=\sqrt{a^2+b^2}$이고 θ는 복소평면에서 두 변 a, b와 빗변 r을 갖는 삼각형의 원점에서의 각이다.

c. $x^{(k)}=Ax^{(k-1)}$을 반복해 얻어지는 계의 기하학적 결과에 대해 논의하라. $0 < a < 1$, $0 < b < 1$, 그리고 $a^2+b^2=1$이라 가정하라.

d. $a=0.6$, $b=0.8$을 이용하여 얻은 결론을 수치적으로 검증하라.

22. $A = \begin{bmatrix} a & b \\ c & d \end{bmatrix}$이라 하자. 여기서 a, b, c, 그리고 d는 임의의 실수이다.

a. 행렬 A의 고유값들이 $\frac{1}{2(a+d)} \pm \sqrt{\left[\frac{1}{2}(a-d)\right]^2 + bc}$임을 보이라.

b. A가 두 개의 고유값을 가질 필요충분조건을 찾으라. 고유벡터들을 구하라.

c. $(a-d)^2=-4bc$이면 A가 단 하나의 고유값을 갖는 이유를 설명하라. 이 경우에 고유벡터는 무엇인가? 힌트: 기호적으로 다루기 위해 Maple과 같은 수학 소프트웨어를 이용해도 된다.

23. (계속)

a. 행렬 $\begin{bmatrix} a & b \\ c & d \end{bmatrix}$의 고유값들이 실수일 필요충분조건을 구하라. 행렬의 성분은 실수라 가정한다.

b. $bc \geq 0$이면 A의 고유값들이 실수인 이유를 설명하라.

c. 위의 결과를 이용하여 2×2 대칭행렬은 고유값들이 실수이어야 함을 증명하라.

24. (계속) 행렬 $\begin{bmatrix} a & b \\ c & d \end{bmatrix}$의 고유값들이 복소수일 필요충분조건을 구하라.(a, b, c, 그리고 d는 실수임을 기억하라.)

25. (계속)

a. 행렬 $\begin{bmatrix} a & b \\ c & d \end{bmatrix}$이 대각화되지 않을 필요충분조건을 구하라.

b. $a=d$이고 $bc \neq 0$이면 어떤 일이 생기는지 설명하라.

c. 대각화되지 않는 2×2 행렬의 예를 찾아보라.

26. A는 성분이 정수로 구성된 2×2 행렬이라 하자. A의 고유값들이 정수일 필요충분조건을 A의 성분으로 표현하라.

27. 1을 고유값들 중 하나로 갖는 2×2 행렬을 모두 찾으라.

28. 3과 7을 고유값으로 갖는 2×2 행렬을 모두 찾으라.

29. 정방행렬이 가역행렬일 필요충분조건은 0이 그 행렬의 고유값 중 하나가 아니어야 함을 설명하라.

30. A는 각 행의 합이 모두 같은 $n \times n$ 행렬이다. A의 고유값들과 고유벡터들에 대해 무엇을 말할 수 있는가?

31. A가 가역행렬이고 λ가 A의 고유값이면 λ^{-1}는 A^{-1}의 고유값임을 증명하라.

32. 행렬 A의 고유값들은 또한 A^T의 고유값들이 되는지 알아보라. A와 A^T는 같은 특성방정식을 갖는가?(그렇다면 이유를 설명하고 그렇지 않다면 예를 들어 설명하라.)

33. 유사행렬(similar matrix, 5.3절에 정의됨)은 같은 고유값들을 갖는다는 것을 검증하라.

34. $n \times n$ 행렬이 n개의 모두 다른 고유값들을 가지면 그 행렬은 대각화가 된다는 것을 증명하라.

35. 동역학계가 다음과 같이 주어져 있다.

$$\mathbf{x}^{(r)} = \mathbf{A}\mathbf{x}^{(r-1)}\text{이고 } \mathbf{A} = \begin{bmatrix} \frac{1}{2} & \frac{1}{3} \\ \frac{1}{2} & \frac{2}{3} \end{bmatrix}$$

$\mathbf{x}^{(r)}$의 두 성분의 합이 상수인 이유, 즉 r과 무관한 이유를 설명하라.(여기서 각 벡터 $\mathbf{x}^{(r)}$은 $\mathbb{R}^2$의 원소이다.)

36. A는 대각성분이 모두 다른 상삼각행렬(upper triangular matrix)이다. B가 가역행렬이면 $\mathbf{BAB}^{-1}$는 대각화가 됨을 증명하라.

37. $\{\mathbf{u}_1, \mathbf{u}_2, \dots, \mathbf{u}_n\}$이 $\mathbb{R}^n$에서 일차독립인 집합이라면 $\mathbf{u}_i$를 고유벡터로 갖는 $n \times n$ 가역행렬 A가 존재하는 이유를 설명하라. 고유값들도 또한 임의로 줄 수 있는가?

38. **대칭행렬**(symmetric matrix, $\mathbf{A}=\mathbf{A}^T$, 3.1절)의 모든 고유값은 실수이다. 그 이유를 설명하고 예를 들어 보라.

39. **반대칭행렬**(skew-symmetric matrix, $\mathbf{A}=-\mathbf{A}^T$, 3.1절)의 모든 고유값은 순허수이거나 0이다. 그 이유를 설명하고 예를 들어 보라.

40. $n \times n$ 행렬 A가 n개의 모두 다른 실수 고유값들을 가지면 A의 고유벡터들로 구성된 $\mathbb{R}^n$의 기저가 존재하는지에 대해 알아보라.

41. 다음에 주어진 2×2 행렬들에 대하여 각각 고유값들과 고유벡터들, 고유값들의 대수중복도와 고유벡터들의 기하중복도를 구하라.

a. $\begin{bmatrix} 4 & 1 \\ 1 & 4 \end{bmatrix}$ **b.** $\begin{bmatrix} 4 & 1 \\ 1 & 2 \end{bmatrix}$ **c.** $\begin{bmatrix} 3 & 1 \\ -1 & 2 \end{bmatrix}$

d. $\begin{bmatrix} 4 & 1 \\ -1 & 2 \end{bmatrix}$ **e.** $\begin{bmatrix} 2 & 2 \\ 2 & -1 \end{bmatrix}$

f. $\begin{bmatrix} 0 & 1 \\ -1 & 0 \end{bmatrix}$ **g.** $\begin{bmatrix} 1 & 1 \\ 0 & 1 \end{bmatrix}$

42. 성분을 집합 {0, 1}에서 갖는 2×2 행렬은 16개 있다. 이 행렬들 중 고유값들이 같지 않은 행렬은 몇 개인가? 이 행렬들은 어떤 행렬들이며 그들의 고유값들은 무엇인가?

43. λ가 $n \times n$ 행렬 A의 고유값이라 하고 $V=\{x : \mathbf{Ax}=\lambda\mathbf{x}\}$라 하자. 이 집합은 A의 **고유공간**(eigenspace)이라 한다. V가 $\mathbb{R}^n$의 부분공간임을 자세히 증명하라. V의 각 원소는 A의 고유벡터인가?

44. 그림 6.1에는 예제 9의 동역학계에 의해 얻은 점들이 나타나 있다. 이 예제에서 유한 개의 점들의 집합 대신에 연속인 그래프를 어떻게 그릴 수 있는가? 많은 답이 있을 수 있다. 가장 좋은 답을 찾으라.

45. 초기값 $\mathbf{x}^{(0)}=(1, 1)$, $\mathbf{x}^{(1)}=(3, 0)$, 그리고 $\mathbf{x}^{(2)}=(3, -3)$을 갖는 동역학계를 만드는 2×2 행렬이 있으면 찾으라.

46. 다음 행렬들의 고유값들과 고유벡터들을 구하라.

a. $\begin{bmatrix} 33 & 16 & 72 \\ -24 & -10 & -57 \\ -8 & -4 & -17 \end{bmatrix}$

b. $\begin{bmatrix} 8 & -1 & -5 \\ -4 & 4 & -2 \\ 18 & -5 & -7 \end{bmatrix}$

c. $\begin{bmatrix} 4 & 1 & 1 \\ 2 & 4 & 1 \\ 0 & 1 & 4 \end{bmatrix}$

d. $\begin{bmatrix} 2 & -i & 0 \\ i & 2 & 0 \\ 0 & 0 & 3 \end{bmatrix}$

47. 삼각행렬의 고유값들은 그 행렬의 대각 성분임을 증명하라. 한 행렬의 고유값들이 행축소 방법에 의해 삼각행렬을 구한 다음 대각 성분이 아닌 성분으로 계산될 수 없는 이유를 설명하라.

48. 등식 $(\text{Diag}[d_1, d_2, \dots, d_n])^k=\text{Diag}(d_1^k, d_2^k, \dots, d_n^k)$이 성립하는 이유를 설명하라. 여기서 $\text{Diag}(d_1, d_2, \dots, d_n)$은 주어진 값들을 대각 성분으로 갖는 대각행렬이다.

49. $\mathbf{A} = \begin{bmatrix} a & b+c \\ b-c & -a \end{bmatrix}$, $a^2+b^2 \geq c^2$에 대하여 A의 고유값들이 실수임을 보이라.

50. $\mathbf{A} = \begin{bmatrix} a & b \\ 0 & c \end{bmatrix}$, $a \neq c$, $b \neq 0$에 대하여 $\mathbf{A}^k$을 계산하고 $k=1, 2, 3, 4$에 대하여 검증하라.

51. $\mathbf{A}^2=0$이면 A의 고유값들은 무엇인가? $\mathbf{A} \neq \mathbf{0}$를 가정하라.

52. 대각행렬 D와 가역행렬 P에 대하여 AP=PD이면 P의 열들은 A의 고유벡터들이고 D의 대각 성분들은 A의 고유값

들임을 확인하라.

53. A가 $n\times n$ 행렬이면 그 행렬의 특성방정식의 최고차 항은 $\pm\lambda^n$임을 확인하라.

54. $\mathbf{u}_1$과 $\mathbf{u}_2$는 일차독립인 $\mathbb{R}^2$의 원소라 하자. λ_1과 λ_2가 임의의 실수라 하면 $\mathbf{A}\mathbf{u}_i=\lambda_i\mathbf{u}_i$, $i=1, 2$를 만족하는 2×2 행렬 A가 존재해야 하는가?

55. **일반화된 고유값 문제**(generalized eigenvalue problem)는 $\mathbf{A}-\lambda\mathbf{B}$가 가역행렬이 되는 λ에 관한 것이다. 일반화된 고유벡터들을 열들로 갖는 계수(rank)가 행렬의 크기와 같은 행렬(full 행렬) V와 일반화된 고유값들을 대각 성분들로 갖는 대각행렬 D에 대하여 AV=BVD이 성립함을 증명하라. 고유값 문제에 대한 AV=VD를 기억하라.[고정된 행렬 쌍에 대하여 집합 $\{\mathbf{A}-\lambda\mathbf{B} : \lambda\in\mathbb{C}\}$는 행렬의 **묶음**(pencil)이라 한다.]

56. (계속) 앞 문제에서 언급한 일반화된 고유값 문제는 B가 가역행렬이면 일반적인 고유값 문제가 된다: $\text{Det}(\mathbf{B}^{-1}\mathbf{A}-\lambda\mathbf{I})=0$. 이것을 검증하라. 이를 이용하여 $\mathbf{A}=\begin{bmatrix}2&3\\1&5\end{bmatrix}$이고 $\mathbf{B}=\begin{bmatrix}1&2\\3&7\end{bmatrix}$일 때 $\mathbf{A}-\lambda\mathbf{B}$가 역행렬이 존재하지 않는 λ를 구하라.

57. (계속) $\mathbf{A}=\begin{bmatrix}1&3\\2&7\end{bmatrix}$, $\mathbf{B}=\begin{bmatrix}1&1\\1&1\end{bmatrix}$에 대하여 일반화된 고유값 문제 $\mathbf{A}=\lambda\mathbf{B}$를 풀라. 여기서 독자는 $\mathbf{A}-\lambda\mathbf{B}$가 비가역행렬이 되도록 할 것이라 예상한다. $\mathbf{B}=\begin{bmatrix}1&2\\1&1\end{bmatrix}$에 대하여 반복하라.

58. 예제 8에서 궁극적으로 무시되는 항은 버렸다. 그 항은 $-6.6981(0.7268)^k$였다. 계에 영향을 주는 항은 $-1.4947(1.0732)^k$였다. 계에 영향을 주는 항이 무시된 항보다 10배 이상 크게 되는 k를 구하라.

59. A와 B는 같은 크기를 가진 대각행렬이라 하자. AB를 간단히 표현하고 역행렬이 존재하는 경우 그 역행렬을 간단하게 표현해 보라.

60. (소연구 프로젝트) 이 절에서 고려된 동역학계에서는 방정식 $\mathbf{x}^{(k)}=\mathbf{A}\mathbf{x}^{(k-1)}$과 시작점 $\mathbf{x}^{(0)}$을 고려하고 있다. $\mathbf{x}^{(0)}$를 약간 변화시켰을 때 $\mathbf{x}^{(200)}$가 받는 영향을 어떻게 측정할 수 있는가?

61. 예제 8과 9의 동역학계에서 연속되는 점들이 원점에서 멀어질수록 그 점들 간의 간격이 점점 더 벌어지는 이유를 설명하라.

62. 모든 2×2 행렬은 그것의 전치행렬과 유사하다는 것이 사실이면 그 이유를 설명하고 사실이 아니면 예를 들라.

63. 예제 8과 그림 6.1을 참고하라. 곡선이 두 개의 점근선을 갖는가? 만일 그렇다면 그 점근선들의 식을 구하고 그 현상을 설명하라.

64. A는 모든 행이 같은 $n\times n$ 행렬이라 하자. A의 두 개의 고유값을 구하라.

65. (소연구 프로젝트) 어떤 2차원 동역학계는 원 위에 놓인 점들을 생성할 수 있는가? 타원, 포물선, 그리고 쌍곡선에 대해서는 어떠한가?

66. $\mathbf{A}=\mathbf{P}\mathbf{B}\mathbf{P}^{-1}$이면 $\mathbf{A}^k=\mathbf{P}\mathbf{B}^k\mathbf{P}^{-1}$, $k=1, 2, 3, \ldots$임을 설명하라.

67. 모든 정방행렬은 고유값과 대응하는 영이 아닌 고유벡터를 가짐을 알고 있다. 고유값을 갖지 않는 선형변환의 가장 간단한 예를 여기에 서술하였다. $\mathbb{P}$를 모든 다항식으로 구성된 벡터공간이라 하자. 선형변환 L을 $(Lp)(t)=tp(t)$로 정의하자. L은 고유값과 영이 아닌 고유벡터를 가진다는 것을 가정하여 이 서술을 완성하라.

68. **직교** 행렬(orthogonal matrix)($\mathbf{A}\mathbf{A}^T=\mathbf{I}$, 8.1절)의 모든 고유값은 절대값이 1이다. 그 이유를 설명하고 예를 들어 보라.

69. A는 $n\times n$ 행렬이고 $\mathbf{u}=[1, 1, \ldots, 1]^T$이다. $\mathbf{A}^T\mathbf{u}=\mathbf{u}$이면 방정식 $\mathbf{A}\mathbf{x}=\mathbf{x}$는 자명하지 않은 해를 가진다. 그 이유를 설명하라.

70. $\mathbf{A}=\begin{bmatrix}0&0&1\\0&2&0\\0&0&2\end{bmatrix}$라 하자. 모든 고유값을 구하라. 모든 고유벡터를 구하라. 대수중복도와 기하중복도는 무엇인가? AP=PD를 만족하는 행렬들을 구하라. 여기서 D는 대각행렬이다. 대각화를 가능하게 하는, 즉 등식 $\mathbf{A}=\mathbf{P}\mathbf{D}\mathbf{P}^{-1}$이 성립하도록 하는 행렬들을 결정하라. $\mathbf{A}^k$의 일반 형태를 구하라.

71. 예제 7에서 대각행렬 D의 성분들이 역순으로 쓰여졌을 때 대각화 방정식 $\mathbf{A}=\mathbf{P}\mathbf{D}\mathbf{P}^{-1}$를 구하라.

72. x와 y가 λ에 대응하는 A의 고유벡터들이라 하자. $a\mathbf{x}+b\mathbf{y}=\mathbf{0}$이 되지 않도록 하는 모든 상수 a와 b에 대하여, 모든 $a\mathbf{x}+b\mathbf{y}$

가 λ에 대응하는 고유벡터임을 설명하라.

73. **양의 정부호** 행렬(positive definite matrix)(모든 $\mathbf{x} \neq \mathbf{0}$에 대하여 $\mathbf{x}^T\mathbf{A}\mathbf{x} > 0$)의 모든 고유값은 양수이다. 그 이유를 설명하고 예를 들어 보라.

74. $x_0=0$, $x_1=1$, 그리고 $x_{k+1}=x_k+x_{k-1}$, $k \geq 1$로 정의되는 **피보나치 수열**(Fibonacci sequence)은 다음과 같이 쓰여질 수 있음을 증명하라.

$$\begin{bmatrix} x_{k+1} \\ x_k \end{bmatrix} = \mathbf{A}\begin{bmatrix} x_k \\ x_{k-1} \end{bmatrix} = \mathbf{A}^k\begin{bmatrix} x_1 \\ x_0 \end{bmatrix}$$

여기서 $\mathbf{A} = \begin{bmatrix} 1 & 1 \\ 1 & 0 \end{bmatrix}$이다. $\mathbf{A}^k$를 구하라.

75. 예제 5에서 $k=2$와 $k=3$에 대하여 그 결과를 검증하라.

76. 예제 7에서 $\mathbf{A}^k$를 한 행렬로 표현하고 $k=1$과 2에 대해 그것이 맞는지 검증하라.

77. A를 $n \times n$(n은 홀수) 행렬이라 하자. A는 실수인 고유값을 한 개 이상 가져야 하는 이유를 설명하라.

참-거짓 연습문제 6.1

1. 행렬 A와 B가 행동치이면 그들의 고유값들은 같다.

2. 0이 A의 고유값이 아니면 A는 가역행렬이다.

3. $n \times n$ 행렬의 특성다항식은 0이 아닌 αt^n 형태의 항을 갖는다.

4. $n \times n$ 행렬 A가 $0 < \lambda_1 < \lambda_2 < \cdots < \lambda_n$ 순서로 정렬된 n개의 실수 고유값을 가지면 대응하는 (0이 아닌) 고유벡터들은 일차독립인 집합을 이룬다.

5. 행렬의 성분이 정수이면 그 행렬의 고유값들은 유리수이다.

6. 한 행렬이 대각화가 가능하다고 할 때 이는 그 행렬이 어떤 대각행렬과 행동치 관계에 있음을 의미한다.

7. $\mathbf{A}=\mathbf{P}^{-1}\mathbf{B}\mathbf{P}$이고 $\mathbf{x}$는 B의 고유값 λ에 대응하는 고유벡터이면, $\mathbf{P}\mathbf{x}$는 λ에 대응하는 A의 고유벡터이다.

8. 행렬 $\begin{bmatrix} 1 & 2 \\ 3 & 0 \end{bmatrix}$의 고유값은 -3과 2이다.

9. A를 $n \times n$ 행렬이라 하자. $\lambda_1, \lambda_2, \ldots, \lambda_k$가 k개의 서로 다른 A의 고유값들이고 $\mathbf{x}^{(1)}, \mathbf{x}^{(2)}, \ldots, \mathbf{x}^{(k)}$가 이 고유값들에 대응하는 0이 아닌 고유벡터들이라 하면 집합 $\{\mathbf{x}^{(1)}, \mathbf{x}^{(2)}, \ldots, \mathbf{x}^{(k)}\}$은 일차독립이다.

10. A가 가역행렬이고 λ가 A의 고유값이면 λ^{-1}는 $\mathbf{A}^{-1}$의 고유값이다.

11. A가 행렬 $\begin{bmatrix} 1 & 5 \\ 0 & 7 \end{bmatrix}$과 유사하다는 가정으로부터 1과 7은 A의 고유값이라는 결론을 내릴 수 있다.

12. λ가 행렬 A의 고유값이면 $\lambda+1$은 $\mathbf{A}+\mathbf{I}$의 고유값이다.

13. A가 $n \times n$ 행렬이고 $\{\mathbf{v}^{(1)}, \mathbf{v}^{(2)}, \ldots, \mathbf{v}^{(k)}\}$가 A의 k개의 고유벡터들로 이루어진 일차독립인 집합이면 $n \leq k$이다.

14. $\mathbf{A} = \begin{bmatrix} 1 & 2 & 4 \\ 0 & 5 & 6 \\ 0 & 0 & 3 \end{bmatrix}$이고 $\mathbf{B} = \begin{bmatrix} 0 & 5 & 6 \\ 1 & 2 & 4 \\ 0 & 0 & 3 \end{bmatrix}$라 하자. 이 두 행렬은 서로 행동치 관계에 있다. 그러므로 3은 B의 고유값이다.

15. 행렬 $\begin{bmatrix} a & -b \\ b & a \end{bmatrix}$의 한 고유벡터는 $\begin{bmatrix} 1 \\ -i \end{bmatrix}$이다. 여기서 a와 b는 실수이다.

16. 모든 가역행렬 A에 대하여 $\mathbf{A}\mathbf{v}=\lambda\mathbf{v}$이면 $\mathbf{A}^{-1}\mathbf{v}=\lambda^{-1}\mathbf{v}$이다.

17. $\mathbf{B}=(\mathbf{A}-\alpha\mathbf{I})^{-1}$라 하자. 여기서 α는 A의 고유값이 아니다. 그러면 A와 B는 같은 고유벡터들을 가진다.

18. 전문용어 유사성(similarity)의 정의는 $\mathbf{AP}=\mathbf{PB}$를 만족하는 행렬 P가 존재하면 두 행렬 A와 B는 서로 유사하다는 것이다.

19. A가 B와 유사하면 두 행렬은 같은 고유벡터들을 가진다.

20. $\mathbf{A}\mathbf{x}^{(i)}=\lambda_i\mathbf{x}^{(i)}$, $i=1, 2, \ldots, k$이면 집합 $\{\mathbf{x}^{(1)}, \mathbf{x}^{(2)}, \ldots, \mathbf{x}^{(k)}\}$은 일차독립이다.

21. 영이 아닌 세 벡터 $\mathbf{u}_1$, $\mathbf{u}_2$, $\mathbf{u}_3$가 정방행렬 A에 대하여

$\mathbf{Au}_1 = 3\mathbf{u}_1$, $\mathbf{Au}_2 = -5\mathbf{u}_2$, 그리고 $\mathbf{Au}_3 = 7\mathbf{u}_3$를 만족한다면, $\{\mathbf{u}_1, \mathbf{u}_2, \mathbf{u}_3\}$는 일차독립이라는 결론을 얻는다.

22. A의 행렬식이 λ이면 λ는 A의 고유값이다.

23. A의 고유값 중 하나가 0이면 A는 단위행렬과 행동치 관계에 있다.

24. 행렬 이론에서 유사의 엄밀한 의미는 다음과 같다. A와 B가 유사할 필요충분조건은 CA=BC를 만족하는 행렬 C가 존재한다는 것이다.

25. 정방행렬의 열의 합들이 모두 β라면 β는 그 행렬의 고유값이다.

26. 실수를 성분으로 갖는 5×5 행렬은 적어도 한 개의 실수인 고유값을 갖는다.

27. 모든 하삼각행렬은 대각화가 가능하다.

28. $\sum_{i=1}^{n} a_{ij} = c$, $1 \le j \le n$이면 c는 A의 고유값이다.

29. 다음 두 행렬은 서로 행동치 관계에 있다.

$$\mathbf{A} = \begin{bmatrix} 8 & 17 \\ 6 & 12 \end{bmatrix} \qquad \mathbf{B} = \begin{bmatrix} 2 & 5 \\ 0 & -3 \end{bmatrix}$$

A의 고유값이 2와 −3이라는 것은 타당한 결론이다.

30. 행렬 $\mathbf{A} = \begin{bmatrix} 4 & 1 & -1 \\ 1 & 4 & -1 \\ 0 & 1 & 3 \end{bmatrix}$의 특성방정식은 한 개의 중근을 갖지만 대응하는 고유공간은 1차원이다.

31. 다음에 주어진 두 개의 행렬이 행동치 관계이면, A의 고유값들은 3, 5, 그리고 7이다.

$$\mathbf{A} = \begin{bmatrix} 3 & 3 & 1 \\ 7 & 4 & 2 \\ 8 & 1 & 5 \end{bmatrix} \qquad \mathbf{B} = \begin{bmatrix} 5 & 2 & -6 \\ 0 & 7 & 1 \\ 0 & 0 & 3 \end{bmatrix}$$

32. 행렬 $\begin{bmatrix} 5 & 1 \\ 0 & 5 \end{bmatrix}$은 대각화가 가능하다.

33. $n \times n$ 행렬 A에 대하여 특성방정식의 상수 항은 $\sum_{i=1}^{n} \lambda_i$이다. 여기서 λ_i는 고유값들이다.

34. 행렬 $\mathbf{A} = \begin{bmatrix} 7 & 0 & 0 \\ 2 & 7 & 0 \\ 4 & 4 & 3 \end{bmatrix}$은 대각화가 가능하다.

35. $n \times n$ 행렬 A가 대각화가 가능하면 A의 n개의 고유벡터들로 이루어진 일차독립인 집합이 존재한다.

36. 행렬 $\mathbf{A} = \begin{bmatrix} 4 & 4 & 3 \\ 7 & 0 & 0 \\ 2 & 7 & 0 \end{bmatrix}$는 대각화할 수 없다.

37. $n \times n$ 행렬 A가 n개의 고유벡터들로 이루어진 일차독립인 집합을 가지면 A는 가역행렬이다.

38. 행렬 A의 특성다항식이 p이고 $p(0) \neq 0$이면 A는 가역행렬이 아니다.

39. 행렬 $\begin{bmatrix} 1 & 3 \\ 2 & 0 \end{bmatrix}$의 고유값은 3과 −2이다.

40. λ가 행렬 A의 고유값이면 λ^5은 $\mathbf{A}^5$의 고유값이다.

41. 행렬 A가 행렬 $\begin{bmatrix} 11 & 15 \\ 0 & 17 \end{bmatrix}$와 유사하다는 가정으로부터 A의 고유값은 11과 17이라는 결론을 얻을 수 있다.

42. 행렬 $\begin{bmatrix} 0 & 1 \\ 2 & 3 \end{bmatrix}$의 고유값은 $\frac{3}{2} \pm \sqrt{17}$이다.

43. A가 가역행렬이고 B와 유사하면 B도 가역행렬이다.

44. A는 실수로 구성된 $n \times n$ 행렬이고 $3-5i$가 A의 고유값이면 $-3-5i$도 A의 고유값이다.

45. 2와 1/2은 2×2 행렬 A의 고유값들이고 대응하는 고유벡터는 각각 $\begin{bmatrix} 1 \\ -1 \end{bmatrix}$과 $\begin{bmatrix} 1 \\ 1 \end{bmatrix}$라 하자. $\mathbf{x}^{(k+1)} = \mathbf{Ax}^{(k)}$로 정의된 동역학계는 장기적으로 $\begin{bmatrix} 1 \\ 1 \end{bmatrix}$ 방향으로 움직인다.

46. $\mathbf{A} = \mathbf{P}^{-1}\mathbf{BP}$이고 $\mathbf{x}$가 A의 고유벡터이면 $\mathbf{Px}$는 B의 고유벡터이다.

47. 모든 정방행렬 A는 $\mathbf{A} = \mathbf{PDP}^{-1}$로 표현될 수 있다. 여기서 D는 대각행렬이고 P는 가역행렬이다.

48. A가 가역행렬이고 λ가 $\mathbf{A}^{-1}$의 고유값이면 $1/\lambda$는 A의 고유값이다.

49. $\mathbf{u}$와 $\mathbf{v}$가 한 행렬의 고유벡터들이고 $\{\mathbf{u}, \mathbf{v}\}$가 일차독립 집합이면 $\mathbf{u}$와 $\mathbf{v}$는 각각 두 개의 다른 고유값들에 대응하는 고유벡터들이다.

50. 행렬 A의 고유값들을 계산하는 한 과정은 행 연산을 통하여 그 행렬을 삼각행렬로 축소하는 것이다. 그러면 A의 고유값들은 그 삼각행렬의 대각 성분들이다.

51. $n \times n$ 행렬이 n개의 모두 다른 고유값들을 가지면 일차독립인 n개의 고유벡터들이 존재한다.

52. 두 행렬이 유사하면(전문적인 개념으로 $A = PBP^{-1}$가 성립하면) 그들의 행렬식은 같다.

53. $\begin{bmatrix} a & b \\ c & d \end{bmatrix}$가 한 개의 고유값을 가지면 그것은 $\frac{1}{2}(a+d)$이다.

54. $\begin{bmatrix} a & b \\ c & d \end{bmatrix}$가 단 하나의 고유값을 가지기 위해서는 a, b, c, 그리고 d가 $\frac{1}{4}(a-d)^2 + bc = 0$을 만족하여야 한다.

선다형 연습문제 6.1

항상 첫 번째로 옳은 답을 선택하라.

1. 행렬 $A = \begin{bmatrix} 3 & -2 \\ 1 & 0 \end{bmatrix}$의 고유값은 무엇인가?

   a. 3, 0 b. −2, 1
   c. 1, 2 d. 3, −2
   e. 위 항목 중 답이 없다.

2. 행렬 $A = \begin{bmatrix} 1 & 4 \\ 2 & 3 \end{bmatrix}$의 고유값은 무엇인가?

   a. 3, 1 b. −5, 1
   c. 5, −1 d. 6, −2
   e. 위 항목 중 답이 없다.

3. 행렬 $A = \begin{bmatrix} 1 & 6 \\ 5 & 2 \end{bmatrix}$의 고유값은 무엇인가?

   a. 1, 2 b. 5, 6
   c. 1, −28 d. −4, 7
   e. 위 항목 중 답이 없다.

4. 행렬 $A = \begin{bmatrix} 1 & 2 \\ -5 & 3 \end{bmatrix}$의 고유값은 무엇인가?

   a. $-4+13i$ b. $3-2i$
   c. $2-3i$ d. $3+2i$
   e. 위 항목 중 답이 없다.

5. A, b, C는 $n \times n$ 행렬이라 하자. C는 가역행렬이고 $A^T = C^{-1}BC$가 성립한다고 가정하자. 다음 중 사실인 것을 찾으라.

   a. A와 B의 고유값들은 같다.
   b. B와 C의 고유값들은 같다.
   c. A의 고유값들은 B의 고유값들과 부호만 다르다.
   d. A^T와 C의 고유값들은 같다.
   e. 위 항목 중 답이 없다.

6. 행렬 $\begin{bmatrix} 3 & 1 & 1 \\ 2 & 1 & 1 \\ 7 & 2 & 2 \end{bmatrix}$의 고유값 0에 대응하는 고유벡터를 찾으라.

   a. $[0, 0, 0]^T$ b. $[0, 1, -1]^T$
   c. $[1, 1, 2]^T$ d. $[3, 1, 2]^T$
   e. 위 항목 중 답이 없다.

7. 행렬 $\begin{bmatrix} 3 & -2 \\ 1 & 0 \end{bmatrix}$의 고유벡터들의 쌍으로 이루어진 것을 찾으라.

   a. $[1, 1]^T, [1, 2]^T$ b. $[3, 1]^T, [2, 1]^T$
   c. $[3, 1]^T, [1, 2]^T$ d. $[1, 1]^T, [2, 1]^T$
   e. 위 항목 중 답이 없다.

8. A는 모든 성분이 실수로 구성된 실행렬이다. A가 실수가 아닌 복소수 고유값 λ를 가진다고 하자. 다음 중 사실인 것을 찾으라.

   a. A는 상삼각행렬이다.
   b. A는 대각화할 수 없다.
   c. A는 가역행렬이 아니다.
   d. λ에 대응하는 A의 모든 고유벡터는 복소수 성분을 가진다.
   e. 위 항목 중 답이 없다.

9. $P = \begin{bmatrix} 1 & 1 \\ -1 & -2 \end{bmatrix}$, $D = \begin{bmatrix} 5 & 0 \\ 0 & 3 \end{bmatrix}$, $P^{-1} = \begin{bmatrix} 2 & 1 \\ -1 & -1 \end{bmatrix}$이고 $A = P^{-1}DP$라 하자. A^k를 찾으라.

a. $\begin{bmatrix} 2\cdot 5^k - 3^k & 5^k - 3^k \\ 2\cdot 3^k - 2\cdot 5^k & 2\cdot 3^k - 5^k \end{bmatrix}$

b. $\begin{bmatrix} 2\cdot 5^k - 3^k & 2\cdot 5^k - 2\cdot 3^k \\ -5^k + 3^k & -5^k + 2\cdot 3^k \end{bmatrix}$

c. $\begin{bmatrix} 5^k & 0 \\ 0 & 3^k \end{bmatrix}$ d. $\begin{bmatrix} 5^k & 5^k \\ -3^k & -2\cdot 3^k \end{bmatrix}$

e. 위 항목 중 답이 없다.

10. $\mathbf{A} = \begin{bmatrix} 3 & 0 \\ 4 & -2 \end{bmatrix}$이고 $\mathbf{x} = \begin{bmatrix} 0 \\ 5 \end{bmatrix}$이다. $\mathbf{A}^k\mathbf{x}$를 찾으라.

a. $\begin{bmatrix} 3^k \\ 5^k \end{bmatrix}$ b. $\begin{bmatrix} 3 \\ (-2)^k \end{bmatrix}$

c. $\begin{bmatrix} 0 \\ (-2)^k \end{bmatrix}$ d. $\begin{bmatrix} 0 \\ 5(-2)^k \end{bmatrix}$

e. 위 항목 중 답이 없다.

11. 한 동역학계가 $\mathbf{x}^{(k+1)}=\mathbf{A}\mathbf{x}^{(k)}$로 정의되었다. 여기서 A는 3과 1/3을 고유값으로 갖는 2×2 행렬이고 대응하는 고유벡터는 $\mathbf{v}^{(1)}=[1,\ 1]^T$와 $\mathbf{v}^{(2)}=[-1,\ 1]^T$이다. $\mathbf{x}^{(0)}=[-1,\ 3]^T$일 때 $\mathbf{x}^k$를 찾으라.

a. $3^k\mathbf{v}^{(1)}+3^{-k}\mathbf{v}^{(2)}$

b. $3^k\mathbf{v}^{(1)}+2\cdot 3^{-k}v^{(2)}$

c. $3^k\mathbf{v}^{(1)}+(2/3)^{-k}\mathbf{v}^{(2)}$

d. $-3^k\mathbf{v}^{(1)}+3\cdot 3^{-k}\mathbf{v}^{(2)}$

e. 위 항목 중 답이 없다.

12. P의 열들이 A의 고유벡터들로 구성되었다고 할 때 다음 중 사실인 것을 찾으라.(주의 깊게 생각하라.)

a. PA는 대각행렬이다.

b. AP는 한 대각행렬에 P를 곱한 것과 같다.

c. P는 가역행렬이고 $\mathbf{PAP}^{-1}$는 대각행렬이다.

d. P는 가역행렬이고 $\mathbf{P}^{-1}\mathbf{AP}$는 대각행렬이다.

e. 위 항목 중 답이 없다.

13. 행렬 $\begin{bmatrix} 1 & 3 & 1 \\ 0 & -5 & 0 \\ 1 & -2 & 1 \end{bmatrix}$의 고유벡터를 찾으라.

a. $\begin{bmatrix} 2 \\ 1 \\ 1 \end{bmatrix}$ b. $\begin{bmatrix} -1 \\ 0 \\ 1 \end{bmatrix}$ c. $\begin{bmatrix} 1 \\ 4 \\ 3 \end{bmatrix}$

d. $\begin{bmatrix} 1 \\ -5 \\ -1 \end{bmatrix}$ e. 위 항목 중 답이 없다.

14. 행렬 $\begin{bmatrix} 5 & 1 \\ -5 & 1 \end{bmatrix}$의 고유값을 찾으라.

a. $3+i,\ -3-i$ b. $3+i,\ 3-i$

c. $2,\ -2$ d. $1,\ -1$

e. 위 항목 중 답이 없다.

15. A가 7, 3, 4를 고유값으로 갖는 3×3 행렬이라 할 때 다음 중 옳은 것을 찾으라.

a. A는 가역행렬이다.

b. A는 대칭행렬이다.

c. A는 대각화할 수 없다.

d. A는 $\begin{bmatrix} 7 & 2 & 1 \\ 0 & 3 & 1 \\ 7 & 11 & 4 \end{bmatrix}$와 행동치이다.

e. 위 항목 중 답이 없다.

16. 행렬 $\mathbf{A} = \begin{bmatrix} 4 & 7 \\ 7 & 4 \end{bmatrix}$의 고유값과 고유벡터 쌍으로 이루어진 것을 찾으라.

a. $\frac{1}{2}, \begin{bmatrix} 5 \\ 5 \end{bmatrix}$ b. $11, \begin{bmatrix} 1 \\ 1 \end{bmatrix}$ c. $-3, \begin{bmatrix} 1 \\ -1 \end{bmatrix}$

d. $5, \begin{bmatrix} 0 \\ 0 \end{bmatrix}$

e. 위 항목 중 답이 없다.

17. 행렬 $\mathbf{A} = \begin{bmatrix} 4 & 1 & -1 \\ 1 & 4 & -1 \\ 0 & 1 & 3 \end{bmatrix}$의 특성방정식을 찾으라.

a. $z^2-7z+14$

b. $\lambda^3-11\lambda^2+40\lambda-48$

c. $(y-3)(15-8y+y^2)$

d. $(x-3)(x-4)^2$

e. 위 항목 중 답이 없다.

18. $\mathbf{A} = \begin{bmatrix} 5 & 3 \\ 3 & 5 \end{bmatrix}$라 하자. $\mathbf{A}=\mathbf{PDP}^{-1}$일 때 다음 중 틀린 것을 찾으라.

a. A의 고유값은 2와 8이다.

b. 고유값 2에 대응하는 고유벡터는 $\begin{bmatrix} 1 \\ -1 \end{bmatrix}$이다.

c. 고유값 8에 대응하는 고유벡터는 $\begin{bmatrix} 1 \\ 1 \end{bmatrix}$이다.

d. $\mathbf{D} = \begin{bmatrix} 8 & 0 \\ 0 & 2 \end{bmatrix}$

e. $\mathbf{P} = \begin{bmatrix} 1 & 1 \\ 1 & -1 \end{bmatrix}$

f. 위 항목 중 답이 없다.

19. $\mathbf{A} = \begin{bmatrix} 0.3 & 0.4 \\ -0.3 & 1.1 \end{bmatrix}$라 하자. 다음 중 틀린 것을 찾으라.

a. 0.9와 (2, 3)은 고유값-고유벡터 쌍이다.

b. 0.5와 (2, 1)은 고유값-고유벡터 쌍이다.

c. 동역학계 $\mathbf{x}^{(k)}=\mathbf{A}\mathbf{x}^{(k-1)}$에서 가장 큰 흡입점의 방향은 0.9에 대응하는 $\mathbf{v}^{(2)}$이다.

d. 위 항목 중 답이 없다.

20. 행렬 $\mathbf{A} = \begin{bmatrix} -4 & 8 & -12 \\ 6 & -6 & 12 \\ 6 & -8 & 14 \end{bmatrix}$의 고유값은 0, 2, 2이다. 다음 중 사실이 아닌 것을 찾으라.

a. 특성방정식은 3차이다.

b. 특성방정식에서 최고차 항은 λ^3이다.

c. 특성방정식에서 상수 항은 4이다.

d. 특성방정식에서 λ^2 항은 $-4\lambda^2$이다.

e. 위 항목 중 답이 없다.

21. $\mathbf{A} = \begin{bmatrix} 1 & -1 & -1 \\ 1 & 3 & 2 \\ -3 & -3 & -2 \end{bmatrix}$라 하자. 고유값-고유벡터 쌍을 찾으라.

a. $\lambda = 1, \mathbf{x} = \begin{bmatrix} 0 \\ 1 \\ -1 \end{bmatrix}$

b. $\lambda = 2, \mathbf{x} = \begin{bmatrix} -1 \\ 1 \\ 0 \end{bmatrix}$

c. $\lambda = -1, \mathbf{x} = \begin{bmatrix} 2 \\ -5 \\ 9 \end{bmatrix}$

d. $\lambda = 2, \mathbf{x} = \begin{bmatrix} -2 \\ 2 \\ 0 \end{bmatrix}$

e. 위 항목 중 답이 없다.

22. '유사하다'는 말의 개념을 기억하라. A와 B가 유사하다면 다음 중 어느 것을 유추할 수 있는가?

a. A와 B는 가역행렬이 아니다.

b. A와 B의 특성방정식은 같다.

c. A와 B의 고유벡터들은 같다.

d. A와 B는 행동치 관계이다.

e. 위 항목 중 답이 없다.

23. $\mathbf{A} = \begin{bmatrix} 2 & 3 & 5 \\ 4 & 3 & 21 \\ 2 & 3 & 12 \end{bmatrix}$이고 $\mathbf{B} = \begin{bmatrix} 2 & 3 & 5 \\ 0 & -3 & 4 \\ 0 & 0 & 7 \end{bmatrix}$이다. A와 B가 행동치 관계에 있다는 사실을 인정할 때 다음 중 맞는 것을 찾으라.

a. 7은 A의 고유값이다.

b. A는 B와 유사하다.

c. A는 가역행렬이다.

d. 0은 A의 고유값이다.

e. 위 항목 중 답이 없다.

24. A는 5×5 행렬이라 하자. 다음 중 어느 조건일 때 가장 큰 기하중복도를 갖는가?

a. A는 2개의 2차원 고유공간을 갖는다.

b. A는 하나의 4차원 고유공간을 갖는다.

c. A는 3개의 서로 다른 고유값들을 갖고 한 고유공간은 2차원이다.

d. A는 4개의 서로 다른 고유값들을 갖는다.

e. 위 항목 중 답이 없다.

25. A는 대각화가 가능한 $n \times n$ 행렬이라면 다음 중 어느 것이 사실인가?

a. A의 n개의 고유벡터로 이루어진 일차독립인 집합이 존재한다.

b. A는 가역행렬이다.

c. 0은 A의 고유값이 아니다.

d. A는 삼각행렬이다.

e. 위 항목 중 답이 없다.

26. 다음 중 대각화가 될 수 없는 가장 간단한 2×2 행렬을 찾으라.

a. $\begin{bmatrix} 1 & 1 \\ 0 & 0 \end{bmatrix}$ **b.** $\begin{bmatrix} 0 & 0 \\ 0 & 0 \end{bmatrix}$

c. $\begin{bmatrix} 1 & 1 \\ 1 & 1 \end{bmatrix}$ **d.** $\begin{bmatrix} 1 & 1 \\ 0 & 1 \end{bmatrix}$

e. 위 항목 중 답이 없다.

컴퓨터 연습문제 6.1

1. $\mathbf{A}=\begin{bmatrix} 0 & 1 & 0 \\ 0 & 0 & 1 \\ 4 & -17 & 8 \end{bmatrix}$ $\mathbf{B}=\begin{bmatrix} 6 & 5 & -5 \\ 2 & 6 & -2 \\ 2 & 5 & -1 \end{bmatrix}$ $\mathbf{C}=\begin{bmatrix} 6 & 8 & -6 \\ 3 & -2 & -3 \\ 1 & 2 & -1 \end{bmatrix}$

라 하자. 각각의 행렬에 대하여 고유값들과 고유벡터들을 구하라. 그 고유값들을 포함하는 대각행렬을 구하라. 열들이 단위벡터로 구성된 행렬을 찾으라. 식 $\mathbf{A}=\mathbf{PDP}^{-1}$와 B에 대한 두 개의 유사한 식을 검증하라. Matlab을 사용하여 검증한다면 15자리수의 정확한 값을 얻기 위하여 명령문 `format long`을 사용하라. 이 세 개의 행렬 중 비가역행렬이 있는지 결정하기 위하여 고유값 테스트를 사용하라. 고유값들이 정수라는 사실을 어떻게 설명할 수 있는가? 주어진 행렬이 정수를 성분으로 갖는다면 이는 기대할 수 있는 현상인가?

2. 행렬 $\mathbf{A}=\begin{bmatrix} 0.4 & 0.4 & -0.5 \\ 0.4 & 0.5 & 0.6 \\ -1.1 & -0.3 & -0.8 \end{bmatrix}$을 사용하여 $\mathbf{x}^{(0)}=(1, 1, 1)$와 $\mathbf{x}^{(k+1)}=\mathbf{Ax}^{(k)}$로 정의된 동역학계에 대하여 알아본다.

a. 연속적인 점들은 한 직선 위에 놓이는 경향이 있는가? 만일 그렇다면 $\mathbb{R}^3$에서 그 직선의 방정식은 무엇인가? 이 문제들에 답하기 위해 A의 고유값들과 고유벡터들이 필요할 것이다.

b. 이 동역학계는 $\mathbf{x}^{(-1)}$, $\mathbf{x}^{(-2)}$ 등을 얻기 위해 역방향으로(backward) 진행될 수 있는가? 만일 그렇다면 $\mathbf{x}^{(i)}$로부터 $\mathbf{x}^{(i-1)}$, $i=0, -1, -2, \ldots$을 계산하기 위한 식을 만들어 보라.

c. 또한 이 계를 역방향으로 진행하여 음의 방향으로의 장기간의 움직임을 알아보라. 두 가지 경우(순방향과 역방향)에 대한 궁극적인 움직임을 알기 위해서는 아마 30 또는 40단계를 거쳐 보아야 할 것이다.

3. 행렬의 거듭제곱을 포함하고 있는 예제 5에 대하여 Matlab, Maple, 그리고 Mathematica를 이용한 프로그램을 써 보라. 행렬-행렬 곱을 계산하고 유도된 식을 이용하여 그 결과를 검증하라.

4. 예제 9에 대한 프로그램을 써 보고 (1) 반복된 행렬-벡터 곱과 (2) 가장 크게 영향을 미치는 항만을 포함한 분석에 의한 결과를 비교하라. 그 결과를 그려 보라.

5. Maple이나 Mathematica를 이용하여 행렬 $\begin{bmatrix} a & b \\ c & d \end{bmatrix}$의 고유값들을 계산하라. 그 결과들이 손으로 직접 계산한 것과 일치하는지를 보이라.

6. (계속) Maple이나 Mathematica를 이용하여 행렬 $\begin{bmatrix} a & b \\ c & d \end{bmatrix}$의 고유벡터들을 계산하라. 그 결과들이 손으로 직접 계산한 것과 일치하는지를 보이라.

7. 정치 단체 가입은 한 세대에서 그 다음 세대로 넘어가면서 바뀐다. D, R, 그리고 S(반드시 민주당, 공화당, 그리고 사회당일 필요는 없다)로 표시된 세 정당이 있다. 다음에 나타난 표는 한 세대에서 다음 세대로 넘어가면서 회원이 어떻게 이동하는지를 보여 준다. 예를 들면 한 세대의 S 회원 중 40%는 S로, 10%는 R로, 그리고 50%는 D로 이동한다. 이 세 정당의 장기적인 전망은 어떻게 되겠는가?

	D	R	S
D	0.8	0.2	0.5
R	0.1	0.8	0.1
S	0.1	0.0	0.4

8. (도전) 예제 9에 나타난 동역학계를 완전하게 분석하라. 고유값들과 고유벡터들을 구하라. 그 동역학계의 용어들을 예제 8과 같은 방법으로 표현하라. $\mathbf{x}^{(k)}$는 언제 4사분면에 들어가는가? 가능하다면 실험적인 방법을 사용하지 말고 분석적으로 풀어 보라. 이는 좀더 어렵다. 오일러 방정식이 도움이 될지도 모른다: $x+iy=re^{i\theta}$, 여기서 $r=|x+iy|$이고 $e^{i\theta}=\cos\theta+i\sin\theta$이다.

9. 한 동역학계가 $\mathbf{x}^{(k)}=\mathbf{A}\mathbf{x}^{(k-1)}$, $k=1, 2, \ldots$에 의해 움직인다고 하자. 여기서 변수 k는 종종 이산적 단위로 측정된다(초, 시간, 일, 년 등). 우리는 보통 $t\to\infty$인 경우에 관심이 있다. 그러나 만일 $\mathbf{A}$가 비가역적이면 t를 $-\infty$로 보낼 수 있다. 식 $\mathbf{x}^{(k)}=\mathbf{A}\mathbf{x}^{(k-1)}$은 $\mathbf{x}^{(k-1)}=\mathbf{A}^{-1}\mathbf{x}^{(k)}$가 되고 $k=0, -1, -2, \ldots$로 놓는다. 이 간단한 아이디어는 과거를 볼 가능성을 열어 준다. 예제 9에 나타난 계로 이 과정을 실행하라.

10. 다음 행렬들의 고유값들과 고유벡터들을 계산하라.

a. $\begin{bmatrix} 5 & 4 & 1 & 1 \\ 4 & 5 & 1 & 1 \\ 1 & 1 & 4 & 2 \\ 1 & 1 & 2 & 4 \end{bmatrix}$ **b.** $\begin{bmatrix} 6 & 4 & 4 & 1 \\ 4 & 6 & 1 & 4 \\ 4 & 1 & 6 & 4 \\ 1 & 4 & 4 & 6 \end{bmatrix}$

c. $\begin{bmatrix} -2 & 2 & 2 & 2 \\ -3 & 3 & 2 & 2 \\ -2 & 0 & 4 & 2 \\ -1 & 0 & 0 & 5 \end{bmatrix}$ **d.** $\begin{bmatrix} 6 & -3 & 4 & 1 \\ 4 & 3 & 3 & 0 \\ 4 & -2 & 3 & 1 \\ 4 & 2 & 3 & 1 \end{bmatrix}$

e. $\begin{bmatrix} 4 & -5 & 0 & 3 \\ 0 & 4 & -3 & -5 \\ 5 & -3 & 4 & 0 \\ 3 & 0 & 5 & 41 \end{bmatrix}$

11. 다음에 주어진 행렬들 $\mathbf{A}$에 대하여 여러 다른 시작점 $\mathbf{x}^{(0)}$들을 사용하여 동역학계 $\mathbf{x}^{(k+1)}=\mathbf{A}\mathbf{x}^{(k)}$의 궤적들을 그려 보라.

a. $\begin{bmatrix} 4 & 1 \\ 1 & 4 \end{bmatrix}$ **b.** $\begin{bmatrix} 0.65 & -0.15 \\ -0.15 & 0.65 \end{bmatrix}$

c. $\begin{bmatrix} 1 & 0.5 \\ 1 & 0.5 \end{bmatrix}$

12. 다음에 주어진 행렬들 $\mathbf{A}$에 대하여 $\mathbf{x}^{(0)}=(4,4)$에서 시작하는 동역학계 $\mathbf{x}^{(k+1)}=\mathbf{A}\mathbf{x}^{(k)}$의 궤적들을 그려 보라. 만일 실수를 성분으로 갖는 2×2 행렬 $\mathbf{A}$가 복소수 고유값 $\lambda=a\pm bi$를 갖는다면 동역학계 $\mathbf{x}^{(k+1)}=\mathbf{A}\mathbf{x}^{(k)}$의 궤적들은 $|\lambda|=1$[**0**은 궤도(orbit)의 중심이다]이면 폐궤도(closed orbit), $|\lambda|<1$ (**0**은 소용돌이 모양 궤적의 흡입점이다]이면 안쪽 방향으로의 소용돌이 모양의 궤적, $|\lambda|>1$(**0**은 소용돌이 모양 궤적의 축출점이다)이면 바깥쪽 방향으로 향하는 소용돌이 모양의 궤적 위에 있다.

a. $\begin{bmatrix} 0.2 & -1.2 \\ 0.6 & 1.4 \end{bmatrix}$ **b.** $\begin{bmatrix} 0.5 & -0.5 \\ 0.5 & 0.5 \end{bmatrix}$

13. 예제 12에서 수학 소프트웨어를 사용하여 모든 고유값과 고유벡터들을 구하고 이들이 본문에 주어진 결과들과 일치하는지를 보이라. 대수중복도와 기하중복도는 얼마인가?

14. 예제 8과 9를 컴퓨터로 수행하여 그림 6.1과 6.2를 다시 그려 보라.

CHAPTER 7

내적 벡터공간

7.1 내적공간

자연의 모든 산물은 단지 몇 개의 서로 통하지 않는 규칙들의 수학적 결과입니다.

—라플라스(PIERRE-SIMON LAPLACE, 1749~1827)

대부분의 고대인들처럼 최근의 과학자들은 자연현상을 수학 법칙으로 표현하려 노력했습니다.

—뉴턴(ISAAC NEWTON, 1642~1727)

내적공간과 그 성질

내적공간(inner-product space)은 **내적**(inner product)이라 불리는 부가적인 대수적 연산이 주어진 선형 공간이다. 내적이 요구되는 많은 상황에서 상수로는 임의의 **복소수**(complex number)를 허용해야만 한다. 모든 실수는 동시에 복소수이므로 실수와 복소수를 모두 다룰 수 있는 복소수의 경우에 대하여 공준들을 언급하는 것이 좋다. a와 b가 실수이면 $a+bi$의 **켤레복소수**(conjugate)는 $a-bi$이다. 이에 대해서는 다음과 같은 기호를 사용한다: $z=a+bi$이면 $\bar{z}=a-bi$이다.(복소수에 대한 더 자세한 내용은 부록 B에 잘 나와 있다.) 내적공간의 정의는 다음과 같다.

정의

벡터공간 상의 **내적**(inner product)은 임의의 벡터 $\mathbf{x}$와 $\mathbf{y}$로부터 상수 값을 생성하는 연산으로서 $\langle \mathbf{x}, \mathbf{y} \rangle$로 표시한다. 내적은 다음과 같은 공준(postulate)들을 만족해야 한다.

1. $\mathbf{x} \neq 0$이면 $\langle \mathbf{x}, \mathbf{x} \rangle > 0$

2. $\langle \mathbf{x}, \mathbf{y} \rangle = \overline{\langle \mathbf{y}, \mathbf{x} \rangle}$

그러므로 실수인 경우에는 $\langle \mathbf{x}, \mathbf{y} \rangle = \langle \mathbf{y}, \mathbf{x} \rangle$

3. $\langle \mathbf{x}+\mathbf{y}, \mathbf{z} \rangle = \langle \mathbf{x}, \mathbf{z} \rangle + \langle \mathbf{y}, \mathbf{z} \rangle$

4. 임의의 상수 α에 대하여 $\langle \alpha\mathbf{x}, \mathbf{y} \rangle = \alpha\langle \mathbf{x}, \mathbf{y} \rangle$

앞의 내적의 정의에서 주어진 공준[또는 공리(axiom)]들로부터 많은 후속 결과를 얻을 수 있다. 다음에 주어진 내적의 성질들은 쉽게 유도되는 것으로 증명은 연습문제로 남겨 두기로 한다.

내적의 성질

a. $\langle \alpha\mathbf{x}, \mathbf{y} \rangle = \bar{\alpha}\langle \mathbf{x}, \mathbf{y} \rangle$

실수인 경우에는 $\langle \mathbf{x}, \alpha\mathbf{y} \rangle = \alpha\langle \mathbf{x}, \mathbf{y} \rangle$

b. $\langle \mathbf{x}, \mathbf{y}+\mathbf{z} \rangle = \langle \mathbf{x}, \mathbf{y} \rangle + \langle \mathbf{x}, \mathbf{z} \rangle$

c. $\langle \sum_{i=1}^{m} \mathbf{x}_i, \mathbf{y} \rangle = \sum_{i=1}^{m} \langle \mathbf{x}_i, \mathbf{y} \rangle$

d. $\langle \mathbf{x}, \sum_{i=1}^{m} \mathbf{y}_i \rangle = \sum_{i=1}^{m} \langle \mathbf{x}, \mathbf{y}_i \rangle$

e. $\langle \mathbf{x}+\mathbf{y}, \mathbf{x}+\mathbf{y} \rangle = \langle \mathbf{x}, \mathbf{x} \rangle + \langle \mathbf{x}, \mathbf{y} \rangle + \langle \mathbf{y}, \mathbf{x} \rangle + \langle \mathbf{y}, \mathbf{y} \rangle$

실수인 경우에는 $\langle \mathbf{x}+\mathbf{y}, \mathbf{x}+\mathbf{y} \rangle = \langle \mathbf{x}, \mathbf{x} \rangle + 2\langle \mathbf{x}, \mathbf{y} \rangle + \langle \mathbf{y}, \mathbf{y} \rangle$

$\mathbb{R}^n$ 상에서의 일반적인 내적 또는 표준내적(standard inner product)은 다음과 같이 정의된다.

$$\langle \mathbf{x}, \mathbf{y} \rangle = x_1 y_1 + x_2 y_2 + \cdots + x_n y_n$$

예제 1 $\mathbf{x}=(3, -1, 4)$이고 $\mathbf{y}=(2, 5, 2)$라 하자. 표준내적은 무엇인가?

풀이 $\langle \mathbf{x}, \mathbf{y} \rangle = (3)(2)+(-1)(5)+(4)(2)=9$이다. ■

$\mathbb{R}^n$에서 벡터는 열벡터(column vector)를 나타낸다. 그러므로 $\mathbf{x}^T$는 **행벡터**(row vector) 또는 $1\times n$ 행렬이다. 마찬가지로 $\mathbf{y}$는 **열벡터**(column vector) 또는 $n\times 1$ 행렬이다. 행렬 곱 $\mathbf{x}^T\mathbf{y}$는 1×1 행렬로서 항상 상수로 취급한다. 내적은 다음과 같은 여러 가지 방법으로 표현할 수 있다.

$$\langle \mathbf{x}, \mathbf{y} \rangle = \mathbf{x}^T\mathbf{y} = \mathbf{y}^T\mathbf{x} = \sum_{j=1}^{n} x_j y_j$$

$\mathbb{R}^n$ 상에서의 **표준내적**(standard inner product)은 **점곱**(dot product)이라고도 하며 $\mathbf{x}\cdot\mathbf{y}$로 표현한다. 행렬 곱 $\mathbf{x}^T\mathbf{y}$는 $\mathbf{x}\cdot\mathbf{y}$을 행렬 형태로 표현한 것이다. 혼동을 피하기 위해 다른 내적에서는 점곱 기호를 사용하지 않겠다.

예제 2 벡터공간 $\mathbb{C}^n$은 $\mathbb{R}^n$ 공간과 유사하지만 벡터의 성분과 상수로는 복소수를 허용한다. 다음과 같이 정의된 $\mathbb{C}^n$에서의 표준내적에 대하여 알아보자.

$$\langle \mathbf{x}, \mathbf{y} \rangle = x_1\overline{y}_1 + x_2\overline{y}_2 + \cdots + x_n\overline{y}_n$$

풀이 내적은 다음과 같이 다르게 표현될 수 있다.

$$\langle \mathbf{x}, \mathbf{y} \rangle = \mathbf{y}^H\mathbf{x} = \sum_{j=1}^{n} x_j\overline{y}_j$$

열벡터 $\mathbf{y}=[y_1, y_2, \ldots, y_n]^T$에 대하여 전치 켤레복소수(complex conjugate transpose)는 행벡터 $\mathbf{y}^H=[\bar{y}_1, \bar{y}_2\}, \ldots, \bar{y}_n]$이다. 위첨자 H는 행렬의 켤레복소수의 전치행렬을 나타낸다.[이는 수학자 에르미트(Charles Hermite)에 의해 처음 사용되었다. 8.1의 각주 1을 보라.] 성분이 실수인 행렬에 대해서 에르미트행렬(Hermitian matrix) $\mathbf{A}^H$는 전치행렬 $\mathbf{A}^T$이다. ■

$\mathbb{R}^n$ 공간에서는 특별히 다른 언급이 없는 한 예제 1에서 정의한 내적을 사용하는 것이 편리하다. 이 경우에 내적은 점곱이고 이 값은 실수이기 때문에 두 번째 공준과 켤레복소수를 고려해야 하는 다른 계산들을 고려할 필요는 없다.

예제 3 $\mathbb{R}^n$ 상에서 모든 성분들이 양수인 하나의 벡터 $\mathbf{w}=(w_1, w_2, \ldots, w_n)$를 선택할 수 있고 이를 이용하여 다음과 같은 다른 내적을 정의한다.

$$\langle \mathbf{x}, \mathbf{y} \rangle_{\mathbf{w}} = w_1x_1y_1 + w_2x_2y_2 + \cdots + w_nx_ny_n$$

풀이 이 교재에서는 양수 w_j를 **가중치**(weight)라고 한다. 양수 w_i라고 명시하는 이유는 무엇인가? 첫 번째 공준에서 요구한 것처럼 $\langle \mathbf{x}, \mathbf{x} \rangle$는 양수이어야 하므로 w_i는 양수이어야 한다.(자세한 것은 일반 연습문제 2로 남겨 둔다.) 어떤 응용 분야에서는 더 다양한 형태의 내적을 사용하는 것이 유용하다.) ■

예제 4 벡터공간 $C[a, b]$에서 하나의 간단한 내적은 무엇인가?

풀이 $C[a, b]$는 폐구간 $[a, b]$에서 정의되고 실수를 함수 값으로 갖는 연속함수들로 이루어진 공간이다. 이 공간에서는 종종 다음과 같은 내적이 사용된다.

$$\langle f, g \rangle = \int_a^b f(t)g(t)\,dt$$ ■

내적공간에서의 노름

벡터공간에 내적이 정의되어 있다고 하면 벡터의 **크기**(magnitude)[또는 **길이**(length) 또는 **노름**(norm)]라는 개념을 도입할 수 있다. 이는 다음과 같이 정의된다.

$$\|\mathbf{x}\| = \sqrt{\langle \mathbf{x}, \mathbf{x} \rangle}$$

$\mathbb{R}^n$ 공간에 표준내적이 사용되었을 때, 이 노름은 **유클리디안 노름**(Euclidean norm)이라 한다. $n=2$인 경우 유클리디안 노름은 점 $\mathbf{x}=(x_1, x_2)$와 원점을 잇는 선분의 길이를 나타낸다. 즉 $\|\mathbf{x}\|=\sqrt{x_1^2+x_2^2}$이다. 피타고라스 법칙은 직각삼각형에서 그 빗변의 길이의 제곱은 다른 두 변의 길이의 제곱의 합과 같다는 것이다. 다른 두 변은 x_1과 x_2이다. 그림 7.1은 $\mathbb{R}^2$에서의 유클리디안 노름을 도시하고 있다. 이는 예제 1에 주어진 $\mathbb{R}^2$에서의 표준내적을 사용한 것이다.

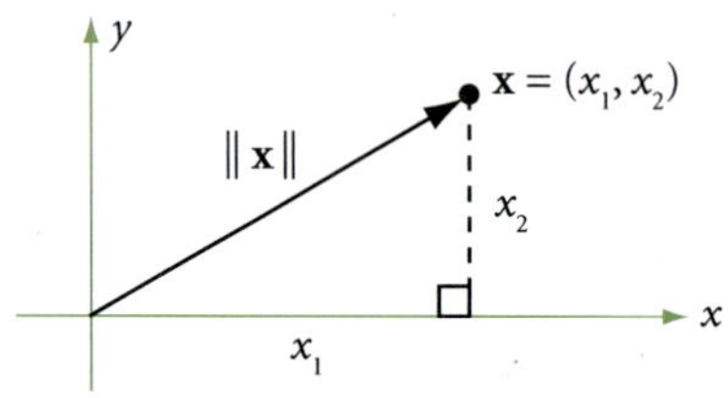

그림 7.1 유클리디안 노름.

7장에서의 대부분의 예제들은 유클리디안 내적을 사용한다. 스칼라 장(scalar field)은 일반적으로 $\mathbb{R}$이고 벡터는 $\mathbb{R}^n$의 원소이다. 그러므로 이 장 전체에서는 유클리디안 노름을 사용하는 것으로 이해하면 된다.

더 일반적인 내적을 사용한다면 한 벡터의 길이나 크기의 더 일반적인 개념이 필요할 것이다. 사실 그런 일반화는 아주 중요하다.

예제 5a 벡터 $\mathbf{x}=(3, 2, -4)$, $\mathbf{y}=(2, -5, 6)$, 그리고 $\mathbf{z}=(-2, 1, 4)$에 대하여 몇 개의 대수적 연산을 해 보라.

풀이 주어진 벡터들로 다음과 같은 결과를 얻는다. $\langle \mathbf{x}, \mathbf{y} \rangle=-28$, $\langle 3\mathbf{x}, \mathbf{y} \rangle=-84$, $\langle \mathbf{x}+\mathbf{y}, \mathbf{z} \rangle=-5$, $\|\mathbf{x}\|=\sqrt{29}$, 그리고 $\mathbf{x}/\|\mathbf{x}\|=(1/\sqrt{29})(3, 2, -4)$. ■

벡터 $\mathbf{x}$는 그 벡터의 길이 $\|\mathbf{x}\|$로 나눔으로써 **정규화**(normalize)한다. $\mathbf{x}/\|\mathbf{x}\|$는 $(1/\|\mathbf{x}\|)\cdot\mathbf{x}$로 이해하면 된다.

예제 5b $\mathbf{u}=(2+i, 4-3i)$와 $\mathbf{v}=(5-2i, 2+3i)$와 같이 성분이 복소수인 벡터들에 대하여 몇 개의 대수적 연산을 해 보라.

풀이 계산을 통하여 다음과 같은 결과를 얻는다. $\langle \mathbf{u}, \mathbf{v} \rangle=7+9i$, $\langle \mathbf{v}, \mathbf{u} \rangle=7-9i$, $\langle \mathbf{u}, \mathbf{u} \rangle=30$, $\langle \mathbf{v}, \mathbf{v} \rangle=42$, $\langle \mathbf{u}+\mathbf{v}, \mathbf{u}+\mathbf{v} \rangle=86$. ■

예제 5c 가중치가 고려된 다음과 같은 내적이 정의되어 있다: $\langle \mathbf{x}, \mathbf{y} \rangle_w = 3x_1y_1 + 2x_2y_2$, $\mathbf{w} = (3, 2)$. $\mathbf{x} = (5, 2)$, $\mathbf{y} = (-1, 4)$에 대하여 $\langle \mathbf{x}, \mathbf{y} \rangle_w$를 구하라.

풀이 $\langle \mathbf{x}, \mathbf{y} \rangle_w = (3)(5)(-1) + (2)(2)(4) = 1$. ■

다음 정리[1]는 내적공간에서의 노름에 관한 중요한 성질들을 모은 것이다. 내적공간의 정의에 있는 네 개의 공준과 그 공준들로부터 나오는 사실들만을 조심스럽게 이용한다. 이와 같은 전개 과정은 이미 익숙한 공간뿐 아니라 모든 내적공간에서 얻은 결과들이 유효하다는 확신을 준다. 또한 증명 과정에서 더 유용한 사실을 얻을 것이다.

정리 1

어떤 내적공간에서도 노름은 다음과 같은 성질을 갖는다.

a. 모든 $\mathbf{x} \neq 0$에 대하여 $\|\mathbf{x}\| > 0$
b. $\|\alpha \mathbf{x}\| = |\alpha| \, \|\mathbf{x}\|$
c. $|\langle \mathbf{x}, \mathbf{y} \rangle| \leq \|\mathbf{x}\| \cdot \|\mathbf{y}\|$ [**코시-슈바르츠 부등식**(Cauchy-Schwarz inequality)]
d. $\|\mathbf{x} + \mathbf{y}\| \leq \|\mathbf{x}\| + \|\mathbf{y}\|$ [**삼각부등식**(triangular inequality)]
e. $\langle \mathbf{x}, \mathbf{y} \rangle = 0$이면 $\|\mathbf{x} + \mathbf{y}\|^2 = \|\mathbf{x}\|^2 + \|\mathbf{y}\|^2$ [**피타고라스 정리**(Pythagorean theorem)]
f. $\|\mathbf{x} + \mathbf{y}\|^2 = \|\mathbf{x}\|^2 + \langle \mathbf{x}, \mathbf{y} \rangle + \langle \mathbf{y}, \mathbf{x} \rangle + \|\mathbf{y}\|^2$
   실수인 경우에는 $\|\mathbf{x} + \mathbf{y}\|^2 = \|\mathbf{x}\|^2 + 2\langle \mathbf{x}, \mathbf{y} \rangle + \|\mathbf{y}\|^2$

증명 c와 d만이 약간 어렵다. 여기서는 성분이 실수인 경우에 대해서만 증명하기로 한다. c의 코시-슈바르츠 부등식을 증명해 보자. $\mathbf{y} = \mathbf{0}$이면 명백하게 등식이 성립한다. $\mathbf{y} \neq \mathbf{0}$이면 $\mathbf{u} = \mathbf{y}/\|\mathbf{y}\|$라 하고 $t = \langle \mathbf{x}, \mathbf{u} \rangle$라 하자. 그러면 $\|\mathbf{u}\| = 1$임을 쉽게 알 수 있고 다음의 관계가 성립함을 알 수 있다.

$$
\begin{aligned}
0 \leq \langle \mathbf{x} - t\mathbf{u}, \mathbf{x} - t\mathbf{u} \rangle &= \langle \mathbf{x}, \mathbf{x} \rangle - 2t\langle \mathbf{x}, \mathbf{u} \rangle + t^2 \langle \mathbf{u}, \mathbf{u} \rangle \\
&= \|\mathbf{x}\|^2 - 2t^2 + t^2 = \|\mathbf{x}\|^2 - t^2 = \|\mathbf{x}\|^2 - \langle \mathbf{x}, \mathbf{u} \rangle^2
\end{aligned}
$$

그러므로 $|\langle \mathbf{x}, \mathbf{u} \rangle| \leq \|\mathbf{x}\|$, 즉 $|\langle \mathbf{x}, \mathbf{y}/\|\mathbf{y}\| \rangle| \leq \|\mathbf{x}\|$가 성립한다. 따라서 코시-슈바르츠 부등식을 얻는다. 이제 c의 코시-슈바르츠 부등식을 이용하여 다음과 같이 d의 삼각부등식을 증명해 보자.

[1] 정리 1에 나타나 있는 수학자들에 대하여 간략한 소개를 하겠다. 피타고라스(Pythagoras of Samos, 569~475 BC)는 첫 번째 순수 수학자로 일컬어진다. 그는 직각삼각형에 대한 피타고라스 정리로 유명하다. 코시(Augustin Louis Cauchy, 1789~1857)는 높은 수준의 방대한 양의 수학적 업적을 남긴 천재 수학자이다. 슈바르츠(Hermann Amandus Schwarz, 1843~1921)는 독일에서 수학 교수였다. 부냐코프스키(Viktor Yakovlevich Bunyakovsky, 1804~1889)는 슈바르츠보다 25년 먼저 코시-슈바르츠 부등식을 포함하는 논문을 발표했기 때문에 코시-슈바르츠 부등식에는 종종 그의 이름이 붙기도 한다.

$$\begin{aligned}\|\mathbf{x}+\mathbf{y}\|^2 &= \langle \mathbf{x}+\mathbf{y}, \mathbf{x}+\mathbf{y}\rangle = \langle \mathbf{x}, \mathbf{x}\rangle + 2\langle \mathbf{x}, \mathbf{y}\rangle + \langle \mathbf{y}, \mathbf{y}\rangle \\ &\le \|\mathbf{x}\|^2 + 2\|\mathbf{x}\|\cdot\|\mathbf{y}\| + \|\mathbf{y}\|^2 = \left[\|\mathbf{x}\| + \|\mathbf{y}\|\right]^2\end{aligned}$$

그림 7.2는 $\mathbb{R}^2$에서의 삼각부등식을 도시하고 있다. ■

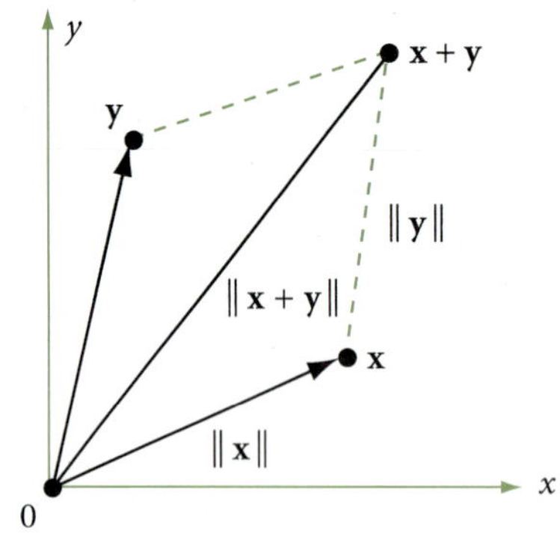

그림 7.2 삼각부등식.

정리 1의 위력을 알아보기 위하여 예제 4의 두 연속함수 f와 g를 생각해 보자. 이 함수에 대하여 정리 1을 적용하면 임의의 두 연속함수에 대해 항상 성립하는 다음과 같은 부등식을 얻는다.

$$\left|\int_a^b f(t)g(t)dt\right| \le \sqrt{\int_a^b |f(t)|^2 dt}\sqrt{\int_a^b |g(t)|^2 dt}$$

거리함수

내적공간에서 두 벡터 **x**와 **y** 사이의 거리는 $\|\mathbf{x}-\mathbf{y}\|$로 정의된다. 이것은 벡터 **x**와 **y**를 연결하는 직선 선분의 길이이다.

수학에서 **거리함수**(distance function) d는 거의 세계적으로 통용되는 다음과 같은 법칙을 따라야 한다.

- $\mathbf{x} \neq \mathbf{y}$이면 $d(\mathbf{x}, \mathbf{y}) > 0$
- $d(\mathbf{x}, \mathbf{y}) = d(\mathbf{y}, \mathbf{x})$
- $d(\mathbf{x}, \mathbf{y}) \le d(\mathbf{x}, \mathbf{z}) + d(\mathbf{z}, \mathbf{y})$

여기서 정의된 거리함수 $d(\mathbf{x}, \mathbf{y}) = \|\mathbf{x}-\mathbf{y}\|$도 두말 할 나위 없이 이 법칙들을 만족한다.(이것을 확인해 보라.)

내적공간에서 노름 1인 벡터는 **단위벡터**(unit vector)라 한다. $\mathbf{x} \neq 0$이면 **x**와 같은 방향을 갖는 단위벡터 $\mathbf{y} = \mathbf{x}/\|\mathbf{x}\|$를 정의할 수 있다. 이 과정을 **정규화**(normalization)라 한다. 새로운 벡터 **y**는 다음과 같이 노름이 1임을 알 수 있다: $\|\mathbf{y}\| = \|(1/\|\mathbf{x}\|)\cdot\mathbf{x}\| = (1/\|\mathbf{x}\|)\cdot\|\mathbf{x}\| = 1$.

상호직교벡터

정의

두 벡터 $\mathbf{x}$와 $\mathbf{y}$에 대하여 $\langle \mathbf{x}, \mathbf{y} \rangle = 0$가 성립하면 두 벡터는 **상호직교**(mutually orthogonal)한다고 한다.

상호직교는 벡터들이 직교한다라고 줄여 말하기도 하지만 직교성은 벡터들의 집합에 관한 성질이므로 이렇게 줄여 말하는 것은 오해를 살 요지가 있다. 정리 1의 피타고라스 정리는 직교하는 두 벡터에 관한 것이다.

벡터들의 집합에서 임의로 선택된 두 개의 다른 벡터 $\mathbf{x}$와 $\mathbf{y}$에 대하여 $\langle \mathbf{x}, \mathbf{y} \rangle = 0$이 성립하면 그 벡터 집합은 **직교**(orthogonal)한다고 한다. 예를 들면 집합 $\{\mathbf{x}, \mathbf{y}, \mathbf{z}, \mathbf{w}\}$가 직교한다는 것을 증명하기 위해서는 $\langle \mathbf{x}, \mathbf{y} \rangle = 0$, $\langle \mathbf{x}, \mathbf{z} \rangle = 0$, $\langle \mathbf{x}, \mathbf{w} \rangle = 0$, $\langle \mathbf{y}, \mathbf{z} \rangle = 0$, $\langle \mathbf{y}, \mathbf{w} \rangle = 0$, 그리고 $\langle \mathbf{z}, \mathbf{w} \rangle = 0$을 증명해야 한다. $\langle \mathbf{w}, \mathbf{y} \rangle = 0$과 같은 경우는 내적의 정의에서의 공준 2에 의해 성립함을 알 수 있다.

$\mathbf{x}$와 $\mathbf{y}$가 직교하면 이는 $\mathbf{x} \perp \mathbf{y}$로 표현한다. $\mathbf{x}$가 집합 U의 모든 원소와 직교하면 $\mathbf{x} \perp U$로 표현한다. 집합 V의 모든 원소가 다른 집합 U의 모든 원소와 직교하면 $V \perp U$로 표현한다.(기호 $\perp$의 의미는 약간씩 다르다.) 이러한 문제들을 더 구체적으로 알아보기 위하여 $\mathbf{x} = (5, 7)$이고 $\mathbf{y} = (-14, 10)$이라 하면 $\langle \mathbf{x}, \mathbf{y} \rangle = (5)(-14) + (7)(10) = 0$이므로 $\mathbf{x} \perp \mathbf{y}$가 성립한다. 또한 $\|\mathbf{x}+\mathbf{y}\|^2 = \|(-9, 17)\|^2 = 81 + 289 = 370$이고 $\|\mathbf{x}\|^2 + \|\mathbf{y}\|^2 = 25 + 49 + 196 + 100 = 370$이므로, 만일 $\mathbf{x} \perp \mathbf{y}$이 성립하면 피타고라스 정리 $\|\mathbf{x}+\mathbf{y}\|^2 = \|\mathbf{x}\|^2 + \|\mathbf{y}\|^2$가 성립함을 알 수 있다.

정리 2

내적공간에서 $\mathbf{0}$이 아닌 벡터들로 구성된 모든 직교집합은 일차독립이다.

증명 U를 내적공간에서 $\mathbf{0}$이 아닌 벡터들로 구성된 직교집합이라 하자. 이 집합이 일차종속이라 가정하자. 그러면 $\mathbf{u}_i \in U$에 대하여 식 $\sum_{i=1}^{n} c_i \mathbf{u}_i = \mathbf{0}$을 만족하는 0이 아닌 c_i가 존재하므로 c_j가 0이 아니라고 하자. 이제 $\sum_{i=1}^{n} c_i \mathbf{u}_i$와 $\mathbf{u}_j$의 내적을 구하면 다음과 같다.

$$\mathbf{0} = \left\langle \sum_{i=1}^{n} c_i \mathbf{u}_i,\ \mathbf{u}_j \right\rangle = \sum_{i=1}^{n} c_i \langle \mathbf{u}_i,\ \mathbf{u}_j \rangle = c_j \langle \mathbf{u}_j,\ \mathbf{u}_j \rangle$$

$\mathbf{u}_j \neq \mathbf{0}$이므로 등식이 성립하기 위해서는 c_j가 0일 수밖에 없다. 이는 c_j가 0이 아니라고 한 사실에 모순이 된다. 그러므로 이 집합은 일차독립이다. ■

정리 3

$\mathbb{R}^n$ 공간에서 $\mathbf{0}$이 아닌 $n+1$개의 벡터들로 구성된 직교집합은 존재하지 않는다.

증명 $\mathbb{R}^n$은 n차원 공간이므로 그 공간은 $n+1$개의 일차독립인 벡터들로 이루어진 집합은 포함할 수 없다.(5.2절의 정리 12를 기억하라.) ■

정리 4

$\mathbb{R}^n$ 공간에서 **0**이 아닌 n개의 벡터들로 구성된 어떤 직교집합도 $\mathbb{R}^n$의 기저이다.

길이가 1인 벡터들로 이루어진 직교집합은 **정규직교**(orthonormal)집합이라 한다.

예제 6 두 벡터 $\mathbf{u}=(3, 5, 1)$와 $\mathbf{v}=(2, -2, 4)$를 포함하는 $\mathbb{R}^3$ 공간의 직교기저와 정규직교기저를 구하라.

풀이 $\langle \mathbf{u}, \mathbf{x}\rangle=0$과 $\langle \mathbf{v}, \mathbf{x}\rangle=0$을 만족하는 **0**이 아닌 벡터 $\mathbf{x}=(x_1, x_2, x_3)$를 구하자. $\langle \mathbf{u}, \mathbf{x}\rangle=0$과 $\langle \mathbf{v}, \mathbf{x}\rangle=0$은 다음과 같은 동차 연립방정식을 구성한다.

$$\begin{cases} 3x_1 + 5x_2 + x_3 = 0 \\ 2x_1 - 2x_2 + 4x_3 = 0 \end{cases}$$

이 연립방정식의 계수행렬은 다음과 같은 축소행렬의 형태로 표현될 수 있다.

$$\begin{bmatrix} 3 & 5 & 1 \\ 2 & -2 & 4 \end{bmatrix} \sim \begin{bmatrix} 1 & 0 & 11/8 \\ 0 & 1 & -5/8 \end{bmatrix}$$

이 연립방정식의 해는 $x_1=-\frac{11}{8}x_3$와 $x_2=\frac{5}{8}x_3$이고 x_3는 자유 변수(free variable)이다. $x_3=8$이라 놓으면 $x_1=-11$이고 $x_2=5$가 되므로 벡터 $\mathbf{x}=(-11, 5, 8)$가 하나의 해가 된다. 행렬 **A**를 다음과 같이 구성하면

$$\mathbf{A} = [\ \mathbf{u} \quad \mathbf{v} \quad \mathbf{x}\ ] = \begin{bmatrix} 3 & 2 & -11 \\ 5 & -2 & 5 \\ 1 & 4 & 8 \end{bmatrix}$$

이 행렬의 세 열은 $\mathbb{R}^3$의 직교기저를 이룬다. 정규화하기 전에 $\mathbf{A}^T\mathbf{A}$를 계산하면

$$\mathbf{A}^T\mathbf{A} = \begin{bmatrix} 3 & 5 & 1 \\ 2 & -2 & 4 \\ -11 & 5 & 8 \end{bmatrix}\begin{bmatrix} 3 & 2 & -11 \\ 5 & -2 & 5 \\ 1 & 4 & 8 \end{bmatrix} = \begin{bmatrix} 35 & 0 & 0 \\ 0 & 24 & 0 \\ 0 & 0 & 210 \end{bmatrix} = \mathbf{D}$$

이고 $\|\mathbf{u}\|^2=35$, $\|\mathbf{v}\|^2=24$, $\|\mathbf{x}\|^2=210$이므로 다음에 주어진 행렬의 열들은 $\mathbb{R}^3$의 정규직교기저를 이룬다.

$$\mathbf{B} = \begin{bmatrix} 3/\sqrt{35} & 2/\sqrt{24} & -11/\sqrt{210} \\ 5/\sqrt{35} & -2/\sqrt{24} & 5/\sqrt{210} \\ 1/\sqrt{35} & 4/\sqrt{24} & 8/\sqrt{210} \end{bmatrix} = \mathbf{AD}^{-\frac{1}{2}}$$

계산을 검증하기 위하여 다음을 주목하자.

$$\mathbf{A}^T\mathbf{A} = \mathbf{D} = \mathbf{D}^{\frac{1}{2}}\mathbf{D}^{\frac{1}{2}} \qquad \mathbf{D}^{-\frac{1}{2}}\mathbf{A}^T\mathbf{A}\mathbf{D}^{-\frac{1}{2}} = (\mathbf{A}\mathbf{D}^{-\frac{1}{2}})^T(\mathbf{A}\mathbf{D}^{-\frac{1}{2}}) = \mathbf{I}$$ ■

직교사영

하나의 벡터 **x**는 **0**이 아닌 다른 벡터 **y**에 수직으로 사영될 수 있다. **x**의 **y** 위로의 **사영**(projection)을 벡터 **y**의 상수곱, 즉 $\alpha\mathbf{y}$로 나타내면 $\mathbf{x}-\alpha\mathbf{y}$는 **y**에 수직이다.(그림 7.3을 보라.) α의 정확한 값은 얼마인가? $\langle\mathbf{x}-\alpha\mathbf{y}, \mathbf{y}\rangle=0$, 즉 $\langle\mathbf{x}, \mathbf{y}\rangle-\alpha\langle\mathbf{y}, \mathbf{y}\rangle=0$이어야 하므로 $\alpha=\langle\mathbf{x}, \mathbf{y}\rangle/\langle\mathbf{y}, \mathbf{y}\rangle$가 됨을 알 수 있다. 이를 요약하면 다음 정리가 증명된다.

정리 5

내적공간에서 벡터 **x**의 **0**이 아닌 다른 벡터 **y** 위로의 직교사영은

$$\mathbf{p} = \frac{\langle\mathbf{x},\mathbf{y}\rangle}{\langle\mathbf{y},\mathbf{y}\rangle}\,\mathbf{y}$$

이며 $\mathbf{x}-\mathbf{p}$는 **y**와 수직이다. 그러므로 **x**는 서로 직교하는 두 벡터의 합, 즉 $\mathbf{x}=\mathbf{p}+(\mathbf{x}-\mathbf{p})$로 표현된다.

직교사영에 대한 식을 잊으면 다음과 같은 방법으로 쉽게 만들어 낼 수 있다. 벡터 **x**의 벡터 **y** 위로의 직교사영은 그림 7.3에 나타난 바와 같이 다음과 같은 두 성질에 의해 결정되는 벡터 **p**이다.

- 어떤 상수 α에 대하여 $\mathbf{p}=\alpha\mathbf{y}$
- $(\mathbf{x}-\mathbf{p}) \perp \mathbf{y}$

그러므로 $\langle\mathbf{x}, \mathbf{y}\rangle=\langle\alpha\mathbf{y}, \mathbf{y}\rangle=\alpha\langle\mathbf{y}, \mathbf{y}\rangle$이고 $\alpha=\langle\mathbf{x}, \mathbf{y}\rangle/\langle\mathbf{y}, \mathbf{y}\rangle$를 얻는다. **x**의 **y** 위로의 직교사영은 정리 5의 식에 나타나 있다.

x를 **y** 위로 사영하는 개념은 벡터 **y**의 크기와는 무관함에 주목하자. 그러므로 **y**의 길이를 변화시켜도 사영한 식은 변화하지 않음을 알 수 있다. 실제로 그 식은

$$\mathbf{p} = \langle\mathbf{x},\mathbf{v}\rangle\,\mathbf{v}$$

로 더 쉽게 기억할 수 있다. 여기서 **v**는 **y**를 정규화한 벡터, 즉 $\mathbf{v}=\mathbf{y}/\|\mathbf{y}\|$이다.

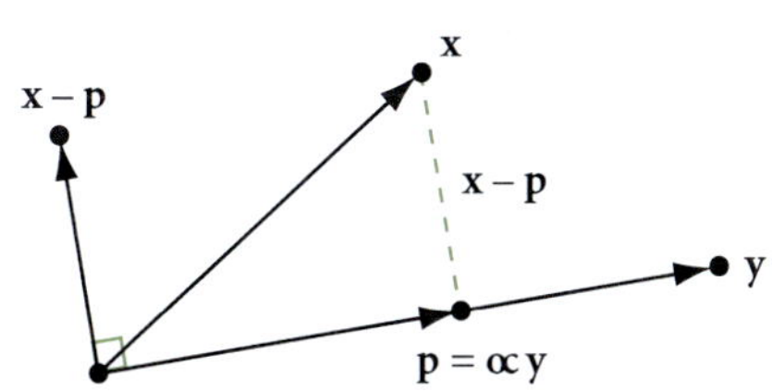

그림 7.3 **x**의 **y** 위로의 직교사영.

예제 7 $\mathbb{R}^3$ 공간에서 표준내적을 사용했을 때 벡터 $\mathbf{x}=(1, 2, 3)$의 벡터 $\mathbf{y}=(3, 2, 1)$ 위로의 직교사영을 구하라.

풀이 직교사영은 다음과 같이 구한다.

$$\mathbf{p} = \frac{\langle \mathbf{x}, \mathbf{y} \rangle}{\langle \mathbf{y}, \mathbf{y} \rangle} \mathbf{y} = (10/14)\mathbf{y} = \tfrac{5}{7}(3, 2, 1)$$

또한

$$\langle \mathbf{x} - \mathbf{p}, \mathbf{y} \rangle = (\mathbf{x} - \mathbf{p})^T \mathbf{y} = \left\langle \tfrac{4}{7}(-2, 1, 4), (3, 2, 1) \right\rangle = 0$$

이므로 $\mathbf{x}-\mathbf{p}$와 $\mathbf{y}$는 수직임을 알 수 있다. ■

직교사영은 여러 가지 다른 방법으로 계산될 수 있다. 예를 들면 사영될 한 점 $\mathbf{z}$와 벡터 $\mathbf{u}_i$를 열로 갖는 행렬 $\mathbf{U}$로 시작할 수 있다. 구하고자 하는 점 $\mathbf{p}$는 $\mathbf{U}$의 열벡터들의 일차결합으로 표현되므로 다음과 같은 형태로 나타난다.

$$\mathbf{p} = \mathbf{U}\mathbf{c}$$

여기서 $\mathbf{c}$는 $\mathbb{R}^n$의 원소로서 미지의 벡터이다. $\mathbf{z}-\mathbf{p}$는 $\mathbf{U}$의 모든 열과 수직이어야 하므로 다음 식을 만족한다.

$$(\mathbf{z} - \mathbf{p})^T \mathbf{U} = \mathbf{0}$$

$\mathbf{p}=\mathbf{U}\mathbf{c}$이므로 이를 위 식에 대입하면 다음을 얻는다.

$$(\mathbf{z} - \mathbf{U}\mathbf{c})^T \mathbf{U} = \mathbf{0} \qquad \mathbf{U}^T(\mathbf{z} - \mathbf{U}\mathbf{c}) = \mathbf{0} \qquad \mathbf{U}^T\mathbf{U}\mathbf{c} = \mathbf{U}^T\mathbf{z}$$

이 방정식은 7.2절에서 다시 다룰 것이다. 7.2절에서는 잘 선택된 $\mathbf{U}$의 기저들이 $\mathbf{U}^T\mathbf{U}=\mathbf{I}$를 유도하는 과정을 보여 줄 것이다. 이 경우 $\mathbf{c}=\mathbf{U}^T\mathbf{z}$를 얻는다. 일차방정식을 풀 필요는 없지만 행렬 $\mathbf{U}$를 구하기 위해서는 처음에 약간의 작업이 필요하다. 이 절의 정리 9는 이 중요한 문제를 풀기 위한 다른 형태를 보여 준다.

벡터들 사이의 각

벡터들 사이의 각의 개념은 어떤 내적공간에서도 도입될 수 있다. $\mathbf{x}$와 $\mathbf{y}$가 $\mathbf{0}$이 아닌 벡터라면 그들 사이의 각 θ는 다음과 같이 정의된다.

$$\cos\theta = \frac{\langle \mathbf{x}, \mathbf{y} \rangle}{\|\mathbf{x}\| \cdot \|\mathbf{y}\|}$$

각 θ는 폐구간 $[0, \pi]$에서 선택한다. 우선 $\mathbf{x}$와 $\mathbf{y}$가 서로 수직이면 그들 사이의 각 θ는 $\pi/2$임을 알 수 있으므로 이 경우에 대하여 이 식은 올바르다고 할 수 있다. 다음으로 $\mathbb{R}^2$에서 표준내적을 사용할 때 이 식이 올바른지 알아볼 수 있다. 다음과 같은 **코사인 법칙**(law of cosine)을 기억하자. 즉 세 변의 길이가 a, b, c이고 대응하는 반대편의 각이 A, B, C일 때 다음 식이 성립한다.

$$c^2 = a^2 + b^2 - 2ab \cdot \cos C$$

세 변이 $\mathbf{x}$, $\mathbf{y}$, $\mathbf{x}-\mathbf{y}$인 삼각형을 고려하자. 코사인 법칙에서 $C=\theta$, $a=\|\mathbf{x}\|$, $b=\|\mathbf{y}\|$, 그리고 $c=\|\mathbf{x}-\mathbf{y}\|$라 하면 다음 식을 얻는다.

$$\|\mathbf{x}-\mathbf{y}\|^2 = \|\mathbf{x}\|^2 + \|\mathbf{y}\|^2 - 2\|\mathbf{x}\| \cdot \|\mathbf{y}\| \cos\theta$$

그러므로 정리 1의 **f**를 이용하여 식

$$\|\mathbf{x}\|^2 - 2\langle \mathbf{x}, \mathbf{y}\rangle + \|\mathbf{y}\|^2 = \|\mathbf{x}\|^2 + \|\mathbf{y}\|^2 - 2\|\mathbf{x}\| \cdot \|\mathbf{y}\| \cos\theta$$

을 얻는다. 이 식을 정리하면 앞에서 정의한 $\cos\theta$에 관한 식을 얻는다. 마지막 강조점: $\cos\theta$의 정의에서 등식의 오른쪽이 구간 $[-1, 1]$에서 값을 가짐을 어떻게 알 수 있는가? 코시-슈바르츠 부등식에 의해서 이것을 확신할 수 있다!

그림 7.4는 기본 삼각함수 이론에서 코사인 법칙을 도시한 것이다. $\theta=90°=\pi/2$인 경우에 코사인 법칙은 벡터 $\mathbf{x}$와 $\mathbf{y}$가 수직이기 위한 조건인

$$\|\mathbf{x}-\mathbf{y}\|^2 = \|\mathbf{x}\|^2 + \|\mathbf{y}\|^2$$

이 된다.

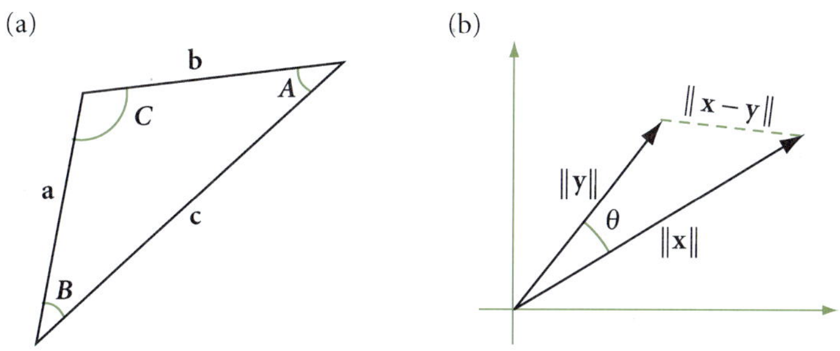

그림 7.4 코사인 법칙.

예제 8 두 벡터 $\mathbf{x}=(1, 3, 7)$와 $\mathbf{y}=(-3, 2, 4)$ 사이의 각은 얼마인가?

풀이 $\langle \mathbf{x}, \mathbf{y}\rangle=31$, $\|\mathbf{x}\|=\sqrt{59}$, 그리고 $\|\mathbf{y}\|=\sqrt{29}$이므로

$$\cos\theta = \frac{\langle \mathbf{x}, \mathbf{y}\rangle}{\|\mathbf{x}\| \cdot \|\mathbf{y}\|} = \frac{31}{\sqrt{1711}} \approx 0.74944$$

이다. 그러므로 $\theta \approx 0.72358$라디안(radian) 또는 $41.458°$이다. ■

직교여집합

정의

내적공간에서 집합 S의 **직교여집합**(orthogonal complement)은 다음과 같이 정의된 집합이다.

$$\{\mathbf{x} : \mathbf{x} \perp \mathbf{s} \text{ , 모든 } \mathbf{s} \in S\} \qquad \text{또는} \qquad \{\mathbf{x} : \mathbf{x} \perp S\}$$

S의 직교여집합은 기호 $S^{\perp}$로 나타낸다.

예제 9 $\mathbf{u}=(5, -2, -1)$이고 $\mathbf{v}=(2, -3, 15)$일 때 벡터 $\mathbf{x}=(3, 7, 1)$는 집합 $\{\mathbf{u}, \mathbf{v}\}$의 직교여집합의 원소인가?

풀이 $\mathbf{x}$가 집합 $\{\mathbf{u}, \mathbf{v}\}$의 직교여집합의 원소이려면 $\mathbf{x}$는 $\mathbf{u}$와 $\mathbf{v}$에 수직이어야 한다. 이는 다음 계산에 나타나 있다.

$$\langle \mathbf{x}, \mathbf{u} \rangle = (3)(5) + (7)(-2) + (1)(-1) = 15 - 14 - 1 = 0$$
$$\langle \mathbf{x}, \mathbf{v} \rangle = (3)(2) + (7)(-3) + (1)(15) = 6 - 21 + 15 = 0$$

그러므로 $\mathbf{x}$는 집합 $\{\mathbf{u}, \mathbf{v}\}$의 직교여집합의 원소이다. ■

정리 6

내적공간에서 한 집합의 직교여집합은 그 집합에 의해 생성되는 공간의 직교여집합과 같다.

예제 10 U를 예제 9에서의 두 벡터 $\mathbf{u}=(5, -2, -1)$와 $\mathbf{v}=(2, -3, 15)$를 기저로 갖는 $\mathbb{R}^3$의 부분공간이라 하자. 예제 9에서의 벡터 $\mathbf{x}$는 U의 직교여집합의 원소인가?

풀이 예제 9로부터 $\mathbf{x}$가 $\mathbf{u}$와 $\mathbf{v}$에 수직임을 알았고 정리 5에 의해 $\mathbf{x}$는 $\mathbf{u}$와 $\mathbf{v}$에 의해 생성되는 공간에 있는 원소, 즉 U의 원소와 수직이므로 $\mathbf{x}$는 U의 직교여집합의 원소이다. ■

정리 7

내적공간에서 임의의 부분집합의 직교여집합은 부분공간이다.

예제 11 $\mathbf{x}=(3, 7, 1)$이라 할 때 이 벡터 $\mathbf{x}$의 직교여집합은 몇 차원인가?

풀이 예제 10에서 **u**와 **v**는 직교여집합의 원소임을 알았다. **u**와 **v**는 서로가 서로의 상수배로 표현될 수 없다. 그러므로 이 두 벡터가 생성하는 공간은 벡터 **x**의 직교여집합으로서 $\mathbb{R}^3$에서 2차원 부분공간을 이룬다. ■

정리 8

한 행렬의 영공간(null space)은 그 행렬의 행공간(row space)의 직교여집합이다.

$$\text{Null}(\mathbf{A}) = [\text{Row}(\mathbf{A})]^{\perp}$$

증명 다음의 사실들은 논리적으로 동치 관계에 있다.

1. **x**는 **A**의 영공간의 원소이다.
2. $\mathbf{Ax}=\mathbf{0}$
3. **x**는 **A**의 행공간과 수직이다.
4. **x**는 $[\text{Row}(\mathbf{A})]^{\perp}$의 원소이다.

그러므로 한 행렬의 영공간과 그 행렬의 행공간의 직교여집합은 같다. ■

예제 12 행렬

$$\mathbf{A} = \begin{bmatrix} 5 & -2 & -1 \\ 2 & -3 & 15 \end{bmatrix}$$

의 영공간의 기저를 구하고 영공간이 행공간의 직교여집합임을 검증하라.

풀이 이 행렬의 영공간을 간단히 표현하기 위하여 영공간의 원소인 동차방정식 $\mathbf{Ax}=\mathbf{0}$의 해를 다음과 같은 축소행렬을 이용하여 구한다.

$$\begin{bmatrix} 5 & -2 & -1 \\ 2 & -3 & 15 \end{bmatrix} \sim \begin{bmatrix} 1 & 4 & -31 \\ 2 & -3 & 15 \end{bmatrix} \sim \begin{bmatrix} 1 & 4 & -31 \\ 0 & -11 & 77 \end{bmatrix}$$
$$\sim \begin{bmatrix} 1 & 4 & -31 \\ 0 & 1 & -7 \end{bmatrix} \sim \begin{bmatrix} 1 & 0 & -3 \\ 0 & 1 & -7 \end{bmatrix}$$

이 식으로부터 $x_1-3x_3=0$과 $x_2-7x_3=0$을 얻는다. 그러므로 일반해는

$$\begin{bmatrix} x_1 \\ x_2 \\ x_3 \end{bmatrix} = x_3 \begin{bmatrix} 3 \\ 7 \\ 1 \end{bmatrix}$$

이다. 영공간은 벡터 (3, 7, 1)에 의해 생성되는 1차원 공간이다. 행공간의 직교여집합이 이 벡터에 의해 생성됨은 예제 9에서 이미 보았다. ■

직교집합의 예들은 이 절의 연습문제에 나와 있다. 이제 푸리에 해석(Fourier analysis)의 중심이라 할 수 있는 매우 중요한 예제를 보자.

예제 13 구간 $[0, \pi]$에서 연속인 모든 함수들로 구성된 $C[0, \pi]$ 공간에서 함수 $w_k(t)=\cos(kt)$, $k=0, 1, 2, \ldots$로 이루어진 수열을 고려하자. 이것은 직교 수열인가?

풀이 직교 수열인지 알아보기 위하여 내적 $\langle w_k, w_j\rangle$, $k \neq j$을 계산해야 한다. 예제 4에서 고려했던 내적과 삼각함수의 공식을 이용하면

$$\begin{aligned}\langle w_k, w_j\rangle &= \int_0^{\pi} [\cos(kt)\cos(jt)]\,dt \\ &= \tfrac{1}{2}\int_0^{\pi} \big[\cos[(k+j)t] + \cos[(k-j)t]\big]\,dt \\ &= \tfrac{1}{2}\left[\frac{\sin[(k+j)t]}{k+j}\right]_0^{\pi} + \tfrac{1}{2}\left[\frac{\sin[(k-j)t]}{k-j}\right]_0^{\pi} = 0\end{aligned}$$

을 얻는다. 이 과정에서 다음과 같은 삼각함수의 항등식을 이용하였다.

$$\sin(x \pm y) = \sin x\cos y \pm \cos x \sin y$$
$$\cos x + \cos y = 2\cos[\tfrac{1}{2}(x+y)]\cos[\tfrac{1}{2}(x-y)]$$ ■

정규직교기저

정규직교성(orthonormality)의 정의를 기억하자: 내적공간에서 벡터들의 집합이 직교집합이고 각 벡터의 크기가 1이면 그 벡터들의 집합은 정규직교집합이다. **0**이 아닌 벡터들로 이루어진 직교집합을 정규직교집합으로 만들기 위해서는 단순히 각 원소를 정규화(normalize)하면 된다. 즉 주어진 집합에서 원소 $\mathbf{u}_i$를 $\mathbf{u}_i/\|\mathbf{u}_i\|$로 바꾼다. 정규직교의 조건은 $\langle \mathbf{u}_i, \mathbf{u}_j\rangle=\delta_{ij}$로 간단히 표현될 수 있다.[크로네커 델타 함수(Kronecker delta function)는 $\delta_{ij}=0$, $i \neq j$이고 $\delta_{ii}=1$임을 기억하자.]

정리 9

$\{\mathbf{u}_1, \mathbf{u}_2, \ldots, \mathbf{u}_n\}$이 내적공간에서 정규직교집합이면 이 집합으로 생성되는 공간의 원소 $\mathbf{x}$는 다음과 같이 표현된다.

$$\mathbf{x} = \sum_{i=1}^{n} \langle \mathbf{x}, \mathbf{u}_i\rangle \mathbf{u}_i$$

증명 $\mathbf{x}$가 정규직교집합으로 생성되는 공간의 원소이므로 방정식 $\mathbf{x}=\sum_{i=1}^{n} c_i\mathbf{u}_i$를 만족하는 상수 c_i가 존재한다.

이 등식의 양변에 벡터 $\mathbf{u}_j$와의 내적을 취하면

$$\langle \mathbf{x}, \mathbf{u}_j \rangle = \left\langle \sum_{i=1}^{n} c_i \mathbf{u}_i, \mathbf{u}_j \right\rangle = \sum_{i=1}^{n} c_i \langle \mathbf{u}_i, \mathbf{u}_j \rangle = \sum_{i=1}^{n} c_i \delta_{ij} = c_j$$

을 얻으므로 $\mathbf{x} = \sum_{i=1}^{n} \langle \mathbf{x}, \mathbf{u}_i \rangle\, \mathbf{u}_i$가 됨을 알 수 있다. ■

$\mathbb{R}^n$ 공간에 n개의 벡터들 $\mathbf{u}_1, \mathbf{u}_2, \ldots, \mathbf{u}_n$로 이루어진 정규직교집합이 주어져 있다고 하자. 이 벡터들을 열로 갖는 행렬 U는 정방행렬이며 이 사실은 중요하다. 정규직교성에 의해 U는 $\mathbf{U}^T\mathbf{U}=\mathbf{I}$를 만족한다. 이러한 행렬 U를 **직교행렬**(orthogonal matrix)[2]이라 한다. 명백하게 U는 역행렬이 존재하며 $\mathbf{U}^T$가 그 역행렬이 된다. 또한 3.2절의 정리 4에 의하면 $\mathbf{U}\mathbf{U}^T=\mathbf{I}$도 성립함을 알 수 있다.(정리 4는 정방행렬에서 BA=I가 성립하면 AB=I도 성립한다는 것이다.) $\mathbf{U}\mathbf{U}^T=\mathbf{I}$로부터 U의 행들도 역시 정규직교집합을 이룸을 알 수 있다! 이것은 마술처럼 인상적이다. 이러한 결과들을 정리하면 다음과 같다.

정의

실행렬 U가 $\mathbf{U}\mathbf{U}^T=\mathbf{U}^T\mathbf{U}=\mathbf{I}$을 만족하면 U는 **직교행렬**(orthogonal matrix)이라고 한다.
복소 행렬 U가 $\mathbf{U}\mathbf{U}^H=\mathbf{U}^H\mathbf{U}=\mathbf{I}$을 만족하면 U는 **유니타리행렬**(unitary matrix)이라고 한다.

예제 14 다음 행렬 A는 열들이 직교인 집합으로 이루어졌다.

$$\mathbf{A} = \begin{bmatrix} 4 & 1 & 1 \\ 1 & 2 & -2 \\ -2 & 3 & 1 \end{bmatrix}$$

각 열들을 정규화하여 직교행렬 U를 만들라. 더 흥미로운 관계가 있는지 찾아보고 U의 역행렬을 구하라.

풀이 각 열을 그 벡터의 노름으로 나누면 다음과 같이 주어지는 행렬 U를 얻는다.

$$\mathbf{U} = \begin{bmatrix} 4/\sqrt{21} & 1/\sqrt{14} & 1/\sqrt{6} \\ 1/\sqrt{21} & 2/\sqrt{14} & -2/\sqrt{6} \\ -2/\sqrt{21} & 3/\sqrt{14} & 1/\sqrt{6} \end{bmatrix}$$

U의 열들과 행들은 $\mathbb{R}^3$ 공간의 정규직교기저가 된다. 행렬 U는 A의 오른쪽에 다음 행렬을 곱해서 얻는다.

[2] 여기서의 표준 명칭은 잘못되었다고 생각할 수도 있다: 이 행렬은 **정규직교행렬**(orthonormal matrix)이라고 불려야 한다고 생각할 수도 있으나 그렇게 하지 않았다. $\mathbf{A}^H\mathbf{A}=\mathbf{I}$를 만족하는 복소수로 구성된 정방행렬은 **유니타리행렬**(unitary matrix)라고 부른다.

$$\mathbf{D}^{-\frac{1}{2}} = \begin{bmatrix} 1/\sqrt{21} & 0 & 0 \\ 0 & 1/\sqrt{14} & 0 \\ 0 & 0 & 1/\sqrt{6} \end{bmatrix}$$

즉 $\mathbf{U}=\mathbf{A}\mathbf{D}^{-1/2}$이며 다음 관계를 만족함을 알 수 있다.

$$\mathbf{I} = \mathbf{U}^T\mathbf{U} = (\mathbf{A}\mathbf{D}^{-\frac{1}{2}})^T(\mathbf{A}\mathbf{D}^{-\frac{1}{2}}) = \mathbf{D}^{-\frac{1}{2}}\mathbf{A}^T\mathbf{A}\mathbf{D}^{-\frac{1}{2}}$$
$$\mathbf{I} = \mathbf{U}\mathbf{U}^T = (\mathbf{A}\mathbf{D}^{-\frac{1}{2}})(\mathbf{A}\mathbf{D}^{-\frac{1}{2}})^T = \mathbf{A}\mathbf{D}^{-\frac{1}{2}}\mathbf{D}^{-\frac{1}{2}}\mathbf{A}^T = \mathbf{A}\mathbf{D}\mathbf{A}^T$$ ■

다음 정리는 정리 2에서 유추할 수 있다.

정리 10

모든 정규직교집합은 일차독립이다.

증명은 일반 연습문제 33c로 남겨 둔다.

정리 11

$\{\mathbf{u}_1, \mathbf{u}_2, \ldots, \mathbf{u}_n\}$을 내적공간의 부분공간 U의 정규직교기저라 하자. 임의의 벡터 $\mathbf{x}$의 U 위로의 직교사영은 다음과 같이 주어진 점 $\mathbf{p}$이다.

$$\mathbf{p} = \sum_{i=1}^{n} \langle \mathbf{x}, \mathbf{u}_i \rangle \mathbf{u}_i$$

증명 위에서 정의된 점 $\mathbf{p}$가 U의 원소임은 명백하다. 그러므로 $\mathbf{x}-\mathbf{p} \perp U$만 증명하면 된다. 이를 위해, 모든 j에 대하여 $\mathbf{x}-\mathbf{p} \perp \mathbf{u}_j$임을 보이면 된다. 이는 다음의 계산으로 증명된다.

$$\langle \mathbf{x}-\mathbf{p}, \mathbf{u}_j \rangle = \langle \mathbf{x}, \mathbf{u}_j \rangle - \langle \mathbf{p}, \mathbf{u}_j \rangle = \langle \mathbf{x}, \mathbf{u}_j \rangle - \sum_{i=1}^{n} \langle \mathbf{x}, \mathbf{u}_i \rangle \langle \mathbf{u}_i, \mathbf{u}_j \rangle$$
$$= \langle \mathbf{x}, \mathbf{u}_j \rangle - \langle \mathbf{x}, \mathbf{u}_j \rangle = 0$$ ■

정리 12

(내적공간에서) 한 벡터가 어떤 부분공간과 직교하기 위해서는 그 부분공간을 생성하는 집합의 각 원소와 그 벡터가 직교하는 것으로 충분하다.

증명은 일반 연습문제 33d로 남겨 둔다.

내적공간에서의 부분공간

정의

두 부분공간 U와 V에 대하여 벡터공간 X가 $X=U+V$이고 $U \cap V=\{\mathbf{0}\}$이면 벡터공간 X는 U와 V의 **직합**(direct sum)이라 한다.

정리 13

U가 n차원 내적공간의 부분공간이라 하면 다음 관계가 성립한다.

$$\text{Dim}(U) + \text{Dim}(U^{\perp}) = n$$

증명 집합 $\{\mathbf{u}_1, \mathbf{u}_2, \ldots, \mathbf{u}_k\}$와 $\{\mathbf{v}_1, \mathbf{v}_2, \ldots, \mathbf{v}_p\}$를 각각 U와 $U^{\perp}$의 정규직교기저라 하자. $\mathbf{u}_i$와 $\mathbf{v}_j$는 각각 U와 V의 원소들이므로 모든 i와 j에 대하여 $\langle \mathbf{u}_i, \mathbf{v}_j \rangle=0$이 된다. 그러므로 집합

$$\{\mathbf{u}_1, \mathbf{u}_2, \ldots, \mathbf{u}_k, \mathbf{v}_1, \mathbf{v}_2, \ldots, \mathbf{v}_p\}$$

는 정규직교집합이고 U와 $U^{\perp}$를 포함하는 공간의 기저가 된다. 그러므로 $k+p=n$이다. ■

정리 14

U와 V가 내적공간의 부분집합이라 하자. $U \subseteq V$이면 $V^{\perp} \subseteq U^{\perp}$이다.

증명 $U \subseteq V$라 가정하고 $\mathbf{x} \in V^{\perp}$라 하면 모든 $\mathbf{v} \in V$에 대하여 $\langle \mathbf{x}, \mathbf{v} \rangle=0$이 성립한다. $U \subseteq V$이므로 모든 $\mathbf{u} \in U$에 대해서도 $\langle \mathbf{x}, \mathbf{u} \rangle=0$이 성립한다. 즉 $\mathbf{x} \in U^{\perp}$이다. ■

정리 15

U는 내적공간 X의 유한차원 부분공간이라 하면 X는 U와 $U^{\perp}$의 직합이다. 즉 다음 관계가 성립한다.

$$X = U + U^{\perp} \qquad U \cap U^{\perp} = \{\mathbf{0}\} \qquad U = U^{\perp\perp}$$

증명 집합 $\{\mathbf{u}_1, \mathbf{u}_2, \ldots, \mathbf{u}_n\}$를 U의 정규직교기저라 하자.

1단계. U로의 직교사영은 다음과 같이 정의된 선형변환 P이다.

$$P(\mathbf{x}) = \textstyle\sum_{i=1}^{n} \langle \mathbf{x}, \mathbf{u}_i \rangle \mathbf{u}_i$$

임의의 $\mathbf{x} \in X$에 대하여

$$\begin{aligned}\langle \mathbf{x} - P(\mathbf{x}), \mathbf{u}_j \rangle &= \langle \mathbf{x}, \mathbf{u}_j \rangle - \left\langle \sum_{i=1}^{n} \langle \mathbf{x}, \mathbf{u}_i \rangle \mathbf{u}_i, \mathbf{u}_j \right\rangle \\ &= \langle \mathbf{x}, \mathbf{u}_j \rangle - \sum_{i=1}^{n} \langle \mathbf{x}, \mathbf{u}_i \rangle \langle \mathbf{u}_i, \mathbf{u}_j \rangle = 0\end{aligned}$$

이므로 $\mathbf{x}-P(\mathbf{x}) \perp U$이 된다. 반면에 $\mathbf{x}=P(\mathbf{x})+[\mathbf{x}-P(\mathbf{x})]$이므로 $X=U+U^{\perp}$가 성립한다.

2단계. $\mathbf{x} \in U \cap U^{\perp}$이면 $\mathbf{x} \perp \mathbf{x}$이므로 $U \cap U^{\perp}$의 원소는 $\mathbf{0}$뿐이다.

3단계. $U \subseteq U^{\perp\perp}$를 증명하기 위하여 $\mathbf{u} \in U$라 하자. $X=U+U^{\perp}$이므로 $\mathbf{u} \perp U^{\perp}$이고 $\mathbf{u} \in U^{\perp\perp}$이다. 즉 $\mathbf{u} \in U$이고 $\mathbf{v} \in U^{\perp}$이면 $\mathbf{v} \perp U$이고 $\mathbf{v} \perp \mathbf{u}$이므로 $\mathbf{u} \in U^{\perp\perp}$이다.

4단계. 이제 $U^{\perp\perp} \subseteq U$를 증명하자. $\mathbf{x} \in U^{\perp\perp}$라 하면 $\mathbf{x} \perp U^{\perp}$이다. $X=U+U^{\perp}$이므로 $\mathbf{x} \in U$이다. ■

이제 직합의 예를 보자.

a. 우함수 $f(t)=f(-t)$로 이루어진 집합과 기함수 $f(t)=-f(-t)$로 이루어진 집합은 모두 부분공간을 이룬다. 임의의 함수 f는 우함수 $f_E(t)\frac{1}{2}[f(t)+f(-t)]$와 기함수 $f_O(t)=\frac{1}{2}[f(t)-f(-t)]$의 합, 즉 $f=f_E+f_O$이므로 f_E와 f_O의 직합이다.

b. 임의의 $n\times n$ 행렬 $\mathbf{A}$는 $\mathbf{A}=\frac{1}{2}(\mathbf{A}+\mathbf{A}^T)+\frac{1}{2}(\mathbf{A}-\mathbf{A}^T)$로 표현되므로, 모든 $n\times n$ 행렬들로 이루어진 공간은 모든 대칭행렬(symmetric matrix, $\mathbf{A}^T=\mathbf{A}$)과 모든 반대칭행렬(skew symmetric matrix, $\mathbf{A}^T=-\mathbf{A}$)의 직합이다.

응용: 일과 힘

일과 힘은 이 장에서 익힌 기호와 개념으로 표현할 수 있다. 벡터 $\mathbf{f}$와 $\mathbf{d}$는 각각 한 물체에 가해진 힘과 그 힘에 의해 이동한 거리라 하자. θ를 $\mathbf{f}$와 $\mathbf{d}$ 사이의 각이라 하자. 예를 들면 무거운 짐이 가득한 수레를 일정한 힘으로 끌어 수레가 지면을 따라 움직인다고 하자. 수레가 거리 $\mathbf{d}$만큼 움직였을 때 한 일은 움직인 거리에 움직이는 방향의 힘의 성분을 곱하여 얻는다. 이것은 그림 7.5에 도시되어 있다. 힘 $\mathbf{f}$의 $\mathbf{d}$ 방향 성분은 $\|\mathbf{f}\|\cos\theta$이다. 정의에 의하여 한 일은

$$W = \|\mathbf{f}\| \cdot \|\mathbf{d}\| \cos\theta = \langle \mathbf{f}, \mathbf{d} \rangle$$

이다.

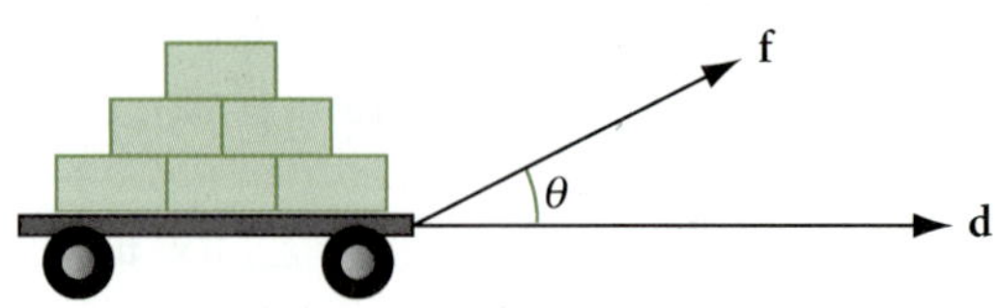

그림 7.5 힘과 변위.

응용: 충돌

코사인 법칙은 그림 7.6에 나타난 바와 같이 벽에 부딪친 후 빗나가는 공의 최종 위치를 결정하는 데 적용될 수 있다. $\mathbf{u}=(u_1, u_2)$을 초기 위치, $\mathbf{v}=(v_1, v_2)$를 최종 위치, 그리고 $\mathbf{u}-\mathbf{v}$를 충돌 후의 위치 변화라 하자. 코사인 법칙으로부터 변화된 위치의 크기는 다음과 같이 계산할 수 있다.

$$\|\mathbf{u}-\mathbf{v}\|^2 = \|\mathbf{u}\|^2 + \|\mathbf{v}\|^2 - 2\|\mathbf{u}\| \cdot \|\mathbf{v}\| \cos\varphi$$

이 식으로부터 두 벡터 $\mathbf{u}$와 $\mathbf{v}$의 내적과 그들 사이에 끼인 각의 관계를 나타내는 식

$$\langle \mathbf{u}, \mathbf{v} \rangle = \|\mathbf{u}\| \cdot \|\mathbf{v}\| \cos\varphi$$

을 얻을 수 있다.

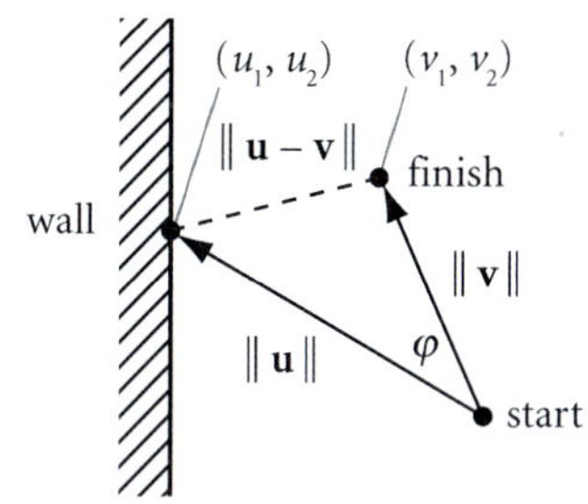

그림 7.6 빗나가는 공.

요약 7.1

- $\mathbb{C}^n$에서의 임의의 벡터 $\mathbf{x}$가 $\mathbf{x}=(x_1, x_2, \dots, x_n)$로 주어져 있으면 $\bar{\mathbf{x}}=(\bar{x}_1, \bar{x}_2, \dots, \bar{x}_n)$이다. **내적**(inner product)은 다음과 같은 성질을 가진다.
  - $\mathbf{x} \neq \mathbf{0}$이면 $\langle \mathbf{x}, \mathbf{x} \rangle > 0$
  - $\langle \mathbf{x}, \mathbf{y} \rangle = \overline{\langle \mathbf{y}, \mathbf{x} \rangle}$
  - $\langle \mathbf{x}+\mathbf{y}, \mathbf{z} \rangle = \langle \mathbf{x}, \mathbf{z} \rangle + \langle \mathbf{y}, \mathbf{z} \rangle$
  - 임의의 상수 α에 대하여 $\langle \alpha\mathbf{x}, \mathbf{y} \rangle = \alpha\langle \mathbf{x}, \mathbf{y} \rangle$
  - $\langle \mathbf{x}, \alpha\mathbf{y} \rangle = \bar{\alpha}\langle \mathbf{y}, \mathbf{x} \rangle$
  - $\langle \mathbf{x}, \mathbf{y}+\mathbf{z} \rangle = \langle \mathbf{x}, \mathbf{y} \rangle + \langle \mathbf{x}, \mathbf{z} \rangle$
  - $\langle \sum_{j=1}^{m} \mathbf{x}_j, \mathbf{y} \rangle = \sum_{j=1}^{m} \langle \mathbf{x}_j, \mathbf{y} \rangle$
  - $\langle \mathbf{x}, \sum_{j=1}^{m} \mathbf{y}_j \rangle = \sum_{j=1}^{m} \langle \mathbf{x}, \mathbf{y}_j \rangle$
  - $\langle \mathbf{x}+\mathbf{y}, \mathbf{x}+\mathbf{y} \rangle = \langle \mathbf{x}, \mathbf{x} \rangle + \langle \mathbf{x}, \mathbf{y} \rangle + \langle \mathbf{y}, \mathbf{x} \rangle + \langle \mathbf{y}, \mathbf{y} \rangle$
- $\langle \mathbf{x}, \mathbf{y} \rangle = \mathbf{x}^T\mathbf{y} = \mathbf{y}^T\mathbf{x} = \sum_{j=1}^{m} x_{jy\,j}$ ($\mathbb{R}^n$에서의 표준내적)
- $\langle \mathbf{x}, \mathbf{y} \rangle = \mathbf{y}^T\mathbf{x} = \sum_{j=1}^{m} x_j\bar{y}_j$ ($\mathbb{C}^n$에서의 표준내적)
- $\langle \mathbf{x}, \mathbf{y} \rangle_{\mathrm{w}} = \sum_{j=1}^{m} w_j x_j y_j$ ($\mathbb{R}^n$에서의 가중치 내적)
- $\langle \mathbf{x}, \mathbf{y} \rangle = \int_a^b x(t)\overline{y(t)}dt$ ($C[a, b]$에서의 일반적인 내적)
- 거리함수 d:
  - $\mathbf{x} \neq \mathbf{y}$이면 $d(\mathbf{x}, \mathbf{y}) > 0$
  - $d(\mathbf{x}, \mathbf{y}) = d(\mathbf{y}, \mathbf{x})$
  - $d(\mathbf{x}, \mathbf{y}) \leq d(\mathbf{x}, \mathbf{z}) + d(\mathbf{z}, \mathbf{y})$
- $\mathbf{x} \perp \mathbf{y}$는 $\langle \mathbf{x}, \mathbf{y} \rangle = 0$을 의미한다. 즉 $\mathbf{x}$와 $\mathbf{y}$는 서로 수직이다.
- $V \perp U$는 모든 $\mathbf{v} \in V$와 $\mathbf{u} \in U$에 대하여 $\langle \mathbf{v}, \mathbf{u} \rangle = 0$이 성립함을 의미한다.
- $\cos\theta = \langle \mathbf{x}, \mathbf{y} \rangle / \|\mathbf{x}\| \cdot \|\mathbf{y}\|$ (벡터들 사이의 각)
- $c^2 = a^2 + b^2 - 2ab \cdot \cos C$ (코사인 법칙)
- $\|\mathbf{x}\|^2 - 2\langle \mathbf{x}, \mathbf{y} \rangle + \|\mathbf{y}\|^2 = \|\mathbf{x}\|^2 + \|\mathbf{y}\|^2 - 2\|\mathbf{x}\| \cdot \|\mathbf{y}\| \cos\theta$
- $\theta = \pi/2$이면 $\|\mathbf{x}-\mathbf{y}\|^2 = \|\mathbf{x}\|^2 + \|\mathbf{y}\|^2$

- $\{\mathbf{x}$: 모든 $\mathbf{s} \in S$에 대하여 $\mathbf{x} \perp \mathbf{s}\} = \{\mathbf{x} : \mathbf{x} \perp S\} = S^{\perp}$ (S의 직교여집합)
- $X = U + V$와 $U \cap V = \{\mathbf{0}\}$이 성립하면 X는 U와 V의 직합이라 한다. $U \perp V$이면 X는 U와 V의 직교직합(orthogonal direct sum)이라 한다.
- 내적에 관한 정리:
  - 내적공간에서 노름은 다음과 같은 성질을 갖는다.
    임의의 $\mathbf{0}$이 아닌 벡터 $\mathbf{x}$에 대하여 $\|\mathbf{x}\| > 0$
    $\|\alpha\mathbf{x}\| = |\alpha| \, \|\mathbf{x}\|$
    $|\langle \mathbf{x}, \mathbf{y} \rangle| \le \|\mathbf{x}\| \cdot \|\mathbf{y}\|$ (**코시-슈바르츠 부등식**)
    $\|\mathbf{x}+\mathbf{y}\| \le \|\mathbf{x}\| + \|\mathbf{y}\|$ (**삼각부등식**)
    $\langle \mathbf{x}, \mathbf{y} \rangle = 0$이면 $\|\mathbf{x}+\mathbf{y}\|^2 = \|\mathbf{x}\|^2 + \|\mathbf{y}\|^2$ (**피타고라스 정리**)
    $\|\mathbf{x}+\mathbf{y}\|^2 = \|\mathbf{x}\|^2 + \langle \mathbf{x}, \mathbf{y} \rangle + \langle \mathbf{y}, \mathbf{x} \rangle + \|\mathbf{y}\|^2$
    실수인 경우에는 $\|\mathbf{x}+\mathbf{y}\|^2 = \|\mathbf{x}\|^2 + 2\langle \mathbf{x}, \mathbf{y} \rangle + \|\mathbf{y}\|^2$
  - 내적공간에서 $\mathbf{0}$이 아닌 벡터들로 구성된 모든 직교집합은 일차독립이다.
  - $\mathbb{R}^n$ 공간에서 $\mathbf{0}$이 아닌 $n+1$개의 벡터들로 구성된 직교집합은 존재하지 않는다.
  - 내적공간에서 벡터 $\mathbf{x}$의 $\mathbf{0}$이 아닌 다른 벡터 $\mathbf{y}$ 위로의 직교사영은 점 $\mathbf{p} = [\langle \mathbf{x}, \mathbf{y} \rangle / \langle \mathbf{y}, \mathbf{y} \rangle]\mathbf{y}$이다. $\mathbf{x}-\mathbf{p}$는 $\mathbf{y}$와 직교한다. 그러므로 $\mathbf{x}$는 서로 직교하는 한 쌍의 벡터의 합, 즉

$$\mathbf{x} = \mathbf{p} + (\mathbf{x} - \mathbf{p})$$

    로 표현된다.
  - 내적공간에서 한 집합의 직교여집합은 그 집합에 의해 생성되는 공간의 직교여집합과 같다.
  - 내적공간에서 임의의 부분집합의 직교여집합은 부분공간이다.
  - 한 행렬의 영공간은 그 행렬의 행공간의 직교여집합이다.
  - 내적공간에서 $\{\mathbf{u}_1, \mathbf{u}_2, \ldots, \mathbf{u}_n\}$이 정규직교집합이면 이 집합으로 생성되는 공간의 원소 $\mathbf{x}$는 $\mathbf{x} = \sum_{i=1}^{n} \langle \mathbf{x}, \mathbf{u}_i \rangle \mathbf{u}_i$로 표현된다.
  - 모든 정규직교집합은 일차독립이다.
  - $\{\mathbf{u}_1, \mathbf{u}_2, \ldots, \mathbf{u}_n\}$을 내적공간의 부분공간 U의 정규직교기저라 하자. 임의의 벡터 $\mathbf{x}$의 U 위로의 직교사영은 $\sum_{i=1}^{n} \langle \mathbf{x}, \mathbf{u}_i \rangle \mathbf{u}_i$이다.
  - U가 n차원 내적공간의 부분공간이라 하면 $\mathrm{Dim}(U) + \mathrm{Dim}(U^{\perp}) = n$이다.
  - U와 V가 내적공간의 부분집합이고 $U \subseteq V$이면 $V^{\perp} \subseteq U^{\perp}$이다.
  - U가 내적공간 X의 유한차원 부분공간이라 하면 $U^{\perp\perp} = U$, $X = U + U^{\perp}$, 그리고 $U \cap U^{\perp} = \{\mathbf{0}\}$이 성립한다.

주요 개념 7.1

내적, 점곱, 에르미트행렬, 한 벡터의 크기 또는 길이 또는 노름, 거리함수, 단위벡터, 정규화, 서로 직교하는 벡터, 직교성, 코시-슈바르츠 부등식, 삼각부등식, 피타고라스 정리, 벡터들의 정규직교집합, 직교사영, 벡터들 사이의 각, 코사인 법칙, 한 집합의 직교여집합, 직교벡터, 정규직교벡터들, 부분공간의 직교직합

일반 연습문제 7.1

1. $\mathbb{R}^2$에서 두 벡터로 이루어진 집합 $\{(a, b), (b, -a)\}$이 직교집합임을 보이라.
2. $(1, 3, 7)$의 $(2, -1, 3)$ 위로의 직교사영을 구하라.
3. 세 벡터 $\mathbf{u} = (2, 3, -5)$, $\mathbf{v} = (2, 2, 2)$, 그리고 $\mathbf{w} = (-8, 7, 1)$

가 삼중직교, 즉 각각의 벡터가 다른 두 벡터와 직교함을 증명하라. $\mathbf{x}=(4, -3, 5)$의 각 벡터 $\mathbf{u}$, $\mathbf{v}$, 그리고 $\mathbf{w}$ 위로의 사영을 구하라. 그 세 사영을 더하면 $\mathbf{x}$가 됨을 검증하라. 그러므로 벡터 $\mathbf{x}$는 세 개의 서로 직교하는 조각들 또는 성분들로 나뉠 것이다.

4. 세 벡터 $\mathbf{u}_1=(3, 3, 1)$, $\mathbf{u}_2=(2, -1, -3)$, 그리고 $\mathbf{u}_3=(8, -11, 9)$가 직교집합을 이룸을 검증하라. 이 세 벡터들을 행으로 놓아 행렬 A를 구성하라. 그 행들을 정규화하여 행렬 B를 구하라. B의 열들이 직교집합을 이룸을 검증하라.

5. 내적공간에서 방정식 $\|\mathbf{x}-\mathbf{y}\|=0$과 $\mathbf{x}=\mathbf{y}$가 동치인 이유를 설명하라.

6. $\mathbf{x}=(1, 3, 7)$이고 $\mathbf{y}=(-4, 2, 1)$이라 하자. $\|\mathbf{x}\|$, $\langle \mathbf{x}, \mathbf{y}\rangle$, $\|\mathbf{y}\|$, 그리고 $\|\mathbf{x}+\mathbf{y}\|$를 계산하라. 코시-슈바르츠 부등식과 삼각부등식이 성립함을 검증하라.

7. '모든 직교집합은 일차독립이다' 라는 명제가 사실이 아닌 이유를 설명하라.

8. 내적공간에서 $\|\mathbf{x}\|=7$이고 $\|\mathbf{y}\|=9$라 하자. $\|\mathbf{x}-\mathbf{y}\|$는 얼마나 클 수 있는가?

9. 사상 $\mathbf{x} \mapsto (\langle \mathbf{x}, \mathbf{v}\rangle/\langle \mathbf{v}, \mathbf{v}\rangle)\mathbf{v}$이 선형인지 아닌지 결정하라.(여기서 $\mathbf{v}$는 임의의 고정된 벡터이고 이 사상은 임의의 내적공간에서 정의될 수 있다.)

10. 행렬 $A=\begin{bmatrix} 4 & 3 & 1 & 2 \\ 3 & 2 & 0 & 2 \\ -2 & 3 & 1 & 2 \end{bmatrix}$에 대하여 영공간을 간단히 표현하고 행공간의 직교여집합을 구하라.

11. 다음 문제에 답하고 그들을 설명하기 위한 간단한 그림을 그려 보라.

a. $\mathbf{x} \perp \mathbf{y}$이면 모든 상수 α와 β에 대하여 $\alpha\mathbf{x} \perp \beta\mathbf{y}$가 성립하는가?

b. $\mathbf{x} \perp \mathbf{y}$이고 $\mathbf{y} \perp \mathbf{z}$이면 $\mathbf{x} \perp \mathbf{z}$가 성립하는가?

c. $\mathbf{x} \perp \mathbf{y}$이고 $\mathbf{x} \perp \mathbf{z}$이면 모든 상수 α, β, 그리고 γ에 대하여 $\alpha\mathbf{x} \perp (\beta\mathbf{y}+\gamma\mathbf{z})$가 성립하는가?

12. 다음의 명백한 모순을 설명하라: 벡터 $\mathbf{x}=(7+3i, -3+7i)$에 대하여 $\|\mathbf{x}\|^2=\langle \mathbf{x}, \mathbf{x}\rangle=x_1^2+x_2^2=(7+3i)^2+(-3+7i)^2=(49+42i-9)+(9-42i-40)=0$.

13. 두 벡터 $\mathbf{u}=(4, 1, -2)$와 $\mathbf{v}=(1, -2, 1)$로 생성되는 $\mathbb{R}^3$의 부분공간으로의 $\mathbf{x}=(2, 2, 3)$의 직교사영을 구하라. $\mathbf{u} \perp \mathbf{v}$를 주목하라. 사영이 만족해야 하는 두 성질을 독립적으로 검증하여 계산 과정을 확인하라.

14. $\mathbf{u}$와 $\mathbf{v}$는 한 내적공간의 영이 아닌 벡터들이라 하자. 등식 $\|\mathbf{u}\|^2=\langle \mathbf{u}, \mathbf{v}\rangle=\|\mathbf{v}\|^2$이 성립할 조건은 무엇인가? $\mathbf{u}$와 $\mathbf{v}$ 사이의 각에 관한 조건이면 충분할 것이다.

15. 내적공간에서 $\langle \mathbf{x}, \mathbf{y}\rangle=0$이면 $\|\mathbf{x}+\mathbf{y}\|^2=\|\mathbf{x}\|^2+\|\mathbf{y}\|^2$이다. 이것을 검증하고 그 역도 성립하는지 알아보라.

16. $\mathbf{u}=(1, 2, 3)$, $\mathbf{v}=(2, -1, 1)$, 그리고 $\mathbf{w}=(3, 1, 0)$이라 하자. $\langle \mathbf{x}, \mathbf{u}\rangle=\langle \mathbf{x}, \mathbf{v}\rangle=\langle \mathbf{x}, \mathbf{w}\rangle=0$이면 $\mathbf{x}=\mathbf{0}$임을 검증하라.

17. $f(t)=\|(1, 3, t, 7)\|$이라 하자. 이 함수의 최소값은 무엇인가? $g(t)=\|(1+t, 3, 7-t)\|$로 정의된 함수의 최소값은 무엇인가?

18. $\langle \mathbf{x}, \mathbf{y}\rangle > 0$이면 $\mathbf{x}$와 $\mathbf{y}$ 사이의 각은 예각이다. 이를 설명하라.

19. 모든 $\mathbf{y}$에 대하여 $\langle \mathbf{x}, \mathbf{y}\rangle=0$이면 $\mathbf{x}=\mathbf{0}$임이 사실인지 아닌지에 대해 설명하라.

20. $\mathbf{x}\neq\mathbf{0}$이고 $\mathbf{y}\neq\mathbf{0}$이라 하면 $\text{Proj}_{\mathbf{x}}\mathbf{y}=\mathbf{0}$일 필요충분조건은 $\text{Proj}_{\mathbf{y}}\mathbf{x}=\mathbf{0}$인가? 사실인지 아닌지에 대해 설명하라.

21. 예제 3을 참조하고 w_i 중 어떤 것 하나라도 0보다 작거나 같으면 그 식은 진짜 내적을 생성하지 않는 이유를 설명하라.

22. 내적의 정의에 있는 네 가지 공준으로부터 유도된 식 **a**~**e**를 자세히 증명해 보라.

23. 다음을 증명하라.

a. 정리 4 b. 정리 5

24. 임의의 내적공간에서 $\|\mathbf{x}\|^2=\|\mathbf{y}\|^2=\langle \mathbf{x}, \mathbf{y}\rangle$이면 $\mathbf{x}=\mathbf{y}$이 됨이 사실인지 아닌지에 대해 설명하라.

25. x, y, 그리고 z가 조건 $x^2+y^2+z^2=1$을 만족하는 실수일 때 $3x-7y+4z$의 최대값은 무엇인가?

26. $\|\mathbf{x}+\mathbf{y}\|=\|\mathbf{y}\|$이고 $\mathbf{x} \neq \mathbf{0}$이면 $\langle \mathbf{x}, \mathbf{y}\rangle < 0$인 이유를 설명하라.

27. 임의의 행렬 A에 대하여 $[\text{Col}(A)]^{\perp}=\text{Null}(A^T)$인 이유를 설명하라.

28. 다음을 증명하라.

a. 정리 6 b. 정리 7

29. 내적공간에서 $\langle \mathbf{x}, \mathbf{y}\rangle=\|\mathbf{x}\| \cdot \|\mathbf{y}\| \neq 0$이면 $\mathbf{y}$는 $\mathbf{x}$의 양수배인 이유를 설명하라.

30. $\mathbf{x}=(x_1, x_2, x_3)$를 가장 간단한 세 개의 서로 수직인 성분의

합으로 표현하라.(여러 개의 답이 가능하다.)

31. A는 열들이 직교집합을 이루는 정방행렬이다. A의 각 행을 정규화하여 새 행렬 B를 얻었다. B는 직교행렬인가? A의 열들을 정규화하여 얻은 행렬 C는 직교행렬인가?

32. 예제 13을 참조하고 함수들 $\mathbf{w}_k$를 정규화하는 과정에서 나타나는 직교집합을 결정하라.

33. 다음을 증명하라.

a. 정리 1의 a, b, e, 그리고 f

b. 정리 10

c. 정리 12

34. 스칼라 장이 $\mathbb{R}$일 때 다음과 같은 계산 법칙을 증명하라.

a. $\langle \mathbf{x}+\mathbf{y}, \mathbf{u}+\mathbf{v}\rangle=\langle \mathbf{x}, \mathbf{u}\rangle+\langle \mathbf{x}, \mathbf{v}\rangle+\langle \mathbf{y}, \mathbf{u}\rangle+\langle \mathbf{y}, \mathbf{v}\rangle$

b. $\|\mathbf{x}+\mathbf{y}\|^2=\|\mathbf{x}\|^2+2\langle \mathbf{x}, \mathbf{y}\rangle+\|\mathbf{y}\|^2$

c. $\|\mathbf{x}+\mathbf{y}\|^2+\|\mathbf{x}-\mathbf{y}\|^2=2\|\mathbf{x}\|^2+2\|\mathbf{y}\|^2$

(이 방정식은 **피타고라스 법칙**으로 알려져 있다.)

35. $\langle \mathbf{x}, \mathbf{y}\rangle$가 순허수이면 $\|\mathbf{x}+\mathbf{y}\|=\|i\mathbf{x}+\mathbf{y}\|$임을 증명하라.

36. 임의의 행렬에 대하여 핵(kernel)은 행공간의 직교여집합임을 증명하라.

37. $\mathbb{R}^n$에서 벡터 $\mathbf{x}$와 $\mathbf{y}$는 $n\times1$ 행렬의 형태로 주어졌다고 하자. 표준내적을 고려했을 때 $\langle \mathbf{x}, \mathbf{y}\rangle=\mathbf{x}^T\mathbf{y}=\mathbf{y}^T\mathbf{x}$임을 설명하라. $\mathbb{C}^n$에서 대응하는 방정식은 $\langle \mathbf{x}, \mathbf{y}\rangle=\mathbf{y}^H\mathbf{x}=(\mathbf{x}^H\mathbf{y})^H$임을 증명하라. $\mathbf{x}^H$는 열벡터 $\mathbf{x}$의 켤레전치를 나타낸다. 즉 벡터 $\mathbf{x}^H$의 각 성분은 $\mathbf{x}$의 각 성분의 켤레복소수로 대치되고 그 벡터는 행벡터로 나타난다.

38. 정리 5를 참조하라. $\mathbf{p}$는 $\mathbf{x}$에 가장 가까운 벡터로서 $\mathbf{y}$의 상수배인 이유를 설명할 수 있는가? 제안: $\|\mathbf{x}-t\mathbf{y}\|^2$를 최소화하는 미적분학에서의 계산법을 이용하라.

39. S와 Q는 $\mathbb{R}^n$의 부분집합이고 $S\subseteq Q$를 만족한다. $Q^\perp\subseteq S^\perp$인 이유를 설명하라.

40. (3, 5, 7) 방향으로 40뉴턴의 힘이 작용하여 (1, 1, 6) 방향으로 25단위만큼 움직였을 때 한 일을 계산하라.

41. (도전) T는 내적공간에서 $T(\mathbf{x})=\sum_{i=1}^{n}\langle \mathbf{x}, \mathbf{v}_i\rangle\mathbf{u}_i$로 정의된 선형변환이라 하자. 방정식 $T(\mathbf{x})=\mathbf{x}$의 영이 아닌 해를 구하라. 어떤 적절한 가정이 필요할지도 모른다.

42. 임의의 실수 내적공간에서 다음 항등식을 증명하라.

$\|\mathbf{x}-\mathbf{y}\|^2=\|\mathbf{x}\|^2-\|\mathbf{y}\|^2+2\langle \mathbf{y}-\mathbf{x}, \mathbf{y}\rangle$

43. 다음 부등식이 성립하는 이유를 설명하라.

임의의 $\lambda>0$에 대하여 $|\langle \mathbf{x}, \mathbf{y}\rangle|\le\lambda\|\mathbf{x}\|^2+[(1/4\lambda)]\|\mathbf{y}\|^2$

44. $\mathbf{a}$, $\mathbf{b}$, 그리고 $\mathbf{c}$는 내적공간에서 고정된 벡터라 할 때 $\langle \mathbf{x}, \mathbf{a}\rangle\mathbf{c}=\mathbf{b}$를 만족하는 모든 해 $\mathbf{x}$를 구하라. 필요하면 스칼라 장은 $\mathbb{R}$이라 가정하라. 여러 개의 특별한 경우로 나누어 고려해야 할지도 모른다.

45. 방정식 $\mathbf{x}+\langle \mathbf{x}, \mathbf{a}\rangle\mathbf{c}=\mathbf{b}$의 해를 구하라. 많은 특별한 경우를 고려해야 할지도 모른다. 필요하면 스칼라 장은 $\mathbb{R}$이라고 가정하라.

46. 일반 연습문제 41의 변환 T를 이용하여 방정식 $T(\mathbf{x})=\mathbf{b}$를 풀라.

47. 공간 $C[-1, 1]$에서 예제 4에 주어진 내적을 이용하라. 르장드르(Legendre) 다항식 $P_0(t)=1$, $P_1(t)=t$, 그리고 $P_2(t)=(3t^2-1)/2$이 어떻게 직교집합을 이루는지를 보이라.

48. 내적공간에서 $\|\mathbf{x}\|=\|\mathbf{y}\|=1$이다. $\mathbf{0}$, $\mathbf{x}$, 그리고 $\mathbf{y}$를 꼭지점으로 갖는 삼각형을 고려하자. 그 면적은 얼마나 클 수 있는가?

49. $\mathbb{R}^2$에서 $\mathbf{x}\neq\mathbf{0}$이고 $\mathbf{x}\perp\mathbf{y}$이면 $\mathbf{y}=A\mathbf{x}$인 이유를 설명하라.

여기서 A는 $A=\begin{bmatrix}0 & c\\ -c & 0\end{bmatrix}$ 형태이다.

50. 내적공간에서 $1=\|\mathbf{x}\|<\|\mathbf{y}\|$이면 $\|\mathbf{x}-\hat{\mathbf{y}}\|<\|\mathbf{x}-\mathbf{y}\|$임을 증명하라. 여기서 $\hat{\mathbf{y}}=\mathbf{y}/\|\mathbf{y}\|$이다.

51. $\mathbf{x}$를 영이 아닌 벡터 $\mathbf{y}$ 위로 직교사영한 벡터는 길이가 $\mathbf{x}$의 길이보다 작음을 증명하라.

52. $\|\mathbf{x}\|=\|\mathbf{y}\|$이면 $\mathbf{x}$의 $\mathbf{y}$ 위로의 사영과 $\mathbf{y}$의 $\mathbf{x}$ 위로의 사영은 그 길이가 같은 이유를 설명하라.

53. 정리 1의 모든 내용을 자세히 써 보라.

54. 임의의 내적공간에서 코시-슈바르츠 부등식에서 등식이 성립할 필요충분조건은 $\|\mathbf{y}\|\mathbf{x}=\pm\|\mathbf{x}\|\mathbf{y}$임을 증명하라.

55. 점 $\mathbf{x}$로부터 $\mathbf{0}$과 $\mathbf{v}$를 지나는 직선까지의 거리는 $\|\mathbf{x}-[\langle \mathbf{x}, \mathbf{v}\rangle/\langle \mathbf{v}, \mathbf{v}\rangle]\mathbf{v}\|$임을 증명하라. $\|\mathbf{v}\|=1$이라 하면 그 거리는 $\|\mathbf{x}-\langle \mathbf{x}, \mathbf{v}\rangle\mathbf{v}\|$이다.

56. 미적분학에서 배운 계산을 이용하여 $\|\mathbf{x}-t\mathbf{v}\|$가 최소가 되는 t를 구하라. 이 문제와 정리 3에 있는 직교사영에 관한 식과의 연관성을 찾아 보라.

57. $P^2=P$인 선형사상 $P: X\to X$은 **사영**이라 한다. 사상 $T(x_1, x_2)=(0, x_2-x_1)$이 사영인지를 결정하라.

58. 점 (3, 7, −5)으로부터 0과 (2, 3, 4)를 지나는 직선까지의 거리는 $(1/29)\sqrt{52142}$인가?

59. 한 점으로부터 내적공간의 한 부분공간 위로의 직교사영은 유일하다는 것을 증명하라. 이 사실을 조심스럽게 언급하면 다음과 같다: V가 내적공간의 부분공간이고 $\mathbf{x}$는 내적공간의 임의의 점이면 $\mathbf{x}-\mathbf{p} \perp V$을 만족하는 V 위의 점 $\mathbf{p}$는 많아야 한 개 존재한다.

60. 다음을 비평하거나 옳은 형태로 표현하라: $\{\mathbf{u}_1, \mathbf{u}_2, \ldots, \mathbf{u}_n\}$이 정규직교집합이면 모든 $\mathbf{x}$는 $\mathbf{x}=\sum_{i=1}^{n}\langle\mathbf{x}, \mathbf{u}_i\rangle\mathbf{u}_i$을 만족한다. 이는 $\mathbf{x}=\sum_{i=1}^{n} c_i\mathbf{u}_i$로 시작하여 양변에 $\mathbf{u}_j$와의 내적을 취하면 $c_j=\langle\mathbf{x}, \mathbf{u}_j\rangle$를 얻기 때문이다.

61. 두 벡터 사이의 각에 대한 식을 이용하여 정리 5에 주어진 직교사영에 대한 식을 검증하라.

62. 벡터공간 $C[a, b]$의 원소는 폐집합 $[a, b]$에서 정의된 실수 값을 함수 값으로 갖는 연속인 모든 함수들이다. 이 공간에서 $\langle f, g\rangle=\int_a^b f(t)g(t)w(t)dt$은 내적을 정의한다. 여기서 w는 $C[a, b]$의 원소로서 고정된 함수이다. 이 식이 하나의 내적으로 정의되기 위하여 w에는 어떤 가정이 주어져야 하는가? 내적의 정의에 있는 공준 1~4를 증명하라.

63. 내적공간의 공준(공리)은 무엇인가?(스칼라는 실수라 가정하자.) 공리를 사용하여 다음과 같은 **피타고라스 법칙**을 증명하라: $\mathbf{x} \perp \mathbf{y}$이면 $\|\mathbf{x}+\mathbf{y}\|^2=\|\mathbf{x}\|^2+\|\mathbf{y}\|^2$. 이것은 스칼라가 실수인 경우에만 성립하는가 아니면 스칼라가 복소수일 때도 성립하는가?

64. 임의의 2차원 내적공간에서 $\mathbf{u}\neq\mathbf{0}$, $\mathbf{v}\neq\mathbf{0}$이고 $\langle\mathbf{u}, \mathbf{v}\rangle=0$이면 $\{\mathbf{u}, \mathbf{v}\}$는 그 공간의 기저임을 설명하라. 이를 3차원 공간으로 유추하면 어떤 정리가 되는가?

65. 정리 10에서 가정이 정규직교에서 직교로 바뀌었을 때 정리 10을 약간 다른 형태로 서술하고 증명하라.

66. $q(t)=\|\mathbf{x}-t\mathbf{u}\|^2$로 정의된 이차함수 q에 근거하여 코시-슈바르츠 부등식을 세워 보라. 여기서 $\mathbf{u}$는 단위벡터이다. 최소점 t_0를 찾고 $q(t_0) \geq 0$ 등을 주목하라.

67. 부등식 $\|\mathbf{x}+\mathbf{y}\|^2 \leq \|\mathbf{x}\|^2+\|\mathbf{y}\|^2$이 성립하도록 하는 $\mathbf{x}$와 $\mathbf{y}$에 대한 정확한 조건을 찾으라. 그 부등식이 항상 성립하지는 않는다는 것을 예를 들어 증명하라.

68. 한 점을 다른 점으로 직교사영하는 데 다음의 접근 방법을 이용해 보라: $\mathbf{x}$를 $\mathbf{y}$ 위로 사영하기 위해서 $\mathbf{x}$와 가장 가까운 점 $\alpha\mathbf{y}$를 찾는다. 이것은 기본미적분학으로 풀 수 있는 간단한 최소화 문제를 만든다.

69. $\mathbf{x}$와 $\mathbf{y}$는 그 성분이 모두 ±1인 $\mathbb{R}^n$ 상의 벡터라 하자. $\mathbf{x}$와 $\mathbf{y}$가 직교하면 n은 짝수인 이유를 설명하라.

70. $\mathbf{u}$는 $\mathbb{R}^n$의 한 단위벡터이다. $-1 \leq c \leq 1$이면 $\langle\mathbf{x}, \mathbf{u}\rangle=c$를 만족하는 단위벡터 $\mathbf{x}$가 존재함을 증명하라.

71. $\mathbf{x}$와 $\mathbf{y}$ 사이의 각이 예각이면 $\|\mathbf{x}+\mathbf{y}\|^2 \geq \|\mathbf{x}\|^2+\|\mathbf{y}\|^2$이 성립함을 증명하라.

72. $\mathbf{u}$의 $\mathbf{v}$ 위로의 사영은 크기가 $\|\mathbf{u}\|$보다 클 수 없는 이유를 설명하라.

73. $\mathbf{u}$와 $\mathbf{v}$는 서로가 서로의 상수배로 표현되지 않는 내적공간의 벡터라 하자. 연산자 P와 Q를 $P(\mathbf{x})=[\langle\mathbf{x}, \mathbf{u}\rangle/\langle\mathbf{u}, \mathbf{u}\rangle]\mathbf{u}$와 $Q(\mathbf{x})=[\langle\mathbf{x}, \mathbf{v}\rangle/\langle\mathbf{v}, \mathbf{v}\rangle]\mathbf{v}$라 하자. 벡터 $\mathbf{x}$, $P(\mathbf{x})$, $(QP)(\mathbf{x})$, $(PQP)(\mathbf{x})$ 등으로 이루어진 수열이 $\mathbf{0}$으로 수렴하는 이유를 설명하라.

74. $\mathbf{x}\neq\mathbf{0}$, $\mathbf{v}\neq\mathbf{0}$, $\mathbf{u}\neq\mathbf{v}$이고 $\langle\mathbf{u}, \mathbf{v}\rangle=\|\mathbf{v}\|^2$을 만족하는 $\mathbb{R}^2$ 상의 점 $\mathbf{u}$와 $\mathbf{v}$의 예를 들라. 고정된 $\mathbf{v}$에 대하여 집합 $\{\mathbf{x} : \langle\mathbf{x}, \mathbf{v}\rangle=\|\mathbf{v}\|\}$와 $\{\mathbf{x} : \langle\mathbf{x}, \mathbf{v}\rangle=\|\mathbf{x}\|^2\}$을 묘사하라.

75. 다음 설명을 따라 코시-슈바르츠 부등식을 자세하게 증명하라. $\langle(\mathbf{x}+t\mathbf{y}), (\mathbf{x}+t\mathbf{y})\rangle \geq 0$이고 $a=\langle\mathbf{y}, \mathbf{y}\rangle$, $b=2\langle\mathbf{x}, \mathbf{y}\rangle$, $c=\langle\mathbf{x}, \mathbf{x}\rangle$이면 $at^2+bt+c \geq 0$이 성립한다. 이 이차함수는 $b^2-4ac \leq 0$일 때 t축이나 그 위에 놓인 포물선에 대응한다. 그림을 그려 보는 것이 도움이 될 것이다.

76. $\mathbf{x}\neq\mathbf{0}$이고 $\mathbf{y}\neq\mathbf{0}$라 하자.$\langle\mathbf{x}, \mathbf{y}\rangle \geq 0$일 필요충분조건은 $\|\mathbf{x}+\mathbf{y}\| > \|\mathbf{y}\|$이다. 이를 설명하라.

77. $\mathbf{x}\neq\mathbf{0}$이고 $\mathbf{y}\neq\mathbf{0}$라 하자. $\langle\mathbf{x}, \mathbf{y}\rangle=0$일 필요충분조건은 $\|\mathbf{x}+\mathbf{y}\| > \|\mathbf{y}\|$이라는 것이 사실이면 설명하고 아니면 예를 들어 설명하라.

78. $\mathbf{x}\neq\mathbf{0}$이고 $\mathbf{y}\neq\mathbf{0}$라 하자. $\langle\mathbf{x}, \mathbf{y}\rangle=\|\mathbf{x}\| \cdot \|\mathbf{y}\|$일 필요충분조건은 $\mathbf{y}=c\mathbf{x}$, $c > 0$인 이유를 설명하라.

79. $|\|\mathbf{x}\|-\|\mathbf{y}\|| \leq \|\mathbf{x}-\mathbf{y}\|$을 증명하라.

80. $\mathbf{x}\in\mathbb{R}^n$에 대하여 $\|\mathbf{x}\| \leq \sum_{i=1}^{n}|x_i|$을 증명하라.

81. $\|a\mathbf{x}+b\mathbf{y}\| \leq \max\{|a|, |b|\}(\|\mathbf{x}\|+\|\mathbf{y}\|)$을 증명하라.

82. 영이 아닌 벡터들 $\mathbf{v}_1, \mathbf{v}_2, \ldots, \mathbf{v}_n$이 서로 직교하면 $\mathbf{v}_1$은 $\sum_{i=2}^{n} c_i\mathbf{v}_i$로 표현될 수 없는 이유를 설명하라.

83. **y**의 **x**위로의 직교사영이 **x**라면 $\|\mathbf{x}\|=1$ 또는 $\mathbf{x}\cdot\mathbf{y}=1$이 성립하는가? 사실인지 아닌지에 대해 설명하라.

84. 임의의 내적공간에서 **x**와 **y**가 모든 스칼라 α에 대하여 $\|\mathbf{x}\| \le \|\mathbf{x}+\alpha\mathbf{y}\|$를 만족하는 점이라 하면 $\langle \mathbf{x}, \mathbf{y}\rangle=0$임을 증명하라.

85. **u**와 **v**가 한 내적공간에서 두 단위벡터라 하자. 공간 안의 모든 **x**에 대하여 $\langle \mathbf{u}, \mathbf{x}\rangle\langle \mathbf{v}, \mathbf{x}\rangle \le 0$이라 하자. $\mathbf{u}=\mathbf{v}$를 증명하라.

86. 다음 주장을 비평하라: 모든 정규직교집합은 일차독립이고 모든 정규직교집합은 직교한다. 그러므로 모든 직교집합은 일차독립이다.

87. 점 (9, 8)에 가장 가까이 있는 포물선 $y=x^2$ 위의 점을 찾으라. 이 문제는 선형함수에 관한 간단한 문제에 어떤 비선형성이 도입되었을 때 아주 어려워진다는 것을 보여 준다.

88. $\mathbb{R}^3$에서의 한 내적은 식 $\langle \mathbf{x}, \mathbf{y}\rangle_o=3x_1y_1+5x_2y_2+2x_3y_3$로 정의된다.(여기에서 아래첨자 o는 이것이 표준내적이 아니라는 것을 나타낸다.) **y**는 고정된 벡터이고 **x**는 제약 조건 $\langle \mathbf{x}, \mathbf{x}\rangle_o \le 7$을 만족하는 자유벡터라 할 때 $\langle \mathbf{x}, \mathbf{y}\rangle_o$이 가질 수 있는 가장 큰 값은 무엇인가?

89. 요약 앞에 나타나 있는 충돌에 관한 응용 문제에서 마지막 식을 유도하라.

참-거짓 연습문제 7.1

1. V가 두 벡터 $\mathbf{u}=(1, 0, -1)$와 $\mathbf{w}=(0, 1, 0)$에 의해 생성된 공간이라 하면 벡터 $\mathbf{v}=(1, 0, 1)$는 V의 직교여집합의 원소이다.

2. 벡터 **y**를 영이 아닌 벡터 **x** 위로 직교사영한 점은 $\mathbf{p}=\langle \mathbf{y}, \mathbf{x}\rangle(1/\|\mathbf{x}\|^2)\mathbf{x}$이다.

3. 한 행렬의 영공간(또는 그 공간의 핵)은 그 행렬의 열공간의 직교여집합이다.

4. 코시-슈바르츠 부등식은 임의의 내적공간에서 $|\langle \mathbf{u}, \mathbf{w}\rangle| \ge \|\mathbf{u}\|\cdot\|\mathbf{w}\|$이 성립한다는 것이다.

5. (1, 3)의 (−2, 2) 위로의 직교사영은 (−1, 1)이다.

6. 세 벡터 $\mathbf{u}=(3, 3, 1)$, $\mathbf{v}=(2, -1, -3)$, 그리고 $\mathbf{w}=(8, -11, 9)$는 직교집합을 이룬다.

7. 정방행렬의 행들이 정규직교집합을 이루면 그 행렬의 열들도 정규직교집합을 이룬다.

8. 내적은 선형이므로 다음 두 식은 성립한다.

a. $\langle \mathbf{x}, \mathbf{u}+\mathbf{v}\rangle=\langle \mathbf{x}, \mathbf{u}\rangle+\langle \mathbf{x}, \mathbf{v}\rangle$

b. $\langle \mathbf{x}+\mathbf{y}, \mathbf{u}+\mathbf{v}\rangle=\langle \mathbf{x}, \mathbf{u}\rangle+\langle \mathbf{y}, \mathbf{v}\rangle$

9. V가 한 내적공간의 부분공간이면 V와 $V^{\perp}$에 동시에 속하는 원소는 영벡터뿐이다.

10. 코시-슈바르츠 부등식의 한 결과로서 두 단위벡터의 점곱은 $-1 \le r \le 1$를 만족하는 수 r임을 알 수 있다.

11. $\|\mathbf{x}+\mathbf{y}\|^2=\|\mathbf{x}\|^2+\|\mathbf{y}\|^2$이면 벡터 **x**와 **y**는 서로 수직이다.

12. $\langle \mathbf{x}, \mathbf{y}\rangle=\langle \mathbf{x}, \mathbf{z}\rangle$이면 $\mathbf{y}=\mathbf{z}$이다.

13. $\langle \mathbf{x}, \mathbf{y}\rangle=0$이면 $\mathbf{x}=\mathbf{0}$ 또는 $\mathbf{y}=\mathbf{0}$이다.

14. $\langle \mathbf{x}, \mathbf{y}\rangle=0$이면 $\|\mathbf{x}+\mathbf{y}\| \ge \|\mathbf{y}\|$이다.

15. $\langle \mathbf{x}, \mathbf{y}\rangle=\|\mathbf{x}\|^2$이면 $\mathbf{x}=\mathbf{y}$이다.

16. $\mathbf{u}=(1, 3, -2)$이고 $\mathbf{v}=(-2, 1, 0)$이면 $\langle \mathbf{u}, \mathbf{v}\rangle=-1$이다.

17. (1/53)(7, 2)는 단위벡터이다.

18. 벡터 쌍 {**u**, **v**}이 직교(또는 수직)이기 위한 충분조건은 $\|\mathbf{u}+\mathbf{v}\|=\|\mathbf{v}-\mathbf{u}\|$이다.

19. 벡터 $\mathbf{x}=(4, -3, 2)$와 $\mathbf{y}=(5, 6, -1)$는 서로 수직이 아니다.

20. $\left\{\begin{bmatrix}1\\1\\0\end{bmatrix}, \begin{bmatrix}1\\-1\\0\end{bmatrix}, \begin{bmatrix}0\\0\\3\end{bmatrix}\right\}$은 직교집합이다.

21. 벡터 (11/5, 22/5)는 (−2, 1)과 (0, 0)을 지나는 직선에 수직이다.

22. $\mathbf{u}_1=(1, 3, 2)$, $\mathbf{u}_2=(1, 1, -2)$이고 $\mathbf{u}_3=(4, -2, 1)$이면 $(2, 2, 5)=\frac{9}{7}\mathbf{u}_1-\mathbf{u}_2+\frac{3}{7}\mathbf{u}_3$이 성립한다.

23. $\mathbf{u}=(u_1, u_2)$, $\mathbf{v}=(v_1, v_2)$, $\mathbf{w}=(w_1, w_2)$이고 $u_1v_1+u_2v_2=0$, $v_1w_1+v_2w_2=0$, $w_1u_1+w_2u_2=0$이고 $u_1^2+u_2^2>0$, $v_1^2+v_2^2>0$, $w_1^2+w_2^2>0$이라 하자. 이 9개의 조건은 일치하지 않는다.

24. 한 행렬의 영공간은 그 행렬의 행공간의 직교여집합과 같다.

25. 정방행렬이 아닌 행렬 $\mathbf{A}$가 $\mathbf{A}^T\mathbf{A}=\mathbf{I}$를 만족하면 $\mathbf{A}$의 행들은 정규직교집합을 이룬다.

26. 한 행렬 $\mathbf{A}$가 $\mathbf{A}^T\mathbf{A}=\mathbf{I}$를 만족하면 $\mathbf{A}$의 열들은 정규직교집합을 이룬다.

27. 내적공간에서 직교여집합은 다음 관계를 따른다: 모든 집합 S와 T에 대하여 $S \subseteq T$이면 $S^\perp \subseteq T^\perp$이다.(여기서 $S \subseteq T$는 S의 각 원소는 T의 원소라는 것을 의미한다. 또한 $S^\perp$은 S의 모든 벡터와 직교하는 모든 벡터들로 구성된 집합이다.)

28. 원소가 실벡터(복소 벡터가 아님)로 이루어진 내적공간에서 방정식 $2\langle \mathbf{x}, \mathbf{y}\rangle=\|\mathbf{x}+\mathbf{y}\|^2-\|\mathbf{x}\|^2-\|\mathbf{y}\|^2$은 올바른 식이다.

29. 행렬 $\mathbf{U}$의 열들이 정규직교집합을 이루면 임의의 벡터 $\mathbf{x}$와 $\mathbf{y}$에 대하여 $\langle \mathbf{Ux}, \mathbf{Uy}\rangle=0$이 성립한다.

30. 내적공간에서 다음 세 식은 모두 옳지 않다.

$\langle \mathbf{x}, \alpha\mathbf{y}\rangle=\alpha\langle \mathbf{x}, \mathbf{y}\rangle$

$\|\mathbf{x}+\mathbf{y}\|^2=\|\mathbf{x}\|^2+\|\mathbf{y}\|^2$

$\langle \mathbf{x}, \mathbf{y}+\mathbf{z}\rangle= \langle \mathbf{z}, \mathbf{x}\rangle+\langle \mathbf{y}, \mathbf{x}\rangle$

31. $(-2, 2)$의 $(-1, 1)$ 위로의 직교사영은 $(1, 3)$이다.

32. 세 벡터 $\mathbf{u}=(8, -11, 9)$, $\mathbf{v}=(2, -1, -3)$, 그리고 $\mathbf{w}=(3, 3, 1)$은 직교집합을 이룬다.

33. W가 유한차원 내적공간 V의 부분공간이면 $V=W+W^\perp$이다.(이것은 V의 모든 벡터는 W의 원소 $\mathbf{w}$와 $W^\perp$의 원소 $\mathbf{u}$의 합으로 표현될 수 있다는 것을 의미한다.)

34. $\mathbf{x}^H$가 해가 없는 연립방정식 $\mathbf{Ax}=\mathbf{b}$의 최소제곱해라면 모든 벡터 $\mathbf{v}$에 대하여 $\mathbf{b}-\mathbf{Ax}^H \perp \mathbf{Av}$가 성립한다.(여기서 $\mathbf{A}$가 $m\times n$이면 $\mathbf{x}^H\in\mathbb{R}^n$이고 $\mathbf{v}\in\mathbb{R}^n$이다.)

35. 벡터들을 정규화하지 않은 형태의 그람-슈미트 과정이라고 알려진 다음과 같은 알고리즘을 고려하자: $\mathbf{u}_1=\mathbf{v}_1$, $\mathbf{u}_{k+1}=\mathbf{v}_{k+1}-\sum_{j=1}^{k}\frac{\langle \mathbf{v}_{k+1}, \mathbf{u}_j\rangle}{\langle \mathbf{u}_j, \mathbf{u}_j\rangle}\mathbf{u}_j$, $k=1, 2, \ldots.$

이 알고리즘이 두 벡터 $\mathbf{v}_1=[1, 2, 1]^T$와 $\mathbf{v}_{1}=[3, 1, 1]^T$에 적용되면 그 결과로 나오는 벡터 $\mathbf{u}_2$는 $[2, -1, 0]^T$이다.

36. $\mathbb{R}^3$ 공간에서 0과 $(1, 4, 3)$을 지나는 직선을 고려하자. 이 직선 위의 점 중 $(-1, 3, 5)$에 가장 가까운 점은 $(1, 4, 3)$이다.

37. $\mathbf{x}$와 $\mathbf{y}$가 한 내적공간에서 단위벡터이면 $\|\mathbf{x}+\mathbf{y}\|^2=2+\langle \mathbf{x}, \mathbf{y}\rangle$이 성립한다.

선다형 연습문제 7.1

항상 첫 번째로 옳은 답을 선택하라.

1. 두 벡터 $\mathbf{u}=(-2, -3)$와 $\mathbf{v}=(-3, 4)$가 주어져 있다. $\|\langle \mathbf{u}, \mathbf{v}\rangle\mathbf{v}\|$는 무엇인가?

a. 30 **b.** -6 **c.** 5 **d.** 10

e. 위 항목 중 답이 없다.

2. $\mathbf{u}=(1, 3, 7)$이고 벡터 $\mathbf{v}$의 노름은 1이라 할 때 $\langle \mathbf{u}, \mathbf{v}\rangle$의 최대값은 무엇인가? 여기서 내적은 $\mathbb{R}^3$에서의 일반적인 점곱이다.(이 문제는 코시-슈바르츠 부등식과 관련이 있다.)

a. $\sqrt{11}$ **b.** $\sqrt{62}$ **c.** $\sqrt{59}$ **d.** 59

e. 위 항목 중 답이 없다.

3. $\mathbf{u}=(3, 1, -2, 7)$이고 $\mathbf{v}=(6, -3, 4, 5)$일 때 두 벡터 사이의 거리는 얼마인가? $\mathbb{R}^4$에서의 표준내적을 이용하라.

a. 8 **b.** $\sqrt{75}$ **c.** $\sqrt{65}$ **d.** 15

e. 위 항목 중 답이 없다.

4. 내적공간에서 $\|\mathbf{u}+\mathbf{v}\|^2=\|\mathbf{u}\|^2+\|\mathbf{v}\|^2$이 성립한다면 어떤 결론을 유추할 수 있는가?

a. $\|\mathbf{u}\|=\|\mathbf{v}\|$

b. $\mathbf{u}$와 $\mathbf{v}$는 상호직교한다.

c. $\langle \mathbf{u}, \mathbf{v}\rangle > 0$

d. $\mathbf{u}=\mathbf{v}$

e. 위 항목 중 답이 없다.

5. 다음 중 어느 함수 쌍이 내적 $\langle f, g\rangle=\int_0^1 f(t)g(t)dt$에 대하여 직교하는가?

a. $f(t)=t$, $g(t)=2-3t$

b. $f(t)=\sin t$, $g(t)=\cos t$

c. $f(t)=1$, $g(t)=t-1$

d. $f(t)=1$, $g(t)=e^t-1$

e. 위 항목 중 답이 없다.

6. $\{\mathbf{u}, \mathbf{v}\}$는 $\mathbb{R}^n$의 한 부분공간의 기저라고 하자. 그 부분공간의 직교기저집합을 찾으라.

a. $\{\mathbf{u}-\mathbf{v}, \mathbf{u}+\mathbf{v}\}$

b. $\{\mathbf{u}, \mathbf{u}-\mathbf{v}\}$

c. $\{\mathbf{u}, \langle\mathbf{u}, \mathbf{u}\rangle\mathbf{v}-\langle\mathbf{u}, \mathbf{v}\rangle\mathbf{u}\}$

d. $\{\mathbf{u}+\langle\mathbf{u}, \mathbf{u}\rangle\mathbf{v}, \langle\mathbf{u}, \mathbf{v}\rangle\mathbf{u}\}$

e. 위 항목 중 답이 없다.

7. 두 벡터 $\{\mathbf{u}_1, \mathbf{u}_2\}$는 $\mathbb{R}^n$의 정규직교집합이다. 다음 중 어떤 결론을 유추할 수 있는가?

a. 임의의 벡터 $\mathbf{x}$에 대하여 $\langle\mathbf{x}, \mathbf{u}_1\rangle\mathbf{u}_1+\langle\mathbf{x}, \mathbf{u}_2\rangle\mathbf{u}_2$와 $\mathbf{u}_1-\mathbf{u}_2$는 직교한다.

b. $\|a\mathbf{u}_1+b\mathbf{u}_2\|^2=a^2+b^2$

c. $\|\mathbf{u}_1-\mathbf{u}_2\|=2$

d. $\|a\mathbf{u}_1+b\mathbf{u}_2\|=a+b$

e. 위 항목 중 답이 없다.

8. $(1, 2, 3)$의 $(-1, 1, 2)$ 위로의 직교사영을 찾으라.

a. $\frac{1}{2}(1, 2, 3)$ b. $\frac{7}{6}(1, 2, 3)$

c. $\frac{6}{7}(-1, 1, 2)$ d. $\frac{7}{6}(-1, 1, 2)$

e. 위 항목 중 답이 없다.

9. $\{\mathbf{u}_1, \mathbf{u}_2, \ldots, \mathbf{u}_n\}$가 내적공간 V의 부분공간 U의 직교기저라 하자. 다음 중 옳은 것을 찾으라.

a. 모든 $\mathbf{u}\in U$에 대하여 $\mathbf{u}=\sum_{i=1}^{n}\langle\mathbf{u}, \mathbf{u}_i\rangle\mathbf{u}_i$이다.

b. 각 $\mathbf{v}\in V$에 대하여 $\mathbf{v}$의 U로의 사영은 $\sum_{i=1}^{n}(\langle\mathbf{v}, \mathbf{u}_i\rangle/\langle\mathbf{u}_i, \mathbf{u}_i\rangle)\mathbf{u}_i$이다.

c. 각 $\mathbf{v}\in V$에 대하여 $\mathbf{v}-\langle\mathbf{v}, \mathbf{u}_1\rangle\mathbf{u}_1$은 U와 직교한다.

d. $\mathbf{v}$와 $\mathbf{u}_1$이 직교한다면 $\mathbf{v}-\langle\mathbf{v}, \mathbf{u}_2\rangle\mathbf{u}_2$는 $\mathbf{u}_1$과 $\mathbf{u}_2$에 직교한다.

e. 위 항목 중 답이 없다.

10. $(3, 1, 2)$의 $(-1, 7, 1)$ 위로의 직교사영을 찾으라.

a. $\frac{3}{7}(-1, 7, 1)$ b. $\frac{3}{7}(3, 1, 2)$

c. $(2/17)(3, 1, 2)$ d. $(2/17)(-1, 7, 1)$

e. 위 항목 중 답이 없다.

11. $\mathbf{u}$와 $\mathbf{v}$가 $\mathbb{R}^n$에서 $\mathbf{0}$이 아닌 직교 쌍이라고 하자. $c\mathbf{u}+\mathbf{v}$와 $\mathbf{u}-\mathbf{v}$가 직교가 되도록 하는 값 c를 찾으라.

a. $\|\mathbf{v}\|$ b. $\|\mathbf{v}\|^2/\|\mathbf{u}\|^2$

c. $\|\mathbf{v}\|/\|\mathbf{u}\|$ d. $\|\mathbf{u}\|/\|\mathbf{v}\|$

e. 위 항목 중 답이 없다.

12. $\mathbb{R}^3$의 두 점 $(5, 3, 2)$와 $(5, 6, 6)$ 사이의 거리를 찾으라.

a. 7 b. 5 c. 25 d. $\sqrt{50}$

e. 위 항목 중 답이 없다.

13. 다음 중 일반적으로 사실이 아닌 부등식을 찾으라.

a. $\|\mathbf{x}+\mathbf{y}\| \leq \|\mathbf{x}\|+\|\mathbf{y}\|$

b. $\|\mathbf{x}-\mathbf{y}\| \leq \|\mathbf{x}\|+\|\mathbf{y}\|$

c. $\langle\mathbf{x}, \mathbf{y}\rangle \leq \|\mathbf{x}\| \cdot \|\mathbf{y}\|$

d. $\|\mathbf{x}\| \cdot \|\mathbf{y}\| \leq \langle\mathbf{x}, \mathbf{y}\rangle$

e. 위 항목 중 답이 없다.

14. 시작점 $\mathbf{u}=(3, 1, 4)$와 끝점 $\mathbf{v}=(-2, 5, 3)$으로부터 2/3 거리에 있으며 이 두 점을 잇는 선분 위에 있는 점을 찾으라.

a. $\frac{1}{3}(-1, 11, 10)$ b. $\mathbf{u}+\frac{1}{3}\mathbf{v}$

c. 위 항목 중 답이 없다.

15. θ를 두 벡터 $\mathbf{u}$와 $\mathbf{v}$의 사잇각이라 할 때 다음 중 옳은 것을 찾으라.

a. $\sin\theta=\langle\mathbf{u}, \mathbf{v}\rangle$

b. $\cos\theta=\langle\mathbf{u}, \mathbf{v}\rangle/(\|\mathbf{u}\| \cdot \|\mathbf{v}\|)$

c. 위 항목 중 답이 없다.

16. $\mathbf{u}$의 $\mathbf{v}$ 위로의 직교사영을 찾으라.

a. $[\langle\mathbf{u}, \mathbf{v}\rangle/\|\mathbf{u}\|^2]\mathbf{u}$ b. $[\langle\mathbf{v}, \mathbf{u}\rangle/\|\mathbf{v}\|^2]\mathbf{v}$

c. $[\langle\mathbf{v}, \mathbf{u}\rangle/\|\mathbf{v}\|^2]\mathbf{u}$ d. 위 항목 중 답이 없다.

17. $\mathbf{x}$의 $\mathbf{y}$ 위로의 직교사영을 찾으라.

a. $[\langle\mathbf{x}, \mathbf{y}\rangle/\langle\mathbf{x}, \mathbf{x}\rangle]\mathbf{x}$ b. $[\langle\mathbf{x}, \mathbf{y}\rangle/\langle\mathbf{y}, \mathbf{y}\rangle]\mathbf{x}$

c. $[\langle\mathbf{x}, \mathbf{x}\rangle/\langle\mathbf{y}, \mathbf{y}\rangle]\mathbf{y}$ d. $[\langle\mathbf{x}, \mathbf{y}\rangle/\langle\mathbf{y}, \mathbf{y}\rangle]\mathbf{y}$

e. 위 항목 중 답이 없다.

18. 한 사람이 시속 5마일로 동쪽으로 수영하고 있는데 시속 3마일로 북쪽으로 파도가 치고 있다. 다음 중 옳은 것을 찾으라.(다이어그램을 그려 보는 것이 도움이 될 것이다.) 힌트: 속력은 속도벡터 $\mathbf{v}=(v_1, v_2)$의 크기 $\sqrt{v_1^2+v_2^2}$이다.

a. 수영하는 사람의 속력은 시속 3.57586마일이다.

b. 수영하는 사람의 속도벡터는 $(5, 0)$이다.

c. 파도의 속도벡터는 $(-3, 3)/\sqrt{2}$이다.

d. 합성 속도벡터는 $(5-3, 3)/\sqrt{2}$이다.

e. 위 항목 중 답이 없다.

19. $\mathbf{u}=(u_1, u_2)$, $\mathbf{v}=(v_1, v_2)$, $\mathbf{w}=(w_1, w_2)$, $u_1 \neq 0$, $u_2 \neq 0$, $v_1 \neq 0$, $v_2 \neq 0$, $w_1 \neq 0$, $w_2 \neq 0$이고 $\langle\mathbf{u}, \mathbf{v}\rangle=\langle\mathbf{v}, \mathbf{w}\rangle=\langle\mathbf{w}, \mathbf{u}\rangle=0$일 때 다음 중 틀린 것을 찾으라.

a. $u_1=v_1=w_1=1$이면 $\mathbf{u}=\mathbf{w}$이다.

b. $\mathbf{u}=\mathbf{v}$, $\mathbf{v}=\mathbf{w}$이거나 $\mathbf{u}=\mathbf{w}$이다.

c. 벡터들 **u**, **v**, 그리고 **w**는 서로 직교하지 않는다.

d. 위 항목 중 답이 없다.

20. 다음 중 정규직교인 벡터 쌍을 찾으라.

a. $(3, 5, 1), (2, -2, 4)$

b. $(1/\sqrt{35})(3, 5, 1), (1/\sqrt{24})(2, -2, 4)$

c. $(2, 1), (3, 6)$

d. $(1/\sqrt{5})(2, 1), (1/\sqrt{45})(3, 6)$

e. 위 항목 중 답이 없다.

21. A는 $n\times n$ 행렬이고 **x**는 $\mathbb{R}^n$의 열벡터라 하자. 다음 중 옳은 것을 찾으라.

a. $\mathbf{Ax}=\mathbf{0}$이면 $\mathbf{x} \perp \mathrm{Col}(\mathbf{A})$이다.

b. $\mathbf{A}^T\mathbf{x}=\mathbf{0}$이면 $\mathbf{x}\in\mathrm{Col}(\mathbf{A})$이다.

c. $\mathbf{Ax}=\mathbf{0}$이면 $\mathbf{x}\in\mathrm{Row}(\mathbf{A})$이다.

d. $\mathbf{A}^T\mathbf{x}=\mathbf{0}$이면 $\mathbf{x} \perp \mathrm{Col}(\mathbf{A})$이다.

e. 위 항목 중 답이 없다.

22. $\mathbf{u}_1=(3, 2, -1)$, $\mathbf{u}_2=(-2, 3, 0)$이고 $U=\mathrm{Span}\{\mathbf{u}_1, \mathbf{u}_2\}$이라 하자. U의 직교여집합의 원소를 찾으라.

a. $(3, 2, 13)$ b. $(1, -2, -3)$

c. $(-1, 5, -1)$ d. $(0, 5, 0)$

e. 위 항목 중 답이 없다.

23. $\mathbb{R}^4$의 두 벡터 $(1, 3, -2, 1)$과 $(2, 5, 4, 2)$의 거리를 구하라.

a. 42 b. $\sqrt{42}$ c. $\sqrt{34}$ d. 34

e. 위 항목 중 답이 없다.

7.2 직교성

수학은 일반화의 모든 기원을 포함하는 특별한 경우를 찾는 예술입니다.

—힐베르트(DAVID HILBERT, 1862~1943)

… 수학의 모든 위대한 근원은 특별한 경우에서 출발합니다. 겉보기에는 거대한 일반화로 보이는 한 개념의 모든 실례들이 기본적으로 작고 견고한 특별한 예와 같다는 것은 수학에서 흔히 있는 일입니다.

—할모스(PAUL R. HALMOS, 1916~2006)

소개

앞 절에서는 내적공간에서 한 점의 유한차원 부분공간 V 위로의 직교사영에 대하여 알아보았다. 그 과정에서 V의 직교기저를 사용하였다. 그렇다면 V가 직교기저를 갖는다는 것은 어떻게 알 수 있을까? 부분공간의 한 기저를 찾는 방법을 모방해서 한 개를 만들어 낼 수 있다. V에서 **0**이 아닌 벡터 $\mathbf{v}_1$을 임의로 선택하자. V가 $\mathbf{v}_1$에 수직이면서 **0**이 아닌 벡터 $\mathbf{v}_2$를 포함하고 있다면 $\mathbf{v}_2$를 기저집합에 포함시킨다. V가 $\mathbf{v}_1$과 $\mathbf{v}_2$에 수직이면서 **0**이 아닌 벡터 $\mathbf{v}_3$를 포함하고 있다면 $\mathbf{v}_3$를 기저집합에 포함시킨다. 이런 방법으로 기저집합의 원소를 계속 추가해 간다.(그림 7.7을 보라.) 선택된 점들 $\mathbf{v}_1, \mathbf{v}_2, \ldots$은 서로 수직일 것이다. 생성된 집합은 7.1절의 정리 2에 의하여 또한 일차독립이다. 그러므로 V가 n차원이라면 이 선택 과정을 n번 한 후에 끝내야 한다. 이 알고리즘은 수직인 벡터들의 집합을 생성한다는 것을 보일 것이다. 그러므로 유도된 집합은 직교집합이고 집합의 각 원소는 **0**이

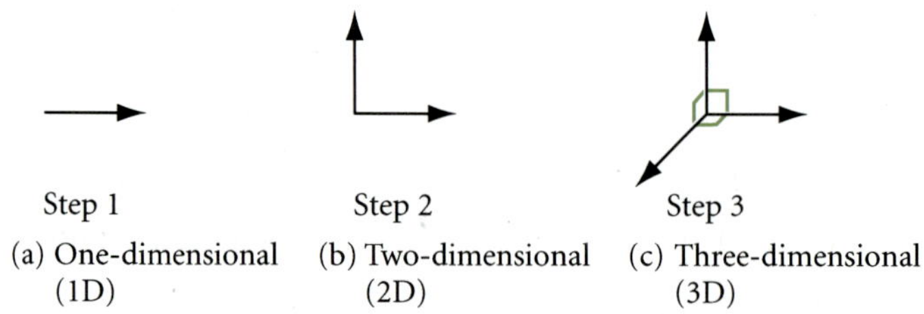

그림 7.7 서로 직교하는 벡터들.

아닌 벡터이다. 이제 각 벡터 $\mathbf{v}_i$를 정규화하면 그 집합은 V의 **정규직교**(orthonormal)기저가 된다. 한 벡터 $\mathbf{v}$를 정규화한다는 것은 $\mathbf{v}$를 $\mathbf{v}/\|\mathbf{v}\|$로 대체한다는 것이다. 벡터의 노름은 내적으로부터 유도된다: $\|\mathbf{x}\|=\sqrt{\langle \mathbf{x}, \mathbf{x}\rangle}$. 이 절에서는 익숙한 유클리디안 노름을 사용한다.

그람-슈미트 과정

앞에서 표현한 것과 유사한 구체적인 한 형태는 그람-슈미트(Gram-Schmidt) 과정[3]이다. 이 과정은 임의의 유한차원 내적공간에서 사용할 수 있으며 주어진 직교가 아닌 기저를 변형하여 정규직교기저를 생성한다. 이 알고리즘에서 벡터들은 정규화된다. 한 내적공간에 기저 $\{\mathbf{v}_1, \mathbf{v}_2, \ldots\}$가 주어졌다고 하자. 정규직교기저의 생성은 귀납법을 이용한다. 첫 번째 과정으로 $\mathbf{v}_1$을 정규화한 벡터 $\mathbf{w}_1$, 즉 $\mathbf{w}_1=\mathbf{v}_1/\|\mathbf{v}_1\|$을 정의한다. 이제 정규직교 계 $\mathbf{w}_1$, $\mathbf{w}_2, \ldots, \mathbf{w}_{k-1}$가 생성되었다고 가정하자. 이 벡터들로 생성된 공간은 $\text{Span}\{\mathbf{v}_1, \mathbf{v}_2, \ldots, \mathbf{v}_{k-1}\}$와 같다. $\mathbf{w}_k$를 구하기 위해 $\mathbf{v}_k$에서 $\mathbf{w}_k$를 $\text{Span}\{\mathbf{v}_1, \mathbf{v}_2, \ldots, \mathbf{v}_{k-1}\}$으로 사영한 벡터를 뺀 후 그 벡터를 정규화한다. 이 과정을 식으로 나타내면 다음과 같다.

$$\mathbf{w}_k = \frac{\mathbf{v}_k - \sum_{j=1}^{k-1} \langle \mathbf{v}_k, \mathbf{w}_j \rangle \mathbf{w}_j}{\left\| \mathbf{v}_k - \sum_{j=1}^{k-1} \langle \mathbf{v}_k, \mathbf{w}_j \rangle \mathbf{w}_j \right\|} \qquad (k = 2, 3, \ldots)$$

이 새로운 기저는 각 k에 대하여 다음과 같은 성질을 갖는다.

$$\text{Span}\{\mathbf{w}_1, \mathbf{w}_2, \ldots, \mathbf{w}_k\} = \text{Span}\{\mathbf{v}_1, \mathbf{v}_2, \ldots, \mathbf{v}_k\}$$

이 귀납적 정의가 이해하기 어려우면 알고리즘의 처음 몇 과정을 보라. 벡터 $\mathbf{w}_1$, $\mathbf{w}_2$, 그리고 $\mathbf{w}_3$는 다음과 같이 정의된다.

[3] 이 절의 각주 4는 그람(Jorge Pedersen Gram)에 관한 약간의 정보를 제공한다. 선형대수의 다른 중요한 인물은 독일의 여러 대학에서 수학교수를 역임했던 슈미트(Erhard Schmidt, 1876~1959)이다. 그는 적분방정식과 편미분방정식에서 나타나는 고유함수에 관해 대가였으며 연구에 처음으로 무한차원 벡터공간을 사용한 수학자들 중 하나였다. 그는 벡터의 크기를 나타내는 기호 $\|\cdot\|$과 내적 기호 $\langle \mathbf{x}, \mathbf{y}\rangle$를 도입하였다. 그는 대부분의 수학자들에게는 생소하고 새로운 주제였던 추상 내적공간에서 피타고라스 정리와 이 주제에 관한 많은 결과를 증명하였다. 1907년의 논문에서 슈미트는 지금의 그람-슈미트 과정이라 불리는 것을 묘사하였다.(라플라스가 그람이나 슈미트보다 먼저 이 과정에 익숙했었다는 것은 주목해야 할 점이다.)

$$\mathbf{w}_1 = \frac{\mathbf{v}_1}{\|\mathbf{v}_1\|}$$
$$\mathbf{w}_2 = \frac{\mathbf{v}_2 - \langle \mathbf{v}_2, \mathbf{w}_1\rangle \mathbf{w}_1}{\|\mathbf{v}_2 - \langle \mathbf{v}_2, \mathbf{w}_1\rangle \mathbf{w}_1\|}$$
$$\mathbf{w}_3 = \frac{\mathbf{v}_3 - \langle \mathbf{v}_3, \mathbf{w}_1\rangle \mathbf{w}_1 - \langle \mathbf{v}_3, \mathbf{w}_2\rangle \mathbf{w}_2}{\|\mathbf{v}_3 - \langle \mathbf{v}_3, \mathbf{w}_1\rangle \mathbf{w}_1 - \langle \mathbf{v}_3, \mathbf{w}_2\rangle \mathbf{w}_2\|}$$

나머지 벡터들도 같은 방법으로 정의하면 된다. 정규화되지 않은 벡터 $\tilde{\mathbf{w}}_k$가 도입된다면 이 과정은 다음과 같은 다른 집합으로 표현될 수 있다.

$$\tilde{\mathbf{w}}_1 = \mathbf{v}_1 \qquad \mathbf{w}_1 = \frac{\tilde{\mathbf{w}}_1}{\|\tilde{\mathbf{w}}_1\|}$$
$$\tilde{\mathbf{w}}_2 = \mathbf{v}_2 - \langle \mathbf{v}_2, \mathbf{w}_1\rangle \mathbf{w}_1 \qquad \mathbf{w}_2 = \frac{\tilde{\mathbf{w}}_2}{\|\tilde{\mathbf{w}}_2\|}$$
$$\tilde{\mathbf{w}}_3 = \mathbf{v}_3 - \langle \mathbf{v}_3, \mathbf{w}_1\rangle \mathbf{w}_1 - \langle \mathbf{v}_3, \mathbf{w}_2\rangle \mathbf{w}_2 \qquad \mathbf{w}_3 = \frac{\tilde{\mathbf{w}}_3}{\|\tilde{\mathbf{w}}_3\|}$$

나머지 벡터들도 같은 방법으로 표현하면 된다.

예제 1 세 벡터 $\mathbf{v}_1=(1, 0, 3)$, $\mathbf{v}_2=(2, 2, 0)$, $\mathbf{v}_3=(3, 1, 2)$에 대하여 이 순서대로 그람-슈미트 과정을 적용해 보라.

풀이 첫 단계로 $\tilde{\mathbf{w}}_1=\mathbf{v}_1=(1, 0, 3)$라 하면 정규화된 첫 번째 벡터는

$$\mathbf{w}_1 = \tilde{\mathbf{w}}_1/\|\tilde{\mathbf{w}}_1\| = \left(1/\sqrt{10}\right)(1, 0, 3)$$

이다. 정규화되지 않은 형태의 다음 벡터는

$$\tilde{\mathbf{w}}_2 = \mathbf{v}_2 - \langle \mathbf{v}_2, \mathbf{w}_1\rangle \mathbf{w}_1 = (2, 2, 0) - \left(2/\sqrt{10}\right)\left[\left(1/\sqrt{10}\right)(1, 0, 3)\right] = \tfrac{1}{5}(9, 10, -3)$$

이다. 이 단계에서 $\tilde{\mathbf{w}}_1$과 수직인 벡터 $\tilde{\mathbf{w}}_2$가 존재한다는 것은 7.1절의 정리 2에 의하여 알 수 있다. 또한 $\langle \tilde{\mathbf{w}}_1, \tilde{\mathbf{w}}_2\rangle=(1, 0, 3)\cdot[(1/5)(9, 10, 3)]=0$임을 알 수 있다. 이제 $\tilde{\mathbf{w}}_2$를 정규화하면

$$\|\tilde{\mathbf{w}}_2\| = (1/5)\sqrt{190}, \qquad \mathbf{w}_2 = \tilde{\mathbf{w}}_2/\|\tilde{\mathbf{w}}_2\| = \left(1/\sqrt{190}\right)(9, 10, -3)$$

이 되며 $\langle \mathbf{w}_1, \mathbf{w}_2\rangle=0$을 얻는다.

다음 단계로 $\mathbf{v}_3$에서 $\mathbf{v}_3$를 $\mathbf{w}_1$과 $\mathbf{w}_2$에 의해 생성된 공간에 사영시킨 벡터를 빼서 $\tilde{\mathbf{w}}_3$를 구한다. 그 과정은 다음과 같다.

$$\begin{aligned}\tilde{\mathbf{w}}_3 &= \mathbf{v}_3 - \langle \mathbf{v}_3, \mathbf{w}_1\rangle \mathbf{w}_1 - \langle \mathbf{v}_3, \mathbf{w}_2\rangle \mathbf{w}_2 \\ &= (3, 1, 2) - \left(9/\sqrt{10}\right)\left[\left(1/\sqrt{10}\right)(1, 0, 3)\right] - \left(31/\sqrt{190}\right)\left[\left(1/\sqrt{190}\right)(9, 10, -3)\right] \\ &= (3, 1, 2) - (9/10)(1, 0, 3) - (31/190)(9, 10, -3) \\ &= (4/19)(3, -3, -1)\end{aligned}$$

이제 정규화 과정을 거치면

$$\|\mathbf{w}_3\|_2 = 4/\sqrt{19}, \qquad \mathbf{w}_3 = \widetilde{\mathbf{w}}_3/\|\widetilde{\mathbf{w}}_3\| = (1/\sqrt{19})(3, -3, -1)$$

을 얻는다. 이 결과가 옳은지 알아보기 위해 몇 가지를 확인해 보는 것은 때때로 즐거운 일이다. 예를 들면 $\langle \mathbf{w}_1, \mathbf{w}_3 \rangle = [(1/\sqrt{10})(1, 0, 3) \cdot [(1/\sqrt{19}(3, -3, -1)]\} = 0$ 및 $\langle \mathbf{w}_2, \mathbf{w}_3 \rangle = [(1/\sqrt{190})(9, 10, -3) \cdot [(1/\sqrt{19}(3, -3, -1)] = 0$이 성립한다. ■

이 예제를 마치기 전에 우리가 한 일이 무엇인지 검토하자. 첫 번째로 $\mathbb{R}^3$의 정규직교기저를 생성하였다. 이 벡터들을 바로 정규직교기저 $\{\mathbf{e}_1, \mathbf{e}_2, \mathbf{e}_3\}$로 썼으면 좋았겠으나 이 예제에서 생성된 기저는 생성 과정에서 특별한 성질을 갖는다. 예를 들면 $\mathbf{w}_1$은 $\mathbf{v}_1$의 상수곱이고 $\mathbf{w}_2$는 $\{\mathbf{v}_1, \mathbf{v}_2\}$가 생성하는 공간의 원소이며 $\mathbf{w}_3$는 $\{\mathbf{v}_1, \mathbf{v}_2, \mathbf{v}_3\}$가 생성하는 공간의 원소라는 것이다.(세 벡터 $\mathbf{v}_i$가 $\mathbb{R}^3$를 생성하므로 마지막 사실은 놀라운 일은 아니다.)

정리 1
모든 유한차원 내적공간은 정규직교기저를 갖는다.

증명 그람-슈미트 과정은 어떤 기저에도 적용될 수 있다. ■

비정규화 그람-슈미트 알고리즘

주어진 부분공간의 직교기저를 생성하기 위하여 약간 다른 알고리즘이 이용될 수 있다.(정규직교기저가 필요하면 직교기저를 각각 정규화할 수 있다.) 이 알고리즘은 제곱근을 계산할 필요가 없다는 특별한 이점이 있다.

기본 개념은 같다: 주어진 벡터에서 그 벡터의 부분공간 위로의 직교사영을 뺀다. 구체적으로 한 기저 $\{\mathbf{v}_1, \mathbf{v}_2, \ldots\}$로 시작하자. 이전의 알고리즘과의 혼동을 피하기 위하여 새롭게 생성되는 벡터는 $\mathbf{z}_1, \mathbf{z}_2, \ldots$로 나타내자. 즉 $\mathbf{z}_1 = \mathbf{v}_1$이라 하고 $\mathbf{v}_2$에서 $\mathbf{v}_2$를 $\mathbf{z}_1$ 위로 사영시킨 벡터를 뺀 벡터 $\mathbf{z}_2$를 다음과 같이 만든다.

$$\mathbf{z}_2 = \mathbf{v}_2 - \frac{\langle \mathbf{v}_2, \mathbf{z}_1 \rangle}{\langle \mathbf{z}_1, \mathbf{z}_1 \rangle}\mathbf{z}_1$$

다음 단계에서는 $\mathbf{v}_3$에서 $\mathbf{v}_3$를 $\mathbf{z}_1$과 $\mathbf{z}_2$ 위로 사영시킨 벡터들을 뺀 벡터 $\mathbf{z}_3$를 다음과 같이 만든다.

$$\mathbf{z}_3 = \mathbf{v}_3 - \frac{\langle \mathbf{v}_3, \mathbf{z}_1 \rangle}{\langle \mathbf{z}_1, \mathbf{z}_1 \rangle}\mathbf{z}_1 - \frac{\langle \mathbf{v}_3, \mathbf{z}_2 \rangle}{\langle \mathbf{z}_2, \mathbf{z}_2 \rangle}\mathbf{z}_2$$

이 과정을 k번 반복하여 다음과 같이 $\mathbf{z}_k$를 생성한다.

$$\mathbf{z}_k = \mathbf{v}_k - \sum_{j=1}^{k-1} \frac{\langle \mathbf{v}_k, \mathbf{z}_j \rangle}{\langle \mathbf{z}_j, \mathbf{z}_j \rangle}\mathbf{z}_j$$

$\mathbf{w}_k$와 $\mathbf{z}_k$를 생성하는 알고리즘의 주요 차이점은 벡터 $\mathbf{w}_k$는 각 단계 후에 정규화를 하는 반면 $\mathbf{z}_k$는 그렇지 않다는

것이다. 그러므로 $\mathbf{z}_k$는 정규화되지 않은 상태이다! 여기에는 제곱근을 계산하지 않는다는 이점이 있다.

예제 2 예제 1에 주어진 세 벡터 $\mathbf{v}_1=(1, 0, 3)$, $\mathbf{v}_2=(2, 2, 0)$, 그리고 $\mathbf{v} =(3, 1, 2)$에 그람-슈미트 비정규화 과정을 적용하여 $\mathbb{R}^3$의 직교기저를 구하라.

풀이 첫 번째 단계에서는 $\mathbf{z}_1=\mathbf{v}_1$이라 놓자. 두 번째 단계에서는 $\mathbf{v}_2$에서 $\mathbf{v}_2$를 $\mathbf{z}_1$ 위로 사영시킨 벡터를 뺀 벡터 $\mathbf{z}_2$를 다음과 같이 만든다.

$$\mathbf{z}_2 = \mathbf{v}_2 - \frac{\langle \mathbf{v}_2, \mathbf{z}_1 \rangle}{\langle \mathbf{z}_1, \mathbf{z}_1 \rangle}\mathbf{z}_1 = (2,2,0) - \tfrac{1}{5}(1,0,3) = \tfrac{1}{5}(9,10,-3)$$

계산에 나와 있는 바와 같이 $\mathbf{z}_2$는 $(9, 10, -3)$의 상수곱으로 나타난다. 이 형태의 그람-슈미트 과정에서는 벡터들의 정규화가 아니라 단지 직교성만을 고려하고 있으므로 그 벡터들의 간단한 상수배를 사용해도 무방하다. 그러므로 $\mathbf{z}_2$를 간단하게 $\mathbf{z}_2=(9, 10, -3)$이라 하자. 세 번째 단계에서는 $\mathbf{v}_3$에서 $\mathbf{v}_3$를 $\mathbf{z}_1$과 $\mathbf{z}_2$ 위로 사영시킨 벡터들을 뺀 벡터 $\mathbf{z}_3$를 다음과 같이 만든다.

$$\begin{aligned}\mathbf{z}_3 = \mathbf{v}_3 - \frac{\langle \mathbf{v}_3, \mathbf{z}_1 \rangle}{\langle \mathbf{z}_1, \mathbf{z}_1 \rangle}\mathbf{z}_1 - \frac{\langle \mathbf{v}_3, \mathbf{z}_2 \rangle}{\langle \mathbf{z}_2, \mathbf{z}_2 \rangle}\mathbf{z}_2 &= \mathbf{v}_3 - (9/10)\mathbf{z}_1 - (31/190)\mathbf{z}_2 = (3,1,2) \\ &- (9/10)(1,0,3) - (31/190)(9,10,-3) = (1/190)(120,-120,-40)\end{aligned}$$

여기에서도 또한 상수곱을 무시하고 $\mathbf{z}_3=(-3, 3, 1)$을 얻는다. 위의 계산이 맞는지 확인하기 위하여 직교성 $\langle \mathbf{z}_1, \mathbf{z}_2\rangle=0$, $\langle \mathbf{z}_1, \mathbf{z}_3\rangle=0$, 그리고 $\langle \mathbf{z}_2, \mathbf{z}_3\rangle=0$을 확인해 볼 수 있다. ■

손으로 계산하는 경우에는 직교기저를 먼저 만들고 마지막에 한 번에 그 벡터들을 정규화하여 정규직교기저를 만드는 것이 더 쉽다. 앞의 과정으로부터 정규화되지 않은 벡터는 $\mathbf{z}_1=(1, 0, 3)$, $\mathbf{z}_2=(9, 10, -3)$, 그리고 $\mathbf{z}_3=(-3, 3, 1)$이 될 수 있다. 이들의 노름은 $\|\mathbf{z}_1\|_2=\sqrt{10}$, $\|\mathbf{z}_2\|_2=\sqrt{190}$, 그리고 $\|\mathbf{z}_3\|_2=\sqrt{19}$이므로 정규화된 벡터는 $\tilde{\mathbf{z}}_1=(1/\sqrt{10})(1, 0, 3)$, $\tilde{\mathbf{z}}_2=(1/\sqrt{190})(9, 10, -3)$, 그리고 $\tilde{\mathbf{z}}_3=(1/\sqrt{19})(-3, 3, 1)$이다. 이것은 예제 1의 결과와 일치함을 알 수 있다.

변형된 그람-슈미트 과정

7.1절의 정리 5에 의하면 $\mathbf{x}$의 $\mathbf{y}$ 위로의 직교사영은 다음과 같이 정의된다.

$$\operatorname{proj}_{\mathbf{y}}\mathbf{x} = \frac{\langle \mathbf{x}, \mathbf{y} \rangle}{\langle \mathbf{y}, \mathbf{y} \rangle}\mathbf{y}$$

이것은 벡터 $\mathbf{x}$를 벡터 $\mathbf{y}$ 위로 수직으로 사영한다. 벡터 $\mathbf{v}_1$, $\mathbf{v}_2$, …로 시작하는 그람-슈미트 과정은 다음과 같이 쓸 수 있다.

$$\mathbf{z}_1 = \mathbf{v}_1 \qquad \mathbf{q}_1 = \frac{\mathbf{z}_1}{\|\mathbf{z}_1\|}$$

$$\mathbf{z}_2 = \mathbf{v}_2 - \text{proj}_{\mathbf{z}_1} \mathbf{v}_2 \qquad \mathbf{q}_2 = \frac{\mathbf{z}_2}{\|\mathbf{z}_2\|}$$

$$\mathbf{z}_3 = \mathbf{v}_3 - \text{proj}_{\mathbf{z}_1} \mathbf{v}_3 - \text{proj}_{\mathbf{z}_2} \mathbf{v}_3 \qquad \mathbf{q}_3 = \frac{\mathbf{z}_3}{\|\mathbf{z}_3\|}$$

일반적으로 k번째 단계는

$$\mathbf{z}_k = \mathbf{v}_k - \sum_{j=1}^{k-1} \text{proj}_{\mathbf{z}_j} \mathbf{v}_k, \qquad \mathbf{q}_k = \frac{\mathbf{z}_k}{\|\mathbf{z}_k\|}$$

이다. 여기서 $\{\mathbf{z}_1, \mathbf{z}_2, \ldots, \mathbf{z}_k\}$는 직교집합이고 $\{\mathbf{q}_1, \mathbf{q}_2, \ldots, \mathbf{q}_k\}$는 정규직교집합이다. 컴퓨터에서 구현하였을 때 그람-슈미트 과정은 절단오차에 의해 벡터들 $\mathbf{z}_k$가 정확하게 서로 수직이 아닐 수 있으므로 수치적으로 안정적이지 못하다. 그러나 약간의 수정을 거치면 안정하게 될 수 있다. 위에서 계산한 방법 대신에 $\mathbf{z}_k$를 다음과 같이 계산할 수 있다.

$$\begin{aligned}
\mathbf{z}_k &\leftarrow \mathbf{v}_k - \text{proj}_{\mathbf{z}_1} \mathbf{v}_2 \\
\mathbf{z}_k &\leftarrow \mathbf{z}_k - \text{proj}_{\mathbf{z}_2} \mathbf{z}_k \\
\mathbf{z}_k &\leftarrow \mathbf{z}_k - \text{proj}_{\mathbf{z}_3} \mathbf{z}_k \\
&\vdots \\
\mathbf{z}_k &\leftarrow \mathbf{z}_k - \text{proj}_{\mathbf{z}_{k-2}} \mathbf{z}_k \\
\mathbf{z}_k &\leftarrow \mathbf{z}_k - \text{proj}_{\mathbf{z}_{k-1}} \mathbf{z}_k
\end{aligned}$$

여기서 $\mathbf{z}_k$는 반복적으로 덧쓰여진다. 정확한 산술을 하면 이 계산은 위에 주어진 원래 형태와 같지만 유한정확도(finite-precision)를 갖는 컴퓨터 산술에서는 이 계산에 의해 오차가 더 작아진다. 변형된 그람-슈미트 과정의 컴퓨터 알고리즘은 다음과 같다.

for $j = 1$ **to** n
  for $i = 1$ **to** $j - 1$
    $s \leftarrow \langle \mathbf{v}_j, \mathbf{v}_i \rangle$
    $\mathbf{v}_j \leftarrow \mathbf{v}_j - s\mathbf{v}_i$
  end for
$\mathbf{v}_j \leftarrow \mathbf{v}_j / \|\mathbf{v}_j\|$
end for

여기서 벡터 $\mathbf{v}_1, \mathbf{v}_2, \ldots, \mathbf{v}_n$은 같은 부분공간을 만들어 내는 벡터들로 구성된 정규직교집합으로 대체된다. 루프 i는 $\mathbf{v}_i$의 방향 성분을 제거하고 그 벡터를 정규화한다.

예제 3 예제 1의 벡터 $\mathbf{v}_1 = (1, 0, 3)$, $\mathbf{v}_2 = (2, 2, 0)$, 그리고 $\mathbf{v}_3 = (3, 1, 2)$에 변형된 그람-슈미트 과정을 적용하여 $\mathbb{R}^3$의 정규직교기저를 구하라.

풀이 첫 단계($j=1$)에서

$$\mathbf{v}_1 \leftarrow \mathbf{v}_1/\|\mathbf{v}_1\| = (1, 0, 3)/\sqrt{10} \approx (0.31623, 0, 0.94868)$$

이라 놓는다. 두 번째 단계($j=2$, $i=1$)에서 다음을 얻는다.

$$\begin{aligned}
&s \leftarrow \langle \mathbf{v}_2, \mathbf{v}_1 \rangle = (2, 2, 0) \cdot (1, 0, 3)/\sqrt{10} = \sqrt{10}/5 \\
&\mathbf{v}_2 \leftarrow \mathbf{v}_2 - s\mathbf{v}_1 = (2, 2, 0) - (1, 0, 3)/5 = (9/5, 2, -3/5) \\
&\|\mathbf{v}_2\| = \sqrt{190}/5 \\
&\mathbf{v}_2 \leftarrow \mathbf{v}_2/\|\mathbf{v}_2\| = (9, 10, -3)/\sqrt{190} \approx (0.65293, 0.72548, -0.21764)
\end{aligned}$$

세 번째 단계($j=3$, $i=1, 2$)에서

$$\begin{aligned}
&s \leftarrow \langle \mathbf{v}_3, \mathbf{v}_1 \rangle = (3, 1, 2) \cdot (1, 0, 3)/\sqrt{10} = 9/\sqrt{10} \\
&\mathbf{v}_3 \leftarrow \mathbf{v}_3 - s\mathbf{v}_1 = (3, 1, 2) - (0.9)(1, 0, 3) = (2.1, 1, -0.7)
\end{aligned}$$

$$\begin{aligned}
&s \leftarrow \langle \mathbf{v}_3, \mathbf{v}_2 \rangle = (2.1, 1, -0.7) \cdot (9, 10, -3)/\sqrt{190} = 31/190 \\
&\mathbf{v}_3 \leftarrow \mathbf{v}_3 - s\mathbf{v}_2 = (2.1, 1, -0.7) - (31/\sqrt{190})(9, 10, -3) = (12, -12, -4)/19
\end{aligned}$$

$$\begin{aligned}
&\|\mathbf{v}_3\| = 4/\sqrt{19} \approx 1.48748 \\
&\mathbf{v}_3 \leftarrow \mathbf{v}_3/\|\mathbf{v}_3\| = (3, 2, -1)/\sqrt{19} \approx (0.68825, -0.68825, -0.22942)
\end{aligned}$$

을 얻는다. 정규직교인지를 검증하라. ■

예제 4 행렬 $\mathbf{A}$가 다음과 같이 주어져 있다.

$$\begin{bmatrix} 3 & -1 \\ 1 & 2 \\ -1 & 5 \end{bmatrix}$$

$[\mathrm{Col}(\mathbf{A})]^{\perp}$의 기저를 구하라.

풀이 $\mathbf{A}$의 열들은 $\mathbb{R}^3$에서 2차원을 구성하므로 $\mathbf{A}$의 두 열과 수직인 한 벡터 $\mathbf{x}$를 구하면 된다. $\mathbf{A}^T\mathbf{x}=\mathbf{0}$을 이용하면 $\mathbf{x}=[x_1, x_2, x_3]^T$는 다음을 만족해야 한다.

$$\begin{cases} 3x_1 + x_2 - x_3 = 0 \\ -1x_1 + 2x_2 + 5x_3 = 0 \end{cases}$$

행 연산을 하면

$$\begin{bmatrix} 3 & 1 & -1 \\ -1 & 2 & 5 \end{bmatrix} \sim \begin{bmatrix} 1 & 0 & -1 \\ 0 & 1 & 2 \end{bmatrix}$$

을 얻는다. 자유 변수 x_3를 1로 놓으면 해 $\mathbf{x}=[1,\ -2,\ 1]^T$을 얻는다. ■

정리 2
V가 한 내적공간의 부분공간이라 할 때 점 $\mathbf{p}$가 점 $\mathbf{x}$의 V 위로의 직교사영일 필요충분조건은 $\mathbf{p}$는 $\mathbf{x}$에 가장 가까운 V의 원소라는 것이다.

증명 $\mathbf{v}$를 $\mathbf{p}$가 아닌 V의 임의의 원소라 하자. $\mathbf{p}$를 $\mathbf{x}$의 V 위로의 직교사영이라 하면 $\mathbf{p}-\mathbf{v}$는 V의 원소이고 $\mathbf{x}-\mathbf{p}$에 수직이다. 피타고라스 법칙을 이용하면 다음을 얻는다.

$$\|\mathbf{x}-\mathbf{v}\|^2 = \|(\mathbf{x}-\mathbf{p})+(\mathbf{p}-\mathbf{v})\|^2 = \|\mathbf{x}-\mathbf{p}\|^2 + \|\mathbf{p}-\mathbf{v}\|^2 > \|\mathbf{x}-\mathbf{p}\|^2$$

역으로 $\mathbf{p}$가 $\mathbf{x}$에 가장 가까운 V의 원소라 하면 임의의 $\mathbf{v}\in V$와 임의의 상수 λ에 대하여 다음 식이 성립한다.

$$\begin{aligned} 0 &\le \|\mathbf{x}-\mathbf{p}-\lambda\mathbf{v}\|^2 - \|\mathbf{x}-\mathbf{p}\|^2 \\ &= \|\mathbf{x}-\mathbf{p}\|^2 - 2\langle \mathbf{x}-\mathbf{p}, \lambda\mathbf{v}\rangle + \lambda^2\|\mathbf{v}\|^2 - \|\mathbf{x}-\mathbf{p}\|^2 \\ &= \lambda\left[-2\langle \mathbf{x}-\mathbf{p}, \mathbf{v}\rangle + \lambda\|\mathbf{v}\|^2\right] \end{aligned}$$

이 식으로부터 $2\langle \mathbf{x}-\mathbf{p},\ \mathbf{v}\rangle \le \lambda\|\mathbf{v}\|^2$을 얻는다. λ를 0으로 보내면 $\langle \mathbf{x}-\mathbf{p},\ \mathbf{v}\rangle \le 0$을 얻는다. $\mathbf{v}$는 V의 임의의 원소이므로 $\mathbf{v}$를 $-\mathbf{v}$로 대체하면 $\langle \mathbf{x}-\mathbf{p},\ \mathbf{v}\rangle \ge 0$을 얻는다. 그러므로 $\mathbf{x}-\mathbf{p} \perp \mathbf{v}$이고 $\mathbf{x}-\mathbf{p} \perp V$이다. 즉 $\mathbf{p}$는 $\mathbf{x}$의 직교사영이다. ■

선형 최소제곱해

많은 중요한 응용은 정리 2에 의존한다. 예를 들면 복잡한 함수를 약간의 부정확도를 감수하면서 좀더 간단한 함수로 바꾸기를 원한다. 이런 경우 가능한 대체 함수 중에 원래 함수와 가장 가까운 함수를 선택하려고 할 것이다. 올바른 환경하에서는 직교사영이 고려될 수 있다. 연립방정식 $\mathbf{Ax}=\mathbf{b}$이 해가 없는 경우에 가장 근접한 해(best approximate solution)를 찾는 문제에 대해 자세히 다루고자 한다.

해가 없는 연립방정식

$$\mathbf{Ax}=\mathbf{b}$$

이 주어졌다고 하자. 여기서 $\mathbf{A}$는 $m\times n$ 행렬이다. 종종 방정식의 수 m은 미지수의 수 n보다 훨씬 크다. 이것은 선형 모델에서 몇 개의 모수를 결정하는 데 이용할 수 있는 자료가 많은 경우에 나타난다. 자료는 전형적으로 불일치하며 이 작업은 이러한 불일치성에도 불구하고 모수를 계산하는 한 방법을 개발하는 것이다. 불일치라는 것은 벡터 $\mathbf{b}$가 $\mathbf{A}$의 열들에 의해 생성되는 공간의 원소가 아니라는 것을 의미한다. 그 방법은 $\mathbf{A}$의 열공간에 있는 원소 중 $\mathbf{b}$와 가장 가까운 원소 $\mathbf{p}$로 $\mathbf{b}$를 대체하는 것이다. 즉 주어진 연립방정식을

$$\mathbf{Ax}=\mathbf{p}$$

로 푸는 것이다. 점 **p**는 **b**를 **A**의 열공간 위로 사영하여 얻은 점이어야 한다. 이 점 **p**는 다음의 두 성질에 의해 결정된다.

$$\mathbf{p} \in \mathrm{Col}(\mathbf{A}), \qquad \mathbf{b} - \mathbf{p} \perp \mathrm{Col}(\mathbf{A})$$

그림 7.8은 이 상황을 도시하고 있다. 이 두 성질은 다음과 같이 표현될 수 있다.

어떤 $\mathbf{x}$에 대하여 $\mathbf{p}=\mathbf{A}\mathbf{x}$이면 $\mathbf{A}^T(\mathbf{b}-\mathbf{p})=\mathbf{0}$이 성립한다.

마지막 식은 $\mathbf{A}^T$의 행들이 열벡터 $\mathbf{b}-\mathbf{p}$와 수직이라는 것을 의미한다. 이 식들로부터 다음을 얻는다.

$$\mathbf{A}^T(\mathbf{b} - \mathbf{A}\mathbf{x}) = \mathbf{0} \qquad \text{또는} \qquad \mathbf{A}^T\mathbf{A}\mathbf{x} = \mathbf{A}^T\mathbf{b}$$

이 식들은 원래 문제 $\mathbf{A}\mathbf{x}=\mathbf{b}$에 대한 **정규방정식**(normal equation)이라 한다.[정규(normal)라는 용어는 수학에서 수직을 나타낼 때 사용된다.] 이 결과로 나오는 해벡터 **x**는 **최소제곱해**(least-squares solution)라 한다. 이 용어는 나중에 설명할 것이다. 다음 정리는 이 단락에서 얻은 것을 요약한 것이다.

정리 3

연립방정식 $\mathbf{A}\mathbf{x}=\mathbf{b}$가 해가 없으면 다음 정규방정식

$$\mathbf{A}^T\mathbf{A}\mathbf{x} = \mathbf{A}^T\mathbf{b}$$

을 **x**에 대하여 풀 수 있고 이 식을 풀어서 구한 **x**에 대하여 **Ax**는 **b**에 가장 가까운 점이 될 것이다.

예제 5 다음 연립방정식의 최소제곱해를 구하라.

$$\begin{cases} x_1 + 4x_2 = 1 \\ 2x_1 + 5x_2 = 1 \\ 3x_1 + 6x_2 = -2 \end{cases}$$

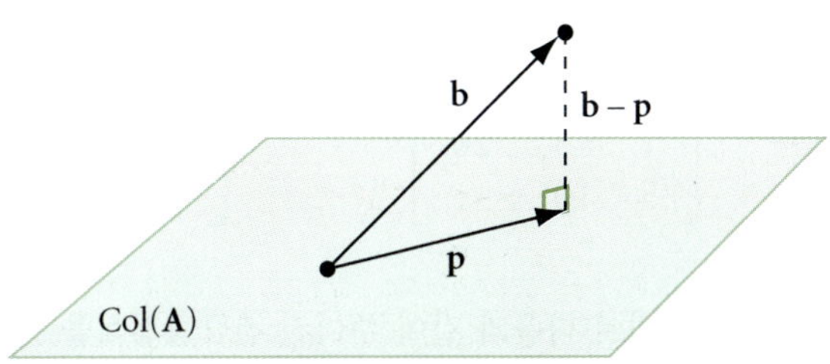

그림 7.8 최소제곱의 성질들.

풀이 이 연립방정식은 해가 없으므로 다음과 같은 정규방정식을 풀면 된다.

$$\mathbf{A}^T\mathbf{A}\mathbf{x} = \mathbf{A}^T\mathbf{b}$$

$$\begin{bmatrix} 1 & 2 & 3 \\ 4 & 5 & 6 \end{bmatrix} \begin{bmatrix} 1 & 4 \\ 2 & 5 \\ 3 & 6 \end{bmatrix} \begin{bmatrix} x_1 \\ x_2 \end{bmatrix} = \begin{bmatrix} 1 & 2 & 3 \\ 4 & 5 & 6 \end{bmatrix} \begin{bmatrix} 1 \\ 1 \\ -2 \end{bmatrix}$$

이 식을 계산하면 다음과 같은 정규방정식을 얻는다.

$$\begin{bmatrix} 14 & 32 \\ 32 & 77 \end{bmatrix} \begin{bmatrix} x_1 \\ x_2 \end{bmatrix} = \begin{bmatrix} -3 \\ -3 \end{bmatrix}$$

이미 아는 바와 같이 이 방정식은 해가 있어야 하며, 그 해는 $\mathbf{x} = [-5/2, 1]^T$이다. ■

$\mathbf{A}^T\mathbf{A}$의 역행렬이 존재하지 않는 경우에도 최소제곱 행렬 문제의 정규방정식들의 해가 항상 존재한다는 사실은 흥미롭다! 즉 행렬 $\mathbf{A}^T\mathbf{A}$의 계수가 행렬의 크기보다 작은 경우에도 정규방정식은 해가 존재한다는 것이다. 이것은 식

$$\min_{\mathbf{x} \neq 0} \|\mathbf{A}\mathbf{x} - \mathbf{b}\|$$

이 정규방정식의 해가 되는 최소점을 갖고 있기 때문이다. 다음 예제는 계수가 행렬의 크기보다 작은 경우를 보여 준다.

예제 6 방정식의 수가 미지수의 수보다 많은 다음 연립방정식의 최소제곱해를 구하라.

$$\begin{cases} 1x_1 + 3x_2 + 2x_3 = 1 \\ 2x_1 + x_2 - 5x_3 = 2 \\ x_1 + 13x_2 + 20x_3 = -3 \\ 5x_1 + 10x_2 + x_3 = 4 \end{cases}$$

풀이 연립방정식을 $\mathbf{A}\mathbf{x} = \mathbf{b}$의 형태로 표현하면 다음과 같다.

$$\mathbf{A} = \begin{bmatrix} 1 & 3 & 2 \\ 2 & 1 & -5 \\ 1 & 13 & 20 \\ 5 & 10 & 1 \end{bmatrix} \qquad \mathbf{b} = \begin{bmatrix} 1 \\ 2 \\ -3 \\ 4 \end{bmatrix}$$

이 연립방정식의 최소제곱해를 구하기 위하여 다음과 같이 주어진 정규방정식을 푼다.

$$\mathbf{A}^T\mathbf{A}\mathbf{x} = \mathbf{A}^T\mathbf{b}$$

이 식을 계산하면 다음을 얻는다.

$$\begin{bmatrix} 31 & 68 & 17 \\ 68 & 279 & 271 \\ 17 & 271 & 430 \end{bmatrix} \begin{bmatrix} x_1 \\ x_2 \\ x_3 \end{bmatrix} = \begin{bmatrix} 22 \\ 6 \\ -64 \end{bmatrix}$$

$$\left[\begin{array}{ccc|c} 31 & 68 & 17 & 22 \\ 68 & 279 & 271 & 6 \\ 17 & 271 & 430 & -64 \end{array}\right] \sim \left[\begin{array}{ccc|c} 1 & 0 & -17/5 & 205/144 \\ 0 & 1 & 9/5 & -69/212 \\ 0 & 0 & 0 & 0 \end{array}\right]$$

이 식으로부터 $x_1=(17/5)x_3+205/144$와 $x_2=(-9/5)x_3-69/212$을 얻는다. 이 식들에 나와 있는 바와 같이 자유변수가 존재하며 최소제곱해는 무수히 많음을 알 수 있다. 만일 $x_3=0$으로 택하면 하나의 해 $\mathbf{x}=[205/144, -69/212, 0]^T \approx [1.4236, -0.3255, 0]^T$를 얻는다. 이 벡터의 노름은 0.7960이다. 그러나 원래의 연립방정식에 Matlab을 적용하면 최소 노름을 갖는 근사해를 구할 것이다. 그 근사해는 $[0, 1172/2737, -479/1144]^T \approx [0, 0.4282, -0.4187]^T$이고 이 벡터의 노름 또한 0.7960이다. 이 예제의 계수행렬은 계수가 2이다. ■

방정식의 수가 미지수의 수보다 많은 연립방정식 $\mathbf{Ax}=\mathbf{b}$의 근사해를 유도하는 다른 방법에 대해 알아보자. 그것은 $\|\mathbf{Ax}-\mathbf{b}\|$를 최소화하는 벡터 $\mathbf{x}$를 직접 선택하는 것이다. 이 방법은 $\mathbf{Ax}$가 가능한 한 $\mathbf{b}$에 가까이 있도록 하는 $\mathbf{x}$를 즉시 결정해 줄 것이다. 제곱함수는 양수에 대해 증가하는 함수이므로 $\|\mathbf{Ax}-\mathbf{b}\|$를 최소화하는 $\mathbf{x}$는 $\|\mathbf{Ax}-\mathbf{b}\|^2$를 최소화하는 $\mathbf{x}$와 같음에 주목하자. $\|\mathbf{Ax}-\mathbf{b}\|^2$의 최소값을 구하기 위하여 미적분학의 기본 이론을 사용하면, 즉 각 변수에 대한 편도함수들을 0이라 놓으면 다음 식을 얻는다.

$$\begin{aligned} 0 &= \frac{\partial}{\partial x_k}\left\|\mathbf{Ax}-\mathbf{b}\right\|^2 = \frac{\partial}{\partial x_k}\sum_{i=1}^{m}(\mathbf{Ax}-\mathbf{b})_i^2 \\ &= \frac{\partial}{\partial x_k}\sum_{i=1}^{m}\left(\sum_{j=1}^{n}a_{ij}x_j-b_i\right)^2 = \sum_{i=1}^{m}2\left(\sum_{j=1}^{n}a_{ij}x_j-b_i\right)a_{ik} \end{aligned}$$

이 식을 풀면

$$\sum_{i=1}^{m}\sum_{j=1}^{n}a_{ij}a_{ik}x_j = \sum_{i=1}^{m}a_{ik}b_i \qquad (k=1,2,\ldots,n)$$

을 얻는다. 이것은 정규방정식

$$\mathbf{A}^T\mathbf{Ax}=\mathbf{A}^T\mathbf{b}$$

와 같다.

이는 최소화하려는 식은 국소 최대점이 없으며 정규방정식을 풀어 얻는 점이 그 문제의 최소점이라는 것이다. 이것을 확인하기 위하여 $\hat{\mathbf{x}}$을 정규방정식의 해라 하면 다음 식

$$\mathbf{A}^T(\mathbf{A}\hat{\mathbf{x}}-\mathbf{b})=0$$

이 성립한다. 임의의 벡터 $\mathbf{v}$에 대하여

$$\langle \mathbf{A}\hat{\mathbf{x}} - \mathbf{b}, \mathbf{A}\mathbf{v} \rangle = \langle \mathbf{A}^T(\mathbf{A}\hat{\mathbf{x}} - \mathbf{b}), \mathbf{v} \rangle = 0$$

이 되므로 다음과 같은 관계를 얻는다.

$$\begin{aligned}\left\|\mathbf{A}(\hat{\mathbf{x}} + \mathbf{v}) - \mathbf{b}\right\|^2 &= \left\|(\mathbf{A}\hat{\mathbf{x}} - \mathbf{b}) + \mathbf{A}\mathbf{v}\right\|^2 \\ &= \left\|\mathbf{A}\hat{\mathbf{x}} - \mathbf{b}\right\|^2 + 2\langle \mathbf{A}\hat{\mathbf{x}} - \mathbf{b}, \mathbf{A}\mathbf{v} \rangle + \left\|\mathbf{A}\mathbf{v}\right\|^2 \\ &= \left\|\mathbf{A}\hat{\mathbf{x}} - \mathbf{b}\right\|^2 + \left\|\mathbf{A}\mathbf{v}\right\|^2 \\ &\geq \left\|\mathbf{A}\hat{\mathbf{x}} - \mathbf{b}\right\|^2\end{aligned}$$

즉 $\hat{\mathbf{x}}$를 $\hat{\mathbf{x}}$에 임의의 벡터 $\mathbf{v}$를 더한 것으로 바꾸면 $\|\mathbf{A}\hat{\mathbf{x}} - \mathbf{b}\|$는 증가함을 알 수 있다. 그러므로 $\hat{\mathbf{x}}$는 최소점이다.

예제 7 선형 최소제곱 과정의 일반적인 용도는 n개의 실험치에 가장 잘 맞는 직선을 찾는 것이다. 그 직선은 $y=mx+b$의 형태이며 주어진 실험치들은 (x_i, y_i), $1 \leq i \leq n$ 형태이다. 다음과 같은 실험치가 주어졌을 때 어떤 과정을 거쳐 직선을 구하는지 알아보자.

x_i	1.0	2.0	2.5	3.0
y_i	3.7	4.1	4.3	5.0

풀이 주어진 4개의 실험치는 다음과 같은 4개의 방정식을 구성한다.

$$\begin{cases} b + mx_1 = y_1 \\ b + mx_2 = y_2 \\ b + mx_3 = y_3 \\ b + mx_4 = y_4 \end{cases}$$

이 식은 다음과 같이 쓸 수 있으며

$$\mathbf{A}\mathbf{w} = \mathbf{y}: \quad \begin{bmatrix} 1 & x_1 \\ 1 & x_2 \\ 1 & x_3 \\ 1 & x_4 \end{bmatrix} \begin{bmatrix} b \\ m \end{bmatrix} = \begin{bmatrix} y_1 \\ y_2 \\ y_3 \\ y_4 \end{bmatrix}$$

실험치들을 대입한 후 정규방정식을 풀면 다음을 얻는다.

$$\mathbf{A}^T\mathbf{A}\mathbf{w} = \mathbf{A}^T\mathbf{y}: \quad \begin{bmatrix} 1 & 1 & 1 & 1 \\ 1 & 2 & 2.5 & 3 \end{bmatrix} \begin{bmatrix} 1 & 1 \\ 1 & 2 \\ 1 & 2.5 \\ 1 & 3 \end{bmatrix} \begin{bmatrix} b \\ m \end{bmatrix}$$

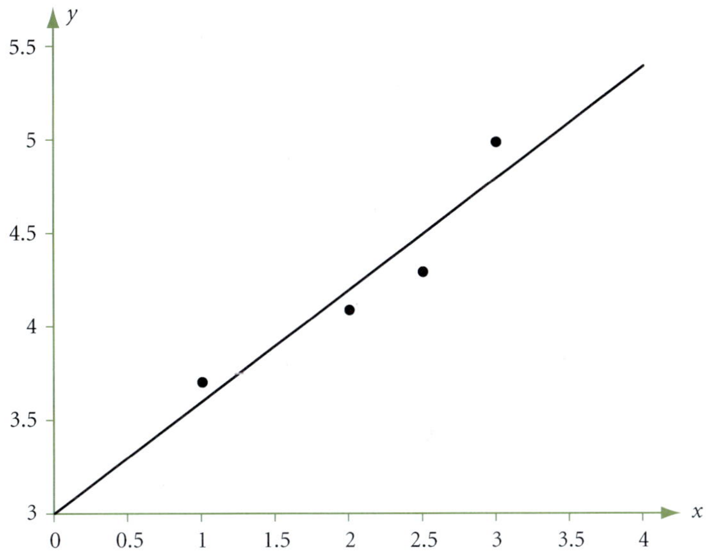

그림 7.9 선형 최소제곱해.

$$= \begin{bmatrix} 1 & 1 & 1 & 1 \\ 1 & 2 & 2.5 & 3 \end{bmatrix} \begin{bmatrix} 3.7 \\ 4.1 \\ 4.3 \\ 5.0 \end{bmatrix}$$

이 정규방정식의 첨가행렬은 다음과 같이 나타나고

$$\left[\begin{array}{cc|c} 4.00 & 8.50 & 17.10 \\ 8.50 & 20.25 & 37.65 \end{array}\right] \sim \left[\begin{array}{cc|c} 1 & 0 & 3.0 \\ 0 & 1 & 0.6 \end{array}\right]$$

이 연립방정식을 풀면 실험치들로부터 직선까지의 수직 거리의 제곱의 합을 최소화하는 최소제곱 관점에서의 가장 알맞은 직선 $5y-3x=15$를 구할 수 있다. 그림 7.9는 이 상황을 도시하고 있다. ■

그람 행렬

이 절의 도입부에서 내적공간에서 정규직교기저를 생성하는 방법을 다루었다. 한 점을 한 부분공간 위로 수직으로 사영하는 것은 유용하다는 것을 알았다. 그러나 정규직교기저를 만드는 데 필요한 노력을 어느 정도 피할 수 있는 다른 방법이 있다.

U가 한 벡터공간의 부분공간이고 $\mathbf{x}$가 벡터공간 내의 점이라면 $\mathbf{x}$의 U 위로의 직교사영은 다음을 만족하는 점 $\mathbf{p}$이다.

$$\mathbf{p} \in U \qquad \mathbf{x} - \mathbf{p} \perp U$$

이 정의가 그 부분공간의 정규직교기저와 직교기저를 언급하는 것은 아니다. 이를 상상할 수 있도록 도와

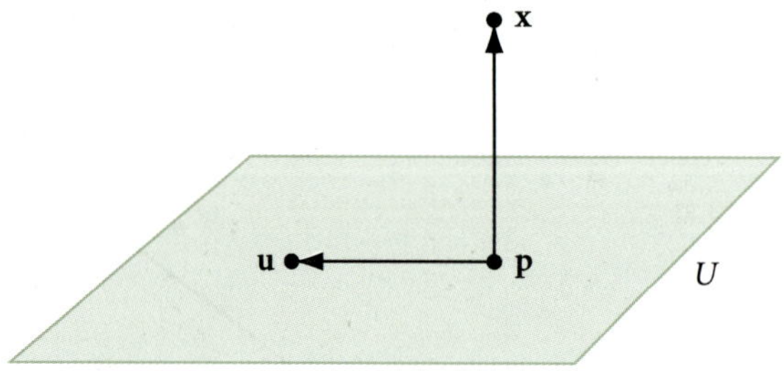

그림 7.10 점 p는 x의 U 위로의 직교사영이다.

주는 그림이 그림 7.10에 나타나 있다. $\{\mathbf{u}_1, \mathbf{u}_2, \dots, \mathbf{u}_n\}$가 부분공간 U의 정규직교기저라 하면 $\mathbf{p}$는 다음과 같이 나타낼 수 있다.

$$\mathbf{p} = \sum_{i=1}^{n} \langle \mathbf{x}, \mathbf{u}_i \rangle \mathbf{u}_i$$

이 식이 올바르다는 것은 다음과 같이 위의 두 성질을 검증함으로써 알 수 있다. 정의에 의해 $\mathbf{p} \in U$임은 명백하다. $\mathbf{x} - \mathbf{p} \perp U$는 다음과 같이 $\langle \mathbf{x} - \mathbf{p}, \mathbf{u}_j \rangle$, $1 \le j \le n$을 계산해 보면 알 수 있다.

$$\begin{aligned} \langle \mathbf{x} - \mathbf{p}, \mathbf{u}_j \rangle &= \langle \mathbf{x}, \mathbf{u}_j \rangle - \langle \mathbf{p}, \mathbf{u}_j \rangle = \langle \mathbf{x}, \mathbf{u}_j \rangle - \left\langle \sum_{i=1}^{n} \langle \mathbf{x}, \mathbf{u}_i \rangle \mathbf{u}_i,\ \mathbf{u}_j \right\rangle \\ &= \langle \mathbf{x}, \mathbf{u}_j \rangle - \sum_{i=1}^{n} \langle \mathbf{x}, \mathbf{u}_i \rangle \langle \mathbf{u}_i, \mathbf{u}_i \rangle = \langle \mathbf{x}, \mathbf{u}_j \rangle - \langle \mathbf{x}, \mathbf{u}_j \rangle = 0 \end{aligned}$$

$\{\mathbf{w}_1, \mathbf{w}_2, \dots, \mathbf{w}_n\}$이 U의 직교기저라 하면 $\mathbf{p}$는 다음과 같이 나타낼 수 있다.

$$\mathbf{p} = \sum_{i=1}^{n} \frac{\langle \mathbf{x}, \mathbf{w}_i \rangle}{\langle \mathbf{w}_i, \mathbf{w}_i \rangle} \mathbf{w}_i$$

이 식으로부터 사상 $\mathbf{x} \mapsto \mathbf{p}$는 선형임을 알 수 있다.

$\{\mathbf{v}_1, \mathbf{v}_2, \dots, \mathbf{v}_n\}$가 다른 특별한 성질을 갖지 않는 U의 기저라면 $\mathbf{p} = \sum_{i=1}^{n} c_i \mathbf{v}_i$로 놓고 다음과 같은 직교 조건을 고려한다.

$$(\mathbf{x} - \mathbf{p}) \perp U \qquad \text{또는} \qquad \left(\mathbf{x} - \sum_{i=1}^{n} c_i \mathbf{v}_i \right) \perp \mathbf{v}_j \qquad (1 \le j \le n)$$

이 식에 의하여 연립 일차방정식을 풀면 다음을 얻는다.

$$\sum_{i=1}^{n} c_i \langle \mathbf{v}_i, \mathbf{v}_j \rangle = \langle \mathbf{x}, \mathbf{v}_j \rangle \quad (1 \le j \le n)$$

이 식은 n개의 미지수 c_j를 포함하는 n개의 일차방정식으로 구성된 연립방정식이다. 이 연립방정식의 계수행렬은 성분을 $g_{ij}=\langle \mathbf{v}_i, \mathbf{v}_j \rangle$, $1 \le i, j \le n$으로 갖는 $n \times n$ **그람행렬**(Gram matrix)[4] $\mathbf{G}=(g_{ij})$이다.

이 연립방정식의 오른쪽 부분은 성분이 $b_j=\langle \mathbf{x}, \mathbf{v}_j \rangle$인 벡터 $\mathbf{b}=(b_i)$이며 이 연립 일차방정식은 다음과 같은 익숙한 형태로 쓸 수 있다.

$$\mathbf{Gc}=\mathbf{b}$$

다음 정리에 의하면 계수행렬 $\mathbf{G}$는 항상 역행렬이 존재한다. 그러므로 이 문제의 해는 유일하고 그 해는 $\mathbf{c}=\mathbf{G}^{-1}\mathbf{b}$로 표현된다. 이러한 연립방정식은 응용 분야에서 종종 찾아볼 수 있다.

과도결정 연립방정식이 다음과 같이 주어져 있다.

$$\mathbf{Ax}=\mathbf{b}$$

여기서 $\mathbf{A}$는 $m \times n$, $m > n$ 행렬이다. 일반적인 최소제곱 문제에서 $\|\mathbf{Ax}-\mathbf{b}\|^2$을 최소화하는 문제는 정규방정식

$$\mathbf{A}^T\mathbf{A}\hat{\mathbf{x}}=\mathbf{A}^T\mathbf{b}$$

을 풀어 그 해를 구한다. $\mathbf{A}$의 열들이 일차독립이면 $\mathbf{A}^T\mathbf{A}$는 역행렬이 존재하며 최적의 근사해는 $\hat{\mathbf{x}}=(\mathbf{A}^T\mathbf{A})^{-1}\mathbf{A}^T\mathbf{b}$이다.

실제적인 문제에 최소제곱 방법을 적용함에 있어 실험으로 얻은 함수 값들은 그 신뢰성이 균일하지 않을 수 있다. 이를 고려하여 이 방법을 유연하게 적용할 수 있는 한 가지 방법으로 **가중치**(weight)를 주는 방법을 생각할 수 있다. $x_1 < x_2 < \cdots < x_m$이 관측 지점이고 $y_1 < y_2 < \cdots < y_m$이 그 m개의 관측 지점에서 측정된 값일 때 $w_1, w_2, \ldots, w_m$을 그 측정치의 정확도의 다양함을 대략적으로 나타내는 양수로 주어진 가중치라 하자. 그러면 새롭게 만들어진 다음 연립방정식

$$\mathbf{WAx}=\mathbf{Wb}$$

의 최적의 근사해를 구하기 위해 다음과 같이 정의된 **가중정규방정식**(weighted normal equation)의 해 $\hat{\mathbf{x}}_\mathrm{w}$를 구한다.

$$(\mathbf{WA})^T(\mathbf{WA})\hat{\mathbf{x}}_\mathrm{w}=(\mathbf{WA})^T\mathbf{Wb}$$

여기서 $\mathbf{W}$는 가중치 w_i와 연관된 행렬로서 가역행렬이며 새로운 내적 $\langle \mathbf{x}, \mathbf{y} \rangle_\mathrm{w}=(\mathbf{Wy})^T(\mathbf{Wx})$과 새로운 길이 $\|\mathbf{x}\|_\mathrm{w}=\|\mathbf{Wx}\|$를 정의한다. 예를 들면 가중선형 최소제곱의 경우에 최소화되어야 하는 함수는 $\sum_{i=1}^{m} w_i^2(a+bx_i-\mathrm{y}_i)^2$이며 $\mathbf{W}=\mathrm{Diag}(w_i^{1/2})$과 같은 대각가중행렬을 써야 할지도 모른다.

[4] 그람(Jorgen Pedersen Gram, 1850~1916)은 그람-슈미트의 직교화 과정의 일등공신이다. 라플라스와 코시가 이 방법을 알고 있는 것을 보면 그가 이 방법을 처음으로 도입한 것은 아니다. 그람은 대학생 시절에 이미 그의 첫 번째 중요한 수학 논문을 발간했다! 그는 대학에서 수학을 가르치기보다는 보험회사에 고용되어 수학을 연구한 수학자이다. 그는 논문을 발간하고 강의를 했으며 수학 연구로 상을 받았다. 그는 65세에 자전거에 치여 생을 마감했다.

정리 4
내적공간에서 집합 $\{\mathbf{u}_1, \mathbf{u}_2, \dots, \mathbf{u}_n\}$이 일차독립이면 $\langle \mathbf{u}_i, \mathbf{u}_j \rangle$을 성분으로 갖는 그람행렬은 정칙행렬이다.

증명 그람행렬의 가역성을 증명하기 위하여 행들이 일차독립임을 보여야 한다.(이것이 증명되면 그람행렬은 계수가 n이고 이 행렬은 가역행렬이다. 3.2절의 가역행렬 정리를 기억하라.) 그람행렬의 행들이 다음 식을 만족한다고 하자.

$$\sum_{i=1}^{n} c_i \langle \mathbf{u}_i, \mathbf{u}_j \rangle = 0 \qquad (1 \le j \le n)$$

그러면 다음과 같은 결론을 얻는다.

$$\left\langle \sum_{i=1}^{n} c_i \mathbf{u}_i, \sum_{j=1}^{n} c_j \mathbf{u}_j \right\rangle = 0, \qquad \left\| \sum_{i=1}^{n} c_i \mathbf{u}_i \right\|^2 = 0, \qquad \sum_{i=1}^{n} c_i \mathbf{u}_i = 0$$

집합 $\{\mathbf{u}_1, \mathbf{u}_2, \dots, \mathbf{u}_n\}$이 일차독립이라고 가정하고 있으므로 계수 c_i들은 0이어야 한다. ■

예제 8 U가 $\mathbf{v}_1=(2, 11, -5)$와 $\mathbf{v}_2=(6, 2, 1)$에 의해 생성된 $\mathbb{R}^3$의 부분공간이라 하자. 점 $\mathbf{z}=(-9, 50, -27)$의 U 위로의 직교사영을 구하고 그 과정에서 독립성을 검증하라.

풀이 사영된 점을 $\mathbf{p}$라 하자. $\mathbf{p}$는 부분공간의 원소이어야 하므로 다음과 같이 쓸 수 있다.

$$\mathbf{p} = c_1\mathbf{v}_1 + c_2\mathbf{v}_2$$

직교 조건은 $\mathbf{z}-\mathbf{p} \perp \mathbf{v}_1$과 $\mathbf{z}-\mathbf{p} \perp \mathbf{v}_2$이며 이 관계로부터 $\langle \mathbf{p}, \mathbf{v}_i \rangle = \langle \mathbf{z}, \mathbf{v}_i \rangle$, $i=1, 2$를 얻는다. 여기에 $\mathbf{p}$를 대입하면 다음을 얻으며

$$\langle c_1\mathbf{v}_1 + c_2\mathbf{v}_2, \mathbf{v}_i \rangle = \langle \mathbf{z}, \mathbf{v}_i \rangle \qquad (i = 1, 2)$$

이는 다음과 같이 표현할 수 있다.

$$\begin{cases} c_1 \langle \mathbf{v}_1, \mathbf{v}_1 \rangle + c_2 \langle \mathbf{v}_2, \mathbf{v}_1 \rangle = \langle \mathbf{z}, \mathbf{v}_1 \rangle \\ c_1 \langle \mathbf{v}_1, \mathbf{v}_2 \rangle + c_2 \langle \mathbf{v}_2, \mathbf{v}_2 \rangle = \langle \mathbf{z}, \mathbf{v}_2 \rangle \end{cases}$$

이 식을 계산하면 다음 연립방정식을 얻는다.

$$\begin{cases} 150c_1 + 29c_2 = 667 \\ 29c_1 + 41c_2 = 19 \end{cases}$$

Matlab을 이용하여 계산하면 $c_1 \approx 5.0473$ 과 $c_2 \approx -3.1066$을 얻는다. 이 문제를 최소제곱 문제로 풀어 보자.

즉 다음과 같은 해가 없는 연립방정식의 '최소제곱해'를 구한다.

$$\mathbf{Ac}=\mathbf{b}: \quad \begin{bmatrix} 2 & 6 \\ 11 & 2 \\ -5 & 1 \end{bmatrix} \begin{bmatrix} c_1 \\ c_2 \end{bmatrix} = \begin{bmatrix} -9 \\ 50 \\ -27 \end{bmatrix}$$

사영 **p**는 무엇인가? 그것은 $c_1\mathbf{v}_1+c_2\mathbf{v}_2$로서 근사적으로

$$\mathbf{p}=\begin{bmatrix} -8.5451 \\ 49.3069 \\ -23.3430 \end{bmatrix}$$

으로 나타난다. **z**는 그 사영된 점과 얼마나 가까운가? 이 문제의 답은 다음을 계산하여 얻을 수 있다.

$$\|\mathbf{z}-\mathbf{p}\| \approx \left\| \begin{bmatrix} -0.4549 \\ 0.6931 \\ 1.3430 \end{bmatrix} \right\| \approx 1.5783$$

이 과정에서 검증해야 하는 한 가지로서, $\mathbf{z}-\mathbf{p}$가 $\mathbf{v}_1$과 $\mathbf{v}_2$에 의해 생성된 부분공간과 직교하는지를 확인할 수 있다. 벡터 $\mathbf{v}_1$과 $\mathbf{v}_2$를 A의 열들로 놓아, 즉 $\mathbf{A}=[\mathbf{v}_1, \mathbf{v}_2]$라 하고 $(\mathbf{z}-\mathbf{p})\mathbf{A}$를 계산하면 다음을 얻는다.

$$\begin{aligned}(\mathbf{z}-\mathbf{p})\mathbf{A} &= [-0.4549,\ 0.6931,\ 1.3430] \begin{bmatrix} 2 & 6 \\ 11 & 2 \\ -5 & 1 \end{bmatrix} \\ &= 10^{-13}[0.0711,\ -0.4263]\end{aligned}$$

Matlab은 해가 없는 연립 일차방정식을 간단한 명령 `x=A/b`로 풀 것이다. 이 예제에서의 문제에 대해서도 행렬 **A**와 벡터 **b**를 대입하여

$$\mathbf{x}=\begin{bmatrix} 5.0473 \\ -3.1066 \end{bmatrix}$$

을 얻는다. ■

한 점에서 초평면까지의 거리

고차원 기하에서의 전형적인 문제는 $\mathbb{R}^n$에서 한 점으로부터 초평면까지의 거리를 계산하는 것이다. $\mathbb{R}^2$와 $\mathbb{R}^3$에서의 초평면은 각각 직선과 평면이다. $\mathbb{R}^n$에서 원점을 지나는 초평면은 $n-1$차원 부분공간일 것이다. 이것은 응용 분야에서 자주 나타나는 특별한 경우이다.

예제 9 $\mathbb{R}^n$에서 주어진 한 점과 점 **p**를 지나는 초평면 사이의 거리는 어떻게 계산할 수 있는가?

풀이 $\mathbb{R}^n$에서 점 **p**를 지나는 초평면은 다음과 같은 형태를 가지는 집합이다.

$$H = \{\mathbf{x} : \langle \mathbf{x} - \mathbf{p}, \mathbf{u} \rangle = 0\}$$

여기서 **u**는 $\mathbb{R}^n$의 원소로서 **0**이 아닌 벡터이다. 이 예제에서 초평면이 벡터 **0**을 포함하면 **p**=**0**로 놓는다.

y를 $\mathbb{R}^n$의 임의의 원소라 하자. **y**로부터 초평면 H까지의 거리를 나타내는 식을 구하자. **x**를 **y**에 가능한 한 가장 가까이 있는 H의 원소라 하면 **x**는 **y**를 H 위로 직교사영한 점일 것이다.(정리 2를 기억하라.) 그러므로 구하는 거리는 $\|\mathbf{x}-\mathbf{y}\|$일 것이다. 점 **x**는 다음 두 성질에 의해 결정된다.

$$\mathbf{x} \in H \qquad \mathbf{y} - \mathbf{x} \perp H$$

이 두 조건은 $\langle \mathbf{x}-\mathbf{p}, \mathbf{u}\rangle=0$과 $\mathbf{y}-\mathbf{x}=\lambda\mathbf{u}$를 나타낸다. 이 두 성질을 결합하면 $\langle \mathbf{y}-p-\lambda\mathbf{u}, \mathbf{u}\rangle=0$을 얻는다. 이 식으로부터 $\langle \mathbf{y}-\mathbf{p}, \mathbf{u}\rangle=\lambda\langle \mathbf{u}, \mathbf{u}\rangle$를 얻으므로 $\lambda=\langle \mathbf{y}-\mathbf{p}, \mathbf{u} \rangle/\langle \mathbf{u}, \mathbf{u}\rangle$가 된다. 그러므로 다음 식을 얻는다.

$$\mathbf{x} = \mathbf{y} - \lambda\mathbf{u} = \mathbf{y} - \frac{\langle \mathbf{y} - \mathbf{p}, \mathbf{u} \rangle}{\langle \mathbf{u}, \mathbf{u} \rangle}\mathbf{u}$$

즉 **x**에서 **y**까지의 거리를 구하는 식은 다음과 같다.

$$\|\mathbf{x} - \mathbf{y}\| = \left\| \frac{\langle \mathbf{y} - \mathbf{p}, \mathbf{u} \rangle}{\langle \mathbf{u}, \mathbf{u} \rangle}\mathbf{u} \right\| = \frac{|\langle \mathbf{y} - \mathbf{p}, \mathbf{u} \rangle|}{\|\mathbf{u}\|}$$

■

a($\neq$**0**)와 **p**가 $\mathbb{R}^n$의 원소라 하자. 다음 식을 만족하는 $\mathbb{R}^n$ 상의 모든 벡터 **x**들의 집합은 점 **p**를 지나는 초평면이다.

$$\langle \mathbf{x} - \mathbf{p}, \mathbf{a} \rangle = \mathbf{0}$$

이것은 **법선벡터**(normal vector) **a**를 가지는 초평면의 **법선의 방정식**(normal equation)이다. $\mathbf{a}=(a_1, a_2, \ldots, a_n)$, $\mathbf{p}=(p_1, p_2, \ldots, p_n)$이고 $\mathbf{x}=(x_1, x_2, \ldots, x_n)$라 하자. 초평면의 법선의 방정식은 다음과 같이 쓸 수 있다.

$$a_1x_1 + a_2x_2 + \cdots + a_nx_n = d$$

여기서 $d=\langle \mathbf{p}, \mathbf{a}\rangle$이다.

예제 10 평면 $x+2y+z=4$ 위의 점 중 점 $\mathbf{y}=(2, 3, 3)$와 가장 가까운 점을 찾고 그 두 점 사이의 거리를 구하라.

풀이 $\mathbf{a}=(1, 2, 1)$, $\mathbf{p}=(1, 1, 1)$이고 $d=\langle \mathbf{p}, \mathbf{a}\rangle=4$이므로 예제 9에 의해 **y**에 가장 가까운 평면 위의 점은 다음과 같이 계산된다.

$$\mathbf{x}=\mathbf{y}-\left[\frac{\langle \mathbf{y}-\mathbf{p},\mathbf{a}\rangle}{\langle \mathbf{a},\mathbf{a}\rangle}\right]\mathbf{a}=\begin{bmatrix}2\\3\\3\end{bmatrix}-(7/6)\begin{bmatrix}1\\2\\1\end{bmatrix}=(1/6)\begin{bmatrix}5\\4\\11\end{bmatrix}$$

그러므로 $\mathbf{y}$와 $\mathbf{x}$사이의 거리는 $|\langle \mathbf{y}-\mathbf{p}, \mathbf{a}\rangle|/\|\mathbf{a}\|=7/\sqrt{6}$이다. ■

수학 소프트웨어

예제 5에 있는 계산을 수행하기 위한 Matlab, Maple, 그리고 Mathematica의 명령어들은 각각 다음과 같다. 이것은 사용자에 의해 쓰여진 입력문만을 보여 주고 있으며 출력 결과는 나타나 있지 않다.

Matlab	Maple
format long	with(LinearAlgebra):
A = [1,4;2,5;3,6]	A := Matrix([[1,4],[2,5],[3,6]]);
b = [1;1;-2]	b := Vector([1,1,-1]);
E = A'*A	E := Transpose(A).A;
f = A'*b	f := Transpose(A).b;
G = [E f]	G := Matrix(E,f);
rref(G)	ReducedRowEchelonForm(G);

Mathematica
A = {{1,4},{2,5},{3,6}}
b = {1,1,-2}
E = Transpose[A].A
f = Transpose[A].b
G = {E,f}
RowReduce[G]

이 세 프로그램을 사용한 결과는 유사하다.

예제 5의 문제를 해결하기 위하여 위의 수학 소프트웨어 패키지 중 대체할 수 있는 것이 있는가? 예제에서의 자료 A와 b를 입력한 후 Matlab 명령어 `x=A/b`를 사용할 수 있다. Matlab은 최소제곱의 관점으로 이 방정식을 풀 때 내장된 방법을 이용할 것이다. 최소제곱 문제를 직접 풀기 위해서 Maple이나 Mathematica의 명령어들을 쓸 수도 있다.

요약 7.2

- 기저 $\{\mathbf{v}_1, \mathbf{v}_2, \ldots, \mathbf{v}_n\}$로 시작하는 그람-슈미트 과정:

  $\mathbf{w}_1=\mathbf{v}_1/\|\mathbf{v}_1\|$

  $\mathbf{w}_2=[\mathbf{v}_2\langle \mathbf{v}_2, \mathbf{w}_1\rangle\mathbf{w}_1]/\|\mathbf{v}_2\langle \mathbf{v}_2, \mathbf{w}_1\rangle\mathbf{w}_1\|$

  $\mathbf{w}_3=[\mathbf{v}_3-\langle \mathbf{v}_3, \mathbf{w}_1\rangle\mathbf{w}_1-\langle \mathbf{v}_3, \mathbf{w}_2\rangle\mathbf{w}_2]/$

  $\|\mathbf{v}_3\langle \mathbf{v}_3, \mathbf{w}_1\rangle\mathbf{w}_1\langle \mathbf{v}_3, \mathbf{w}_2\rangle\mathbf{w}_2\|$

  $\mathbf{w}_k=[\mathbf{v}_k-\sum_{j=1}^{k-1}\langle \mathbf{v}_k, \mathbf{w}_j\rangle\mathbf{w}_j]/$

  $\|\mathbf{v}_k-\sum_{j=1}^{k-1}\langle \mathbf{v}_k, \mathbf{w}_j\rangle\mathbf{w}_j\|$

  모든 k에 대하여 $\text{Span}\{\mathbf{v}_1, \mathbf{v}_2, \ldots, \mathbf{v}_k\}=\text{Span}\{\mathbf{w}_1, \mathbf{w}_2, \ldots, \mathbf{w}_k\}$이고 $\{w_1, w_2, \ldots, w_n\}$는 정규직교기저

- 기저 $\{\mathbf{v}_1, \mathbf{v}_2, \ldots, \mathbf{v}_n\}$로 시작하는 그람-슈미트 과정:

  $\tilde{\mathbf{w}}_1=\mathbf{v}_1$이고 $\mathbf{w}_1=\tilde{\mathbf{w}}_1/\|\tilde{\mathbf{w}}_1\|$

$\tilde{\mathbf{w}}_2=\mathbf{v}_2-\langle\mathbf{v}_2, \mathbf{w}_1\rangle\mathbf{w}_1$이고 $\mathbf{w}_2=\tilde{\mathbf{w}}_2/\|\tilde{\mathbf{w}}_2\|$

$\tilde{\mathbf{w}}_3=\mathbf{v}_3-\langle\mathbf{v}_3, \mathbf{w}_1\rangle\mathbf{w}_1-\langle\mathbf{v}_3, \mathbf{w}_2\rangle\mathbf{w}_2$이고 $\mathbf{w}_3=\tilde{\mathbf{w}}_3/\|\tilde{\mathbf{w}}_3\|$

일반적으로

$\tilde{\mathbf{w}}_k=\mathbf{v}_k-\sum_{j=1}^{k-1}\langle\mathbf{v}_k, \mathbf{w}_j\rangle\mathbf{w}_j$이고 $\mathbf{w}_k=\tilde{\mathbf{w}}_k/\|\tilde{\mathbf{w}}_k\|$

여기서 $\tilde{\mathbf{w}}_k$는 정규화되지 않은 벡터이다.

$\text{Span}\{\mathbf{v}_1, \mathbf{v}_2, \ldots, \mathbf{v}_n\}=\text{Span}\{\mathbf{w}_1, \mathbf{w}_2, \ldots, \mathbf{w}_n\}$이며 $\{\mathbf{w}_1, \mathbf{w}_2, \ldots, \mathbf{w}_n\}$는 정규직교기저이다.

- 기저 $\{\mathbf{v}_1, \mathbf{v}_2, \ldots, \mathbf{v}_n\}$로 시작하는 비정규화된 그람-슈미트 과정:

  $\mathbf{z}_1=\mathbf{v}_1$

  $\mathbf{z}_2=\mathbf{v}_2-[\langle\mathbf{v}_2, \mathbf{z}_1\rangle/\langle\mathbf{z}_1, \mathbf{z}_1\rangle]\mathbf{z}_1$

  $\mathbf{z}_3=\mathbf{v}_3-[\langle\mathbf{v}_3, \mathbf{z}_1\rangle/\langle\mathbf{z}_1, \mathbf{z}_1\rangle]\mathbf{z}_1-[\langle\mathbf{v}_3, \mathbf{z}_2\rangle/\langle\mathbf{z}_2, \mathbf{z}_2\rangle]\mathbf{z}_2$

  일반적으로

  $\mathbf{z}_k=\mathbf{v}_k-\sum_{j=1}^{k-1}[\langle\mathbf{v}_k, \mathbf{z}_j\rangle/\langle\mathbf{z}_j, \mathbf{z}_j\rangle]\mathbf{z}_j$

  $\text{Span}\{\mathbf{v}_1, \mathbf{v}_2, \ldots, \mathbf{v}_n\}=\text{Span}\{\mathbf{z}_1, \mathbf{z}_2, \ldots, \mathbf{z}_n\}$이며 $\{\mathbf{z}_1, \mathbf{z}_2, \ldots, \mathbf{z}_n\}$는 정규직교기저이다.

- 선형 최소제곱: 다음의 세 명제는 논리적으로 동치이다.

  $\{\mathbf{p}\in\text{Col}(\mathbf{A})$이고 $\mathbf{b}-\mathbf{p}\perp\text{Col}(\mathbf{A})\}$

  {임의의 $\mathbf{x}$에 대하여 $\mathbf{p}=\mathbf{A}\mathbf{x}$이고 $\mathbf{A}^T(\mathbf{b}-\mathbf{p})=\mathbf{0}$}

  $\{\mathbf{A}^T\mathbf{A}\mathbf{x}=\mathbf{A}^T\mathbf{b}\}$

- 함수 $\mathbf{x}\mapsto\|\mathbf{A}\mathbf{x}-\mathbf{b}\|$을 최소화하는 벡터 $\mathbf{x}$는 정규방정식 $\mathbf{A}^T\mathbf{A}\mathbf{x}=\mathbf{A}^T\mathbf{b}$을 만족하는 $\mathbf{x}$이다.
- 점 $\mathbf{x}$의 부분공간 U 위로의 직교사영은 $\mathbf{x}-\mathbf{p}\perp U$를 만족하는 점 $\mathbf{p}$이다.
  - $\{\mathbf{u}_1, \mathbf{u}_2, \ldots, \mathbf{u}_n\}$를 정규직교기저로 갖는 부분공간으로의 $\mathbf{x}$의 직교사영은 $\sum_{i=1}^{n}\langle\mathbf{x}, \mathbf{u}_i\rangle\mathbf{u}_i$이다.
  - $\{\mathbf{u}_i\}$를 직교기저로 갖는 부분공간으로의 $\mathbf{x}$의 직교사영은 $\mathbf{p}=\sum_{i=1}^{n}[\langle\mathbf{x}, \mathbf{u}_i\rangle/\langle\mathbf{u}_i, \mathbf{u}_i\rangle]\mathbf{u}_i$이다.
- (내적공간에서) 집합 $\{\mathbf{u}_1, \mathbf{u}_2, \ldots, \mathbf{u}_n\}$이 일차독립이면 $\langle\mathbf{u}_i, \mathbf{u}_j\rangle$을 성분으로 갖는 대응하는 그람 행렬은 정칙행렬이다.
- 직교성 정리:
  - 모든 유한차원 내적공간은 정규직교기저를 갖는다.
  - V가 한 내적공간의 부분공간이라 할 때 점 $\mathbf{p}$가 점 $\mathbf{x}$의 V 위로의 직교사영일 필요충분조건은 $\mathbf{p}$가 $\mathbf{x}$에 가장 가까운 V의 원소라는 것이다.
  - 연립방정식 $\mathbf{A}\mathbf{x}=\mathbf{b}$가 해가 없으면 정규방정식 $\mathbf{A}^T\mathbf{A}\mathbf{x}=\mathbf{A}^T\mathbf{b}$를 $\mathbf{x}$에 대해 풀어 근사해를 구한다. 이렇게 구한 $\mathbf{x}$에 대해 $\mathbf{A}\mathbf{x}$는 $\mathbf{b}$에 가장 가까운 점이다.

주요개념 7.2

그람-슈미트 과정(정규화 또는 비정규화), 정규직교기저, 직교사영, 방정식의 최소제곱해, 정규방정식, 과도결정 계의 근사해, 그람행렬, 한 점에서 초평면까지의 거리

일반 연습문제 7.2

1. 연립방정식 $\begin{bmatrix}1 & -3\\2 & 6\\7 & -3\\3 & 4\end{bmatrix}\begin{bmatrix}x_1\\x_2\end{bmatrix}=\begin{bmatrix}1\\3\\2\\1\end{bmatrix}$의 최소제곱해를 구하라. 계수행렬의 두 열이 서로 직교한다는 사실을 이용하라.

2. 다항식 공간 $\mathbb{P}_2$에서 정의된 내적 $\langle p, q\rangle=\int_{-1}^{1}p(t)q(t)dt$을 이용하여 $\mathbb{P}_2$의 직교기저를 구하라. 정렬된 기저 $\{1, t, t^2\}$에 그람-슈미트 과정을 적용하라.

3. $\mathbf{A}=\begin{bmatrix}1 & 3\\2 & -1\\4 & 0\end{bmatrix}$와 $\mathbf{b}=\begin{bmatrix}-2\\7\\13\end{bmatrix}$가 주어져 있다. 연립방정식

$\mathbf{Ax}=\mathbf{b}$의 최소제곱해를 구하라. $\mathbf{b}$를 Col(A) 위로 사영한 $\mathbf{p}$를 먼저 구하고 해가 있는 방정식 $\mathbf{Ax}=\mathbf{p}$를 푸는 순으로 진행하라.

4. 연립방정식 $\begin{bmatrix} 3 & 2 \\ 2 & 3 \\ 1 & 2 \end{bmatrix}\begin{bmatrix} x \\ y \end{bmatrix}=\begin{bmatrix} 3 \\ 0 \\ 1 \end{bmatrix}$의 최소제곱해를 구하라.

5. $\mathbb{R}^4$ 공간에서 V는 집합 $\{(1, 2, 7, 3), (-3, 6, -3, 4)\}$로 생성된 2차원 부분공간이다. $(11, -2, 1, 2)$와 가장 가까운 V의 원소를 찾으라. 주어진 V의 기저는 직교집합임에 주목하라.

6. $\mathbf{v}_1=(0, 0, 1, 0)$, $\mathbf{v}_2=(1, 0, 1, 0)$, 그리고 $\mathbf{v}_3=(1, 1, 1, 1)$의 순서로 주어진 세 벡터에 그람-슈미트 과정을 적용하라. 그 결과는 정규직교집합이어야 한다.

7. 세 벡터 $\mathbf{u}_1=(1, 2, 1)$, $\mathbf{u}_2=(1, 0, 1)$, 그리고 $\mathbf{u}_3=(3, 1, 0)$에 그람-슈미트 과정을 적용하라.

8. 벡터 $(\alpha, 1, \beta)$는 어떤 α와 β에 대하여 $(2, 0, 1)$와 $(-1, 1, 2)$에 수직인가?

9. 행렬 $\begin{bmatrix} 1 & 1 & -1 & 1 \\ 1 & -1 & 1 & 1 \\ 1 & 2 & 0 & 1 \end{bmatrix}$의 행공간의 정규직교기저를 구하라.

10. 두 벡터 $(1, 1, 4)$와 $(4, 0, -1)$의 일차결합으로 벡터 $(1, 3, 2)$의 최적의 근사값을 나타내라. 주어진 두 개의 벡터가 직교인지 확인하라.

11. 점 $(1, 0, 2)$에서 $(1, 2, -1)$과 $(3, -2, -1)$에 의해 생성된 부분공간까지의 거리를 구하라. 주어진 두 개의 벡터가 직교인지 확인하라.

12. 예제 7에 주어진 4×3 행렬의 열공간 위로의 점 $(1, 2, -3, 4)$의 사영은 무엇인가? 사영된 점은 그 행렬의 열들의 유일한 일차결합인가?

13. $(1, 3, 3)$과 $(2, -2, 1)$에 의해 생성된 공간 위로의 점 $(5, 3, -7)$의 직교사영을 구하라.

14. 세 벡터 $\mathbf{u}_1=(-1, 1, -1, 3)$, $\mathbf{u}_2=(0, 0, 0, 4)$, 그리고 $\mathbf{u}_3=(-1, 4, -1, 6)$에 그람-슈미트 과정을 적용하라. 그 과정의 마지막에는 구한 벡터들을 정규화하라.

15. $\mathbb{R}$에서 정의된 함수 f는 모든 x에 대해 $f(x)=f(-x)$이면 **우함수**(even), $f(x)=-f(-x)$이면 **기함수**(odd)라 한다. 내적 $\langle f, g\rangle=\int_{-1}^{1} f(x)g(x)dx$을 이용하여 임의의 우함수는 임의의 기함수와 직교함을 보이라. 함수는 연속이고 실함수라 가정하라.

16. 연립방정식 $\begin{cases} x_1+2x_2=3 \\ 3x_1+2x_2=5 \\ 4x_1+5x_2=2 \end{cases}$이 주어져 있다. 다음에 주어진 이 연립방정식의 해의 유효성을 조사하라. 먼저 이 연립방정식을 행렬의 형태로 다음과 같이 쓴다.

$$\begin{bmatrix} 1 & 2 \\ 3 & 2 \\ 4 & 5 \end{bmatrix}\begin{bmatrix} x_1 \\ x_2 \end{bmatrix}=\begin{bmatrix} 3 \\ 5 \\ 2 \end{bmatrix}$$

그 다음에 이 방정식의 양변에 행렬 $\begin{bmatrix} 1 & 3 & 4 \\ 2 & 2 & 5 \end{bmatrix}$를 곱하여 $\begin{bmatrix} 26 & 28 \\ 28 & 33 \end{bmatrix}\begin{bmatrix} x_1 \\ x_2 \end{bmatrix}=\begin{bmatrix} 26 \\ 26 \end{bmatrix}$을 얻는다. 행축소 연산을 하여 해 $\begin{bmatrix} 65/37 \\ -26/37 \end{bmatrix}$를 얻는다.

17. 다음의 두 연립방정식은 같은 최소제곱해를 가질 것이라 기대하는가?

$$\begin{cases} 3x-2y=-5 \\ 2x+3y=4 \\ x-2y=3 \end{cases} \quad \text{와} \quad \begin{cases} 3x-2y=-5 \\ 4x+6y=8 \\ x-2y=3 \end{cases}$$

사실인지 아닌지에 대해 설명하라.

18. $\begin{bmatrix} 3 & 2 \\ 5 & 1 \\ 4 & 2 \\ 3 & 2 \end{bmatrix}\begin{bmatrix} x_1 \\ x_2 \end{bmatrix}=\begin{bmatrix} 6 \\ 7 \\ 5 \\ 6 \end{bmatrix}$의 최소제곱해를 구하려 할 때 네 번째 방정식을 삭제하면서 시작할 수 있는가? 이를 설명하라.

19. 두 점 $(3, 1)$과 $(0, 0)$에 의해 생성된 직선 위로의 점 $(1, 2)$의 직교사영을 구하라.

20. 두 벡터 $\mathbf{u}=(4, 1, -2)$와 $\mathbf{v}=(1, -2, 1)$에 의해 생성된 $\mathbb{R}^3$의 부분공간 위로의 $\mathbf{x}=(2, 2, 3)$의 직교사영을 구하라. $\mathbf{u}\perp\mathbf{v}$임을 주목하라. 사영이 만족해야 하는 두 성질을 독립적으로 검증함으로써 계산이 올바르게 되었는지를 확인하라.

21. 주어진 기저 $\{\mathbf{v}_1, \mathbf{v}_2, \dots, \mathbf{v}_n\}$로부터 직교기저를 만들어야 한다면 다음 알고리즘을 사용할 수 있다: $\mathbf{u}_1=\mathbf{v}_1$이고

$$\mathbf{u}_{k+1}=\mathbf{v}_{k+1}-\sum_{j=1}^{k}\frac{\langle \mathbf{v}_{k+1}, \mathbf{u}_j\rangle}{\langle \mathbf{u}_j, \mathbf{u}_j\rangle}\mathbf{u}_j, \ k=1, 2, ... \mathbf{u}$$

벡터들이 직교집합을 이룸을 증명하라. 이 알고리즘의 이점은 제곱근이 필요 없다는 것이다.

22. (계속) 세 벡터 [1, 1, 0], [0, 1, 1], 그리고 [1, 0, 1]으로 일반 연습문제 21의 알고리즘을 이용하여 직교기저를 구하라. 해를 성분이 정수인 벡터 항으로 구하라. 기저가 정수로 주어진 경우에 앞의 문제에 주어진 알고리즘을 적용하여 정수 값을 갖는 직교 계를 찾는 것이 항상 가능한가?

23. 실험치 $\{(t_i, y_i)\}$가 주어진 경우 이에 적합한 방정식을 구할 때 보통 독립 변수 t의 값은 정확하게 주어졌다고 가정하는 반면, 종속 변수 y는 측정 오차에 의해 정확하지 않을 수 있다고 가정한다. 그 실험치가 함수 $y=\alpha t+\beta$의 형태로 표현된다고 가정하자. 그러면 각 관측 지점 t_i에서의 오차는 $\alpha t_i+\beta-y_i$이 되고 $\sum_{i=1}^{m}(\alpha t_i+\beta-y_i)^2$을 최소화하기를 원할 것이다. α와 β에 관한 식을 구하라. 그 식은 다음과 같은 항을 포함할 것이다.

$$\sum_{i=1}^{m} t_i^2, \quad \sum_{i=1}^{m} t_i, \quad \sum_{i=1}^{m} t_i y_i, \quad \sum_{i=1}^{m} y_i$$

24. A는 그 열들이 직교집합을 이루는 행렬이라 하자. 벡터 b를 A의 열공간 위로 사영시킨 점을 구하는 식은 무엇인가? 그 식을 이용하여 최소제곱 문제 Ax=b의 해를 구하라.(벡터 x에 관한 구체적인 식이 필요하다.)

25. 정렬된 기저 $\mathbf{x}_1=[1, 2, 0]^T$, $\mathbf{x}_2=[2, -1, 1]^T$, 그리고 $\mathbf{x}_3=[-2, 6, 4]^T$에 비정규화된 그람-슈미트 과정을 적용하여 직교기저 $\{\mathbf{v}_1, \mathbf{v}_2, \mathbf{v}_3\}$를 구하라. 벡터 y=(3, 2, 1)를 합 u+v의 형태로 나타내라. 여기서 u는 $\{\mathbf{x}_1, \mathbf{x}_2\}$에 의해 생성된 공간의 원소이고 v는 그 공간에 직교하는 점이다. u와 v는 무엇인가?

26. $\mathbf{x} \perp \mathbf{y}$이면 $\|\mathbf{x}+\mathbf{y}\|^2=\|\mathbf{x}\|^2+\|\mathbf{y}\|^2$임을 설명하라. 이 역에 대해서는 무엇이라고 말할 수 있는가? 이 문제에서 스칼라장은 $\mathbb{C}$여야 한다.

27. $\mathbf{A}^T$의 영공간은 A의 열공간의 직교여집합임을 확인하라.

28. 내적공간에서 다음과 같은 평행사변형의 법칙을 확인하라.

$$\|\mathbf{x}+\mathbf{y}\|^2+\|\mathbf{x}-\mathbf{y}\|^2=2\|\mathbf{x}\|^2+2\|\mathbf{y}\|^2$$

29. 내적공간의 임의의 집합 S에 대하여 $S^{\perp}$와 Span(S)에 공통으로 속하는 원소는 단 하나뿐임을 증명하라. 그 원소는 무엇인가?

30. 내적공간에서 하나의 특별한 벡터 z와 무한차원 부분공간 W에 대하여 $\mathbf{z}-\mathbf{p}\perp W$가 성립하는 점 $\mathbf{p}\in W$는 유일하게 한 개만 존재하는 이유를 설명하라.

31. x가 u와 직교하면 x의 모든 상수 곱은 u의 모든 상수 곱과 직교함을 증명하라.

32. u가 한 내적공간에서 단위벡터이면 x의 u 위로의 사영은 $\langle \mathbf{x}, \mathbf{u}\rangle\mathbf{u}$임에 대하여 논하라.

33. 내적공간에서 p가 x의 유한차원 부분공간 위로의 직교사영일 때 사상 $\mathbf{x}\mapsto\mathbf{p}$이 선형사상임을 확인하라.

34. 영이 아닌 벡터들의 집합 $\{\mathbf{u}_1, \mathbf{u}_2, \ldots, \mathbf{u}_n\}$이 한 내적공간의 직교집합이라 하자. $\mathbf{x}=\sum_{i=1}^{n}c_i\mathbf{u}_i$라 하면 x는 각 벡터 $\mathbf{u}_j$와 직교하고 $c_j=\langle \mathbf{x}, \mathbf{u}_j\rangle/\langle \mathbf{u}_j, \mathbf{u}_j\rangle$, $j=1, 2, \ldots, n$임을 검증할 수 있는가?

35. 내적공간에서 x가 $\mathbf{u}_1, \mathbf{u}_2, \ldots, \mathbf{u}_n$과 직교하면 x는 Span$\{\mathbf{u}_1, \mathbf{u}_2, \ldots, \mathbf{u}_n\}$와 직교함을 증명하라. 그 역도 성립하는가?

36. $\{\mathbf{v}_1, \mathbf{v}_2, \ldots, \mathbf{v}_n\}$이 m차원 내적공간에서 정규직교집합이라 하자. $m > n$이다. $\{\mathbf{v}_1, \mathbf{v}_2, \ldots, \mathbf{v}_{n+1}\}$이 정규직교집합이 되도록 하는 벡터 $\mathbf{v}_{n+1}$가 존재하는 이유를 설명하라.

37. 임의의 행렬 A에 대하여 행렬 $\mathbf{A}^T\mathbf{A}$와 $\mathbf{A}\mathbf{A}^T$가 대칭행렬임에 대하여 논하라.

38. 정방행렬 A가 모든 벡터 x에 대하여 $\mathbf{x}^T\mathbf{A}\mathbf{x}\geq 0$를 만족하면 **음이 아닌 정부호**(nonnegative definite)라고 한다. 모든 행렬 A에 대하여 $\mathbf{A}^T\mathbf{A}$는 음이 아닌 정부호임을 증명하라.

39. (계속) 음이 아닌 정부호 행렬의 고유값은 음수가 아님을 확인하라.

40. 연립방정식 Ax=b의 최소제곱해는 $\mathbf{b}^T\mathbf{A}\mathbf{x}\geq 0$을 만족함을 증명하라.

41. A가 계수가 m인 $m\times n$ 행렬이면 $\mathbf{A}\mathbf{A}^T$는 가역행렬이다. 사실인지 아닌지 설명하라.

42. $\mathbf{A}^{-1}=\mathbf{A}^T$을 만족하는 모든 행렬 A를 구하라.

43. $\mathbf{A}^T\mathbf{A}\mathbf{x}=\mathbf{0}$이면 $\mathbf{A}\mathbf{x}=\mathbf{0}$임을 확인하라.

44. 행렬 $\mathbf{A}^T\mathbf{A}$와 A가 같은 핵(kernel)을 갖는 이유를 설명하라.

45. $\{\mathbf{w}_1, \mathbf{w}_2, \ldots, \mathbf{w}_n\}$이 $\mathbb{R}^n$의 정규직교기저라 하고 V=Span$\{\mathbf{w}_1,$

$\mathbf{w}_2, \ldots, \mathbf{w}_r\}$, $r < n$이라 하자. 쉽게 찾을 수 있는 $V^{\perp}$의 정규직교기저는 무엇인가?

46. V는 한 내적공간의 부분공간이라 하고 $\mathbf{v} \in V$라 하자. $\mathbf{w} \perp \mathbf{v}$이면 $\mathbf{w} \perp V$이 성립하는가? 증명을 하거나 예를 들어 보라.

47. **a.** 내적공간에서 하나의 단위벡터 $\mathbf{v}$를 고정하고 선형변환 T를 $T(\mathbf{x}) = 2\langle \mathbf{x}, \mathbf{v} \rangle \mathbf{v} - \mathbf{x}$로 정의하자. T가 $\mathbf{x}$에 어떤 작용을 하는지 그림을 그려서 알아보라. 이 변환은 반사(reflection)의 한 예이다. $T^2 = \mathbf{I}$임을 확인하라.

b. 벡터 $\mathbf{v}$를 고정하고 $T(\mathbf{x}) = \langle \mathbf{x}, \mathbf{v} \rangle \mathbf{v} - 2\mathbf{x}$라 하자. 어떤 조건하에서 T는 영이 아닌 고정된 점을 갖는가?

48. 예제 9의 아이디어를 이용하여 두 초평면 사이의 거리가 $|\beta - \alpha| / \|\mathbf{u}\|$임을 유도하라. 그 두 초평면은 방정식 $\langle \mathbf{u}, \mathbf{x} \rangle = \alpha$와 $\langle \mathbf{u}, \mathbf{y} \rangle = \beta$로 주어진다.

49. 열들이 서로 직교하고 처음 두 열이 $[3, 1, 2]^T$와 $[2, 0, -3]^T$인 3×3 행렬 $\mathbf{A}$를 구하라. $\mathbf{A}$의 각 열을 그 열의 노름으로 나누어 새 행렬 $\mathbf{B}$를 구하라. $\mathbf{BB}^T$와 $\mathbf{B}^T\mathbf{B}$를 계산하라. 그 결과는 기대했던 대로인가? 이를 설명하라.

50. $\mathbb{R}^n$의 모든 부분공간은 한 행렬의 핵(kernel)인가? 사실인지 아닌지 설명하라.

51. 예제 2에서의 벡터들에 대하여 직교성을 검증하라.

52. $\mathbf{A}^T\mathbf{A} = \mathbf{I}$가 되는 모든 2×2 행렬 $\mathbf{A}$를 구하라.

53. U가 한 내적공간 X의 부분집합이라 하자. $\text{Span}(U) = X$라 가정하자. 모든 $\mathbf{u} \in U$에 대하여 $\langle \mathbf{x}, \mathbf{u} \rangle = \langle \mathbf{y}, \mathbf{u} \rangle$이 성립하면 $\mathbf{x} = \mathbf{y}$인 이유를 설명하라.

54. 공간 $\mathbb{P}_2$에 내적이 $\langle p, g \rangle = \int_{-1}^{1} p(t) g(t) t^2 dt$로 정의되었을 때 $\mathbb{P}_2$의 정규직교기저를 구하라.

55. (도전) 임의의 $n \times n$ 행렬 $\mathbf{A} = (a_{ij})$에 대하여 다음 부등식을 증명하라.

a. $|\text{Det}(\mathbf{A})| \le \prod_{i=1}^{n} \sum_{j=1}^{n} |a_{ij}|$

b. $|\text{Det}(\mathbf{A})| \le \prod_{i=1}^{n} (\sum_{j=1}^{n} |a_{ij}|^2)^{1/2}$

이것은 **아다마르의 부등식**(Hadamard's inequality)이다.

56. 영이 아닌 벡터 $\mathbf{x}$에 대하여 $\mathbf{x}^T\mathbf{A}\mathbf{x} = 0$이면 $\mathbf{A}$는 비가역행렬인가? 사실인지 아닌지 설명하라.

참-거짓 연습문제 7.2

1. $\mathbf{u} = (2, 2, 1, 0)$이고 $\mathbf{v} = (0, 1, -2, 2)$라 하자. 벡터 $(3, 1, 1, 1)$에서 가장 가까운 $\text{Span}\{\mathbf{u}, \mathbf{v}\}$의 점은 $\mathbf{u} - \frac{1}{9}\mathbf{v}$이다.

2. 벡터 $\mathbf{x}$가 연립방정식 $\mathbf{Ax} = \mathbf{b}$의 최소제곱해가 됨을 검증하기 위해서는 식 $\mathbf{A}^T(\mathbf{b} - \mathbf{Ax}) = \mathbf{0}$를 만족하는지를 알아보는 것으로 충분하다.

3. W는 $\mathbb{R}^n$의 부분집합이라 하자. 벡터 $\mathbf{x}$가 W와 $W^{\perp}$에 직교하면 $\mathbf{x} = \mathbf{0}$이다.

4. $\mathbf{v}$, $\mathbf{u}$, 그리고 $\mathbf{x}$는 $\mathbb{R}^n$의 원소이다. $\mathbf{x} \perp (\mathbf{v} + \mathbf{u})$와 $\mathbf{x} \perp (\mathbf{v} - \mathbf{u})$가 성립하면 $\mathbf{x} \perp \mathbf{v}$와 $\mathbf{x} \perp \mathbf{u}$가 성립한다.(기호 $\mathbf{x} \perp \mathbf{v}$는 $\mathbf{x}$와 $\mathbf{v}$가 직교함을 의미한다.)

5. $m \times n$ 행렬 $\mathbf{U}$의 열들이 정규직교집합을 이루면 $\mathbb{R}^n$의 임의의 두 벡터 $\mathbf{x}$와 $\mathbf{v}$에 대하여 $\langle \mathbf{Ux}, \mathbf{Uv} \rangle = \langle \mathbf{x}, \mathbf{v} \rangle$이 성립한다.

6. 한 정방행렬의 열들이 정규직교집합을 이루면 그 행렬의 행들도 정규직교집합을 이룬다.

7. 벡터들의 정규직교집합은 일차독립이어야 한다.

8. $\mathbb{R}^3$에서 $\mathbf{0}$과 $(1, 4, 3)$을 지나는 직선을 고려하자. 점 $(-1, 3, 5)$와 가장 가까운 직선 위의 점은 $(1, 4, 3)$이다.

9. 해가 없는 연립방정식 $\mathbf{Ax} = \mathbf{b}$을 최소제곱 방법으로 풀기 위해서는 방정식 $\mathbf{AA}^T\mathbf{x} = \mathbf{A}^T\mathbf{b}$의 해를 구하면 된다.

10. 해가 없는 연립방정식 $x_1 + x_2 = 2$, $-x_1 + 2x_2 = 1$, 그리고 $3x_1 - x_2 = 3$의 정규방정식은 두 개의 방정식으로 구성된 연립방정식 $11x_1 - 4x_2 = 10$과 $-4x_1 + 6x_2 = 1$이다.

11. $\mathbf{A}$는 $m \times n$ 행렬이고 $\mathbf{A}^T\mathbf{A} = \mathbf{I}$을 만족하면 임의의 벡터 $\mathbf{x} \in \mathbb{R}^m$에 대하여 $\mathbf{x} - \mathbf{AA}^T\mathbf{x}$은 $\mathbf{A}$의 열공간과 직교한다.

12. 그람-슈미트 과정의 첫 번째 단계에서는 벡터들의 쌍 $\{\mathbf{u}, \mathbf{v}\}$을 쌍 $\{\mathbf{u}, \mathbf{w}\}$로 대체한다. 벡터 $\mathbf{w}$는 $\{\mathbf{u}, \mathbf{w}\}$가 $\{\mathbf{u}, \mathbf{v}\}$에 의해 생성되는 공간의 직교기저가 되도록 선택된다. 만일 $\mathbf{u} = (1, 3, 2)$이고 $\mathbf{v} = (-7, 5, 3)$이면, $\mathbf{w} = (-8, 2, 1)$이다.

13. 내적공간에서 $\|-\mathbf{y}\| \cdot \|-\mathbf{x}\| \ge |\langle -\mathbf{y}, -\mathbf{x} \rangle|$는 코시-슈바르츠 부등식에 의해 얻을 수 있는 결과이다.

14. 한 점 $\mathbf{x}$를 $\mathbb{R}^n$의 부분공간 V 위로 사영시킨 점은 점 $\mathbf{y}\pm\mathbf{x}$가 V의 직교여집합의 원소가 되도록 하는 점 $\mathbf{y}$이다.
15. 일반적인 내적을 갖는 공간 $\mathbb{R}^4$는 여러 가지 다른 형태의 많은 정규직교기저를 갖는다.
16. $\mathbf{v}=(1, 0, 2, 1)$이고 $\mathbf{w}=(1, 1, -1, 1)$라 하자. $\mathbf{x}=(1, 0, 1, 0)$의 $\{\mathbf{v}, \mathbf{w}\}$에 의해 생성된 공간으로의 사영은 $\frac{1}{2}\mathbf{v}$이다.
17. $\{\mathbf{u}_1, \mathbf{u}_2, \ldots, \mathbf{u}_n\}$이 내적공간 V를 생성한다. $\mathbf{x}\in V$이고 $\langle \mathbf{x}, \mathbf{u}_i\rangle=0$, $i=1, 2, \ldots, n$이면 $\mathbf{x}=\mathbf{0}$이다.
18. 연립방정식 $\mathbf{Ax}=\mathbf{b}$는 해가 존재하지 않아도 방정식 $\mathbf{A}^T\mathbf{Ax}=\mathbf{A}^T\mathbf{b}$는 해가 존재할 것이다.
19. $\mathbf{x}^H$가 해가 없는 연립방정식 $\mathbf{Ax}=\mathbf{b}$의 최소제곱해이면 모든 벡터 $\mathbf{v}$에 대하여 $\mathbf{b}-\mathbf{Ax}^H\perp\mathbf{Av}$가 성립한다.(여기서 $\mathbf{x}^H$는 켤레전치이다.)
20. W가 유한차원 내적공간 V의 부분공간이면 $V=W+W^\perp$이다.(이것은 모든 벡터 $\mathbf{v}\in V$는 W의 원소 $\mathbf{w}$와 $W^\perp$의 원소 $\mathbf{u}$의 합으로 표현될 수 있다는 것을 의미한다.)
21. 유한차원 내적공간에서 모든 부분공간은 어떤 다른 공간의 직교여집합이다.
22. U와 V는 n차원 내적공간 X의 부분공간이다. $U\cap V=\{\mathbf{0}\}$이면 $\{\mathbf{x}_1, \mathbf{x}_2, \ldots, \mathbf{x}_k\}$는 U의 기저이고 $\{\mathbf{x}_1, \mathbf{x}_2, \ldots, \mathbf{x}_n\}$은 V의 기저가 되는 X의 정규직교기저 $\{\mathbf{x}_1, \mathbf{x}_2, \ldots, \mathbf{x}_n\}$가 존재한다.

선다형 연습문제 7.2

항상 첫 번째로 옳은 답을 선택하라.

1. $\mathbf{A}=\begin{bmatrix} 3 & -5 & 1 \\ 1 & 1 & 1 \\ -1 & 5 & -2 \\ 3 & -7 & 8 \end{bmatrix}$라 하자. 이 행렬의 열들에 비정규화된 그람-슈미트 과정을 적용한다면(자연스러운 순서로) 새롭게 생성된 두 번째 열은 어느 것인가?
   a. $[1, -3, 3, 1]^T$ b. $[1, 3, 3, -1]^T$
   c. $[1, 3, -3, 1]^T$ d. $[3, -1, -1, -3]^T$
   e. 위 항목 중 답이 없다.
2. $\mathbf{x}_1=[1, 2, 0]^T$, $\mathbf{x}_2=[2, -1, 1]^T$, $\mathbf{x}_3=[-2, 6, 4]^T$라 하자. 벡터 $\mathbf{y}=(3, 2, 1)$을 $\mathbf{u}+\mathbf{v}$의 형태로 표현하고자 한다. 여기서 $\mathbf{u}\in\mathrm{Span}\{\mathbf{u}_1, \mathbf{u}_2\}$이고 $\mathbf{v}$는 $\mathrm{Span}\{\mathbf{u}_1, \mathbf{u}_2\}$에 직교하는 벡터이다. 다음 중 올바른 $\mathbf{u}$와 $\mathbf{v}$ 쌍을 찾으라.
   a. (1/20)(40, 20, 10), (1/20)(20, 20, 10)
   b. (1/3)(92, 59, 25), (1/30)(−2, 1, 5)
   c. (1/3)(−2, 1, 5), (1/30)(92, 59, 25)
   d. (1/30)(50, 30, 20), (1/30)(40, 30, 10)
   e. 위 항목 중 답이 없다.
3. $\{\mathbf{u}_1, \mathbf{u}_2, \ldots, \mathbf{u}_n\}$가 $\mathbb{R}^n$의 직교기저라 하자. 식 $\mathbf{x}=a_1\mathbf{u}_1+a_2\mathbf{u}_2+\ldots+a_n\mathbf{u}_n$에서 상수 a_i는 다음 중 어느 것인가?
   a. $a_i=\langle \mathbf{u}_i, \mathbf{x}\rangle$ b. $a_i=\langle \mathbf{u}_i, \mathbf{x}\rangle/\|\mathbf{x}\|$
   c. $a_i=\langle \mathbf{x}, \mathbf{u}_i\rangle/\|\mathbf{u}_i\|$ d. $a_i=\langle \mathbf{x}, \mathbf{u}_i\rangle/\|\mathbf{u}_i\|^2$
   e. 위 항목 중 답이 없다.
4. 방정식 계 $\begin{cases} x_1+2x_2=3 \\ 4x_2=5 \\ x_1=2 \end{cases}$에 대하여 이 계의 정규방정식과 관련된 상수행렬을 찾으라.
   a. $\begin{bmatrix} 2 & 2 \\ 2 & 20 \end{bmatrix}$ b. $\begin{bmatrix} 5 & 8 & 1 \\ 8 & 16 & 0 \\ 1 & 0 & 1 \end{bmatrix}$
   c. $\begin{bmatrix} 1 & 4 \\ 0 & 16 \\ 1 & 0 \end{bmatrix}$ d. $\begin{bmatrix} 5 & 2 \\ 2 & 26 \end{bmatrix}$
   e. 위 항목 중 답이 없다.
5. $\{\mathbf{v}_1, \mathbf{v}_2\}$가 두 벡터로 이루어진 정규직교집합이라 할 때 다음 중 옳은 것을 찾으라.
   a. 임의의 $\mathbf{x}$에 대하여 $\langle \mathbf{x}, \mathbf{v}_1\rangle\mathbf{v}_1+\langle \mathbf{x}, \mathbf{v}_2\rangle\mathbf{v}_2$는 $\mathbf{v}_1-\mathbf{v}_2$와 직교한다.
   b. $\|\mathbf{v}_1-\mathbf{v}_2\|=2$
   c. $\|a\mathbf{v}_1+b\mathbf{v}_2\|^2=a^2+b^2$
   d. $\|a\mathbf{v}_1+b\mathbf{v}_2\|=a+b$
   e. 위 항목 중 답이 없다.
6. W는 내적공간 V의 부분공간이고 $\{\mathbf{w}_1, \mathbf{w}_2, \ldots, \mathbf{w}_n\}$는 W의

직교기저라 하자. W의 원소가 아닌 $\mathbf{v}$와 가장 가까운 W의 원소를 찾으라.

a. $\sum_{i=1}^{n}\langle \mathbf{v}, \mathbf{w}_i\rangle \mathbf{w}_i$

b. $\mathbf{v}-\sum_{i=1}^{n}\langle \mathbf{v}, \mathbf{w}_i\rangle \mathbf{w}_i$

c. $\sum_{i=1}^{n}\langle \mathbf{v}-\mathbf{w}_i, \mathbf{w}_i\rangle \mathbf{w}_i$

d. $\sum_{i=1}^{n}(\langle \mathbf{v}, \mathbf{w}_i\rangle / \langle \mathbf{w}_i, \mathbf{w}_i\rangle)\mathbf{w}_i$

e. 위 항목 중 답이 없다.

7. 해가 없는 방정식 계 $\begin{cases} x_1+4x_2=1 \\ 2x_1+5x_2=1 \\ 3x_1+6x_2=-2 \end{cases}$ 에 대응하는 정규방정식을 찾으라.

a. $\begin{cases} x_1+4x_2=1 \\ 2x_1+5x_2=1 \end{cases}$

b. $\begin{cases} 14x_1+32x_2=1 \\ 32x_1+77x_2=1 \end{cases}$

c. $\begin{cases} 14x_1+32x_2=-3 \\ 32x_1+77x_2=-3 \end{cases}$

d. $\begin{cases} 17x_1+22x_2+27x_3=1 \\ 22x_1+29x_2+36x_3=1 \\ 27x_1+36x_2+45x_3=-2 \end{cases}$

e. 위 항목 중 답이 없다.

8. $\{\mathbf{u}_1, \mathbf{u}_2\}$가 $\mathbb{R}^n$에서 두 벡터로 이루어진 정규직교집합이라 할 때 다음 중 옳은 것을 찾으라.(여기서는 표준 점곱 기호를 사용한다.)

a. 모든 $\mathbf{x}$에 대하여 $(\mathbf{x}\cdot\mathbf{u}_1)\mathbf{u}_1+(\mathbf{x}\cdot\mathbf{u}_2)\mathbf{u}_2$는 $\mathbf{u}_1-\mathbf{u}_2$와 직교한다.(여기서 $\mathbf{x}$는 $\mathbb{R}^n$의 임의의 벡터이다.)

b. 모든 스칼라 a, b에 대하여 $\|a\mathbf{u}_1+b\mathbf{u}_2\|^2=a^2+b^2$이 성립한다.(여기서 a, b는 임의의 스칼라이다.)

c. $\|\mathbf{u}_1-\mathbf{u}_2\|=2$

d. 모든 스칼라 a, b에 대하여 $\|a\mathbf{u}_1+b\mathbf{u}_2\|=a+b$이다.

e. 위 항목 중 답이 없다.

9. A는 $n\times n$ 직교행렬이라 하자. 다음 중 검증될 수 없는 것을 찾으라.

a. A의 행들은 $\mathbb{R}^n$의 정규직교기저를 이룬다.

b. $\mathbf{A}^{-1}$는 직교행렬이다.

c. A의 대각 성분들은 0보다 크다.

d. $\mathbf{A}^2$은 직교행렬이다.

e. 위 항목 중 답이 없다.

10. $m\times n$ 행렬 A에 대하여 다음 중 옳은 것을 찾으라.

a. $\text{Ker}(\mathbf{A})=\text{Range}(\mathbf{A}^T)^\perp$

b. $\text{Ker}(\mathbf{A})=\text{Ker}(\mathbf{A}\ \mathbf{A}T\ )$

c. $\text{Ker}(\mathbf{A})=0$이면 $\mathbf{AA}^T$은 가역행렬이다.

d. 모든 $\mathbf{b}\in\mathbb{R}^n$에 대하여 방정식 $\mathbf{A}^T\mathbf{Ax}=\mathbf{b}$은 해가 있다.

e. 위 항목 중 답이 없다.

11. A는 임의의 행렬이다. $\mathbf{x}$는 Ker(A)의 원소이고 $\mathbf{y}$는 A의 행공간의 원소라 할 때 다음 중 옳은 것을 찾으라.

a. $\mathbf{x}\in[\text{Col}(\mathbf{A})]^\perp$

b. $\mathbf{y}\in[\text{Row}(\mathbf{A})]^\perp$

c. $\mathbf{x}\cdot\mathbf{y}\in[\text{Null}(\mathbf{A})]^\perp$

d. $\mathbf{Ay}=0$

e. 위 항목 중 답이 없다.

12. $\mathbf{v}_1=(3, 1, -1)$이고 $\mathbf{v}_2=(1, -2, 1)$이라 하자. 벡터 (2, 2, 8)에 가장 가까이 있는 $\text{Span}(\mathbf{v}_1, \mathbf{v}_2)$의 원소를 찾으라.

a. (3, 1, −1)　　b. (4, −1, 0)

c. (1, −2, 1)　　d. (2, 1, −2)

e. 위 항목 중 답이 없다.

컴퓨터 연습문제 7.2

1. 이 문제의 목적은 독자들이 Matlab의 명령어들을 배우고 전형적인 행렬 문제를 푸는 데 그 명령어들을 사용할 수 있도록 돕는 것이다. 두 열벡터 $[4, 3, 2]^T$와 $[1, 2, -5]^T$로 시작하자. 이것은 한 직교 쌍임에 주목하자. 두 벡터를 열로 갖는 행렬 A를 만들자. 이 두 벡터에 직교하는 세 번째 벡터를 구하기 위해 적절한 동차방정식을 세우고 `rref` 명령어를 이용하여 그들을 풀어 보라. 세 열벡터를 이용하여 3×3 행렬을 만들어 보라. $\mathbf{A}^T\mathbf{A}$를 계산하고 이것이 대각행렬인지를 확인함으로써 A의 열들이 서로 직교하는지를 확인하라. A의 열들을 정규화하라. 이제 $\mathbf{AA}^T=\mathbf{I}$와 $\mathbf{A}^T\mathbf{A}=\mathbf{I}$임

을 확인할 것이다.

2. $\mathbf{z}=(1, 3, 5)$로 예제 8을 다시 풀어 보라.

3. 행렬 $\mathbf{A} = \begin{bmatrix} 4 & 2 \\ 1 & 1 \\ 3 & -3 \end{bmatrix}$에 덧붙일 수 있고 세 열들로 이루어진 집합이 직교가 되도록 하는 열벡터를 구하라.

CHAPTER

8 추가 주제

8.1 에르미트행렬과 스펙트럼 정리

수학 연구의 중요한 목표는 학생들이 생각할 수 있도록 만드는 것입니다.

—영(JOHN WESLEY YOUNG, 1880~1932)

나는 생각한다. 그러므로 존재합니다.

—데카르트(RENÉ DESCARTES, 1596~1650)

소개

5.3절에서 우리는 주어진 공간의 기저를 바꿈으로써 간단한 형태로 바뀌는 선형변환의 예를 보았다. 5.3절의 마지막 부분에서는 주어진 선형변환이 대각행렬로 나타나도록 할 때 기저를 찾는 방법을 보았다. 이러한 것은 어떤 경우에는 가능하였으나 모든 경우에 되지는 않았다. 대칭 실수 행렬이나 에르미트 복소 행렬에서는 잘 찾을 수 있다: 대각화는 항상 가능하다. 그리고 새로운 기저는 정규직교기저이다. 더욱이 대칭행렬이나 에르미트행렬의 고유값은 실수이다. 이러한 정리들은 선형대수의 이론에서 정점들로 여겨진다. 주요 결과들은 스펙트럼 정리(spectral theorem, 정리 6~7)의 두 가지 표현이다.

에르미트행렬과 자기수반 사상

우리는 $\mathbb{R}^n$이나 행렬들에 제한하기보다는 임의의 내적공간들과 선형함수들을 고려한다. 더욱이 스칼라로서 복소수들이 되도록 하는 내적공간을 고려하는 게 낫다. 이것의 가장 중요한 예는 공간 $\mathbb{C}^n$, 즉 원소들이 n개의 복소 성분인 벡터이다. $\mathbb{C}^n$에서 **표준 내적**(standard inner product)은 다음과 같다.

$$\langle \mathbf{x}, \mathbf{y} \rangle = \mathbf{y}^H \mathbf{x} = \begin{bmatrix} \overline{y}_1, \overline{y}_2, \cdots, \overline{y}_n \end{bmatrix} \begin{bmatrix} x_1 \\ x_2 \\ \vdots \\ x_n \end{bmatrix} = x_1\overline{y}_1 + x_2\overline{y}_2 + \cdots + x_n\overline{y}_n = \sum_{i=1}^{n} x_i \overline{y}_i$$

만약 $\mathbb{C}^n$에서 벡터 $\mathbf{y}$가 $n\times1$ 행렬(열행렬)이라면 $\mathbf{y}^H$는 원래 성분의 위치의 성분들이 켤레들로 바뀐 대응하는 행벡터이다.

정의

$A=A^H$인 행렬 A는 **에르미트행렬**(Hermitian matrix)[1]이라 한다. 즉 A의 성분들이 $a_{ij} = \bar{a}_{ji}$이다.

예제 1 허수를 포함하는 에르미트행렬의 예를 들어 보라.

풀이

$$\mathbf{A} = \begin{bmatrix} 3 & 2-i \\ 2+i & 7 \end{bmatrix} \text{ 그리고 } \mathbf{B} = \begin{bmatrix} 5 & 2-i & 1+i\sqrt{5} \\ 2+i & 4 & 3i \\ 1-i\sqrt{5} & -3i & -1 \end{bmatrix}$$

■

예제 2 $\mathbb{C}^n$에서 대수적 연산들을 설명하라.

풀이 다음에 주목하자.

$$[3+2i,\ 4-i]^H = \begin{bmatrix} 3-2i \\ 4+i \end{bmatrix}$$

$$\begin{bmatrix} 3+2i & -1+i \\ 2-5i & 6+i \end{bmatrix}^H = \begin{bmatrix} 3-2i & 2+5i \\ -1-i & 6-i \end{bmatrix}$$

[1] 에르미트(Charles Hermite, 1822~1901)는 수학에서 많은 업적을 남겼는데, 1873년 그가 처음으로 확증한 것은 수 e가 초월수라는 것이다.(이것은 e가 계수가 정수들인 다항식의 근이 아니라는 것을 의미한다.) 후에 에르미트의 이름은 양자역학에서 결국 중요한 역할을 하는 직교 다항식계에 따라다니게 되었다. 에르미트는 오른쪽 다리가 약간 불편하였다. 일 년 후 대학에서 장애라는 이유로 그의 연구를 중단시켰다! 비록 이런 불공정한 결정이 요직에 있는 사람들로부터 압력을 받아 번복되었을지라도, 에르미트는 그를 억압하는 엄격한 환경에서 머물지 않기로 결심하였다. 4년 후 그는 훌륭한 연구를 인정받아 그의 연구를 방해했던 그 기관에 교원으로 임명되었다.

또한 두 개의 주어진 벡터들

$$\mathbf{x} = \begin{bmatrix} 2+3i \\ 5-4i \end{bmatrix} \qquad \mathbf{y} = \begin{bmatrix} 3-2i \\ 1+i \end{bmatrix}$$

에 대해

$$\langle \mathbf{x}, \mathbf{y} \rangle = 1+4i \qquad \langle \mathbf{y}, \mathbf{x} \rangle = 1-4i \qquad \langle \mathbf{x}, \mathbf{x} \rangle = 54 \qquad \langle \mathbf{y}, \mathbf{y} \rangle = 15$$

을 얻는다. ■

실수 행렬이 에르미트행렬이 될 필요충분조건은 그것이 대칭인 것이다. 이것은 '에르미트행렬'의 정의를 보면 쉽게 알 수 있다. 따라서 에르미트행렬의 대칭 개념을 일반화한다. 행렬에 전치를 한 후에 모든 성분들에 켤레복소수를 취한다. 복소 벡터를 가진 내적공간 안에서

$$\langle \mathbf{x}, \mathbf{y} \rangle = \mathbf{y}^H\mathbf{x} = \overline{\mathbf{y}}^T\mathbf{x} = \mathbf{x}^T\overline{\mathbf{y}} = \overline{\overline{\mathbf{x}}^T}\,\overline{\mathbf{y}} = \overline{\mathbf{x}^H\mathbf{y}} = \overline{\langle \mathbf{y}, \mathbf{x} \rangle}$$

과

$$\langle \mathbf{x}, \alpha\mathbf{y} \rangle = (\alpha\mathbf{y})^H\mathbf{x} = \overline{\alpha}\,\overline{\mathbf{y}}^T\mathbf{x} = \overline{\alpha}\,\mathbf{y}^H\mathbf{x} = \overline{\alpha}\,\langle \mathbf{x}, \mathbf{y} \rangle$$

임을 기억하자. 정방행렬 **A**에 대해 다음을 얻는다.

$$\langle \mathbf{A}\mathbf{x}, \mathbf{y} \rangle = \mathbf{y}^H\mathbf{A}\mathbf{x} = (\mathbf{A}^H\mathbf{y})^H\mathbf{x} = \langle \mathbf{x}, \mathbf{A}^H\mathbf{y} \rangle$$

우리는 종종 행렬 **A**의 켤레전치를 $\mathbf{A}^H$로 나타낸다. 이것은 **A**의 전치를 취하고 각 성분을 켤레복소수로 바꾸면 된다. 이러한 순서는 반대로도 가능하다. 즉 $\mathbf{A}^H = \overline{\mathbf{A}^T}$ 또는 $\mathbf{A}^H = (\overline{\mathbf{A}})^T$이다. 행렬 표기법에 따라

$$\langle \mathbf{x}, \mathbf{y} \rangle = \mathbf{y}^H\mathbf{x}$$
$$\langle \mathbf{A}\mathbf{x}, \mathbf{y} \rangle = \mathbf{y}^H\mathbf{A}\mathbf{x}$$

이 되고

$$\langle \mathbf{x}, \mathbf{A}^H\mathbf{y} \rangle = (\mathbf{A}^H\mathbf{y})^H\mathbf{x} = \mathbf{y}^H(\mathbf{A}^H)^H\mathbf{x} = \mathbf{y}^H\mathbf{A}\mathbf{x} = \langle \mathbf{A}\mathbf{x}, \mathbf{y} \rangle$$

과 같이 된다. 만약 내적 기호를 쓰면, 벡터들이 행이든 열이든 중요하지 않다는 점에 유의하라. 내적의 행렬 표현에서 **y**는 행벡터나 열벡터로 생각해도 상관이 없다. 여기서는 벡터 **y**를 열벡터로 간주하고 $\mathbf{y}^H$는 행벡터로 간주한다. 두 개의 n 성분 벡터들의 **외적**(outer product)은 다음과 같이 정의된다.

$$\mathbf{x}\mathbf{y}^H = \begin{bmatrix} x_1 \\ x_2 \\ x_3 \\ \vdots \\ x_n \end{bmatrix} \begin{bmatrix} \overline{y}_1 & \overline{y}_2 & \overline{y}_3 & \cdots & \overline{y}_n \end{bmatrix}$$

$$= \begin{bmatrix} x_1\overline{y}_1 & x_1\overline{y}_2 & x_1\overline{y}_3 & \cdots & x_1\overline{y}_n \\ x_2\overline{y}_1 & x_2\overline{y}_2 & x_2\overline{y}_3 & \cdots & x_2\overline{y}_n \\ x_3\overline{y}_1 & x_3\overline{y}_2 & x_3\overline{y}_3 & \cdots & x_3\overline{y}_n \\ \vdots & \vdots & \vdots & \ddots & \vdots \\ x_n\overline{y}_1 & x_n\overline{y}_2 & x_n\overline{y}_3 & \cdots & x_n\overline{y}_n \end{bmatrix}$$

그리고 이것은 기껏해야 계수가 1인 $n\times n$ 행렬이다.

자기수반 사상

에르미트행렬이 되는 행렬의 개념은 내적공간에서 자기수반 사상의 개념에 해당한다.

정의

내적공간에서 내적공간으로의 사상 f가 모든 $\mathbf{x}$와 $\mathbf{y}$에 대하여

$$\langle f(\mathbf{x}), \mathbf{y}\rangle = \langle \mathbf{x}, f(\mathbf{y})\rangle$$

이면 사상 f를 **자기수반**(self-adjoint)이라 한다. 내적공간에서 스칼라장은 $\mathbb{C}$나 $\mathbb{R}$이 된다.

정리 1

모든 자기수반 사상은 선형이다.

증명 f를 자기수반이라 하자. 주어진 벡터 $\mathbf{x}$와 $\mathbf{y}$ 그리고 임의의 벡터 $\mathbf{z}$에 대해

$$\begin{aligned} \langle f(\alpha\mathbf{x} + \beta\mathbf{y}), \mathbf{z}\rangle &= \langle \alpha\mathbf{x} + \beta\mathbf{y}, f(\mathbf{z})\rangle \\ &= \alpha\langle \mathbf{x}, f(\mathbf{z})\rangle + \beta\langle \mathbf{y}, f(\mathbf{z})\rangle \\ &= \alpha\langle f(\mathbf{x}), \mathbf{z}\rangle + \beta\langle f(\mathbf{y}), \mathbf{z}\rangle \\ &= \langle \alpha f(\mathbf{x}) + \beta f(\mathbf{y}), \mathbf{z}\rangle \end{aligned}$$

이고 여기에서 $\mathbf{z}$는 임의의 벡터이기 때문에 $f(\alpha\mathbf{x}+\beta\mathbf{y})=\alpha f(\mathbf{x})+\beta f(\mathbf{y})$이다. 그래서 f는 선형이다. ■

정리 2

자기수반 작용소의 모든 고유값은 실수이다.

증명 L을 어떤 내적공간의 자기수반 작용소라 하고 어떤 $\mathbf{0}$이 아닌 $\mathbf{x}$에 대하여

$$L(\mathbf{x}) = \lambda\mathbf{x}$$

라 하자. 그러면

$$\lambda\langle \mathbf{x}, \mathbf{x}\rangle = \langle \lambda\mathbf{x}, \mathbf{x}\rangle = \langle L(\mathbf{x}), \mathbf{x}\rangle = \langle \mathbf{x}, L(\mathbf{x})\rangle = \langle \mathbf{x}, \lambda\mathbf{x}\rangle = \bar{\lambda}\langle \mathbf{x}, \mathbf{x}\rangle$$

이다. $\langle \mathbf{x}, \mathbf{x}\rangle$ 항을 지우면 방정식 $\lambda = \bar{\lambda}$이 된다 . 그러므로 λ는 실수이다. ■

정리 3

자기수반 작용소의 고유값이 다른 두 개의 고유벡터들은 서로 직교한다.

증명 L을 내적공간에서 자기수반 변환이라 하자. 그리고

$$L(\mathbf{x}) = \lambda\mathbf{x} \qquad L(\mathbf{y}) = \mu\mathbf{y}$$

이라고 가정하자. 여기에서 $\mathbf{x}$, $\mathbf{y}$는 $\mathbf{0}$이 아닌 벡터들이고 $\lambda \neq \mu$이다. 계산을 하면 다음과 같이 된다.

$$\lambda\langle \mathbf{x}, \mathbf{y}\rangle = \langle \lambda\mathbf{x}, \mathbf{y}\rangle = \langle L(\mathbf{x}), \mathbf{y}\rangle = \langle \mathbf{x}, L(\mathbf{y})\rangle = \langle \mathbf{x}, \mu\mathbf{y}\rangle = \bar{\mu}\langle \mathbf{x}, \mathbf{y}\rangle = \mu\langle \mathbf{x}, \mathbf{y}\rangle$$

$\lambda \neq \mu$이기 때문에 $\langle \mathbf{x}, \mathbf{y}\rangle = 0$이다. ■

정리 4

표준 내적을 가진 $\mathbb{C}^n$에 대해, $\mathbf{A}$는 $n \times n$ 행렬이고 L은 $L(\mathbf{x}) = \mathbf{Ax}$로 정의되는 선형변환이라 정의한다. 여기서 $\mathbf{x} \in \mathbb{C}^n$이다. 그러면 작용소 L이 자기수반이 될 필요충분조건은 $\mathbf{A}$가 에르미트행렬인 것이다.

증명 여기에서 모든 전칭 기호 '모든 $\mathbf{x}$' 또는 '모든 $\mathbf{y}$'는 생략한다. 기호 $\Leftrightarrow$는 필요충분조건을 의미한다.

$$L\text{이 자기수반이다} \Leftrightarrow \quad \langle L(\mathbf{x}), \mathbf{y}\rangle = \langle \mathbf{x}, L(\mathbf{y})\rangle \quad \Leftrightarrow \quad \langle \mathbf{Ax}, \mathbf{y}\rangle = \langle \mathbf{x}, \mathbf{Ay}\rangle$$
$$\Leftrightarrow \quad \mathbf{y}^H\mathbf{Ax} = (\mathbf{Ay})^H\mathbf{x} \quad \Leftrightarrow \quad \mathbf{y}^H\mathbf{Ax} = \mathbf{y}^H\mathbf{A}^H\mathbf{x} \quad \Leftrightarrow \quad \mathbf{A} = \mathbf{A}^H$$

■

따름정리 1

에르미트행렬의 모든 고유값은 실수이다.

증명 만약 $\mathbf{A}$가 에르미트행렬이고 $L(\mathbf{x}) = \mathbf{Ax}$이면, 정리 4에 따라 L은 자기수반이다. 정리 2에 따르면 $\mathbf{A}$와 L의 고유값은 같고 실수이다. ■

따름정리 2

대칭 실수 행렬의 고유값들은 실수이다.

정리 5

L을 유한차원 벡터 공간 상의 선형변환이라 하자. 만약 $\mathbf{A}$가 주어진 기저에 관련된 L에 대한 행렬이라 하면 L과 $\mathbf{A}$에 대한 고유값은 같다.

증명 5.3절의 정리 4에 의해 만약 이 문제의 기저가 $\mathbf{B}$라면 행렬 $\mathbf{A}$는 다음과 같은 역할을 한다. 모든 점 $\mathbf{x}$에 대하여

$$[L(\mathbf{x})]_{\mathcal{B}} = \mathbf{A}[\mathbf{x}]_{\mathcal{B}}$$

이 성립한다. 이제 다음과 같은 동치 관계를 얻는다.

$$L(\mathbf{x}) = \lambda\mathbf{x} \quad \Leftrightarrow \quad [L(\mathbf{x})]_{\mathcal{B}} = \lambda[\mathbf{x}]_{\mathcal{B}} \quad \Leftrightarrow \quad \mathbf{A}[\mathbf{x}]_{\mathcal{B}} = \lambda[\mathbf{x}]_{\mathcal{B}}$$ ■

예제 3 예제 1에서 첫 번째 행렬의 고유값을 구하라.

풀이 $\mathbf{A} = \begin{bmatrix} 3 & 2-i \\ 2+i & 7 \end{bmatrix}$이고 에르미트행렬이기 때문에 그것의 고유값은 실수이다. 다음 특성방정식의 근을 구한다.

$$\begin{aligned} \text{Det}\begin{bmatrix} 3-\lambda & 2-i \\ 2+i & 7-\lambda \end{bmatrix} &= (3-\lambda)(7-\lambda)-(2-i)(2+i) \\ &= \lambda^2 - 10\lambda + 16 = (\lambda-8)(\lambda-2) \end{aligned}$$

그러므로 고유값은 2와 8이다. ■

예제 4 앞의 행렬 $\mathbf{A}$에 대한 고유벡터를 구하라. 그들은 서로 직교하는가?

풀이 $\lambda=2$라 하면 고유벡터 $\mathbf{u} = \begin{bmatrix} -2+i \\ 1 \end{bmatrix}$이고 $\lambda=8$라 하면 고유벡터 $\mathbf{v} = \begin{bmatrix} 2-i \\ 5 \end{bmatrix}$이다. $\langle \mathbf{u}, \mathbf{v} \rangle = \mathbf{v}^H\mathbf{u} = (2+i)(-2+i)+(5)(1) = -5+5 = 0$이므로 이들은 서로 직교한다. ■

스펙트럼 정리

가능한 한 짧게 스펙트럼 정리를 설명한다. 독자들은 스펙트럼 정리가 자기수반 작용소의 구조를 어떻게 설명하는지 보게 될 것이다.

정리 6 스펙트럼 정리

L을 n차원 내적공간에서 자기수반 작용소라 하자. 그러면 X에 대한 정규직교기저 $\{\mathbf{u}_1, \mathbf{u}_2, \ldots, \mathbf{u}_n\}$와 n개의 실수 λ_j가 있어서 다음 식을 만족한다.

$$L(\mathbf{x}) = \sum_{i=1}^{n} \lambda_i \langle \mathbf{x}, \mathbf{u}_i \rangle \mathbf{u}_i \qquad (\mathbf{x} \in X)$$

증명 다음 식을 추론할 수 있다.

$$L(\mathbf{u}_j) = \sum_{i=1}^{n} \lambda_i \langle \mathbf{u}_j, \mathbf{u}_i \rangle \mathbf{u}_i = \sum_{i=1}^{n} \lambda_j \delta_{ij} \mathbf{u}_i = \lambda_j \mathbf{u}_j$$

그래서 벡터들 $\mathbf{u}_j$는 L의 고유벡터이고 λ_j는 대응되는 L의 고유값이다. 고유벡터 $\mathbf{u}_1$을 단위벡터라 하고 거기에 대응되는 고유값을 λ_1이라 하자. 정리 2에 의해서 λ_1은 실수이다. 이것이 n단계 과정에서 첫 번째 과정이다.

전형적인 k 과정에 대해서 설명한다. 여기서 $k < n$이다.

$$L(\mathbf{u}_j) = \lambda_j \mathbf{u}_j \qquad (1 \le j \le k)$$

를 만족하는 서로 다른 고유값 $\lambda_1, \lambda_2, \ldots, \lambda_k$를 선택하고 정규직교집합 $\{\mathbf{u}_1, \mathbf{u}_2, \mathbf{u}_k\}$를 가정하고, V를 $\{\mathbf{u}_1, \mathbf{u}_2, \mathbf{u}_k\}$의 생성이라 하자. 작용소 L을 $V^\perp$에 제한하면 $V^\perp$는 L 아래에서 불변이 됨을 알 수 있다. 이것은 $L(V^\perp) \subseteq V^\perp$이다. 만약 $\mathbf{x} \in V^\perp$이면 $j(1 \le j \le k)$에 대하여

$$\langle L(\mathbf{x}), \mathbf{u}_j \rangle = \langle \mathbf{x}, L(\mathbf{u}_j) \rangle = \langle \mathbf{x}, \lambda_j \mathbf{u}_j \rangle = \lambda_j \langle \mathbf{x}, \mathbf{u}_j \rangle = 0$$

그래서 다음이 성립한다.

$$L(\mathbf{x}) \perp \mathbf{u}_j \qquad L(\mathbf{x}) \perp V \qquad L(\mathbf{x}) \in V^\perp$$

이것은 자기수반 작용소이다. 따라서 $V^\perp$ 상에서 고유값 λ_{k+1}과 고유벡터 $\mathbf{u}_{k+1}$를 찾을 수 있다. $\mathbf{u}_{k+1}$는 $\{\mathbf{u}_1, \mathbf{u}_2, \mathbf{u}_k\}$과 직교한다. n개의 고유값과 n개의 고유벡터를 찾을 때까지 이 과정을 반복한다. 이러한 과정이 멈추었을때 정규직교기저를 가진다. 각 $\mathbf{x}$에 대하여

$$\mathbf{x} = \sum_{i=1}^{n} \langle \mathbf{x}, \mathbf{u}_i \rangle \mathbf{u}_i$$

이고

$$L(\mathbf{x}) = \sum_{i=1}^{n} \langle \mathbf{x}, \mathbf{u}_i \rangle L(\mathbf{u}_i) = \sum_{i=1}^{n} \lambda_i \langle \mathbf{x}, \mathbf{u}_i \rangle \mathbf{u}_i$$

를 얻는다. ■

유니타리와 직교 행렬

정의

만약 $\mathbf{U}^H\mathbf{U}=\mathbf{I}$이면 정방행렬 $\mathbf{U}$는 **유니타리**(unitary)라고 한다. 만약 $\mathbf{U}$가 실수 행렬이고 $\mathbf{U}^T\mathbf{U}=\mathbf{I}$이면 **직교**(orthogonal)라고 한다.

유니타리행렬의 개념을 사용한 스펙트럼 정리의 행렬 표현은 다음과 같다.

정리 7 스펙트럼 정리: 행렬 표현

$\mathbf{A}$를 에르미트행렬이라 하자. 그러면 유니타리행렬 $\mathbf{U}$가 존재해서

$$\mathbf{U}^H\mathbf{A}\mathbf{U} = \mathbf{D}$$

을 만족한다. 여기에서 $\mathbf{D}$는 대각선 상에 $\mathbf{A}$의 모든 고유벡터를 가지는 대각행렬이고 $\mathbf{U}$의 열은 $\mathbf{A}$의 단위 고유벡터이다.

증명 $\mathbb{C}^n$ 상의 작용소 L을 다음과 같이 정의하자.

$$L(\mathbf{x}) = \mathbf{A}\mathbf{x}$$

정리 4에 의해서 L은 자기수반이다. 스펙트럼 정리에 의해서 다음을 얻는다.

$$\mathbf{A}\mathbf{x} = L(\mathbf{x}) = \sum_{k=1}^{n} \lambda_k \langle \mathbf{x}, \mathbf{u}_k \rangle \mathbf{u}_k = \sum_{k=1}^{n} \lambda_k \left[(\mathbf{u}_k)^H \mathbf{x}\right] \mathbf{u}_k = \sum_{k=1}^{n} \lambda_k \left(\sum_{j=1}^{n} x_j (\overline{\mathbf{u}}_k)_j \right) \mathbf{u}_k$$

$(\mathbf{u}_k)_j$는 벡터 $\mathbf{u}_k$의 j번째 성분을 나타낸다. 열이 $\mathbf{u}_1, \mathbf{u}_2, \ldots, \mathbf{u}_n$인 행렬을 $\mathbf{U}$라 하면 $(\mathbf{u}_k)_i=\mathbf{U}_{ik}$이다. 앞의 방정식에서 다음과 같이 쓸 수 있다.

$$\sum_{j=1}^{n} \mathbf{A}_{ij} x_j = (\mathbf{A}\mathbf{x})_i = \sum_{k=1}^{n} \lambda_k \sum_{j=1}^{n} x_j \overline{\mathbf{U}}_{jk} (\mathbf{u}_k)_i = \sum_{j=1}^{n} \sum_{k=1}^{n} \lambda_k (\mathbf{U}^H)_{kj} \mathbf{U}_{ik}\, x_j$$

결과적으로

$$\mathbf{A}_{ij} = \sum_{k=1}^{n} \lambda_k \mathbf{U}_{ik} (\mathbf{U}^H)_{kj}$$

가 된다. 지금 $\mathbf{D}$를 대각선 상에 고유값을 가지는 대각행렬이라 하자. 즉 $\mathbf{D}_{\nu\mu}=\lambda_\nu \delta_{\nu\mu}$이다. 그러면 $\mathbf{A}$의 앞 계산에 의해

$$\mathbf{A}_{ij} = \sum_{\nu=1}^{n} \sum_{\mu=1}^{n} \mathbf{U}_{i\nu} \mathbf{D}_{\nu\mu} (\mathbf{U}^H)_{\mu j}$$

이 되고 이 식은 A=UDU^{H}를 의미한다. ■

예제 5 행렬 $\mathbf{A}=\begin{bmatrix} 10 & 3i \\ -3i & 2 \end{bmatrix}$와 U^{H}AU=D를 만족하는 유니타리행렬 U의 고유값을 구하라.

풀이 A는 에르미트행렬이기 때문에 실수 고유값을 가진다. 고유값을 구해 보면 11과 1이다. 대응되는 고유벡터들은 $v=[3i, 1]^T$과 $\mathbf{w}=[1, 3i]^T$이다.

$$\langle \mathbf{v}, \mathbf{w} \rangle = v_1\overline{w}_1 + v_2\overline{w}_2 = (3i)(1) + (1)(-3i) = 0$$

여기서 v, w는 직교함을 알 수 있다. 두 고유벡터를 정규화한다. 따라서 $\mathbf{U}=\left(1/\sqrt{10}\right)\begin{bmatrix} 3i & 1 \\ 1 & 3i \end{bmatrix}$를 얻는다. 행렬 U는 UU^H=I와 U^{-1}=U^{H}를 만족한다. ■

정리 8

A를 실수, 대칭행렬이라 하자. 그러면

$$\mathbf{U}^T\mathbf{A}\mathbf{U} = \mathbf{D}$$

를 만족하는 직교행렬 U가 존재한다. 여기서 D는 대각선 상에 A의 모든 고유벡터를 가지는 대각행렬이고 U의 열은 A의 단위길이를 가진 고유벡터이다.

증명 A가 실수 행렬일 때 정리 7의 특별한 경우이다. ■

정리 7은 에르미트행렬이 대각행렬과 유니타리 유사하다라고 표현할 수 있다. A와 B가 **유사하다**(similar)는 말은 A=SBS^{-1}일 때를 말한다. **유니타리 유사하다**(unitarily similar)는 A=UBU^{-1}를 말한다. 여기서 U는 유니타리행렬이다. UU^H=I이기 때문에 U^{-1}=U^{H}이다.

정의

만약 유니타리행렬 U가 있어서 A=UBU^{H}이면 두 행렬 A와 B는 서로가 **유니타리 유사하다**라고 한다.

정리 8은 대칭 실수 행렬이 대각행렬과 직교적으로 유사하다라고 표현할 수 있다. 이러한 경우에 U는 직교행렬이어야 한다. 즉 UU^T=I이다. 정리 6, 7, 8은 선형대수에서 중요한 정리이다.

예제 6 행렬

$$\mathbf{A}=\begin{bmatrix} 3 & 4i \\ -4i & 3 \end{bmatrix}$$

의 대각화를 계산하라.

풀이 특성방정식은 $(3-\lambda)^2+16i^2=\lambda^2-6\lambda-7$이고 근은 7, -1이다. 고유값이 7일 때 $(\mathbf{A}-7\mathbf{I})\mathbf{x}=0$을 풀어서 고유벡터를 구하면 $[i, 1]^T$이다. 정규화된 고유벡터는 $[ci, c]^T$이고 $c=\frac{1}{2}\sqrt{2}$이다. 고유값이 -1일 때 정규화된 고유벡터는 $[ci, -c]^T$이다. 그래서 $\mathbf{U}=\begin{bmatrix} ci & ci \\ c & -c \end{bmatrix}$가 된다.

$$\mathbf{AU}=\begin{bmatrix} 3 & 4i \\ -4i & 3 \end{bmatrix}\begin{bmatrix} ci & ci \\ c & -c \end{bmatrix}=\begin{bmatrix} 7ci & -ci \\ 7c & c \end{bmatrix}$$

$$\mathbf{U}^{-1}\mathbf{AU}=\mathbf{U}^H\mathbf{AU}=\begin{bmatrix} -ci & c \\ -ci & -c \end{bmatrix}\mathbf{AU}=\begin{bmatrix} -ci & c \\ -ci & -c \end{bmatrix}\begin{bmatrix} 7ci & -ci \\ 7c & c \end{bmatrix}$$

$$=\begin{bmatrix} 14c^2 & 0 \\ 0 & -2c^2 \end{bmatrix}=\begin{bmatrix} 7 & 0 \\ 0 & -1 \end{bmatrix}=\mathbf{D}$$

행렬 **A**의 인수 분해는

$$\mathbf{A}=\mathbf{UDU}^H$$

이다. 그러면

$$\mathbf{A}^k=\mathbf{UD}^k\mathbf{U}^H$$

이다. 여기서

$$\mathbf{D}^k=\begin{bmatrix} 7^k & 0 \\ 0 & (-1)^k \end{bmatrix}$$

이다. ■

케일리-해밀턴 정리

이제 케일리[2]와 해밀턴[3]의 이름을 딴 놀라운 정리를 알아보자. 19세기에 중요한 수학자들 중 하나는 케일리이다.

[2] 케일리(Arthur Cayley, 1821~1895)는 아직 학부일 때 3편의 수학 논문을 발표하였다. 그는 14년간 변호사로서 일을 했고 은퇴 후 수학을 추구할 수 있었다. 그는 약 250편의 수학 논문을 발표하였다. 누군가가 행렬 이론의 창시자로 인정받아야 한다면 단연 케일리가 최고의 선택일 것이다. 그는 법률, 문학, 건축 등의 분야에서도 조예가 깊었다. 그는 행렬 곱셈에 대한 현재의 정의가 (두 개의 선형 지도의 구성을 보존하는) 선형 연산 이론의 관점에서 정확한 것임을 보여 주었다. 그는 또 이차 형식과 행렬의 역들을 연구하

1858년 "행렬 이론의 연구 보고"라는 제목의 논문에서 그는 다음과 같이 썼다: "나는 그 자신의 차수의 대수 방정식을 만족시키는 어떤 행렬이라도 가장 높은 멱의 계수가 1이고, ⋯ 마지막 계수가 사실은 행렬식이 되는 놀랄 만한 정리를 얻었다." 이 결과의 형식적인 문장이 정리 9이다.

정리 9 케일리–해밀턴 정리

모든 정방행렬은 자신의 특성방정식을 가진다.

행렬 **A**의 특성방정식은

$$p(\lambda) \equiv \mathrm{Det}(\mathbf{A} - \lambda\mathbf{I}) = 0$$

이다. 왼쪽은 변수 λ를 가진 다항식이고 다항식 p의 근은 **A**의 고유값이다.

만약 λ 대신 행렬 **A**를 넣으면 케일리-해밀턴 정리에서

$$p(\mathbf{A}) = \mathbf{0}$$

이 된다. 여기서 $\mathbf{A}^0 = \mathbf{I}$이다.

예제 7

$$\mathbf{A} = \begin{bmatrix} 11 & -6i \\ 4i & 1 \end{bmatrix}$$

라 두자. 그러면 **A**는 케일리-해밀턴 정리를 따른다는 것을 증명하라.

풀이 **A**의 특성다항식을 구하면

$$\mathrm{Det}\begin{bmatrix} 11-\lambda & -6i \\ 4i & 1-\lambda \end{bmatrix} = (11-\lambda)(1-\lambda) - 24 = \lambda^2 - 12\lambda - 13$$

이고 λ 대신 **A**를 대입하면

$$\mathbf{A}^2 - 12\,\mathbf{A} - 13\,\mathbf{I} = \begin{bmatrix} 145 & -72i \\ 48i & 25 \end{bmatrix} - \begin{bmatrix} -132 & +72i \\ -48i & -12 \end{bmatrix} + \begin{bmatrix} -13 & 0 \\ 0 & -13 \end{bmatrix}$$
$$= \begin{bmatrix} 0 & 0 \\ 0 & 0 \end{bmatrix}$$

였다. 케일리의 업적은 19세기 수학의 맥락에서 이해할 수 있어야 한다. 많은 수학자들은 행렬 이론에 관여하지 않으려 했는데, 그 주요 이유는 행렬의 곱이 가환이 아니라는 것이다! 그들의 눈에는, 이론의 결함이 전체 주제를 불신하게 했던 것이다.

[3] 해밀턴(William Rowan Hamilton, 1805~1865)은 천재였고, 5세에 라틴어, 그리스어와 히브리어를 읽을 수 있었다. 더블린에 있는 트리니티 대학에서 그는 수학과 물리, 특히 그가 상당한 공헌을 한 광학 분야에서 뛰어난 능력을 발휘하였다. 수학에서, 그는 주로 곱셈의 특별한 비가환 규칙을 가진 4차원 벡터들인 4원수의 발명가로 기억된다.

이 된다. $p(\lambda)$를 인수 분해하면 $p(\lambda)=(\lambda+1)(\lambda-13)$이고 $\mathbf{A}$를 대입하면 다음을 얻는다.

$$(\mathbf{A}-13\,\mathbf{I})(\mathbf{A}+\mathbf{I})=\begin{bmatrix}-2 & -6i\\ 4i & -12\end{bmatrix}\begin{bmatrix}-12 & -6i\\ 4i & 2\end{bmatrix}=\begin{bmatrix}0 & 0\\ 0 & 0\end{bmatrix}$$

■

$$\mathbf{A}=\mathbf{P}\mathbf{D}\mathbf{P}^{-1}$$

라 두면

$$\mathbf{A}^k=\mathbf{P}\mathbf{D}^k\mathbf{P}^{-1}$$

이다. 모든 다항식 q에 대하여 $q(\mathbf{A})=\mathbf{P}q(\mathbf{D})\mathbf{P}^{-1}$이다. 만약 $\mathbf{D}=\text{Diag}(\lambda_1, \lambda_2, ..., \lambda_n)$이면 $\mathbf{D}^k=\text{Diag}(\lambda_1^k, \lambda_2^k, \lambda_n^k)$이고

$$q(\mathbf{D})=\text{Diag}(q(\lambda_1), q(\lambda_2), \ldots, q(\lambda_n))$$

이다. 특히 q가 특성다항식이면 $q(\mathbf{D})=\mathbf{0}$이고 $q(\mathbf{A})=\mathbf{0}$이다.

예제 8 $\mathbf{A}=\begin{bmatrix}5 & 2 & 1\\ 1 & 1 & 7\\ 3 & 0 & 11\end{bmatrix}$일 때 방정식 $\mathbf{A}^3=c_0\mathbf{I}+c_1\mathbf{A}+c_2\mathbf{A}^2$의 계수들을 찾으라.

풀이 $\mathbf{A}$의 특성다항식을 p라 하자. 그러면

$$p(\lambda)=\text{Det}\begin{bmatrix}5-\lambda & 2 & 1\\ 1 & 1-\lambda & 7\\ 3 & 0 & 11-\lambda\end{bmatrix}=-\lambda^3+17\lambda^2-66\lambda+72$$

이다. 케일리-해밀턴 정리에 의해 $p(\mathbf{A})=-\mathbf{A}^3+17\mathbf{A}^2-66\mathbf{A}+72\mathbf{I}=\mathbf{0}$이고 계수들은 $c_0=72$, $c_1=-66$, $c_2=17$이다.

■

예제 9 앞 예제의 정보와 $\mathbf{A}$의 멱수를 사용하여 $\mathbf{A}^{-1}$를 나타내라.

풀이 예제 8로부터

$$\mathbf{I}=1/72(\mathbf{A}^3-17\mathbf{A}^2+66\mathbf{A})=1/72\mathbf{A}(\mathbf{A}^2-17\mathbf{A}+66\mathbf{I})$$

이고 그러므로

$$\mathbf{A}^{-1}=(1/72)\,(\mathbf{A}^2-17\mathbf{A}+66\mathbf{I})$$

을 얻는다.

■

예제 10 집합 $\{\mathbf{I}, \mathbf{A}, \mathbf{A}^2, \mathbf{A}^3, \ldots\}$의 생성원을 찾기 위해 케일리-해밀턴 정리를 사용하라. 여기에서 $\mathbf{A}$는 임의의 $n\times n$ 행렬이다.

풀이 케일리-해밀턴 정리를 쓰면, c_j가 $\mathbf{A}$의 특성다항식으로부터 얻어질 경우

$$c_0\mathbf{I} + c_1\mathbf{A} + c_2\mathbf{A}^2 + \cdots + c_{n-1}\mathbf{A}^{n-1} + \mathbf{A}^n = \mathbf{0}$$

이다. $\mathbf{A}^n$은 $\{\mathbf{I}, \mathbf{A}, \mathbf{A}^2, \ldots, \mathbf{A}^{n-1}\}$의 생성원 안에 있다. 마찬가지로 $\mathbf{A}^k(k \geq n)$은 $\{\mathbf{I}, \mathbf{A}, \mathbf{A}^2, \mathbf{A}^{n-1}\}$의 생성원 안에 있다. 다시 말하면 다음과 같다.

$$\text{Span}\{\mathbf{I}, \mathbf{A}, \mathbf{A}^2, \ldots, \mathbf{A}^{n-1}\} = \text{Span}\{\mathbf{I}, \mathbf{A}, \mathbf{A}^2, \ldots, \mathbf{A}^{n-1}, \mathbf{A}^n, \mathbf{A}^{n+1}, \ldots\}$$

n^2차원 공간 $\mathbb{R}^{n\times n}$에서 $n\times n$ 행렬의 멱수들은 기껏해야 n차원의 벡터공간을 생성한다. ■

이차 형식

이차 형식은 변수들의 개수에 상관없이 이차의 동형 다항식이다. **동형**(homogeneous)이란 모든 항의 차수가 이차라는 말이다. 예를 들면 $7x_1x_2+3x_2x_4$는 동형이다. 그러나 $x_1-3x_1x_2$는 동형이 아니다. 내적공간에서 두 점 사이의 거리의 제곱은 이차 형식이다. 이차 형식은 에르미트에 의해 도입되었다. 70년 후에 이것은 양자역학 이론에 중요한 역할을 하게 되었다. 형식적 정의는 다음과 같다.

정의

이차 형식(quadratic form)는 $\mathbf{x} \mapsto \mathbf{x}^T\mathbf{A}\mathbf{x}$ 형태의 함수이다. 여기서 $\mathbf{A}$는 $n\times n$ 행렬이고 $\mathbf{x}$는 $\mathbb{R}^n$에서 벡터 변수이다.

예제 11 행렬 $\mathbf{A} = \begin{bmatrix} 6 & 3 \\ 1 & 4 \end{bmatrix}$로부터 얻어지는 이차 형식의 정확한 식은 무엇인가?

풀이 이차 형식은

$$\begin{aligned}\mathbf{x}^T\mathbf{A}\mathbf{x} &= [x_1 \ \ x_2]\begin{bmatrix} 6 & 3 \\ 1 & 4 \end{bmatrix}\begin{bmatrix} x_1 \\ x_2 \end{bmatrix} = [x_1 \ \ x_2]\begin{bmatrix} 6x_1 + 3x_2 \\ x_1 + 4x_2 \end{bmatrix} \\ &= x_1(6x_1 + 3x_2) + x_2(x_1 + 4x_2) = 6x_1^2 + 4x_1x_2 + 4x_2^2\end{aligned}$$

이다. 결과적인 함수는 x_1, x_2를 변수로 가지는 이차 다항식이다. 각각의 항이 이차이다. $ax^2+2bxy+cy^2$을 이차 형식으로 생각할 수 있다. ■

이 예는 영행렬이 아닌 $n\times n$ 행렬에 의해 유도된 이차 형식은 변수가 $x_1, x_2, \ldots, x_n$인 이차의 다항식임을 보여준다.

B가 실수 행렬인 이차 형식이 $\mathbf{x} \mapsto \mathbf{x}^T\mathbf{B}\mathbf{x}$로 나타나면, B가 대칭이 되어야 한다. 다음 정리가 그것을 나타낸다.

정리 10

만약 A와 B가 $n\times n$ 실수 행렬이며

$$\mathbf{B} = \tfrac{1}{2}(\mathbf{A} + \mathbf{A}^T)$$

에 의해 나타나면, A와 B의 대응하는 이차 형식이 동일하고 B는 대칭행렬이다.

증명 $\mathbf{x}^T\mathbf{A}\mathbf{x}$는 1×1 행렬이기 때문에 $\mathbf{x}^T\mathbf{A}^T\mathbf{x}=(\mathbf{x}^T\mathbf{A}\mathbf{x})^T$이다. 그래서

$$\begin{aligned}\mathbf{x}^T\mathbf{B}\mathbf{x} &= \tfrac{1}{2}\mathbf{x}^T(\mathbf{A} + \mathbf{A}^T)\mathbf{x} = \tfrac{1}{2}\mathbf{x}^T\mathbf{A}\mathbf{x} + \tfrac{1}{2}\mathbf{x}^T\mathbf{A}^T\mathbf{x} \\ &= \tfrac{1}{2}\mathbf{x}^T\mathbf{A}\mathbf{x} + \tfrac{1}{2}(\mathbf{x}^T\mathbf{A}\mathbf{x})^T = \tfrac{1}{2}\mathbf{x}^T\mathbf{A}\mathbf{x} + \tfrac{1}{2}\mathbf{x}^T\mathbf{A}\mathbf{x} = \mathbf{x}^T\mathbf{A}\mathbf{x}\end{aligned}$$

을 얻는다. $\mathbf{x}^T\mathbf{A}\mathbf{x}$와 $\mathbf{x}^T\mathbf{B}\mathbf{x}$는 같으나 A가 대칭행렬이 아니라면 A와 B는 다르다. ■

예제 12 비대칭행렬 A를 가지고 대칭행렬 B를 찾음으로써 예제 11과 같이 정리 10을 설명하라.

풀이 $\mathbf{A} = \begin{bmatrix} 6 & 3 \\ 1 & 4 \end{bmatrix}$일 때

$$\mathbf{B} = \tfrac{1}{2}(\mathbf{A} + \mathbf{A}^T) = \tfrac{1}{2}\begin{bmatrix} 6 & 3 \\ 1 & 4 \end{bmatrix} + \tfrac{1}{2}\begin{bmatrix} 6 & 1 \\ 3 & 4 \end{bmatrix} = \begin{bmatrix} 6 & 2 \\ 2 & 4 \end{bmatrix}$$

이다. 이차 형식은

$$\mathbf{x}^T\mathbf{A}\mathbf{x} = [x_1 \ \ x_2]\begin{bmatrix} 6 & 3 \\ 1 & 4 \end{bmatrix}\begin{bmatrix} x_1 \\ x_2 \end{bmatrix} = 6x_1^2 + 4x_1x_2 + 4x_2^2$$

$$\mathbf{x}^T\mathbf{B}\mathbf{x} = [x_1 \ \ x_2]\begin{bmatrix} 6 & 2 \\ 2 & 4 \end{bmatrix}\begin{bmatrix} x_1 \\ x_2 \end{bmatrix} = 6x_1^2 + 4x_1x_2 + 4x_2^2$$

이다. ■

예제 13

$$\mathbf{D} = \begin{bmatrix} 5+\sqrt{5} & 0 \\ 0 & 5-\sqrt{5} \end{bmatrix}$$

이 행렬에 의해 유도된 이차 형식은 무엇인가? 변수 변환에 의해서 대각행렬 D는, 다른 벡터를 가지고, 대칭

행렬 **B**와 비대칭행렬 **A**의 이차 형식과 같은 이차 형식을 가진다는 것을 증명하라.

$$\mathbf{y}^T\mathbf{D}\mathbf{y} = \mathbf{x}^T\mathbf{B}\mathbf{x} = \mathbf{x}^T\mathbf{A}\mathbf{x}$$

풀이 이차 형식은

$$\mathbf{y}^T\mathbf{D}\mathbf{y} = [y_1, y_2]\begin{bmatrix} 5+\sqrt{5} & 0 \\ 0 & 5-\sqrt{5} \end{bmatrix}\begin{bmatrix} y_1 \\ y_2 \end{bmatrix} = (5+\sqrt{5})\mathbf{y}_1^2+(5-\sqrt{5})y_2^2$$

이다. y_1y_2와 같은 외적 항들은 없다. 변수변환을 한다면 간단한 형식을 찾을 수 있다. 변수변환을 함으로써 다음을 증명하는 것은 여러분에게 맡긴다(일반 연습문제 67 참조).

$$\mathbf{x}^T\mathbf{B}\mathbf{x} = \mathbf{y}^T\mathbf{D}\mathbf{y}$$
$$6x_1^2 + 4x_1x_2 + 4x_2^2 = (5+\sqrt{5})\mathbf{y}_1^2 + (5-\sqrt{5})y_2^2$$

■

이제 대칭행렬을 이용하여 이차 형식을 간단히 하는 중요한 기술을 설명한다. 정리 8에 의해 모든 실수 행렬이나 대칭행렬 **A**는 직교행렬에 의해 대각화된다.

$$\mathbf{U}^T\mathbf{A}\mathbf{U} = \mathbf{D}$$

여기에서 **D**는 대각행렬이고 **U**는 직교행렬이다. $\mathbf{U}\mathbf{U}^T=\mathbf{I}$이다.

예제 14 $\mathbf{B} = \begin{bmatrix} 3 & 2 \\ 2 & 3 \end{bmatrix}$일 때 이 행렬로부터 만들어지는 이차 형식을 대각화하라.

풀이 이차 형식은

$$\mathbf{x}^T\mathbf{B}\mathbf{x} = [x_1 \ \ x_2]\begin{bmatrix} 3 & 2 \\ 2 & 3 \end{bmatrix}\begin{bmatrix} x_1 \\ x_2 \end{bmatrix} = 3x_1^2 + 4x_1x_2 + 3x_2^2$$

이다. 변수변환에 의해 이차 형식에 대한 대각행렬을 구한다. **B**의 고유값은 5와 1이다. 정규화된 형식의 고유벡터들은

$$\mathbf{U} = \frac{1}{\sqrt{2}}\begin{bmatrix} -1 & 1 \\ 1 & 1 \end{bmatrix}$$

의 열들이다. 행렬 **U**는 직교성이다: $\mathbf{U}\mathbf{U}^T=\mathbf{I}$이다. 여기에서 필요한 변수의 변환은 $\mathbf{x}=\mathbf{U}\mathbf{y}$이다. 즉 $x_1=\frac{1}{2}\sqrt{2}(-y_1+y_2)$이고 $x_2=\frac{1}{2}\sqrt{2}(y_1+y_2)$이다. 이차 형식의 효과는

$$\mathbf{x}^T\mathbf{B}\mathbf{x} = (\mathbf{U}\mathbf{y})^T\mathbf{B}(\mathbf{U}\mathbf{y}) = \mathbf{y}^T\mathbf{U}^T\mathbf{B}\mathbf{U}\mathbf{y} = \mathbf{y}^T\mathbf{D}\mathbf{y}$$
$$3x_1^2 + 4x_1x_2 + 3x_2^2 = y_1^2 + 5y_2^2$$

이며 여기에서 $\mathbf{D}$는 대각선에 고유값 1과 5를 가지는 대각행렬이다. ■

예제 15

$$\mathbf{D} = \begin{bmatrix} 3 & 0 \\ 0 & 7 \end{bmatrix}$$

에 의해 유도되는 이차 형식은 무엇인가? 이차 다항식이 양의 상수 42와 같아지도록 하라. 대응되는 기하학적 모양은 무엇인가?

풀이 쉽게

$$\mathbf{x}^T\mathbf{D}\mathbf{x} = [x_1 \ \ x_2]\begin{bmatrix} 3 & 0 \\ 0 & 7 \end{bmatrix}\begin{bmatrix} x_1 \\ x_2 \end{bmatrix} = [x_1 \ \ x_2]\begin{bmatrix} 3x_1 \\ 7x_2 \end{bmatrix} = 3x_1^2 + 7x_2^2$$

를 구한다. $3x_1^2+7x_2^2=42$라 두면 $\frac{x_1^2}{14}+\frac{x_2^2}{6}=1$이라는 타원을 얻을 수 있다. 주축의 길이는 $\sqrt{14}$이다. 그림 8.1을 참조하라. ■

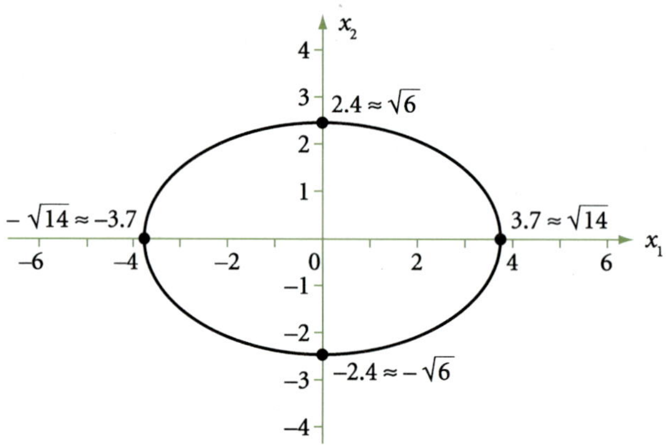

그림 8.1 타원 $3x_1^2+7x_2^2=42$.

예제 16 예제 15의 방정식에서 만약 $7x_2^2$ 항을 $-7x_2^2$로 바꾸면 기하학적 모양은 어떻게 나타나는가?

풀이 방정식은 $3x_1^2-7x_2^2=42$이다. 만약 큰 값 x_1이 주어지면 적당히 큰 값 x_2를 선택함으로써 방정식을 만족한다. 그림은 유계되지 않고 사실상 쌍곡선 모양이다. 그림 8.2를 보라. ■

응용: 월드와이드웹 검색

1998년에 들어서면서 구글과 같은 웹 검색 엔진은 검색 분석을 향상시키기 위해 웹 하이퍼링크 구조를 사용했다. 이것은 링크 분석(link analysis)이라고 알려졌다. 그것은 기본적인 선형대수 개념에 기초를 둔다. 이러한 접

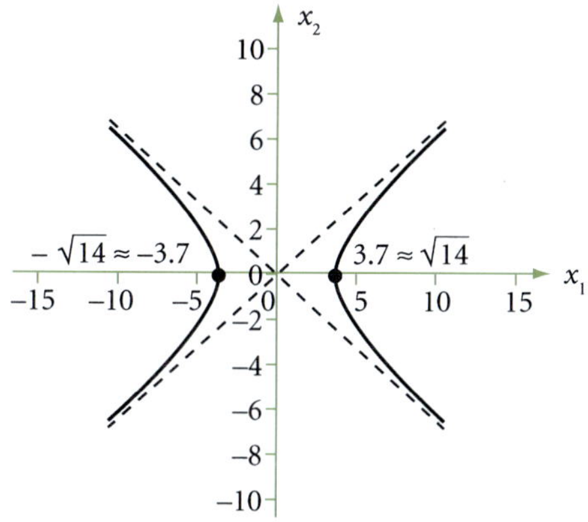

그림 8.2 쌍곡선 $3x_1^2 - 7x_2^2 = 42$.

근은 현저히 정확한 웹 검색을 만들었고 검색 엔진의 디자인에 혁명을 일으켰다.

코넬 대학교의 클레인버그(Jon Kleinberg)는 IBM에서 박사후 기간 중 링크 분석 알고리즘인 HITS 알고리즘을 만들었다. 클레인버그 박사는 웹 페이지 가운데 패턴을 주목했다.

많은 아웃링크를 가지는 페이지들은 허브(hub)들이나 포탈 페이지로서 역할을 하고 반면에 많은 인링크를 가진 다른 페이지들은 오소리티(authority) 역할을 한다. 조회 리스트에 있는 모든 페이지와 조회 페이지로부터 지적되거나 지적하는 모든 페이지들은 수백 내지 수십만의 웹 페이지를 포함할 수 있는 조회 리스트의 이웃들의 집합 안에 있다. 허브와 오소리티 점수들은 그들이 정지한 값으로 수렴할 때까지 반복적으로 정제된다. **h**와 **a**를 허브의 열벡터와 오소리티 점수들의 열벡터라 하자. L을 이웃 집합을 위한 **인접행렬**(adjacency matrix)이라 하자. 그러면

$$\mathbf{a}^{(k)} = \mathbf{L}^T\mathbf{h}^{(k-1)} \qquad \mathbf{h}^{(k)} = \mathbf{L}\mathbf{a}^{(k)}$$

이고

$$\mathbf{a}^{(k)} = \mathbf{L}^T\mathbf{L}\mathbf{a}^{(k-1)} \qquad \mathbf{h}^{(k)} = \mathbf{L}\mathbf{L}^T\mathbf{h}^{(k-1)}$$

이다. 여기에서 $\mathbf{L}^T\mathbf{L}$는 허브 행렬이고 $\mathbf{L}\mathbf{L}^T$는 오소리티 행렬이다. 이들은 모두 준정부호 행렬이다. 이러한 방정식들로써 HITS 알고리즘은 이러한 행렬들에 적용했을 때 좋은 방법이라는 것을 알 수 있다. 그것은 다음의 고유값 문제들을 푼다.

$$\mathbf{L}^T\mathbf{L}\mathbf{a} = \lambda_1\mathbf{a} \qquad \mathbf{L}\mathbf{L}^T\mathbf{h} = \lambda_1\mathbf{h}$$

여기서 λ_1은 $\mathbf{L}\mathbf{L}^T$나 $\mathbf{L}^T\mathbf{L}$의 가장 큰 고유값이고 **a**와 **h**는 대응하는 고유벡터이다. 수렴이나 존재성이나 유일성이나 이러한 점수들의 수치계산과 같이 독자들이 탐구해야 할 많은 중요한 문제들이 있다. 유리함과 불리함을 가진 HITS 알고리즘의 다양성이 제시되었다.

구글은 **페이지랭크 알고리즘**(PageRank algorithm)에 기초를 두고 있다. 이것은 HITS 알고리즘과 비슷한

링크 분석 알고리즘이고 반복되는 구조와 강력한 방법을 갖고 있다. 브린(Sergey Brin)과 페이지(Larry Page)가 1998년에 스탠퍼드 대학교 컴퓨터공학과 대학원생일 때 페이지랭크 알고리즘과 구글 시스템을 창시했다. 기본적인 아이디어는 '그것이 다른 중요한 페이지들에 의해 지적된다면 그 페이지가 중요하다'이다. 페이지의 중요성은 그것의 페이지랭크 점수이고 그것은 페이지들에서 이 페이지로 지적해 주는 모든 페이지들의 페이지랭크들의 합으로 결정된다. 중요한 페이지가 여러 페이지를 지적할 때 그것의 무게, 즉 페이지랭크가 비율적으로 분산되어 있다.

페이지랭크는 월드와이드웹에서 다른 모든 웹 페이지들에 관계된 각 웹 페이지의 중요성의 척도이다. 한 페이지의 페이지 랭크는 귀납적으로 정의되고 들어오는 링크들의 숫자와 페이지랭크 거리에 의존한다. 상세한 것은 비밀일지라도 구글에서 페이지랭크는 대수적인 양을 사용하여 0에서 10까지이다. 만약 어떤 웹 페이지가 높은 순위를 가진다는 것은 높은 순위를 가진 웹 페이지가 많이 연결되어 있을 때를 말한다.

예를 들어 네 개의 웹 페이지가 있을 때 만약 모든 웹 페이지가 페이지 A에 연결되어 있다면 A의 페이지랭크는 $\mathrm{pr}(A)$로 표시되며 페이지 B, C, D의 페이지랭크의 합이 될 것이다.

$$\mathrm{pr}(A) = \mathrm{pr}(B) + \mathrm{pr}(C) + \mathrm{pr}(D)$$

게다가 페이지 B는 페이지 C에 연결되고 페이지 D는 A, B, C에 연결되어 있다. 각 페이지는 여러 페이지에 투표를 분산한다. 페이지 B는 페이지 A와 C 각각에 투표의 반을 준다. 페이지 D는 페이지 A, B, C에 투표의 $\frac{1}{3}$을 준다(그림 8.3). 페이지 A에 연결되어 있는 각 페이지에 대해 그것의 페이지랭크는 그 페이지의 연결된 총수에 의해서 나누어진다.

$$\mathrm{pr}(A) = \tfrac{1}{2}\mathrm{pr}(B) + \mathrm{pr}(C) + \tfrac{1}{3}\mathrm{pr}(D)$$

실질적인 페이지랭크식은 두 개의 고려를 더해야 한다. 식은 다음과 같이 주어진다.

$$\mathrm{pr}(A) = q\left[\frac{\mathrm{pr}(B)}{\ell(B)} + \frac{\mathrm{pr}(C)}{\ell(C)} + \frac{\mathrm{pr}(D)}{\ell(D)}\right] + (1-q)$$

각 웹 페이지가 A에 연결되어 있다면 A의 페이지랭크는 각 웹 페이지로 연결되어 있는 연결수로 나누어진다. $\ell(B)$는 페이지 B로부터 들어오는 A의 연결수이다. q는 직접 투표가 간접적인 투표보다 더 믿을 수 있기 때문에 양을 줄이기 위해서 사용했다. 출발선 상에서 모든 페이지들은 작은 오소리티인 $1-q=0.15$가 주어졌고 결과적으로 모든 페이지들의 평균 페이지랭크는 1이 된다. 구글은 웹 페이지들의 평균 페이지랭크를 재계산한다. 페이

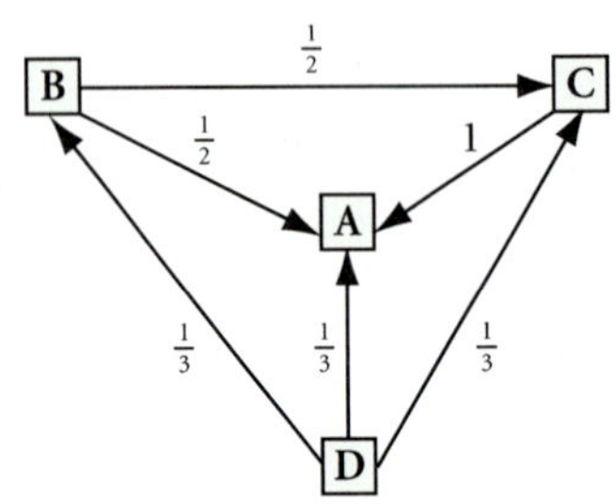

그림 8.3 웹 페이지 연결들.

지랭크가 안정화될 때 검색 엔진에 의해 사용된다. 상세한 내용은 온라인 사전 Wikipedia를 보라: en.wikipedia.org/wiki/PageRank.

$\mathbf{y}^{(k)^T}$를 k번째 반복에서 페이지랭크 행벡터라 하자. 그러면 이것은

$$\mathbf{y}^{(k+1)^T} = \mathbf{y}^{(k)^T}\mathbf{H}$$

로 쓰여지며 $\mathbf{H}$는 행-정규화된 하이퍼링크 행렬이다. 즉 만약 페이지 i로부터 페이지 j로 가는 연결이 있다면 $h_{ij} \neq 0$이고 만약 연결이 없다면 $h_{ij} = 0$이다. 출발 벡터에서 의존성이나 순환성과 같은 수렴 문제 때문에 페이지 순서 개념은 출발 벡터에 독립적인 페이지 순위 벡터 $\mathbf{y}^T$에 수렴하는 원시 확률 반복 행렬에 적용되는 거듭제곱 방법에 관련되어 바뀔 수 있다. 수렴의 점근적 비율이 추이적 확률행렬의 종속적인 고유값 λ_2의 크기에 의해 결정된다. 구글은 조회가 반응할 때 비수학적 거리들을 사용하고 지금 그것이 무엇을 하는지는 비밀에 부친다. 그러나 페이지랭크 알고리즘은 소프트웨어의 중심이다.

웹 검색에 관해 더 상세한 내용은 Langville과 Meyer[2006] 및 Berry와 Browne[2005]를 참조하라.

수학 소프트웨어

복소 행렬의 대각화를 찾기 위해 수학 소프트웨어의 사용의 예를 알아보자. 행렬 $\mathbf{A}$를

$$\mathbf{A} = \begin{bmatrix} 5 & 2-i & 1+i\sqrt{5} \\ 2+i & 4 & 3 \\ 1-i\sqrt{5} & 3 & -1 \end{bmatrix}$$

라 하자. 이 행렬의 대각화를 구하기 위해 수학 소프트웨어를 어떻게 사용하는가?

Matlab, Maple, Mathematica를 아래와 같이 쓸 수 있다.

```
Matlab
A = [5, 2-i,1+i*sqrt(5);2+i,4,3;1-i*sqrt(5),3,-1]
[P,D] = eig(A)
P'*A*P
```

```
Maple
with(LinearAlgebra):
A := Matrix([[5, 2-I,1+I*sqrt(5)], [2+I,4,3],
     [1-I*sqrt(5),3,-1]]);
(DD,P) := Eigenvectors(A);
Transpose[P].A.P;
```

```
Mathematica
A = {{5, 2-I,1+I*Sqrt[5]},{2+I,4,3},{1-I*Sqrt[5]I,3,-1}}
{DD,P} = Eigensystem[A]
Transpose[P].A.P
```

컴퓨터 프로그램은 행렬 $\mathbf{A}$와 $\mathbf{P}$와 $\mathbf{D}$에 반응한다. 행렬방정식은 $\mathbf{P}^H\mathbf{AP}=\mathbf{D}$이다.

요약 8.1

- $\langle \mathbf{x}, \mathbf{y}\rangle = \mathbf{y}^H\mathbf{x} = \sum_{j=1}^{n} x_j\bar{y}_j$
  이것은 $\mathbb{C}^n$에 대한 표준 내적이다.
- $\mathbf{x}\mathbf{y}^H$는 기껏해야 계수가 1인 $n\times n$ 행렬이다.
- $\langle \mathbf{x}, \mathbf{y}\rangle = \overline{\langle \mathbf{y}, \mathbf{x}\rangle}$, $\langle x, \alpha y\rangle = \bar{\alpha}\langle \mathbf{x}, \mathbf{y}\rangle$, 그리고 $\langle \mathbf{Ax}, \mathbf{y}\rangle = \langle \mathbf{x}, \mathbf{A}^H\mathbf{y}\rangle$
- $\langle \mathbf{x}, \mathbf{y}\rangle = \mathbf{y}^H\mathbf{x}$, $\langle \mathbf{Ax}, \mathbf{y}\rangle = \mathbf{y}^H\mathbf{Ax}$
- $\mathbf{A} = \mathbf{A}^H$는 에르미트행렬에 대한 조건이다.
- 사상 f는 자기수반이다 $\Leftrightarrow$ $\langle f(\mathbf{x}), \mathbf{y}\rangle = \langle \mathbf{x}, f(\mathbf{y})\rangle$
- $\mathbf{U}\mathbf{U}^H = \mathbf{I}$는 정방행렬이 유니타리행렬이 되기 위한 조건이다.
- $\mathbf{U}^T\mathbf{U} = \mathbf{I}$는 정방 실수 행렬이 직교하기 위한 조건이다.
- $\mathbf{x} \mapsto \mathbf{x}^T\mathbf{Ax}$는 $\mathbb{R}^n$에서 이차 형식의 정의이다.
- 정리와 따름정리:
  - 모든 자기수반 사상은 일차이다.
  - 자기수반 작용소의 모든 고유값들은 실수이다.
  - 만약 자기수반 작용소의 두 개의 고유벡터들이 다른 고유값에 대응되면 자기수반 작용소의 두 개의 고유벡터들은 서로 직교한다.
  - 만약 $\mathbf{A}$가 주어진 기저에 관한 선형변환 L에 대한 행렬이라면 L과 $\mathbf{A}$의 고유값은 같다.
  - 만약 행렬이 $\mathbf{A} = \mathbf{A}^H$를 만족하면 작용소 L을 자기수반이라 한다.
- **스펙트럼 정리:** L을 n차원 내적공간에서 자기수반 작용소라 하면 X에 대한 정규직교기저 $\{\mathbf{u}_1, \mathbf{u}_2, \mathbf{u}_n\}$과 n개의 실수 λ_j의 집합이 있어서 $L(\mathbf{u}_j) = \lambda_j\mathbf{u}_j (1 \le j \le n)$이고 모든 $\mathbf{x}$에 대해 $L(\mathbf{x}) = \sum_{j=1}^{n} \lambda_j\langle \mathbf{x}, \mathbf{u}_j\rangle\mathbf{u}_j$을 만족한다.
- **행렬에 있어서 스펙트럼 정리**: 만약 $\mathbf{A}^H = \mathbf{A}$이면 $\mathbf{U}^H\mathbf{AU} = \mathbf{D}$이다. 여기서 $\mathbf{D}$는 대각선에 $\mathbf{A}$의 고유값을 가지는 대각행렬이고 $\mathbf{U}$는 열이 $\mathbf{A}$의 고유벡터인 유니타리행렬이다.
- 만약 $\mathbf{A}^H = \mathbf{A}$이면 $\mathbf{A}$의 모든 고유벡터는 실수이다.
- 만약 $\mathbf{A}$가 실수이고 $\mathbf{A}^T = \mathbf{A}$이면 $\mathbf{A}$의 모든 고유값은 실수이다.
- 만약 $\mathbf{A}$가 실수 행렬이나 대칭행렬이면 $\mathbf{U}^T\mathbf{AU} = \mathbf{D}$이다. 여기에서 $\mathbf{U}$는 직교행렬이고 $\mathbf{A}$의 고유값들은 $\mathbf{D}$의 대각선에 있다.
- **케일리-해밀턴 정리**: 만약 p가 행렬 $\mathbf{A}$의 특성 다항식이라면 $p(\mathbf{A}) = \mathbf{0}$이다.
- 만약 $\mathbf{B} = \frac{1}{2}(\mathbf{A} + \mathbf{A}^T)$이면 $\mathbf{A}$와 $\mathbf{B}$의 이차 형식은 동일하고 $\mathbf{B}$는 대칭행렬이다.

주요 개념 8.1

복소 내적, 켤레 전치행렬, 대칭행렬, 에르미트행렬, 자기수반 변환, 스펙트럼 정리, 직교행렬, 유니타리행렬, 유니타리 유사, 대각화, 케일리-해밀턴 정리, 이차 형식, 웹 검색

일반 연습문제 8.1

1. $\mathbf{A} = \begin{bmatrix} 2 & 3 \\ 3 & 2 \end{bmatrix}$의 대각화를 찾으라.

2. $\mathbf{u} = 3^{-1/2}(1, 1, 1)$ $\mathbf{v} = 6^{-1/2}(-1, 2, -1)$ $\mathbf{w} = 2^{-1/2}(-1, 0, 1)$일 때 $\{\mathbf{u}, \mathbf{v}, \mathbf{w}\}$는 직교함을 증명하라.

3. $\begin{bmatrix} 2-3i & 1-i \\ -2+i & 1-2i \end{bmatrix}$ 행렬의 고유값을 구하라.

4. 주어진 $\mathbf{A}$와 $\mathbf{B}$ 행렬들의 연속적인 멱수를 찾고 음의 정수 멱수를 토론하라.

a. $\mathbf{A}=\begin{bmatrix}0&1&0&0&0\\0&0&1&0&0\\0&0&0&1&0\\0&0&0&0&1\\0&0&0&0&0\end{bmatrix}$

b. $\mathbf{B}=\begin{bmatrix}b_1&0&0&0&0\\0&b_2&0&0&0\\0&0&b_3&0&0\\0&0&0&b_4&0\\0&0&0&0&b_5\end{bmatrix}$

5. 모든 직교 2×2 행렬은 적당한 θ에 대하여 $\begin{bmatrix}\cos\theta&\sin\theta\\\sin\theta&-\cos\theta\end{bmatrix}$ 형식으로 바꿀 수 있는가?

6. 자기수반행렬 $\begin{bmatrix}2&1+i\\1-i&3\end{bmatrix}$의 대각화를 구하라. 고유값은 1과 4이다. 고유벡터는 $(1+i, -1)$, $(1+i, 2)$이다.

7. 행렬 $\mathbf{A}=\begin{bmatrix}2&1+i&2+2i\\1-i&3&5-i\\2-2i&5+i&-5\end{bmatrix}$일 때 계산 없이 이 행렬의 고유값들이 실수임을 보이라.

8. $\mathbf{A}=\begin{bmatrix}3&1\\0&7\end{bmatrix}$일 때 A는 케일리-해밀턴 정리를 따른다는 것을 증명하라.

9. 에르미트행렬의 대각선은 실수인 이유를 설명하라.

10. $\mathbf{A}=\begin{bmatrix}1&-1\\-1&1\end{bmatrix}$이고 c가 $-1, 0, 1$이 아닐 때 $\mathbf{x}^T\mathbf{A}\mathbf{x}=c$의 그래프는 무엇인가?

11. $2x_1^2+6x_1x_2+5x_2^2$의 이차 형식에 대응되는 모든 행렬들을 구하라.

12. (계속) 앞 문제에서 변수변환으로 외적 항 없이 이차 형식을 표현하라.

13. $\mathbf{A}=\begin{bmatrix}c&-c\\-c&c\end{bmatrix}$라 하면($c$는 실수) c에 관한 A의 고유값과 고유벡터는 무엇인가?

14. 대응하는 이차 형식이 $2x_1^2+6x_1x_2+7x_2^2$이라면 A는 무엇인가?

15. $\begin{bmatrix}\alpha&0\\0&\beta\end{bmatrix}=\frac{1}{2}(\mathbf{A}+\mathbf{A}^T)$(여기서 $\alpha\neq 0$, $\beta\neq 0$)이 되는 모든 행렬 A를 구하라.

16. 반대칭행렬의 0이 아닌 고유값이 허수라는 것의 반례를 구하거나 혹은 사실임을 밝히라.

17. 임의의 정방 복소 행렬이 왜 에르미트행렬과 반 에르미트 행렬의 합인지 설명하라.[여기서 행렬 S가 $\mathbf{S}^H=-\mathbf{S}$이면 **반 에르미트행렬**(skew-Hermitian)이라 한다.]

18. $\mathbb{P}$는 모든 다항식의 집합이라 하고 내적 $\langle\mathbf{x}, \mathbf{y}\rangle=\int_1^{-1}\mathbf{x}(t)\overline{\mathbf{y}(t)}\,dt$로 정의하고 일차 작용소 $L:\mathbb{P}\to\mathbb{P}$를 식 $L(\mathbf{x})=p\mathbf{x}$라 하면 $\langle L(\mathbf{x}), \mathbf{y}\rangle=\langle\mathbf{x}, L^*(\mathbf{y})\rangle$이 되는 작용소 L^*를 구하라. 다항식들이 복소 계수를 가질 수 있고 변수 t는 복소수가 될 수 있다고 가정하자. 작용소 L^*는 L의 **수반**(adjoint)이라 불리고 가능한 무한차원 상황에서 작용소들에 대해 $\mathbf{A}^H$의 일반화이다.

19. 모든 $m\times n$ 실수 행렬 A에 대해 $\mathbb{R}^n$ 상에 있는 모든 x가 $\mathbf{Ax}=\mathbf{0}$이면 $\mathbf{A}=\mathbf{0}$임을 설명하라.

20. 정방행렬의 행들이 정규직교집합이 되면 정방행렬의 열들이 왜 정규직교집합이 되는지 설명하라.

21. (계속) 만약 앞 문제에서 행렬이 정방행렬이 아니면 같은 결론이 맺어지는가? 아니라면 반례를 들라.

22. 실수 대칭행렬의 고유값이 실수임을 보이고 다른 고유값에 대응되는 고유벡터는 서로 직교한다는 것을 보이라.

23. 유니타리 대각적인 행렬 A는 **정규행렬**(normal matrix)인 $\mathbf{A}^H$와 서로 교환법칙이 성립함을 증명하라.

24. 만약 A가 유니타리라면 $\mathbf{A}^{-1}$과 $\mathbf{A}^H$도 유니타리라는 것을 설명하라. 두 개의 유니타리행렬의 곱은 유니타리인가? 두 개의 유니타리행렬의 합은 어떤 성질을 가지는가? 행렬 $\frac{1}{2}(\mathbf{A}+\mathbf{A}^H)$는 어떤 성질을 가지는가?

25. $\mathbf{A}^H$와 내적의 성질들을 사용하여 $\langle\mathbf{Ax}, \mathbf{y}\rangle=\langle\mathbf{x}, \mathbf{A}^H\mathbf{y}\rangle$이 되는지 설명하라.

26. 가역행렬 A는 $(\mathbf{A}^H)^{-1}=(\mathbf{A}^{-1})^H$을 왜 만족하는지 보이라.

27. L은 유한차원 내적공간에서 자기수반 작용소라 하자. A를 어떤 기저에 대한 L의 행렬이라 하면 A는 대칭행렬인가?

28. $\mathbb{C}^2$ 상에서 $\langle\mathbf{x}, \mathbf{y}\rangle_D=2x_1y_1+3x_2y_2$에 의해 새로운 내적공간을 도입하면 $T(x_1, x_2)=(2x_1+6x_2, 4x_1+7x_2)$에 의해 정의된 변환 T는 새로운 내적공간에 관해 자기수반임을 보이라.

29. A를 $n\times n$ 에르미트행렬이라 하면 사상 $\mathbf{x}\mapsto\mathbf{Ax}$은 $\mathbb{C}^n$ 공

간 상에서 자기수반이 됨을 설명하라.

30. V를 내적공간이라 하자. V에서 V로 가는 모든 자기수반 작용소들의 집합은 실수 스칼라에서 더하기와 곱하기에 대해 닫혀 있다는 것을 증명하라.

31. (계속) $F(\mathbf{x})=\sum_{i=1}^{m} f_i$와 $G(\mathbf{x})=\sum_{i=1}^{m} r_i\, g_i$가 자기수반이라는 것을 증명하라. 여기에서 $f_1, f_2, \ldots, f_n$과 $g_1, g_2, \ldots, g_n$은 내적공간에서 내적공간으로 가는 자기수반 사상이고 $r_1, r_2, \ldots, r_m$은 실수이다.

32. 사상 $\mathbf{x} \mapsto \langle \mathbf{x}, \mathbf{u}\rangle \mathbf{v}$가 자기수반이다 $\Leftrightarrow$ $\mathbf{u}=\mathbf{v}$를 설명하라.

33. $\{\mathbf{v}_1, \mathbf{v}_2, \ldots, \mathbf{v}_m\}$은 내적공간에서 점들이다. $T(\mathbf{x})=\sum_{i=1}^{n} r_i\langle \mathbf{x}, \mathbf{v}_i\rangle \mathbf{v}_i$라 정의하자. 여기에서 $r_1, r_2, \ldots, r_n$는 실수이다. T는 자기수반이라는 것을 증명하라.

34. 내적공간에서 $\{\mathbf{u}_1, \mathbf{u}_2, \ldots, \mathbf{u}_n\}$과 $\{\mathbf{v}_1, \mathbf{v}_2, \ldots, \mathbf{v}_n\}$는 일차독립인 집합이라 하자. 일차 작용소 $L(\mathbf{x})=\sum_{i=1}^{n}\langle \mathbf{x}, \mathbf{u}_i\rangle \mathbf{v}_i$라고 정의하자. 만약 $\mathbf{u}_i=\mathbf{v}_i$ $(1 \le i \le n)$이면 L은 자기수반임을 증명하라.

35. f를 $\mathbb{R}^n$에서 $\mathbb{R}^n$으로 가는 $\langle f(\mathbf{x}), \mathbf{y}\rangle=\langle \mathbf{x}, f(\mathbf{y})\rangle$로 정의된 사상이라 하자. 그러면 모든 $\mathbf{x}$에 대하여 $f(\mathbf{x})=\mathbf{A}\mathbf{x}$를 만족하는 대칭행렬 $\mathbf{A}$가 존재함을 밝히라.

36. 행렬 $\mathbf{A}$가 에르미트행렬이면 이차 형식 $\mathbf{x} \mapsto \langle \mathbf{A}\mathbf{x}, \mathbf{x}\rangle$은 실수 값임을 증명하라. 여기서 $\mathbf{x}$는 $\mathbb{C}^n$ 상에 있다고 가정한다.

37. 만약 실수 행렬 $\mathbf{A}$가 직교적으로 대각화 된다면 $\mathbf{A}$는 대칭행렬임을 증명하라. 가정을 다시 말하면 어떤 직교행렬 $\mathbf{U}$에 대하여 행렬 $\mathbf{U}\mathbf{A}\mathbf{U}^T$는 대각행렬이다.

38. (계속) 앞 문제와 정리 8을 써서 만약 $\mathbf{A}$와 $\mathbf{B}$가 직교적으로 대각화 가능하다면 $\mathbf{A}+\mathbf{B}$도 역시 가능하다는 것을 증명하라.

39. $\mathbf{A}$가 가역행렬일 때 $\mathbf{A}^{-1}$에 대한 식을 얻기 위해 케일리-해밀턴 정리를 사용하라. $\mathbf{A}$가 가역행렬이라는 사실을 쓰고 알려진 $\mathbf{A}$의 특성방정식을 사용하라.

40. 예제 6의 행렬을 사용하라. 대각화 가능한 $\mathbf{A}$를 사용하여 $\mathbf{A}^k$에 대한 식을 찾으라. 고유값들이 7과 5이다. 그리고 케일리-해밀턴 정리를 사용하여 $\mathbf{A}^2$을 계산하라.

41. $n\times n$ 행렬 $\mathbf{A}$에 대해서 $\mathbf{A}^n$은 $\{\mathbf{I}, \mathbf{A}, \mathbf{A}^2, \ldots, \mathbf{A}^{n-1}\}$의 생성원에 속한다는 것을 증명하라.

42. q를 다항식이라 하고 $\mathbf{A}$를 정방행렬이라 하자. 만약 λ를 $\mathbf{A}$의 고유값이라 하면 $q(\lambda)$는 $q(\mathbf{A})$의 고유값임을 증명하라.

43. 만약 $n > 1$이면 행렬의 멱수들이 $\mathbb{R}^{n\times n}$을 생성하는 $n\times n$ 행렬은 없다는 것을 보이라.

44. 어떤 $n\times n$ 행렬이 $\mathbf{A}^n \in \mathrm{Span}\{\mathbf{A}, \mathbf{A}^2, \ldots, \mathbf{A}^{n-1}\}$이라는 성질을 가지는지 조사하라.

45. 귀납법을 써서 모든 $n\times n$ 행렬 $\mathbf{A}$와 모든 음이 아닌 정수 k에 대해서 $\mathbf{A}^k \in \mathrm{Span}\{\mathbf{A}^0, \mathbf{A}^1, \ldots, \mathbf{A}^{n-1}\}$임을 보이라.

46. $n\times n$ 행렬 $\mathbf{A}$를 고정하고 행렬 $\mathbf{B}$와 $\mathbf{C}$가 $\{\mathbf{A}^0, \mathbf{A}^1, \mathbf{A}^2, \ldots\}$의 생성원 안에 있다면 $\mathbf{BC}=\mathbf{CB}$임을 보이라.

47. 다음 증명을 비평해 보라: $p(\lambda)=\mathrm{Det}(\mathbf{A}-\lambda\mathbf{I})$라면 $p(\mathbf{A})=\mathrm{Det}(\mathbf{A}-\mathbf{A}\mathbf{I})=\mathrm{Det}(\mathbf{0})=0$이다.(Barbeau[2000]을 참조하라.)

48. 가능하면 많은 복소수 원소를 가지는 행렬 $\mathbf{A}$가 정방행렬이라면 $\mathbf{A}\mathbf{A}^H$의 대각선은 음의 아닌 실수를 가지고 $\mathbf{A}\mathbf{A}^H$는 에르미트행렬임을 확인해 보라.

49. 모든 2×2 실수 행렬은 그것의 전치행렬과 유사하다. 2×2 복소 행렬에 대해서도 사실인가?

50. (도전) **a.** $\mathrm{Span}\{\mathbf{I}, \mathbf{A}\}$의 차수가 2인 2×2 행렬 $\mathbf{A}$를 찾으라. 이 차수가 0이거나 1인 2×2 행렬 $\mathbf{A}$를 찾으라.

b. $\mathrm{Span}\{\mathbf{I}, \mathbf{A}, \mathbf{A}^2\}$의 차수가 3인 3×3 행렬 $\mathbf{A}$를 찾으라. 이 차수가 0이거나 1이거나 2인 3×3 행렬 $\mathbf{A}$를 찾으라.

c. 임의의 n에 대해서도 이런 종류의 예를 만들 수 있는가?

51. $\mathbf{z}=(z_1, z_2, \ldots, z_n)\in\mathbb{C}$에 대해 $\bar{\mathbf{z}}=(\bar{z}_1, \bar{z}_2, \bar{z}_n)$를 사용하면 사상 $z \mapsto \bar{z}$는 일차인가?

52. 만약 $\mathbf{A}$가 $n\times n$ 행렬이면 $S(\mathbf{A})$는 $\mathbf{A}$의 음이 아닌 멱수들의 생성이 되는 것으로 정의하면 이것은 $\mathbb{R}^{n\times n}$의 부분공간이 된다. 얼마나 많은 행렬 $\mathbf{A}$, $\mathbf{B}$, $\mathbf{C}$들이 $S(\mathbf{A})$, $S(\mathbf{B})$, $S(\mathrm{c})$들의 $\mathbb{R}^{n\times n}$ 생성에 필요한가?

53. $\mathbf{A}$가 계수 m인 $m\times n$ 행렬이라면 $\mathbf{A}\mathbf{A}^T$는 가역행렬임을 설명하라.

54. (계속) 만약 $\mathbf{A}$가 계수 m인 $m\times n$ 행렬이고 $\mathbf{B}$가 $n\times n$ 가역행렬이면 $\mathbf{A}\mathbf{B}\mathbf{B}^T\mathbf{A}^T$는 가역행렬인가? $\mathbf{A}\mathbf{B}\mathbf{A}^T$은 어떤가?

55. $\mathbf{A}$를 실수 대각행렬과 유사한 실수 행렬이라 하면 $\mathbf{A}$는 대칭행렬인가? 예나 정리가 필요하다.

56. 만약 모든 $\mathbf{x}\in\mathbb{C}^n$에 대해서 $\langle \mathbf{u}, \mathbf{x}\rangle=\langle \mathbf{v}, \mathbf{x}\rangle$이면 $\mathbf{u}=\mathbf{v}$임을 확인하라.

57. 본문에서 케일리에 의해 인용된 것을 설명하라. 추가 정보

는 Midonic[1965, p. 198]을 참조하라.

58. 3×3 행렬로서 멱수들이 $\mathbb{R}^{3\times3}$를 생성하는 행렬을 찾으라.

59. A와 B가 $2\mathbf{A}=\mathbf{B}+\mathbf{B}^T$인 $n\times n$ 행렬이라면 $2\mathbf{B}=\mathbf{A}+\mathbf{A}^T$인가?

60. 예제 6의 행렬을 사용하여 $\mathbf{A}^k$에 대한 일반적 표현을 찾으라.

61. $\mathbf{A}=\begin{bmatrix}1&2&3\\4&5&6\\7&8&9\end{bmatrix}$일 때 이 행렬에 의해 유도된 이차 형식에 대한 정확한 식을 찾고 그것은 변수 x_1, x_2, x_3에 대해 이차의 다항식이라는 것을 보이라.

62. 다음 행렬들의 이차 형식이 변수변환에 의해 x_1x_2 항 없이 표현될 수 있는가?

a. $\begin{bmatrix}3&5\\2&-1\end{bmatrix}$ **b.** $\begin{bmatrix}3&6\\1&4\end{bmatrix}$ **c.** $\begin{bmatrix}-5&-2\\2&-5\end{bmatrix}$

63. 변수의 직접적 변환을 사용하여 예제 13을 다시 풀어 보라.

64. $C[-1, 1]$를 $[-1, 1]$에서 정의된 연속인 모든 실수 값 함수의 벡터공간이라 하자. 내적 $\langle u, v\rangle=\int_{-1}^{1}u(t)v(t)\,dt$로 정의되고 $C[-1, 1]$ 상에서 $T(u)=wu$에 의해 T를 정의하자. 여기서 w는 $C[-1, 1]$에서 고정된 함수이다. 그러면 T는 자기수반인가?

65. (계속) 앞 문제에서 $[T(u)]$를 $[T(u)](x)=\int_{-1}^{1}(x^2+y^2)u(y)\,dy$로 정의하면 T는 자기수반인가?

66. (계속) $p(1)=p(-1)=0$를 만족하는 다항식 p의 벡터공간을 V로 나타내자. 연습문제 64의 내적을 사용하여 V가 내적공간이라는 것을 증명하라. 미분의 작용소가 자기수반인지 아닌지 알아보라. 여기서 L을 $L(\mathbf{u})=\mathbf{u}'=du/dt$로 정의한다.

67. 예제 12와 13에서 $\mathbf{x}^T\mathbf{A}\mathbf{x}=\mathbf{x}^T\mathbf{B}\mathbf{x}=\mathbf{y}^T\mathbf{D}\mathbf{y}$이 되도록 하는 변수변환을 찾으라.

68. (**인접행렬**) 아래 그림에서 n=15인 점은 웹 페이지를 나타내며 i에서 j로 가는 방향이 있는 선분은 페이지 i가 페이지 j 웹 연결을 가지고 있다고 한다. 그러면 인접행렬 A를 구성하라. 여기서 A는 $n\times n$ 행렬이고 만약 점 i로부터 점 j로의 연결이 있다면 a_{ij}는 1이다.

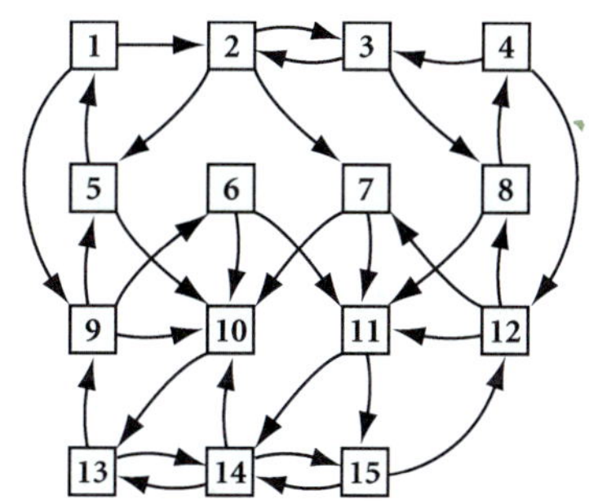

참-거짓 연습문제 8.1

1. 실수이고 대칭인 행렬의 고유값은 실수이다.

2. 유니타리행렬은 정방행렬이다.

3. 모든 정방행렬은 가역행렬이다.

4. 만약 실수 행렬이 단지 실수 고유값만 가진다면 그것은 대칭행렬이다.

5. 만약 행렬의 고유값이 모두 복소수라면 행렬은 에르미트행렬이다.

6. 모든 가역행렬에 대해 다음 방정식은 사실이다: $(\mathbf{A}^H)^H=\mathbf{A}$ 그리고 $(\mathbf{A}^H)^{-1}=(\mathbf{A}^{-1})^H$.

7. A를 실수 대칭행렬이라 하자. 만약 $\mathbf{A}\mathbf{x}=2\mathbf{x}$이고 $\mathbf{A}\mathbf{y}=3\mathbf{y}$이라면 $\langle\mathbf{x}, \mathbf{y}\rangle=0$이 된다

8. $n\times n$ 행렬이 대각화 가능하다 ⇔ 행렬은 n개의 다른 고유값을 가진다

9. 만약 모든 $\mathbf{x}$에 대해서 $\mathbf{x}^T\mathbf{A}\mathbf{x}=\mathbf{x}^T\mathbf{B}\mathbf{x}$라면 $\mathbf{A}=\mathbf{B}$이다.

10. A가 $\{\mathbf{I}, \mathbf{A}^2, \mathbf{A}^4, \mathbf{A}^6, \mathbf{A}^8\}$이 일차독립인 $n\times n$ 행렬이라면 A는 $n>4$이다.

11. 만약 λ가 A의 고유값이라면 λ^2은 $\mathbf{A}^2$의 고유값이다.

12. 만약 A가 $n\times n$ 행렬이라면 $\{\mathbf{I}_n, \mathbf{A}^1, \mathbf{A}^2, \ldots, \mathbf{A}^n\}$는 일차독립이다.

13. 행렬 $\mathbf{A}=\begin{bmatrix}2&3&4\\3&7&-5\\4&-5&7\end{bmatrix}$는 $\mathbf{A}=\mathbf{U}\mathbf{D}\mathbf{U}^{-1}$로 분해된

다. 여기서 U는 직교행렬이고 D는 대각행렬이다.

14. 만약 A가 $n \times n$ 대칭행렬이고 실수 행렬이라면 그것은 n개의 다른 고유값을 가진다. 그것의 모든 값은 실수이다.

15. 만약 A가 실수이고 대칭행렬이라면 행렬 U가 있어서 $\mathbf{U}^T\mathbf{A}\mathbf{U}$는 대각행렬이고 $\mathbf{U}^T\mathbf{U}=\mathbf{I}$이다.

16. 모든 실수 에르미트행렬은 대칭이다.

17. 만약 A가 $n \times n$ 실수 행렬이고 $\mathbf{x}^T\mathbf{A}\mathbf{x}=\mathbf{0}$이라면 $\mathbf{A}=\mathbf{0}$이다.

18. 작용소 L이 자기수반임을 증명하는 데 있어서 어떤 기저 $\{\mathbf{u}_1, \mathbf{u}_2, \ldots, \mathbf{u}_n\}$에 대해 $\langle L(\mathbf{u}_i), \mathbf{u}_j\rangle=\langle \mathbf{u}_i, L(\mathbf{u}_j)\rangle$임을 보이면 충분하다.

19. $\mathbb{C}^n$ 상에 있는 x, y에 대해 $\langle \mathbf{x}, \mathbf{y}\rangle=\overline{\langle \mathbf{y}, \mathbf{x}\rangle}$이다.

선다형 연습문제 8.1

항상 첫 번째로 옳은 답을 선택하라.

1. A를 실수 성분을 가진 $n \times n$ 대칭행렬이라 하면 그 가정에 의해 정당화되지 않는 결론은 무엇인가?
   a. A는 가역행렬이다.
   b. A의 모든 고유값들은 실수이다.
   c. A는 대각화 가능하다.
   d. A는 n개 고유벡터들의 정규직교집합이다.
   e. 위 항목 중 답이 없다.

2. 어떤 표현이 동형인가?
   a. $x_1+2x_1x_2$
   b. $3x_1x_2-5x_2x_3$
   c. $\sqrt{2x_1x_2+5x_1x_3}$
   d. $2xy+4yz-12y$
   e. 위 항목 중 답이 없다.

컴퓨터 연습문제 8.1

1. $\mathbf{A}=\begin{bmatrix} a & b \\ b & c \end{bmatrix}$에 대해 수학 소프트웨어를 사용하여 방정식 $\mathbf{A}=\mathbf{Q}\mathbf{D}\mathbf{Q}^T$에서 성분들에 대한 식들을 구하라. 여기서 $\mathbf{Q}\mathbf{Q}^T=\mathbf{I}_2$이고 D는 대각행렬이다.

8.2 행렬 분해와 블록행렬

젊은 사람은 정리를 증명하고 나이 든 사람은 책을 써야 합니다.

—하디(GODFREY H. HARDY, 1877~1947)

수학은 젊은 사람들에게 적합한 계산대 직원처럼 너무 어렵지 않고 즐겁고 국가에 위험하지도 않습니다.

—플라톤(PLATO, ca. 429~347 BC)

소개

A=BC라는 식에서 행렬 A는 행렬 B와 행렬 C의 곱으로 인수 분해가 된다. 어떤 경우에는 비슷한 식으로 6.1절에서 본 것처럼 더 많은 인수 분해가 존재한다. 우리는 행축소 과정의 일부분인 LU 분해로부터 시작한다.

순열행렬

먼저 **순열행렬**(permutation matrix)의 개념이 도입된다. 이 행렬은 항등행렬의 행을 재배열함으로써 얻어지는 행렬로서 전형적인 예는 다음과 같다.

$$\mathbf{P} = \begin{bmatrix} 0 & 0 & 1 & 0 \\ 0 & 0 & 0 & 1 \\ 1 & 0 & 0 & 0 \\ 0 & 1 & 0 & 0 \end{bmatrix}$$

곱 **PA**에서 **A**는 항등행렬에서 **P**가 얻어지는 것처럼 재배열함으로써 얻어지는 행렬이다. 예를 들면

$$\mathbf{PA} = \begin{bmatrix} 0 & 0 & 1 & 0 \\ 0 & 0 & 0 & 1 \\ 1 & 0 & 0 & 0 \\ 0 & 1 & 0 & 0 \end{bmatrix} \begin{bmatrix} 1 & 4 & 2 & -3 \\ 3 & -2 & 8 & 9 \\ 5 & 0 & 3 & 1 \\ 9 & 8 & 7 & 6 \end{bmatrix} = \begin{bmatrix} 5 & 0 & 3 & 1 \\ 9 & 8 & 7 & 6 \\ 1 & 4 & 2 & -3 \\ 3 & -2 & 8 & 9 \end{bmatrix}$$

이다. 원래 순서에서 재배열함으로써 얻어지는 사상은 $(1, 2, 3, 4) \mapsto (3, 4, 1, 2)$이다.

예제 1 어떤 순열행렬이 사다리꼴을 얻기 위해 행렬

$$\mathbf{A} = \begin{bmatrix} 0 & 3 & 5 \\ 1 & 2 & -7 \\ 0 & 0 & 4 \end{bmatrix}$$

에 적용되는가?

풀이 첫 번째 행와 두 번째 행을 바꿀 수 있다. 이런 과정은 순열행렬 **P**를 **A**의 왼쪽에 곱하는 과정과 같다.

$$\mathbf{P} = \begin{bmatrix} 0 & 1 & 0 \\ 1 & 0 & 0 \\ 0 & 0 & 1 \end{bmatrix}$$

그래서

$$\mathbf{PA} = \begin{bmatrix} 0 & 1 & 0 \\ 1 & 0 & 0 \\ 0 & 0 & 1 \end{bmatrix} \begin{bmatrix} 0 & 3 & 5 \\ 1 & 2 & -7 \\ 0 & 0 & 4 \end{bmatrix} = \begin{bmatrix} 1 & 2 & -7 \\ 0 & 3 & 5 \\ 0 & 0 & 4 \end{bmatrix}$$

을 얻는다. ■

연립 일차방정식을 풀기 위한 소프트웨어는 반올림 오차의 부정적인 효과에 주의해서 피벗 원소들은 선택해야 한다. 일반적으로 반올림 오차들을 피하기 위해 강한 피벗 원소들을 선택한다.

LU 분해

행렬 **A**의 *LU* 분해는 일반적으로 **A**=**LU**로 쓰며 이 방정식에서 **L**은 대각선에 1을 가지는 하삼각행렬이고 **U**는 상삼각행렬이다. 다음은 방정식 **A**=**LU**의 예이다.

$$\mathbf{A} = \begin{bmatrix} 2 & 2 & 3 \\ 6 & 7 & 14 \\ 14 & 10 & -5 \end{bmatrix} = \begin{bmatrix} 1 & 0 & 0 \\ 3 & 1 & 0 \\ 7 & -4 & 1 \end{bmatrix} \begin{bmatrix} 2 & 2 & 3 \\ 0 & 1 & 5 \\ 0 & 0 & -6 \end{bmatrix} = \mathbf{LU}$$

LU 분해의 유용성은 다음의 과정에 의존한다. 다음 선형계

$$\mathbf{Ax} = \mathbf{b}$$

를 푼다고 가정하자. 만약 **A**=**LU** 분해가 가능하다면 그것은 즉시 사용할 수 있다. **A**=**LU**이기 때문에 **LUx**=**b**로 쓸 수 있다. 새로운 변수 **y**=**Ux**를 도입하자. 이 두 개의 선형계들을 풀자.

$$\begin{cases} \mathbf{Ly} = \mathbf{b} \\ \mathbf{Ux} = \mathbf{y} \end{cases}$$

$$\mathbf{Ax} = \mathbf{LUx} = \mathbf{Ly} = \mathbf{b}$$

이기 때문에 해는 **x**이다. 앞의 행렬로써 설명한다.

예제 2 다음 연립방정식을 앞선 계수행렬의 *LU* 분해를 사용하여 풀라.

$$\begin{cases} 2x_1 + 2x_2 + 3x_3 = 13 \\ 6x_1 + 7x_2 + 14x_3 = 60 \\ 14x_1 + 10x_2 - 5x_3 = -23 \end{cases}$$

풀이 삼각계수행렬을 가지는 두 개의 계가 풀려져야 한다.

$$\mathbf{Ly} = \mathbf{b} : \quad \begin{bmatrix} 1 & 0 & 0 \\ 3 & 1 & 0 \\ 7 & -4 & 1 \end{bmatrix} \begin{bmatrix} y_1 \\ y_2 \\ y_3 \end{bmatrix} = \begin{bmatrix} 13 \\ 60 \\ -23 \end{bmatrix}$$

우리는 전진 대입을 사용하여 이것을 풀어 나간다. $\mathbf{y}=[13, 21, -30]^T$을 얻는다. 그리고 두 번째 계를 풀어 간다.

$$\mathbf{Ux} = \mathbf{y} : \quad \begin{bmatrix} 2 & 2 & 3 \\ 0 & 1 & 5 \\ 0 & 0 & -6 \end{bmatrix} \begin{bmatrix} x_1 \\ x_2 \\ x_3 \end{bmatrix} = \begin{bmatrix} 13 \\ 21 \\ -30 \end{bmatrix}$$

이 계의 해는 $\mathbf{x}=[3, -4, 5]^T$인데 이는 후진 대입에 의해 구해진다. ■

만약 아래 행렬 **A**에 가우스 소거를 사용하면 LU 분해가 부산물이다.

$$\mathbf{A} = \begin{bmatrix} 2 & 2 & 3 \\ 6 & 7 & 14 \\ 14 & 10 & -5 \end{bmatrix}$$

기본행렬을 사용하여 **A**를 상삼각행렬로 만든다. 아래에 그 과정이 있다.

$$\mathbf{E}_1\mathbf{A} = \begin{bmatrix} 1 & 0 & 0 \\ -3 & 1 & 0 \\ 0 & 0 & 1 \end{bmatrix} \begin{bmatrix} 2 & 2 & 3 \\ 6 & 7 & 14 \\ 14 & 10 & -5 \end{bmatrix} = \begin{bmatrix} 2 & 2 & 3 \\ 0 & 1 & 5 \\ 14 & 10 & -5 \end{bmatrix}$$

$$\mathbf{E}_2(\mathbf{E}_1\mathbf{A}) = \begin{bmatrix} 1 & 0 & 0 \\ 0 & 1 & 0 \\ -7 & 0 & 1 \end{bmatrix} \begin{bmatrix} 2 & 2 & 3 \\ 0 & 1 & 5 \\ 14 & 10 & -5 \end{bmatrix} = \begin{bmatrix} 2 & 2 & 3 \\ 0 & 1 & 5 \\ 0 & -4 & -26 \end{bmatrix}$$

$$\mathbf{E}_3(\mathbf{E}_2\mathbf{E}_1\mathbf{A}) = \begin{bmatrix} 1 & 0 & 0 \\ 0 & 1 & 0 \\ 0 & 4 & 1 \end{bmatrix} \begin{bmatrix} 2 & 2 & 3 \\ 0 & 1 & 5 \\ 0 & -4 & -26 \end{bmatrix} = \begin{bmatrix} 2 & 2 & 3 \\ 0 & 1 & 5 \\ 0 & 0 & -6 \end{bmatrix}$$

우리는

$$\mathbf{E}_3\mathbf{E}_2\mathbf{E}_1\mathbf{A} = \begin{bmatrix} 2 & 2 & 3 \\ 0 & 1 & 5 \\ 0 & 0 & -6 \end{bmatrix} = \mathbf{U}$$

를 얻었다. 결과적으로

$$\mathbf{A} = \mathbf{E}_1^{-1}\mathbf{E}_2^{-1}\mathbf{E}_3^{-1}\mathbf{U}$$

이다. 이러한 기본행렬의 역은 단순히 곱하는 수의 부호를 변형해서 얻어진다. 그러므로 아래와 같이 구한다.

$$\mathbf{E}_1^{-1}\mathbf{E}_2^{-1}\mathbf{E}_3^{-1} = \begin{bmatrix} 1 & 0 & 0 \\ 3 & 1 & 0 \\ 0 & 0 & 1 \end{bmatrix} \begin{bmatrix} 1 & 0 & 0 \\ 0 & 1 & 0 \\ 7 & 0 & 1 \end{bmatrix} \begin{bmatrix} 1 & 0 & 0 \\ 0 & 1 & 0 \\ 0 & -4 & 1 \end{bmatrix}$$

$$= \begin{bmatrix} 1 & 0 & 0 \\ 3 & 1 & 0 \\ 7 & -4 & 1 \end{bmatrix} = \mathbf{L}$$

L의 성분이 곱하는 수의 음의 값인 기본행렬 $\mathbf{E}_i^{-1}$의 성분에서 바로 어떻게 구해지는지를 알아야 한다.

행렬의 LU 인수가 더욱 직접적인 방법으로 어떻게 구해지는지를 설명하기 위해서, 예제 2와 동일한 행렬 **A**를 사용한다. 주어진 **A**와 **L**은 아래와 같다.

$$\mathbf{A} = \begin{bmatrix} 2 & 2 & 3 \\ 6 & 7 & 14 \\ 14 & 10 & -5 \end{bmatrix} \qquad \mathbf{L} = \begin{bmatrix} 1 & 0 & 0 \\ ? & 1 & 0 \\ ? & ? & 1 \end{bmatrix}$$

우리는 다수의 한 행에 다른 행을 더하는 행축소 절차를 이용한다. 곱하는 수의 음수는 행렬 **L**에 저장된다.

$$\widetilde{\mathbf{A}} = \begin{bmatrix} 2 & 2 & 3 \\ 0 & 1 & 5 \\ 0 & -4 & -26 \end{bmatrix} \qquad \mathbf{L} = \begin{bmatrix} 1 & 0 & 0 \\ 3 & 1 & 0 \\ 7 & ? & 1 \end{bmatrix}$$

$$\mathbf{U} = \begin{bmatrix} 2 & 2 & 3 \\ 0 & 1 & 5 \\ 0 & 0 & -6 \end{bmatrix} \qquad \mathbf{L} = \begin{bmatrix} 1 & 0 & 0 \\ 3 & 1 & 0 \\ 7 & -4 & 1 \end{bmatrix}$$

마지막 단계에서 **U**는 좌측에, **L**은 우측에 있다. 이것은 나중에 만들어진 행렬 **L**을 계속 적을 때 필요하지 않다. 단지 빈 칸을 채우는 것이다.

또한 **L**에 곱하는 수의 음의 값을 저장할 때, **A**의 여러 행이 그 아래에 더해진다고 가정한다. **L**에 저장된 곱하는 수의 음의 값은 **A** 또는 $\tilde{\mathbf{A}}$ 성분의 몫 을 더하거나 뺀 것이다. 그러므로 앞 예제에서 첫 번째 곱하는 수는 $-6/2=-3$과 3이다. 다음에 곱하는 수는 $-14/2=-7$과 7이다. 이것은 **L**의 빈 칸을 채우기 위해 사용되는 곱하는 수의 음수를 설명하는 단순한 방법이다. 곱하는 수들의 음수는 0 성분이 만들어지는 다른 행렬 상의 위치들에 대응하는 위치의 행렬 **L**에 저장된다. 행렬 **L**은 항등행렬로부터 열들로 확장될 필요가 있다.

LU 분해가 없는 예를 들기는 쉽다. 여기에 하나의 예가 있다.

$$\mathbf{A} = \begin{bmatrix} 0 & 1 \\ 1 & 0 \end{bmatrix}$$

만약 **A**=**LU**라는 방정식을 만든다면, 그것은 아래와 같은 모양이다.

$$\begin{bmatrix} 0 & 1 \\ 1 & 0 \end{bmatrix} = \begin{bmatrix} 1 & 0 \\ a & 1 \end{bmatrix} \begin{bmatrix} b & c \\ 0 & d \end{bmatrix} = \begin{bmatrix} b & c \\ ab & ac+d \end{bmatrix}$$

그러므로 부적합하지만 $b=0$과 $ab=1$을 반드시 가져야 한다. 그러나 아래 *LU* 분해의 예처럼, **A**의 행을 내부에서 변형하거나 서로 바꾸어서 얻을 수 있다.

$$\begin{bmatrix} 1 & 0 \\ 0 & 1 \end{bmatrix} = \begin{bmatrix} 1 & 0 \\ 0 & 1 \end{bmatrix} \begin{bmatrix} 1 & 0 \\ 0 & 1 \end{bmatrix}$$

LU 분해 과정에서 더 폭넓게 행렬을 다루기 위해서, 우리는 행을 치환하는 것을 허락한다. 이것은 행의 순서를 바꾸는 것을 허용한다. 이것은 대부분의 소프트웨어 패키지에서 자동으로 이루어진다. 행렬의 행을 치환하기 위해서 앞서 말한 **순열행렬**에 의해서 행렬을 미리 곱할 수 있다.

예제 3 순열행렬 **P**를 좌측에 곱함으로써 행렬 **A**의 행을 치환하는 것을 설명하라. 그리고 **PA**의 *LU* 분해를 구하라.

풀이

$$\mathbf{PA} = \begin{bmatrix} 0 & 0 & 1 \\ 0 & 1 & 0 \\ 1 & 0 & 0 \end{bmatrix} \begin{bmatrix} 3 & 2 & 1 \\ 4 & 1 & 5 \\ 6 & 3 & 4 \end{bmatrix} = \begin{bmatrix} 6 & 3 & 4 \\ 4 & 1 & 5 \\ 3 & 2 & 1 \end{bmatrix}$$

$$= \begin{bmatrix} 1 & 0 & 0 \\ 2/3 & 1 & 0 \\ 1/2 & -1/2 & 1 \end{bmatrix} \begin{bmatrix} 6 & 3 & 4 \\ 0 & -1 & 7/3 \\ 0 & 0 & 1/6 \end{bmatrix} = \mathbf{LU}$$

이것은 Matlab에서 행렬 **A**를 *LU* 분해한 행렬이다. ■

예제 4 *LU* 분해는 행렬 **A**가 정방행렬이 아닐 때 사용 가능하다. 예를 들면 다음 행렬의 *LU* 분해를 계산할 수 있는가?

$$\mathbf{A} = \begin{bmatrix} 3 & -1 & 4 \\ 6 & -3 & 10 \\ -9 & 5 & -11 \\ -3 & 0 & -7 \\ 6 & -4 & 2 \end{bmatrix}$$

풀이 기본적 과정은 정방행렬의 경우와 같다. 첫 번째 과정으로 **A**의 한 열에서 0들을 만들도록 행 연산들을 사용한다. 그리고 그들이 성분에 0으로 사용되는 순서대로 정방행렬의 첫 번째 열에 곱하는 수로서 음수를 저장하라.

$$\mathbf{A} \sim \begin{bmatrix} 3 & -1 & 4 \\ 0 & -1 & 2 \\ 0 & 2 & 1 \\ 0 & -1 & -3 \\ 0 & -2 & -6 \end{bmatrix} \qquad \mathbf{L} = \begin{bmatrix} 1 & 0 & 0 & 0 & 0 \\ 2 & 1 & 0 & 0 & 0 \\ -3 & ? & 1 & 0 & 0 \\ -1 & ? & ? & 1 & 0 \\ 2 & ? & ? & 0 & 1 \end{bmatrix}$$

다음 과정으로 두 개의 행 연산이 적용되고 행렬 **L**의 두 번째 열에 곱하는 수로서 음수를 저장하라.

$$\begin{bmatrix} 3 & -1 & 4 \\ 0 & -1 & 2 \\ 0 & 0 & 5 \\ 0 & 0 & -5 \\ 0 & 0 & -10 \end{bmatrix} \qquad \mathbf{L} = \begin{bmatrix} 1 & 0 & 0 & 0 & 0 \\ 2 & 1 & 0 & 0 & 0 \\ -3 & -2 & 1 & 0 & 0 \\ -1 & 1 & ? & 1 & 0 \\ -2 & 2 & ? & 0 & 1 \end{bmatrix}$$

마지막 과정은 다음과 같다.

$$\mathbf{U} = \begin{bmatrix} 3 & -1 & 4 \\ 0 & -1 & 2 \\ 0 & 0 & 5 \\ 0 & 0 & 0 \\ 0 & 0 & 0 \end{bmatrix} \qquad \mathbf{L} = \begin{bmatrix} 1 & 0 & 0 & 0 & 0 \\ 2 & 1 & 0 & 0 & 0 \\ -3 & -2 & 1 & 0 & 0 \\ -1 & 1 & -1 & 1 & 0 \\ -2 & 2 & -1 & 0 & 1 \end{bmatrix}$$

결론은

$$\mathbf{A} = \mathbf{LU}$$

$$\begin{bmatrix} 3 & -1 & 4 \\ 6 & -3 & 10 \\ -9 & 5 & -11 \\ -3 & 0 & -7 \\ 6 & -4 & 2 \end{bmatrix} = \begin{bmatrix} 1 & 0 & 0 & 0 & 0 \\ 2 & 1 & 0 & 0 & 0 \\ -3 & -2 & 1 & 0 & 0 \\ -1 & 1 & -1 & 1 & 0 \\ -2 & 2 & -1 & 0 & 1 \end{bmatrix} \begin{bmatrix} 3 & -1 & 4 \\ 0 & -1 & 2 \\ 0 & 0 & 5 \\ 0 & 0 & 0 \\ 0 & 0 & 0 \end{bmatrix}$$

이다. 행렬 **L**의 대각선 아래의 성분은 사용된 곱하는 수의 음수 값이다. 그들은 0이 만들어지는 자리에 위치한다. 정방행렬이 아닌 행렬 **A**인 경우에 대해 하삼각행렬 **L**이 정방행렬이고 그것은 항등행렬로부터 열들을 확장하는 데 필요하다. 만약 **A**가 $m\times n$이면 **L**은 $m\times m$이고 **U**는 $m \times n$이다. ■

LL^T 분해: 콜레스키 분해

대칭행렬 **A**를 하삼각행렬과 상삼각행렬의 곱으로 LU 분해하는 것은 특별한 모양을 가진다. 즉 $\mathbf{A}=\mathbf{LL}^T$이다. 심지어 행렬 **A**가 실수 행렬일지라도 이것은 복소수에 관련되고 **A**가 실수, 대칭, 그리고 양의 정부호 행렬인 특별한 경우에 단지 실수에 관련된다. 이것을 **콜레스키 분해**(Cholesky factorization)[4]라 한다. 이것은 대칭이나 양의 정부호 행렬이 응용에 나타나기 때문에 굉장히 중요하다.

정의

벡터 **x**가 0과 다르고 만약 $\mathbf{x}^T\mathbf{A}\mathbf{x} > 0$인 경우에 실수 행렬 **A**는 **양의 정부호**(positive definite)라 한다. 복소 행렬에 대해서는 모든 **0**이 아닌 **x**에 대해 $\mathbf{x}^H\mathbf{A}\mathbf{x} > 0$이면 양의 정부호 행렬이라 한다.

주 소행렬의 행렬식이 양수인 경우와 같이 양의 정부호에 대한 다양한 결과들이 있다. 이것을 **실베스터 기준**(Sylvester criterion)이라 한다. 주 소행렬들은 **A**의 왼쪽 위 모서리에 있는 정방 부분행렬들이다. $n\times n$ 행렬은 이러한 주 소행렬들을 가진다. 양의 정부호 행렬의 모든 고유값은 양수이다. 더욱이 양의 정부호의 결과들은 일반 연습문제 21~25에 나와 있다. 모든 양의 정부호 행렬은 가역행렬이다. 그것의 역은 양의 정부호이다.

[4] LL^T 분해는 프랑스 군대에서 측지학자였던 콜레스키(Andre-Louis Cholesky, 1875~1918)의 이름을 따서 명명되었다.

양의 정부호보다 약해진 성질은 **음이 아닌 정부호**(nonnegative definite)이다. 이것은 모든 $\mathbf{x}$에 대하여 $\mathbf{x}^H\mathbf{A}\mathbf{x} \geq 0$이다.

예제 5 실수 대칭행렬이 양의 정부호인지 아닌지의 여부를 결정하기 위해 위에서 언급된 테스트를 사용하라.

$$\mathbf{A} = \begin{bmatrix} 4 & 10 & 14 \\ 10 & 41 & 59 \\ 14 & 59 & 94 \end{bmatrix}$$

풀이 주 소행렬식의 행렬은 아래와 같다.

$$\text{Det}[4] = 4 > 0 \qquad \text{Det}\begin{bmatrix} 4 & 10 \\ 10 & 41 \end{bmatrix} = 64 > 0$$

$$\text{Det}\begin{bmatrix} 4 & 10 & 14 \\ 10 & 41 & 59 \\ 14 & 59 & 94 \end{bmatrix} = 576 > 0$$

왜냐하면 이것들은 양수이고, $\mathbf{A}$ 행렬은 양의 정부호이기 때문이다. ■

예제 6 실수 대칭인 양의 정부호 행렬의 콜레스키 분해를 구하라.

$$\mathbf{A} = \begin{bmatrix} 4 & 10 & 14 \\ 10 & 41 & 59 \\ 14 & 59 & 94 \end{bmatrix}$$

풀이 방정식에서 r, s, t, u, v와 w의 값을 구하려고 한다.
식

$$\mathbf{A} = \begin{bmatrix} 4 & 10 & 14 \\ 10 & 41 & 59 \\ 14 & 59 & 94 \end{bmatrix} = \begin{bmatrix} r & 0 & 0 \\ s & t & 0 \\ u & v & w \end{bmatrix}\begin{bmatrix} r & s & u \\ 0 & t & v \\ 0 & 0 & w \end{bmatrix} = \mathbf{L}\mathbf{L}^T$$

누구든지 이러한 체계적 방법을 통해 미지수에 대해 풀 수 있다.

1. $4 = r^2$ and $r = 2$
2. $10 = rs = 2s$ and $s = 5$
3. $14 = ru = 2u$ and $u = 7$
4. $41 = s^2 + t^2 = 25 + t^2$ and $t = 4$

5. $59 = su + tv = 35 + 4v$ and $v = 6$
6. $94 = u^2 + v^2 + w^2 = 49 + 36 + w^2$ and $w = 3$

결국 이와 같이 분해를 증명할 수 있다.

$$\mathbf{A} = \begin{bmatrix} 4 & 10 & 14 \\ 10 & 41 & 59 \\ 14 & 59 & 94 \end{bmatrix} = \begin{bmatrix} 2 & 0 & 0 \\ 5 & 4 & 0 \\ 7 & 6 & 3 \end{bmatrix} \begin{bmatrix} 2 & 5 & 7 \\ 0 & 4 & 6 \\ 0 & 0 & 3 \end{bmatrix} = \mathbf{LL}^T$$

■

예제 7 임의의 4×4 대칭인 양의 정부호 행렬에 대한 콜레스키 분해를 구하라.

풀이 이 방정식에서 ℓ_{ij}라고 일컬어진 미지수에 대해 풀어야 한다.

$$\begin{bmatrix} a_{11} & a_{12} & a_{13} & a_{14} \\ & a_{22} & a_{23} & a_{24} \\ & & a_{33} & a_{34} \\ & & & a_{44} \end{bmatrix}$$

$$= \begin{bmatrix} \ell_{11} & 0 & 0 & 0 \\ \ell_{21} & \ell_{22} & 0 & 0 \\ \ell_{31} & \ell_{32} & \ell_{33} & 0 \\ \ell_{41} & \ell_{42} & \ell_{43} & \ell_{44} \end{bmatrix} \begin{bmatrix} \ell_{11} & \ell_{21} & \ell_{31} & \ell_{41} \\ 0 & \ell_{22} & \ell_{32} & \ell_{42} \\ 0 & 0 & \ell_{33} & \ell_{43} \\ 0 & 0 & 0 & \ell_{44} \end{bmatrix}$$

방정식은 이렇게 보일지도 모른다.

$$\begin{aligned} a_{11} &= \ell_{11}^2 & a_{23} &= \ell_{21}\ell_{31} + \ell_{22}\ell_{32} \\ a_{12} &= \ell_{11}\ell_{21} & a_{24} &= \ell_{21}\ell_{41} + \ell_{22}\ell_{42} \\ a_{13} &= \ell_{11}\ell_{31} & a_{33} &= \ell_{31}^2 + \ell_{32}^2 + \ell_{33}^2 \\ a_{14} &= \ell_{11}\ell_{41} & a_{34} &= \ell_{32}\ell_{41} + \ell_{32}\ell_{42} + \ell_{33}\ell_{43} \\ a_{22} &= \ell_{21}^2 + \ell_{22}^2 & a_{44} &= \ell_{41}^2 + \ell_{42}^2 + \ell_{43}^2 + \ell_{44}^2 \end{aligned}$$

해답은 아래와 같다.

$$\begin{aligned} \ell_{11} &= \sqrt{a_{11}} & \ell_{32} &= (a_{23} - \ell_{21}\ell_{31})/\ell_{22} \\ \ell_{21} &= a_{12}/\ell_{11} & \ell_{42} &= (a_{24} - \ell_{21}\ell_{41})/\ell_{22} \\ \ell_{31} &= a_{13}/\ell_{11} & \ell_{33} &= \sqrt{a_{33} - \ell_{31}^2 - \ell_{32}^2} \\ \ell_{41} &= a_{14}/\ell_{11} & \ell_{43} &= (a_{34} - \ell_{32}\ell_{41} - \ell_{32}\ell_{42})/\ell_{33} \\ \ell_{22} &= \sqrt{a_{22} - \ell_{21}^2} & \ell_{44} &= \sqrt{a_{44} - \ell_{41}^2 - \ell_{42}^2 - \ell_{43}^2} \end{aligned}$$

이것은 다음에 나올 의사(擬似)코드와 같이 간소화될 수 있다. ■

콜레스키 분해에 대한 컴퓨터 코드는 간결하게 될 수 있다. 양의 정부호이고 $n \times n$ 차원이라고 가정하고 대칭행렬 **A**로 시작하라. 우리는 $\mathbf{A}=\mathbf{LL}^T$를 원한다. **L**의 원소는 ℓ_{ij}로 표시하라. 그러면 $\ell_{ij}=0$, $j > i$이다. **콜레스키 분해 알고리즘**은 다음과 같다.

for $k = 1$ **to** n

$$\ell_{kk} \leftarrow \left(a_{kk} - \sum_{s=1}^{k-1} \ell_{ks}^2\right)^{\frac{1}{2}}$$

for $i = k+1$ **to** n

$$\ell_{ik} \leftarrow \left(a_{ik} - \sum_{s=1}^{k-1} \ell_{is}\ell_{ks}\right) \Big/ \ell_{kk}$$

end for
end for

이 생략된 코드 안에서는 초기지표가 후기지표를 넘어선다면 '합'이 0으로 정의된다는 규약이 채택된다. 따라서 예를 들어 $\sum_{i=1}^{0} x_i=0$을 가진다. 행렬 **A**가 대칭인 양의 정부호가 되기 위한 필요조건은 다음의 정리에 따라 의사코드의 두 번째 선분이 오로지 양의 정수에 대한 제곱근과 관계된다는 것을 보증한다.

정리 1

모든 실수 대칭인 양의 정부호 행렬은 $\mathbf{LL}^T$로 분해될 수 있다. 여기서 **L**은 대각선에 대한 양의 원소들을 갖는 실수 하삼각행렬이다.

증명 Golub와 Van Loan[1996, p. 87]을 참조하라. ■

LDL^T 분해

어떠한 조건하에서는 LU 분해로부터 콜레스키 LL^T 분해를 즉시 얻을 수 있음을 알 수 있다. 실수 대칭인 양의 정부호 행렬 **A**와 그것을 분해한 $\mathbf{A}=\mathbf{LU}$가 주어졌다고 가정해 볼 때, **L**은 단위 하삼각 행렬이고, 또한 **U**는 대각선에 양의숫자를 가지는 상삼각행렬이다. 우리는 행렬 **U**에서 대각선 숫자를 추출해 낼 수 있으며 $\mathbf{A}=\mathbf{LDL}^T$이 되도록 하는 대각행렬 **D**를 만들기 위해 그것을 사용할 수 있다. 그러면 행렬 **D**는 $\mathbf{D}=\mathbf{D}^{1/2}\mathbf{D}^{1/2}$로 분리할 수 있다. 왜냐하면 대각행렬 **D**는 양의 대각 원소를 가지기 때문이다. 다음을 얻게 되며

$$\mathbf{A} = (\mathbf{LD}^{\frac{1}{2}})(\mathbf{D}^{\frac{1}{2}}\mathbf{L}^T) = \widehat{\mathbf{L}}\widehat{\mathbf{L}}^T$$

여기서 $\hat{\mathbf{L}}=\mathbf{LD}^{1/2}$이다.

예제 8 아래의 행렬에 드러난 과정을 실행하여 보라.

$$\mathbf{A}=\begin{bmatrix}6&3&4\\4&1&5\\3&2&1\end{bmatrix}$$

풀이 먼저 가우스 소거에 대한 전진소거상을 실행할 수 있다.

$$\mathbf{A}=\begin{bmatrix}6&3&4\\3&2&1\\4&1&5\end{bmatrix}\sim\begin{bmatrix}6&3&4\\0&1/2&-1\\0&-1&7/3\end{bmatrix}\sim\begin{bmatrix}6&3&4\\0&1/2&-1\\0&0&1/3\end{bmatrix}$$

$$\mathbf{A}=\begin{bmatrix}6&3&4\\3&2&1\\4&1&5\end{bmatrix}=\begin{bmatrix}1&0&0\\1/2&1&0\\2/3&-2&1\end{bmatrix}\begin{bmatrix}6&3&4\\0&1/2&-1\\0&0&1/3\end{bmatrix}=\mathbf{LU}$$

$$=\begin{bmatrix}1&0&0\\1/2&1&0\\2/3&-2&1\end{bmatrix}\begin{bmatrix}6&0&0\\0&1/2&0\\0&0&1/3\end{bmatrix}\begin{bmatrix}1&1/2&2/3\\0&1&-2\\0&0&1\end{bmatrix}=\mathbf{LDL}^T$$

$$=\begin{bmatrix}1&0&0\\1/2&1&0\\2/3&-2&1\end{bmatrix}\begin{bmatrix}\sqrt{6}&0&0\\0&(1/2)\sqrt{2}&0\\0&0&(1/3)\sqrt{3}\end{bmatrix}$$

$$\begin{bmatrix}\sqrt{6}&0&0\\0&(1/2)\sqrt{2}&0\\0&0&(1/3)\sqrt{3}\end{bmatrix}\begin{bmatrix}1&1/2&2/3\\0&1&-2\\0&0&1\end{bmatrix}$$

$$=\begin{bmatrix}\sqrt{6}&0&0\\(1/2)\sqrt{6}&(1/2)\sqrt{2}&0\\(2/3)\sqrt{6}&-\sqrt{2}&(1/3)\sqrt{3}\end{bmatrix}\begin{bmatrix}\sqrt{6}&(1/2)\sqrt{6}&(2/3)\sqrt{6}\\0&(1/2)\sqrt{2}&-\sqrt{2}\\0&0&(1/3)\sqrt{3}\end{bmatrix}=\widehat{\mathbf{L}}\widehat{\mathbf{L}}^T$$

결국 LU 분해, LDL^T 분해, LL^T 분해를 찾아내었다. ■

QR 분해

행렬 분해에 대한 또 다른 유형은 QR 분해라고 부른다. 이 논의에서는 비정방행렬을 포함한다. 왜냐하면 이 분해는 일차방정식의 초과결정 계를 푸는 데에 유용하기 때문이다. 또한 여기서 최소제곱해가 구해진다. $\mathbf{A}=\mathbf{QR}$이라는 분해에서 우리는 $\mathbf{A}$와 $\mathbf{Q}$가 $m\times n$으로 되도록 허용한다. 행렬 $\mathbf{Q}$의 열은 $\mathbb{R}^m$에서 정규직교집합을 형성한다. 따라서 $\mathbf{Q}^T\mathbf{Q}=\mathbf{I}$이다. 그러므로 $m\geq n$을 가정한다. 인수 $\mathbf{R}$은 $n\times n$, 상삼각, 가역행렬이다. 어떻게 이 분해가 $\mathbf{Ax}=\mathbf{b}$ 연립방정식에 대한 최소제곱해를 얻기 위해 선택될 수 있는가? 벡터 $\mathbf{x}$에 대한 $\mathbf{Rx}=\mathbf{Q}^T\mathbf{b}$ 계를 간단히 풀어 보라.

정리 2

벡터 **x**는 아래와 같은 상황에서 **Ax**=**b**라는 연립방정식의 최소제곱해이다.

증명 다음을 계산한다.

$$\begin{aligned}\mathbf{A}^T(\mathbf{Ax}-\mathbf{b}) &= (\mathbf{QR})^T(\mathbf{QRx}-\mathbf{b})\\ &= \mathbf{R}^T(\mathbf{Q}^T\mathbf{Q})\mathbf{Rx}-\mathbf{R}^T\mathbf{Q}^T\mathbf{b}\\ &= \mathbf{R}^T(\mathbf{Rx})-\mathbf{R}^T\mathbf{Q}^T\mathbf{b}\\ &= \mathbf{R}^T(\mathbf{Q}^T\mathbf{b})-\mathbf{R}^T\mathbf{Q}^T\mathbf{b}=\mathbf{0}\end{aligned}$$

결과적으로 정규방정식은 충족된다.

$$\mathbf{A}^T\mathbf{Ax}=\mathbf{A}^T\mathbf{b}$$ ■

Matlab에서 `[Q, R]=qr(A)` 명령은 바라는 요소들을 생성해 낸다. 실제적으로 Matlab에서 최소제곱의 의미에서 계를 풀고자 하면 `x=A/b` 명령을 자동으로 실행한다. 이 이면에는 *QR* 분해가 적용되고 있다. Maple과 Mathematica에도 유사한 명령들이 있다. 이러한 분해를 지배하는 정리는 다음과 같다.

정리 3

계수 n을 가진 어떠한 $m\times n$ 행렬은 *QR* 분해를 가진다. 여기서 Q는 $m\times n$ 행렬이고, $\mathbf{Q}^T\mathbf{Q}=\mathbf{I}_n$이고, R은 $n\times n$이며, 상삼각 가역행렬이다.

증명 A가 계수 n의 m×n 행렬이라 하자. A는 계수 n을 가지므로 $m \geq n$이다. A의 열을 $\mathbf{a}_1, \mathbf{a}_2, \ldots, \mathbf{a}_n$이라 하자. 그람-슈미트 과정을 열집합에 적용시킴으로써 i 값에 대해

$$\text{Span}\{\mathbf{a}_1, \mathbf{a}_2, \ldots, \mathbf{a}_i\} = \text{Span}\{\mathbf{q}_1, \mathbf{q}_2, \ldots, \mathbf{q}_i\}$$

이 되는 벡터의 정규직교집합 $\{\mathbf{q}_1, \mathbf{q}_2, \ldots, \mathbf{q}_n\}$을 얻는다. 따라서 적당한 계수 r_{ij}에 대해

$$\mathbf{a}_i = \sum_{j=1}^{i} r_{ji}\mathbf{q}_j$$

를 얻게 된다($i=1, 2, \ldots, n$). 일반 원소가 r_{ij}인 $n\times n$ 행렬 R을 생성하라. $i > j$일 때 r_{ij}에 대해 '0'의 값을 더하라. 이 행렬은 다음 방정식을 충족시킨다.

$$\mathbf{A} = \mathbf{QR}$$

A가 계수 n을 가지므로 R은 가역행렬이다. Q의 열집합의 정규직교는 방정식 $\mathbf{Q}^T\mathbf{Q}=\mathbf{I}$에 의해 표현된다. ■

예제 9 이 행렬 $\mathbf{A} = \begin{bmatrix} 1 & 2 \\ 1 & 0 \\ 1 & 2 \\ 1 & 0 \end{bmatrix}$의 QR 분해를 구하라.

풀이 정리 3에 대한 증명은 단계적으로 다음과 같이 진행될 수 있다. 그람-슈미트 과정을 시작하기 위해 첫 번째 열 $\mathbf{a}_1$을 정규화하라. 이것은 $\mathbf{Q}$의 첫 번째 열로서 $\mathbf{q}_1=[\frac{1}{2}, \frac{1}{2}, \frac{1}{2}, \frac{1}{2}]^T$를 만들어 낸다. 다음에 $\mathbf{q}_1$에 대한 사영을 두 번째 열 $\mathbf{a}_2$로부터 뺀다. 이것은 임시 벡터를 만들어 낸다.

$$\mathbf{v} = \mathbf{a}_2 - \langle \mathbf{a}_2, \mathbf{q}_1 \rangle \mathbf{q}_1 = \mathbf{a}_2 - 2\mathbf{q}_1 = [1, -1, 1, -1]^T$$

$\mathbf{v}$를 정규화하는 작업은 $\mathbf{q}_2=[\frac{1}{2}, -\frac{1}{2}, \frac{1}{2}, -\frac{1}{2}]^T$를 만들어 낸다. 우리의 작업은 $\mathbf{a}_1=2\mathbf{q}_1$ 그리고 $\mathbf{a}_2=2\mathbf{q}_1+2\mathbf{q}_2$을 제공하고 있음을 기억하라. 이 방정식은 $r_{11}=r_{12}=r_{22}=2$ 그리고 $r_{22}=0$임을 암시한다. 따라서 다음을 얻는다.

$$\mathbf{A} = \begin{bmatrix} 1 & 2 \\ 1 & 0 \\ 1 & 2 \\ 1 & 0 \end{bmatrix} = \begin{bmatrix} 1/2 & 1/2 \\ 1/2 & -1/2 \\ 1/2 & 1/2 \\ 1/2 & -1/2 \end{bmatrix} \begin{bmatrix} 2 & 2 \\ 0 & 2 \end{bmatrix} = [\mathbf{q}_1 \ \ \mathbf{q}_2]\,\mathbf{R} = \mathbf{QR}$$

■

특이값 분해(SVD)

이 절에서는 임의의 행렬의 특이값 분해(singular-value decomposition)에 관한 내용을 배운다. 주된 정리는 쉽게 설명된다.

정리 4

모든 행렬은 $\mathbf{PDQ}$와 같은 형태로 쓸 수 있는데, 여기서 $\mathbf{P}$와 $\mathbf{Q}$는 단위행렬이고 $\mathbf{D}$는 대각행렬이다.

증명 $\mathbf{A}$를 $m\times n$이라 하자. 유니타리행렬은 정방행렬이므로, $\mathbf{P}$는 $m\times m$이어야 하고, $\mathbf{Q}$는 $n\times n$이어야 한다. 결과적으로 $\mathbf{D}$는 $m\times n$이어야 한다. $\mathbf{D}$의 대각성분의 위쪽과 아래쪽의 모든 성분의 값은 0이다. 그리고 $\mathbf{A}^H\mathbf{A}$는 에르미트행렬이다. 왜냐하면 $(\mathbf{A}^H\mathbf{A})^H=\mathbf{A}^H(\mathbf{A}^H)^H=\mathbf{A}^H\mathbf{A}$이기 때문이다. 더욱이 $\mathbf{A}^H\mathbf{A}$는 음이 아닌 정부호이다. 왜냐하면

$$\mathbf{x}^H(\mathbf{A}^H\mathbf{A})\mathbf{x} = (\mathbf{x}^H\mathbf{A}^H)(\mathbf{A}\mathbf{x}) = (\mathbf{A}\mathbf{x})^H(\mathbf{A}\mathbf{x}) = \|\mathbf{A}\mathbf{x}\|_2^2 \geq 0$$

이기 때문이다. 8.1절에 있는 따름정리 2에 의해, $\mathbf{A}^H\mathbf{A}$의 고유값은 실수이고 음이 아니다. 그러므로 σ_i^2으로 나타낼 수 있다.

$$\sigma_1^2 \geq \sigma_2^2 \geq \cdots \geq \sigma_r^2 > 0 = \sigma_{r+1}^2 = \cdots = \sigma_n^2$$

위의 많은 σ_i들을 A의 **특이값**(singular value)이라 부른다. 만약 이런 기호가 사용된다면, σ_r은 0이 아닌 특이값 중 가장 마지막 수이다. $\mathbf{A}^H\mathbf{A}$의 계수는 r이다. 왜냐하면 $n-r$개의 고유값은 전부 0이기 때문이다.(왜?)

8.1절의 스펙트럼 이론에 의해, $\mathbf{A}^H\mathbf{A}$에 대한 고유벡터 $\mathbf{u}_i$의 정규직교집합 벡터가 존재한다. 그러므로 다음을 얻을 수 있다.

$$\mathbf{A}^H\mathbf{A}\mathbf{u}_i = \sigma_i^2\mathbf{u}_i$$

그리고 $u_i^H u_j = \delta_{ij}$, $1 \le i \le n$이다. 그러므로 다음을 얻는다.

$$\begin{aligned}\|\mathbf{A}\mathbf{u}_i\|_2^2 &= (\mathbf{A}\mathbf{u}_i)^H(\mathbf{A}\mathbf{u}_i) = \mathbf{u}_i^H\mathbf{A}^H\mathbf{A}\mathbf{u}_i = \mathbf{u}_i^H(\mathbf{A}^H\mathbf{A}\mathbf{u}_i) = \mathbf{u}_i^H\sigma_i^2\mathbf{u}_i \\ &= \sigma_i^2\mathbf{u}_i^H\mathbf{u}_i = \sigma_i^2\end{aligned}$$

결과적으로 $\mathbf{A}u_i=0$, $i=r+1, r+2, \ldots, n$이다. 그러므로 다음을 얻는다.

$$r = \text{Rank}(\mathbf{A}^H\mathbf{A}) \le \min\{\text{Rank}(\mathbf{A}^H), \text{Rank}(\mathbf{A})\} = \text{Rank}(\mathbf{A}) \le \min\{m, n\}$$

Q가 행 u_1^H, u_2^H, ..., u_n^H을 갖는다고 정의하자. 그러면 Q는 $n\times n$ 행렬이고, 이 행렬은 유니타리행렬이다: $\mathbf{Q}\mathbf{Q}^H=\mathbf{Q}^H\mathbf{Q}=\mathbf{I}_n$. $1 \le i \le r$에 대하여 $\mathbf{v}_i=\sigma_i^{-1}\mathbf{A}\mathbf{u}_i$를 정의하자. 이 벡터는 다음 성질을 만족한다.

$$\begin{aligned}\mathbf{v}_i^H\mathbf{v}_j &= (\sigma_i^{-1}\mathbf{A}\mathbf{u}_i)^H(\sigma_j^{-1}\mathbf{A}\mathbf{u}_j) = (\sigma_i^{-1}\sigma_j^{-1})\mathbf{u}_i^H\mathbf{A}^H\mathbf{A}\mathbf{u}_j \\ &= (\sigma_i\sigma_j)^{-1}\mathbf{u}_i^H\sigma_j^2\mathbf{u}_j = \delta_{ij}\end{aligned}$$

$\{\mathbf{v}_1, \mathbf{v}_2, \ldots, \mathbf{v}_n\}$가 $\mathbb{C}^n$의 정규직교기저가 되기 위한 벡터 $\mathbf{v}_i$를 추가한다. P는 열이 $\mathbf{v}_i$, $1 \le i \le m$을 만족하는 행렬이라고 하자. D는 행렬의 대각 성분인 σ_i를 갖는 $m\times n$ 대각행렬이라고 하자. 그러므로 다음을 얻는다.

$$\mathbf{A} = \mathbf{PDQ}$$

왜냐하면

$$(\mathbf{P}^H\mathbf{A}\mathbf{Q}^H)_{ij} = \mathbf{v}_i^H\mathbf{A}\mathbf{u}_j = \mathbf{v}_i^H\sigma_j\mathbf{v}_j = \sigma_j\delta_{ij} = \mathbf{D}_{ij}$$

이기 때문이다. ■

슈어 분해

1909년에 슈어[5]는 유니타리 유사 변환을 사용해서 한 정방행렬을 삼각행렬로 축소시킬 수 있다고 발표하였다.

정리 5 슈어 분해

만약 $\mathbf{A}\in\mathbb{C}^{n\times n}$이라 하면, $\mathbf{A}=\mathbf{UTU}^H$를 만족하는 유니타리행렬 $\mathbf{U}\in\mathbb{C}^{n\times n}$가 존재한다. 그리고 A의 고유값은 $T\in\mathbb{C}^{n\times n}$의 상삼각행렬의 대각 성분을 나타낸다.

[5] 슈어(Issai Schur)는 1875년 1월 10일에 독일에서 태어났고, 1941년 텔아비브시에서 그의 생일에 죽었다. 그는 1930년대에 나치의 박해를 받아 지금의 이스라엘로 이주하였다. 그는 베를린에서 유명한 수학자인 프로베니우스의 학생이었다. 슈어의 강의는 매우 뛰어나 큰 강의실에 400여 명의 학생들이 그의 강연을 듣기 위해 모여들었다! 그는 1919년에 베를린 대학에서 교수가 되었다.

슈어의 이론은 Kincaid와 Cheney[2002] 그리고 Golub과 Van Loan[1996]에 의해 증명되었다. 특수한 경우로 모든 에르미트행렬은 대각행렬과 유니타리 유사하다.

따름정리 1

만약 $\mathbf{A}\in\mathbb{C}^{n\times n}$이라면, $\mathbf{A}=\mathbf{UDU}^{-1}$을 만족하는 에르미트 행렬 $\mathbf{U}\in\mathbb{C}^{n\times n}$가 존재하여, 대각행렬 $\mathbf{D}$의 고유값이 나타난다.

다른 특이한 경우에는 실수인 모든 정방행렬이 삼각행렬과 닮았다.

따름정리 2

만약 $\mathbf{A}\in\mathbb{R}^{n\times n}$이라 하면, $\mathbf{A}=\mathbf{STS}^{-1}$를 만족하는 가역행렬 $\mathbf{S}\in\mathbb{R}^{n\times n}$과 삼각행렬 $\mathbf{T}$가 존재하여, $\mathbf{T}$의 대각 성분에 $\mathbf{A}$의 고유값이 나타난다.

예제 10 $\mathbf{A}$의 분해를 찾아서 슈어 이론을 보일 수 있다.

$$\mathbf{A}=\begin{bmatrix} 5 & -2 \\ 7 & -4 \end{bmatrix}$$

풀이 특성방정식 $\mathrm{Det}(\mathbf{A}-\lambda\mathbf{I})=\lambda^2-\lambda-6=0$으로부터 고유값이 -2와 3이라는 것을 알 수 있다. $\mathbf{A}-\lambda\mathbf{I}=\mathbf{0}$을 풀어서 각 고유값을 대응하는 고유벡터 $\mathbf{v}_1=[-1,\ 1]^T$와 $\mathbf{v}_2=[7,\ -2]^T$에 대응시킨다. 그람-슈미트 직교화 과정을 이용해서, $\mathbf{u}_1=\mathbf{v}_1$이고 $\mathbf{u}_2=\mathbf{v}_2-[\mathbf{v}_2^H\mathbf{u}_1/\mathbf{u}_1^H\mathbf{u}_1]\mathbf{u}_1=[1,\ 1]^T$임을 알 수 있다. 이러한 벡터를 정규화하고 나면 다음과 같은 유니타리행렬을 얻는다.

$$\mathbf{U}=\frac{1}{\sqrt{2}}\begin{bmatrix} -1 & 1 \\ 1 & 1 \end{bmatrix}$$

위 행렬은 $\mathbf{UU}^H=\mathbf{I}$와 같은 성질을 갖는다. 마지막으로 슈어 분해를 얻는다.

$$\mathbf{U}^H\mathbf{AU}=\begin{bmatrix} 3 & -9 \\ 0 & -2 \end{bmatrix}=\mathbf{T}$$

이것은 대각 성분에 고유값을 갖는 상삼각행렬이다. ■

분할된 행렬

분할된 행렬은 그 행렬을 부분행렬로 나누고, 또 그 부분행렬을 이용하여 행렬 연산을 수행할 수 있으므로 편리하다. $\mathcal{A}$, $\mathcal{B}$와 $\mathcal{C}$를 각각 $m\times k$, $k\times\ell$, $\ell\times n$ 행렬이라 하고, 각각의 부분행렬을 적당한 차원의 A_{ij}, B_{ij}, C_{ij}라고 하자.

$$\mathcal{A} = \begin{bmatrix} \mathbf{A}_{11} & \mathbf{A}_{12} & \cdots & \mathbf{A}_{1k} \\ \mathbf{A}_{21} & \mathbf{A}_{22} & \cdots & \mathbf{A}_{2k} \\ \vdots & \vdots & \ddots & \vdots \\ \mathbf{A}_{m1} & \mathbf{A}_{m2} & \cdots & \mathbf{A}_{mk} \end{bmatrix}$$

$$\mathcal{B} = \begin{bmatrix} \mathbf{B}_{11} & \mathbf{B}_{12} & \cdots & \mathbf{B}_{1\ell} \\ \mathbf{B}_{21} & \mathbf{B}_{22} & \cdots & \mathbf{B}_{2\ell} \\ \vdots & \vdots & \ddots & \vdots \\ \mathbf{B}_{k1} & \mathbf{B}_{k2} & \cdots & \mathbf{B}_{k\ell} \end{bmatrix}$$

$$\mathcal{C} = \begin{bmatrix} \mathbf{C}_{11} & \mathbf{C}_{12} & \cdots & \mathbf{C}_{1n} \\ \mathbf{C}_{21} & \mathbf{C}_{22} & \cdots & \mathbf{C}_{2n} \\ \vdots & \vdots & \ddots & \vdots \\ \mathbf{C}_{\ell 1} & \mathbf{C}_{\ell 2} & \cdots & \mathbf{C}_{\ell n} \end{bmatrix}$$

만약 $\mathcal{A}$와 $\mathcal{B}$가 같은 차원을 갖고 같은 분할을 갖는다면, 상수 α에 의한 곱에 의해 다음과 같다.

$$\mathcal{C} = \alpha\mathcal{A}$$

$C_{ij}=\alpha A_{ij}$로 각각의 블록마다 연산을 해 준다. 행렬의 덧셈과 뺄셈도 마찬가지로 블록마다 연산을 해 준다.

$$\mathcal{C} = \mathcal{A} \pm \mathcal{B}$$

각각의 블록에서 $C_{ij}=A_{ij}\pm B_{ij}$를 수행해 준다.

분할된 행렬의 곱셈을 일반적인 결과로 도출하기 위해서는 마치 각 블록이 상수인것처럼 생각하고 계산하면 된다. 각각의 분할된 행렬이 위와 같은 방법으로 연산된다고 가정하면 $A_{is}B_{sj}$의 값이 형성된다. 그러면

$$\mathcal{C} = \mathcal{A}\mathcal{B}$$

이다. 여기서

$$\mathbf{C}_{ij} = \sum_{s=1}^{n} \mathbf{A}_{is}\mathbf{B}_{sj}$$

이다. $\mathcal{A}$와 $\mathcal{B}$의 블록 곱셈에 알맞도록 하기 위해 $\mathcal{A}$의 열 분할은 $\mathcal{B}$의 행 분할에 부합시킨다.

2×3 블록부분행렬의 경우를 예로 들어 보자.

$$\mathcal{A} = \left[\begin{array}{c|ccc|cc} 10 & -19 & 17 & -12 & 4 & 1 \\ 9 & -18 & 17 & -12 & 4 & 1 \\ 8 & -16 & 15 & -11 & 4 & 1 \\ 6 & -12 & 12 & -10 & 4 & 1 \\ \hline 4 & 8 & 8 & -6 & 1 & 2 \\ 2 & -4 & 4 & -3 & 1 & 0 \end{array}\right]$$

$$= \left[\begin{array}{c|c|c} \mathbf{A}_{11} & \mathbf{A}_{12} & \mathbf{A}_{13} \\ \hline \mathbf{A}_{21} & \mathbf{A}_{22} & \mathbf{A}_{23} \end{array}\right]$$

3 ×2 블록부분행렬의 경우도 생각해 보자.

$$\mathcal{B} = \left[\begin{array}{rrr|rr} 1 & 0 & 1 & -1 & 1 \\ \hline 0 & -1 & 1 & -1 & 0 \\ 1 & -1 & 0 & 0 & 1 \\ 0 & -1 & 1 & -1 & 0 \\ \hline 1 & -1 & 0 & 0 & 1 \\ 0 & -1 & 1 & -1 & 1 \end{array}\right] = \left[\begin{array}{c|c} \mathbf{B}_{11} & \mathbf{B}_{12} \\ \hline \mathbf{B}_{21} & \mathbf{B}_{22} \\ \hline \mathbf{B}_{31} & \mathbf{B}_{32} \end{array}\right]$$

블록 곱 $\mathcal{C}=\mathcal{AB}$가 존재하고 다음과 같다.

$$\mathcal{C} = \mathcal{AB} = \left[\begin{array}{rrr|rr} 31 & 9 & -20 & 20 & 32 \\ 30 & 8 & -20 & 20 & 31 \\ 27 & 7 & -18 & 18 & 28 \\ 22 & 5 & -15 & 15 & 23 \\ \hline 13 & -13 & 8 & -8 & 15 \\ 7 & 2 & -5 & 5 & 7 \end{array}\right]$$

계산의 실례로 C_{22}가 어떻게 계산되는지 본다.

$$\begin{aligned} \mathbf{C}_{22} &= \mathbf{A}_{21}\mathbf{B}_{12} + \mathbf{A}_{22}\mathbf{B}_{22} + \mathbf{A}_{23}\mathbf{B}_{32} \\ &= \begin{bmatrix} 4 \\ 2 \end{bmatrix} \begin{bmatrix} -1 & 1 \end{bmatrix} + \begin{bmatrix} 8 & 8 & -6 \\ -4 & 4 & -3 \end{bmatrix} \begin{bmatrix} -1 & 0 \\ 0 & 1 \\ -1 & 0 \end{bmatrix} \\ &\quad + \begin{bmatrix} 1 & 2 \\ 1 & 0 \end{bmatrix} \begin{bmatrix} 0 & 1 \\ -1 & 1 \end{bmatrix} \\ &= \begin{bmatrix} -4 & 4 \\ -2 & 2 \end{bmatrix} + \begin{bmatrix} -2 & 8 \\ 7 & 4 \end{bmatrix} + \begin{bmatrix} -2 & 3 \\ 0 & 1 \end{bmatrix} \\ &= \begin{bmatrix} -8 & 15 \\ 5 & 7 \end{bmatrix} \end{aligned}$$

한 가지 주의할 점은 곱셈에서 부분행렬의 순서를 헷갈리면 안 된다는 것이다.

2×2 블록행렬을 갖는 선형계 풀기

2×2 블록 선형계를 생각해 보자.

$$\begin{bmatrix} \mathbf{A} & \mathbf{B} \\ \mathbf{B}^T & \mathbf{0} \end{bmatrix} \begin{bmatrix} \mathbf{x} \\ \mathbf{y} \end{bmatrix} = \begin{bmatrix} \mathbf{b} \\ \mathbf{c} \end{bmatrix}$$

여기서 $\mathbf{A}$는 $n \times n$인 실수, 대칭, 가역행렬이고, $\mathbf{B}$는 $n \times m$이고 실수인 완전계수행렬이다. $\mathbf{B}$의 영공간의 양의 정부호가 $\mathbf{A}$라고 가정하자. 벡터 $\mathbf{x}$와 $\mathbf{b}$는 $\mathbb{R}^n$의 열벡터이고, 한편 $\mathbf{y}$와 $\mathbf{c}$는 $\mathbb{R}^m$의 열벡터이다.

전형적인 응용에서 계수행렬은 일반적으로 차원이 $(n+m)\times(n+m)$인 2×2 블록행렬이다. 이 행렬은 대칭이고 음이 아닌 정부호 행렬이다.(음이 아닌 고유값을 갖는다.)

앞 블록 선형계의 해를 찾았다고 가정하자. 만약 $\mathbf{B}$가 가역행렬$(n=m)$이면, 해를 다음과 같이 찾는다.

$$\begin{cases} \mathbf{x} = \mathbf{B}^{-T}\mathbf{c} \\ \mathbf{y} = \mathbf{B}^{-1}(\mathbf{b} - \mathbf{A}\mathbf{x}) \end{cases}$$

$\mathbf{B}^{-T}$는 $(\mathbf{B}^{-1})^T$를 의미한다.

만약 행렬 $\mathbf{B}$가 가역행렬이 아니라면, 가우스 소거법을 사용하여 2×2 블록계의 첨가(augmented)행렬을 만들 수 있다. 만약 $\mathbf{A}$가 가역행렬이라면 다음과 같이 된다.

$$\left[\begin{array}{cc|c} \mathbf{A} & \mathbf{B} & \mathbf{b} \\ \mathbf{B}^T & \mathbf{0} & \mathbf{c} \end{array}\right] \sim \left[\begin{array}{cc|c} \mathbf{A} & \mathbf{B} & \mathbf{b} \\ \mathbf{0} & -\mathbf{B}^T\mathbf{A}^{-1}\mathbf{B} & \mathbf{c} - \mathbf{B}^T\mathbf{A}^{-1}\mathbf{b} \end{array}\right]$$

$-\mathbf{B}^T\mathbf{A}^{-1}$을 처음 계에 곱하고, 이것을 방정식의 두 번째 계에 더한다. 결과적으로 계를 축소시킬 수 있다.

$$(\mathbf{B}^T\mathbf{A}^{-1}\mathbf{B})\mathbf{y} = (\mathbf{B}^T\mathbf{A}^{-1}\mathbf{b} - \mathbf{c})$$

$\mathbf{B}^T\mathbf{A}^{-1}\mathbf{B}$가 가역이면 해는 다음과 같다.

$$\begin{cases} \mathbf{y} = (\mathbf{B}^T\mathbf{A}^{-1}\mathbf{B})^{-1}(\mathbf{B}^T\mathbf{A}^{-1}\mathbf{b} - \mathbf{c}) \\ \mathbf{x} = \mathbf{A}^{-1}(\mathbf{b} - \mathbf{B}\mathbf{y}) \end{cases}$$

블록행렬의 LU 분해는

$$\begin{bmatrix} \mathbf{A} & \mathbf{B} \\ \mathbf{B}^T & \mathbf{0} \end{bmatrix} = \begin{bmatrix} \mathbf{I} & \mathbf{0} \\ \mathbf{B}^T\mathbf{A}^{-1} & \mathbf{I} \end{bmatrix} \begin{bmatrix} \mathbf{A} & \mathbf{B} \\ \mathbf{0} & -\mathbf{B}^T\mathbf{A}^{-1}\mathbf{B} \end{bmatrix}$$

이고 LDL^T 분해는

$$\begin{bmatrix} \mathbf{A} & \mathbf{B} \\ \mathbf{B}^T & \mathbf{0} \end{bmatrix} = \begin{bmatrix} \mathbf{I} & \mathbf{0} \\ \mathbf{B}^T\mathbf{A}^{-1} & \mathbf{L}_2 \end{bmatrix} \begin{bmatrix} \mathbf{A} & \mathbf{0} \\ \mathbf{0} & -\mathbf{D}_2 \end{bmatrix} \begin{bmatrix} \mathbf{I} & \mathbf{A}^{-1}\mathbf{B} \\ \mathbf{0} & \mathbf{L}_2^T \end{bmatrix}$$

이다. 여기서 축소된 계의 분해는 $\mathbf{B}^T\mathbf{A}^{-1}\mathbf{B} = \mathbf{L}_2\mathbf{D}_2\mathbf{L}_2\mathrm{T}$이다. 이러한 분해와 일반 연습문제 33∼35와 같은 것들은 켤레 기울기 방법이 사용되었을 때 부동점 연산의 수를 감소시키는 데 유용하다. Dollar와 Wathen[2004]를 참조하라.

예를 들어 이러한 형식의 행렬계를 풀기 위한 응용들은

$$f(\mathbf{x}) = \tfrac{1}{2}\mathbf{x}^T\mathbf{A}\mathbf{x} + \mathbf{s}^T\mathbf{x} \quad \text{subject to the constraint} \quad \mathbf{B}\mathbf{x} = \mathbf{t}$$

를 최소화하는 **볼록 이차 계획 문제**(convex quadratic programming problem)와 변분 문제의 유한요소 근사에 관한 안장점 문제이다.

블록 선형계를 풀기 원한다고 가정해 보자.

$$\begin{bmatrix} \mathbf{A} & \mathbf{B} \\ \mathbf{C} & \mathbf{D} \end{bmatrix} \begin{bmatrix} \mathbf{x} \\ \mathbf{y} \end{bmatrix} = \begin{bmatrix} \mathbf{b} \\ \mathbf{c} \end{bmatrix}$$

여기서 부분행렬의 차원은 다음과 같다: A는 $n \times n$, B는 $n \times m$, C는 $m \times n$, D는 $m \times m$. 열벡터 **x**와 **b**는 n개의 성분을 가지고 있고, **y**와 **c**는 m개의 성분을 가지고 있다. 행렬 A가 가역행렬이라고 가정하자.

오른쪽의 벡터 **b**와 **c** 그리고 이전에 언급된 가정과 함께 블록계수행렬이 주어졌다. 첨가행렬의 축소 과정을 이용하여 다음을 얻을 수 있다.

$$\left[\begin{array}{cc|c} \mathbf{A} & \mathbf{B} & \mathbf{b} \\ \mathbf{C} & \mathbf{D} & \mathbf{c} \end{array}\right] \sim \left[\begin{array}{cc|c} \mathbf{A} & \mathbf{B} & \mathbf{b} \\ \mathbf{0} & \mathbf{D} - \mathbf{C}\mathbf{A}^{-1}\mathbf{B} & \mathbf{c} - \mathbf{C}\mathbf{A}^{-1}\mathbf{b} \end{array}\right]$$

$(n+m)\times(n+m)$ 계를 풀기보다는 더 작은 $m\times m$ 계와 $n\times n$ 계를 따라 수행할 수 있다.

$$\begin{aligned} (\mathbf{D} - \mathbf{C}\mathbf{A}^{-1}\mathbf{B})\mathbf{y} &= \mathbf{c} - \mathbf{C}\mathbf{A}^{-1}\mathbf{b} \\ \mathbf{A}\mathbf{x} &= \mathbf{b} - \mathbf{B}\mathbf{y} \end{aligned}$$

여기서 A와 $\mathbf{D}-\mathbf{C}\mathbf{A}^{-1}\mathbf{B}$의 역행렬을 찾을 수 있다고 가정하였다. 마지막 부분은 A의 **슈어 여수**(Schur complement)라고 한다. 그리고 행렬 A는 정확한 값을 얻기 위한 조건이 잘 맞아야만 한다. 이와 유사하게 일반 연습문제 52에서와 같이 먼저 **x**를 풀고 그런 다음에 **y**의 값을 얻는다.

2×2 블록가역행렬

2 ×2 블록행렬의 역행렬에 대한 공식을 유도한다.

$$\begin{bmatrix} \mathbf{A} & \mathbf{B} \\ \mathbf{C} & \mathbf{D} \end{bmatrix}$$

부분행렬의 차원은 다음과 같다: A는 $n\times n$, B는 $n\times m$, C는 $m\times n$, D는 $m\times m$. A, D는 가역행렬이라고 가정하자.

블록행렬의 축소 과정을 거침으로써 다음을 얻을 수 있다.

$$\begin{bmatrix} \mathbf{A} & \mathbf{B} \\ \mathbf{C} & \mathbf{D} \end{bmatrix} \sim \begin{bmatrix} \mathbf{A} & \mathbf{B} \\ \mathbf{0} & \mathbf{D} - \mathbf{C}\mathbf{A}^{-1}\mathbf{B} \end{bmatrix} \mapsto \begin{bmatrix} \mathbf{A} & \mathbf{0} \\ \mathbf{0} & \mathbf{D} - \mathbf{C}\mathbf{A}^{-1}\mathbf{B} \end{bmatrix}$$

$\mathbf{D}-\mathbf{C}\mathbf{A}^{-1}\mathbf{B}$는 A의 슈어 여수라고 한다. 첫 번째 과정은 블록행렬을 왼편에 곱하는 것이다.

$$\begin{bmatrix} \mathbf{I} & \mathbf{0} \\ -\mathbf{C}\mathbf{A}^{-1} & \mathbf{I} \end{bmatrix} \begin{bmatrix} \mathbf{A} & \mathbf{B} \\ \mathbf{C} & \mathbf{D} \end{bmatrix} = \begin{bmatrix} \mathbf{A} & \mathbf{B} \\ \mathbf{0} & \mathbf{D} - \mathbf{C}\mathbf{A}^{-1}\mathbf{B} \end{bmatrix}$$

두 번째 과정은 블록행렬을 오른편에 곱하는 것이다.

$$\begin{bmatrix} A & B \\ 0 & D - CA^{-1}B \end{bmatrix} \begin{bmatrix} I & -A^{-1}B \\ 0 & I \end{bmatrix} = \begin{bmatrix} A & 0 \\ 0 & D - CA^{-1}B \end{bmatrix}$$

이러한 두 블록행렬 방정식을 함께 놓으면 다음을 얻는다.

$$\begin{bmatrix} I & 0 \\ -CA^{-1} & I \end{bmatrix} \begin{bmatrix} A & B \\ C & D \end{bmatrix} \begin{bmatrix} I & -A^{-1}B \\ 0 & I \end{bmatrix} = \begin{bmatrix} A & 0 \\ 0 & D - CA^{-1}B \end{bmatrix}$$

이러한 하삼각 블록행렬과 상삼각 블록행렬의 역행렬은 비대각 블록행렬의 부호에 변화를 줌으로써 얻을 수 있다. 그러므로

$$\begin{bmatrix} A & B \\ C & D \end{bmatrix} = \begin{bmatrix} I & 0 \\ CA^{-1} & I \end{bmatrix} \begin{bmatrix} A & 0 \\ 0 & D - CA^{-1}B \end{bmatrix} \begin{bmatrix} I & A^{-1}B \\ 0 & I \end{bmatrix}$$

그리고

$$\begin{aligned} \begin{bmatrix} A & B \\ C & D \end{bmatrix}^{-1} &= \begin{bmatrix} I & -A^{-1}B \\ 0 & I \end{bmatrix} \begin{bmatrix} A^{-1} & 0 \\ 0 & (D - CA^{-1}B)^{-1} \end{bmatrix} \begin{bmatrix} I & 0 \\ -CA^{-1} & I \end{bmatrix} \\ &= \begin{bmatrix} A^{-1} + A^{-1}B(D - CA^{-1}B)^{-1}CA^{-1} & -A^{-1}B(D - CA^{-1}B)^{-1} \\ -(D - CA^{-1}B)^{-1}CA^{-1} & (D - CA^{-1}B)^{-1} \end{bmatrix} \end{aligned}$$

을 얻는다. 여기서 A의 슈어 여수 $D-CA^{-1}B$가 가역임을 가정해야 한다.

두 번째 방법은 (1, 2) 성분을 먼저 제거하고 (2, 1) 성분을 그 다음에 제거하는 것이다. 그러므로 다음을 얻는다.

$$\begin{aligned} \begin{bmatrix} A & B \\ C & D \end{bmatrix}^{-1} &= \begin{bmatrix} I & 0 \\ -D^{-1}C & I \end{bmatrix} \begin{bmatrix} (A - BD^{-1}C)^{-1} & 0 \\ 0 & D^{-1} \end{bmatrix} \begin{bmatrix} I & -BD^{-1} \\ 0 & I \end{bmatrix} \\ &= \begin{bmatrix} (A - BD^{-1}C)^{-1} & -(A - BD^{-1}C)^{-1}BD^{-1} \\ -D^{-1}C(A - BD^{-1}C)^{-1} & D^{-1} + D^{-1}C(A - BD^{-1}C)^{-1}BD^{-1} \end{bmatrix} \end{aligned}$$

여기서 D의 슈어 여수가 가역이라고 가정했다. 그것은 $A-BD^{-1}C$이다.

이러한 두 접근으로부터 나온 결과에서 방정식 항들에 의해 Woodbury **단위행렬**을 얻는다.

$$(A - BD^{-1}C)^{-1} = A^{-1} + A^{-1}B(D - CA^{-1}B)^{-1}CA^{-1}$$

이것의 특별한 경우로 Woodbury **공식**이 있다.

$$(A + UV)^{-1} = A^{-1} - A^{-1}U(I + VA^{-1}U)^{-1}VA^{-1}$$

위에서 U와 V는 적당한 크기의 행렬이다. 이 공식은 A^{-1}가 이미 계산되었고, $(A+UV)^{-1}$를 계산하기를 원할 때 어떤 수적인 계산을 유용하게 해 준다. 다른 특별한 경우는 Sherman-Morrison **공식**으로 다음과 같다.

$$(\mathbf{A} + \mathbf{u}\mathbf{v}^T)^{-1} = \mathbf{A}^{-1} - (1 + \lambda)^{-1}(\mathbf{A}^{-1}\mathbf{u})(\mathbf{v}^T\mathbf{A}^{-1})^T$$

위에서 $\lambda = \mathbf{v}^T\mathbf{A}^{-1}\mathbf{u}$와 $\mathbf{u}\mathbf{v}^T$는 열벡터 $\mathbf{u}$와 $\mathbf{v}$의 외적이다.

응용: 선형 최소제곱 문제

이제 3개의 다른 접근법을 통해 최소제곱 문제를 어떻게 풀 것인지 알아보자.

$$\begin{cases} 3x_1 + 2x_2 = 1 \\ x_1 + 4x_2 = 3 \\ 2x_1 + x_2 = 1 \end{cases}$$

위 식을 행렬로 나타내면 다음과 같다.

$$\begin{bmatrix} 3 & 2 \\ 1 & 4 \\ 2 & 1 \end{bmatrix} \begin{bmatrix} x_1 \\ x_2 \end{bmatrix} = \begin{bmatrix} 1 \\ 3 \\ 1 \end{bmatrix}$$

먼저 미적분학을 이용하여 최소제곱해를 구한다. 총 제곱오차는 다음과 같다.

$$E = (3x_1 + 2x_2 - 1)^2 + (x_1 + 4x_2 - 3)^2 + (2x_1 + x_2 - 1)^2$$

이것은 x_1과 x_2의 비선형 함수이다. 우리는 최소가 되는 E를 원한다. 미적분학을 사용해서 $\partial E/\partial x_1 = 0$와 $\partial E/\partial x_2 = 0$로 놓을 수 있다. 이러한 부분들을 미분하면 다음을 얻을 수 있다.

$$2(3x_1 + 2x_2 - 1)3 + 2(x_1 + 4x_2 - 3)1 + 2(2x_1 + x_2 - 1)2 = 0$$

$$2(3x_1 + 2x_2 - 1)1 + 2(x_1 + 4x_2 - 3)4 + 2(2x_1 + x_2 - 1)1 = 0$$

항들을 모으고 간단하게 계산해 주면 다음 선형계를 얻는다.

$$\begin{cases} 7x_1 + 6x_2 = 4 \\ 4x_1 + 7x_2 = 5 \end{cases}$$

가우스 소거법을 이용하여 바로 $x_1 = -2/25$임과 $x_2 = 19/25$임을 알 수 있다. 결과적으로 최소제곱오차는 $E = 6/25 = 0.24$이다.

다음으로 '정규방정식'을 통해서 문제를 풀 수 있다. $\mathbf{Ax} = \mathbf{b}$ 형태의 행렬벡터에서 원래의 방법을 쓰면 정규방정식에 도달할 수 있다.

$$\mathbf{A}^T\mathbf{A}\mathbf{x} = \mathbf{A}^T\mathbf{b}$$

$$\begin{bmatrix} 3 & 1 & 2 \\ 2 & 4 & 1 \end{bmatrix} \begin{bmatrix} 3 & 2 \\ 1 & 4 \\ 2 & 1 \end{bmatrix} \begin{bmatrix} x_1 \\ x_2 \end{bmatrix} = \begin{bmatrix} 3 & 1 & 2 \\ 2 & 4 & 1 \end{bmatrix} \begin{bmatrix} 1 \\ 3 \\ 1 \end{bmatrix}$$

$$\begin{bmatrix} 14 & 12 \\ 12 & 21 \end{bmatrix} \begin{bmatrix} x_1 \\ x_2 \end{bmatrix} = \begin{bmatrix} 8 \\ 15 \end{bmatrix}$$

정규방정식이 처음부터 접근해 가면서 찾은 것들과 같은 것은 우연이 아니다. 다시 말해 풀이 과정은 다음과 같다.

$$\begin{bmatrix} x_1 \\ x_2 \end{bmatrix} = \begin{bmatrix} -2/25 \\ 19/25 \end{bmatrix}$$

마지막으로 최소제곱법을 사용하여 QR 분해를 찾을 수 있다.

$$\begin{bmatrix} \mathbf{a}_1 & \mathbf{a}_2 \end{bmatrix} \mathbf{x} = \begin{bmatrix} 3 & 2 \\ 1 & 4 \\ 2 & 1 \end{bmatrix} \begin{bmatrix} x_1 \\ x_2 \end{bmatrix} = \begin{bmatrix} 1 \\ 3 \\ 1 \end{bmatrix}$$

첫 번째 단계는 계수행렬 열의 직교화이다. $\mathbf{q}_1 = \mathbf{a}_1$이라 하면 다음과 같다.

$$\mathbf{q}_2 = \mathbf{a}_2 - \frac{\mathbf{a}_2 \bullet \mathbf{q}_1}{\mathbf{q}_1 \bullet \mathbf{q}_1} \mathbf{q}_1 = \begin{bmatrix} 2 \\ 4 \\ 1 \end{bmatrix} - (6/7) \begin{bmatrix} 3 \\ 1 \\ 2 \end{bmatrix} = (1/7) \begin{bmatrix} -4 \\ 22 \\ -5 \end{bmatrix}$$

$\mathbf{q}_1 \cdot \mathbf{q}_2 = 0$이기 때문에 $\mathbf{q}_1 = \begin{bmatrix} 3 \\ 1 \\ 2 \end{bmatrix}$와 $\mathbf{q}_2 = \begin{bmatrix} -4 \\ 22 \\ -5 \end{bmatrix}$은 직교집합이다. 이들을 정규화하면

$$\mathbf{Q} = \left[\left(1/\sqrt{14}\right) \begin{bmatrix} 3 \\ 1 \\ 2 \end{bmatrix}, \quad \left[1/\left(5\sqrt{21}\right)\right] \begin{bmatrix} -4 \\ 22 \\ -5 \end{bmatrix} \right] = \begin{bmatrix} 3/\sqrt{14} & -4/\left(5\sqrt{21}\right) \\ 1/\sqrt{14} & 22/\left(5\sqrt{21}\right) \\ 2/\sqrt{14} & -5/\left(5\sqrt{21}\right) \end{bmatrix}$$

를 얻는다. 만약 $\mathbf{A} = \mathbf{QR}$이고 $\mathbf{Q}^T\mathbf{Q} = \mathbf{I}$이면 $\mathbf{Q}^T\mathbf{A} = \mathbf{Q}^T\mathbf{QR} = \mathbf{R}$임을 상기하자. 결과적으로 $\mathbf{Ax} = \mathbf{b}$는 최소제곱법으로 인해 $\mathbf{Rx} = \mathbf{Q}^T\mathbf{b}$나 해인 $\mathbf{x} = \mathbf{R}^{-1}\mathbf{Q}^T\mathbf{b}$가 된다. 예를 들면 다음과 같다.

$$\mathbf{R} = \mathbf{Q}^T\mathbf{A} = \begin{bmatrix} 3/\sqrt{14} & 1/\sqrt{14} & 2/\sqrt{14} \\ -4/\left(5\sqrt{21}\right) & 22/\left(5\sqrt{21}\right) & -5/\left(5\sqrt{21}\right) \end{bmatrix} \begin{bmatrix} 3 & 2 \\ 1 & 4 \\ 2 & 1 \end{bmatrix}$$
$$= \begin{bmatrix} \sqrt{14} & (6/7)\sqrt{14} \\ 0 & (5/7)\sqrt{21} \end{bmatrix}$$
$$\mathbf{Q}^T\mathbf{b} = \begin{bmatrix} 3/\sqrt{14} & 1/\sqrt{14} & 2/\sqrt{14} \\ -4/\left(5\sqrt{21}\right) & 22/\left(5\sqrt{21}\right) & -5/\left(5\sqrt{21}\right) \end{bmatrix} \begin{bmatrix} 1 \\ 3 \\ 1 \end{bmatrix} = \begin{bmatrix} (4/7)\sqrt{14} \\ (19/25)\sqrt{21} \end{bmatrix}$$

이때 다음과 같음을 알 수 있다.

$$\mathbf{R}\tilde{\mathbf{x}} = \mathbf{Q}^T\mathbf{b}$$

$$\begin{bmatrix} \sqrt{14} & (6/7)\sqrt{14} \\ 0 & (5/7)\sqrt{21} \end{bmatrix} \begin{bmatrix} \tilde{x}_1 \\ \tilde{x}_2 \end{bmatrix} = \begin{bmatrix} (4/7)\sqrt{14} \\ (19/25)\sqrt{21} \end{bmatrix}$$

위의 풀이에서 $\tilde{\mathbf{x}}=[-\frac{2}{25}, \frac{19}{25}]^T=[-0.08, 0.76]$을 얻는다. 여기서 $\tilde{\mathbf{x}}$는 최소제곱법 $\mathbf{Ax}=\mathbf{b}$의 해이고 오차는 $\|\mathbf{A}\tilde{\mathbf{x}}-\mathbf{b}\|_2$이다. $\mathbf{A}\tilde{\mathbf{x}}$에서 $\mathbf{b}$까지는 얼마나 가까운가? 풀이는 다음과 같다.

$$\mathbf{A}\tilde{\mathbf{x}} - \mathbf{b} = \begin{bmatrix} 3 & 2 \\ 1 & 4 \\ 2 & 1 \end{bmatrix} \begin{bmatrix} -2/25 \\ 19/25 \end{bmatrix} - \begin{bmatrix} 1 \\ 3 \\ 1 \end{bmatrix} = \begin{bmatrix} 7/25 \\ -1/25 \\ -10/25 \end{bmatrix}$$

유클리드 노름은 $\|\mathbf{A}\tilde{\mathbf{x}}-\mathbf{b}\|_2=\sqrt{(7/25)^2+(1/25)^2+(10/25)^2}=\frac{1}{5}\sqrt{6} \approx 0.49$이다.

수학 소프트웨어

행렬의 *LU* 분해를 얻기 위해 수치해석 프로그램을 사용할 때, 알고리즘이 강한 피벗 원소를 만들기 위해 행을 교환한다. 예를 들어 다음과 같은 행렬을 고려해 보자.

$$\mathbf{A} = \begin{bmatrix} 3 & 5 & 3 \\ 2 & 6 & -4 \\ 5 & 4 & -2 \end{bmatrix}$$

우리는 결정된 프로그램에 행렬 A를 입력하고 알맞은 명령어로 *LU* 분해를 요청한다. Matlab에서는 다음과 같은 명령어를 사용한다.

```
Matlab
A = [3,5,3;2,6,-4;5,4,-2]
[L,U,P] = lu(A)
```

우리는 치환된 A로 *LU* 분해를 구한다.

$$\mathbf{P} = \begin{bmatrix} 0 & 0 & 1 \\ 0 & 1 & 0 \\ 1 & 0 & 0 \end{bmatrix} \qquad \mathbf{PA} = \begin{bmatrix} 5 & 4 & -2 \\ 2 & 6 & -4 \\ 3 & 5 & 3 \end{bmatrix}$$

$$\mathbf{L} = \begin{bmatrix} 1.0000 & 0 & 0 \\ 0.4000 & 1.0000 & 0 \\ 0.6000 & 0.5909 & 1.0000 \end{bmatrix} \quad \mathbf{U} = \begin{bmatrix} 5.0000 & 4.0000 & -2.0000 \\ 0 & 4.4000 & -3.2000 \\ 0 & 0 & 6.0909 \end{bmatrix}$$

피벗 원소들은 (3, 2, 1) 순서로 나타난다. 그 중 하나는 다음과 같이 증명된다.

$$\mathbf{PA} = \mathbf{LU}$$

Maple과 Mathematica 프로그램으로 작성한 명령어는 다음과 같다.

Maple	Mathematica

`with(LinearAlgebra):`
`A := Matrix([[3,5,3],[2,6,-4],`
`     [5,4,-2]]);`
`(P,L,U) := LUDecomposition(A);`
	`A = {{3,5,3},{2,6,-4},`
	`     {5,4,-2}}`
	`{LU,P,CondNo} =`
	`   LUDecomposition[A]`

Maple에서 피벗 원소가 (1, 2, 3) 같은 보통의 순서로부터 변화되지 않는 다는 것을 알 수 있다. Mathematica에서 또한 피벗 원소가 (2, 1, 3)의 순서로 선택됨을 알 수 있다. 그리고 **L**과 **U** 행렬은 단위 하삼각행렬 **L**로부터 대각 성분 1을 생략함으로써 LU의 배열에 저장된다.

예제 11 아래와 같은 전형적인 행렬을 콜레스키 분해 $\mathbf{A}=\mathbf{LL}^T$로 Matlab, Maple, Mathematica와 같은 수치해석 프로그램을 사용하여 계산할 수 있다.

$$\mathbf{A} = \begin{bmatrix} 4 & -1 & -1 & 0 \\ -1 & 4 & 0 & -1 \\ -1 & 0 & 4 & -1 \\ 0 & -1 & -1 & 4 \end{bmatrix}$$

풀이 이 행렬은 명백하게 실수이고 대칭행렬이다. 또한 양의 정부호이다. Matlab에서 아래와 같은 명령어를 사용한다.

Matlab

`A = [4,-1,-1,0;-1,4,0,-1;-1,0,4,-1;0,-1,-1,4]`
`L = chol(A)`
`L*L'`

$\mathbf{LL}^T$의 형태로 만들기 위해서 콜레스키 분해를 사용한다.

$$\mathbf{L}^T = \begin{bmatrix} 2.0000 & -0.5000 & -0.5000 & 0 \\ 0 & 1.9365 & -0.1291 & -0.5164 \\ 0 & 0 & 1.9322 & -0.5521 \\ 0 & 0 & 0 & 1.8516 \end{bmatrix}$$

이것은 $\mathbf{LL}^T$ 계산에 의해서 확인할 수 있다. Maple에서 사용되는 명령어는 다음과 같다.

```
Maple
with(LinearAlgebra):
A := Matrix([[4,-1,-1,0],[-1,4,0,-1],[-1,0,4,-1],
     [0,-1,-1,4]]);
L := LUDecomposition(A,method='Cholesky');
L.Transpose(L)
```

명확하게 다음과 같은 행렬 L을 얻을 수 있다.

$$\mathbf{L} = \begin{bmatrix} 2 & 0 & 0 & 0 \\ -1/2 & (1/2)\sqrt{15} & 0 & 0 \\ -1/2 & (-1/30)\sqrt{15} & (2/15)\sqrt{210} & 0 \\ 0 & (-2/15)\sqrt{15} & (-4/105)\sqrt{210} & (2/7)\sqrt{42} \end{bmatrix}$$

그리고 이것은 $\mathbf{LL}^T$ 계산에 의해 증명할 수 있다. Mathematica에서는 다음과 같은 명령어를 사용한다.

```
Mathematica
<<LinearAlgebra`Cholesky`
A = {{4,-1,-1,0},{-1,4,0,-1},{-1,0,4,-1},{0,-1,-1,4}}
L = CholeskyDecomposition[A];
MatrixForm[L.Transpose[L]]
```

다시 말해 조금 다른 형태로 정확히 아래와 같은 $\mathbf{L}^T$ 행렬을 구할 수 있다.

$$\mathbf{L}^T = \begin{bmatrix} 2 & -1/2 & -1/2 & 0 \\ 0 & (1/2)\sqrt{15} & -1/(2\sqrt{15}) & -2/\sqrt{15} \\ 0 & 0 & 2\sqrt{14/15} & -(4/7)\sqrt{14/15} \\ 0 & 0 & 0 & 2\sqrt{6/7} \end{bmatrix}$$

이 각각의 분해들은 모두 같다고 볼 수 있다. ■

예제 12 Matlab, Maple, 그리고 Mathematica와 같은 수치해석 프로그램을 사용하여 계수행렬의 QR 분해로 이 구조의 최소제곱법을 구하라.

$$\begin{cases} 4x + 7y - 3z = 1 \\ 2x - 4y + 6z = 5 \\ -3x + 2y + 5z = 7 \\ x - 2y + 4z = -3 \end{cases}$$

풀이 Matlab에서 다음과 같은 명령어를 불러 낸다.

```
Matlab
A = [4.,7., -3.;2.,-4.,6.;-3.,2.,5.;1.,-2.,4.]
b = [1.;5.;7.;-3.]
[Q, R] = qr(A)
x = R\Q'*b
e = A'*R
```

결과는 해벡터, 잔여벡터, 오차벡터에 대한 수치값, Q, R이다.

$$\mathbf{Q} = \begin{bmatrix} -0.7303 & 0.6539 & -0.1964 & -0.0228 \\ -0.3651 & -0.5812 & -0.5180 & -0.5104 \\ 0.5477 & 0.3875 & -0.7366 & -0.0855 \\ -0.1826 & -0.2906 & -0.3880 & 0.8554 \end{bmatrix}$$

$$\mathbf{R} = \begin{bmatrix} -5.4772 & -2.1909 & 2.0083 \\ 0 & 8.2583 & -4.6741 \\ 0 & 0 & -7.7537 \\ 0 & 0 & 0 \end{bmatrix}$$

$$\mathbf{x} = \begin{bmatrix} -0.2752 \\ 0.6561 \\ 0.8742 \end{bmatrix} \qquad \mathbf{r} = \mathbf{Ax} - \mathbf{b} = \begin{bmatrix} -0.1309 \\ -2.9294 \\ -0.4910 \\ 4.9096 \end{bmatrix}$$

$$\mathbf{A}^T\mathbf{r} = \begin{bmatrix} -0.0977 \\ -0.3730 \\ 0.2132 \end{bmatrix} \times 10^{-13}$$

아래 프로그램은 Maple과 Mathematica의 명령어이다.

```
Maple
with(LinearAlgebra):
A := Matrix([[4,7,-3],[2,-4,6],[-3,2,5],[1,-2,4]]);
b := Vector([1.,5.,7.,-3.]);
(Q,R) := QRDecomposition(A);
xt := LinearSolve(R,Transpose(Q).b);
x := evalf(LeastSquares(A,b));
r := A.x-b
e := Transpose(A).r
```

```
Mathematica
A = {{4.,7.,-3.},{2.,-4.,6.},{-3.,2.,5.},{1.,-2.,4.}}
b = {1.,5.,7.,-3.}
{Q, R} = QRDecomposition[A]
xt = LinearSolve[R,Q.b]
x = N[xt]
r = A.x-b
e = Transpose[A].r
```

이 세 가지 소프트웨어 프로그램들로부터 결과를 더 용이하게 얻을 수 있다. 또한 각각의 프로그램으로부터 정확한 값을 얻을 수 있다. 소수점 아래 15자리의 부동점 수로 표현하면 다음과 같다.

$$\begin{aligned}\mathbf{x} &= [-33853/123005, 80703/123005, 107536/123005]^T \\ &\approx [-0.2752, 0.6561, 0.8742]^T\end{aligned}$$

■

예제 13 Matlab, Maple, Mathematica를 사용하여 이 행렬의 특이값을 찾고 분해를 증명하라.

$$\mathbf{A} = \begin{bmatrix} 2.0 & 2.0 & 2.0 & 2.0 \\ 1.7 & 0.1 & -1.7 & -0.1 \\ 0.6 & 1.8 & -0.6 & -1.8 \end{bmatrix}$$

풀이 Matlab에서는 다음과 같은 명령어를 사용한다.

```
Matlab
A = [2.0,2.0,2.0,2.0;1.7,0.1,-1.7,-0.1;
     0.6,1.8,-0.6,-1.8]
[P,D,Q] = svd(A)
A = P*D*Q
```

그리고 다음과 같은 분해를 찾을 수 있다.

$$\mathbf{A} = \begin{bmatrix} 1.0 & 0.0 & 0.0 \\ 0.0 & 0.6 & -0.8 \\ 0.0 & 0.8 & 0.6 \end{bmatrix} \begin{bmatrix} 4 & 0 & 0 & 0 \\ 0 & 3 & 0 & 0 \\ 0 & 0 & 2 & 0 \end{bmatrix} \begin{bmatrix} -0.5 & -0.5 & -0.5 & -0.5 \\ -0.5 & -0.5 & +0.5 & +0.5 \\ -0.5 & +0.5 & +0.5 & -0.5 \\ -0.5 & +0.5 & -0.5 & +0.5 \end{bmatrix} = \mathbf{PDQ}$$

다음은 Maple과 Mathematica 프로그램의 수행 명령어이다.

```
Maple
with(LinearAlgebra):
A := Matrix([[2,2,2,2],[1.7,0.1,-1.7,-0.1],
     [0.6,1.8,-0.6,-1.8]]);
P,Diag,Q := SingularValues(A,output=['U','S','Vt']);
P.DiagonalMatrix(Diag[1..3],3,4).Q;
```

Maple과 Mathematica에서도 Matlab과 유사한 값을 찾을 수 있다.

```
Mathematica
A = {{2,2,2,2},{1.7,0.1,-1.7,-0.1},{0.6,1.8,-0.6,-1.8}}
{P,Diag,Q} = SingularValues[A]
MatrixForm[Transpose[P].DiagonalMatrix[Diag].Q]
```

우리는 Maple과 Mathematica를 이용하여 유사한 결과를 찾는다. ■

요약 8.2

- 전형적인 순열행렬:

$$\mathbf{P} = \begin{bmatrix} 0 & 0 & 1 & 0 & 0 \\ 0 & 0 & 0 & 0 & 1 \\ 1 & 0 & 0 & 0 & 0 \\ 0 & 1 & 0 & 0 & 0 \\ 0 & 0 & 0 & 1 & 0 \end{bmatrix}$$

  이것은 항등행렬 **I**의 행을 재배열함으로써 구체적으로 표현한 것이다.
- 모든 $\mathbf{x} \neq 0$에 대하여 $\mathbf{x}^T\mathbf{A}\mathbf{x} > 0$이면 **A**를 양의 정부호라 한다. 단, **A**는 실수이다. 복소수의 경우에는 $\mathbf{x}^H\mathbf{A}\mathbf{x} > 0$를 이용한다.
- *LU* 분해: **A**=**LU**, 단 **L**은 단위 하삼각(행렬)이고, **U**는 상삼각(행렬)이다. 여기서 $\mathbf{L}=\mathbf{E}_1^{-1}\mathbf{E}_2^{-1} \ldots \mathbf{E}_k^{-1}$이고, 단 $\mathbf{E}_i$들은 기본행렬이다(가우스 소거법).
- **Ly**=**b**와 **Ux**=**y**를 (순서에 따라) 풀면 **Ax**=**b**를 풀 수 있다. 여기서 **A**=**LU**이다.
- *PLU* 분해: **PA**=**LU**, 단 **P**는 순열행렬이고, **L**은 단위 하삼각(행렬)이고, **U**는 상삼각(행렬)이다.
- LL^T 분해: $\mathbf{A}=\mathbf{L}\mathbf{L}^T$, 단 **L**은 하삼각(행렬) 이고, **A**는 대칭(행렬)이다(콜레스키 분해).
- LDL^T 분해: $\mathbf{A}=\mathbf{L}\mathbf{D}\mathbf{L}^T$, 단 **L**은 하삼각(행렬)이고, **D**는 대각행렬이고, **A**는 대칭(행렬)이다.
- 분할된 행렬들의 곱셈:
  $\mathcal{C}=(\mathrm{C}_{ij})=\mathcal{AB}$, 단 $1 \leq i, j \leq n$에 대하여 $\mathrm{C}_{ij}=\sum_{s=1}^{n}\mathbf{A}_{is}\mathbf{B}_{sj}$이다.
- 2×2 블록 *LU* 분해:

$$\begin{bmatrix} \mathbf{A} & \mathbf{B} \\ \mathbf{B}^T & \mathbf{0} \end{bmatrix} = \begin{bmatrix} \mathbf{I} & \mathbf{0} \\ \mathbf{B}^T\mathbf{A}^{-1} & \mathbf{I} \end{bmatrix} \begin{bmatrix} \mathbf{A} & \mathbf{B} \\ \mathbf{0} & -\mathbf{B}^T\mathbf{A}^{-1}\mathbf{B} \end{bmatrix}$$

- 2×2 블록 LDL^T 분해:

$$\begin{bmatrix} \mathbf{A} & \mathbf{B} \\ \mathbf{B}^T & \mathbf{0} \end{bmatrix} = \begin{bmatrix} \mathbf{I} & \mathbf{0} \\ \mathbf{B}^T\mathbf{A}^{-1} & \mathbf{L}_2 \end{bmatrix} \begin{bmatrix} \mathbf{A} & \mathbf{0} \\ \mathbf{0} & -\mathbf{D}_2 \end{bmatrix} \begin{bmatrix} \mathbf{I} & \mathbf{A}^{-1}\mathbf{B} \\ \mathbf{0} & \mathbf{L}_2^T \end{bmatrix}$$

  단, 축소된 계의 분해는 $\mathbf{B}^T\mathbf{A}^{-1}\mathbf{B}=\mathbf{L}_2\mathbf{D}_2\mathbf{L}_2^T$이다.
- 정리:
  - 만약 **A**가 실수 행렬, 대칭행렬, 그리고 양의 정부호이면 $\mathbf{A}=\mathbf{L}\mathbf{L}^T$이다. 단 **L**은 자신의 대각선이 양의 원소를 가지는 실수 하삼각(행렬)이다.
  - **A**를 $m\times n$ 행렬이라 하자. **Q**를 $m\times n$ 행렬이라 하자. **R**을 $n\times n$ 행렬이라 하자. 만약 **Q**의 열이 정규직교집합의 형태이고 **R**이 상삼각(행렬)이고 가역행렬이면 분해 **A**=**QR**은 매우 유용하다.
  - **A**를 계수가 n인 $m\times n$ 행렬이라 하자. **Q**를 $m\times n$이고 열이 정규직교집합인 행렬이라 하자. **R**이 $n\times n$인 상삼각(행렬)이라 하자. 만약 **A**=**QR**이면, 이 분해는 **A**의 **QR** 분해라 불린다.
  - **A**를 $m\times n$ 행렬이라 하고, **P**를 $m\times n$ 행렬이라 하고, **D**를 $n\times n$, **Q**를 $n\times n$ 행렬이라 하자. 단, **P**와 **Q**는 유니타리행렬이고, **D**는 대각행렬이다. 만약 **A**=**PDQ**이면 이것은 **A**의 SVD 분해이다.

주요 개념 8.2

순열행렬, 전진과 역대입법, 기본행렬, 양의 정부호 행렬, 분해한 행렬, 분해: A=LU(*LU* 분해, 가우스 소거법), $\mathbf{A}=\mathbf{LL}^T$(콜레스키 LL^T 분해), $\mathbf{A}=\mathbf{LDL}^T$($LDL^T$ 분해), A=QR(*QR* 분해), 그리고 A=PDQ(특이값 분해), 블록행렬, 응용: 선형 최소제곱 문제, 정규방정식

일반 연습문제 8.2

1. 이 행렬들의 *LU* 분해를 구하라.

a. $\mathbf{A} = \begin{bmatrix} 2 & -4 \\ 10 & -17 \end{bmatrix}$

b. $\mathbf{B} = \begin{bmatrix} -3 & 1 & 5 \\ -9 & -1 & 16 \\ -6 & -6 & 14 \end{bmatrix}$

2. (계속) 앞에서 찾은 **B**의 분해를 이용하여 이 연립방정식을 풀라.

$$\begin{cases} -3x_1 + x_2 + 5x_3 = -31 \\ -9x_1 - x_2 + 16x_3 = -49 \\ -6x_1 - 6x_2 + 14x_3 = -62 \end{cases}$$

3. 이 행렬들의 *LU* 인수들을 구하라.

a. $\mathbf{A} = \begin{bmatrix} 3 & 0 & 3 \\ 0 & -1 & 3 \\ 1 & 3 & 0 \end{bmatrix}$

b. $\mathbf{B} = \begin{bmatrix} 4 & -1 & -1 & 0 \\ -1 & 4 & 0 & -1 \\ -1 & 0 & 4 & -1 \\ 0 & -1 & -1 & 4 \end{bmatrix}$

4. $\begin{bmatrix} 1 & 3 & 5 \\ 3 & 13 & 23 \\ 5 & 23 & 77 \end{bmatrix}$의 콜레스키 분해를 구하라.

5. $\begin{bmatrix} 1 & 4 & 5 \\ 4 & 20 & 32 \\ 5 & 32 & 70 \end{bmatrix}$의 콜레스키 분해를 구하라.

6. $\mathbf{P} = \begin{bmatrix} 0 & 0 & 1 \\ 1 & 0 & 0 \\ 0 & 1 & 0 \end{bmatrix}$를 이용하여 예제 3을 다시 풀어 보라.

7. $\begin{bmatrix} 1 & 3 & 4 \\ 3 & 13 & 10 \\ 4 & 10 & 18 \end{bmatrix}$의 콜레스키 분해를 구하라.

8. $\mathbf{A} = \begin{bmatrix} 2 & 2 & -1 \\ 2 & 8 & 2 \\ 1 & 7 & -1 \end{bmatrix}$의 *QR* 분해를 구하라.

9. *LU* 분해를 이용하여 **Ax**=**b**를 풀라.

단, $\mathbf{A} = \begin{bmatrix} 2 & 1 & -4 \\ 4 & 3 & -5 \\ -4 & 1 & 19 \end{bmatrix}$, $\mathbf{b} = \begin{bmatrix} -10 \\ -11 \\ 53 \end{bmatrix}$

10. 행렬 **A**의 *QR* 분해를 구하라.

$$\mathbf{A} = \begin{bmatrix} -1 & -1 & 1 \\ 1 & 1 & -4 \\ -1 & -1 & 1 \\ 3 & 7 & -6 \end{bmatrix}$$

11. 다음 행렬의 콜레스키 분해를 구하라.

$$\begin{bmatrix} 1 & 5 & 4 \\ 5 & 32 & 20 \\ 4 & 20 & 70 \end{bmatrix}$$

12. 행렬 **A**의 *LU* 분해를 구하라.

$$\mathbf{A} = \begin{bmatrix} 3 & 1 & -1 & 2 \\ 6 & 4 & 1 & 1 \\ -9 & 1 & 7 & -11 \\ 12 & 0 & -14 & 17 \end{bmatrix}$$

13. (계속) *LU* 분해를 사용하여 **Ax**=**b**를 풀라. 단, $\mathbf{b}=[9, 29, 13, 0]^T$

14. 행렬 **A**의 *LU* 분해를 구하라.

$$\mathbf{A} = \begin{bmatrix} 2 & -6 & 6 \\ -4 & 5 & -7 \\ 3 & 5 & -1 \\ -6 & 4 & -8 \\ 8 & -3 & 9 \end{bmatrix}$$

15. LU 분해를 사용하여 A의 역행렬을 구하라.

$$\mathbf{A} = \begin{bmatrix} 2 & -1 & 2 \\ -6 & 0 & -2 \\ 8 & -1 & 5 \end{bmatrix}$$

16. 가능하다면 각 행렬의 LU 분해를 구하라.

a. $\begin{bmatrix} 0 & 5 \\ 3 & 7 \end{bmatrix}$ **b.** $\begin{bmatrix} 2 & 1 & 2 \\ 4 & 3 & 1 \\ 6 & -1 & 1 \end{bmatrix}$

c. $\begin{bmatrix} 1 & 2 \\ 3 & 4 \\ 5 & 6 \end{bmatrix}$ **d.** $\begin{bmatrix} 1 & 2 & 3 \\ 4 & 5 & 6 \end{bmatrix}$

17. 이 문제는 정방행렬이 아닌 행렬의 LU 분해를 포함한다. 만약 A가$m\times n$ 행렬일 때, L에 대한 $m\times m$ 행렬을 찾을 수 있다. 그리고 U에 대한 $m\times n$ 행렬을 찾을 수 있다. 다음 행렬에서 분해를 구하라.

$$\mathbf{A} = \begin{bmatrix} 2 & 1 & 3 \\ 4 & 1 & 8 \\ -4 & -4 & 1 \\ 6 & 4 & 16 \end{bmatrix}$$

18. (도전) 행렬 A는 양의 정부호가 아니지만, A+4I는 양의 정부호이다. 0이 아닌 정부호가 되도록 하는 A+cI에서 가장 작은 수인 c가 있는가? 행렬 A가 $n\times n$ 행렬일 때, 일반적인 경우는 어떤가?

$$\mathbf{A} = \begin{bmatrix} 1 & 2 & 3 \\ 2 & 7 & -5 \\ 3 & -5 & 4 \end{bmatrix}$$

19. 다음 행렬이 상삼각행렬과 하삼각행렬의 곱으로 분해되지 않음을 보이라. 이것은 알고리즘이 실패함을 보이기에 충분하지 않다.

$$\begin{bmatrix} 2 & 2 & 1 \\ 1 & 1 & 1 \\ 3 & 2 & 1 \end{bmatrix}$$

20. 만약 A가 A=LU로 분해된다면 보통 A의 행렬식은 쉽게 계산됨을 설명하라.

21. 정방행렬 A는 만약 벡터 x가 영이 아니고, 만약 $\mathbf{x}^T\mathbf{A}\mathbf{x} > 0$이면 **양의 정부호**라고 불린다. 벡터들의 일차독립 집합으로부터 발생하는 그람행렬은 양의 정부호이다. 그람행렬은 대칭임을 보이라.

22. 만약 행렬이 양의 정부호라면 그것의 고유값이 양수임을 보이라.

23. 만약 행렬이 양의 정부호라면 그것의 대각선 원소가 양수임을 확인해 보라.

24. (계속) 모든 2×2 대칭 양의 정부호 행렬을 찾으라.

25. 행렬 A가 양의 정부호라면, 그것의 주 소행렬들 역시 양의 정부호임을 보이라.

26. 정리 1의 역을 쓰라.

27. A는 $n\times n$ 행렬로서 가역이라고 하자. A를 A=QR로 분해하라. RQ는 왜 A와 유사한지 설명하라.

28. (소연구 프로젝트) B는 $m\times n$ 행렬로서 $\mathbf{B}^T\mathbf{B}$가 대각행렬이 되도록 한다. R은 $n\times n$ 가역행렬이다. 최소제곱 의미에서 Ax=b라는 것을 풀기 위해서 이 행렬을 어떻게 사용하는가?

29. 2×2 대칭 양의 정부호 행렬의 콜레스키 분해를 찾으라.

30. L은 단위 하삼각행렬이고, D는 대각행렬일 때, 일반적인 2×2 대칭 양의 정부호 행렬의 LDL^T 분해를 찾으라.

31. 만약 대각 원소가 양수이면 하삼각행렬 L은 왜 양의 정부호 행렬인가?

32. 만약 $n\times n$ 실수 행렬 A가 양의 정부호이고, D는 그것의 대각선에 양수를 가지는 대각행렬이라면 DA 역시 양의 정부호임을 설명하라.

33. 2×2 블록행렬에서 다음의 각각을 증명하라.

a. A와 B가 가역일 때, 블록행렬의 역행렬은 다음과 같다.

$$\begin{bmatrix} \mathbf{A} & \mathbf{B} \\ \mathbf{B}^T & \mathbf{0} \end{bmatrix}^{-1} = \begin{bmatrix} \mathbf{0} & \mathbf{B}^{-T} \\ \mathbf{B}^{-1} & -\mathbf{B}^{-1}\mathbf{A}\mathbf{B}^{-T} \end{bmatrix}$$

b. 블록 LU 분해는 다음과 같다.

$$\begin{bmatrix} \mathbf{A} & \mathbf{B} \\ \mathbf{B}^T & \mathbf{0} \end{bmatrix} = \begin{bmatrix} \mathbf{I} & \mathbf{0} \\ \mathbf{B}^T\mathbf{A}^{-1} & \mathbf{I} \end{bmatrix} \begin{bmatrix} \mathbf{A} & \mathbf{B} \\ \mathbf{0} & -\mathbf{B}^T\mathbf{A}^{-1}\mathbf{B} \end{bmatrix}$$

c. LDL^T 분해는 다음과 같다.

$$\begin{bmatrix} \mathbf{A} & \mathbf{B} \\ \mathbf{B}^T & \mathbf{0} \end{bmatrix} =$$

$$\begin{bmatrix} \mathbf{I} & \mathbf{0} \\ \mathbf{B}^T\mathbf{A}^{-1} & \mathbf{L}_2 \end{bmatrix} \begin{bmatrix} \mathbf{A} & \mathbf{0} \\ \mathbf{0} & -\mathbf{D}_2 \end{bmatrix} \begin{bmatrix} \mathbf{I} & \mathbf{A}^{-1}\mathbf{B} \\ \mathbf{0} & \mathbf{L}_2^T \end{bmatrix}$$

여기서 축소된 계의 분해는 $\mathbf{B}^T\mathbf{A}^{-1}\mathbf{B}=\mathbf{L}_2\mathbf{D}_2\mathbf{L}_2^T$이다.

34. $\mathbf{B}_1$이 가역일 때, 블록 3×3 행렬

$$\mathcal{A} = \begin{bmatrix} \mathbf{A}_{11} & \mathbf{A}_{12} & \mathbf{B}_1^T \\ \mathbf{A}_{21} & \mathbf{A}_{22} & \mathbf{B}_2^T \\ \mathbf{B}_1 & \mathbf{B}_2 & \mathbf{0} \end{bmatrix}$$

를 고려하라. 이 행렬이

$$\mathcal{A} = \mathcal{L}\mathcal{G}\mathcal{L}^T$$

$$\mathcal{L} = \begin{bmatrix} \mathbf{I} & \mathbf{0} & \mathbf{0} \\ (\mathbf{B}_1^{-1}\mathbf{B}_2)^T & \mathbf{I} & \mathbf{0} \\ \mathbf{0} & \mathbf{0} & \mathbf{I} \end{bmatrix}$$

$$\mathcal{G} = \begin{bmatrix} \mathbf{A}_{11} & \mathbf{C} & \mathbf{B}_1^T \\ \mathbf{C}^T & \mathbf{D} & \mathbf{0} \\ \mathbf{B}_1 & \mathbf{0} & \mathbf{0} \end{bmatrix}$$

으로 분해됨을 보이라. 여기서 $\mathbf{C}=-\mathbf{A}_{11}(\mathbf{B}_1^{-1}\mathbf{B}_2)+\mathbf{A}_{12}$, $\mathbf{D}=\mathbf{A}_{22}-\mathbf{A}_{21}(\mathbf{B}_1^{-1}\mathbf{B}_2)-(\mathbf{B}_1^{-1}\mathbf{B}_2)^T\mathbf{C}$이다.

35. (계속) 만약 이 행렬이 대칭이라면 그것은 아래의 것들로 분해될 수 있다는 것을 보이라.

$$\mathcal{A} = \mathcal{H}\mathcal{G}\mathcal{H}^T, \qquad \mathcal{H} = \begin{bmatrix} \mathbf{B}_1^T & \mathbf{0} & \mathbf{0} \\ \mathbf{B}_2^T & \mathbf{I} & \mathbf{E} \\ \mathbf{0} & \mathbf{0} & \mathbf{I} \end{bmatrix}$$

$$\mathcal{G} = \begin{bmatrix} \mathbf{D}_1 & \mathbf{0} & \mathbf{I} \\ \mathbf{0} & \mathbf{D}_2 & \mathbf{0} \\ \mathbf{I} & \mathbf{0} & \mathbf{0} \end{bmatrix}.$$

$$\begin{aligned} \mathbf{D}_1 &= \mathbf{B}_1^{-T}\mathbf{A}_{11}\mathbf{B}_1^{-1}, \\ \mathbf{D}_2 &= \mathbf{A}_{22} - \mathbf{B}_2^T\mathbf{D}_1\mathbf{B}_2 - \mathbf{E}\mathbf{B}_2 - \mathbf{B}_2^T\mathbf{E} \\ \mathbf{E} &= \mathbf{A}_{21}\mathbf{B}_1^{-1} - \mathbf{B}_2^T\mathbf{D}_1 \end{aligned}$$

36. (계속) 앞 문제와 같이 하라. 여기서

$$\mathcal{H} = \begin{bmatrix} \mathbf{B}_1^T & \mathbf{0} & \mathbf{L}_1 \\ \mathbf{B}_2^T & \mathbf{L}_2 & \mathbf{E} \\ \mathbf{0} & \mathbf{0} & \mathbf{I} \end{bmatrix} \qquad \mathcal{G} = \begin{bmatrix} \mathbf{D}_1 & \mathbf{0} & \mathbf{I} \\ \mathbf{0} & \mathbf{D}_2 & \mathbf{0} \\ \mathbf{I} & \mathbf{0} & \mathbf{0} \end{bmatrix}$$

이고 $m\times m$ 행렬 $\mathbf{L}_1$과 $(n-m)\times(n-m)$ 가역행렬 $\mathbf{L}_2$는 아래를 만족하도록 한다.

$$\begin{aligned} \mathbf{D}_1 &= \mathbf{B}_1^{-T}\mathbf{A}_{11}\mathbf{B}_1^{-1} - \mathbf{B}_1^{-T}\mathbf{L}_1 - \mathbf{L}_1^T\mathbf{B}_1^{-1} \\ \mathbf{D}_2 &= \mathbf{L}_2^{-1}(\mathbf{A}_{22}-\mathbf{B}_2^T\mathbf{D}_1\mathbf{B}_2-\mathbf{E}\mathbf{B}_2-\mathbf{B}_2^T\mathbf{E}^T)\mathbf{L}_2^{-T} \\ \mathbf{E} &= \mathbf{A}_{21}\mathbf{B}_1^{-1} - \mathbf{B}_2^T\mathbf{D}_1 - \mathbf{B}_2^T\mathbf{L}_1^T\mathbf{B}_1^{-1} \\ \mathbf{L}_2\mathbf{D}\mathbf{L}_2^T &= \mathbf{A}_{22} - \mathbf{B}_2^T\mathbf{D}_1\mathbf{B}_2 - \mathbf{E}\mathbf{B}_2 - \mathbf{B}_2^T\mathbf{E}^T \end{aligned}$$

이것은 Schilders 분해이다.

37. 다음 블록행렬의 행렬식을 찾으라.

$$\begin{bmatrix} \mathbf{A} & \mathbf{0} \\ \mathbf{0} & \mathbf{I} \end{bmatrix} \text{ and } \begin{bmatrix} \mathbf{A} & \mathbf{0} \\ \mathbf{0} & \mathbf{B} \end{bmatrix}$$

38. $\mathbf{A}$를 $n\times n$ 가역행렬이라 하자. $\mathbf{u}$와 $\mathbf{v}$를 $\mathbb{R}^n$ 상에서의 벡터라 하자. 행렬 $\mathcal{A} = \begin{bmatrix} \mathbf{A} & \mathbf{u} \\ \mathbf{v}^T & 0 \end{bmatrix}$가 가역행렬이 되도록 하는 필요충분조건을 찾고 역행렬을 찾으라.

39. $\mathcal{A}$는 블록 분해의 형태 $\begin{bmatrix} \mathbf{A} & \mathbf{B} \\ \mathbf{C} & \mathbf{I} \end{bmatrix}$를 가진다.

a. $\mathbf{A}-\mathbf{BC}$가 가역이면 $\mathcal{A}$ 역시 그러하다는 것에 대해 논의하라.

b. $\mathcal{A}$의 영공간의 차수가 $\mathbf{A}-\mathbf{BC}$의 영공간보다 크지 않다는 결과에 대해 논의하라.

c. $\mathbf{I}-\mathbf{C}\mathbf{A}^{-1}\mathbf{B}$이 가역일 때 무엇을 말할 수 있는가?

40. a. $\mathcal{A} = \begin{bmatrix} \mathbf{A}_{11} & \mathbf{A}_{12} \\ \mathbf{A}_{21} & \mathbf{A}_{22} \end{bmatrix}$와 $\mathcal{B} = \begin{bmatrix} \mathbf{B}_{11} & \mathbf{B}_{12} \\ \mathbf{B}_{21} & \mathbf{B}_{22} \end{bmatrix}$가 주어졌을 때,

$$\mathcal{AB} = \begin{bmatrix} \mathbf{A}_{11}\mathbf{B}_{11}+\mathbf{A}_{12}\mathbf{B}_{21} & \mathbf{A}_{11}\mathbf{B}_{12}+\mathbf{A}_{12}\mathbf{B}_{22} \\ \mathbf{A}_{21}\mathbf{B}_{11}+\mathbf{A}_{22}\mathbf{B}_{21} & \mathbf{A}_{21}\mathbf{B}_{12}+\mathbf{A}_{22}\mathbf{B}_{22} \end{bmatrix}$$ 이 됨을 보이라.

b. $\mathcal{A} = \left[\begin{array}{cc|cc} 1 & 2 & -3 & 2 \\ 4 & 1 & -1 & 3 \\ \hline 3 & 2 & 1 & -4 \end{array}\right]$와 $\mathcal{B} = \left[\begin{array}{c|c} -2 & 3 \\ 3 & 2 \\ \hline 4 & -1 \\ 1 & -4 \end{array}\right]$를 사용하여 $\mathcal{AB}$를 계산하라.

c. $$\mathcal{AB} = \begin{bmatrix} \mathbf{A}_{11} & \mathbf{A}_{11} \\ \mathbf{A}_{22} & \mathbf{A}_{22} \end{bmatrix} \odot \begin{bmatrix} \mathbf{B}_{11} & \mathbf{B}_{12} \\ \mathbf{B}_{21} & \mathbf{B}_{22} \end{bmatrix} + \begin{bmatrix} \mathbf{A}_{12} & \mathbf{A}_{12} \\ \mathbf{A}_{21} & \mathbf{A}_{21} \end{bmatrix} \odot \begin{bmatrix} \mathbf{B}_{21} & \mathbf{B}_{22} \\ \mathbf{B}_{11} & \mathbf{B}_{12} \end{bmatrix}$$ 이 됨을 보이라.

d. c에 주어진 접근을 사용하여 b에서 수치적 부분행렬을 가지고 $\mathcal{AB}$를 계산하라.

e. $\mathcal{AB} = \begin{bmatrix} \mathbf{A}_{11} & \mathbf{A}_{12} \\ \mathbf{A}_{22} & \mathbf{A}_{21} \end{bmatrix} \odot \begin{bmatrix} \mathbf{B}_{11} & \mathbf{B}_{22} \\ \mathbf{B}_{21} & \mathbf{B}_{12} \end{bmatrix}$를 보여라.

$$+ \begin{bmatrix} \mathbf{A}_{12} & \mathbf{A}_{11} \\ \mathbf{A}_{21} & \mathbf{A}_{22} \end{bmatrix} \odot \begin{bmatrix} \mathbf{B}_{21} & \mathbf{B}_{12} \\ \mathbf{B}_{11} & \mathbf{B}_{22} \end{bmatrix}$$

f. e에 주어진 접근을 이용하여 b에서 수치적 부분행렬을 가지고 $\mathcal{AB}$를 계산하라.

41. 만약 L이 대각으로 양의 원소를 가진 하삼각행렬이면 $\mathbf{LL}^T$는 양의 정부호인가?

42. 반대칭행렬의 0이 아닌 고유값이 순허수라는 주장의 반례를 찾거나 이유를 설명하라.

43. $m \times m$ 행렬 A, m 벡터 b, 스칼라 c의 블록행렬 $\begin{bmatrix} \mathbf{A} & \mathbf{b} \\ \mathbf{b} & c \end{bmatrix}$의 역원을 찾으라.

44. $\mathbf{P} = \begin{bmatrix} \mathbf{E} & \mathbf{F} \\ \mathbf{0} & \mathbf{G} \end{bmatrix}$라 하자. $\mathbf{P}^{-1}$을 찾고 두 개의 블록행렬의 분해로 적으라.

45. $\begin{bmatrix} \mathbf{0} & \mathbf{I} \\ -\mathbf{I} & \mathbf{0} \end{bmatrix}$와 $\begin{bmatrix} \mathbf{A} & \mathbf{B} \\ \mathbf{C} & \mathbf{D} \end{bmatrix}$를 고려하자. 행렬이 교환법칙이 성립하도록 하기 위해, A, B, C, D에서 무슨 조건이 필요한가?

46. $\mathbf{S}_\mathbf{A} = (\mathbf{D} - \mathbf{CA}^{-1}\mathbf{B})$와 $\mathbf{S}_\mathbf{D} = (\mathbf{A} - \mathbf{BD}^{-1}\mathbf{C})$라 하자. 다음의 결과를 증명하라.

a. $$\begin{bmatrix} \mathbf{A} & \mathbf{B} \\ \mathbf{C} & \mathbf{D} \end{bmatrix}^{-1} = \begin{bmatrix} \mathbf{A}^{-1} + \mathbf{A}^{-1}\mathbf{BS}_\mathbf{A}^{-1}\mathbf{CA}^{-1} & -\mathbf{A}^{-1}\mathbf{BS}_\mathbf{A}^{-1} \\ -\mathbf{S}_\mathbf{A}^{-1}\mathbf{CA}^{-1} & \mathbf{S}_\mathbf{A}^{-1} \end{bmatrix}$$

b. $$\begin{bmatrix} \mathbf{A} & \mathbf{B} \\ \mathbf{C} & \mathbf{D} \end{bmatrix}^{-1} = \begin{bmatrix} \mathbf{S}_\mathbf{D}^{-1} & -\mathbf{S}_\mathbf{D}^{-1}\mathbf{BD}^{-1} \\ -\mathbf{D}^{-1}\mathbf{CS}_\mathbf{D}^{-1} & \mathbf{D}^{-1} + \mathbf{D}^{-1}\mathbf{CS}_\mathbf{D}^{-1}\mathbf{BD}^{-1} \end{bmatrix}$$

47. (계속) 2×2 스칼라의 경우, 두 역행렬이 아래와 같이 되는 것을 증명하라.

$$\begin{bmatrix} a & b \\ c & d \end{bmatrix}^{-1} = \Delta \begin{bmatrix} d & -b \\ -c & a \end{bmatrix} \text{where } \Delta = ad - bc$$

48. 분해 형식에서 2×2 블록행렬의 역행렬을 얻는 두 번째 절차를 세부적으로 수행하라.

49. Woodbury 행렬 항등원이 얻어지는 방법을 보이라.

50. Woodbury-Morrison 공식으로부터 Sherman-Morrison 공식을 유도하라.

51. B의 역행렬이 항등행렬 $\mathbf{B}^{-1} = \mathbf{A}^{-1} - \mathbf{B}^{-1}(\mathbf{B} - \mathbf{A})\mathbf{A}^{-1}$임을 증명하라.

52. 대각블록 $\mathbf{A}_{ii}$를 가진 $n \times n$ 상(하)삼각행렬 $\mathcal{A}$에 대하여

$$\left[\begin{array}{rr|rrr} 2 & 3 & 4 & 7 & 8 \\ -1 & 5 & 3 & 2 & 1 \\ \hline 0 & 0 & 2 & 1 & 5 \\ 0 & 0 & 3 & 1 & 4 \\ 0 & 0 & 5 & 2 & 6 \end{array}\right]$$

을 사용하여 $\text{Det}(\mathcal{A}) = \Pi_{i=1}^n \text{Det}(\mathbf{A}_{ii})$임을 증명하라. 바꾸어 말하면 $\text{Det}\begin{bmatrix} \mathbf{A} & \mathbf{B} \\ \mathbf{0} & \mathbf{D} \end{bmatrix} = \text{Det}(\mathbf{A})\text{Det}(\mathbf{D})$임을 증명하라. $\text{Det}\begin{bmatrix} \mathbf{A} & \mathbf{B} \\ \mathbf{C} & \mathbf{D} \end{bmatrix} \neq \text{Det}(\mathbf{A})\text{Det}(\mathbf{D}) - \text{Det}(\mathbf{C})\text{Det}(\mathbf{B})$인 예를 찾아서 보이라.

53. 2×2 블록 선형계 $\begin{bmatrix} \mathbf{A} & \mathbf{B} \\ \mathbf{C} & \mathbf{D} \end{bmatrix}\begin{bmatrix} \mathbf{x} \\ \mathbf{y} \end{bmatrix} = \begin{bmatrix} \mathbf{b} \\ \mathbf{c} \end{bmatrix}$의 해의 두 가지 형식을 찾으라.

54. 부분행렬 $n \times n$을 가지는 블록 형식의 $\mathbf{A} = \begin{bmatrix} \mathbf{B} & \mathbf{C} \\ \mathbf{0} & \mathbf{I} \end{bmatrix}$라고 하자. 만약 $(\mathbf{B} - \mathbf{I})$가 가역이면

a. $\mathbf{A}^k = \begin{bmatrix} \mathbf{B}^k & (\mathbf{B}^k - \mathbf{I})(\mathbf{B} - \mathbf{I})^{-1}\mathbf{C} \\ \mathbf{0} & \mathbf{I} \end{bmatrix}$임을 증명하라.

b. $\mathbf{A}^T$에 대해서도 증명하라.

참-거짓 연습문제 8.2

1. $\mathbf{A}=\begin{bmatrix}2&1&3\\4&7&5\\10&20&3\end{bmatrix}$라 하자. 행렬 A의 LU 분해에서 첫 번째 과정은 아래 결과를 만든다.

$$\mathbf{U}=\begin{bmatrix}2&1&3\\0&5&-1\\?&?&?\end{bmatrix}\qquad \mathbf{L}=\begin{bmatrix}1&0&0\\2&1&0\\?&?&1\end{bmatrix}$$

2. $n\times n$ 행렬이 A=LU로 분해되었다고 하자. 여기서 L은 단위 하삼각행렬이고 U는 상삼각행렬이다. U의 대각선에 있는 원소들은 모두 0이 아니다. 두 방정식 Lx=y와 Uy=b를 구함으로 Ax=b를 풀 수 있다.
3. 만약 L이 하삼각이고 대각선에 양수를 가진다면 $\mathbf{LL}^T$는 대칭이고 양의 정부호이다.
4. $\mathbf{A}=\begin{bmatrix}2&1&3\\6&2&2\\4&1&1\end{bmatrix}$이라 하자. 만약 A=LU일 때 여기서 L은 대각선에 1을 가진 하삼각행렬이고 U는 상삼각행렬이면 $\ell_{32}=-1$이다.
5. $x+3y=1$, $2x-y=1$, $4x+y=1$에 대해 정규방정식들은 $21x+5y=7$, $5x+11y=3$이다.
6. A=QR이라 하자. 여기서 $\mathbf{Q}^T\mathbf{Q}=\mathbf{I}$이고 R은 가역이라면 모든 Q의 열들은 A의 열공간이라는 말은 참이다.
7. 만약 A가 가역이고 분해 A=CD가 된다면 방정식 Dy=b와 Cx=y를 구함으로써 Ax=b를 구할 수 있다.
8. $\mathbf{A}=\begin{bmatrix}2&1&4\\6&-2&5\\4&12&2\end{bmatrix}$라고 하자. A의 LU 분해에서 $\mathbf{L}=\begin{bmatrix}1&0&0\\3&1&0\\2&-2&1\end{bmatrix}$이 된다.
9. 만약 A가 A=BC로 분해된다면 Bu=b와 Cx=u를 구함으로써 Ax=b를 구할 수 있다.
10. 만약 행렬 A가 A=CE로 분해되면 Cy=b와 Ex=y를 구함으로 Ax=b를 구할 수 있다.
11. 모든 정방행렬은 LU 분해를 가진다.
12. A, E와 F가 다음을 만족한다: A=EF이고 $\mathbf{E}^T\mathbf{E}=\mathbf{I}$. y는 $\mathbf{Fy}=\mathbf{E}^T\mathbf{b}$를 만족한다. 그러면 y는 Ax=b의 최소제곱해이다.
13. 실수 행렬은 대칭이 아닌 양의 정부호 행렬일 것이다.

선다형 연습문제 8.2

항상 첫 번째로 옳은 답을 선택하라.

1. $\begin{bmatrix}3&-7&-2\\-3&5&1\\6&-4&0\end{bmatrix}$을 고려하자. LU 분해에서 행렬 U는 어느 것인가?

a. $\begin{bmatrix}1&0&0\\1&-1&0\\2&5&1\end{bmatrix}$ **b.** $\begin{bmatrix}3&-7&-2\\0&-2&-1\\0&0&-1\end{bmatrix}$

c. $\begin{bmatrix}3&-7&-2\\0&5&1\\0&0&0\end{bmatrix}$ **d.** $\begin{bmatrix}1&0&0\\-1&1&0\\2&-5&1\end{bmatrix}$

e. 위 항목 중 답이 없다.

2. $\begin{bmatrix}2&7&5&-4\\6&3&5&-2\\-2&1&-3&1\\4&2&1&0\end{bmatrix}$을 고려하자. LU 분해에서 L의 첫 번째 열은 무엇인가?

a. $\begin{bmatrix}1\\6\\-2\\4\end{bmatrix}$ **b.** $\begin{bmatrix}1\\3\\-1\\2\end{bmatrix}$

c. $\begin{bmatrix} 1 \\ -3 \\ 1 \\ -2 \end{bmatrix}$ d. $\begin{bmatrix} 0 \\ 6 \\ -2 \\ 4 \end{bmatrix}$

e. 위 항목 중 답이 없다.

3. $\mathbf{A} = \begin{bmatrix} 2 & 4 & -1 & 5 & -2 \\ 0 & 3 & 1 & 2 & -3 \\ 0 & -9 & -3 & -4 & 10 \\ 0 & 12 & 4 & 12 & -5 \end{bmatrix}$라고 하자. **A**의 LU 분해에서 행렬 **L**은 무엇인가?

a. $\begin{bmatrix} 1 & 0 & 0 & 0 \\ 2 & 1 & 0 & 0 \\ 1 & -3 & 1 & 0 \\ -3 & 4 & 2 & 1 \end{bmatrix}$

b. $\begin{bmatrix} 1 & 0 & 0 & 0 \\ 0 & 1 & 0 & 0 \\ 0 & -3 & 1 & 0 \\ 0 & 4 & 2 & 1 \end{bmatrix}$

c. $\begin{bmatrix} 1 & 0 & 0 & 0 & 0 \\ 0 & 1 & 0 & 0 & 0 \\ 0 & -3 & 1 & 0 & 0 \\ 0 & 0 & 0 & 0 & 0 \end{bmatrix}$

d. $\begin{bmatrix} 1 & 0 & 0 & 0 \\ 0 & 1 & 0 & 0 \\ 0 & -3 & 1 & 0 \\ 0 & 4 & -4/3 & 1 \end{bmatrix}$

e. 위 항목 중 답이 없다.

4. $\mathbf{L} = \begin{bmatrix} 1 & 0 & 0 \\ -1 & 1 & 0 \\ 2 & -5 & 1 \end{bmatrix}$이고 $\mathbf{b} = \begin{bmatrix} -9 \\ 5 \\ 7 \end{bmatrix}$라고 하자. **Ly**=**b**의 해는?

a. $[-9, -4, 25]^T$ b. $[-9, -4, 5]^T$

c. $[-9, -4, -11]^T$ d. $[-9, -4, -31]^T$

e. 위 항목 중 답이 없다.

5. $\begin{bmatrix} 1 & 3 \\ 4 & 2 \\ -3 & 1 \end{bmatrix} \begin{bmatrix} x_1 \\ x_2 \end{bmatrix} = \begin{bmatrix} 1 \\ 3 \\ 2 \end{bmatrix}$임을 고려하자. 최소제곱해에서 정규방정식은?

a. $\begin{bmatrix} 14 & 26 \\ 8 & 8 \end{bmatrix} \begin{bmatrix} x_1 \\ x_2 \end{bmatrix} = \begin{bmatrix} x_1 \\ x_2 \end{bmatrix} = \begin{bmatrix} 7 \\ 11 \end{bmatrix}$

b. $\begin{bmatrix} 14 & 8 \\ 8 & 26 \end{bmatrix} \begin{bmatrix} x_1 \\ x_2 \end{bmatrix} = \begin{bmatrix} 11 \\ 7 \end{bmatrix}$

c. $\begin{bmatrix} 26 & 8 \\ 8 & 14 \end{bmatrix} \begin{bmatrix} x_1 \\ x_2 \end{bmatrix} = \begin{bmatrix} 7 \\ 11 \end{bmatrix}$

d. $\begin{bmatrix} 26 & 8 \\ 8 & 14 \end{bmatrix} \begin{bmatrix} x_1 \\ x_2 \end{bmatrix} = \begin{bmatrix} 11 \\ 7 \end{bmatrix}$

e. 위 항목 중 답이 없다.

6. $\begin{bmatrix} 2 & 1 \\ -3 & -4 \\ 3 & 2 \end{bmatrix} \begin{bmatrix} x_1 \\ x_2 \end{bmatrix} = \begin{bmatrix} 5 \\ 4 \\ 4 \end{bmatrix}$일 때 $\mathbf{v} = \begin{bmatrix} 4 \\ -5 \end{bmatrix}$과 $\mathbf{u} = \begin{bmatrix} 6 \\ -5 \end{bmatrix}$ 중 최소제곱법해는 어느 것인가?

a. **u**, **v** b. **u**

c. **v** d. 위 항목 중 답이 없다.

7. $\mathbf{A} = \begin{bmatrix} 1 & 0 & 0 \\ 1 & 1 & 0 \\ 1 & 1 & 1 \\ 1 & 1 & 1 \end{bmatrix}$라고 할 때, 어느 행렬의 열이 **A**의 열벡터에 대한 정규직교기저를 형성하는가?

a. $\begin{bmatrix} 1 & 0 & -3 \\ 1 & -2 & 1 \\ 1 & 1 & 1 \\ 1 & 1 & 1 \end{bmatrix}$ b. $\begin{bmatrix} 1 & -3 & 0 \\ 1 & 1 & -2 \\ 1 & 1 & 1 \\ 1 & 1 & 1 \end{bmatrix}$

c. $\begin{bmatrix} 1/2 & -3/\sqrt{12} & 0 \\ 1/2 & 1/\sqrt{12} & -2/\sqrt{6} \\ 1/2 & 1/\sqrt{12} & 1/\sqrt{6} \\ 1/2 & 1/\sqrt{12} & 1/\sqrt{6} \end{bmatrix}$

d. $\begin{bmatrix} 1/4 & 0 & -3/\sqrt{12} \\ 1/4 & -2/\sqrt{6} & 1/\sqrt{12} \\ 1/4 & 1/\sqrt{6} & 1/\sqrt{12} \\ 1/4 & 1/\sqrt{6} & 1/\sqrt{12} \end{bmatrix}$

e. 위 항목 중 답이 없다.

8. 적당한 크기의 **A**, **B**, **C**, **D** 부분행렬을 가지고 있는 임의의 2×2인 행렬 $\begin{bmatrix} \mathbf{A} & \mathbf{B} \\ \mathbf{C} & \mathbf{D} \end{bmatrix}$의 전치행렬은 어느 것인가?

a. $\begin{bmatrix} \mathbf{A}^T & \mathbf{B}^T \\ \mathbf{C}^T & \mathbf{D}^T \end{bmatrix}$ b. $\begin{bmatrix} \mathbf{A}^T & \mathbf{C}^T \\ \mathbf{B}^T & \mathbf{D}^T \end{bmatrix}$

c. $\begin{bmatrix} \mathbf{A} & \mathbf{C}^T \\ \mathbf{B}^T & \mathbf{D} \end{bmatrix}$ d. $\begin{bmatrix} \mathbf{A}^T & \mathbf{B} \\ \mathbf{C} & \mathbf{D}^T \end{bmatrix}$

e. 위 항목 중 답이 없다.

컴퓨터 연습문제 8.2

1. 콜레스키 분해에 대해 알고리즘을 프로그램화하고 테스트하라.
2. 고유값이 계산될 수 있는 정방행렬을 A라고 하자. Matlab, Maple, Mathematica에서 QR을 사용해서 $\mathbf{A}=\mathbf{QR}$를 얻으라. $\mathbf{B}=\mathbf{RQ}$라고 정의하고 A를 B로 바꾸라. 이러한 과정을 반복하면 A를 얻을 수 있다. $\mathbf{A}=\begin{bmatrix} 3 & 12 & 8 \\ -10 & 37 & 26 \\ 12 & -36 & -25 \end{bmatrix}$에서 3, 5, 7이 고유값이다. A를 사용해서 테스트하라. 이 알고리즘은 고유값을 구하기 위한 QR 알고리즘이다.
3. Matlab, Maple, Mathematica를 이용하여 이 절에 나온 예제들의 결과를 증명하라.
4. 정방행렬이 주어져 있다. $\mathbf{A}=\mathbf{PDP}^{-1}$ 그리고 $\mathbf{A}=\mathbf{PDQ}$ 분해를 계산하라.(행렬 P는 각 분해에서 같다고 가정하지 말라.) 결과는 무엇인가?
5. 한 아마추어 달리기 선수가 1941년부터 1974년까지 해마다 정해진 마일을 달리는 데 필요한 최적 시간들을 기록하였다. 이 시간들은 순서대로 5.94, 6.44, 5.94, 5.94, 5.94, 5.94, 5.96, 6.42, 6.25, 7.00, 6.18, 6.29, 6.83, 6.82, 6.23, 6.20, 6.70, 6.84, 7.09, 7.11, 7.31, 7.30, 7.39, 7.94, 7.92, 7.96, 8.15, 8.25, 8.90, 8.96, 8.90, 9.15, 9.46, 10.07이다. 기록된 시간들은 분 단위이고 소수점 형태이다. T가 시간, Y가 해이고 $T=cY+b$라 가정할 때 이런 데이터들에 대한 최소제곱 직선을 구하라. 매개변수 b, c는 최소제곱 기준에 의해 결정된다. 여러분이 얻은 결과가 이 아마추어 달리기 선수에 대해 시간 T가 해마다 약 6초 증가한다는 결론을 지지하는가?
6. 수학 소프트웨어를 사용하여 $\begin{bmatrix} 1 & 3 & 2 \\ 5 & -2 & 1 \\ 0 & 3 & 4 \\ 3 & 0 & 1 \end{bmatrix}$의 QR 분해를 계산하라.
7. 일반적으로 2×2 대칭 양의 정부호 행렬의 QR 분해를 계산하라.

8.3 일차방정식의 반복법

아마도 역설 중에 가장 위대한 것은 수학에 역설이 있다는 것입니다.

—캐스너와 뉴턴(E. KASNER AND J. NEWTON)

역설일지 모르지만 모든 정밀과학은 근사값 개념으로 묘사됩니다.

—쇼(BERTRAND SHAW, 1872~1970)

소개

이 절에서는 일차방정식을 푸는 반복적인 절차를 소개하겠다. 반복적이라는 용어는 앞 단계의 출력을 한 단계의 입력으로 사용하는 과정을 반복해서 처리하는 것을 나타낸다. 이런 전략의 예제들은 이미 다음과 같은 동역학계에서 보았다: 초기 벡터 $\mathbf{x}^{(0)}$로부터 $k=1, 2, 3, \ldots$에 대하여 식 $\mathbf{x}^{(k)}=\mathbf{A}\mathbf{x}^{(k-1)}$을 써서 벡터들의 수열을 만들어 낼 수 있다. 일반적으로 반복 알고리즘에서 필요한 단계의 수는 변수의 수보다 훨씬 적을 것이다.

반복법은 흔히 방정식의 수와 미지수가 많은 크고 희박한(large sparse) 연립방정식을 풀기 위해서 사용한다.(크고 희박한 행렬은 주로 영의 값을 가지고 상대적으로 영 아닌 성분은 적다.) 미지수가 수백만의 방정식과 수백만의 미지수를 포함하는 문제들도 있다. 그런 문제들은 편미분방정식의 수치 해를 구할 때 종종 생긴다. 반복법의 하나의 장점은, 일반적으로 만약 대수행렬이 영 아닌 성분을 상대적으로 적게 가지면 알고리즘들은 영 값을 갖는 성분을 영 아닌 값으로 채우지 않고 오직 이런 영 아닌 성분들을 사용한다는 것이다.('채우다' 라는 것은 영 값을 갖는 계수행렬의 성분을 영 아닌 값으로 바꾼다는 것을 의미한다.) 게다가 반복법은 반복을 할수록 개선되는 근사해들의 수열을 만들어 낸다. 분할자(partitioner)는 충분히 정확한 해들을 얻으면 컴퓨터 프로그램을 멈출 수 있다. 물론 잘 알려진 행축소(row-reduction) 알고리즘은 이런 굉장한 성질을 갖고 있지 않다!

리처드슨 반복법

이제 방정식

$$\mathbf{Ax} = \mathbf{b}$$

를 풀기 위한 반복법에 대하여 알아보자. 절차는 다음 형태를 택한다.

$$\mathbf{x}^{(k)} = \mathbf{Gx}^{(k-1)} + \mathbf{c} \qquad (k = 1, 2, 3, \ldots)$$

당연히 $\mathbf{G}$와 $\mathbf{c}$의 선택은 $\mathbf{A}$와 $\mathbf{b}$에 종속되어야 한다. 만약 이런 반복법이 성공적으로 수행되면, 반복 수열 $\mathbf{x}^{(k)}$는 하나의 벡터 $\mathbf{x}^*$로 수렴할 것이다. 앞의 방정식에서 극한으로 보내면 다음과 같은 식을 얻는다.

$$\mathbf{x}^* = \mathbf{Gx}^* + \mathbf{c} \qquad \text{또는} \qquad (\mathbf{I} - \mathbf{G})\mathbf{x}^* = \mathbf{c}$$

목적은 $\mathbf{Ax}=\mathbf{b}$를 푸는 것이기 때문에 $\mathbf{I}-\mathbf{G}=\mathbf{A}$와 $\mathbf{c}=\mathbf{b}$로 놓을 수 있다. 결과적으로 얻은 반복 공식은

$$\mathbf{x}^{(k)} = (\mathbf{I} - \mathbf{A})\mathbf{x}^{(k-1)} + \mathbf{b}$$

이다. 이것을 **리처드슨 반복법**(Richardson iterative method)이라고 한다.

이 방법이 억지스러운 것이 아니라는 것을 보이기 위해 아주 잘 되는 하나의 예제를 보여 줄 것이다.(이 과정이 전혀 안 되는 많은 예제들이 있다.)

예제 1 다음 연립방정식 $\mathbf{Ax}=\mathbf{b}$를 풀라. 단, 위에서 언급한 리처드슨 반복법을 사용하라.

$$\begin{bmatrix} 1.0 & -0.3 & -0.2 \\ -0.3 & 1.0 & -0.1 \\ -0.2 & -0.1 & 1.0 \end{bmatrix} \begin{bmatrix} x_1 \\ x_2 \\ x_3 \end{bmatrix} = \begin{bmatrix} 7 \\ 5 \\ 3 \end{bmatrix}$$

풀이 리처드슨 반복 공식은 $\mathbf{x}^{(k)}=(\mathbf{I}-\mathbf{A})\mathbf{x}^{(k-1)}+\mathbf{b}$이다. 컴퓨터 프로그램은 초기 벡터로 $\mathbf{x}=(0, 0, 0)$를 쓰고, 예를 들면 다음 의사코드(pseudocode)에서 그 절차를 25번 반복한다.

$x_1 \leftarrow 0, \quad x_2 \leftarrow 0, \quad x_3 \leftarrow 0$

for $k = 1$ **to** 25

$$\begin{bmatrix} x_1 \\ x_2 \\ x_3 \end{bmatrix} \leftarrow \begin{bmatrix} 0 & 0.3 & 0.2 \\ 0.3 & 0 & 0.1 \\ 0.2 & 0.1 & 0 \end{bmatrix} \begin{bmatrix} x_1 \\ x_2 \\ x_3 \end{bmatrix} + \begin{bmatrix} 7 \\ 5 \\ 3 \end{bmatrix}$$

end for

x의 성공적인 값들이 계산되는 동안 그것들을 프린트하거나 나타낼 수 있다. 그렇게 하면, 중간 값들을 저장할 필요가 없다. 컴퓨터 프로그램은 우리를 위해서 이런 것들이 모두 할 수 있다. 처음 몇 번을 반복하면 $\mathbf{x}^{(0)}=(0, 0, 0)$, $\mathbf{x}^{(1)}=(7, 5, 3)$, $\mathbf{x}^{(2)}=(9.1, 3.4, 4.9)$을 얻는다. 이런 과정을 처리하는 Matlab 프로그램은 이 장 끝에 주어져 있다. 이런 프로그램을 사용하면 근사해들은 점점 더 좋아지게 되고, 15번째 단계에서 반올림한 형태로 $\mathbf{x}^{(15)}=(10.8726, 8.8679, 6.0613)=\mathbf{x}^{(14)}$을 얻는다. 이 단계에서 벌써 답과 다섯 자리까지 유효한 숫자들이 있다. ■

야코비 반복법

예제 1에서 행렬 **A**의 대각 원소들이 모두 다 1인 것은 아니면, 리처드슨 반복법을 적용하기 전에 각 방정식을 영 아닌 대각 성분 a_{ii}로 나눌 수 있게 된다. 즉 주어진 연립방정식은 $\mathbf{D}=\text{Diag}(\mathbf{A})$라 할 때

$$\mathbf{D}^{-1}\mathbf{A}\mathbf{x} = \mathbf{D}^{-1}\mathbf{b}$$

로 크기가 조정될(scaled) 수 있다. 여기서 Diag(**A**)는 대각선이 **A**의 대각선과 똑같은 대각행렬을 의미한다. 그리고

$$\mathbf{B} = \mathbf{I} - \mathbf{D}^{-1}\mathbf{A} \quad \text{and} \quad \mathbf{c} = \mathbf{D}^{-1}\mathbf{b}$$

이라고 하자. 이때 만들어지는 다음 절차를 **야코비 반복법**(Jacobi iterative method)이라고 부른다.

$$\mathbf{x}^{(k)} = \mathbf{B}\mathbf{x}^{(k-1)} + \mathbf{c} \qquad\qquad (k = 1, 2, \ldots)$$

만약 반복 벡터 $\mathbf{x}^{(k)}$가 ($\mathbf{x}^*$에) 수렴한다면, $\mathbf{x}^*$는 연립방정식의 해일 것이다. 남은 일은 행렬 **A**의 적당한 가정하에서 이 과정의 수렴성을 증명하는 것이다. 이것은 정리 4와 그 따름정리들에서 완성될 것이다.

예제 2 예제 1에서 대각 성분을 모두 1에서 2로 바꾸면 다음과 같다.

$$\begin{bmatrix} 2.0 & -0.3 & -0.2 \\ -0.3 & 2.0 & -0.1 \\ -0.2 & -0.1 & 2.0 \end{bmatrix} \begin{bmatrix} x_1 \\ x_2 \\ x_3 \end{bmatrix} = \begin{bmatrix} 7 \\ 5 \\ 3 \end{bmatrix}$$

위 식에 야코비 반복법을 적용하라.(리처드슨 반복법은 이 예제에서는 잘 되지 않는다.)

풀이 야코비 반복 공식은 $\mathbf{x}^{(k)}=\mathbf{B}\mathbf{k}^{(k-1)}+\mathbf{D}^{-1}\mathbf{b}$이다. 여기서 $\mathbf{B}=\mathbf{I}-\mathbf{D}^{-1}\mathbf{A}$이고 $\mathbf{D}=\text{Diag}(\mathbf{A})$이다. 이 계산은 다음과 같이 나타낼 수 있다.

$$x_1 \leftarrow 0, \quad x_2 \leftarrow 0, \quad x_3 \leftarrow 0$$

for $k = 1$ **to** 25

$$\begin{bmatrix} x_1 \\ x_2 \\ x_3 \end{bmatrix} \leftarrow \begin{bmatrix} 0 & 0.15 & 0.1 \\ 0.15 & 0 & 0.05 \\ 0.1 & 0.05 & 0 \end{bmatrix} \begin{bmatrix} x_1 \\ x_2 \\ x_3 \end{bmatrix} + \begin{bmatrix} 3.5 \\ 2.5 \\ 1.5 \end{bmatrix}$$

end for

이것은 각각의 변수들로 다음과 같이 기술될 수 있다.

$x_1 \leftarrow 0, \quad x_2 \leftarrow 0, \quad x_3 \leftarrow 0$
for $k = 1$ **to** 25
  $y_1 \leftarrow 0.15x_2 + 0.1x_3 + 3.5$
  $y_2 \leftarrow 0.15x_1 + 0.05x_3 + 2.5$
  $y_3 \leftarrow 0.1x_1 + 0.05x_2 + 1.5$
  $x_1 \leftarrow y_1, \quad x_2 \leftarrow y_2, \quad x_3 \leftarrow y_3$
end for

어느 경우든, 아홉 번 반복하면 근사해 (4.1930, 3.2330, 2.0810)를 얻는다. 이 절의 끝에 간단한 Matlab 프로그램이 주어져 있다. ■

가우스-자이델 방법

강력하면서 쉽게 프로그램할 수 있는 반복법은 **가우스-자이델[6] 방법**(Gauss-Seidel method)이다. 평소처럼 연립방정식을 다음과 같이 놓자.

$$\mathbf{Ax} = \mathbf{b} \qquad \text{or} \qquad \sum_{j=1}^{n} a_{ij}x_j = b_i \qquad (1 \le i \le n)$$

행렬 **A**의 모든 대각 원소들은 영이 아니라고 가정하자. 연립방정식을 다음과 같은 형태로 쓸 수 있다.

$$a_{ii}x_i = -\sum_{\substack{j=1 \\ j \ne i}}^{n} a_{ij}x_j + b_i \qquad (1 \le i \le n)$$

모든 자료가 들어가면, 가우스-자이델 반복은 다음의 의사코드를 사용한다.

for $k = 1$ **to** k_max
  for $i = 1$ **to** n
    $$x_i \leftarrow (b_i/a_{ii}) - \sum_{\substack{j=1 \\ j \ne i}}^{n} (a_{ij}/a_{ii})x_j$$
  end for
end for

각 변수의 가장 최근의 값들을 사용해서, 미지수는 하나씩 새로운 것으로 경신된다. 의사코드에서 대체 단계는 경신 공식(updating formula)이라고 불린다. 그 코드는 쓰는 것은 매우 쉽지만, 행렬 **A**를 대각행렬, 하삼각행렬, 상삼각행렬의 합으로 분해해야 하기 때문에 절차의 행렬 형태는 매우 복잡하다. 특히 **D**는 **A**의 대각 원소들을 포함하는 대각행렬이고, **L**은 $-\mathbf{D}^{-1}\mathbf{A}$의 하삼각 부분이고 **U**는 $-\mathbf{D}^{-1}\mathbf{A}$의 상삼각 부분이다. 그러므로 $\mathbf{D}^{-1}\mathbf{A} = \mathbf{I} - \mathbf{L} - \mathbf{U}$

[6] 자이델(Philip Ludwig von Seidel, 1821~1896)은 6개월 만에 완전히 다른 두 개의 박사 학위 논문을 제출했는데, 처음 것은 천문학, 두 번째 것은 수리 해석학에 관한 것이었다.

이다. 따라서 가우스-자이델 방법은 $\mathbf{c}=\mathbf{D}^{-1}\mathbf{b}$에 대하여 다음과 같이 쓸 수 있다.

$$\mathbf{x}^{(k)} = \mathbf{L}\mathbf{x}^{(k)} + \mathbf{U}\mathbf{x}^{(k-1)} + \mathbf{c}$$

예제 3 가우스-자이델 반복법을 사용하여 예제 2에서 했던 것을 반복하라.

풀이 새로운 값은 가능하면 빨리 사용되어야 하므로 y 변수들을 뺀다.(우리는 야코비 방법에서 했던 것처럼 각 루프가 끝나기 전까지 x 변수들을 경신하는 것을 미루고 싶지 않다.) 가우스-자이델 방법은 각 변수들에 의해 기술될 수 있다.

$x_1 \leftarrow 0; \quad x_2 \leftarrow 0; \quad x_3 \leftarrow 0$
for $k = 1$ **to** 25
  $x_1 \leftarrow 0.15x_2 + 0.1x_3 + 3.5$
  $x_2 \leftarrow 0.15x_1 + 0.05x_3 + 2.5$
  $x_3 \leftarrow 0.1x_1 + 0.05x_2 + 1.5$
end for

단지 세 번 반복으로 근사해 (4.1930, 3.2330, 2.0810)가 나오고, 이 해는 다섯 자리 유효 숫자만큼 정확하다. Matlab 프로그램에서 완전한 정밀도(full precision)를 얻기 위해서는 13번을 반복하면 된다. 이 예제에서 가우스-자이델 방법은 야코비 방법으로 같은 정도의 정확도를 얻기 위해서 반복한 횟수의 거의 반 정도의 반복 횟수를 요구한다. 이런 야코비 방법과 가우스-자이델 방법 사이의 관계는 많은 예제에서 사실로 밝혀진다. ■

축차가속완화 방법

어떤 경우에 가우스-자이델 방법은 다음 공식에서처럼 '완화 인자(relaxation factor)' ω를 도입함으로써 가속화될 수 있다.

$$\mathbf{x}^{(k)} = \omega\left\{\mathbf{L}\mathbf{x}^{(k)} + \mathbf{U}\mathbf{x}^{(k-1)} + \mathbf{c}\right\} + (1-\omega)\mathbf{x}^{(k)}$$

$\omega=1$일 때 가우스-자이델 방법임을 주목하라. $1 < \omega < 2$일 때, 이 절차를 **축차가속완화**(SOR: successive overrelaxation) 방법이라고 부른다. 최적의 ω는 종종 2 근처에 있다. 영(Young)은 자신의 학위논문 Young[1950]에서 처음으로 식 $(\lambda+\omega-1)^2=\lambda\omega^2\mu^2$을 유도하였고, 때때로 이 식은 **영의 방정식**(Young's equation)이라고 불린다. (행렬 **A**의 적당한 조건들을 가정함으로써) 이 식은 가우스-자이델 반복 행렬의 고유값 μ와 SOR 반복 행렬의 고유값 λ를 연결시킨다. 이 방정식은 최선의 완화 인자 $\omega_b=2/(1+\sqrt{1-\rho^2})$를 찾는 데 사용될 수 있다. 여기서 ρ는 야코비 행렬의 절대값이 가장 큰 고유값이다. SOR 방법은 선형대수학에서 기본 반복법들 중 하나이고, 응용 분야에서 널리 사용되고 있다.

공액 그래디언트 방법

이론에서, 만약 행렬 **A**가 대칭적이고 양의 정부호이면, 공액 그래디언트(conjugate gradient) 반복법은 많아야 n 단계에서 n차 연립 일차방정식을 푼다. 더욱이 n번째 반복 벡터 $\mathbf{x}^{(n)}$은 이차 함수 $q(\mathbf{x})=\frac{1}{2}\mathbf{x}^T\mathbf{A}\mathbf{x}-\mathbf{x}^T\mathbf{b}$의 유일한

최소 벡터이다. 공액 그래디언트 방법이 Hestenes와 Stiefel[1952]에 의하여 소개되었을 때, 이런 유한 종결 성질을 실제로는 얻을 수 없다는 것이 알려져서 초기의 관심이 시들해졌다. 하지만 20년 후, Reid[1971]와 다른 사람들에 의해서 반복 과정이 고찰되자 이 방법에 대해 다시 관심을 가지기 시작했다. 실제로는 연립방정식의 차수보다 상당히 작은 횟수의 단계에서 만족스런 정밀도로 연립 일차방정식의 해가 종종 발견되었다. 전제조건 공액 그래디언트 방법들은 지금 아주 크고 희박한 많은 선형계를 위한 최고의 반복법이다! 다음은 **공액 그래디언트 알고리즘**(conjugate gradient algorithm)에 관한 의사코드이다.

$$
\begin{array}{l}
k \leftarrow 0;\ \mathbf{x} \leftarrow \mathbf{0};\ \mathbf{r} \leftarrow \mathbf{b} - \mathbf{Ax};\ \gamma \leftarrow \langle \mathbf{r}, \mathbf{r} \rangle \\
\textbf{while}\ \ \sqrt{\gamma} > \varepsilon\sqrt{\langle \mathbf{b}, \mathbf{b} \rangle}\ \ \textbf{and}\ \left(k < k_{\max}\right) \\
\quad k \leftarrow k + 1 \\
\quad \textbf{if}\ \ k = 1\ \ \textbf{then} \\
\quad\quad \mathbf{p} \leftarrow \mathbf{r} \\
\quad \textbf{else} \\
\quad\quad \beta \leftarrow \gamma \,/\, \gamma_{\text{old}} \\
\quad\quad \mathbf{p} \leftarrow \mathbf{r} + \beta \mathbf{p} \\
\quad \textbf{end if} \\
\quad \mathbf{w} \leftarrow \mathbf{Ap} \\
\quad \alpha \leftarrow \gamma \,/\, \langle \mathbf{p}, \mathbf{w} \rangle \\
\quad \mathbf{x} \leftarrow \mathbf{x} + \alpha \mathbf{p} \\
\quad \mathbf{r} \leftarrow \mathbf{r} - \alpha \mathbf{w} \\
\quad \gamma_{\text{old}} \leftarrow \gamma \\
\quad \gamma \leftarrow \langle \mathbf{r}, \mathbf{r} \rangle \\
\textbf{end while}
\end{array}
$$

여기서 ($\varepsilon = 10^{-5}$ 같은) ε은 수렴 기준에 사용되는 매개변수이고, $k_{\max}$는 최대 반복 횟수이다. 일반적으로 필요한 반복 횟수는 선형계의 크기보다 작다. 앞의 γ 값은 γold로 저장한다. 해벡터 $\mathbf{x}$에 대한 좋은 추측이 있으면, 영 대신에 초기 벡터로서 사용될 수 있다. 변수 ε은 바라는 수렴 허용 오차이다. 그 알고리즘은 해에 수렴하는 벡터들의 수열 $\mathbf{x}^{(i)}$뿐만 아니라 잉여 벡터들 $\mathbf{r}^{(i)} = \mathbf{b} - \mathbf{Ax}^{(i)}$의 직교 수열과 탐색 방향 벡터들 $\mathbf{p}^{(i)}$의 A 직교 수열을 만들어 낸다. 즉 $i \neq j$이면 $\langle \mathbf{r}^{(i)}, \mathbf{r}^{(j)} \rangle = 0$이고, $i \neq j$이면 $\langle \mathbf{p}^{(i)}, \mathbf{Ap}^{(j)} \rangle = 0$이다.(공액 그래디언트 알고리즘의 주된 계산적인 특징은 끌어내기가 복잡하지만, 마지막 결론은 각 단계에서 오직 하나의 행렬-벡터 곱셈이 요구되고, 아주 소수의 점곱들이 계산된다는 것이다.) 이것은 크고 희박한 행렬에서 극단적으로 바라는 속성이다. 또한 가우스 소거법과 달라서 채워짐(fill-in)도 없고, A에서 영 아닌 성분들만 계산 기억 장치에 저장되면 된다. 어떤 미분방정식 문제들에서는 선형계의 방정식들이 계수행렬 내의 영 아닌 구조를 나타내는 스텐실(stencil)에 의해 묘사될 수 있다. 때때로 이런 '스텐실'들은 계수행렬에서 영 아닌 성분들을 저장하기보다는 ϵ컴퓨터 프로그램에서 사용된다.

예제 4 공액 그래디언트 방법을 사용하여 예제 2에서 했던 것을 반복하라.

풀이 Matlab을 사용하여 의사코드를 프로그래밍하면, 반복해 $\mathbf{x}^{(1)} = (4.3484,\ 3.1013,\ 1.8638)$, $\mathbf{x}^{(2)} = (4.1903,\ 3.2419,\ 2.0723)$, $\mathbf{x}^{(3)} = (4.1930,\ 3.2330,\ 2.0810)$을 얻는다. 단지 세 번의 반복에서, 완전한 정밀도만큼 정확한

답을 구하고, 이것은 유한 종결 성질을 입증한다. 행렬 **A**는 대칭적이고 양의 정부호이며 **A**의 고유값은 1.5887, 2.0911, 2.3202이다. 실제 응용에서는 그렇게 빠른 수렴성을 기대할 수 없기 때문에 이 간단한 예제가 약간 오해하기 쉽게 할 수도 있다.(수렴 비율은 선형계의 다양한 성질에 의존한다.) 사실 앞의 예제는 너무 작아서 아주 크고 희박한 계의 앞선 반복법의 효력을 입증할 수는 없다. ■

대각지배행렬

이제 반복법이 잘 실행되는 경우들을 판정하는 정리들에 주의를 집중하자.(정리 4와 따름정리들을 미리 보라.) 다음 개념이 중요한 역할을 담당할 것이다.

정의

정방행렬의 각 대각 원소들의 절대값이 같은 행의 대각선이 아닌 원소들의 절대값의 합보다 클 때, **대각지배**(diagonally dominant)행렬이라고 한다. 만약 행렬이 **A**이고 a_{ij}라는 일반 원소들을 갖는다면, 대각선 우세는

$$\sum_{\substack{j=1 \\ j\neq i}}^{n} |a_{ij}| < |a_{ii}| \qquad (1 \le i \le n)$$

으로 표시된다.

그런 행렬들은 자동적으로 가역적인데, 이를 증명해 보자.

정리 1

모든 대각지배행렬은 가역적이다.

증명 **A**를 $n\times n$ 대각지배행렬이라고 하자. $\mathbf{x} \neq 0$일 때, $A\mathbf{x} \neq 0$, 즉 **A**의 영공간이 오직 영벡터만 가진다는 것을 증명할 것이다. 그러므로 **x**를 영 아닌 벡터라고 하고, $\mathbf{y}=\mathbf{Ax}$로 놓으면, $\mathbf{y} \neq \mathbf{0}$임을 보이면 된다. $|x_i|$가 **x**의 가장 큰 성분이 되는 i를 택하자: 모든 j에 대하여 $|x_j| \le |x_i| \neq 0$. 그러면 다음 식을 얻는다.

$$y_i = a_{ii}x_i + \sum_{\substack{j=1 \\ j\neq i}}^{n} a_{ij}x_j \qquad \text{or} \qquad a_{ii}x_i = y_i - \sum_{\substack{j=1 \\ j\neq i}}^{n} a_{ij}x_j$$

절대값을 취하면 다음과 같이 된다.

$$|a_{ii}||x_i| \le \left| y_i - \sum_{\substack{j=1 \\ j\neq i}}^{n} a_{ij}x_j \right| \le |y_i| + \sum_{\substack{j=1 \\ j\neq i}}^{n} |a_{ij}||x_i| = |y_i| + |x_i| \sum_{\substack{j=1 \\ j\neq i}}^{n} |a_{ij}|$$

결국 다음 식을 얻는다.

$$|x_i|\left(|a_{ii}| - \sum_{\substack{j=1 \\ j\neq i}}^{n} |a_{ij}|\right) \leq |y_i|$$

대각선 우세 성질을 사용하면, $y_i \neq 0$이고 $\mathbf{y} \neq \mathbf{0}$이다. ■

Gerschgorin 정리

앞 정리의 유용한 따름정리는 복소평면에서 고유값의 위치에 관련된 Gerschgorin 정리[7]이다. 간단히 말하면, 주어진 행렬의 각 고유값은 그 행렬의 대각 원소들로부터 아주 멀리 떨어져 있는 것은 아니다.

정리 2 Gerschgorin 정리

만약 λ가 $n\times n$ 행렬 $\mathbf{A}=(a_{ij})$의 고유값이라면, 어떤 첨수 i에 대해서도 다음 식을 얻는다.

$$|\lambda - a_{ii}| \leq \sum_{\substack{j=1 \\ j\neq i}}^{n} |a_{ij}|$$

증명 λ가 $\mathbf{A}$의 고유값이기 때문에 행렬 $\mathbf{A}-\lambda\mathbf{I}$는 비가역행렬이다. 정리 1에 의해 $\mathbf{A}-\lambda\mathbf{I}$는 대각 지배가 될 수는 없다. 따라서 어떤 첨수 i에 대해서는 정리의 부등식을 만족해야만 한다. ■

Gerschgorin의 정리는 모든 $n\times n$ 행렬의 고유값들이 복소평면의 n개의 원판(disc)의 합집합에 있다는 것을 주장한다. 이런 원판들은

$$\mathcal{G}_i = \left\{z \;:\; z \in \mathbb{C}, \text{ and } |z - a_{ii}| \leq \sum_{\substack{j=1 \\ j\neq i}}^{n} |a_{ij}|\right\} \qquad (1 \leq i \leq n)$$

이다. $\mathcal{G}_i$는 행렬의 **Gerschgorin 원판**으로 알려져 있고, 앞의 공식들에 주어져 있다. 원판 $\mathcal{G}_i$의 중심은 a_{ii}에 있고 반지름은 $r_i=\sum_{j=1, j\neq i}^{n}|a_{ij}|$이다. 실수 행렬이라도 행렬의 고유값들은 복소수일 수 있음을 기억하라.

예제 5 Gerschgorin의 정리를 써서 다음 행렬의 고유값의 위치를 밝히라.

$$\begin{bmatrix} 2 & 1 & -1 \\ -2 & 4 & 1 \\ 1 & -3 & 20 \end{bmatrix}$$

[7] Semyon Aranovich Gerschgorin(1901~1933)은 레닌그라드 기계공학 연구소에서 일했다. 1931년에 그는 지금은 유명한 원 정리를 포함한 논문을 발표하였다. 그것은 러시아어가 아닌 독일어로 쓴 유일한 논문이었다. 불행히도 그는 다른 많은 주요한 논문들을 완성하기 전에 아주 젊은 나이로 세상을 떠났다.

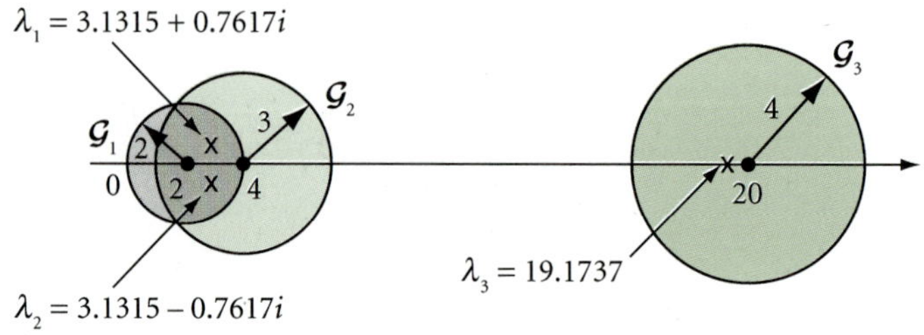

그림 8.4 예제 5의 Gerschgorin 원판들.

풀이 첫 번째 Gerschgorin 원판 $\mathcal{G}_1$은 중심이 2이고 반지름이 2이다. 두 번째 원판 $\mathcal{G}_2$는 중심이 4이고 반지름이 3이다. 세 번째 원판 $\mathcal{G}_3$는 중심이 20이고 반지름이 4이다. Gerschgorin의 정리에 의하면 고유값들은 복소평면에 있는 이 세 개의 Gerschgorin 원판의 합집합 내에 존재한다. 프로그램으로 주어진 행렬의 고유값이 $3.1315-0.7617i$, $3.1315+0.7617i$, 19.7370임을 확인할 수 있다. 그림 8.4는 이런 원판과 고유값을 보여 준다. 고유값의 복소켤레 $3.1315\pm0.7617i$는 가장 큰 원판 $\mathcal{G}_2$뿐만 아니라 가장 작은 원판 $\mathcal{G}_1$에도 들어 있다.(왜?) ■

같은 특성방정식 $\text{Det}(\mathbf{A}-\lambda\mathbf{I})=\text{Det}(\mathbf{A}^T-\lambda\mathbf{I})$를 갖기 때문에 행렬 **A**와 전치행렬 $\mathbf{A}^T$의 고유값은 같다.(행렬과 그것의 전치행렬은 같은 행렬식을 갖는다는 4.2절의 정리 3을 사용하라.) 결과적으로 우리는 Gerschgorin의 정리를 행렬 **A**와 전치행렬 $\mathbf{A}^T$ 모두에 적용할 수 있고, 그렇게 하면 좀더 작은 원판을 얻을 수도 있다!

예제 6 Gerschgorin의 정리를 A와 전치행렬 $\mathbf{A}^T$에 적용하여 다음 행렬의 고유값의 위치를 밝히라.

$$\mathbf{A} = \begin{bmatrix} 9 & 1 & 2 \\ -1 & 14 & 3 \\ -1 & -5 & 10 \end{bmatrix}$$

풀이 고유값들은 복소평면의 세 개의 합집합에 들어 있다. 첫 번째 원판 $\mathcal{G}_1(\mathbf{A})$은 중심이 9에 있고 반지름이 3이다. 두 번째 원판 $\mathcal{G}_2(\mathbf{A})$는 중심이 14에 있고 반지름이 4이다. 세 번째 $\mathcal{G}_3(\mathbf{A})$는 중심이 10이고 반지름이 6이다. Gerschgorin의 정리를 $\mathbf{A}^T$에 적용하면 $\mathcal{G}_1(\mathbf{A})$, $\mathcal{G}_2(\mathbf{A})$, $\mathcal{G}_3(\mathbf{A})$와 같은 중심을 갖는 원판 $\mathcal{G}_1(\mathbf{A}^T)$, $\mathcal{G}_2(\mathbf{A}^T)$, $\mathcal{G}_3(\mathbf{A}^T)$을 얻지만, 경우에 따라서는 더 작은 반지름을 갖는다! 그러므로 A와 $\mathbf{A}^T$에 Gerschgorin의 정리를 적용하면 아주 적은 노력으로 더 좋은 평가를 얻는다. 이것으로부터 $|\lambda_1-9| \le 2$, $|\lambda_2-14| \le 4$, $|\lambda_3-10| \le 5$을 얻는다. 실제 고유값들은 10과 $11.5\pm3.4278i$이다. 그림 8.5를 보라. 고유값의 복소켤레쌍들은 $\mathcal{G}_3(\mathbf{A}^T)$ 내에 있고 $\mathcal{G}_2(\mathbf{A})$의 바로 바깥에 있다.(왜?) ■

예제 7 Gerschgorin의 정리를 A와 전치행렬 $\mathbf{A}^T$에 적용하여 다음 행렬의 고유값의 위치를 밝히라.

$$\begin{bmatrix} 9 & 1 & 2 \\ 1-i & 14+9i & 2 \\ -1 & 5 & 10-5i \end{bmatrix}$$

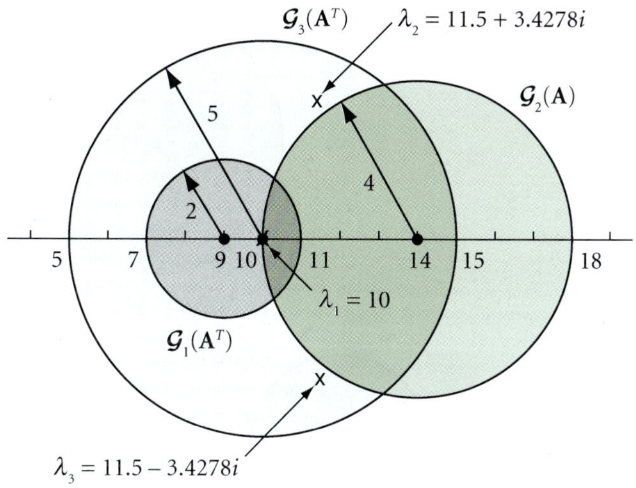

그림 8.5 예제 6의 Gerschgorin 원판들.

풀이 고유값들은 복소평면에서 세 개의 Gerschgorin 원판들의 합집합에 들어 있다. 첫 번째 원판 $\mathcal{G}_1$은 중심이 9에 있고 반지름이 min{3, $|1-i|+1$}=2.4142이다. 두 번째 원판 $\mathcal{G}_2$는 중심이 14+9i이고 반지름이 min{$|1-i|$+2, 6}=3.4142이다. 세 번째 원판 $\mathcal{G}_3$는 중심이 10−5i이고 반지름이 min{6, 4}=4이다. 프로그램으로 고유값들이 14.0966+8.1604i, 9.3133−-0.4865i, 9.5902−4.6468i임을 알 수 있다. 그림 8.6으로부터 이런 원판들의 합집합이 이 고유값들을 포함하는 것을 볼 수 있다. ■

Gerschgorin의 정리의 특별하고 유용한 하나의 확장을 여기에 증명 없이 간단히 언급하겠다.

정리 3

하나의 Gerschgorin 원판이 다른 원판들과 만나지 않으면, 그 원판은 정확히 하나의 고유값만 가진다.

바꾸어 말하면, Gerschgorin 원판이 다른 원판들로부터 떨어져 있으면, 그 원판은 A의 고유값 중 정확히 하나만 가진다. 이 정리는 Faddeev와 Faddeeva[1963, pp. 114-115] 그리고 Wilkinson[1965]에서 증명되었다. 또한 Horn과 Johnson[1985, pp. 343-364] 그리고 Golub와 Van Loan[1985]를 보라.

예제 8 Gerschgorin의 정리를 **A**와 전치행렬 $\mathbf{A}^T$에 적용하여 다음 행렬의 고유값의 위치를 밝히라.

$$\begin{bmatrix} 5 & 1 & -1 \\ -2 & 11 & 1 \\ 1 & -3 & 19 \end{bmatrix}$$

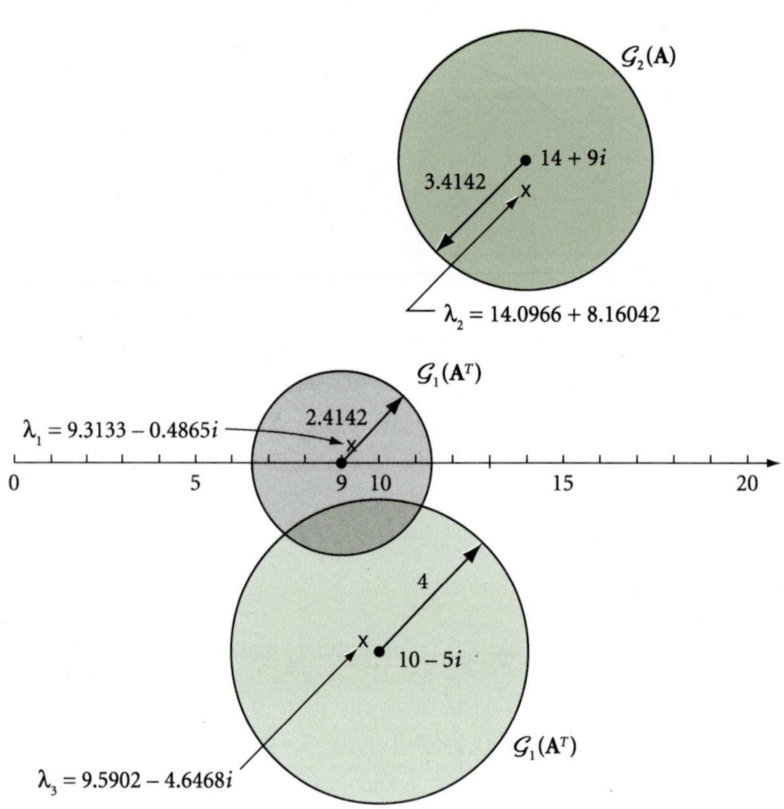

그림 8.6 예제 7의 Gerschgorin 원판들.

풀이 각 대각 원소들에 대해 그에 대응하는 Gerschgorin 원판의 반지름을 결정하기 위해 행과 열에서 비대각 성분들을 조사하라. 고유값들은 복소평면에서 세 개의 Gerschgorin 원판들의 합집합에 들어 있다. 첫 번째 원판 $\mathcal{G}_1$은 중심이 5에 있고 반지름이 $\min\{2, 3\}=2$이다. 두 번째 원판 $\mathcal{G}_1$는 중심이 11이고 반지름이 $\min\{3, 4\}=3$이다. 세 번째 원판 $\mathcal{G}_1$는 중심이 19이고 반지름이 $\min\{4, 2\}=2$이다. 주어진 행렬은 대각선에 성분 5, 11, 19를 갖는 대각행렬과 가깝다. 주어진 행렬이 이 세 개의 숫자들과 가까운 고유값을 가질 것이라 생각할 수 있다. 프로그램으로 고유값들이 5.3488, 11.1655, 18.4857임을 알 수 있다. 그림 8.7로부터 이런 원판들이 사실은 서로 떨어져 있고, 각 원판 $\mathcal{G}_i$들은 고유값을 하나씩 포함하는 것을 볼 수 있다. ■

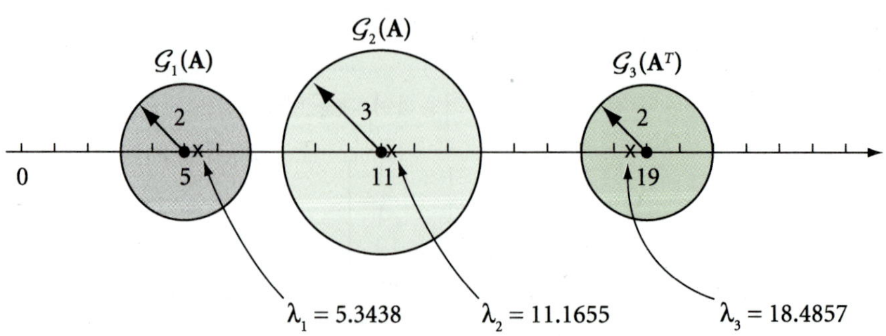

그림 8.7 예제 8의 Gerschgorin 원판들.

무한 노름

많은 행렬 노름이 존재하지만, 가장 계산하기 쉬운 노름을 쓰도록 하자.

정의

$m \times n$ 행렬 **A**의 **무한 노름**(infinity norm)은 다음 양으로 정의된다.

$$\|\mathbf{A}\|_\infty = \max_{1 \le i \le m} \sum_{j=1}^{n} |a_{ij}|$$

$m \times 1$일 때, 즉 열벡터 **x**일 때 이 정의의 특별한 경우가 나타난다. 이 경우에 앞의 공식을 여전히 적용할 수 있고 계산하기도 쉽다.

$$\|\mathbf{x}\|_\infty = \max_{1 \le i \le m} |x_i|$$

예제 9 벡터 하나와 행렬 하나의 무한 노름을 계산해 보라.

풀이 $\mathbf{x}=(3, 7, -2)$이라 놓으면 $\|\mathbf{x}\|_\infty=7$이다. $\mathbf{A} = \begin{bmatrix} 2 & -7 \\ 3 & 4 \end{bmatrix}$일 때 $\|\mathbf{A}\|_\infty$은 $2+7=9$와 $3+4=7$ 중에서 더 큰 것이다. 그러므로 $\|\mathbf{A}\|_\infty=9$이다. ■

보조정리 1

A가 $m \times n$ 행렬이고 **x**가 n개의 성분을 갖는 열벡터이면

$$\|\mathbf{Ax}\|_\infty \le \|\mathbf{A}\|_\infty \cdot \|\mathbf{x}\|_\infty$$

이다.

증명 다음 식이 성립한다.

$$\begin{aligned}\|\mathbf{Ax}\|_\infty &= \max_{1 \le i \le m} |(\mathbf{Ax})_i| = \max_{1 \le i \le m} \left| \sum_{j=1}^{n} a_{ij}x_j \right| \\ &\le \max_{1 \le i \le m} \sum_{j=1}^{n} |a_{ij}x_j| \le \max_{1 \le i \le m} \sum_{j=1}^{n} |a_{ij}| \cdot \| x \|_\infty \\ &= \|\mathbf{A}\|_\infty \cdot \|\mathbf{x}\|_\infty\end{aligned}$$

■

보조정리 2

A가 $\|\mathbf{A}\|_\infty < 1$인 정방행렬이면, $\mathbf{I}-\mathbf{A}$는 대각 지배적이다.

증명 가정에서 $\|\mathbf{A}\|_\infty < 1$이므로 각 i에 대하여 $\sum_{j=1}^{n}|a_{ij}| < 1$이다. 그러므로

$$\sum_{\substack{j\neq i\\ j=1}}^{n} |a_{ij}| < 1 - |a_{ii}| \leq |1 - a_{ii}| \qquad (1 \leq i \leq n)$$

이다. 이 부등식은 행렬 $\mathbf{I}-\mathbf{A}$에서 대각 지배적이라는 것을 나타낸다. ■

수렴 성질

수치해석 문헌은 반복법들의 수렴(convergence) 성질을 구축하기 위한 많은 정리들의 출처이다. 이것은 광범위한 주제로부터 나오는 하나의 기본 정리이다.

정리 4

만약 $\mathbf{G}$가 $\|\mathbf{G}\|_\infty < 1$인 $n\times n$ 행렬일 때, 반복 공식

$$\mathbf{x}^{(k)} = \mathbf{G}\mathbf{x}^{(k-1)} + \mathbf{c}$$

는 어떤 초기점 $\mathbf{x}^{(0)}$으로부터 $(\mathbf{I}-\mathbf{G})^{-1}\mathbf{c}$에 수렴하는 벡터들의 수열 $\mathbf{x}^{(k)}$를 얻는다.

증명 행렬 $\mathbf{I}-\mathbf{G}$는 보조정리 2와 정리 1에 의해서 가역적이다. $\mathbf{x}=(\mathbf{I}-\mathbf{G})^{-1}\mathbf{c}$로 정의하자. 이때 $(\mathbf{I}-\mathbf{G})\mathbf{x}=\mathbf{c}$이고 $\mathbf{x}=\mathbf{G}\mathbf{x}+\mathbf{c}$이다. 결과적으로 다음 식을 얻는다.

$$\mathbf{x}^{(k)} - \mathbf{x} = (\mathbf{G}\mathbf{x}^{(k-1)} + \mathbf{c}) - (\mathbf{G}\mathbf{x} + \mathbf{c}) = \mathbf{G}(\mathbf{x}^{(k-1)} - \mathbf{x})$$

그러므로 보조정리 1에 의해서 다음 식이 된다.

$$\left\|\mathbf{x}^{(k)} - \mathbf{x}\right\|_\infty \leq \left\|\mathbf{G}\right\|_\infty \cdot \left\|\mathbf{x}^{(k-1)} - \mathbf{x}\right\|_\infty$$

이런 논의를 k번 반복하면, 다음과 같이 된다.

$$\left\|\mathbf{x}^{(k)} - \mathbf{x}\right\|_\infty \leq \left\|\mathbf{G}\right\|_\infty^k \cdot \left\|\mathbf{x}^{(0)} - \mathbf{x}\right\|_\infty$$

$\|\mathbf{G}\|_\infty < 1$이기 때문에 이 부등식의 우변은 0에 수렴한다. ■

따름정리 1

만약 $\|\mathbf{I}-\mathbf{A}\|_\infty < 1$이면

$$\mathbf{x}^{(k)} = (\mathbf{I} - \mathbf{A})\mathbf{x}^{(k-1)} + \mathbf{b}$$

으로 정의되는 리처드슨 반복법은 방정식 $\mathbf{A}\mathbf{x}=\mathbf{b}$의 해에 수렴하는 수열을 생성한다.

증명 $\mathbf{G}=\mathbf{I}-\mathbf{A}$라고 정의하고 정리 4를 사용하라. $\|\mathbf{G}\|_\infty < 1$임을 알았다. 정리 4에 의해서 반복은

$(\mathbf{I}-(\mathbf{I}-\mathbf{A}))^{-1}\mathbf{b}=\mathbf{A}^{-1}\mathbf{b}$에 수렴한다. ■

따름정리 2

만약 A가 대각 지배적이면, 야코비 반복

$$\mathbf{x}^{(k)} = \mathbf{B}\mathbf{x}^{(k-1)} + \mathbf{c}$$

은 방정식 $\mathbf{A}\mathbf{x}=\mathbf{b}$의 해에 수렴하는 수열을 생성한다. 이 정의들은

$$\mathbf{B} = \mathbf{I} - \mathbf{D}^{-1}\mathbf{A} \qquad \mathbf{c} = \mathbf{D}^{-1}\mathbf{b} \qquad \mathbf{D} = \mathrm{Diag}(\mathbf{A})$$

이다.

증명 야코비 방법에서 D를 A의 대각선이라고 하면 $\mathbf{G}=\mathbf{B}=\mathbf{I}-\mathbf{D}^{-1}\mathbf{A}$과 $\mathbf{c}=\mathbf{D}^{-1}\mathbf{b}$을 얻는다. 정리 4를 사용하기 위해서는, $\|\mathbf{G}\|_\infty < 1$를 알아야 한다. 다음 식이 성립한다.

$$\left\|\mathbf{G}\right\|_\infty = \left\|\mathbf{I} - \mathbf{D}^{-1}\mathbf{A}\right\|_\infty = \max_{1\le i\le n} \sum_{j=1}^{n} |\delta_{ij} - a_{ij}/a_{ii}| = \max_{1\le i\le n} \sum_{\substack{j=1\\ j\ne i}}^{n} |a_{ij}/a_{ii}| < 1$$ ■

따름정리 3

만약 계수행렬이 대각 지배적이면, 가우스-자이델 반복은 어떤 초기점을 택하더라도 수렴한다.

이 증명은 더욱 복잡한 스펙트럼 반지름의 논의가 요구되고, 가우스-자이델 반복법은 대칭적이고 양의 정부호인 행렬들에 대해서 수렴한다는 사실이 필요하다. 이런 종류의 행렬은 타원형 편미분방정식의 이산화에서 나타난다. 비공식적으로, 행렬이 더 대각 지배적일수록 야코비와 가우스-자이델 방법들의 수렴은 더 빨라질 것이다. 하지만 예외들은 있다. Golub와 van Loan[1996]을 보라.

고유값을 구하기 위한 거듭제곱법

행렬의 고유값을 계산하는 문제는 적어도 주어진 다항식의 해를 구하는 것만큼 어렵다. 차수가 5나 그 이상인 일반 다항식의 근을 구하는 대수 공식이 없기 때문에 이 문제는 반드시 근사 방법을 쓰게 된다.(Abel-Ruffini 불가능 정리, 부록 B를 보라.) 더 높은 초월 함수를 사용하여 다항식의 근을 계산하는 것은 가능하지만 경쟁적인 전략이 아니다!

반복법이 행렬 A의 고유값들을 어떻게 근사할 수 있는지 알아보기 위하여 몇 가지 간단한 가정을 한다. A는 그것의 고유값들이 다음 부등식을 만족하는 $n\times n$ 행렬이라고 가정하자.

$$|\lambda_1| > |\lambda_2| \ge |\lambda_3| \ge \cdots \ge |\lambda_n|$$

게다가 고유벡터들의 완전(complete) 집합이 있다.

$$\mathbf{A}\mathbf{u}^{(j)} = \lambda_j \mathbf{u}^{(j)} \qquad (1 \le j \le n)$$

이것은 이 벡터들이 $\mathbb{R}^n$의 기저를 이룬다는 것을 의미한다. 반복에서 $\mathbf{u}^{(1)}$ 방향으로 성분을 갖는 초기 벡터 $\mathbf{x}^{(0)}$를 선택한다. 따라서 적당한 계수들에 대해

$$\mathbf{x}^{(0)} = c_1\mathbf{u}^{(1)} + c_2\mathbf{u}^{(2)} + \cdots + c_n\mathbf{u}^{(n)}$$

이고 $c_1 \neq 0$이라고 가정하자. 이런 계수들 c_i가 고유벡터 $\mathbf{u}^{(i)}$로 흡수되면, 간단히 다음과 같이 쓸 수 있다.

$$\mathbf{x}^{(0)} = \mathbf{u}^{(1)} + \mathbf{u}^{(2)} + \cdots + \mathbf{u}^{(n)}$$

수열에서 다음 벡터를 얻기 위해 이 방정식의 양변에 행렬 $\mathbf{A}$를 곱하고, $\mathbf{u}^{(j)}$가 고유벡터들이라는 사실을 사용한다. 결국 다음과 같이 된다.

$$\mathbf{x}^{(1)} = \mathbf{A}\mathbf{x}^{(0)} = \lambda_1\mathbf{u}^{(1)} + \lambda_2\mathbf{u}^{(2)} + \cdots + \lambda_n\mathbf{u}^{(n)}$$

이 과정을 반복하면, 일반적으로 다음 식이 된다.

$$\mathbf{x}^{(k)} = \mathbf{A}^k\mathbf{x}^{(0)} = \lambda_1^k\mathbf{u}^{(1)} + \lambda_2^k\mathbf{u}^{(2)} + \cdots + \lambda_n^k\mathbf{u}^{(n)}$$

간단한 대수에 의해 다음과 같이 된다.

$$\mathbf{x}^{(k)} = \lambda_1^k\left[\mathbf{u}^{(1)} + \left(\frac{\lambda_2^k}{\lambda_1^k}\right)\mathbf{u}^{(2)} + \cdots + \left(\frac{\lambda_n^k}{\lambda_1^k}\right)\mathbf{u}^{(n)}\right]$$

$j > 1$이면 $|\lambda_1| > |\lambda_j|$이라고 가정했기 때문에, $(\lambda_j/\lambda_1)^k$은 영으로 수렴한다. 그러므로 모든 항에서 $\mathbf{0}$으로 수렴하는 $\mathbf{e}_k$에 대하여

$$\mathbf{x}^{(k)} = \lambda_1^k[\mathbf{u}^{(1)} + \mathbf{e}_k]$$

으로 쓸 수 있다. 벡터 $\mathbf{v}$를 선택하여 점곱을 사용하면 벡터 대신 다음 수들을 다루게 된다.

$$\langle \mathbf{v}, \mathbf{x}^{(k)} \rangle = \lambda_1^k \langle \mathbf{v}, \mathbf{u}^{(1)} \rangle + \langle \mathbf{v}, \mathbf{e}_k \rangle$$

비율을 계산하면

$$\frac{\langle \mathbf{v}, \mathbf{x}^{(k+1)} \rangle}{\langle \mathbf{v}, \mathbf{x}^{(k)} \rangle} = \lambda_1 \left[\frac{\langle \mathbf{v}, \mathbf{u}^{(1)} \rangle + \langle \mathbf{v}, \mathbf{e}_{k+1} \rangle}{\langle \mathbf{v}, \mathbf{u}^{(1)} \rangle + \langle \mathbf{v}, \mathbf{e}_k \rangle}\right] \to \lambda_1 \qquad \text{as} \quad k \to \infty$$

λ_1은 절대값으로서 가장 큰 고유값이므로, 모든 항들은 괄호 안의 첫 번째 항을 제외하고 $\mathbf{0}$으로 수렴한다.

그런 계산을 실행할 때에는 각 단계에서 정규화하는 것이 좋다. 그렇지 않으면 수열은 영에 수렴하거나 무한대로 수렴할지도 모른다. 다음은 **거듭제곱법**(power method)에 관한 의사코드의 일부분이다.

$$\begin{aligned}
&\mathbf{y} \leftarrow \mathbf{A}\mathbf{x}\\
&\mathbf{r} \leftarrow \langle \mathbf{v}, \mathbf{y} \rangle / \langle \mathbf{v}, \mathbf{x} \rangle\\
&\mathbf{x} \leftarrow \mathbf{y} / \|\mathbf{y}\|_\infty
\end{aligned}$$

여기서 다음 예제처럼 $\mathbf{v}=\mathbf{e}_1=(1, 0)$을 쓸 수 있다.

예제 10 거듭제곱법을 사용하여 다음 행렬의 고유값들을 찾으라.

$$\begin{bmatrix} 1 & 3 & 5 \\ 7 & -8 & 1 \\ 2 & 4 & -2 \end{bmatrix}$$

풀이 다음 의사코드에서 반복적으로 단계를 실행시킨다.

$$\begin{aligned}
&\mathbf{x} \leftarrow [1, 1, 1]^T \\
&\textbf{for } k = 1 \textbf{ to } 50 \\
&\quad \mathbf{y} \leftarrow \begin{bmatrix} 1 & 3 & 5 \\ 7 & -8 & 1 \\ 2 & 4 & -2 \end{bmatrix} \mathbf{x} \\
&\quad r \leftarrow y_1 / x_1 \\
&\quad \alpha \leftarrow 1 / \|\mathbf{y}\|_\infty \\
&\quad \mathbf{x} \leftarrow \alpha \mathbf{y} \\
&\textbf{end for}
\end{aligned}$$

각 단계에서 벡터 $\mathbf{x}$와 $\mathbf{y}$의 새로운 값들이 계산된다. 동시에 비율 y_1/x_1는 행렬 $\mathbf{A}$의 가장 큰 고유값에 수렴한다. $r=9$에서 시작해서 $r=3.222$로 가고 47번 반복 후까지는 -8.5730로 안정되지 않는다. 컴퓨터 프로그램은 이것을 실행하기 위해 필요하며 이 절의 마지막에 주어진다. ■

응용: 인구학의 문제, 인구 이동

선형대수학은 인구학의 주요 도구 중 하나이다. 예를 들어 인구 분포가 한 국가의 어떤 지역 내에서 매년 어떻게 변화할지를 예측하는 데 이용된다. 폭넓은 전략은 수학적인 모형을 발견하기 위해 과거를 연구하고, 미래를 예측하거나 적당한 공공 정책에 의해 미래를 조정하는 데 사용될 것이다.

논의할 지역은 중심(hub)에 주요 도시가 있고, 그 주변을 교외(suburb) 지역이 둘러싸고 있다. 이 두 지역 외에 문화적 및 경제적으로 그 중심과 교외 지역과는 약하게 연결되어 있는 주민들을 갖고 있는 바깥 지역이 있다. 이것을 시골(rural)이라고 부른다. 인구(이동)의 추이 때문에 그 세 지역 사람들의 수는 점점 변화한다. 표본 조사를 하거나 인구 조사를 참고함으로써 어떤 시점에 세 지역의 인구와 이동 패턴을 알게 된다. 여기서는 세 지역의 그룹에서 아무도 전입하거나 떠나지 않는 폐쇄된 체계(closed system)를 가정할 것이다!

초기 인구에 구체적인 수치를 대입하여 중심(핵심 지역)에 300만, 교외에 400만, 시골 지역에 600만이 살고 있다고 가정하자. 이 지역은 분리되어 있고 1300만의 전체 인구는 일정하고, 한 지역에서 다른 지역으로의 일 년에 걸친 인구 이동이 있다.

어떤 해에 중심의 20%가 교외로, 10%가 시골로 이사를 갔다. 남아 있는 70%는 중심에 머무른다.

게다가 어떤 해에 교외의 12%가 중심으로, 8%가 시골로 이사를 갔다. 남아 있는 80%는 교외에 머무른다.

마지막으로 어떤 해에 시골의 30%가 교외로, 20%가 중심으로 이사를 갔다. 남아 있는 50%는 시골에 머무른다.

주어진 경우에 인구 분포는 세 개의 성분 *h*(hub), *s*(suburb), *r*(rural)을 갖는 벡터 **x**로 나타낼 수 있다. 그러므로 $\mathbf{x}=(h, s, r)$이라 놓자. 앞의 정보로부터 일 년 동안 일어난 *h*의 변화는 다음과 같다.

1. 중심에 남아 있는 70%의 사람.

2. 중심으로 이동한 12%의 교외 사람.

3. 중심으로 이동한 20%의 시골 사람.

*s*와 *r*에 대한 비슷한 결과들을 끌어낼 수 있다. 벡터의 각 성분에 대한 자료로부터 다음을 얻는다.

$$\begin{cases} h_{\text{new}} = 0.70h + 0.12s + 0.20r \\ s_{\text{new}} = 0.20h + 0.80s + 0.30r \\ r_{\text{new}} = 0.10h + 0.08s + 0.50r \end{cases}$$

이 모형의 초기 조건은 벡터 $\mathbf{x}^{(0)}=(3, 4, 6)$에 의해 만들어졌다. 여기서 단위는 100만이다. 매년 이동은 다음과 같은 행렬로 표현할 수 있다.

$$\mathbf{x}^{(1)} = \mathbf{A}\mathbf{x}^{(0)}$$

$$\begin{bmatrix} h_{\text{new}} \\ s_{\text{new}} \\ r_{\text{new}} \end{bmatrix} = \begin{bmatrix} 0.70 & 0.12 & 0.20 \\ 0.20 & 0.80 & 0.30 \\ 0.10 & 0.08 & 0.50 \end{bmatrix} \begin{bmatrix} h_{\text{old}} \\ s_{\text{old}} \\ r_{\text{old}} \end{bmatrix}$$

행렬 **A**의 하나의 행이 중심에 관계가 있음을 주목하라. 인구의 70%는 유지하고, 교외의 인구 12%, 시골에 있는 인구 20%를 얻는다.

행렬의 대각선은 그 숫자가 상대적으로 큰데, 이것은 대부분의 사람들이 일 년 동안 이사하지 않는다는 것을 의미한다. 또한 하나의 열의 합은 1로 일정한데, 첫 번째 열은 중심에 있는 모든 사람들의 이동을 계산한 것이기 때문이고 나머지 열들도 마찬가지이다.

초기값을 $\mathbf{x}^{(0)}=(3, 4, 6)$로 놓고 다음을 계산한다.

$$\mathbf{x}^{(1)} = \mathbf{A}\mathbf{x}^{(0)} = \begin{bmatrix} 0.70 & 0.12 & 0.20 \\ 0.20 & 0.80 & 0.30 \\ 0.10 & 0.08 & 0.50 \end{bmatrix} \begin{bmatrix} 3 \\ 4 \\ 6 \end{bmatrix} = \begin{bmatrix} 4.38 \\ 5.00 \\ 3.62 \end{bmatrix}$$

이것은 세 영역의 인구를 보여 준다. 매년 어떻게 되는지 알아보기 위해서 수학 소프트웨어를 사용할 수 있고, $\mathbf{x}^{(0)}$, $\mathbf{x}^{(1)}$, $\mathbf{x}^{(2)}$등을 계산한다. 벡터 $\mathbf{x}^{(0)}$는 인구 분포의 초기 벡터이고, 이전의 계산은 다음과 같이 된다.

$$\mathbf{x}^{(1)} = \mathbf{A}\mathbf{x}^{(0)}$$

동역학계는 식 $\mathbf{x}^{(k)}=\mathbf{A}\mathbf{x}^{(k-1)}$에 의하여 귀납적으로 기술된다. 몇 년 내에 이 세 지역의 인구들은 평형 상태에 도달한다. 예를 들면 $\mathbf{x}^{(8)}=(4.093, 6.969, 1.939)$이고, 8년 뒤에는 $\mathbf{x}^{(16)}=(4.083, 6.983, 1.934)$이다.

이런 동역학계에서 과거를 조사함으로써 시간을 거꾸로 추적할 수 있다. 이렇게 하기 위해서, 식 $\mathbf{y}^{(0)}=(3, 4, 6)$와 $\mathbf{y}^{(k+1)}=\mathbf{A}^{-1}\mathbf{y}^{(k)}$를 쓸 수 있다.

이런 간단한 인구 모형들은 확실히 불충분하다. 예를 들어 세 지역의 인구 총합이 일정하다고 가정한다: 거기에는 죽음도 탄생도, 지역으로의 전출입도 없다. 하지만 더 상세한 모형은 간단한 것으로부터 개선되며, 예측을 개선하기 위해 통합된 수정이 필요하다.

동역학계의 행동은 고유값, 고유벡터와 체계를 나타내는 행렬의 대각화된 형태를 사용해서 아주 상세하게 해석될 수 있다. 이 과정은 6.1절에서 설명되었고, 여기에서는 앞에서 다루었던 이동 문제에 어떻게 적용되는지를 보여 준다. 특히 장기 행동은 손으로 얻은 고유값으로 이해될 수 있다. 고유벡터가 $\mathbf{P}=[\mathbf{p}_1, \mathbf{p}_2, \mathbf{p}_3]$의 열들 일 때

$$\mathbf{x}^{(0)} = c_1\mathbf{p}_1 + c_2\mathbf{p}_2 + c_3\mathbf{p}_3$$

이다. 또한 $\lambda_1=1$, $|\lambda_2| < 1$, $|\lambda_3| < 1$이기 때문에 다음과 같이 된다.

$$\begin{aligned}\mathbf{x}^{(k)} &= \mathbf{A}^k\mathbf{x}^{(0)} = c_1\lambda_1^k\mathbf{p}_1 + c_2\lambda_2^k\mathbf{p}_2 + c_3\lambda_3^k\mathbf{p}_3 \\ &\approx c_1\lambda_1^k\mathbf{p}_1 = c_1\mathbf{p}_1 \qquad , \qquad k \to \infty\end{aligned}$$

행렬 $\mathbf{A}$의 고유값들과 고유벡터들을 얻기 위해서 앞의 예제에서 수학 소프트웨어를 쓰자. 고유벡터들은 각각 정규화된 $\mathbf{P}$의 열들이다.

$$\mathbf{D} = \begin{bmatrix} 1.0000 & 0 & 0 \\ 0 & 0.5894 & 0 \\ 0 & 0 & 0.4106 \end{bmatrix}$$

$$\mathbf{P} = \begin{bmatrix} -0.4909 & -0.6646 & -0.3853 \\ -0.8396 & 0.7431 & -0.4308 \\ -0.2325 & -0.0784 & 0.8161 \end{bmatrix}$$

$$\mathbf{P}^{-1} = \begin{bmatrix} -0.6399 & -0.6398 & -0.6398 \\ -0.8775 & 0.5477 & -0.1252 \\ -0.2666 & -0.1296 & 1.0310 \end{bmatrix}$$

이제 $\mathbf{A}$의 대각화(diagonalization)인 다음 식을 상기하자.

$$\mathbf{A} = \mathbf{PDP}^{-1}$$

$\mathbf{A}$의 고유값들은 대각행렬 $\mathbf{D}$에 있다. (정규화된) 고유벡터들은 $\mathbf{P}$의 열들이다. 이 대각화의 목적은 간단한 공식으로 쓸 수 있다.

$$\mathbf{A}^k = \mathbf{PD}^k\mathbf{P}^{-1}$$

두 개의 고유값들은 절대값이 1보다 작다.

$$\lim_{k\to\infty} \mathbf{D}^k = \begin{bmatrix} 1 & 0 & 0 \\ 0 & 0 & 0 \\ 0 & 0 & 0 \end{bmatrix} = \mathbf{Q}$$

그러므로 다음 식을 얻는다.

$$\lim_{k\to\infty} \mathbf{x}^{(k)} = \mathbf{PQP}^{-1}\mathbf{x}^{(0)} = \begin{bmatrix} 4.0826 \\ 6.9835 \\ 1.9339 \end{bmatrix}$$

이 계산으로 벡터들 $\mathbf{x}^{(k)}$는 상수 벡터로 가까이 감을 알 수 있다.

응용: 레온티에프 열린 모델

6.1절에서 제시한 것보다 훨씬 상세한 경제 모형은 우리의 경제에서 소비하지만 팔기 위한 생산품을 산출하지 않는 분야의 존재를 고려한다. 소비자 활동은 이러한 한 분야로 설명된다. 이 모형으로부터 나오는 행렬 문제는

$$\mathbf{x} = \mathbf{Ax} + \mathbf{b}$$

이고, $\mathbf{A}$와 $\mathbf{b}$는 수치적으로 알고 있다. 문제는 다시 해가 존재하는가 하는 것이고, 답은 $\mathbf{A}$와 $\mathbf{b}$에 대해 무엇을 가정하고자 하는가에 달려 있다. 이 모형에서 $\mathbf{x}$는 그 성분이 다양한 산업의 생산 수준(production level)이다. 이것은 음이 아닌 벡터이다. 즉 모든 i에 대해 $x_i \geq 0$이다. 마찬가지로 행렬 $\mathbf{A}$는 다양한 상품의 소비를 나타내므로 음이 아니어야 한다. 이 조건을 나타내기 위해 $\mathbf{x} \geq \mathbf{0}$와 $\mathbf{A} \geq \mathbf{0}$로 쓰고, 이들을 각각 음이 아닌 벡터와 음이 아닌 행렬이라 한다.

정리 5

$\mathbf{A}$를 음이 아닌 $n\times n$ 행렬이라 하고 $\mathbf{b}$를 $\mathbb{R}^n$의 음이 아닌 벡터라 하자. $\mathbf{A}$의 모든 열의 합은 1보다 작고

$$\mathbf{x} = \mathbf{Ax} + \mathbf{b}$$

은 유일한 해 $\mathbf{x}$를 갖고, $\mathbf{x}$는 음이 아니다.

증명 $\mathbf{E}=(\mathbf{I}-\mathbf{A})^T$이라 놓자. $\mathbf{E}$가 대각 지배라는 것을 보일 것이다. 그러면 $\mathbf{E}$는 정리 1에 의해 가역적이 될 것이다. 그것으로부터 $\mathbf{E}^T$는 가역적이고 $\mathbf{I}-\mathbf{A}$도 가역적이다. 이때 문제의 연립방정식은 (유일한) 해 $\mathbf{x}=(\mathbf{I}-\mathbf{A})^{-1}\mathbf{b}$를 갖는다. 음이 아니라는 증명은 여기서 보이지 않고, 더 수준 높은 책에서 볼 수 있다. $\mathbf{E}$가 대각 지배라는 것을 보이기 위해 다음과 같이 쓴다.

$$\sum_{\substack{j=1 \\ j\neq i}}^{n} |E_{ij}| = \sum_{\substack{j\neq i \\ j=1}}^{n} |-a_{ji}| = \sum_{\substack{j\neq i \\ j=1}}^{n} a_{ji}$$

$$= \sum_{j=1}^{n} a_{ji} - a_{ii} < 1 - a_{ii} = E_{ii}$$

결과적으로 E는 대각 지배이다. ■

여기서 제시할 경제 모형은 n개의 **섹터**(sector)를 갖는 **레온티에프 열린 모델**(Leontief open model)로 알려져 있다. 벡터 **x**는 **생산벡터**(production vector)이다. 일 년 동안 생산된 각 생산품의 양이다. 단지 소비이기 때문에 **개방 섹터**(open sector)는 생산이 없다. 벡터 **b**는 마지막 **수요벡터**(demand vector)이다. 이것은 개방 섹터에서 소비자 요구(consumer demand)이며 상품과 서비스의 값들을 나열한다. 이 모형은 방정식을 만족시키는 벡터 **x**를 이끌고, 차례로 각 섹터에서 생산의 정확한 수준을 밝힌다.

정확한 **x** 벡터는 각 산업에서 소비 수요와 다양한 산업의 수요를 만족하기 위해 필요한 생산의 수준을 보여 준다. 이것은 다음 행렬 벡터 방정식과 연관되어 있다.

$$\mathbf{x} = \mathbf{A}\mathbf{x} + \mathbf{b}$$

벡터 **Ax**는 제조 단계에서 소비되는 각 생산품의 양을 제시한다. 이것은 생산에서 필요한 자원을 나타내는데, 경제학자들은 **중간 수요**(intermediate demand)라고 부른다. 결과 **Ax**는 산출 **x**의 수준에 도달하기 위해 요구되는 소비를 설명한다. 행렬 A에서 각 성분 a_{ij}는 j 산업에서 요구되는 i 산업의 산출이다. A의 열은 한 단위를 생산하기 위해 필요한 투입이다. 이 열은 **단위소비벡터**(unit consumption vector)이다. 행렬 A는 특별한 성질을 갖고 있다: 원소들은 음이 아니고($a_{ij} \geq 0$, 각 열의 합은 1보다 작다(모든 j에 대해 $\sum_{i=1}^{n} a_{ij} < 1$). **Ax**의 열벡터는

$$x_1 \begin{bmatrix} a_{11} \\ a_{21} \\ \vdots \\ a_{n1} \end{bmatrix}$$

이다. 여기서 x_1a_{11}는 1번을 제조하는 과정에서 필요한 첫 번째 생산량이다. 마찬가지로 x_1a_{21}은 2번을 제조하는 과정에 필요한 양이다. 일반적으로 다음 식을 얻는다.

$$(\mathbf{Ax})_i = \begin{bmatrix} a_{i1} & a_{i2} & \cdots & a_{in} \end{bmatrix} \begin{bmatrix} x_1 \\ x_2 \\ \vdots \\ x_n \end{bmatrix} = \sum_{j=1}^{n} a_{ij}x_j$$

이것은 i번째 생산의 중간 요구 총계이다. 우리는 총 생산을 중간 요구의 합과 소비 수요(혹은 마지막 수요)의 합으로 쓸 수 있고, 결국 다음 식이 된다.

$$\mathbf{x} = \mathbf{A}\mathbf{x} + \mathbf{b}$$

이것은 다음과 같다.

$$(\mathbf{I}-\mathbf{A})\mathbf{x}=\mathbf{b}$$

부등식 $\mathbf{A} \geq \mathbf{0}$은 행렬 $\mathbf{A}$의 모든 성분들이 음이 아니라는 것을 의미한다. 정리 5는 $\mathbf{A} \geq \mathbf{0}$, $\mathbf{b} \geq \mathbf{0}$이고 각 j에 대해 $\sum_{i=1}^{n} a_{ij} < 1$이면 $(\mathbf{I}-\mathbf{A})^{-1}$가 존재하고, $\mathbf{x}=(\mathbf{I}-\mathbf{A})^{-1}\mathbf{b}$이고 $\mathbf{x} \geq \mathbf{0}$임을 의미한다.

다음을 주시하라.

$$(\mathbf{I}-\mathbf{A})(\mathbf{I}+\mathbf{A})=\mathbf{I}-\mathbf{A}^2$$
$$(\mathbf{I}-\mathbf{A})(\mathbf{I}+\mathbf{A}+\mathbf{A}^2)=\mathbf{I}-\mathbf{A}^3$$

일반적으로 다음을 얻는다.

$$(\mathbf{I}-\mathbf{A})(\mathbf{I}+\mathbf{A}+\mathbf{A}^2+\cdots+\mathbf{A}^m)=\mathbf{I}-\mathbf{A}^{m+1}$$

만약 m이 무한대로 갈 때 $\mathbf{A}^{m+1}$로 수렴하면, 다음 **노이만 급수**(Neumann series)를 얻는다.

$$(\mathbf{I}-\mathbf{A})^{-1}=\mathbf{I}+\mathbf{A}+\mathbf{A}^2+\cdots$$

여기에는 함수 해석학 연구에 속하는 기술적인 문제들이 숨겨져 있다.

예제 11 다음과 같이 값들이 표로 주어져 있다.

Sell\Buy	Agr.	Mfg.	Ser.
Agr.	0.3	0.1	0.3
Mfg.	0.2	0.3	0.4
Ser.	0.4	0.5	0.2

마지막 수요벡터는 $[12, 18, 15]^T$이다. 필요한 생산 수준을 찾으라.

풀이 이 표는 소비 행렬 $\mathbf{A}$에 관련되어 있다. 이 예제에서 한 단위의 제조 상품을 생산하기 위하여 0.1 단위 농업(Agr.) 상품, 0.3 단위 제조(Mfg.) 상품, 0.5 단위 서비스(Ser.) 상품들이 필요하다.

다음 식을 얻는다.

$$\mathbf{x}=\mathbf{A}\mathbf{x}+\mathbf{b}=\begin{bmatrix} 0.3 & 0.1 & 0.3 \\ 0.2 & 0.3 & 0.4 \\ 0.4 & 0.5 & 0.2 \end{bmatrix}\begin{bmatrix} x_1 \\ x_2 \\ x_3 \end{bmatrix}+\begin{bmatrix} 12 \\ 18 \\ 15 \end{bmatrix}$$

행렬 $\mathbf{A}$의 원소들은 음이 아니며 열들은 1보다 작다는 것을 주목하라. 연립방정식 $(\mathbf{I}-\mathbf{A})\mathbf{x}=\mathbf{b}$에서 $\mathbf{x}$에 관해 풀어야 한다. 첨가행렬은 다음과 같다.

$$[\mathbf{I}-\mathbf{A} \mid \mathbf{b}]=\left[\begin{array}{rrr|r} 0.7 & -0.1 & -0.3 & 12 \\ -0.2 & 0.7 & -0.4 & 18 \\ -0.4 & -0.5 & 0.8 & 15 \end{array}\right]$$

$$\sim \left[\begin{array}{rrr|r} 7 & -1 & -3 & 120 \\ -2 & 7 & -4 & 180 \\ -4 & -5 & 8 & 150 \end{array}\right]$$

$$\sim \left[\begin{array}{rrr|r} 1 & 0 & 0 & 115 \\ 0 & 1 & 0 & 154 \\ 0 & 0 & 1 & 176 \end{array}\right]$$

이 생산 수준은 115 단위 농업 상품, 159 단위 제조 상품, 176 단위 서비스 상품들이라는 것을 알려 준다. ■

수학 소프트웨어

다음은 예제 1에 적합한 간단한 Matlab 프로그램이다. **G**, **b**, $\mathbf{x}^{(0)}$가 프로그램에서 입력으로 주어지면, 리처드슨 반복을 50번 수행할 것이다.

```
Matlab
G = [0.0,0.3,0.2;0.3,0.0,0.1;0.2,0.1,0.0];
b = [7.0;5.0;3.0];
x = [0.0,0.0,0.0];
z = [0,x']
for k=1:50
  x = G*x + b;
  z = [k,x']
end
```

Matlab 코드에서 **z** 배열은 단지 결과들을 화면에 표시하기 쉽게 하는 데 사용된다. 명령어 `format long`을 사용하면, 계산에서 쓸 수 있는 모든 자리를 표시할 수 있다. 약 15자리의 정밀도이다. 계산된 벡터에서 15자릿수를 시험하면 해벡터는 42번째 단계에서 완전한 Matlab 정밀도로 계산되었다는 것을 알 수 있다. 다시 말해서, 처음 15자릿수로 시험한다면 더 많은 반복을 해도(반올림 오차를 제외하고는) 결과를 변화시키지 않을 것이다. 작업을 검증하기 위해 **Ax**를 계산한다. 이 계산을 하면 15자리까지 정확한 벡터 **b**를 얻는다.

예제 1에 대한 샘플 Maple과 Mathematica 코드가 여기에 제시되어 있다.

```
Maple
with(LinearAlgebra):
G:=Matrix([0.0,0.3,0.2],[0.3,0.0,0.1],[0.2,0.1,0.0]);
b:=Vector(7.0,5.0,3.0);
x:=Vector(0.0,0.0,0.0)
for k from 1 to 50 do
  x := G.x + b
od
```

```
Mathematica
G = {{0.0,0.3,0.2},{0.3,0.0,0.1},{0.2,0.1,0.0}};
b = {7.0,5.0,3.0}
x = {0.0,0.0,0.0}}
For[k=1, k<<=50, k++
  x = G.x + b
]
```

Maple과 Mathematica에서 비슷한 코드를 쓰기 간단하기 때문에 이 장의 나머지에서는 Matlab 코드만 쓴다.

예제 2에서 Matlab 코드는 다음과 같이 된다.

```
Matlab
B = [0.0,0.15,0.1;0.15,0.0,0.05;0.1,0.05,0.0]
c = [3.5;2.5;1.5]
x = [0.0;0.0;0.0]
z = [0,x']
for k=1:25
  x = B*x + c;
  z = [k,x']
end
```

이 코드는 각각의 변수를 써서 다음과 같이 쓸 수 있다.

```
Matlab
x1 = 0.0; x2 = 0.0; x3 = 0.0;
z = [0,x1, x2, x3]
for k=1:25
  y1 = 0.15*x2 + 0.1*x3 + 3.5;
  y2 = 0.15*x1 + 0.05*x3 + 2.5;
  y3 = 0.1*x1 - 0.05*x2 + 1.5;
  x1 = y1; x2 = y2; x3 = y3;
  z = [k,x1,x2,x3]
end
```

완전한 기계 정밀도를 얻기 위해서 24번의 반복이 필요하다.

예제 3에서 Matlab 코드는 특히 간단하다. 다음과 같이 된다.

```
Matlab
x1 = 0.0; x2 = 0.0; x3 = 0.0;
z = [0,x1,x2,x3]
for k=1:25
  x1 = 0.15*x2 + 0.1*x3 + 3.5;
  x2 = 0.15*x1 + 0.05*x3 + 2.5;
  x3 = 0.1*x1 + 0.05*x2 + 1.5;
  z = [k,x1,x2,x3]
end
```

예제 10에서 Matlab 프로그램은 이 계산을 수행하기 위해서 쓰여졌다.

```
Matlab
A = [1 3 5; 7 -8 1; 2 4 -2]
x = [1; 1; 1]
for k=1:50
  y = A*x;
  r = y(1)/x(1);
  x = y/norm(y);
  z = [k,x']
end
```

이 프로그램은 50개의 벡터 **x**와 **y**의 새로운 값들을 만들어 낸다. 동시에 비율 $\mathbf{y}^{(1)}/\mathbf{x}^{(1)}$이 기록된다. 이것은 **A**의 우세한 고유값에 수렴하는 양이다. 프로그램으로부터 출력은 $r=9$와 $r=3.222$로 시작한다. 하지만 47번 단계에서 r의 값은 -8.5730로 안정된다.

물론 Matlab에는 고유값을 바로 얻는 명령어들이 있다. 연습문제에서 행렬 **A**를 입력하고 나서 명령어 `eig(A)`를 사용한다. 이렇게 한 결과는 세 개의 값이다: 5.5054, −8.5730, −5.9324. 이 고유값들은 15자리 정밀도로 유효하다. 예를 들면 우리가 찾은 값은 $c=-8.57299818380420$이다.

고유값의 정밀도를 확인하기 위해 검증할 다른 것이 있는가? 있다, c는 미리 갖다 쓴 15자리 값일 때, $\mathbf{A}-c\mathbf{I}$의 행렬식을 계산할 수 있다. 이렇게 하는 Matlab 명령어는 `det(A-c*eye(3))`이고, 그 결과는 -9.474×10^{-14}이다.

요약 8.3

- 리처드슨 반복법:
  $\mathbf{x}^{(k)}=(\mathbf{I}-\mathbf{A})\mathbf{x}^{(k-1)}+\mathbf{b}$
- 크기 조정된 계: $\mathbf{D}^{-1}\mathbf{A}=\mathbf{I}-\mathbf{B}=\mathbf{I}-\mathbf{L}-\mathbf{U}$일 때, $\mathbf{D}^{-1}\mathbf{A}\mathbf{x}=\mathbf{D}^{-1}\mathbf{b}$이다. 여기서 $\mathbf{D}=\text{Diag}(\mathbf{A})$, $\mathbf{L}=\mathbf{D}^{-1}\mathbf{A}$의 하삼각 부분, $\mathbf{U}=\mathbf{D}^{-1}\mathbf{A}$의 상삼각 부분, $\mathbf{c}=\mathbf{D}^{-1}\mathbf{b}$이다. 이 식은 **B**를 정의한다.
- 야코비 반복법: 앞에서 정의한 **c**와 **B**에 대해, $\mathbf{x}^{(k)}=\mathbf{B}\mathbf{x}^{(k-1)}+\mathbf{c}$이다.
- 가우스-자이델 방법: $(\mathbf{I}-\mathbf{L})\mathbf{x}^{(k)}=\mathbf{U}\mathbf{x}^{(k-1)}+\mathbf{c}$.
- 축차가속완화(SOR) 방법: $(\mathbf{I}-\omega\mathbf{L})\mathbf{x}^{(k)}=\{\mathbf{U}\mathbf{x}^{(k-1)}+\mathbf{c}\}+(1-\omega)\mathbf{x}^{(k)}$. 완화 인자 ω는 0과 2 사이에 있다.
- 공액 그래디언트 방법: 만약 **A**가 $n\times n$ 행렬이면, 알고리즘에서 n번째 벡터 $\mathbf{x}^{(n)}$은 행렬 **A**가 대칭적이고 양의 정부호일 때, $\mathbf{A}\mathbf{x}=\mathbf{b}$의 해일 뿐만 아니라, 이차 함수 $q(\mathbf{x})=\frac{1}{2}\mathbf{x}^T\mathbf{A}\mathbf{x}-\mathbf{x}^T\mathbf{b}$의 유일한 최소 벡터이다.
- 대각 지배 $n\times n$ 행렬은 모든 i에 대하여 $|a_{ii}| > \sum_{j=1, j\neq i}^{n}|a_{ij}|$을 만족시킨다.
- $m\times n$ 행렬의 무한 노름: **A**가 $m\times n$ 행렬일 때, $\|\mathbf{I}-\mathbf{A}\|_\infty=\max_{1\le i\le m}\sum_{j=1}^{n}|a_{ij}|$이다.
- 벡터의 무한 노름은 $m=n$인 특별한 경우로 $\|\mathbf{x}\|_\infty=\max_{1\le i\le n}|x_i|$이다. 여기서 **x**는 $\mathbb{R}^n$에 있다.
  - 모든 대각지배행렬은 역을 갖는다.
  - Gerschgorin 정리: 만약 λ가 **A**의 고유값이면, 어떤 첨수 i에 대해 $|\lambda-a_{ii}|\le\sum_{j=1, j\neq i}^{n}|a_{ij}|$이다.
  - 겹치지 않는 Gerschgorin 원판은 정확히 하나씩 고유값을 갖는다.
- $\|\mathbf{A}\mathbf{x}\|_\infty\le\|\mathbf{A}\|_\infty\cdot\|\mathbf{x}\|_\infty$
- 만약 $\|\mathbf{G}\|_\infty<1$이면, 반복 $\mathbf{x}^{(k)}=\mathbf{G}\mathbf{x}^{(k-1)}+\mathbf{c}$은 어떤 초기점에 대해 $(\mathbf{I}-\mathbf{G})^{-1}\mathbf{c}$에 수렴하는 수열 $\mathbf{x}^{(k)}$를 생성한다.

- 리처드슨 반복은 $\|\mathbf{I}-\mathbf{A}\|_\infty < 1$일 때, $\mathbf{Ax}=\mathbf{b}$의 해에 수렴한다.
- 야코비 반복은 A가 대각 지배이면, $\mathbf{Ax}=\mathbf{b}$의 해에 수렴한다.
- 가우스-자이델 반복은 A가 대각 지배이면, $\mathbf{Ax}=\mathbf{b}$의 해에 수렴한다.
- 만약 $\mathbf{A} \ge \mathbf{0}$, $\mathbf{b} \ge \mathbf{0}$, j에 대해 $\sum_{i=1}^{n} a_{ij} < 1$이면, $(\mathbf{I}-\mathbf{A})^{-1}$이 존재하고, 벡터 $\mathbf{x}=(\mathbf{I}-\mathbf{A})^{-1}\mathbf{b}$는 $\mathbf{x}=\mathbf{Ax}+\mathbf{b}$에 수렴하고 $\mathbf{x} \ge \mathbf{0}$이다.
- 거듭제곱법: 벡터 $\mathbf{x}^{(0)}$를 택해 적당한 환경에서 과정 $\mathbf{x}^{(k+1)}=\mathbf{Ax}^{(k)}/\|\mathbf{Ax}^{(k)}\|_\infty$을 수행한다. 여기서 k는 수열 1, 2, 3, ...를 따라간다. 벡터 $\mathbf{x}^{(k)}$는 A의 고유벡터에 수렴한다.
- 레온티예프 열린 모델: $\mathbf{x}=\mathbf{Ax}+\mathbf{b}$
- 노이만 급수: 만약 $\|\mathbf{A}\|_\infty < 1$이면, $(\mathbf{I}-\mathbf{A})^{-1}=\mathbf{I}+\mathbf{A}+\mathbf{A}^2+\cdots$이다. 세 개의 점에서 의미하는 것처럼 극한 과정이지만, 의미와 증명은 이 책의 범위를 벗어난다.

주요 개념 8.3

반복 알고리즘: 리처드슨 방법, 야코비 방법, 가우스-자이델 방법, 축차가속완화(SOR) 방법, 공액 그래디언트 방법, 대각지배행렬, Gerschgorin의 정리, Gerschgorin의 원판, 무한 행렬 노름, 음이 아닌 계, 반복법을 이용한 고유값 계산, 응용(인구학 문제, 인구 이동, 경제 모형)

일반 연습문제 8.3

1. $n\times n$ 행렬의 고유값은 복소평면에서 다음 n개의 원판의 합집합에 놓여 있음을 보이라.

   $$\mathcal{G}_i = \left\{\lambda \ : \ |\lambda - a_{ii}| \le \sum_{\substack{j=1 \\ j\ne i}}^{n} |a_{ji}|\right\}$$

   이 공식에서 합은 A의 i번째 열에 있는 원소들을 사용한다.
2. 다음이 참이라면 그 이유를 말하고, 아니라면 반례를 들어서 설명하라. $n\times n$ 행렬에 대해서 다음이 성립한다.
   $\|\mathbf{AB}\|_\infty \le \|\mathbf{A}\|_\infty \cdot \|\mathbf{B}\|_\infty$
3. 실수축에서 다음 행렬의 고유값을 포함하는 작은 구간을 찾으라.

   $$\begin{bmatrix} 1 & 5 & 3 & -4 \\ 5 & 2 & 1 & 7 \\ 3 & 1 & 3 & 1 \\ -4 & 7 & 1 & 4 \end{bmatrix}$$

   Gerschgorin의 정리를 사용하는 것 외의 작업은 하지 말라. A가 대칭이라는 장점을 이용하라.
4. 대각지배행렬은 고유값으로서 0을 가질 수 없다는 것을 유추하기 위해 Gerschgorin의 정리를 쓰고, 모든 대각지배행렬은 가역적이라는 것을 결론지으라.(정리 1을 쓰지 말라.)
5. $n\times n$ 행렬의 선형 공간 위의 함수 $\mathbf{A} \mapsto \|\mathbf{A}\|_\infty$가 다음 성질을 만족한다는 것을 확인하라.
   a. $\mathbf{A} \ne 0$이면 $\|\mathbf{A}\|_\infty > 0$
   b. $\|\alpha\mathbf{A}\|_\infty = |\alpha|\ \|\mathbf{A}\|_\infty$
   c. $\|\mathbf{A}+\mathbf{B}\|_\infty \le \|\mathbf{A}\|_\infty + \|\mathbf{B}\|_\infty$
6. 두 개의 $n\times 1$ 행렬 $\mathbf{x}$, $\mathbf{y}$에 대해 다음 식이 성립한다는 것을 보이라.
   $|\mathbf{x}^T\mathbf{y}| \le n\|\mathbf{x}\|_\infty \cdot \|\mathbf{y}\|_\infty$
7. 행렬 A의 모든 고유값들은 복소평면에서 중심이 0이고 반지름이 $\|\mathbf{A}\|_\infty$인 원판 내에 놓여 있다는 것을 입증하라.
8. $\|\mathbf{A}\|_\infty < c$이면, $c\mathbf{I}\pm\mathbf{A}$는 가역적임을 확인하라.
9. 다음에 주어진 자료들을 써서 레온티예프 열린 모델을 풀라.

   a. $\mathbf{A} = \begin{bmatrix} 0.1 & 0.6 & 0.6 \\ 0.3 & 0.2 & 0.0 \\ 0.3 & 0.1 & 0.1 \end{bmatrix}$ $\qquad \mathbf{b} = \begin{bmatrix} 0 \\ 18 \\ 0 \end{bmatrix}$

b. $\mathbf{A} = \begin{bmatrix} 0.5 & 0.4 & 0.2 \\ 0.2 & 0.3 & 0.1 \\ 0.1 & 0.1 & 0.3 \end{bmatrix} \qquad \mathbf{b} = \begin{bmatrix} 50 \\ 30 \\ 20 \end{bmatrix}$

10. 어떤 행렬 **A**에 관해 $\|\mathbf{x}\|_\infty = 1$이고 $\|\mathbf{Ax}\|_\infty = \|\mathbf{A}\|_\infty$인 벡터 **x**가 존재함을 확인하라.

11. 보조정리 2의 증명에서 부등식 $1-|a| \le |1-a|$을 사용했다. 이것을 입증하라. 복소수에 대해서도 사실인가? 부등식을 $b-|a| \le |b-a|$로 확장해도 사실인가?

12. **A**가 주어져서 고정되어 있고 **x**는 $\|\mathbf{x}\|_\infty \le 1$로 제한되어 있을 때 $\|\mathbf{Ax}\|_\infty$의 가장 큰 값은 얼마인가?

13. 행렬 $\mathbf{A} = \begin{bmatrix} 2 & 1 & 0 \\ 1 & -3 & 1 \\ 1 & 0 & 5 \end{bmatrix}$를 고려하라. Gerschgorin의 정리를 적용해서 복소평면의 세 원판의 합이 고유값을 포함한다는 것을 보이라. 이 원판들은 서로 떨어져 있고, 각 원판은 고유값을 갖고 있다. 이것은 정리 3에서 기술한 Gerschgorin 정리의 세분(refinement)이라는 것을 입증한다.

14. **A**가 실수 $n\times n$ 행렬이라고 하자. 만약 $\alpha+i\beta$가 **A**의 고유값이면, 다음 식이 성립함을 보이라.

$$|\beta| \le \max_{1\le i\le n} \sum_{\substack{j=1\\ j\ne i}}^{n} |a_{ij}|$$

15. $k \ge 1$일 때, 다음 식이 성립함을 보이라.

$$(\mathbf{I}-\mathbf{B}^k)(\mathbf{I}-\mathbf{B})^{-1} = \mathbf{I}+\mathbf{B}+\mathbf{B}^2+\cdots+\mathbf{B}^{k-1}$$

16. $\mathcal{A}$가 부분행렬이 $n\times n$인 블록 형태 $\begin{bmatrix} \mathbf{B} & \mathbf{C} \\ \mathbf{0} & \mathbf{I} \end{bmatrix}$를 갖는다고 하자. 만약 $(\mathbf{B}-\mathbf{I})$가 가역이면, 다음이 성립한다는 것을 보이라.

a. $\mathcal{A}^k = \begin{bmatrix} \mathbf{B}^k & (\mathbf{B}^k-\mathbf{I})(\mathbf{B}-\mathbf{I})^{-1}\mathbf{C} \\ \mathbf{0} & \mathbf{I} \end{bmatrix}$

b. $\mathcal{A}^T$에 대해 반복하라.

17. **A**를 $n\times n$ 행렬이라고 하자. $p_i=\sum_{\substack{j=1\\ j\ne i}}^{n}|a_{ij}|$, $q_i=\sum_{\substack{i=1\\ i\ne j}}^{n}|a_{ij}|$, $r_i=\min\{p_i, q_i\}$이라고 정의하자. **A**의 각 고유값은 원판들 $\mathcal{C}=\{z : z\in\mathbb{C}, |z-a_{ii}| \le r_i\}$ 중 하나에 있음을 보이라.

18. $\mathbf{A} = \begin{bmatrix} 1 & 3 \\ 2 & 2 \end{bmatrix}$라 놓자. 거듭제곱법을 써서 $\mathbf{x}^{(0)}=(1, 0)$일 때 **A**의 고유값을 찾으라.

참-거짓 연습문제 8.3

1. 행렬 $\mathbf{A} = \begin{bmatrix} 7 & 1 & 5 \\ 2 & -5 & 2 \\ -7 & 2 & -9 \end{bmatrix}$은 대각 지배이다.

2. $\mathbf{A} = \begin{bmatrix} 5 & 3 & 1 \\ 2 & 6 & 3 \\ 3 & 2 & 5 \end{bmatrix}$라고 놓자. Gerschgorin의 정리를 사용하면, **A**의 고유값이 부등식 $|\lambda-5| \le 5$을 만족한다.

3. 반복 $\mathbf{x}^{(k)}=\mathbf{A}\mathbf{x}^{(k-1)}+\mathbf{b}$는 수렴하는 수열 $\mathbf{x}^{(1)}, \mathbf{x}^{(2)}, \ldots$을 생성하고, 이 수열이 벡터 $\hat{\mathbf{x}}$로 수렴할 때, $\hat{\mathbf{x}}$는 $\mathbf{Ax}=\mathbf{b}$의 해일 것이다.

4. Gerschgorin의 정리에 따르면, $\begin{bmatrix} 5 & 1 & 1 \\ 0 & 3 & 1 \\ 1 & 0 & -2 \end{bmatrix}$의 각 고유값은 복소평면의 세 원 $|z-5| \le 2$, $|z-3| \le 1$, $|z+2| \le 1$ 중 하나에 놓여 있다.

5. $\|\mathbf{A}\|_\infty = \max_{1\le i\le n} \sum_{j=1}^{n}|a_{ij}|$임을 상기하라. 만약 **A**가 정방행렬이고 $\|\mathbf{A}\|_\infty < 1$이면, $\mathbf{I}-\mathbf{A}$는 가역적이다.

6. 행렬 $\mathbf{A} = \begin{bmatrix} 5 & 2 & 2 \\ 3 & -8 & 2 \\ 1 & 6 & -9 \end{bmatrix}$는 대각 지배이다.

7. $\mathbf{x}^{(k)}=(\mathbf{I}-\mathbf{A})\mathbf{x}^{(k-1)}+\mathbf{b}$로 정의되는 반복이 벡터 **x**에 수렴하는 벡터 $\mathbf{x}^{(k)}$들의 수열을 생성하면, **x**는 방정식 $(\mathbf{I}-\mathbf{A})\mathbf{x}=\mathbf{b}$를 해결할 것이다.

8. $\mathbf{A} = \begin{bmatrix} 10 & 2 & 3 \\ -1 & 0 & 2 \\ 1 & -2 & 1 \end{bmatrix}$라 놓자. **A**의 고유값들은 Gerschgorin 원판들 $\mathcal{G}_1=\{|z| : |z-10| \ge 5\}$, $\mathcal{G}_2=\{|z| : |z| \ge 3\}$, $\mathcal{G}_3=\{|z| : |z-1| \ge 3\}$ 내에 들어 있다.

선다형 연습문제 8.3

항상 첫 번째로 옳은 답을 선택하라.

1. $\begin{cases} 9x_1 + x_2 - x_3 = 18 \\ x_1 + 15x_2 + x_3 = -12 \\ -x_1 + x_2 + 20x_3 = 17 \end{cases}$ 이라 하자. 만약 야코비 반복법을 이 연립방정식에 적용하고 초기점이 $\mathbf{x}^{(0)}=(1, 1, 1)$이라면, $\mathbf{x}^{(1)}$은?

a. (9, −29, −3) **b.** (2, −12/15, 17/20)

c. (2, −14/15, 17/20) **d.** (2, −14/15, 17/20)

e. 위 항목 중 답이 없다.

2. $\begin{cases} 4x_1 + 2x_2 - x_3 = 5 \\ 2x_1 + 5x_2 + 2x_3 = 7 \\ x_1 - x_2 + 3x_3 = 9 \end{cases}$ 이라 하자. 만약 야코비 반복법을 이 연립방정식에 적용하고 초기 벡터가 $\mathbf{x}^{(0)}=(1, 1, 1)$이라면, $\mathbf{x}^{(1)}$은?

a. (1/4, 3/5, 1/3) **b.** (4/5, 2/3, 7/8)

c. (5/4, 5/7, 9/3) **d.** (1/2, −3/5, 4/5)

e. 위 항목 중 답이 없다.

3. 야코비 수열이 $\mathbf{Ax}=\mathbf{b}$로 수렴하는 것은 어떤 행렬 $\mathbf{A}$인가?

a. $\begin{bmatrix} 1 & -3 & 1 \\ -6 & 4 & 11 \\ 5 & -2 & -2 \end{bmatrix}$ **b.** $\begin{bmatrix} 5 & -2 & -2 \\ 1 & -3 & 1 \\ -6 & 4 & 11 \end{bmatrix}$

c. $\begin{bmatrix} -6 & 4 & 11 \\ 1 & -3 & 1 \\ 5 & -2 & -2 \end{bmatrix}$ **d.** $\begin{bmatrix} -6 & 4 & 11 \\ 5 & -2 & -2 \\ 1 & -3 & 1 \end{bmatrix}$

e. 위 항목 중 답이 없다.

4. 행렬 $\begin{bmatrix} 3 & 0 & 2 \\ 1 & 3 & 1 \\ s & 1 & -5 \end{bmatrix}$가 대각 지배일 필요충분조건은?

a. $s < -6$ **b.** $s < 6$

c. $|s+1| < 5$ **d.** $s < 4$

e. 위 항목 중 답이 없다.

5. 레온티예프 열린 모델에서 $\mathbf{x}=(\mathbf{I}-\mathbf{A})^{-1}\mathbf{b}$를 얻는다. 만약

$$\mathbf{A} = \begin{bmatrix} 0.3 & 0.1 & 0 \\ 0 & 0.2 & 0.1 \\ 0 & 0 & 0.3 \end{bmatrix} \qquad \mathbf{b} = \begin{bmatrix} 5 \\ 15 \\ 7 \end{bmatrix}$$

이면, $\mathbf{x}$는 무엇인가?

a. (7/0.3, 15/0.2, 5/0.3)

b. (7/0.7, 15/0.8, 7/0.7)

c. (10, 10, 10)

d. (10, 20, 10)

e. 위 항목 중 답이 없다.

6. 어떤 조건이 행렬 $\mathbf{I}-\mathbf{A}$가 가역적이라는 것을 보장하는가?

a. $\mathbf{A}$에서 열의 합이 1보다 작다.

b. a의 조건과 함께 $\mathbf{A}$의 모든 원소들은 음이 아니라는 조건.

c. $\mathbf{A}$의 모든 원소들은 $0 \le a_{ij} \le 1$을 만족한다는 조건.

d. $\mathbf{A}$는 대각 지배.

e. 위 항목 중 답이 없다.

7. 이동 문제에서, 도시에 있는 인구의 7%가 교외 지역으로 이주하고, 교외 지역의 3%가 도시로 이동한다. 인구 벡터 $\mathbf{x}^{(k)}$에서 위쪽 성분은 도시의 정보를 포함하고 두 번째 성분은 교외 지역에 관한 것이다. 초기 인구 벡터는 $\mathbf{x}^{(0)}$이다. 반복 관계 $\mathbf{x}^{(k-1)}=\mathbf{Ax}^{(k)}$에서 행렬은 어떤 것인가?

a. $\begin{bmatrix} 0.93 & 0.97 \\ 0.07 & 0.03 \end{bmatrix}$ **b.** $\begin{bmatrix} 0.93 & 0.03 \\ 0.07 & 0.97 \end{bmatrix}$

c. $\begin{bmatrix} 0.03 & 0.93 \\ 0.07 & 0.97 \end{bmatrix}$ **d.** $\begin{bmatrix} 0.97 & 0.07 \\ 0.03 & 0.93 \end{bmatrix}$

e. 위 항목 중 답이 없다.

8. 이동 문제에서, 도시에 있는 인구의 3%가 교외 지역으로 이주하고, 교외 지역의 7%가 도시로 이동한다. 인구 벡터 $\mathbf{x}_k$에서 위쪽 성분은 도시의 정보를 포함하고 두 번째 성분은 교외 지역에 관한 것이다. 초기 인구 벡터는 $\mathbf{x}_0$이다. 반복 관계 $\mathbf{x}_{k+1}+\mathbf{Ax}_k$에서 행렬을 찾으라.

a. $\begin{bmatrix} 0.93 & 0.97 \\ 0.07 & 0.03 \end{bmatrix}$ **b.** $\begin{bmatrix} 0.93 & 0.03 \\ 0.07 & 0.97 \end{bmatrix}$

c. $\begin{bmatrix} 0.03 & 0.93 \\ 0.07 & 0.97 \end{bmatrix}$ **d.** $\begin{bmatrix} 0.97 & 0.07 \\ 0.03 & 0.93 \end{bmatrix}$

e. 위 항목 중 답이 없다.

컴퓨터 연습문제 8.3

1. 다음 반복법을 써서 예제 2를 풀기 위한 코드를 작성하라.
   a. 야코비 **b.** 가우스-자이델
   c. ω_b일 때 SOR **d.** 공액 그래디언트

2. $\mathbf{A} = \begin{bmatrix} 0.3 & 0.1 & 0.3 \\ 0.2 & 0.3 & 0.4 \\ 0.4 & 0.5 & 0.2 \end{bmatrix}$라 놓자. 수학 소프트웨어를 써서 $(\mathbf{I}-\mathbf{A})^{-1}$를 계산하고 예제 11의 해를 검증하라. $\mathbf{A}^2$, $\mathbf{A}^3$, $\mathbf{A}^{10}$와 $\mathbf{A}^{20}$을 계산하라. m이 커질 때, $\mathbf{A}^m \to \mathbf{0}$인가?

3. (계속) $(\mathbf{I}-\mathbf{A})^{-1} = \frac{5}{131}\begin{bmatrix} 56 & 23 & 21 \\ 16 & 44 & 6 \\ 21 & 6 & 47 \end{bmatrix}$이고, $\mathbf{b} = \begin{bmatrix} 0 \\ 18 \\ 0 \end{bmatrix}$인 정확한 해 $(\mathbf{I}-\mathbf{A})^{-1}\mathbf{b}$는 예제들에서 주어진 근사해와 일치함을 보이라.

4. $\mathbf{A} = \begin{bmatrix} 3 & 1 & 1 \\ 4 & 2 & 0 \\ 7 & -1 & 5 \end{bmatrix}$와 $\mathbf{b} = \begin{bmatrix} 1 \\ 3 \\ 4 \end{bmatrix}$일 때, $\mathbf{Ax}=\mathbf{b}$를 풀기 위한 야코비 반복법의 프로그램을 작성하라. 당신의 프로그램에서 얻은 출력으로부터 결론을 이끌어 내라. 같은 프로그램에서 초기 벡터를 $[2, -2.5, -2.5]$로 놓고 최소한 200단계를 실행해 보라. 무슨 일이 일어나는지 설명하라.

5. (계속) 행렬 $\mathbf{A}$를 $\begin{bmatrix} 3 & 1 & -1 \\ 0 & 2 & 1 \\ 1 & 3 & 5 \end{bmatrix}$로 바꿔서 다시 야코비 방법을 사용하라.(아마 40 또는 더 많은 단계가 합리적인 근사해를 얻기 위해 필요할 것이다.)

6. $\begin{bmatrix} 1 & 0.1 & -0.2 \\ -0.3 & 1 & 0.1 \\ -0.2 & 0.3 & 1 \end{bmatrix}\begin{bmatrix} x_1 \\ x_2 \\ x_3 \end{bmatrix} = \begin{bmatrix} 7 \\ 5 \\ 3 \end{bmatrix}$이라 하자. 다음 반복법들을 사용해서 주어진 연립방정식을 풀기 위한 수학 소프트웨어를 쓰라.
   a. 야코비 **b.** 가우스-자이델
   c. ω_b일 때 SOR **d.** 공액 그래디언트

7. $\begin{cases} 2x_1 - x_3 = 2 \\ -x_1 + 3x_2 = -3 \\ x_2 + 4x_3 = 4 \end{cases}$을 생각하자. $\mathbf{x}^{(0)}=(0, 0, 0)$부터 시작하여 야코비 방법으로 $\mathbf{x}^{(4)}$를, 가우스-자이델 방법으로 $\mathbf{x}^{(4)}$를 계산하라.

8. 다음 첨가행렬을 생각해 보자.

$$\left[\begin{array}{cc|c} 2 & 1 & 7 \\ 1 & 3 & 11 \end{array}\right]$$

$\mathbf{x}^{(0)}=(2, 3)$부터 시작하여 야코비 방법으로 $\mathbf{x}^{(4)}$를, 공액 그래디언트 방법으로 $\mathbf{x}^{(2)}$를 계산하라.

9. 예제 5, 6, 7, 8의 계산과 주장을 입증하라. 상세하게 증명하라.

10. 단위 정사각형 $0 < x, y < 1$에서 경계 조건 $u(x, y)=g(x, y)$을 만족하는 **포아송 방정식**으로 알려져 있는 다음 모형 타원형 미분 방정식을 생각하자.

$$\partial^2 u(x, y)/\partial x^2 + \partial^2 u(x, y)/\partial y^2 = f(x, y)$$

$f(x_1, y)=9(x^2+y^2)$과 $g(x_1, y)=(x-y)$이라고 하자. 정사각형 영역을 고른 그물코(mesh)로 분할하면, 그물코 점 (x_i, y_j)에서 유한 차분 근사는 $u_{i,j}-u_{i+1,j}-u_{i-1,j}-u_{i,j+1}-u_{i,j-1}=-h^2 f(x_i, y_j)$으로 쓸 수 있다. 구간을 $h=\frac{1}{4}$로 하면, 9개의 미지수와 9×9 연립방정식을 얻는다. 그림 8.8에서 두 개의 다른 방법으로 먼저 문제 해 영역의 그물코 점들의 순서를 매김으로써 미지의 벡터 $\mathbf{u}$에 대한 순서를 표시한다. $\mathbf{u}$의 k번째 성분 $\mathbf{u}_k$는 k로 표시되는 그물코 점에 대응하는 미지수이다. 연립방정식 $\mathbf{Au}=b$를 고려해 보자.

$$\begin{bmatrix} 4 & -1 & 0 & -1 & 0 & 0 & 0 & 0 & 0 \\ -1 & 4 & -1 & 0 & -1 & 0 & 0 & 0 & 0 \\ 0 & -1 & 4 & 0 & 0 & -1 & 0 & 0 & 0 \\ -1 & 0 & 0 & 4 & -1 & 0 & -1 & 0 & 0 \\ 0 & -1 & 0 & -1 & 4 & -1 & 0 & -1 & 0 \\ 0 & 0 & -1 & 0 & -1 & 4 & 0 & 0 & -1 \\ 0 & 0 & 0 & -1 & 0 & 0 & 4 & -1 & 0 \\ 0 & 0 & 0 & 0 & -1 & 0 & -1 & 4 & -1 \\ 0 & 0 & 0 & 0 & 0 & -1 & 0 & -1 & 4 \end{bmatrix}$$

$$
\times \begin{bmatrix} u_1 \\ u_2 \\ u_3 \\ u_4 \\ u_5 \\ u_6 \\ u_7 \\ u_8 \\ u_9 \end{bmatrix} = \begin{bmatrix} g_{11} + g_{15} - h^2 f_1 \\ g_{12} - h^2 f_2 \\ g_{13} + g_{16} - h^2 f_3 \\ g_{17} - h^2 f_4 \\ -h^2 f_5 \\ g_{18} - h^2 f_6 \\ g_{19} + g_{22} - h^2 f_7 \\ g_{23} - h^2 f_8 \\ g_{20} + g_{24} - h^2 f_9 \end{bmatrix}
$$

이것은 사전식 순서(왼쪽에서 오른쪽으로, 아래에서 위쪽으로)에서 미지수 점들 u_1, u_2, u_3, u_4, u_5, u_6, u_7, u_8, u_9에 관한 **자연적인 순서**(natural ordering)이다. 다음 반복법들을 사용해서 주어진 연립방정식을 풀기 위한 수학 소프트웨어를 쓰라.

a. 야코비 **b.** 가우스-자이델

c. 공액 그래디언트 **d.** ω_b일 때 SOR

11. (계속) **Au**=**b**에서 방정식과 미지수를 아래와 같은 형태로 다시 순서를 정하라.

$$
\begin{bmatrix}
4 & 0 & 0 & 0 & 0 & -1 & -1 & 0 & 0 \\
0 & 4 & 0 & 0 & 0 & -1 & 0 & -1 & 0 \\
0 & 0 & 4 & 0 & 0 & -1 & -1 & -1 & -1 \\
0 & 0 & 0 & 4 & 0 & 0 & -1 & 0 & -1 \\
0 & 0 & 0 & 0 & 4 & 0 & 0 & -1 & -1 \\
-1 & -1 & -1 & 0 & 0 & 4 & 0 & 0 & 0 \\
-1 & 0 & -1 & -1 & 0 & 0 & 4 & 0 & 0 \\
0 & -1 & -1 & 0 & -1 & 0 & 0 & 4 & 0 \\
0 & 0 & -1 & -1 & -1 & 0 & 0 & 0 & 4
\end{bmatrix}
\begin{bmatrix} u_1 \\ u_2 \\ u_3 \\ u_4 \\ u_5 \\ u_6 \\ u_7 \\ u_8 \\ u_9 \end{bmatrix}
= \begin{bmatrix} g_{11} + g_{15} - h^2 f_1 \\ g_{13} + g_{16} - h^2 f_2 \\ -h^2 f_3 \\ g_{19} + g_{22} - h^2 f_4 \\ g_{20} + g_{24} - h^2 f_5 \\ g_{12} - h^2 f_6 \\ g_{17} - h^2 f_7 \\ g_{18} - h^2 f_8 \\ g_{23} - h^2 f_9 \end{bmatrix}
$$

이것은 빨간 미지수 점들 u_1, u_2, u_3, u_4, u_5과 검은색 미지수들 u_6, u_7, u_8, u_9로 이루어진 **빨강-검은 순서**(red-black ordering)이다.

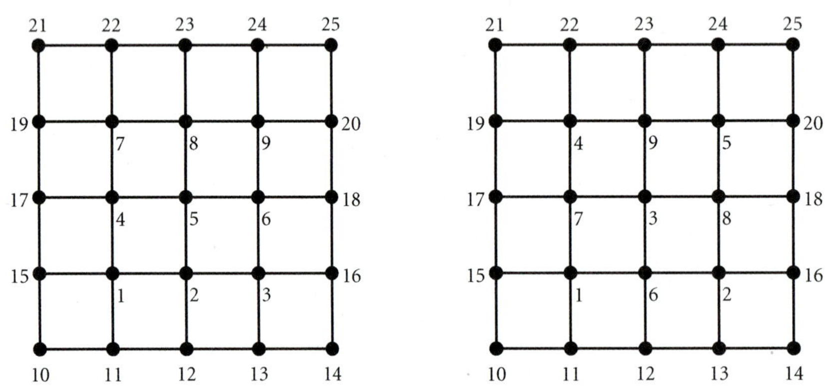

(a) Natural Ordering (b) Red-black Ordering

그림 8.8

APPENDIX

A 연역법과 여러 증명

교육은 받아 쌓아 두는 것이 아니라 태워서 세상을 밝힐 불꽃입니다.

—예이츠(William Butler Yeats, 1865~1939, 1923년 노벨문학상 수상)

마음은 채워야 할 그릇이라기보다는 타오를 불입니다.

—플루타르크 (Plutarch, AD 45~125, 델포이 신전 사제)

A.1 소개

이 책을 공부하는 목적 중 하나는 연역적 추리력을 향상시키는 것이다. 이러한 활동은 분석적인 사고를 포함하기 때문에 즐거운 것이다. 많은 조사를 하고서 의심스럽던 진실에 대하여 믿을 만한 이유를 찾는 것은 자존심을 위해서도 매우 좋은 일이다. 이는 퍼즐을 푸는 것과 같이 창의적인 활동이지만, 그보다 더 낫다고 할 수 있다. 어떤 경우에는 여러분이 역사상 최초로 어떤 사실을 밝혀 실제로 문명사회의 지식에 더하기 때문이다.

연이은 논리적 주장은 수학에서는 필수적이다. 이들은 처음에 추측만 되었던 가설이 유효할 가능성에 대한 흔적을 줄 수 있다. 어떤 가설은 옳지 않음을 보여 주기도 한다. 여러분도 알겠지만, 수학에는 인상적인 증거도 유효할 것 같으나 완전한 증명을 할 수 없는 가설이 많이 있다. 예를 들면 $n+2$도 소수가 되는 소수 n은 무한히 많은가? 이러한 소수를 **쌍둥이 소수**(twin prime)라 한다. 예를 들면 (3, 5), (5, 7), (11, 13), (17, 19), (29, 31) 등이다. 이러한 쌍둥이 소수가 유한인지 무한히 계속 되는지는 아무도 모른다.

선형대수에서는 연역법을 연습할 많은 기회가 있다. 그러나 처음에는 연역법의 여러 측면을 미적분, 기하학, 또는 대수에서와 같이 보다 익숙한 다른 맥락에서 논의할 것이다.

A.2 연역법과 직접 검증

어떤 결과의 타당성을 입증하는 한 가지 방법으로 **직접 검증**(direct verification)을 이용한다. 보통 이 방법은 증명 과정이 알려진 자연스러운 출발선에서 논리적인 경로를 따라 바라는 결론으로 진행하는 것을 의미한다. 가끔은 그런 진행 과정에 독창적 생각이 아니라 단지 계산만 필요하다. 예를 들어 보자.

정리 1

x와 y가 실수이고, $a=y^2-x^2$, $b=2xy$, $c=x^2+y^2$이면 $a^2+b^2=c^2$이다.

증명

주어진 a, b, c에 의해서 다음과 같이 된다.

$$\begin{aligned} a^2+b^2 &= (y^2-x^2)^2+(2xy)^2 \\ &= y^4-2y^2x^2+x^4+4x^2y^2 \\ &= y^4+2y^2x^2+x^4 \\ &= (y^2+x^2)^2 \\ &= c^2 \end{aligned}$$

■

위 증명에서 작고 검은 상자는 증명을 끝냈다는 것을 보여 주도록 표시하였다. 이 표시는 이 책 전체에서 증명이나 예제가 끝났다는 것을 나타내는 데 사용된다.

정리 1에서 정수 x와 y가 부등식 $0<x<y$를 만족하면 a와 b는 직각삼각형의 정수 길이의 변이고 c는 빗변의 길이이다. 예를 들면 (3, 4, 5)는 $x=1$, $y=2$일 때 얻어지는 세 쌍이다. $a^2+b^2=c^2$을 만족하는 양의 정수 a, b, c의 세 쌍 (a, b, c)를 **피타고라스의 세 쌍**(Pythagorean triple)[1]이라 부른다.

증명에 익숙하지 않은 여러분은 다음 정리로 연습해보라.

정리 2

정수 n과 k에 대하여, $14n-3$의 형태로 쓸 수 있는 정수는 $7k+4$의 형태로도 쓸 수 있다.

A.3 함의

수학에서 우리는 종종 함의를 밝히려고 한다. 이는 하나의 명제가 다른 명제를 함의하는 것을 증명하는 것을 뜻한다. 함의는 "명제 P이면 명제 Q이다"의 형태를 갖는다. 전형적인 (참이 된 경우의) 함의의 예는 다음과 같다.

[1] 기원전 500년경에 활동했던 그리스 수학자인 석학 피타고라스는 사모스섬에서 태어났지만 기원전 531년경에 이탈리아 남부 크로톤섬으로 이주하였다. 음정을 맞추는 데 있어서 비율의 발견은 그의 공로이다. 크로톤에서 그는 당시에 흔치 않았지만 남녀 모두에게 개방된 신흥종교로 제자들을 자기 주위에 끌어 모았다. 이 학파는 지구가 구형이라는 의미를 파악하고 있던 것 같다. 피타고라스나 그의 학파는 무리수와 직각삼각형에 대한 피타고라스 정리를 발견하였다. 직각삼각형은 쉽게 만들 수 있기 때문에 고대에는 이런 사실이 건축에서 실질적으로 매우 중요하였다.

"x가 실수이면 x^2은 0보다 크거나 같다."

기호 ⇒은 종종 **함의하다**(imply)를 나타내는 데 사용된다. 앞의 예를 다음과 같이 축약할 수 있다.

$$x \in \mathbb{R} \Rightarrow x^2 \geq 0$$

명제 $P \Rightarrow Q$는 (P는 Q를 함의한다) 또는 (P가 참이면 Q는 참이다)로 읽는다. 어법상 여러 개의 다른 변형들이 있다.

"P는 Q를 위해 충분하다", 또는 "Q는 P를 위해 필요하다", 또는
"P이면 Q이다", 또는 "Q가 거짓이면 P도 거짓이다", 또는
"P가 참이면 Q도 참이다"

$P \Rightarrow Q$ 형태의 명제를 생각할 때, 이 명제의 **대우**(contrapositive) 명제는 $\neg Q \Rightarrow \neg P$이다. 기호 ¬는 부정을 뜻한다. 대우 명제는 논리적으로 본래 명제와 동치이다. 즉 한 명제가 참이면 다른 명제도 참이다.

$P \Rightarrow Q$의 **역**(converse)명제는 $Q \Rightarrow P$이다. 역은 본래 명제 $P \Rightarrow Q$와 동치는 아니다.

기호 ⇔는 **필요충분조건**(if and only if)을 의미한다. 이 경우에 서로 반대 방향으로 가는 두 함의가 있다. 보기를 들어, P가 "$x^2-3x+2=0$"을 나타내고 Q는 "$x=1$이거나 $x=2$이다"를 나타낸다고 하자. 이 경우에는 $P \Leftrightarrow Q$이다. 전문용어로는 P와 Q는 논리적으로 서로 동치이다. "P가 참일 필요충분조건은 Q가 참이다"라고 말하기도 한다. 관계가 서로 **상호적**(reciprocal)이기 때문에, "Q가 참일 필요충분조건은 P가 참이다."라고 말한다.

두 함의 $P \Rightarrow Q$와 $Q \Rightarrow P$ 사이의 큰 차이에도 불구하고 우리는 종종 Q를 가정하면 어떤 결과가 나오는가?하고 물으면서 $P \Rightarrow Q$의 증명을 찾기 시작한다. 그래서 Q에서 시작하여 결론을 내릴지도 모른다. 논리적인 방법으로 P에 도달할 수 있다면, $P \Rightarrow Q$의 증명을 얻기 위해 모든 함의를 뒤집으려고 할 것이다. 여기에 이 방식의 예가 있다.

예제 1 방정식 $\sqrt{2x-5}+4-x=0$의 해를 구하라.

풀이 이런 종류의 문제는 여러 모습으로 나타난다. 대부분의 수학자는 $x-4=\sqrt{2x-5}$의 형태로 방정식을 놓고 시작할 것이다. 다시 말해서, 방정식이 유효하다고 가정하여 그 전제로부터 무엇이 따라 나오는지 알아본다. 다음과 같은 결과가 나온다.

$$x^2-8x+16=2x-5, \qquad x^2-10x+21=0, \qquad (x-7)(x-3)=0$$

따라서 $x=7$ 또는 $x=3$을 얻는다. x가 주어진 방정식을 만족하면 x는 7이거나 3인 것을 증명하였다. 7과 3이 해라는 결론은 타당하지 않다. 함의 중 하나는 되돌릴 수 없기 때문이다. 그 단계가 $x=3$을 대입해서 그 값으로 방정식 $x-4=\sqrt{2x-5}$를 얻으려는 것이다. 가능한 해로서 3을 시험해 보면 3은 주어진 방정식의 해가 아니라는

것이 드러난다. ■

$P \Rightarrow Q$가 $Q \Rightarrow P$와 같을 것이라 생각하는 오류를 범하지 말자. 이들 함의는 서로 **역**명제이다. 예를 들면

"n이 2로 나누어지면 n은 6으로 나누어진다"

의 역은

"n이 6으로 나누어지면 n은 2로 나누어진다"

이다. 처음 명제는 거짓이지만, 두 번째 명제(처음 명제의 역)는 참이다. 또 다른 예로

"a와 b는 직각삼각형의 두 변이고 빗변이 c이면 $a^2+b^2=c^2$이다"

의 역은

"$a^2+b^2=c^2$이면 세 변이 $|a|, |b|, |c|$인 삼각형은 직각삼각형이다"

이다. 이들 두 함의가 모두 참인가?

A.4 귀류법

$P \Rightarrow Q$ 형태의 정리를 증명하려고 한다. P를 참 그리고 Q를 거짓이라 가정하여 분명한 모순에 이르는지를 알아볼 수 있다. 만일 그렇다면 가설 P와 $\neg Q$는 유지되지 않는다. 다시 말해서 P가 참이면 Q도 참이다.

예제 2 귀류법을 이용하여 실수 x와 y에 대하여 $|x+y| \le |x|+|y|$를 증명하라.

풀이 어떤 x와 y에 대하여

$$|x+y| > |x|+|y|$$

라고 가정하자. 이 가정으로부터 거짓이 되는 결과를 찾아보자. $x+y \ge 0$이면 $\sigma=1$이고 $x+y<0$이면 $\sigma=-1$이라 하자. 그러면 $|x| \ge \sigma x$이고 $|y| \ge \sigma y$이다. 따라서

$$\sigma x+\sigma y=\sigma(x+y)=|x+y|>|x|+|y| \ge \sigma x+\sigma y$$

이다. 어떤 수도 자신보다 클 수 없기 때문에 이는 분명히 거짓이다. 이 모순이 주어진 부등식이 참임을 밝힌 것이다. ■

A.5 수학적 귀납법

정리를 만드는 데 있어서 중요한 기법은 **수학적 귀납법**(mathematical induction)이다. 이 기법은 명제가 양의 정수 n에 의존할 때 이용된다. 이를 $P(n)$이라 하자. n의 모든 값에 대하여 $P(n)$이 성립하게 하고 싶다. 즉 $n=1$,

2, 3, 4 등이다.

정리 3 수학적 귀납법

임의의 자연수 n에 대하여, $P(n)$을 수학적 명제라 하자. $P(1)$이 참이고 $n=1, 2, 3, \ldots$에 대하여 함의 $P(n) \Rightarrow P(n+1)$이 참이면 모든 자연수 n에 대하여 $P(n)$이 참이다.

증명 귀류법을 이용하자. 가설은 참인 반면에 결론은 거짓이라고 가정한다. 그러고서 모순에 다다르기를 기대한다. $P(n)$의 어떤 경우에 거짓이라 가정하자. m을 $P(m)$이 거짓이 되는 첫 번째 정수라 하자. 그러면 $P(1), P(2), \ldots, P(m-1)$은 참이지만 $P(m)$은 거짓이 된다. 여기서 정렬순서 원리를 적용해야 한다. 이 원리는 비어 있지 않은 모든 양의 정수들의 집합은 최소원소를 포함한다는 것이다. $P(1)$이 참이므로 $m>1$이다. $P(m-1)$도 참이다. $P(m-1)$은 $P(m)$을 함의한다. 두 번째 가설에 따라서 $P(m)$은 참이어야 하므로 우리가 선택한 m은 모순을 만든다. ■

예제 3 수학적 귀납법을 이용하여 모든 자연수 n에 대하여 다음 공식이 성립함을 보이라.

$$1+4+9+\cdots+n^2=\frac{1}{6}n(n+1)(2n+1)$$

풀이 이 방정식을 $P(n)$이라 놓자. 첫째로 $P(1)$이 성립함을 보인다. $P(1)$은 $1=\frac{1}{6}(2)(3)$을 나타내므로 명백하다. 다음으로 함의 $P(n) \Rightarrow P(n+1)$을 보이자. 여기서 $P(n)$은 가설이 되고 n은 고정된 정수이다. 따라서 다음과 같이 쓸 수 있다.

$$\begin{aligned}1+4+\cdots+n^2+(n+1)^2 &= \frac{1}{6}n(n+1)(2n+1)+(n+1)^2\\ &= \frac{1}{6}(n+1)\left[n(2n+1)+6(n+1\right.\\ &= \frac{1}{6}(n+1)\left[2n^2+7n+6\right]\\ &= \frac{1}{6}(n+1)(n+2)(2n+3)\end{aligned}$$

마지막 식은 $P(n+1)$에 대한 공식이다. ■

귀납법은 두 가지 다른 형식—약식귀납법과 정식귀납법—으로 정의될 수 있다.

정의: 약식귀납법

$P(1)$이 참(출발 단계)이고 $n=1, 2, \ldots$에 대하여 $P(n) \Rightarrow P(n+1)$(귀납 단계)이면 모든 양의 정수 n에 대하여 $P(n)$은 참이다.

정의 : 정식귀납법

$P(1)$이 참(출발 단계)이고 $P(1)$, $P(2)$, ..., $P(n)$ 모두가 참일 때 $P(n+1)$도 참(귀납 단계)이면, $P(n)$은 모든 양의 정수 n에 대하여 참이다.

명백한 차이점은 귀납 단계에 있다. 보통의 또는 약식귀납법에서는 사다리의 가로대를 하나씩 오르는 것처럼 한 단계에서 다음 단계로 진행한다. 정식귀납법에서는 현재의 경우가 참이라는 결론을 내리기 전에 그 이전의 모든 경우가 참이라는 것을 알아야 한다. 실용적인 관점에서 보면 둘은 논리적으로 같다. 그럼에도 불구하고 정식귀납법은 귀납 단계를 더 쉽게 증명하도록 만들어 준다.

귀납법은 $P(k)$를 참인 출발 단계로 택하여 일반화될 수 있다. 그리고 $P(n)$이 참일 때 $P(n+1)$도 참임을 보인다(귀납 단계). 여기서 $n=k$, $k+1$, ...이다. 결론은 k보다 크거나 같은 모든 양의 정수 n에 대하여 $P(n)$이 참이라는 것이다.

A.6 진리표

복합 명제에서 **진리표**(truth table)가 가끔 필요하다. 간단한 진리표 중 하나는 논리적 **부정**(not)에 대한 것이다.

P	$\neg P$
T	F
F	T

(여기서 기호 $\neg P$는 not-P를 나타낸다.) 이 표는 다음과 같이 해석한다: P가 참이면 $\neg P$는 거짓이고, P가 거짓이면 $\neg P$는 참이다.

함의(implication)에 대한 진리표는 특히 중요하다.

P	Q	$P \Rightarrow Q$
T	T	T
T	F	F
F	T	T
F	F	T

함의 ($P \Rightarrow Q$)가 거짓이 되는 유일한 경우는 P가 참이지만 Q는 거짓인 경우이다. 예를 들면 다음 명제는 거짓이다: "$5^2=25$이면 시저가 '베니스 상인'의 저자이다."

($P \wedge Q$로 표시하는) P **and** Q의 진리표는 다음과 같다.

P	Q	$P \wedge Q$
T	T	T
T	F	F
F	T	F
F	F	F

A.7 부분집합과 드모르간의 법칙

증명하는 데 흔히 필요한 것은 두 집합 S와 T가 같다는 것을 보이는 것이다. 이런 문제는 두 부분으로 나눌 수 있는데, 우선 S의 모든 원소가 T의 원소임을 보이고, 다음으로 T의 모든 원소가 S의 원소임을 보인다. 이 두 사실을 보이면 두 집합이 같다는 것을 확신하게 된다. 반드시 두 방향의 증명이 필요하다. 기호 $\subseteq$을 이용해서 말하면 $S \subseteq T$와 $T \subseteq S$를 증명해야 하는 것이다.(기호 $\subseteq$는 '부분집합' 또는 '포함되는'을 나타낸다.) 여기서는 이 논리의 원리를 이용한다.

$$[S=T] \Leftrightarrow [S \subseteq T \text{ and } T \subseteq S]$$

예제 4 예제 4 두 집합이 같음을 보이라.

$$A=\{n: \text{어떤 정수 } k\text{에 대하여 } n=13k+2\}$$
$$B=\{n: \text{어떤 정수 } k\text{에 대하여 } n=13k-11\}$$

풀이

$$n \in A \Rightarrow n=13k+2=13(k+1)-11 \Rightarrow n \in B$$
$$n \in B \Rightarrow n=13k-11=13(k-1)+2 \Rightarrow n \in A$$
■

합집합(union), **교집합**(intersection), **차집합**(difference)의 정의를 상기하자.

$$S \cup T = \{x : x \in S \text{ or } x \in T\} \quad (\textbf{합집합})$$
$$S \cap T = \{x : x \in S \text{ and } x \in T\} \quad (\textbf{교집합})$$
$$S \setminus T = \{x : x \in S \text{ and } x \notin T\} \quad (\textbf{차집합})$$

정리 4 드모르간의 법칙

전체집합 U 안에 있는 두 집합 A, B에 대하여 다음이 성립한다.

$$U \setminus (A \cup B) = (U \setminus A) \cap (U \setminus B)$$
$$U \setminus (A \cap B) = (U \setminus A) \cup (U \setminus B)$$

증명 첫째 경우는 증명하고 둘째는 여러분에게 남겨 놓겠다.

$$\begin{aligned} x \in [U \setminus (A \cup B)] &\Leftrightarrow [x \in U \text{ and } x \notin (A \cup B)] \\ &\Leftrightarrow [x \in U \text{ and } x \notin A \text{ and } x \notin B] \\ &\Leftrightarrow [x \in (U \setminus A) \text{ and } x \in (U \setminus B)] \\ &\Leftrightarrow [x \in [(U \setminus A) \cap (U \setminus B)]] \end{aligned}$$
■

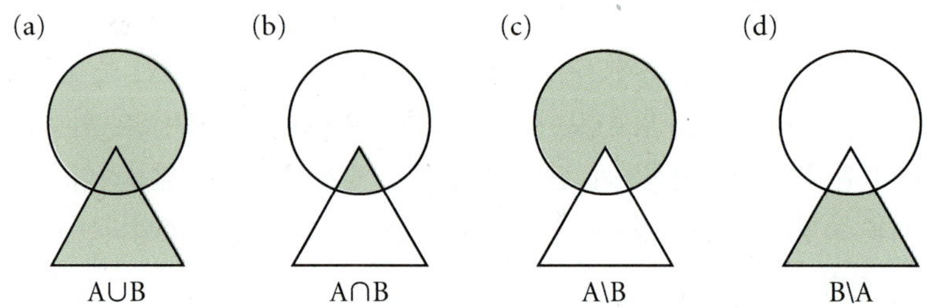

그림 A.1 드모르간 법칙과 벤다이어그램. 다이어그램은 (A\B)∪(B\A)∪(A∩B)=A∪B를 보여 준다.

그림 A.1은 드모르간 법칙의 도해이다.

A.8 한정사

많은 수학적 명제가 양을 나타내는 한정사를 포함한다. 두 가지 형태의 한정사가 있다: "모든 x에 대하여…"와 "어떤 x에 대하여…". 첫째를 **전칭 한정사**(universal quantifier) 그리고 둘째를 **존재 한정사**(existential quantifier)라 부른다. 다음 두 개의 (참인) 명제가 전형적인 예이다.

1. 모든 정수 n에 대하여, n^3-n은 3으로 나누어진다.
2. $x^2+3x-7=0$을 만족하는 실수 x가 존재한다.

가끔 이 두 한정사에 대하여 이용되는 기호가 있다. 기호 ∀은 **모든 …에 대하여**, 그리고 ∃은 **…이 존재한다**를 나타낸다. 이들은 특히 숙제를 하거나 형식에 얽매이지 않고 증명을 하는 데 유용하다. 그러나 이들 기호를 정식 수학과제물에서는 명확성을 위하여 절대적으로 필요한 경우가 아니라면 사용해서는 안 된다. 한 명제에 여러 한정사가 있을 때는 이런 기호를 가끔 사용하는 것이 도움이 된다. 실수와 정수 (n, m)이 포함된 예를 보자.

$$(\forall\varepsilon>0)(\exists m\in\mathbb{N})(\forall n>m)\left\{\left|\frac{1+n}{1+3n}-\frac{1}{3}\right|<\varepsilon\right\}$$

말로 하면, 임의 양수 ε에 대하여 m보다 큰 임의 정수 n에 대하여 $\left|\frac{1+n}{1+3n}-\frac{1}{3}\right|<\varepsilon$ 을 만족하는 양의 정수 m이 존재한다. 이는

$$\lim_{n\to\infty}\frac{1+n}{1+3n}=\frac{1}{3}$$

을 수학적으로 설명하는 것과 정확히 같은 방법이다.

A.9 한정 명제의 부정

한정사를 포함한 명제를 부정하려면 다음 형식을 따른다. 기호 ¬는 **not**을 의미하고 $P(x)$는 x를 포함하는 명제이다.

$$\left[\neg(\forall x)(P(x))\right] \Leftrightarrow \left[(\exists x)(\neg P(x))\right]$$
$$\left[\neg(\exists x)(P(x))\right] \Leftrightarrow \left[(\forall x)(\neg P(x))\right]$$

이 기호 명제는 각각 다음과 같이 간단히 표현할 수 있다.

"$P(x)$가 항상 참이 아니라는 것은 논리적으로 $P(x)$가 어떤 x에 대하여 거짓이라는 것과 동치이다."

"어떤 x도 $P(x)$를 만족하지 않는다는 것은 모든 x에 대하여 $P(x)$는 거짓이라는 것과 동치이다."

예를 들어 위에서의 극한에 관한 명제를 부정하면

$$(\exists\varepsilon > 0)(\forall m)(\exists n > m)\left\{\left|\frac{1+n}{1+3n} - \frac{1}{3}\right| \geq \varepsilon\right\}$$

이다.

A.10 여러 미심쩍은 '증명'

부록 A의 뒷부분에서는 증명과 가증명을 검토할 것이다. 가증명이라는 용어는 논리적인 실수 때문에 진정한 증명이 되기에 부족한 추리 과정을 말한다.

한 가지 흔한 실수는 $Q \Rightarrow P$를 보인 주장으로 $P \Rightarrow Q$ 증명을 시도하는 것이다. 이 경우에 논리 단계를 뒤집을 수 있다면 $P \Rightarrow Q$의 증명은 된다. 그러나 그 주장을 뒤집을 수 있는 마지막 단계는 필수적이다. 다음 두 개의 예를 보자.

예제 5 5=7을 증명하고 싶다.

풀이 5=7로 시작하자. −6을 양변에 더해서 −1=1을 얻는다. 양변을 제곱하면 1=1이 된다. 실제로 무엇을 증명했는가? 5=7이면 1=1을 보인 것이다. 이는 임의값에 대해서는 아니지만 참인 명제이다.(함의에 대한 진리표를 참고하면 거짓인 명제는 참이든 거짓이든 다른 명제를 함의하는 것을 볼 수 있다.) 우리가 실제로 증명했어야 하는 것은 역명제이다: 1=1이면 5=7이다.(이것은 훨씬 어렵죠?) ■

예제 6 또 다른 가증명(pseudoproof). π는 진짜로 0임을 증명하고 싶다.

풀이 $\pi=0$으로 시작하자. 양변에 sin함수값을 취하면 $\sin\pi=\sin 0=0$이 된다.

예제 7 x와 y가 양의 정수이면 $(x^5+y^5)/(x+y)$도 양의 정수라는 것을 증명하고 싶다. 나눗셈 때문에 이 주장은 확실히 의심스럽다.

풀이

$$\begin{aligned}(x+y)&(x^4-x^3y+x^2y^2-xy^3+y^4)\\ &=x^5-x^4y+x^3y^2-x^2y^3+xy^4+x^4y-x^3y^2+x^2y^3-xy^4+y^5\\ &=x^5+y^5\end{aligned}$$

따라서

$$\frac{x^5+y^5}{x+y}=x^4-x^3y+x^2y^2-xy^3+y^4$$

이다. 여기까지에서 결함을 찾을 수 있는가? ■

요약 부록 A

- 피타고라스의 순서 세 쌍 (a, b, c): 양의 정수 a, b, c는 $a^2+b^2=c^2$을 만족한다.
- 실수 x, y에 대하여 $a=y^2-x^2$, $b=2xy$, $c=x^2+y^2$이면 $a^2+b^2=c^2$이다.
- 수학적 귀납법 : $n\in\mathbb{N}^+$, $P(n)$을 수학적 명제라 하자. $P(1)$이 참이고 모든 $n\in\mathbb{N}^+$에 대하여 함의 $P(n)\Rightarrow P(n+1)$이 참이면 모든 $n\in\mathbb{N}^+$에 대해서 $P(n)$은 참이다.
- 합집합: $S\cup T=\{x: x\in S \text{ or } x\in T\}$
  교집합: $S\cap T=\{x: x\in S \text{ and } x\in T\}$
  차집합: $S\setminus T=\{x: x\in S \text{ and } x\notin T\}$
- **드모르간 법칙** : 전체 집합 U 안에 있는 두 집합 A, B에 대하여,
  $U\setminus(A\cup B)=(U\setminus A)\cap(U\setminus B)$
  $U\setminus(A\cap B)=(U\setminus A)\cup(U\setminus B)$
- 함수 : f가 X를 Y와 대응시키면 X는 f의 정의역이고 Y는 f의 공변역이다. y가 대응 f에 대하여 x의 상이면 $y=f(x)$이다. f의 치역은 $\{f(x): x\in X\}$이다.
- 두 함수 f와 g의 합성을 $(f\circ g)(x)=f(g(x))$로 정의한다.

주요 개념 부록 A

쌍둥이 소수, 연역추론, 직접 검증, 피타고라스의 순서 세 쌍, 가증명, 함의, 대우, 역, 이, 귀류법, 논리적 동치, 약식귀납법, 정식귀납법, 가설, 결론, 집합 연산, 진리표, 드모르간 법칙, 합집합, 차집합, 교집합, 함수, 대응, 정의역, 공변역, 치역, 합성, 전칭 한정사, 존재 한정사, 한정명제의 부정, 여러 가증명

일반 연습문제 부록 A

1. 다음 인수분해를 밝히라.

$$x^n-y^n = (x-y)(x^{n-1}+x^{n-2}y+x^{n-3}y^2+\cdots+x^2y^{n-3}+xy^{n-2}+y^{n-1})$$

처음 세 경우 $n=2, 3, 4$에 대해서 상세하게 보이라. 일반적인 경우 어떻게 증명하는지 알아야 한다. 수학적 귀납법은 바람직하지 않으며 기본적인 대수 공식이 요구되는 문제이다.

2. (계속) 임의 양의 정수 n에 대하여 7^n-4^n은 3의 배수임을 밝히라.(힌트: 일반 연습문제 1을 이용하라.)

3. $1^3+2^3+3^3+4^3+\cdots$의 처음 몇 개의 부분합을 구하고 그들이 완전제곱임을 확인하라. 모든 부분합에 대하여 참임을 밝히고, 부분합의 공식을 찾으라.

4. 양의 실수 x, y에 대하여 **산술-기하 평균 부등식**을 증명하라.

$$\sqrt{xy} \le \frac{1}{2}(x+y)$$

5. 쉬운 방법이 있지만, 귀납법을 이용하여 나음 공식을 증명하라: $n \ge 1$에 대하여, $1+2+3 \cdots +n=\frac{1}{2}n(n+1)$.

6. 유클리드가 알고 있고 디오팬터스가 사용한 **피타고라스의 세 쌍** (a, b, c)는 $a^2+b^2=c^2$을 만족하는 세 정수이다. 세 쌍을 만드는 한 가지 방법은 $n>m$인 정수에 대하여 $a=n^2-m^2$, $b=2nm$, $c=m^2+n^2$로 정의하는 것이다. 이 세 수 a, b, c가 항상 피타고라스의 세 쌍을 이루는지 보일 수 있는가?

7. (계속) $b=a+1$이 되는 피타고라스 세 쌍 (a, b, c)를 모두 구하라. 정리가 얻어져야 한다.

8. a. 3보다 큰 소수를 6으로 나누면 나머지는 1이거나 5임을 밝히라.

   b. p가 3보다 큰 소수이면 $p+1$ 또는 $p-1$은 6의 배수임을 보이라.

   c. p가 3보다 큰 소수이고 $p+2$도 소수이면 어떤 정수 n에 대하여 $p=6n-1$임을 보이라.

   d. $6n-1$과 $6n+1$이 소수가 되는 정수 n은 무한히 많음을 보이라.

9. 집합 X에 포함된 임의의 집합 A_i들에 대하여 **드모르간의 법칙**이 성립함을 보이라.

$$U \setminus \bigcup_{i=1}^{n} A_i = \bigcap_{i=1}^{n}(U \setminus A_i)$$
$$U \setminus \bigcap_{i=1}^{n} A_i = \bigcup_{i=1}^{n}(U \setminus A_i)$$

여기서 $\cup_i A_i$는 적어도 한 개의 A_i가 들어 있는 원소 x들의 모임이다. 이와 비슷하게 $\cap_i A_i$는 모든 A_i에 들어 있는 원소들의 모임이다.

10. $f(\cap_i A_i)$와 $\cap_i f(A_i)$ 사이의 관계식을 구하라. 적절한 연역법으로 구한 관계식을 증명하고 보다 더 강한 관계식은 성립하지 않는 예를 제시하라.

11. 임의의 집합에 대하여 $A \subseteq B$이고 $B \subseteq C$이면 $A \subseteq C$임을 보이라.

12. 삼각형의 수선들은 한 점에서 만난다는 기초 기하학의 정리를 증명하라.[삼각형의 **수선**(altitude)은 한 꼭지점에서 맞변까지 맞변에 수직으로 만나는 선분이다. 꼭지점으로부터 맞변까지 선분이 수직으로 만나는 교점은 맞변의 연장선 상에 놓일 수도 있다.]

13. 영도 음의 정수도 아닌 x에 대하여

$$\frac{1}{x(x+1)}+\frac{1}{(x+1)(x+2)}+\frac{1}{(x+2)(x+3)} +\cdots +\frac{1}{(x+n-1)(x+n)}$$

의 공식을 구하라. 구한 공식에서 $n \to \infty$일 때 극한값을 구하라. 미적분에서 **부분분수 분해법**(partial fraction decomposition)을 이용할 수 있다.

14. $(1)(2)+(2)(3)+(3)(4)+\cdots+(n)(n+1)$의 공식을 찾고 증명하라. $a+bn+cn^2+dn^3+en^4+\cdots$ 형태의 공식일 수도 있다.

15. 임의의 점에서 함수 f의 정의는 다음과 같다.

$$(\forall x)(\forall \varepsilon > 0)(\exists \delta > 0)(\forall y)[|x-y| < \delta \Rightarrow |f(x)-f(y)| < \varepsilon]$$

이 명제의 부정을 기호로 나타내라.

16. 삼각형의 중선은 한 꼭지점에서 맞변의 중점까지의 선분이다. 삼각형의 세 중선은 한 점에서 만남을 보이라.

17. "임의의 영이 아닌 실수 x에 대하여 x^4은 양수이다"의 부정은 무엇인가?

18. 임의의 양의 정수 n에 대하여 n^3-n은 3의 배수임을 보이라.

19. (a, b, c)가 **피타고라스 세 쌍**이고 세 정수 a, b, c가 공약수를 갖지 않으면 a와 b는 짝수와 홀수 또는 홀수와 짝수임을 보이라.

20. $1+3+5+7+\cdots+(2n-1)$의 합에 대한 공식을 찾고 증명하라.

21. 이차방정식 $ax^2+bx+c=0$의 두 근의 합은 $-b/a$임을 확인하라. 삼차방정식 $ax^3+bx^2+cx+d=0$의 근에 대해서도 유사한 결과가 있는가? 일반화할 수 있는가?

22. 임의의 두 집합 A, B에 대하여 $A=B \Leftrightarrow A \subseteq B$와 $B \subseteq A$임을 보이라.

23. 세 집합 C, D, E에 대하여 $C \subseteq D$이고 $D \subseteq E$이면 $C \subseteq E$임을 보이라.
24. $B = A \cap B$이면 $B \subseteq A$이고 역도 성립하는 이유를 설명하라.
25. $B = A \cup B$이면 $A \subseteq B$이고 역도 성립하는지를 보이라.
26. 실수는 **삼각 부등식**(triangle inequality)을 만족함을 보이라: $|x+y| \le |x|+|y|$.(귀류법을 예시하는데 이용한 증명을 그대로 옮겨 적지 말라.)
27. 다음이 왜 옳은지 설명하거나 그렇지 않으면 반례를 적으라: $|x| \le |y| \Leftrightarrow -y \le x \le y$.
28. **삼각수**(triangular number)는 급수 $1+2+3+4+5+6+\cdots$의 부분합에 의해서 생성된 정수이다. 따라서 처음 몇 개는 $1, 3, 6, 10, \cdots$이다. 삼각수는 완전제곱수이기도 하다. 예를 들면 1과 36은 삼각수이면서 완전제곱수이다. 또 다른 수가 존재하는가? 모두를 구하는 방법은 있는가?(Silverman[2001] 참고.)
29. 일반 연습문제 4의 일반화: n개 양수의 평균의 n제곱은 그 n개 양수의 곱보다 작지 않다. 이를 증명하라.(Hall and Knight[1948] 참고.)
30. 실수들의 수열을 $\mathbf{x} = [x_0, x_1, x_2, \ldots]$으로 쓰자. 만일 $x_1 - x_0$, $x_2 - x_1$, $x_3 - x_2$, ...가 모두 같으면 수열 $\mathbf{x}$는 **등차수열**(arithemtic progression)이라 한다. 임의의 등차수열에서 $x_n = a + bn$임을 보이라. a와 b는 상수이고 n은 양의 정수이다.
31. (계속) 등차수열의 첫 n항까지의 합의 공식을 찾으라.
32. (계속) $x_0, x_1, x_2, \ldots$가 등차수열이고 7항까지의 합이 49이고 17항까지의 합은 289이면 수열의 일반항은 무엇인가?
33. (계속) 등차수열의 n항까지의 합이 $n(5n-3)$이면 수열의 일반항은 무엇인가?
34. 수열 $\mathbf{x} = [x_0, x_1, x_2, \ldots]$의 비 $x_1/x_0, x_2/x_1, \ldots$가 모두 같으면 **등비수열**(geometric progression)이라 한다. 등비수열에서 $x_n = ar^n$임을 확인하라.
35. (계속) 등비수열에서 n항까지의 합의 공식을 구하고 증명하라. 이를 이용하여 처음 두 항이 $1/\sqrt{2}$와 -2인 등비수열의 합을 구하라.
36. $1^3 + 2^3 + \cdots + n^3 = \frac{1}{4}n^2(n+1)^2$임을 보이라.
37. 귀납법을 이용하여 **이항정리**(binomial theorem)를 증명하라.

$$(x+y)^n = \sum_{k=0}^{n} \binom{n}{k} x^{n-k} y^k,\ n \ge 1\text{이고 } x \in \mathbb{R}$$

이항계수

$$\binom{n}{k} = \frac{n!}{k!(n-k)!}$$

이다.

38. 2보다 큰 모든 정수 n에 대하여, $n^4 + 2n^3 - n^2 - 2n$은 24의 배수임을 보이라.
39. $(\forall x \in \mathbb{R})(x^2 \ge 0)$의 부정은 $(\forall x \in \mathbb{R})(x^2 < 0)$인가?
40. $\sqrt{x} + x = 12$의 '풀이'를 비평하라.

$\sqrt{x} = 12 - x \Rightarrow x = 144 - 24x + x^2 \Rightarrow x^2 - 25x + 144 = 0 \Rightarrow (x-9)(x-16) = 0 \Rightarrow x = 9$ 또는 16

41. $x_i \ge 1$이면 $\sum_{i=1}^{n} x_i^{-2}$은 얼마인가? $\sum_{i=1}^{n} i x_i^{-2}$은 얼마인가?
42. $\sum_{k=1}^{n}(kx-1) = \frac{1}{2}nx(n+1) - n$임을 보이라.
43. 다음 '증명'을 비평하라: $n = 0, 1, 2, \ldots$에 대하여 $f_n(x) = x^n$으로 정의한다. 귀납법으로 이 함수들은 모두 상수임을 보일 것이다. $f_0(x) = 1$이므로 $n = 0$인 경우는 명백하다. 만일 $n = 0, 1, 2, \ldots, k$일 때도 참이면 다음 이유에 의해서 $n = k+1$인 경우도 참이다. 첫째, $f_{k+1} = f_1 f_k$, 둘째, (귀납법 가정에 의해서) f_1은 상수이므로 $f_1' = 0$이다. 셋째, 귀납법 가정에 의해 f_k는 상수이므로 $f_k' = 0$이다. 그러면 $f_{k+1}' = (f_1 f_k)' = f_1' f_k + f_1 f_k' = 0$.(Barbeau[2000] 참고.)
44. 어떤 상황에서 다음 함의가 참이 아닌가?

$[(P \text{ or } Q) \text{ and } (P \text{ or } R)] \Rightarrow (Q \text{ or } R)$

45. 다음은 명제에 관한 정리인가?

$\{(P \text{ or } Q) \text{ and } (P \text{ or } R) \text{ and } [\text{not } (Q \text{ or } R)]\} \Rightarrow P$

46. 제시된 삼각형 도형은 직각삼각형을 잘라서 서로 다른 방법으로 배열하여 면적에 대한 두 가지 답을 어떻게 얻는지 보여 준다. 오류를 설명하라.

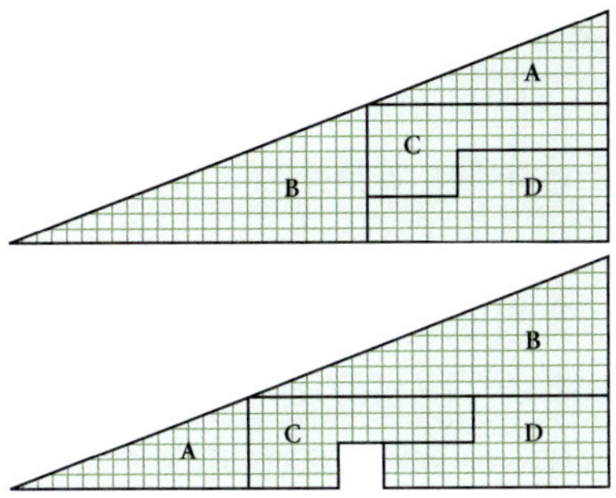

47. $[P \text{ or } (Q \text{ and } R)]$의 진리표를 쓰라.

48. n개의 수 $x_1, x_2, \ldots, x_n$의 **조화평균**(harmonic mean)은 $n(x_1^{-1}+x_2^{-1}+\cdots+x_n^{-1})^{-1}$이다. n개 양수의 조화평균은 **산술평균**(arithmetic mean)보다 크지 않음을 보이라.

49. 짝수 개의 연속된 정수의 합으로 표현할 수 있는 정수들이 있다. 예를 들면 $3=1+2$, $10=1+2+3+4$, $14=2+3+4+5$. 위와 같이 쓸 수 없는 정수들을 찾고 이 정수들에 관한 정리를 증명할 수 있는가?(Halmos[1991] 참고.)

50. $P \Rightarrow Q$이면 Q가 참일 때면 항상 P가 참이 되는가? $(P \Rightarrow Q) \Rightarrow (Q \Rightarrow P)$의 진리표를 쓰라.

51. P가 Q를 함의하면 not Q가 not P를 함의하는가? 후자의 진리표를 쓰라.

52. 1은 가장 큰 양의 정수라는 다음 '증명'을 비평하라: n을 가장 큰 양의 정수라 하자. $n=1$임을 보이고 싶다. n^2은 양수이고 n은 가장 큰 정수이므로 $n^2 \le n$이다. 이 부등식을 n으로 나누면 $n \le 1$이다. 이는 가장 큰 양의 정수가 1보다 작거나 같다는 것을 말한다.(Barbeau [2000] 참고.)

53. (계속) 모든 양의 정수 n은 방정식 $(n-2)^2=n^2$을 만족한다는 귀납법 '증명'을 비평하라. 첫째로 $n=1$일 때 공식은 참이다. 공식이 n일 때 참이라 가정하고 $n+1$일 때의 공식을 증명한다. 이는 $((n+1)-2)^2=(n+1)^2$ 또는 $(n-1)^2=(n+1)^2$이다. 이는 다시 $n^2-2n+1=n^2+2n+1$이므로 $-4n=0$이다. 양변에 $1-1/n$을 곱하면 $-4n+4=0$이다. 양변에 n^2을 더하면 $n^2-4n+4=n^2$, 즉 $(n-2)^2=n^2$이 된다. 이 식은 귀납법 가정이므로 참이다. 따라서 $n+1$의 경우도 성립한다.(Barbeau[2000] 참고.)

54. 다음 기호들이 바르게 사용된 참 명제들을 쓰라.

$\{\cdots:\cdots\}$, $\Leftarrow$, $\Leftrightarrow$, $\subseteq$, $\cup$, $\cap$, $\setminus$, $\exists$, $\forall$, $\in$

55. 수열 $[x_n]$에서 $x_{n+1}-x_n=cn$일 때 x_n의 공식은 무엇인가?

56. **부분합**(summation by parts) 공식을 규명하라.

$$\sum_{k=m}^{n} a_k b_k = [s_n b_n - s_{m-1} b_m] + \sum_{k=m}^{n-1} s_k(b_k - b_{k+1})$$

여기서 $s_i=a_1+a_2+\cdots+a_i$이고 $0 \le m \le n$이다. 이 공식은 미적분에서 부분적분의 유사 공식이다.

57. 실수에서는 $(a+b)-a=b$이다. 집합에서 대응되는 명제는 $(A \cup B) \setminus A = B$이다. 이 명제는 참인가?

58. **등차수열**은 a, $a+b$, $a+2b$, ..., $a+nb$인 수열이다. 합의 공식을 유도하라.

59. 대칭 추이적 관계는 동치 관계라는 다음 '증명'을 비평하라: $x \equiv y$라 하자. 대칭 관계에 의하여 $y \equiv x$이므로 추이적 관계에 의하여 $x \equiv x$이다.(Birkhoff and MacLane[1941] 참고.)

60. 다음과 같이 관계를 정의하자: 관계 $[a, b, c, d] \equiv [a', b', c', d']$은 다음을 의미한다. $|c|+|d|>0$, $|c'|+|d'|>0$, $[c', d']$은 $[c, d]$의 배수 그리고 $[a'-a, b'-b]$는 $[c, d]$의 배수이다. 이 관계가 동치 관계임을 보이고 평면에서 직선과 연관시켜 설명하라.

61. 두 정수의 비로 쓸 수 있는 실수를 **유리수**, 그럴 수 없는 실수를 **무리수**라고 한다. 옳은 명제는 입증하고 틀린 명제에 대해서는 반례를 들라.

a. 임의의 두 유리수의 합은 유리수이다.

b. 임의의 두 무리수의 합은 무리수이다.

c. 임의의 두 유리수의 곱은 유리수이다.

d. 임의의 두 무리수의 곱은 무리수이다.

e. 유리수와 무리수의 합은 무리수이다.

f. 유리수와 무리수의 곱은 무리수이다.

62. 각각이 참인지 거짓인지 구별하고 거짓인 항목은 반례를 들라.

a. $x>7 \Rightarrow x>6$

b. $x^2=9 \Rightarrow x=3$

c. $\sin x=0 \Rightarrow x=0$

d. $e^x=0 \Rightarrow x>0$

e. $x>e \Rightarrow x>\pi$

63. 두 방정식 $f(1)=1$과 $f(n+1)=f(n)+n+1$로 정의되는 함수 $f: \mathbb{N} \to \mathbb{N}$에 대하여, $f(n)$에 대한 공식을 유도하라.

64. (계속) $f(1)=3$, $f(n+1)=n+1+f(n)$으로 정의된 함수 $f: \mathbb{N} \to \mathbb{N}$에 대하여 $f(n)$에 대한 공식을 구하고 귀납법을 이용하여 증명하라.

65. 임의의 양의 정수 n에 대하여 $n(n+1)(n+2)$는 6의 배수임을 보이라. 더 나은 형태의 결과가 있는가?

66. 정수 n이 두 개의 다른 정수 k와 m으로 나누어지면 n은 km으로 나누어지는가? 이 질문에 대한 정리를 만들고 예를 들라. 모든 양의 정수 n은 소수들의 곱 $n=p_1p_2\cdots p_k$로 쓸 수 있다는 정리를 가정해도 된다. 예를 들면 $18=2\cdot3\cdot3$.

67. 다음 퍼즐을 설명하라: $x=1+1/3+1/5+1/7+\cdots$이고 $y=1/2+1/4+1/6+\cdots$이다. 그러면 $2y=1+1/2+1/3+1/4+\cdots=x+y$. 따라서 $x=y$. 그러나 급수 $x-y$에서 각 항이 양수이므로 $x>y$.(Maxwell[1959] 참고.)

68. 다음에 주어진 방정식 $(x+3)(2-x)=4$의 어느 학생의 '풀이'를 비평하라: 방정식은 인수분해되었으니, $x+3=4$이거나 $2-x=4$이다. 따라서 $x=1$ 또는 $x=-2$가 해이다. 검토하기 위하여 $x=1$을 원래 방정식에 대입하면 $(1+3)(2-1)=4$. 그리고 $x=-2$를 대입하면 $(-2+3)(2-(-2))=4$를 만족한다. 따라서 위 풀이는 정당하다.(Edwin A. Maxwell[1959] 참고.)

69. $3^{200}>2^{300}$임을 보이라. 계산기나 로그는 가능한 한 사용하지 말라.

70. $x>0$이면 $x+1/x>2$인지 확인하라.

71. 임의의 실수 x, y, z에 대하여, $x^2+y^2+z^2 \geq xy+yz+zx$임을 보이라. 임의의 개수의 변수로 이 부등식을 일반화할 수 있는가? 어떤 조건하에서 약부등호(≥) 대신 순부등호(>)로 쓸 수 있는가?

72. 다음 논리연역을 비평하라: 잘 알려진 방정식 $\cos^2 x+\sin^2 x=1$로부터 $\cos x=(1-\sin^2 x)^{1/2}$이므로 $1+\cos x=1+(1-\sin^2 x)^{1/2}$이다. $x=\pi$라 놓으면 $\cos x=-1$이고 $\sin x=0$이다. 그러면 $0=2$이다.(Maxwell[1959] 참고.)

73. 수학적 귀납법을 증명하는 데 '비어 있지 않은 임의의 양의 정수들의 집합은 최소 원소를 포함한다'는 보다 기본적인 정리를 적용한다. 실수들의 어떤 다른 집합이 이 성질을 갖는가? 정리와 예가 요구된다.

74. 방정식 $\sqrt{x}+2x=3$을 풀라. 독립적인 방법으로 검토하고 예기치 않은 결과를 설명하라.

75. $n=1, 2, 3, ..., 50$에 대하여 참이지만, $n=51$에 대해서는 거짓인 양의 정수를 포함하는 명제 $P(n)$을 만들라.

76. 모든 홀수 정수의 제곱은 홀수임을 보이라. 홀수 정수의 세제곱도 홀수인가? 다른 멱승 $n=4, 5, ...$에 대해서는 어떤가?

77. **코시-슈바르츠 부등식**을 증명하라: 임의의 실수 a, b, x, y에 대하여, $(ax+by)^2 \leq (a^2+b^2)(x^2+y^2)$.

78. 실수 r이 임의의 실수 x에 대하여 $rx+x^2 \geq 0$을 만족하면 $r=0$임을 보이라.

79. **삼각수**들은 점화식 $x_0=0$, $x_{n+1}=x_n+n$으로 만들어진 정수들이다. x_n의 공식을 구하라.

80. 귀납법을 이용하여 모든 $n \in \mathbb{N}$에 대하여 n^2-n은 짝수임을 보이라. 음의 정수 n에 대해서는 무엇이라 말할 수 있는가?

참-거짓 연습문제 부록 A

1. $(\forall x \in \mathbb{R}, x^2>0)$의 부정은 $(\exists x \in \mathbb{R}, x^2 \leq 0)$이다.

2. 피타고라스 세 쌍의 증명 단계를 거꾸로 할 수 있다. 다시 말해서 $a^2+b^2=c^2$을 가정하고 시작할 수 있다.

3. $3m-5$ 형태로 쓸 수 있는 모든 정수는 $2n+1$ 형태로도 쓸 수 있다. 여기서 m과 n은 정수이다.

선다형 연습문제 부록 A

항상 첫 번째로 옳은 답을 선택하라.

1. x와 y가 실수로 $x^2=y^2$이면 다음 중 옳은 것은?

a. $x=y$
b. $x^3=y^3$
c. $\sqrt{x}=\sqrt{y}$
d. $(x-y)(x+y)=0$
e. 위 항목 중 답이 없다.

2. 처음 100개의 양의 정수의 합은?

a. 100^2
b. 2^{10}
c. 5050
d. $\frac{1}{2}100^2$
e. 위 항목 중 답이 없다.

3. 모든 양의 정수에 대하여 다음 중 참이 아닌 것은?

a. 19^n-12^n은 7의 배수이다.
b. 처음 n개 양의 정수 합은 $n(n+1)/2$이다.
c. 처음 n개 정수의 세제곱 합은 처음 n개 정수 합의 제곱이다.
d. 처음 n개 홀수의 합은 n^2이다.
e. 위 항목 중 답이 없다.

4. 서로 동치가 아닌 것은?

a. $P \Leftrightarrow Q$
b. $Q \Leftrightarrow P$
c. $P \Rightarrow Q$
d. Q는 P가 되기 위한 필요충분조건이다.
e. 위 항목 중 답이 없다.

5. 서로 동치가 아닌 것은?

a. P이면 Q이다.
b. P는 Q를 함의한다.
c. $Q \Rightarrow P$
d. Q는 P가 되기 위한 필요조건이다.
e. P는 Q가 되기 위한 충분조건이다.
f. $P \Rightarrow Q$
g. $P \Leftarrow Q$
h. 위 항목 중 답이 없다.

APPENDIX B

복소 연산

실영역에서 두 진리 사이의 가장 짧은 길은 복소 영역을 통하는 것입니다.

—아다마르(JACQUES HADAMARD)

계산의 다른 면—야망, 주의분산, 역겨움과 조롱.

—캐럴(Lewis Carroll), 『이상한 나라의 앨리스』

B.1 복소수와 연산

복소 연산에 대한 법칙을 요약하자. $i^2=-1$로 정의되는 i와 실수 x, y에 대하여 $z=x+iy$를 **복소수**(complex number)라 한다. x를 **실수부**(real part), y를 **허수부**(imaginary part)라 한다. y가 실수일 때 iy를 **허수**(imaginary number)라 한다. 덧셈, 뺄셈, 곱셈은 방정식

$$(x+iy)\pm(a+ib)=(x\pm a)+i(y\pm b)$$
$$(x+iy)(a+ib)=(xa-yb)+i(xb+ya)$$

으로 정의한다.(a, b, x, y는 실수이다.) **역원**(reciprocal)은 다음과 같이 계산한다.

$$\frac{1}{x+iy}=\frac{x-iy}{(x+iy)(x-iy)}=\left(\frac{x}{x^2+y^2}\right)-i\left(\frac{y}{x^2+y^2}\right)$$

복소수 $z=x+iy$의 절대값 또는 **법**(modulus)은 $|z|=\sqrt{x^2+y^2}$으로 정의한다. 복소수 z의 **공액**(conjugate)은 $\bar{z}=x-iy$이다. 따라서 $z=\bar{z} \Leftrightarrow z$는 실수이다. 또한 $z\bar{z}=|z|^2$이다. z의 **역원**은 보다 쉽게 얻어진다.

$$\frac{1}{z} = \frac{\bar{z}}{z\bar{z}} = \frac{\bar{z}}{|z|^2}$$

복소수 w와 z의 **상**(quotient)은

$$\frac{w}{z} = \frac{w\bar{z}}{|z|^2}$$

으로 계산할 수 있다. 다른 성질로는 $|wz|=|w||z|$이고 $\overline{wz}=\bar{w}\,\bar{z}$이다. 각이 θ이고 크기가 $|z|$인 복소수 z는 **극좌표**(polar coordinate)로

$$z = |z|(\cos\theta + i\sin\theta)$$

로 쓸 수 있다. $w=|w|(\cos\varphi + i\sin\varphi)$이면 $zw=|z||w|[\cos(\theta+\varphi)+i\sin(\theta+\varphi)$이다. $z=w$인 특별한 경우에는

$$z^2 = |z|^2[\cos(2\theta)+i\sin(2\theta)]$$

이다. 일반적으로

$$z^k = |z|^k[\cos(k\theta)+i\sin(k\theta)]$$

이고, 귀납법으로 증명할 수 있다. 방정식

$$(\cos\theta + i\sin\theta)^n = \cos(n\theta)+i\sin(n\theta)$$

은 **드무아브르의 정리**(de Moivres' theorem)[1]로, 1707년경 드무아브르가 발견하였다.

$$e^{i\theta} = \cos\theta + i\sin\theta$$

은 **오일러 방정식**(Euler's equation)으로, 1748년 위대한 수학자 오일러[2]가 발견하였다.

B.2 대수학의 기본 정리

복소수를 다룰 수 있으니 역사적인 중요한 정리를 서술할 수 있다.

정리 1

1차 또는 더 높은 차수의 모든 다항식은 복소수체에서 근을 갖는다.

[1] 드무아브르(Abraham de Moivres)는 1667년부터 1754년까지 살았다. 위에 인용한 정리는 1707년경에 발견하였다.

[2] 오일러(Leonhard Euler)는 수학의 모든 분야에 공헌을 하였다. 그가 석학으로 알려진 몇 가지 주제인 미적분, 천체운동, 변분학과 역학에 관한 책들과 866편의 논문을 썼다. 오일러는 완전한 천재였다. 그의 기억력은 경이로웠으며 Aeneid를 포함하여 많은 시를 암송하였고 머릿속에서 복잡한 계산까지도 하였다. 그는 러시아 페테르부르크 아카데미에서 여러 해를 보냈으며 카트리나 대제의 요청으로 그곳에서 봉사하였다.

이 정리는 실계수 다항식이 실근을 갖는다고 말하는 것은 아니다. 간단한 예가 이를 보여 준다. 다항식 x^2+1은 실계수 다항식이지만 실근을 갖지 않는다.

위의 정리는 **대수학의 기본 정리**(fundamental theorem of algebra)라고 부른다. 1629년 제라(Girard)가 처음으로 추측하였고, 1799년 Gauss가 처음으로 증명하였다. 이 중요한 결과가 많은 시간이 지나서 얻어졌다는 것은 놀라운 일이다. 이 정리의 역사는 Kline[1968]의 책에 상세하게 쓰여 있다.

이 정리가 성립하기 때문에 n차 다항식이 다음과 같은 형태로 분해된다는 것을 증명하는 것은 간단한 문제이다.

$$p(z)=a_0+a_1z+a_2z^2+a_3z^3+\cdots+a_nz^n=(z-r_1)(z-r_2)\cdots(z-r_n)$$

이 방정식에서 다항식의 근 r_j는 복소수이다. 그들은 서로 다를 필요도 없다. 한 인수가 k번 반복되면 $(z-r_j)^k$ 항이 분해식에 나온다. r_j는 k 중근이라고 한다.

B.3 아벨-루피니 정리

다음 결과는 수학에서 주옥 중 하나로 여긴다. 1813년 루피니(Ruffini)와 아벨(Abel)[1826]에 의하여 완성되었다. 보다 자세한 내용은 Wells[1986, p. 59]와 Pesic[2003]을 참고하라.

정리 2 아벨-루피니의 불가능성 정리

5차나 그 이상의 어떤 다항식의 근은 계수들의 유한 번 덧셈, 곱셈, 나눗셈, 그리고 멱제곱근 연산으로 표현되는 대수적 해는 불가능하다.

2차, 3차, 그리고 4차 다항 방정식은 항상 근의 공식으로 풀 수 있다. 그렇지만 $x^5-x+1=0$은 근의 공식으로 풀 수 없다.($x^5-x^4-x+1=0$은 근의 공식으로 풀 수 있다.)

일반 연습문제에 대한 해답 및 힌트

가르쳐 주는 것은 답이 아니라 질문입니다.

—EUGENE IONESCO DECOUVERTES(1909~1994)(

그가끔 질문은 복잡하고 답이 간단합니다.

—DR. SEUSS(1904~1991)

그들의 답보다는 질문으로 그들을 판단하십시오.

—FRANCOIS-MARIE AROUET VOLTAIRE(1694~1778)

일반 연습문제 1.1

1. $\mathbf{x} = (x_1, x_2, x_3) = (2, 5, 7)$.

3. $\mathbf{x} = (x_1, x_2) = (-3/10, -\frac{4}{5}) = (-0.3, -0.8)$.

5. $a_{21} = 2, a_{12} = 4$.

7. $(1, 3, 2)$ 외에 해 없음.

9. y=3.1과 x=−2.7.

11. 해가 없는 방정식계, 해 없음.

13. 직선들은 $(3, -1)$에서 만난다.

15. $$\begin{bmatrix} 1 & 0 & 0 & | & -2/7 & 11/14 & -1/14 \\ 0 & 1 & 0 & | & -1/7 & 5/14 & -3/14 \\ 0 & 0 & 1 & | & 3/7 & -13/14 & 5/14 \end{bmatrix}$$

17. 준 방정식계는 유일한 해 (1, 2)를 갖는다. 둘째 계는 해가 없는 계여서 해가 없다. 마지막 계는 무한히 많은 해를 갖는다.

19. 임의의 우변 벡터 (a, b)에 대하여 해벡터는 $x_1 = (4a + b) = 11$와 $x_2 = (-3a + 2b) = 11$이다. a=11, b=−11일 때 해는 $(3, -5)$이다.

21. n이 짝수이면 $n^2/2$개의 양의 항이고 n이 홀수이면 $(n^2 + 1) = 2$개의 양의 항.

23. $[f(x)]^2 = [g(x)]^2$으로 $f(x) = g(x)$이거나 $f(x) = -g(x)$이다.

25. $x = 23/(5a + 3c)$와 $y = (4a + 7c) = (5a + 3c)$.

27. $$\begin{bmatrix} 11 & 0 & 0 & 34 \\ 0 & 11 & 0 & -93 \\ 0 & 0 & 11 & -17 \end{bmatrix}$$

29. $x = 3$와 $y = e^4$.

31. 해 (500, 300, 100).

33. $15x - 12y = 0$으로 간소화하라.

35. $\mathbf{x} = (1, 0, -3)$.

37. $v = -27/58$와 $u = 97/58$; 따라서 $x = u - v = 127/58$, $y = u + v = 70/58$.

39. $$\begin{bmatrix} 1 & 5 & 0 \\ 0 & 0 & 1 \\ 0 & 0 & 0 \end{bmatrix} \mapsto \begin{bmatrix} 1 & 0 \\ 0 & 1 \\ 0 & 0 \end{bmatrix}$$

41. 해는 $(x, y) = (7, 5)$이다.

43. $x = 24/7$과 $y = 55/7$.

45. $x_1 = 3, x_2 = -2, \ x_3 = 5$.

47. [5 4 3 2 1]은 기약 행 사다리꼴이 아니다.

49. 예.

51. 잉여벡터: $\hat{\mathbf{x}} = \mathbf{A}\hat{\mathbf{x}} - \mathbf{b}$, 오차벡터: $\tilde{\mathbf{x}} = \hat{\mathbf{x}} - \mathbf{x}$, $\mathbf{x} = (1, -1)$.

일반 연습문제 1.2

1. $\mathbf{x} = (-2, 5)$, 해 없음.

3. 예.

5. 두 행렬은 상삼각행렬.

7. 기약 사다리꼴은 $\begin{bmatrix} 1 & 3 & 0 & 5 & 6 \\ 0 & 0 & 1 & -2 & 2 \\ 0 & 0 & 0 & 0 & 0 \end{bmatrix}$이다.

9. $$\begin{bmatrix} x_1 \\ x_2 \\ x_3 \\ x_4 \\ x_5 \\ x_6 \end{bmatrix} = \begin{bmatrix} 3 \\ 0 \\ 6 \\ 0 \\ 2 \\ 0 \end{bmatrix} + x_2 \begin{bmatrix} -3 \\ 1 \\ 0 \\ 0 \\ 0 \\ 0 \end{bmatrix} + x_4 \begin{bmatrix} -5 \\ 0 \\ 2 \\ 1 \\ 0 \\ 0 \end{bmatrix} + x_6 \begin{bmatrix} 1 \\ 0 \\ -4 \\ 0 \\ -3 \\ 1 \end{bmatrix}.$$

11. 해 없음.

13. $\mathbf{r}_p \leftarrow \mathbf{r}_p - \alpha\mathbf{r}_q$; $\mathbf{r}_p \leftarrow \alpha^{-1}(\mathbf{r}_p + \mathbf{r}_q)$; $\mathbf{r}_q \leftarrow \mathbf{r}_p$, $\mathbf{r}_q \leftarrow \beta^{-1}\mathbf{r}_p$

15. 다른 크기의 행렬.

17. $br = as$, $bt = cs$.(6개 계수 모두 영이 아니라고 가정하라.)

19. $$\begin{bmatrix} x_1 \\ x_2 \\ x_3 \end{bmatrix} = \begin{bmatrix} 0 \\ 7 \\ 2 \end{bmatrix} + x_1 \begin{bmatrix} 1 \\ -1 \\ 1 \end{bmatrix}$$

21. $x = e^3$와 $y = \sqrt{2}$

23. $$\begin{bmatrix} x_1 \\ x_2 \\ x_3 \\ x_4 \\ x_5 \end{bmatrix} = \begin{bmatrix} 0 \\ 3/2 \\ 5/3 \\ 0 \\ 0 \end{bmatrix} + x_1 \begin{bmatrix} 1 \\ 0 \\ 0 \\ 0 \\ 0 \end{bmatrix} + x_4 \begin{bmatrix} 0 \\ 7/2 \\ -5/3 \\ 1 \\ 0 \end{bmatrix} + x_5 \begin{bmatrix} 0 \\ 2 \\ -2/3 \\ 0 \\ 1 \end{bmatrix}$$

25. 시그마 기호를 교환할 수 있다.

27. $\mathbf{E}$를 $\mathbf{A}$의 기약 사다리꼴이라 하고 시작하라.

29. $\mathbf{x}^T\mathbf{y}$는 스칼라이고 $\mathbf{x}\mathbf{y}^T$는 $n \times n$ 행렬이다

31. $x^2 = 4 - 2x_3 - 3x_5$, $x_4 = 5 - 7x_5$. 독립 변수는 x_3와 x_5이다

33. $\mathbf{A}$는 상삼각행렬이다.

35. 아님.

37. m이 짝수이면 답은 $n(m/2)$이다.

39. $[35 + 2t]^2 + [90 + 27t]^2 + [17t]^2$을 극소화하라.

41. $\mathbf{x} = \mathbf{e}_j$라 두라. $\mathbf{e}_j$는 $\mathbb{R}^n$에서 표준단위벡터이다.

43. 4단계를 채우라.

일반 연습문제 1.3

1. 선형계가 모순계여서 해가 없다.

3. $[57, -17, 0]^T + x_1[-54, 15, 1]^T$

5. $r[-5, -7, 3/2, 1, 0]^T + s[69, -223, 75, 0]^T$

7. $$\mathbf{X} = \begin{bmatrix} -303 & -296 & 627 & 951 & -296 \\ -123 & -137 & 295 & 404 & 88 \\ 107 & 107 & -214 & -321 & 107 \end{bmatrix}$$

$$\mathbf{X}^{-1} = \frac{1}{7}\begin{bmatrix} -22 & -1 & 31 \\ -9 & -2 & 13 \\ 8 & 1 & -10 \end{bmatrix}.$$

9. $\mathbf{x} = \mathbf{0}$.

11. **a.** $(1, -1)$ **b.** $(2, 1)$ **c.** $(2, 1, -1)$

13. $\alpha(\mathbf{v}_1 + \mathbf{v}_2) + \beta(\mathbf{v}_2 + \mathbf{v}_3) + \gamma(\mathbf{v}_3 + \mathbf{v}_1) = 0$이라 가정하라.

15. 해는 $(x_1, x_2) = (2, 4)$와 $(y_1, y_2) = (5, -3)$이다.

17. 예.

19. 다른 연습문제에서 논의한 것을 복습하라.

21. $\mathbf{u} \neq \mathbf{v}$이고 $\mathbf{A}\mathbf{u} = \mathbf{b}$와 $\mathbf{A}\mathbf{v} = \mathbf{b}$라 하라.

23. 같은 기약 행 사다리꼴.

25. $\mathbf{A}\mathbf{x}$는 $\mathbf{A}$의 열들의 일차결합이다.

27. 일반 연습문제 1.3.26을 이용하라.

29. 선형계는 방정식보다 더 많은 변수를 갖고 있다.

31. $\text{Rank}(\mathbf{A}) = n$

33. 피벗 위치는 (1, 2)와 (2, 3)이다.

35. 피벗 위치는 최대 m개이다. 비피벗열은 최소 $n - m$개이다. 변수는 최소 $n - m$개이다.

37. 아니다.

39. 아니다.

41. **A**는 모순계이다.

43. 기약 행 사다리꼴은 두 개의 영행을 갖는다.

45. n=3인 경우를 생각하라.

47. 예! 반대로 고정된 영이 아닌 상수 λ에 대하여 일차종속이라 가정하라.

49. 예, 고정된 영이 아닌 상수 λ에 대하여 $a\mathbf{v}_1 + b(\mathbf{v}_2 + \lambda\mathbf{v}_1) = \mathbf{0}$이고 $|a| + |b| > 0$이다.

51. $x = \frac{7}{4}w$, $y = \frac{1}{2}w$, $z = \frac{1}{2}w$. 간편한 해는 $x = 7$, $y = 2$, $z = 2$, $w = 4$이다.

53. $h = -9$

55. 보통 영어와 전문 영어를 섞지 말라.

57. **A**의 계수는 2이다.

$$\begin{bmatrix} x_1 \\ x_2 \\ x_3 \end{bmatrix} = x_3 \begin{bmatrix} 10 \\ -4 \\ 1 \end{bmatrix}$$

59. 계수는 2이다. $\begin{bmatrix} x_1 \\ x_2 \\ x_3 \end{bmatrix} = \begin{bmatrix} 2 \\ 0 \\ 4 \end{bmatrix} + x_2 \begin{bmatrix} -3 \\ 1 \\ 0 \end{bmatrix}$

동차계에 대해서는 $\begin{bmatrix} x_1 \\ x_2 \\ x_3 \end{bmatrix} = c \begin{bmatrix} -3 \\ 1 \\ 0 \end{bmatrix}$

61. Let $\mathbf{AX}_1 = \mathbf{B}$와 $\mathbf{AX}_2 = \mathbf{B}$라 하라.

63. 적어도 한 개의 자유 변수.

65. $\begin{bmatrix} x_1 \\ x_2 \\ x_3 \end{bmatrix} = \begin{bmatrix} 2 \\ 0 \\ 4 \end{bmatrix} + x_2 \begin{bmatrix} -3 \\ 1 \\ 0 \end{bmatrix}$, x_2는 자유 변수.

67. 첨가행렬을 $\left[\begin{array}{cc|c} 1 & 1 & * \\ 1 & 1 & 1 \end{array}\right]$이라 하라.

69. 예.

71. 명백하다.

73. 일차종속.

75. **a.** 일차독립.

b. 일차종속.

c. 일차종속.

77. 행렬의 모든 사다리꼴은 영행을 갖는다.

79. 필요충분조건을 따로따로 보이라.

81. 피벗 위치가 최대 한 개가 더하여졌다.

일반 연습문제 2.1

1. $\mathbf{w}-\mathbf{u}$는 $\mathbf{v}-\mathbf{u}$의 스칼라배여야 한다. 구체적인 경우: 예!

3. 빠진 계수 $c=-5$.

5. $-1(1, 3, 2) + 2(4, 1, 1) = (7, -1, 0)$

7. $x_1 = -9$, $x_2 = 1$, $x_3 = -8$

9. **a.** $(2/3, 5/3)$. **b.** $(0, 3/4, 0)$

11. 다항식들은 $\mathbb{P}_3$를 생성한다.

13. $\mathbf{p}-\mathbf{v} = \mathbf{w}$, $\mathbf{q} = -\frac{1}{3}\mathbf{w}$

15. $\mathbf{u} = (u_1, u_1)$, $\mathbf{v} = (v_1, v_1)$라 쓰면 기울기는 v_2/v_1, 수직 절편은 $u_2-(u_1/v_1)v_2$, 기울기-절편 공식은 $y = (v_2/v_1)x + [u_2-(u_1/v_1)v_2]$, 절편 공식은 $x/[u_1-(v_1/v_2)u_2] + y[u_2-(v_2/v_1)u_1] = 1$; 점-기울기 공식은 $(y-u_2) = (v_2/v_1)[x-u_1]$.

17. 힌트: 일반 연습문제 2.1.16을 이용하라.

19. 아니다.

21. 아니다. 두 성질만 제외하고 모두 참이다.

23. 대우를 검토하라.

25. **a.** 예. **b.** 예. **c.** 아니요.
d. 아니요. **e.** 예.

27. 자유무게 $w_k \to \infty$일 때 질량 c의 중심 $\mathbf{c} \to \mathbf{x}_k$

29. $x_1 = -15$, $x_2 = x_5-35$, $x_3 = x_5-45$, $x_4 = x_5 + 15$. 음이 아닌 값에 대해서는 $x_5 \geq 45$라 하라. $w = 35$, $x_5 = 45$일 때 해는 $(0, 10, 0, 60, 45)$이다.

31. $x_1 = 200$, $x_2 = x_5 + 400$, $x_3 = -x_5 + 100$, $x_4 = x_5 + 100$. 음이 아닌 값에 대해서는 $x_5 \leq 100$이라 하라. $x_5 = 100$일 때 해는 $(200, 500, 0, 200, 100)$이다.

33. $I_1 = 71/79$, $I_2 = 76/79$.

35. $I_1 = 4$, $I_2 = 8$.

37. $I_1 = 1:3017$, $I_2 = 1:6563$, $I_3 = 1:3364$, $I_4 = 1:9577$.

39. $x_1 = x_4-20$, $x_2 = x_4$, $x_3 = x_4 + 10$. 음이 아닌 값에 대해서는 $x_4 \geq 20$이라 가정하라. $x_4 = 20$일 때 해는 $(0, 20, 30, 20)$이다.

41. $x_1 = 400$, $x_2 = -100 + x_5$, $x_3 = 100 + x_5$, $x_4 = -200 + x_5$.

$x_5 \geq 200$이라 하라. $x_5 = 200$일 때 해는 (400, 100, 300, 0, 200)이다.

일반 연습문제 2.2

1. $(-5, 6) + t(12, -3)$. 아니다. 다른 공식은 $(7, 3) + s(-12, 3)$이다.

3. 계가 비모순계가 되려면 $h = 0$이 필요하다. 예, $t = 3/2$, $s = -1/2$일 때 직선들은 (9/2, 2, 2)에서 만난다.

5. 예, $t = 3 - 4s$.

7. $\begin{bmatrix} x_1 \\ x_2 \\ x_3 \end{bmatrix} = \begin{bmatrix} 0 \\ 7/3 \\ 0 \end{bmatrix} + t \begin{bmatrix} 0 \\ 5 \\ 3 \end{bmatrix}$

9. 아니요, 평행하지도 않다.

11. 예, $s = 0$, $t = 3$.

13. $\begin{bmatrix} x_1 \\ x_2 \\ x_3 \\ x_4 \end{bmatrix} = \begin{bmatrix} -5a - 3b \\ 2a + b \\ 0 \\ 0 \end{bmatrix} + s \begin{bmatrix} 13 \\ -5 \\ 1 \\ 0 \end{bmatrix} + t \begin{bmatrix} 16 \\ -6 \\ 0 \\ 1 \end{bmatrix}$

15. $\begin{bmatrix} x_1 \\ x_2 \\ x_3 \end{bmatrix} = \begin{bmatrix} 2 \\ 0 \\ 0 \end{bmatrix} + s \begin{bmatrix} 3 \\ 2 \\ 0 \end{bmatrix} + t \begin{bmatrix} -7 \\ 0 \\ 2 \end{bmatrix}$

17. $11x + 2y = 47$

19. 예.

21. 둘 모두 예.

23. $(a_1 - b_1)x_1 + (a_2 - b_2)x_2 = 1/2(a_1^2 - b_1^2) + 1/2(a_2^2 + b_2^2)$.

25. 참.

일반 연습문제 2.3

1. 선형 함수는 불가능.

3. 모서리점을 체크하라.

5. 예.

7. 정의역은 $\mathbb{R}^4$, 공변역은 $\mathbb{R}^3$, 핵은 $s(0, 0, 0, 1)$, 정리 2.3.5에 의해 일대일 아님, 정리 2.3.4에 의해 위로의 함수, 치역은 $\mathbf{A}^T$의 세 열의 생성이다.

9. 없다.

11. 아니다.

13. 예.

15. **a.** 예. **b.** 아니요.

17. 구할 수 없다.

19. **a.** 일대일. **b.** 일대일이 아니다.
c. 일대일. **d.** 일대일.

21. **a.** x_1-축에 관한 반사.
b. x_2-축에 관한 반사.
c. 직선 $x_1 = x_2$에 관한 반사.
d. 직선 $x_1 = -x_2$에 관한 반사.
e. 원점에 관한 반사.

23. **a.** 수평 왼쪽으로 층밀림 변환.
b. 수직 아래로 층밀림 변환.
c. 수평 오른쪽으로 층밀림 변환.
d. 수직 위로 층밀림 변환.

25. **a.** c배 축약. **b.** c배 확대 변환.

27. T는 선형이 아니다.

29. 예. $\mathbf{Ay} \neq \mathbf{0}$이지만 $\mathbf{A}^2\mathbf{y} = \mathbf{0}$이 되는 $\mathbf{y}$를 찾으라.

31. $\mathbf{Ax} \neq \mathbf{0}$이고 $\mathbf{A}^2\mathbf{x} = \mathbf{0}$이 되는 2×2 행렬 $\mathbf{A}$를 찾으라.

33. **경우 1.** $\{\mathbf{r}, \mathbf{u}, \mathbf{w}\}$는 일차종속.
경우 2. $\{\mathbf{r}, \mathbf{u}, \mathbf{w}\}$는 일차종속.
경우 2a. $\mathbf{w}$는 $\mathbf{r}$과 $\mathbf{u}$의 일차조합이다.
경우 2b. $\mathbf{u}$와 $\mathbf{w}$는 $\mathbf{r}$의 스칼라배이다.

35. 예, T는 $\mathbf{A} = \begin{bmatrix} 0 & 1 \\ 1 & 0 \end{bmatrix}$인 선형변환이다.

37. $\mathbf{A} = \begin{bmatrix} 1 & -1 \\ 0 & 0 \end{bmatrix}$이라 하라.

39. $\mathbf{A} = \begin{bmatrix} 0 & 0 & 0 \\ 0 & 1 & 0 \\ 0 & 0 & 0 \end{bmatrix}$이라 하라.

41. 예, 일반적으로 여러 쌍을 찾을 수 있다.

43. $\mathbf{A} = \begin{bmatrix} 1 & 0 & -3 \\ 1 & 2 & 0 \\ 1 & 1 & 1 \\ -1 & 0 & 1 \end{bmatrix}$이라 하라. 변환 T는 일대일 선형이지만 위로(전사)는 아니다.

45. 평행사변형의 면적은 두 직각삼각형의 합이다.

47. 예.

49. A = UpperBiDiagonals(1/2, 1/2), B = TriDiagonal(1/4, 1/2, 1/4).

51. 예.

53. 대우.

55. $f(\mathbf{x}) = x^2$이라고 생각하자.

57. 쉽다.

59. 아니다.

61. 모두, **0**, 모두, **0**. (0, 0)을 지나는 수평 직선, (0, 0)을 지나는 수평 직선, $x_1 = x_2$, $\alpha = c(2\pi)$가 아니면 **0**.

63. 두 번째 부분은 일대일 성질을 요구하지 않는다.

65. $\sqrt{x} = a - x$라 하라.

67. $x \mapsto x_2$에 대하여 $(-\infty, \infty) \mapsto [0, \infty)$.

69. 연쇄법칙은 $F'(x) = f'(g(x))g'(x)$이다.

일반 연습문제 2.4

1. 일차독립.

3. 일차독립.

5. **a.** 일차독립. **b.** 일차종속. **c.** 일차종속.

7. 예, 일차종속.

9. Span{**u**, **v**} ∩ Span{**w**} = Span{**u**, **v**}. Span{**u**, **v**} + Span{**w**} = Span{**u**, **v**}

11. 아니요. 공리 7, 8, 10은 성립하지 않음.

13. **a.** 핵은 임의의 상수로 생성된다.
b. 핵은 임의의 상수로 생성된다.

15. 예.

17. 두 성분이 0이고 다른 모든 성분은 1인 길이 4인 모든 가능한 벡터를 생각하라.

19. 공리 4, 7, 2, 5를 이용하라.

21. 아니요. 불연속 함수들은 벡터공간을 이루지 못한다.

23. 두 방향을 증명하라.

25. c_m을 영이 아닌 마지막 계수라 하라.

27. **a~d.** 일차종속의 정의와 벡터공간을 생성하는 집합을 이용하라.
a~d. 주장이 성립하지 않는다는 것을 보이기 위해 반례를 들라.

29. 정리 2.4.10을 이용하라.

31. $V = (0, \infty), u \oplus v = uv, \alpha \otimes v = v^{\alpha}$로 놓고 벡터공간에 대한 공리를 확인하라.

33. 정의에 대해서는 예제 2를 보라. $V^{\mathbb{R}}$은 모든 함수 $f: \mathbb{R} \to V$들로 이루어진다. 공리들을 확인하라.

35. 열 개의 모든 공리가 만족한다는 것을 보이라.

37. 영인 원소 **z**는 임의의 원소 **u**에 대해서도 **u** + **z** = **u**의 성질을 갖는다.

39. 틀렸음을 입증하라.

41. Span(Span(X)) = Span(X)

43. Let $\mathbf{x} \in$ Span(S)라 하라.

45. 쉽다.

47. 아니요.

49. 간단하다.

51. **a.** 아니요. **b.** 예.

일반 연습문제 3.1

1. $\mathbf{A}_{2\times3}$, $\mathbf{B}_{3\times3}$.

3. 아니요. 틀렸음을 입증하는 2×2 행렬의 예를 찾으라.

5. $\begin{bmatrix} a & b \\ c & d \end{bmatrix}$ 여기서 c와 d의 임의의 값에 대하여 $a = -c + d$, $b = 2/3c$이다.

7. 한 개만 기본행렬이 아니다.

9. $\mathbf{A}^T = \begin{bmatrix} 1 & 4 \\ 2 & 5 \\ 3 & 6 \end{bmatrix}$, $\mathbf{Ax} = \begin{bmatrix} 2 \\ 5 \end{bmatrix}$ 그러나 $\mathbf{A}^T\mathbf{x}$는 정의되지 않는다.

11. $\begin{bmatrix} c+d & 3c/2 \\ c & d \end{bmatrix}$

13. [**A**|**b**]에 행축소를 하라.

15. 최적의 경우: $\mathbf{x} = (-101/25, 0, 254/25) \approx (-4{:}04, 0, 10{:}16)$와 $(761/43, 254/43, 0) \approx (17.70, 5.91, 0)$.

17. $\begin{bmatrix} 0 & 0 & -1 \\ 4 & -2 & 1 \\ 2 & -1 & 0 \end{bmatrix}$

19. $\mathbf{A} = \begin{bmatrix} a & b \\ b/2 & a+b \end{bmatrix}$

21. $j < i$이면 $\mathbf{A}_{ij} = 0$와 $\mathbf{B}_{ij} = 0$

23. A는 대칭행렬 $\Leftrightarrow \mathbf{A}^T = \mathbf{A}$.

25. A = D + L + U 여기서 D는 대각행렬, L은 순하삼각행렬, u는 순상삼각행렬이다.

27. 일반원소 $\mathbf{A}_{ij}$를 검토하라.

29. 증명할 수 없으면 반증하는 2×2 행렬을 찾으라. 조건이 추가되면 참이 될 수 있다.

31. A는 자신과 가환된다.

33. $\mathbf{A}^2 = a\mathbf{B} + b\mathbf{A}$라 하고 귀납법을 이용하자.

35. 예.

37. $\mathbf{A}^T = -\mathbf{A}$, $\mathbf{B}^T = -\mathbf{B}$라 가정하라.

39. $\mathbf{A} = \begin{bmatrix} a & b \\ c & d \end{bmatrix}$라 하라.

41. 계수는 1이다.

43. 스칼라는 가환된다.

45. 둘은 A이고 다른 둘은 가능하지 않다.

47. 스칼라는 가환되지만 행렬은 안된다.

49. $\oplus$은 교환법칙이 성립하나 결합법칙은 성립하지 않는다.

51. $\mathbf{y} = \mathbf{Ax}$.

53. $\mathbf{C} = \mathbf{E}_k \cdots \mathbf{E}_2\mathbf{E}_1$.

55. $\mathbf{s} = [1, 1, ..., 1]^T$이면 $\mathbf{sA}^k = \mathbf{s}$이다.

57. $\mathbf{A} = \mathbf{A}^T$, $\mathbf{B} = \mathbf{B}^T$. 아니요.

59. $(\mathbf{A} + \mathbf{B})^T = \mathbf{A}^T + \mathbf{B}^T$

61. $\mathbf{AA}^T$와 $\mathbf{A}^T\mathbf{A}$의 차원을 생각하라. 아니요.

63. 예.

65. $x_1 = 2/3$, $x_2 = 5/9$, $x_3 = -1/9 < 0$

67. $\mathbf{A} = \begin{bmatrix} a & b \\ b & c \end{bmatrix}$, $\mathbf{B} = \begin{bmatrix} d & e \\ e & f \end{bmatrix}$라 하라. $b = e = 1$이면 $a - c = d - f$이다.

69. Ω를 행렬 $\mathbf{E} = \mathbf{E}_m\mathbf{E}_{m-1} \cdots \mathbf{E}_2\mathbf{E}_1$으로 생각하라.

71. 연산은 $\mathbb{M}^{r\times s} \to \mathbb{M}^{s\times r}$로 보내는 함수이다.

73. $a = d$, $b = c$.

일반 연습문제 3.2

1. a. $\begin{bmatrix} -1 & 4 & 2 \\ 1 & -7 & -4 \\ -1 & 2 & 1 \end{bmatrix}$. b. $\begin{bmatrix} 2 & -11 & 5 \\ 1 & -3 & 2 \\ 1 & -4 & 2 \end{bmatrix}$.

   c. $\begin{bmatrix} -2 & 6 & 5 \\ 1 & -9 & 2 \\ -1 & 4 & 3 \end{bmatrix}$. d. $\begin{bmatrix} 7/8 & 1/2 & 5/8 \\ -1 & -1 & 1 \\ 3/8 & 1/2 & 1/8 \end{bmatrix}$

3. 일반적인 좌역원은

   a. $\begin{bmatrix} -\frac{5}{3}+s & \frac{4}{3}-2s & s \\ \frac{2}{3}+t & -\frac{1}{3}-2t & t \end{bmatrix}$

   b. $\begin{bmatrix} -\frac{5}{3}+(8/3)r & \frac{4}{3}-(10/3)r & r \\ \frac{2}{3}+(8/3)s & -\frac{1}{3}-(10/3)s & s \end{bmatrix}$

5. $ab = bc$이면 $\begin{bmatrix} a & b \\ c & d \end{bmatrix}$는 가역이다.

7. a. $\begin{bmatrix} 1 & 2 & 1 \\ 3 & 5 & 1 \end{bmatrix}$의 우역원이나 $\begin{bmatrix} 1 & 3 \\ 2 & 5 \\ 1 & 1 \end{bmatrix}$의 좌역원을 구한다.

   b. 계수행렬 $\begin{bmatrix} 1 & 2 \\ 3 & 5 \end{bmatrix}$와 세 개의 다른 우변을 갖는 세 개의 선형계를 푼다.

   c. 계수행렬 $\begin{bmatrix} 1 \\ 3 \end{bmatrix}$와 네 개의 다른 우변을 갖는 네 개의 선형계를 푼다. 이들은 모두 모순계이다!

9. a. $\begin{bmatrix} 17 & 26 & 31 \\ 11 & 17 & 20 \\ 7 & 11 & 13 \end{bmatrix}$.

9. b. $\begin{bmatrix} 8 & 3 & 1 \\ 10 & 4 & 1 \\ 7 & 3 & 1 \end{bmatrix}$. c. $\begin{bmatrix} 5 & -4 & 2 \\ -2 & 2 & -1 \\ -8 & 7 & -3 \end{bmatrix}$

11. $\begin{bmatrix} 6 & 5 & -2 \\ -9 & -7 & 3 \\ 4 & 3 & 1 \end{bmatrix}$

13. 아니요.

15. 일반적인 우역원은 $\begin{bmatrix} -5/3+s & 2/3+t \\ 4/3-2s & -1/3-2t \\ s & t \end{bmatrix}$

17. $\begin{bmatrix} 5 & -2 & -8 \\ -4 & 2 & 7 \\ 2 & -1 & -3 \end{bmatrix}$

19. $3-(13/3)t+5t^2+(1/3)t^3$.

21. $\begin{bmatrix} e-1 & 1-2e & e \\ 2+f & -1-2f & f \end{bmatrix}$, 여기서 e와 f는 자유 매개변수이다.

23. 정리 3.21.과 정리 1.2.4를 이용하라.

25. $\begin{bmatrix} -5/3 & 2/3 \\ 4/3 & -1/3 \\ 0 & 0 \end{bmatrix} + s\begin{bmatrix} 1/3 & 0 \\ -2/3 & 0 \\ 1 & 0 \end{bmatrix} + t\begin{bmatrix} 0 & 1/3 \\ 0 & -2/3 \\ 0 & 1 \end{bmatrix}$.

27. 이 문제는 방정식에서 결론을 얻었다고 해서 방정식 $f(x) = 0$을 풀었다고 하는 위험성을 보여 준다.

29. 참이 아니다! $\mathbf{A} = \begin{bmatrix} 4 & -9 \\ -2 & 6 \end{bmatrix}$와 $\mathbf{B} = \begin{bmatrix} 2 & 3 \\ 1 & 2 \end{bmatrix}$라 하라.

31. 행렬 A가 가역이면 $\mathbf{A}^{-1}$는 존재한다.

33. $\mathbf{A}^{-1} = \mathbf{A}^3$.

35. 직접 증명하라.

37. 정리 1.2.4를 이용하라.

39. $\mathbf{AA}^{-1} = \mathbf{A}^{-1}\mathbf{A} = \mathbf{I}$이 주어지면 $\lambda\lambda^{-1} = 1$이고 $\lambda \neq 0$이다.

41. $\Sigma_{k=1}^{n} \mathbf{A}_{ik}\mathbf{B}_{kj} = \delta_{ij}$을 이용하라.

43. 예, 옳다.

45. 2×2 행렬로 시작하라.

47. $\mathbf{AX} = \mathbf{I}_3$

49. 아니라고 가정하라.

51. $\mathbf{C(AB)} \neq \mathbf{(CA)B}$.

53. 아니요. 아니요.

55. $n > 1$이면 절대 옳지 않다.

57. 간단한 반례 $\mathbf{A} = \begin{bmatrix} 2 & 0 \\ 0 & 1 \end{bmatrix}$, $\mathbf{B} = \begin{bmatrix} 1 & 1 \\ 2 & 1 \end{bmatrix}$

59. $\mathbf{A} = \mathbf{B}-1$.

61. $\mathbf{I}-\mathbf{A}^{-1}$가 가역이면 가능하다.

63. 예.

65. $\mathbf{B} = \mathbf{E}_1\mathbf{E}_2 \cdots \mathbf{E}_m$이라 하라.

67. $1 + 2\cos t - 3\sin t$.

69. 변수변환하라.

71. 아니요.

73. 정리 3.2.13을 이용하라.

75. $f(t) = 3/(t+1)-4/(t-2)+5/(t+2)$. $f(-1) = \infty, f(-2) = \infty$, $f(2) = -\infty$이므로 아니다.

77. $a = 2, b = 3, c = -1$.

79. 예.

81. A가 가역이면 $\mathbf{A}^{-1} = \mathbf{E}_m\mathbf{E}_{m-1}\cdots\mathbf{E}_1$

83. $\mathbf{B} = (\mathbf{A}_k)^{-1}$라 하라.

85. 대우 명제 이용하라.

87. $x_1 = 1 + x_3, x_2 = -2-2x_3$. 예제 3.2.5는 다른 자유 변수를 이용한다.

89. $[\mathbf{A} \mid \mathbf{I}] \sim [\mathbf{I} \mid \mathbf{A}^{-1}]$.

일반 연습문제 4.1

1. a. 12. b. 12. c. 30. d. 0.

3. 57/2.

5. 일차종속, Det(A) = 0.

7. 24

9. x = −2, 3.

11. 50.

13. −116.

15. $t = -1/36$.

17. 31.

19. −21.

21. $f(\alpha\mathbf{x} + \alpha\mathbf{y}) = \alpha f(\mathbf{x}) + \beta f(\mathbf{y})$을 보이라. g에 대해서도 같다.

23. 예, 예.

25. 정리 4.1.7을 이용하라.

27. $u_1v_2 - v_1u_2$.

29. 5.

31. 예. 11/2.

33. 첫째로 **u**를 **v**에 평행하게 첫 좌표축 위로 이동하라. 그러고 나서 **v**를 첫 좌표축에 평행하게 둘째 좌표축으로 이동하라.
35. 행렬식 정의 안됨.
37. 세 점에 의해 결정된 삼각형은 퇴화삼각형이다.
39. $\mathbf{A} = \begin{bmatrix} a & b \\ c & d \end{bmatrix}$라 하고 다양한 경우를 생각하라.
41. 옳지 않다.

일반 연습문제 4.2

1. $29x_1 - 19x_2 + 23x_3$.
3. 한 자리 수만 포함된다.
5. $\mathbf{A}^{-1} = -1/20 \begin{bmatrix} -3 & 1 & 7 \\ -10 & 10 & 10 \\ 1 & -7 & -9 \end{bmatrix}$
7. $x_1 = 86/35,\ x_2 = -103/35,\ x_3 = -2$.
9. -28.
11. 38.
13. $\text{Det}(\mathbf{A}^T) = 21,\ \text{Det}(\mathbf{B}^T) = -4$.
15. $\mathbf{A}^{-1} = \begin{bmatrix} 1 & -1 & 1 \\ 2 & 0 & -1 \\ -4 & 1 & 1 \end{bmatrix}$

    $\mathbf{B}^{-1} = \begin{bmatrix} 0 & -1 & 1 \\ -3 & 1 & 1 \\ 2 & 0 & -1 \end{bmatrix}$
17. $\mathbf{C} = \begin{bmatrix} -17 & 13 & 4 \\ -9 & -9 & 24 \\ 32 & 1 & -13 \end{bmatrix}$
19. $\mathbf{C} = \begin{bmatrix} -1 & -1 & 1 \\ -2 & 0 & 2 \\ 5 & 1 & -7 \end{bmatrix},\quad \mathbf{A}^{-1} = -\frac{1}{2}\mathbf{C}^T$.
21. 24.
23. -72.
25. -80.
27. 정리 4.2.4를 이용하라.
29. 정리 4.2.2와 4.2.3을 이용하라.
31. $\mathbf{A}^T$를 생각하라.
33. 행을 따라 여인수 전개를 이용하라.
35. 정리 4.1.6을 이용하라.
37. 귀납법과 정리 4.2.2를 이용하라.
39. 대체 기본 연산을 검토하자.
41. 여인수가 영이 아니면 그렇다.
43. n=2인 경우를 검토하라.
45. $\text{Det}(\mathbf{AB}) = 34,\ \ \text{Det}(\mathbf{BA}^T) = 34,\ \ \text{Det}(2\mathbf{A}) = 17 \cdot 2^n$, $\text{Det}(\mathbf{A}^{-1}) = 1/17,\ \text{Det}(\mathbf{B}^2) = 4$.
47. $d \neq 0$ 동일 직선 상에 있지 않다.
49. $\text{Det}(\mathbf{u}, \mathbf{v}, \mathbf{w}) = 0$.
51. **a.** $a = (y_0t_1 - y_1t_0) = (t_1 - t_0),\ b = (y_1 - y_0)/(t_1 - t_0)$.

    b. $c = y_0,\ d = (y_1 - y_0)/(t_1 - t_0)$.
53. -36.

일반 연습문제 5.1

1. 예.
3. 정리 5.1.1을 이용하라
5. 예
7. 벡터성분을 생각하라
9. $T[U] = \mathbb{R}^2$
11. $\begin{bmatrix} 1 & 0 \\ 1 & 0 \end{bmatrix}, \begin{bmatrix} 1 & 0 \\ 0 & 0 \end{bmatrix}$
13. 정리 5.1.3을 이용하라.
15. 아니요.
17. $Q \subset \mathbb{P}_n \subset \mathbb{P}$.
19. 정리 5.1.7을 이용하라.
21. **A**와 **B**는 가역이 아니지만 **A**+**B**는 가역인 반례를 들라.
23. 정리 5.1.1과 선형변환의 선형성을 이용하라.
25. $a\mathbf{w} + b\mathbf{z} = c\mathbf{u} + d\mathbf{v}$를 보이라.
27. 단항식의 도함수에 관해 생각하라.
29. 아니요.
31. **A**를 열벡터 그리고 **B**를 행벡터로 생각하라.
33. 아니요.
35. 일반 연습문제 5.1.11에서와 같이 2×2 행렬을 찾으라.

37. 예.

39. a. $\begin{bmatrix} 5 \\ -1 \end{bmatrix}, \begin{bmatrix} 0 \\ 1 \end{bmatrix}$

b. 예.

c. [5 0 0 10], [−1 0 1 4].

d. 아니요.

e. $\begin{bmatrix} 0 \\ 1 \\ 0 \\ 0 \end{bmatrix}, \begin{bmatrix} -2 \\ 0 \\ -6 \\ 1 \end{bmatrix}$

41. $at + bt^2 + ct^5 + dt^7$을 생각하라.

43. $\mathbf{x} \in f[\text{Span}(W)] \Leftrightarrow \mathbf{x} \in \text{Span}(f[w])$.

45. **A**의 영공간은 $[-2, 1, 0]^T$로 생성되고 $\mathbf{A}^T$의 영공간은 $[1, 3, -3]^T$로 생성된다. **B**의 영공간은 $[-2, 1]^T$의 생성이지만 $\mathbf{B}^T$의 영공간은 $[-2/3, 1, 0]^T, [-1, 0, 0]^T$의 생성이다.

일반 연습문제 5.2

1. 아니요.

3. $p = (190/3)P_0 - (588/5)P_1 + (200/3)P_2 - (2/5)P_3$.

5. 좌표벡터는 (2, −5, 3)이다.

7. $\text{Null}(\mathbf{A}) = \text{Span}\{[-3, 1, 0, 0]^T, [4, 0, 1, 0]\}$.

9. $L(p) = p + p'$가 전단사임을 보이라.

11. 예.

13. 모순계는 없다.

15. $\{p_1, p_2, p_3, p_4\}$는 기저이다.

17. 예.

19. $\begin{bmatrix} 22 \\ 19 \end{bmatrix}$

21. $\sim\mathbf{I}_4$

23. 행렬식: **a.** 1. **b.** −1. **c.** 74.

25. 차원 2의 열공간 기저 $\{[-1, 1, 0]^T, [4, 2, 3]^T\}$.

27. {[1, −1, 0, −2, 4], [0, 0, 1, 3, −1]}

29. 치역 기저 $\{[1, 2, 3, 1]^T, [3, 3, 5, 2]^T\}$.
핵 기저 $\{[1, 1, 1]^T\}$.
Dim(Ker(**A**))= 1,
Dim(Range(**A**))= 2,
Dim(Domain(**A**))= 3.

31. Dim(Span(S))는 임의의 기저에 있는 원소의 수와 같다.

33. 정리 5.2.6을 보라.

35. $n^2 - 1$.

37. 예. $\mathbf{B} = \mathbf{0}$이면 n^2.

39. $S \circ T$가 선형이고 전단사임을 보이라.

41. 3.

43. 기저 $\{\mathbf{u}_1, \mathbf{u}_2, \ldots, \mathbf{u}_m\}$을 이용하라.

45. 기약 행 사다리꼴을 검토하라.

47. 일반 연습문제 5.2.16을 보라.

49. a_i는 유일하다.

51. 벡터공간의 기저 정의를 이용하라.

53. 동형사상은 모든 대수적 연산을 보존한다.

55. 그렇지 않다고 가정하라.

57. $n > m$과 $n < m$인 경우를 증명하라.

59. $\text{Dim}(\mathbb{M}^{n\times m}) = \text{Dim}(\mathbb{M}^{p\times q})$.

61. $\Sigma_{i=1}^{n} c_i p_i = 0$은 모든 i에 대하여 $c_i = 0$을 함의한다.

63. 명백하다.

65. 2차원 부분공간.

67. 예.

69. Dim(Domain(**A**)) = 7,
Dim(Range(**A**)) = 5,
Dim(Ker(**A**)) = 2,
Dim(Row(**A**)) = 5,
Dim(Col(**A**)) = 5.

71. n개 일차종속 열.

73. Dim(Null(L)) = 2,
Dim(Domain(L)) = 5,
Dim(Range(L)) = 3.

75. Dim(Domain(**A**)) = n = Dim(Range(**A**)).

77. Dim(Domain(T))= 8,
Dim(Range(T))= 8,
Dim(Null(T))= 0.

79. Dim(Col(**A**)) = Dim(Row(**A**)).

81. **A**를 8×7이라 하라.

83. $m \leq n$과 $m > n$인 경우를 생각하라.

85. 아니요.

87. $\mathbf{x}^T \mathbf{A}^T \mathbf{y} = \mathbf{y}^T \mathbf{A}\mathbf{x}$.

89. A를 $[k+(n-k)] \times [k+(m-k)]$라 하라.

91. 어느 것도 기저가 아니다.

일반 연습문제 5.3

1. 추이행렬은 $\mathbf{P} = \begin{bmatrix} 1 & 3 \\ -1 & -2 \end{bmatrix}$이다.

   벡터 $\mathbf{x} = 5\mathbf{u}_1 + 3\mathbf{u}_2 = 14\mathbf{v}_1 - 11\mathbf{v}_2$.

3. $\mathbf{A}^{-1} = \mathbf{A}^T = \begin{bmatrix} \cos\theta & \sin\theta \\ -\sin\theta & \cos\theta \end{bmatrix} = \mathbf{P}$.

5. $\begin{bmatrix} 1 & 0 & -1 & 0 & 1 & 0 \\ 0 & 1 & 0 & -3 & 0 & -5 \\ 0 & 0 & 2 & 0 & -8 & 0 \\ 0 & 0 & 0 & 4 & 0 & -20 \\ 0 & 0 & 0 & 0 & 8 & 0 \\ 0 & 0 & 0 & 0 & 0 & 16 \end{bmatrix}$

7. $\mathbf{P} = \begin{bmatrix} 60/79 & 63/9 & -6/79 \\ 26/79 & -28/79 & 29/79 \\ 101/79 & 31/79 & -18/79 \end{bmatrix}$

9. $\mathbf{P} = \begin{bmatrix} 1 & -1 \\ 1 & 2 \end{bmatrix}$

11. $\mathbf{P} = \begin{bmatrix} 2 & 0 & -3 \\ -1 & 3 & 0 \\ 1 & 1 & 2 \end{bmatrix}$와 $[\mathbf{x}]_{\mathcal{D}} = (-4, -7, 3)$.

13. $T = [T(\mathbf{u}_1), T(\mathbf{u}_2), T(\mathbf{u}_3)] = \begin{bmatrix} 0 & 0 & 0 \\ 0 & 0 & -1 \\ 0 & 1 & 0 \end{bmatrix}, T(\mathbf{x}) = \begin{bmatrix} 0 \\ -7 \\ -2 \end{bmatrix}$

15. $\begin{bmatrix} 0 & 1 & 1 \\ 2 & 0 & -1 \end{bmatrix}$

17. $\begin{bmatrix} 2 & 1 \\ -3 & 4 \end{bmatrix}$

19. $\mathbf{P} = \begin{bmatrix} \alpha d & b \\ 0 & d \end{bmatrix}$

21. $\mathbf{u}_i = 0\mathbf{u}_1 + \cdots + 0\mathbf{u}_{i-1} + 1\mathbf{u}_i + 0\mathbf{u}_{i+1} + \cdots + 0\mathbf{u}_n$.

23. A와 $\mathbf{A}^{-1}$.

25. $\mathbf{A} \simeq \mathbf{B}$는 $\mathbf{A} = \mathbf{SBS}^{-1}$이다.

27. **경우 1.** B는 가역이다.

    경우 2. A는 가역이다.

29. $\mathbf{P} = \begin{bmatrix} (a-d+b)/c & 1 \\ 1 & 1 \end{bmatrix}$

31. 아니요.

33. 일반 연습문제 5.3.18을 보라.

35. $\begin{bmatrix} a_{11}-b_{11} & a_{12} & -b_{21} & 0 \\ a_{12} & a_{22}-b_{11} & 0 & -b_{12} \\ -b_{21} & 0 & a_{11}-b_{22} & a_{21} \\ 0 & -b_{21} & a_{12} & a_{22}-b_{22} \end{bmatrix}$는 가역이 아니다.

37. $[x_1, x_2, x_1 + x_2, x_1 + 2x_2, 2x_1 + 3x_2, \ldots] = x_1[1, 1, 2, 3, 5, \ldots] + (x_2 - x_1)[0, 1, 1, 2, 3, \ldots]$을 주장하라.

일반 연습문제 6.1

1. A의 고유값은 1.3, −7.4,

   B의 고유값은 5, 7이다.

3. 고유값/고유벡터: $0, (-b, a, 0); 0, (-c, 0, a); a+b+c, (1,1,1)$.

5. $\mathbf{P}^{-1}\mathbf{AP} = \begin{bmatrix} 1/2 & i/2 \\ 1/2 & -i/2 \end{bmatrix} \begin{bmatrix} 0 & -1 \\ 1 & 0 \end{bmatrix} \begin{bmatrix} 1 & 1 \\ -i & i \end{bmatrix}$

   $= \begin{bmatrix} i & 0 \\ 0 & -i \end{bmatrix} = \mathbf{D}$.

7. a나 b가 복소수인 경우를 생각하라.

9. $\{[1, 1]^T, [3, 2]^T\}$.

11. 열의 합은 3이다.

13. $\lambda = 1/2(-1 \pm i\sqrt{3})$

15. $\mathbf{P} = \begin{bmatrix} 1 & 1 \\ 1 & 2 \end{bmatrix}, \mathbf{D} = \begin{bmatrix} 5 & 0 \\ 0 & 7 \end{bmatrix}$

17. 고유값/고유벡터: $-2, (1, -4); 3, (1, 1)$.

19. $(0, 1, 0, 0)$.

21. **a.** $a \pm bi, (1, \pm i)$.

    c. 시계 방향으로 각 θ 만큼 회전하고 r배 확장.

23. **a.** $\frac{1}{4}(a+b)^2 \geq ad - bc$.

25. a. $a \neq d$와 $(a-d)^2 = 4bc$.

25. c. $\mathbf{A} = \begin{bmatrix} 1 & 3 \\ 0 & 1 \end{bmatrix}$.

27. $\mathbf{A} = \begin{bmatrix} a & b \\ c & d \end{bmatrix}$에 대하여 $a(d-1) = b(c+1)$이다.

29. $\mathbf{Ax} = 0\mathbf{x}$는 영이 아닌 해를 갖지 못한다.

31. $\mathbf{A}^{-1}\mathbf{x} = \lambda^{-1}\mathbf{x}$를 보이라.

33. 같은 특성 다항식을 갖는다는 것은 보이라.

35. $\mathbf{x}^{(r)} = [a, b]^T$이면 $\mathbf{x}^{(r+1)}$의 성분 합은 $a+b$이다.

37. 예, 고유값 d_i를 자유롭게 정할 수 있다.

39. $\mathbf{A} = \begin{bmatrix} 6 & 0 \\ 2 & 6 \end{bmatrix}$

41. **a.** $3, (-1, 1); 5, (1, 1)$.
b. $3 \pm \sqrt{2}, (1/(-1 \pm \sqrt{2}, 1)$.
c. $\frac{5}{2} \pm \frac{1}{2}i\sqrt{3}, (1/(-\frac{1}{2} \pm \frac{1}{2}i\sqrt{3}), 1)$.
d. $3, 3, (-1, 1)$.
e. $-2, (-\frac{1}{2}, 1); 3, (2, 1)$.
f. $\pm i, (1, \pm i)$.
g. $1, 1, (1, 0)$.

43. 예, V의 각 벡터는 $\mathbf{A}$의 고유벡터이다.

45. $\mathbf{A} = \begin{bmatrix} 1 & 2 \\ -1 & 1 \end{bmatrix}$

47. $\text{Det}(A - \lambda\mathbf{I}) = \Pi_{i=1}^{n}(a_{ii} - \lambda)$

49. $\lambda = \pm\sqrt{a^2 + b^2 - c^2}$.

51. $\lambda = 0$

53. $\Pi_{i=1}^{n}(a_{ii} - \lambda)$는 $\mathbf{A} - \lambda\mathbf{I}$의 대각 성분들의 곱이다.

55. $\mathbf{V} = [\mathbf{v}_1, \mathbf{v}_2, ..., \mathbf{v}_n]$이라 하라. $\mathbf{v}_i$는 고유벡터이고
$\mathbf{D} = \text{Diag}(\lambda_1, \lambda_2, ..., \lambda_n)$이다.

57. 1/3; 1, 1.

59. $a_1 a_2 \cdots a_n \neq 0$과 $b_1 b_2 \cdots b_n \neq 0$을 가정하면
$\mathbf{AB} = \text{Diag}(a_i b_i), \mathbf{AB} - 1 = \text{Diag}\,[1/(a_i b_i)]$.

61. 발산.

63. 예.

65. Sandefur[1993] 참고.

67. $t = \lambda$.

69. $\mathbf{u}$는 고유값 1에 대응하는 $\mathbf{A}^T$의 고유벡터이다.

71. $\mathbf{A} = \begin{bmatrix} 1 & 1 \\ 1-i & 1+i \end{bmatrix} \begin{bmatrix} 2-i & 0 \\ 0 & 2+i \end{bmatrix} \times \begin{bmatrix} -i/2 & (1+i)/2 \\ i/2 & (1-i)/2 \end{bmatrix}$

73. 고유값/고유벡터:
3, (1/9, −37/18, 1, 0); 7, (0, 1, 0, 0); 1, (0, −11/6, 1, 0);
−2, (−13/5, −3184/135, 209/15, 1).

75. $\mathbf{A}^2 = \begin{bmatrix} -9 & 11 \\ -22 & 13 \end{bmatrix}$와 $\mathbf{A}^3 = \begin{bmatrix} -31 & 241 \\ -48 & 17 \end{bmatrix}$

77. 특성 다항식을 생각하라.

일반 연습문제 7.1

1. $(a, b) \cdot (b, -a) = 0$.

3. $-(13/19)\mathbf{u} + \mathbf{v} - (8/19)\mathbf{w} = \mathbf{x}$.

5. $\|x - y\|^2 = \langle x-y, x-y \rangle$를 이용하라.

7. 0

9. 선형.

11. **a.** 예 **b.** 아니요. **c.** 예.

13. (3.8997, 0.0564, −1.3375).

15. 예, 역은 참이다.

17. $\sqrt{59}, \sqrt{41}$

19. 대우를 증명하라.

21. $w_1 = 1, w_2 = -1, n = 2$라 하라.

23. 둘 다 명백하다.

25. $\sqrt{74}$.

27. $\mathbf{x} \in [\text{Col}(\mathbf{A})]^{\perp} \Longleftrightarrow \mathbf{x} \in \text{Null}(\mathbf{A}^T)$ 를 보이라.

29. 두 벡터 사이의 각에 대한 공식을 이용하라.

31. B에 대해 특별한 것은 없다.

33. 모두 간단하다.

35. $\langle \mathbf{x}, \mathbf{y} \rangle = ia$라 하라. a 실수이다.

37. 정의를 사용하라.

39. $\mathbf{x} \in Q^T \Rightarrow \mathbf{x} \in S^T$를 보이라.

41. $\{\mathbf{u}_1, \mathbf{u}_2, ..., \mathbf{u}_n\}$은 일차독립이거나 정규직교이다.

43. $\mu = 4\lambda$에 대해 $\mathbf{u} = \mu\mathbf{x}, \mathbf{v} = 2\mathbf{y}$ 라 하라.

45. **경우 1.** $\mathbf{x} - \mathbf{b}$는 $\mathbf{c}$의 스칼라배가 아니다.
경우 2. $\mathbf{x} - \mathbf{b}$는 $\mathbf{c}$의 스칼라배이다.

47. $\langle f, g \rangle = \int_{-1}^{1} f(t)g(t)\,dt$를 이용하라.

49. $\mathbf{x} = (x_1, x_2)$와 $\mathbf{y} = (y_1, y_2)$라 하라.

51. 코시-슈바르츠 부등식을 이용하라.

53. 간단하다.

55. x를 y 위로의 정사영을 이용하라.
57. 예.
59. $\mathbf{w} \in V$ 와 $(\mathbf{x}-\mathbf{w}) \perp V$ 을 가정하라.
61. $\theta = 90°$
63. 간단하다.
65. 없다.
67. $\langle \mathbf{x}, \mathbf{y} \rangle \leq 0$을 이용하라.
69. n은 홀수이고 $\mathbf{x} \cdot \mathbf{y} = 0$이라고 가정하라.
71. 예각일 때, $0 \leq \mathbf{x}^T \mathbf{y} \leq \pi/2$.
73. $\mathrm{P} = \mathrm{proj}_{\mathbf{u}}\mathbf{x}$, $\mathrm{Q} = \mathrm{proj}_{\mathbf{v}}\mathbf{x}$.
75. 복소평면 $\mathbb{C}$에서 2차 함수 $f(t) = at^2 + bt + c$는 포물선에 대응된다.
77. 역은 거짓이다.
79. x와 y를 바꿔서 해라.
81. 삼각 부등식을 이용하라.
83. $(\mathbf{x} \cdot \mathbf{y}/\mathbf{x} \cdot \mathbf{x})\,\mathbf{x} = \mathbf{x}$라 가정하라.
85. 기하학적 논거로 시도해 보라.
87. 점 (3, 9).
89. $5000/\sqrt{3154}$

일반 연습문제 7.2

1. $[8/21, 13/70]^T$.
3. $[653/209, -337/209]^T$.
5. $\mathbf{s} = (8/21, 13/70)$.
7. $\mathbf{u}_1 = (1,2,1)$, $\mathbf{u}_2 = \frac{2}{3}(1,-1,1)$, $\mathbf{u}_3 = \frac{3}{2}(1,0,-1)$.
9. $(0, 1, 1, 0)/\sqrt{2}$.
11. $1102/505 \approx 2.18$
13. $\mathbf{p} = (-1.1412, -0.4116, -1.5411)$.
15. 우함수는 기함수에 직교한다.
17. 아니요.
19. 1/2(3, 1).
21. 귀납 단계 $\langle \mathbf{u}_{k+1}, \mathbf{u}_i \rangle = 0$.
23. 크래머 법칙에 의해,

$$\alpha = \left[m\sum_{i=1}^{m} y_i t_i - \left(\sum_{i=1}^{m} t_i\right)\left(\sum_{i=1}^{m} y_i\right)\right] \Big/ D,$$

$$\beta = \left[\left(\sum_{i=1}^{m} t_i^2\right)\left(\sum_{i=1}^{m} y_i\right) - \left(\sum_{i=1}^{m} t_i\right)\left(\sum_{i=1}^{m} y_i t_i\right)\right] \Big/ D,$$

$$D = m\sum_{i=1}^{m} t_i^2 - \left(\sum_{i=1}^{m} t_i\right)^2.$$

25. $(3, 2, 1) = (92, 59, 25)/30 + (-2, 1, 5)/30$.
27. 정리 7.1.9를 이용하라.
29. $\mathbf{x} = \mathbf{0}$.
31. $\mathbf{y} = \alpha\mathbf{x}$라 하라.
33. $\mathbf{p} = \mathrm{Proj}_{\mathbf{x}}$라 하라.
35. 예.
37. $(\mathbf{A}^T)^T = \mathbf{A}$.
39. 일반 연습문제 7.2.38을 이용하라.
41. $\mathbf{AA}^T$는 가역이 아니라고 가정하라.
43. $\mathbf{x}^T$를 곱하라.
45. $\{\mathbf{w}_{r+1}, \mathbf{w}_{r+2}, \cdots, \mathbf{w}_n\}$.
47. **a.** v는 단위벡터이고 x는 v의 스칼라배여야 한다.
b. 고정점은 v의 스칼라배인 모든 x이다.
49. $\mathbf{B} = \begin{bmatrix} 3/\sqrt{14} & 2/\sqrt{13} & 3/\sqrt{182} \\ 1/\sqrt{14} & 0 & -13/\sqrt{182} \\ 2/\sqrt{14} & -3/\sqrt{13} & 2/\sqrt{182} \end{bmatrix}$,
여기서 $\mathbf{BB}^T = \mathbf{I} = \mathbf{B}^T\mathbf{B}$이다.
51. 내적을 취하라.
53. 선형성을 이용하라.
55. **a.** 노름을 이용하라. **b.** 유클리드 노름을 이용하라.

일반 연습문제 8.1

1. $\mathbf{P} = \begin{bmatrix} 1 & 1 \\ 1 & -1 \end{bmatrix}$, $\mathbf{D} = \begin{bmatrix} 5 & 0 \\ 0 & -1 \end{bmatrix}$, $\mathbf{P}^{-1} = \frac{1}{2}\mathbf{P}$.
3. $\frac{1}{2}(3-5i) \pm \frac{1}{2}\sqrt{-4+10i}$.
5. 예.
7. $\mathbf{A}^H = \mathbf{A}$.
9. $a_{ii} = \bar{a}_{ii}$.
11. $\begin{bmatrix} 2 & 6-c \\ c & 5 \end{bmatrix}$.

13. $\lambda = 0, (1, 1); \lambda = 2c, (1, -1)$.

15. $\mathbf{A} = \begin{bmatrix} \alpha & \delta \\ -\delta & \beta \end{bmatrix}$, δ는 임의 스칼라.

17. $1/2(\mathbf{A} + \mathbf{A}^H)$는 에르미트이다.

19. $\mathbf{x} = \mathbf{e}_k = (0, ..., 0, 1, 0, ..., 0)$이라 하라. 1은 k번째 성분에 있다.

21. 아니요.

23. $\theta - \varphi = k(\pi/2)$

25. $(\mathbf{A}^H)^H = \mathbf{A}$.

27. 예.

29. $f(\mathbf{x}) = \mathbf{Ax}$라 하라.

31. $m=2$인 경우를 보이라.

33. $f_i(\mathbf{x}) = \langle \mathbf{x}, \mathbf{v}_i \rangle \mathbf{v}_i$를 생각하라.

35. 정리 8.1.4를 이용하라.

37. $\mathbf{UAU}^T = \mathbf{D}$라 하라.

39. 케일리-해밀턴 정리를 이용하라. $p(\mathbf{A}) = 0$.

41. 예제 10을 보라.

43. $\mathbb{M}^{n \times n}$의 차원을 생각하라.

45. 예제 10을 보라.

47. 순환 논리.

49. $\mathbf{A} = \begin{bmatrix} a & b \\ c & d \end{bmatrix}$이면 $\mathbf{P} = \begin{bmatrix} (a-d+b)/c & 1 \\ 1 & 1 \end{bmatrix}$이다.

51. 예.

53. $\mathbf{AA}^T$가 가역이 아니라고 가정하라.

55. 아니요.

57. 케일리-해밀턴 정리를 이용하라.

59. 아니요.

61. $x_1^2 + 5x_2^2 + 8x_3^2 + 6x_1x_2 + 10x_1x_3 + 14x_2x_3$

63. $x_1 = \frac{1}{\sqrt{2}}(-y_1 + y_2), x_2 = \frac{1}{\sqrt{2}}(y_1 + y_2)$.

65. 참.

67. $x_1 = \left[-2\left[2(5-\sqrt{5})\right]^{-\frac{1}{2}}\right]y_1 + \left[-2\left[2(5+\sqrt{5})\right]^{-\frac{1}{2}}\right]y_2,$

$x_2 = \left[(1-\sqrt{5})\left[2(5-\sqrt{5})\right]^{-\frac{1}{2}}\right]y_1$

67. $+\left[(1+\sqrt{5})\left[2(5+\sqrt{5})\right]^{-\frac{1}{2}}\right]y_2.$

일반 연습문제 8.2

1. **a.** $\mathbf{A} = \begin{bmatrix} 2 & -4 \\ 10 & -17 \end{bmatrix} = \begin{bmatrix} 1 & 0 \\ 5 & 1 \end{bmatrix} \begin{bmatrix} 2 & -4 \\ 0 & 3 \end{bmatrix}$

$= \mathbf{LU}$

b. $\mathbf{B} = \begin{bmatrix} -3 & 1 & 5 \\ -9 & -1 & 16 \\ -6 & -6 & 14 \end{bmatrix} = \begin{bmatrix} 1 & 0 & 0 \\ 3 & 1 & 0 \\ 2 & 2 & 1 \end{bmatrix}$

$\begin{bmatrix} -3 & 1 & 5 \\ 0 & -4 & 1 \\ 0 & 0 & 2 \end{bmatrix} = \mathbf{LU}.$

3. $\mathbf{A} = \begin{bmatrix} 3 & 0 & 3 \\ 0 & -1 & 3 \\ 1 & 3 & 0 \end{bmatrix} = \begin{bmatrix} 1 & 0 & 0 \\ 0 & 1 & 0 \\ 1/3 & -3 & 0 \end{bmatrix}$

$\begin{bmatrix} 3 & 0 & 3 \\ 0 & -1 & 3 \\ 0 & 0 & 8 \end{bmatrix} = \mathbf{LU}.$

$\mathbf{B} = \begin{bmatrix} 4 & -1 & -1 & 0 \\ -1 & 4 & 0 & -1 \\ -1 & 0 & 4 & -1 \\ 0 & -1 & -1 & 4 \end{bmatrix}$

$= \begin{bmatrix} 1 & 0 & 0 & 0 \\ -1/4 & 1 & 0 & 0 \\ -1/4 & -1/15 & 1 & 0 \\ 0 & -4/15 & -2/7 & 1 \end{bmatrix}$

$\begin{bmatrix} 4 & -1 & -1 & 0 \\ 0 & 15/4 & -1/4 & -1 \\ 0 & 0 & 56/15 & -16/15 \\ 0 & 0 & 0 & 24/7 \end{bmatrix}$

$= \mathbf{LU}.$

5. $\mathbf{L} = \begin{bmatrix} 1 & 0 & 0 \\ 4 & 2 & 0 \\ 5 & 6 & 3 \end{bmatrix}$

7. $\mathbf{L} = \begin{bmatrix} 1 & 0 & 0 \\ 3 & 2 & 0 \\ 4 & -1 & 1 \end{bmatrix}$

9. $\mathbf{L} = \begin{bmatrix} 1 & 0 & 0 \\ 2 & 1 & 0 \\ -2 & 3 & 1 \end{bmatrix}, \mathbf{U} = \begin{bmatrix} 2 & 1 & -4 \\ 0 & 1 & 3 \\ 0 & 0 & 2 \end{bmatrix},$

$\mathbf{x} = \begin{bmatrix} 1 \\ 0 \\ 3 \end{bmatrix}.$

11. $\mathbf{L}=\begin{bmatrix}1&0&0\\4&2&0\\5&6&3\end{bmatrix}$

13. $\mathbf{x}=\begin{bmatrix}3\\1\\5\\2\end{bmatrix}$

15. $\mathbf{A}^{-1}=\begin{bmatrix}1/3&-1/2&-1/3\\-7/3&1&4/3\\-1&1&1\end{bmatrix}$

17. $\begin{bmatrix}1&0&0&0\\2&1&0&0\\-2&2&1&0\\3&-1&3&1\end{bmatrix}\begin{bmatrix}2&1&3\\0&-1&2\\0&0&3\\0&0&0\end{bmatrix}$

19. $\begin{bmatrix}2&2&1\\1&1&1\\3&2&1\end{bmatrix}=\begin{bmatrix}1&0&0\\\ell_{21}&1&0\\\ell_{31}&\ell_{32}&1\end{bmatrix}$
$\begin{bmatrix}u_{11}&u_{12}&u_{13}\\0&u_{22}&u_{23}\\0&0&u_{32}\end{bmatrix}.$

21. 그람행렬 $\mathbf{G}_{ij}=\langle w_i, w_j\rangle$.

23. $a>0, c>0, ac>b^2$일 때 $\mathbf{A}=\begin{bmatrix}a&b\\b&c\end{bmatrix}$.

25. $\mathbf{x}=[x_1, x_2, ..., x_k, 0, 0, ..., 0]^T$이면 $\mathbf{y}=[x_1, x_2, ..., x_k]^T$라 하라.

27. $\mathbf{Q}^T\mathbf{A}\mathbf{Q}$

29. $\mathbf{A}=\begin{bmatrix}a&b\\b&d\end{bmatrix}$에 대하여, $\mathbf{L}=\begin{bmatrix}\sqrt{a}&0\\b/\sqrt{a}&\sqrt{c-b^2/a}\end{bmatrix}$

31. $\ell_{ii}>0$.

33. 블록행렬 인수를 곱하라.

35. $\mathcal{HGH}^T=\mathcal{A}$ 를 보이라.

37. Det(**A**)와 Det(**A**) Det(**B**).

39. 2×2 블록행렬 역원에서 $\mathbf{I}\rightarrow\mathbf{D}$라 하라.

41. 예

43. $\mathbf{S}_\mathbf{A}=(c-\mathbf{b}\mathbf{A}^{-1}\mathbf{b})$와 $\mathbf{S}_c=(\mathbf{A}-c^{-1}\mathbf{b}^2)$라 하라.

45. $\mathbf{B}=-\mathbf{C}$와 $\mathbf{A}=\mathbf{D}$.

47. $\mathbf{S}_a=\Delta^{a-1}$와 $\mathbf{S}_d=\Delta^{d-1}$을 이용하라. $\Delta=ad-bc$이다.

49. 2×2 블록행렬 역원에서 각 행렬형의 (1, 1) 블록 성분을 같게 하라.

51. $\mathbf{B}\mathbf{B}^{-1}=\mathbf{I}$를 보이라.

53. $\mathbf{y}=\mathbf{S}_\mathbf{A}^{-1}(\mathbf{c}-\mathbf{C}\mathbf{A}^{-1}\mathbf{b}), \mathbf{x}=\mathbf{D}^{-1}(\mathbf{b}-\mathbf{B}\mathbf{y}).$
$\mathbf{x}=\mathbf{S}_\mathbf{D}^{-1}(\mathbf{b}-\mathbf{B}\mathbf{D}^{-1}\mathbf{c}), \mathbf{y}=\mathbf{D}^{-1}(\mathbf{c}-\mathbf{C}\mathbf{x}),$
$\mathbf{S}_\mathbf{A}=(\mathbf{D}-\mathbf{C}\mathbf{A}^{-1}\mathbf{B}), \mathbf{S}_\mathbf{D}=(\mathbf{A}-\mathbf{B}\mathbf{D}^{-1}\mathbf{C}).$

일반 연습문제 8.3

1. **A**와 $\mathbf{A}^T$는 같은 고유값을 갖는다.

3. (−11, 16).

5. $||\mathbf{A}||_\infty$의 정의를 이용하라.

7. $|z|=|z-a_{ii}+a_{ii}|$을 이용하라.

9. **a.** $[33.333, 35, 15]^T$.
b. $[225.9259, 118.5785, 77.7778]^T$.

11. $1=a+(1-a)$와 $b=a+(b-a)$라 하라.

13. $|z-2|\leq 1, |z+3|\leq 2, |z-5|\leq 1$.

15. 노이만 급수를 이용하라.

17. Gerschgorin 정리를 이용하라.

일반 연습문제 부록 A

1. 우변을 전개하라.

3. 귀납법을 이용하라.

5. $P(n): \sum_{i=1}^{n} i=n(n+1)/2$ 라 하라.

7. 1000보다 작은 (*n*, *n*+1, m) 형태의 피타고라스 세 쌍은 (3, 4, 5), (14, 15, 29), (119, 120, 169), (696, 697, 985)이다.

9. 간단하다.

11. $\mathbf{x}\in A$라 하라.

13. 항등식 $1/[a(a+1)]=1/a-1/(a+1)$을 이용하라.

15. $(\exists x)\,(\exists\varepsilon>0)\,(\forall\delta>0)\,(\exists y)$
$[|x-y|<\delta \quad \text{and} \quad |f(x)-f(y)|\geq\varepsilon]$

17. 유일한 해는 $x=0$이다.

19. 피타고라스 세 쌍들은

	$m=1$	2	3	4
$n=2$	(3, 4, 5)			
3	(8, 6, 10)	(5, 12, 13)		
4	(15, 8, 17)	(12, 16, 20)	(7, 24, 25)	
5	(24, 10, 26)	(21, 20, 29)	(16, 30, 34)	(9, 40, 41)

21. $r_1 + r_2 = -b/a$, $r_1 + r_2 + r_3 = -b/a$,
$r_1 + r_2 + \cdots + r_n = -b/a$를 증명하라.

23. $x \in C$라 하라.

25. 벤다이어그램을 그려 보라.

27. 반증하라.

29. 우선 n=2인 경우를 수행하라. Hall and Knight[1948, p. 211] 참고.

31. $x_n = nd + x_0$를 상기하라.

33. [1, 12, 22, 32, 42, ...].

35. $S = a(1-r^n)/(1-r)$. $S = \left[1-(-2\sqrt{2})^n\right] / (\sqrt{2}+4)$.

37. 파스칼 항등식: $\binom{n+1}{k} = \binom{n}{k} + \binom{n}{k-1}$

39. 아니요.

41. n, $\frac{1}{2}n(n+1)$.

43. f_0로부터 f_1으로의 함의는 타당하다는 것을 확신하라.

45. 예.

47.

P	Q	R	$Q \wedge R$	$P \vee (Q \wedge R)$
T	T	T	T	T
T	T	F	F	T
T	F	T	F	T
T	F	F	F	T
F	T	T	T	T
F	T	F	F	F
F	F	T	F	T
F	F	F	F	F

49. 1+2+3 = 6.

51. 예.

53. 거짓 명제로 시작하면 뭐든지 증명할 수 있다.

55. 일반 공식: $x_{n+1} = x_1 + \frac{1}{2}n(n+1)c$.

57. 아니요.

59. 이는 적어도 두 개의 원소가 있다는 것을 가정한다.

61. 두 개만 제외하고 모두 옳다.

63. $f(n) = 2 + \frac{1}{2}n(n+1)$.

65. 예를 들어 5·6·7은 유익하다.

67. 두 급수는 발산한다.

69. $9 > 8$.

71. $0 \le (x-y)^2 + (y-x)^2 + (x-z)^2$.

73. 폐구간.

75. 다항식의 근을 생각하라.

77. LHS$= a^2x^2 + 2axby + b^2y^2$, RHS$= a^2x^2 + a^2y^2 + b^2x^2 + b^2y^2$이라 하라.

79. $\frac{1}{2}n(n+1)$.

참고문헌

Abel, N.H. [1826]. "Beweis der Unmöglichkeit, algebraische Gleichungen von höheren Graden als dem vierten allgemein aufzulösen," *J. reine angew. Math.* 1, 65. (Reprinted by Abel, N.H. [1881]. (L. Sylow and S. Lie, Eds.) Christiania, Norway, Olso. Reprinted by Johnson Reprint Corp., New York, 66–87, 1988.

Althoen, S.C., R. McLaughlin [1987]. "Gauss-Jordan reduction: A brief history." *American Mathematical Monthly*. Vol. 94, 130–142.

Andrilli, S., D. Hecker [2003]. *Elementary Linear Algebra*, 3rd Ed. New York: Elsevier/Academic Press.

Axler, S. [1995]. "Down with determinants." *American Mathematical Monthly*. Vol. 102, 139–154.

Barbeau, E.J. [2000]. *Mathematical Fallacies, Flaws, and Flimflam*. Washington, D.C.: Mathematical Association of America.

Bell, E.T. [1937]. *Men of Mathematics*. New York: Simon and Schuster.

Bernstein, D.S. [2005]. *Matrix Mathematics: Theory, Facts, and Formulas with Application to Linear Systems Theory*. Princeton, New Jersey: Princeton University Press.

Berry, M.W., M. Browne [2005]. *Understanding Search Engines: Mathematical Modeling and Text Retrieval*, 2nd Ed. Society of Industrial and Applied Mathematics, Pennsylvania: Philadelphia.

Birkhoff, G., S. MacLane [1999]. *Survey of Modern Algebra*. New York: Chelsea. (reprint of Macmillan, 1941.)

Boyer, C. [1968]. *A History of Mathematics*. Princeton, New Jersey: Princeton University Press.

Brin, S., L. Page [1998]. "The anatomy of a large-scale hyper-textual web search engine." *Computer Networks and ISDN Systems*. Vol. 33, 107–117.

Cheney, E.W. [1982]. *Introduction to Approximation Theory*, 2nd Ed. Rhode Island: Providence. American Mathematical Society.

Cheney, W., D. Kincaid [2008]. *Numerical Mathematics and Computing*, 6th Ed. Belmont, California: Thomson Brooks/Cole.

Crilly, T. [2005]. *Arthur Cayley: Mathematician Laureate of the Victorian Age*. Baltimore, Maryland: Johns Hopkins University Press.

Daintith, D., R.D. Nelson [1989]. *Dictionary of Mathematics*. New York: Penguin.

Davis, P.J. [1965]. *The Mathematics of Matrices: A First Book of Matrix Theory and Linear Algebra*. New York: Blaisdell.

Dollar, H.S., A. J. Wathen. [2006] "Incomplete-factorization constraint pre-conditioners for saddle-point matrices." *Society of Industrical and Applied Mathematics Journal Numerical Analysis*. Vol. 27, 1555–1572. (Technical report [2004]. Oxford University Computing Laboratory.)

Dörrie, H. [1940]. *Determinanten.* Oldenburg, Munich, Germany.

D.K. Faddeev, V.N. Faddeeva [1963]. *Computational Methods of Linear Algebra.* San Francisco: W.H. Freeman. (translated from Russian by C D. Benster, 1959.)

Golub, G., C. Van Loan [1996]. *Matrix Computations,* 3rd Ed. Baltimore, Maryland: Johns Hopkins University Press.

Hall, H.S., S.R. Knight [1948]. *Higher Algebra.* New York: Macmillan.

Halmos, P.R. [1991]. *Problems for Mathematicians, Young and Old.* Dolciani Mathematical Expositions No. 12, Washington, D.C.: Mathematical Association of America.

Harter, H.L. [1974–76]. "The method of least squares." *International Statistical Review,* Vol. 42–44. (Six separate chapters of 225 pages.)

Hestenes, M.R., E. Stiefel [1952]. "Methods of conjugate gradients for solving linear systems." *J. Res. Natl. Bur. Stand..* Vol. 49, 409–436.

Horn, R.A., C.R. Johnson [1985]. *Matrix Analysis.* New York: Cambridge University Press.

Ikramov, H.D. [1983]. *Linear Algebra: Problem Book.* (translated from Russian by O. Efimov, 1975), MIR, Moscow.

Kleinberg, J. [1998]. "Authoritative sources in a hyper-lined environment." *Journal Association of Computing Machines.* Vol. 46.

Kincaid, D., W. Cheney [2002]. *Numerical Analysis: The Mathematics of Scientific Computing,* 3rd Ed. Belmont, California: Thomson Brooks/Cole.

Klein, J. [1968]. *Greek Mathematical Thought and the Origin of Algebra.* (translated by E. Brann), MIT, Massachusetts: Cambridge.

Kline, M. [1972]. *Mathematical Thought from Ancient to Modern Times.* New York: Oxford University Press.

Langville, A.N., C.D. Meyer [2005]. *Understanding Web Search Engine Ranking: Google's PageRank, Teoma's HITS, and Other Ranking Algorithms.* Princeton, New Jersey: Princeton University Press.

Langville, A.N., C.D. Meyer [2006]. *Google's PageRank and Beyond: The Science of Search Engine Rankings.* Princeton, New Jersey: Princeton University Press.

Lawson, C.L., R.J. Hanson, D.R. Kincaid, F.T. Krogh [1979]. "Basic linear algebra subprograms for Fortran usage," *ACM Transactions on Mathematical Software.* Vol. 5, 308–323.

Lay, D.C. [2003]. *Linear Algebra and its Applications,* 3nd Ed. (Updated), New York: Addison-Wesley.

Leontief, W. [1941]. *The Structure of the American Economy 1919–1929: An Empirical Application of Equilibrium Analysis.* Cambridge, Massachusetts: Harvard University Press.

Leontief, W. [1985]. *Input-Output Economics,* 2nd Ed. New York: Oxford University Press.

Littlefield, D.E. [1960]. *The Skeleton Key of Mathematics: A Simple Account of Complex Algebraic Theory.* Mineola, New York: Dover.

Lynch, S. [2004]. *Dynamical Systems with Applications.* Boston: Birkhäuser.

Madden, M.A. (ed.) [1981]. *Maybe He's Dead.* New York: Random House.

Maxwell, E.A. [1959]. *Fallacies in Mathematics.* New York: Cambridge University Press.

Midonic, H.O. (ed.) [1965]. *The Treasury of Mathematics.* New York: Philosophical Library.

Miller, R.E., P. Blair [1985]. *Input Output Analysis: Foundations and Extension.* Englewood, New Jersey: Prentice-Hall.

Mirsky, L. [1990]. *An Introduction to Linear Algebra.* New York: Mineola, Dover. (reprint of 1955.)

Muir, T. [1960]. *The Theory of Determinants in Historical Order.* New York: Mineola, Dover. (reprint of Macmillan, 1906).

Muir, T. [2005]. *A Treatise on the Theory of Determinants.* New York: Mineola, Dover. (reprint of 1933.)

Nakos, G., D. Joyner [1998]. *Linear Algebra with Applications.* Belmont, California: Thomson Brooks/Cole.

Nelson, D. (ed.) [2003]. *The Penguin Dictionary of Mathematics*, 3rd Ed. New York: Penguin Putman.

Noble, B.N., J.W. Daniel [1988]. *Applied Linear Algebra*, 3rd Ed. Englewood Cliff, New Jersey: Prentice-Hall.

Poole, D. [2006]. *Linear Algebra, A Modern Introduction*, 2nd Ed. Belmont, California: Thomson Brooks/Cole.

Parshall, K.H. [2006]. *James Joseph Sylvester: Jewish Mathematician in a Victorian World.* Baltimore, Maryland: John Hopkins University Press.

Pesic, P. [2003]. *An Essay on the Sources and Meanings of Mathematical Unsolvability.* Cambridge, Masschusetts: MIT Press.

Reid, J. [1972]. "The Use of Conjugate Gradients for Systems of Linear Equations possessing 'Property A'," *Society Industrical Applied Mathematics J. Numerical Analysis.* Vol. 9, 325–332, 1972. (Harwell Report TP 445, March 1971)

Rose, N. (ed.) [1988]. *Mathematical Maxims and Minims.* Raleigh, North Carolina: Rome Press.

Sandefur, J.T. [1993]. *Discrete Dynamical Systems, Theory and Applications with Applications.* New York: Oxford University Press.

Sadun, L. [2001]. *Applied Linear Algebra: the Decoupling Principle.* New Jersey: Prentice-Hall.

Sauer, T. [2006] *Numerical Analysis.* New York: Pearson/Addison-Wesley.

Sierpinski, W. [2003]. *Pythagorean Triangles.* Mineola, New York: Dover.

Silverman, J.H. [2006]. *A Friendly Introduction to Number Theory.* 3rd Ed. Englewood, New Jersey: Prentice-Hall.

Strang, G. [1988]. *Linear Algebra and Its Applications*, 3rd Ed. Saunder, Pennsylvania: Philadelphia.

Strang, G. [2003]. *Introduction to Linear Algebra*, 3rd Ed. Wellesley, Massachusetts: Wellesley-Cambridge Press.

Stoll, R.R. [1952]. *Linear Algebra and Matrix Theory.* New York: McGraw-Hill.

Stoll, R.R., E.T. Wong [1968]. *Linear Algebra.* New York: Academic Press.

Taussky-Todd, O. [1982]. "The many aspects of Pythagorean triangles," *Linear Algebra and Applications*, Vol. 43, 285–295.

Varga, R.S. [2004]. *Geršgorin and His Circles.* Heidelberg, Germany: Springer-Verlag.

Wells, D. [1986]. *The Penguin Dictionary of Curious and Interesting Numbers.* Middlesex, England: Penguin Books.

Wilkinson, J. [1965]. *The Algebraic Eigenvalue Problem.* London: Clarendon/Oxford Press.

Young, D.M. [1950]. *Iterative Methods for Solving Partial Differential Equations of Elliptic Type.* Ph.D thesis, Harvard University, Massachusetts: Cambridge.

Young, D.M. [1971]. *Iterative Solutions of Large Linear Systems.* New York: Academic Press.

Yuster, T. [1984]. "The reduced row echelon form of a matrix is unique: A simple proof." *Mathematical Magazine.* Vol. 57, 93–94.

찾아보기

바

사

자

차

카

타

파

하